TECHNOLOGIE ET ANALYSE CHIMIQUES

DES

HUILES, GRAISSES

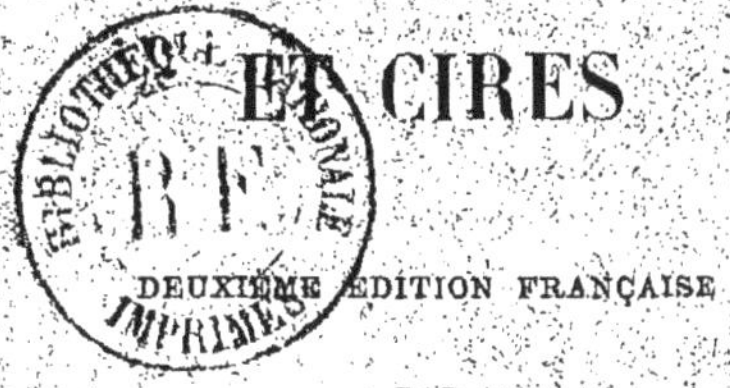

ET CIRES

DEUXIÈME ÉDITION FRANÇAISE

PAR

ÉMILE BONTOUX

INGÉNIEUR CHIMISTE DE L'ÉCOLE DE CHIMIE INDUSTRIELLE DE LYON

LICENCIÉ ÈS SCIENCES

D'APRÈS LA SIXIÈME ÉDITION
DE L'OUVRAGE ANGLAIS

DU Dr J. LEWKOWITSCH, M. A., F. I. C.

CHIMISTE CONSEIL ET ANALYSTE, INGÉNIEUR CHIMISTE

TOME I

PARIS

DUNOD

92, RUE BONAPARTE (VIe)

1929

TECHNOLOGIE ET ANALYSE CHIMIQUES

DE

HUILES, GRAISSES ET CIRES

I. D.
Class. déc. 665.2/5(021)

TECHNOLOGIE ET ANALYSE CHIMIQUES

DES

HUILES, GRAISSES ET CIRES

DEUXIÈME ÉDITION FRANÇAISE

PAR

ÉMILE BONTOUX

INGÉNIEUR CHIMISTE DE L'ÉCOLE DE CHIMIE INDUSTRIELLE DE LYON
LICENCIÉ ÈS SCIENCES

D'APRÈS LA SIXIÈME ÉDITION
DE L'OUVRAGE ANGLAIS

DU D^r. J. LEWKOWITSCH, M. A.; F. I. C.

CHIMISTE CONSEIL ET ANALYSTE, INGÉNIEUR CHIMISTE

TOME I

PARIS

92, RUE BONAPARTE (VI)

1929

AVERTISSEMENT

DE LA DEUXIÈME ÉDITION FRANÇAISE

Depuis 15 ans que Lewkowitsch a été enlevé à la Science, les Corps Gras ont fait l'objet d'innombrables travaux dans l'ordre scientifique comme dans l'ordre technique et pratique, et les collaborateurs de Lewkowitsch ont soigneusement tenu compte de ces développements dans les diverses éditions anglaises qu'ils ont données de son ouvrage.

Mais l'esprit scientifique lui-même a évolué et les faits doivent être présentés et commentés à la lumière des dernières acquisitions de la Science.

Dans ces conditions, il nous a paru que la nouvelle édition française ne pouvait se contenter d'additions ou de suppressions, mais, pour rester dans l'esprit critique de l'Auteur lui-même qui a fait le succès de son œuvre, devait subir un remaniement complet.

C'est ce que nous avons fait ; la plupart des chapitres ont été écrits sous une forme entièrement neuve, et dans le cadre et sur le fond de l'ancienne édition française et de la dernière édition anglaise, c'est maintenant une *véritable* et *nouvelle* édition française que nous présentons au Lecteur, en souhaitant que comme dans la précédente, il y trouve non seulement des documents, mais un guide.

Émile Bontoux.

Marseille, décembre 1928.

TECHNOLOGIE ET ANALYSE CHIMIQUES
DES
HUILES, GRAISSES ET CIRES

CHAPITRE I

ORIGINE, CLASSIFICATION PROPRIÉTÉS PHYSIQUES ET CHIMIQUES DES HUILES, GRAISSES ET CIRES

Les huiles, graisses et cires, dont l'étude fait l'objet de cet ouvrage, se trouvent naturellement formées dans les végétaux et les organismes animaux, depuis les plus simples jusqu'aux plus complexes. La discussion des théories expliquant la formation de ces matières dans les végétaux et les animaux dépasse les limites de cet ouvrage, et l'on devra, à cet égard, se reporter aux traités de physiologie, d'autant que les opinions des physiologistes sont loin d'être concordantes à ce sujet.

On peut cependant indiquer qu'il paraît certain que les huiles, les graisses et les cires proviennent d'hydrates de carbone ; *Luca* est toutefois d'avis, à l'encontre d'autres physiologistes, que dans l'olive, c'est la mannite, alcool hexatomique, qui est transformée en huile.

Les acides gras, jusqu'à l'acide stéarique inclusivement, ont pu être obtenus par l'oxydation d'hydrates de carbone. D'autre part, *Harries* [1] a préparé les acides myristique, palmitique et stéarique, par la décomposition des ozonides des huiles de goudron de lignite, tandis qu'en oxydant la paraffine ou l'huile minérale dite « distillat de vaseline », soit par l'oxygène, sous pression, en présence

1. *Berichte*, 1919, 65.

d'un catalyseur à base de plomb (*Franck*[1]), soit par un courant d'air, à 150-160° (*Kelber*[2]), on a obtenu des acides volatils, depuis l'acide formique jusqu'à l'acide caprique, et des acides supérieurs depuis l'acide laurique jusqu'à l'acide arachidique.

Scurli et *Tommasi*[3], en extrayant avec l'éther les jeunes feuilles d'olivier avant la maturité du fruit, ont isolé un alcool $C^{31}H^{50}O^{3}$, qu'ils ont appelé « *oléanol* » (et dont la présence dans les feuilles d'olivier a été confirmée par *Canzoneri*, ainsi que par *Power* et *Tulin*), et qui se transforme en acide oléique quand le fruit mûrit. La formation des glycérides dans le mésocarpe de l'olive semblerait donc s'opérer d'une façon différente de celle dont les autres corps gras prennent naissance dans les graines oléagineuses. On a également indiqué que le « *ligustrol* », alcool du *Ligustrum vulgare* (troène), se transforme de la même manière en acide érucique (*Scurli* et *Fornaini*[4]).

Müntz a montré que le glucose, le saccharose et l'amidon semblent jouer dans les graines de colza, de pavot et de lin, le même rôle que la mannite dans l'olive. Il est rationnel d'admettre que cette formation synthétique est due à l'action d'enzymes, maintenant que la transformation des glucoses et autres sucres en glycérine ou en corps gras sous l'action de ferments est arrivée à une période, sinon d'utilisation pratique, du moins de résultats positifs (cf. chap. III et XV, *Glycérine*).

Dans les organismes animaux, les corps gras prennent de même naissance aux dépens des hydrates de carbone, ingérés comme aliments, et si au lieu de préexister dans ceux-ci, leur synthèse s'opère dans l'organisme animal[5] sous l'action d'enzymes au moyen des acides gras et de la glycérine[6], il faut admettre que celle-ci comme ceux-là se forment aussi individuellement ; *Willstädter*[6] indique ainsi la formation d'acides gras saturés à partir du « *phytol* » de la chlorophylle, tandis que *G. Embden*, *T. Schmitz* et *K. Baldes*[7] assurent que le glucose se transforme d'abord en un

1. *Chem. Zeit.*, 1920 (44), 309.
2. *Ibidem*, 1920 (53), 66 ; 1567.
3. *Ann. Reale Stazione Chim. Agrar. Sperim. di Roma*, 1910 (4), 253.
4. *Ibidem*, 1911 (5), 103, 223 ; 1913 (6), 29, 39.
5. Cf. Kusserow, *Chem. Techn. Report.*, 1910, 65.
6. *Chem. Zeit.*, 1911, 1342.
7. *Biochem. Zeit.*, 1912 (45), 174.

aldéhyde glycérique, optiquement inactif, qui, à son tour, forme de la glycérine, et constitue ainsi la source principale de formation de glycérine dans l'organisme animal. *Halliburton* [1] a montré aussi que des acides gras consommés par des rats sont assimilés sous forme de glycérides, la glycérine ayant pris naissance dans l'organisme même de l'animal.

Les corps gras ingérés en grande quantité parmi les aliments, s'accumulent tels quels dans les tissus animaux pour servir de réserve en cas de nécessité ; s'ils ne sont consommés qu'en petite quantité, ils sont, tout comme les hydrates de carbone, oxydés et transformés en anhydride carbonique et eau.

Dans l'état actuel de nos connaissances, on peut très bien admettre que les corps gras déposés dans les tissus animaux ont été hydrolysés dans le cours de la digestion et ainsi transformés en leurs éléments séparés, glycérine et acides gras pour être de nouveau transformés en corps gras et fixés sous cette forme ; mais le problème de la genèse des corps gras ne se trouve pas résolu par cette hypothèse.

Le *sol*, le *climat*, la *variété* de l'espèce ou du genre, etc..., exercent sur la composition de chaque corps gras végétal une influence considérable ; et il en est de même de l'*alimentation*, de la *race*, de l'*âge* de l'animal pour les corps gras animaux, qu'ils proviennent du lait ou des tissus.

Toutes ces influences sont d'un grand intérêt pour l'analyste et le technicien, en ce qui concerne leur répercussion sur la composition de chaque corps gras ; et si elles n'ont pas encore été attentivement étudiées pour les corps gras végétaux, la question est plus avancée pour les corps gras animaux et sera examinée dans le second volume, au début des monographies de ces corps gras.

On sait qu'on rencontre dans les organismes végétaux et animaux des enzymes (diastase, lipase, etc...) qui opèrent probablement la synthèse des corps gras par une suite de réactions qui ne sont pas encore bien connues ; et leur étude est d'autant plus compliquée que les réactions enzymatiques paraissent être réversibles [2], de sorte

1. *Journ. Soc. Chem. Ind.*, 1919, 65 R.
2. Cf. Loevenhart, *Amer. Journ. of Physiol.*, 1902, 331 ; Lewkowitsch, « *Les corps gras : industrie et analyse* », conférence, *Bull. Soc. Chim.*, 1909, XVIII.

que synthèse et hydrolyse semblent s'effectuer simultanément ou se succéder l'une l'autre, particulièrement dans les organismes d'animaux supérieurs, avec une sorte d'alternance (cf. chap. III).

La synthèse des corps gras sous l'action des ferments est pour nous de bien moindre importance[1] que leur hydrolyse, celle-ci ayant seule acquis un certain intérêt technique ; aussi, l'hydrolyse des corps gras sous l'influence des ferments sera-t-elle envisagée du point de vue théorique dans le chapitre suivant, et du point de vue technique dans le chapitre XV.

Les cires végétales représentent les produits d'exsudation des feuilles, tiges ou fibres des plantes, et leur mode de formation nous est encore inconnu. Cependant, les cires animales liquides paraissent se former de la même façon que les huiles d'animaux marins, et leur composition chimique être influencée par les mêmes facteurs qui affectent la composition de chaque huile ou graisse animale ; la formation du spermaceti paraît due à des causes physiologiques analogues.

Les cires d'insectes sont pour la plupart des produits d'exsudation ; elles proviennent très probablement de la transformation physiologique des hydrates de carbone, car la production de la cire d'abeilles augmente dans des proportions considérables, si l'on fournit à l'insecte des sucres, tels que dextrose, lévulose ou sucre de canne.

Sous les termes d'*huiles*, *graisses* et *cires* (liquides et solides), nous comprenons toutes les substances de formation naturelle constituées pour la plupart par des éthers glycériques ou autres des termes supérieurs de plusieurs séries d'acides gras, auxquels se trouvent quelquefois mélangées de notables quantités d'acides gras libres et d'alcools libres (et aussi d'hydrocarbures).

En l'état actuel de nos connaissances, il est impossible d'établir une classification strictement systématique des corps gras et des cires. Dans les anciens ouvrages, différentes tentatives ont été faites pour établir plusieurs classes ou groupes différenciés surtout par quelques propriétés physiques. C'est ainsi que la *consistance* a été

1. Il faut, cependant, signaler que la synthèse industrielle des corps gras a été l'objet d'études nombreuses en Allemagne, pendant la guerre, et qu'on y a préparé des pseudo-matières grasses synthétiques en combinant le glycol éthylénique avec les acides gras provenant de l'oxydation des paraffines ; ces produits ont même été expérimentés pour l'alimentation des animaux.

prise comme base d'une classification en huiles, beurres et graisses solides ; mais la consistance dépend de la température moyenne annuelle : une matière comme l'huile de coco peut être une graisse solide dans un climat tempéré, tandis que sur les lieux d'origine elle est de consistance huileuse, comme son nom l'indique. On pourrait multiplier de tels exemples, démontrant l'impossibilité d'admettre un tel principe de classification. D'autre part, quelques auteurs ont essayé de diviser les corps gras en plusieurs groupes, d'après la puissance de quelque propriété caractéristique, telle que leur *siccativité* ; mais là encore le vieil adage *Natura non facit saltum* vient démontrer combien est artificielle une telle classification, dans laquelle un certain nombre de corps gras occupant une place intermédiaire pourraient être classés à la fois dans deux ou plusieurs groupes.

Il ne peut être question de baser une classification des corps gras végétaux sur les familles botaniques auxquelles appartiennent les plantes d'où proviennent les corps gras. Sans doute, les huiles des *Crucifères* et des *Rosacées* sont en relations étroites ; mais d'un autre côté, les *Euphorbiacées* donnent des corps gras aussi différents l'un de l'autre que l'huile de croton, l'huile de ricin, l'huile d'abrasin, l'huile de pulghère, et le suif végétal blanc, tandis que les *Sterculiacées* fournissent des corps gras comme l'huile de Sterculia et le beurre de cacao. D'ailleurs, toute classification de ce genre serait condamnée par le fait que certains fruits donnent par leur pulpe et par leur amande des corps gras totalement différents : c'est le cas des corps gras provenant de la pulpe et de l'amande du fruit du palmier d'Afrique (huile de palme et huile de palmiste) et du palmier Aouara, du fruit du *Stillingia sebifera* (suif végétal de Chine et huile de Stillingia) et d'autres.

Quant aux corps gras animaux, il en serait de même pour toute classification basée sur les familles naturelles suivant lesquelles se répartissent les animaux, et rien que dans le cas des *Mammifères*, on trouve que les corps gras provenant des tissus du corps sont entièrement différents des corps gras fournis par le lait des mêmes animaux.

Une classification rationnelle doit s'appuyer à la fois sur les propriétés physiques et sur les propriétés chimiques. Nous nous efforcerons, dans cet ouvrage, d'établir une classification basée autant que possible sur des différences physiques et chimiques telles, qu'elles puissent être rapidement discernées par l'analyse.

Au point de vue chimique, une différence capitale peut être établie entre les *corps gras* (liquides et solides) et les *cires.*

Chimiquement, les corps gras (huiles et graisses) sont des glycérides ou éthers neutres glycériques d'acides gras, tandis que les cires sont des éthers formés par les acides gras avec d'autres alcools n'appartenant pas au type de la glycérine. Il faut cependant noter que cette distinction chimique ne trouve pas toujours une expression exacte dans le langage commun : c'est ainsi que la cire du Japon, surtout constituée par des glycérides, devrait être proprement appelée suif du Japon, tandis que par sa constitution, l'huile de cachalot devrait être rangée parmi les cires. Il est donc à désirer que les termes vulgaires impropres soient peu à peu éliminés des ouvrages chimiques.

Le terme de *cire* est fréquemment employé comme terme générique pour un certain nombre d'hydrocarbures solides, qui sont des cires minérales. Leur étude complète dépasse le cadre de cet ouvrage, et ils ne seront étudiés qu'au point de vue de l'analyse des corps gras auxquels ils peuvent être mélangés, comme dans la fabrication de certaines bougies et d'autres produits similaires.

La classification la plus rationnelle des corps gras (liquides et solides) au point de vue pratique, paraît être celle qui serait basée sur la grandeur de l'**indice d'iode.** Ce principe conduit, sans dérogation notable, à une division naturelle en corps gras liquides et solides, les premiers se distinguant des derniers par leur indice d'iode considérablement plus élevé. Il s'ensuit qu'un groupement établi d'après la grandeur de l'indice d'iode, englobe l'ancienne division basée sur la consistance. Et comme la valeur de l'indice d'iode est en relation étroite avec l'absorption d'oxygène, ou en d'autres termes, avec le pouvoir siccatif, la classification basée sur l'indice d'iode englobe également l'ancienne division en huiles siccatives et non siccatives. Pour toutes ces raisons, l'indice d'iode a été pris comme l'une des principales caractéristiques pour classer les corps gras étudiés dans cet ouvrage et déterminer l'ordre des monographies descriptives qui leur sont consacrées dans le second volume, les relations physiologiques n'intervenant, parfois, que pour la commodité du groupement en subdivisions ou sections de corps gras possédant ou paraissant posséder une certaine parenté, à ce point de vue physiologique.

Des recherches relativement récentes ont établi, hors de tout doute, que tous les corps gras d'origine végétale sont caractérisés par la présence d'un **phytostérol** (sitostérol et ses congénères), pendant que tous les corps gras d'origine animale présentent un **zoostérol** (cholestérol et ses congénères) comme alcool correspondant. Cette distinction importante conduit naturellement à un second principe pour la subdivision des corps gras.

En disposant ceux-ci suivant les deux principes déterminants indiqués (indice d'iode et alcool différent), on arrive à la classification suivante :

I. Corps gras liquides ou huiles grasses

A. — *Huiles végétales :*	B. — *Huiles animales :*
1° Huiles siccatives ;	1° Huiles d'animaux marins.
2° — demi-siccatives ;	*a*) Huiles de poissons ;
3° — non siccatives.	*b*) — de foies ;
	c) — de cétacés.
	2° Huiles d'animaux terrestres.

II. Corps gras solides ou graisses

A. — *Graisses végétales.*	B. — *Graisses animales :*
	1° Graisses du corps.
	a) Graisses siccatives ;
	b) — demi-siccatives ;
	c) — non siccatives.
	2° Graisses du lait.

En ce qui concerne les cires, en l'état actuel de nos connaissances, nous ne pouvons prendre que l'indice d'iode comme base de classification, car il n'est pas encore possible d'établir une distinction entre les cires végétales et animales, qui soit basée sur des propriétés chimiques. On a bien trouvé un phytostérol dans la cire de lin[1], et du cholestérol (avec de l'isocholestérol) dans la suintine, mais il manque encore la preuve nette et certaine que l'on peut différencier les cires végétales et animales, de la même façon que les corps gras

1. Hoffmeister, *Berichte*, 1903, 1047.

végétaux et animaux, par la présence de l'un ou l'autre de ces alcools caractéristiques. Cependant, par simple raison d'uniformité, il convient d'appliquer aux cires les mêmes principes de classification qui ont été adoptés pour les corps gras, ce qui conduit aux divisions suivantes :

I. Cires liquides

II. Cires solides

A. — *Cires végétales ;*
B. — *Cires animales.*

I. — CORPS GRAS (CORPS GRAS LIQUIDES OU HUILES, ET CORPS GRAS SOLIDES)

1. Constitution chimique des corps gras. — Préparation et propriétés des glycérides purs.

Les corps gras sont le produit de la combinaison de la glycérine avec les acides gras. La glycérine étant un alcool triatomique, et se comportant par suite comme une base triatomique ou trihydroxylée, est susceptible de se combiner avec trois radicaux d'acides gras, comme l'exprime l'équation suivante, dans laquelle R représente le radical acide d'un acide gras quelconque :

$$C^3H^5\begin{cases}O-H\\O-H\\O-H\end{cases} + 3R-OH = C^3H^5\begin{cases}O-R\\O-R\\O-R\end{cases} + 3H^2O.$$

Les composés résultants sont appelés *triglycérides* ou « éthers glycériques neutres » et ils peuvent être comparés aux sels neutres ; c'est pourquoi les triglycérides sont quelquefois appelés encore « corps gras neutres » et leur nomenclature est semblable à celle des sels : on dira ainsi stéarate de glycéryle ou glycéride stéarique. Cette constitution des corps gras a été établie par les recherches classiques de *Chevreul*, *Berthelot* et *Würtz.*

D'après cette constitution des corps gras, la théorie prévoit l'existence possible de *monoglycérides* et de *diglycérides* correspondant aux formules :

$$C^3H^5\begin{cases}O-R\\O-H\\O-H\end{cases} \quad \text{et} \quad C^3H^5\begin{cases}O-R\\O-R.\\O-H\end{cases}$$

Tandis que *Chevreul* [1] comparait les glycérides aux éthers, *Berthelot* [2], revenant sur cette analogie, a montré que la glycérine présentait avec l'alcool éthylique les mêmes relations que l'acide orthophosphorique avec l'acide nitrique, et il assimilait les mono-, di- et triglycérides aux ortho-, pyro- et métaphosphates ; c'est *Würtz* [3] qui a fait ressortir la fausseté de cette assimilation, en désaccord avec les faits observés par *Berthelot* lui-même, et qui a donné ainsi l'explication qui nous semble aujourd'hui la seule possible.

Les triglycérides, seulement, paraissent se rencontrer dans la nature ; les monoglycérides et les diglycérides n'existent pas, en règle générale, dans les corps gras naturels de préparation récente. A la vérité, *Reimer* et *Will* [4] ont trouvé dans une vieille huile de colza, le diglycéride de l'acide érucique, $C^3H^5(O\text{-}C^{22}H^{41}O)^2OH$, mais cette exception à la règle générale n'est qu'apparente, car il est plus probable que l'huile de colza en question est devenue rance avec formation d'acide érucique libre, pendant que la diérucine se séparait en masse solide (Voir p. 26).

MONOGLYCÉRIDES

Les monoglycérides répondent à la formule générale $C^3H^5.OR.(OH)^2$. Selon la position qu'occupe le radical acide dans la molécule, deux monoglycérides isomères sont possibles, comme le montrent les formules suivantes, dans lesquelles R représente le radical acide gras :

$$C^3H^5 \begin{cases} O\text{–}R & (\alpha) \\ O\text{–}H & (\beta) \\ O\text{–}H & (\gamma) \end{cases} \quad \text{ou} \quad C^3H^5 \begin{cases} O\text{–}H & (\alpha) \\ O\text{–}R. & (\beta) \\ O\text{–}H & (\gamma) \end{cases}$$

On voit d'ailleurs que les positions (α) et (γ) sont identiques. Les composés répondent à la première formule sont dits *α-monoglycérides ;* ils renferment un atome de carbone asymétrique et peuvent, par suite, présenter des composés racémiques. Les monoglycérides répondant à la seconde formule (symétrique) sont dits *β-monoglycérides ;* les points de fusion de ces β-monoglycérides sont plus élevés que ceux des α-isomères correspondants [5].

1. *Les corps gras d'origine animale.* Paris, 1815-1823 ; réimprimé en 1889.
2. *Thèse,* Paris, 1854 ; *Chimie organique fondée sur la synthèse,* Paris, 1860.
3. *Histoire des doctrines chimiques,* Paris, 1869, p. 139.
4. *Berichte,* 1886, 3320.
5. H. Weyrauch, *Dissert.,* Zurich, 1911, 17.

Les monoglycérides s'obtiennent synthétiquement par les méthodes générales suivantes :

La première, qui est la méthode classique de *Berthelot*[1], consiste à chauffer ensemble les acides gras avec un excès de glycérine, en tube scellé. Comme il est impossible de régler la réaction de manière à n'obtenir qu'un monoglycéride (sans diglycéride) *Romburgh*[2], *Guth*[3] et *Krafft*[4] préfèrent chauffer un mélange à quantités équivalentes de monochlorhydrine (ou bromhydrine) et de sel de sodium de l'acide gras, finement pulvérisé. Le chlorure (ou bromure) de sodium se sépare au fond du tube ; on extrait le monoglycéride au moyen de l'éther et filtre sur noir animal.

Grün[5] part (dans le cas de la β-monolaurine) de l'α-γ-dichlorhydrine (1.3 dichloropropanol 2), plus facile à obtenir et qui peut être convertie quantitativement en dichloro-éther (par exemple, en β-lauro-α-γ-dichlorhydrine dans le cas de l'acide laurique) ; l'élimination des atomes de chlore et leur remplacement par des groupements oxhydryle se fait en traitant le composé chloré par le nitrate d'argent. On obtient des nitrites de la forme :

$$CH^2{-}O{-}NO{-}CH{-}OR{-}CH^2{-}O{-}NO,$$

qui s'hydrolysent facilement en présence de traces d'acide ou même d'eau, en donnant les composés hydroxylés correspondants, qui constituent les β-monoglycérides désirés.

Abderhalden et *Eichwald*[6] ont préparé des monoglycérides jouissant de l'activité optique, en faisant agir les acides gras sur la lévo- ou la dextro-épihydrine, préparée au moyen de la dibromopropylamine, elle-même dédoublée par l'acide tartrique en ses constituants droit et gauche ; les pouvoirs rotatoires observés sont, toutefois, très faibles, ce qui autorise à croire que des racémisations ont dû se produire au cours de l'éthérification. D'après *Van Eldik Thieme*[7], les produits obtenus par les méthodes précédentes ne sont pas purs, et les glycérides de l'acide laurique obtenus par *Grün* et ses colla-

1. *Chimie organique fondée sur la synthèse*, Paris, 1860, vol. II.
2. *Rec. Trav. chim. des Pays-Bas*, 1882, 186.
3. *Zeit. f. Biologie*, 14, 78.
4. *Berichte*, 1903, 4343.
5. *Berichte*, 1910, 1288.
6. *Berichte*, 1914 (47), 1856 ; 2880 ; 1915 (48), 1852.
7. *Journ. f. prakt. Chem.*, 1912 (85), 284 ; *Berichte*, 1913 (46), 1655.

borateurs sont constitués par un mélange de mono- et diglycérides ; sous l'action du groupement oxhydryle des chlorhydrines sur les laurates, il se forme de l'alcali libre, qui amène la saponification partielle des hydrines halogénés. Ceci explique les divergences des points de fusion donnés par différents observateurs. *Van Eldik Thieme* indique, cependant, que l'on obtient des monolaurines purs par la méthode de *Grün* en employant les iodhydrines.

E. Fischer [1], dans une étude remarquable sur la préparation synthétique des glycérides, a confirmé les observations de *van Eldik Thieme* et montré que, à moins de précautions minutieuses, des transpositions moléculaires s'opèrent avec la plus grande facilité. Il en est ainsi avec toutes les méthodes où la réaction s'effectue à température relativement élevée, 120 à 150°, et pour éviter cet inconvénient *Fischer* a proposé une méthode de synthèse, dans laquelle l'éthérification s'effectue à froid et donne des produits d'une pureté incontestable. C'est ainsi qu'il obtient les α-monoglycérides en faisant agir à froid, en présence de quinoléine, un chlorure d'acide gras sur l'acétone-glycérine :

$$\begin{array}{c} CH^2OH\!-\!CH\!-\!CH^2, \\ \quad\;\; | \quad\;\; | \\ \quad\;\; O \quad O \\ \quad\;\; \diagdown \; \diagup \\ CH^3\!-\!C\!-\!CH^3 \end{array}$$

dont deux des fonctions alcooliques sont bloquées, et la troisième est en position α ; il se forme des α-acyl-acétone-glycérines qui donnent l'α-monoglycéride par action ménagée de l'acide chlorhydrique concentré, à froid.

La synthèse biochimique (de la monooléine) par le ferment pancréatique (*Pottevin* [2]) n'a qu'un intérêt théorique ; l'action de ce ferment paraît être de même nature [3] — catalytique — que celle du réactif de *Twitchell* (chap. II) ; si l'on ajoute une petite proportion de ce dernier à un mélange de glycérine et d'acides gras, la glycérine étant en excès, et en prenant soin d'éliminer ou absorber l'eau formée, on obtient des monoglycérides (avec des diglycérides) [4].

En faisant bouillir les monoglycérides avec l'anhydride acétique,

1. *Berichte*, 1920 (53), 1589. (Publication posthume).
2. *Comptes Rendus*, 1904 (138), 378.
3. Lewkowitsch, *Jahrbuch der Chemie*, 1907 (XVII), 407.
4. *Journ. Amer. Chem. Soc.*, 1907, 566 ; Brevet français 371. 689 (1907).

on obtient un triglycéride mixte, répondant à la formule :

$$C^3H^5 \begin{cases} O-R \\ O-C^2H^3O \\ O-C^2H^3O \end{cases}$$

En remplaçant l'anhydride acétique par le chlorure de benzoyle (en présence de soude caustique), on obtient le triglycéride mixte :

$$C^3H^5 \begin{cases} O-R \\ O-C^7H^5O \\ O-C^7H^5O \end{cases}$$

Cependant, *Quensell*[1] indique qu'en faisant bouillir les diglycérides des acides stéaroléique et bénoléique avec l'anhydride acétique, on n'obtient pas les triglycérides mixtes ; les monoglycérides correspondants ne fixent dans les mêmes conditions qu'un groupement acétyle pour former seulement un diglycéride mixte. Le même fait s'observe avec le monoglycéride de l'acide ricinostéaroléique, qui (en outre d'un groupement acétyle fixé par l'oxhydryle de la molécule de l'acide ricinostéaroléique) ne fixe qu'un groupe acétyle, en donnant ainsi un diglycéride mixte, au lieu du triglycéride attendu.

En faisant agir les chlorures d'acides, à froid, en présence de la quinoléine, sur les monoglycérides, *Fischer* a obtenu l'éthérification des deux fonctions alcools libres et la formation des triglycérides mixtes correspondants.

Fischer a reconnu que les monoglycérides eux-mêmes subissent des transformations par transposition des radicaux acides d'une molécule sur l'autre ; deux molécules de monoglycérides donnent ainsi une molécule de glycérine et une molécule de diglycéride ; cette réaction s'opère facilement en présence d'une petite proportion de carbonate de potasse sec qui joue le rôle de catalyseur.

a) *Monoglycérides d'acides gras saturés*

Monoformine, $C^3H^5(O\text{-}CHO)(OH)^2$. Obtenue en chauffant la monochlorhydrine avec le formiate de sodium à 160°. On l'obtient aussi en chauffant la glycérine avec l'acide oxalique à 190°. La monoformine bout dans le vide absolu à 165°.

1. *Dissert.*, Berlin, 1909, 18.

Monoacétine[1], C^3H^5 (O-CO-CH^3) $(OH)^2$. Obtenue avec la diacétine et la triacétine en chauffant[1] la glycérine anhydre avec l'acide acétique glacial. (*Guédras*[2] a observé la formation de monoacétine dans la préparation de produits plastiques obtenus en chauffant un mélange de caséine, de glycérine et d'acide acétique). C'est un liquide épais, facilement soluble dans l'eau et l'alcool, très peu soluble dans l'éther, et presque insoluble dans le benzène. La monoacétine est très hygroscopique ; son poids spécifique est 1,2212 à 15° (eau à 15° = 1). Elle bout sans décomposition à 130-132°, sous la pression de 2-3 mm. ; elle est décomposée sous pression plus élevée.

α-Monobutyrine, C^3H (O-CO-C^3H^7) $(OH)^2$. Obtenue par *Hanriot* en faisant agir la lipase sur un mélange de glycérine et d'acide butyrique ; se forme aussi en chauffant ensemble des poids équivalents de butyrate de sodium et d'α-monochlorhydrine. C'est un liquide huileux, incolore, de poids spécifique 1,008 à 17° ; elle bout sous la pression ordinaire à 269-271° et sous la pression de 16 mm. à 160-163°. Au butyroréfractomètre elle marque 26 degrés à 40°. La monobutyrine est moins soluble dans l'eau que la monoacétine ; 8 volumes de monobutyrine sont miscibles avec 3 volumes d'eau ; avec 5 volumes ou plus d'eau, il se forme une émulsion.

α-Monoisobutyrine, $C^3H^5\begin{cases}\text{O-CO-CH}^2\text{-CH=(CH}^3)^2\\ \text{O-H}\\ \text{O-H}\end{cases}$. Bout à 264-266° sous la pression ordinaire ; à 158-161° sous la pression de 16 mm. Elle marque 21,2 degrés au butyroréfractomètre à 40°.

Monovalérine, C^3H^5 (O-CO-C^4H^9) $(OH)^2$. Obtenue par le procédé de *Berthelot* en chauffant l'acide valérique avec la glycérine à 200°. C'est un liquide huileux, de poids spécifique 1,000 à 16°. Un volume de monovalérine est miscible avec un demi-volume d'eau, mais une nouvelle addition d'un demi-volume ou plus d'eau précipite le monoglycéride.

α-Monolaurine, C^3H^5 (O-CO-$C^{11}H^{23}$) $(OH)^2$. Préparée par *Krafft*[3] avec l'α-monochlorhydrine et le laurate de potassium ; bout dans le vide absolu à 142° ; elle fond à 59°.

1. Geitel, *Journ. prakt. Chem.*, 1897 (55), 422, 425.
2. *Chem. Zeit.*, 1905, 533.
3. *Berichte*, 1903, 4343.

L'α-monolaurine obtenue [1] par la méthode de *Grün* en partant de l'α-laurodichlorhydrine fond à 52°, tandis que *van Eldik Thieme*[2] donne le point de fusion 58,9° pour une α-monolaurine *pure*. L'α-monolaurine ne se transforme pas en phényluréthane sous l'action de l'isocyanate de phényle, ce qui la différencie de la β-monolaurine (*Grün* [3]).

β-*Monolaurine*, C^3H^5 (OH) ($O-C^{12}H^{23}O$) (OH). Obtenue par la β-lauro-α-γ-dichlorhydrine et le nitrite d'argent, cristallise dans l'éther, l'éther de pétrole et le sulfure de carbone en aiguilles soyeuses blanches, s'agglomérant à 58° et fondant à 61° ; à la longue, le point de fusion s'abaisse à 57,5° (*Grün* [4]). *Van Eldik Thieme* indique le point de fusion 60,5°.

α-*Monomyristine*, C^3H^5 ($O-CO-C^{13}H^{27}$) $(OH)^2$. Préparée avec l'α-monochlorhydrine et le myristate de potassium ; fond vers 68°, et bout dans le vide absolu à 162° (*Krafft* [5]).

β-*Monomyristine*, C^3H^5 (OH) ($O-CO-C^{13}H^{27}$) (OH), obtenue de la β-myristo-α-γ-dichlorhydrine, fond à 69° ; elle est facilement soluble dans le chloroforme et l'éther, moins aisément dans l'alcool, l'éther de pétrole et le sulfure de carbone (*Weyrauch* [6]).

α-*Monopalmitine*, C^3H^5 ($O-CO-C^{15}H^{31}$) $(OH)^2$. Obtenue par *Krafft*[7] au moyen de l'-αmonochlorhydrine et du palmitate de potassium, fond à 72°. (Les points de fusion 53° et 65° observés par *Chittenden* et *Smith*[8] se rapportent certainement à des mélanges, 100 parties d'alcool absolu dissolvent 5,306 parties d'α-monopalmitine à 22°5. La réfraction indiquée au butyroréfractomètre de *Zeiss* est 25,3 degrés à 75°.

β-*Monopalmitine*, C^3H^5 (OH) ($O-CO-C^{15}H^{31}$) (OH). Obtenue de la β-palmito-α-γ-dichlorhydrine ; forme des feuillets cristallins, fondant à 74°. Après quelques mois de conservation, le point de fusion tombe à 69°5, (*Grün* [9]).

1. Grün et Skopnik, *Berichte*, 1909, 3755.
2. *Journ. f. prakt. Chem.*, 1912 (85), 292.
3. Grün et Skopnik, *Berichte*, 1910 (43), 1290.
4. *Berichte*, 1910 (43), 1288.
5. *Ibidem*, 1903 (36), 4343 ; cf. aussi Grün et Schreyer, *Berichte*, 1912 (45), 3424.
6. Cf. aussi *Berichte*, 1912 (45), 3424 ; et A. Lipp et P. Miller, *Chem. Centralbl.*, 1913, 1560.
7. *Berichte*, 1903 (36), 4343 ; cf. aussi Grün et Schreyer, *Berichte*, 1912 (45), 3424.
8. *Amer. Chem. Journ.*, 6, 225.
9. *Berichte*, 1910 (43), 1288.

α-Monostéarine, C^3H^5 (O-CO-$C^{17}H^{35}$) $(OH)^2$. Obtenue par l'α-monochlorhydrine et le stéarate de potassium, fond à 73° (*Guth*); *Krafft* donne le point de fusion 78°. *Fischer*[1] a montré qu'elle possède un double point de fusion ; cristallisée lentement dans l'éther, elle fond à 80-81°, tandis que cristallisée par refroidissement brusque de la solution chaude, elle ne fond qu'à 75-76°. Elle cristallise en aiguilles microscopiques. Elle se dissout facilement dans l'alcool chaud et l'éther chaud, mais est très peu soluble dans l'éther froid. Elle distille sans altération dans le vide. Au butyroréfractomètre elle marque 28,8 degrés à 75°.

β-Monostéarine, C^3H^5 (OH) (O-CO-$C^{17}H^{35}$) (OH). Ce monoglycéride n'a pas été identifié avec certitude (*Grün* et *Theimer*[2]), quoique *Weyrauch*[3] lui attribue le point de fusion 80°.

Monoarachidine, C^3H^5 (O-CO-$C^{19}H^{39}$) $(OH)^2$. Est presque insoluble dans l'éther.

Monocéroline, C^3H^5 (O-CO-$C^{25}H^{51}$) $(OH)^2$. Forme de longues et fines aiguilles, fondant à 78°8, (*Marie*[4]).

Monomélissine, C^3H^5 (O-CO-$C^{29}H^{59}$) $(OH)^2$. Fond à 91,5-92°.

b) *Monoglycérides d'acides gras non saturés*

Un certain nombre d'acides gras non saturés, comme les acides ricinoléique, chaulmougrique, hydnocarpique, présentant de l'activité optique, il va de soi que les monoglycérides renfermant un radical acide de ce genre, doivent aussi posséder un pouvoir rotatoire, et donner par suite, des composés racémiques (inactifs).

α-Monooléine, C^3H^5 (O-CO-$C^{17}H^{33}$) $(OH)^2$. Liquide jaunâtre, de densité 0,947 à 21° (*Berthelot*), se solidifiant à 0° en une masse blanche ; abandonnée au repos, elle se solidifie lentement à la température ordinaire (de 15 à 20°). *Krafft*[5] a obtenu de l'α-monochlorhydrine et de l'oléate de potassium, un produit fondant à 35° et se décomposant en distillant dans le vide absolu ; sa réfraction au butyroréfractomètre est de 60,1 degrés à 40°. *Pollevin*[6] a obtenu

1. *Berichte*, 1920 (53), 1589.
2. *Ibidem*, 1907 (40), 1792.
3. *Dissert.*, Zurich, 1911, 17.
4. *Annal. Chim. et Phys.*, 7, 202.
5. *Berichte*, 1903 (36), 4343 ; cf. aussi Grün et Schreyer, *Berichte*, 1912 (46), 3424.
6. *Comptes Rendus* (138), 1378.

une monooléine en faisant agir le ferment pancréatique sur un mélange d'acide oléique et de glycérine.

On n'a pas encore obtenu de stéréoisomères de l'α-monooléine, tels que l'α-monoélaïdine et l'α-monoisooléine.

Les monoglycérides suivants ont été obtenus avec des acides gras non saturés, qui n'ont pas été trouvés dans la nature jusqu'ici.

α-Monostéaroléine, C^3H^5 $(O\text{-}CO\text{-}C^{17}H^{33})$ $(OH)^2$. Obtenue synthétiquement au moyen de la glycérine et de l'acide stéaroléique (*Quensell*[1]) ou de l'α-monochlorhydrine et du stéaroléate de potassium. Cristallise dans l'alcool en feuillets blancs, fondant à 40,5°, difficilement solubles dans l'alcool froid, plus facilement dans l'alcool chaud, et aisément solubles dans le chloroforme, l'éther, le benzène et l'éther de pétrole.

On obtient le produit d'addition dichloré, $C^{21}H^{38}O^4Cl^2$, sous forme huileuse, en faisant réagir les quantités moléculaires équivalentes de α-monostéaroléine et de chlore en solution chloroformique.

Le produit d'addition dibromé s'obtient en abandonnant une molécule de brome à réagir sur une molécule de α-monostéaroléine en solution dans le sulfure de carbone, en présence de fer métallique ou de chlorure ferrique comme catalyseur.

Le dérivé d'addition diiodé s'obtient de même en faisant réagir l'iode sur l'α-monostéaroléine en solution dans le sulfure de carbone en présence d'iodure ferreux et d'iodure d'aluminium comme catalyseurs ; l'absorption complète demande quatre à cinq jours et ne s'effectue qu'en exposant le mélange à la lumière.

Le dérivé tétrabromé, $C^{18}H^{39}O^4Br^4$, s'obtient assez difficilement en abandonnant à réagir pendant une semaine, en pleine lumière, deux molécules de brome (avec excès de 10 0/0) sur une molécule d'α-monostéaroléine.

α-Monobénoléine, C^3H^5 $(O\text{-}CO\text{-}C^{21}H^{38})$ $(OH)^2$. Obtenue en chauffant l'α-monochlorhydrine avec le bénoléate de sodium à 160°. Elle cristallise dans l'alcool en feuillets blancs fondant à 50,5°, (*Quensell*[2]). On obtient le dérivé dibromé, $C^{25}H^{46}O^4Br^2$, en faisant réagir le brome sur l'α-monobénoléine en solution dans le sulfure de carbone, en présence du fer métallique comme catalyseur. Le dérivé

1. *Berichte*, 1909 (42), 2441.
2. *Ibidem*, 1909 (42). 2445.

diiodé s'obtient difficilement, la réaction n'étant complète qu'après un temps de contact prolongé (plus d'une semaine) et exposition, en pleine lumière.

DIGLYCÉRIDES

Les diglycérides répondent à la formule générale $C^3H^5(OR)^2(OH)$. Si les deux radicaux acides sont identiques, les diglycérides sont dits *simples ;* s'ils sont différents, les diglycérides sont *mixtes.*

Pour un diglycéride simple, c'est-à-dire renfermant deux fois le même radical acide, deux isomères sont théoriquement possibles, ainsi que le montrent les deux formules suivantes, où R représente le radical acide :

$$C^3H^5\begin{cases}O\text{–}R & (\alpha)\\ O\text{–}H & \\ O\text{–}R & (\alpha)\end{cases} \quad \text{ou} \quad C^3H^5\begin{cases}O\text{–}R & (\alpha)\\ O\text{–}R. & (\beta)\\ O\text{–}H & \end{cases}$$

Les composés répondant à la première formule sont appelés α-α-glycérides ou symétriques ; ils s'obtiennent par l'action des sels d'acides gras sur l'α-dichlorhydrine. Les composés répondant à la seconde formule sont dits α-β-glycérides ou asymétriques, et s'obtiennent de façon analogue avec la β-dibromhydrine.

Les α-β-diglycérides, ayant un atome de carbone asymétrique dans leur molécule, peuvent être vraisemblablement considérés comme des composés racémiques, quoique les tentatives de *Corelli* [1] pour dédoubler l'éther sulfurique de divers α-β-diglycérides en isomères actifs, au moyen de leurs sels de brucine, n'aient pas donné jusqu'ici de résultats positifs.

Si le radical acide est doué de l'activité optique (comme c'est le cas pour les acides ricinioléique, chaulmougrique ou hydrocarpique) le diglycéride possède nécessairement aussi l'activité optique.

On peut différencier les α-α et les α-β diglycérides par leur attitude différente à l'égard du chlorure de thionyle ; celui-ci réagit très facilement sur les α-β-diglycérides en formant des éthers chlorhydriques des diglycérides (c'est-à-dire des triglycérides mixtes renfermant du chlore à la place d'un oxhydryle), tandis qu'il n'agit que très lentement et très incomplètement sur les α-α-diglycérides.

1. *Dissert.*, Zurich, 1909.

Le mélange des triglycérides mixtes peut être facilement résolu au moyen de dissolvants (*Corelli*).

Pour un diglycéride mixte, c'est-à-dire renfermant des radicaux acides différents, la théorie prévoit l'existence de trois isomères, suivant les formules suivantes, où R_1 et R_2 représentent les radicaux acides différents :

$$C^3H^5 \begin{cases} O-R_1 & (\alpha) \\ O-H, & (\beta) \\ O-R_2 & (\gamma) \end{cases} \qquad C^3H^5 \begin{cases} O-R_1 & (\alpha) \\ O-R_2, & (\beta) \\ O-H & (\gamma) \end{cases} \qquad C^3H^5 \begin{cases} O-R_2 & (\alpha) \\ O-R_1, & (\beta) \\ O-H & (\gamma) \end{cases}$$

Ces diglycérides renfermant un atome de carbone asymétrique peuvent être regardés comme des composés racémiques, et par suite dédoublables en isomères actifs. Si l'un des radicaux acides — ou tous les deux — jouissent d'un pouvoir rotatoire, les diglycérides présentent également l'activité optique.

Les diglycérides se préparent synthétiquement par les mêmes méthodes que les monoglycérides, avec ces variantes évidentes, que la proportion d'acides gras doit être plus grande (dans les méthodes de *Berthelot* et de *Twitchell*) et que l'on emploie la dichlorhydrine (ou dibromhydrine) au lieu de la monochlorhydrine (ou monobromhydrine).

Grün[1] indique qu'en traitant une solution d'acides gras supérieurs dans l'acide sulfurique (1 partie d'acide gras dans 1,5 partie d'acide sulfurique) par l'acide glycérodisulfurique (voir chap. III), à la température de 70° pendant trois heures, il se forme exclusivement des diglycérides (le produit de la réaction ne renfermant ni mono-, ni tri-glycérides) ; le rendement en diglycéride est d'autant plus petit que le poids moléculaire de l'acide gras est moins élevé. Pour expliquer ce fait, *Grün* et *Schacht*[2] prétendent que les diglycérides, une fois formés, forment ces produits d'addition avec les acides gras ; ainsi, avec l'acide myristique et l'acide glycérodisulfurique, on aurait pu isoler le composé d'addition :

$$C^3H^5(OH)(O-CO-C^{13}H^{26})^2 + 2C^{14}H^{28}O^2.$$

Van Eldik Thieme[3] a combattu cette explication et montré que

1. *Berichte*, 1905 (38), 2284.
2. *Ibidem*, 1907 (40), 1778.
3. *Proceed. K. Akad. d. Wetensch.*, Amsterdam, 1908, 855.

conformément à la théorie qui voudrait que les mono-, di- et triglycérides soient formés simultanément, il y a bien effectivement formation de triglycérides, et que c'est ultérieurement, par l'action hydrolysante de l'eau, que se forment les di- et monoglycérides. Il semblerait donc, dans ces conditions, que dans les expériences de *Grün* et *Schacht*, l'acide sulfurique renfermait encore assez d'eau pour qu'il y ait hydrolyse du triglycéride.

Van Eldik Thieme [1], revenant sur la question, a apporté de nouvelles preuves à l'appui de son argumentation, et il est assez étonnant, que dans leurs travaux ultérieurs, *Grün* et *Corelli* [2] persistent à ignorer les objections soulevées par cet observateur.

E. Fischer [3] a indiqué une méthode de préparation des α-α-diglycérides, qui tout en donnant des produits de constitution certaine, permet de se rendre compte de la facilité avec laquelle les migrations moléculaires s'opèrent au cours de ces synthèses. Elle consiste à éthérifier à froid, au moyen des chlorures d'acides, en présence de quinoléine, les deux fonctions alcooliques libres de la monodhydrine, $CHI\text{-}CHOH\text{-}CH^2OH$; celle-ci où l'iode est en position α (car elle forme une combinaison acétonique particulière aux α-glycols), donne des triglycérides mixtes de l'acide iodhydrique et des acides gras de la forme $\begin{array}{l}I\text{-}CH^2\text{-}CH^2 - CH^2\\ \quad\ \ |\qquad\quad |\\ \quad O^2C\text{-}R\ \ O^2C\text{-}R'\end{array}$, que l'on traite par le nitrite d'argent afin de remplacer l'atome d'iode par un groupement oxhydriyle ; mais on obtient ainsi, par suite d'une transposition moléculaire, non pas des diglycérides α-β, mais des diglycérides α-α.

En chauffant les diglycérides avec l'anhydride acétique ou avec le chlorure de benzoyle (et la soude caustique) on obtient des triglycérides mixtes, tels que ceux répondant aux formules :

$$C^3H^5(O\text{-}R)(O\text{-}CO\text{-}CH^3)\ O\text{-}R) \quad \text{et} \quad C^3H^5(O\text{-}R_1)(O\text{-}R_2)(O\text{-}CO\text{-}CH^3),$$
$$C^3H^5(O\text{-}R)(O\text{-}CO\text{-}C^6H^5)(O\text{-}R) \quad \text{et} \quad C^3H^5(O\text{-}R_1)(O\text{-}R_2)(O\text{-}CO\text{-}C^6H^5.$$

1. *Journ. f. prakt. Chem.*, 1912 (85), 284.
2. *Zeits. f. angew. Chem.*, 1912, 665 ; 947.
3. *Berichte*, 1920 (53), 1589.

Diglycérides simples.

a) *Diglycérides d'acides gras saturés*

Diformine, C^3H^5 $(O\text{-}CHO)^2$ (OH). Obtenue comme produit intermédiaire dans la préparation de l'acide formique au moyen de l'acide oxalique et de la glycérine. Elle se prépare industriellement en chauffant 10 parties d'acide formique pur avec 4 parties de glycérine à 95 0/0, à 140° l'acide formique faible distille et la diformine reste[1]. Poids spécifique à 15°, 1.304 ; elle bout à 163-166° sous la pression de 20-30 mm.

Diacétine, C^3H^5 $(O\text{-}CO\text{-}CH^3)^2$ (OH). Se forme avec la monoacétine et la triacétine en chauffant la glycérine anhydre avec l'acide acétique glacial. Elle s'obtient aussi en chauffant l'acide glycérodisulfurique et l'acide acétique glacial pendant trois heures à 70° (*Custodis* [2]). Elle bout sans décomposition à 175-176° sous la pression de 40 mm. Poids spécifique 1,1769-1,1788 à 15° (eau à 15° = 1). Elle est facilement soluble dans l'eau et l'alcool, moins facilement dans l'éther et plus difficilement encore dans le benzène. La diacétine est un produit commercial ; elle a été employée dernièrement pour la falsification des huiles essentielles [3].

α-α-Dibutyrine, $C^3H^5\begin{cases}O\text{-}CO\text{-}C^3H^7\\ O\text{-}H\\ O\text{-}CO\text{-}C^3H^7\end{cases}$. Le poids spécifique du produit préparé par *Berthelot* est 1,083 à 17°. Il bout à 173-176° sous la pression de 19 mm. et à 279-282° sous la pression ordinaire. La réfraction au butyroréfractomètre est de 14 degrés à 40°.

α-β-Dibutyrine, $C^3H^5\begin{cases}O\text{-}CO\text{-}C^3H^7\\ O\text{-}CO\text{-}C^3H^7\\ O\text{-}H\end{cases}$. Bout à 166-168° sous 19 mm. de pression et à 273-275° sous la pression atmosphérique. La réfraction au butyroréfractomètre est de 18 degrés à 40°.

α-α-Diisobutyrine, $C^3H^5\begin{cases}O\text{-}CO\text{-}CH{=}(CH^3)^2\\ O\text{-}H\\ O\text{-}CO\text{-}CH{=}(CH^3)^2\end{cases}$. Bout à 272-275° sous

1. Von Kapff, U. S. A. Pat. 901, 298.
2. *Dissert.*, Zurich, 1909.
3. *Journ. Soc. Chem. Ind.*, 1903, 570 ; cf. aussi chap. XV.

la pression ordinaire et à 164-167° sous 22 mm. de pression. Au butyroréfractomètre, elle indique 10,3 degrés à 40°.

$$\alpha\text{-}\beta\text{-}Diisobutyrine,\ C^3H^5 \begin{cases} O\text{-}CO\text{-}CH{=}(CH^3)^2 \\ O\text{-}CO\text{-}CH{=}(CH^3)^2 \\ O\text{-}H \end{cases}$$

. Bout à 269-272° sous la pression ordinaire et à 159-162° sous 20 mm. de pression. Réfraction au butyroréfractomètre : 11,5 degrés à 40°.

Divalérine, $C^3H^5(O\text{-}CO\text{-}C^4H^9)^2\ (OH)$. Son poids spécifique à 16° est 1,059.

$$\alpha\text{-}\alpha\text{-}Dilaurine,\ C^3H^5 \begin{cases} O\text{-}CO\text{-}C^{11}H^{23} \\ OH \\ O\text{-}CO\text{-}C^{11}H^{23} \end{cases}$$

. Obtenue par l'action de l'acide glycérodisulfurique sur l'acide laurique (rendement 35 0/0) ou celle de l'α-α-dichlorhydrine sur le laurate de potassium (rendement 81 0/0).

Le produit obtenu par le procédé premier est liquide, et ne donne que difficilement quelques cristaux fondants, après recristallisation, à 57°, tandis que l'α-α-laurine fournie par la seconde méthode [1] donne plus facilement des cristaux fondant à 55° (voir plus loin, *Double point de fusion*).

Van Eldik Thieme [2] a reconnu que, dans les réactions, il se forme de l'α-β-dilaurine, de la trilaurine, et de la monolaurine, en même temps que l'α-α-dilaurine, et que l'α-α-dilaurine véritable est liquide.

En faisant varier la température de réaction du laurate de potassium et de l'α-α-dichlorhydrine, le rendement en α-α-laurine solide augmente à mesure que la température est plus basse. Pour séparer l'α-α-dilaurine solide de l'α-α-dilaurine liquide, on ajoute de l'alcool au produit brut et filtrant à froid sur un filtre à vide ; la plus grande partie de l'α-α-dilaurine liquide passe avec de petites quantités de l'α-α-dilaurine solide.

Chauffée à 150°, l'α-α-dilaurine ne se convertit pas en α-α-dilaurine liquide.

L'α-α-dilaurine solide ne forme pas de produit d'addition avec l'acide laurique (voir plus loin, α-α-*Dimyristine*). Les cristaux qui se séparent de l'α-α-dilaurine obtenue de l'acide glycérodisulfurique

1. Grün et Schacht, *Berichte*, 1907 (40), 1788 ; Custodis, *Dissert.*, Zurich, 1909.
2. *Journ. f. prakt. Chem.*, 1912 (85), 295 ; *Berichte*, 1913 (46), 1655.

et de l'acide laurique fondent à 40°, tandis que l'α-α-dilaurine solide obtenue du laurate de potassium et de l'α-α-dichlorhydrine fond à 57°. Au bout de quelques mois, les deux modifications solides fondent à 45° et même un mélange de ces deux modifications fond également à 45°.

La dilaurine liquide n'est pas convertie en dilaurine solide en la chauffant à 150° pendant trois heures. A l'inverse de la dilaurine solide, elle s'hydrolyse assez facilement.

Le poids moléculaire de l'α-α-dilaurine, déterminé par cryoscopie (dans le benzène) n'est que la moitié du poids moléculaire théorique, anomalie qui n'a pas encore été expliquée (voir *Trilaurine*). Les deux α-α-dilaurine, solides donnent à la cryoscopie des poids moléculaires un peu plus élevés que les chiffres théoriques (la dilaurine fondant à 40° donne 517,4 et l'α-α-dilaurine fondant à 57°, 511,3, le chiffre théorique étant 456,42) (*Cuslodis*). L'α-α-dilaurine est soluble dans l'alcool, l'éther et le chloroforme.

α-β-*Dilaurine*. $C^3H^5 \begin{cases} O\text{-}CO\text{-}C^{11}H^{23} \\ O\text{-}CO\text{-}C^{11}H^{23} \\ OH \end{cases}$, s'obtient en chauffant l'α-β-dibromhydrine avec le laurate de potassium (*Reinhardt* [1]). Elle cristallise de sa solution dans l'éther de pétrole chaud (après addition d'éther de pétrole froid) en cristaux, se ramollissant à 50° et fondant à 56°, 56,3°, (*Van Eldik Thieme*). Cette dilaurine est soluble dans l'alcool à 95 0/0, mais insoluble dans l'alcool à 60 0/0, même à chaud.

α-β-*Dimyristine*, $C^3H^5 \begin{cases} O\text{-}CO\text{-}C^{13}H^{27} \\ OH \\ O\text{-}CO\text{-}C^{13}H^{27} \end{cases}$, s'obtient au moyen de l'acide glycérodisulfurique [2] et de l'acide myristique ; le rendement de la réaction n'est que de 46 à 47 0/0 ; le produit principal est un composé d'addition, de formule :

$$C^3H^5(O\text{–}CO\text{–}C^{13}H^{27})^2\,OH + 2C^{14}H^{28}O^2,$$

formant de petits cristaux blancs, fondant à 53,5°, (de la solution

1. *Dissert.*, Zurich, 1909.
2. Grün et Schacht, *Berichte*, 1907 (40), 1785 ; cf. aussi Lipp et Miller, *Chem. Centralbl.* 1913, 1560.

dans l'alcool ou l'éther) ou à 55° (de la solution dans l'alcool amylique).

Cette α-α-dimyristine forme des cristaux blancs, difficilement solubles dans l'éther de pétrole et fondant à 63° (de la solution alcoolique ou éthérée) ou à 65° (de la solution dans l'alcool amylique). Après un certain temps, le point de fusion s'abaisse à 62,5°.

L'α-α-dimyristine, obtenue de l'α-α-dichlorhydrine et du myristate de potassium forme des cristaux blancs, fondant à 55° et 61° et après solidification à 61°. Après plusieurs mois, le point de fusion est 59° et se maintient constant même après solidification.

α-β-Dimyristine [1], $C^3H^5 \begin{cases} O\text{-}CO\text{-}C^{13}H^{27} \\ O\text{-}CO\text{-}C^{13}H^{27} \\ OH \end{cases}$, s'obtient en chauffant l'α-chlorodimyristine avec le nitrite d'argent et saponifiant l'éther nitreux. Elle fond à 64,5°, et manifeste le même point de fusion après solidification. Après plusieurs mois, elle fond à 62,5°, et de suite après solidification à 50°, et au bout de 24 heures à 60°.

α-Dipalmitine, $C^3H^5 \begin{cases} O\text{-}CO\text{-}C^{15}H^{31} \\ O\text{-}H \\ O\text{-}CO\text{-}C^{15}H^{31} \end{cases}$. La dipalmitine fondant à 59°, obtenue par *Berthelot* en chauffant ensemble la glycérine et l'acide palmitique, et la dipalmitine fondant à 61°, préparée par *Chittenden* et *Smith*, sont probablement identiques avec le produit obtenu par *Guth* en chauffant deux molécules de palmitate de sodium avec une molécule d'α-dichlorhydrine ; la constitution de ce composé doit être celle d'un α-α-diglycéride, à condition qu'il ne s'opère pas de transposition moléculaire sous l'action de la chaleur. Cette manière de voir semble justifiée par la synthèse que *Grün* [2] a faite de ce même glycéride, en chauffant l'acide palmitique et l'acide glycérodisulfurique.

L'α-α-dipalmitine fond à 69° (*Guth*), 70° (*Grün*) ; au bout d'un certain temps, le point de fusion s'élève à 73-74° (*Corelli* [3]). Au butyroréfractomètre, elle marque 23,8 degrés à 75°.

1. Grün et Theimer, *Berichte*, 1907 (40), 1797.
2. *Berichte*, 1905 (38), 2285.
3. *Dissert.*, Zurich, 1909.

α-β-*Dipalmitine*, $C^3H^5 \begin{cases} O\text{-}CO\text{-}C^{15}H^{31} \\ O\text{-}CO\text{-}C^{15}H^{31} \\ O\text{-}H \end{cases}$. A été obtenue au moyen de l'α-β-dibromhydrine et du palmitate de sodium. Fond à 67°. Réfraction au butyroréfractomètre : 21,8 degrés à 75°.

α-*Distéarine*, $C^3H^5 \begin{cases} O\text{-}CO\text{-}C^{17}H^{35} \\ O\text{-}H \\ O\text{-}CO\text{-}C^{17}H^{35} \end{cases}$. Le composé obtenu par *Berthelot*:

1° En chauffant une partie de monostéarine avec trois parties d'acide stéarique à 260° pendant trois heures ; 2° en chauffant la stéarine avec un excès de glycérine à 220° pendant vingt-deux heures ; 3° en chauffant parties égales d'acide stéarique et de glycérine à 160° pendant quatorze heures — fondant à 58° — est très probablement le composé α-α, ainsi que le produit obtenu par *Hundeshagen* [1], fondant à 76,5°. *Güth* a fait la synthèse de l'α-α-distéarine en chauffant une molécule d'α-α-dichlorhydrine avec deux molécules de stéarate de sodium en tube scellé à 140-150° pendant six à huit heures. Cette distéarine cristallise dans l'éther de pétrole en plaques rhombiques fondant à 72,5°. Au butyroréfractomètre, elle indique 25,3 degrés à 75°.

Bömer [2], en préparant ce glycéride par la méthode de *Güth*, a trouvé qu'il se forme dans la réaction de grandes quantités de tristéarine, et par suite, toutes les indications des précédents observateurs se rapportent à un produit impur. L'α-α-distéarine, soigneusement purifiée, exempte de tristéarine, fond à 75°.

L'α-α-distéarine obtenue de l'acide stéarique et de l'acide glycéro-disulfurique (rendement 76 0/0) (*Grun*) s'agglomère à 58°, et fond à 76° ; au bout de quelques mois, elle fond à 74,5° (*Grün* et *Schacht*).

α-β-*Distéarine*, $C^3H^5 \begin{cases} O\text{-}CO\text{-}C^{17}H^{35} \\ O\text{-}CO\text{-}C^{17}H^{35} \\ O\text{-}H \end{cases}$. S'obtient en chauffant ensemble 1 molécule d'α-β dibromhydrine et 2 molécules de stéarate de sodium. Elle cristallise dans l'éther de pétrole en plaques prismatiques fondant à 74,5°. L'α-β-distéarine, obtenue de l'α-chlorodistéarine et du nitrite d'argent présente le point de fusion 78,2°, et après

1. *Journ. f. prakt. Chem.* (28), 227.
2. *Zeits. f. Unters. d. Nahr. u. Genussm.*, 1913, XXV, 354.

quelques jours 77,5° (*Grün* et *Theimer* [1]). Réfraction au butyroréfractomètre : 25 degrés à 75°.

α-α-Diarachidine, $C^3H^5(O\text{-}CO\text{-}C^{19}H^{39})^2(OH)$. Fond à 75° (*Berthelot*, *Grün*) ; presque insoluble dans l'éther froid, mais très facilement soluble dans le sulfure de carbone.

Dicérotine, $C^3H^5(O\text{-}CO\text{-}C^{25}H^{51})^2(OH)$. Fond à 79,5° ; presque insoluble dans l'alcool bouillant.

Dimontanine, $C^3H^5(O\text{-}CO\text{-}C^{28}H^{57})^2OH$. S'obtiendrait en chauffant la cire de lignite raffinée avec la glycérine [2] ; elle fondrait à 80-81°.

Dimélissine, $C^3H^5(O\text{-}CO\text{-}C^{29}H^{59})^2(OH)$. Fond à 90°.

b) *Diglycérides d'acides gras non saturés*

α-α-Dioléine, $C^3H^5\begin{cases}O\text{-}CO\text{-}C^{17}H^{33}\\O\text{-}H\\O\text{-}CO\text{-}C^{17}H^{33}\end{cases}$. Le composé obtenu par *Berthelot*, en chauffant une partie de monooléine avec cinq parties d'acide oléique à 250° pendant plusieurs heures, ou en chauffant l'oléine avec la glycérine à 200° pendant vingt-deux heures, est très probablement l'α-α-dioléine. La véritable α-α-dioléine a été préparée par *Güth* par réaction de l'oléate de sodium sur l'α-α-dichlorhydrine. L'α-α-dioléine diffère très peu comme propriétés physiques de l'α-monooléine. Comme celle-ci, elle se solidifie à 0° en une masse blanche, qui se convertit après quelques jours à la température ordinaire en une masse translucide, présentant des particules granuleuses blanches. Au butyroréfractomètre, elle indique 58,8 degrés à 40°.

α-β-Dioléine, $C^3H^5\begin{cases}O\text{-}CO\text{-}C^{17}H^{33}\\O\text{-}CO\text{-}C^{17}H^{33}\\O\text{-}H\end{cases}$. Obtenue par réaction de l'oléate de sodium sur l'α-β-dibromhydrine. Elle ressemble à l'α-α-dioléine comme couleur, odeur et goût ; elle se solidifie aussi à 0°, mais en diffère en ce qu'elle reste liquide à la température ordinaire, lors même qu'elle est abandonnée au repos pendant plusieurs semaines.

Réfraction au butyroréfractomètre : 56,3 degrés à 40°.

Les stéréoisomères de la dioléine n'ont pas encore été préparés.

1. *Berichte*, 1907 (40), 1793.
2. Ernst Schliemann, Export-Cerésin Fabrik, D. R. P., 244. 786.

Diérucine, C^3H^5 $(O\text{-}CO\text{-}C^{21}H^{41})^2$ (OH), fond à 47°. Presque insoluble dans l'éther et l'éther de pétrole. Sa présence dans la vieille huile de colza a déjà été signalée plus haut.

Dibrassidine, C^3H^5 $(O\text{-}CO\text{-}C^{21}H^{41})^2$ (OH), fond à 67°, se dissout difficilement dans l'éther.

α-α-*Dilinoléine*, $C^3H^5\begin{cases}O\text{-}CO\text{-}C^{18}H^{31}\\ OH\\ O\text{-}CO\text{-}C^{18}H^{31}\end{cases}$, obtenue de l'α-α-dichlorhydrine et du linoléate de potassium ; c'est un liquide jaune. Le dérivé bromé C^3H^5 $(O\text{-}CO\text{-}C^{17}H^{31}Br^4)$ (OH) $(O\text{-}CO\text{-}C^{17}H^{31}Br^4)$, préparé au moyen de la dichlorhydrine et du tétrabromostéarate de potassium (provenant du tétrabromure linoléique) fond à 71-72° ; il est facilement soluble dans l'éther, et moins soluble dans l'alcool que l'α-α-dilinoléine (*Schœnfeld*[1]).

Les diglycérides suivants ont été obtenus d'acides gras non saturés, qui n'ont pas été trouvés jusqu'ici dans la nature :

α-α-*Distéaroléine*, $C^3H^5\begin{cases}O\text{-}CO\text{-}C^{17}H^{31}\\ OH\\ O\text{-}CO\text{-}C^{17}H^{31}\end{cases}$. Préparée en chauffant l'α-α-dichlorhydrine avec le stéaroléate de sodium à 180° ; elle cristallise dans l'éther de pétrole léger en feuillets blancs, fondant à 38°, et dans l'alcool en aiguilles fondant à 38,5°. Elle est peu soluble, à froid, mais davantage à chaud, dans l'alcool ; elle se dissout facilement dans l'éther, le benzène, l'éther de pétrole et le chloroforme (*Quensell*[2]).

α-β-*Distéaroléine*, $C^3H^5\begin{cases}O\text{-}CO\text{-}C^{17}H^{31}\\ O\text{-}CO\text{-}C^{17}H^{31}\\ OH\end{cases}$. Obtenue en chauffant l'α-β-dibromhydrine avec un excès de stéaroléate de sodium à 175° ; elle fond à 40° (*Quensell*[2]). Chauffée avec l'anhydride acétique et l'acétate de sodium, elle ne fixe pas de groupement acétyle.

α-α-*Dibénoléine*, $C^3H^5\begin{cases}O\text{-}CO\text{-}C^{21}H^{39}\\ OH\\ O\text{-}CO\text{-}C^{21}H^{39}\end{cases}$. S'obtient en chauffant l'α-α-dichlorhydrine avec le bénoléate de sodium à 170°. Les cristaux

1. *Dissert.*, Zurich, 1912.
2. *Berichte*, 1909 (42), 2443.

obtenus dans l'éther de pétrole fondent à 42° ; provenant de la solution alcoolique, ils fondent à 48° (*Quensell* [1]).

Le dérivé tétrachloré $C^3H^5 (O\text{-}CO\text{-}C^{21}H^{39}Cl^2O^2)^2 (OH)$. Se forme par l'action du chlore sur une solution d'α-α-dibénoléine dans le sulfure de carbone (*Quensell* [1]), et le dérivé tétraiodé par l'action de l'iode en présence d'un catalyseur (bichlorure de mercure) sur l'α-α-dibénoléine dissoute dans le sulfure de carbone.

α-β-*Dibénoléine*, $C^3H^5 \begin{cases} O\text{-}CO\text{-}C^{21}H^{39} \\ O\text{-}CO\text{-}C^{21}H^{39} \\ OH \end{cases}$. S'obtient en chauffant l'α-β-dibromhydrine et le bénoléate de sodium à 180° ; les cristaux provenant de la solution alcoolique fondent à 43° (*Quensell* [1]). Chauffée avec l'anhydride acétique et l'acétate de sodium, elle ne fixe pas de groupement acétyle.

Diglycérides mixtes.

a) *Diglycérides d'acides saturés*

1) DIGLYCÉRIDES α-α

α-*Lauro*-α-*Myristine*, $C^3H^5 \begin{cases} O\text{-}CO\text{-}C^{11}H^{23} \\ OH \\ O\text{-}CO\text{-}C^{13}H^{27} \end{cases}$. S'obtient en chauffant [2] l'α-lauro-α-monochlorhydrine avec le myristate de potassium à 140° elle cristallise (dans l'éther de pétrole et l'éther, refroidis au-dessous de 0°) en cristaux blancs, brillants, fondant à 40-42° ; le produit fondu, une fois solidifié, fond de nouveau à 34-35°.

α-*Lauro*-α-*Stéarine*, $C^3H^5 \begin{cases} O\text{-}CO\text{-}C^{11}H^{23} \\ OH \\ O\text{-}CO\text{-}C^{17}H^{35} \end{cases}$. Obtenue en chauffant [2] l'α-chloro-γ-monostéarine (ou l'α-stéaro-α-monochlorhydrine) avec le laurate de potassium à 120° ; elle cristallise dans un mélange refroidi d'éther et d'éther de pétrole en cristaux grenus, fondant à 52-53°, et après solidification, à 45°.

1. *Berichte*, 1912, 2443.
2. Grün et Skopnik, *Berichte*, 1909 (42), 3757.

α-Stéaro-α-Myristine, $C^3H^5 \begin{cases} O\text{-}CO^{17}\text{-}CH^{35} \\ OH \\ O\text{-}CO^{13}\text{-}CH^{27} \end{cases}$. Préparée en chauffant[1] l'α-stéaro-α-monochlorhydrine avec le myristate de potassium ; elle cristallise (dans un mélange d'éther et d'éther de pétrole) en cristaux se ramollissant à 47°, fondant à 52-53°, et après solidifidation à 44°.

2) DIGLYCÉRIDES α-β

α-Myristo-β-Stéarine, $C^3H^5 \begin{cases} O\text{-}CO\text{-}C^{13}H^{27} \\ O\text{-}CO\text{-}C^{17}H^{35} \\ OH \end{cases}$. Obtenue en chauffant[1] l'α-myristo-α-monochlorhydrine avec le chlorure de stéaryle et traitant la myristostéarochlorhydrine obtenue par le nitrite d'argent ; elle fond à 58° (*Grün* et *Schreyer*[2]).

b) *Diglycérides d'acides non salurés*

α-Acétyl-γ-Stéaroléine, $C^3H^5 \begin{cases} O\text{-}CO\text{-}CH^3 \\ OH \\ O\text{-}CO\text{-}C^{17}H^{31} \end{cases}$. Obtenue en faisant bouillir l'α-monostéaroléine avec l'anhydride acétique et l'acétate de sodium ; elle forme une huile visqueuse, qui se solidifie par refroidissement dans un mélange réfrigérant.

α-Acétyl-γ-acétylricinostéaroléine, $C^3H^5 \begin{cases} O\text{-}CO\text{-}CH^3 \\ OH \\ O\text{-}CO\text{-}C^{17}H^{31}\ (O\text{-}CO\text{-}CH^3) \end{cases}$

S'obtient en faisant bouillir l'a-monoricinostéaroléine avec l'anhydride acétique ; un groupement acétyle se fixe sur l'oxhydryle du radical acide et un second groupement acétyle sur l'un des oxhydryles du monoglycéride.

TRIGLYCÉRIDES

La théorie prévoit l'existence de deux classes de triglycérides, selon que les molécules des trois radicaux acides gras sont sem-

1. Grün et Skopnik, *Berichte*, 1909 (42), 3757.
2. *Berichte*, 1912 (45), 3420.

blables ou différentes. Les premiers composés peuvent être appelés *triglycérides simples*, tandis que les derniers seront nommés *triglycérides mixtes*.

Dans la première classe, pour un même radical acide on ne peut avoir qu'un seul corps de formule :

$$C^3H^5 \begin{array}{l} \diagup O{-}R \\ - O{-}R, \\ \diagdown O{-}R \end{array}$$

tandis que dans la seconde classe deux isomères sont possibles pour deux radicaux acides différents et trois isomères peuvent exister si les trois radicaux acides sont différents. C'est ce que montrent les formules suivantes :

$$\begin{array}{ccccc} (1) & (2) & (3) & (4) & (5) \\ C^3H^5 \begin{array}{l} \diagup O{-}R_2\ (\alpha) \\ - O{-}R_1\ (\beta), \\ \diagdown O{-}R_2\ (\gamma) \end{array} & C^3H^5 \begin{array}{l} \diagup O{-}R_1\ (\alpha) \\ - O{-}R_2\ (\beta), \\ \diagdown O{-}R_2\ (\gamma) \end{array} & C^3H^5 \begin{array}{l} \diagup O{-}R_1\ (\alpha) \\ - O{-}R_2\ (\beta), \\ \diagdown O{-}R_3\ (\gamma) \end{array} & C^3H^5 \begin{array}{l} \diagup O{-}R_2\ (\alpha) \\ - O{-}R_1\ (\beta), \\ \diagdown O{-}R_3\ (\gamma) \end{array} & C^3H^5 \begin{array}{l} \diagup O{-}R_1\ (\alpha) \\ \ \ O{-}R_3\ (\beta). \\ \diagdown O{-}R_2\ (\gamma) \end{array} \end{array}$$

On voit que dans les triglycérides répondant à la formule (1), les radicaux acides des positions α et γ sont identiques ; les glycérides possédant cette constitution sont dits *triglycérides mixtes symétriques*, tandis que les glycérides répondant à la formule (2), dans laquelle les radicaux des positions β et γ sont identiques sont dits *triglycérides mixtes asymétriques*. Les mêmes dénominations peuvent servir à désigner les triglycérides représentés par les formules (3), (4) et (5).

Le nombre de triglycérides simples est limité par le nombre des acides gras (et de leurs isomères) existants, tandis que le nombre des triglycérides mixtes possibles est infiniment plus grand ; *Berthelot*[1] et *Kablukow*[2] ont donné des formules pour calculer le nombre de ces isomères, mais il est sans utilité de les reproduire ici, d'autant que le nombre d'isomères ainsi calculé devrait être considérablement augmenté, du fait de l'existence de stéréoisomères comme les acides élaïdique et brassidique, d'isomères doués du pouvoir rotatoire et provenant du dédoublement de racémiques tels que ceux représentés par les quatre dernières formules (possédant un atome

1. *Chimie organique fondée sur la synthèse*, 1860, vol. II, 33.
2. *Chem. Centralbl.*, 1888 (1), 73.

de carbone asymétrique), et finalement d'isomères actifs tenant leur activité optique de l'asymétrie de l'un au moins des radicaux acides (et jouissant ainsi du pouvoir rotatoire sur la lumière polarisée).

Récemment encore, la plupart des corps gras naturels étaient considérés comme des mélanges en proportions variables des triglycérides simples de quelques acides gras : la tripalmitine, la tristéarine et la trioléine, celles-ci étant les plus fréquemment rencontrées. Cette opinion s'appuyait sur ce fait qu'en abandonnant les corps gras liquides au refroidissement, la tripalmitine et la tristéarine se séparent de l'oléine, soit à l'état de pureté, soit mélangées.

Berthelot, cependant, pour expliquer la variété et la complexité des corps gras naturels, admettait comme possible l'existence et la présence de glycérides mixtes naturels, mais cette hypothèse, toute théorique, n'avait trouvé jusqu'à ces derniers temps, qu'un faible appui, dans les seules observations de *Bell* et *Lewin* (Voir *Beurre de vache*, chap. XIV), signalant la présence probable dans le beurre de vache de l'oléopalmitobutyrine de formule :

$$C^3H^5(O-CO-C^{17}H^{33})\,(O-CO-C^{15}H^{31})\,(O-CO-C^3H^7).$$

Depuis, *Heise*[1] a découvert l'oléodistéarine dans le suif de Mkany et le beurre de Kokum, et d'autres savants ont isolé des corps gras neutres naturels un nombre considérable de triglycérides mixtes.

La préparation des triglycérides purs au moyen des produits naturels est une opération laborieuse qui ne s'effectue pas toujours de façon satisfaisante, les différents triglycérides naturels étant très difficiles à séparer. *Duffy*[2], par exemple, par recristallisations successives de 2.000 grammes de suif de mouton dans l'éther, n'a obtenu, après trente-deux cristallisations, que 8 grammes de matière qui ne pouvait pas même être considérée comme la tristéarine *pure*. De même, *Krafft*[3] a montré que, si l'on pouvait obtenir la trilaurine et la trimyristine, par distillation fractionnée dans le vide *absolu* de l'huile de laurier et du beurre de muscade (respectivement), dans un état de pureté tel, que le glycéride possède son point de fusion

1. *Arbeiten aus dem Kaiserlichen Gesundheitsamte*, 1896, XII, 540 ; XIII, 302.
2. *Journ. Chem. Soc.*, 1852 (5), 1199 ; cf. Heintz, *Journ. f. prakt. Chem.*, 1855 (66), 49.
3. *Berichte*, 1908 (36), 4843.

normal après une seule cristallisation, ce procédé est très limité dans son application ; les essais faits pour isoler les glycérides supérieurs, comme la tripalmitine de la cire du Japon, sont, en effet, demeurés infructueux, par suite de la décomposition qui intervient.

Un procédé plus satisfaisant, mais extrêmement laborieux, est offert par la cristallisation systématique du suif [1] et du saindoux dans l'éther, suivie de la recristallisation dans le benzène (cf. chap. XII).

Il s'ensuit que pour préparer certaines quantités de triglycérides purs, il est encore préférable d'employer les méthodes synthétiques. Mais nous sommes d'avis avec *E. Fischer*, que sous une apparente simplicité, les moyens mis en œuvre par ces méthodes ne serait-ce que la chaleur, ne mettent pas à l'abri de réactions internes, transpositions ou isomérisations dans les molécules traitées, et nous pensons que l'on pourrait expliquer ainsi nombre de divergences dans les propriétés que divers observateurs rapportent à des produits synthétiques paraissant identiques entre eux ou avec les produits naturels.

Les triglycérides purs ont été obtenus d'abord par *Berthelot* [2], en chauffant la glycérine avec les acides gras. Comme on l'a vu plus haut, il se forme simultanément le mono — et le diglycéride. Pour éviter leur formation, *Scheij* [3] chauffe la glycérine avec un excès d'acide gras et, pour obtenir l'éthérification complète, entraîne l'eau qui en résulte, en faisant passer un courant lent d'air sec dans la masse. Dans le cas des triglycérides des acides gras inférieurs, une petite quantité d'acide gras est entraînée et distille avec l'eau, et il est nécessaire de rajouter de temps en temps une nouvelle quantité d'acide gras au mélange de glycérine et d'acide gras. Quant il s'agit d'acides gras supérieurs, la fin de la réaction est indiquée par la disparition de la vapeur d'eau. On peut accélérer l'opération en ajoutant une petite proportion de réactif ou saponifaire de *Twitchell*.

Les triglycérides purs peuvent encore s'obtenir en chauffant les sels de sodium ou d'argent des acides gras avec la tribromhydrine

1. Bömer, *Zeits. f. Unters. d. Nahr. u. Genussm.*, 1907, XIV, 91 ; *Idem*, 1913.
2. *Ann. Chim. et Phys.*, 1854 (3), 41, 420.
3. *Rec. Trav. chim. des Pays-Bas*, 18, 169.

(*Güth*, *Partheil* et *v. Velsen* [1]), ou en faisant réagir à froid, les chlorures d'acides, en présence de la quinoléine, sur les mono- ou les diglycérides (*E. Fischer* [2]).

Les triglycérides et les corps gras neutres constitués par leur mélange offrent la propriété caractéristique de posséder un **double point de fusion.** Plusieurs observateurs, parmi lesquels *Chevreul*[3], ont constaté que les triglycérides fondus à une certaine température, se solidifient quelques degrés au delà, pour ne fondre à nouveau qu'à une température supérieure.

Cette propriété curieuse a été attribuée à l'existence de deux modifications, par *Duffy*, puis par *Heintz*, et *Güth* en a repris l'étude plus tard, sur la tristéarine, pour laquelle deux points de fusion ont été observés : 55° et 71°. *Güth* a reconnu que la tristéarine bien cristallisée n'a qu'un seul point de fusion, 71,5°, et qu'elle possède toujours ce même point, même après une première fusion, à condition qu'elle soit conservée dans le tube capillaire quelque temps après cette fusion. Mais, si la tristéarine est de nouveau essayée de suite après une première fusion ou bien si elle est introduite à l'état liquide dans le tube capillaire, et, par suite, refroidie trop rapidement, on observe deux points de fusion. *Güth* a observé encore qu'à la température la plus basse le glycéride ne fond complètement que si le tube capillaire est très fin et la quantité de matière très petite ; en examinant une quantité de substance plus grande dans un tube capillaire relativement plus gros, la fusion complète ne se produit pas à la température inférieure : la masse devient seulement molle et translucide, puis se solidifie et finalement fond à 71,5° en un liquide limpide.

Cette divergence entre la fusion de la tristéarine cristallisée et celle de la tristéarine fondue une première fois peut être expliquée, comme *Güth* l'a suggéré, par ce que la tristéarine fondue à 55° et rapidement refroidie n'a pas encore repris l'état cristallisé et se comporte comme l'eau refroidie au-dessous de 0° qui reste encore liquide ou comme les solutions sursaturées de sulfate de sodium. Si

1. *Arch. d. Pharmacie*, 1900 (238), 267.
2. *Berichte*, 1920 (53), 1589.
3. *Zeits. f. Biologie*, 44, 78 ; cf. Wimmel, *Zeits. f. analyt. Chem.*, 1868, VII, 269, et A. Smits et S. C. Bokhorst, *Proc. k. Acad. v. Wetensch.*, Amsterdam, 1912 (15), 681.

la matière est alors agitée ou modifiée par une élévation de température, elle se solidifie dans son état original ; la chaleur latente dégagée par la solidification est suffisante pour fondre la masse entière si celle-ci est petite ; si, au contraire, la quantité de matière est grande, le dégagement de chaleur n'est pas suffisant pour amener la liquéfaction complète, l'eau qui entoure le tube capillaire absorbant encore la chaleur dégagée.

La tripalmitine ainsi que la stéarodipalmitine et la palmitodistéarine n'ont qu'un point de fusion, ainsi que *Güth* l'a observé ; mais, dans les mêmes conditions que la tristéarine, elles manifestent deux points de fusion [1].

Grün et *Schacht* [2], puis *Bömer* [3] ont élevé de sérieuses objections contre les explications de *Güth*, en reprenant les vues émises par *Duffy* et *Heintz*.

Grün et *Schacht*, en effet, attribuent le phénomène du double point de fusion à l'existence de deux modifications isomériques. Ils ont préparé trois triglycérides mixtes, qui ont été obtenus sous la double forme : forme *instable*, à point de fusion inférieur, et forme *stable*, à point de fusion supérieur. La forme instable peut être graduellement transformée en forme stable en ensemençant la première avec un cristal de la seconde ; toutefois, il n'est pas possible de réaliser la transformation inverse. Quant à reconnaître la nature exacte de cette transformation, et si ce n'est pas une polymérisation, les expériences faites ne l'ont pas permis, les déterminations de poids moléculaires par cryoscopie et par ébullioscopie ne donnant aucun résultat positif. On peut rapprocher de ces observations les constatations faites sur l'α-α-dilaurine et la trilaurine l'α-β-γ-laurodimyristine, pour lesquelles on a obtenu effectivement deux modifications : l'une solide, l'autre liquide ; on a vu que la détermination du poids moléculaire par cryoscopie ne donne que la moitié du nombre théorique de l'α-α-dilaurine et l'on verra que la trilaurine liquide présente la même anomalie (*Custodis* [4]).

Bömer [3] a étudié minutieusement la transformation de la forme *instable* des glycérides (particulièrement de la tristéarine) en forme

1. Kreis et Hafner ont confirmé les observations de Güth (*Berichte*, 1903, 1125).
2. *Berichte*, 1907 (40), 1778 ; cf. Grün, *Berichte*, 1912 (45), 3692.
3. *Zeits. f. Unters. d. Nahr. u. Genussm.*. 1907, XIV, 97 ; 1909, XVII, 362.
4. *Dissert.*, Zurich, 1909.

stable, et indiqué nettement les conditions dans lesquelles s'observe le *premier point de fusion* (qu'il appelle *point de transition*). La forme stable est la forme cristalline sous laquelle les glycérides s'obtiennent des solutions ; dans le cas des glycérides purs, le *point de transition* est presque identique avec le point de solidification de la *forme cristallisée;* dans le cas des glycérides impurs, le *point de transition* est plus bas. C'est ce que l'on vérifie expérimentalement en faisant repasser dans la *forme stable* [1] la *forme instable* obtenue par refroidissement rapide de la substance solidifiée : pour cela, on chauffe la matière à 5° environ au-dessus du point *de transition* et laisse la température revenir dans 5 à 10 minutes jusqu'au *point de transition* (cf. chap. XII). Dans quelques cas, cependant, comme pour le suif de mouton, le temps de chauffage doit être prolongé. *Bömer* considère que le point de fusion des glycérides obtenus des solutions sous la forme *cristalline* doit être regardé comme le *véritable point de fusion.* Les glycérides purs n'ont qu'un seul et même point de fusion s'ils sont obtenus, sous la *forme cristalline*, d'une solution ou de cristaux déjà fondus. Les observations de *Güth* sur la tristéarine s'expliquent par le fait que la tristéarine examinée était obtenue d'une solution sous la forme *cristalline.*

A l'appui des explications précédentes, il faut remarquer que la tribrassidine, bien cristallisée, ne montre qu'un seul point de fusion, lors même qu'elle a été surchauffée jusqu'à 40° au-dessus de son point de fusion.

D'après *Jaeger* [2], la modification instable doit être regardée comme une phase liquide anisotrope, telle que celle observée avec le valérianate de phytostéryle, et le cas de l'α-α-dilaurine avec sa forme liquide, se transformant progressivement en l'une des deux modifications solides (*Custodis*), semblerait apporter confirmation à cette manière de voir.

Il reste cependant à expliquer l'existence de différentes formes ou modifications que présentent certains triglycérides comme la β-lauro-α-α-distéarine, la β-myristo-α-γ-distéarine, la β-myristo-α-γ-dilaurine, et la trinitroglycérine.

1. Le point de transition est donc la température à laquelle la forme *instable* passe dans la forme *stable*.
2. *Rec. trav. chim. Pays-Bas*, 1906 (25), 346.

Les phénomènes précédents sont en désaccord avec le principe physique suivant lequel la fusion et la solidification sont des phénomènes réciproques, réversibles, s'opérant exactement à la même température ; ce qui a conduit *Le Chatelier* et Mlle *Cavaignac* [1] à étudier le *double point de fusion* dans le beurre de coco raffiné et la tristéarine. Ils concluent que les corps gras ne se comportent pas différemment des autres corps, et que pour ces substances comme pour les autres, la fusion et la solidification sont des phénomènes inverses, rigoureusement réversibles, mais les corps gras se distinguent par ce fait que la vitesse de transformation est extrêmement faible. Si, donc, les observations des points de fusion et de solidification se font avec une lenteur suffisante dans un intervalle de temps assez long, la concordance s'obtient à 0,1 ou 0,2 degré près ; mais si elles se font rapidement dans un temps assez restreint (comme c'est généralement le cas pour la détermination des points de fusion dans un laboratoire), des variations considérables se manifestent.

Rien, parmi les faits observés, ne permet d'admettre l'existence de plusieurs variétés polymorphiques pour un même triglycéride, mais rien, non plus, n'exclut la possibilité de leur existence ; dans ce dernier cas, le problème deviendrait plus complexe, car le nombre de phases augmentant, il n'y aurait pas de température définie avant que toutes les phases solides, moins une, aient disparu. Le temps nécessaire serait très long, à en juger la lenteur de cristallisation d'une seule phase solide, et *Le Chatelier* et *Mlle Cavaignac* auraient raison de comparer la lenteur de cristallisation des corps gras à celle de la dévitrification du verre.

Une conclusion pratique à tirer de ces observations est qu'en ce qui concerne les corps gras, les méthodes habituelles de détermination des points de fusion et de solidification sont largement influencées (ou en d'autres termes, sont fonction de) la vitesse de chauffage et de refroidissement.

Si la température du point de fusion reste sensiblement constante et à 1° environ au-dessus du point de transformation de l'état réversible (ce qui correspond au *point de transition* de *Bömer*), la température de solidification, par contre, s'abaisse en proportion de la rapidité du refroidissement ; la différence entre les deux températures

1. *Comptes Rendus*, 1913 (156), 589.

augmente, cependant, et atteint 5° environ en moyenne si la rapidité du refroidissement et du chauffage varie entre 4° et 40° par heure.

Les substances étrangères ont une influence marquée sur le point de fusion, et en leur présence, les corps gras manifestent un état de surfusion.

Ces conclusions ne s'accordent pas complètement avec celles de *Bömer*, et il semble que les divergences existantes proviennent surtout de la méthode expérimentale employée par différents observateurs.

Ainsi qu'on l'a indiqué plus haut, les points de fusion et de solidification des triglycérides purs devraient être identiques ; cependant, les observations publiées par *Bömer* et *Limprich* [1] et reproduites plus loin, montrent que l'on distingue nettement le *point de transition* des glycérides purs, ce qui apporte un nouvel argument en faveur de leur hypothèse de l'existence de deux formes, *stable* et *instable*. Ils ont aussi reconnu (confirmant ainsi les observations de *Güth*) que les glycérides purs doivent être chauffés un certain temps au-dessus de la température du *point de transition* avant que la forme *instable* soit complètement transformée dans la forme *stable*; dans ces conditions, les glycérides ne présentent plus de point de transition, mais manifestent des points de fusion concordant avec ceux obtenus pour la forme *stable*.

GLYCÉRIDE	POINT de FUSION [1]	POINT de TRANSITION [1]	POINT de SOLIDIFICATION [1]	COMMENCE à se SOLIDIFIER à	POINT DE FUSION DU GLYCÉRIDE chauffé au-dessus de son point de transition
	degrés	degrés	degrés	degrés	degrés
Tristéarine [2]	73,2	55,5	53,5	58	73,6
β-Palmito-α-γ-distéarine [2]	61,5 (64,0) [4]	52,1	49,7	55	63,4
Stéaro-dipalmitine [2]	58,1	(48)	45,9	52	58,5
α-Palmito-β-γ-distéarine [3]	68,4	52,2	50,0	55	68,5
Stéaro-dipalmitine [2]	58,3	48,2	45,9	53	58,8

1. Détermination faite par la méthode de *Polenske*.
2. Isolée du suif de mouton.
3. Isolée du saindoux.
4. Le bain dans lequel la substance a été fondue, a été maintenu pendant 2 heures à 58-59°, puis abandonné à refroidir à 40° et de nouveau réchauffé ; il en résulte que pour ce triglycéride, le chauffage pendant 10 minutes à 52-55° ne suffit pas pour opérer la transformation de la forme instable dans la forme stable.

1. *Zeits. f. Unters. d. Nahr. u. Genussm.*, 1913, xxv, 373.

Les triglycérides suivants ont été obtenus à l'état de pureté :

TRIGLYCÉRIDES SIMPLES

a) *Triglycérides simples d'acides gras saturés*

Triformine ou *formine*, $C^3H^5\begin{cases}\text{O-CO-H}\\ \text{O-CO-H}\\ \text{O-CO-H}\end{cases}$. Obtenue de la diformine pure en la traitant par l'acide formique (*Romburgh*[1]) ; on peut encore l'isoler du produit de la réaction obtenu dans la préparation de la diformine. Elle cristallise en aiguilles fondant à 18°. A l'état liquide, à 18°, son poids spécifique est 1,320, et l'indice de réfraction $n_D^{18°}$ = 1,4412. Elle bout à 163° sous 38 mm. et à 266° sous 760 mm. de pression ; la triformine bout sous la pression ordinaire, en se décomposant en oxyde de carbone et acide carbonique, formiate d'allyle, acide formique et alcool amylique qui distillent tandis que la glycérine reste dans le résidu.

La triformine s'hydrolyse lentement en présence de l'eau froide, et plus rapidement avec l'eau chaude. Avec l'ammoniaque et les amines, elle donne les formamides correspondants et de la glycérine.

Triacétine ou *acétine*, $C^3H^5\begin{cases}\text{O-CO-CH}^3\\ \text{O-CO-CH}^3\\ \text{O-CO-CH}^3\end{cases}$. S'obtient en chauffant 20 cc. de glycérine avec 10 cc. d'anhydride acétique et 50 gr. de bisulfate de potassium en poudre fine ; aussitôt qu'une violente réaction s'est déclarée, on ajoute encore 20 cc. d'anhydride acétique, puis on soumet le mélange à l'ébullition pendant quelque temps. La masse refroidie est ensuite épuisée par l'éther et abandonne ainsi un mélange de triacétine et de diacétine que l'on sépare par distillation fractionnée. La triacétine bout à 258-259° sous la pression ordinaire et à 172-172,5° sous 40 mm. de pression. Poids spécifique : 1,1603 à 15° (eau à 15° = 1). Elle est soluble dans l'alcool, l'éther, le chloroforme, le benzène, insoluble dans le sulfure

1. *Proceed. k. Akad. v. Wetensch.*, Amsterdam, 1906. 109 ; *Zeits. f. phys. Chem.*, 1910 (70) 459 ; cf. aussi Béhal, *Ann. Chim., Phys.* 1900 (20), 411, et E. P. 28.723 (1907) (Nitritfabrick Kœpenik).

de carbone et l'éther de pétrole ; elle n'est que légèrement soluble dans l'eau : 7 gr. 17 pour 100 gr. d'eau (*Geitel* [1]). Indice de réfraction à 15° : $n_D^{15°} = 1.4328$ (*Partheil et v. Velsen*).

100 parties d'huile de coton dissolvent 10 parties de triacétine à la température ordinaire, tandis que 100 parties de beurre de vache en dissolvent 12 parties vers 30-40° (*Fincke* [2]).

L'acide bromhydrique et l'acide chlorhydrique donnent respectivement avec la triacétine les α-α-dibromomonoacétine, α-α-dichlomonoacétine, α-β-dichloromonoacétine et α-monobromoacétine (*R. de la Acena* [3]) ; avec l'iodure de sodium, on obtient la α-monoiodoacétine.

La présence de la triacétine a été indiquée (*Schweizer* [4]) dans l'huile de fusain (*Evonymus europœa*).

La triacétine (ainsi que la monoacétine et la diacétine) sont employées pour gélatiniser les nitrocelluloses et abaisser le point de congélation de la nitroglycérine. Elle a des propriétés narcotiques et toxiques.

Tributyrine ou *butyrine*, $C^3H^5 \begin{cases} O\text{-}CO\text{-}C^3H^7 \\ O\text{-}CO\text{-}C^3H^7 \\ O\text{-}CO\text{-}C^3H^7 \end{cases}$. C'est le premier glycéride préparé synthétiquement (*Pelouze* et *Gelis* [5]) en faisant agir l'acide chlorhydrique gazeux ou l'acide sulfurique concentré sur un mélange de glycérine et d'acide butyrique. S'obtient : 1° en faisant bouillir pendant soixante heures 1 molécule de glycérine avec 3 molécules d'acide butyrique (*Ledebeff*) ; 2° en chauffant vingt heures la dibutyrine avec un excès d'acide butyrique (*Berthelot, Güth*) ; 3° par réaction du butyrate d'argent sur la tribromhydrine (*Partheil* et *v. Velsen*). C'est un liquide incolore, ne se solidifiant pas à — 60° et distillant sans altération sous la pression ordinaire à 287°-288° et sous 24 mm. de pression à 182°-184°. Les poids spécifiques suivants ont été déterminés par *Scheij* à différentes températures : $d_{4°}^{20°} = 1,0324$; $d_{4°}^{40°} = 1,0143$; $d_{4°}^{60°} = 0,9963$. Les indices de réfraction suivants ont été donnés par *Scheij* : à 20° $n_D^{20°} = 1,48587$;

1. *Journ. f. prakt. Chem.*, 55, 420.
2. *Zeits. f. Unters. d. Nahr. u. Genussm.*, 1908, XVI, 667.
3. *Chem. Centralbl.*, 1905 (I) 12.
4. *Jahresb. f. Chem.*, 1857, 444.
5. *Ann. Chim. Phys.*, 1884 (10), 455.

à 40° $n_D^{40°}$ = 1,42785 ; à 60° $n_D^{60°}$ = 1,42015. La tributyrine obtenue par *Güth* indiquait 12 degrés au butyroréfractomètre.

La butyrine est presque insoluble dans l'eau, facilement soluble dans l'alcool absolu et à 85 0/0, ainsi que dans la plupart des dissolvants organiques, y compris l'alcool amylique. La tributyrine a une saveur extrêmement amère.

Amberger [1] n'a pas pu isoler de tributyrine du beurre de vache, et l'on peut admettre que l'acide butyrique n'existe pas dans le beurre sous forme de triglycéride, mais comme constituant de glycérides mixtes.

Triisobutyrine, bout sous la pression ordinaire à 282-284°, et sous la pression de 24 millimètres à 173-176° ; au butyroréfractomètre, elle marque 10,2 degrés à 40°.

Trivalérine ou *valérine*, $C^3H^5 \begin{cases} O\text{-}CO\text{-}C^4H^9 \\ O\text{-}CO\text{-}C^4H^9 \\ O\text{-}CO\text{-}C^4H^9 \end{cases}$. Est obtenue en chauffant la divalérine synthétique avec huit ou dix parties d'acide valérique à 220°. Elle est soluble dans l'alcool et l'éther. La valérine est signalée comme un constituant caractéristique des huiles de dauphin et de marsouin.

Tricaproïne ou *caproïne*, $C^3H^5 \begin{cases} O\text{-}CO\text{-}C^5H^{11} \\ O\text{-}CO\text{-}C^5H^{11} \\ O\text{-}CO\text{-}C^5H^{11} \end{cases}$. A été obtenue synthétiquement au moyen de la glycérine et de l'acide caproïque. C'est un liquide incolore, inodore, sans saveur, se congelant à 60°, et se liquéfiant alors à — 25°. Les constantes suivantes ont été déterminées par *Scheij* : Poids spécifique (eau à 4° = 1) : $d_{4°}^{20°}$ = 0,9817 ; $d_{4°}^{60°}$ = 0,9651 ; $d_{4°}^{40°}$ = 0,9494. Indice de réfraction : $n_D^{20°}$ = 1,44265 ; $n_D^{40°}$ = 1,43502 ; $n_D^{60°}$ = 1,42715. Elle est soluble dans l'alcool à 85 % et dans les dissolvants organiques usuels à la température ordinaire.

Amberger [1] n'a pas pu isoler de tricaproïne des huiles de coco et de palmiste ; aussi ne faut-il admettre que sous réserve les anciennes assertions relatives à la présence de ce glycéride dans ces deux corps gras ainsi que dans les huiles de graines de sureau ; il est plus pro-

1. *Zeits. f. Unters. d. Nahr. u. Genussm.*, 1918 (XXXV), 313.

bable que l'acide caproïque se présente dans les corps gras naturels sous forme de glycérides mixtes.

Tricaprylne ou *caprylne*, $C^{3}H^{5}\begin{cases} O\text{-}CO\text{-}C^{7}H^{15} \\ O\text{-}CO\text{-}C^{7}H^{15} \\ O\text{-}CO\text{-}C^{7}H^{15} \end{cases}$. S'obtient en chauffant la glycérine avec l'acide caprylique. La caprylne est un liquide incolore, inodore et sans saveur, se solidifiant à — 15° et fondant à 8°-8,3°. Son poids spécifique déterminé par *Scheij* est : $d_{4°}^{20°} = 0{,}9540$; $d_{4°}^{40°} = 0{,}9382$; $d_{4°}^{60°} = 0{,}9231$. Indice de réfraction : $n_D^{20°} = 1{,}43817$; $n_D^{40°} = 1{,}44069$; $n_D^{60°} = 1{,}43316$. Elle est soluble à la température ordinaire dans l'alcool à 85 % et dans les autres dissolvants organiques.

La tricaprylne ne paraît pas exister dans les corps gras naturels, et il est probable que c'est sous la forme de glycérides mixtes que l'acide caprylique se présente dans ceux où on l'a signalée : beurre de vache, huiles de coco et de palmiste, huile de graines de sureau.

Tricaprine ou *caprine*, $C^{3}H^{5}\begin{cases} O\text{-}CO\text{-}C^{9}H^{19} \\ O\text{-}CO\text{-}C^{9}H^{19} \\ O\text{-}CO\text{-}C^{9}H^{19} \end{cases}$. A été préparée synthétiquement de la même façon que les précédents glycérides. Elle forme des cristaux fondant à 31,1°. Son poids spécifique est : $d_{4°}^{60°} = 0{,}9205$; $d_{4°}^{60°} = 0{,}9057$. Indice de réfraction : $n_D^{40°} = 1{,}44461$; $n_D^{60°} = 1{,}43697$. La caprine est soluble dans les dissolvants usuels des corps gras, mais elle est peu soluble dans l'alcool absolu à la température ordinaire ; elle est cependant aisément soluble dans ce dernier dissolvant à chaud.

La tricaprine ne paraît pas exister réellement dans les corps gras naturels, et il est plus probable que l'acide caprylique se présente sous forme de glycérides mixtes dans les corps gras dont il est regardé comme un constituant caractéristique (huiles de coco et de palmiste, beurre de vache, huile de sureau et d'orme).

Trilaurine ou *laurine* ou *laurostéarine*, $C^{3}H^{5}\begin{cases} O\text{-}CO\text{-}C^{11}H^{23} \\ O\text{-}CO\text{-}C^{11}H^{23} \\ O\text{-}CO\text{-}C^{11}H^{23} \end{cases}$. A été isolée par épuisement des fèves pichurim (*Stahmer*[1]), de l'huile de

1. *Annalen*, 1845 (53), 390.

laurier (*Marsson*[1]) et de l'huile de coco (*Gorgey*[2]) au moyen de l'alcool bouillant, ou par distillation fractionnée de l'huile de laurier dans le vide absolu (*Krafft*[3]) ou par cristallisation du suif de tangkallak dans l'éther (*van Eldik Thieme*[4]).

Scheij l'a préparée synthétiquement avec la glycérine et l'acide laurique, et *Partheil* et *v. Velsen* au moyen de la tribromhydrine et du laurate d'argent. Elle cristallise en aiguilles fondant à 45°-46,4° (*Scheij*). Chauffée quelques degrés au-dessus de son point de fusion et ramenée à l'état solide, elle manifeste ensuite un point de fusion inférieur.

L'α-α-dilaurine liquide donne une trilaurine liquide, dont le poids moléculaire, déterminé par cryoscopie, n'a que la moitié de la valeur théorique, tandis que l'α-α-dilaurine solide donne la trilaurine également solide, fondant à 45°, comme la trilaurine normale et dont le poids moléculaire est normal (*Cuslodis*[5]).

Le poids spécifique de la trilaurine est : $d^{60°}_{4°} = 0{,}8944$ (*Scheij*) ; $d^{100°}_{4°} = 0{,}8687$ (*Partheil* et *v. Velsen*). Indice de réfraction : $n^{60°}_{D} = 1{,}44039$. Au butyroréfractomètre, elle marque 31,5 degrés à 45°, 29 degrés à 50° et 24 degrés à 60° (*Partheil* et *v. Velsen*). Elle est très peu soluble dans l'alcool absolu froid, mais facilement dans l'éther. Elle bout dans le vide absolu à 260-275° (*Krafft*[6]).

La trilaurine est un constituant caractéristique de l'huile de laurier, et des corps gras du groupe de l'huile de coco et du groupe du beurre de Dika. *Sack* indique encore sa présence dans le corps gras des amandes du palmier Macasuba (*Acrocomia sclerocarpa*, Mart.) et les fruits du *Bactris plumeriana*, Mart. ; elle se rencontrerait aussi également dans l'huile de foie d'un crustacé[7].

Trimyristine ou *myristine*, $C^3H^5\begin{cases}O\text{-}CO\text{-}C^{13}H^{27}\\ O\text{-}CO\text{-}C^{13}H^{27}\\ O\text{-}CO\text{-}C^{13}H^{27}\end{cases}$. A été préparée syn-

1. *Annalen*, 1840 (41), 330.
2. *Ibidem*, 1848 (66), 290.
3. *Berichte*, 1903 (36), 4343.
4. *Proceed. k. Acad. v. Wetensch.*, Amsterdam, 1908, 1855 ; *Journ. f. prakt. Chem.*, 1912 (85), 285.
5. *Dissert.*, Zurich, 1909 ; Grün, *Berichte*, 1912 (45), 3693.
6. *Berichte*, 1903 (36), 4343.
7. *Chem. Zeit*, 1895, 651.

thétiquement par les méthodes générales. *Krafft* [1] l'a obtenue par distillation fractionnée du beurre de muscade dans le vide absolu. Elle cristallise des solutions éthérées en lamelles fondant à 56,5° (*Scheij*), 54-55° (*Thoms* et *Mannich* [2]). La trimyristine fondue, chauffée vers 57-58°, se solidifie en une masse ayant l'aspect de la porcelaine, fondant vers 45-55°. En élevant légèrement la température pendant un temps très court, elle se solidifie, puis reprend son point de fusion original, 56,5°. En chauffant la masse porcelanique vers 35-45°, celle-ci se ramollit, devient laiteuse et se solidifie ensuite pour ne plus fondre qu'à 56,5°. Poids spécifique : $d_{4°}^{60°} = 0,8848$. Indice de réfraction : $n_D^{60°} = 1,44285$. La trimyristine est facilement soluble dans l'éther, le benzène, le chloroforme, l'alcool absolu chaud. Elle bout dans le vide absolu à 290°-300° (*Krafft* [1]).

La trimyristine se rencontre principalement dans les corps gras des Myristicacées, en particulier dans les suifs de Virola et le beurre d'Ochoco. Sa présence a été ainsi indiquée dans la graisse humaine, le saindoux et le beurre de vache, mais il est plus probable que l'acide myristique se présente dans ces corps gras sous forme de glycérides mixtes. On l'a encore trouvée dans la cire de cochenille et dans l'extrait acétonique du foie de bœuf (*Frank* [3]).

Tripalmitine ou *palmitine*, $C^3H^5 \begin{cases} O\text{-}CO\text{-}C^{15}H^{31} \\ O\text{-}CO\text{-}C^{15}H^{31} \\ O\text{-}CO\text{-}C^{15}H^{31} \end{cases}$. Découverte par *Frémy*, elle a été longtemps désignée dans la littérature scientifique sous le nom de « margarine ». Elle a été obtenue synthétiquement : 1° en chauffant la monopalmitine ou la dipalmitine avec un excès d'acide palmitique ; 2° en chauffant un mélange de glycérine et d'acide palmitique ; 3° par réaction du palmitate d'argent sur la tribromhydrine. Elle est difficilement soluble dans l'alcool froid, plus facilement dans l'alcool chaud, elle est aussi difficilement soluble dans l'éther froid et cristallise dans l'éther chaud en aiguilles. La palmitine cristallisée fond à 63-64° (*Chittenden*), 65,1° (*Scheij*), 65,5° (*Güth*), 65° (*Bömer* [4]), et se solidifie à 45-47°. Chauffée à 70°

1. *Berichte*, 1903 (36), 4343.
2. *Ber. d. deuts. pharm. Gesellsch.*, 1901, 264 ; cf. aussi A. Lipp et P. Miller, *Chem. Centralbl.*, 1903, 1560.
3. *Bioch. Zeit.*, 50, 273.
4. *Zeits. f. Unters. d. Nahr. u. Genussm*, 1912, XXIII, 653.

et abandonnée à la solidification, elle fond alors un peu au-dessus de 45° ; puis elle se solidifie et fond finalement à 65,1°. Poids spécifique à 80° : $d_{4^\circ}^{80^\circ} = 0,8657$. Indice de réfraction : $n_{4^\circ}^{80^\circ} = 1,43807$.

La tripalmitine bout dans le vide absolu de 310 à 320° en se décomposant (*Krafft*) ; en maintenant le bain de chauffage à 360°, elle distille dans le vide parfait à 280° (*Caldwell* et *Hurtley*[1]).

La tripalmitine se rencontre dans le plupart des huiles et graisses, mais surtout abondamment dans l'huile de palme, la cire du Japon et la cire de Myrica.

Triheptadécyline, Heptadécyline, $C^3H^5\begin{cases}O\text{-}CO\text{-}C^{16}H^{33}\\O\text{-}CO\text{-}C^{16}H^{33}\\O\text{-}CO\text{-}C^{16}H^{33}\end{cases}$, Obtenue synthétiquement par *Bömer* et *Limprich*[2] au moyen de l'acide heptodécylique et de la glycérine ; fond à 62,7° (*point de transition* 51,0°). Elle cristallise dans l'éther en aiguilles microscopiques, arrangées en grappes. 100 cc. d'éther dissolvent à 0°, 0,0288 gr. et à 15°, 0,322 gr. d'heptadécyline.

Tristéarine ou *stéarine*, $C^3H^5\begin{cases}O\text{-}CO\text{-}C^{17}H^{35}\\O\text{-}CO\text{-}C^{17}H^{35}\\O\text{-}CO\text{-}C^{17}H^{35}\end{cases}$. S'obtient en chauffant 1° la monostéarine avec 15-20 parties d'acide stéarique pendant trois heures à 275° (*Berthelot*) ; 2° la glycérine avec un excès d'acide stéarique (*Scheij*) ; 3° l'α-distéarine avec l'acide stéarique (*Güth*) ; 4° la tribromhydrine avec le stéarate d'argent ou de sodium (*Partheil* et *v. Velsen*, *Güth*). La stéarine est moins soluble dans l'alcool froid que la palmitine ; les solutions de tristéarine dans l'alcool bouillant laissent déposer presque complètement la substance dissoute par refroidissement ; dans l'éther *froid* et l'éther de pétrole *froid*, elle est très peu soluble, plus soluble dans ces dissolvants chauds ; le benzène et le chloroforme la dissolvent facilement, même à froid. La stéarine obtenue par cristallisation dans l'éther, fond à 71,6°, 72,2° (*Bömer*[3]), et se solidifie à 70° en une masse de cristaux confus. La stéarine cristallisée ne présente qu'un seul point de fusion ; mais si les cristaux sont chauffés quelques degrés au delà de leur point

1. *Journ. Chem. Soc.*, 1909, 856.
2. *Zeits. f. Unters. d. Nahr. u. Genussm.*, 1912 (XXIII), 553.
3. *Ibidem*, 1909, XVII, 354.

de fusion, 4° environ, le corps fondu se solidifie vers 52° en une masse cireuse fondant à 55° ; en chauffant celle-ci au delà de ce point, on observe de nouveau le point de fusion, 71,6°. Le poids spécifique d'un échantillon de stéarine (qui n'était pas absolument pure) à l'état fondu a été trouvé de 0,9235 à 65,5° (*Scheij* indique $d^{80°}_{4°}$ = 0,8621). Indice de réfraction : $n^{80°}_{D}$ = 1,43987 (*Scheij*). Au butyroréfractomètre elle indique 34 degrés à 55°, et 23,5 à 24,5 degrés à 75° (*Partheil* et *v. Velsen*, *Güth*). La stéarine distille sans altération dans le vide absolu (*Chevreul*).

La stéarine est partiellement convertie en stéarate d'éthyle par ébullition avec une solution de sodium dans l'alcool éthylique (éthylate de sodium) (*Duffy* [1]) ou avec une petite quantité de potasse alcoolique, insuffisante pour opérer la saponification complète (*Bouis* [2]). En substituant l'alcool amylique à l'alcool éthylique, on forme le stéarate d'amyle (Voir p. 149).

Le chlorure de sulfuryle réagit sur la tristéarine en donnant, parmi d'autres corps non identiques, de la distéarine et de l'acide stéarique (*Corelli* [3]).

La stéarine se rencontre principalement dans les corps gras solides ; *Bömer* [4] n'en a trouvé que 1 1/2 % dans le suif de bœuf et 3 % dans le suif de mouton, qui renferment vraisemblablement des quantités plus importantes d'acide stéarique sous forme de glycérides mixtes.

Triarachidine ou *arachidine* [5], $C^3H^5 \begin{cases} O\text{-}CO\text{-}C^{19}H^{39} \\ O\text{-}CO\text{-}C^{19}H^{39} \\ O\text{-}CO\text{-}C^{19}H^{39} \end{cases}$. Préparée par *Berthelot* au moyen de la diarachidine et de l'acide arachidique. Très légèrement soluble dans l'éther.

Tricéroline ou *céroline*, $C^3H^5 \begin{cases} O\text{-}CO\text{-}C^{25}H^{51} \\ O\text{-}CO\text{-}C^{25}H^{51} \\ O\text{-}CO\text{-}C^{25}H^{51} \end{cases}$. Préparée par *Marie* à partir de la dicérotine. Elle cristallise en aiguilles fines fondant à

1. *Journ. Chem. Soc.*, 1852, 303.
2. *Comptes Rendus*, 1862 (45), 35.
3. *Dissert.*, Zurich, 1909.
4. *Zeits. f. Unters. d. Nahr. u. Genussm.*, 1907, XIV, 90.
5. Moser (*Landwirth. Versuchst.*, 1904, 321) ayant donné le nom d'*arachine* à un alcaloïde qu'il a trouvé dans les grains d'Arachide, il convient de réserver la dénomination *arachidine* au glycéride.

76,5-77°. La cérotine existerait dans l'huile d'*Aspidium Filix mas* [1].

Trimélissine ou *mélissine*, $C^3H^5\begin{cases} O\text{-}CO\text{-}C^{29}H^{59} \\ O\text{-}CO\text{-}C^{29}H^{59} \\ O\text{-}CO\text{-}C^{29}H^{59} \end{cases}$. Obtenue par *Marie* [2] à partir de la dimélissine. Elle ressemble à la cérotine et fond à 89°. Jusqu'ici on ne l'a pas trouvée dans la nature.

b) *Triglycérides simples d'acides gras non saturés*, $C^3H^{24-2}O^2$

Trioléine ou *oléine*, $C^3H^5\begin{cases} O\text{-}CO\text{-}C^{17}H^{33} \\ O\text{-}CO\text{-}C^{17}H^{33} \\ O\text{-}CO\text{-}C^{17}H^{33} \end{cases}$. Ce glycéride s'obtient en chauffant la glycérine avec un excès d'acide oléique à 240° pendant quatre heures (*Berthelot*). On peut aussi l'obtenir en chauffant la tribromhydrine avec l'oléate de sodium en tube scellé à 180°.

Pottevin [3] a encore préparé l'oléine en faisant agir le ferment pancréatique sur un mélange de monooléine et d'acide oléique à 36°.

L'oléine est un liquide à peu prés incolore et sans saveur, se solidifiant de — 4° à — 5°. En l'abandonnant au repos pendant plusieurs semaines, la trioléine se solidifie à la température ordinaire en une masse opaque (*Güth*). L'oléine distille dans le vide absolu sans décomposition (*Chevreul*) ; d'après *Caldwell* et *Hurtley* [4], en maintenant la température du bain de chauffage à 350°, la distillation dans le vide parfait commence à 230°.

Poids spécifique à 15° : 0,900. Au butyroréfractomètre, l'oléine indique 56,5 degrés à 40°. L'oléine se dissout facilement dans l'éther, elle est beaucoup plus soluble dans l'alcool absolu que la palmitine ou la stéarine ; elle est insoluble dans l'alcool étendu.

L'oléine se combine à l'acide sulfurique concentré pour former un composé d'addition, de formule $(C^3H^5)^2\,(O\text{-}C^{18}H^{34}O\text{-}SO^4\text{-}C^{18}H^{34}O\text{-}O)^3$ (*Geitel* [5]). Ce corps est très instable et se décompose partiellement par simple traitement par l'alcool en acide sulfurique et acide α-oxystéarique.

1. *Arch. d. Pharm.*, 1898, 655.
2. *Journ. de Pharm.*, 1896, 171, 177.
3. *Comptes Rendus*, 1904 (138), 378.
4. *Journ. Chem. Soc.*, 1909, 856.
5. *Journ. f. prakt. Chimie*, 1888 (37), 68.

L'oléine se transforme en élaïdine sous l'action de l'acide nitreux, de la même façon que l'acide oléique se convertit en acide élaïdique (p. 286).

L'oléine absorbe l'iode et le brome quantitativement en formant des dérivés hexaiodés et hexabromés (Voir chap. VI).

L'oléine absorbe également l'ozone en formant un ozonide (*Molinari* et *Fenaroli; Harries;* cf. chap. III).

L'*Ozonide trioléique*, $C^{57}H^{104}O^{15}$, s'obtient en faisant passer un courant d'air ozonisé dans l'oléine dissoute dans l'hexane (pétrole) ; on élimine le dissolvant en évaporant au bain-marie dans le vide. C'est une huile visqueuse, presque gélatineuse, incolore, soluble dans l'éther, l'acide acétique, le benzène et le chloroforme, qui se décompose par la chaleur, à 136°. Traité par la potasse alcoolique concentrée, il donne de la glycérine, avec les acides azélaïque et nonylique [1] (cf. *Acide oléique*, chap. III).

L'oléine existe probablement dans un grand nombre de corps gras naturels, surtout dans les huiles non siccatives, et l'huile de Coula, d'après *Hébert* [2], représenterait de l'oléine presque pure ; toutefois, on ne saurait admettre comme certaines toutes les assertions relatives à sa présence, émises sur la foi d'observations insuffisantes.

Triélaïdine ou *élaïdine*, $C^3H^5\,(O\text{-}CO\text{-}C^{17}H^{33})^3$. Cristallise en mamelons fondant à 32° (*Mayer*), 38° (*Duffy*). Elle se dissout facilement dans l'éther, mais est presque insoluble dans l'alcool.

Triérucine ou *érucine*, $C^3H^5\begin{cases}O\text{-}CO\text{-}C^{21}\text{-}H^{41}\\O\text{-}CO\text{-}C^{21}\text{-}H^{41}\\O\text{-}CO\text{-}C^{21}\text{-}H^{41}\end{cases}$. Se prépare en chauffant la diérucine et l'acide érucique à 300°. Elle forme une masse cristalline fondant à 31°. Elle est presque insoluble dans l'alcool froid, mais se dissout assez facilement dans l'alcool absolu bouillant ; elle se dissout très facilement dans l'éther, le benzène et l'éther de pétrole. L'acide nitreux convertit la triérucine en tribrassidine. L'érucine paraît être un élément caractéristique des huiles de crucifères, quoiqu'il soit probable que l'acide érucique se présente plus souvent dans les corps gras sous la forme de glycérides mixtes. Le

1. Molinari et Fenaroli, *Berichte*, 1908, 2790.
2. *Comptes Rendus*, 1895, 200.

constituant solide de l'huile de cresson d'Inde (*Tropæolum majus*) serait presque entièrement de l'érucine (*Gadamer*[1]).

Tribrassidine ou *brassidine*, C^3H^5 $(O\text{-}CO\text{-}C^{21}H^{41})^3$. Est une poudre cristalline fondant à 54-54,5°. La brassidine pure, chauffée au-dessus de son point de fusion, même jusqu'à 100°, présente après refroidissement le même point de fusion, 54,5°.

Tripétrosélinine, ou *pétrosélinine*, C^3H^5 $(C\text{-}OC\text{-}C^{17}H^{33})^3$. A été isolée de l'huile de persil sous forme d'une masse cristalline, fondant à 32° et se solidifiant à 16,5°. Indice de réfraction : $n_D^{40°} = 1{,}4169$ (*von Gerichten* et *Löhler*[2]). L'indice d'iode de la pétrosélinine déterminé expérimentalement est 84,3 (valeur théorique pour l'oléine, 86,2).

Les deux glycérides suivants, à base d'acides gras moins saturés que les précédents, ont été obtenus synthétiquement.

Tristéaroléine ou *stéaroléine*, C^3H^5 $(O\text{-}CO\text{-}C^{17}H^{31})^3$. Obtenue en chauffant la trichlorhydrine avec le stéaroléate de sodium à 190-200°, en tube scellé ; elle fond après recristallisation à 29°.

En faisant agir le brome sur la tristéaroléine en solution dans le sulfure de carbone, on obtient l'hexabromotristéaroléine, C^3H^5 $(O\text{-}CO\text{-}C^{17}H^{31}Br^2)^3$.

En chauffant l'épichlorhydrine avec le stéaroléate de sodium à 160°, on obtient l'épistéarolhydrine $CH^2\text{-}CH\text{-}CH^2$ $(O\text{-}CO\text{-}C^{17}H^{31})$, (les deux premiers C reliés par O) qui fond à 36°.

Tribénoléine, *bénoléine*, C^3H^5 $(O\text{-}CO\text{-}C^{21}H^{39})^3$. S'obtient en chauffant la trichlorhydrine avec le bénoléate de sodium en tube scellé, à 210°, dans une atmosphère d'acide carbonique ; elle cristallise dans l'alcool en feuillets blancs, brillants, fondant à 41° (*Quensell*[3]).

Le dérivé trichloroiodé, C^3H^5 $(O\text{-}CO\text{-}C^{21}H^{39}ClI)^3$ s'obtient dans la réaction de *Hübl* et peut s'isoler de la couche chloroformique sous forme d'une huile épaisse (*Quensell*).

En chauffant la dichlorhydrine avec le bénoléate de sodium, on obtient l'épibénolhydrine, $CH^2\text{-}CH\text{-}CH^2$ $(O\text{-}C^{21}H^{38}O)$; cristallisée (les deux premiers C reliés par O) dans l'éther de pétrole, ou l'alcool, celle-ci fond à 43°.

1. *Arch. d. Pharm.*, 1899 (237), 472.
2. *Berichte*, 1909 (42), 1638.
3. *Ibidem*, 1909 (42), 2445.

c) *Triglycérides simples d'acides gras hydroxylés*, $C^4H^{2n-2}O^3$

Triricinoléine ou *ricinoléine*, $C^3H^5(O\text{-}CO\text{-}C^{17}H^{33}O)^3$. A été obtenue synthétiquement, en chauffant la glycérine avec un excès d'acide ricinoléique à 230°, pendant six heures ; on élimine la glycérine et l'acide ricinoléique qui n'ont pas réagi, respectivement par l'eau et l'éther de pétrole (*Juillard* [1]). Si, comme dans la méthode de *Berthelot*, on opère sous pression et à haute température, il y a formation de produits de condensation de la mono- et de la diricinoléine dont le plus simple est isomère avec la tricininoléine et a pour formule :

$$OH\text{–}C^{17}H^{32}\text{–}COO\text{–}C^{17}H^{32}\text{–}COO\text{–}C^3H^5=(C^{17}H^{32}COOH).$$

La triricinoléine, chauffée en solution dans le toluène, avec ou sans chlorure de zinc, se condense en plusieurs éthers, tels que celui représenté par la formule :

$$(OH\text{–}C^{17}H^{32}\text{–}COO)^2(C^3H^5\text{–}C^{17}H^{32}\text{–}CO)^2O,$$

qui diffère de la triricinoléine par sa faible solubilité dans l'alcool et l'éther de pétrole.

H. Meyer [2] décrit la ricinoléine (préparée en chauffant l'acide ricinoléique avec la glycérine dans un courant d'acide carbonique, à 280-300°) comme un liquide huileux, incolore, soluble dans l'alcool à 96 % et dans l'alcool méthylique, peu soluble dans l'éther de pétrole. Poids spécifique 0,959 à 0,984. Elle jouit du pouvoir rotatoire : $[\alpha]^o = +5{,}16°$. Contrairement à l'huile de ricin, elle ne forme pas de ricinélaïdine par action de l'acide nitreux. D'après *Meyer*, elle se polymérise avec le temps, la molécule devenant double ou triple, ce qu'indiquent l'accroissement du poids spécifique de 0,988 à 1,004 et la diminution de l'indice d'iode de 71,84 à 44,7 (Voir, cependant, *Huile de ricin*, chap. XIV).

Les groupements oxhydryles des radicaux acides de la ricinoléine peuvent se combiner avec des radicaux acides pour former des éthers. *Lidoff* [3] a ainsi obtenu les éthers des acides formique,

1. *Bull. Soc. Chim.*, 1895, 244.
2. *Arch. d. Pharm.*, 1897 (235), 184.
3. *Chem. Revue*, 1900, 127.

acétique et stéarique ; *Twilchell* [1] a également fait la synthèse du dernier, répondant à la formule :

$$C^3H^5[O\text{-}CO\text{-}C^{17}H^{32}O(O\text{-}CO\text{-}C^{17}H^{35})].$$

Les *Vereiniglen Chininfabriken Simmer* ont breveté [2] la préparation d'éthers allophaniques de la ricinoléine.

La ricinoléine est le constituant principal de l'huile de ricin.

Triricinélaïdine, ricinélaïdine, $C^3H^5\ (O\text{-}CO\text{-}C^{17}H^{35}O^2)^3$. Obtenue en traitant la ricinoléine (huile de ricin) par l'acide nitreux. Cristallise en mamelons difficilement solubles dans l'alcool froid (*Playfair* [3]).

TRIGLYCÉRIDES MIXTES

Les triglycérides mixtes se trouvent répandus dans les corps gras naturels, bien plus souvent et en bien plus grandes proportions qu'on ne l'avait admis, jusqu'à ces derniers temps ; il semble même, qu'en fait, ils constituent la partie principale de la plupart des huiles et graisses, au détriment des glycérides simples, si longtemps considérés comme les éléments essentiels, sinon exclusifs des corps gras usuels.

L'isolement des glycérides mixtes des corps gras qui les renferment, représente une série de traitements laborieux et délicats, aggravée du fait que la simple action des dissolvants paraît déjà entraîner des modifications ou transpositions intramoléculaires.

Quant à la préparation synthétique des glycérides mixtes, elle se réalise par des méthodes analogues à celles employées pour les triglycérides simples, mais elle ne fournit jamais exclusivement les espèces pures que l'on avait en vue. C'est ainsi que *Kreis* et *Hafner* [4] en faisant réagir l'acide oléique sur la distéarine ou la dipalmitine, n'ont obtenu que de faibles rendements en oléodistéarine et oléodipalmitine, avec des quantités importantes de tristéarine et de tripalmitine. *Bömer* a aussi indiqué que les palmitodistéarines (Voir plus loin) synthétiques décrites comme des produits purs renfermaient encore des proportions considérables de tristéarine.

1. *Journ. Amer. Chem. Soc.*, 1906, 196.
2. D. R. P. 211.197 (1907).
3. *Annalen*, 1887 (60), 322.
4. *Berichte*, 1903 (36), 2766.

Il s'ensuivrait donc qu'au cours des synthèses de glycérides mixtes, des modifications moléculaires s'opèrent, qui entraînent la formation de produits accessoires, et que toutes les conclusions sur la constitution des matières obtenues, basées sur l'identité du point de fusion, doivent être admises sous réserves.

Des glycérides mixtes prennent aussi naissance au cours de l'hydrogénation des corps gras (voir plus loin, et chap. XV, *Corps gras hydrogénés*). Théoriquement, tous les isomères possibles peuvent se former, de sorte que l'hydrogénation complète de la trioléine doit aboutir à la tristéarine, tandis que l'hydrogénation moins avancée des radicaux acide oléique conduirait à la formation de monostéarodioléine et de distéaromonoléine.

Une méthode générale pour la préparation des *glycérides mixtes* contenant *deux* radicaux acides différents, proposée par *Grün* et *Schacht* [1], consiste à chauffer les diglycérides avec l'anhydride de l'acide gras. C'est ainsi qu'on obtient la β-oléo-α-α-distéarine en chauffant l'α-α-distéarine et l'anhydride oléique, sous une pression de 25 mm., à 170°, pendant six heures, en faisant passer un courant de gaz carbonique dans la masse pendant tout le temps de l'opération. Une autre méthode, due à *E. Fischer* [2], permet d'obtenir avec certitude les α-β-γ et α-γ-β-triglycérides mixtes contenant deux radicaux acides différents, en éthérifiant à froid les α-mono- et les α-α-diglycérides au moyen des chlorures d'acides en présence de la quinoléine.

Une méthode générale pour la préparation des *glycérides mixtes* contenant *trois* radicaux acides différents (qui, suivant les dénominations adoptées plus haut, sont fixées dans les positions α, β et γ), consiste à remplacer dans la molécule de l'α-monochlorhydrine $C^3H^5Cl(OH)(OH)$, d'abord le groupement oxhydryle en position γ, puis l'atome de chlore en position α, et finalement le second oxhydryle en position β, successivement par les radicaux acides de trois acides gras différents. C'est ainsi qu'en faisant réagir l'α-chlorhydrine sur le chlorure de lauryle, on obtient exclusivement le diglycéride, α-chloro-γ-laurine [3]. (La position γ du radical acide laurique

1. *Berichte*, 1907 (40), 14.
2. *Ibidem*, 1920 (53), 1589.
3. Grün et Skopnik, *Berichte*, 1909 (42), 3751.

est démontrée par ce fait qu'en remplaçant l'atome de chlore par un groupement oxhydryle, on obtient l'α-monolaurine). En faisant réagir ensuite le myristate de potassium sur l'α-chloro-γ-laurine, on obtient le diglycéride mixte, α-myristo-γ-laurine qui, chauffée à son tour, avec le chlorure de stéaryle, donne le triglycéride mixte, α-myristo-β-stéaro-γ-laurine (qu'on peut d'ailleurs dénommer aussi α-lauro-β-stéaro-γ-myristine).

En faisant varier l'ordre de fixation des radicaux acides, on peut obtenir les trois isomères répondant aux formules générales (3), (4) et (5). Les trois glycérides isomères indiqués par la théorie pour un triglycéride mixte contenant trois radicaux acides différents, ont été effectivement préparés dans le cas des triglycérides des acides laurique, myristique et stéarique (voir plus loin).

Il est à noter qu'un mélange de deux des trois isomères, ou des trois isomères, fond assez confusément, mais dans aucun cas, le point de fusion n'est inférieur à celui des constituants : il est toujours intermédiaire entre les points de fusion de ces derniers.

Les glycérides décrits plus loin sont désignés suivant les positions occupées par les radicaux acides, par les lettres α, β, γ, selon la formule schématique

$$C^3H^5 \begin{cases} O\text{–}H & (\alpha) \\ O\text{–}H. & (\beta). \\ O\text{–}H & (\gamma) \end{cases}$$

a) *Triglycérides mixtes ne contenant que des radicaux d'acides gras saturés*

α-*Acéto*-β-γ-*diformine*, α-*Acétodiformine*,

$C^3H^5\ (O\text{–}CO\text{–}CH^3)\ (O\text{–}CO\text{–}H)^2$.

A été obtenue par action de l'anhydride mixte des acides formique et acétique $CH^3CO\text{-}O\text{-}CO\text{-}H$, sur la glycérine[1]. Elle est miscible à l'alcool et à l'éther en toutes proportions. Poids spécifique, 1,249. Elle bout à 157° sous 27 mm. de pression.

β-*Acéto*-β-γ-*dibutyrine*, $C^3H^5 \begin{cases} O\text{-}CO\text{-}C^3H^7 \\ O\text{-}CO\text{-}CH^3 \\ O\text{-}CO\text{-}C^3H^7 \end{cases}$. Obtenue par réaction de

1. Béhal, *Comptes Rendus*, 1899 (128), 1460.

l'acétodichlorhydrine et du butyrate de sodium, ou par l'action de l'α-α-dibutyrine sur le chlorure d'acétyle. C'est un liquide huileux, incolore, possédant une faible odeur éthérée et une saveur aromatique amère. Elle est miscible à l'alcool et l'éther en toutes proportions. Sous la pression ordinaire, elle bout à 289-290° et sous 16 millimètres à 173-175°. Au butyroréfractomètre, elle indique 5,3 degrés à 40°.

β-*Acéto-α-γ-dilaurine*, $C^3H^5 \left\{ \begin{array}{l} O\text{-}CO\text{-}C^{11}H^{23} \\ O\text{-}CO\text{-}CH^3 \\ O\text{-}CO\text{-}C^{11}H^{23} \end{array} \right.$. Obtenue en chauffant l'α-α-dilaurine avec l'anhydride acétique. Elle cristallise dans un mélange d'éther et d'alcool en aiguilles blanches (*Custodis*).

β-*Acéto-α-γ-dimyristine*, $C^3H^5 \left\{ \begin{array}{l} O\text{-}CO\text{-}C^{13}H^{27} \\ O\text{-}CO\text{-}CH^3 \\ O\text{-}CO\text{-}C^{13}H^{27} \end{array} \right.$. Obtenue [1] en chauffant l'α-α-dimyristine avec l'anhydride acétique pendant 4 heures. Elle cristallise dans l'éther, partie en aiguilles brillantes fondant à 41,5°, partie en cristaux confus, sphéroïdaux, fondant à 46,5°.

α-*Acéto-β-γ-dipalmitine*, $C^3H^5 \left\{ \begin{array}{l} O\text{-}CO\text{-}CH^3 \\ O\text{-}CO\text{-}C^{15}H^{31} \\ O\text{-}CO\text{-}C^{15}H^{31} \end{array} \right.$. Se prépare [2] en chauffant la dipalmito-α-chlorhydrine, $C^3H^5Cl\ (O\text{-}CO\text{-}C^{15}H^{31})$ (obtenue de la réaction de l'acide palmitique sur l'éther α-chlorhydrine-disulfonique, $C^3H^5Cl\ (O\text{-}SO^3H)^2$ avec l'acétate d'argent en tube scellé [1], à 140°, pendant trois heures ; fond à 67°.

β-*Acéto-α-γ-dipalmitine*, $C^3H^5 \left\{ \begin{array}{l} O\text{-}CO\text{-}C^{15}H^{31} \\ O\text{-}CO\text{-}CH^3 \\ O\text{-}CO\text{-}C^{15}H^{31} \end{array} \right.$. S'obtient [3] en chauffant l'α-α-dipalmitine avec l'anhydride acétique ; fond à l'état cristallisé à 49° et se solidifie à 29° ; les cristaux ayant été déjà fondus montrent le point de fusion (constant) de 33°.

α-*Acéto-α-γ-distéarine*, $C^3H^5 \left\{ \begin{array}{l} O\text{-}CO\text{-}CH^3 \\ O\text{-}CO\text{-}C^{17}H^{35} \\ O\text{-}CO\text{-}C^{17}H^{35} \end{array} \right.$. Obtenue [3] en chauffant la β-γ-distéaro-α-chlorhydrine avec l'acétate d'argent et l'anhy-

1. Grün et Schacht, *Berichte*, 1907 (40), 1786.
2. Grün, *Berichte*, 1905 (38), 2286.
3. Grün et Theimer, *Berichte*, 1907 (40), 1795.

dride acétique en tube scellé à 140°. Cristallise dans l'alcool sous forme de grappes, fondant à 44°, et après solidification, à 43°. Au bout de quelques semaines, le point de fusion remonte à 48°, mais après solidification de la matière fondue, le point de fusion retombe à 43°.

β-*Acéto-α-γ-distéarine*, $C^3H^5 \begin{cases} O\text{-}CO\text{-}C^{17}H^{35} \\ O\text{-}CO\text{-}CH^3 \\ O\text{-}CO\text{-}C^{17}H^{35} \end{cases}$. Obtenue en chauffant l'α-α-distéarine avec l'anhydride acétique pendant quatre heures[1], ou en l'éthérifiant à froid par le chlorure d'acétyle en présence de quinoléine[2]. Elle forme des cristaux blancs, facilement solubles dans l'éther et le chloroforme, difficilement solubles dans l'alcool, fondant à 55,5°.

β-*Lauro-α-γ-dimyristine*, $C^3H^5 \begin{cases} O\text{-}CO\text{-}C^{13}H^{27} \\ O\text{-}CO\text{-}C^{11}H^{23} \\ O\text{-}CO\text{-}C^{13}H^{27} \end{cases}$. S'obtient[3] en chauffant l'α-α-dimyristine avec le chlorure de lauryle, forme des granules blancs, micro-cristallins, fondant à 46,5°. Une seconde modification, isolée des eaux mères de cristallisation, fond à 36,5°.

α-*Lauro-β-γ-dimyristine*, $C^3H^5 \begin{cases} O\text{-}CO\text{-}C^{11}H^{23} \\ O\text{-}CO\text{-}C^{13}H^{27} \\ O\text{-}CO\text{-}C^{13}H^{27} \end{cases}$. Se forme avec la β-myristo-α-γ-dilaurine, en faisant réagir le chlorure de myristyle sur l'α-α-dilaurine[4]. On l'obtient aussi[5] par action du laurate de potassium sur la dimyristo-α-chlorhydrine. Le produit préparé par le premier procédé est liquide, tandis que celui obtenu par le second est solide, cristallise et fond à 45° et après solidification à 42,5°; après quelques semaines, le point de fusion remonte à 43,5° et après solidification, retombe à 40°.

α-*Myristo-β-γ-dilaurine*, $C^3H^5 \begin{cases} O\text{-}CO\text{-}C^{13}H^{27} \\ O\text{-}CO\text{-}C^{11}H^{23} \\ O\text{-}CO\text{-}C^{11}H^{23} \end{cases}$. Obtenue[6] par réaction du myristate de potassium sur la dilauro-α-chlorhydrine ; cris-

1. Grün et Schacht, *Berichte*, 1907 (40), 1781.
2. E. Fischer, *Berichte*, 1920 (53), 1589.
3. Grün et Schacht *Berichte*, 1907 (40), 1787.
4. Grün et Schacht, *Berichte*, 1907 (40), 1790.
5. Grün et Theimer, *Berichte*, 1907 (40), 1798.
6. Grün et Theimer, *Berichte*, 1907 (40), 1799.

tallise dans l'alcool en aiguilles, fondant à 41°, et après solidification, à 36,5°.

β-*Myristo-α-γ-dilaurine*, $C^3H^5 \begin{cases} O\text{-}CO\text{-}C^{11}H^{23} \\ O\text{-}CO\text{-}C^{13}H^{27} \\ O\text{-}CO\text{-}C^{11}H^{23} \end{cases}$. S'obtient [1] avec l'α-lauro-β-γ-dimyristine par l'action du chlorure de myristyle sur l'α-α-dilaurine, en deux modifications isomériques : une forme *instable*, cristallisant en plaques blanches, fondant à 32°, et une forme *stable*, formant une poudre microcristalline, fondant à 32-38,5° et après solidification à 36,5°. La forme stable est moins soluble dans tous les dissolvants que la forme instable. Celle-ci se transforme peu à peu dans la forme stable en ensemençant une solution éthérée avec des cristaux de la forme stable.

α-*Stéaro-β-γ-dilaurine*, $C^3H^5 \begin{cases} O\text{-}CO\text{-}C^{17}H^{35} \\ O\text{-}CO\text{-}C^{11}H^{23} \\ O\text{-}CO\text{-}C^{11}H^{23} \end{cases}$. S'obtient [2] par action du stéarate de potassium sur la dilauro-α-chlorhydrine. Cristallise dans l'alcool en fines aiguilles, fondant à 46° et après solidification, à 44°.

β-*Stéaro-α-γ-dilaurine*, $C^3H^5 \begin{cases} O\text{-}CO\text{-}C^{11}H^{23} \\ O\text{-}CO\text{-}C^{17}H^{35} \\ O\text{-}CO\text{-}C^{11}H^{23} \end{cases}$. Obtenue avec l'α-lauro-β-γ-distéarine, par action du chlorure de stéaryle sur la dilaurine ; forme de petits cristaux blancs, fondant à 37,5°.

α-*Lauro-β-γ-distéarine*, $C^3H^5 \begin{cases} O\text{-}CO\text{-}C^{11}H^{23} \\ O\text{-}CO\text{-}C^{17}H^{35} \\ O\text{-}CO\text{-}C^{17}H^{35} \end{cases}$. S'obtient avec la β-stéaro-α-γ-dilaurine [3], par action du chlorure de stéaryle sur la dilaurine, ou seule en éthérifiant à froid l'α-monolaurine, par le chlorure de stéaryle en présence de quinoléine [4]; fond à 52,5° après un certain temps le point de fusion s'élève à 69,5°. En chauffant l'α-chlorodistéarine avec le laurate de potassium à 175-180° dans un courant de gaz carbonique pendant six heures, on obtient [5] un autre produit fondant à l'état cristallisé à 49° et après solidification, à 47°.

1. Grün et Schacht, *Berichte*, 1907 (40), 1790.
2. Grün et Theimer, *Berichte*, 1907 (40), 1799.
3. E. Fischer, *Berichte*, 1920 (53), 1589.
4. Grün et Schacht, *Berichte*, 1907 (40), 1791.
5. Grün et Skopnik, *Berichte*, 1909 (43), 3757.

β-Lauro-α-γ-distéarine, $C^3H^5\begin{cases} O\text{-}CO\text{-}C^{11}H^{35} \\ O\text{-}CO\text{-}C^{17}H^{23} \\ O\text{-}CO\text{-}C^{17}H^{35} \end{cases}$. Obtenue par action de l'anhydride laurique (préparé avec l'acide laurique et l'anhydride acétique) sur l'α-α-distéarine. En faisant cristalliser dans l'alcool pour séparer la distéarine et l'acide laurique n'ayant pas réagi, et après 30 à 35 recristallisations dans l'éther, on a obtenu deux modifications isomériques : une forme *instable*, fondant à 53,5°, et une forme *stable*, fondant à 68,5°. En ensemençant la solution de la forme instable dans un mélange alcool-éther avec quelques cristaux de la forme stable, on opère la transformation complète de la première dans la seconde. Celle-ci (la forme stable) montre par la cryoscopie un poids moléculaire double de la valeur théorique ; par ébullioscopie, on n'a que des résultats incertains. La transformation de la forme stable dans la forme instable n'a pas pu être réalisée.

α-Lauro-β-stéaro-γ-myristine, $C^3H^5\begin{cases} O\text{-}CO\text{-}C^{11}H^{23} \\ O\text{-}CO\text{-}C^{17}H^{35} \\ O\text{-}CO\text{-}C^{13}H^{27} \end{cases}$. Préparée[1] en chauffant l'α-lauro-γ-myristine avec le chlorure de stéaryle ; cristallise en flocons fondant à 37-38° et après solidification, à 35°.

α-Stéaro-β-myristo-γ-laurine, $C^3H^5\begin{cases} O\text{-}CO\text{-}C^{17}H^{35} \\ O\text{-}CO\text{-}C^{13}H^{27} \\ O\text{-}CO\text{-}C^{11}H^{23} \end{cases}$. Obtenue[1] avec l'α-stéaro-γ-laurine et le chlorure de myristyle. Cristallise en masses granulaires fondant à 48-49° ; au bout de quelque temps, les cristaux fondent à 46° ; et après solidification, ce produit fond à 44-45°.

α-Stéaro-β-lauro-γ-myristine, $C^3H^5\begin{cases} O\text{-}CO\text{-}C^{17}H^{35} \\ O\text{-}CO\text{-}C^{11}H^{23} \\ O\text{-}CO\text{-}C^{13}H^{27} \end{cases}$. Préparée[1] avec l'α-stéaro-γ-myristine et le chlorure de lauryle ; forme des cristaux confus, fondant à 42°, et après solidification, à 32°.

α-Myristo-β-γ-distéarine, $C^3H^5\begin{cases} O\text{-}CO\text{-}C^{13}H^{27} \\ O\text{-}CO\text{-}C^{17}H^{35} \\ O\text{-}CO\text{-}C^{17}H^{35} \end{cases}$. Obtenue[2] en chauffant l'α-chlorodistéarine avec le myristate de potassium sec à

1. Grün et Skopnik, *Berichte*, 1909 (42), 3757.
2. Grün et Theimer, *Berichte*, 1907 (40), 1797.

175-180° dans un courant de gaz carbonique pendant six heures. Cristallise dans l'alcool (dans lequel elle est peu soluble) en aiguilles, fondant à 52° et 62° et après solidification à 59°

β-Myristo-α-γ-distéarine, $C^3H^5 \begin{cases} O\text{-}CO\text{-}C^{17}H^{35} \\ O\text{-}CO\text{-}C^{13}H^{27} \\ O\text{-}CO\text{-}C^{17}H^{35} \end{cases}$. Obtenue[1] en chauffant l'α-α-distéarine avec l'anhydride myristique, sous deux modifications : une forme *instable* (point de fusion 57°, et après solidification, 55,5°) et une forme *stable* (point de fusion 58,8° et 65°, et après solidification, 58,5°). Les deux formes se séparent par cristallisations répétées (35 à 40 cristallisations) dans l'éther, le chloroforme, le benzène, et d'autres dissolvants. En ensemençant une solution de la forme instable avec des cristaux de la forme stable, le point de fusion du produit augmente peu à peu. Le poids moléculaire de la forme instable, par cryoscopie, est normal, tandis que la forme stable donne une valeur double ; l'ébullioscopie ne donne pas de résultats nets.

α-Palmito-β-γ-distéarine, $C^3H^5 \begin{cases} O\text{-}CO\text{-}C^{15}H^{31} \\ O\text{-}CO\text{-}C^{17}H^{35} \\ O\text{-}CO\text{-}C^{17}H^{35} \end{cases}$. S'obtient synthétiquement avec l'α-monopalmitine et l'acide stéarique (*Güth*), ou avec la β-α-distéarine et l'acide palmitique (*Kreis* et *Hafner*[2]). A l'état cristallisé, elle fond à 63°. Au butyroréfractomètre, elle marque 22,5 degrés à 75°.

Bömer[3] a isolé ce glycéride à l'état de pureté du saindoux (où il existe dans la proportion de 3% environ) par une longue série de cristallisations ; le produit fond à 68° (corrigé, 68,5°) et son point de transition est 51,3° (corrigé, 51,5°).

β-Palmito-α-γ-distéarine, $C^3H^5 \begin{cases} O\text{-}CO\text{-}C^{17}H^{35} \\ O\text{-}CO\text{-}C^{15}H^{31} \\ O\text{-}CO\text{-}C^{17}H^{35} \end{cases}$. Le glycéride préparé par *Kreis* et *Hafner*[4] en chauffant l'α-distéarine avec l'acide palmitique à 180°, sous pression réduite, cristallise dans l'éther en touffes

1. Grün et Schacht, *Berichte*, 1907 (40), 1784.
2. *Berichte*, 1903 (36) 123.
3. *Zeits. f. Unters. d. Nahr. u. Genussm.*, 1909 (XVII), 393 ; 1913 (XXV), 354 ; cf. aussi chap. XII.
4. *Ibidem*, 1904 (VII), 665.

d'aiguilles microscopiques, fondant à 63°, et dans l'état de surfusion après solidification à 52,2° et 62°, ce qui le rapprocherait braucoup de l'α-palmito-β-γ-distéarine. Mais, *Bömer* [1] a montré que ce produit renfermait encore plus de 12 % de tristéarine qui se forme dans la réaction[2] en même temps que la palmitodistéarine et de l'α-stéaro-β-γ-dipalmitine), et que la palmitodistéarine [3], isolée du suif de bœuf par les mêmes auteurs [4], en retenait encore 15 % ; il a obtenu [5] lui-même par cristallisation répétée du suif de mouton, une palmitostéarine fondant à 63,3°.

α-*Stéaro*-β-γ-*dipalmitine*, $C^3H^5\begin{cases}O\text{-}CO\text{-}C^{17}H^{35}\\O\text{-}CO\text{-}C^{15}H^{31}\\O\text{-}CO\text{-}C^{15}H^{31}\end{cases}$. A été préparée synthétiquement par *Gülh* à partir de l'α-monostéarine et de l'acide palmitique. Elle cristallise en longues plaques rhombiques fondant à 60°. Au butyroréfractomètre, elle marque 27 degrés à 75°.

β-*Stéaro*-α-γ-*dipalmitine*, $C^3H^5\begin{cases}O\text{-}CO\text{-}C^{15}H^{31}\\O\text{-}CO\text{-}C^{17}H^{35}\\O\text{-}CO\text{-}C^{15}H^{31}\end{cases}$. A été obtenue synthétiquement par l'α-α-dipalmitine et l'acide stéarique. Elle cristallise en lamelles fondant à 60° ; au butyroréfractomètre, elle marque 24 degrés à 75°.

Une *stéarodipalmitine* ou *dipalmitostéarine*,

$$C^3H^5(O\text{-}CO\text{-}C^{17}H^{35})(O\text{-}CO\text{-}C^{15}H^{31})^2,$$

a été aussi extraite du suif par *Hansen* [6] et décrite comme cristallisée en écailles à reflets lustrés, fondant à 55°. Quoique différant par son point de fusion des deux isomères précédents ce qui peut tenir à la présence de tristéarine), ce glycéride est très probablement identique avec l'un d'eux.

Bömer [7] a isolé du suif de mouton, par cristallisation longuement répétée, une stéarodipalmitine fondant à 53,7°.

1. *Zeits. f. Unters. d. Nahr. u. Genussm.*, 1909 (XVII), 359.
2. *Ibidem*, 1913 (XXV), 353.
3. *Ibidem*, 1907 (XIV), 106.
4. *Berichte*, 1903 (36), 1123.
5. *Zeits. f. Unters. d. Nahr. u. Genussm.*, 1909 (XVII), 393 ; 1913 (XXV), 354. Cf. aussi chap. XII.
6. *Arch. f. Hygiene*, 1902 (42), 1.
7. *Zeits. f. Unters. d. Nahr. u. Genussm.*, 1909 (XVII), 391 ; cf. aussi chap. XII.

b) *Triglycérides mixtes renfermant des radicaux d'acides gras non saturés de la série,* $C^nH^{2n-2}O^2$

On doit regarder comme douteuse l'existence d'une *myristopalmitooléine* C^3H^5 $(O\text{-}CO\text{-}C^{13}H^{27})$ $(O\text{-}CO\text{-}C^{15}H^{31})$ $(O\text{-}CO\text{-}C^{17}H^{33})$, formant des cristaux fondant à 25-27°, dont *Klimont* [1] a indiqué la présence dans le beurre de cacao (cf. *Beurre de cacao,* chap. XIV).

Kreis et *Hafner* [2] mettent en doute l'identité de l'*oléodipalmitine* ou *dipalmitooléine*, $C^3H^5(O\text{-}CO\text{-}C^{17}H^{35})(O\text{-}CO\text{-}C^{15}H^{31})^2$, fondant à 48°, isolée du suif, par cristallisation fractionnée, par *Hansen*. En faisant réagir l'acide oléique sur l'α-α-dipalmitine, ils ont obtenu une β-*oléo-α-γ-dipalmitine*, qui, en tube capillaire, devenait translucide à 20° et fondait en un liquide transparent à 38-39° ; à l'état cristallisé, elle fondait à 38-39°. Avec l'α-β-dipalmitine, ils ont préparé une γ-*oléo-α-β-dipalmitine*, qui devenait translucide à 18° et fondait en liquide transparent à 37-38° ; à l'état cristallisé, elle fondait à 38°.

Klimont [3] aurait obtenu par cristallisation répétée de l'huile de stillingia dans l'acétone une *oléodipalmitine* fondant à 37° et par cristallisation du suif de Bornéo et du beurre de cacao dans le même dissolvant, une *oléodipalmitine* fondant à 38°.

Une *oléopalmitostéarine* ou *stéaropalmitooléine*,

$$C^3H^5(O-CO-C^{17}H^{33})(O-CO-C^{15}H^{31})(O-CO-C^{17}H^{35}),$$

fondant à 42°, aurait été isolée du suif par *Hansen* [4]. *Klimont* [5], croyant avoir trouvé le même glycéride dans le beurre de cacao, est revenu ensuite sur son assertion.

Oléodistéarine, C^3H^5 $(O\text{-}CO\text{-}C^{17}H^{33})$ $(O\text{-}CO\text{-}C^{17}H^{35})^2$. C'est le premier glycéride mixte connu. Il a été obtenu par *Heise* [6] qui l'a extrait du beurre de Mkany et du beurre de Kokum en précipitant une solution éthérée de ces corps par l'alcool. Sa présence a été indiquée plus tard dans le beurre de cacao (*Fritzweiler* [7], *Klimont* [8]), le suif

1. *Monatsh. f. Chem.*, 1902 (23), 51.
2. *Zeitsch. f. Unters. d. Nahr. u. Genussm.*, 1904 (VII), 665.
3. *Monatsh. f. Chem.*, 1903, 408 ; 1904, 931 ; 1905, 563.
4. *Arch. f. Hygiène*, 1902 (42), 1.
5. *Monatsh. f. Chem.*, 1902 (23), 51.
6. *Arbeiten a. d. Kais. Gesundheitsamt*, 1896 (12), 540 ; 1897 (13), 302.
7. *Ibidem*, 1902, 371.
8. *Monatsh. f. Chem.*, 1904, 929 ; 1905, 563.

végétal de Chine et le suif de Bornéo (*Klimont*), et d'après *J. Sack* [1], le corps gras du *Mangifera indica* serait constitué en grande partie par de l'oléodistéarine ; toutefois, les caractéristiques analytiques de ce corps gras ne justifient pas cette assertion.

L'oléodistéarine forme de petits cristaux blancs, fondant à 44-44,5° et se solidifiant à 40,8°. Si le glycéride est refroidi rapidement, on observe ensuite le point de fusion 27-28° ; chauffé au-dessus de ce point, il se solidifie et fond finalement à 37-38°. Poids spécifique à 70°, 0,8928 et à 90°, 0,8547. L'oléodistéarine obtenue synthétiquement par action de l'acide oléique sur l'α-α-distéarine fond de 2 à 4° au-dessous de l'oléodistéarine naturelle du beurre de Mkany et du beurre de Kokum (*Kreis* et *Hafner*).

Henriques et *Künne* [2] ont isolé son dérivé chloroiodé.

Grün et *Schacht* [3] ont obtenu la β-oléo-α-γ-distéarine en chauffant l'α-α-distéarine avec l'anhydride oléique pendant six heures à 170°, sous pression de 20 à 25 mm., dans un courant de gaz carbonique. Elle fond, aussitôt préparée, à 42° ; au bout d'un an, elle fond à 41° et 55°, et après solidification, fond à 42°.

Élaidodistéarine, C^3H^5 (O-CO-$C^{17}H^{33}$) (O-CO-$C^{17}H^{35}$)^2. Obtenue par action de l'acide nitreux sur l'oléodistéarine (*Henriques et Künne* [4]). Elle fond à 61°.

Dioléostéarine, C^3H^5 (O-CO-$C^{17}H^{35}$) (O-CO-$C^{17}H^{33}$)^2. Sa présence a été indiquée dans la graisse humaine (*Partheil* et *Ferié* [5]).

c) *Triglycérides mixtes renfermant des radicaux d'acides gras saturés et d'acides gras non saturés de la série*, $C^nH^{2n-4}O^2$

α-Linoléo-β-γ-dipalmitine,

$$C^3H^5 (O-CO-C^{17}H^{31}) (O-CO-C^{15}H^{31}) (O-CO-C^{15}H^{31}).$$

Provenant de l'α-β-dipalmitine et de l'anhydride linoléique ; fond à 11,5-13° (*Schönfeld* [6] ; *Grün* et *Schönfeld* [7]).

1. *Pharm. Weekblad*, 1911 (13).
2. *Berichte*, 1899 (32), 390.
3. *Ibidem*, 1907 (40), 1782.
4. *Ibidem*, 1899 (32), 387.
5. *Arch. d. Pharm.*, 1903, 545.
6. *Dissert.*, Zürich, 1912.
7. *Zeits. f. ang. Chem.*, 1916, 29 ; 37-9 ; 46-8.

β-*Linoléo-α-γ-dipalmitine*,

$$C^3H^5(O-CO-C^{15}H^{31})(O-CO-C^{17}H^{31})(O-CO-C^{15}H^{31}.$$

Obtenue avec l'α-α-dipalmitine et l'anhydride linoléique ; fond à 28-29° (*Schönfeld ; Grün* et *Schönfeld* [1]).

α-*Linoléo-β-γ-distéarine*,

$$C^3H^5(O-CO-C^{17}H^{31})(O-CO-C^{17}H^{35})(O-CO-C^{17}H^{35}).$$

Préparée au moyen de l'α-β-distéarine et de l'anhydride linoléique ; forme des cristaux blancs fondant à 33,5-37° (*Schönfeld*) et 33,5-34° (*Grün* et *Schönfeld* [1]).

β-*Linoléo-α-γ-distéarine*,

$$C^3H^5(O-CO-C^{17}H^{35})(O-CO-C^{17}H^{31})(O-CO-C^{17}H^{35}).$$

Provenant de l'α-α-distéarine et de l'anhydride linoléique ; fond à 41-42° et après solidification, à 36° (*Schönfeld* [1] ; *Grün* et *Schönfeld* [1]).

La présence d'un glycéride mixte des acides japanique et palmitique ayant la formule $C^3H^5(C^{20}H^{40}[CO-O]^2)(O-CO-C^{15}H^{31})$, dans la cire du Japon, est considérée comme probable par *Geitel* et *v.d.Want.* (Voir *Cire du Japon*, chap. XIV).

PHOSPHATIDES

On trouve, largement répandus dans les tissus des organismes végétaux et animaux, quoique en très petites quantités seulement, des triglycérides mixtes d'une forme particulière, renfermant généralement deux radicaux acides gras et un radical acide phosphorique, celui-ci combiné à une base organique, de sorte que l'on peut représenter leur composition par la formule générale :

$$C^3H^5(O-R)(O-R)(O-PO)(OH)(O-B),$$

dans laquelle B représente une base monoaminée.

Thudichum [2] a proposé de désigner ces glycérides particuliers sous le nom de *phosphatides*, qui est généralement adopté plutôt que le terme de *phospholipines*, suggéré par *Leathes* [3] pour rappeler leur caractère basique.

1. *Zeits. f. ang. Chem.* 1916, 29 ; 37-9 ; 46-8.
2. *Dissert.*, Tübingen, 1901 ; *Chem. News* (31), 112.
3. *The Fats*, 1910 ; cf. aussi *Rosenheim*, VIIe *Congrès Intern. chim. appl.*, 1910 (IV), p. 56.

Les phosphatides répondant à la formule ci-dessus sont des *mono-aminomonophosphalides*, en raison de l'égalité du nombre des atomes d'azote et de phosphore (mais il en est de plus compliquées : diaminomonophosphatides, monoaminodiphosphatides, etc...).Quoique jouant un rôle physiologique des plus importants (puisque certains auteurs les regardent même comme les véritables soutiens de la vie), on sait encore très peu de chose sur leur fonction réelle dans l'organisme végétal ou animal ; il en est de même de leur composition chimique, au sujet de laquelle on rencontre encore beaucoup d'indications contradictoires.

Les phosphatides les mieux connues sont la *lécithine* (d'abord trouvée dans le jaune d'œuf par *Gobley* [1] en 1846), ou plutôt les *lécithines* [2], qui existent dans la plupart des organes végétaux et animaux, et que l'on trouve en particulier (en outre du jaune d'œuf) dans la cervelle, la moelle épinière, les nerfs, le sang, la bile, le sperme, le cœur, les reins, le foie, le pancréas, les poumons, le lait (et le beurre), etc... des animaux, et aussi dans un grand nombre de graines végétales, surtout celles des Légumineuses et les céréales, de champignons, etc...

Lécilhines,

$$C^3H^5\begin{cases} \text{O-R} \\ \text{O-R} \\ \text{O} \diagdown \\ \qquad \text{O}=\text{P-O-CH}^2\text{-CH}^2 \diagdown \\ \qquad \text{OH} \diagup \qquad\qquad\qquad\quad \text{Az} \equiv (\text{CH}^3)^3 \\ \qquad\qquad\qquad\qquad \text{OH} \diagup \end{cases}$$

. Les lécithines, hydrolysées par la potasse alcoolique, l'eau de baryte ou l'acide chlorhydrique [3], fournissent de la choline (*Liebreich* [4]*; Strecker* [5]), de l'acide glycérophosphorique et des acides gras, ce qui a permis de leur attribuer la formule de constitution ci-dessus, dans laquelle R désigne un radical acide gras.

Il est possible, même probable, que d'autres bases aminées se trouvent dans les lécithines, mais, jusqu'ici, c'est la choline seule

1. *Journ. Pharm. Chim.*, 1846 (I), 5 ; 1847 (II), 5 ; *Comptes Rendus*, 1846 (21), 766.
2. On trouvera une bibliographie de la lécithine dans les *Annales de Merck*, Darmstadt, 1912. Cf. aussi Kade, *Dissert.*, Zurich, 1911 ; Grün et Kade, *Berichte*, 1912, 3358-3367.
3. Cf. F. Malengreau et G. Prigent, *Zeits. f. physiol. Chem.*, 1912 (77), 107.
4. *Annalen*, 1865 (134), 29.
5. *Ibidem*, 1868 (148), 77.

qu'on retire des produits de dédoublement. Quant aux acides gras, ce sont généralement les acides stéarique, palmitique et oléique, aussi les acides linolénique et linoléique ; il est encore impossible de décider si dans la même molécule se rencontrent deux radicaux acides identiques ou différents, car si dans l'examen d'une lécithine comme celle du jaune d'œuf, on trouve généralement des acides stéarique, palmitique ou oléique, rien ne prouve qu'ils proviennent de la même molécule et non pas d'un mélange de lécithine stéarique ou palmitique et de lécithine oléique. *Thudicum* est d'avis que la molécule de lécithine renferme toujours un radical acide gras saturé (palmitique ou stéarique) et un radical acide gras non saturé (oléique), mais aucune preuve n'a pu être faite. On admet généralement d'autre part, que la lécithine du jaune d'œuf est constituée surtout de lécithine stéarique tandis que celle retirée des végétaux est formée principalement de lécithine oléique.

Toutes ces questions restent encore en suspens, et ne pourront être résolues que lorsqu'on aura pu isoler des lécithines rigoureusement pures, vraisemblablement à l'état cristallisé, tandis que jusqu'ici on n'a obtenu que des produits cireux, dont l'individualité et la pureté chimique restent suspectes.

Willstätter et *Lüdecke*[1] font dériver les lécithines d'un diglycéride α-β ; cependant, *Bailly*[2] a montré que la lécithine du jaune d'œufs est un mélange de deux isomères, dont les radicaux acides gras sont en position α-β dans l'un et en position α-γ dans l'autre.

La formule de constitution donnée plus haut est asymétrique (le groupement choline occupant la position γ) et, en conformité, les lécithines naturelles manifestent de l'activité optique. Une lécithine de jaune d'œuf (commerciale) examinée par *P. Mayer-Carlsbad*[3] montrait un pouvoir rotatoire $(\alpha_D) = +9{,}84$; sous l'action de la chaleur, elle s'est convertie (comme l'acide tartrique ou l'acide phénylglycolique, etc...) en produit racémique, qui a été dédoublé au moyen de la stéapsine, en ses stéréoisomères actifs, dont *Mayer-Carlsbad* a pu isoler la lécithine lévogyre. L'acide glycérophosphorique provenant du dédoublement des lécithines jouit aussi de l'activité optique, d'après *Willstätter* et *Lüdecke*[1].

1. *Berichte*, 1904 (37), 3753.
2. *Comptes Rendus* 1915 (160), 395.
3. *Biochem. Zeits.*, 1905, 39.

On a déjà signalé que l'on admet ordinairement que la lécithine du jaune d'œuf est une lécithine stéarique (probablement mélangée de lécithine oléique) à moins que ce ne soit une lécithine oléo-stéarique (*Thudicum*) ; *Cousin* [1] indique, cependant, qu'il a retiré de la saponification [2] d'une lécithine de jaune d'œuf, préparée par lui-même : 24 0/0 d'acide linoléique, 28,5 0/0 d'acide palmitique et 14,2 0/0 d'acide stéarique ; en outre des doutes qu'autorise la difficulté d'une séparation aussi rigoureuse de ces trois acides gras, on peut remarquer que cette composition ne concorde pas avec l'indice d'iode, 62 à 69, donné par *Rollet* [3], pour des lécithines de même origine. Les résidus des acides gras non saturés existant dans la lécithiné peuvent être hydrogénés en présence d'un catalyseur approprié, et *Paal* et *Œhme* [4], en opérant avec le platine colloïdal, ont obtenu une hydrolécithine cristallisée. Il faut enfin signaler que *N. A. Barbieri* [5] prétend que le jaune d'œuf ne renferme pas de lécithine.

Une autre lécithine [6], de composition semblable (aux acides gras près) à celle du jaune d'œuf (voir plus haut), a été isolée des graines d'un grand nombre de végétaux, et particulièrement des graines de *Légumineuses* (pois, vesce, lupin) et de céréales (orge, froment, seigle), où elle existe en proportion [7] allant de 0,6 à 1,2 et même 2 0/0.

Un certain nombre de brevets [8] ont été pris pour la préparation industrielle de cette lécithine végétale ; *C. A. Fischer* [9] extrait les substances végétales (ou animales) avec l'acétate d'éthyle ou de

1. *Journ. Pharm. Chim.*, 1903 (137), 68 ; cf. Henriques et Hansen, *Skand. Arch. f. Physiol.*, 1903. (XIV), 390.
2. Pour l'alcoolyse de la lécithine, cf. Fourneau et Piettre, *Bull. Soc. Chim.*, 1912, V (11), 805.
3. *Zeits. f. physiol. Chem.*, 1909 (61), 214.
4. *Berichte*, 1913 (46), 1297.
5. VIIe *Congrès Intern. Chimie appl.*, 1910, t. IV, p. 64 ; *Chem. Zeit.*, 1912, 985 ; et aussi *Gazz. Chim. Ital.*. 1917 (47), 1.
6. Schulze, *Zeits. f. physiol. Chem.*, 1894 (20), 225, 252 ; 1907 (52), 54 ; 1908 (55), 338 ; *Chem. Zeit.*, 1904, 751 ; Schulze et Frankfurt, *Landwirthsch. Versuchst.*, 1894 (43), 307 ; Schulze et Likiernik, *Berichte*, 1891 (24), 71 ; Schulze et Winterstein, *Zeits. f. physiol. Chem.*, 1904 (40), 101. — Hiestand, *Dissert.*, Zurich, 1906. — Winterstein et Hiestand, *Zeits. f. physiol. Chem.*, 1906 (47), 496 ; 1908 (54), 288. — König et Schluckebier, *Zeits. f. Unters. d. Nahr. u. Genussm.*, 1908 (XV), 650.
7. Pour la détermination quantitative de la lécithine, cf. Fendler, *Apoth. Zeit.*, 1905 (3) ; Riedel, *Idem*, 1905, 72.
8. Blattmann, Br. fr. 357.451 ; Ziegler, D. R. P. 179.591 ; Br. fr. 364.896 ; Buer, D. R. P. 200.253, 210.013, 236.605 ; E. P. 12.405, 1908 ; U. S. P. 1.055.514 ; Poulenc frères, Br. fr. 406.634 ; J. R. Riedel Akt. Ges., D. R. P. 260.886.
9. E. P. 11.597, 1908 ; 18.540, 1909 ; Br. fr. 390.683.

méthyle, ou le butyrate d'éthyle pour entraîner l'huile grasse et la cholestérine ; le résidu contenant la lécithine (35 à 40 0/0 dans le cas du jaune d'œuf), est séché dans le vide et extrait par l'alcool à 70°. La lécithine se sépare de la solution par refroidissement.

Les lécithines diffèrent des triglycérides précédemment décrits, c'est-à-dire des corps gras véritables, par leur solubilité dans l'alcool. Elles s'émulsionnent facilement avec l'eau, et l'éther ou les dissolvants analogues extraient très peu de lécithine des émulsions, mais en ajoutant des sels aux émulsions, les lécithines passent immédiatement dans le dissolvant ; la glycérine, le dextrose, le sucrose et la carbamide n'exercent aucune action précipitante sur les émulsions et ne favorisent pas le passage des lécithines dans l'éther, tandis qu'il suffit de traces de solutions salines pour que les lécithines passent dans l'éther (*Long* et *Gephart* [1]).

Les lécithines sont insolubles dans l'acétone et peuvent, par suite, être précipitées de leurs solutions par l'acétone. Elles sont un peu solubles dans les huiles et graisses, de sorte qu'elles passent toujours en certaine proportion dans les corps gras au cours de leur préparation industrielle. On trouvera dans une table du chapitre IV (*Dosage du phosphore*) [2] une indication des quantités de lécithines trouvées dans les huiles et graisses commerciales.

Les lécithines provenant du jaune d'œuf, des céréales, ou des légumineuses, sont employées dans la fabrication de la margarine et des graisses alimentaires (pour obtenir le brunissement et le pétillement que donne le beurre), pour la préparation d'émulsions pharmaceutiques (huile de foie de morue) et de produits thérapeutiques et diététiques. On trouve aussi dans le commerce des solutions de lécithines dans la glycérine [3] et dans les mono-, di- et trichlorhydrines [4].

Les lécithines retirées du foie, des muscles (du cœur) des reins, de la cervelle, des nerfs ou du sang, semblent avoir, dans l'ensemble, aux acides gras près, une composition analogue à celle donnée pour la lécithine du jaune d'œuf.

1. *Journ. Amer. Chem. Soc.*, 1908, 895.
2. Cf. Pour la détermination de la pureté des lécithines et l'analyse des préparations de lécithines, cf. *Annales de Merck*, Darmstadt, 1912, pp. 50-55 ; Virchow, *Chem. Zeit.*, 1911, 913 ; 1912, 906.
3. Bergell, D. R. P. 231.233.
4. Deutsche chemische Werke « Victoria » et P. Salzmann, D. R. P. 241.564.

Leathes [1] a montré que le produit extrait par l'éther des organes internes du corps (foie, cœur, reins), donne par hydrolyse, 65 0/0 d'acides gras insolubles ; en admettant que dans la molécule de lécithine, telle qu'elle est représentée dans la formule donnée plus haut, le radical R ait une valeur moyenne égale à 280, la lécithine du jaune d'œuf devrait donner par hydrolyse 67 0/0 d'acides gras insolubles, soit un chiffre très voisin. Mais la composition des acides gras doit être différente, les phosphatides des organes animaux paraissant posséder une grande instabilité et subir des modifications chimiques importantes sous la moindre influence.

D'après *Erlandsen* [2], les phosphatides isolées des muscles du cœur (du bœuf,) renferment des acides moins saturés que l'acide oléique, et *Hartley* [3] indique que les acides gras des phosphatides d'organes absorbent de 113 à 134 0/0 d'iode. Il est à signaler que les indices d'iode des phosphatides d'organes sont plus élevés que ceux des corps gras des tissus conjonctifs voisins ; c'est ainsi que *Wolcke* a obtenu les chiffres suivants : phosphatide du foie d'un chien, 83,1 ; des muscles du cœur, 84,9, du rein, 78,0 ; graisse des tissus conjonctifs, 62.8,

Les acides gras non saturés de ces phosphatides paraissent s'oxyder avec la plus grande facilité, par simple exposition à l'air, en devenant insolubles dans l'éther de pétrole. *Hartley* [3], en séparant les acides gras saturés des acides non saturés par la méthode plomb-éther, a obtenu (des phosphatides du foie de porc et de bœuf) des acides gras non saturés ayant des indices d'iode compris entre 174 et 203, et d'après les résultats de l'essai des bromures, certains de ces acides gras appartiendraient aux acides non saturées $C^nH^{2n-6}O^2$ et même $C^nH^{2n-8}O^2$ (Voir chap. III).

Le même auteur a isolé de la phosphatide du foie de porc, les acides gras suivants : acides palmitique, stéarique, oléique (différent de l'acide oléique ordinaire), linoléique (probablement un mélange de deux isomères) et un acide de composition $C^{20}H^{32}O^2$; il n'a pas trouvé d'acide linolénique, qui est probablement absent.

La facilité d'oxydation des acides gras de phosphatides d'organes

1. *Journ. of Physiol.*, 1907 (36), 19 ; cf. aussi Bang. *Chemie u. Biochemie d. Lipoide.*
2. *Zeit. f. physiol. Chem.*, 1907 (11), 71.
3. *Ibidem*, 1907 (36), 18.

semblerait établir une relation entre ces acides gras et ceux des huiles de foies, et conduire à cette conclusion remarquable que ces acides gras, si aisément oxydables, se rencontrent parmi les éléments constitutifs des organes du corps, doués de la plus grande activité métabolique.

On trouvera dans le chapitre III (*Glycérine*), la description d'un certain nombre d'autres glycérides mixtes, à bases d'acides organiques autres que les acides gras naturels, ou renfermant, à la fois, des radicaux d'acides gras et des radicaux d'acides inorganiques, qui n'ont pas été rencontrés jusqu'ici dans la nature.

2. Propriétés des huiles et graisses naturelles.

Les huiles et graisses naturelles sont, comme on le sait, largement répandues dans le règne végétal et le règne animal, depuis les organismes inférieurs jusqu'aux formes les plus élaborées de la vie végétale et animale, et en fait, on les trouve dans la plupart des tissus et organes végétaux ou animaux.

Dans les végétaux, c'est dans les graines qu'elles s'accumulent, avec l'amidon et les matières azotées, constituant des réserves alimentaires utilisées pour le développement de l'embryon ou germe, et c'est exceptionnellement que de l'huile a été trouvée en proportions importantes dans les racines du *Polygala Senega*, et dans les rhizomes du souchet comestible. Dans les organismes animaux, c'est dans les tissus cellulaires de l'intestin et les tissus les plus voisins de l'épiderme que les corps gras sont déposés.

Au point de vue pratique, les huiles et graisses naturelles peuvent être considérées comme des mélanges en proportions variables des triglycérides décrits plus haut. Elles ne représentent pas des espèces chimiques invariables, mais, comme tous les produits naturels, sont sujettes à des variations de composition, entre des limites restreintes toutefois. On a déjà indiqué l'influence que les variétés, le climat, le sol, la culture, peuvent avoir sur la composition du corps gras provenant d'une même espèce végétale, de même que la race, l'âge et l'alimentation sur la composition des corps gras animaux, et l'on sait déjà que l'étude de ces influences et des variations concomitantes sur la composition des corps gras est bien moins avancée pour les organismes végétaux que pour les organismes animaux ; *White* [1], ayant entrepris de déterminer les conditions qui favorisent l'augmentation de la proportion de glycérides d'acides gras non saturés dans le corps gras pendant la croissance de la plante, n'a obtenu aucun résultat positif.

Aucun corps gras naturel ne paraît être exclusivement constitué par un seul glycéride ; cependant, quelques corps gras provenant des fruits de certaines *Myristicacées* ne renferment, à côté de l'acide myristique, qu'une très petite proportion d'acide gras étranger ; et l'on peut ainsi, pratiquement, regarder le beurre d'Ochoco, comme formé de myristine pure ; de même l'huile de Coula, d'après *Hébert* [2], pourrait être considérée comme de l'oléine presque pure.

Récemment encore, on considérait les corps gras naturels comme des mélanges relativement simples, formés de deux ou trois triglycérides, dont les plus importants (parce que se présentant le plus souvent) sont la trilaurine, le trimyristine, la tripalmitine, la tristéarine, la trioléine, la trilinoléine, la trilinolénine, la triclupanodonine et la triricinoléine, avec de petites quantités de glycérides à base d'acide butyrique (beurre de vache), caproïque, caprylique, caprique (beurre de vache, huile de palmiste, de coco) et arachidique (huile d'arachide). Mais, dans ces dernières années, on a isolé un assez grand nombre de glycérides mixtes des corps gras naturels, et si l'on considère l'extrême difficulté que présente l'isolement *en nature* des triglycérides pures des huiles et graisses les plus courantes, et le fait que l'existence de tel ou tel triglycéride dans un corps gras a généralement été déduite de la présence de l'acide gras correspondant, on peut admettre comme probable que la plupart des corps gras naturels sont formés essentiellement par des triglycérides mixtes, et conclure finalement que nos connaissances sont encore trop précaires pour pouvoir assigner à chaque corps gras, ou même à un certain nombre des plus importants, sa composition définie en glycérides.

Les méthodes de préparation des corps gras végétaux et animaux sont relativement sommaires ; aussi les huiles et graisses renferment-

1. *Journ. Ind. and Eng. Chem.*, 1919, 648.
2. *Comptes Rendus*, 1895, 200.

elles généralement des impuretés de natures diverses, telles que des matières résineuses, colorantes ou mucilagineuses, des résidus ou débris de tissus végétaux et animaux [1], etc...

La plupart peuvent être séparées par traitement par la vapeur ou par lavage à l'eau suivi d'un blanchiment et d'une filtration (Cf. chap. XIII). Toutefois, même après cette purification, le corps gras renferme encore de minimes quantités de matières autres que des glycérides.

Les unes doivent être regardées comme des substances véritablement *étrangères* (c'est-à-dire accessoires, accidentelles), comme les traces de matières colorantes, de substances chromogènes (donnant les réactions colorées caractéristiques de certaines huiles et graisses), d'huiles essentielles, de matières résineuses, de composés sulfurés (huiles de Crucifères) ou de glucosides cyanogénés (huiles de lin, d'*Hevea*, de sorbier, etc...) [2].

Les autres, dont la présence est *constante*, concomitante des corps gras eux-mêmes, doivent être regardés en quelque sorte comme des constituants de ces derniers ; telles sont, comme les plus importantes, le *phytostérol* et le *cholestérol*, dont la présence ou l'absence permet de définir l'origine végétale ou animale d'un corps gras ; d'autres *stérols*, comme le *bombystérol*, le *stigmastérol*, le *brassicastérol* sont caractéristiques de certaines huiles ou graisses ; les *huiles essentielles* se retrouvent encore en proportion appréciable dans les corps gras des *Myristicacées*, dans l'huile de coco, etc... Les *lécithines* (ou mieux les *phosphatides*) figurent encore parmi les éléments constants des corps gras, où on les retrouve en très petites quantités, mais leur présence n'a qu'une importance minime, au point de vue analytique ou technique.

Entre les deux groupes précédents de matières étrangères accompagnant les corps gras naturels, se trouvent les *hydrocarbures* [3] et les *alcools aliphatiques*, qui s'y rencontrent aussi peut-être plus souvent qu'on ne les a signalés jusqu'ici ; mais, en raison des quan-

1. Les petites quantités d'azote trouvées dans les corps gras industriels paraissent provenir de ces restes de tissus ; cependant, Bouchard (*Comptes Rendus*, 1912 (154), 1620, regarde l'azote comme un constituant des huiles et graisses.

2. Cf. Henry, *Science Progress*, 1906, juillet ; Ravenna et Zamoroni, *Atti Accad. Lincei*, 1910 (10), II, 356.

3. Cf. Klobb, Garnier et Ehrwein, *Journ. Chem. Soc.*, 1910 (II), 1100.

tités extrêmement faibles qu'ils représentent, au lieu d'être isolés et examinés séparément, ils sont le plus souvent confondus avec les phytostérols et cholestérols, sous la dénomination commune de *matières insaponifiables*. Des hydrocarbures ont été isolés des huiles de persil et de laurier, du beurre de cacao, de l'huile de kosam, de l'huile de cantharide et de l'huile de melolontha et pourraient peut-être servir à identifier ces corps gras ; en tout cas, les corps gras (et les cires) provenant des insectes paraissent caractérisés par une proportion importante d'hydrocarbures, et les huiles de foies de diverses variétés de requins par de grandes quantités d'hydrocarbures peu saturés.

Des cétones, des aldéhydes, des alcools secondaires, ont encore été trouvés dans quelques huiles, comme l'huile de coco (*Bontoux*, *Haller* et *Lassieur*).

Les huiles et graisses, d'origine végétale, même à l'état frais, contiennent toujours au moins de petites quantités d'acides gras libres (*Rechenberg* [1] a montré que la proportion d'acides gras libres est plus grande dans les fruits ou graines vertes qu'à l'état de maturité ; dans les graines récoltées avant maturité, une modification s'opère graduellement, qui amène une diminution des acides gras libres en même temps que la formation de corps gras neutre). Ces acides gras libres paraissent dus au fait que les graines renferment des enzymes qui hydrolysent les glycérides, l'acide carbonique, toujours présent [2], fournissant l'acidité nécessaire au départ de l'hydrolyse ; si l'eau existe en quantité suffisante, celle-ci progresse rapidement. (C'est donc à juste titre que *Reimer* [3] a attribué la présence de la diérucine dans l'huile de colza, à l'état d'humidité de la graine de colza pendant son transport).

Les corps gras animaux, fraîchement préparés, ne renferment que de très petites quantités d'acides gras, et l'on peut, en pratique, les considérer comme constitués par des glycérides neutres. Cependant, si les corps gras sont exposés à l'air, il se forme rapidement de notables quantités d'acides gras libres (voir plus loin).

1. *Berichte*, 1881 (14), 2217.
2. Cf. Urbain, *Comptes Rendus*, 139 (1904), 606.
3. *Berichte*, 1907 (40), 256.

Les corps gras à l'état pur sont incolores, inodores, et insipides et celles de ces propriétés que nous considérons comme caractéristiques des différentes huiles et graisses, sont dues en réalité à la présence de très faibles quantités de matières étrangères.

Ils ont tous une densité inférieure à celle de l'eau et leur poids spécifique est compris entre 0,910 et 0,970 à 15°.

A l'état liquide, les corps gras pénètrent rapidement dans les pores des substances ; si on les laisse tomber sur le papier, ils produisent une tache transparente — une tache grasse — qui ne peut pas être enlevée par lavage à l'eau suivi de dessiccation (différence avec les taches de glycérine).

Une propriété curieuse qui peut être utilisée pour la recherche des plus minimes quantités d'huiles et graisses, a été décrite par *Lightfoot*. Si l'on projette sur l'eau du camphre écrasé entre les feuilles de papier sans le toucher avec les doigts, les fragments de camphre prennent un mouvement de rotation à la surface du liquide ; mais la moindre trace d'huile ou de graisse sur l'eau empêche aussitôt la rotation, et il suffit pour cela de toucher l'eau avec une aiguille que l'on s'est passé dans les cheveux.

Les huiles et graisses présentent toutes les gradations de consistance, depuis les huiles qui sont fluides même au-dessous du point de congélation de l'eau, jusqu'aux graisses les plus dures, qui fondent vers 50° ; aussi ne peut-on pas faire de distinction nette entre les huiles et les graisses. Néanmoins, il est préférable d'employer le terme *huile* aux glycérides fluides à la température ordinaire de 20°, et de réserver le terme de *graisse*, *beurre* ou *suif*, à ceux qui sont solides à cette température.

Les huiles, fluides à la température ordinaire, se congèlent à des températures comprises entre quelques degrés au-dessus de 0 et — 28° (huile de lin) ; cependant, l'huile de ricin même refroidie jusqu'à — 78°, ne se congèle pas et conserve l'apparence d'un verre fluide (*Beaume* et *Bontoux*).

Les corps gras, solides à la température ordinaire, fondent pour la plupart, au-dessous de 50° ; aucun d'eux ne reste solide à 60° ; une fois fondus, ils ne reviennent qu'assez lentement à l'état solide.

Si l'on refroidit lentement les huiles, des glycérides se séparent à l'état cristallisé ou demi cristallisé, de sorte qu'on peut isoler la partie liquide de la partie solide par décantation ou par filtration Cette séparation s'effectue fréquemment dans l'industrie, par exemple dans la « démargarination » des huiles comestibles (huile de coton), ou le « soutirage » (ou décantage) des huiles (huile de foie de morue) (Voir chap. xv). Récemment encore, on regardait les glycérides solides comme formés principalement de stéarine et de palmitine ou de leur mélange ; aussi le commerce désigne-t-il indifféremment sous le nom commun de « stéarine [1] » ou « margarine » toutes les matières grasses solides séparées des huiles comme on vient de l'indiquer. La découverte de nombreux glycérides mixtes dans les corps gras naturels doit faire abandonner cette conception, et des recherches ultérieures montreront probablement que les « stéarines » diffèrent surtout par les glycérides mixtes qu'elles renferment.

Le pouvoir réfringent des huiles et graisses, leur action sur la lumière polarisée, leur aspect microscopique, et leurs autres propriétés physiques (viscosité, etc...) seront examinés en détail dans le chapitre v.

Les corps gras naturels peuvent être considérés comme complètement insolubles dans l'eau, quoiqu'il en reste des traces dissoutes quand on les agite (surtout les huiles ou corps gras liquides) avec de grandes quantités d'eau. Abandonnées au repos, les émulsions ainsi obtenues se clarifient et le corps gras se sépare ; si on filtre la couche aqueuse et qu'on l'agite avec l'éther, une petite quantité de corps gras passe dans le dissolvant, dont on peut le séparer par évaporation. D'autre part, les huiles et graisses dissolvent un peu d'eau ; celle-ci est entièrement chassée en les chauffant au-dessus de 100°. Un certain nombre de substances ont la propriété de faciliter l'émulsionnement des huiles avec l'eau et de rendre les émulsions stables (voir chap. xv, *Huiles émulsionnées*).

Les huiles et graisses, à l'exception de l'huile de ricin, sont très peu solubles dans l'*alcool* froid ; l'alcool bouillant, cependant, en dissout de grandes quantités, surtout si les corps gras contiennent des glycérides d'acides gras inférieurs ; mais par refroidissement,

1. Les termes stéarine, palmitine, acétine, etc., désignent dans cet ouvrage les triglycérides purs, tandis que les mêmes termes entre guillemets, « stéarine », « palmitine », « acétine », désignent les produits commerciaux (E. B.)

presque tout le corps gras dissous se sépare. (Une méthode d'examen des graisses comestibles est basée sur cette solubilité différente des glycérides d'acides gras supérieurs ou inférieurs dans l'alcool ; voir chap. v).

La solubilité augmente considérablement avec la présence d'acides gras libres et si la proportion de ceux-ci dépasse 30 0/0, l'alcool même froid effectue facilement la dissolution.

Les huiles et graisses se dissolvent très facilement dans l'*éther*, le *sulfure de carbone*, le *chloroforme*, le *tétrachlorure de carbone*, le *trichloréthylène* (et les autres dérivés chlorés de l'éthane et de l'éthylène), le *benzène*, les *huiles de paraffine*, le *pétrole* et l'*éther de pétrole*. L'huile de ricin cependant fait exception pour les deux derniers dissolvants (Cf. *Huile de ricin*, chap. XIV). La triacétine est insoluble dans le sulfure de carbone et l'éther de pétrole. On trouvera dans le chapitre v (p. 528), d'autres renseignements relatifs à la solubilité dans les divers dissolvants.

Les solutions des corps gras neutres n'ont aucune action sur les réactifs colorés, à condition que les dissolvants eux-mêmes aient été complètement privés de toute trace d'acide.

Les huiles et graisses dissolvent le soufre et le phosphore en petites quantités [1] à la température ordinaire (au-dessus de 100°, le soufre réagit sur les corps gras, cf. p. 97). Elles dissolvent aussi de petites quantités de savons ; la solubilité de ces derniers augmente en présence de l'éther et de l'éther de pétrole, et des acides gras libres ; elle varie avec la nature du savon (acides gras et base) et son hydratation et avec la température (*Bonloux*).

Les corps gras *pratiquement* neutres (c'est-à-dire ne renfermant pas de quantités notables d'acides gras libres) et secs, peuvent être chauffés à 120-150° sans éprouver de diminution de poids ; vers 200°, on observe une certaine perte quand ils renferment des glycérides d'acides gras inférieurs.

La plupart des corps gras naturels peuvent être chauffés jusqu'aux environs de 250°, sans subir de modification ou altération,

1. Pour la solubilité de l'indigo dans les corps gras, cf. *Journ. Soc. Chem. Ind.*, 1895, 1027 ; de la caféine, cf. *Zeits, f. angew. Chem.*, 1909, 1838 ; sur la préparation de solutions de matières colorantes dans les huiles et graisses, cf. *Chem. Fabrik Flörsheim*, D. R. P. 198.278 et addition 213.172.

à la condition d'éviter tout contact prolongé avec l'air (quelques-uns, comme l'huile de lin, l'huile de palme, le suif de Bornéo, etc., sont plus ou moins décolorés, par suite de l'altération ou de la destruction de la matière colorante).

Chauffées de 250 à 300°, à l'abri de l'air, quelques huiles, et particulièrement les huiles siccatives, subissent une modification paraissant due à une polymérisation. C'est ainsi que l'huile d'abrasin et l'huile de *Sterculia* se convertissent en masse gélatineuse solide (la fabrication des vernis lithographiques utilise cette réaction ; voir chap. XV). Avec l'huile de ricin, une modification chimique profonde s'opère, aboutissant même à la formation de matières solides. La présence d'agents de condensation, comme l'acide sulfurique, le chlorure d'aluminium ou de zinc, favorise et accélère la réaction (voir *Huiles polymérisées*).

Chauffés au-dessus de 250°, les autres corps gras, c'est-à-dire la généralité, commencent à se décomposer avec formation de produits volatils, dont le plus important est l'*acroléine*. Il est donc inutile de penser différencier ou évaluer des huiles grasses par leur *point d'éclair*, comme pour les huiles minérales, d'autant plus que le point d'éclair de la plupart des huiles grasses usuelles est compris entre 240 et 260° ; cette détermination (comme celle du point d'ignition), n'offre guère d'intérêt pour les huiles grasses que dans certaines applications industrielles spéciales.

L'odeur intense de l'*acroléine* qu'émettent tous les corps gras chauffés au delà de 300° est une des réactions les plus caractéristiques qui permettent de distinguer rapidement les corps gras des huiles minérales et essentielles. Parmi les produits volatils de décomposition des corps gras par la chaleur, à côté d'acides volatils et d'acide sébacique [1], se trouvent des hydrocarbures des séries méthanique, éthylénique, aromatique et peut-être aussi naphténique, la quantité de ces carbures augmentant si la distillation pyrogénée des corps gras s'opère sous pression. Ce fait viendrait appuyer la théorie de la formation des hydrocarbures des pétroles par la destruction de graisses animales [2]. Les corps gras végétaux offrent généralement une plus grande résistance à la décomposition en hydro-

1. Cf. Redtenbacher, *Annalen*, 184 (35), 190.
2. *Jahrbuch der chemie*, 1907 (XVII), 415.

carbures sous pression que les corps gras animaux. *Lewkowitsch* [1] a montré que si le corps gras soumis à la distillation pyrogénée possède le pouvoir rotatoire sur le plan de la lumière polarisée, les hydrocarbures qui en résultent, manifestent aussi de l'activité optique. (Il n'est pas inutile de signaler qu'avant la diffusion de la fabrication du gaz d'éclairage au moyen de la houille, on obtenait du gaz d'éclairage par la distillation destructive de certaines huiles grasses, en particulier des huiles de poissons et de cétacés ; cette fabrication avait été introduite en 1815 par *John Taylor*, et c'est dans les produits de condensation du gaz provenant de la distillation d'huile de baleine que *Faraday* a trouvé le benzène. Actuellement, on fabrique encore du gaz d'huile avec l'huile de coco aux Philippines).

Si l'on opère en présence de matières solides, à l'état divisé, pulvérulent et pouvant agir comme catalyseurs (comme le kieselguhr, les hydrosilicates ou terres à foulons), la décomposition pyrogénée s'effectue à température plus basse ; *Hviid* [2] a montré, par exemple qu'en présence de la terre « *Frankonit* » (hydrosilicate employé pour la décoloration des corps gras, des huiles minérales, des cires, etc...), la décomposition pyrogénée du saindoux s'opérait déjà activement à 250° au lieu de commencer à 365° (et après un temps de chauffage beaucoup plus long) pour le saindoux seul, et qu'à 250°, les produits distillés consistaient surtout en hydrocarbures, tandis qu'à 375-380°, la décomposition du saindoux seul ne donnait pas d'hydrocarbures. On peut admettre que la décomposition des glycérides s'opérant avec formation d'acides libres, ceux-ci se combinent au carbonate de chaux existant dans l'hydrosilicate pour donner des savons de chaux, qui se décomposent en hydrocarbures à une température inférieure à celle de la décomposition des glycérides ; c'est ce que sembleraient justifier les expériences de *Hviid* avec l'acide oléique.

Exposés à l'**atmosphère**, les corps gras éprouvent peu à peu certaines modifications. Comme celles-ci ont la plus grande importance tant au point de vue scientifique qu'au point de vue commer-

1. *Berichte*, 1907 (40), 4161.
2. *Petroleum*, 1911 (6), 429.

cial, il est nécessaire de s'y arrêter, en accordant une attention spéciale d'abord aux influences de la lumière, de l'air et de l'humidité agissant séparément, puis à ces influences combinées.

L'action de la **lumière,** à l'exclusion de l'air et de l'humidité, n'a pas été étudiée complètement jusqu'ici. Il est notoire que la couleur des huiles et graisses s'éclaircit sous l'influence de la lumière solaire, quelques huiles se décolorant même complètement. Comme on le verra dans le chapitre XIII, le blanchiment par la lumière solaire est d'ailleurs appliqué industriellement aux huiles de lin, de ricin, de coco et à l'huile de foie de morue. Comme les glycérides sont eux-mêmes incolores, l'action de la lumière ne peut s'exercer que sur les matières étrangères qu'ils tiennent en dissolution. Ceci est d'ailleurs démontré par ce fait que l'huile de coton décolorée par la lumière ne réduit plus aussi facilement le nitrate d'argent (réaction de *Becchi*) que l'huile de coton conservée dans l'obscurité, et que certaines huiles exposées à la lumière ne donnent plus avec la même intensité, ou même plus du tout, les réactions colorées longtemps considérées comme caractéristiques, par suite de la destruction des traces de substances chromogènes fournissant ces réactions. Il est possible, et même probable, que cette action spécifique de la lumière solaire soit due aux rayons ultra-violets qu'elle renferme (voir plus loin). D'autres modifications, comme un dégagement de chaleur plus grand dans la réaction de *Maumené* avec les huiles exposées à la lumière solaire ou la formation de petites quantités d'acides gras libres (*Ballantyne* [1]), ont été attribuées à la lumière, mais on ne saurait admettre ces assertions sans confirmation des expériences sur lesquelles elles appuient ; dans celles-ci, en effet, l'air n'était pas exclu d'une façon assez absolue, si l'on considère que même dans des bouteilles bouchées conservées à la lumière solaire directe, la diffusion de l'air s'opère à la longue à travers le bouchon ; en outre, il n'a pas été tenu compte de l'influence de la température. Les modifications observées sont donc probablement dues aux influences simultanées de la lumière et de l'air et peut-être même de l'humidité contenue dans celui-ci.

1. *Journ. Soc. Chem. Ind.*, 1891, 29.

L'action de la lumière sur les huiles *à l'abri de l'air* a été étudiée par *Ritserl*[1]. Ses expériences établissent que, si l'air est rigoureusement exclu, en opérant par exemple en tubes de verres scellés, l'exposition même prolongée à la lumière est incapable de produire une modification aboutissant finalement à la rancidité. Cependant, les expériences de *Wagner*, *Walker* et *Œstermann* contredisent cette conclusion [2], car en exposant pendant deux ans à la lumière, en tubes de verre scellés, dans une atmosphère d'azote, des corps gras végétaux et animaux, soigneusement séchés, ces observateurs ont pu constater que les corps gras étaient devenus nettement rances au goût et que la quantité d'acides gras libres avait légèrement augmenté. Ces divergences peuvent s'expliquer par l'extrême difficulté de chasser les dernières traces d'air, et peut-être dans leurs expériences, les derniers auteurs n'avaient-ils pas pris toutes les précautions voulues pour éliminer l'air dissous.

Mjoen [3] a institué des expériences analogues, mais aucune conclusion définitive n'en peut être tirée, sinon que l'action chimique de la lumière est toute différente suivant l'absence ou la présence de l'air. Il n'y a aucune raison évidente pour admettre que la polymérisation des glycérides (comme dans l'huile de lin) est produite par la lumière seule ; il est donc à désirer que nos connaissances précaires sur ce sujet soient complétées par une étude systématique[5].

Les rayons *Röntgen* sont réputés être sans action sur les huiles et graisses ; cependant, les rayons ultra-violets (lumière des lampes à arc de mercure) exercent sur elles une action énergique, qui ne paraît pas limiter ses effets aux matières colorantes ou chromogènes, mais conduire encore à l'hydrolyse des glycérides, et dans certains cas même, à leur polymérisation ; il se forme, en outre, sous l'influence des rayons ultra-violets, du peroxyde d'hydrogène qui exerce simultanément une action oxydante (Cf. chap. xv,. *Huiles Uviol*). Certains auteurs ont aussi indiqué que les rayons ultra-violets convertissent l'oxygène en ozone, qui agit ensuite sur les corps gras, mais cette assertion a été contredite par d'autres observateurs.

1. *Untersuchungen über d. Ranzigwerden der Fette*, Dissert. Inaug. Berlin, 1890.
2. *Zeits. f. Unters. d. Nahr. u. Genussm*, 1913 (25), 704.
3. *Forschungsber, über Lebensmittel*, etc., 1877, 195.
4. Cf. Winkel, *Congrès de Liège*, 1905 (v). 387 ; Ditz, *Chem. Zeit.* 1905, 709 ; Droste. *Apoth. Zeit.*, 1907 (22), 598.

En considérant l'action de **l'air** [1], nous avons à distinguer nettement entre l'action de l'atmosphère ordinaire — qui comprend nécessairement l'action de l'oxygène, de l'humidité et de la lumière (lumière diffuse, lumière solaire directe) — et l'action de l'air sec, abstraction faite de l'humidité et de la lumière.

L'action de l'*air atmosphérique* sur les huiles et graisses varie dans de grandes limites suivant la nature des glycérides. En règle générale, les corps gras absorbent d'autant plus facilement l'oxygène que leur indice d'iode est lui-même plus élevé (Cf. chap. VI). L'action chimique de l'air est surtout très marquée sur les huiles dites siccatives ; elle diminue graduellement à mesure que l'indice d'iode décroît, en passant des huiles demi-siccatives aux huiles non siccatives, puis aux corps gras solides. Les huiles d'animaux marins occupent une position analogue à celle des huiles siccatives.

Le pouvoir d'absorption de l'oxygène par les différents corps gras sera considéré à la fin du chapitre VII ; jusque là, les quelques indications suivantes suffisent. Les huiles siccatives épaississent d'abord et se recouvrent d'une pellicule élastique superficielle. Exposées en couche suffisamment mince, par exemple si on les étale sur du bois ou du verre, elles se transforment finalement en une substance transparente, jaunâtre, flexible, insoluble dans l'eau, l'alcool, et à peu près insoluble dans l'éther. Cette oxydation énergique est accompagnée d'un dégagement de chaleur tel que, si les huiles sont exposées en présence de substances organiques dans un état de division extrême, offrant une large surface à l'air (déchets de coton, de laine), celles-ci s'enflamment spontanément. Les huiles non siccatives restent plus ou moins inaltérées. Les huiles demi-siccatives se comportent d'une façon intermédiaire. Les gradations entre ces différentes classes ne sont cependant pas aussi nettes en pratique que pourraient l'indiquer les lignes de démarcation théoriques.

1. Vernon (*Proc. Roy. Soc.*, 1907, 79, B. 366) a déterminé les solubilités suivantes des éléments de l'air dans les huiles d'olive, de foie de morue et le saindoux (100 centimètres cubes de ces corps gras étant agités avec l'air) :

	Huile d'olive		Huile de foie de morue		Saindoux
	à 15°	à 37°	à 15°	à 37°	à 45°
Oxygène	2,28 cc.	2,33 cc.	2,29 cc.	2,22 cc.	2,33 cc.
Azote	5,26	5,19	5,06	5,08	5,11
Anhydride carbonique	0,20	0,16	0,21	0,21	0,13

L'action de l'air sur les corps gras, comme on le verra dans le chapitre VII, peut être intensifiée d'une façon remarquable, en les étalant sur des métaux finement divisés [1] (poudre de plomb ou de cuivre ; *essai de Livache*) qui agissent comme accélérateurs ou catalyseurs.

Inversement, l'oxydation des corps gras peut être considérablement retardée par l'intervention de substances inhibitrices exerçant une *action anti-oxygène* (*Moureu et Dufraisse* [2]), et parmi ces substances, l'acide acétique et l'acide glycolique paraissent jouer un rôle stabilisateur plus marqué que l'acide salicylique et l'acide benzoïque et surtout que les phénols (*De Conno, Goffredi et Dragoni* [3]), dont l'action retardatrice est remarquable sur l'*autoxydation* des aldéhydes et des hydrocarbures non saturés.

Il faut encore signaler que si l'on fait agir de l'air sous haute pression sur les corps gras liquides ou liquéfiés, chauds, de façon à réaliser une véritable pulvérisation ou émulsion de corps gras et d'air, l'oxydation du corps gras s'opère avec un dégagement de chaleur tel qu'il peut entraîner la conclusion complète avec formation d'acide carbonique et d'eau (application aux moteurs à combustion interne ou *Diesel*).

L'*air sec* — l'humidité et la lumière étant exclues — n'exerce aucune action sur les corps gras, de sorte que ceux-ci, protégés contre l'humidité et la lumière, restent pratiquement un temps indéfini sans éprouver d'altération. Comme il est très difficile d'exclure les dernières traces d'humidité dans les corps gras examinés, une action très légère due à l'humidité intervient en réalité de la façon décrite plus bas, si bien qu'en fait une petite quantité d'acides gras se forme, mais aucune rancidité n'apparaît. Ce fait, objet de nombreuses expériences, a été démontré par *Lewkowitsch* [4] dans les cas particuliers d'une huile de lin conservée en masse pendant treize ans et d'un échantillon de beurre de cacao gardé dix ans dans une bouteille scellée.

1. Cf. Van Rijn, *Pharm. Weekbl.*, 1908, 346.
2. *Comptes Rendus*, 1922 (174), 258; 1922 (175), 127; *Bull. Soc. Chim.*, 1922 (4), 31 1152.
3. *Ann. Chim. Applicata*, 1925 (11), 475.
4. *Journ. Soc. Chem. Ind.*, 1899, 557.

L'action de l'**humidité** (toujours présente dans l'atmosphère) s'exerce plus profondément. Pour en comprendre pleinement l'effet, il est nécessaire d'examiner auparavant l'action de l'eau sur les huiles et graisses.

Jusqu'à 150° environ, l'eau n'attaque pas les glycérides, mais si la température atteint ou dépasse 200°, les triglycérides sont finalement décomposés en leurs éléments immédiats, glycérine et acides gras, les éléments de l'eau étant fixés simultanément [1]. C'est ce qu'exprime l'équation suivante (Cf. chap. II, p. 000) :

$$C^3H^5(OR)^3 + 3H\text{-}OH = C^3H^5(OH)^3 + 3R\text{-}OH.$$

L'hydrolyse ainsi produite à haute température est notablement accélérée si l'action de l'eau est aidée par des agents chimiques convenables (*catalyseurs*), qui permettent même de réduire la température. C'est ainsi qu'avec l'acide sulfurique concentré, la réaction (en ne considérant pour le moment que ses produits ultimes) peut être effectuée vers 120°. En réalité, des produits intermédiaires prennent naissance, mais le mécanisme complet de la réaction n'est pas à considérer ici, car ces produits intermédiaires sont finalement décomposés en glycérine et acides gras par ébullition avec l'eau. La température de la réaction peut être encore réduite vers 100° en employant l'acide chlorhydrique concentré [2]. Une nouvelle réduction de température peut aussi être obtenue en faisant agir des bases énergiques en solution alcoolique (Voir chap. II).

Enfin, la même réaction peut être produite par l'eau à la température ordinaire, si des ferments naturels comme la lipase [3], la stéapsine [4] sont intimement mélangés avec les corps gras. Les enzymes capables d'hydrolyser les corps gras semblent exister naturellement dans la plupart, sinon dans toutes les graines oléagineuses, et jouent certainement un rôle important dans l'utilisation des réserves de corps gras accumulées dans les graines. Pendant la germination [5] des graines, l'hydrolyse intervient et des acides gras sont mis en liberté, et il apparaît comme très probable que la présence

1. La première observation de cette action paraît avoir été faite par Appert, en 1823.
2. Lewkowitsch, *Journ. Soc. Chem. Ind.*, 1903, 6.
3. Cf. Green, *The Soluble Ferments and Fermentation*, Cambridge, 1899.
4. Lewkowitsch et Macleod, *Proceedings of the Royal Society*, 72 (31) (1903), cf. chap. II.
5. Cf. D. Bruschi, *Annali di Botanica*, 1908, 199.

de petites quantités d'acides gras libres qu'on trouve toujours dans les corps gras végétaux, même les plus frais, est due à l'action lente de ces enzymes sur les glycérides accumulés dans les graines. L'absence de certaines conditions favorables dans les graines non germées paraît limiter les progrès de l'hydrolyse à une très faible altération. Ces conditions favorables sont la présence de l'eau et de petites quantités d'un acide minéral comme l'acide carbonique ou d'un acide gras énergique, comme l'acide acétique. Si l'eau acidulée par une petite quantité de ces acides est émulsionnée avec les corps gras en présence d'enzymes appropriées, l'hydrolyse s'opère graduellement et peut atteindre une proportion considérable dans un temps relativement court. C'est ainsi que le ferment contenu dans la graine de ricin [1] est capable d'effectuer pratiquement l'hydrolyse complète des matières grasses en quelques jours. On peut de même affirmer, selon toute apparence de vérité, que des ferments actifs analogues, comme la catalase [2], sont contenus dans les corps gras animaux du commerce en proportions plus ou moins grandes, suivant les soins apportés à la séparation des tissus animaux des corps gras fondus ; *Pagenstecher* [3] a montré, en fait, que des ferments lipolytiques existent non seulement dans le foie et les intestins, mais jusque dans les tissus du corps.

Admettant comme un fait acquis, la présence de petites quantités d'enzymes hydrolysantes dans les corps gras commerciaux, qui n'ont pas été chauffés à des températures suffisantes pour détruire l'action enzymatique, nous pouvons maintenant comprendre les modifications que ces corps éprouvent par exposition à l'atmosphère. On sait qu'ils y acquièrent une odeur désagréable et une saveur âcre et que la présence d'acides gras libres non volatils et de petites quantités d'acides volatils se manifeste. Toutes ces altérations sont comprises sous le terme de « *rancidité* », et l'on dit que les corps gras ainsi altérés deviennent « *rances* ». Pour arriver à une explication satisfaisante de ces modifications, nous examinerons en détail, point par point, l'action de chacun des éléments

1. Connstein, Hoyer et Wartenberg, *Berichte*, 1902, 3988 ; Hoyer, *Idem*, 1904, 1436.
2. Cf. Liebermann, *Berichte*, 1904, 1519.
3. *Biochem. Zeitsch.*, 1909, 305.

de l'atmosphère, et nous verrons jusqu'à quel point cette explication s'accorde avec les observations actuelles.

En présence d'une humidité et d'une acidité suffisantes, les enzymes sont capables d'accélérer l'hydrolyse de façon qu'une certaine proportion de glycérides donne naissance successivement à des diglycérides, à des monoglycérides, et finalement à des acides gras libres, dans un temps relativement réduit (quelques jours ou quelques semaines suivant les conditions particulières) ; la première phase est donc l'*apparition des acides gras libres.*

On sait que les corps gras gardés rigoureusement à l'abri de la lumière, de l'air et de l'humidité, conservent indéfiniment [1] leur neutralité, mais s'ils ne sont pas parfaitement protégés, s'ils se trouvent dans des bouteilles mal bouchées, des futailles, etc., l'air humide agit facilement et des acides gras libres se forment, qui ont la même composition que ceux combinés avec la glycérine dans les corps gras neutres. En exposant de l'huile d'olive à l'action continue de l'air et de la lumière, à l'action de l'air seul (dans l'obscurité), et enfin de la lumière seule (sans air), *Canzoneri* et *Bianchini* [2], ont bien trouvé que la première rancissait rapidement pendant que les autres échantillons restaient inaltérés, mais il est fort probable que de l'humidité subsistait avec l'air, ce qui explique le développement de la rancidité.

Les enzymes présentes dans les corps gras commerciaux (généralement filtrés) étant en proportions très faibles, l'hydrolyse est limitée et en règle générale, la proportion d'acides gras libres dans ces corps gras n'excède pas quelques centièmes. Cependant, si les huiles et graisses sont laissées en contact avec les matières organiques dont elles sont extraites, comme les marcs de fruits (huiles d'olive et de palme), les tissus animaux (graisses brutes, foies de poissons), ou la caséine (beurre), etc., l'hydrolyse des glycérides augmente rapidement et peut atteindre des proportions considérables. C'est ainsi que les huiles dites de grignons ou de pulpes d'olive, c'est-à-dire extraites des marcs d'olives exposés à l'air, ren-

1. Friedel (*Comptes Rendus*, 1897 (124), 648) a trouvé des triglycérides intacts dans les matières grasses ayant plusieurs milliers d'années d'existence, trouvées dans les tombeaux d'Abydos ; cf. Berthelot, *Comptes Rendus*, 1905 (140), 177 ; Schmidt, *Chem. Zeit.*, 1908, 769.

2. *Annali Chim. applic.*, 1914, 24.

ferment jusqu'à 70 0/0 d'acides gras libres ; l'huile de palme peut atteindre une décomposition totale et être exclusivement constituée par des acides gras [1] ; il en est de même des qualités inférieures d'huiles de poissons, de cétacés ou de foies, des huiles de chrysalides ou de pieds, qui présentent des acidités considérables.

Dans tous ces cas encore, nous pouvons expliquer régulièrement la formation d'une aussi grande quantité d'acides gras par l'action simultanée des enzymes et de l'eau, puisque celles-ci existent en quantités considérables. Il ne paraît donc pas nécessaire d'invoquer l'action de l'air et de la lumière pour expliquer la présence d'acides gras libres dans un corps gras. On a d'ailleurs fréquemment observé que la décomposition de l'huile de palme se continue dans les « ponchons » (fûts) fermés qui la contiennent, c'est-à-dire en l'absence de la lumière et de l'air, la glycérine mise en liberté se séparant (*Geilel* [2]). En outre, *Dielerich* [3] a montré par une série d'expériences très édifiantes, que les acides gras libres se forment beaucoup plus rapidement dans les graisses de bœuf et de porc brutes — contenant des tissus animaux — que dans la graisse fraîchement fondue, et qu'en additionnant les graisses brutes et les graisses récemment fondues de 10 0/0 d'eau, l'hydrolyse est considérablement augmentée.

En l'absence d'enzymes, ou si les conditions sont défavorables à leur activité, l'hydrolyse par l'humidité seule, que l'on peut appeler *auto-hydrolyse*, peut demander un temps indéfini ; c'est le cas de l'adipocire (Voir chap. XIV, *Graisse humaine*) et du beurre de marais (enterré ou plutôt immergé pendant des siècles dans les marais d'Irlande), que l'on retrouve presque entièrement formé d'acides gras libres [4].

En résumé, nous attribuerons donc la cause initiale de la rancidité, c'est-à-dire la formation d'acides gras libres, à l'action de l'humidité en présence d'enzymes ou ferments solubles [5], jouant le

1. L'adipocire (Cf. chap. XIV, *Graisse humaine*) est un autre exemple de ce que l'on pourrait appeler l' « autohydrolyse ».
2. *Journ. f. praktische Chemie*, 1897 (55), 417.
3. *Chem. Rev.*, 1899, 168, 181, 201. — Cf. Lewkowitsch, *Jahrbuch d. Chem.*, 9 (1899) 351 ; J. Pastrovich, *Monatsh. f. Chem.* ; 1904, 355.
4. Cf. Wigner et Church, *Analyst*, 1880, 17 ; Radcliffe et Maddocks, *Journ. Soc. Chem. Ind.*, 1907 ; on peut signaler à ce sujet que Jünemann (1866) a montré que le suif de mouton pouvait être hydrolysé dans l'eau courante froide.
5. Pelouze et Boudet ont admis la présence d'un ferment dans l'huile de palme ; Tolomei a reconnu l'existence de l'*oléase* dans les marcs d'olive ; la propriété que pos-

rôle d'accélérateurs ou catalyseurs. Il est vrai que *Ritsert*[1] et *Reinemann*[2] ont prétendu que les ferments n'ont aucune part dans le développement de la rancidité, mais leurs expériences ne sont pas suffisamment concluantes pour justifier leur assertion.

Les facultés de conservation *différentes* que présentent le *saindoux neutre n*° 1 d'une part, et le *saindoux à la vapeur* (Voir chap. XIV, *Saindoux*) s'expliquent facilement par la différence de mode d'extraction ; dans le premier cas, la graisse est fondue à 40-50°, température insuffisante pour détruire les enzymes, tandis que dans le second, elle est chauffée à 100-120°, et ainsi pratiquement stérilisée, ce qui lui permet de se conserver, dans des conditions favorables, pendant des semaines. Dans le même ordre d'idées, et venant à l'appui de cette explication, on peut indiquer que *Zoffmann* a montré que certaines moisissures[3] ne sont pas détruites aux températures auxquelles les huiles et les graisses sont fondues et barattées avec le lait, dans la fabrication de la margarine. Plus encore, *Nicloux*[4] a observé que le cytoplasma de la graine de ricin, qui dans des conditions favorables, hydrolyse rapidement les corps gras, peut être chauffé en suspension dans l'huile, pendant vingt heures à 100°, ou pendant quinze minutes à 110° sans perdre ses propriétés lipolytiques ; toutefois, en présence d'eau, son activité est complètement détruite à 55°[5].

La présence de petites quantités d'acides gras libres, même dans les corps gras raffinés, sans avoir été chauffés au-dessus de 100° (huiles et graisses comestibles) se trouve ainsi expliquée ; sans doute ces acides gras leur communiquent une saveur légère, qui n'est pas désagréable (on sait que les huiles ou graisses raffinées, rigoureusement neutres, sont *plates*, c'est-à-dire insipides), mais ils ne sont nullement rances. *Heyerdahl*[6] a montré qu'en ajoutant à une huile

sède le suc pancréatique d'hydrolyser les corps gras a été découverte par Claude Bernard ; Pagenstecher (*Bioch. Zeit.*, 1909, 285) a montré que tous les organes des bovidés renferment des ferments lipolytiques.

1. *Untersuchungen über d. Ranzigwerden d. Fette*, Dissert. Inaug. Berlin, 1890.
2. *Centralbl. f. Bakteriologie, Parasitenkunde und Infektionskrankheiten*, 1900, 131.
3. *Chem. Revue*, 1904, 7.
4. *Contribution à l'étude des corps gras*, Paris, 1906, p. 30.
5. Cf. des observations analogues sur les diastases (Duclaux, *Traité de microbiologie*, 1899 (II), p. 198).
6. *Journ. Soc. Chem. Ind.*, 1889, 54. — Cf. aussi Besana, *Chem. Zeit.*, 1891, 410, et v. Klecki, *Zeit. f. analyt. Chemie*, 1895, 633.

de foie de morue, exempte de rancidité, 2 0/0 de ses propres acides gras, on lui communique une saveur âcre qui ne suffit pas à lui donner les caractères de l'huile rance. *Lewkowitch* [1] a de même observé qu'un beurre de cacao, tout en renfermant des acides gras libres, n'était aucunement rance [2]; et *Bonloux* a maintes fois remarqué qu'en introduisant dans de l'huile de coco raffinée (pratiquement neutre et exempte d'odeur et de goût) une petite quantité de ses propres acides gras ou d'acides gras d'une autre huile ou graisse (arachide, suif), on lui communiquait une saveur aigrelette ou âcre sans pouvoir la qualifier de rance. Inversement, si l'on neutralise rigoureusement des huiles rances comme des huiles d'arachides décortiquées à l'eau (Coromandel) ou à sec (Bombay) jusqu'à ce que l'acidité soit pratiquement nulle (0,01 à 0,03 0/0 d'acide oléique), il est facile de reconnaître que ces huiles, quoique exemptes d'acides gras libres, conservent les caractères organoleptiques, odeur et saveur de la rancidité (*Bonloux*).

Ainsi donc, la rancidité n'est pas due, comme on le prétend ou le croit encore, à la présence seule d'acides gras libres; en d'autres termes, *rancidité* ne doit pas être regardé comme synonyme d'*acidité.* La confusion fréquente qui se fait de ces deux termes vient de ce fait que les corps gras *acides* sont souvent *rances* en même temps. Ce n'est que lorsque l'oxygène et la lumière arrivent au contact des acides gras que se trouvent réalisées les conditions favorables au développement de la rancidité. Celle-ci est plutôt due à l'oxydation directe par l'air, favorisée et accélérée par l'exposition à la lumière; *Canzoneri* et *Bianchini* [3] ont reconnu d'ailleurs que dans ces conditions (exposition à l'air et à la lumière) les acides gras donnent naissance, quoique à un moindre degré, aux mêmes produits d'oxydation qu'en les soumettant à l'action de l'ozone, et l'acide oléique, en particulier, ainsi exposé pendant une semaine, donne entre autres produits les aldéhydes nonylique et semi-azélaïque et les acides

1. *Journ. Soc. Chem. Ind.*, 1899, 557.
2. Ballantyne (*Journ. Soc. Chem. Ind.*, 1899; 557) a observé que dans quelques cas (huiles d'olive, de coton, de lin) la rancidité prend naissance et se développe pendant quelque temps, sans apparition d'acides gras libres qu'au bout de quelques mois, ce qui pourrait s'expliquer en admettant que les premières et minimes quantités d'acides gras libres formées ont été immédiatement décomposées en donnant les substances qui caractérisent la rancidité.
3. *Annali Chim. appl.*, 1914, 24.

nonylique et azélaïque. Il faut donc que l'oxygène et la lumière agissent simultanément, l'un de ces agents isolé étant incapable de produire la rancidité (*Ritsert*). Il en résulte que plus la surface exposée est grande, plus est grande également l'action exercée par ces deux agents.

Nous définirons donc comme *rances* les huiles et graisses dont les acides gras libres ont été exposés à l'action de l'oxygène de l'air en présence de la lumière. Des définitions semblables ont déjà été données, et le seul élément nouveau que nous pensons avoir apporté ici consiste dans l'attribution faite à cette phase initiale de la rancidité, l'hydrolyse par les enzymes, d'une importance plus grande que celle admise jusqu'ici [1]. Ainsi, sans nous arrêter aux anciennes théories, *Duclaux* [2] a tiré de ses recherches expérimentales cette conclusion que la rancidité est due à une légère hydrolyse et à l'action consécutive de l'oxygène de l'air en présence de la lumière. *Geitel* [3] a complété ensuite cette explication en attachant plus d'importance à l'influence de l'humidité sur l'hydrolyse initiale.

Quelques auteurs ont prétendu que la rancidité était due à l'action de microorganismes ; cette vue semble avoir été suggérée par la découverte de microorganismes dans l'huile d'œillette (*Kirchner* [4]) et par un certain nombre d'observations analogues faites sur le beurre. Le beurre, toutefois, contenant une quantité considérable de matières organiques étrangères, ne peut pas être comparé avec les huiles et graisses que nous considérons, car c'est du beurre *substance grasse* et non du beurre substance comestible, commerciale, dont nous devons nous occuper ici. Il est d'ailleurs exact que les bactéries décomposent les corps gras dans une grande proportion, et qu'elles agissent ensuite sur les produits de l'hydrolyse, mais elles ne le font qu'autant qu'elles trouvent un aliment convenable dans le corps gras. Dans ce cas, les microorganismes se développent et, comme toutes les conditions nécessaires sont réalisées, libre cours est donné aux actions qui produisent la rancidité. On doit cepen-

1. Lewkowitsch, *Journ. Soc. Chem. Ind.*, 1903, 68 ; — *Jahrbuch f. Chemie*, 7 (1897), 368 ; 8 (1898), 392 ; 9 (1899), 351 ; 10 (1900), 382 ; 11 (1901), 360 ; 12 (1902), 363 ; Conférence, *Bull. Soc. Chim.*, 1909.
2. *Annales de l'Institut Pasteur*, 1887 ; — *Comptes Rendus* (102), 1077.
3. *Journ. f. prakt. Chemie*, 1897 (55), 448.
4. *Berichte der deutsch. botan. Gesellschaft*, 1888, 101.

dant réserver la question de savoir si ces réactions sont dues à l'action directe des organismes vivants plutôt qu'à l'action des enzymes qu'ils sécrètent, de même que la fermentation alcoolique du sucre ne peut plus être attribuée aux *Saccharomyces*, mais plutôt aux zymases qu'ils sécrètent. A l'appui de cette interprétation, il faut signaler que *Duclaux* [1] a prouvé, dans une étude sur le *corps gras* du beurre, que les microorganismes ne jouent aucun rôle dans le développement de la rancidité, parce que ce corps gras, étant insoluble dans l'eau, n'offre pas un aliment suffisant au protoplasma des cellules. (Les expériences faites sur le beurre brut [2] ne réfutent pas ces faits). Une preuve analogue a été fournie par *Ritsert* [3], qui a montré que le saindoux pur ne rancit pas sous l'action des bactéries aérobies ou anaérobies ; car celles-ci, au sein d'un corps gras, meurent rapidement.

Les corps gras liquides — les huiles — rancissent plus rapidement que les corps gras solides. Ceci ne peut pas provenir seulement de la composition chimique, mais paraît tenir aussi des conditions de préparation (mode d'expression, température, humidification) qui influencent considérablement le passage des enzymes dans le corps gras, et d'autres causes encore, plus ou moins favorables au développement de l'action hydrolytique et des actions consécutives ; il est certain, par exemple, que l'état liquide, en tenant les enzymes en dissolution, est de nature à favoriser leur action hydrolytique, de même qu'en facilitant la diffusion de l'air et surtout la pénétration des rayons lumineux ; il accélère l'action oxydante de l'air en présence de la lumière.

Les expériences faites jusqu'ici ne permettent pas de définir si les corps gras formés de glycérides d'acides inférieurs (beurre de vache, huile de coco) sont plus susceptibles de rancir que ceux contenant des glycérides d'acides supérieurs (beurre de cacao, suif, etc.). On peut cependant admettre comme règle que, plus la proportion d'acides gras saturés insolubles est élevée et plus la proportion d'acides non saturés est faible dans un corps gras, plus faible est la tendance à la rancidité. Cette règle paraît toutefois en défaut dans

1. *Annales de l'Institut Pasteur*, 1887 ; — *Comptes Rendus*, 102, 1077.
2. Cf. A. Nestralejew, *Milchwirtschaftl. Zentralbl.*, 1910, I.
3. *Untersuchungen über d. Ranzigwerden der Fette*, Dissert. Inaug. Berlin, 1890.

le cas de l'huile de coco et de la cire du Japon. De nouvelles recherches sont encore nécessaires pour élucider ces points.

S'il est à peu près démontré que la rancidité est due à l'action simultanée de l'humidité, de l'oxygène et de la lumière, on sait fort peu de chose de l'altération chimique même éprouvée par les acides gras mis en liberté. (La première observation de la présence d'acides gras libres dans les corps gras rances paraît avoir été faite dès 1814, et l'entraînement par la vapeur d'eau et l'extraction par l'alcool proposés pour leur élimination). En dépit du nombre élevé d'observations publiées, aucune conclusion définitive n'en peut être tirée, car elles reposent sur des assertions ou sur des expériences défectueuses[1]. Induits en erreur par une application erronée de l'indice d'acétyle (Cf. chap. VI), quelques observateurs prétendent que la fixation de l'oxygène s'effectue par addition directe et formation d'acides hydroxylés[2]. *Gröger*[3], au contraire, au cours d'une série de recherches poursuivies pendant quatre années, a reconnu que les acides gras isolés de six sortes de corps gras exposés aux actions atmosphériques avaient été scindés en acides de poids moléculaires inférieurs[4] et n'avaient pas simplement absorbé de l'oxygène par voie d'addition. Le même auteur a montré que par oxydation ultérieure ces acides gras inférieurs sont transformés en acides azélaïque et subérique. D'autres observateurs ont indiqué que c'est surtout de l'acide oléique qui est mis en liberté dans les huiles et graisses rances. C'est l'opinion de *Scala* [5], qui a isolé une huile d'olive très rance de l'aldéhyde œnanthylique, avec les acides formique, acétique, butyrique et oenanthique, et d'autres acides solubles qu'il n'a pu identifier, mais qu'il croit être les acides azélaïque et subérique. Plus récemment, le même auteur [6] a retiré de l'huile d'olive et du saindoux rances, les acides formique, butyrique, caproïque, butylique (œnanthique) et nonylique et les aldéhydes

1. Certaines conclusions sont basées sur des réactions colorées, dont la cause est absolument inconnue. A ce sujet, il faut indiquer que nombre d'observateurs s'efforcent de définir par des moyens chimiques si un corps gras est rance ou non, alors que les moyens organoleptiques (odeur et goût) résolvent simplement et rapidement la question.
2. Cf. Lewkowitsch, *Analyst*, 1899, 328.
3. *Journ. Soc. Chem. Ind.*, 1889, 202.
4. Cf. aussi Cohn, *Chem. Zeit.*, 1907, 855.
5. *Staz. Sperim. agric. ital.*, 1897, 30, 613; *Chem. Centr. Blatt*, 1898, 439.
6. *Gazz. Chim.*, 1908 (38), I, 367.

butylique, hexylique (caprylique ?), heptylique (œnanthique) et nonylique. D'après lui, l'odeur et la saveur des corps gras rances serait due, en grande partie, aux aldéhydes hexylique et butylique, mais surtout aux aldéhydes heptylique et nonylique. *Scala* considère les aldéhydes et les acides correspondants comme les produits de la décomposition de l'acide oléique et de l'oléine [1], et l'absence de l'aldéhyde formique l'incite à croire que l'acide formique trouvé provient de l'oxydation lente de la glycérine, qui peut donner de l'acide formique, l'aldéhyde formique ne constituant qu'un produit d'oxydation intermédiaire. Cependant, les expériences de *Thum* [2], sur les huiles de palme et d'olive rances, en vue de déterminer si les acides palmitique, stéarique et oléique sont mis en liberté dans les proportions où ils se rencontrent à l'état de glycérides dans ces corps gras, ont établi que le rapport entre l'acide oléique et les acides gras solides est le même à l'état libre qu'à l'état combiné. *Spaeth* a confirmé le même fait dans le cas du saindoux rance.

On a souvent regardé la présence des aldéhydes et cétones comme caractéristique dans les corps gras rances, et l'on a préconisé les réactifs habituels des aldéhyldes pour différencier ces corps gras de ceux qui sont seulement acides (*Scala*). *Schmid* [3] a indiqué que les corps gras rances laissent entraîner par la vapeur d'eau des matières volatiles qui donnent la coloration jaune [4] avec la métaphénylène-diamine en solution à 1 0/0. *Lewkowitsch*, cependant, a montré qu'une huile de coco nettement rance ne donnait pas cette réaction [5], et à ce sujet, il faut remarquer que les aldéhydes et cétones, signalés par *Bonloux* [6] et identifiés par *Haller* et *Lassieur* [7], dans les produits d'entraînement du raffinage de l'huile de coco, ne proviennent pas nécessairement de l'état de rancidité de l'huile et de la décomposition des acides gras fournis par l'hydrolyse ; elles peuvent très bien représenter des éléments de l'huile essentielle donnant à l'huile son odeur caractéristique, ou des produits d'altération de cette huile

1. Cf. aussi Canzoneri et Bianchini, *Annali Chim. appl.*, 1914, 24.
2. *Journ. Soc. Chem. Ind.*, 1891, 70.
3. *Zeit. f. analyt. Chemie*, 1898, 301.
4. *Journ. of Biolog. Chem.*, 1908, 227.
5. *Jahrbuch f. Chem.*, 1898 (8), 392 ; — *Journ. Soc. Chem. Ind.*, 1899, 557. — Cf. des objections analogues, Winkel, *Congrès de chimie et pharmacie Liége*, 1907 (v), 387 ; *Zeits. f. Unters. d. Nahr. u. Genussm.*, 1905 (IX), 90.
6. *La Technique Moderne*, 1909.
7. *Comptes Rendus*, 1910 (151), 699.

essentielle (*Bonloux*). Jusqu'à présent, la présence d'aldéhydes dans les corps gras *rances* ne peut donc être considérée comme démontrée.

Dakin [1] a observé qu'avec des oxydants faibles, comme le peroxyde d'hydrogène, tous les acides gras, de l'acide formique à l'acide stéarique, peuvent être oxydés à température relativement basse et décomposés en une série de produits intermédiaires, entre autres des cétones, et cette observation pourrait jeter quelque lumière sur l'oxydation biologique des corps gras et des acides gras (Cf. chap. III) ; elle permettrait, en particulier, d'expliquer la formation des cétones trouvées dans l'huile de coco (*Lewkowitsch* [2]) autrement que par synthèse dérivée des hydrates de carbone dans les organismes (*H. Ch. Geelmuyden* [3]).

Quant à la glycérine, ne la retrouvant pas à l'état libre, *Gröger*, reprenant l'opinion de *Liebig*, a conclu qu'elle est oxydée comme les acides gras. Toutefois, en raison de la difficulté de caractériser de minimes quantités de glycérine [4], et en considérant que l'hydrolyse des corps gras examinés pourrait n'avoir abouti qu'à la formation de mono- et de diglycérides (Cf. chap. II, p. 113), cette opinion doit encore être réservée, d'autant qu'elle est contradiction avec le fait expérimental bien connu, que la glycérine, diluée ou concentrée, se conserve indéfiniment sans devenir « rance ».

Ainsi qu'on l'a déjà signalé plus haut, on a proposé différentes réactions chimiques pour la recherche de la rancidité.

Vintilesco et *Popesco* indiquent qu'en rancissant, les corps gras donnent naissance à des peroxydes et peuvent remplacer le peroxyde d'hydrogène dans l'essai de la peroxydase avec le sang. *Prescher* confirme cette indication, en ajoutant que les acides gras n'interviennent pas dans la réaction colorée.

Kreis [5] propose la coloration rance qui se développe en agitant le corps gras avec une solution de résorcine dans l'acide chlor-

1. *Journ. of Biolog. Chem.*, 1908 (63), 227.
2. *Jahrbuch der Chemie*, 1910 (XX), 419.
3. *Zeits. f. physiol. Chem.*, 1911 (73), 176.
4. Friedel (*Comptes Rendus*, 1897, 648) a aussi conclu de l'examen des corps gras retrouvés dans les tombeaux d'Abydos, que la glycérine était oxydée, sans toutefois apporter aucune preuve à l'appui de son opinion.
5. *Journ. Pharm. Chim.*, 1915 (12), 318.

hydrique ; *Kerr*[1] recommande aussi cette réaction, qui n'a donné que des résultats inconstants entre les mains de *Lewkowitsch.*

Issoglio[2] titre la quantité de produits volatils obtenus par entraînement avec la vapeur d'eau et oxydation du distillat pour le permanganate de potasse ; le nombre de centimètres cubes de permanganate $\frac{N}{100}$ employé, représenterait le nombre ou indice d'oxydabilité. (On trouvera de plus amples détails sur ces procédés dans les mémoires originaux.)

En résumé, en l'état actuel de nos connaissances, nous sommes encore incapables de définir les corps gras rances par des réactions chimiques et nous devons regarder le goût et l'odorat comme les meilleurs auxiliaires pour reconnaître si un corps gras est rance ou non.

Quelques observations isolées concernant les modifications chimiques éprouvées par les corps gras rances sont rapportées dans le tableau suivant, dû à *Lewkowitsch*[3] :

1. *Zeits f. Unters. d. Nahr. u. Genussm.*, 1918, 36, 162.
2. *Annali chim. appl.*, 1916 (6), 1 ; *Ibidem*, 1917 (7), 187.
3. *Analyst*, 1899, 327. — Cf. aussi *Journ. Soc. Chem. Ind.*, 1899, 557 ; — Sherman et Falk, *Journ. Amer. Chem. Soc.*, 1903, 711 ; 1905, 680.

HUILE OU GRAISSE	A L'ÉTAT FRAIS								APRÈS EXPOSITION							
	CORPS GRAS ORIGINAL		CORPS GRAS ACÉTYLÉ						CORPS GRAS ORIGINAL		CORPS GRAS ACÉTYLÉ					
	Indice de saponification 1	Acides gras volatils exprimés en milligrammes KOH 2	Indice de saponification 3	Indice de Hehner 4	Indice d'acétyle apparent Par distillation 5	Indice d'acétyle apparent Par filtration 5	Indice d'acétyle réel 6	Différence 3-1 7	Indice de saponification 8	Acides gras volatils exprimés en milligrammes KOH 9	Indice de saponification 10	Indice de Hehner 11	Indice d'acétyle apparent Par distillation 12	Indice d'acétyle apparent Par filtration 12	Indice d'acétyle réel 13	Différence 10-8 14	Différence 13-6 15
Coton..........	»	0,1	200,2	95,7	»	7,4 8,0	7,6	»	193,0	2,1	201,8	94,0	8,3	10,1	7,1	8,8	— 0,5
Pignon d'Inde..	193,2	»	»	95,5	7,5	»	»	»	194,2	1,5	200,4	»	»	9,44	7,94	6,2	»
Ricin..........	179,0	0,0	304,1	»	»	146,9	116,9	125,1	180,2	1,8	304,6	»	»	146,6	144,8	124,4	»
Foie de morue.	186,5	3,6	189,15	»	4,75	»	1,15	2,7	192,7	8,7	199,7	»	»	19,15	10,45	7,0	+ 9,3
Beurre de cacao.	192,6	0,81	»	»	2,86	2,71	1,97	»	193,1	0,49	»	»	5,0	4,8	4,41	»	+ 2,44
Suif...........	196,2	1,55	200,5	94,75	6,1	6,1	4,55	4,3	200,0	2,9	210,7	93,2	14,5	12,7	10,7	10,7	+ 6,15
"Premier jus"...	»	0,58	199,6	»	»	3,3	2,72	»	199,8	2,3	206,2	93,6	11,2	8,2	8,9	6,4	+ 6,18

Par ce tableau, on voit que les corps gras rances ont un indice d'acétyle supérieur à celui qu'ils ont à l'état frais. Le nombre des expériences faites jusqu'ici est encore trop restreint pour conclure définitivement en faveur de l'opinion émise par *Lewkowitsch,* suivant laquelle l'indice d'acétyle indique *chimiquement* la rancidité, d'une façon beaucoup plus certaine que toutes les réactions colorées douteuses proposées jusqu'ici. Un autre moyen de différencier les corps gras frais et rances pourrait être basé sur ce fait que la chaleur de combustion des derniers est beaucoup plus faible que celle des corps gras frais (*Slohmann* et *Langbein* [1]), ce qui s'explique par la plus grande proportion d'oxygène existant dans les corps gras rances.

Si l'on chauffe les huiles vers 100° et qu'on y fasse passer un courant d'air ou mieux d'*oxygène*, l'oxydation s'effectue avec un dégagement de chaleur tel que la réaction se continue sans chauffage ; la fabrication des « huiles oxydées » ou « soufflées » est basée sur cette réaction (chap. XV).

La modification la plus sensible apportée par l'action de l'oxygène consiste en un accroissement de densité. Les huiles ainsi obtenues ressemblent à l'huile de ricin par leur densité et leur viscosité, mais en diffèrent par leur solubilité dans l'éther de pétrole (« huiles de ricin solubles »). L'analogie avec l'huile de ricin et l'indice d'acétyle élevé des « huiles oxydées » indiquent la formation de glycérides d'acides hydroxylés, qui prennent naissance, en effet, en même temps que des acides gras volatils (voir plus bas), mais ces acides hydroxylés (ou leurs glycérides) n'ont rien de commun avec ceux de l'huile de ricin (Cf. chap. VIII, *Acides gras « oxydés »*, et chap. XV) ; ce sont des huiles *demi-siccatives* qui se prêtent le mieux à la fabrication des huiles « soufflées ».

Les huiles *non siccatives* s'oxydent moins facilement, et les corps gras solides ne subissent de modifications qu'à température plus élevée, bien supérieure à 100°. Avec les *huiles siccatives*, l'oxydation est beaucoup plus profonde, et donne finalement une masse gélatineuse ou même solide, élastique ; c'est sur cette réaction qu'est basée la fabrication des linoléums (Voir chap. XV).

1. *Journ. f. prakt. Chemie*, 42, 361.

Pendant l'insufflation d'air dans les huiles, surtout si la température est supérieure à 100°, il se forme des quantités considérables d'acides volatils ; avec l'huile de ricin [1], on a trouvé dans les produits condensés les acides caproïque normal et heptylique normal, l'aldéhyde œnanthylique, les alcools isoheptylique et isooctylique, avec l'huile de colza et l'huile de lin, on a obtenu des alcools supérieurs et des aldéhydes.

Masters et *Smith* [2] ont étudié les modifications que subissent les huiles et graisses chauffés pour la friture et reconnu que les caractéristiques chimiques sont très peu altérées ; l'indice d'iode diminue légèrement, pendant que l'indice de réfraction, la proportion d'acides gras libres et d'acides « oxydés « ainsi que l'indice d'acétyle augmentent un peu ; l'hydrolyse réalisée est moindre que celle à laquelle on pouvait s'attendre pour des corps gras chauffés vers 200° à l'air, en présence d'humidité. (*Lewkowitsch* a, de même, observé des acidités très faibles sur des saindoux extraits de biscuits). La quantité d'acides gras libres formés est trop petite pour expliquer l'augmentation de l'indice d'acétyle par la formation de diglycérides ; cette augmentation ainsi que celle des acides volatils doivent provenir des acides « oxydés ».

Hasmal Rai [3] a étudié l'action de l'air (probablement en présence de la lumière) sous l'influence de catalyseurs, représentés par des savons métalliques ; aucune différence d'action appréciable n'a été reconnue, en dehors de la diminution du temps nécessaire à la décoloration.

Mackey et *Ingle* [4] ont déterminé l'accélération de l'absorption d'oxygène par les huiles sous l'action catalytique des savons métalliques, au moyen de l'appareil d'essai utilisé pour les huiles d'ensimage (Cf. chap. xv) ; leurs expériences paraissent montrer, comme on pouvait le prévoir, que ce sont les métaux reconnus comme les meilleurs siccatifs pour les peintures (cobalt, manganèse, nickel et plomb), qui exercent la plus grande influence.

1. Nördlinger, D. R. P., 167, 137.
2. *Analyst*, 1914, 347.
3. *Journ. Soc. Chem. Ind.*, 1917, 348.
4. *Ibidem*, 1917, 317.

Action des réactifs.

Peroxyde d'hydrogène. — L'action du peroxyde d'hydrogène sur les corps gras a plus d'intérêt au point de vue physiologique qu'au point de vue analytique ou technique.

D'après les travaux de *Dakin*, relatés plus haut, le peroxyde d'hydrogène attaque surtout les acides gras provenant des corps gras (après hydrolyse), quoiqu'il exerce aussi une certaine action sur la glycérine (voir plus loin). *Hepburn* [1] a étudié l'oxydation de la graisse de poulet par ce réactif et *Spieckermann* [2] son action sur les corps gras de diverses moisissures, tels que le *Penicillium glaucum* et l'*Aspergillus momilia*, en présence d'un bouillon nutritif.

Tous les acides gras sont plus ou moins attaqués par le peroxyde d'hydrogène ; les acides arachidique et stéarique sont plus résistants que les acides oléique, élaidique et érucique, qui le sont eux-mêmes plus que les acides laurique et myristique.

Ozone. — L'ozone n'exerce aucune action sur les glycérides des acides gras saturés, mais il réagit facilement sur les glycérides des acides non saturés, chaque double liaison fixant une molécule d'ozone (triatomique), tout comme elle est capable de fixer deux atomes d'iode (*Molinari*, *Soncini* et *Fenaroli* [3]), en donnant des *ozonides* gras ; la proportion d'ozone absorbée est fournie par l'accroissement de poids [4]. D'après *Harries* [5] et ses collaborateurs, *Thieme* et *Turk* [6], il paraît se former d'abord des *perozonides* (Cf. chap. III, *Acides de la série oléique* et *Acide oléique*) qui se transforment facilement en *ozonides stables*.

Hydrogène. — L'hydrogène, dans les conditions ordinaires ou sans pression, ou même à l'état naissant, électrolytiquement ou par l'amalgame de sodium, n'exerce aucune action sur les glycérides des

1. *Journ. Amer. Chem. Soc.*, 1912, 210.
2. *Zeits. f. Unters. d. Nahr. u. Genussm.*, 1913 (XXVII), 83.
3. *Ann. Soc. Chim. di Milano*, 1903 (IX), 507 ; 1905 (XI), 89 ; 1906, XII, fasc. II, III et IV ; *Berichte*, 1906, 2735 ; 1907, 4154 ; 1908, 585, 2735, 2794 ; *Gazz. Chim.*, 36 (II), 292.
4. Il faut signaler que les indices de saponification des ozonides de la trioléine et de l'huile d'olive, obtenus par Molinari et Fenaroli, sont respectivement 276,5 et 223,7, alors que la théorie exige 163,7 pour l'ozonide de la trioléine.
5. *Annalen*, 343, 311 ; 374 (1910), 288 ; *Berichte*, 1912, 936.
6. *Berichte*, 1906, 3728, 3732.

acides non saturés supérieurs. *Fokin*[1] a bien indiqué que les huiles naturelles peuvent être réduites par l'hydrogène électrolytique dans les mêmes conditions que l'acide oléique, mais aucun produit défini ne paraît avoir été obtenu.

Sabatier et *Senderens*[2], par leur méthode générale de réduction des composés organiques, au moyen de l'hydrogène, en présence de métaux finement divisés (le nickel, en particulier), agissant comme catalyseurs, ont fourni un moyen facile de convertir les glycérides d'acides gras non saturés en glycérides pratiquement saturés ; c'est ainsi que les huiles de lin, de coton, de sésame, d'arachide, de baleine, etc... peuvent être ainsi hydrogénés et transformés en corps gras ayant la consistance de suifs durs et n'absorbant pratiquement plus d'iode.

Paal et *Roth*[3] ont aussi effectué la réduction des glycérides non saturés (huiles de ricin, d'olive, de sésame, de croton, de foie de morue, saindoux, etc...), au moyen de l'hydrogène, *à froid*, en présence du palladium colloïdal (*Paal* et *Amberger*[4]) comme catalyseur ; la solution colloïdale de métal est stabilisée à l'aide d'un colloïde organique, tel que le sel de soude de l'acide lysalbique (ou de l'acide protalbique), de l'albumine du blanc d'œuf (*Paal* et ses collaborateurs) ou au moyen de la gomme arabique (*Skita*[5]) ou du gluten (*Helber* et *Schwarz*[6]) ; la réduction a même été obtenue avec le platine ou le palladium finement divisés (précipités), ou leurs hydrates ou leurs sels (hypophosphites) (*Breteau*[7]).

La réduction catalytique des corps gras industriels par les procédés précédents (surtout ceux dérivés de la méthode de *Sabatier* et *Senderens*) a acquis une grande importance dans ces quinze dernières années, et un nombre considérable (plus de 300) de brevets

1. *Zeit. f. Elektrochemie*, 1906 (12), 749 ; cf. Lewkowitsch. *Journ. Soc. Chem. Ind.*, 1908, 489.
2. *Comptes rendus*, 1901 (132), 210 ; Ve *Congrès de Chimie appl.*, Berlin, 1904 (IV), 663 ; Conférence, *Bull. Soc. chim.*, 1905 ; *Revue Gén. Sc.*, 1905 (16), 842 ; *Rev. gén. Chim.*, 1905 (8), 381 ; *Ann. Chim. Phys.*, 1905 (8), 4, 319 ; VIe *Congrès de Chimie appl.*, Rome, 1906, 174 ; *Ann. Chim. Phys.*, 1909 (8), 16, 70 ; *Berichte*, 1911 (44), 1984 ; Conférence à Stockholm. *Rev. Scient.*, 1913 (1), 289 ; cf. Sabatier, *La catalyse en chimie organique*, Paris, 1913.
3. *Berichte*, 1908, 2282 ; 1909, 1541.
4. *Ibidem*, 1904, 124 ; 1905, 1398.
5. *Ibidem*, 1909 (42), 1027 ; 1912 (45), 4594 ; cf. Skita, *Uber katalysche Reduktionen organischer Verbindungen*, Stuttgart, 1912.
6. *Berichte*, 1912 (45), 1946.
7. *Bull. Soc. Chim.*, 1911, 511, 518.

(attestant de l'intérêt de cette question) ont été pris pour l'hydrogénation ou la « solidification » des huiles et graisses, et même de la lécithine [1] (Voir chapitre xv, *Corps gras hydrogénés*).

L'action réductrice de l'hydrogène sur les corps gras naturels s'étend naturellement à celles des matières étrangères (constantes) qu'elles renferment, susceptibles de fixer de l'hydrogène (stérols, substances chromogènes) ; on trouvera d'autres renseignements à ce sujet dans les monographies individuelles des corps gras (chap. XIV).

Chlore. — Le chlore réagit énergiquement sur les corps gras avec dégagement d'acide chlorhydrique ; il se forme des substitutions et naturellement aussi des produits d'addition s'il y a des glycérides d'acides bien saturés. On n'est pas parvenu à modérer l'action du chlore de façon à obtenir seulement et exclusivement des produits d'addition. Des tentatives ont été faites dernièrement pour trouver des applications industrielles [2] aux corps gras chlorés ; à ce sujet, il faut signaler que *Meunier* et *Wierzchowski* [3] ont reconnu des propriétés émulsives marquées à des huiles de lin et d'huile de foie de morue, qui avaient absorbé 12 % de chlore (Voir chap. xv, *Huiles et graisses chlorées*).

Brome. — Le brome agit comme le chlore, mais beaucoup moins violemment, de sorte que l'on peut limiter la réaction, dans le cas de glycérides non saturés, à la formation de produits d'addition seulement ; aussi est-il possible de préparer pratiquement des corps gras bromés, qui sont préconisés pour les usages thérapeutiques (Cf. chap. xv, *Huiles et graisses bromées*).

Iode. — L'iode, mélangé avec un corps gras, est lentement absorbé et il ne se forme pas de produit de substitution. Le pouvoir d'absorption des huiles et graisses pour l'iode varie avec la constitution chimique des glycérides et avec la température, sans jamais atteindre la quantité théorique, indiquée par l'indice d'iode (Voir chap. VI) ; aussi ne faut-il accepter que sous réserves les assertions, comme celles de *Focke* [4], indiquant que l'huile de foie de morue dissout jusqu'à 20 0/0 d'iode et l'huile de pieds de bœuf jusqu'à 33 0/0.

1. J. D. Riedel, A. G., D. R. P. ; cf. Paal et Œhme, *Berichte*, 1913, 1297.
2. Electrolytic Alkali Co, Connor et Stubbs, E P. 741, 2908 ; Boehringer und Söhne, D. R. P. 248.779.
3. *Collegium*, 1914, 610.
4. *Pharm. Zeit.*, 1896, 616.

L'absorption de l'iode par les corps gras à la température ordinaire est facilitée et accélérée par la présence de petites quantités d'iodure de potassium ou de sodium. La saturation complète des glycérides non saturés par l'iode (en combinaison avec le chlore ou le brome) s'opère même facilement à froid, en faisant agir une solution alcoolique d'iode et de bichlorure de mercure ou une solution de monochlorure (ou de monobromure) d'iode dans l'acide acétique sur les corps gras en solution (Cf. chap. VI, *Indice d'iode*). Dans ces conditions, sur chaque double liaison des acides gras non saturés des glycérides, se fixe une molécule de chlorure (ou bromure) d'iode, avec formation de composés d'addition saturés ; c'est ce que prouve effectivement l'isolement du dérivé d'addition chloroiodé de l'oléodistéarine (*Henriques* et *Künne* [1]) ; en chauffant les produits chloroiodés avec une base, comme la quinoléine, les halogènes s'éliminent et le glycéride initial est régénéré. C'est sur ce mode de saturation rapide et facile des corps gras par l'iode (en combinaison avec le chlore ou le brome) qu'est basée la détermination de l'indice d'iode, l'une des plus importantes et des plus utiles caractéristiques des huiles et graisses. L'absorption des halogènes par celles-ci a trouvé, d'autre part, une application pratique dans la préparation des corps gras bromoïodés (Cf. chap. XV) pour les usages pharmaceutiques.

Chlorure de soufre. — Le chlorure de soufre réagit énergiquement sur les corps gras (Cf. chap. VII). Les éléments du chlorure de soufre paraissent être absorbés par les atomes de carbone non saturés, comme le chlorure d'iode lui-même. Cette réaction est utilisée dans la fabrication des huiles vulcanisées (Cf. chap. XV).

Le chlorure de sélénium et le chlorure de tellure agissent de façon analogue [2].

Soufre. — Le *soufre* n'a aucune action chimique à froid sur les huiles et graisses. A haute température, cependant, de 120 à 160°, toutes les huiles absorbent du soufre et il semble que cette absorption s'opère de la même façon que celle de l'oxygène. Les expériences d'*Altschul* [3] ont établi que l'acide stéarique est [illegible] at-

1. *Berichte*, 1899, 387 ; cf. aussi Holde, *ibidem*, 1902, 4306.
2. Klopstock, D. R. P. 280. 916.
3. *Journ. Soc. Chem. Ind.*, 1896, 282.

qué par le soufre à la température de 130°, tandis que l'acide oléique traité par 10 0/0 de soufre à 130-150° absorbe le soufre sans aucun dégagement d'hydrogène sulfuré. De même, les huiles grasses (contenant des glycérides d'acides non saturés), particulièrement les huiles de lin, de ricin, de colza, de coton et les huiles d'animaux marins, absorbent le soufre à 120-160°. Par refroidissement le soufre ne se sépare pas ; en saponifiant à froid les huiles ainsi sulfurées, on obtient des acides gras sulfurés, tandis qu'une très petite quantité d'hydrogène sulfuré se dégage [1]. En chauffant les huiles sulfurées à 130-200°, cependant, de l'hydrogène sulfuré se dégage en abondance, indiquant la substitution du soufre à l'hydrogène dans la molécule grasse ; on ne saurait toutefois conclure à la formation de thiozonides (*Erdmann* [2]). Le soufre est employé comme le chlorure de soufre dans la fabrication des huiles vulcanisées (Voir chap. xv).

Phosphore. — Le *phosphore* n'exerce aucune action chimique à froid. Chauffé à 220° avec les huiles végétales siccatives, il en provoquerait la polymérisation, spécialement en présence de phénol [3] ; cette réaction demande toutefois à être élucidée.

L'*anhydride carbonique* se dissout en certaine proportion dans les huiles et graisses, surtout sous pression ; à la pression atmosphérique, le gaz dissous se dégage avec effervescence (Cf. chap. xv, *Huiles effervescentes*). Le saindoux absorbe aussi l'acide carbonique et prend ainsi un goût suiffé.

Acide nitrique. — L'*acide nitrique concentré* attaque violemment les corps gras avec un abondant dégagement de vapeurs nitreuses. A chaud, l'acide étendu oxyde graduellement les huiles et graisses. De quelques expériences, *Fahrion* [4] conclut que tous les glycérides d'acides non saturés, traités par l'acide nitrique, donnent naissance à des acides hydroxylés, que l'action ultérieure de l'acide nitrique transformerait en acides hydroxylés nitrés. Cette assertion demande confirmation ; il paraît, cependant, se former des acides « oxydés » dans cette réaction [5].

1. Henriques, *Journ. Soc. Chem. Ind.*, 1896, 282.
2. *Annalen*, 1908 (362), 170.
3. Winkler, D. R. P. 252, 139.
4. *Zeits. f. ang. Chem.*, 1891, 74.
5. Cf. aussi von Graeve et Reinecken, E. P. 3716, 1900.

L'*acide nitrique fumant*, en présence de l'acide sulfurique concentré, réagit sur les huiles de lin et de ricin pour former des huiles nitrées, sur la nature desquelles aucune recherche n'a été faite, quoiqu'elles aient trouvé des applications techniques (Cf. chap. XV, *Huiles nitrées*).

Acide nitreux. — Sous l'action de l'*acide nitreux*, les huiles non siccatives se solidifient ou acquièrent une consistance butyreuse, selon les proportions de trioléine (triérucine, etc.) qu'elles renferment, la trioléine (triérucine, etc.) étant convertie en isomère solide, la triélaïdine (tribrassidine, etc.) (Cf. chap. VII). Les huiles siccatives, ainsi que les huiles de poissons, de foies et de cétacés, traitées de même, restent liquides ; *Lidoff*[1] a constaté que leur poids spécifique, leur viscosité et leur indice de saponification, augmentaient, tandis que l'indice d'iode et l'indice de *Hehner* diminuaient. Toutes les huiles, après traitement par l'acide nitreux, renferment, suivant le même auteur, des composés nitrosés dont la proportion varie de 1 à 2,5 0/0. Ces substances peuvent être réduites en donnant de nouveaux composés, qui renferment probablement le groupe NH^2. Les acides gras libres non saturés ne forment pas de tels composés. Ces assertions demandent confirmation[2].

Acide sulfurique. — L'action de l'*acide sulfurique concentré* sur les huiles et graisses se manifeste d'abord par une élévation de température (*Réaction de Maumené*, chap. VII) et un dégagement de gaz sulfureux. Si l'huile est mélangée peu à peu avec l'acide et à basse température, des glycérides de constitution complexe se forment. Ainsi, en traitant l'huile d'olive par l'acide sulfurique concentré dans ces conditions, on a obtenu un composé qui peut être considéré comme un glycéride mixte des acides oléique, sulfostéarique et oxystéarique (*Geitel*[3]), répondant à la formule :

$$C^3H^5(O{-}C^{18}H^{33}O){-}[O{-}C^{18}H^{34}(SO^4H){-}O]{-}[O{-}C^{18}H^{34}(OH)O].$$

Ce produit, très instable en présence d'eau, soumis à l'ébullition avec celle-ci, se décompose rapidement en composés qui forment une émulsion complète avec l'eau et le corps gras (Cf. chap. II et XV).

1. *Journ. Soc. Chem. Ind.*, 1893, 559.
2. Cf. Lewkowitsch, *Jahrbuch der Chemie*, 1896 (6), 378.
3. *Journ. f. prakt. Chem.*, 1888 (53), 218.

C'est sur cette réaction que repose la fabrication des huiles pour rouge turc ou huiles tournantes (Chap. xv).

Dans une étude sur l'action de l'acide sulfurique concentré sur la laurine, c'est-à-dire sur un glycéride saturé, *van Eldik Thieme* [1] a montré qu'il se forme très probablement, en premier lieu, un composé d'addition, qui, sous l'action d'une nouvelle quantité d'acide sulfurique, entraîne la saponification acide du glycéride par le mécanisme suivant : le groupement sulfoné SO^3H se fixant sur la molécule de laurine libère de l'acide laurique, qui forme lui-même un produit d'addition avec l'acide sulfurique. Cette réaction ne s'opère qu'à basse température et avec une proportion de 52 molécules d'acide sulfurique à 100 0/0 pour 1 molécule de laurine. *Grün* et *Corelli* [2] ont également étudié l'action de l'acide sulfurique sur un glycéride saturé, la tristéarine ; mais les conclusions de leur travail sont contestées par *van Eldik Thieme.*

L'action de l'acide sulfurique concentré sur les huiles et graisses naturelles, qui sont des mélanges des glycérides saturés et non saturés, est évidemment intermédiaire entre celle exercée sur les deux types précédents de glycérides saturés et non saturés.

A une température supérieure à 100°, l'acide sulfurique réagit énergiquement sur tous les corps gras : une partie est carbonisée, mais la plus grande partie est transformée en composés sulfonés. Sous l'action de la vapeur d'eau, ceux-ci sont hydrolysés et décomposés en glycérine et acides gras sulfonés, qui se dédoublent à leur tour en acides gras et acide sulfurique. La « saponification acide », employée en stéarinerie, repose sur cette réaction (Voir chap. xv).

L'acide sulfurique étendu, même à 100°, n'exerce aucune action sur les huiles et graisses (*Lewkowitsch* [3]).

Les *composés sulfoaromatiques* ou réactifs (ou *saponifaires*) *de Twitchell*, en solution étendue, hydrolysent facilement les corps gras (Chap. ii).

Acide chlorhydrique. — L'acide chlorhydrique exerce une action hydrolytique très légère et très lente à la température ordinaire (Voir chap. ii) ; à plus haute température, elle se comporte comme

1. *Journ. f. prakt. Chem.*, 1912 (85), 284.
2. *Zeits. f. ang. Chem.*, 1912, 668.
3. *Journ. Soc. Chem.*, 1903, 63.

un catalyseur et accélère considérablement l'hydrolyse des corps gras.

Alcalis caustiques. — Les *alcalis caustiques*, et à un moindre degré, les *bases alcalino-terreuses*, en présence de l'eau, agissent sur les corps gras d'abord comme catalyseurs et hydrolysent facilement les corps gras ; les acides gras formés se combinent immédiatement avec elles pour former des savons ; cette réaction est la base fondamentale de la fabrication des savons et des bougies (Chap. xv).

L'*ammoniaque*, sous pression, hydrolyse les huiles et graisses [1] ; l'ammoniaque en solution alcoolique agit à froid à la longue sur les corps gras en formant des amides (*Rowney* [2]).

Les *bases aromatiques*, comme l'aniline, etc., chauffées sous pression à 210° avec les corps gras, réagissent de la même façon. Dans le cas de l'aniline, la réaction produite est la suivante [3] :

$$C^3H^5(OR)^3 + 3C^6H^5\text{-}NH^2 = C^3H^5(OH)^3 + 3C^6H^5\text{-}NH\text{-}R.$$

La proportion de la glycérine mise en liberté atteindrait 90 0/0. Toutefois, *Kulka* [4] a montré que le procédé est impraticable, au point de vue industriel. *Quensell* [5] a hydrolysé les glycérides (synthétiques) stéaroléique et bénoléique avec l'aniline ; il n'a pas indiqué la formation des anilides.

Avec l'hydroxylamine, on obtient des dérivés [6] oxyaminés des acides gras et de la glycérine, suivant l'équation suivante :

$$C^3H^5(O\text{-}R)^3 + 3NH^2\text{-}OH = C^3H^5(OH)^3 + 3R\text{-}(N\text{-}OH)\,OH.$$

Avec la phénylhydrazine, *Falciola* et *Mannino* [7] ont préparé des corps blancs, solubles dans l'alcool et l'acétone, fondant à 110-112°, et renfermant 9 0/0 d'azote ; la constitution de ces composés est douteuse.

On n'a fait que signaler plus haut l'action des alcalis et des acides sur les corps gras, en présence de l'eau, mais les modifications chimiques qui en résultent ont une telle importance qu'elles seront

1. Cette méthode d'hydrolyse, déjà fréquemment brevetée, fait encore l'objet de nouveaux brevets ; cf. Barbe, Garelli et de Paoli, Br. fr. 372, 341 et 1re addition n° 9255 ; Krebitz, D. R. P. 189, 685 ; Br. fr. 369.523 ; E. P. 4092, 1905.
2. *Jahresberichte*, 1855, 531.
3. Liebreich, D. R. P. 136.274, 136.917 ; Br. fr. 322.026 ; E. P. 12.957 (1902).
4. *Chem. Revue*, 1909, 30.
5. *Dissert.*, Berlin, 1909, 13.
6. Morelli, *Atti Accad. Lincei*, 1908 (17), II, 74.
7. *Annali Chim. appl.*, 1914 (2), 351.

étudiées en détail, au point de vue scientifique, dans le chapitre II, et au point de vue technique, dans le chapitre XV.

II. — CIRES (LIQUIDES ET SOLIDES)

1. Constitution chimique des cires. — Préparation et propriétés des cires pures.

La différence essentielle entre les corps gras et les cires a déjà été indiqué plus haut. Les corps gras sont des éthers glycériques d'acides gras à poids moléculaire élevé, tandis que les cires peuvent être considérées comme des éthers formés par la combinaison d'alcools mono- et diatomiques avec ces mêmes acides gras. Ainsi la cétine ou palmitate de cétyle est formée par l'alcool cétylique et l'acide palmitique avec élimination d'eau, selon l'équation suivante :

$$C^{16}H^{33}\text{-}OH + C^{15}H^{31}\text{-}CO\text{-}OH = C^{16}H^{33}\text{-}O\text{-}CO\text{-}C^{15}H^{31} + H^{2}O.$$

Ainsi, tandis que les corps gras ont un élément basique commun, la glycérine, alcool triatomique, les cires sont caractérisées par ce fait que leurs éléments basiques sont des alcools mono- et diatomiques. Les alcools identifiés jusqu'à présent dans les cires appartiennent à l'une des deux séries : aliphatique ou aromatique, les premiers étant représentés par les alcools des séries éthylique, allylique et glycolique, et les derniers par les stérines. Parmi les acides gras solides, aucun n'a été trouvé jusqu'ici avec une condensation en carbone inférieure à celle de l'acide myristique. Les acides gras de la suintine sont remarquables par la facilité avec laquelle ils se transforment en lactones [1]. La nature des acides gras liquides des cires n'a pas encore été déterminée.

Les *cires* suivantes ont été isolées à l'état de pureté des cires naturelles ou obtenues synthétiquement par les méthodes habituelles [2] de préparation des éthers :

1. Lewkowitsch, *Journ. Soc. Chem. Ind.*, 1892, 132 ; 1896, 14.

2. En fondant le cholestérol avec les acides gras (palmitique, stéarique, oléique), il ne se forme pas d'éthers, et le mélange fondu donne, soit les produits originaux, soit des mélanges de ces derniers ; les éthers se forment, cependant, si l'on fait passer un courant de gaz carbonique dans le mélange fondu au-dessus de 250°, afin d'entraîner l'eau de réaction (comme dans la méthode de Scheij) (Partington, *Journ. Chem. Soc.*, 1911, 313).

Palmitate de cétine ou *cétyle*, $C^{16}H^{33}$-O-CO-$C^{15}H^{31}$. Abondant dans le spermaceti, dont il est le principal constituant. On le prépare par cristallisation répétée du spermaceti dans l'éther. La cétine forme des cristaux fondant à 55°, facilement solubles dans l'alcool bouillant, mais presque insolubles dans l'alcool froid. La cétine distille dans le vide sans altération. Distillée sous la pression ordinaire ou même sous une pression de 300 à 400 millimètres, elle est décomposé en acide palmitique et en hydrocarbure, l'hexadécylène ou cétène, selon l'équation :

$$C^{16}H^{33}\text{-O-CO-}C^{15}H^{31} = C^{16}H^{32}O^{2} + C^{16}H^{32}.$$

Palmitate d'octodécyle, $C^{18}H^{37}$-O-CO-$C^{15}H^{31}$. Cette cire forme des cristaux fondant à 59°.

Palmitate de céryle, $C^{26}H^{53}$-O-CO-$C^{15}H^{31}$, est le constituant principal de la cire d'opium. Cristallise dans l'alcool bouillant en petits prismes fondant à 79°. La substance fondue se solidifie à 76°.

Palmitate de myricyle ou *myricine*, $C^{30}H^{61}$-O-CO-$C^{15}H^{31}$, est le constituant principal de la partie de la cire d'abeilles insoluble dans l'alcool. Il forme des cristaux en forme de plumes fondant à 72°.

Stéarate de cétyle, $C^{15}H^{33}$-O-CO-$C^{17}H^{36}$, forme de grosses écailles ressemblant à celles du spermaceti, fondant à 55-60°.

Cérotate de céryle, $C^{26}H^{5}$-O-CO-$C^{25}H^{15}$, existe dans la cire d'insectes, qui en est formée presque exclusivement. On l'a aussi trouvé dans la cire d'opium et très probablement aussi dans la suintine. Forme par cristallisation dans le chloroforme des écailles lustrées, d'un blanc de neige, fondant à 82,5°.

Coccérate de coccéryle ou *coccérine*, $C^{30}H^{30}$ $(O\text{-}C^{31}H^{61}O^{2})^{2}$, a été trouvé dans la cire de cochenille (*Liebermann*[1]). S'obtient par cristallisation dans le benzène en fines lamelles nacrées, fondant à 106°. Presque insoluble dans l'alcool froid ou l'éther et se dissout avec la plus grande difficulté dans le benzène froid et l'acide acétique glacial.

Palmitate de cholestéryle, $C^{26}H^{43}$-O-CO-$C^{15}H^{31}$, se trouve dans le sérum du sang [2] et l'épiderme humain [3]; forme des plaques d'un blanc de neige, fondant à 77-78° (*Hürthle*), 79° (*Windaus* [4]), ou

1. *Berichte*, 1885, 1975.
2. Hürthle, *Journ. Chem. Soc.*, 1896, Abstr. I, 485.
3. Salkowski, *Biochem. Zeit.*, 1910 (23), 361.
4. *Zeits. f. physiol. Chem.*, 65 (1910), 117.

de longues aiguilles d'un lustre soyeux, fondant à 77° (*Herbig*[1]). Il a été obtenu synthétiquement par la méthode de *Berthelot* (voir ci-dessous) (*Hürthle*) ou en faisant passer un courant d'acide chlorhydrique sec dans un mélange de 30 grammes de cholestérine et de 50 grammes d'acide palmitique à la température de 124° (*Herbig*[2]).

Stéarate de cholestéryle, $C^{26}H^{43}$-O-CO-$C^{17}H^{35}$, a été obtenu synthétiquement en chauffant 1 partie de cholestérol avec 8 à 10 parties d'acide stéarique à 200° (*Berthelot*). On l'a trouvé dans la suintine avec le stéarate d'isocholestéryle (Cf. *Suintine*, chap. XIV). Cristallise en petites aiguilles fondant à 82°. Il est presque insoluble dans l'alcool et légèrement soluble dans l'éther. Le stéarate de cholestéryle tient en solution à 37°, 3,37 0/0 d'huile d'olive, 0,26 0/0 d'huile de ricin, 4,11 0/0 d'acide oléique, 0,33 0/0 d'acide ricinoléique (*Filehne*[3]).

Stéarate d'isocholestéryle, $C^{26}H^{43}$-O-CO-$C^{17}H^{35}$, a été aussi obtenu par les méthodes synthétiques. Cristallise en fines aiguilles, fondant à 72°, très légèrement solubles dans l'alcool bouillant.

Oléate de cholestéryle, $C^{26}H^{43}$-O-CO-$C^{17}H^{33}$, a été trouvé avec le palmitate dans le sérum du sang. Cristallise en longues et fines aiguilles, fondant vers 41°, solubles dans l'éther, le chloroforme et le benzène, mais très peu dans l'alcool [4]; pouvoir rotatoire spécifique : $[\alpha]_D = 18,48°$.

Cérotate de cholestéryle, $C^{26}H^{43}$-O-CO-$C^{25}H^{51}$, s'obtient en faisant passer un courant d'acide chlorhydrique sec dans un mélange de cholestérol et d'acide cérotique à 145°, pendant deux heures; après cristallisation répétée dans l'éther de pétrole, forme une masse pulvérulente non cristalline (*Herbig* [4]). Fond à 85,5°.

Mélissate de myricycle ou *mélissate de mélissyle*, $C^{30}H^{61}$-O-CO-$C^{29}H^{59}$, se trouve dans la gomme-laque (*Gascard*) et l'écorce du pignon d'Inde (*Jatropha curcas*) ; fond à 92°. Sa présence dans le tabac, indiquée par *Kissling*[5], a été contestée par *Thorpe* et *Holmes*[6];

1. *Zeits. f. öffentl. Chem.*, 4 (1898), 227.
2. *Ibidem*, 4 (1898), 227.
3. *Zeits. f. gesamte Biochemie*, 1907, 304.
4. La préparation de solutions d'oléate de cholestéryle dans les éthers d'acides gras et les corps gras naturels a été brevetée par les Farbenfabriken vorm. Fr. Bayer und Co, D. R. P. 236.080.
5. *Chem. Zeit.*, 1901, 684.
6. *Journ. Chem. Soc.*, 1901, 982.

sa présence dans le foin, signalée par le même auteur, demande également confirmation.

Pour les autres éthers du cholestérol et des autres stérols, voir chap. III.

2. Propriétés des cires naturelles.

Les cires liquides n'ont été trouvées jusqu'ici que dans les organismes animaux, et elles ne sont représentées que par deux spécimens, qui sont tellement voisins l'un de l'autre qu'il est encore impossible de les distinguer par des moyens purement chimiques.

Les cires liquides sont très probablement formées par des composés résultant de l'union d'alcools non saturés de la série $C^nH^{2n}O$ avec des acides gras non saturés [1].

A l'état frais, ce sont des produits pratiquement neutres, ne renfermant qu'une très petite quantité d'acides gras libres. Leurs propriétés physiques les rapprochent beaucoup des huiles grasses ; elles s'en distinguent cependant nettement par leur poids spécifique plus faible, varie seulement entre 0,875 et 0,880.

Les cires liquides se comportent comme les huiles grasses avec les dissolvants.

Chauffées au-dessus de 300°, elles n'émettent pas l'odeur de l'acroléine, la glycérine ne faisant pas partie de leurs constituants [2] ; sous l'influence de l'acide nitreux, elles prennent une consistance butyreuse.

Les cires solides sont beaucoup plus abondamment répandues dans la nature, quoiqu'elles se présentent toujours en plus petites quantités que les corps gras dans les organismes végétaux et animaux, dont elles constituent des produits de sécrétion ou d'excrétion.

Les cires sécrétées par les organismes inférieurs, comme les bacilles et les algues, n'ont pas encore été étudiées de façon approfondie ; les premières, cependant, paraissent faire l'objet de préparations, destinées aux usages thérapeutiques. *Kraemer* considère la cire des algues préhistoriques comme la substance mère du pétrole, ou du

1. Lewkowitsch, *Journ. Soc. Chem. Ind.*, 1892, 135.
2. Cf. cependant, *Huile de cachalot*, chap. XIV.

moins, de quelques types de pétroles [1]; *Höfer* conteste fortement cette manière de voir.

Les matières cireuses trouvées dans le lignite et la tourbe paraissent appartenir aux cires végétales, mais en raison de l'intérêt acquis par leurs produits de décomposition dans certaines applications industrielles, elles seront examinées dans le chap. XV (*Industrie des bougies*).

Les cires solides se comportent avec les dissolvants d'une manière assez différente des corps gras : quelques-unes sont complètement solubles dans l'éther et d'autres ne s'y dissolvent que partiellement ; de plus, elles sont solubles dans l'alcool bouillant.

A l'état fondu (liquide), et de même que les cires liquides, elles laissent une tache grasse sur le papier, comme les corps gras.

Elles ne rancissent pas à la longue, ce qui provient de la stabilité des éthers (et des acides gras) qui les constituent. Les acides gras qu'on y rencontre appartiennent surtout à la série saturée ; cependant, des acides liquides (oléique, linoléique et linolénique) existeraient dans la cire de lin. En soumettant les cires solides à la distillation pyrogénée, les éthers se transforment en hydrocarbures ; d'après *Redtenbacher* [2], on ne trouve pas d'acide sébacique dans les produits de décomposition.

Le spermaceti et la cire d'insectes sont pratiquement constitués par des cires pures, respectivement le palmitate et le cérotate de céryle, et à l'état frais, ces produits naturels ne renferment ni acides gras, ni alcools, ni hydrocarbures *libres*, leur composition chimique se rapproche ainsi plus de celle des cires liquides que de celle des autres cires solides.

La cire de Carnauba, la suintine et la cire d'abeilles, les plus importantes parmi les cires solides, quoiqu'ayant fait l'objet de nombreux travaux, n'ont pas encore été étudiées de façon assez rigoureuse pour pouvoir fixer définitivement leur composition. Elles sont formées en grande partie d'éthers, mais renferment, en outre, des quantités considérables d'acides gras et d'alcools libres (et très probablement aussi des lactones dans la cire de Carnauba) ; des hydrocarbures se rencontrent encore en proportions notables dans les cires de Carnauba et d'abeilles.

1. Cf. *Jahrbuch der Chemie*, 1900 (X), 391 ; 1907 (XVII), 416.
2. *Annalen*, 1840 (35), 190.

On voit que si la présence d'acides gras libres dans les corps gras est un indice d'hydrolyse, on n'en peut conclure autant dans le cas des cires, au moins dans l'état actuel de nos connaissances. Tout au plus, en raisonnant par analogie avec les corps gras, peut-on admettre que les acides gras libres existant dans les cires proviennent d'une action secondaire, puisqu'on retrouve toujours des alcools libres en même temps que des acides gras libres ; quelques cires même, comme la cire de *Raphia*, paraissent presque entièrement constituées par des alcools. Et si une action analogue s'exerçait sur les corps gras, elle ne se traduirait que par la présence d'acides gras libres, l'alcool libéré, la glycérine, par sa solubilité dans l'eau, pouvant facilement disparaître et échapper à la recherche.

On n'a pas encore pu établir nettement si les cires végétales et les cires animales, comme les corps gras végétaux et animaux, par la présence de phytostérine ou de cholestérine, selon le cas. La suintine se caractérise sans aucun doute par l'existence d'une grande quantité de cholestérol et d'isocholestérol, et *Berg* [1] indique que la cire d'abeilles renferme du cholestérol, mais on ne peut admettre cette assertion que sous réserves, car elle repose seulement sur des réactions colorées douteuses. Quant au phytostérol, jusqu'ici, il a été trouvé dans la cire de lin.

Quoique insolubles dans l'eau, les cires solides ont la propriété de former des émulsions avec l'eau, de sorte que de grandes quantités d'eau peuvent leur être incorporées (chap. XIV) ; on obtient ainsi des matières ayant l'aspect et la consistance d'une pommade.

L'acide sulfurique, à chaud, carbonise les cires ; étendu, il n'exerce aucune action sur elles.

Les alcalis caustiques hydrolysent plus ou moins profondément les éthers neutres des cires (Voir chap. XV).

ÉTHOLIDES

En extrayant les feuilles de *Conifères* (*Juniperus Sabina*, *J. communis*, *Picea excelsa*, *Pinus sylvestris*, *Thuja occidentalis*) par ébullition avec l'alcool à 90 0/0, *Bougault* et *Bourdier*[2] ont obtenu une

1. *Chem. Zeit.*, 1909, 779.
2. *Comptes Rendus*, 1908 (147), 1311.

nouvelle classe de cires végétales, dont la composition chimique est différente de celle des autres cires jusqu'ici.

En effet, par saponification, elles ne donnent pas de constituant alcoolique comme l'alcool cétylique ou mélissique, mais uniquement des constituants acides. Il s'ensuit que si l'on ajoute une solution de chlorure de baryum à la solution alcoolique résultant de la saponification des cires par la potasse alcoolique et qu'on épuise le précipité desséché par l'éther de pétrole ou l'éther froid le dissolvant n'extrait rien.

Dans ces conditions, ces cires doivent être regardées comme constituées par des éthers d'acides renfermant un groupement hydroxyle alcoolique, ces éthers provenant de la combinaison (éthérification) du radical acide d'une molécule avec le radical alcoolique d'une autre molécule identique ou semblable. Les auteurs ont proposé d'attribuer à ces substances le nom d'*étholides* et ils comparent leur constitution à celle des peptides de *Fischer*, qui dérivent d'aminoacides. (Peut-être serait-il plus approprié de les comparer aux acides polyricinoléiques, que l'acide ricinoléique forme par condensation.)

L'indice d'acide des constituants isolés de ces cires varie de 25 à 54 ; l'indice de saponification est d'environ 230. Ces constituants fixant des groupes acétyles par ébullition avec l'anhydride acétique, *Bougault* et *Bourdier* en ont conclu qu'ils renferment des groupements hydroxylés alcooliques. Deux de ces acides hydroxylés ont été isolés jusqu'ici, savoir un acide oxylaurique, $C^{12}H^{24}O^{3}$, fondant à 84°, auquel a été attribué le nom d'*acide sabinique*, et un acide oxypalmitique, $C^{15}H^{32}O^{3}$, dénommé *acide junipérique* [1]. On a encore trouvé dans la cire de *Thuya occidentalis*, à côté de l'acide sabinique, un acide bibasique, l'*acide thapsique* [2], $(CH^{2})^{14}(COOH)^{2}$, fondant à 114°.

1. *Chem. Zeit.*, 1910 (150), 874.
2. *Journ. Pharm. Chim.*, 1911 (7), 101.

CHAPITRE II

SAPONIFICATION DES CORPS GRAS ET DES CIRES

On appelle *saponification*, la réaction chimique qui s'opère en faisant bouillir les corps gras avec les bases fortes et aboutit à la formation de glycérine et de sels des acides gras supérieurs.

Dans un sens plus large, cependant, on appelle encore *saponification*, toute réaction chimique dans laquelle les corps gras ou les cires sont décomposées en leurs éléments constitutifs : — glycérine et acides gras pour les corps gras, alcools supérieurs et acides gras pour les cires, — quand bien même aucune base n'intervient dans la réaction.

Le terme de « saponification » est presque exclusivement employé dans la pratique, son synonyme « hydrolyse » étant réservé aux travaux d'un caractère scientifique. Il paraîtrait préférable de considérer le terme d'*hydrolyse* comme générique et s'appliquant à la réaction générale de dédoublement des corps gras (ou des cires) en acides gras et glycérine (ou autres alcools) et de réserver celui de *saponification* à la même réaction, s'effectuant sous l'influence de bases fortes et aboutissant à la formation de glycérine et de savons. Il est, cependant, impossible de tracer une ligne étroite de démarcation, car il existe un certain nombre de procédés dans lesquels la décomposition complète des glycérides est réalisée pratiquement à l'aide d'une certaine quantité de base, qui est cependant loin d'être suffisante pour neutraliser les acides gras produits.

Saponification des corps gras.

La réaction chimique par laquelle les corps gras sont hydrolysés ou saponifiés, est exprimée par l'équation (1) :

$$C^3H^5\begin{cases}O-R\\O-R\\O-R\end{cases} + 3M-OH = C^3H^5\begin{cases}O-M\\O-M\\O-M\end{cases} + 3R-OH, \qquad (1)$$

dans laquelle R représente un radical acide gras quelconque et M l'hydrogène ou un métal monovalent quelconque. (Dans le cas d'un métal bivalent, l'équation (1) (doit être remplacée par l'équation (4).

Il résulte de cette équation que la somme des produits obtenus par hydrolyse au moyen de l'eau seule, doit dépasser, théoriquement, la quantité de corps gras mise en œuvre ; c'est ce que montre nettement la table suivante :

GLYCÉRIDE	FORMULE	POIDS MOLÉCULAIRE	PRODUITS OBTENUS PAR SAPONIFICATION de 100 parties		EXCÉDENT au-dessus de 100 parties
			Acides gras	Glycéride	
			Pour cent	Pour cent	Pour cent
Butyrine (tributyrate de glycéryle)	$C^3H^5(O\text{-}C^4H^7O)^3$	302	87,44	30,46	17,90
Caproïne (tricaproate de glycéryle)	$C^3H^5(O\text{-}C^6H^{11}O)^3$	386	90,15	23,96	14,11
Capryline (tricaprylate de glycéryle)	$C^3H^5(O\text{-}C^8H^{15}O)^3$	470	91,91	19,58	11,49
Caprine (tricaprate de glycéryle)	$C^3H^5(O\text{-}C^{10}H^{19}O)^3$	554	93,14	16,67	9,81
Laurine (trilaurate de glycéryle)	$C^3H^5(O\text{-}C^{12}H^{23}O)^3$	638	94,04	14,42	8,46
Myristine (trimyristate de glycéryle)	$C^3H^5(O\text{-}C^{14}H^{27}O)^3$	722	94,73	12,74	7,49
Palmitine (tripalmitate de glycéryle)	$C^3H^5(O\text{-}C^{16}H^{31}O)^3$	806	95,29	11,42	6,71
Stéarine (tristéarate de glycéryle)	$C^3H^5(O\text{-}C^{18}H^{35}O)^3$	890	95,73	10,34	6,07
Oléine (trioléate de glycéryle)	$C^3H^5(O\text{-}C^{18}H^{33}O)^3$	884	95,70	10,41	6,11
Linoléine (trilinoléate de glycéryle)	$C^3H^5(O\text{-}C^{18}H^{31}O)^3$	878	95,67	10,48	6,15
Linolénine (trilinolénate de glycéryle)	$C^3H^5(O\text{-}C^{18}H^{29}O)^3$	872	95,63	10,55	6,18
Clupanodonine (triclupanodonate de glycéryle)	$C^3H^5(O\text{-}C^{22}H^{33}O)^3$	1.028	96,30	8,95	5,25
Ricinoléine (triricinoléate de glycéryle)	$C^3H^5(O\text{-}C^{18}H^{33}O)^3$	932	95,93	9,87	5,80
Arachidine (triarachidate de glycéryle)	$C^3H^5(O\text{-}C^{20}H^{39}O)^3$	974	96,09	9,45	5,54
Erucine (triérucate de glycéryle)	$C^3H^5(O\text{-}C^{22}H^{41}O)^3$	1.052	96,39	8,74	5,13

Grâce à la lumière faite par les expériences de *Geitel* [1] et de *Lewkowitsch* [2], l'équation (1) doit être considérée comme le résumé ou la résultante des trois équations suivantes :

$$C^3H^5\begin{array}{l}\diagup O{-}R\\ -O{-}R\\ \diagdown O{-}R\end{array} + M{-}OH = C^3H^5\begin{array}{l}\diagup O{-}M\\ -O{-}R\\ \diagdown O{-}R\end{array} + R{-}OH\,; \qquad (1\,a)$$

$$C^3H^5\begin{array}{l}\diagup O{-}M\\ -O{-}R\\ \diagdown O{-}R\end{array} + M{-}OH = C^3H^5\begin{array}{l}\diagup O{-}M\\ -O{-}M\\ \diagdown O{-}R\end{array} + R{-}OH\,; \qquad (1\,b)$$

$$C^3H^5\begin{array}{l}\diagup O{-}M\\ -O{-}M\\ \diagdown O{-}R\end{array} + M{-}OH = C^3H^5\begin{array}{l}\diagup O{-}M\\ -O{-}M\\ \diagdown O{-}M\end{array} + R{-}OH\,; \qquad (1\,c)$$

Celles-ci expriment le fait que l'hydrolyse ou saponification s'opère en trois phases consécutives, passant des triglycérides aux diglycérides, puis aux monoglycérides, pour aboutir enfin aux produits d'hydrolyse ou saponification complète.

En effectuant l'hydrolyse ou saponification industriellement, on ne peut espérer voir ces trois phases se succéder consécutivement, d'une manière absolument nette ; en d'autres termes, on ne peut pas espérer trouver la masse totale des triglycérides, d'abord complètement et exclusivement décomposée et transformée en diglycérides, comme l'indique l'équation (1 *a*) ; puis cette masse de diglycérides, transformée complètement en monoglycérides, selon l'équation (1*b*) ; ceux-ci enfin décomposés totalement en glycérine et acides gras libres. On doit plutôt s'attendre à trouver les trois phases exprimées par les équations ci-dessus prendre place simultanément et concurremment, de sorte qu'en même temps une molécule de diglycéride peut être transformée en monoglycéride et acide gras, une molécule de monoglycéride décomposée en glycérine et acide gras, tandis qu'une molécule de triglycéride restera encore intacte ou entrera dans la première phase. Il en résulte qu'en effectuant rapidement l'hydrolyse, on ne peut pas observer expérimentalement [3] les phases intermédiaires transitoires, mais si l'hydrolyse

1. *Journ. f. prakt. Chemie*, 1897 (55), 429.
2. *Journ. Soc. Chem. Ind.*, 1898, 1107 ; — *Proceed. Chem. Soc.*, 1899, 190 ; — *Berichte*, 1900, 89.
3. Cf. à ce sujet : Table 7, *Berichte*, 1900, 93 ; aussi Lewkowitsch, *Berichte*, 1903, 3766 ; 1904, 884. L'opinion émise par Kellner, *Chem. Zeit.*, 1909, 453, à la suite de deux expériences de saponification de l'huile de palmiste par la potasse aqueuse, est donc sans valeur ; cf. aussi, Wegscheider, *Chem. Zeit.*, 1909, 1220.

s'opère assez lentement, on peut trouver dans la masse partiellement saponifiée : 1° le triglycéride non saponifié ; 2° le diglycéride correspondant ; 3° le monoglycéride ; 4° la glycérine, et 5° des acides gras libres.

Le fait a été vérifié maintes fois par les expériences de *Geitel*[1] et de *Lewkowitsch*[2]. Nous extrayons d'un grand nombre d'observations faites par ce dernier, les suivantes, qui montrent le mieux la formation transitoire des diglycérides et monoglycérides dans le cours de la saponification :

Saponification du suif par la soude caustique

SUIF PARTIELLEMENT SAPONIFIÉ	INDICE D'ACIDE	PRODUIT ACÉTYLÉ		
		INDICE D'ACÉTYLE	INDICE DE HEHNER	INDICE DE SAPONIFICATION
Echantillon n° 1...........	12,2	17,1	94,4	207,9
— 2...........	12,8	24,3	94,7	210,2
— 3...........	20,9	18,9	94,9	206,6
— 4...........	31,4	9,7	95,8	203,1
— 5...........	45,4	15,3	96,0	208,15
— 6...........	77,9	11,2	97,0	206,7
— 7...........	105,8	52,03	»	237,65
— 8...........	126,8	65,6	»	252,5
— 9...........	145,3	78,9	»	269,0
— 10...........	152,4	61,8	»	252,7
Acides gras, obtenus par la potasse alcoolique, acétylés.	»	8,8	99,5	212,8

1. *Journ. f. prakt. Chem.*, 1897 (55), 429.
2. *Journ. Soc. Chem. Ind.*, 1898, 1107 ; *Proceedings Chemical Society*, 1899, 190 ; *Berichte*, 1900, 89.

Saponification du suif par la chaux

SUIF PARTIELLEMENT SAPONIFIÉ	INDICE D'ACIDE	PRODUIT ACÉTYLÉ		
		INDICE D'ACÉTYLE	INDICE DE HEHNER	INDICE DE SAPONIFICATION
Echantillon n° 1	20,6	13,9	93,3	210,05
— 2	40,9	22,3	93,5	215,3
— 3	79,0	16,6	93,5	214,6
— 4	46,1	15,7	94,5	212,3
— 5	50,98	27,9	93,87	221,4
— 6	59,6	28,0	93,6	223,75
— 7	114,2	»	94,97	216,5
— 8	122,05	27,2	95,5	226,7
— 9	110,9	42,0	93,8	239,95
— 10	128,4	»	95,57	218,7
Acides gras, obtenus par la potasse alcoolique, acétylés	»	6,7	99,5	212,8

Saponification de l'huile de coton par la soude caustique

HUILE PARTIELLEMENT SAPONIFIÉE	INDICE D'ACIDE	PRODUIT ACÉTYLÉ		
		INDICE D'ACÉTYLE	INDICE DE HEHNER	INDICE DE SAPONIFICATION
Echantillon n° 1	1,63	14,15	»	»
— 2	3,4	25,9	»	221,7
— 3	18,4	27,3	»	226,7
— 4	39,7	21,6	»	232,85
— 5	45,3	29,8	»	222,65
— 6	57,0	29,5	»	231,4
— 7	71,8	25,0	»	225,3
— 8	95,5	20,8	»	223,8
— 9	108,2	25,85	»	235,0
— 10	113,7	22,4	»	224,2
— 11	161,0	21,7	»	219,9
Huile originale, acétylée	»	15,8	»	»
Acides gras, obtenus par la potasse alcoolique, acétylés	201,2	17,9	»	»

Saponification de l'huile de coton par la chaux

HUILE PARTIELLEMENT SAPONIFIÉE	INDICE D'ACIDE	PRODUIT ACÉTYLÉ		
		INDICE D'ACÉTYLS	INDICE DE HEHNER	INDICE DE SAPONIFICATION
Échantillon n° 1	0,5	14,9	94,5	206,3
— 2	0,6	20,0	92,84	209,2
— 3	16,0	43,15	92,0	230,1
— 4	17,6	59,2	92,1	240,0
— 5	19,9	28,3	89,35	215,3
— 6	53,4	24,9	93,8	214,8
— 7	73,2	32,4	93,6	223,4
Huile originale, acétylée	0,0	11,7	93,5	»
Acides gras, obtenus par la potasse alcoolique, acétylés	199,43	13,8	99,4	216,4

En raisonnant par analogie, l'hydrolyse au moyen de l'acide sulfurique doit aussi s'effectuer par étapes ou phases. La preuve expérimentale directe en est fournie par les observations de *Grün* et *Theimer*[1], qui en hydrolysant la distéaro-α-dichlorhydrine par l'acide sulfurique à 98 0/0, ont obtenu, à côté de la distéarodichlorhydrine inaltérée, les produits suivants : monostéarochlorhydrine, monochlorhydrine et acide stéarique, représentant les trois phases : diglycéride, monoglycéride et acide gras libre.

Grün et *Corelli*, cependant, ont conclu différemment et admis qu'en hydrolysant les triglycérides par l'acide sulfurique concentré, il se forme seulement des glycérides à l'exclusion de monoglycérides ; en dépit des objections de *van Eldik Thieme*[2], appuyées sur des expériences précises, *Grün* et *Corelli* ont maintenu leur manière de voir, que l'on ne peut pas regarder comme exacte. La démonstration expérimentale faite par *Corelli* repose, en effet, plus ou moins sur des calculs proportionnels dont la base est sujette à caution.

Bien plus concluantes sont les observations (relatées ci-dessous) de *van Eldik Thieme*[3] ; celui-ci a traité la laurine par des quantités

1. *Berichte*, 1907, 1801.
2. *Zeits. f. angew. Chem.*, 1912, 665.
3. *Proceed. k. Akad. van Wetensch.*, 1908, 855 ; cf. aussi Grün et Theimer, *Berichte*, 1907, 1901.

variables d'acide sulfurique concentré à différentes températures, pendant trente minutes, et versé le produit de la réaction sur de la glace pilée pour éviter toute hydrolyse ; de l'alcool a été ajouté en quantité suffisante pour obtenir une solution à 60 0/0 d'alcool, qui a été agitée avec un mélange d'éther et d'éther de pétrole ; l'extrait a été finalement lavé à l'eau et l'éther évaporé. Les résidus obtenus étaient constitués dans un cas par de l'acide laurique pur, dans deux autres par le glycéride non hydrolysé, à coté d'acide laurique, et dans le dernier par du glycéride non hydrolysé (environ 20 0/0) et très probablement de la dilaurine et de la monolaurine.

N^os	POUR 1 MOLÉCULE DE LAURINE MOLÉCULES D'ACIDE SULFURIQUE de concentration		TEMPÉRATURE ° C.	ACIDES GRAS DANS LE PRODUIT Pour 100
	100 0/0	94,6 0/0		
1	6,5	...	18	86,6
2	26,0	...	1-2	95,5
3	52,0	...	1-2	100,0
4	...	52,0	1-2	80,0

Dans un autre travail, le même auteur[1] a montré (ce qui paraissait résulter de l'expérience n° 3 ci-dessus), qu'il se forme un produit d'addition de la laurine et de l'acide sulfurique, qui n'est stable qu'à basse température et s'hydrolyse facilement en présence de l'eau, surtout à chaud, *Van Eldik Thieme* a également montré qu'il y a formation de monolaurine et de dilaurine comme produits intermédiaires quand l'hydrolyse se poursuit complètement.

L'hydrolyse de la trilaurine par l'acide sulfurique peut s'exprimer par la série d'équations suivantes (*van Eldik Thieme*) :

$$(1)\left\{\begin{array}{l} CH^2\text{-}OR \\ | \\ CH\text{-}OR \\ | \\ CH^2\text{-}OR \end{array}\right. + nH^2SO^4 = \begin{array}{l} CH^2\text{-}O\text{-}SO^3H \\ | \\ CH\text{-}OR \\ | \\ CH^2\text{-}OR \end{array} \quad \text{ou} \quad \begin{array}{l} CH^2\text{-}OR \\ | \\ CH\text{-}O\text{-}SO^3H \\ | \\ CH^2\text{-}OR \end{array} + (ROH\text{-}H^2SO^4)$$

$$(2)\left\{\begin{array}{l} CH^2\text{-}OR \\ | \\ CH\text{-}OR \\ | \\ CH^2\text{-}OR \end{array}\right. + mH^2SO^4 = \begin{array}{l} CH^2\text{-}O\text{-}SO^3H \\ | \\ CH\text{-}O\text{-}SO^3H \\ | \\ CH^2\text{-}OR \end{array} \quad \text{ou} \quad \begin{array}{l} CH^2\text{-}O\text{-}SO^3H \\ | \\ CH\text{-}OR \\ | \\ CH^2\text{-}O\text{-}SO^3H \end{array} + 2(ROH\text{-}H^2SO^4)$$

1. *Zeits. f. prakt Chem.*, 1912 (85) 300.

$$(3)\left\{\begin{array}{l} CH^2\text{-}OR \\ CH\text{ -}OR \\ CH^2\text{-}OR \end{array}\right. + rH^2SO^4 = \begin{array}{l} CH^2\text{-}O\text{-}SO^3H \\ CH\text{ -}O\text{-}SO^3H \\ CH^2\text{-}O\text{-}SO^3H \end{array} + 3(ROH\text{-}H^2SO^4)$$

ou, plus probablement par la série suivante :

$$(1\,a)\left\{\begin{array}{l} CH^2\text{-}O\text{-}SO^3H \\ CH^2\text{-}OR \\ CH^2\text{-}OR \end{array}\right. + sH^2SO^4 = \begin{array}{l} CH^2\text{-}O\text{-}SO^3H \\ CH\text{ -}OR \\ CH^2\text{-}O\text{-}SO^3H \end{array} + (ROH\text{-}H^2SO^4).$$

ou :

$$\begin{array}{l} CH^2\text{-}OR \\ CH\text{ -}O\text{-}SO^3H \\ CH^2\text{-}OR \end{array} + sH^2SO^4 = \begin{array}{l} CH^2\text{-}O\text{-}SO^3H \\ CH\text{ -}O\text{-}SO^3H \\ CH^2\text{-}R \end{array} + (ROH\text{-}H^2SO^4).$$

$$(2\,a)\left\{\begin{array}{l} CH^2\text{-}O\text{-}SO^3H \\ CH\text{ -}OR \\ CH^2\text{-}O\text{-}SO^3H \end{array}\right. + pH^2SO^4 = \begin{array}{l} CH^2\text{-}O\text{-}SO^3H \\ CH\text{ -}O\text{-}SO^3H \\ CH^2\text{-}O\text{-}SO^3H \end{array} + (ROH\text{-}H^2SO^4).$$

ou :

$$\begin{array}{l} CH^2\text{-}O\text{-}SO^3H \\ CH\text{ -}O\text{-}SO^3H \\ CH^2\text{-}OR \end{array} + pH^2SO^4 = \begin{array}{l} CH^2\text{-}O\text{-}SO^3H \\ CH\text{ -}O\text{-}SO^3H \\ CH^2\text{-}O\text{-}SO^3H \end{array} + (ROH\text{-}H^2SO^4).$$

De la même façon, le trinitrate de glycéride (trinitroglycérine) est hydrolysé par l'acide sulfurique à 70 0/0, en dinitrate de glycérile qui est à son tour transformé en mononitrate et glycérine [1]. L'exactitude de la théorie peut être démontrée de manière encore plus manifeste avec l'acide glycérotrisulfurique, car l'acide glycéromonosulfurique qui se forme comme produit intermédiaire est assez résistant à l'action de l'eau et doit être soumis à l'ébullition prolongée avec l'eau pour être finalement décomposé en glycérine et acide sulfurique [2].

Les vues théoriques de *Lewkowitsch* sur l'hydrolyse ont été attaquées à maintes reprises, et pendant quelque temps, les objections opposées ont paru pouvoir s'appuyer sur des mesures physico-chimiques ; cependant, tandis que *Lewkowitsch* a démontré lui-même l'inanité des objections purement chimiques, des déterminations physico-chimiques récemment publiées ont elles-mêmes démontré sans contestation, que l'hydrolyse s'opère bien effectivement

1. Will, *Berichte*, 1908, 1107.
2. Van Eldik Thieme, *Journ. f. prakt. Chem.*, 1912 (85), 306.

par phases. On se rapportera, à ce sujet, aux nombreux mémoires originaux signalés [1].

Kellner [2] a complété les déterminations chimiques de *Lewkowitsch* en dosant la quantité de glycérine que fournissent les glycérides partiellement hydrolysés, et dans les cas d'hydrolyse obtenue en autoclave, sous pression, par les bases, par le réactif de *Twitchell*, et par le ferment de ricin, le dosage de la glycérine dans les corps gras partiellement hydrolysés a montré la présence de glycérides inférieurs (c'est-à-dire de mono- et diglycérides) ; dans le cas de la saponification par la potasse caustique, *Kellner* est cependant arrivé à une conclusion opposée, que *Lewkowitsch* a montré sans valeur.

Enfin, *Fortini* [3], en employant la méthode chimique proposée par *Lewkowitsch*, a entièrement confirmé les résultats et conclusions de ce dernier, en déterminant les indices d'acétyle de triglycérides partiellement saponifiés, au moyen de la potasse alcoolique.

La formation synthétique des glycérides justifie à son tour la théorie émise, car, ainsi qu'on l'a vu plus haut (chap. I), il est, en effet, possible avec la glycérine et les acides gras de remonter au monoglycéride, de celui-ci au diglycéride et de ce dernier au triglycéride.

La présence de la diérucine dans l'huile de colza, longtemps regardée comme anormale, s'explique maintenant d'une façon satisfaisante, et la présence des monoglycérides et des diglycérides dans les corps gras rances apparaît comme très probable [4].

Comme l'hydrolyse ne se produit pas en l'absence de l'eau, l'eau doit être considérée comme l'agent hydrolysant, qu'elle soit employée seule ou accompagnée d'agents catalytiques comme les acides ou les ferments. Dans ce cas, la réaction doit être exprimée,

1. *Jahrbuch der Chemie*, 1897 (VII), 367 (Geitel) ; 1898 (VIII), 390 (Lewkowitsch) ; 1902 (XII), 362 (Balbiano) ; 1904 (XIV), 429 (Balbiano ; Fanto) ; 1905 (XV), 419 (Kremann ; Fanto) ; 1906 (XVI), 396 (Kremann ; Marcusson ; Lewkowitsch) ; 1907 (XVII), 406 (J. Meyer ; Kremann ; Wegscheider ; Fanto et Stritar) ; *Journ. f. prakt. Chem.*, 1908, 364 (Kremann) ; *Jarbuch der Chemie*, 1908 (XVIII), 405 (Lewkowitsch) ; 1909 (XIX) (Kellner) ; *Zeits. f. phys. Chem.*, (66), 81 (J. Meyer.)

2. *Chem. Zeit.*, 1909, 453, 662.

3. *Chem. Zeit.*, 1912, 117. Cf. une critique de ce travail : J. Meyer, *Chem. Zeit.*, 1913, 541.

4. Cf. Lewkowitsch, *Jahrbuch f. Chemie*, 14, 429.

par l'équation suivante (2) :

$$C^3H^5 \begin{cases} O-R \\ O-R \\ O-R \end{cases} + 3H-OH = C^3H^5 \begin{cases} O-H \\ O-H \\ O-H \end{cases} + 3R-OH. \qquad (2)$$

Si les bases sont employées comme agents catalytiques, une réaction ultérieure intervient, la combinaison de la base avec les acides gras. Ainsi, dans l'équation (1), M étant un métal monovalent, par exemple le sodium, les produits ultérieurs de la réaction seront la glycérine et le savon de soude, comme l'exprime l'équation suivante (3) :

$$C^3H^5 \begin{cases} O-R \\ O-R \\ O-R \end{cases} + 3Na-OH = C^3H^5 \begin{cases} O-H \\ O-H \\ O-H \end{cases} + 3Na-OR. \qquad (3)$$

L'hydrolyse (ou saponification) des corps gras s'effectue industriellement par plusieurs procédés, qui seront étudiés au point de vue technique dans le chapitre XV ; aussi, nous suffira-t-il ici, de les signaler dans une courte revue des différents moyens d'hydrolyse.

Hydrolyse par l'eau. — On a déjà vu (p. 79) qu'à haute température, l'*eau* seule[1] pouvait effectuer l'hydrolyse. Cette réaction peut être réalisée en pratique, et l'est effectivement dans l'industrie, soit en chauffant les corps gras avec l'eau, sous une pression de 15 atmosphères, correspondant à une température de 200°, soit en distillant les corps gras dans un courant de vapeur surchauffée, qui entraîne en même temps la glycérine et les acides gras formés.

Le tableau suivant, dû à *Klimont*[2], montre les progrès de l'hydrolyse sous des pressions respectives de 7 et 15 atmosphères (correspondant à des températures de 170 et 202°).

1. On a signalé plus haut qu'au bout d'un certain temps, l'eau, à la température ordinaire, pouvait hydrolyser les corps gras (suif de mouton, beurre de « marais », etc...).
2. *Zeit. f. angew. Chemie*, 1901, 1270.

Saponification des corps gras neutres par la vapeur d'eau sous pression

(30 gr. de corps gras et 500 gr. d'eau)

HUILE OU GRAISSE	PRESSION DE 7 ATMOSPHÈRES INDICE D'ACIDE APRÈS				PRESSION DE 15 ATMOSPHÈRES INDICE D'ACIDE APRÈS			
	2 heures	4 heures	6 heures	8 heures	1 h. 1/2	2 heures	4 heures	6 heures
Huile de coco	0,1	0,3	0,5	0,9	78,6	90,2	123,9	185,5
Cire du Japon	4,8	5,3	9,4	13,1	»	12,3	32,5	46,1
Suif	17,5	37,3	67,3	84,8	»	62,3	106,3	155,8
Suif pressé	15,3	38,3	65,5	81,6	»	60,4	98,7	160,3
Beurre de cacao	12,3	24,5	45,1	62,6	»	34,5	76,1	160,5
Huile d'olive	15,1	32,1	53,0	71,4	»	66,5	114,5	159,5
Huile de sésame	14,3	31,1	56,2	76,0	»	61,7	108,4	153,7
Huile de coton	10,0	23,2	36,3	51,7	»	42,2	80,2	128,6
Huile de lin	11,4	21,1	43,3	56,1	»	38,1	78,5	130,5

En dédoublant l'indice d'acide, on obtient approximativement le degré d'hydrolyse pour cent ; dans le cas de l'huile de coco cependant, l'indice doit être multiplié par 0,4.

Les chiffres suivants, se rapportant à des essais de laboratoire sur l'huile d'olive, montrent l'influence croissante de la pression (et par suite de la température) sur l'hydrolyse :

Indices d'acide après 6 heures de traitement par la vapeur

Pression, en atmosphères	3	5	6	7	10	13	15
Température, environ	144°	159°	165°	170°	184°	195°	202°
Indice d'acide	6,4	35,5	41,7	53,0	62,3	108,3	159,5

D'autres essais montrent l'action de la vapeur surchauffée, à la pression d'environ 3 atmosphères, mais à différentes températures, au bout d'une heure et demie de traitement :

Indices d'acide après 1 heure 1/2 de traitement à différentes températures (vapeur surchauffée)

HUILE	INDICE D'ACIDE INITIAL	170°	180°	190°	200°
Coco	0	...	...	0,2	0,4
Olive	0	0,6	1,0	3,0	8,9
Sésame	0	0,6	0,9	2,5	7,4

Hydrolyse par les acides. — On a également déjà indiqué que l'hydrolyse pouvait être accélérée et la température réduite en adjoignant à l'eau des *agents catalytiques*. Un tel agent est l'*acide chlorhydrique*, qui ne prend part aucunement à la réaction, mais accélère simplement l'hydrolyse primitivement effectuée par l'eau. C'est ce que montre une série d'expériences faites par *Lewkowitsch*[1], et reproduites dans le tableau suivant :

Hydrolyse des huiles et graisses par l'acide chlorhydrique de poids spécifique 1,16

(100 grammes de corps gras soumis à l'ébullition) avec 100 cc. d'acide)

HUILE OU GRAISSE	INDICE D'ACIDE ORIGINAL	INDICE D'ACIDE APRÈS 24 HEURES d'ébullition	INDICE D'ACIDE DU CORPS GRAS complètement hydrolysé
Coton	0,35	143,9	202
Baleine	6,01	157,3	195
Colza	2,16	131,7	185
Saindoux	1,25	140,3	201
Suif	11,15	150,0	200
Coco (coprah)	18,75	204,9	260
Ricin	1,22	49,14	190

Dans ces expériences, une certaine quantité d'acide chlorhydrique s'est échappée à l'état gazeux ; aussi, dans les expériences relatées dans le tableau ci-dessous, une nouvelle addition d'acide chlorhydrique a-t-elle été faite après chaque prélèvement d'échantillon :

1. *Journ. Soc. Chem. Ind.*, 1903, 67.

Hydrolyse d'huiles et graisses par l'acide chlorhydrique, de poids spécifique 1,16

(100 gr. d'huile ou graisse et 100 cc. d'acide ;
addition d'acide après chaque prélèvement d'échantillon)

HUILE ou GRAISSE	INDICE D'ACIDE original	INDICES D'ACIDE APRÈS										INDICE D'ACIDE du corps gras complètement hydrolysé
		2 heures	7 heures	9 heures	12 heures	14 heures	16 heures	18 heures	20 heures	22 heures	24 heures	
Coton......	0,35	18,42	79,6	95,51	116,2	136,4	144,9	155,7	164,8	168,2	175,8	202
Baleine....	6,01	26,69	101,3	120,3	142,7	155,4	162,3	170,0	172,0	» »	» »	195
Colza......	2,16	19,66	75,06	89,57	107,2	120,1	127,3	134,2	140,3	144,0	151,8	185
Saindoux..	1,25	14,51	84,78	116,8	139,8	149,4	152,1	162,7	168,0	173,0	177,0	201
Suif.......	11,15	43,39	112,5	131,7	153,2	167,0	173,3	178,9	183,3	185,2	186,8	200
Coco	18,75	79,73	184,2	210,5	221,4	230,8	233,4	239,8	241,1	246,1	250,1	260
Ricin......	1,22	44,4	47,3	49,0	51,4	51,4	47,9	49,2	46,8	44,4	41,64	190

La façon anormale dont s'est comportée l'huile de ricin ne peut s'expliquer que par la constitution particulière de ses acides gras et la formation probable de produits de polymérisation (Cf. chap. I, chap. III, chap. XV).

Les trois tableaux suivants relatent un certain nombre d'expériences instituées en vue d'accélérer encore, s'il était possible, l'action hydrolysante de l'acide chlorhydrique :

Hydrolyse d'huiles et graisses par l'acide chlorhydrique, de poids spécifique 1,16
(100 gr. d'huile ou graisse, contenant des acides gras libres, et 100 c. c. d'acide addition d'acide après chaque prélèvement d'échantillon)

HUILE	INDICE D'ACIDE original	INDICES D'ACIDE APRÈS										
		2 heures	4 heures	7 heures	9 heures	12 heures	14 heures	16 heures	18 heures	20 heures	22 heures	24 heures
Coton.......	10,51	37,69	71,1	88,73	94,85	103,9	113,6	117,1	119,7	125,6	132,1	140,3
Baleine....	15,16	41,44	85,84	105,0	123,2	147,3	158,6	164,3	173,9	175,3	»	»
Colza.......	9,17	32,1	61,33	75,36	78,09	92,55	101,4	110,1	128,9	132,6	139,6	145,2
Saindoux...	11,3	14,52	49,58	71,46	86,36	101,2	116,8	128,5	138,0	147,3	148,7	155,0
Suif.......	20,14	49,41	114,9	140,7	154,5	167,6	175,8	178,6	182,9	183,3	189,0	189,4
Ricin.......	10,98	46,8	50,9	46,8	47,4	47,9	48,5	48,4	46,8	43,3	47,11	48,34

Saindoux soumis à l'ébullition avec l'acide chlorhydrique et 1 0/0 des substances suivantes :

	INDICE D'ACIDE original	INDICES D'ACIDE APRÈS										
		2 heures	4 heures	7 heures	9 heures	12 heures	14 heures	16 heures	18 heures	20 heures	22 heures	24 heures
Mercure	1,25	12,32	35,24	63,34	96,44	133,5	145,5	154,0	164,4	169,1	174,0	174,6
Sulfate de cuivre	1,25	19,68	53,06	82,45	89,81	131,8	146,7	153,1	156,9	164,6	171,3	175,4
Oxyde de mercure	1,25	29,47	66,74	88,48	129,1	149,3	156,0	160,2	167,4	178,0	178,1	182,9
Zinc	1,25	17,88	85,94	127,3	146,0	163,7	168,0	172,7	178,5	182,0	183,1	185,7
Poudre de zinc	1,25	17,07	58,83	88,23	98,13	118,1	129,7	136,7	144,0	150,8	156,0	163,0
Chlorure d'aluminium	1,25	16,88	46,91	78,65	100,7	125,4	136,8	138,9	152,7	159,4	166,7	166,8
Nitrobenzène	1,25	56,77	103,5	120,6	129,3	147,1	152,3	158,9	163,2	166,9	168,7	171,1
Aniline	1,25	18,16	49,56	86,3	96,44	119,4	131,1	134,8	135,6	142,1	150,4	152,1

Saindoux contenant des acides gras libres, soumis à l'ébullition avec l'acide chlorhydrique et 1 0/0 des substances suivantes :

	INDICE D'ACIDE original	INDICES D'ACIDE APRÈS										
		2 heures	4 heures	7 heures	9 heures	12 heures	14 heures	16 heures	18 heures	20 heures	22 heures	24 heures
Mercure	11,3	21,64	48,82	80,0	102,2	119,4	134,0	144,0	151,3	156,4	160,4	161,6
Sulfate de cuivre	11,3	56,91	99,97	115,0	142,0	159,9	169,0	175,6	178,7	181,1	183,4	186,2
Oxyde de mercure	11,3	32,24	67,47	99,9	108,5	113,8	144,8	150,3	153,0	154,5	157,4	161,2
Zinc	11,3	42,04	74,65	86,39	117,6	134,8	146,8	155,6	158,3	165,8	169,4	174,6
Poudre de zinc	11,3	16,96	33,0	56,05	72,6	88,49	100,0	106,4	109,6	118,1	123,9	134,2
Chlorure d'aluminium	11,3	62,15	90,56	124,0	127,3	138,5	145,3	145,6	151,4	156,2	159,2	161,9
Nitrobenzène	11,3	32,45	76,74	111,0	122,3	129,9	134,0	139,0	143,6	150,0	156,3	161,9
Aniline	11,3	34,51	74,1	74,76	93,26	106,9	119,3	124,7	128,9	133,9	138,2	141,0

Les nombres donnés dans ces tableaux montrent que l'hydrolyse se ralentit beaucoup quand elle a atteint 75 0/0 de corps gras. Le fait que, dans les conditions de ces expériences, il était très difficile de maintenir le mélange parfait du corps gras et de l'eau acidulée, peut expliquer le ralentissement de la réaction, et l'on peut admettre que si l'on réalisait et maintenait un mélange parfait, comme une émulsion, l'hydrolyse s'effectuerait beaucoup plus rapidement, car l'action catalytique de l'acide chlorhydrique s'exerce déjà, avec le temps, à la température ordinaire, comme le montrent les expériences suivantes (*Lewkowitsch*[1]). :

100 grammes d'huile de coton ont été mélangées avec 50 centimètres cubes d'acide chlorhydrique :

Indice d'acide à l'origine	0,35
— — après 1 jour	1,22
— — — 7 jours	3,66
— — — 107 jours	95,10
— — — 213 jours	130,20

Hydrolyse par l'acide sulfurique. — On obtient des résultats encore meilleurs avec l'*acide sulfurique concentré*, qui semble agir jusqu'à un certain point comme émulsionnant dans le procédé industriel de *saponification par l'acide sulfurique* (Voir chap. XV, *Saponification acide, Hydrolyse par l'acide sulfurique*).

Dans le cas de glycérides saturés, l'acide sulfurique intervient uniquement comme catalyseur. Avec les glycérides non saturés, comme l'oléine, une action analogue paraît s'exercer d'abord, grâce à laquelle se forment des glycérides sulfonés, dont la composition a été étudiée par *Geitel*[2]. A température élevée, comme celles employées en pratique, ces produits se dédoublent rapidement en composés qui émulsionnent le corps gras et l'eau, de sorte qu'en agitant l'émulsion avec un jet de vapeur, l'hydrolyse s'effectue rapidement. Les corps gras usuels représentent des mélanges de glycérides saturés et non saturés, l'action de l'acide sulfurique s'exerce à la fois comme catalyseur, et comme agent chimique formant des composés très définis.

1. Résultats inédits.
2. *Journ. f. prakt. Chem.*, 1888 (37), 53. — Cf. Lewkowitsch, *Journ. Soc. Chem. Ind.*, 1897, 392.

Les expériences suivantes, montrent les progrès de l'hydrolyse sous l'influence de l'acide sulfurique (*Lewkowitsch* [1]) :

Suif hydrolysé avec 4 0/0 d'acide sulfurique à 120°

ACIDES GRAS LIBRES POUR CENT

Échantillon prélevé après 1 heure	42,1
— — — 2 —	65,1
— — — 3 —	79,3
— — — 4 —	83,7
— — — 5 —	88,6
— — — 6 —	91,7
— — — 7 —	91,7
— — — 8 —	92,3
— — — 9 —	93,0

Il convient d'indiquer que les acides gras obtenus par hydrolyse au moyen de l'acide sulfurique ne sont pas seulement constitués par les hydrates des radicaux acides existant dans les glycérides, car les acides sulfogras, qui prennent d'abord naissance dans le cas d'acides gras non saturés, conduisent à la formation d'acides hydroxylés (Cf. chap. III et chap. XV).

Dans le tableau suivant, *Lewkowitsch* a consigné un certain nombre d'expériences (inédites), effectuées en vue de déterminer le degré d'hydrolyse atteint avec l'acide sulfurique de concentrations diverses. On verra que l'hydrolyse décroît progressivement, à mesure que diminue la concentration de l'acide jusqu'à la teneur de 60 0/0 d'acide sulfurique SO^4H^2, à partir de laquelle l'hydrolyse cesse complètement :

1. Résultats inédits.

Hydrolysse du suif, contenant 6,2 0/0 d'acides gras libres par 4 0/0 d'acide sulfurique de concentrations diverses (Lewkowitsch)

ACIDE SULFURIQUE contenant 0/0 SO⁴H²	ACIDES GRAS POUR CENT. APRÈS ACTION DE LA VAPEUR PENDANT HEURES																					
	1	2	3	4	5	6	7	8	9	10	11	12	13	14	15	16	17	18	19	20	21	22
98	42,1	65,1	79,3	83,7	88,6	91,7	91,7	92,3	93,0	92,3	93,0	93,6	93,6	93,0	93,6	93,6						
90	37,2	47,7	57,6	65,1	72,3	76,0	80,0	81,8	83,6	86,2	88,0	86,8	88,6	88,6	89,0	90,5	90,5					
85	34,1	45,2	50,8	62,6	68,2	73,1	75,0	76,2	79,4	84,3	84,9	89,3	89,3	89,3	89,9	89,9	89,9					
80	31,6	45,2	57,6	65,1	73,1	75,4	79,3	80,6	83,7	85,5	87,4	88,6	89,0	89,9	89,9	89,9						
70	15,5	16,7	17,9	18,3	18,6	20,3	24,8	26,5	28,5	31,0	32,6	34,7	35,4	37,0	39,0	40,1	42,7	45,2	46,5	47,7	47,7	47,7
60	6,2	6,2	6,2	6,2																		
50	6,2	6,2	6,2	6,2	6,8																	

L'acide sulfurique étendu, comme on l'a déjà indiqué, exerce une action pratiquement nulle sur les huiles et graisses ou les glycérides qui les composent. On sait que dans le procédé de saponification acide, l'hydrolyse s'achève sous l'action de la vapeur, par suite en solution étendue ; il en semblerait résulter que les mono- et diglycérides qui se forment transitoirement, sont plus facilement décomposés par l'acide étendu que les triglycérides ; c'est en effet ce que montrent les essais suivants rapportés par *van Eldik Thieme :*

5 grammes de tri-, di- ou monolaurine, soumis à l'ébullition pendant 5 minutes avec l'acide sulfurique de concentrations diverses :

INDICE D'ACIDE	100 CENTIMÈTRES CUBES RENFERMANT		
	0,97 gr. H^2SO^4	3,83 gr. H^2SO^4	10,83 gr. H^2SO^4
Trilaurine	0,25	0,24	0,83
Dilaurine	0,82	1,19	2,10
Monolaurine	15,21	53,51	104,61

Hydrolyse par les composés sulfoaromatiques. — On obtient une action émulsionnante analogue à celle de l'acide sulfurique, et même plus puissante, avec les composés sulfogras-aromatiques découverts par *Twitchell* [1]. En faisant barboter un courant de vapeur dans les corps gras additionnés de 1 à 2,5 0/0 de ces produits, l'hydrolyse s'opère à peu près complètement, surtout en présence de quelques centièmes d'acides gras libres, qui paraissent nécessaires pour amorcer la réaction ou tout au moins influencent favorablement le départ de celle-ci. Une série d'expériences faites par *Lewkowitsch* [2] ont fourni les résultats suivants :

1. E. P. 4.741, 1898 ; D. R. P. 11.449 ; U. S. P. 601.603 ; *Journ. Amer. Chem. Soc.* 1900, 22 ; Cf. aussi chap. xv
2. Résultats inédits.

Hydrolyse d'huiles et graisses par le composé sulfo-gras-aromatique (ou réactifs) de Twitchell (Lewkowitsch)

(100 gr. d'huile ou graisse, soumis à l'action de la vapeur d'eau avec 1 0/0 de composé sulfoaromatique en vases ouverts)

HUILE ou GRAISSE	INDICE D'ACIDE original	INDICE D'ACIDE APRÈS															
		2 h.	7 h.	9 h.	12 h.	14 h.	16 h.	18 h.	20 h.	22 h.	24 h.	26 h.	28 h.	30 h.	32 h.	34 h.	36 h.
Coton.....	5,67	8,75	61,28	99,8	129,4	137,6	148,7	150,1	155,9	157,9	161,4	164,5	165,2	166,3	167,0	168,4	168,9
Baleine ...	6,01	14,99	48,69	63,72	72,42	80,8	84,31	85,82	89,68	90,71	91,67	91,67	91,7	94,69	97,88	98,07	98,9
Colza.....	2,16	8,4	23,24	30,59	44,26	50,57	53,6	55,4	56,58	56,72	57,91	59,58	60,6	61,46	61,61	61,87	62,3
Saindoux..	2,6	11,37	38,66	58,73	82,42	90,81	98,49	107,3	107,9	109,0	110,5	112,0	115,2	118,3	118,6	119,1	120,2
Suif......	11,15	15,03	25,68	43,44	49,39	50,11	52,03	53,1	53,85	55,6	57,11	59,82	60,23	63,95	66,2	67,3	68,5
Coco	18,75	114,0	221,4	232,9	2 ,2	236,0	236,2	237,2	237,9	238,9	239,5	239,8	239,8	240,6	240,9	241,0	241,2

Lewkowitsch a, en outre, institué une série d'expériences faites avec des composés sulfo-gras-aromatiques à base de naphtalène, d'anthracène et de phénanthrène. Par les chiffres donnés dans les deux tableaux suivants, on verra que le réactif à base de naphtalène est beaucoup plus actif que ceux à base d'anthracène ou de phénanthrène ; mais, dans chaque cas, l'hydrolyse atteint pratiquement 100 0/0 après un certain temps :

Hydrolyse de l'huile de colon par 1 0/0 *de composés sulfostéaroaromatiques (Lewkowitsch)*

(a) Huiles neutres

COMPOSÉ SULFOSTÉAROAROMATIQUE DE	INDICE D'ACIDE original	6 h. 1/2	13 h.	19 h. 1/2	26 h.	32 h. 1/2	39 h.	45 h. 1/2
Naphtalène..........	1,22	146,7	190,7	201,4	211,4	»	»	»
Anthracène..........	1,22	2,5	21,8	76,3	170,7	186,5	190,7	»
Phénanthrène.......	1,22	45,7	125,7	177,7	183,6	194,1	201,2	»

(b) Huiles renfermant des acides gras libres

COMPOSÉ SULFOSTÉAROAROMATIQUE DE	INDICE D'ACIDE original	6 h. 1/2	13 h.	19 h. 1/2	26 h.	32 h. 1/2	39 h.	45 h. 1/2
Naphtalène..........	8,3	30,9	194,1	216,9	210,7	»	»	»
Anthracène..........	8,3	15,01	60,5	112,4	147,2	148,2	189,8	202,8
Phénanthrène.......	8,3	42,3	159,9	156,4	181,6	184,2	204,2	204,2

Twitchell [1] assigne aux composés sulfo-gras-aromatiques la formule C^6H^4 (SO^3H) $C^{18}H^{35}O^2$ dans le cas du benzène, $C^{10}H^6$ (SO^3H) $C^{18}H^{35}O^2$ dans le cas du naphtalène, et C^6H^3 (OH) (SO^3H) $C^{18}H^{35}O^2$ dans le cas du phénol.

Les *Vereinigte Chemische Werke* ont obtenu des résultats ana-

1. *Journ. Amer. Chem. Soc.*, 1900, 22.

logues avec un agent d'hydrolyse préparé en sulfonant les alcools supérieurs, tels que ceux existant dans la suintine, la cire d'abeille et d'autres cires (alcool cétylique), ou les cires elles-mêmes, et avec un composé sulfo-gras-aromatique, obtenu avec des acides gras ou des corps gras (comme l'huile de ricin) partiellement hydrogénés [1] (l'acide oléique du procédé *Twitchell* est en somme remplacé par un acide hydroxylé, partiellement hydrogéné). *Petroff* [2] a encore proposé un agent d'hydrolyse, obtenu d'après le procédé de *Twitchell*, en traitant des hydrocarbures de pétrole par l'acide sulfurique concentré.

Contrairement à ce qui se passe dans la saponification acide (par l'acide sulfurique), l'hydrolyse par les composés sulfo-gras-aromatiques, ne fait subir aucune modification aux acides gras dont les radicaux constituent les glycérides traités ; ceci montre que les réactions secondaires qui s'opèrent avec l'acide sulfurique concentré ne se produisent pas avec les composés sulfoaromatiques, et tendrait à prouver que dans ceux-ci il n'y a pas de véritables acides gras sulfonés (Voir chap. xv). L'action des composés de *Twitchell*, au lieu d'être d'ordre chimique, serait donc purement catalytique, et comparable à celle des ferments, qui accélèrent l'hydrolyse sans amener de modification chimique apparente.

On a constaté qu'en lavant le composé de *Twitchell* avec de l'eau salée jusqu'à ce que celle-ci n'entraîne plus d'acide, le produit obtenu possède encore toutes les propriétés émulsionnantes primitives, mais n'effectue plus l'hydrolyse ; les propriétés hydrolysantes réapparaissent par addition d'une petite quantité d'acide fort. *Grimlund* [3] en conclut que le réactif de *Twitchell* se compose de deux produits différents : un corps de composition inconnue, soluble dans l'eau salée, et un élément hydrolysant formé d'acide sulfurique et d'autres sulfo-gras-aromatiques ; ces observations confirment la nécessité d'opérer l'hydrolyse en milieu acide.

Hydrolyse par les ferments. — On a déjà vu qu'il existe dans les graines oléagineuses des acides gras libres, qui proviennent vraisemblablement d'une légère hydrolyse des graines.

1. E. P. 749 (1912) ; Br. fr. 439.209 ; U. S. P. 1.058.633 ; D. R. P.
2. Br. fr. 437.336 ; E. P. 27.244 (1912). Cf. aussi Happach, D. R. P. 310.445.
3. *Zeits. f. ang. chem.*, 1912 (1326) ; *Bull. Soc. Chim.*, 1909, Conférence.

Dès 1855, *Pelouze*[1] a reconnu qu'en broyant les graines de lin, de colza, de pavot ou œillette, de corneline, de moutarde, dans les arachides, les noix, les noisettes, les amandes amères et douces, et les abandonnant à elles-mêmes dans cet état, l'huile qu'elles renferment se transforme plus ou moins rapidement et plus ou moins complètement en acides gras et glycérine, et il attribue cette transformation à l'action d'un ferment ou d'une matière analogue qu'il n'a pu isoler. Un peu plus tard, *Müntz*[2] a montré que la première phase de l'utilisation de la matière grasse des graines par l'embryon coincidait avec l'hydrolyse du corps gras et que l'acidité constatée dans les graines en germination, provient des acides gras libérés des glycérides neutres. *Schützenberger* a confirmé ces observations en indiquant que les graines oléagineuses renferment un ferment qui opère l'hydrolyse du corps gras au moment de la germination. *Maillot*[3] s'est efforcé d'isoler ce ferment de la graine de ricin sans paraître y parvenir. *Green*[4], et simultanèment *Siegmund*[5] ont ensuite reconnu les propriétés lipolytiques de la graine de ricin et d'un certain nombre d'autres graines, sans arriver à isoler l'agent d'hydrolyse.

Tous ces travaux n'ont eu qu'un intérêt théorique (physiologique) jusqu'à ce que *Connstein, Hoyer* et *Wartenberg*[6], par une longue suite d'études, aient montré la puissance d'action lipolytique que possède le ferment de ricin, agissant sur les corps gras émulsionnés avec l'eau acidulée ; le tableau suivant reproduit une partie de leurs observations :

1. *Ann. Chim. Phys.* 1855 (45), 319 ; *Comptes Rendus*, 1855, 605.
2. *Ann. Chim. Phys.*, 1871 (22), 472.
3. *Thèse*, Nancy, 1880.
4. *Proc. Roy. Soc.*, 1890, 370 ; cf. aussi Green et Jackson, *Proc. Roy. Soc.*, 1905, 69 ; *Nature*, 1909 (82), 100.
5. *Monats. f. Chem.*, 1890, 272.
6. *Berichte*, 1902, 3989.

Hydrolyse des corps gras par le ferment de la graine de ricin

HUILE OU GRAISSE	GRAMMES	GRAINE DE RICIN		ACIDES GRAS	APRES	TEMPÉRATURE	ACIDE	
		BRUTE	DÉGRAISSÉE	FORMÉS	HEURES			
		Grammes	Grammes	Pour 100		Degrés	Grammes	
Suif	6,5	5	»	72	19	35	4	SO^4H^2 n/10
Suif d'os	6,5	5	»	81	19	35	4	—
Huile de coton	6,5	5	»	84	19	35	4	—
— palme	6,5	5	»	87	19	35	4	—
— colza	6,5	5	»	84	19	35	4	—
— palmiste	16,5	5	»	76,6	20	ordinaire	8	—
— d'arachide	25	»	1,3	100[2]	96	—	5	—
— de colza	25	»	1,3	100[2]	96	—	5	—
— d'œillette	25	»	1,3	100[2]	96	—	5	—
— de lin	50	»	5	83	24	—	10	—
— de cétacés (I)	50	»	5	76	24	—	10	—
— — (II)	50	»	5	84	24	—	10	—
— d'olive	50	»	5	86	24	—	10	—
— de sésame	50	»	5	85	24	—	10	—
— d'amande	50	»	5	90	24	—	10	—
Beurre de cacao	50	»	5	92	24	—	10	—
Huile de palme[1]	75	»	7,5	77	6	—	15	—
— —	75	»	7,5	96	22	—	15	—
— coton	75	»	1,5	82	44	—	15	—
— —	100	»	5	87	44	—	10	—
— —	75	»	7,5	79	24	—	15	—
Trioléine	10	»		50,6	24			
Triacétine	10	»	0,5	0,4	24		2	—
Tributyrine	10	»		9,5	24			

1. Le pourcentage d'acides gras libres de l'huile de palme originale n'était pas indiqué.

2. Ces chiffres sont certainement trop élevés et doivent résulter d'erreurs d'expériences ; si l'hydrolyse par le ferment de ricin représente une réaction réversible (formation de glycérides en partant des acides gras et de la glycérine), il est impossible qu'elle se réalise complètement (Cf. Taylor, *Journ. of Biol. Chem.*, 1906, II, 87) ; Nicloux a montré d'autre part que les produits de l'hydrolyse ont une action retardatrice.

Les deux dernières lignes paraissent montrer que, si les glycérides dont les acides gras ont un poids moléculaire élevé, sont relativement facilement hydrolysés, les glycérides des acides inférieurs offrent une plus grande résistance.

D'après *Urbain*, *Saugon* et *Feige* [1], cette explication serait erronée, et ces auteurs ont reconnu que les acides gras libres paralysent en quelque sorte l'action du ferment, de sorte que celle-ci se ralentit sensiblement dès que les acides gras formés atteignent une certaine proportion ; cette action retardatrice des acides gras est d'autant plus marquée que leur poids moléculaire est plus faible. Dans ces conditions, l'hydrolyse de la triacétine et de la tributyrine serait arrêtée par la présence même de l'acide acétique ou butyrique formé ; c'est ce que *Hoyer* [2] a confirmé. Cependant, *Taylor* [3] a indiqué, d'autre part, que la triacétine est très facilement hydrolysée par le ferment de ricin.

Le degré atteint par l'hydrolyse est en relation définie avec la proportion de ferment présent, ainsi que le montrent les nombres du tableau suivant :

1. *Bull. Soc. Chim.*, 1904 (31), 1194.
2. *Zeits. f. phys. Chem.*, 1907 (50), 414.
3. *Journ. of Biol. Chem.*, 1906 (II), 89.

Hydrolyse de l'huile de ricin par le ferment de la graine de ricin, montrant l'influence de la quantité de graine

	GRAMMES	GRAINE DE RICIN dégraissée	ACIDES GRAS formés	APRÈS HEURES		ACIDE	
		Grammes	Pour 100		gr.		
Huile de ricin...	5	0,5	89	24	5	acide acétique à 2 0/0	
			92	48			
— ...	10	0,5	84	24	10	—	—
			86	48			
— ...	15	0,5	77	24	15	—	—
			87	48			
— ...	20	0,5	71	24	20	—	—
			80	48			
— ...	25	0,5	60	24	25	—	—
			74	48			
— ...	50	0,	49	24	50	—	—
			49	48			
— ...	10	0,2	55	24	10	—	—
			64	48	10	—	—
			70	72	10	—	—
			70	96	10	—	—
			78	120	10	—	—
			79	144	10	—	—
			79	168	10	—	—
			79	240	10	—	—

Hydrolyse de l'huile de ricin par le ferment de la graine de ricin, montrant l'influence de la quantité d'eau

	GRAMMES	GRAINE DE RICIN contenant l'huile	ACIDES GRAS formés	APRÈS HEURES		ACIDE	
		Grammes	Pour 100		gr.		
Huile de ricin...	6,5	5	68	3	2	acide acétique à 2 0/0	
			74	18			
			74	42			
— ...	6,5	5	74	3	4	—	—
			80	18			
			84	42			
— ...	6,5	5	75	3	6	—	—
			84	18			
			86	42			
— ...	6,5	5	76	3	8	—	—
			87	18			
			85	42			
— ...	6,5	5	76	3	10	—	—
			86	18			
			86	42			

La quantité d'eau émulsionnée avec les corps gras exerce aussi, jusqu'à un certain point [1], une influence favorable sur l'hydrolyse, comme le montre le tableau ci-dessus.

Nicloux[2] a constaté la localisation du pouvoir lipolytique de la graine de ricin dans le *cytoplasma;* celui-ci, traité par l'eau, n'abandonne aucune substance active, et perd lui-même toute activité dès qu'il n'est plus protégé par l'huile ; *Nicloux* en conclut que les propriétés lipolytiques du cytoplasma ne proviennent pas d'un ferment soluble ou diastase, mais d'une substance différente, qu'il appelle *lipaséidine*.

Dans une longue suite d'essais, il a étudié en détail l'action lipolytique du cytoplasma et les influences auxquelles elle est soumise (température, produits de la réaction, proportion de cytoplasma, action des acides et des sels acides et neutres). Il a ainsi reconnu que l'élévation de température, favorable jusqu'à 35°, ralentit ensuite l'hydrolyse, qui est complètement arrêtée à 55°, tandis que les produits de la réaction exercent une influence retardatrice ; enfin, l'action lipolytique est proportionnelle à la quantité de cytoplasma ; cette action a donc tous les caractères des actions diastasiques et elle est effectivement régie par la loi $K = \frac{1}{t} \log \frac{a}{a - x}$, exprimant la vitesse d'hydrolyse produite par les diastases. L'acidité absolue joue un rôle minime, la qualité (ou la nature) de l'acide un rôle important et, en général, l'action lipolytique est d'autant plus marqué que l'acide est plus faible. Les sels acides agissent de la même façon ; quant aux sels neutres, ils jouent le rôle d'accélérateurs, particulièrement le sulfate de chaux et surtout le sulfate de manganèse.

Les expériences de *Nicloux*, d'*Urbain*[3] et de *Fokin* établissent que la présence de l'acide carbonique est de nature à favoriser l'hydrolyse de l'huile dans les graines, tandis que *Hoyer* affirme le contraire.

Urbain, *Perruchon* et *Lançon* [4] ont constaté aussi que l'asparagine, la leucine et le glycocolle favorisent l'hydrolyse par le ferment

1. Cf. Fokin, *Chem. Revue*, 1904, 119, 139, 169.
2. *Contribution à l'étude de la saponification des corps gras*, Paris, 1906.
3. *Comptes Rendus*, 1904 (139), 606.
4. *Ibidem*, 1904 (139), 641.

de ricin ; cette observation est importante, car la présence des acides amidés dans les graines en germination, par suite du dédoublement des albuminoïdes, est de nature à donner plus d'intensité au dédoublement lipolytique.

D'après *Tanaka* [1], le rôle de l'acide étendu dans l'hydrolyse par le ferment de ricin se bornerait à transformer une matière *zymogène* insoluble, existant dans la graine de ricin, en une *lipase* hydrolysante, insoluble dans l'eau, comme la substance zymogène elle-même. Parfaitement lavée à l'eau, pour la débarrasser de toute trace d'acide, la lipase (obtenue de la graine de ricin au moyen d'un acide) manifeste encore des propriétés lipolytiques extrêmement puissantes, sans aucune addition d'acide. La lipase hydrolysante est donc très active en milieu neutre et son action se trouverait paralysée, ralentie par la présence d'acide libre, particulièrement d'acide minéral. En milieu alcalin, toutefois, elle perd son activité, et elle résiste moins bien aux alcalis que la matière zymogène dont elle provient. De plus récents travaux [2] ont montré qu'il y a une quantité optimum d'acide qui libère l'enzyme de la matière zymogène, et n'acidifie pas le milieu lipolytique. Dans ces conditions, *Tanaka* a préparé une lipase active en poudre qui se conserve fort longtemps sans perdre ses propriétés lipolytiques ; c'est une poudre blanche, inodore et insipide, insoluble dans l'eau, qui hydrolyse rapidement les corps gras en présence de l'eau *seule*. Pour l'obtenir, on triture 100 gr. de graines de ricin exprimées ou extraites avec 600 à 700 cc. d'acide acétique $\frac{N}{10}$ ou 500 cc. d'acide sulfurique $\frac{N}{10}$, à 30-35° pendant trente minutes ; on filtre le liquide laiteux, lave parfaitement le résidu à l'eau à une température ne dépassant pas 40°.

Tanaka a confirmé les observations antérieures relativement à l'action des sels et autres produits ; d'après lui, le sulfate de manganèse ne jouerait le rôle d'accélérateur que dans la première phase de l'hydrolyse. La glycérine agit comme retardateur, comme le chlorure de calcium ; il en est de même des acides oxydés, dont l'action est très marquée avec les huiles siccatives et les huiles polymérisées.

1. *Journ. of the College of Science and Eng.*, Tokyo, 1910 (v), 25.
2. *Ibidem*, Tokyo, 1912 (v), 125-152. Cf. aussi *Journ. Chem. Ind.*, Tokyo, 1918, 21, 112, et Armstrong and Gosney, *Proc. Roy. Soc.*, 1913, B. 86, 586.

Tanaka a reconnu aussi l'action stimulante de la leucine, de l'asparagine et des autres produits de décomposition des protéines, déjà constatée par *Urbain*, *Perruchon* et *Lançon*. *Falk* [1] ainsi que *Hulton Frankel* [2] ont également montré que l'action des alcalis étendus sur les matières albuminoïdes comme la caséine, l'albumine, la gélatine, donne des produits accélérant l'hydrolyse.

En faisant varier les conditions d'action du ferment de ricin sur les corps gras, on peut obtenir la réaction inverse de l'hydrolyse, c'est-à-dire la formation de glycérides avec les acides gras et la glycérine ; cette réaction[3] inverse n'a fait l'objet d'aucune application, tandis que de nombreux efforts ont été faits pour la réalisation industrielle de l'hydrolyse (ou déglycérination) des corps gras par le ferment de ricin [4] (Voir chap. xv).

Les ferments contenus dans d'autres graines sont, en général, loin de posséder des propriétés lipolytiques aussi puissantes que la graine de ricin.

Fokin [5] a étudié un grand nombre de graines (soixante) à ce point de vue, et dans la plupart des cas, le degré d'hydrolyse réalisé dépassait 10 0/0 du corps gras mis en œuvre, atteignant même 40 0/0 et plus, avec les graines du cynoglosse officinal (*Cynoglossium officinale L.*) et du buis (*Buxus sempervirens L.*). Le ferment de la graine de chélidoine (*Chelidonium majus L.*) paraît seul approcher, comme pouvoir lipolytique, du ferment de ricin ; *Fokin* a pu réaliser avec ce ferment, en milieu neutre, l'hydrolyse du beurre dans la préparation de 95,75 0/0 et celle de l'acide de coco jusqu'à 96 0/0, tandis que *Bournol* [6], avec la graine broyée, a obtenu le dédoublement de l'huile de coton jusqu'à 95 0/0. Le ferment de la graine d'*Hevea brasiliensis*[7] paraît aussi posséder une grande activité hydrolytique.

1. *Journ. of Biol. Chem.*, 1917 (31), 97.
2. *Ibidem*, 1917 (32), 395.
3. Lombroso, *Archiv. Farmacol. Speriment.*, 1912 (14), 429.
4. Cf. encore sur l'hydrolyse par le ferment de ricin : Visser, *Zeits. f. phys. Chem.*, 1905 (52), 257 ; Euler, *Zeits. f. physiol. Chem.*, 1905 (45), 420 ; *Zeit. f. d. gesam. Biochem.*, 1905 (7) ; Taylor, *Journ. biolog. Chem.*, 1906 (II), 87 ; Armstrong et Ormerod, *Proc. Roy. Soc.*, 1906 (78), 376 ; Sommerville, *Bioch. Journ.*, 1912 (6), 203 ; Loew, *Bioch. Zeits.*, 1911 (31), 159 ; Berczeller, *Bioch. Zeits.*, 1911 (34), 170 ; Jalander, *Bioch. Zeits.*, 1911 (36), 435 ; Falk et Nelson, *Journ. Amer. Chem. Soc.*, 1912 (34), 735, 828 ; Falk, *Journ. Amer. Chem. Soc.* ; 1913 (35), 601 ; 1913 (35), 616.
5. *Chem. Revue*, 1904 (II), 30, 48, 69, 91, 118, 139, 167, 193, 224, 244.
6. *Bioch. Zeits.*, 1913, 172 ;
7. Dunstan, *Proc. Chem. Soc.*, 1907, 168.

D'autres ferments lipolytiques ont été étudiés, existant ou paraissant exister dans l'*Abrus precatorius* (*Braun* et *Behrendt* [1]), les moisissures (*Zellner* [2]), la noix de kola (*Maslbaum* [3]), les graines de *Croton tiglium* (*Scurti* et *Parrozzani* [4]), de l'*Œsculus hippocastanum* (*Siegmund* [5]), les amandes douces (*Siegmund* [6]; *Braun* et *Behrendt* [1]; *Toncgulli* [7]), etc... Il faut remarquer qu'une grande réserve s'impose à l'égard des indications fournies sur le pouvoir hydrolysant des graines végétales, car avec la présence fréquente des moisissures et des bactéries, il est souvent difficile de distinguer l'action propre de celles-ci et, par suite, d'attribuer l'hydrolyse à l'existence d'un ferment spécifique. *Fokin* [8] a signalé qu'une certaine connexité paraît exister entre la présence d'enzymes lipolytiques dans les graines et celle d'alcaloïdes, parce que tous les végétaux renfermant des lipases sont vénéneux, mais il ne semble pas qu'il faille attribuer à cette observation d'autre valeur que celle d'une remarque.

Les enzymes lipolytiques des organismes animaux dont l'action a été signalée d'abord par *Claude Bernard* [9], paraissent se distinguer des enzymes végétales par une action beaucoup plus lente et moins puissante, et aussi plus irrégulière ; même dans les conditions les plus favorables, elles laissent toujours l'hydrolyse incomplète.

C'est ainsi que la lipase du foie (de porc) hydrolyse assez facilement le butyrate d'éthyle, mais décompose difficilement les huiles et graisses (*Kastle* et *Loevenhart* [10]; *Mohr* [11]; *Lewkowitsch* [12]) ; la nature des acides libérés semble plus influencer la réaction que celle de l'alcool.

La stéapsine du suc pancréatique [13], quoique possédant une acti-

1. *Berichte*, 1903, 1900.
2. *Monatsh. f. Chem.*, 1910 (31). 657.
3. *Chem. Revue*, 1907, 5.
4. *Chem. Zeit.*, 1907, 229.
5. *Monats. f. Chem.*, 1910 (31), 657.
6. *Ibidem*, 1890, 272.
7. *Staz. Sper. Agr. Ital.*, 1910, 723.
8. *Chem. Revue*, 1906, 130.
9. *Comptes Rendus*, 1849 (28), 249.
10. *Journ. Amer. Chem. Soc.*, 1900 (24), 49.
11. *Wochenschr. f. Brauerei*, 19, 588.
12. *Journ. Soc. Chem. Ind.*, 1903, 78. Au sujet de l'inactivité de la lipase du foie, cf. Magnus, *Zeits. f. phys. Chem.*, 1904 (42), 149 ; Armstrong, *Proc. Roy. Soc.*, 1905, 606 ; Bodenstein, *Chem. Zeit.*, 1906, 557.
13. Cf. Rosenheim et Shaw-Mackenzie, *Journ. Physiol.*, 1911 (XI) ; Saxl, *Bioch. Zeits.*, 1908 (12), 343 ; Pekelharing, *Zeits. f. physiol. Chem.*, 1912 (81), 355. D'après Davidsohn, *Bioch. Zeits.*, 1912 (45), 284 ; 1913 (49), 249, l'action de la lipase du pancréas est différente de celle de l'estomac.

vité relativement puissante, se comporte de même ; l'hydrolyse semble indifférente à la présence de la glycérine, mais nettement affectée par le développement de l'acidité (*Hanriot*[1]) ; *Fokin*[2] a montré qu'avec un mélange de volumes égaux de suc pancréatique et de corps gras, l'hydrolyse n'atteint que 46,8 à 55,7 0/0 du corps gras, suivant le cas ; pour accélérer et augmenter l'action du ferment, il faut une légère addition de solution de soude très faible ou mieux encore de bile, et en présence de cette dernière, l'hydrolyse peut se poursuivre presque complètement. On trouvera relatées dans le tableau suivant des expériences de *Lewkowitsch* et *Macleod*[3] corroborant ces observations :

1. *Comptes Rendus* (132), 212.
2. *Chem. Revue*, 1904, 244.
3. *Proc. Roy. Soc.* (1903, 72), 31. Cf. aussi Lewkowitsch, Ve *Congrès Intern. Chimie appl.*, Berlin, 11, 544 ; Warburg, *Chem. Zentralbl.*, 1906 (11), 1784 ; Baur, *Zeits., f. angew. Chem.*, 1909, 97 ; Terroine, *Bioch. Zeits.*, 1910 (23), 404 ; Fernandez, *Chem. Zeit.*, 1910, 331 ; Pennington et Hepburn, *Journ. Amer. Chem. Soc.*, 1912 (34), 210.

Hydrolyse par les préparations de stéapsine

PRÉPARATION	PRÉPARATION pour 100 gr. d'huile de coton ou de saindoux (centim. cubes)	DATE de départ de L'HYDROLYSE	AJOUTÉ À L'ÉMULSION		POURCENTAGE DES ACIDES GRAS LIBRES FORMÉS LE					
			ACIDE	ALCALI	22 février	2 mars	9 mars	16 mars	16 avril	1er mai
	Huile de coton.									
1	20	19 févr. 1903	»	»	22,9	»	43,3	48,4	80,6	»
1	30	19 févr. 1903	»	»	32,8	»	49,9	60,45	86,7	»
1	25	19 févr. 1903	0cc,5 d'acide acétique à 2 0/0	»	10,22	26,4	41,04	48,8	74,7	»
1	30	19 févr. 1903	»	0cc,5 NaOH 1/10 normale	31,25	39,5	35,4	63,1	»	»
2	30	5 mars 1903	»	»	»	»	37,1	44,3	68,3	70,2
2	50	5 mars 1903	»	»	»	»	32,7	46,4	71,5	83,8
2	60	5 mars 1903	»	»	»	»	31,03	46,3	60,8	79,5
2	60	5 mars 1903	0cc,5 d'acide acétique à 2 0/0	»	»	»	30,4	45,2	65,3	73,7
2	60	5 mars 1903	»	0cc,5 NaOH 1/10 normale	»	»	36,5	44,9	66,4	73,5
2	30	5 mars 1903	»	1cc,0 NaOH 1/10 normale	»	»	31,4	43,8	74,1	74,3
2	50	5 mars 1903	1cc,0 d'acide acétique à 2 0/0	»	»	»	37,66	44,5	65,2	77,2
	Saindoux									
2	50	5 mars 1903	»	0cc,5 NaOH 1/10 normale	»	»	8,98	9,2	29,9	46,7
2	80	5 mars 1903	»	1cc,0 NaOH 1/10 normale	»	»	12,2	14,4	20,7	22,9

Kanitz [1], en extrayant le pancréas des bovidés et des porcs par la glycérine, a obtenu des préparations actives, qui hydrolysaient l'huile d'olive en six heures, dans la proportion de 30 0/0. On a déjà signalé l'hydrolyse de la lécithine par la stéapsine (de l'intestin grêle [2]).

Des ferments lipolytiques ont encore été signalés dans le suc gastrique et dans l'intestin grêle, dans le sérum du sang, et dans divers *Crustacés*, *Céphalopodes*, etc...

D'une façon générale, et autant qu'on en puisse juger par les connaissances acquises jusqu'ici, les ferments lipolytiques végétaux (*lipases*) se présentent à l'état insoluble dans les organismes, tandis que les ferments animaux (*stéapsines*) s'y trouvent à l'état soluble et peuvent être extraits par l'eau ou la glycérine ; les premiers paraissent jouir de leur activité maximum en milieu acide, tandis que les seconds agissent en milieu alcalin. Il s'ensuit que l'émulsionnement favorable — indispensable même — à l'hydrolyse, ne se réalise pas par les mêmes moyens avec les uns et les autres ; avec les lipases, en milieu acide, ce sont les albuminoïdes des graines qui jouent le rôle d'émulsionnants ; avec les stéapsines, en milieu alcalin, ce sont des traces d'acides gras libres qui forment des savons avec l'alcali du milieu.

Quoi qu'il en soit, les difficultés et les frais de préparation des ferments animaux, comparés à la facilité et au faible coût d'obtention des ferments végétaux, ne permettent guère d'entrevoir l'éventualité de leur application industrielle.

On a signalé incidemment dans ce qui précède que l'hydrolyse des corps gras ne se poursuit jamais complètement car la réaction est réversible et les produits formés tendent à se recombiner suivant la réaction inverse, en reformant des glycérides : il s'établit donc un état d'équilibre entre les glycérides, les acides gras et la glycérine résultant de la décomposition. Si l'hydrolyse s'opère au moyen de l'eau (vapeur), de l'acide sulfurique concentré ou des réactifs sulfo-aromatiques de *Twitchell*, la limite de l'équilibre peut être reculée

1. *Zeits. f. physiol. Chem.*, 1905 (46), 482 ; cf. aussi Fromme, *Zeits. f. gesam. Biol.*, 1905, 51.
2. Mayer-Carlsbad, *Bioch. Zeits.*, 1906 (1), 39.

et l'hydrolyse poursuivie complètement, en augmentant le temps et la température pour l'eau, la quantité de catalyseur et le temps pour les deux autres agents. Dans l'hydrolyse enzymatique, la réaction est aussi influencée par la qualité de ferment existant, mais jusqu à un certain point seulement, et d'autre part, il est évidemment impossible, pour des considérations pratiques, d'augmenter la proportion de ferment au delà d'une certaine limite ; il en résulte que, dans ce cas, la réaction inverse pourrait s'opérer plus facilement.

Croft Hill [1] est d'avis que toutes les réactions enzymatiques sont réversibles ; cependant, ni *Lewkowitsch*, ni *Fokin*, n'ont pu constater ce fait, l'un, dans les cas d'hydrolyse par la stéapsine ; l'autre dans les cas d'hydrolyse par les lipases végétales (même avec des proportions de graines aussi réduites que 0,5 à 1 0/0 de la quantité de corps gras) ; ce ne serait donc pas par suite de l'établissement de la réaction inverse que l'hydrolyse enzymatique serait limitée (mais plutôt par l'influence des produits de la réaction, glycérine et acides gras).

Toutefois, les expériences faites à ce sujet sont encore en nombre trop restreint pour prétendre tirer des conclusions définitives ; car aux observations de *Lewkowitsch* et de *Fokin*, s'opposent, outre l'opinion de *Croft Hill*, les synthèses de la monooléine et de la dioléine par *Pottevin* [2], et celle de la trioléine confirmée par *Taylor*, sous l'action de la stéapsine qui (malgré l'échec de la synthèse de la tripalmitine et de la trioléine) démontrent la possibilité de la synthèse des glycérides, c'est-à-dire de la réaction inverse, *in vitro*. D'autres observateurs [3] ont plus récemment confirmé la réversibilité de l'action enzymatique : *Weller* [4] a pu obtenir des glycérides, au moyen du ferment de ricin, à la température ordinaire, *in vitro*, jusqu'à une proportion de 35 0/0, en maintenant le mélange d'acides gras, de glycérine et de ferment, aussi exempt d'eau que possible ; et *Hamsik* [5] est parvenu à réaliser la synthèse de la palmitine et de

1. *Journ. Chem. Soc.*, 1894, 634.
2. Cf. *Annales de l'Inst. Pasteur*, 1906, 901.
3. Pour d'autres références sur la littérature relative aux synthèses fermentatives, cf. Taylor, *Journ. biolog. Chem.*, 1906 (II), 89, 587.
4. *Zeits. f. angew. Chem.*, 1910 (24), 385 ; cf. aussi Dietz, *Zeits. physiol. Chem.*, 1907 (52), 279 ; Dunlap et Gilbert, *Journ. Amer. Chem. Soc.*, 1911 (33), 1787 ; Iwanow, *Berichte d. deutsch. botan. Gesellsch.*, 1911 (29), 595.
5. *Zeits. f. physiol. Chem.*, 1911 (71), 238 ; cf. aussi Krausz, *Beiträge zur fermentativen Fettspaltung*, Pécs, 1910.

la stéarine, en partant de la glycérine et des acides palmitique ou stéarique respectivement, sous l'action de la lipase du pancréas.

Il semble d'ailleurs nécessaire d'admettre l'existence d'un tel jeu de réactions inverses, hydrolyses et synthèses, qui s'exercent dans les organismes animaux, suivant les circonstances, pour expliquer de façon satisfaisante l'influence de l'alimentation sur la composition du corps gras du lait des mammifères.

Dans ces conditions, l'action enzymatique s'apparente à celle des composés sulfoaromatiques de *Twitchell* qui permettent aussi l'hydrolyse comme la synthèse des glycérides, suivant les conditions, et l'une et l'autre se comparent aux actions catalytiques, comme celle du noir de platine [1], susceptible d'agir comme accélérateur, aussi bien dans l'hydrolyse que dans la synthèse des glycérides.

Hydrolyse par les bases. — Une autre classe d'agents accélérateurs, utilisés sur une grande échelle, est représentée par les *matières basiques*, comme l'oxyde de zinc, la magnésie, la chaux et surtout les alcalis caustiques.

Si l'assimilation des *bases* aux accélérateurs ou catalyseurs est exacte, il ne doit pas être nécessaire de les employer en proportion au moins équimoléculaire avec les acides gras mis en liberté par l'hydrolyse complète. Il est bien certain que plus la proportion de bases en réaction est considérable, plus la décomposition des glycérides doit s'effectuer rapidement, et plus la quantité de sels d'acides gras formés doit être élevée ; mais une quantité de bases inférieure à celle nécessaire pour neutraliser les acides gras produits par l'hydrolyse complète, ne doit pas empêcher la décomposition de s'opérer totalement.

La *vitesse* de saponification étant en rapport direct avec la *quantité* de bases, en présence d'un excès de celles-ci, on doit pouvoir abaisser la *température* ou réduire le *temps* qui est nécessaire pour réaliser l'hydrolyse complète, ou bien inversement, on doit pouvoir atteindre ce même résultat (l'hydrolyse complète) dans le même temps, ou un temps voisin, avec une proportion réduite (un défaut) de bases.

C'est en effet ce qui s'observe dans la pratique de la *saponification*

1. Cf. Neilson, *Amer. Journ. of Phys.*, 1904 (10), 191 ; Bredig, *Zentralbl. f. Bakter., Parasit. u. Infekt.*, 1907 (XIX), 485.

(hydrolyse) industrielle des corps gras *par la chaux.* La quantité de chaux nécessaire pour neutraliser les acides gras produits en hydrolysant intégralement un glycéride, peut être calculée par l'équation abrégée suivante :

$$2C^3H^5\begin{cases}OR\\OR\\OR\end{cases} + 3Ca(OH)^2 = 2C^3H^5\begin{cases}OH\\OH\\OH\end{cases} + 3Ca(OR)^2. \qquad (4)$$

La quantité de chaux caustique — CaO — nécessaire pour un triglycéride dont le poids moléculaire moyen serait 860, est de 9,7 %, mais une ébullition même prolongée, sous l'action de la vapeur, dans un chaudron ouvert, avec cette proportion de chaux, n'aboutit pas à la saponification totale. A moins d'élever la proportion de chaux, CaO, à 12-14 0/0, l'hydrolyse complète du glycéride ne peut être obtenue dans ces conditions, c'est-à-dire à une température de 100°-105°. Mais, si l'on élève la température (ce qui s'opère industriellement en traitant les corps gras par un lait de chaux, en autoclave, sous pression), la proportion de chaux peut être graduellement réduite ; c'est ainsi qu'à la température de 190° correzpondant à une pression de vapeur de 12 atmosphères, 1 0/0 de chaux suffit pour opérer pratiquement l'hydrolyse complète. Quoique le glycéride soit intégralement décomposé, une partie seulement des acides gras est neutralisée par la chaux, c'est-à-dire convertie en savon de chaux, cette quantité d'acides gras équivalant chimiquement à la quantité de chaux mise en œuvre.

Les mêmes considérations — *mutatis mutandis* — s'appliquent encore si la magnésie ou l'oxyde de zinc ou les alcalis caustiques sont employés comme accélérateurs. Dans ce dernier cas, la marche de l'hydrolyse est même beaucoup plus rapide, car, à l'inverse de l'hydrolyse par la chaux, il se forme un savon soluble dans l'eau, qui aide à émulsionner les corps gras. Il n'est pas douteux que sous pression l'hydrolyse complète pourrait s'opérer avec une proportion d'alcali insuffisante pour neutraliser les acides gras formés. Cependant, pour des raisons évidentes, un tel procédé n'est pas entré dans la pratique, car les composés résultant de la combinaison des acides gras et des alcalis étant des produits commerciaux utiles, l'objectif de l'industriel est de conduire ainsi les opérations, que ces sels — les savons — s'obtiennent concurremment avec l'hydrolyse des corps gras. Aussi, industriellement, les corps gras sont-ils soumis à l'ébullition à l'air libre, dans des chaudrons ouverts, avec une solution d'alcali, dont la quantité est non seulement suffisante pour neutraliser la totalité des acides gras fournis par l'hydrolyse complète, mais présente encore un certain excès qui permet de réduire le temps nécessaire à la réaction. Cet excès d'alcali est, en effet, nécessaire pour opérer et terminer la réaction en un temps limité.

Conformément à la loi de l'action de masse, la vitesse de la réaction est plus grande au commencement et diminue graduellement, jusqu'à ce qu'un équilibre s'établisse entre la tendance qu'a l'alcali à neutraliser les acides, d'un côté, et la tendance opposée de l'eau à dissocier le savon formé, de l'autre. Il en résulte que dans des conditions données de temps et de pression, un équilibre s'établit très rapidement au delà duquel la réaction ne progresse plus.

C'est ce qu'établissent clairement les expériences faites par *Clapham* et *de Greiff* [1] dans le laboratoire de *Lewkowitsch* :

(1) 2.000 grammes de suif ont été soumis à l'ébullition par injection de vapeur directe, comme dans l'industrie, avec 282 grammes de soude caustique pure, quantité théorique nécessaire pour neutraliser les acides gras à former. La cuisson a été continuée bien au delà du temps nécessaire dans une opération industrielle. La pâte de savon obtenue a été examinée et a fourni les résultats suivants :

	Pour 100
Matière grasse totale	33,0
Alcali total (NaOH)	3,708
Acides gras combinés à l'alcali (savon)	31,01
Alcali combiné	3,496
Corps gras non saponifié	2,0
Alcali libre	0,212

L'expérience montre que 94 0/0 de suif ont été saponifiés. En ajoutant un excès d'alcali, la limite opposée à la réaction par l'équilibre existant entre les masses en présence est reculée, de sorte qu'en employant un excès convenable — comme dans l'industrie — on obtient l'hydrolyse complète, suivie immédiatement de la neutralisation totale des acides gras.

1. Cf. *Journ. Soc. Chem. Ind.*, 1907, 590.

(2) 300 grammes d'huile de carthame (indice de saponification 192,3) ont été traités de la même façon, à l'ébullition, par une solution renfermant 412,2 grammes de soude caustique. Quand toute la lessive a été ajoutée, on a prélevé un échantillon de la masse, qui présentait la composition suivante :

	Pour 100		
Matière grasse totale....	29,23	Acides gras combinés....	25,18
		Huile non saponifiée.....	4,05
Alcali total............	3,09	Alcali combiné..........	2,86
		Alcali libre.............	0,23

ou en rapportant à 100 parties de corps gras ou d'alcali :

Corps gras saponifié........................	86,14	100
— non saponifié....................	13,86	
Alcali combiné............................	92,56	100
— libre............................	7,44	

Le restant de la masse en chaudron a été cuit pendant un temps assez long, et relargué par le sel. Le savon renfermait :

	Pour 100		
Matière grasse totale....	60,10	Acides gras combinés....	54,94
		Huile non saponifiée.....	5,18
Alcali total.............	6,59	Alcali combiné..........	6,26
		Alcali libre.............	0,33

ou en rapportant à 100 parties de corps gras ou d'alcali :

Corps gras saponifié........................	91,36	100
— non saponifié....................	8,64	
Alcali combiné............................	95,00	100
— libre............................	5,00	

De ce qui précède, il résulte évidemment que pour les opérations *analytiques*, la méthode la plus rapide de saponification des corps gras consiste à employer un excès d'alcali caustique.

Cependant, même en employant un tel excès en solution aqueuse, la saponification d'un corps gras constitue une opération fort longue qui n'est pas sans nécessiter, de la part du chimiste qui l'effectue, quelque pratique de la savonnerie, de sorte qu'il est nécessaire, dans les laboratoires, d'accélérer encore l'hydrolyse par d'autres moyens. On arrive à ce résultat par l'emploi des alcalis en solution concentrée dans l'alcool éthylique (ou amylique), et le choix du dissolvant n'est pas indifférent, car *Anderson* et *Brown*[1] ont reconnu que la vitesse de saponification est deux fois plus grande dans l'alcool amylique que dans l'alcool éthylique.

L'action de la soude caustique, par exemple, en solution alcoolique, ne doit pas être considérée comme différant théoriquement de l'hydrolyse en solution aqueuse, si l'on regarde l'alcool comme de l'eau, HOH, dans laquelle un atome d'hydrogène est remplacé par un radical C^2H^5 (ou C^5H^{11}). Faisant pour le moment abstraction de l'alcali, la réaction s'opérerait suivant l'équation suivante :

$$C^3H^5\begin{array}{l}\diagup OR\\ -OR\\ \diagdown OR\end{array} + 3C^2H^5O\text{–}H = C^3H^5\begin{array}{l}\diagup OH\\ -OH\\ \diagdown OH\end{array} + 3C^2H^5O\text{–}R, \qquad (5)$$

qui résume les trois équations suivantes :

$$C^3H^5\begin{array}{l}\diagup OR\\ -OR\\ \diagdown OR\end{array} + C^2H^5O\text{–}H = C^3H^5\begin{array}{l}\diagup OH\\ -OR\\ \diagdown OR\end{array} + C^2H^5O\text{–}R\,; \qquad (5\ a)$$

$$C^3H^5\begin{array}{l}\diagup OH\\ -OR\\ \diagdown OR\end{array} + C^2H^5O\text{–}H = C^3H^5\begin{array}{l}\diagup OH\\ -OH\\ \diagdown OR\end{array} + C^2H^5O\text{–}R\,; \qquad (5\ b)$$

$$C^3H^5\begin{array}{l}\diagup OH\\ -OH\\ \diagdown OR\end{array} + C^2H^5O\text{–}H = C^3H^5\begin{array}{l}\diagup OH\\ -OH\\ \diagdown OH\end{array} + C^2H^5O\text{–}R. \qquad (5\ c)$$

Les produits ultimes de la réaction seraient la glycérine et les éthers éthyliques des acides gras.

Alcoolyse. — Avant que la possibilité de ces réactions n'ait été vérifiée expérimentalement, *Lewkowitsch*[3] avait émis l'avis, qu'avec des produits anhydres et sous haute pression[4], surtout en présence d'un agent catalytique convenable, la réaction s'opérerait très probablement suivant l'équation (5). Cette prévision se trouve réalisée par la méthode d'*alcoolyse* d'*Haller*[5], qui utilise comme catalyseur l'acide chlorhydrique (ou l'acide phénylsulfonique) : on chauffe une partie de corps gras avec deux parties d'alcool (méthy-

1. *Journ. Phys. Chem.*, 1916 (20), 195.
2. Cf. *Science*, 9 décembre 1904, New-York (Lewkowitsch).
3. *Journ. Soc. Chem. Ind.*, 1903, 595.
4. La suggestion a été brevetée par Dreymann, E. P. 10.446, 1904 ; D. R. P. 164.154.
5. *Comptes Rendus* 1906 (43), 657 ; Br. fr. 461.552,

lique [1] ou éthylique[2], ou propylique) absolu renfermant 1 à 2 0/0 d'acide chlorhydrique sec [3], jusqu'à ce qu'on obtienne un mélange homogène. La réaction chimique qui s'opère s'effectue suivant l'équation (5) ; suivant l'alcool employé, le radical méthyle, éthyle ou propyle se substitue au radical glycéride, formant avec les radicaux acides primitivement combinés à celui-ci, des éthers méthyliques, éthyliques ou propyliques ; la glycérine mise en liberté peut être éliminée en lavant à l'eau le produit de la réaction. Cette méthode a reçu d'*Haller* le nom générique d'*alcoolyse* (et suivant le cas, c'est-à-dire l'alcool employé, prend le nom de *méthanolyse*, *éthanolyse*, *propanolyse*) ; on trouvera les détails de son application [3] dans le chapitre XII.

A la place de l'acide chlorhydrique, *Haller* emploie, dans certains cas, l'acide phénylsulfonique, qui joue le même rôle catalyseur ; la similitude de ce produit avec le réactif sulfoaromatique de *Twitschell* permet de penser que ce dernier agirait aussi comme catalyseur en solution alcoolique.

En l'absence de l'eau, la réaction ne peut pas aller au delà de la formation des éthers éthyliques. Mais, si l'alcool contient de l'eau, les éthers éthyliques sont à leur tour hydrolysés jusqu'à un certain point par l'eau. L'hydrolyse complète, qui serait exprimée par l'équation :

$$3C^2H^5(OR) + 3HOH = 3ROH + 3C^2H^5OH, \qquad (6)$$

ne peut être obtenue, puisqu'un équilibre entre l'éther, l'eau et les acides gras s'établirait aussitôt. La réaction ainsi arrêtée se poursuit, cependant, s'il y a de l'alcali présent pour neutraliser les acides libres formés. Comme, dans les opérations de laboratoire, l'alcali caustique est toujours employé avec l'alcool en quantité supérieure à celle équivalant chimiquement aux acides gras, les acides formés suivant l'équation (6) seront immédiatement neutralisés suivant l'équation :

$$3ROH + 3NaOH = 3NaOR + 3HOH, \qquad (7)$$

1. Des expériences analogues ont été faites avant Haller, par Rochleder, *Annalen*, 1846 (49), 260, et Berthelot, *Ann. Chim. Phys.*, 1854 (41), 311 ; *Chimie organique fondée sur la synthèse*, vol. II, 81.
2. Pour éviter toute possibilité d'oxydation, Rollett ajoute de l'étain en grenailles.
3. La lécithine et les autres lipoïdes sont aussi facilement hydrolysés (ou plutôt alcoolysés) par cette méthode ; cf. Fourneau et Piettre, *Bull. Soc. chim.*, 1912 (IV), 805.

de sorte que la réaction représentée par l'équation (6) sera complète. En ajoutant membre à membre les trois équations (5), (6) et (7),

$$C^3H^5\begin{cases}OR\\OR\\OR\end{cases} + 3C^2H^5{-}OH = C^3H^5\begin{cases}OH\\OH\\OH\end{cases} + 3C^2H^5{-}OR\,; \qquad (5)$$

$$3C^2H^5OR + 3HOH = 3ROH + 3C^2H^5{-}OH\,; \qquad (6)$$

$$3ROH + 3NaOH = 3NaOR + 3HOH, \qquad (7)$$

nous obtenons comme résultat final :

$$C^3H^5\begin{cases}OR\\OR\\OR\end{cases} + 3NaOH = C^3H^5\begin{cases}OH\\OH\\OH\end{cases} + 3NaOR,$$

identique à l'équation (3) donnée plus haut.

L'exactitude des vues précédentes est confirmée par nombre d'observations dont certaines remontent fort loin. Ainsi, *Duffy* [1] a montré que la tristéarine, chauffée à l'ébullition avec une solution de sodium dans l'alcool absolu, se convertit partiellement en stéarate d'éthyle. *Bouis* [2] a aussi démontré la formation du stéarate d'éthyle, en chauffant la tristéarine dissoute dans l'éther avec de petites quantités de potasse alcoolique, et il a reconnu, en outre, que toute la glycérine était libérée, la réaction s'opérant en deux à trois minutes. *J. Bell* a trouvé qu'en maintenant le beurre à l'ébullition avec la moitié de la quantité de potasse alcoolique nécessaire pour opérer la saponification complète, on obtenait une huile légère, se solidifiant à 43°. Cette huile, regardée par lui comme un diglycéride de composition

$$C^3H^5(OH)(OC^{16}H^{31}O)(OC^{18}H^{33}O),$$

était, en réalité, un mélange d'éthers éthyliques des acides gras. *Allen* [3] a reconnu, de même, qu'en chauffant l'acétine avec 1/50 de la quantité de potasse alcoolique nécessaire à la saponification complète, il s'est formé 39 0/0 de la quantité d'acétate d'éthyle théoriquement possible, tandis qu'une proportion de 3/50 de potasse convertit 85 0/0 de l'acétine en éther acétique. Une plus

1. *Journ. Chem. Soc. Ind.*, 1852, 303.
2. *Comptes Rendus*, 1857 (45), 35.
3. *Chem. News*, 1891 (64), 179.

forte proportion d'alcali diminue le rendement d'éther acétique ; ainsi, avec la quantité de soude suffisante pour saponifier 39,8 0/0 de l'acétine employée, la proportion convertie en éther acétique est de 52,4 0/0. La formation d'éthers éthyliques a été encore observée par *Kossel* et *Krüger* [1] en saponifiant le suif de mouton avec l'alcoolate de sodium. *Henriques* [2] a confirmé les observations antérieures en montrant que si l'on emploie une quantité *insuffisante* d'alcali, la réaction chimique qui s'opère consiste dans la décomposition *complète* du glycéride avec formation d'éthers éthyliques (ou méthyliques ou amyliques, si l'alcool méthylique ou amylique est substitué à l'alcool éthylique) : c'est ainsi qu'avec les huiles de lin, de colza, d'amande, d'olive et de ricin, la conversion complète des glycérides en éthers éthyliques ne s'opérait qu'en employant 33,3 ou 25 ou 15 0/0 seulement de la quantité théorique d'alcali ; avec l'huile de ricin, 10 0/0 même étaient suffisants. Enfin, la méthode d'alcoolyse d'*Haller* est venue à point pour confirmer, s'il en était besoin, ces observations isolées.

Les vues précédentes reposent sur ce principe fondamental que l'eau (ou selon les théories modernes, l'ion *oxyhdryle*, OH) est le véritable agent hydrolysant et qu'en l'absence d'eau, la réaction ne peut pas former de glycérine. Comme il ne faut pas plus de $0^{gr},06$ d'eau pour l'hydrolyse de 1 gramme de corps gras, la difficulté de garder l'alcool exempt de traces d'eau, surtout au cours d'une ébullition prolongée avec les corps gras, fait que nombre d'expériences ont paru établir que la saponification s'opérait en l'absence de l'eau. De telles expériences ont d'abord été faites avec l'héthylate de sodium C^2H^5ONa par *Bouis* [3]. Plus tard, *Kossel* et *Obermüller* [4] ont indiqué la même méthode comme le moyen le plus rapide et le plus sûr pour saponifier complètement les corps gras dans les laboratoires, et *Kossel* et *Krüger* [5] ont montré que dans un certain nombre d'expériences faites avec l'éthylate de sodium en quantité théorique, la saponification était complète. Comme la réaction se passe suivant

1. *Zeit. f. physiol. Chemie*, 1891 (15), 321.
2. *Journal Soc. Chem. Ind.*, 1898, 673, 853 ; *Zeit. f. angew. Chemie*, 1898, 697.
3. *Comptes Rendus*, 1857 (45), 35.
4. *Zeit. f. physiol. Chemie*, 15, 321-330.
5. *Ibidem*, 1891 (15), 322.

l'équation :

$$C^3H^5\begin{cases}OR\\OR\\OR\end{cases} + 3C^2H^5ONa = C^3H^5(ONa)^3 + 3C^2H^5OR, \qquad (8)$$

on s'explique difficilement la formation de glycérine en l'absence de l'eau. Cette difficulté a enfin été résolue par *Obermüller*, en établissant que, dans les expériences signalées, de très petites quantités d'eau subsistaient, qui n'avaient pu être éliminées par aucun moyen, de sorte que le glycérylate de sodium obtenu selon l'équation ci-dessus était facilement décomposé par l'eau, avec production de glycérine et de soude caustique. La soude caustique a ensuite agi seulement sur les éthers éthyliques les plus saponifiables, dont la saponification a été rapidement complétée par l'ébullition. Le même auteur a montré encore, dans des expériences où l'alcool avait été déshydraté avec le plus grand soin, et où l'action de l'humidité de l'atmosphère était éliminée par le chlorure de calcium pendant tout le temps de l'opération, que 30 0/0 de corps gras restaient insaponifiés. En considérant l'extrême difficulté d'exclure les dernières traces d'humidité (que le chlorure de calcium même est incapable d'absorber complètement), les conditions de ces dernières expériences même n'infirment pas cette conclusion, que des traces inévitables d'humidité suffisent pour effectuer la saponification de deux tiers des corps gras.

La saponification complète au moyen de l'éthylate de sodium, aboutissant à la production de glycérine et de sels de sodium des acides gras, doit donc être exprimée par les trois équations suivantes :

$$C^3H^5\begin{cases}OR\\OR\\OR\end{cases} + 3C^2H^5ONa = C^3H^5\begin{cases}ONa\\ONa\\ONa\end{cases} + 3C^2H^5OR; \qquad (9)$$

$$C^3H^5\begin{cases}ONa\\ONa\\ONa\end{cases} + 3HOH = C^3H^5\begin{cases}OH\\OH\\OH\end{cases} + 3NaOH; \qquad (10)$$

$$3C^2H^5OR + 3NaOH = 3C^2H^5OH + 3NaOR. \qquad (11)$$

Ces trois équations représentent trois réactions chimiques consécutives, dont chacune d'elles, à son tour, doit être considérée comme la résultante de trois réactions telles que celles représentées par les équations (1*a*), (1*b*) et (1*c*) ou les équations (5*a*), (5*b*) et 5*c*).

Dans les laboratoires, il est nombre de cas où il serait plus commode — surtout quand on a à faire le dosage ultérieur de la glycérine — d'opérer la saponification avec des bases, comme l'oxyde de plomb[1], la chaux et la baryte, donnant des sels insolubles avec les acides gras ; cependant, l'emploi de ces bases doit être proscrit, la saponification faite avec leur aide n'étant pas complète. Dans les opérations analytiques, il faut donc employer les alcalis caustiques si l'on veut obtenir des résultats dignes de confiance.

La potasse caustique est préférable à la soude caustique, parce que les savons de potasse sont plus facilement solubles que ceux de soude et qu'ainsi un contact plus intime s'établit entre les masses réagissantes, qui amène la sponification plus rapidement à sa fin. La quantité de potasse caustique théoriquement nécessaire pour saponifier 1 gramme de corps gras varie de 0gr, 19 à 0gr,26, mais en fait, il faut un excès considérable pour obtenir un résultat complet dans le temps minimum.

Les proportions suivantes sont les plus favorables pour la saponification des corps gras : A 10 parties de corps gras pesé dans un ballon, on ajoute 30 à 40 parties en (volume) d'alcool et 4 à 6 parties de potasse caustique solide préalablement dissoute dans 20 parties d'eau ; le ballon est relié à un réfrigérant à reflux et le contenu soumis à une ébullition modérée pendant une demi-heure à une heure. Ces proportions peuvent varier dans d'assez grandes limites. Ainsi *Yssel de Schepper* et *Geilel* recommandent d'opérer sur 20 grammes de corps gras, 40 centimètres cubes de potasse caustique de poids spécifique 1,4 et 40 centimètres cubes d'alcool, tandis que *Dalican* conseille de verser peu à peu dans 50 grammes de corps gras préalablement chauffé à 120-150°, en agitant constamment, un mélange de 40 centimètres cubes de lessive de soude caustique à 36°,B. et 33 centimètres cubes d'alcool à 95 0/0.

Comme l'alcool commercial est rarement exempt de traces d'acide il doit être essayé et s'il est nécessaire, neutralisé avec une liqueur décinormale d'alcali caustique avec la phénolphtaléine comme indicateur, ou bien distillé immédiatement avant l'usage sur la chaux ou la baryte. Pour l'analyse des corps gras l'alcool bon goût est en

1. *Cf.* E. P. 1033, 1887; Schrauth, *Seifensieder Zeit.*, 1908, 442.

général assez pur. On l'essaie en faisant bouillir quelques centimètres cubes d'alcool avec quelques gouttes de potasse caustique concentrée ; l'alcool pur ne doit pas brunir ; une légère couleur jaune peut cependant être tolérée ; l'apparition d'une coloration brune indiquerait la présence d'alhéhydes ou de cétones.

Afin d'accélérer la marche de la saponification, *Yssel de Schepper* et *Geitel*[1] ajoutent une petite quantité d'éther, rendant ainsi plus intime le contact entre les particules de corps gras et d'alcali. Cette addition a été aussi préconisée par *Hehner*[2] et *Duclaux*, et d'autres encore ; mais *Lewkowitsch* ne la recommande pas, la présence de l'éther imposant l'emploi d'une température plus basse que celle à laquelle on opère dans les autres méthodes.

Henriques[3] a proposé une méthode de *saponification à froid* ; il dissout le corps gras (4 gr.) dans l'éther de pétrole (25 c.c.) et mélange la solution avec la soude alcoolique normale (25 c.c.) ; en abandonnant le toutpendant douze heures à la température ordinaire, la saponification s'opère complètement Cette méthode offre plusieurs inconvénients : elle nécessite d'abord une solution de soude faite avec de l'alcool *très* concentré pour obtenir un mélange d'éther de pétrole et de soude alcoolique parfaitement homogène, ce qui est une condition essentielle ; de plus, les savons de soude étant beaucoup moins solubles que les savons de potasse, il n'est pas rare qu'il se fasse des dépôts ou précipitations de savons, qui englobent du corps gras, et retardent ainsi ou empêchent même la saponification complète. On pourrait évidemment remplacer la soude alcoolique par la potasse pour obvier à ce dernier inconvénient ; il n'en reste pas moins qu'il semble inutile de prolonger pendant des heures une opération qui peut s'effectuer en une demi-heure par d'autres moyens, et pour toutes ces raisons, dans la plupart des cas, l'on ne saurait préférer cette méthode aux autres procédés usuels. La saponification à froid peut, cependant, être utilisée avec avantage dans le cas des corps gras sulfurés (huiles vulcanisées, caoutchoucs factices, car il

1. *Dingl. Polyt. Journ.*, 245, 295.
2. *The Analyst*, 1893.
3. *Journ. Soc. Chem. Ind.*, 1896, 299, 476. Les objections soulevées par Henriques contre la méthode usuelle de saponification sont sans fondement (Cf. Holde, *Journ. Soc. Chem. Ind.*, 1896, 476).

s'élimine moins de soufre avec la soude à froid qu'avec la potasse alcoolique à l'ébullition. Elle peut encore avoir son utilité dans des cas particuliers où les progrès de la saponification sont suivis par des déterminations analytiques ou physico-chimiques.

La question s'est posée de savoir si les divers triglycérides se saponifient avec une égale facilité ; mais aucune conclusion définitive n'a été obtenue jusqu'ici. Les plus anciennes observations ont seulement trait aux glycérides des acides gras supérieurs. C'est ainsi qu'on a indiqué que l'oléine est plus difficilement hydrolysée que la palmitine ou la stéarine, et sur cette assertion on a même breveté[1] un procédé de séparation del 'oléine de l'huile d'olive constituée essentiellement par de l'oléine et de la palmitine ; en agitant cette huile, à froid, avec une lessive de soude caustique, la palmitine serait saponifiée et l'oléine resterait inaltérée. *Thum*,[2] cependant, a montré que l'acide stéarique et l'acide oléique (commerciaux) ne présentaient pas de différence sensible dans leur réaction avec les alcalis caustiques. En ajoutant à un mélange d'acides oléique et stéarique commerciaux, une quantité de potasse caustique insuffisante pour neutraliser complètement les acides, la composition du mélange des acides convertis en savons est la même que celle des acides restés libres ; il est donc impossible d'effectuer une séparation des acides gras solides et liquides par une saturation partielle par les alcalis. Réciproquement, *Henriques* [3] a montré qu'en saponifiant les glycérides avec des quantités d'alcali caustique insuffisante pour neutraliser tous les acides gras formés, on n'observe aucune différenciation ou sélection des éthers. Cependant, comme dans ces conditions la saponification s'opère avec une certaine rapidité, ces conclusions doivent être acceptées sous réserves. Le sujet n'a pas été étudié aussi complètement qu'il le demande, et il ne sera possible d'arriver à une opinion définitive qu'en se plaçant dans des conditions telles, que la saponification s'opère très lentement ; la méthode de saponification à froid d'*Henriques* paraît tout à fait appropriée à cette recherche.

1. D. R. P. 37.937.
2. *Zeits. f. ang. Chem.*, 1890, 482.
3. *Journ. Soc. Chem. Ind.*, 1898, 673; 853; *Zeits. f. ang. Chem.*; 1898, 338; 697.

Cependant, on peut d'ores et déjà remarquer qu'il semble impossible d'obtenir des résultats concordants et des conclusions nettes, sans distinguer entre les modes d'hydrolyse ou de saponification.

Il ne paraît pas possible, en effet, de comparer entre eux les résultats de l'hydrolyse enzymatique avec ceux de l'hydrolyse par les acides ou les composés sulfoaromatiques ou de l'hydrolyse (saponification) par les bases, du fait seul que les produits de la réaction exercent sur le cours de l'hydrolyse, dans chaque cas, une action très différente et qui peut être de nature à créer une prévention en faveur de tel glycéride ou tel corps gras.

On a vu, par exemple, que la présence des acides gras tend à accélérer l'hydrolyse par les composés sulfoaromatiques (tout au moins au début), tandis qu'elle exerce une influence nettement retardatrice sur l'hydrolyse enzymatique par les lipases végétales ou animales. Pour s'en tenir à l'hydrolyse enzymatique seule, on sait encore que la glycérine exerce sur l'hydrolyse par les lipases végétales une action retardatrice encore plus importante que celle des acides gras, tandis que les lipases animales restent indifférentes à son action, et que, pour les unes comme pour les autres, l'action des acides gras varie suivant leur poids moléculaire (étant plus importante avec les acides inférieurs solubles qu'avec les acides supérieurs insolubles), et peut-être aussi avec leur nature. Ces actions retardatrices, quasi spécifiques, influenceraient déjà les résultats comparatifs de l'hydrolyse de différents corps gras et les rendraient nettement divergents de ceux fournis par un autre mode d'hydrolyse, indépendant de ces influences et probablement dépendant d'autres actions.

C'est certainement faute de cette précaution que les assertions déjà formulées manquent de concordance, et en faisant les distinctions nécessaires, on peut expliquer les divergences constatées.

S'il est exact que les acides inférieurs exercent sur les lipases végétales une action retardatrice importante, on peut probablement l'expliquer par ce fait que l'hydrolyse, se faisant en milieu acide, qui paraît nécessaire pour libérer l'enzyme de la matière zymogène (cf. *Tanaka*), l'émulsion favorable et même indispensable à l'hydrolyse se trouve plus ou moins détruite par les acides solubles mis en liberté, tandis qu'elle reste indifférente à l'action des acides supérieurs. Il en est certainement ainsi dans l'hydrolyse par la stéapsine en milieu alcalin, où la réaction, ralentie à l'apparition des acides gras inférieurs, reprend son activité avec l'addition d'éléments alcalins qui saturent ces acides gras ; dans la même hypothèse, les acides gras supérieurs insolubles augmenteraient plutôt la stabilité de l'émulsion.

Haller[1] a encore indiqué que les glycérides des acides inférieurs ou hydroxylés sont plus facilement alcoolysés que les glycérides d'acides gras supérieurs et il a expliqué ce fait par la différence de solubilité de ces glycérides dans l'alcool ; cette conclusion ne s'applique évidemment qu'aux résultats obtenus par sa méthode d'alcoolyse, mais elle paraît pouvoir aussi s'étendre à ceux fournis par les méthodes où la solubilité des glycérides joue un rôle important, comme la saponification par les bases en milieu alcoolique ou éthéro-alcoolique. Elle concorde encore avec celle tirée des résultats de l'hydrolyse par l'acide chlorhydrique, tandis qu'elle s'oppose à celle formulée pour l'hydrolyse enzymatique, qui s'exerce plus rapidement et plus profondément sur les glycérides supérieurs que sur les glycérides inférieurs. Mais, l'une et l'autre de ces conclusions sont en désaccord avec celle d'*Urbain*, *Saugon* et *Feige*,[2] indiquant, que si l'on fait abstraction des acides inférieurs, tous les glycérides sont hydrolysés avec la même facilité.

En résumé, il serait tout à fait aventuré de conclure par la règle de *Victor Mayer* suivant laquelle les éthers qui se forment facilement se saponifient aisément et *vice versa*, sans bien spécifier les conditions de réaction.

Si l'on rapproche des remarques précédentes, le rôle atribué au pouvoir émulsionnant de l'acide sulfurique et des composés sulfo-aromatiques dans l'hydrolyse effectuée au moyen de ces agents, on peut conclure que de toutes les actions qui paraissent influencer l'hydrolyse ou saponification des corps gras, la plus générale et la plus importante est probablement l'état d'émulsion (ou de dissolution) des glycérides et de l'agent hydrolysant, ou, en d'autres termes l'état de contact plus ou moins intime entre le corps gras et l'agent d'hydrolyse.

1. *Comptes Rendus*, 1906 (143), 660.
2. *Bull. Soc. Chim.*, 1904 (31), 1194.

On peut encore indiquer, pour terminer ces observations, que la facilité avec laquelle les corps gras riches en glycérides d'acides gras inférieurs (huiles de coco et de palmiste) se prêtent à la fabrication des savons à froid, militerait en faveur de la conclusion que les glycérides d'acides inférieurs sont plus facilement hydrolysés que les glycérides d'acides supérieurs ; mais, là encore, il convient de remarquer que les solutions de soude caustique employées doivent avoir une forte concentration. C'est ce qui résulte des expériences de *Vandevelde* et *Vanderstricht*[1], qui, en saponifiant l'huile de coco et le beurre de vache avec la moitié de la quantité théorique d'alcali nécessaire ont trouvé que la partie non saponifiée de l'huile de coco avait un indice de saponification de 254 au lieu de l'indice initial de 271, tandis que pour le beurre de vache, l'indice de la partie non saponifiée passait à 219 contre 236 à l'origine, ce qui démontrerait que les acides inférieurs ont été saponifiés en plus grande proportion que les glycérides d'acides supérieurs.

Des expériences analogues, mais faites sur des triglycérides purs, manquent encore et elles sembleraient d'autant plus intéressantes que l'hydrolyse de quelques glycérides purs par le ferment de ricin, d'après les recherches d'*Urbain*, *Saugon* et *Feige*, indiquerait que la saponification des divers glycérides progresse avec la même vitesse.

Les corps gras dont la saponification est difficile à opérer seront traités par la potasse alcoolique sous pression ; on peut employer, à cet effet, un ballon de cuivre fermé par un bouchon vissé.

Les carbonates alcalins, pas plus que les silicates alcalins, ne saponifient les corps gras comme les alcalis dont ils dérivent.

Cependant, de nombreuses observations faites au cours de la neutralisation des corps gras par le carbonate de soude permettent d'indiquer que celui-ci, chauffé avec les corps gras neutres, exerce une action hydrolysante très nette (*Bonloux*[2]).

1. *Annales des Falsifications*, 1912 (5), 417.

2. Cf. Doyon et Morel, *Comptes Rendus Soc. Biol.*, 1902 (54), 1524; Jourdan, Br. fr. 339, 154; W. N. Bacon, E. P. 27.280 (1906); Scheurer-Kestner, *Comptes Rendus*, 1860 (51), 317.

Saponification des cires.

Dans le cas des cires, nous avons à faire à des éthers simples ; aussi la saponification ne s'opère-t-elle pas par phases.

L'hydrolyse des cires conduit à la formation d'acides gras et d'alcools ; ces derniers étant insolubles dans l'eau (contrairement à la glycérine) et par conséquent difficilement séparables des acides gras eux-mêmes, on n'a généralement pas à hydrolyser les cires dans le but d'en obtenir les acides gras et les alcools.

Il est donc inutile d'examiner les méthodes d'hydrolyse qui ne seraient d'aucun intérêt, et il suffit de signaler que l'hydrolyse par la vapeur d'eau surchauffée est quelquefois appliquée comme procédé de traitement intermédiaire, en opérant à température suffisamment élevée pour arriver à la formation d'hydrocarbures (cf. chap. XV, *Cire de lignite*, et chap. XVI, *Suintine*). L'hydrolyse par le ferment de ricin paraît avoir été effectivement réalisée dans le cas du spermaceti, mais ce procédé n'a cependant acquis aucune importance pratique, et il n'y a qu'à indiquer que l'hydrolyse obtenue sur une échelle semi-industrielle[1] atteignait 32 0/0.

En saponifiant les cires par les alcalis, on obtient les sels alcalins des acides gras et des alcools supérieurs. Ainsi, la myricine est décomposée en palmitate et alcool myricique, selon l'équation :

$$C^{15}H^{31}CO{-}O{-}C^{30}H^{61} + KOH = C^{15}H^{31}CO{-}OK + C^{30}H^{61}{-}OH.$$

En étendant d'eau la solution alcoolique d'une cire saponifiée, les alcools supérieurs, insolubles dans l'eau, se séparent et montent à la surface du liquide ou bien restent en suspension en produisant un trouble. On les sépare du savon en agitant avec l'éther ou en évaporant ensemble la solution et le précipité à siccité et extrayant la masse sèche par l'éther de pétrole (Cf. chap. IX, *Matières insaponifiables*). En pratique, ces substances, insolubles dans l'eau et les alcalis, sont appelées « insaponifiables ».

La saponification de quelques cires, comme la cire d'insectes et surtout la suintine ou cire de suint, ne s'effectue qu'avec de grandes

1. Cf. D. R. P. 145.413.

difficultés dans les conditions de traitement indiquées plus haut pour les huiles et graisses. La suintine doit être soumise à l'ébullition avec un excès de potasse alcoolique pendant au moins vingt heures. Elle est cependant facilement saponifiée par l'éthylate de sodium (sodium en solution dans l'alcool absolu — méthode de *Kossel* et *Obermüller*). Celui-ci se prépare au moment de l'emploi en dissolvant 5 grammes de sodium métallique dans 100 centimètres cubes d'alcool absolu. *Lewkowitsch* a montré [1] qu'on obtient également des résultats satisfaisants par l'emploi d'une solution alcoolique de potasse binormale sous pression [2].

La difficulté rencontrée dans la saponification des cires provient sans aucun doute de la solubilité plus faible des savons qui prennent naissance. Dans le cas de la suintine, *Lewkowitsch* [3] a montré que les savons étaient très difficilement solubles dans l'eau. Ces savons enveloppent naturellement la cire non saponifiée et la soustraient ainsi au contact de l'alcali. C'est pourquoi l'éther de pétrole, préconisé par *Henriques* dans sa méthode de saponification à froid, en assurant un contact plus intime entre l'alcali et la cire, accélère la réaction, surtout si la solution est chauffée. *Eichhorn* et d'autres auteurs, dans le but de pouvoir effectuer la saponification à plus haute température, ont récemment recommandé l'emploi de l'alcool amylique pour la saponification de la cire d'abeilles et de la cire de Carnauba.

Sundwick a indiqué que l'hydrolyse de la cire de Psylla s'effectue plus facilement par l'acide bromhydrique que par la potasse alcoolique.

1. *Journ. Soc. Chem. Ind.*, 1892, 137.
2. L'assertion de *Henriques*, affirmant que, dans ces conditions, l'alcali agit sur les alcools contenus dans la suintine, est controuvée ; les objections de *Henriques* contre la méthode usuelle de saponification sont aussi sans fondement (Cf. Holde, *Journ. Soc. Chem. Ind.*, 1896, 476).
3. *Fahrion* a montré que la suintine (la proportion d'acides gras libres n'a pas été indiquée) est complètement saponifiée au bain-marie dans une capsule ouverte par la soude alcoolique binormale. La solution doit être agitée constamment, évaporée à sec, la masse reprise plusieurs fois par l'alcool fort, et évaporée à sec pour éliminer les dernières traces d'eau, en la gardant quelque temps au bain-marie. Ce n'est certainement pas un procédé expéditif (*Zeit. angew. Chem.*, 1898, 268).

CHAPITRE III

CONSTITUANTS DES CORPS GRAS ET DES CIRES

Nous n'étudierons en détail dans ce chapitre que les acides gras, les alcools et les hydrocarbures trouvés dans les corps gras et cires naturels, ou en dérivant par quelque procédé industriel, ou tout au moins s'y rattachant assez étroitement pour mériter une description au point de vue technologique. Dans les laboratoires, la résolution des corps gras et des cires en leurs constituants immédiats, acides gras et glycérine d'un côté ou acides gras et alcools de l'autre, s'opère le plus souvent par saponification au moyen de la potasse alcoolique.

Nous décrirons une fois pour toutes la méthode la plus recommandable pour la préparation des acides gras des huiles et graisses.

On saponifie une quantité de corps gras suffisante suivant l'un des procédés décrits plus haut, par exemple en faisant bouillir 50 grammes de corps gras avec 40 centimètres cubes de lessive de potasse, de densité 1,40 et 40 centimètres cubes d'alcool à 95°, dans une capsule de porcelaine de 1,5 à 2 litres chauffée au bain-marie, en agitant constamment avec une spatule jusqu'à ce que le savon formé prenne la consistance pâteuse ; on ajoute 1 litre d'eau bouillante pour dissoudre le savon et l'on fait bouillir la solution pendant quelque temps (1 heure) pour chasser tout l'alcool, en remplaçant de temps à autre l'eau évaporée. S'il s'agit de corps gras solides, plus difficiles à saponifier que les huiles fluides, ou d'huiles aisément oxydables (comme les huiles végétales siccatives et les huiles d'animaux marins), il est préférable d'opérer dans un ballon ou une fiole conique, muni d'un réfrigérant à reflux ou d'un simple tube condenseur ; on agite de temps en temps en faisant tournoyer le contenu par un mouvement de rotation imprimé au ballon ou à la fiole ; la saponification terminée, on évapore l'alcool (qui peut être condensé et recueilli en renversant le réfrigérant à reflux) jusqu'à consistance pâteuse du savon ; on dissout celui-ci dans 1 litre d'eau bouillante, et après avoir fait passer la solution dans une grande capsule, on la fait bouillir comme précédemment pour éliminer l'alcool.

On décompose ensuite la solution de savon, en y versant peu à peu de l'acide sulfurique (ou chlorhydrique) étendu, sans cesser l'agitation ni l'ébullition. Au bout d'un certain temps, variable avec la nature des acides gras, ceux-ci se rassemblent à la partie supérieure en une couche huileuse, limpide, ne présentant plus de particules solides noyées ou flottantes sur la couche aqueuse ; on laisse reposer un instant et au moyen d'un siphon soutire l'eau acide ; on remplace celle-ci par de l'eau distillée chaude, on agite ou mieux on fait bouillir quelques minutes, laisse reposer et soutire à nouveau la couche aqueuse ; on lave ainsi à plusieurs reprises avec l'eau distillée chaude jusqu'à ce que l'eau de lavage ne présente plus trace d'acide minéral.

Comme les acides gras inférieurs sont solubles dans l'eau chaude et peuvent ainsi rougir le papier de tournesol, on fera l'épreuve de l'acidité avec le méthylorange.

La dernière eau soutirée, on chauffe la capsule et son contenu au bain-marie, et après liquéfaction complète des acides gras, on la maintient ainsi quelque temps au repos, pour laisser déposer l'eau et les impuretés retenues, puis on filtre les acides gras chauds sur un filtre à plis sec dans un entonnoir à filtration chaude. Les acides gras obtenus ainsi sont suffisamment secs pour être examinés et servir aux déterminations.

Quand les acides gras sont solides à la température ordinaire, il est préférable de les laisser solidifier après rassemblement, puis de crever la couche solide avec une baguette de verre, et de faire écouler l'eau, après quoi on opère les lavages à l'eau chaude comme précédemment ; lorsqu'on a plusieurs opérations de ce genre à effectuer, il est avantageux de procéder de la même façon pour séparer les eaux de lavage successives, en laissant solidifier les acides gras après chaque lavage.

Pour éviter l'oxydation à l'air des acides gras provenant des huiles végétales siccatives ou des huiles d'animaux, on effectuera la saponification dans une fiole, comme plus haut, et les opérations suivantes : ébullition pour chasser l'alcool, décomposition du savon, lavages se feront aussi dans la fiole même, de préférence dans une atmosphère de gaz inerte, anhydride carbonique ou hydrogène. A cet effet, on munit la fiole d'un bouchon percé de trois trous, l'un pour l'entrée de gaz inerte, le second pour l'évacuation des gaz et vapeurs, le troisième livrant passage à un siphon pour le soutirage des eaux acides. Ces précautions sont particulièrement à prendre lorsque les acides gras sont destinés à la détermination de l'indice d'iode ou de la proportion d'acides gras non saturés. La filtration peut aussi se faire dans une atmosphère de gaz indifférent.

On remarquera que dans cette préparation des acides gras, quelle que soit la variante adoptée, la majeure partie des acides gras volatils solubles sont entraînés dans les lavages ; on obtient donc essentiellement les acides gras insolubles, et la détermination des acides gras volatils solubles se fera séparément, suivant les méthodes décrites dans le chapitre III.

Pour reconnaître si les acides gras renferment du corps gras non saponifié, on en dissout 3 cc. environ dans 15 cc. d'alcool à 95° dans un tube à essai, et l'on y ajoute 15 cc. d'ammoniaque (en solution aqueuse). Dans le cas où une certaine proportion de corps gras neutre aurait échappé à la saponification, le mélange se trouble (*Geitel*) ; il faut d'ailleurs se rappeler que le même trouble s'observe en présence d'une proportion importante de matières insaponifiables.

La glycérine libérée des glycérides passe entièrement dans l'eau acide et les lavages suivants, où elle peut être retrouvée.

Si l'on saponifie une *cire* de la même manière que ci-dessus, il faut remarquer que la couche grasse obtenue renferme les acides gras et les alcools ainsi que les hydrocarbures existant naturellement dans la cire, tandis que l'eau ne présente pas trace de glycérine [1]. Pour obtenir les acides gras libres seuls, il faut employer des méthodes spéciales qui seront décrites dans le chapitre VI.

1. Cf. cependant, *Huile de cachalot* et *Huile de rorqual rostré*, chap. XIV.

Les mélanges d'acides gras, ou dans le cas des cires, les mélanges d'acides gras et d'alcools (et hydrocarbures), ont été résolus en leurs éléments par des méthodes scientifiques qui seront exposées plus loin.

On a ainsi isolé des corps gras et cires les acides, les alcools et les hydrocarbures suivants :

A. — Acides

I. — Acides de la série $C^nH^{2n}O^2$. Acides de la série acétique[1].

Formule	Acide
$C^2H^4O^2$	Acide acétique.
$C^4H^8O^2$	— butyrique.
$C^5H^{10}O^2$	— valérianique (phocénique).
$C^6H^{12}O^2$	— caproïque.
$C^8H^{16}O^2$	— caprylique.
$C^{10}H^{20}O^2$	— caprique.
$C^{12}H^{24}O^2$	— laurique.
$C^{13}H^{26}O^2$	— ficocérylique (?).
$C^{14}H^{28}O^2$	— myristique.
$C^{15}H^{30}O^2$	— isocétique (?).
$C^{16}H^{32}O^2$	— palmitique.
$C^{17}H^{34}O^2$	— daturique.
$C^{18}H^{36}O^2$	Acide stéarique.
$C^{20}H^{40}O^2$	— arachidique.
$C^{22}H^{44}O^2$	— bénique.
$C^{24}H^{48}O^2$	— lignocérique.
$C^{24}H^{48}O^2$	— carnaubique (?)
$C^{24}H^{48}O^2$	— pisangcérylique.
$C^{26}H^{52}O^2$	— cérotique.
$C^{28}H^{56}O^2$	— montanique.
$C^{30}H^{60}O^2$	— mélissique (myricique.
$C^{32}H^{64}O^2$	— lacceroïque.
$C^{33}H^{66}O^2$	— psyllostéarique.

II. — Acides de la série $C^nH^{2n-2}O^2$. Acides de la série acrylique ou oléique.

Formule	Acide
$C^5H^8O^2$	Acide tiglique.
$C^{12}H^{22}O^2$	— non dénommé.
$C^{14}H^{26}O^2$	— non dénommé.
$C^{16}H^{30}O^2$	— hypogéique.
$C^{16}H^{30}O^2$	— physétoléique.
$C^{16}H^{30}O^2$	— palmitoléique (zoomarinique).
$C^{16}H^{30}O^2$	— lycopodique[2].
$C^{18}H^{34}O^2$	— oléique.
$C^{18}H^{34}O^2$	— élaïdique.
$C^{18}H^{34}O^2$	— isooléique.
$C^{18}H^{34}O^2$	Acide rapique (?).
$C^{18}H^{34}O^2$	— pétrosélinique.
$C^{18}H^{34}O^2$	— cheiranthique.
$C^{18}H^{34}O^2$	— oléique du foie.
$C^{19}H^{36}O^2$	— doéglique.
$C^{19}H^{36}O^2$	— jécoléique.
$C^{20}H^{38}O^2$	— gadoléique.
$C^{22}H^{42}O^2$	— érucique.
$C^{22}H^{42}O^2$	— brassidique.
$C^{22}H^{42}O^2$	— isoérucique.

III. — Acides des séries $C^nH^{2n-4}O^2$.

a) *Acides à chaîne linéaire.*

α) Acides de la série linoléique.

Formule	Acide
$C^{18}H^{32}O^2$	Acide linoléique.
$C^{18}H^{32}O^2$	— de l'huile de millet.
$C^{18}H^{32}O^2$	— telfairique.
$C^{18}H^{32}O^2$	Acide élœomargarique (élœostéarique).

1. On a omis ici l'acide hyénique, décrit dans l'ancienne littérature des corps gras, avec la formule $C^{25}H^{50}O^2$; il représente très probablement un mélange de plusieurs acides gras.

2. L'acide aldépalmitique $C^{16}H^{30}O^3$ (Wanklyn, *Journ. Soc. Chem. Ind.*, 1891, 212) n'a pas été admis dans la liste ci-dessus en raison de son existence douteuse.

β) Acides de la série taririque.

$C^{18}H^{32}O^2$ Acide taririque.

b) *Acides à chaîne cyclique.*

Acides de la série chaulmougrique.

$C^{16}H^{28}O^2$ Acide hydnocarpique.
$C^{18}H^{32}O^2$ Acide chaulmougrique.

IV. — Acides de la série $C^nH^{2n-6}O^2$. Acides de la série linolénique.

$C^{18}H^{30}O^2$ Acide linolénique.
$C^{18}H^{30}O^2$ — isolinolénique.
*$C^{18}H^{30}O^2$ Acide jécorique.

V. — Acides de la série $C^nH^{2n-8}O^2$ ($C^nH^{2n-10}O^2$).

Acides de la série clupanodonique ou odonique.

$C^{14}H^{20}O^2$ Acide isanique.
$C^{18}H^{28}O^2$ — thérapique (?).
$C^{20}H^{32}O^2$ Acide arachidonique.
$C^{22}H^{34}O^2$ — clupanodonique.

VI. — Acides de la série $C^nH^{2n}O^3$. Acides hydroxylés.

$C^{12}H^{24}O^3$ Acide sabinique.
$C^{16}H^{32}O^3$ — junipérique.
$C^{16}H^{32}O^3$ — lanopalmique.
$C^{24}H^{47}O^3$ Acide non dénommé.
$C^{31}H^{62}O^3$ — coccérique.

VII. — Acides de la série $C^nH^{2n-2}O^3$. Acides de la série ricinoléique.

$C^{18}H^{34}O^3$ Acide ricinoléique.
$C^{18}H^{34}O^3$ — isoricinoléique.
$C^{18}H^{34}O^3$ — ricinélaïdique.
$C^{18}H^{34}O^3$ Acide ricinique.
$C^{18}H^{34}O^3$ — cydonique (du coing).

VIII. — Acides de la série $C^nH^{2n}O^4$. Acides dihydroxylés.

$C^{14}H^{28}O^4$ Acide tétradécylénique.
$C^{18}H^{36}O^4$ — dioxystéarique.
$C^{30}H^{60}O^4$ Acide lanocérique.

IX. — Acides de la série $C^nH^{2n-2}O^4$. Acides bibasiques.

$C^{19}H^{36}O^4$ Acide heptadécaméthylènedicarboxylique.
$C^{20}H^{38}O^4$ — octodécaméthylènedicarboxylique.
$C^{21}H^{40}O^4$ Acide japanique.

B. — Alcools

I. — Alcools de la série $C^nH^{2n+2}O$.

Alcools gras ou saturés de la série méthanique.

$C^{13}H^{28}O$ Alcool pisangcérylique.
$C^{16}H^{34}O$ — cétylique.
$C^{18}H^{38}O$ — octodécylique (éthal).
$C^{20}H^{42}O$ — arachylique.
$C^{20}H^{42}O$ — du Raphia.
$C^{24}H^{50}O$ — carnaubylique.
$C^{24}H^{50}O$ ou $C^{25}H^{52}O$ non dénommé.
$C^{26}H^{54}O$ Alcool cérylique.
$C^{27}H^{56}O$ — isocérylique.
$C^{30}H^{62}O$ — myricique (mélissique).
$C^{33}H^{68}O$ — psyllostéarique.

* L'existence des acides marqués d'un * a été déduite des dérivés de ces acides très hypothétiques.

II. — Alcools de la série $C^{n}H^{2n}O$. Alcools de la série allylique.

$C^{12}H^{24}O$ Alcool lanolinique.
$C^{15}H^{30}O$ — non dénommé.
$C^{18}H^{36}O$ Alcool oléylique.

III. — Alcools de la série $C^{n}H^{2n-6}O$.

$C^{17}H^{28}O$ Alcool ficocérylique.

IV. — Alcools de la série $C^{n}H^{2n+2}O^{2}$. Alcools de la série glycolique.

$C^{25}H^{52}O^{2}$ Alcool non dénommé.
$C^{30}H^{62}O^{2}$ Alcool coccérylique.

V. — Alcools de la série $C^{n}H^{2n+2}O^{3}$.

$C^{3}H^{8}O^{3}$ Glycérine.
$C^{20}H^{42}O^{3}$ Alcool batylique.

VI. — Alcools de la série $C^{n}H^{2n}O^{3}$.

$C^{20}H^{40}O^{3}$ Alcool sélachylique.

VII. — Alcools de la série cyclique.

a) *Zoostérols.*

$C^{27}H^{46}O$ Cholestérol.
$C^{27}H^{46}O$ Isocholestérol.
$C^{27}H^{46}O$ Bombycestérol.
$C^{27}H^{46}O$ Clionastérol.

b) *Phytostérols.*

$C^{27}H^{46}O$ Sitostérol.
$C^{27}H^{46}O$ Brassicastérol.
$C^{30}H^{48}O$ Stigmastérol.
$C^{25}H^{44}O$ Coprostérol.

C. — Carbures d'hydrogène

I. — Hydrocarbures saturés $C^{n}H^{2n+2}$.

$C^{16}H^{34}$ Hexadécane.
$C^{18}H^{3}$ Isooctodécane (pristane).
$C^{20}H^{42}$ Eicosane.
$C^{20}H^{42}$ Laurane.
$C^{20}H^{42}$ Pétrosilène.
$C^{21}H^{44}$ Hénicosane.
$C^{22}H^{46}$ Docosane.
$C^{23}H^{48}$ Tricosane.
$C^{26}H^{54}$ Hexacosane.
$C^{27}H^{56}$ Heptacosane.
$C^{30}H^{62}$ Triacontane.

II. — Hydrocarbures non saturés

$C^{30}H^{48}$ Amyrilène.
$C^{30}H^{50}$ Squalène (spinacène).

A. — ACIDES

ÉTAT NATUREL DES ACIDES GRAS

Les acides gras énumérés plus haut ne sont pas également répartis dans la nature. Les acides gras dont le nombre d'atomes de carbone *est impair* (acides isovalérique, ficocérylique, isocétique, daturique, tiglique, etc...) sont relativement rares dans les corps gras naturels et le plus souvent leur présence bornée à quelque corps gras particulier. Il est probable que, parmi ceux formant la liste précédente, quelques-uns ne résisteront pas à la lumière de nouvelles recherches scientifiques et éprouveront le sort des acides médullique [1], moringique, théobromique [2], crotonoléique [3], umbellulique [4], qui doivent être considérés comme définitivement exclus de la liste des acides gras.

Les acides gras de la grande majorité des corps gras naturels contiennent un nombre pair d'atomes de carbones, si bien que certains auteurs, parmi lesquels *Lewkowitsch*, se sont demandés si la présence de l'acide formique et des autres acides gras à nombre impair d'atomes de carbone, signalée dans des corps gras naturels, est réellement fondée. Plusieurs de ces acides gras figurent dans la liste ci-dessus avec un point d'interrogation exprimant des doutes sur leur existence. Cependant, aucun travail postérieur aux recherches de *Chevreul* n'est venu infirmer l'existence de l'acide phocénique ou valérianique dans les huiles de dauphin et de marsouin ; et *Meyer* et *Beer*[5] ont récemment identifié dans l'huile de Datura et l'huile de caféier un acide gras de formule $C^{17}H^{34}O^{2}$, identique à l'acide heptadécanoïque de synthèse, ce qui confirme l'existence de l'acide daturique trouvé par *Gérard* dans l'huile de Datura.

Les acides gras saturés des corps gras naturels possèdent généralement une structure linéaire, ce qui a induit divers auteurs à douter de la réalité de l'existence de l'acide isovalérianique dans les huiles de dauphin, d'autant que la présence de l'acide isobutylacétique dans les huiles de palmiers ne paraît pas confirmée. Toutefois, en dehors de l'acide phocénique ou isovalérianique, d'autres acides gras à chaîne arborescente ont été identifiés dans les corps gras naturels et, spécialement plusieurs acides isopalmitiques trouvés, l'un dans l'huile de chrysalide, un autre dans le cerveau de l'homme, tandis que deux autres ont été obtenus par hydrogénation de l'acide physétoléique ou par oxydation des paraffines.

Les acides gras supérieurs, qui sont les constituants essentiels de la plupart des corps gras naturels, ne paraissent pas avoir été connus

1. *Berichte*, 23, Ref. 493.
2. *Ibidem*, 16, 1103.
3. *Journ. Soc. Chem. Ind.*, 1895, 985.
4. *Amer. Chem. Journ.*, 1902, 327.
5. *Kaiserl. Akad. d. Wissensch. Wien*, janvier 1912.

avant *Chevreul*, quoique *Geoffroy le jeune* (*Claude-Joseph Geoffroy*) ait déjà observé (en 1741) qu'en décomposant les savons avec un acide minéral, on obtenait une matière grasse différant des huiles et graisses connues par sa solubilité dans l'alcool ; *Macquer*, trois ans plus tard, reconnaissait que la solubilité relativement plus grande des huiles rances comparée à celle des huiles fraîches, provenait de la présence d'une matière acide. *Fourcroy*, ainsi que *Scheele*, avaient trouvé avant lui que la matière grasse isolée en traitant l'emplâtre (savon) de plomb par un acide différait du corps gras primitif par sa solubilité dans l'alcool et son affinité plus grande pour l'oxyde de plomb.

Parmi les acides gras, ce sont les acides supérieurs qui prédominent dans les corps gras, au point que la partie principale de ceux-ci est formée par les glycérides simples ou mixtes de ces acides, et spécialement des acides palmitique, stéarique et oléique, avec les acides linoléique dans les huiles demi-siccatives, linolénique dans les huiles demi-siccatives et ricinoléique dans l'huile de ricin. Il s'ensuit que la présence d'un autre de ces acides gras, en proportion importante dans un corps gras, devient presque caractéristique. C'est ce qu'on verra dans la revue sommaire suivante :

La présence de l'acide formique a été signalée dans les huiles de *Strophantus*, de croton, de Macassar, de jaune d'œuf, le beurre de dadop et le beurre de vache ; mais on ne saurait l'admettre sans confirmation.

L'acide *acétique* existerait en petites quantités dans les graines du fusain (*Evonymus europæus*, L.), dans l'huile de Macassar et le beurre de vache.

L'acide *butyrique* existe à l'état de glycéride mixte, dans le beurre de vache dans la proportion de 6 0/0 environ ; il a été trouvé en plus petites quantités dans l'huile de Macassar.

L'acide valérianique (*isovalérianique*), a été trouvé dans les huiles de marsouin et de dauphin.

L'acide *caproïque*, l'*acide caprylique* et l'*acide caprique* existent à l'état de *glycérides mixtes* dans le beurre de vache, les huiles de palmiste et de coco, et la présence d'une certaine proportion de ces acides gras caractérise les corps gras provenant du lait des mammifères et le groupe des huiles de coco, palmiste, etc... L'acide caprique se trouve aussi dans l'huile de caféier et en proportion considérable dans l'huile d'orme.

L'acide *laurique* existe en quantités importantes dans les huiles de Kusu et de laurier, le suif de tankgallak, les beurres de dika et d'*Irvingia*, ainsi que dans les huiles de coco, de palmiste, les corps gras des fèves Pichurim et du *Lindera Benzoïn;* le beurre de karité et le spermaceti en renfermeraient aussi.

L'acide *ficocérylique* est le constituant de la cire de Gondang.

L'acide *myristique* caractérise les corps gras des *myristicacées* (beurre de muscade, suif de Virola, beurre d'Ochoco) ; on le trouve aussi dans les beurres de dika et d'*Irvingia*, les huiles de coco et de palmiste, les huiles de lin, d'arachide, etc., l'huile de foie de morue, la saindoux, le beurre de vache, la suintine et la cire de cochenille.

L'acide *isocétique* existerait dans l'huile de pigmon d'Inde.

L'acide *palmitique* se trouve dans la plupart des beurres ou suifs végétaux et animaux, notamment dans l'huile de palme, le suif de Chine, la cire du Japon et la cire de Myrica, ainsi que dans le spermaceti, la cire d'abeilles et la cire d'opium.

L'acide *daturique* se rencontre dans les huiles de *Datura* et de caféier et peut être dans l'huile de palme.

L'acide *stéarique* se trouve en abondance dans les beurres, graines et suifs, végétaux ou animaux, surtout dans les plus durs, et aussi dans quelques cires.

On rencontre l'acide *arachidique* dans l'huile d'arachide, le suif de Rambutan, l'huile de colza, le beurre de cacaò, l'huile de Macassar, etc..., l'acide *bénique* dans l'huile de lin et les fèves de Calabar. l'acide *lignocérique* dans l'huile d'arachide.

L'acide *carnaubique* existe dans la cire de Carnauba et dans la suintine ; l'acide *pisangcérylique* dans la cire de Pisang ; l'acide *cérotique* dans les cires d'abeilles, de Carnauba, d'insectes, d'opium, de lignite et dans la suintine ; l'acide *mélassique* se rencontre dans la cire d'abeilles et la cire de lignite ; l'acide *montanique* dans la cire de lignite et l'acide *psyllostéarique* dans la cire de psylla.

Dans la série oléique, l'acide *tiglique* se trouve dans l'huile de croton, et d'autres acides non dénommés dans la cire de cochenille ; l'acide *hypogéique* dans l'huile d'arachide ; les acides *physé-*

toléique et *palmitoléique* (zoomarinique) se rencontreraient respectivement dans les huiles de cachalot et de phoque, et dans l'huile de foie de morue.

L'acide *oléique* est l'élément le plus important des huiles fluides et se rencontre dans la plupart des corps gras ; l'acide *rapique* (?) dans l'huile de colza, l'acide *pétrosélinique* dans l'huile de persil, l'acide *cheiranthique* dans l'huile de giroflée. On trouverait l'acide *doeglique* (?) dans l'huile de rorqual rostré, tandis que l'acide *jécoléique* (?) existerait dans l'huile de foie de morue, avec l'acide *gadoléique* qui se rencontre encore dans les huiles de baleine et de harengs. L'acide *érucique* a été trouvé dans les huiles de colza et de moutarde, les huiles de poissons, les huiles de foie de morue et de baleine.

L'acide *linoléique* se rencontre abondamment avec l'acide *linolénique* dans toutes les huiles demi-siccatives et siccatives, tandis que l'acide *telfairique* se trouve dans l'huile de *Telfairia*, l'acide *élœomargarique* dans les huiles d'abrasin et probablement de bancoulier, et l'acide *taririque* dans les huiles de *Picramnia*.

Les acides cycliques, *hydnocarpique* et *chaulmougrique* caractérisent le groupe des huiles d'*Hydnocarpus*, de Chaulmougra et de Lukrabo.

L'acide *jécorique* (?) existerait dans l'huile de sardine, l'acide *isanique* dans l'huile d'Isano et l'acide *thérapique* dans l'huile de foie de morue.

L'acide *clupanodonique* paraît être un constituant important des huiles de poissons et de cétacés.

Parmi les acides hydroxylés, les acides *sabinique* et *junipérique* ont été trouvés dans les cires (*étholides*) de certains conifères tandis que l'acide *lanopalmique* se rencontre dans la suintine et l'*acide coccérique* dans la cire de cochenille ; l'acide *ricinoléique* ne se trouve que dans l'huile de ricin dont il est l'élément principal.

Le premier trouvé des acides dihydroxylés naturels, l'*acide dioxystéarique* existe dans l'huile de ricin, et l'autre, l'acide *lanopalmique* dans la suintine.

Les acides bibasiques naturels, *acide japanique* et autres, n'ont été trouvés que dans la cire du Japon.

PROPRIÉTÉS DES ACIDES GRAS

Poids spécifique.

On trouvera le poids spécifique des acides gras à différentes températures[1] dans les études particulières consacrées à chaque acide.

Le tableau suivant montre que le poids spécifique décroît à mesure que s'accroît le nombre d'atomes de carbone de la molécule, et que le poids spécifique des acides non saturés est plus élevé que celui des acides saturés de même condensation en carbone :

Acide.	Poids spécifique.
Acétique	1,0515 à 15°
Butyrique	0,9580 à 14°
Valérianique	0,9310 à 20°
Caproïque	0,9274 à 20°
Caprylique	0,9100 à 20°
Caprique	0,8858 à 40°
Laurique	0,8750 à 43,6°
Myristique	0,8622 à 53,8°
Palmitique	0,8527 à 62°
Stéarique	0,8454 à 69,2°
Cérotique	0,8359 à 79°
Oléique	0,8540 à 78,4°
Elaïdique	0,8505 à 79,4°
Pétrosélinique	0,8681 à 40°
Erucique	0,8602 à 55,4°
Linoléique	0,9026 à 18° (eau à 4° = 1)
Linolénique	0,9141 à 18° (— —)

Poids de fusion et de solidification [2].

Les termes inférieurs de la série acétique jusqu'à l'acide caprylique inclus, et les acides oléique, rapique, doéglique, linoléique, linolénique, clupanodonique et ricinoléique, sont liquides à la température ordinaire ; les autres sont solides.

La table suivante contient les points de solidification et de fusion des acides gras :

1. Cf. les considérations théoriques sur les relations de la densité à la température du point de fusion avec la constitution, émises par J.-C. Earl, *Chem. News*, 1910, 265.
2. Cf. Le Chatelier et Mlle Cavaignac, *Comptes Rendus*, 1913 (156), 589.

ACIDE	POINT DE SOLIDIFICATION	POINT DE FUSION
	Degrés	Degrés
Acétique	+ 17,5	...
Butyrique	— 19	— 6,5
Valérianique (phocénique)	— 57	— 51
Caproïque	— 8	...
Caprylique	12	16,5
Caprique	...	31,3
Laurique	...	43,6
Myristique	...	53,8
Isocétique	...	55
Palmitique	62,6	62,62
Daturique	59,5-60	...
Stéarique	69,3	69,32
Arachidique	79-77	77,0
Bénique	...	83-84
Lignocérique	...	80,5
Carnaubique	69-67	72,5
Pisangcérylique	...	72
Cérotique	...	77,8
Montanique	...	83
Mélissique	...	91,0-88,5
Psyllostéarique	...	94-95
Tiglique	...	64,5
Hypogéique	...	33,0
Gaïdique	...	39,0
Physétoléique	...	30,0
Oléique	...	6,5-14
Isooléique	...	44-45
Elaïdique	...	44,5
Pétrosélipique	27	33-34
Pétrosélaïdique	...	54
Erucique	...	33-34
Isoérucique	...	54-56
Brassidique	...	65-66
Linoléique	au-dessous de 18	...
Taririque	...	50,5
Elœomargarique (Elœostéarique)	...	47-48
Hydnocarpique	...	59-60
Chaulmougrique	...	68
Isanique	...	41
Lanopalmique	...	87-88
Coccérique	...	92-93
Ricinoléique	10-6	4-5
Ricinélaïdique	...	52-53
Ricinique	...	81
Dioxystéarique	...	141-143
Lanocérique	103-101	104-105
Japanique	...	117,7

Le point de solidification des acides gras mélangés (totaux) est d'une grande importance dans l'examen des corps gras ; il est beaucoup plus caractéristique que le point de fusion. Il n'est malheureusement pas possible de déduire le point de solidification d'un mélange d'acides gras purs des points de solidification de ces mêmes acides pris isolément. Les mélanges d'acides gras sont, en effet, susceptibles de former des composés (eutectiques), se comportant à la fusion et à la solidification comme des espèces chimiques pures ; c'est ainsi qu'entre autres un mélange de 47,5 0/0 d'acide stéarique et 52,5 0/0 d'acide palmitique ne peut pas être résolu en ses éléments par recristallisation dans l'alcool et l'on peut signaler à ce sujet, que certains acides gras considérés comme des espèces chimiques (en particulier des acides ayant un nombre d'atomes de carbone impair) ont été reconnus plus tard comme de simples composés eutectiques. On ne peut pas davantage déduire le point de fusion d'un mélange de deux acides gras des points de fusion de ses éléments isolés ; en règle générale, le point de fusion réel est inférieur à celui calculé, quelquefois même inférieur au point de fusion de l'acide gras le plus fusible. Les tables suivantes montrent nettement les faits que l'on vient de signaler :

Points de solidification des mélanges d'acide palmitique et d'acide stéarique (de Visser[1]).

ACIDE PALMITIQUE	ACIDE STÉARIQUE	POINT DE SOLIDIFICATION	ACIDE PALMITIQUE	ACIDE STÉARIQUE	POINT DE SOLIDIFICATION
Pour 100	Pour 100	Degrés	Pour 100	Pour 100	Degrés
100	0	62,618	56	44	56,36
90	10	59,31	55	45	56,38
85	15	57 80	54	46	56,39
80	20	56,53	53	47	56,40
75	25	55,46	52	48	56,40
71	29	54,92	51	49	56,41
70	30	54,85	50	50	56,42
68	32	55,12	49	51	56,44
66	34	55,38	48	52	56,50
64	36	55,62	47	53	56,63
63	37	55,75	46	54	56,85
62	38	55,88	45	55	57,20
61	39	56,00	40	60	58,76
60	40	56,11	30	70	61,73
59	41	56,19	20	80	64,51
58	42	56,25	10	90	67,02
57	43	56,31	0	100	69,32

1. *Berichte*, 1905, 4949. L'acide palmitique, provenant du suif végétal de Chine, avait été recristallisé trente fois, et l'acide stéarique, isolé du suif de Bornéo après vingt-cinq cristallisations.

Points de solidification des mélanges d'acides stéarique et oléique (Fokin) [1]

ACIDE OLÉIQUE	ACIDE STÉARIQUE	POINT DE SOLIDIFICATION	ACIDE OLÉIQUE	ACIDE STÉARIQUE	POINT DE SOLIDIFICATION
Pour 100	Pour 100	Degrés	Pour 100	Pour 100	Degrés
90	10	29,5	40	60	59,8
80	20	40,2	30	70	62,3
70	30	47,7	20	80	64,5
60	40	52,9	10	90	66,3
50	50	56,8	»	100	68,0

Points de fusion des mélanges d'acide laurique avec les acides myristique, palmitique et stéarique (Heintz [2]*)*

ACIDE LAURIQUE	ACIDE MYRISTIQUE		ACIDE PALMITIQUE		ACIDE STÉARIQUE	
	Pour 100	Point de fusion	Pour 100	Point de fusion	Pour 100	Point de fusion
Pour 100		Degrés		Degrés		Degrés
100	0	43,6	0	43,6	0	43,6
90	10	41,3	10	41,5	10	41,5
80	20	38,5	20	37,1	20	38,5
70	30	35,1	30	38,3	30	43,4
60	40	36,7	40	40,1	40	50,8
50	50	37,4	50	47,0	50	55,8
40	60	43,0	60	51,2	60	59,0
30	70	46,7	70	54,5	70	62,0
20	80	49,6	80	57,4	80	64,7
10	90	51,8	90	59,8	90	67,0
0	100	53,8	100	62,0	100	69,2

Points de fusion des mélanges d'acide myristique avec les acides palmitique et stéarique (Heintz [2]*)*

ACIDE MYRISTIQUE	ACIDE PALMITIQUE		ACIDE STÉARIQUE	
	Pour 100	Point de fusion	Pour 100	Point de fusion
Pour 100		Degrés		Degrés
100	0	53,8	0	53,8
90	10	51,8	10	51,7
80	20	49,5	20	47,8
70	30	46,2	30	48,2
60	40	47,0	40	50,4
50	50	47,8	50	54,5
40	60	51,5	60	59,8
30	70	54,9	70	62,8
20	80	58,0	80	65,0
10	90	60,1	90	67,1
0	100	62,0	100	69,2

1. *Journ. Soc. Phys.-Chim. russe*, 1912 (44), 155.
2. *Mitt. K. K. Akad. Wissensch. Wien*, 1912 (121), 1.

Points de fusion des mélanges d'acides daturique et palmitique
(Meyer et Beer [1])

ACIDE DATURIQUE	ACIDE PALMITIQUE	POINT DE FUSION
Pour 100	Pour 100	Degrés
100	0	59,5
90,6	9,4	56,5–57
83,3	16,7	55 –56
73,5	26,5	54,5–55,5
68,5	31,5	54,5–56
62,4	37,6	55,5–57,5
55,5	44,5	56 –58,5
50,0	50,0	58 –59,5
41,7	58,3	53,5–60
31,2	68,8	59,5–60,5
20,8	79,2	60 –61,5
11,1	88,9	60 –61,5
0	100	62

Points de fusion des mélanges d'acides palmitique et stéarique
(Heintz [2])

ACIDE PALMITIQUE	ACIDE STÉARIQUE	POINT DE FUSION
Pour 100	Pour 100	Degrés
100	0	62,0
90	10	60,1
80	20	57,5
70	30	55,1
67,5	32,5	55,2
60	40	56,3
50	50	56,6
40	60	60,3
30	70	62,9
20	80	65,3
10	90	67,2
0	100	69,2

Points de fusion des mélanges d'acides palmitique et cérotique
(Lewkowitsch)

ACIDE PALMITIQUE	ACIDE CÉROTIQUE	POINT DE FUSION
Pour 100	Pour 100	Degrés
100	0	60,0
90	10	56,0
85	15	56,5
75	25	60,5
60	40	65,5
50	50	68,6
40	60	70,0
0	100	78,5

1. *Annalen*, 92, 295.
2. *Mitt. K. K. Akad Wissensch. Wien*, 1912 (121), 1.

Points de fusion des mélanges d'acides stéarique et cérotique (Lewkowitsch)

ACIDE STÉARIQUE	ACIDE STÉARIQUE	POINT DE FUSION
Pour 100	Pour 100	Degrés
100	0	68,2
95	5	66,7
90	10	65,6
85	15	63,3
0	100	78,5

Point d'ébullition.

Parmi les acides gras le plus fréquemment rencontrés dans la nature, les suivants seuls peuvent être distillés sous la pression ordinaire sans décomposition :

Acide	Point d'ébullition Degrés
Butyrique	162,3
Caproïque	202–203
Caprylique	236–237
Caprique	268–270

En raison de leur tension de vapeur relativement élevée, ces acides sont facilement volatilisés et entraînés de leurs solutions aqueuses par la vapeur d'eau : d'où leur nom d'acides gras *volatils*, en opposition avec celui d'acides *non volatils* ou *fixes*, qui s'applique aux acides gras supérieurs (palmitique, stéarique, oléique, etc...) dont la tension de vapeur est si faible qu'ils ne sont pratiquement pas entraînés dans un courant de vapeur d'eau à 100°. L'acide laurique, et à un degré voisin l'acide myristique, occupent une position intermédiaire entre ces deux groupes.

Soumis à la distillation à la pression ordinaire, les acides fixes subissent une décomposition partielle, et parmi les produits de décomposition se trouvent des carbures de la série méthanique ; sans pression réduite, cependant, ou dans un courant de vapeur surchauffée, ils peuvent distiller sans altération (*Chevreul*). La distillation dans un courant de vapeur surchauffée, sous la pression ordinaire, est largement utilisée dans la fabrication des acides gras et spécialement dans l'industrie stéarique ; plus récemment même, on a appliqué industriellement la distillation des acides gras sous pression réduite dans un courant de vapeur surchauffée. L'action de la vapeur surchauffée, pour purement physique ou mécanique qu'elle soit, s'accompagne de la formation de petites quantités de produits secondaires ou pyrogénés qui s'observent encore en substituant l'hydrogène à la vapeur d'eau.

Van Rechenberg a constaté, par exemple, qu'en distillant l'acide laurique (bouillant vers 295°) ou de l'acide myristique (bouillant vers 318°) avec de la vapeur d'eau sous la pression ordinaire, le distillat ne renferme que 0,2 0/0 d'acides gras ; en surchauffant la vapeur de façon à maintenir la température à 168,5°, le distillat renferme, sous la pression de 760 mm., 7,7 0/0 d'acide myristique et sous la pression de 38 mm., 65,7 0/0.

Les points d'ébullition suivants ont été observés, sous diverses pressions (réduites) et dans le vide cathodique ou barométrique :

ACIDE	POINT D'ÉBULLITION à la pression 100 millimètres	POINT D'ÉBULLITION à la pression 15 millimètres (Krafft et Weilandt[1])	POINT D'ÉBULLITION DANS LE VIDE CATHODIQUE (Krafft et Weilandt)	POINT D'ÉBULLITION DANS LE VIDE CATHODIQUE (Caldwell et Hurtley[2])	TEMPÉRATURE du BAIN
	Degrés	Degrés	Degrés	Degrés	Degrés
Laurique.........	225	176	102	89	100
Myristique.......	250,5	196,5	121–122	98	130
Palmitique.......	271,5	215	138–139	114	140
Daturique........	227	...	143,6[3]	...	...
Stéarique........	291	232,5	154,5–155,5	128	160
Hypogéique[4].....	...	236	...	...	...
Oléique..........	285,5–286	232,5	153	130	160
Elaïdique........	287,8–288	234	154	...	...
Erucique.........	...	264	179	...	...
Brassidique......	...	265	160	...	...
Linoléique.......	229–230*	...	...	...	...
Chaulmougrique..	...	247–248**	...	...	...
Ricinoléique.....	...	250	...	...	...
Ricinique........	...	250–252	...	...	...
Elœostéarique....	...	235[5]	...	...	...
Linolénique......	...	...	157–158	...	...
Clupanodonique..	...	222***	...	...	...

1. *Berichte*, 1896, 1324.
2. *Journ. Chem. Soc.*, 1909, 855.
3. Bömer et Limpricht, *Zeits. f. Unters. d. Nahr. u. Genussm.*, 1912 (23), 648.
4. Bodenstein, *Berichte*, 1894, 3.399.
5. R. Majima, *Berichte*, 1909, 675.
* Sous 16 millimètres et 228° sous 14 mm.
** Sous 20 mm.
*** Sous 5 mm.

Les plus basses températures auxquelles les acides laurique, myristique, palmitique et stéarique, ont pu être volatilisés dans le vide absolu (cathodique) sont respectivement 22°, 27°, 32° et 38°. La table suivante donne les détails de ces expériences [1] :

ACIDE	TEMPÉRATURE	DURÉE de L'EXPÉRIENCE	POIDS de MATIÈRE	PERTES de POIDS
	Degrés	Heures	Grammes	Grammes
Laurique	22	6	0,8215	0,0005
—	36	4	0,8310	0,0095
Myristique...........	27	6	0,4263	0,0003
—	28	10	0,4269	0,0006
Palmitique...........	32	12	0,48402	0,00012
—	36	12	0,8359	0,0012
Stéarique...........	38	12	0,62663	0,00012
—	39	10	0,6982	0,0013

Solubilité.

Les termes inférieurs de la série acétique sont miscibles à l'eau en toutes proportions [2]; l'acide caproïque ne l'est plus, et 100 cc. d'eau n'en dissolvent que 0,882 gr. à 15°. L'acide caprylique se dissout dans 400 parties d'eau bouillante, et par refroidissement se sépare presque complètement ; à 15°, 100 parties d'eau ne dissolvent que 0,079 gr. d'acide caprylique.

La solubilité décroît rapidement à mesure qu'augmente la condensation en carbone dans la molécule. L'acide caprique est pratiquement insoluble dans l'eau froide ; il est un peu plus soluble dans l'eau bouillante dans laquelle l'acide laurique n'est que très légèrement soluble. Les acides supérieurs sont pratiquement insolubles dans l'eau, chaude ou froide.

En prenant la solubilité comme base de classification, nous pouvons, pour les recherches analytiques, diviser les acides gras en deux groupes : les acides gras *solubles* et les acides gras *insolubles*. Les premiers vont jusqu'à l'acide caprylique inclus, les seconds

1. Hansen, *Berichte*, 1909, 210.
2. Pour les mélanges eutectiques des acides formique, acétique et propionique avec l'eau, cf. A. Faucon, *Comptes Rendus*, 1909 (148), 38 ; R. Ballo, *Chem. Zentralbl.*, 1910, 2073.

sont les acides supérieurs depuis l'acide myristique inclus. Les acides caprique et laurique occupent une position intermédiaire.

Tous les acides gras, sans exception, sont solubles dans l'alcool absolu ou concentré (95°) chaud ; les acides supérieurs, depuis l'acide palmitique, sont très peu solubles dans l'alcool froid et les termes les plus élevés en condensation en carbone sont presque insolubles dans ce dissolvant froid. Il est à signaler, comme susceptible de causer certaines erreurs analytiques[1], qu'en faisant bouillir longtemps une solution alcoolique d'acides gras supérieurs ou en évaporant cette solution par ébullition, il s'opère une légère éthérification. Les acides gras supérieurs sont à peu près insolubles dans l'alcool à 60 0/0.

Les acides gras se dissolvent facilement dans l'éther, le sulfure de carbone, le chloroforme, le trichloréthylène et le tétrachlorure de carbone ; les acides gras liquides et non saturés, à l'exception des acides hydroxylés, sont aisément solubles dans l'éther de pétrole ; il en est de même pour les acides gras solides, à chaud.

On trouvera d'autres renseignements sur le même sujet dans le chap. v (voir *Solubilité*).

Indice de réfraction

La grandeur de l'indice de réfraction augmente avec la condensation en carbone de la molécule. Les acides non saturés ont un indice plus élevé que les acides saturés de même condensation en carbone. C'est ce que montre le tableau suivant ; on trouvera d'autres détails dans les études consacrées à chaque acide.

Acide	Indice de réfraction
Butyrique	1,39906 à 20°
Caproïque	1,41635 à 20°
Caprylique	1,42825 à 20°
Caprique	1,42855 à 40°
Laurique	1,42665 à 60°
Myristique	1,43075 à 60°
Palmitique	1,42693 à 80°
Stéarique	1,43003 à 80°
Oléique	1,44710 à 60°
Pétrosélinique	1,4533 à 40°
Clupanodonique	1,4960 à 15°

1. Emerson et Dumas, *Journ. Amer. Chem. Soc.*, 1909, 949.

Pouvoir rotatoire du plan de polarisation de la lumière.

On n'a déterminé jusqu'ici que les pouvoirs rotatoires spécifiques des trois acides gras purs suivants :

Acide	Pouvoir rotatoire spécifique $[\alpha]_D$
Ricinoléique	+ 6° 25
Hydnocarpique	+ 68° 1
Chaulmougrique	+ 56°

Viscosité.

Comme les méthodes viscosimétriques ont été proposées pour l'examen des corps gras, il a paru utile de rassembler ici les constantes viscosimétriques ; on verra par le tableau suivant que la viscosité augmente avec le poids moléculaire [1].

Constantes viscosimétriques de quelques acides gras
(Pribram et Handl)

ACIDES GRAS	POIDS MOLÉCULAIRE	VISCOSITÉ SPÉCIFIQUE A		
		10°	30°	50°
Propionique	74	70,3	51,6	49,2
Butyrique	88	110,2	77,4	57,6
Valérianique	102	152,4	103,3	74,5
Caproïque	116	222,2	139,7	97,8

Les autres propriétés physiques : *chaleur spécifique, chaleur de neutralisation, chaleur latente, de fusion et de solidification, tension superficielle* ou *capillarité*, ont un intérêt purement scientifique et nous ne nous en occuperons pas ici [2].

Pour la *chaleur de combustion des acides gras*, voir chapitre v.

1. Cf. aussi, Tsakalatos, *Comptes Rendus*, 1908 (146), 1146.
2. Cf. à ce sujet Guillot, *Propriétés physiques de la série grasse*, Paris, Baillière et fils, 1895 ; *Tables annuelles de constantes de chimie, physique et technologie*, Paris.

Sels des acides gras.

Les acides gras se combinent facilement avec les solutions de potasse et de soude caustiques pour former des « savons ». En solution aqueuse étendue, la combinaison chimique ne s'opère pas en proportions moléculaires, de sorte que des acides gras libres et de l'alcali libre peuvent coexister en certaines proportions (Voir plus bas, *Hydrolyse des savons*). En solution alcoolique, la combinaison s'opère rigoureusement molécule à molécule. Les carbonates alcalins en solution aqueuse réagissent sur les acides gras à température assez élevée et forment des sels avec élimination d'anhydride carbonique [1].

Dans le langage commun, on comprend généralement sous le terme de « savons » les sels alcalins des acides gras non volatils, tandis que le terme « savons métalliques » désigne les sels des métaux lourds. Nous diviserons les sels des acides gras en deux grands groupes : 1° sels alcalins, comprenant ceux de l'ammoniaque ; 2° sels alcalino-terreux et des autres métaux.

1. *Sels des métaux alcalins, et sels ammoniacaux* *Savons solubles dans l'eau*

Les sels *normaux* des acides gras R-CO-OH répondent à la formule générale, R-CO-OM, M représentant un métal alcalin, K ou Na, ou le radical NH^4.

Les sels de potasse et de soude s'obtiennent, soit comme on l'a déjà vu, en saponifiant les glycérides avec un excès d'alcali caustique en solution alcoolique ou aqueuse, soit en saturant directement les acides gras par les hydrates alcalins en solution alcoolique ou aqueuse, ou par les carbonates alcalins en solution aqueuse, à chaud. Ils peuvent encore s'obtenir par la décomposition des savons calcaires par les carbonates alcalins [2] ou par l'action des perborates ou percarbonates alcalins sur les acides gras [3].

1. Cf. Lewkowitsch, *Jahrbuch der Chemie*, 1899 (IX), 357 ; Fendler et Kuhn, *Zeits. f. ang. Chem.*, 1909, 107.
2. Tardani, E. P. 1614 (1874) ; Fournier, Br. fr., 100.509 (1873), F. Eydoux, Br. fr. 204.839 (1890) ; Krébitz, D. R. P. 155.108 ; Br. fr. 337.509 ; E. P. 4092 (1905).
3. Wolffenstein, E. P. 16.283 (1908) ; Birsdorf et Co, Br. fr. 392.955.

Si l'on veut avoir les sels purs, il faut saturer exactement les acides gras en solution alcoolique par l'alcali caustique, ou encore ajouter aux acides gras en solution alcoolique une solution bouillante de carbonate alcalin, évaporer à sec, épuiser le résidu par l'alcool ; les sels se déposent dans l'alcool par refroidissement. Avec des matières premières pures, on peut obtenir ainsi les sels à l'état cristallisé ; ces sels, en solution alcoolique, sont neutres à la phénolphtaléine.

En outre de ces sels neutres, il existe d'autres sels, acides, répondant à la formule R-CO-OM, R-CO-OH, qui montrent une réaction acide à la phénolphtaléine, en solution alcoolique.

Comme dans les analyses commerciales et industrielles, les acides gras sont souvent dosés par titrage, au moyen de solutions alcalines, il est important de considérer en détail la façon dont se comportent les acides gras avec les indicateurs colorés.

De tous les indicateurs qui ont été et sont encore proposés de temps en temps, nous avons retenu pour l'analyse des corps gras le *méthylorange* et la *phénolphtaléine* qui ont été reconnus suffisants pour tous les cas. La teinture de *tournesol* (qui a été remplacée dernièrement par le *lacmoïd*) jouit encore de quelque popularité et peut être employée concurremment avec les deux indicateurs précédents [1].

Le *méthylorange* [2] se dissout dans l'eau en une liqueur jaune qui devient cramoisie par addition d'acide fort et paraît rouge jaunâtre en couches épaisses, par suite de la formation d'un sel avec l'acide. Le virage du jaune au rouge par addition d'acide est surtout sensible en solution très diluée. Les acides faibles comme l'acide carbonique n'agissent pas sur la couleur du méthylorange. Aussi est-il possible de tirer les carbonates avec le méthylorange comme indicateur sans être obligé de chasser l'anhydride carbonique par ébullition. Les bicarbonates alcalins se comportent avec le méthylorange

1. En ce qui concerne le Bleu alcalin, voir *Indice de saponification*.

2. D'après Lunge, les tropéolines OO ou OOO sont souvent vendues comme méthylorange. Lewkowitsch a trouvé quelquefois du méthylorange ayant une forte réaction alcaline, telle que quatre gouttes de solution à 1/10 0/0 exigeaient $0^{cc},1$ de liqueur acide normale pour leur neutralisation. Le méthylorange devra donc être toujours examiné avant l'usage.

comme les alcalis (différence avec la phénolphtaléine). Cet indicateur convient spécialement pour le titrage des acides minéraux et offre l'avantage qu'il peut et doit en effet être employé à froid. L'acide borique, cependant, même en solution aqueuse concentrée, ne fait pas virer le méthylorange au rouge.

Les acides gras solubles font aussi virer au rouge le méthylorange, mais en titrant avec l'alcali normal, la fin de la réaction n'est pas nette et la couleur rouge disparaît alors que des quantités d'acides gras libres assez considérables existent encore dans la solution ; aussi le méthylorange ne peut-il pas être employé pour le titrage des acides gras solubles, pas même pour l'acide acétique [1]. Les acides gras insolubles, comme l'acide stéarique ou l'acide oléique, n'affectent pas cet indicateur, soit qu'ils se trouvent en solution alcoolique, soit qu'on les agite à l'état liquide avec une solution aqueuse de méthylorange.

Il est donc possible de titrer les acides minéraux en présence des acides gras supérieurs avec le méthylorange comme indicateur. Celui-ci offre encore l'avantage de pouvoir être employé avec un autre indicateur. Ainsi, dans un mélange d'acides minéraux et d'acides gras supérieurs, on titre d'abord l'acide minéral avec le méthylorange, puis en ajoutant de la phénolphtaléine on peut titrer ensuite les acides gras.

La solution servant comme indicateur se prépare en dissolvant 1 gramme de méthylorange dans 1.000 cc. d'eau. Quatre gouttes suffisent pour chaque 100 cc. de liquide à titrer.

La *phénolphtaléine* peut être obtenue d'une pureté suffisante dans le commerce. La solution employée comme indicateur s'obtient en dissolvant 1 gr. de phénolphtaléine dans 100 cc. d'alcool à 95 0/0. La phénolphtaléine est insoluble dans l'éther de pétrole. Deux gouttes de solution suffisent pour 100 cc. de liquide à titrer. La solution alcoolique est jaunâtre et devient rose par addition de la plus petite quantité d'alcali fixe, qui amène la formation d'un sel coloré. Ce sel est complètement décomposé même par les acides

1. Schidrowitz (*Analyst*, 1903, 234), a montré que le méthylorange peut être employé pour le titrage de l'acide acétique en ajoutant de l'alcool à la solution. Cf. cependant, Richardson et Bowen, *Journ. Soc. Chem. Ind.*, 1906, 836, et de nouveau, Schidrowitz, *Analyst*, 1907, 4.

faibles ; c'est pourquoi les acides gras insolubles peuvent être titrés en solution alcoolique avec la phénolphtaléine comme indicateur. L'ammoniaque ne donne pas une réaction colorée sensible avec la phénolphtaléine ; aussi est-elle impropre au titrage des acides gras. La phénolphtaléine peut encore être employée pour le titrage des acides grass solubles au même titre que la teinture de tournesol qui est cependant préférée par quelques chimistes. Il faut aussi prendre en considération la sensibilité de la phénolphtaléine à l'acide carbonique et le fait que les bicarbonates alcalins n'agissent pas sur elles comme les carbonates [1] ; aussi est-il absolument nécessaire de chasser l'acide carbonique par ébullition des solutions soumises au titrage. Quand les liqueurs titrées acides et alcalines sont titrées en présence de la phénolphtaléine, il faut surtout se prémunir contre cette source possible d'erreurs.

La *teinture de tournesol* peut être employée pour le titrage des acides gras volatils, des acides minéraux, des alcalis caustiques, des carbonates, etc. L'observation faite par *Rechenberg* [2], que les sels formés par l'union des acides gras volatils et des alcalis et alcalino-terreux, — surtout ceux de l'acide butyrique — manifestent en solution aqueuse une forte réaction alcaline, n'a pas été confirmée par les expériences de *Lewkowitsch*. Il est parfaitement possible de titrer l'acide butyrique en présence de la teinture de tournesol ; le virage de couleur se fait graduellement, mais il est parfaitement net.

Une solution aqueuse d'acide caproïque rougit fortement la teinture de tournesol ; une solution froide d'acide caprylique la rougit faiblement, tandis qu'une solution chaude donne une coloration rouge plus foncée. Une solution chaude d'acide caprique n'agit pas sur la teinture de tournesol (*Lewkowitsch*).

Il faut signaler que les indications colorées n'indiquent pas réellement la *fin de réaction*, mais seulement le *point d'équilibre* ; mais dans la pratique, ces deux points sont suffisamment rapprochés pour pouvoir négliger le minime excès d'acide ou d'alcali (selon le cas) employé.

1. L'assertion fréquemment reproduite, suivant laquelle le bicarbonate de sodium ne rougit pas la phénolphtaléine, en solution aqueuse, n'est pas tout à fait exacte.
2. *Journ. prakt. Chemie*, 1884, 519.

Action de l'eau. Hydrolyse. — Les sels alcalins des acides gras se comportent d'une façon remarquable avec l'eau.

Les sels des termes tout à fait inférieurs de la série sont facilement solubles dans l'eau. Ainsi, les sels de l'acide butyrique sont déliquescents, et ceux de l'acide caprique sont très facilement solubles dans l'eau à la température ordinaire. Mais la solubilité dans l'eau décroît à mesure que le poids moléculaire des acides gras augmente ; c'est ainsi que les sels des acides palmitique et stéarique ne sont plus solubles dans l'eau froide. En les faisant bouillir avec une petite quantité d'eau, ils se dissolvent cependant en une solution parfaitement limpide, qui se solidifie par refroidissement en une masse mucilagineuse représentant approximativement les sels normaux des acides gras.

En étendant d'eau les solutions chaudes limpides, elles se troublent, et en agitant une écume se produit et persiste quelque temps. Le trouble est dû à la dissociation du sel normal en alcali caustique et acide gras libre. Cette dissociation, appelée *hydrolyse du savon*, s'opère graduellement et dépend de la proportion d'eau présente et de la température.

L'alcali libre reste en solution et l'acide gras libre se combinant avec le sel non hydrolysé forme un sel acide, — c'est-à-dire un sel contenant plus d'un équivalent d'acide pour un équivalent d'alcali, — probablement associé au sel non dissocié.

Chevreul, qui a le premier étudié cette propriété des savons alcalins, a trouvé qu'une solution d'une partie de stéarate neutre de potassium, $C^{18}H^{35}O^2K$, dans 20 parties d'eau bouillante, additionnée, de 1.000 parties d'eau bouillante donne par refroidissement un sel de composition $C^{18}H^{35}O^2K, C^{18}H^{36}O^2$, — *bistéarate de potassium*, — tandis que de l'alcali libre et une quantité infinitésimale d'acide stéarique libre restent en solution. De même, le stéarate neutre de sodium dissous dans 2.000 à 3.000 parties d'eau bouillante, donne par refroidissement un sel acide, le *bistéarate de sodium*, $C^{18}H^{35}O^2Na,C^{18}H^{36}O^2$. L'oléate neutre, cependant, exige une très grande quantité d'eau et une basse température pour se dissocier ; cette différence entre l'acide oléique d'un côté, et les acides stéarique et palmitique de l'autre, est si marquée qu'une méthode de séparation approximative de ces acides peut être basée sur cette propriété.

Le bistéarate de potassium peut, en outre, être dissocié ultérieurement par l'action de l'eau, en donnant un sel encore plus acide ayant probablement la composition d'un quadristéarate.

La quantité d'alcali ainsi mise en liberté dans des conditions données peut être déterminée quantitativement : on sature de sel la solution mucilagineuse de savon, on filtre pour séparer le précipité, qui est lavé à l'eau salée, puis dissous dans l'alcool absolu, et on détermine l'acidité par titrage avec un alcali en présence de phénolphtaléine.

Alder Wright et *Thompson* [1] ont obtenu d'une série d'observations les résultats du tableau suivant, dans lequel les acides gras sont rangés suivant la grandeur de leur poids moléculaire :

ACIDES GRAS	POIDS moléculaire moyen	HYDROLYSE PRODUITE PAR x MOLÉCULES D'EAU				
		$x = 150$	$x = 250$	$x = 500$	$x = 1.000$	$x = 2.000$
Acide laurique brut	195	3,75	4,5	5,4	6,45	7,1
Acides de l'huile de coton	250[2]	2,25	3,0	5,0	7,5	9,5
Acide palmitique presque pur	256	1,45	1,9	2,6	3,15	3,75
Acides d'huile de palme et suif	271	1,1	1,55	2,6	4,1	5,3
Acide oléique pur	282	1,85	2,6	3,8	5,2	6,65
Acide stéarique pur	284	0,7	1,0	1,7	2,6	3,55

Les nombres représentent la quantité de Na^2O mise en liberté par l'hydrolyse, calculée pour 100 parties de Na^2O contenu dans le savon, combiné aux acides gras, x molécules d'eau étant employées pour une de savon anhydre.

Si nous considérons les nombres donnés par les acides laurique, palmitique et stéarique seulement, il semble que les sels de sodium des acides gras sont décomposés d'autant plus facilement que leur poids moléculaire est plus *faible*. Mais, d'une part, l'attitude de l'acide oléique ne se conforme pas à cette règle, et, d'autre part

1. *Journ. Soc. Chem. Ind.*, 1885, 630.
2. Ce chiffre paraît faible.

Thomsen [1] a montré que l'acétate de sodium n'est pas sensiblement dissocié par l'eau (Cf. cependant p. 195).

Rotondi [2] explique l'action de l'eau sur les savons de la façon suivante : les savons neutres (commerciaux) en se dissolvant se décomposent en sels acide et basique ; le premier est insoluble dans l'eau froide et seulement un peu soluble à chaud. Les sels acides ne sont pas dialysables, et, par suite, peuvent être séparés des sels basiques qui traversent facilement les membranes. Les savons basiques sont entièrement solubles dans l'eau froide et dans l'eau chaude, et sont complètement précipités de leurs solutions par le chlorure de sodium sans perte d'alcali ; leurs solutions dissolvent les savons acides à chaud, mais se troublent par refroidissement.

Krafft et *Stern* [3] ont montré que l'explication de *Rotondi* était erronée. Ils ont répété l'expérience de *Chevreul* avec le palmitate de sodium pur (2 grammes) et ont obtenu les résultats suivants [4] :

1 PARTIE DE PALMITATE DE SODIUM CONTENANT 8,27 0/0 Na	
par ébullition avec parties d'eau	donne par refroidissement un sel contenant Na
	Pour 100
200	7,01
300	6,84
400	6,60
450	6,32
500	6,04
900	4,20

Les chiffres du tableau suivant permettent de se rendre compte de la composition approximative des sels séparés :

Sels de formule	Contenant Na 0/0
$C^{16}H^{31}O^2Na$	8,27
$3C^{16}H^{31}O^2Na + C^{16}H^{32}O^2$	6,33
$C^{16}H^{31}O^2Na + C^{16}H^{32}O^2$	4,31
$C^{16}H^{31}O^2Na + 3C^{16}H^{32}O^2$	2,20

1. *Thermochemische Untersuchungen*, I, 372.
2. *Journ. Soc. Chem. Ind.*, 1885, 601.
3. *Berichte*, 1894, 1747.
4. D'après Smith, *Zeits. f. physik chemie*, 1903, 608, une solution normale de palmimitate de sodium ne présente pas de signes d'hydrolyse.

Les mêmes expériences faites avec le stéarate de sodium pur ont donné les résultats suivants :

1 PARTIE DE STÉARATE DE SODIUM CONTENANT 7,52 0/0 Na		
par ébullition avec parties d'eau	donne par refroidissement un sel contenant Na	
	Pour 100	
	I	II
200	6,34	6,27
300	5,81	5,71

Le bistéarate de sodium, $C^{18}H^{36}O^2Na, C^{18}H^{36}O^2$, renferme 3,89 0/0 Na.

De ces expériences on peut tirer la conclusion que l'hydrolyse augmente avec le poids moléculaire des acides gras, ce qui est en opposition directe avec les conclusions tirées des séries plus complètes d'expériences d'*Alder Wright* et *Thompson*, reproduites ci-dessus.

Comme on l'a déjà vu, l'acide oléique occupe une place exceptionnelle relativement à l'hydrolyse de ses sels. Ceci a été confirmé par *Krafft* et *Stern*; d'après eux, l'oléate neutre de sodium donne dans 10 parties d'eau *froide* une solution *claire*, qui ne produit pas de trouble sensible même en l'étendant de 900 parties d'eau, tandis que le bioléate de sodium, $C^{18}H^{33}O^2Na, C^{18}H^{33}O^2$, est immédiatement dissocié par l'eau froide. Pour hydrolyser les oléates, il faut une dilution encore beaucoup plus grande et une température de dissolution très basse.

L'acide élaïdique solide, cependant, se comporte comme l'acide stéarique, comme le montrent les observations suivantes :

1 PARTIE D'ÉLAÏDATE DE SODIUM CONTENANT 7,56 0/0 Na	
par ébullition avec parties d'eau	donne par refroidissement un sel contenant Na
	Pour 100
300	5,80
1.500	3,24

De l'ensemble de ces expériences, il résulterait que les savons commerciaux, consistant essentiellement en stéarate, palmitate et oléate de soude, traités par de grandes quantités d'eau, donneraient du stéarate et du palmitate acides qui précipitent, tandis que l'alcali libre et l'oléate restent en dissolution ; la solution renfermerait ainsi du savon, *plus* de l'alcali libre. C'est ce fait que *Rotondi* a pris comme preuve de l'existence d'un savon basique en solution ; mais toutes les tentatives faites pour obtenir directement des sels basiques de l'acide oléique sont restées infructueuses, et de plus, en hydrolysant le palmitate neutre de sodium pur par dilution avec 900 parties d'eau, aucune trace d'acide palmitique n'a pu être décelée dans la solution froide ; *Mac Bain* [1] et *Bolam* ont récemment confirmé l'exactitude de ces faits par des recherches physico-chimiques.

La preuve directe de l'existence simultanée d'acide gras libre et d'alcali libre dans une solution étendue, à chaud, a été obtenue en extrayant par le toluène, une solution de palmitate de sodium normal, incomplètement hydrolysé, par le toluène : on a ainsi séparé de l'acide palmitique.

D'après *Krafft* et *Wiglow*[2], l'hydrolyse du savon devient complète, si l'un des deux éléments du sel normal, l'acide gras par exemple, est éliminé, ce qui se réalise facilement en agitant la solution avec le toluène. Toutefois cette observation ne s'accorde pas avec le fait développé ci-dessous, à savoir que la présence d'alcali libre empêche l'hydrolyse.

Théoriquement, on peut s'attendre à ce que, dans une solution de

1. *Chem. Soc. Trans.*, 1918 (113), 825.
2. *Berichte*, 1895, 2566.

savon, il s'établisse un équilibre entre la tendance hydrolysante de l'eau et la tendance opposée de l'alcali à la prévenir, et dans ces conditions l'hydrolyse du stéarate de sodium, par exemple, peut se représenter de la façon suivante :

$$C^{18}H^{35}O^2Na + H^2O \rightleftarrows C^{18}H^{35}O^2H + NaOH.$$

exprimant qu'un équilibre s'établit entre l'acide stéarique, l'alcali libre et le stéarate de sodium. Il s'ensuit que si l'on ajoute une certaine quantité d'eau à une solution de savon, une quantité définie seulement et non la totalité de l'acide gras peut être extraite, le reste étant retenu dans la solution à l'état de savon, qui est protégé contre l'hydrolyse ultérieure par la quantité d'alcali mise en liberté par l'hydrolyse précédente.

Afin de vérifier cette hypothèse par l'expérience, *Lewkowitsch*[1] a préparé des savons anhydres avec l'acide palmitique pur, l'acide stéarique pur, l'acide oléique commercial (contenant environ 8 0/0 d'acides solides). Deux séries d'expériences ont été faites avec 1 gramme de chaque savon anhydre ; dans une série, le savon était dissous dans 400 centimètres cubes d'eau, dans l'autre dans 900 centimètres cubes d'eau. Les solutions de savon étaient soumises à l'ébullition au réfrigérant à reflux et étaient ensuite agitées avec le toluène. L'ébullition et l'agitation ont été renouvelées huit fois ; le toluène était évaporé et les acides gras obtenus pesés. L'alcali resté dans les solutions de savon était déterminé par titrage en trois fractions ; les solutions étaient d'abord titrées à froid, avec la phénolphtaléine comme indicateur ; elles étaient ensuite soumises à l'ébullition et titrées après ébullition, toujours en présence de la phénolphtaléine. Finalement, les solutions étaient titrées avec le méthylorange comme indicateur. Les quantités d'alcali ainsi trouvées sont indiquées dans le tableau suivant. Les acides gras isolés des solutions de toluène étaient pesés et calculés en anhydrides ; les nombres figurent dans le tableau. Par comparaison, on a indiqué les quantités théoriques d'alcali et d'anhydride gras :

1. *Journ. Soc. chem. Ind.*, 1907, 590.

Hydrolyse de 1 gramme de savon pur anhydre par l'eau
(*Lewkowitsch*)

Na^2O	A BASE D'ACIDE					
	OLÉIQUE (COMMERCIAL)		STÉARIQUE		PALMITIQUE	
	400 cc. eau	900 cc. eau	400 cc. eau	900 cc. eau	400 cc. eau	900 cc. eau
	0/0	0/0	0/0	0/0	0/0	0/0
Par la phénolphtaléine, à froid..........	3,93	2,87	7,83	4,32	5,96	4,13
— — après ébullition..	3,25	5,9	0,23	3,76	5,19	7,03
Par le méthylorange..................	3,18	1,38	2,20	2,93	0,60	0,61
Trouvé, Na^2O total.....................	10,36	10,15	10,26	11,01	11,75	11,77
Théorie	10,197		10,03		11,15	
Acides gras (***anhydrides***) :						
Hydrolysé............................	77,369	75,59	85,47	85,014	81,29	82,97
Non hydrolysé........................	9,37	5,25	2,71	3,3	1,94	1,96
Insoluble dans l'eau et l'éther..........	0,17	0,84	1,43	0,18	1,5	0,29
Trouvé, total........................	86,709	81,68	89,61	88,494	84,73	85,22
Théorie	89,803		89,87		88,85	

On voit par les expériences ci-dessus que la quantité de soude trouvée est légèrement plus grande que la quantité théorique ; ce qui peut s'expliquer facilement par l'action de l'alcali sur le verre des récipients. La quantité d'anhydrides gras trouvée pour l'acide oléique est beaucoup plus faible que la quantité théorique, ce qui peut être dû à l'oxydation qui a pu intervenir pendant la dessiccation de l'acide oléique. Quoique dans les deux autres cas également, l'accord entre l'expérience et la théorie ne soit pas aussi satisfaisant qu'on puisse le désirer (ce qui est dû aux grandes quantités de dissolvants employées et aux nombres d'opérations par lesquelles la petite quantité d'acides gras déterminée a passé), ces expériences confirment pleinement que l'hydrolyse complète n'est pas possible. Dans le cas de l'acide palmitique, l'hydrolyse a atteint un degré remarquablement élevé, ce qui pourrait expliquer les assertions de *Krafft* et *Wiglow*, qui ont spécialement étudié l'acide palmitique.

Les résultats ci-dessus montrent encore que l'acide oléique se comporte d'une façon différente de celle des acides solides et même de l'acide élaïdique, avec lequel il est isomère. Cette différence disparaît, cependant, si l'on tient compte non plus seulement de la quantité d'eau (en d'autres termes, de la dilution exclusivement considérée jusqu'ici), mais encore de la température. *Krafft* et *Wiglow*[1] ont observé, en effet, que la température à laquelle commence la séparation des sels acides est toujours inférieure au point de fusion de l'acide gras correspondant. *Lewkowitsch* a constitué le tableau suivant d'après les premières expériences de *Krafft* et *Wiglow*, faites sur une solution à 1 0/0 de sel de sodium et celles plus récentes de *Krafft*[2] ; certains points de fusion d'acides gras ont été corrigés :

SEL DE SODIUM de l'	I TEMPÉRATURE DE SÉPARATION DE SOLUTION CONTENANT POUR 100				II TEMPÉRATURE de séparation d'une solution à 1 0/0	III POINT DE FUSION DE L'ACIDE	IV DIFFÉRENCE III-II	V POINTS DE FUSION des sels acides
	25	20	15	10				
	Degrés	Degrés	Degrés	Degrés	Degrés	Degrés		Degrés
Acide stéarique	»	69	68	68-67	60	69,4	9,2	envir. 260
— palmitique	»	62-61,8	»	»	45	62	17	— 270
— myristique	»	53-52	»	»	31,5	53,8	22,3	— 250
— laurique	45-42	envir. 36	»	»	11	43,6	32,6	255-260
— élaïdique	»	45,5-44,8	»	»	35	44	9	225-227
— oléique	13,6	»	»	»	0	14	14	232-235
— érucique	»	35-34	»	»	27	33,5	6,5	230-235
— brassidique	»	56	»	»	42	65,5	23,5	245-248

De ces résultats dérive la loi suivante formulée par *Krafft* : *la température de « cristallisation » des savons est toujours inférieure au point de fusion de leur acide gras libre et la différence entre ces deux températures augmente à mesure qu'on descend dans la série homologue*[3].

Krafft et *Wiglow* ont en outre reconnu que la température de « cristallisation » augmente avec la dilution de la solution. Il est bien entendu qu'il ne s'agit pas ici de « cristallisation » au sens propre du mot, mais en fait, de la formation de masses solides cris-

1. *Berichte*, 1895, 2566.
2. *Ibidem*, 1899, 1596.
3. D'autres observations de températures de cristallisation des solutions concentrées des sels de sodium des acides laurique, myristique, palmitique, stéarique, oléique, élaïdique, érucique et brassidique, ont été faites par L. Hoeren, *Dissert.* Heidelberg, 1898. Tortelli et Fortini, *Chem. Zeit.*, 1910, 890, ont proposé d'appliquer la loi de Krafft à la détermination des acides gras.

tallines concentriques (« globomorphes »), et ce n'est que par abréviation analogique que *Krafft* désigne ainsi cette sorte de gélification.

Dans les conditions de la loi précédente, on voit que l'acide oléique se comporte comme les autres acides gras, et que, par exemple, une solution chaude de palmitate de sodium est comparable à une solution froide d'oléate de sodium.

Reychler[1], qui a répété les expériences de *Krafft*, trouve, cependant, que la température à laquelle commence la « cristallisation » du palmitate de sodium, augmente progressivement à mesure que la concentration s'accroît. Il est particulièrement remarquable que la séparation des cristaux s'opère presque complètement dans un faible intervalle de température, de sorte que le filtrat des cristaux obtenus à quelques degrés au-dessous de la température de cristallisation ne donne plus une quantité appréciable de sels.

Les solutions de palmitate de sodium à la concentration $\frac{N}{20}$ et $\frac{N}{40}$ sont limpides à chaud et donnent les premiers cristaux aciculaires entre 47 et 45°, puis elles cristallisent complètement en longues lamelles à 43-42°, formant ainsi le siège d'une cristallisation distincte dans un milieu limpide.

Une solution $\frac{N}{50}$ se trouble légèrement et devient nébuleuse à 45° et les premiers cristaux aciculaires se forment à 42,5°, tandis que la séparation abondante des cristaux s'opère à 40,5°.

Les solutions dont la concentration est comprise entre $\frac{N}{50}$ et $\frac{N}{250}$ sont plus ou moins opalescentes à haute température et deviennent rapidement irisées un peu au-dessous de 50°. Entre 40 et 36° il s'opère une rapide formation de cristaux extrêmement fins, dont l'état cristallin n'est pas reconnaissable à l'œil nu ; on a ainsi une cristallisation distincte en milieu trouble.

Les solutions $\frac{N}{400}$ sont à la fois opalescentes et irisées et il ne s'en sépare que quelques cristaux granulaires ; en élevant la tempéra-

1. *Bull. Soc. Chim. Belge*, 1912, 194. Cf. A. Reychler, *Contributions à l'étude des savons*, VIIIe *Congrès chim. appl.*

ture des solutions après leur cristallisation, les reflets irisés disparaissent un peu au-dessus de 50°.

Le palmitate de sodium employé dans ces expériences répondait à la composition suivante, calculée d'après les chiffres donnés par *Reychler* : palmitate de sodium 98,63 0/0 ; acide palmitique libre 0,31 0/0 ; eau 1,06 0/0.

On verra plus loin que les conductibilités électriques sont en correspondance avec les phénomènes de cristallisation observé dans les solutions aqueuses de savons.

D'une longue série d'observations faites par *Krafft* et *Wiglow* [1], il ressort que la détermination des poids moléculaires par ébullioscopie se trouve en défaut dans le cas des solutions *aqueuses* de savons (en solution *alcoolique*, comme on le verra plus loin, elle donne des résultats normaux).

Les sels sodiques des acides gras inférieurs jusqu'à l'acide caproïque accusent une élévation anormale du point d'ébullition de l'eau, atteignant près du double de la valeur théorique ; avec le nonylate, il en est de même en solution étendue, tandis que la concentration augmentant, l'élévation du point d'ébullition diminue et le poids moléculaire dépasse rapidement sa valeur normale. Le même phénomène s'observe encore plus nettement avec le laurate, et pour les acides gras supérieurs, avec des concentrations croissantes, le poids moléculaire atteint des valeurs énormes, l'élévation du point d'ébullition de l'eau étant sensiblement nulle ; par refroidissement, ces solutions se prennent en gelées.

Les sels de potassium des acides oléique, érucique et stéarique se comportent de même ; le poids moléculaire tend à prendre une valeur infinie, tandis que les solutions conservent le point d'ébullition de l'eau pure.

Le tableau suivant résume les observations de *Krafft* et *Wiglow* :

1. *Berichte* 1895, 2573 ; 1896, 1324 ; 1899, 1584.

SEL DE SODIUM de L'ACIDE	FORMULE	PARTIES DE SEL dans 100 parties d'eau	POIDS MOLÉCULAIRE APPARENT	POIDS MOLÉCULAIRE NORMAL	P. mol. apparent / P. mol. normal
Acétique.........	$C^2H^3O^2Na$	0,9 25,2	50,5 40,3	82	0,6 0,5
Propionique......	$C^3H^5O^2Na$	3,8 19,8	51,7 46,2	96	0,6 0,5
Caproïque........	$C^6H^{11}O^2Na$	3,5 20,6	72,8 77,9	138	0,52 0,56
Nonylique........	$C^9H^{17}O^2Na$	3,4 20,4	144,1 285,5	180	0,8 1,58
Laurique	$C^{12}H^{23}O^2Na$	3,3 16,1	474 507	222	2,13 2,28
Palmitique.......	$C^{16}H^{31}O^2Na$	16,4 25,0	env. 1.060 vers l'∞	278	env. 4 vers l'∞
Stéarique	$C^{18}H^{35}O^2Na$	env. 16,0 27	env. 1.500 vers l'∞	306	env. 5 vers l'∞
Oléique..........	$C^{18}H^{33}O^2Na$	26,5	vers l'∞	304	vers l'∞

Pour expliquer ces résultats, *Krafft* et *Wiglow* admettent qu'en solution aqueuse, étendue ou concentrée, les sels alcalins des acides gras se trouvent à la fois à l'état cristalloïdal, plus ou moins hydrolysés, et à l'état colloïdal. L'état cristalloïdal prédominant aux concentrations moyennes, l'hydrolyse progresse avec la dilution, tandis que la concentration augmentant, les molécules se multiplient en formant des solutions colloïdales ; en somme, suivant les conditions, une solution de savon se présente comme une solution véritable (cristalloïdale) ou comme une fausse solution (colloïdale).

D'après cela, les divergences observées entre le poids moléculaire *réel* et le poids moléculaire *apparent*, en solution aqueuse, pour les divers sels et à différentes concentrations, expriment une mesure de l'hydrolyse et montrent qu'en général ces sels des acides supérieurs plus stables, sont hydrolysés à chaud, tandis que ceux des acides supérieurs le sont déjà à froid[1], l'acide laurique se comportant de façon intermédiaire.

Il est assez difficile d'admettre cette explication, au moins, pour l'acide acétique, qui se laisse titrer quantitativement par les alca-

1. Les amides des acides gras se comportent de la même façon, les amides inférieurs se présentant comme des cristalloïdes, tandis que les amides des acides supérieurs n'augmentent pas le point d'ébullition de l'eau et se comportent comme des colloïdes.

lis en solution aqueuse [1] ; pour les acides gras supérieurs, qui ne peuvent plus être titrés en solution aqueuse, elle est plus acceptable, surtout après ce que les expériences antérieures nous ont déjà appris sur l'aptitude de leurs sels à l'hydrolyse.

Pour les acides gras inférieurs, les anomalies offertes s'expliquent de façon plus satisfaisante par la *dissociation électrolytique* ou *ionisation :* les sels alcalins de ces acides se dissocient en solution en ions métal et ions acide gras, d'où l'augmentation de poids moléculaire apparent.

Kahlenberg et *Schreiner* [2], se fondant sur la conductibilité électrique des solutions de savons n'admettent pas l'état colloïdal des solutions, et ils sont d'avis que *Krafft* n'a pas observé sur celles-ci une véritable ébullition, mais une pseudo-ébullition.

Il est de fait que l'ébullition des solutions de savons, surtout concentrées, est d'une observation délicate, et que leur viscosité les rend particulièrement aptes à retenir certaines quantités d'air, dont l'élimination complète est très difficile, ce qui est de nature à fausser les déterminations ébullioscopiques. *Smits* [3] a reconnu ces difficultés en répétant les expériences de *Krafft*, et pour les solutions concentrées, il a eu recours à la mesure des abaissements de tension de vapeur, à 80°, au moyen du tensimètre à huile. Il a ainsi observé que pour des concentrations inférieures à 1 molécule pour 1.000 g. d'eau, les solutions de palmitate de sodium présentent une élévation de la température d'ébullition et par suite un abaissement de la tension de vapeur, qui augmente avec la concentration jusqu'à un maximum pour revenir à une valeur nulle aux concentrations supérieures. *Smits* considère ces solutions concentrées comme des solutions colloïdales, et il indique d'autre part qu'elles sont de mauvais conducteurs de l'électricité, tandis que les solutions étendues sont bonnes conductrices.

De l'étude des conductibilités électriques des solutions de palmitate de sodium, *Mac Bain* et *Taylor* [4] ont conclu, au contraire, que les savons normaux, en solutions aqueuses concentrées, ne se comportent pas comme des colloïdes, ce qui concorde avec les conclu-

1. Cf. aussi Müller, *Allgemeine Chemie der Kolloide*, 1907, 179.
2. *Zeits. f. physik. Chem.*, 1898 (27), 552.
3. *Ibidem*, 1903 (45), 608.
4. *Berichte*, 1910 (43), 321 ; *Zeits. f. physik. Chem.*, 1911 (76), 179.

sions de *Kahlenberg* et *Schreiner*, mais est en opposition complète avec celles de *Krafft* et *Wiglow* et de *Smits*.

Ces divergences proviendraient, d'après *Mac Bain* et *Taylor*, de ce que les méthodes ébullioscopique et tensimétrique, employées par *Krafft* et par *Smits*, sont en défaut, à moins de précautions exceptionnelles, si on les applique aux solutions concentrées de savons, tels que ceux des acides gras supérieurs, par suite de l'influence de l'air absorbé ou occlus sur les déterminations. Ainsi qu'on l'a indiqué plus haut, ces solutions, par suite de leur viscosité, retiennent de l'air, dont l'élimination est très difficile, et dont la pression partielle est suffisante pour compenser et couvrir la diminution de tension de vapeur due à la substance dissoute ; de minutieuses déterminations de tensions de vapeur, au tensimètre, sur une solution normale de savon, après élimination soigneuse de l'air, ont permis de constater, en effet, que la tension de vapeur de la solution était inférieure à celle de l'eau ; en fait, la moyenne d'une série de mesures correspondant à la dissociation totale d'électrolyses binaires dans une solution de concentration $\frac{N}{4}$. Dans ces conditions, *Mac Bain* et *Taylor*[1] croient avoir une meilleure connaissance de la nature des solutions de savons en mesurant leurs conductibilités électriques, pour des concentrations comprises entre $\frac{N}{100}$ et $\frac{N}{1,5}$; les déterminations faites sur le palmitate de sodium ont été complétées par celles de *Mac Bain* et *Bowden*[2] sur le stéarate de sodium, et celles de *Mac Bain*, *Cornish* et *Bowden*[3] sur le myristate et le laurate de sodium.

La conductibilité moléculaire du palmitate pour des dilutions croissantes atteint rapidement un maximum, puis passe par un minimum, et augmente ensuite régulièrement ; celle du stéarate, après une valeur très élevée, passe par un minimum, et s'accroit ensuite ; *Dennhardt*[4] avait observé de même un maximum et un minimum pour l'oléate en solutions plus étendues.

1. *Berichte*, 1909 (43), 321.
2. *Journ. Chem. Soc.*, 1911, 193.
3. *Ibidem*, 1912, 2042 ; cf. aussi F. Goldschmidt et L. Weissmann, *Zeits. f. Elektrochem.*, 1912 (18), 380.
4. *Dissert.*, Erlangen, 1898.

L'explication de ces variations de la conductibilité serait la suivante : en solutions concentrée, les savons normaux des acides gras supérieurs, partiellement hydrolysés, se trouvent à l'état de sel neutre ou normal, de soude caustique et de sel acide ; par dilution l'hydrolyse du sel neutre progresse, avec formation de soude qui augmente la conductibilité et de sel acide qui n'est vraisemblablement pas dissocié, mais dissous à l'état colloïdal ; la formation de ce sel acide, non seulement compense l'augmentation de conductibilité due à la soude, mais la fait rétrograder (minimum). La dilution augmentant, en outre du sel neutre restant le sel acide est lui-même hydrolysé avec formation de soude et d'acide libre ; la conductibilité augmente du fait de la mise en liberté d'une quantité importante de soude.

En résumé, les solutions de savons même concentrées ne seraient pas des solutions colloïdales, mais des mélanges de sel acide colloïdal formé par hydrolyse, de soude caustique libre et probablement aussi de sel neutre dissocié électrolytiquement.

D'autres observateurs, encore, depuis la publication des travaux de *Krafft*, se sont efforcés d'élucider la nature des solutions de savons.

Mayer, *Schaeffer* et *Terroine*[1] ont apporté tout un ensemble d'observations directes de l'état colloïdal de ces solutions.

A l'ultramicroscope, on constate, en effet, que les solutions des sels d'acides gras inférieurs jusqu'au caproate sont homogènes (*solutions vraies*), tandis que les solutions des sels supérieurs sont hétérogènes (*solutions colloïdales*) ; à partir du caproate, elles présentent des particules submicroscopiques, à partir du laurate, elles forment des suspensions submicroscopiques avec des particules microscopiques. L'état de dispersion de ces solutions colloïdales est indépendant de la réaction, de la température et de la concentration, et le caractère colloïdal s'accentue en passant de la réaction alcaline à la neutralité et à la réaction acide.

Dans le champ électrique, les solutions de savons apparaissent comme négatives ; dans un hydrosol négatif, la présence d'ions OH

1. *Comptes Rendus*, 1907 (145), 918 ; 1908 (146), 484.

amène une diminution de grandeur des particules ; c'est ce qui se constate en effet par l'observation ultramicroscopique, en concordance aussi avec le fait connu que les lessives alcalines faibles sont les meilleurs agents de désagrégation ou de dissolution des savons (*peplisation*).

Par addition d'acides forts, les sels des acides gras supérieurs passent à l'état de suspension à l'état coagulé, les sels des termes moyens de l'état de solutions vraies à l'état de supensions ultramicroscopiques avec dispers grossiers et les sels des termes inférieurs ne sont pas modifiés.

Conformément au fait connu, qu'en solutions aqueuses, les acides gras diminuent beaucoup plus la tension superficielle que les savons, la tension superficielle des solutions de savons diminue avec l'augmentation de la dilution, par suite de l'hydrolyse, ou avec l'addition d'acide fort ; jusqu'au valérianate, le frottement interne est peu influencé par l'addition d'acide, mais il augmente avec l'addition de bases fortes. Pour le caproate, dont l'hétérogénéité a été constatée à l'ultramicroscope, les acides et les bases augmentent la viscosité ; le minimum de la courbe de viscosité correspond à un point critique, qui est exactement celui où les particules submicroscopiques deviennent perceptibles ; ce point coïncide ici avec la neutralité, tandis que pour les acides supérieurs, il est d'autant plus porté du côté alcalin que le poids moléculaire de l'acide est plus élevé. L'existence de ce point critique paraît constituer un caractère de distinction entre les sels d'acides supérieurs, perceptibles à l'ultramicroscope et les sels en solution vraie.

Soumises à la filtration sur membrane de collodion, les solutions de savons jusqu'au valérianate, filtrent complètement ; au delà de ce terme et jusqu'au palmitate la filtration est partielle, de même que pour l'oléate ; pour le stéarate, la membrane reste imperméable. En général, l'addition d'alcali augmente la filtration, ce qui confirme l'action peptisante des alcalis.

Par la dialyse, l'hydrolyse se poursuit jusqu'à décomposition complète, et le caractère colloïdal s'accentue d'autant plus que la décomposition est plus avancée ; tant que la réaction reste alcaline, la dialyse s'opère, dès qu'elle devient neutre par suite de l'hydrolyse, la dialyse se ralentit, puis s'arrête.

Mayer, *Schaeffer* et *Terroine* ont enfin observé la formation de composés d'absorption, accompagnée des phénomènes de *peptisation* en précipitant les solutions de savons par les sels de métaux lourds ; le précipité de butyrate, caproate ou caprylate de zinc se réduisent dans un excès de savon ou de sels de zinc ; à partir du laurate, cette sorte de solubilité disparaît. Les sels de cuivre et de fer des acides gras inférieurs se dissolvent aussi dans un excès du sel précipitant, ce qui ne se produit pas avec les sels des acides supérieurs ; avec l'oléate, il y a pourtant une légère redissolution. Les savons forment encore avec les colloïdes organiques ou inorganiques, des colloïdes complexes (composés d'adsorption).

Bottazzi et *Victorow* [1] ont aussi étudié la viscosité, la tension superficielle et la dialyse d'une solution de savon de Marseille. La viscosité diminue à mesure que la dilution augmente ; la tension superficielle n'augmente que très peu avec la dilution, étant donné qu'il suffit de très petites quantités de savons pour abaisser fortement la tension superficielle. Les observations faites sur la dialyse et les produits qui en résultent montrent que les solutions de savons sont des solutions colloïdales, qui, par soustraction d'alcali, passent à l'état de suspension plus ou moins grossières d'acides gras et de savons acides.

Reychler [2] enfin, de ses expériences sur la « cristallisation » des savons relatées plus haut, a conclu que ceux-ci, en solutions ni trop étendues, ni trop chaudes, représentent des milieux colloïdaux.

Comme on le voit, suivant les conditions ou les circonstances, les nombreuses observations faites sur les solutions de savons leur attribuent tantôt les propriétés des cristalloïdes, tantôt et surtout celles des colloïdes. Il semblerait donc bien difficile d'arriver à une conclusion définitive sur la nature de ces solutions, si de nouvelles études et de nouvelles vues de *Mac Bain* et ses collaborateurs, venant en aide aux théories les plus récentes, n'étaient venu apporter sur ces faits complexes une lumière décisive.

On sait que l'on admet aujourd'hui, avec *Ostwald*, que tout corps

1. *Atti Accad. Lincei*, 1910, 659.
2. *Kolloid Zeits.*, 1913 (12), 277 ; *Bull. Soc. chim. Belg.*, 1913 (26), 193, 485 ; (27), 110, 113, 217 ; (37), 300.

solide ou liquide, dans un liquide, peut être divisé dans certaines conditions en particules aussi petites que la molécule ou l'ion, en formant avec le dissolvant un *système dispers* stable. D'un système à l'autre, il y aurait continuité, la constitution et les propriétés fondamentales restant identiques, les propriétés accessoires varient suivant le volume de la particule dispersée, c'est-à-dire avec le *degré de dispersion* $\frac{S}{V}$ de la phase disperse[1].

En somme, d'un système à l'autre, il n'y aurait qu'une question de dimensions des particules, allant de moins de 1 millionième de millimètre (0,001μ) pour les *dispersoïdes* ou *soluloïdes* (*solutions vraies*), aux diamètres compris entre 1 dix-millième (0,1 μ) et 1 millionième de millimètre (0,001μ) pour les *dispersoïdes* (*solutions colloïdales*; *suspensoïdes* ou *émulsoïdes*) et supérieures à 1 dixième de millimètre (0,1μ) pour les *dispersions* (*émulsions* ou *suspensions*), et l'on a pu effectivement réaliser le passage de l'un à l'autre, dans certains cas, depuis l'état colloïdal jusqu'aux dissolutions vraies, et inversement[2].

En accord avec ces vues théoriques, *Moore* et *Parker*[3], par la mesure directe de la pression osmotique des solutions d'oléate de soude, ont montré les variations que la grandeur apparente de la molécule, et par suite le degré de dispersion, éprouvaient avec la concentration; avec une concentration de 0,5 0/0, la pression osmotique à 55° accuse un poids moléculaire de 7.100, tandis qu'avec une concentration de 3 0/0, à 40°, elle indique un poids moléculaire de 15.700.

D'autre part de récentes observations de *Baylisz*[4] et de *Biltz* et *Vegesack*[5] sur un certain nombre de matières colorantes, dont le caractère d'électrolytes est incontestable, leur ont permis de constater des propriétés colloïdales typiques, tant à l'égard des électro-

1. *Gründriss der Kolloidchemie*, Dresde 1909; cf. Perrin, *Les Idées modernes sur la constitution de la matière*; Conférence *Soc. fr. de Physique*, 1913, 25-30; *Les atomes*, Paris, 1914; Freundlich, *Kapillar Chemie*, Leipzig, 1909; De Gregorio Rocasolano, *Eléments de chimie physique colloïdale*, Paris, 1920; J. Duclaux, *Les colloïdes*, Paris, 1922.

2. Cf. J. Russ, *Berichte d. deutsch. Physik. gesellsch.*, 47, 2133; Sandquist, *Kolloïdzeits.*, 19, 113; Weimarn, *Grundzüge der Dispersoid Chemie*, Dresde, 1911; De Gregorio Rocasolano, *loc. cit.*

3. *Amer. Journ. of Physiol.*, 1902 (7), 261.

4. *Kolloïdzeits.*, 1910 (6), 23.

5. *Zeits. f. physik. Chem.*, 1910 (73), 481.

lytes agissant comme associants ou coagulants et réduisant le degré de dispersion, qu'à l'égard du temps et de la concentration.

Dans ces conditions, il n'y aurait aucune difficulté à admettre que les savons ou plutôt leurs solutions aqueuses se présentent tantôt comme colloïdales, tantôt comme cristalloïdales, suivant les circonstances, la condition particulière étant surtout la quantité de dissolvant (*milieu de dispersion*) dans laquelle le savon (*corps dispers*) se trouve réparti ou divisé (*dispersé*), et à ce sujet, on doit signaler que *Freundlich* [1] range les savons parmi les *semi-colloïdes ;* mais ceux-ci sont des non-électrolytes présentant divers degrés d'activité osmotique, depuis le cristalloïde typique constitué par le dextrose jusqu'au colloïde comme l'amidon.

D'une longue suite de recherches, *Mac Bain* et ses collaborateurs *M. Laing, Tilley, Salmon, Bolam, Beedle, Taylor, Marlin, Walls, Cornish, Bowden, Bunbury, Burnell, Norris, Jenkins*, ont tiré les conclusions suivantes [2] :

La plupart des propriétés des solutions de savons viennent du savon lui-même et non des produits de l'hydrolyse, et celles de ces propriétés qui ont la plus grande signification sont l'activité osmotique et la conductivité électrique.

L'activité osmotique, telle qu'elle se manifeste par l'abaissement du point de congélation, du point de rosée et de la tension de vapeur ainsi que par la pression minimum pour l'ultrafiltration à travers une membrane dense, est seulement la moitié de celle d'un sel ordinaire, pour des solutions concentrées de savons d'acides gras supérieurs ; elle augmente avec la dilution et diminue avec l'élévation de température, et pour les solutions de divers savons présente régulièrement des valeurs intermédiaires.

La conductivité est égale à celle d'un sel, et doit provenir d'un transporteur négatif, qui ne présente pas d'activité osmotique et par suite est de nature colloïdale, le *micelle ionique.*

Les solutions étendues de savons sont des cristalloïdes ordinaires, tandis que les solutions plus concentrées sont des *électrolytes colloï-*

1. *Kapillar Chemie*, Leipzig, 1909, p. 437.
2. On trouvera les références complètes concernant ces travaux dans le *Report on the Study of soap solutions and its bearing upon colloïd Chemistry*, by J.-W. Mac Bain, Union Int. Chim. pure et appl., Cambridge, 18-20 juin 1923.

daux, c'est-à-dire des sels dans lesquels un des ions se trouve remplacé par le *micelle ionique*, qui est fortement chargé de particules colloïdales de grande conductivité, l'électrolyte colloïdal non dissocié étant formé de micelles neutres. Au-dessus de la saturation l'excès de savon se sépare sous forme de cristaux vrais (savons de potasse) ou de gel fibreux (savons de soude) ; les gels transparents ne s'obtiennent que dans les limites où le savon est un électrolyte colloïdal. Enfin, les solutions plus concentrées ou relarguées par le sel sont des liquides anisotropiques.

Grâce à cette nouvelle notion de l'électrolyte colloïdal, les différentes propriétés des solutions de savons s'expliquent aisément par la réversibilité du système constitué à la fois par des éléments colloïdaux et cristalloïdaux.

L'action hydrolytique de l'eau est retardée par l'addition d'**alcali libre.** Le tableau suivant dû à *Alder Wright* et *Thompson*, qui pourra être comparé avec celui donné plus haut (p. 186), montre nettement ce fait, d'ailleurs bien connu de l'expérience des savonniers :

ACIDES GRAS	EXCÈS DE Na^2O AJOUTÉ A LA SOLUTION pour 100 combiné à l'état de savon	HYDROLYSE PRODUITE PAR x MOLÉCULES D'EAU		
		$x = 150$	$x = 250$	$x = 2000$
Acide laurique brut........	11,0	1,1	1,6	2,0
Acides de l'huile de coton	15,0	nulle	nulle	6,5
— stéarique et oléique (du suif)..................	20,0	nulle	nulle	nulle

L'**alcool** exerce aussi une influence retardatrice sur l'hydrolyse. L'alcool absolu ainsi que l'alcool à 50 0/0 dissolvent les savons neutres sans aucune dissociation. C'est ce que montre le tableau ci-dessous, formé avec les déterminations de poids moléculaire des savons normaux dissous dans l'alcool anhydre par *Krafft*[1] :

1. *Berichte*, 1899, 594.

SEL	FORMULE	POIDS MOLÉCULAIRE (EXPÉRIENCE)	POIDS MOLÉCULAIRE (THÉORIE)
Formiate de potassium ..	CHO^2K	87,60	84,16
Acétate — ..	$C^2H^3O^2K$	93,3-96,7	98,18
Heptylate — ..	$C^7H^{13}O^2K$	153,7-156,5	168,28
Laurate de sodium......	$C^{12}H^{23}O^2Na$	237,2	222,3
Myristate —	$C^{14}H^{27}O^2Na$	253,0	250,3
Palmitate —	$C^{16}H^{31}O^2Na$	282,6	278,4
Oléate —	$C^{18}H^{33}O^2Na$	301,3-345,9	304,4
Oléate de potassium	$C^{18}H^{33}O^2K$	347	320

Si l'on étend une solution alcoolique de savon avec de l'eau, l'hydrolyse s'opère cependant et progresse avec la quantité d'eau ajoutée ; c'est ce que l'addition d'une goutte de phénolphtaléine met nettement en évidence. *Kanitz* [1] a reconnu que la solution devait contenir au moins 40 0/0 d'alcool pour qu'il n'y ait pas hydrolyse ; mais dans la pratique, pour les titrages, il est plus prudent d'avoir une concentration supérieure. *Holde* [2] a montré, en effet, qu'à cette concentration, l'hydrolyse n'est pas absolument arrêtée, et si l'on agite une solution de savon dans l'alcool à 40 0/0 avec le benzène, de petites traces d'acides gras passent dans ce dissolvant ; avec l'alcool à 80 0/0, toutefois, on n'observe aucune extraction d'acides gras.

Les solutions alcooliques de savons, concentrées à chaud, abandonnent du savon, par refroidissement, en masse gélatineuse ou même se prennent complètement en gelée, suivant la concentration ; cette gelée, au bout d'un certain temps, prend une apparence cristalline.

Il est d'observation commune qu'une solution alcoolique de savon, neutre à la phénolphtaléine à froid, rougit en la chauffant, ce qui tendrait à indiquer que, même en solution alcoolique concentrée, à chaud, une légère hydrolyse s'opère. *F. Goldschmidt* [3] avait attiré l'attention sur ce fait que les expériences de *Holde* ont confirmé ; par agitation des solutions alcooliques d'oléate de soude avec le benzène, *Holde* a extrait de petites quantités d'acides gras correspondant à une hydrolyse de 0,014 0/0 avec l'alcool à 99,5 0/0 et

1. *Berichte*, 1903, 400.
2. *Zeits. f. Elektrochem.*, 1910 (16), 436.
3. *Chem. Zeit.*, 1904, 302.

de 0,011 0/0 avec l'alcool à 74 0/0 ; il est toutefois possible que ces chiffres soient plus ou moins exacts du fait de la formation possible de complexes [1] entre les acides gras et les savons neutres.

Les solutions alcooliques de savons, même assez concentrées en alcool (au moins 40 0/0) pour qu'il n'y ait pas hydrolyse, sont décomposées à froid par un courant d'acide carbonique, avec mise en liberté d'acides gras, la décomposition commençant par les sels des acides gras supérieurs (*Fendler* et *Kühn* [2]).

L'**alcool amylique,** ainsi que la **glycérine,** retardent aussi l'hydrolyse des solutions de savons ; l'action retardatrice de l'alcool amylique est même plus marquée que celle de l'alcool éthylique, puisqu'il suffit d'une proportion de 15 0/0 d'alcool amylique pour empêcher l'hydrolyse (*Kanilz*).

L'addition d'**alcalis** ou de **sels** des métaux alcalins, ou d'une façon générale d'**électrolytes,** dans les solutions de savons, modifie le degré de dispersion et l'état d'équilibre de ces solutions et produit des effets de précipitation ou coagulation tout à fait caractéristiques des solutions colloïdales [3].

Si l'on ajoute peu à peu un électrolyte à une solution limpide et fluide de savon, la solution épaissit et devient visqueuse [4], filante, prenant l'apparence d'une colle, puis l'addition d'électrolyte continuant, la viscosité diminue et des flocons de savons apparaissent et augmentent jusqu'à séparation complète du savon en une couche solide, plus ou moins grenue, surnageant la solution saline ; d'homogène, de monophasique qu'il était, le système constitué par la solution de savon est devenu hétérogène, biphasique. En définitive, lorsqu'on ajoute des alcalis ou des sels en quantité suffisante, aux solutions de savons, ceux-ci sont précipités, *relargués* [5], et cette propriété est largement utilisée en savonnerie (*relargage*).

1. Cf. Lundén, *Affinitätsmessungen an schwachen Säuren und Basen*, Stuttgart, p. 33.
2. *Zeits. f. ang. Chem.*, 1909 (22), 107.
3. Cf. Stiepel, *Seifen fabrikant*, 1901, 933, 985 ; Merklen, *Etudes sur la constitution des savons du commerce*, Marseille, 1906 ; Bontoux, *Technique moderne*, 1909, 164 ; Leimdörfer, *Seifensieder Zeit.*, 1906, 385-680 ; 1910.
4. Cf. Leimdörfer, *Seifensieder Zeit.*, 1910, 985.
5. Nous avons adopté l'expression technique « *relarguer* » (*relargage*), usitée en savonnerie, pour exprimer cette précipitation et rendre les expressions équivalentes anglaise : « *salt out* » (*salting out*), et allemande : « *aussalzen* » (*aussalzen*).

La quantité de sels ou d'alcalis nécessaires pour opérer la précipitation varie [1] avec la température, avec la nature des savons et celle des électrolytes. Toutes choses égales, il faut une plus grande proportion d'électrolytes pour précipiter les savons à chaud qu'à froid, pour précipiter les savons de potasse que les savons de soude, et pour la même base les laurates que les myristates et surtout que les palmitates, les stéarates ou les oléates, tandis que les sels inférieurs au-dessous du coprate ne précipitent plus entièrement, même en saturant la solution d'alcalis ou de sels ; les ricinoléates et les sels d'autres acides hydroxylés se comportent comme les sels inférieurs et sont difficilement ou même pas relargués (*Sliepel* [2], *Bontoux*, *Ubbelohde* et *Richerl* [3]).

L'action précipitante des alcalis et des sels alcalins s'établit généralement dans l'ordre décroissant suivant : soude et potasse caustiques, chlorures de sodium et de potassium, carbonate et sulfate de sodium, carbonate de potassium.

Ubbelohde et *Richerl*[3] ont trouvé un rapport constant entre les pouvoirs précipitants de l'un à l'autre de ces électrolytes, et de fait, on peut généralement obtenir une même action précipitante en substituant un électrolyte à un autre suivant le rapport établi [4] ; en rapportant les pouvoirs précipitants des sels à l'hydrate alcalin correspondant, pour remplacer 1 gr. de soude caustique, il faudrait 1,15 gr. de chlorure de sodium et 2,11 gr. de carbonate de sodium ; pour 1 gr. de potasse caustique, il faudrait 1,31 gr. de chlorure de potassium et 1,82 gr. de carbonate de potassium. On peut remarquer que le rapport des chlorures, d'une part, et celui des carbonates, d'autre part, à l'alcali correspondant, sont nettement différents, et que, plus élevé pour le chlorure de potassium que pour le chlorure de sodium, il est au contraire plus faible pour le carbonate de potassium que pour le carbonate de sodium. D'une façon générale, les électrolytes à anions polyvalents (carbonates, sulfates) paraissent exercer un pouvoir précipitant plus faible que les électrolytes à anions monovalents.

1. Cf. Whitelaw, *Journ. Soc. Chem. Ind.*, 1886, 90 ; Merklen, *loc. cit.*, 62, 90.
2. *Seifenfabrikant*, 1901, 985.
3. *Dissert.*, Karlsruhe, 1911 ; *Chem. Revue*, 1911.
4. Cf. plus loin les déterminations de Leimdörfer et de Bontoux.

La précipitation d'un savon déterminé s'opère toujours à la même concentration minimum de la solution en électrolytes (*Merklen* [1]), et d'après ce qui précède il serait indifférent que la solution précipitante soit constituée par un seul électrolyte ou par un mélange d'électrolytes formé en proportion de leurs pouvoirs précipitants respectifs [1] ; c'est, en fait, ce qui se présente en pratique dans la fabrication des savons durs (de soude), où le relargage s'opère sur des solutions complexes de soude caustique, de carbonate et de chlorure de sodium, et d'autres sels étrangers.

Toutefois, si la règle d'équivalence des pouvoirs précipitants des électrolytes s'applique assez vigoureusement tant qu'il s'agit de savons et d'électrolytes ayant la même base (métal ou cathion), ou de la substitution complète d'un électrolyte à un autre, elle nous paraît moins efficace, sinon en défaut dans le cas de savons et d'électrolytes de base différente (voir plus loin) ou dans le cas des mélanges d'électrolytes dont le pouvoir précipitant n'est pas toujours égal à la somme des pouvoirs précipitants de leurs éléments pris isolément. Il en est ainsi par exemple dans les mélanges de chlorure et d'acali caustique ou de carbonate alcalin, où la présence de l'acali caustique ou carbonate tend probablement à une action secondaire de *peptisation*, grâce à laquelle les actions précipitantes isolées ne s'ajoutent pas rigoureusement (*Bonloux*). En dehors des essais de laboratoire justifiant cette restriction, il est bien connu en savonnerie qu'il faut de plus grandes quantités de sel pour relarguer un savon de soude en présence de soude caustique ou de carbonate de soude que pour relarguer un savon pratiquement neutre ; encore, dans ces conditions, est-il souvent difficile d'obtenir des solutions ou lessives exemptes de savons. C'est vraisemblablement à une action du même ordre qu'il faut attribuer la stabilisation incontestable qu'apporte la présence des carbonates alcalins dans les savons mous (de potasse) commerciaux (*Rohland* [2]) ou celle du carbonate de potasse dans les savons durs fortement augmentés (*Bonloux*), et *Leimdörfer* [3] a observé une stabilisation analogue du savon sodique de suif par le sulfate de potasse.

1. *Études sur la constitution des savons du commerce*, p. 61, 82 ; *cf.* aussi Leimdörfer, *Seifensieder Zeit.*, 1910, 1205.
2. *Chem. Industrie*, 1907 (30), 561.
3. *Seifensieder Zeit.*, 1910, 1251.

Les relations établies plus haut entre les pouvoirs précipitants de divers électrolytes semblent aussi en défaut en présence de sels d'acides hydroxylés ; si l'on ne peut pas déterminer directement le pouvoir précipitant des alcalis ou sels sur les solutions de sels savons, en raison de l'impossibilité [1] de les relarguer, quelle que soit la concentration de la solution en électrolytes, en opérant par différence, c'est-à-dire avec des mélanges de savons d'acides saturés relargables et de petites proportions de savons d'acides hydroxylés, *Bonloux* a reconnu, en effet, qu'en présence de ces derniers les alcalis caustiques ou carbonatés n'ont plus la même valeur précipitante, relativement aux chlorures.

Les mélanges de savons de divers acides gras paraissent se relarguer comme un seul sel, dont les propriétés seraient la résultante des propriétés des sels isolés, et en fait les savons mixtes provenant d'un corps gras déterminé se comportent comme un sel unique, tout au moins tant que le mélange de savons ne renferme pas de sels inférieurs ou de sels d'acides hydroxylés, non relargables, qui exercent sur la précipitation une influence qui est loin d'être proportionnelle à la quantité de ces acides dans le mélange ; les sels de sels acides influencent, en effet, considérablement la précipitation en la retardant, et par suite, en nécessitant une bien plus grande concentration de la solution en électrolytes.

En regard de cette influence des sels des acides inférieurs et hydroxylés sur la précipitation des savons, il faut indiquer que la glycérine exerce une action du même genre et se comporte en quelque sorte comme ayant un pouvoir coagulant ou précipitant négatif, c'est-à-dire un pouvoir peptisant.

Les tableaux suivants résument un certain nombre de déterminations faites par *Stiepel* [2], par *Bonloux* [3] et par *Leimdörfer* [4] sur la précipitation des sels ou savons sodiques d'acides gras purs, et de savons de soude mixtes fournis par les principaux corps gras industriels.

1. Cf. Merklen, *loc. cit.*, 80, 182.
2. *Seifenfabrikant*, 1901, 985.
3. *Technique Moderne*, 1909, 221, 292;
4. *Seifensieder Zeit.*, 1910, 1205.

Densités et concentrations minima des solutions de chlorure de sodium et de soude caustique précipitant les sels de soude des principaux acides gras purs

SEL DE SOUDE L'ACIDE	CHLORURE DE SODIUM (STIEPEL) (BONTOUX)			SOUDE CAUSTIQUE (BONTOUX)	
	Degrés Baumé	Densité	NaCl 0/0	Densité	NaOH 0/0
Caprique	23°	1,190	25	1,240	21,5
Laurique	17°	1,135	18	1,154	13,7
Myristique	9°	1,067	9	1,079	6,9
Palmitique	7°	1,052	7	1,070	6,1
Stéarique	5°	1,037	5	1,050	4,4
Oléique		1,048	6,5	1,063	5,5

Densités et concentrations minima des solutions de chlorure de sodium et de soude caustique précipitant les savons de soude des principaux corps gras industriels (Bontoux)

SAVON DE L'HUILE DE	CHLORURE DE SODIUM.			SOUDE CAUSTIQUE		
	Degrés Baumé	Densité	NaCl 0/0	Degrés Baumé	Densité	NaOH 0/0
Œillette	6°	1,043	5,00	9°	1,068	5,95
Lin	6°	1,041	5,90	9°	1,066	5,80
Maïs	4°	1,030	4,35	7°	1,052	4,55
Tournesol	5°	1,036	4,90	7°	1,053	4,75
Kapok	5°	1,036	4,95	7°	1,054	4,90
Coton	5,5°	1,038	5,60	8°	1,058	5,20
Sésame	5,5°	1,038	5,60	8°	1,058	5,15
Arachide	5,5°	1,037	5,35	7°	1,054	4,90
Colza	3°	1,025	3,60	5,5°	1,040	3,60
Olive	5,5°	1,037	5,45	7°	1,052	4,80
Pulpes d'olive	6,5°	1,047	6,50	11°	1,080	7,25
Ressence	6°	1,043	6,00	8°	1,060	5,40
Mowrah	5°	1,036	5,00	7°	1,052	4,60
Palme	6°	1,041	5,85	7,5°	1,056	4,95
Karité	5°	1,034	4,60	5,5°	1,040	3,55
Saindoux	6°	1,045	6,10	8°	1,060	5,25
Suif	6,5°	1,048	6,50	9°	1,070	6,10
Oléine	8°	1,058	8,00	11,5°	1,085	7,50
Palmiste	16,5°	1,130	17,5	19°	1,152	13,5
Coprah	18,5°	1,147	19,5	22,7°	1,187	16,6

En dehors de l'action précipitante ou coagulante que les sels ou les alcalis exercent sur les solutions de savons, il y a l'action réciproque qui peut s'opérer entre chaque alcali ou ses sels et les savons à bases d'un autre alcali, en l'espèce l'action que la potasse ou ses sels peuvent exercer sur les savons de soude, et inversement l'action de la soude et ses sels sur les savons de potasse.

Les acides gras constituant la plus grande partie des glycérides, ont pour la **potasse** et la **soude caustiques** une affinité sensiblement égale. Ainsi, si l'on met un mélange de soude et de potasse en présence d'acides gras en quantité insuffisante pour neutraliser l'alcali présent, on obtient un mélange de savons de soude et de potasse avec un excès d'alcali, le rapport entre la soude libre et la potasse libre étant sensiblement le même qu'à l'état combiné avec les acides gras. Le tableau suivant dû à *Alder Wright* et *Thompson* [1] exprime ce fait ; dans chaque expérience on avait mis en présence, pour une molécule d'acides gras, deux molécules d'alcali, une de potasse caustique et une de soude caustique :

ACIDE GRAS	POURCENTAGE D'ACIDE GRAS CONVERTI EN	
	Savon de soude	Savon de potasse
Acide stéarique pur	51,2	48,8
— oléique pur	50,8	49,2
Acides stéarique et oléique bruts (suif).	51,5	48,5
— stéarique, palmitique et oléique bruts (suif et huile de palme)	48,2	51,8
Acide laurique brut (huile de coco)	49,7	50,3
MOYENNE	50,3	49,7

On voit que pratiquement, dans chaque cas, la moitié de l'alcali caustique était combinée et l'autre moitié libre à l'état d'hydrate (Cf. chap. II, p. 146) Ceci établit expérimentalement qu'un savon de soude traité par une quantité de potasse équivalente à la soude présente, et inversement un savon de potasse traité par une quantité de soude équivalente, donneraient un savon contenant la moitié de l'acide gras combinée à la potasse et la moitié combinée à la soude.

Les **carbonates** de sodium et de potassium se comportent d'une façon toute différente de celle des alcalis caustiques. Les expériences

1. *Journ. Soc. Chem. Ind.*, 1885, 626.

effectuées dans les mêmes conditions réalisées ci-dessus montrent que, si du carbonate de potassium est mélangé en quantité équivalente à la soude d'un savon de soude, ou du carbonate de sodium mélangé en quantité équivalente à la potasse d'un savon de potasse, il y a tendance à la formation d'un savon de potasse et de carbonate de soude ; dans le dernier cas, même si la quantité de carbonate de soude est en grand excès sur la quantité équivalente de savon de potasse présent, il ne se forme qu'une proportion relativement faible de savon de soude. Le tableau suivant montre les résultats obtenus par les deux auteurs précédents :

ACIDE GRAS	SAVON DE SOUDE et CO^3K^2 POURCENTAGE D'ACIDE GRAS		SAVON DE POTASSE et CO^3Na^2 POURCENTAGE D'ACIDE GRAS	
	Équivalent à CO^3K^2 ajouté	Converti en savon de potasse	Équivalent à CO^3Na^2 ajouté	Converti en savon de soude
Acides stéarique et oléique (suif)..	10,4	8,0		
— — — — ..	45,7	34,4		
— — — — ..	100,0	97,95	100,0	4,3
— — — — ..	104,2	99,00	1000	15,0
Acides stéarique, palmitique et oléique (huile de palme et suif)..	57,2	52,1		
Acides stéarique, palmitique et oléique (huile de palme et suif)..	108,0	90,8	177,0	9,5
Acide laurique brut (huile de coco).	52,8	46,4		
— —	114,8	87,9	197,0	6,2
Acide ricinoléique brut (huile de ricin)........................	50,0	48,4		
Acide ricinoléique brut (huile de ricin)........................	100,0	93,8	205,0	8,2

Les **chlorures** alcalins exercent une action inverse, la tendance étant à la formation de savon de soude et de chlorure de potassium ; en tout cas, ces sels se forment de préférence au savon de potasse et au chlorure de sodium si les masses réagissantes sont à peu près égales (*application dans l'ancienne méthode de fabrication des savons durs par les cendres de bois*). En répétant la même opération, l'échange des métaux peut se faire complètement.

Le tableau suivant reproduit les résultats obtenus par *Alder Wright* et *Thompson*, dans une série d'expériences dans lesquelles 10 molécules de KCl et 10 molécules de NaCl étaient en présence de 1 molécule de savon, représentée par 1/2 molécule de savon de soude et 1/2 molécule de savon de potasse :

ACIDE GRAS	POURCENTAGE D'ACIDE GRAS A L'ÉTAT DE		RAPPORT du SAVON DE SOUDE au SAVON DE POTASSE
	savon de soude	savon de potasse	
Acide oléique pur	38,0	62,0	1,63 : 1
Acide ricinoléique brut (de l'huile de ricin)	17,8	82,2	4,6 : 1
Acides stéarique, oléique et résineux (d'un savon de résine et suif)	17,2	82,8	4,8 : 1
Acide laurique brut (d'un savon de coco)	15,1	85,9	5,7 : 1

Cependant, en modifiant le rapport des masses en présence, du savon de potasse et du chlorure de sodium peuvent se former. La preuve expérimentale en est fournie par le tableau suivant où, dans le cas de la colonne (*a*), le savon de potasse dissous dans M molécules d'eau est additionné de N molécules de NaCl pour 1 molécule de savon, et dans le cas de la colonne (*b*), le savon de soude dissous dans M molécules d'eau est additionné de N molécules de KCl pour 1 de savon.

ACIDE GRAS	M	N	*a*) SAVON DE POTASSE ADDITIONNÉ DE NaCl POURCENTAGE D'ACIDE GRAS A L'ÉTAT DE		*b*) SAVON DE SOUDE ADDITIONNÉ DE KCl POURCENTAGE D'ACIDE GRAS A L'ÉTAT DE	
			SAVON DE POTASSE	SAVON DE SOUDE	SAVON DE POTASSE	SAVON DE SOUDE
Acides stéarique et oléique (suif)	100	5	10,5	89,5	79,1	20,9
Acides stéarique et oléique (suif)	200	20	5,1	94,9	82,1	17,9
Acides stéarique, palmitique et oléique (suif et huile de palme)	200	20	3,8	96,2	95,8	4,2
Acide laurique brut (de l'huile de coco)	200	20	5,4	94,6	74,8	25,2

La *densité* de quelques solutions de palmitate et de stéarate de sodium à 90° (comparée à celle de l'eau à 4°) est inférieure à celle de l'eau ; c'est ce qui résulte des déterminations de *Cornish*[1], relatées ci-dessous :

SOLUTIONS	CONCENTRATIONS	DENSITÉ A 90°/4°
Eau	... ..	0,9653
Soude caustique	2,0 normal	1,0437
Acétate de sodium	1,0 —	1,0020
Palmitate de sodium	1,0 —	0,9625
	0,5 —	0,9638
	0,35 —	0,9624
	0,2 —	0,9658
	0,1 —	0,9654
	0,05 —	0,9655
	0,01 —	0,9655
Stéarate de sodium	0,5 —	0,9599
	0,2 —	0,9631
	0,1 —	0,9629
	0,05 —	0,9621
	0,01 —	0,9639
Palmitate de sodium avec une molécule de soude en excès	1,0 — Na	0,9796
	0,1 — —	0,9654
	0,02 — —	0,9646
Palmitate de sodium avec trois molécules de soude en excès	0,8 — —	0,9883
	0,4 — —	0,97935
	0,2 — —	0,9698

Les savons neutres des métaux alcalins sont peu *solubles* dans les *dissolvants organiques* (à l'exception de l'alcool) d'un usage courant en analyse, comme l'éther, l'éther de pétrole, le benzène, etc. A l'état sec, les savons sont plus solubles dans l'éther et le benzène que dans l'éther de pétrole. En solutions aqueuses, par agitation avec ces dissolvants, les savons se dissolvent en petites quantités dans l'éther et moins encore dans l'éther de pétrole. Les savons acides se comportent un peu différemment.

Comme la solubilité des savons dans les dissolvants organiques joue un rôle important dans les analyses commerciales, cette question sera examinée en détail dans le chapitre XI (Voir *Matières insaponifiables*).

1. *Zeits. f. phys. Chem.*, 1911 (76). 210.

Pour les *sels de lithium*, le tableau suivant donne les solubilités déterminées par *Partheil* et *Ferié* [1] :

	100 CENT. CUBES D'EAU DISSOLVENT A		100 CENT. CUBES D'ALCOOL (POIDS SPÉCIF. 0,797) DISSOLVENT A	
	18°	25°	18°	25°
	Grammes	Grammes	Grammes	Grammes
Laurate de lithium........	0,158	0,176	0,418	0,4424
Myristate —	0,0233	0,0234	0,184	0,22
Palmitate —	0,011	0,018	0,0796	0,0955
Stéarate —	0,01	0,012	0,041	0,0532
Oléate —	0,0674	0,132	0,9084	1,009

Sels d'ammoniaque

Les *sels d'ammonium* des acides gras sont obtenus en saturant les acides gras avec l'ammoniaque. En solution aqueuse, ils se dissocient en proportion considérable comparativement aux autres savons alcalins [2]. Les solutions aqueuses perdent facilement de l'ammoniaque en les chauffant, de sorte que l'on ne peut préparer pratiquement des savons d'ammoniaque neutres. Si l'on abandonne un savon d'ammoniaque sous une cloche avec une coupelle d'acide sulfurique, l'ammoniaque est rapidement absorbée jusqu'à ce que la quantité restant combinée égale la moitié de la quantité primitivement présente dans le savon neutre. Le savon acide ainsi obtenu perd encore de l'ammoniaque avec le temps, mais beaucoup moins rapidement que le sel neutre original. Les sels acides d'ammoniaque des acides stéarique et laurique paraissent être beaucoup moins instables, dans les mêmes conditions, que ceux des acides oléique et ricinoléique.

La table suivante donne les solubilités des sels d'ammoniaque des acides palmitique, stéarique et oléique dans l'alcool, l'éther et l'acétone, déterminées par *Falciola* [3].

1. *Arch. der Pharm.*, 241 (1903), 545.
2. Les savons ammoniacaux sont déjà mentionnés dans le Rapport présenté au Gouvernement français, par Darcet, en 1797.
3. *Gazz. Chim.*, 1910 (40), 217.

Solubilité dans l'alcool
(grammes de matière dans 100 cc. d'alcool)

		SEL D'AMMONIUM DE L'ACIDE		
		PALMITIQUE	STÉARIQUE	OLÉIQUE
Alcool absolu à.....	50°	11,0	5,5	100,0
	40	4,5	1,8	...
	30	...	0,9	...
	20	1,4	0,5	...
	10	0,7	0,3	59,0
Alcool à 75 0/0 à....	40	14,84	5,0	...
	30	11,02	1,83	10,86
	20	4,33	...	...
	10	1,78	0,56	8,20
Alcool à 50 0/0.....	40	6,69	3,21	...
	30	...	1,16	...
	20	5,33	0,51	...
	10	...	0,25	...

Solubilité dans l'éther et l'acétone à la température ordinaire
(gramme de matière dans 100 cc. de dissolvant)

	SEL D'AMMONIUM DE L'ACIDE		
	PALMITIQUE	STÉARIQUE	OLÉIQUE
Éther...........................	0,29	0,1	16,9
Acétone........................	0,20 à 13°	0,08	4,6

La conductibilité électrique et la viscosité des solutions de savons ammoniacaux ont été étudiées par *F. Goldschmidt* et *L. Weismann*[1].

2. *Sels alcalino-terreux et des métaux lourds. Savons insolubles dans l'eau*

Ces sels s'obtiennent le plus facilement en précipitant les sels ammoniacaux ou alcalins en solution aqueuse ou alcoolique par les solutions d'acétates correspondants.

La solubilité de ces sels dans les divers dissolvants n'a pas encore fait l'objet d'une étude d'ensemble, d'où pourrait dériver quelque méthode nouvelle de séparation des acides gras.

1. *Zeits. f. Chem. Ind. Koll.*, 1913 (12) 118.

Les sels des acides gras les plus inférieurs sont solubles dans l'eau ; ils s'hydrolysent facilement et forment des sels basiques qui se séparent des solutions par ébullition.

La solubilité des sels des acides gras décroît comme celle des acides gras eux-mêmes, à partir de l'acide butyrique, à mesure qu'augmente le nombre d'atomes de carbone dans la molécule. C'est ce que montre le tableau suivant donnant les solubilités des *sels de calcium* :

SEL DE CALCIUM DE L'	SOLUBLE DANS PARTIES D'EAU	A LA TEMPÉRATURE DEGRÉS
Acide butyrique...........	3,5	14
Acide isovalérique..........	4,9	20
Acide caproïque...........	4,4	21-22
Acide caprylique..........	plus de 160	20
Acide caprique............	grande quantité d'eau	100
Acide laurique............	environ 2.000	100

Les sels de calcium des acides inférieurs, chauffés vers 270°, donnent entre autres produits, des cétones ; ceux des acides supérieurs donnent des hydrocarbures solides (paraffine) et des hydrocarbures de consistance visqueuse [1].

Les sels de baryum (*Chevreul*), de magnésium [2] (*Ewers*) et de plomb (*Asböth*) des acides volatils sont plus ou moins solubles dans l'eau, leur solubilité correspondant généralement avec celle des acides gras eux-mêmes.

Les sels de baryum et de calcium des acides gras supérieurs sont hydrolysés par l'eau.

La plupart des sels des acides gras inférieurs sont solubles dans l'alcool, ceux des acides supérieurs sont généralement insolubles dans ce dissolvant ; les uns et les autres sont assez solubles dans les hydrocarbures (voir chap. xv, *Savons métalliques*).

Les acides gras supérieurs, tels que les acides stéarique, palmitique et oléique, attaquent lentement le cuivre, le plomb, le zinc, le cadmium, avec dégagement d'hydrogène ; l'argent est attaqué très

1. Künkler et Schwedhelm, *Seifensieder Zeit.*, 1908, 1286 ; 1341.

2. L'oléate de magnésium paraît former des composés d'adsorption avec l'oléate de sodium, et l'entraîner avec lui de ses solutions ; les sels de sodium des acides saturés ne seraient pas adsorbés ainsi (Masters et Smith, *Proc. Chem. Soc.*, 1913, 76).

faiblement ; l'aluminium [1], le nickel, le cobalt, l'antimoine, le fer, le bismuth, l'étain, le mercure et la platine sont pratiquement inattaquables [2].

Les sels de plomb des acides saturés supérieurs [3] sont presque insolubles dans l'éther, tandis que les linoléate [4], oléate, ricinoléate, en un mot les sels des acides non saturés les plus fréquemment rencontrés, sont solubles. Le sel de plomb de l'acide érucique est très peu soluble dans l'éther ; celui de l'acide isooléique serait à peu près insoluble. Le sel de plomb de l'acide ricinoléique est insoluble dans l'éther de pétrole léger.

Les solubilités des sels de plomb suivants ont été déterminées par *G. B. Neave* [5].

SEL DE PLOMB de L'ACIDE	POINT de FUSION Degrés	100 CENTIMÈTRES CUBES DE DISSOLVANT DISSOLVENT GRAMMES			
		éther		éther de pétrole, bouillant de 40 à 60°	
		à 20°	à la température d'ébullition	à 20°	à la température d'ébullition
Caproïque	73–74	...	1,3640	...	0,0608
Heptylique	90,5–91,5	0,2397	1,4900	0,0200	0,0528
Caprylique	83,5–84,5	0,0938	0,5460	pratiq. insoluble	0,0384
Nonylique	94–95	0,1115	0,2404	pratiq. insoluble	0,0450
Caprique	100	0,0290	0,4285	pratiq. insoluble	0,0170
Laurique	103–104	pratiq. insoluble	0,0205	pratiq. insoluble	pratiq. insoluble
Myristique	107	pratiq. insoluble	0,0555	pratiq. insoluble	0,0210
Palmitique	112	pratiq. insoluble	0,0261	pratiq. insoluble	pratiq. insoluble
Stéarique	125	pratiq. insoluble	pratiq. insoluble	pratiq. insoluble	0,0170
Oléique	45–50	facilement soluble	facilement soluble	facilement soluble	facilement soluble

1. Cf. Seligman et Williams, *Journ. Soc. Chem. Ind.*, 1918, 159.
2. C.-B. Gates, *Journ. Phys. Chem.*, 1911 (15), 141.
3. En ce qui concerne les sels de plomb des acides gras inférieurs, cf. Colson, *Comptes Rendus*, 1903, 675.
4. Linoléate et ricinoléate désignent ici les sels des acides gras mixtes des huiles de lin et de ricin respectivement.
5. *Analyst*, 1912, 399.

O. Jensen [1] a déterminé les solubilités des butyrate, caprate et caprylate d'argent dans l'eau et dans les solutions de nitrate d'argent $\frac{N}{20}$ à 20° ; et la table suivante montrerait que la solubilité décroît avec l'excès de nitrate d'argent :

SEL D'ARGENT	DANS 100 CENTIMÈTRES CUBES D'EAU	DANS 100 CENTIMÈTRES CUBES SOLUTION DE NITRATE D'ARGENT N/20
	grammes	grammes
Butyrate.........	0,489	0,347
Caprate............	0,089	0,029
Caprylate..........	0,018	0,005

Paal et *Amberger* [2] ont étudié les solubilités des sels de cadmium de quelques acides gras inférieurs et moyens. Les butyrate et caproate sont facilement solubles dans l'eau ; le caprylate est moins soluble et précipite partiellement (11 à 13 0/0) des solutions renfermant de 0,025 à 0,050 gr. d'acide caprylique dans 50 cc. d'eau ; à la concentration de 0,1 gr. pour 50 cc., 63 0/0 de l'acide précipitent à l'état de sel de cadmium. Le laurate précipite à peu près complètement dans la proportion de 94,9 0/0, 96,7 0/0 et 99,3 0/0 respectivement pour les mêmes concentrations.

On trouvera encore d'autres renseignements dans l'étude particulière de chaque acide et dans les chapitres VIII et XV (Voir *Savons métalliques*).

Action des réactifs.

L'action des réactifs sur les acides gras est analogue à celle exercée sur les glycérides eux-mêmes, exception faite, naturellement, des réactions qui se produisent dans l'hydrolyse.

L'action des réactifs sur les mélanges d'acides gras saturés et non saturés que représentent les acides gras mixtes provenant des corps gras naturels est un peu plus complexe que l'action exercée sur chaque acide gras isolé ; nous distinguerons donc ici aussi nettement que possible l'action des réactifs sur les acides gras *saturés* et

1. *Zeits. f. Unters. d. Nahr. u. Genussm.*, 1905 (X), 266.
2. *Ibidem*, 1909 (XVII), 33.

sur les acides *non saturés* dans leur ensemble, les réactions caractéristiques particulières aux diverses séries d'acides non saturés étant étudiées au fur et à mesure de la description de ces différentes séries.

Les acides gras supérieurs, au-dessus de l'acide laurique, peuvent être débarrassés de leur humidité par dessiccation à 100°. Les acides saturés n'absorbent pas d'oxygène dans ces conditions, mais les acides non saturés doivent être desséchés dans le vide ou dans une atmosphère de gaz inerte.

Dans le cas de quelques acides hydroxylés, comme l'acide ricinoléique, des produits de polymérisation prennent naissance. *Lewkowitsch*[1] a montré pour les acides gras de la suintine, que la déshydratation s'opère déjà en grande partie à 100°, ce qui est dû, sans aucun doute, à la formation de lactones. Un cas typique de formation de lactone à la température ordinaire est fourni par la γ-stéarolactone, qui précipite lorsqu'on décompose le sel de potassium de l'acide γ-oxystéarique par les acides minéraux.

Sous l'action de la *chaleur*, les acides gras saturés peuvent se décomposer suivant deux réactions principales [2], aboutissant l'une à de l'anhydride carbonique et un hydrocarbure, l'autre à de l'anhydride carbonique et une cétone symétrique, suivant les équations suivantes :

$$R - COOH = CO^2 + \underset{\text{hydrocarbure}}{R - H}, \qquad (1)$$

$$\begin{matrix} R - COOH \\ R - COOH \end{matrix} = CO^2 + H^2O + \underset{\text{cétone}}{R - CO - R}. \qquad (2)$$

Sans intervention de catalyseur, ces réactions s'opèrent simultanément au rouge sombre, mais l'hydrocarbure et même la cétone sont plus ou moins détruits, et il en résulte un mélange pyrogéné complexe. En présence d'un catalyseur, métaux divisés ou oxydes, les réactions se font à température bien moins élevée et sont moins destructives ; les catalyseurs métalliques produisent surtout et difficilement la première réaction, les oxydes permettent au contraire la réalisation facile de la seconde réaction.

Chauffés seuls à température élevée, les acides gras *fixes* (non

1. *Journ. Soc. Chem. Ind.*, 1892, 141 ; 1896, 14.
2. Sabatier, *La Catalyse*, Paris, 1913, p. 225.

volatils) se décomposent effectivement en formant entre autres produits des hydrocarbures. Chauffés avec le *sodium*, le *magnésium*, l'*aluminium*, le *fer*, l'*étain*, à une température de 350°, les acides gras saturés supérieurs se décomposent en donnant de l'anhydride carbonique, de l'hydrogène, des hydrocarbures gazeux et des hydrocarbures éthyléniques (oléfines) ayant 22 à 28 atomes de carbone dans leur molécule ; avec l'argent et le cuivre, les acides gras se décomposent dans les mêmes conditions, mais à un très faible degré seulement (*Hébert*) [1].

En distillant l'acide stéarique sur de la poudre de magnésium, *Hébert* a obtenu de la stéarone avec des hydrocarbures solides et liquides. *Easterfield* et *Taylor* [2] ont atteint un rendement en stéarone de 80 0/0 en chauffant l'acide stéarique à 370° avec $\frac{1}{10}$ de son poids de limaille de fonte ou de fer fine ; de l'anhydride carbonique se dégage depuis 280° ; il se forme probablement un sel ferreux qui se décompose ensuite, car en chauffant seulement à 360°, on n'obtient que 60 0/0 de stéarone. Le même procédé appliqué aux autres acides gras donne des résultats analogues et fournit les cétones symétriques correspondantes ; il convient surtout bien pour les acides gras saturés supérieurs, depuis l'acide laurique jusqu'à l'acide montanique ; les résultats sont moins bons avec les acides non saturés, oléique, élaïdique, érucique, brassidique, et mauvais avec les acides inférieurs jusqu'à 12 atomes de carbone, où la réaction produit surtout des hydrocarbures [3]. En remplaçant le fer par le manganèse ou l'aluminium, on obtient 65 0/0 de stéarone.

Ipatieff [4] a aussi obtenu les cétones correspondant aux acides gras inférieurs en faisant passer les vapeurs d'acides vers 450°-500° sur l'oxyde ou le carbonate de zinc, le carbonate de calcium, de baryum ou de strontium.

Sabatier et *Mailhe* [5] employant le carbonate de calcium précipité, à 450°, ont transformé les acides gras inférieurs, de l'acide acé-

1. *Bull. Soc. Chim.*, 1903, 316.
2. *Journ. Chem. Soc.*, 1911, 2299 ; E. P. 7619, 1911 ; D. R. P. 259.191. *Cf.* aussi Kipping, *Journ. chem. Soc.*, 1913, 537.
3. Hébert, *Bull. Soc. chim.*, 1903, 316 ; E. Clemmenson, *Berichte*, 1913, 1842.
4. *Journ. Soc. Phys. Chim. Russe*, 1904 (36), 764.
5. *Comptes Rendus*, 1913 (156), 1730 ; *Bull. Soc. Chim.*, 1913 (13), 319.

tique à l'acide isovalérique, en cétones ; à partir de l'acide propionique, il se forme un peu d'aldéhyde et d'hydrocarbure et même d'anhydride carbonique et d'hydrogène ou d'eau, effet secondaire qui progresse avec la complication de la molécule, comme pour les acides isobutyrique et isovalérique.

Senderens [1], avec l'alumine ou mieux avec l'oxyde de thorium à 350-400°, transforme les acides acétique, propionique, butyrique, isobutyrique, valérique en cétones avec d'excellents rendements. *Mailhe*[2] obtient également les cétones des divers acides gras avec l'oxyde ferreux ou l'oxyde ferrique ; avec l'oxyde de cadmium à 400-450°, il transforme facilement en cétones symétriques et anhydride carbonique les acides normaux de l'acide acétique à l'acide valérianique, moins facilement les acides ramifiés, isobutyrique et isovalérianique, et dans ce dernier cas, l'anhydride carbonique est accompagné de carbure éthylénique, d'oxyde de carbone et d'hydrogène.

Enfin, avec le nickel réduit ou le cuivre divisé vers 250°-300°, *Sabatier* et *Senderens* [3], et *Mailhe* [4] décomposent les acides acétique, butyrique, isobutyrique et caproïque en produits gazeux, anhydride carbonique, hydrogène, éthane, méthane et produits charbonneux déposés sur le catalyseur ; tandis qu'en envoyant les vapeurs d'acides saturés jusqu'à l'acide nonylique ou pélargonique, mélangés d'acide formique, sur l'oxyde titanique ou la thorine, à 300°, *Sabatier* et *Mailhe* [5] obtiennent avec des rendements variant de 40 à 90 0/0 les aldéhydes dérivés des acides gras, avec de l'oxyde de carbone, de l'anhydride carbonique et de l'eau.

La décomposition catalytique des acides gras *non saturés* dans les mêmes conditions n'a pas encore été étudiée méthodiquement.

Les acides gras saturés ne sont pas affectés par l'*oxygène* de l'air à la température ordinaire. Cependant, les agents d'oxydation modérés, comme le peroxyde d'hydrogène, sont capables de les oxyder tous, de l'acide acétique à l'acide stéarique, à température relativement basse, en donnant des cétones ; *Dakin* [6] a effectivement ob-

1. *Bull. Soc. Chim.*, 1908 (3), 824.
2. *Ibidem*, 1913 (13).
3. *Ann. Phys. Chim.*, 1905 (4), 467.
4. *Bull. Soc. Chim.*, 1909 (5), 616.
5. *Comptes Rendus*, 1912 (154), 561.
6. *Amer. Chem. Journ.*, 1910 (44), 41.

tenu les cétones suivantes par oxydation des acides gras correspondants :

ACIDE	PRODUIT D'OXYDATION
n-Butyrique	Acétone
n-Valérianique	Ethylméthylcétone
Caproïque	Propylméthylcétone
Caprylique	Amylméthylcétone
Nonylique	Hexylméthylcétone
Caprique	Heptylméthylcétone
Laurique	Nonylméthylcétone
Myristique	Undécylméthylcétone
Palmitique	Tridécylméthylcétone
Stéarique	Pentadécylméthylcétone

Les acides non saturés des séries linoléique, linolénique et surtout clupanodonique absorbent l'oxygène de l'air à la température ordinaire, pour former des produits dont la nature n'est pas encore complètement définie (Cf. chap. VIII et chap. XV, *Huiles oxydées*). Les acides de la série oléique absorbent très lentement l'oxygène de l'air à la température ordinaire, mais plus rapidement à température assez élevée (Cf. *Acide oléique*) en donnant des acides gras insolubles dans l'éther de pétrole, que *Lewkowitsch* appelle *acides oxydés* (Chap. VIII).

L'*ozone* ou l'air ozonisé sont sans action sur les acides gras saturés, tandis que les acides non saturés absorbent l'ozone quantitativement comme les glycérides non saturés eux-mêmes, c'est-à-dire en fixant une molécule d'ozone (O^3) par double liaison existant dans la molécule ; l'acide oléique donne ainsi l'ozonide oléique ; $C^{18}H^{34}O^5$, et l'acide linolénique, l'ozonide linolénique, $C^{18}H^{30}O^{11}$.

Si l'ozonisation s'opère en solution dans l'hexane, on obtient des ozonides normaux ; en solution chloroformique, il se forme des perozonides, où un nouvel atome d'oxygène s'est fixé sur le groupement carboxyle (COOH) probablement pour former un groupe CO^3H ; les perozonides oléique et linolénique renferment donc un atome d'oxygène de plus que les ozonides normaux. Les perozonides se transforment en ozonides simplement en les agitant avec une solution étendue de bicarbonate de sodium.

Par ébullition avec l'eau, les ozonides se décomposent aisément en donnant des aldéhydes, le troisième atome d'oxygène de la molécule d'ozone formant avec l'eau du peroxyde d'hydrogène qui oxyde à son tour plus ou moins les aldéhydes pour former des acides.

L'action du *soufre* sur les acides gras est tout à fait analogue à celle qu'il exerce sur les glycérides (voir p. 98). D'après la *Chemische Fabrik. vorm. H. Byk*[1], les acides gras possédant une double liaison ou un oxhydryle, chauffés avec le soufre à 155-160°, forment une masse plastique.

L'*hydrogène* est sans action sur les acides gras saturés ; toutefois, en présence d'un catalyseur, l'hydrogène réduit les acides gras non saturés à l'état d'acides gras saturés, comme les glycérides eux-mêmes.

Le *chlore*[2], le *brome*, l'*iode*, le *chlorure d'iode* agissent de la même manière sur les acides gras que sur les glycérides correspondants ; il faut cependant signaler que l'acide tartrique n'absorbe que deux atomes d'halogène.

L'*acide sulfurique concentré* divisant les acides gras saturés en formant des composés sulfonés, facilement dissociés par ébullition avec l'eau, en régénérant l'acide sulfurique et les acides gras primitifs (*Chevreul*).

C'est *Frémy*[3] qui a le premier indiqué la formation de produits d'addition entre l'acide sulfurique et les acides gras saturés. *Hoogewerff* et *von Dorp*[4] ont étudié longuement ces produits dont ils expliquent la formation par l'une des deux formules suivantes :

$$R - COOH + H^2SO^4 = R - C \begin{matrix} \nearrow (OH)^2 \\ \searrow O-SO^2-OH \end{matrix}$$

ou

$$R - COOH + H^2SO^4 = R - C \begin{matrix} \nearrow O \begin{matrix} \nearrow H \\ \searrow O-SO^2-OH \end{matrix} \\ \searrow OH \end{matrix}$$

Van Eldik Thieme[5] a obtenu le produit d'addition de l'acide laurique et de l'acide sulfurique en chauffant l'acide laurique avec l'acide sulfurique à 98,5 0/0 et abandonnant à cristallisation ; les cristaux

1. D. R. P. 252.193.
2. Pour la préparation d'acides gras monochlorés par action du chlorure de soufre sur les acides gras, cf. D. R. P. 157.816 (H. Blank).
3. *Ann. Pharm.*, 1836 (20), 50.
4. *Rec. trav. chim. Pays-Bas*, 1899 (18), 211 ; 1902 (21), 349.
5. *Journ. f. prakt. Chem.*, 1912 (85), 298.

renferment 1 molécule d'acide laurique pour 1 1/2 molécule d'acide sulfurique. Ce composé est soluble dans l'éther de pétrole à froid ; dilué dans une grande quantité d'éther de pétrole, il se dissocie.

L'acide sulfurique forme sur les acides gras non saturés une action plus complexe avec formation de produits secondaires (voir plus loin).

L'*acide nitrique concentré* oxyde tous les acides gras ; par ébullition prolongée avec ceux-ci, en particulier, il se forme de l'anhydride carbonique et des acides bibasiques. Avec l'acide caprique, *Lewkowitsch* [1] a obtenu de l'anhydride carbonique et de l'acide oxalique, et avec l'acide stéarique, les mêmes produits et de l'acide subérique. Par ébullition prolongée de l'acide myristique avec l'acide nitrique de densité 1,3, on obtient les acides bibasiques suivants : oxalique, succinique, glutarique, adipique, pimélique et subérique.

L'*acide nitreux* est sans action sur les acides gras saturés ; avec les acides non saturés, il se comporte comme avec les glycérides correspondants (voir plus haut et aussi plus loin).

Le *peroxyde d'azote* exerce sur les acides gras non saturés une action qui sera examinée plus loin.

L'action de l'acide sélénieux sur quelques acides gras non saturés (et leurs glycérides) a fait l'objet d'une étude partielle de *Fokin* [2].

Dérivés des acides gras.

Anhydrides. — *Lewkowitsch* [3] a obtenu facilement les anhydrides des acides caprique, laurique, palmitique, stéarique, cérotique et oléique, en chauffant les acides gras avec l'anhydride acétique (Cf. chap. VI, *Indice d'acétyle*) ; *Albitzky* [4] a préparé ensuite les anhydrides palmitique et stéarique en chauffant l'acide sous pression à 150-160° avec l'anhydride acétique.

Kassler [5] obtient les anhydrides en traitant les sels des acides gras par le chlorure de soufre ; la préparation industrielle de ces compo-

1. *Idem*, 1879, 159.
2. *Journ. Soc. Phys. Chim. Russe*, 1913, 285.
3. *Proc. Chem. Soc.*, 189-191.
4. *Journ. Soc. Phys. Chim. Russe*, 31, 477.
5. D. R. P. 132.605, 1900.

sés a encore été brevetée par *C. A. Jensen* [1] (pour *Th. Goldschmidt*), par *Th. Goldschmidt* [2], et par l'*Aktiengesellschaft für Anilin-Fabrikation* [3].

Gsell [4] a proposé un moyen de séparation des acides gras saturés par leur transformation en anhydrides (voir chap. VIII).

On a obtenu les anhydrides suivants à l'état de pureté. :

ANHYDRIDE	POINT D'ÉBULLITION	POINT DE FUSION	POINT DE SOLIDIFICATION
	Degrés	Degrés	Degrés
Acétique	137,9	...	...
Butyrique	191–193	...	...
Valérianique	215	...	...
Caproïque	241–243	...	...
Caprylique	280–290	...	...
Laurique	...	42[1]	...
Myristique	...	51,5[1]	...
Palmitique	...	55–66[2]	56
Stéarique	...	71–77[2]	68
Oléique	...	22–24 ; 22,2[3]	...
Elaïdique	...	49–51,5	...
Erucique	...	46,5[3]	...
Linoléique	...	...	...

1. Grün et Schacht, *Berichte*, 1907, 1782.
2. Albitzky, *Journ. Russ. Phys. Chem. Soc.*, 31. 477.
3. Holde et Wilke, *Zeits. f. ang. Chem.*, 1922 (47), 229.

Dérivés amidés. — En chauffant les acides gras en tubes scellés vers 200° avec l'ammoniaque, l'aniline [5], le toluidine, la paraphénylènediamine [6] et la naphtylamine, il se forme des amides, anilides, toluidides, paraphénylènediamides et naphtalides. Les dérivés amidés ainsi obtenus ont déjà trouvé des applications techniques (voir chap. XV, *Amides des acides gras*).

De Conno [7] indique que l'on peut séparer les anilides des acides gras par distillation fractionnée sous 10 mm. de pression, le point d'ébullition augmentant d'un homologue à l'autre à raison de 10° par CH^2.

1. E. P. 25.433, 1908.
2. *Ibidem*, 611, 1911 ; Br. fr. 407.046 et additions.
3. *Ibidem*, E. P. 23.924, 1910.
4. *Chem. Zeit.*, 1907, 100.
5. Schoenfeld, *Dissert.*, Zurich, 1912.
6. Cf. Guérin, *Bull. Soc. Chim.*, 1903 (29), 1117 ; Robertson, *Journ. chem. Soc.*, 1908, 1033.
7. De Conno, *Gazz. Chim. Ital.*, 1917 (47), 93.

Les anilides sont légèrement solubles dans l'éther de pétrole, un peu plus solubles dans l'acétone et l'acide acétique chaud, et facilement solubles dans l'éther, le chloroforme et le benzène.

Les paraphénylène-diamides sont insolubles dans les dissolvants organiques usuels, à l'exception de l'acool amylique chaud.

Les dérivés amidés des acides gras, chauffés en tubes scellés à 150° avec l'acide chlorhydrique concentré, se décomposent en régénérant les acides gras.

La table suivante donne des points de fusion de ces divers dérivés[1] :

Amides, anilides, toluidides, naphtalides des acides gras.

	Point de fusion Degrés
Amides.	
Acétique	82–83
Butyrique	115
Valérianique	111–116
Caproïque	100
Caprylique	97–98
Caprique	108
Laurique	110
Myristique	102
Palmitique	106–107
Stéarique	108,5–109
Arachidique	108[2]
Bénique	111
Cérotique	109
Montanique	109–111[3]
Mélissique	116
Oléique	75–76
Élaïdique	93–94
Pétrosélinique	76
Érucique	84
Brassidique	90
Ricinoléique	66
Ricinélaïdique	91–93
Stéaroléique	78
Anilides.	
Caprylique	57
Caprique	61

1. Relativement à l'action de la furfuramide sur les acides gras, voir Ludwig et Haupt, *Zeit. f. Unters. d. Nahrungs. u. Genussm.*, 1907, XIII, 605.
2. Pickles et Hayworth ont obtenu de l'acide arachidique, isolé du beurre de Niam, une amide fondant à 99° (*Analyst*, 1911, 494).
3. Th. Rigg, *Trans. New Zealand Inst.*, 1911 (64), 270.

Anilides (suite).	Point de fusion Degrés
Laurique	68
Palmitique	90
Stéarique	94
Cérotique	98,5[3]
Montanique	101,5[3]
Mélissique	103[3]
Stéaroléique	63
Toluidides.	
Butyrique	74
Valérianique	72
Caproïque	75
Caprylique	67
Caprique	80
Laurique	81–82
Myristique	93
Palmitique	66
Stéarique	98
Para-phénylènediamides.	
Myristique	162,5
Palmitique	181,5
Stéarique	179,5
Arachidique	139,8
Oléique	158,7
Erucique	151
Naphtalides.	
Butyrique	120
Valérianique	111
Caproïque	112
Caprylique	95
Caprique	99
Laurique	100
Myristique	105
Palmitique	105
Stéarique	110

Dérivés hydroxylamidés. — En chauffant les glycérides avec le chlorhydrate d'hydroxylamine[1], on obtient des dérivés hydroxamiques, tels que l'acide stéarohydroxamique $C^{17}H^{35}$-C(OH) = N-OH et l'acide palmitohydroxamique $C^{15}H^{31}$-C(OH) = N-OH.

Éthers. — Les éthers autres que les éthers glycériques s'ob-

1. Morelli, *Atti R. Accad. dei Lincei*, 1908 (17), 74.

tiennent en faisant passer un courant de gaz chlorhydrique sec dans la solution de l'acide gras dans l'alcool méthylique, éthylique, etc., absolu ; l'éther formé se sépare en lavant ensuite à l'eau.

En raison de l'intérêt que peuvent offrir les éthers méthyliques en particulier dans l'étude analytique des corps gras, et les éthers éthyliques dans certaines applications industrielles (celluloïde), on trouvera leurs points de fusion et d'ébullition réunis dans la table suivante :

Points d'ébullition et de fusion des éthers méthyliques et éthyliques des acides gras

ACIDE	ÉTHERS MÉTHYLIQUES		ÉTHERS ÉTHYLIQUES	
	POINT D'ÉBULLITION	POINT DE FUSION	POINT D'ÉBULLITION	POINT DE FUSION
	Degrés	Degrés	Degrés	Degrés
Acétique	55	...	77	...
Butyrique	102,3	...	119,9	...
Valérianique	127,3	...	144,6	...
Caproïque	149,6	...	165-166 sous 735,8mm de pression	...
Caprylique	192,9 83 sous 25mm de pression	—40 à —41	207-208	— 47 à — 48
Caprique	223-224 114 sous 15mm de pression	...	243-245	...
Laurique	148 sous 18mm de pression	+ 5	269 71 dans le vide	— 10
Myristique	167-168 sous 15mm de pression	+ 18	295 102 dans le vide	—10,5 à —11,5
Palmitique	196 sous 15mm de pression	28	122 dans le vide	...
Daturique	...	30	...	26,7
Stéarique	214-215 sous 15mm de pression	38	139 dans le vide	36,7
Arachidique	...	54,5	284-286 sous 100mm de pression	50
Bénique	...	...	...	48-49
Lignocérique	...	56,5-57	305-310 sous 15-20mm de pression	55
Cérotique	...	60	...	59-60
Montanique	...	67-67,5	...	67
Mélissique	...	74,5	...	73
Tiglique	...	...	156	...
Oléique	212-213 sous 15mm de pression	...	...	...
Erucique	...	...	au-dessus de 360	...
Brassidique	...	...	au-dessus de 360	...
Linoléique	207-208 sous 11mm de pression	...	...	...
Chaulmougrique	227 sous 20mm de pression	...	230 sous 20mm de pression	...
Linolénique	...	...	132-133 dans le vide	...
Clupanodonique	222 sous 5mm de pression	...	...	...
Ricinoléique	225-227 sous 10mm de pression	...	227-230 sous 10mm de pression	...
Dioxystéarique	...	106-108	...	104-106
Japanique	...	...	...	53
Stéaroléique	204-206 sous 20mm de pression	— 3	215-216 sous 20mm de pression	...

Cétones. — Les modes de préparation des cétones des acides gras ont été indiqués plus haut. Les cétones des acides inférieures se préparent par la méthode habituelle de décomposition des sels alcalins en présence de chaux sodée ou par les méthodes catalytiques, les cétones des acides supérieurs par les procédés catalytiques. On trouvera dans le tableau suivant les formules et points de fusion des cétones correspondant aux principaux acides gras :

CÉTONES	FORMULE	POINT DE FUSION	OBSERVATEURS
Caprone	$(C^5H^{11})^2CO$	14,6	Lieben and Janecek[1].
Caprylone	$(C^7H^{15})^2CO$	40	Guckelberger[2].
Caprinone	$(C^9H^{19})^2CO$	58	Grimm[3].
Laurone	$(C^{11}H^{23})^2CO$	69	Kipping[4].
Myristone[5]	$(C^{13}H^{27})^2CO$	76,3	Krafft[6].
Palmitone	$(C^{15}H^{31})^2CO$	82,8	—
Daturone	$(C^{16}H^{33})^2CO$	75,5–76	Gérard[7].
Stéarone	$(C^{17}H^{35})^2CO$	87,8	Heintz[8].
Cérotone	$(C^{25}H^{51})^2CO$	93	Th. Rigg[9].
Montanone	$(C^{27}H^{55})^2CO$	97,5	—
Mélissone	$(C^{29}H^{59})^2CO$	99,5–100	—
Oléone[9]	$(C^{17}H^{33})^2CO$	59	Easterfield and Taylor[10].
Élaïdone	$(C^{17}H^{33})^2CO$	70	—
Érucicone	$(C^{21}H^{41})^2CO$	50–60	—
Brassidone	$(C^{21}H^{41})^2CO$	80	—

1. *Annalen*, 187, 134.
2. *Idem*, 69, 201.
3. *Idem*, 157, 270.
4. *Journ. Chem. Soc.*, 57, 981.
5. Cette cétone existe naturellement dans la luzerne (G.-A. Jacobson, *Journ. Amer. Chem. Soc.* 1911 (33), 2.048).
6. *Berichte*, 1882, 178.
7. *Ann. Chim. Phys.*, (6), 27, 563.
8. *Jahresber. d. Chem.*, 1855, 515.
9. *Transact. New Zealand Inst.*, 1911 (64), 270.
10. *Journ. Chem. Soc.*, 1911, 99.

I. — ACIDES DE LA SÉRIE ACÉTIQUE, $C^nH^{2n}O^2$

Acide formique, CH^2O^2 = H–COOH

La présence de l'acide formique a été signalée dans les huiles de Strophantus, de croton, de Macassar, de jaune d'œuf, le beurre de dapap et le beurre de vache, mais ces indications demandent confirmation.

Acide acétique, $C^2H^4O^2 = CH^3\text{-}COOH$.

Cet acide existerait (vraisemblablement à l'état de glycéride mixte) dans l'huile des graines du fusain (*Evonymus europœus*), dans le beurre de vache, l'huile de Macassar et le corps gras des graines du *Brucea antidysenterica*. Il paraît inutile d'étudier ici les propriétés de cet acide qu'on trouvera décrites dans les traités de chimie.

Acide butyrique, $C^4H^8O^2 = CH^3\text{-}CH^2\text{-}CH^2\text{-}COOH$.

L'acide butyrique a été découvert par *Chevreul*, dans le beurre de vache, où il se trouve à l'état de glycéride mixte, dans la proportion de 6 0/0 environ.

L'acide butyrique, à la température ordinaire, est un liquide incolore; à l'état pur et fraîchement distillé, il a une odeur voisine de celle de l'acide acétique, tandis qu'en solution aqueuse, son odeur rappelle celle du beurre rance. Il cristallise à $-19°$; les cristaux fondent à $-6{,}5°$ (*Scheij*), $-7{,}9°$ corr. (*Schneider*). Il bout[1] sous la pression ordinaire à 162,3°, et à 163-164° sous la pression de 758 mm. (*Scheij*).

Konowalow a déterminé les points d'ébullition suivants de solutions d'acide butyrique, sous la pression de 740 mm.

ACIDE BUTYRIQUE	EAU	POINT D'ÉBULLITION
Pour 100	Pour 100	Degrés
74,52	25,48	98,[illegible]
50,00	50,00	98,95
29,90	71,10	99,97

G. Ryland[2] a constaté qu'un mélange de 20 0/0 d'eau et 80 0/0 d'acide butyrique, sous la pression de 763 mm., bout à la température constante de 99-99,5°; les vapeurs ont donc la même composition que le liquide bouillant, de sorte qu'une solution d'acide butyrique ayant la composition ci-dessus ne peut être résolue en ses éléments par distillation.

1. En ce qui concerne la formation d'un produit de condensation par distillation, voir G. Albo, *Arch. Sciences phys. Genève*, 4 (12), 339.
2. *Amer. Chem. Journ.*, 1899 (22), 384.

Densité : $d^{0°} = 0,9746$; $d^{14°} = 0,958$; $d^{20°}_{4°} = 0,9590$; $d^{161,5°}_{4°} = 0,8141$.

Indice de réfraction : $n^{20°}_{D} = 1,39906$.

L'acide butyrique est miscible avec l'eau, l'alcool et l'éther en toutes proportions ; par addition de chlorure de sodium ou de calcium il se sépare des solutions aqueuses en gouttes huileuses.

Les solutions d'acide butyrique ont une saveur acide et brûlante ; elles rougissent la teinture de tournesol et décolorent les solutions faiblement alcalines colorées en rose par la phénophtaléine. Le méthylorange vire au rouge dans les solutions d'acide butyrique exemptes de butyrates (Cf. p. 183).

En distillant une solution aqueuse d'acide butyrique, celui-ci passe entièrement dans le distillat ; si la solution est trop étendue, il est préférable de la neutraliser avec un alcali caustique et de concentrer par évaporation, puis on acidifie la solution concentrée par l'acide sulfurique et on distille.

En chauffant une solution alcoolique d'acide butyrique avec l'acide sulfurique, du butyrate d'éthyle se forme, dont la plus petite quantité se décèle aisément par son odeur agréable rappelant celle de l'ananas. L'acide butyrique se décèle ainsi même dans les solutions étendues, en neutralisant celles-ci par la soude, évaporant à sec et chauffant doucement le résidu avec de l'alcool et de l'acide sulfurique [1]. Dans les corps gras renfermant de l'acide butyrique, celui-ci se caractérise rapidement par la formation de butyrate d'éthyle, obtenu en saponifiant les corps gras avec de l'alcool fort et une quantité de potasse insuffisante pour effectuer la saponification complète (recherche qualitative du beurre de vache).

L'acide butyrique est oxydé par l'acide chromique en formant de l'acide acétique et de l'anhydride carbonique, et par le permanganate de potasse en solution alcaline en donnant de l'anhydride carbonique et de l'eau.

L'acide butyrique se prépare industriellement par fermentation du fromage ou du lait aigri.

Il est employé pour la préparation d'éthers odorants, et en nature pour le déchaulage des peaux en tannerie [2].

1. Cf. aussi Denigès, *Ann. Chim. analyt.*, 1918, 23, 27; Gillespie Walters, *Analyst*, 1917, 399 ; Crowell, *Journ. Amer. Chem. Soc.*, 1918 (40), 453.
2. T. Salomon, *Collegium*, 1912, 284.

Les sels métalliques de l'acide butyrique sont — à l'exception des *sels d'argent*, de *mercure* et de *plomb* — *facilement* solubles dans l'eau ; les sels alcalins sont déliquescents.

Le *butyrate de calcium*, $Ca(C^4H^7O^2)^2 — H^2O$, est remarquable par sa solubilité, qui décroît à mesure que la température s'élève. A 14°, la solution saturée contient 1 partie de sel dissoute dans 3,5 d'eau ; en la chauffant à 30°, un précipité se forme et, à l'ébullition, le sel se sépare, se redissolvant presque complètement par refroidissement. Le sel de calcium est soluble dans l'alcool.

Le *butyrate de baryum*, Ba $(C^4H^7O^2)^2 + 4H^2O$, se dissout dans la proportion de 37,5 parties de sel anhydre dans 100 parties d'eau de 0° à 40°, et 35,9 parties de 40° à 82° ; 100 parties d'alcool absolu dissolvent 0,126 partie de sel anhydre [1], et 100 cc. d'alcool à 97 0/0, 0,17 gr. [2].

Le *butyrate d'argent*, $AgC^4H^7O^2$, est soluble dans 200 parties d'eau à 14°. Il cristallise en aiguilles ou prismes monocliniques suivant la concentration.

L'*éther méthylique* bout à 102,3° sous 760 mm ; $d_{4°}^{0°} = 0,92006$.

L'*éther éthylique* se solidifie à —80° et bout à 119,9° sous 760 mm ; $d^{4°} = 0,89957$.

L'*acide isobutyrique* a été signalé par *Engelhardt* dans la cire du Japon, mais cette indication demande confirmation ; en fait, *Tassily* [3] est d'avis que l'acide volatil trouvé dans la cire du Japon est de l'acide nonylique ou pélargonique.

Acide valérianique (phocénique), $C^5H^{10}O^2$.

La présence de l'acide valérianique a été signalée dans les huiles de marsouin et de dauphin. *Chevreul* l'a découvert en 1817 dans l'huile de dauphin et en 1818 dans les baies de la viorne, *Viburnum opulus* L., et l'a appelé acide « delphinique », puis « phocénique ».

Divers auteurs ont voulu voir dans l'acide « phocénique » de *Chevreul* un mélange d'acides butyrique et caproïque, mais *André* [4],

1. Cf. Wilcox, *Proc. Chem. Soc.*, 1895, 202.
2. Crowell, *Journ. Amer. Chem. Soc.*, 1918 (40), 453.
3. *Les Matières grasses*, 1911, 2285.
4. *Bull. Mus. Hist. Nat.*, 1925 (1), 121 ; *Chimie et Industrie*, 1926 (15), 256.

reprenant l'étude antérieurement faite par *Chevreul*, a retiré des huiles de dauphin et de marsouin de 26 à 30 0/0 d'un acide gras liquide, bouillant à 174-176° (dauphin) ou 170-175° (marsouin), et paraissant bien identique à l'acide isopropylacétique de synthèse et à l'acide valérianique de la racine de valériane.

C'est un liquide incolore à odeur désagréable rappelant celle de la racine de valériane et du fromage pourri.

Il bout à 173,7° sous 760 mm. de pression, à 99,2° sous 45,9 mm. et à 72,4° sous 10,5 mm. Il se solidifie à — 57° et fond ensuite à — 51°.

Densité $d^{0°} = 0,9467$; $d^{20°} = 0,931$.

Il se dissout dans 23,6 parties d'eau à 20°, et précipite de sa solution aqueuse par addition de chlorure de calcium.

Acide caproïque[1], $C^6H^{12}O^2 = CH^3\text{-}CH^2\text{-}CH^2\text{-}CH^2\text{-}CH^2\text{-}COOH$.

L'acide caproïque existe, à l'état de glycéride mixte, dans le beurre de vache (où *Chevreul* l'a découvert en 1818) et dans les huiles de coco et de palmiste.

L'acide caproïque a une odeur rappelant celle de la sueur ; il n'est pas complètement miscible avec l'eau, quoiqu'il soit assez soluble dans ce liquide ; 100 cc. d'eau en dissolvent 0,882 gr. à 15°.

Il fond à — 8° (*Scheij*) et bout de 202-203° sous 770 mm.

Densité : $d\frac{20°}{4°} = 0,924$.

Indice de réfraction $n_D^{20°} = 1,416.5$

Le *caproate d'ammonium* répond à la formule $NH^4(C^6H^{11}O^2)$ (*Wurtz, Falciola*[2]).

Le *caproate de calcium* cristallise en lamelles avec une molécule d'eau, $(C^6H^{11}COO)^2Ca = H^2O$; 100 parties d'eau dissolvent 4,4 parties de sel anhydre à 21-22°.

Le *caproate de baryum* cristallise avec 2 molécules d'eau, $(C^6H^{11}COO)^2Ba + 2H^2O$; 100 parties d'eau dissolvent 11,1 parties de sel anhydre à 10,5°.

Le *caproate de zinc* précipite en poudre cristalline, de composition

1. Cet acide est souvent décrit comme acide isobutylacétique (cf. aussi *Berichte*, 1907, 2458).
2. *Gazz. Chim. Ital.*, 1910, II, 435.

$(C^6H^{11}COO)^2Zn + H^2O$, en versant de l'acide caproïque dans une solution d'acétate de zinc (différence avec les acides butyrique et valérianique) ; 100 parties d'eau dissolvent 1,03 parties de sel anhydre à 34,5°.

Le *caproate de cuivre*, séché à l'air[1], constitue une belle poudre bleue ; chauffé de 110 à 120°, il verdit brusquement et reste vert par refroidissement. Le plomb métallique déplace facilement le cuivre du caproate de cuivre en solution dans la pyridine.

L'*éther méthylique* bout à 149,6° sous 760 mm. et à 52-53° sous 15 mm. (*Haller et Youssoufian*[2]) ; $d^0 = 0,9309$.

L'*éther éthylique* bout à 165,5-166° sous 735,8 mm. ; $d^0 = 0,8890$; $d^{20°} = 0,8732$; $d^{40°} = 0,8594$.

Acide caprylique, $C^8H^{16}O^2 = CH^3\text{-}(CH^2)^6\text{-}COOH$.

L'acide caprylique existe dans le beurre de vache (où *Lerch* l'a trouvé en 1844) et notamment dans les huiles de coco et de palmiste. Sa présence caractérise ces deux corps gras comme l'acide butyrique le beurre de vache, et on le prépare le plus aisément en fractionnant les éthers méthyliques obtenus de l'alcoolyse du beurre de coco (*Guérin*).

L'acide caproïque a une odeur intense de sueur. Liquide à la température ordinaire, il cristallise par refroidissement à 12° en lamelles fondant à 16,5° ; il bout à 236-237° sous 761 mm. et à 123,5-124,3° sous 10 mm. 1 partie d'acide caproïque se dissout dans 400 parties d'eau bouillante, et par refroidissement l'acide dissous se sépare presque complètement ; 100 cc. d'eau à 15° en retiennent en solution 0,079 gr.

Densité : $d^{0°} = 0,9270$; $d^{20°}_{4°} = 0,9100$.

Indice de réfraction : $n^{20°}_D = 1,42825$.

Le caprylate d'ammoniaque, $NH^4(C^8H^{15}O^2)$ fond entre 70 et 85°, et cristallise dans le benzène. Il est très peu soluble dans l'éther, le sulfure de carbone et le tétrachlorure de carbone ; très soluble dans les alcools méthylique et éthylique et le chloroforme (*Falciola*[3]).

1. Kahlenberg, *Journ. phys. Chem.*, 1902 (6), 6 ; cf. aussi B. Gates, *Journ. phys. Chem.*, 1911 (15), 101.
2. *Comptes Rendus*, 1906 (143), 803.
3. *Gazz. Chim. Ital.*, 1910 (II), 435.

Le *caprylate de baryum*, $(C^8H^{18}O^2)^2Ba$, cristallise en lamelles; 100 parties d'eau en dissolvent 0,619 partie à 20°.

Le *caprylate de plomb*, $(C^8H^{15}O^2)^2Pb$, cristallise dans l'alcool en lamelles, fondant à 83,5-84,5°.

Le *caprylate de cuivre*, $(C^8H^{15}O^2)^2Cu$, cristallisé dans l'alcool en lamelles vertes, fondant à 264-266°.

Le *caprylate d'argent*, $C^5H^{15}O^2Ag$, est un peu soluble dans l'eau : 0,018 gr. dans 100 cc. d'eau, à 20°.

L'*éther méthylique* se solidifie de — 40 à — 41° et bout à 192-194° sous 760 mm., à 95° sous 25 mm. (*Guérin*) et à 83° sous 15 mm. (*Haller et Youssoufian*) ; $d^{0°} = 0,8942$; $d^{18°} = 0,887$.

L'*éther éthylique* se solidifie de — 47 à — 48° et bout à 207-208° sous la pression ordinaire ; $d^{0°} = 0,8842$; $d^{16°} = 0,8730$.

Acide caprique, $C^{10}H^{20}O^2 = CH^3\text{-}(CH^2)^8\text{-}COOH$.

L'acide caprique se trouve dans le corps gras du lait de vache (*Chevreul*) et de chèvre (*Lerch*), dans le corps gras des fruits du *Lindera Bensoin*, dans les huiles de coco (*Gorgey*[1]), de palmiste et de caféier; l'huile d'orme, d'après *Pawlenko*[2], en renfermerait jusqu'à 50 0/0 ; il existe encore dans le jaune d'œuf à l'état de sel de potassium.

L'acide caprique a l'odeur désagréable du bouc, qui devient encore plus manifeste à la température de fusion.

L'acide caprique cristallise en fines aiguilles, fondant à 34,3-31,4° (*Krafft*[3]), et bouillant à 268-270° sous 760 mm. (*Grimm*[4]), à 199,5-200° sous 100 mm. et à 153-154° sous 13 mm. (*Scheij*). Il est presque insoluble dans l'eau froide, et 1.000 parties d'eau bouillante en dissolvent 1 partie.

Densité : $d^{37°} = 0,930$; $d^{40°}_{4°} = 0,8858$.

Indice de réfraction : $n^{40°}_{D} = 1,42855$.

Les sels alcalins seuls sont aisément solubles dans l'eau. Le *caprate de baryum* est presque insoluble dans l'eau froide, et très peu

1. *Annalen*, 1858 (66), 290.
2. *Chem. Revue*, 1912 (43).
3. *Berichte*, 1882, 696 ; 1883, 1716.
4. *Annalen*, 1870 (157), 264.

soluble dans l'eau bouillante ; il cristallise de sa solution bouillante en lamelles, facilement solubles dans l'alcool bouillant.

L'*éther méthylique* se solidifie à — 18°, et bout à 223-224° sous 760 mm., et à 114° sous 15 mm.

L'*éther éthylique* bout à 243-235° ; $d = 0,862$.

Acide laurique, $C^{12}H^{24}O^2$.

L'acide laurique se trouve en quantités considérables dans l'huile de Kusu [1], le suif de tangkallah [2], les beurres de dika et d'Irvingia [3], et dans l'huile de laurier [3] ; l'huile de coco [4], les fèves Pichurim [5], le corps gras du *Lindera Benzoin* [6], le beurre de Karité et le spermaceti [7] renferment aussi de notables proportions de laurine, et l'huile de Kusu en est essentiellement constituée. L'acide gras contenu dans les noix du laurier de Californie (*Umbellularia californica*), autrefois décrit comme acide umbellulique [8], est en réalité de l'acide laurique.

On prépare le plus facilement l'acide laurique au moyen de la laurine [9] obtenue par recristallisation du suif de tangkallah dans l'éther, ou par fractionnement des éthers méthyliques [10] formés par alcoolyse de l'huile de coco.

Cet acide est solide à la température ordinaire et cristallise dans l'alcool en aiguilles fondant à 43,6°. C'est le premier des termes de la série acétique qui ne puisse pas se distiller à la pression ordinaire sans (légère) décomposition. Il bout à 225° sous 100 mm. de pression, à 176° sous 15 mm., et à 102° dans le vide cathodique.

Densité : $d^{20°}_{4°} = 0,883$; $d^{43,6°}_{4°} = 0,875$ et $d^{60°}_{4°} = 0,8642$.

1. Tsujimoto, *Journ. Coll. Sc. Eng. Tokyo Imp. Univ.*, 1908, 86.
2. Oudemans, *Journ. f. prakt. Chemie*, 1860 (1), 81, 356 ; Lewkowitsch, *Analyst*. 1905, 394.
3. Bontoux, *Les matières grasses*, 1908, 1278.
4. Görgey, *Annalen*, 1848 (66), 303 ; Oudemans, *Journ. f. prakt. Chem.*, 1860 (1), 375 ; Guérin, *Bull. Soc. Chim.*, 1903, 29 (3), 1117 ; Haller et Youssoufian, *Comptes Rendus*, 1906 (143), 803.
5. Sthamer, *Annalen*, 1845 (53), 390.
6. Caspari, *Amer. Chem. Journ.*, 1902 (27), 291.
7. Heintz, *Journ. f. prakt. chem.*, 1835 (66), 43.
8. Stillmann et O'Neill, *Journ. Soc. Chem. Ind.*, 1883, 124.
9. Cf. aussi Krafft, *Berichte*, 1899, 1665.
10. Guérin, *Bull. Soc. Chim.*, 1903 (3), 29, 1117.

Indice de réfraction : $n_D^{20} = 1,42665$, $n_D^{76} = 1,4236$ (*Partheil* et *Ferié*).

L'acide laurique est très légèrement soluble dans de grandes quantités d'eau ; en distillant la solution aqueuse, il passe en quantités considérables dans les vapeurs qui distillent. On a déjà vu que l'acide laurique occupe une position intermédiaire entre les acides gras solubles et insolubles. C'est ainsi que les laurates alcalins diffèrent des sels correspondants des acides supérieurs, en ce qu'il faut de grandes quantités de sel pour les précipiter (« relargage du savon ») (savons de coco, savons pour l'eau de mer).

Le *laurate d'ammonium* $NH^4(C^{12}H^{23}O^2)$, fond à 75° ; il est insoluble dans l'eau froide, formant avec celle-ci une écume pendant que de très petits cristaux se séparent. L'alcool absolu, à 7°, en dissout 4,8 0/0 ; il se dissout dans l'alcool méthylique et cristallise dans le benzène froid. Il est légèrement soluble dans l'éther et l'acétone (*Falciola*[1]).

La solubilité de la plupart des laurates dans l'eau et l'alcool se trouve dans le tableau suivant dû à *Oudemans* :

NOM DU SEL	FORMULE	1.000 PARTIES D'EAU DISSOLVENT		1.000 PARTIES D'ALCOOL DISSOLVENT	
		A l'ébullition	A 15°	A l'ébullition	A 15°
Laurate de magnésium	$MgA^2 + 3H^2O$	0,411	0,230	126,0	15,250
Laurate de calcium	$CaA^2 + H^2O$	0,517	0,039	22,02	0,519
Laurate de strontium	$SrA^2 + H^2O$	0,860	0,272	3,59	9,598
Laurate de baryum	BaA^2	0,198	0,054	1,009	0,187
Laurate de zinc	$ZnA^2 + H^2O$ (?)	0,189	0,103	8,78	0,184
Laurate de plomb	PbA^2	0,011		2,35	0,047
Laurate de manganèse	$MnA^2 + H^2O$	0,401	0,011	3,82	0,481
Laurate de cobalt	$CoA^2 + H^2O$	0,356	0,072	18,01	0,174
Laurate de nickel	$NiA^2 + H^2O$ ou $2H^2O$	0,390	0,197	6,68	0,640
Laurate de cuivre	CuA^2	0,029	0,028	6,53	0,775
Laurate d'argent	AgA	0,405	0,001	0,824	0,323
Laurate de lithium	LiA	Voir ci-dessous.			

Le *laurate de lithium*[2], $LiC^{12}H^{23}O^2$, cristallise de l'alcool en écailles blanches brillantes ; 100 centimètres cubes d'eau dissolvent, à 18°,

1. *Gazz. Chim. Ital.*, 1910, II, 435.
2. B. Gates (*Zeits. phys. Chem.*, (15), 101), a déterminé les solubilités de ce sel dans plusieurs dissolvants.

0,158 gr., de sel et à 25°, 0,176 gr. ; 100 centimètres cubes d'alcool de poids spécifique 0,797 dissolvent, à 18°, 0,418 gr., et à 25°, 0,4424 gr. de sel. 100 gr. d'alcool absolu dissolvent, à 20°, 0,403 gr. et à 50°, 0,782 gr. ; 100 gr. d'alcool méthylique dissolvent à 25°, 3,377 gr. et à 50°, 6,088 gr. ; 100 gr. d'acétone dissolvent à 15°, 0,300 gr.[1].

Le *laurate de magnésium*, $Mg(C^{12}H^{23}O^2)^2$, est assez facilement soluble dans l'alcool amylique[2] : 4,684 gr. dans 100 gr. d'alcool amylique à 50°.

L'éther méthylique fond à + 5°, et bout à 141° sous 15 mm. (*Haller* et *Youssoufian*), et à 148° sous 18 mm. (*Guérin*).

L'éther éthylique se solidifie à — 10° (*Görgey*) ; il bout à — 269° sous 760 mm. (*Delffs*[3]) et dans le vide cathodique à 79° pour une colonne de vapeur de 25 mm. de hauteur et à 101° pour une hauteur de 65 mm[4].

Acide ficocérylique[5], $C^{13}H^{26}O^2$.

L'acide ficocérylique est indiqué comme constituant de la cire de gondang ; il fond à 57°. Le nombre impair d'atomes de carbone de cet acide *naturel* rend son existence assez douteuse, d'autant plus que l'acide tridécylique normal[6], isomère obtenu synthétiquement de l'alcool tridécylique accuse un point de fusion bien inférieur, 40°.

Acide myristique, $C^{14}H^{28}O^2$.

L'acide myristique se rencontre en quantités considérables dans tous les corps gras des *Myristicacées* (voir chap. XIV), et il a d'abord été trouvé par *Playfair* dans le beurre de muscade[7] ; en fait, l'acide myristique peut être regardé comme caractéristique de tous les corps gras de ce groupe naturel.

La trimyristine peut être isolée facilement du suif de Virola[8] et le

1. Partheil et Férié, *Arch. d. Pharm.*, 1903, 545.
2. Jacobson et Holmes, *Journ. Biol. Chem.*, 1916, 25, 29.
3. *Annalen*, 92, 278.
4. Krafft, *Berichte*, 1903, 4340 ; cf. aussi Rechenberg, *Journ. f. prakt. Chem.*, 1909 (80), 475 ; Krafft, *Journ. f. prakt. Chem.*, 1909 (80), 242.
5. Greshoff et Sack, *Rec. Trav. chim. Pays-Bas*, 1901, 65.
6. Blau, *Monatsh. f. Chem.*, 26, 89.
7. *Annalen*, 1841 (37), 152 ; cf. aussi Krafft, *Berichte*, 1879 (12), 1669.
8. Thoms et Mannich, *Ber. deutsch. Pharm. Gesellsch.*, 1901, 264.

beurre d'Ochoco [1], comme *Lewkowitsch* [2] l'a montré, est à peu près entièrement constitué par ce glycéride ; aussi ces deux corps gras représentent-ils les matières premières les mieux appropriées à la préparation de l'acide myristique. Celui-ci existe encore, en moindres proportions dans les beurres de dika [3] et d'Irvingia [4], les huiles de coco et de palmiste, le saindoux, les huiles de lin, de canari [2], de coing, de foie de morue, de sang, d'arachide, le beurre de vache et la cire de cochenille [5] ; il existerait aussi à l'état de myristate de cétyle dans le spermaceti, et combiné avec des alcools inconus, dans la suintine [6] ; on l'a enfin trouvé en très petites quantités (0,04 0/0) dans la bile du bœuf [7].

L'acide myristique cristallise en lamelles fondant à 53,8° et bouillant à 250,5° sous 100 mm. de pression, 196,5° sous 15 mm. et à 121-122° dans le vide cathodique.

Densité : $d_{4°}^{53,8°} = 0,8622$; $d_{4°}^{60°} = 0,8584$.

Indice de réfraction : $n_{D}^{60°} = 1,43075$, $n_{D}^{76,5°} = 1,4248$.

L'acide myristique est complètement insoluble dans l'eau ; par ébullition avec celle-ci, sous la pression de 760 mm., la vapeur d'eau l'entraîne en petites quantités, 7,7 0/0 ; sous la pression réduite de 38 mm. et avec de la vapeur surchauffée à 168,5°, il est entrainé en bien plus grande proportion, 65,7 0/0. Il est difficilement soluble dans l'alcool froid et l'éther.

Le *myristate d'ammonium*, $NH^4\text{-}C^{14}H^{27}O^2$, fond entre 75 et 90° ; il est peu soluble dans l'acétone froid, facilement soluble dans l'acétone chaud ; il est très peu soluble dans le sulfure de carbone, froid ou chaud. Il se dissout dans le benzène chaud et le chloroforme ; il est légèrement soluble dans l'alcool méthylique, plus soluble dans l'alcool éthylique, surtout à chaud (*Falciola* [8]).

Le *myristate de lithium* [9], $LiC^{14}H^{22}O^2$, cristallise de l'alcool sous

1. Uricoechea, *Annalen*, 1854 (91), 369 ; Reimer et Will, *Berichte*, 1885 (18), 2011 ; Nördlinger, *Berichte*, 1885 (18), 2617.
2. *Analyst*, 1908, 313.
3. Oudemans, *Journ. f. prakt. Chem.*, 1860 (81), 356 ; 1866 (99), 409.
4. Bontoux, *Les Matières grasses*, 1908, 1278.
5. Liebermann, *Berichte*, 1885, 1982.
6. Darmstaedter et Lifschütz, *Berichte*, 1896 (29), 618 ; 1898 (31), 97.
7. Lassar-Cohn, *Berichte*, 1892 (25), 1829.
8. *Gazz. Chim. Ital.*, 1910, (II), 435.
9. Partheil et Férié, *Arch. d. Pharm.*, 1903, 545.

forme de petites écailles blanches ; 100 centimètres cubes d'eau dissolvent à 18°, 0,235 gr. de sel et à 25°, 0,0234 gr., 100 centimètres cubes d'alcool de poids spécifique 0,797 dissolvent à 18°, 0,184 gr. de sel et à 25°, 0,22 gr. ; 100 gr. d'alcool absolu dissolvent à 20°, 0,194 gr. à 25° 0,278 gr. et à 50° 0,435 gr. ; 100 gr. d'alcool méthylique dissolvent à 35° 1,680 gr., et à 50° 3,281 gr. ; 100 gr. d'acétone dissolvent à 15° 0,413 gr.

Le *myristate de magnésium* [1] $Mg(C^{14}H^{27}O^{2})^{2}$, est légèrement soluble dans l'alcool amylique à 50° : 1,893 gr. dans 100 gr. d'alcool amylique.

Le *myristate de baryum* forme une poudre cristalline, très peu solubles dans l'eau et l'alcool.

Le *myristate de plomb* est plus soluble dans l'éther que le palmitate et le stéarate.

L'*éther méthylique* fond à 18° ; il bout à 167-168° sous 15 mm. et à 295° sous 751 mm. (*Haller* et *Yousoufian* [2]).

L'éther éthylique se solidifie à 10,5-11,5° ; il bout à 295° sous la pression ordinaire, et dans le vide cathodique à 102° ou 124° suivant que les vapeurs ont à s'élever de 25 ou 65 millimètres [3]. Il est très peu soluble dans l'alcool et l'éther, plus facilement soluble dans l'éther de pétrole.

Acide isocétique, $C^{15}H^{30}O^{2}$.

Le glycéride de cet acide a été trouvé par *Bouis* dans l'huile des graines de *Jatropha curcas* (huile de pignon d'Inde ou de médicinier). L'acide lui-même cristallise en lamelles fondant à 55°.

Okada [4] a signalé sa présence dans l'huile de poisson du Japon en indiquant que sa forme cristalline le différencie nettement d'un mélange eutectique d'acides palmitique et stéarique, de même point de fusion. Mais cette assertion demande confirmation et l'existence de cet acide naturel, à nombre d'atomes de carbone impair, est encore douteuse.

1. Jacobson et Holmes, *Journ. Biol. Chem.*, 1916, 25, 29.
2. Cf. aussi Bull, *Berichte*, 1906, 3572.
3. Krafft. *Berichte*, 1903, 434.
4. *Chem. Zeit.*, 1908, 1199.

Acide palmitique, $C^{16}H^{32}O^2$.

L'acide palmitique existe dans la plupart des corps gras végétaux et animaux, notamment dans l'huile de palme (d'où *Frémy* [1] l'a, le premier, isolé à l'état de pureté), le suif végétal de Chine [2], la cire du Japon [3] et la cire de Myrica [4]. Il se trouve encore à l'état de *palmitate de cétyle* dans le spermaceti [5], de *palmitate de myricyle* dans la cire d'abeilles [6] et de *palmitate de céryle* dans la cire d'opium.

A un moment donné, la préparation de l'acide palmitique par fusion de l'acide oléique avec les alcalis caustiques a paru avoir une certaine importance au point de vue industriel [7]; la réaction qui s'opère peut s'exprimer par l'équation suivante :

$$C^{18}H^{34}O^2 + 2KOH = C^{16}H^{31}O^2K + C^2H^3O^2K + H^2.$$

mais il faut ajouter qu'il se forme aussi de l'acide oxalique, à côté de l'acide acétique. *Warrentrapp* a observé la formation d'assez grandes proportions de ce dernier avec de petites quantités d'acide oxalique, tandis que *Edmed* [8] a constaté la production de celui-ci en plus grande proportion que l'acide acétique, qui ne se forme d'ailleurs qu'en quantités très minimes. L'acide pétrosélinique, par la même réaction, donne aussi de l'acide palmitique et de l'acide acétique.

L'acide palmitique pur forme des touffes de fines aiguilles cristallisées ; fondu, il se solidifie par refroidissement en une masse d'écailles cristallines, d'apparence nacrée. Cet acide n'a ni saveur ni odeur. Il fond à 62,62° ; *de Visser* [9] indique 62,618° comme point de solidification d'un échantillon soigneusement purifié. Il bout entre 339 et 356° avec une légère décomposition ; il distille sans altération sous une pression de 100 mm. à 271,5°, sous 15 mm. à 215° et dans le vide cathodique à 138-139°.

1. *Journ. Pharm. Chim.*, 1840, (XXVI), 757.
2. Maskelyne, *Journ. f. prakt. Chem.*, 1855 (65), 287.
3. Sthamer, *Annalen*, 1842 (43), 335 ; Krafft, *Berichte*, 1888 (21), 2265 ; Hell et Jordanow, *Berichte*, 1891 (24), 938.
4. Chittenden et Smith, *Amer. Chem. Journ.*, 1884 (6), 217.
5. Heintz, *Journ. f. prakt. Chem.*, 1855 (66), 19.
6. Brodie, *Annalen*, 1849 (71), 151 ; Nafzger, *Idem*, 1884 (224), 251.
7. Lewkowitsch, *Journ. Soc. Chem. Ind.*, 1897, 390.
8. *Journ. Chem. Soc.*, 1898, 633.
9. *Rec. Trav. chim. Pays-Bas*, 1898.

Densité : $d_{4^\circ}^{62^\circ} = 0,8527$; $d_{4^\circ}^{80^\circ} = 0,8412$.

Indice de réfraction : $n_D^{60^\circ} = 1,4324$ (*Rullan*) ; $n_D^{74,5^\circ} = 1,4284$; $n_D^{80^\circ} = 1,42693$, d'après *Hehner* et *Mitchell* [1].

L'acide palmitique est difficilement soluble dans l'alcool froid ; 100 centimètres cubes d'alcool de poids spécifique 0,8183 (contenant 94,5 0/0 d'alcool en volume) dissolvent les quantités suivantes, après avoir été maintenues à la température de 0° pendant le temps indiqué :

Heures	Grammes
12	1,298-1,320
36	1,244
60	1,211
84	1,134
108	1,086
132	1,044
156	1,028

Kreiss et *Hafner* [2] indiquent cependant que l'alcool à 95 0/0 (en volume) ne retient en solution que 0,53 gr. à 0°.

Falciola [3] a déterminé les solubilités suivantes de l'acide palmitique dans l'alcool de diverses concentrations et à différentes températures :

Grammes en 100 cc.

	40°	30°	20°	10°
Alcool absolu	31,9	....	9,2	2,8
— à 75 0/0	3,59	1,19	0,43	0,24
— à 50 0/0	0,31	0,12	0,09	0,05

100 parties d'alcool absolu ne dissolvent à 19,5° que 9,32 parties d'acide palmitique.

R. F. Rullan [4], d'autre part a trouvé les solubilités suivantes dans l'alcool absolu, à différentes températures :

1. *Analyst*, 1896, 323.
2. *Berichte*, 1903, 2769.
3. *Gazz. chim. Ital.*, 1910 (40), 217.
4. *VIII° Congrès Int. Chimie appl.*, vol. 25, p. 341.

100 GRAMMES D'ALCOOL ABSOLU DISSOLVENT	
A degrés	Grammes
0	1,45
5	2,0
10	4,0
15	6,5
20	9,9
25	16,8
28	29,0
30	81,0

L'acide palmitique se dissout facilement dans l'alcool bouillant ; aussi, l'alcool est-il employé avantageusement pour le purifier. L'éther de pétrole le dissout assez difficilement.

Les acides étendus n'ont aucune action sur l'acide palmitique. Celui-ci se dissout, toutefois, dans l'acide sulfurique concentré ; en étendant cette solution d'eau, l'acide palmitique se sépare, inaltéré. L'acide nitrique concentré bouillant l'attaque très lentement. En oxydant l'acide palmitique par le permanganate de potassium en solution alcaline, il se forme les acides acétique, butyrique, caproïque, oxalique, succinique, adipique, et des acides de formules $C^5H^9O^3$ et $C^{16}H^{32}O^4$. L'oxydation par le permanganate de potassium en solution concentrée donne des acides de la série grasse plus simples que l'oxydation par le permanganate étendu.

Les sels métalliques de l'acide palmitique se rapprochent beaucoup de ceux de l'acide stéarique (Cf. p. 251), mais ils sont un peu plus solubles.

L'action de l'eau sur le *palmitate de sodium* a été étudiée plus haut (p. 187) ; 100 centimètres cubes d'alcool à 95 0/0 dissolvent 1,136 gr. de *palmitate de potassium* (*Geitel* et *v. der Want* [1]).

Le *palmitate de lithium* [2], $LiC^{16}H^{31}O^2$, cristallise de l'alcool chaud en petites écailles blanches brillantes 100 centimètres cubes d'eau en dissolvent, à 18°, 0,011 gr., et à 25°, 0,018 gr., 100 centimètres cubes d'alcool de poids spécifique 0,797 dissolvent, à 18°, 0,0796 gr. de sel et à 25°, 0,0955 gr.; 100 gr. d'alcool absolu dissolvent à 20°,

1. Pour l'emploi du palmitate de potassium dans l'analyse des eaux, cf. Blacher, Grünberg et Kiss, *Chem. Zeit.*, 1913, 56.
2. Partheil et Férié, *Arch. d. Pharm.*, 1903, 545.

0,096 gr., à 35° 0,142 gr. et à 50° 0,248 gr.; 100 gr. d'alcool méthylique dissolvent à 25° 0,771 gr. et à 50° 1,652 gr. 100 gr. d'acétone dissolvent à 15° 0,434 gr.

Le *palmitate de magnésium* [1] est très peu soluble dans l'alcool amylique : 0,263 gr. dans 100 gr. d'alcool amylique à 50°.

Les solubilités du *palmitate d'ammonium* dans l'alcool, l'éther et l'acétone ont été données plus haut (p. 215).

Le *palmitate d'argent* peut s'obtenir sous forme cristalline en ajoutant une solution alcoolique de nitrate d'argent à une solution alcoolique de *palmitate d'ammonium;* le palmitate d'argent se sépare sous forme de minces lamelles lustrées.

Le *palmitate de plomb* est presque insoluble dans l'éther anhydre (50 centimètres cubes en dissolvant 0,0092 gr.).

Le *palmitate de cuivre* forme une belle poudre bleue, fondant au-dessus de 100° sous décomposition apparente ; en faisant bouillir pendant deux heures une solution de ce sel dans le toluène avec du plomb, le cuivre précipite [2].

La solubilité des autres palmitates dans l'alcool absolu est indiquée dans le tableau suivant :

DESIGNATION	100 PARTIES D'ALCOOL ABSOLU DISSOLVENT	
	A 20°	A L'ÉBULLITION
Palmitate de calcium	0,0103 parties	
Palmitate de baryum	0,0035 —	0,0128 partie
Palmitate de magnésium	0,0146 —	0,0197 —
	A 19°	
Palmitate de plomb	0,0007 partie	
	A 21°	
Palmitate de plomb fraîchement précipité	0,0033 partie	

On peut déterminer quantitativement l'acide palmitique dans une solution de palmitate en précipitant l'acide de la solution par l'acide chlorhydrique, lavant le précipité à l'eau, le dissolvant dans l'alcool

1. Jacobson et Holmes, *Journ. Biol. Chem.*, 1916, 25, 29.
2. Cf. Kahlenberg, *Journ. Phys. Chem.*, 1902 (6), 6 ; C. B. Gates, *Idem*, 1911 (15), 101.

absolu, évaporant à sec et séchant finalement sous un exsiccateur sur l'acide sulfurique. La détermination par pesée à l'état de sel de calcium ou de baryum n'est pas exacte (cf. p. 216).

L'éther méthylique fond à 28° (*Berthelot*) et bout à 196° sous 15 mm. (*Haller* et *Youssoufian*).

L'éther éthylique fond à 24,2° (*Heintz*) ; il bout à 184,5-185,5°, sous 10 mm. sans décomposition (*Holtzmann* [1]), et dans le vide cathodique il bout à 122° ou à 138° selon que les vapeurs doivent s'élever de 25 ou 65 millimètres (*Krafft* [2]).

Acide daturique, acide margarique, $C^{17}H^{34}O^2$.

Un acide « margarique » de formule $C^{17}H^{34}O^2$ a été longtemps décrit dans l'ancienne littérature des corps gras et considéré comme une espèce chimique (le nom de « margarine » donne aux dépôts butyreux ou solides formés dans les huiles par refroidissement, ainsi qu'au produit alimentaire, substitut du beurre, vient de l'acide « margarique »). Mais, *Heintz* [3] a reconnu que cet acide était en réalité un mélange eutectique d'acides palmitique et stéarique.

Un autre acide de formule $C^{17}H^{34}O^2$ a été trouvé dans l'huile de Datura, par *Gérard* [4], qui l'a nommé *acide daturique. Holde* [5] a aussi obtenu cet acide, mais il a montré plus tard [6] qu'il ne constituait qu'un mélange de plusieurs acides, et qu'il en était de même de l'acide heptadécylique, dont la présence était signalée par *Nordlinger* [7] dans les acides gras solides de l'huile de palme, en proportion de 1 0/0 ; cet acide fondait à 57°, bouillait entre 223 et 225° sous 15 mm. de pression et donnait un sel de magnésium cristallisé en aiguilles microscopiques fondant à 135-140° ; en fait, *Holde* a résolu cet acide en plusieurs autres, dont l'un, fondant à 68-68,5° et de poids moléculaire 288.

Kreis et *Hafner* [8] ont encore indiqué qu'ils avaient trouvé un

1. *Arch. d. Pharm.*, 236, 440.
2. *Berichte*, 1903, 4340.
3. *Journ. f. prakt. Chem.*, 1855 (66), 1 ; *Poggend. Annal.*, 1852 (87), 553.
4. *Comptes Rendus*, 1890 (111), 305 ; *Ann. Chim. Phys.*, 1892 (6), 27, 549.
5. *Mitt. d. Königl. techn. Versuchs.*, 1902, 66.
6. *Berichte*, 1905 (38), 1247.
7. *Zeits. f. ang. Chem.*, 1892, 110,
8. *Berichte*, 1903, 2770 ; 1905, 1251.

acide heptedécylique dans le saindoux, mais *Bömer*[1] a reconnu que ce corps gras ne renferme aucun acide heptadécylique.

Krafft [2] a préparé synthétiquement un acide heptadécylique de formule $C^{17}H^{34}O^{2}$, qu'il a dénommé *acide margarique;* cet acide fond à 59,3° et bout à 227° sous 100 mm.

Cet acide margarique a été considéré, d'après les recherches précédentes, comme différent de l'acide daturique de *Gérard*, jusqu'au moment où *H. Meyer* et *A. Eckerl* [3] ont trouvé dans l'huile de caféier 1 à 1 1/2 0/0 d'un acide de formule $C^{17}H^{34}O^{2}$, fondant à 57°, dont le sel de magnésium fondait à 137-142° et l'éther méthylique à 30°. Enfin, *Meyer* et *Beer* [4] ont isolé de l'huile de Datura elle-même, un acide heptadécylique, qu'ils ont reconnu être identique à l'acide margarique synthétique de *Krafft*. L'existence de l'acide daturique doit donc être considéré comme démontrée.

L'acide daturique fond à 59,5° ; il se dissout plus facilement dans l'alcool que l'acide palmitique. On a donné précédemment les points de fusion des mélanges d'acides palmitique et daturique ; il semblerait résulter de ces chiffres que les premiers observateurs ont eu affaire à des mélanges d'acides daturique et palmitique. Pour démontrer l'identité de l'acide daturique avec l'acide margarique synthétique, *Meyer* et *Beer* ont déterminé les points de fusion des mélanges d'acides margarique synthétique et palmitique ; on verra en effet par la table suivante que les chiffres sont pratiquement identiques avec ceux de la table donnée précédemment (p. 175).

ACIDE MARGARIQUE	ACIDE PALMITIQUE	POINT DE FUSION
Pour 100	Pour 100	Degrés
100	0	59,5
83,7	16,3	55-56
72,0	28,0	54,5-56
63,1	36,9	54,5-55,5
50,0	50,0	56-57,5
30,8	69,2	58,5-59,5
20,0	80,0	59,5-60
0	100	62

1. *Zeits. f. Unters. d. Nahr. u. Genussm.*, 1913 (23), 642.
2. Cf. aussi Le Sueur, *Journ. Chem. Soc.*, 1904, 827 ; 1905, 1891.
3. *Monatsh. f. Chem.*, 1910 (31), 1238.
4. *Mitt. Kaiserl. Akad. d. Wissensch. Wien*, janvier 1912.

Bömer et *Limpricht*[1] ont préparé par la méthode de *Krafft* de l'acide heptadécylique synthétique, dont les propriétés concordent entièrement avec celles des acides daturique et margarique synthétique décrits plus haut. 100 cc. d'alcool absolu en dissolvent à 0° 1,15 gr. et à 15° 3,48 gr.

Un acide margarique a été obtenu de l'iodure de cétyle au moyen de la réaction de *Grignard*, par *R.-F. Ruttan*[2] ; cet acide est identique avec l'acide margarique de *Krafft*, car il fond à 59,9-60° et se solidifie à 58,8°, et il bout à 227° sous 100 mm..

Densité : $d^{60°} = 0{,}8532$.

Indice de réfraction : $n_D^{60°} = 1{,}4342$.

100 gr. d'alcool absolu dissolvent à 0° 1,53 gr., à 5,4° 2,42 gr., à 10° 4,12 gr., à 15° 6,72 gr., à 21° 13,4 gr. et à 28° 32,14 gr. d'acide daturique (ou margarique).

Le *daturate* (ou *margarate*) d'ammonium forme de fins cristaux cruciformes, pennés, transparents.

Le *daturate d'argent* s'obtient en précipitant la solution de sel ammoniacal par le nitrate d'argent (dans l'obscurité) ; il forme de beaux prismes blancs, striés.

Les sels de *calcium*, de *baryum*, de *magnésium* et de *plomb* sont insolubles dans l'eau et éprouvent une hydrolyse partielle.

Le sel de zinc cristallise dans le benzène bouillant en sphères microscopiques et fond à 126,6°.

L'*éther méthylique* fond à 30°.

L'*éther éthylique* fond à 26,7° (*Bömer* et *Limpricht*) ; 27,5° (*Ruttan*).

Acide stéarique[3], $C^{18}H^{36}O^2$.

L'acide stéarique se rencontre abondamment dans un grand nombre de corps gras naturels, surtout les plus concrets comme le suif, le beurre de cacao, le beurre de karité, et en général, le point de fusion d'un corps gras solide est d'autant plus élevé que ce der-

1. *Zeits. f. Unters. d. Nahr. u. Genussm.*, 1912 (23), 641.
2. *VIII° Congrès Int. chim. appl.*, vol. 25, p. 341.
3. Kunz-Krause et Massute croient à l'existence d'un acide isostéarique isomère, de formule $\genfrac{}{}{0pt}{}{C^4H^9}{C^4H^9} > CH(CH^2)^5\text{–}CH^2\text{–}CH < \genfrac{}{}{0pt}{}{CH^3}{COOH}$.

nier renferme d'acide stéarique. Celui-ci se trouve aussi en plus petites quantités dans quelques cires, comme la suintine, et très probablement le spermaceti.

L'acide stéarique peut être obtenu, synthétiquement et très facilement, par la réduction d'un acide gras non saturé en C^{18} (oléique, linoléique, linolénique, clupanodonique ou même stéaroléique) au moyen de l'hydrogène en présence d'un catalyseur convenable, nickel, palladium, etc...

L'acide stéarique pur forme des lamelles blanches nacrées fondant à 69,32°, en un liquide parfaitement incolore, qui, par refroidissement, se solidifie à 69,3° en une masse translucide. Ce point de fusion a été déterminé par *de Visser* sur un échantillon très soigneusement purifié [1]. (*Saytzeff* donne 71° à 71,5° comme point de fusion. *Fritzweiler*, qui a préparé un acide stéarique pur avec l'oléo-distéarine du beurre de cacao, indique 70°).

L'acide stéarique bout vers 360° sous la pression ordinaire avec une légère décomposition ; sous une pression réduite, il distille sans altération (*Chevreul*). Il bout à 291° sous 100 mm., à 232° sous 15 mm., à 154,5°-155,5° dans le vide cathodique [2]. Il peut également être distillé, sans aucune altération, par entraînement dans un courant de vapeur d'eau.

Densité : $d_{4^\circ}^{69,2^\circ} = 0,8454$; $d_{4^\circ}^{80^\circ} = 0,8386$. A 11° son poids spécifique est égal à celui de l'eau ; à température plus élevée, il flotte sur l'eau, car il se dilate plus rapidement que celle-ci.

Indice de réfraction : $n_D^{80^\circ} = 1,43003$; $n_D^{60^\circ} = 1,4322$ (*Rullan*).

Comme l'acide palmitique, il n'a ni saveur ni odeur, il est onctueux au toucher et laisse une tache grasse sur le papier.

Insoluble dans l'eau, il se dissout facilement dans l'alcool chaud. Il est moins soluble dans l'alcool absolu que l'acide palmitique, 1 partie d'acide stéarique se dissolvant dans 40 parties d'alcool absolu. D'après *Hehner* et *Mitchell* [3], 100 cc. d'alcool, de poids spéci-

1. F.-S. Kipping, *Journ. Chem. Soc.*, 1913, 537 indique que l'acide stéarique cristallisé dans l'alcool retient des traces de dissolvant, même après une longue exposition à l'air sur plaque poreuse, et que son point de fusion est ainsi notablement abaissé (formation d'éther?)

2. E. Fischer et C. Harries, *Berichte*, 1902, 2162, ont trouvé le point d'ébullition 158-160° sous pression de 0mm,25 (température du bain 190°).

3. Hehner et Mitchell, *Analyst*, 1896, 324.

fique 0,8183 (contenant 94,4 0/0 d'alcool en volume), dissolvent à 0° 0,155 gr. à 0,158 gr. après douze heures de repos et 0,145 gr. à 0,153 gr. après trente-six heures[1]. *Kreis* et *Hafner*, et *Emerson*[1] trouvent ces chiffres trop élevés, et *Kreis* et *Hafner* indiquent que 100 cc. d'alcool à 95 0/0 (en volume), ne dissolvent que 0,1249 gr. à 0°. résultats d'*Emerson*[1], ils concordent avec ceux de *Kreis* et *Hafner* et sont reproduits ci-dessous :

POIDS SPÉCIFIQUE DE L'ALCOOL A 0°	CONCENTRATION DE L'ALCOOL (en volume)	QUANTITÉ D'ACIDE STÉARIQUE DISSOUS DANS 100 C. C. A 0°
	Pour 100	Grammes
0,82650	95,7	0,1246
0,82715	95,5	0,1223
0,82871	95,1	0,1139
0,83126	94,5	0,1035
0,83183	94,3	0,0996

Emerson attribue les différences constatées à la sursaturation qui d'après lui, ne s'opère pas si dans la préparation des solutions saturées, on n'emploie pas plus de 0,7 gr. d'acide stéarique pour 100 cc. d'alcool ou 0gr,5 pour 50 cc.

Lewkowitsch a observé le même fait : une solution préparée avec 3 gr. d'acide stéarique par litre d'alcool de densité 0,818 à 15,5°, renfermait à 0°, 0,0814 gr. pour cc. d'alcool, tandis qu'une solution préparée avec 7 gr. par litre renfermait à 0°, suivant les préparations, 0,1008 gr., 0,1082 gr., 0,0856 gr., 0,0810 gr. et 0,0882 gr. pour 100 cc. d'alcool ; les solutions étaient abandonnées au repos dans la glace fondante toute une nuit et après agitation, le lendemain matin, elles restaient de nouveau une demi-heure avant d'être filtrées ; dans un essai où la solution était abandonnée pendant 3 heures après agitation, 100 cc. renfermaient 0,0882 gr.

Falciola[2] a déterminé les solubilités suivantes de l'acide stéarique dans l'alcool de diverses concentrations et à différentes températures :

1. *Chem. Revue*, 1905, 108 ; *Journ. Amer. Chem. Soc.*, 1907, 1751.
2. *Gazz. Chim. Ital.*, 1910 (40), 217.

Grammes dans 100 cc.

	40°	30°	20°	10°
Alcool absolu	13,8	4,5	2,0	0,9
— à 75 0/0	0,77	0,39	....	0,15
— à 50 0/0	0,12	0,10	0,08	....

R.-F. Rulkn[1] a trouvé les solubilités suivantes dans l'alcool absolu :

L'acide stéarique se dissout facilement dans l'éther : à 23°, 1 partie de benzène en dissout 0,22 partie, et 1 partie de sulfure de carbone, 0,3 partie. L'éther de pétrole de densité 0,672 n'en dissout que 0,4 0/0 à 0° (*Charitschkoff*).

En oxydant l'acide stéarique par le permanganate de potassium alcalin, *Carelle* a obtenu des acides bibasiques (acides adipique et succinique), tandis que *Marie*[2] a trouvé parmi les produits d'oxydation l'acide valérianique normal (et non l'acide isovalérianique, contrairement aux travaux antérieurs[3]). Par oxydation au moyen du peroxyde d'hydrogène, *Dakin* a obtenu la pentadécylméthylcétone.

L'acide stéarique chauffé de 280 à 370° avec de la limaille de fer[1] (d'aluminium, de manganèse, de magnésium, etc...) ou de l'anhydride phosphorique donne de la stéarone[4] (voir plus haut, p. 220).

Les *stéarates alcalins* s'obtiennent en faisant tomber l'acide stéarique dans une solution aqueuse de carbonate de potassium ou de sodium, dont l'acide carbonique est déplacé. Une meilleure méthode consiste à ajouter la solution aqueuse bouillante de carbonate à une solution alcoolique d'acide stéarique et à évaporer à sec ; l'excès de carbonate est ensuite séparé en épuisant le résidu par l'alcool. Le sel se dépose de la solution alcoolique par refroidissement, à l'état de pureté.

1. *VIII° Congrès Int. Chim. appl.*, vol. 25, p. 341.
2. *Ann. Chim. Phys.*, 7, 183.
3. On ne peut admettre sans confirmation l'observation de Fleurent (*Journ. Soc. Chem. Ind.*, 1878, 852) suivant laquelle l'acide stéarique, chauffé à l'air, en couche mince, à 120°, prend une forme liquide intermédiaire, qui se convertit en linoxyne.
4. Hébert, *Bull. Soc. Chim.*, 1903, 316, Eastorfield et Taylor, *Journ. Chem. Soc.* 1911, 2299 ; E. P. 7619, 1911 ; D. R. P., 259, 191 ; Kipping, *Journ. Chem. Soc.*, 1973. 537.

Les stéarates alcalins sont insolubles dans l'éther, l'éther de pétrole, le sulfure de carbone, le chloroforme (différence avec l'acide oléique).

Le *stéarate de potassium*, $KC^{18}H^{35}O^2$, est en cristaux onctueux, lustrés ; il se dissout dans 6,6 parties d'alcool bouillant. En étendant la solution chaude d'une grande quantité d'eau, il se sépare des lamelles nacrées d'un stéarate acide, ayant pour formule $C^{18}H^{35}O^2K, C^{18}H^{35}O^2$.

Le *stéarate de sodium*, $NaC^{18}H^{35}O^2$, est analogue au sel de potassium ; il est en lamelles lustrées ; le sel acide a pour formule $C^{18}H^{35}O^2Na, C^{18}H^{36}O^2$.

Le *stéarate d'ammonium*, $(NH^4)\ C^{18}H^{35}O^2$, chauffé en solution aqueuse, perd de l'ammoniaque et se transforme en acide sel. La même transformation s'opère sous un exsiccateur en présence de l'acide sulfurique concentré. Les solubilités de ce sel dans différents dissolvants ont été donnés plus haut (p. 215).

Le *stéarate de lithium*[1], $LiC^{18}H^{35}O^2$, cristallise de l'alcool en petites écailles blanches. 100 cc. d'eau dissolvent, à 18°, 0,01 gr. de sel, et à 25°, 0,012 gr. ; 100 cc. d'alcool de poids spécifique 0,797 dissolvent, à 18°, 0,041 gr. de sel, et à 25°, 0,0532 gr. 100 gr. d'alcool absolu dissolvent à 20°, 0,072 gr. de sel, à 35°, 0,106 gr. et à 50°, 0,200 gr. 100 gr. d'alcool méthylique dissolvent à 25°, 0,439 gr. et à 50°, 1,057 gr. 100 gr. d'acétone dissolvent à 15°, 0,571 gr.[2].

Les autres stéarates métalliques alcalins-terreux ou des métaux lourds, s'obtiennent le plus facilement par double décomposition du stéarate de potassium ou de sodium, ou encore mieux en précipitant une solution alcoolique d'acide stéarique par les acétates métalliques en solutions aqueuses. Les stéarates ainsi obtenus sont insolubles dans l'eau.

Les *stéarates de calcium, strontium, baryum* forment des précipités cristallins, à peu près insolubles dans l'alcool.

Le *sel de magnésium* cristallise en lamelles microscopiques, presque insolubles dans l'alcool froid, mais suffisamment soluble dans l'alcool bouillant pour recristalliser par refroidissement.

Les stéarates des métaux lourds, comme l'*argent*, le *cuivre*, le

1. Partheil et Ferié, *Arch. d. Pharm.*, 1903, 545.
2. C. A. Jacobson et Holmes, *Journ. Biol. Chem.*, 1916, 25, 29.

plomb, sont amorphes. Le stéarate de plomb fond à 115-116° sans décomposition. Il est très peu soluble dans l'éther (différence avec l'acide oléique), et encore moins dans l'éther de pétrole (*Twitchell*) ; 50 cc. d'éther absolu dissolvent 0,0074 gr. de stéarate de plomb (*Lidoff*). Celui-ci se dissout dans le benzène bouillant, mais se sépare presque complètement par refroidissement à 8-12°. Il est très peu soluble dans l'alcool absolu, quoique davantage que le palmitate de plomb (*Salkowski*).

Les stéarates insolubles sont partiellement décomposés par l'eau. Le sel de baryum perd ainsi de l'oxyde de baryum et, avec le résidu non dissocié, reste de l'acide stéarique libre que l'on peut extraire par l'alcool. Ce caractère présente de l'importance pour la détermination quantitative de l'acide stéarique (ainsi que celle des acides palmitique et oléique), et, comme l'ont montré *Chittenden* et *Smith*[1], pour des déterminations précises, les sels ne peuvent pas être utilisés ; il faut séparer et peser les acides gras libres.

L'*éther méthylique* fond à 38° et bout à 214-215° ; *Dreymann* a proposé de l'utiliser comme succédané du beurre de cacao et du spermaceti, ainsi que pour faire des onguents.

L'*éther éthylique* fond à 33,7° et bout dans le vide cathodique à 139° ou à 154°, selon que les vapeurs doivent s'élever de 25 ou 65 millimètres[2].

L'*éther amylique* cristallise de l'alcool chaud en plaques blanches microscopiques, fondant à 21°.

Pour la préparation de cétones supérieures et d'alcools secondaires et tertiaires, au moyen des éthers et amides de l'acide stéarique, on se reportera aux mémoires originaux[3].

L'*acide diiodostéarique*, obtenu en faisant digérer l'acide ricinoléique avec l'iodure de phosphore et l'acide iodhydrique, constitue un liquide huileux visqueux (*Chonowsky*[4]). Traité par la potasse alcoolique, il donne un acide non saturé isomère de l'acide linoléique, mais en différant par ce qu'il ne fournit pas d'acide tétra-

1. *Chem. Zeit.*, 1885 (9), 26 ; cf. aussi *Pflügers Arch. f. Physiol.*, 1902 (89), 211 ; Fendler et Frank, *Zeit. f. ang. Chem.*, 1909, 256.
2. Krafft, *Berichte*, 1903, 4340 ; cf. aussi Erdmann et Bedford, *Berichte*, 1909, 1327.
3. Ryan et Dillon, *Proc. of the Royal Irish Acad.*, 1913 (29), 235 ; Ryan et Nolan, *Idem* (30), 1.
4. *Berichte*, 1909, 3342.

oxystéarique par l'oxydation permanganique, mais une masse résineuse dont on n'a pu isoler que l'acide azélaïque.

L'*acide mercaptan-stéarique*, $C^{16}H^{32}CHSH\text{-}COOH$, a été obtenu par *Eckert* et *Halla* [1] en chauffant l'acide bromostéarique avec une solution alcoolique d'hydrosulfite de sodium ; il fond à 74° et par oxydation au moyen de l'iode alcoolique, il donne le bisulfure $[C^{16}H^{32}CH\ (COOH)]^2S^2$, fondant à 70-71°.

En ce qui concerne la préparation industrielle de l'acide stéarique et ses usages, voir chap. xv.

Acide arachidique [2], $C^{20}H^{40}O^2$.

L'acide arachidique se trouve en quantités notables dans l'huile d'arachide (où *Grössmann* [3] l'a découvert) et le suif de Rambutan [4], corps gras extrait des graines de *Nephelium lappaceum*, L., en plus faibles quantités dans l'huile de colza, le beurre de cacao [5], l'huile de macassar [6], l'huile de sureau, l'huile de noix vomique, le beurre de Niam, et le beurre de vache. Il existe encore dans la graisse des kystes dermatoïdes. L'acide arachidique a été aussi obtenu en fondant un acide gras existant dans l'huile de pépins de raisin (acide érucique?) avec la potasse caustique [7].

L'acide arachidique cristallise en grosses écailles lustrées fondant à 77° (*Baczewski* [8]). Il est difficilement soluble dans l'alcool froid, mais facilement soluble dans l'alcool bouillant ; une partie de cet acide se convertit en arachidate d'éthyle pendant cette opération [9] ; aussi, pour éviter des pertes d'acide à cet état en le faisant recristalliser dans l'alcool, ne doit-on maintenir l'ébullition que jusqu'à ce que l'acide soit entré en dissolution ; 100 parties d'alcool à 90 0/0 dis-

1. *Monats. f. Chem.*, 1913, 1811.
2. Heintz, *Poggendorff Ann.*, 90, 146, a décrit cet acide sous le nom d'acide butinique.
3. *Annalen*, 1854 (89), 1 ; cf. Schweizer, *Arch. d. Pharm.*, 1884 (222), 757 ; Kreiling, *Berichte*, 1888 (21), 880.
4. Ponzio, *Journ. f. prakt. Chem.*, 1893 (48), 487.
5. Traub, *Berichte*, 1883 (16), 1103.
6. Thümmel et Kwasnik, *Arch. d. Pharm.*, 1891 (229), 188.
7. Pickard et Yates, *Proc. Chem. Soc.*, 1903 (19), 147 ont indiqué avoir obtenu l'acide arachidique par oxydation du cholestérol, mais cette assertion est inadmissible : cf. Windaus, *Arch. d. Pharm.*, 1908, 117 ; *Journ. Chem. Soc.*, 1908, 1680.
8. *Monatsh. f. Chem.*, 1896 (17), 530.
9. Cette réaction n'a pas été observée pour les acides palmitique et stéarique ; cf. cependant, F. S. Kipping, *Journ. Chem. Soc.*, 1913, 537, et la note, p. 179.

solvent à 15° 0,022 partie d'acide arachidique et à 20°, 0,045 partie. Il est donc beaucoup moins soluble que l'acide stéarique. Il se dissout facilement dans l'éther, le chloroforme, la ligroïne et le benzène.

L'*arachidate de potassium* peut être obtenu de sa solution alcoolique en cristaux.

L'*arachidate de cuivre* cristallise de l'alcool en aiguilles, l'*arachidate d'argent*, en prismes.

L'*éther méthylique* fond à 54,5°.

L'*éther éthylique* fond à 50°, et bout à 284-286° sous 100 mm.

Acide bénique, $C^{22}H^{44}O^2$.

L'acide bénique existe dans l'huile de ben[1] (des graines du *Moringa oleifera*), dans le beurre de dadap [2] et dans l'huile des fèves de Calabar [3].

L'acide bénique fond à 80-82°, se solidifie à 79-76° [4], et bout à à 306° sous 60 mm.

L'acide synthétique obtenu à partir de l'acide érucique [5] fond à 83-84° et se solidifie à 79-77°. Il cristallise en aiguilles ; il est moins soluble dans l'alcool que dans l'éther ; 100 parties d'alcool dissolvent 0,102 gr. à 17°, et 100 parties d'éther à 16°, 0,1922 gr.

D. Warmbrunn[6] a étudié les dérivés chlorés et bromés de l'acide bénique.

L'*éther éthylique* fond à 48-49° (*Voelcker*).

Acide lignocérique, $C^{24}H^{48}O^2$.

L'acide lignocérique a été trouvé, avec l'acide arachidique, dans l'huile d'arachide (*Kreiling* [7]) ; l'acide isolé du goudron de hêtre par *Hell* et *Hermanns* [8] est identique.

1. Voelcker, *Annalen*, 1848 (64), 342. En ce qui concerne la présence dans l'huile de colza, Reimer et Will, *Berichte* (20), 2389, voir chap. XIV, *Huile de colza*.
2. N. H. Cohen, *Chem. Weekblaad*, 1909, n° 41.
3. Salwag, *Journ. Soc. Chem. Ind.*, 1911, 2148.
4. *Journ. f. prakt. Chem.*, 1894 (49), 61.
5. Talanzeff, *Journ. f. prakt. Chem.*, 1895 (50), 71 ; cf. aussi de Wilde et Reychler, *Bull. Soc. Chim.*, 1889, I, 296 ; Stohmann et Langbein, *Journ. f. prakt. Chem.*, 1890 (42), 328 ; Fileti et Ponzio, *Gazz. Chim.*, 23, 392 ; 27, 298.
6. *Dissert.*, Kœnigsberg, 1903.
7. *Berichte*, 1888 (21), 880.
8. *Ibidem*, 1880 (13), 1717.

Cet acide fond à 80,5° ; fondu, il se solidifie par refroidissement en masse à structure rayonnée, cassante quand elle est froide. L'acide cristallise de l'alcool en flocons blancs d'un lustre soyeux ; en les pressant entre du papier à filtrer, ils deviennent écailleux et prennent un éclat nacré. L'acide lignocérique est très peu soluble dans l'alcool froid, mais facilement dans le benzène, l'éther et le sulfure de carbone.

Le *lignocérate de plomb* est très peu soluble dans l'alcool absolu ; insoluble dans l'éther, mais facilement soluble dans le benzène bouillant ; il fond à 117°.

Le *lignocérate de cuivre* est difficilement soluble dans l'alcool ou l'éther, mais se dissout dans le benzène chaud.

L'*éther méthylique* fond à 56,5-57° ; il distillerait sans décomposition.

L'*éther éthylique* fond à 55° ; il bout à 305-310° sous 15 à 20 mm. de pression, sans décomposition.

Acide carnaubique, $C^{24}H^{48}O^2$.

Cet acide gras, isomère de l'acide lignocérique, existerait à l'état d'éther (d'alcools supérieurs [1]) dans la cire de Carnauba, la suintine [2] et la cire de caféier [3], et à l'état de *carnaubone*, phosphatide isolée des reins (*Dunkhom* et *Jacobson* [4]) ; mais il représente probablement en réalité un mélange de plusieurs acides [5].

L'individualité de l'acide carnaubique paraît d'autant plus douteuse que l'alcool carnaubylique (dont l'acide carnaubique a été obtenu par oxydation au moyen de l'acide chromique en solution dans l'alcool acétique glacial) a été résolu en un mélange d'alcool mélissique et d'hydrocarbure [6].

Toutes les indications relatives à cet acide et à ses dérivés sont donc sujettes à caution.

L'acide carnaubique est difficilement soluble dans l'alcool méthy-

1. Stürcke, *Annalen*, 1884 (223), 306.
2. Darmstädter et Lifschütz, *Berichte*, 1896 (29), 618 ; 2892 ; 1898 (31), 97.
3. H. Meyer et A. Eckert, *Monats. f. Chem.*, 1910 (31), 1233.
4. *Zeits. f. physiol. chem.*, 1910 (64), 302.
5. Röhmann, *Zentralbl. f. Physiol.*, 1905 (19), 317.
6. Matthes et Sander, *Arch. d. Pharm.*, 1907 (246), 169.

lique froid, mais facilement soluble dans l'alcool bouillant, l'éther, le benzène, l'éther de pétrole et l'acide acétique glacial. Il fond à 72,5° (*Sturcke*), 74° (*Meyer* et *Eckert*) et se solidifie à 69-67°.

Le *sel d'ammonium* est insoluble dans l'eau et l'alcool ; le *sel de potassium* est très peu soluble dans l'alcool froid, plus facilement à l'ébullition.

Le *sel de lithium* forme une poudre blanche microcristalline, fondant à 215-216°, très peu soluble dans l'eau et l'alcool, même à chaud. Le sel de plomb fond à 110-111° ; il est soluble dans le toluène.

L'*éther méthylique* fond à 54-55°.

L'*éther éthylique* fond à 49-50°.

Acide pisangcérylique, $C^{24}H^{48}O^2$.

Cet isomère de l'acide lignocérique existe à l'état d'éther de l'alcool pisangcérylique dans la cire de pisang[1]. Il fond à 71°. Son existence est douteuse et demande confirmation.

Acide hyénique, $C^{25}H^{50}O^2$.

Le glycéride de cet acide a été trouvé dans la glande anale de l'hyène rayée [2]. L'acide fond entre 77° et 78°. Son existence est douteuse et il représente probablement un mélange de plusieurs acides.

Le *sel de calcium* forme une poudre cristalline, fondant à 85-90° ; le *sel de plomb* un précipité blanc, très peu soluble dans l'alcool bouillant.

Acide cérotique [3], $C^{26}H^{52}O^2$.

Cet acide existe à l'état libre dans la cire d'abeilles (*Brodie* [4]), la cire de Carnauba (*Bérard* [5]) et la cire de lignite [6]. Il se trouve

1. Greshoff et Sack, *Rec. Trav. Chim. Pays-Bas*, 1901 (20), 65.
2. Carius, *Annalen*, 1864 (129), 168.
3. Découvert par John, qui l'avait nommé *cérine*.
4. *Annalen*, 1844 (67), 180.
5. *Zeits. f. Chem.*, 1868, 415.
6. Th. Rigg, *Trans. New Zealand Inst.*, 1911 (64), 270.

dans la cire d'insectes[1] la cire d'opium[2] et la suintine[3] à l'état de cérotate de céryle. Son glycéride existerait dans l'huile de fougère mâle[4] (*Aspidium filix mas*) et d'autres fougères[5].

On obtient l'acide cérotique brut en épuisant la cire d'abeilles par l'alcool bouillant ; il forme une masse cireuse fondant entre 78 et 82°.

L'acide cérotique se sépare par refroidissement de sa solution alcoolique en minces aiguilles, droites ou courbes ; la séparation est si complète au bout de quelques heures, que l'addition d'eau au liquide filtré ne produit qu'un trouble laiteux, sans précipitation (différence essentielle avec les acides palmitique et stéarique).

Marie[6] indique que la forme des cristaux déposés dans l'alcool varie avec la pureté de l'acide, mais d'après *H. Meyer* et *A. Eckert*, les différences proviennent de l'emploi de l'alcool pour la recristallisation. L'acide cérotique pur cristallise de l'alcool en aiguilles étoilées microscopiques fondant à 77,8° (corrigé), du benzène en lamelles denses et de l'éther en masses tabulaires formées d'un agrégat d'aiguilles. (Si l'acide contient des substances neutres, les cristaux déposés dans l'alcool forment une masse gélatineuse formée d'aiguilles microscopiques, retenant une grande proportion d'alcool ; si l'impureté est représentée par l'acide mélissique, de petits cristaux granulés se séparent.) D'après *Rigg*[7], l'acide cérotique cristallisé en aiguilles doit être considéré comme impur, le criterium de pureté étant la cristallisation sous forme d'écailles (plaques cristallines) nacrées.

Densité : $d^{79°}_{4°} = 0{,}8359$.

L'acide cérotique ne se dissout pas par ébullition avec une solution de carbonate de sodium ou de soude caustique diluée, il se dissout cependant dans la potasse alcoolique bouillante. Par refroidissement, le cérotate de potassium se solidifie en masse mucilagineuse (*Barfoed*).

1. Brodie, *Annalen*, 1848 (67), 199.
2. O. Hesse, *Berichte*, 1870 (3), 637.
3. Buisine, *Bull. Soc. Chim.*, 1884 (42), 201.
4. Katz, *Arch. d. Pharm.*, 1898 (236), 660.
5. Blasdale, *Journ. Amer. Chem. Soc.*, 1903 (25), 1151.
6. *Ann. Chim. Phys.*, 1896 (7), 145.
7. *Trans. New Zealand Inst.*, 1911 (64), 270.

L'acide cérotique peut être titré volumétriquement dans sa solution alcoolique par la potasse caustique, avec la phénolphtaléine comme indicateur. C'est en employant cette méthode pour la détermination de son poids moléculaire (Cf. p. 260), que *Lewkowitsch* [1] a définitivement levé l'incertitude qui a longtemps régné sur la composition de l'acide cérotique, en faveur de la formule $C^{26}H^{52}O^{2}$.

Brodie, en effet, ayant à l'origine, attribué à l'acide cérotique la formule $C^{27}H^{54}O^{2}$, *Schalfejeff* [2] a exprimé quelque doute sur l'existence d'un acide de cette composition, mais cette existence a été confirmée par *Nafzger* [3], par *Zatzek* [4] et par *Marie* [5]; ceux-ci, toutefois, n'ont pu établir de façon certaine la composition définitive de l'acide cérotique, car les résultats de l'analyse élémentaire de l'acide et de ses éthers correspondent à chacune des deux formules [6] $C^{25}H^{52}O^{2}$ ou $C^{25}H^{50}O^{2}$; on ne peut d'ailleurs attendre une conclusion formelle de nouvelles déterminations, les différences dans la composition centésimale étant de l'ordre des erreurs que comporte la méthode d'analyse, ainsi que le montrent les chiffres suivants :

	C	H	O
	Pour 100	Pour 100	Pour 100
$C^{27}H^{54}O^{2}$	79,02	13,17	7,81
$C^{26}H^{52}O^{2}$	78,80	13,12	8,08
$C^{25}H^{50}O^{2}$	78,53	13,09	8,38

Par contre, les différences que présentent les indices de neutralisation des acides correspondants aux trois formules en question sont plus grandes que les erreurs inhérentes à la méthode de détermination [7] ; c'est ce que montrent les chiffres suivants :

1. *Proc. Chem. Soc.*, 1890, 92.
2. *Berichte*, 1876 (9), 278, 1688.
3. *Annalen*, 1884 (224), 256.
4. *Berichte*, 1882 (15), 2625.
5. *Comptes Rendus*, 1894 (118), 428.
6. *Rev. intern. des falsific.*, 8, 123 (1895).
7. Lewkowitsch, *Proc. Chem. Soc.*, 1890, 92.

	POIDS MOLÉCULAIRE	INDICE DE NEUTRALISATION
$C^{27}H^{54}O^2$	410	136,8
$C^{26}H^{52}O^2$	396	141,7
$C^{25}H^{50}O^2$	382	146,8

Lewkowitsch [1] ayant trouvé le nombre 142,1 comme indice de neutralisation de l'acide cérotique pur extrait de la cire d'abeilles et *Henriques* [2] le nombre 141,4 pour l'acide cérotique de la cire d'insectes, la formule $C^{26}H^{52}O^2$ doit être admise comme exprimant la composition exacte de l'acide cérotique.

Les *cérotates de sodium* et de *potassium* sont facilement solubles dans l'eau bouillante.

Le *cérotate de magnésium* fond à 174-176°.

Une solution à 1 0/0 d'acide cérotique dans l'alcool bouillant ne donne pas de précipité avec l'acétate de magnésium ; le cérotate ne se sépare qu'après refroidissement à 50°. Mais, si l'acide cérotique renferme de l'acide mélissique, un précipité se forme immédiatement.

Le *cérotate de plomb* est insoluble dans l'eau, l'alcool et l'éther. Il se dissout dans le benzène chaud et cristallise de la solution en aiguilles ; ce sel fond à 112,5°-113,5°.

L'*éther méthylique* fond à 60° (*Nafzger*), 62° (*Marie*) ; il distille dans le vide cathodique sans décomposition. Il est très peu soluble à froid dans l'éther de pétrole, l'alcool méthylique et l'alcool éthylique, mais facilement soluble dans ces dissolvants à chaud. Il se dissout aisément dans l'éther, le benzène et le chloroforme [3].

L'*éther éthylique* cristallise dans l'alcool en belles aiguilles fondant à 59-60°, 58,5-59° (*Rigg*). Il distille dans le vide cathodique sans décomposition, et même sous la pression de 14 mm. à 285° (*Rigg*) ; sous la pression atmosphère, il distille en se décomposant et donne

1. *Jahrbuch der Chemie*, 1897 (7), 369.
2. *Zeits. f. ang. Chem.*, 1897, 366.
3. Lipp et Kuhn, *Journ. f. prakt. Chem.*, 1911 (86), 2.

de l'acide cérotique, de l'éthylène, de l'anhydride carbonique, un hydrocarbure $C^{25}H^{54}$ et une cétane $C^{53}H^{106}O$.

L'*éther cérylique* a été décrit plus haut (p. 103).

Acide montanique, $C^{28}H^{56}O^2$.

L'acide montanique se trouve dans la cire de lignite distillée, et on l'a considérée comme la partie acide d'une cire existant dans le bitume extrait du lignite (par les dissolvants volatils) (voir chap. XV, *Cire de lignite*). *Rigg* [1] a montré que ce qui a été regardé jusqu'ici comme l'acide montanique (avec la formule $C^{29}H^{58}O^2$) représente en réalité un mélange d'acides cérotique, montanique et mélissique.

L'acide montanique pur cristallise dans l'acide acétique en plaques incolores (écailles nacrées), fondant à 83° (l'acide brut cristallise en aiguilles). Il est soluble dans l'alcool chaud et l'acide acétique glacial chaud, mais beaucoup plus soluble dans l'éther de pétrole et l'acétate d'éthyle ; il est légèrement soluble dans l'alcool méthylique (tandis que l'acide cérotique est facilement soluble et l'acide mélissique insoluble dans ce dissolvant).

L'*éther méthylique* fond à 67-67,5° (*Rigg*), 66° (*H. Ryan* et *J. Algar* [2]).

L'*éther éthylique* fond à 67° (*Rigg*), 64-65° (*H. Ryan* et *J. Algar*).

Acide mélissique, $C^{30}H^{60}O^2$.

L'acide mélissique existe à l'état libre dans la cire d'abeilles [3] ; et se rencontre aussi dans la cire de lignite (*Rigg* [1]).

Schwalb [4] a préparé, en partant de l'alcool mélissique (ou myricique) de la cire d'abeilles, un acide mélissique cristallisant dans l'éther de pétrole en petites et belles aiguilles, auquel il assigne la formule $C^{31}H^{62}O^2$ et le point de fusion 88,5-89°.

L'acide mélissique $C^{30}H^{60}O^2$, obtenu par *Brodie* [5] en fondant

1. *Trans. New Zealand Inst.*, 1911 (64), 270.
2. *Proc. Roy. Irish Acad.*, 1913, 97.
3. Nafzger, *Annalen*, 1884 (224), 249 ; Marie, *Ann. Chim. Phys.*, 1896 (7), 198.
4. *Annalen*, 1886 (235), 129.
5. *Ibidem*, 1849 (71), 149.

l'alcool mélissique avec la chaux potassée, cristallise en écailles à lustre soyeux, fondant à 91° ; c'est ce produit qui parait le mieux représenter le véritable acide mélissique. Il est facilement soluble dans l'alcool chaud, le chloroforme, le sulfure de carbone et l'éther de pétrole, et peu soluble dans l'éther et l'alcool méthylique.

L'acide mélissique, obtenu par *Mallhes* et *Sander* [1] en oxydant l'alcool mélissique de l'huile de laurier, fond à 91°.

L'acide préparé par *Schwalb* est très probablement identique à l'acide $C^{30}H^{60}O^{2}$.

L'acide mélissique trouvé dans la cire de lignite cristallise en écailles nacrées, fondant à 88,5°.

Le ***mélissale de magnésium*** forme une poudre blanche, insoluble dans l'alcool, l'éther et l'éther de pétrole, soluble dans le chloroforme, le toluène et le benzène chauds. Il se sépare de sa solution benzénique sous forme de gelée. Chauffé en tube capillaire, il s'agglomère à 150° et fond à 160° en un liquide visqueux, transparent, se solidifiant par refroidissement en une masse vitreuse (*Schwalb*).

Le *mélissale d'argent*, obtenu en précipitant une solution alcoolique d'acide mélissique (à 1 0/0) par un léger excès de nitrate d'argent en solution alcoolique, se sépare par refroidissement en une poudre amorphe, blanche. Chauffé en tube capillaire, il s'agglomère à 94° et noircit à 140°.

Le *mélissale de plomb* est insoluble dans l'éther et l'alcool, soluble dans le chloroforme bouillant ; il cristallise dans le toluène en aiguilles fondant à 118-119° (*Stürcke* [2]).

L'*éther méthylique* fond à 74,5° (*Marie*).

L'*éther éthylique* fond à 73° (*Pieverling* [3]).

L'*éther myricique* a été décrit précédemment (p. 104).

Acide psyllostéarique, $C^{33}H^{66}O^{2}$.

Cet acide existerait à l'état d'éther de l'alcool psyllostéarique dans la cire de *Psylla alni* [4].

Il est facilement soluble dans l'alcool, moins soluble dans l'éther

1. *Arch. d. Pharm.*, 1908 (246), 172.
2. *Annalen*, 1884 (223), 298.
3. *Ibidem*, 1875 (183), 355.
4. Sundwick, *Zeits. f. physiol. Chem.*, 1901 (32), 355.

de pétrole et l'éther. Il fond à 94-95°. La formule donnée par *Sandwick* paraît demander confirmation.

II. — ACIDES DE LA SÉRIE OLÉIQUE, $C^nH^{2n-2}O^2$.

Les acides appartenant à la série oléique (ou acrylique, l'acide acrylique en étant le premier terme) sont des composés non saturés, possédant par suite la propriété d'absorber l'hydrogène, le chlore, le brome, l'iode et les acides hydrogénés de ces halogènes. Ils fixent ainsi deux atomes d'hydrogène ou d'halogène ou une molécule d'acide halogéné en formant des composés saturés : acides des dérivés substitués des acides de la série acétique.

Il convient de remarquer que si les halogènes ou leurs hydracides sont facilement absorbés par les acides non saturés, il n'en est pas de même de l'hydrogène, tout au moins pour la plupart des acides supérieurs ; ceux-ci, en effet, ne sont même pas réduits par l'hydrogène naissant, développé par l'amalgame de sodium ou par les moyens analogues, que fixent les acides inférieurs, et il faut la présence d'un catalyseur pour pouvoir hydrogéner leur molécule ; grâce à cette intervention, d'ailleurs, et dans des conditions appropriées la réduction peut s'effectuer complètement en donnant un acide gras saturé. La réduction des acides non saturés peut encore s'opérer sous l'influence de l'effluve électrique ; mais elle reste incomplète, et il en est de même de l'hydrogénation ménagée par l'acide iodhydrique en présence du phosphore, vers 200°. L'ozone se fixe directement et facilement en donnant des ozonides et perozonides (voir *Acide oléique*).

Les termes inférieurs de la série sont miscibles à l'eau en toutes proportions et se volatilisent sans décomposition. A mesure que la condensation en carbone augmente, la solubilité dans l'eau décroît et le poids spécifique diminue également.

Les acides supérieurs de la série ne peuvent pas être distillés sous la pression ordinaire, mais, entraînés par un courant de vapeur d'eau surchauffée, ou dans le vide absolu, ils distillent sans altération.

Les acides non saturés sont bien plus solubles dans l'alcool que les acides saturés de même condensation en carbone. Ils sont aisément solubles dans la plupart des autres dissolvants usuels : éther, acétone, chloroforme, sulfure de carbone, etc...

Quelques-uns des termes supérieurs, les acides oléique et érucique notamment, traités par une petite quantité d'acide nitreux à la température ordinaire ou par l'anhydride sulfureux ou les bisulfites à haute température et sous pression, se transforment en isomères cristallisables.

Traités par les agents oxydants, les acides de la série oléique se comportent de façon différente suivant l'énergie de l'oxydation. Avec les oxydants violents, acide nitrique, acide chromique, permanganate en solution acide, il y a rupture de la molécule à la double liaison (sauf migration de celle-ci) et formation d'acides bibasiques et monobasiques. L'oxydation ménagée par le permanganate en solution alcaline donnne des acides dihydroxylés par fixation d'oxhydryles sur la double liaison ; il se forme aussi en même temps une certaine quantité d'acides bibasiques et monobasiques. Avec un excès de permanganate alcalin, la formation d'acides dihydroxylés prédomine ; avec le permanganate neutre ou faiblement alcalin, il se forme des acides oxycétoniques à côté des acides dihydroxylés.

Fondus avec les alcalis caustiques, les acides non saturés de cette série, se scindent en donnant deux acides plus simples ; c'est ainsi que l'acide oléique donne de l'acide palmitique et de l'acide acétique (*Warrentrapp*[1]). On a longtemps admis que la rupture de la molécule se faisait à la double liaison, mais en fait, avec la réaction doit s'opérer une migration de cette double liaison ; on peut en voir une preuve dans ce fait que l'acide pétrosélinique donne comme l'acide oléique de l'acide palmitique et de l'acide acétique.

Suivant la position occupée par la double liaison dans la molécule des acides gras supérieurs, un grand nombre d'isomères est possible, en dehors des stéréoisomères, comme les acides élaïdique et brassidique. Nous ne nous intéressons ici qu'aux acides gras trouvés dans la nature, et n'avons qu'à signaler les autres isomères artificiels ou synthétiques, comme l'acide α-β-oléique.

A ce sujet, *Ponzio* et *Gastaldi* [2] ont constaté que l'absorption

1. *Annalen*, 1840 (35), 209.
2. *Gazz. Chim. Ital.*, 1912 (42), 98.

d'iode par les isomères de l'acide oléique ne s'effectue pas régulièrement, et tandis que l'acide oléique fixe la quantité théorique de 90 0/0, l'acide 2. 3 oléique, qui présente la double liaison entre les atomes de carbone α et β, n'absorbe dans les conditions ordinaires que de 3 à 18 0/0 d'iode ; ce n'est qu'après un temps de contact prolongé avec la solution de *Wijs* que l'on obtient des résultats voisins du chiffre théorical. On ne peut, cependant, généraliser cette observation, car l'acide pétrosélinique, tout au moins, qui est un acide 6. 7 oléique, absorbe régulièrement l'iode.

On a trouvé jusqu'ici, dans la nature, quatre acides isomères de formule $C^{16}H^{30}O^2$, ainsi que cinq acides oléiques isomères ; on a constaté, en outre, la présence d'autres acides oléiques isomères dans certains produits industriels. Les acides de formule $C^{22}H^{42}O^2$ auxquels appartient l'acide érucique se rapprochent beaucoup de l'acide oléique.

La constitution chimique des acides supérieurs, et en particulier la position de la double liaison, peuvent être déterminées au moyen des trois méthodes suivantes :

1. *Transformation des acides non saturés en acides de la série stéarolique* en chauffant leurs bibromures (qui sont les dérivés bisubstitués des acides saturés correspondants) avec la potasse alcoolique sous pression.

Si l'on traite ainsi, par exemple, la dibromure de l'acide oléique ordinaire

$$CH^3-(CH^2)^7-CHBr-CHBr-(CH^2)^7-COOH,$$

on obtient un acide stéarolique :

$$CH^3-(CH^2)^7-C{\equiv}C-(CH^2)^7-COOH,$$

qui, par action de l'acide sulfurique, donne un acide-cétone :

$$CH^3-(CH^2)^7-CO-CH^2-(CH^2)^7-COOH\,;$$

celui-ci fournit avec le chlorhydrate d'hydroxylamine deux oximes isomères :

$$\underset{\displaystyle \text{N-OH}}{CH^3(CH^2)^7-\overset{}{C}-CH^2-(CH^2)^7-COOH} \quad \text{et} \quad \underset{\displaystyle \text{HO-N}}{CH^3-(CH^2)^7-C-CH^2-(CH^2)^7-COOH.}$$

Celles-ci, à leur tour, traitées par l'acide sulfurique, se transforment en amino-acides :

$CH^3-(CH^2)^7-CO-NH-CH^2-(CH^2)^7-COOH$ et $CH^3-(CH^2)^7-NH-CO-CH^2-(CH^2)^7-COOH$.

En chauffant ces derniers avec l'acide chlorhydrique concentré, on obtient de l'acide nonylique et de l'acide sébacique, d'où l'on peut conclure que la double liaison, dans l'acide oléique ordinaire, se trouve entre le neuvième et le dixième atome de carbone de la chaîne.

2. *Formation des ozonides.* — Pour obtenir les ozonides [1] des acides gras non saturés, on dissout une quantité pesée d'acide gras dans l'hexane et l'on fait passer un courant d'air ozonisé (il n'est pas nécessaire qu'il renferme plus de 2 0/0 d'ozone) dans la solution maintenue à -20°, jusqu'à ce que l'absorption cesse. On évapore le dissolvant dans le vide, sans dépasser la température de 30°, jusqu'à poids constant. L'augmentation de poids donne la quantité d'ozone absorbée par l'acide gras. Si l'on opère en solution chloroformique, on obtient des perozonides.

Si l'on fait bouillir les ozonides avec de l'eau ou en alcali ou l'acide acétique glacial, ils se décomposent en aldéhydes d'acide saturé et semi-aldéhydes d'acides bibasiques. C'est ainsi que l'ozonide de l'acide oléique donne de l'aldéhyde nonylique et la semi-aldéhyde de l'acide azélaïque ; d'où l'on peut conclure encore que la double liaison se trouve entre le neuvième et le dixième atome de carbone. On admet implicitement que les aldéhydes obtenues sont des produits de décomposition primaire, mais il ne faut pas perdre de vue que des aldéhydes ou des acides-aldéhydes instables peuvent d'abord prendre naissance et se décomposer ultérieurement en donnant des aldéhydes inférieures (cf. *Acide oléique ; Acide élæostéarique ; Acide linolénique*).

3. *Formation de produits d'addition avec le peroxyde d'azote* [2]. — Pour obtenir les produits d'addition des acides non saturés avec le peroxyde d'azote on dissout l'acide gras dans 5 à 6 volumes d'éther de pétrole et refroidit dans la glace ; s'il y a séparation de matière, on agite énergiquement de façon que la séparation se fasse sous

1. Harries et Türk, *Berichte*, 1906, 2844 ; 3667 ; cf. aussi Erdmann, *Berichte*, 1909, 1334.

2. Jegorow, *Journ. f. prakt. Chem.*, 1912 (86), 521. La méthode a d'abord été publiée dans *Journ. Soc. Phys. Chim. Russe*, 1903 (35), 716. Cf. aussi, *Chem. Zeit.*, 1903, 1051.

forme de cristaux extrêmement petits, ce qui n'a pas d'influence défavorable pour la réaction. Quand la solution est arrivée à 3-4°, on ajoute le peroxyde d'azote liquide sec (conservé en tubes scellés) en quantité légèrement supérieure à la quantité théorique. Il est encore préférable de dissoudre préalablement le peroxyde d'azote dans l'éther de pétrole, tenu dans la glace, et d'ajouter cette solution peu à peu à la solution d'acide gras ; la réaction ne se déclare généralement pas aussitôt les premières portions ajoutées ; mais après un certain temps, la température s'élève et il ne faut pas ajouter les portions suivantes avant que la température soit revenue à 5-6° ; suivi, l'éther de pétrole entre en ébullition et la masse peut s'enflammer spontanément. L'addition de peroxyde d'azote terminée, on laisse le produit de la réaction toute une nuit dans la glace, puis on décante le produit d'addition (qui forme une partie visqueuse) avec une pipette ; on le chauffe en tube scellé avec 3 à 4 volumes d'acide chlorhydrique fumant à 130-140° pendant 3 à 5 heures et l'on obtient encore un acide monobasique et un acide bibasique. C'est ainsi que l'acide oléique donne de l'acide pélargonique (ou nonylique) et de l'acide azélaïque ; l'acide isooléique (de point de fusion 42°) de l'acide caprylique et de l'acide sébacique ; l'acide érucique de l'acide nonylique et de l'acide brassylique.

L'oxydation des acides non saturés par le permanganate de potasse alcalin offre un moyen moins sûr pour déterminer la position de la double liaison. Dans les cas où il ne se forme pas d'acides hydroxylés de même condensation en carbone, mais des acides inférieurs, on ne peut savoir s'il y a eu rupture à la double liaison, ou s'il y a eu migration de celle-ci auparavant, comme cela se produit dans la fusion avec la potasse. On a seulement — mais on a toutefois — une présomption que la rupture s'est opérée à la double liaison. C'est ainsi que l'acide oléique, dont la constitution peut être considérée actuellement comme bien déterminée, donne (avec l'acide dioxystéarique) les acides azélaïque et pélargonique, ce dernier en petite quantité, et de l'acide oxalique. La formation des deux premiers acides indiquerait que la double liaison se trouve au milieu de la molécule, mais en tenant compte de la formation d'acide oxalique, on peut conclure que l'acide oléique ordinaire est un mélange d'acide 9-10 oléique et d'acide 2-3 oléique.

Sous l'action de l'acide sulfurique concentré ou du chlorure de zinc fondu, les acides non saturés supérieurs donnent des lactones, mais non les acides inférieurs[1]; c'est ainsi que les acides oléique, élaïdique et isooléique donne de la γ-stéarolactone, l'acide érucique de la bénolactone, et l'acide κ-λ undécylique de l'undécolactone ; tandis que l'acide crotonique et l'acide α-oxybutyrique ne se lactonisent pas.

Les sels de plomb des acides non saturés supérieurs présentent une propriété caractéristique, leur solubilité dans l'éther, qui est utilisée pour la séparation des acides supérieurs de cette série et des acides saturés correspondants. L'acide élaïdique, cependant, se rapproche de l'acide stéarique par la faible solubilité de son sel de plomb dans l'éther ; l'isooléate de plomb est moins soluble que l'oléate, et l'érucate de plomb est peu soluble dans l'éther.

D'autres réactions des acides non saturés ont encore été étudiées ou signalées : celle qui s'exerce avec l'acétate de mercure en solution acétique (*Leys* [2]) et celle de la formaldéhyde sur les acides oléique et élaïdique (*Fokin* [3]).

Acide tiglique, $C^5H^8O^2 = CH^3\text{-}CH{=}C\begin{cases}CH^3\\COOH\end{cases}$.

L'acide tiglique (isomère de l'acide angélique) se trouve dans l'huile de croton (*Geulher* et *Fröhlich* [4]; *Berendes* et *Schmidl* [5]).

Il cristallise en prismes tricliniques fondant à 64,5° et bouillant à 198,5° sous la pression ordinaire.

Densité : $d^{76°} = 0{,}9641$.

Les travaux de *Fittig* [6] ont démontré que l'acide tiglique existe bien en nature dans l'huile de croton et qu'il ne provient pas, comme on l'a souvent indiqué, de l'isomérisation de l'acide angélique, sous l'influence de la soude caustique employée pour la saponification de l'huile ; si l'on fait bouillir, en effet, l'acide angélique avec la soude caustique pendant un temps prolongé, c'est à peine si l'on obtient 5 0/0 d'acide tiglique.

1. Shukoff et Schestakoff, *Journ. Soc. Phys. Chim. Russe*, 1908 (40), 830.
2. *Bull. Soc. Chim.*, 1907 (IV), 343.
3. *Journ. Soc. Phys. Chim. Russe*, 1911 (43), 809.
4. *Zeits. f. Chem.*, 1870, 549.
5. *Annalen*, 1877 (191), 94.
6. *Ibidem*, 1896 (283), 65 ; cf. aussi Rupe, Ronus et Lotz, *Berichte*, 1902, 4265.

Fondu avec la potasse caustique, celui-ci donne de l'acide acétique et de l'acide propionique. Oxydé par le permanganate de potassium, il donne de l'anhydride carbonique, de l'aldéhyde acétique (C^2H^4O), de l'acide acétique et de l'acide dioxytiglique (tiglicérique).

Le *sel de calcium*, Ca $(C^5H^7O^2)^2$, 3 H^2O, est plus soluble dans l'eau bouillante que celui de l'acide angélique. 100 parties d'eau dissolvent à 17° 6,05 parties de sel anhydre.

L'*éther éthylique* bout à 156°.

Acides, $C^{12}H^{22}O^2$ et $C^{14}H^{26}O^2$.

Ces acides existeraient dans la cire de cochenille [1].

Acides, $C^{16}H^{30}O^2$.

a) **Acide hypogéique,** $C^{16}H^{30}O^2$.

Cet acide a été trouvé par *Gössmann* et *Scheven* [2], et par *Schröder* [3] dans l'huile d'arachide. *Schoen* [4], puis *Bodenstein* [5] n'ont pu le retrouver dans cette même huile ; *Bodenstein*, cependant, a obtenu, de l'acide stéarolique, un acide hypogéique auquel il attribue la formule de constitution :

$$CN^3-(CH^2)^7-CH = CH-(CH^2)^5,$$

et qui offre toutes les propriétés de l'acide isolé de l'huile d'arachide par *Schröder*.

L'acide hypogéique existerait aussi dans l'huile de maïs.

L'acide hypogéique cristallise dans l'alcool en aiguilles fondant à 33-34°, bouillant à 236° sous 15 mm. et à 230° sous 10 mm.

Soumis à la distillation sèche, il donne de l'acide sébacique.

Il absorbe 2 atomes de brome en donnant l'acide dibromopalmitique (ou bibromure hypogéique), masse amorphe fondant à 29° (*Schröder* [3]).

1. Raymann, *Monats. f. Chem.*, 1885 (6), 895. D'après Ljubarsky, l'acide de la cire du *Coccus axin*, du Mexique, aurait une composition correspondant à la formule $C^{16}H^{30}O^2$ (physétoléique?)
2. *Annalen*, 1855 (94), 230 ; cf. aussi Caldwell et Gösmann, *Annalen*, 1856 (99), 305.
3. *Ibidem*, 1867 (143), 22.
4. *Ibidem*, 1888 (244), 253.
5. *Berichte*, 1894, 3394. Cf. aussi Marasso, *Berichte*, 1869, 359.

L'oxydation ménagée par l'oxyde d'argent humide donne de l'acide dioxypalmitique.

La potasse alcoolique à l'ébullition le transforme en acide palmitolique.

Acide gaïdique $C^{15}H^{30}O^{2}$. — Sous l'action de l'acide nitreux, l'acide hypogéique se transforme en acide gaïdique, stéréoisomère solide, cristallisé, fondant à 39° (*Caldwell* et *Grössmann* [1]). Celui-ci s'obtient en faisant passer des vapeurs nitreuses dans l'acide hypogéique, ou simplement en chauffant ce dernier avec l'acide nitrique ordinaire jusqu'à l'apparition de vapeurs nitreuses et refroidissant alors rapidement.

Acide hypogéique 2-3. — *Ponzio* [2] a obtenu, en traitant l'acide bromopalmitique par la potasse alcoolique, un acide hypogéique qui répondrait à la formule :

$$CH^3-(CH^2)^{12}-CH=CH-COOH.$$

b) Acide physétoléique, $C^{16}H^{30}O^{2}$.

Cet acide a été trouvé par *Hofstädler* [3] dans l'huile de cachalot et par *Ljubarsky* [4] dans l'huile de phoque de la Mer Caspienne. *Tsujimoto* [5] a confirmé sa présence dans l'huile de cachalot et a isolé son éther méthylique par distillation fractionnée sous pression réduite.

L'acide refroidi dans l'eau glacée forme une masse pâteuse.

Densité : $d_{0°}^{20°} = 0,8929$.

Indice de réfraction : $n_D^{20°} = 1,4590$.

Il diffère de l'acide hypogéique en ce que l'acide nitreux ne le transforme pas en isomère solide, et qu'il ne donne pas d'acide sébacique par distillation sèche. Il se distinguerait, en outre, de l'acide zoomarinique (palmitoléique) par la formation d'un acide dioxypalmitique différent par oxydation.

La réduction de cet acide dioxypalmitique donnerait de l'acide isopalmitique, d'après *Tsujimoto*, tandis que *Ljubarsky* avait obtenu

1. *Annalen*, 1856 (99), 307.
2. *Gazz. Chim. Ital.*, 1905 (35), II, 132.
3. *Annalen*, 1854 (91), 177.
4. *Journ. f. prakt. Chem.*, 1898 (57), 26.
5. *Journ. Chem. Ind. Japon*, (24) 275 ; *Chem. Umschau*, 1921 (28), 71.

de l'acide palmitique ordinaire, avec le dérivé dihydroxylé de son acide physétoléique.

c) Acide zoomarinique (palmitoléique [1]), $C^{16}H^{30}O^{2}$.

Bull [6] a trouvé cet acide dans l'huile de foie de morue, où il représenterait environ 6 0/0 des acides gras.

Pour l'obtenir, *Bull* a transformé les glycérides de l'huile de foie de morue en éthers méthyliques (par le méthylate de sodium) et fractionné ceux-ci par distillation sous 10 mm. de pression. La fraction 185-186° (environ 12 0/0) débarrassée du palmitate de méthyle représentait l'éther méthylique du nouvel acide ; celui-ci a été isolé de son sel de baryum recristallisé dans l'éther et finalement purifié en formant son sel de zinc.

L'acide zoomarinique (palmitoléique) se solidifie à -1,5° et fond à + 1°.

Lewkowitsch indique l'hydrogénation catolytique comme moyen de l'identifier ; il donne ainsi de l'acide palmitique.

Oxydé par le permanganate de potasse alcalin, à 0°, il donne un acide dioxypalmitique, fondant à 12,5°, qui paraît différent de celui fourni par l'acide physétoléique de *Ljubarsky*.

Tsujimoto est, cependant, d'avis que l'acide zoomarinique (palmitoléique) est identique à l'acide physétoléique.

d) Acide lycopodique, $C^{16}H^{30}O^{2}$.

Cet acide a été trouvé dans les spores de lycopode (*Langer* [2]) ; il représenterait 81 0/0 des acides gras de l'huile de lycopode (*Rathje* [3]).

Il diffère des acides hypogéique et physétoléique par son état liquide à la température ordinaire.

L'oxydation par le permanganate alcalin donne de l'acide dioxypalmitique, de l'acide isocaproïque et de l'acide oxycaprique.

1. Bull n'avait pas dénommé cet acide gras au moment de sa découverte (1906) ; aussi Lewkowitsch a-t-il proposé de lui donner le nom d'*acide palmitoléique*, qu'il ne faut pas confondre avec celui d'*acide palmitolique*. Toutefois, Bull, en 1916, l'a désigné sous le nom d'*acide zoomarinique*, qui éviterait cette confusion et paraît ainsi préférable.
2. *Arch. d. Pharm.*, 1889 (27), 241 ; 289 ; 625.
3. *Ibidem*, 1908, 699.

La fusion avec la potasse donne de l'acide isobutyrique et de l'acide laurique.

L'acide lycopodique ne paraît donc pas avoir une structure normale (ou linéaire).

Acides $C^{18}H^{34}O^2$.

Le nombre d'acides isomères possibles, répondant à la formule $C^{18}H^{34}O^2$, est extrêmement considérable. Toutefois, on a trouvé jusqu'ici dans la nature, cinq acides oléiques isomères, et, en outre, des stéréoisomères, on a obtenu encore quelques isomères synthétiques, comme les acides α-β et λ-μ-oléiques.

Fokin [1] a exprimé l'opinion que les acides oléiques solides ont la double liaison en position *impaire-paire* (ηθ, ικ, λμ) tandis que les acides liquides ont la double action en position *paire-impaire* (θι, κλ). Cette règle n'exprime qu'un certain nombre de faits, puisque la structure géométrique joue aussi un rôle important à cet égard ; c'est ainsi que l'acide oléique et l'acide éloïdique, quoique possédant tous deux la double liaison en position θ et ι (*paire-impaire*) sont l'un liquide, l'autre solide.

a) **Acide oléique ordinaire** [2], 9-10, ou **Acide, θ-ι oléique.**

$$\begin{array}{l} CH^3\text{-}(CH^2)^7\text{-}C\text{-}H \\ \qquad\qquad\quad \| \\ \qquad\qquad H\text{-}C\text{-}(CH^2)^7\text{-}COOH. \end{array}$$

L'acide oléique se trouve à l'état de glycérides simples ou mixtes, dans la plupart des corps gras animaux et végétaux, surtout dans les corps gras liquides.

L'acide oléique *chimiquement pur* ne s'obtient que très difficilement.

1. *Journ. Soc. Phys. Chim. Russe*, 1912 (44), 653.

2. Saytzeff, *Journ. f. prakt. Chem.* (50), 81, avait attribué à l'acide oléique la formule $CH^3 - (CH^2)^{13} - CH = CH - CH^2 - COOH$, que Baruch, *Berichte*, 1894 (27), 72, a discutée et remplacée par celle-ci : $CH^3 - (CH^2)^7 - CH = CH - (CH^2)^7 - COOH$. (Cf. aussi Lewkowitsch, *Journ. Soc. Chem. Ind.*, 1897, 391 ; Le Sueur, *Journ. Chem. Soc.*, 1904, 1710 ; N. et Al. Saytzeff, *Journ. f. prakt. Chem.*, 1905 (71), 422). Les travaux de Jegoroff, *Chem. Zeit.*, 1903, 1051, sur les produits d'addition de l'acide oléique avec le peroxyde d'azote, et finalement ceux de Molinari et Soncini, et ceux d'Harries et Thieme (voir plus loin) sur les ozonides oléiques, ont confirmé la position de la double liaison entre le 9e et le 10e atome de carbone et justifié la formule de Baruch.

La formation d'acides palmitique et acétique par la fusion potassique a aussi fait

Un certain nombre de préparations vendues commercialement comme *acide oléique pur* sont obtenues de l'huile d'amande, en séparant les sels de plomb solubles dans l'éther de ceux des acides gras solides, mais il faut retenir que le produit ainsi préparé renferme encore de petites quantités d'acides moins saturés (linoléique et peut-être linolénique). D'autre part, l'acide oléique extrait industriellement du suif retient encore quelques centièmes d'acides solides. Il nous faut insister sur ce point, car beaucoup d'observations faites sur l'acide oléique (dit *acidum oleinicum puriss.*) ont été faites en réalité sur un acide impur, et les indications relatives à la solubilité des sels préparés avec cet acide doivent être acceptées sous réserves.

L'acide oléique ne peut être considéré comme *chimiquement pur* que si son indice d'iode est 90, le chiffre théorique étant 90,07. La plupart des acides oléiques dits purs obtenus dans le commerce diffèrent largement de part et d'autre de ce chiffre, selon qu'ils contiennent des acides solides ou des acides moins saturés ; les meilleures préparations même ont un indice d'iode variant entre 82 et 84 d'une part, et 100 à 110, d'autre part.

C'est ce qu'a confirmé *Fahrion* [1], qui a trouvé dans un acide oléique soi-disant chimiquement pur, vendu comme exempt d'acide linoléique, 5 0/0 de matières neutres et 1 0/0 d'acide palmitique ; après élimination de ces impuretés, cet acide avait encore l'indice d'iode 92,3.

L'acide oléique *pur* se prépare le mieux avec le suif (qui ne contient pratiquement pas d'acides moins saturés) ; on saponifie celui-ci par la potasse caustique, précipite la solution de savon par l'acétate

admettre la formule $C^{15}H^{31}$ — CH = CH — COOH qui est celle de l'acide α-β ou 2-3 oléique. Le véritable acide α-β-oléique a été obtenu par Ponzio, *Atti R. Acc. Sc. Torino*, 1905, 970, et par Le Sueur, *Journ. Chem. Soc.*, 1904, 1709.

Pour expliquer cette formation, ainsi que la production de stéarolactone et d'anhydride par déshydratation, et les migrations nécessaires de la liaison éthylénique de la position 9-10 aux positions 3-4 et 2-3 ou 15-16 et 16-17, dans la formule de Baruch, Klimont donne à celle-ci une figuration en forme d'anneau hexagonal ouvert spiraliforme (Cf. *Chemie der Fette*, Berlin, 1906, p. 90).

Shukoff et Schestakoff, *Journ. Soc. Phys. Chim. Russe*, 1908 (40), 830, admettent que l'acide oléique retiré des corps gras naturels ne représente pas une espèce chimique, mais vraisemblablement un mélange d'isomères ayant leur double liaison en position 9-10 (θ-ι) d'une part, et 3-4 (β-γ) ou 4-5 (γ-δ) d'autre part. L'acide 9-10 (θ-ι) a été obtenu au moyen de l'acide ι-oxystéarique (1-10) ; en présence du chlorure de zinc, il donne environ 10 0/0 de γ-stéarolactone. (Cf. *Stéarolactone*).

1. *Chem. Zeit.*, 1909, 429.

de plomb et extrait le sel de plomb sec par l'éther ou mieux par le benzène (*Holde*). On décompose le sel de plomb dissous dans l'éther ou le benzène par l'acide chlorhydrique, dissout l'acide libre dans l'ammoniaque et précipite par le chlorure de baryum. On sèche le sel de baryum, le dissout dans l'alcool bouillant et abandonne la solution chaude à cristallisation. On décompose enfin le sel cristallisé par un acide minéral ou par l'acide tartrique comme l'a proposé *Gottlieb* [1]. L'exclusion de l'air pendant ces opérations, quoique désirable, n'est pas une condition essentielle, car les anciennes observations (reproduites encore d'un ouvrage à l'autre), indiquant que l'acide oléique absorbe l'oxygène de l'air, sont erronées. Ces erreurs proviennent de ce que les anciens observateurs désignaient comme acide oléique les acides gras de l'huile de lin ou d'huiles demi-siccatives.

L'acide oléique préparé par le procédé ci-dessus contient encore des traces d'acides solides. Pour éliminer les dernières traces de ceux-ci, *Lewkowitsch* recommande de convertir l'acide oléique en composé chloroiodé, de séparer celui-ci des acides saturés en le dissolvant dans un dissolvant organique et de l'abandonner à la cristallisation ; l'acide chloroiodooléique chauffé avec l'aniline ou la quinoléine reproduit l'acide oléique pur. *Farnsteiner* assure avoir obtenu de l'acide oléique pur avec l'huile d'olive, en formant les sels de baryum des acides gras liquides mélangés de l'huile d'olive et faisant recristalliser ces sels plusieurs fois dans le benzène contenant un peu d'alcool (Cf. chap. VIII).

L'acide oléique pur est un liquide incolore et inodore ; il cristallise en aiguilles se solidifiant à 4° et fondant à 6-5° (*Partington* [2]).

Gottlieb [3] a indiqué le point de fusion 14°. A l'époque où son travail a été publié, on ne savait pas encore débarrasser complètement l'acide oléique d'acides solides, de sorte que le point de fusion donné, relativement élevé en présence de celui obtenu par *Partington*, pourrait s'expliquer par la présence d'acide palmitique ou stéarique. Toutefois, cette explication devient aléatoire devant l'observation de *Kirchner* [4] : celui-ci, en abandonnant de l'acide oléique impur

1. *Annalen*, 1846 (57), 38.
2. *Journ. Chem. Soc.*, 1911, 316.
3. *Annalen*, 1846 (57), 38.
4. *Zeits. f. physiol. Chem.*, 1912 (79), 739.

à la cristallisation à 8-10°, a obtenu de nouveaux cristaux fondant à 16° ; en fondant ces cristaux ou mieux encore en les refroidissant dans la glace, ils se transforment en cristaux à point de fusion inférieur ; il semblerait donc résulter de ce fait que l'acide oléique est dimorphe.

Chevreul a indiqué comme poids spécifique de l'acide oléique $d^{14°} = 0{,}898$. De plus récentes déterminations ont donné les nombres suivants : $d\frac{11{,}8°}{4°} = 0{,}8908$, $d^{15°} = 0{,}898$, $d^{20°} = 0{,}895$, $d^{30°} = 0{,}889$, $d^{50°} = 0{,}875$, et $d\frac{78{,}4°}{4°} = 0{,}854$. La table suivante donne les densités et indices de réfraction obtenus par *Procter* [1] sur un échantillon d'acide oléique rigoureusement pur :

TEMPÉRATURE Degrés	POIDS SPÉCIFIQUE	INDICE DE RÉFRACTION	CONSTANTE DE RÉFRACTION $\frac{n-1}{d}$	CONSTANTE DE RÉFRACTION $\frac{n^2-1}{(n^2+2)d}$
15	0,898	1,4638	0,5165	0,3072
20	0,895	1,4620	0,5159	0,3070
25	0,893	1,4603	0,5154	0,3069
30	0,889	1,4585	0,5158	0,3072
35	0,885	1,4566	0,5160	0,3075
40	0,882	1,4546	0,5154	0,3074
45	0,880	1,4528	0,5145	0,3071
50	0,875	1,4509	0,5153	0,3077
60	0,870	1,4471	0,5140	0,3072

L'acide oléique ne peut être distillé sous la pression atmosphérique sans éprouver une décomposition partielle ; il donne ainsi de l'eau, de l'anhydride carbonique, des acides acétique, caprylique et caprique, ainsi que de l'acide sébacique et des hydrocarbures ; *Redtenbacher* [2] avait indiqué cette formation d'acide sébacique par distillation sèche, comme moyen d'identifier l'acide oléique, mais ce procédé n'a plus de raisons d'être. *Hviid* [3] a constaté que l'acide oléique, chauffé seul vers 350-375°, se décompose en donnant 2,34 0/0 d'hydrocarbures, tandis qu'en présence d'hydrosilicate (agissant comme catalyseur), il donne 79 0/0 de produits essentiellement représentés par des hydrocarbures. L'acide oléique peut,

1. *Journ. Soc. Chem. Ind.*, 1898, 1022.
2. *Annalen*, 1840 (35), 208.
3. *Petroleum*, 1911 (6), 429.

toutefois, distiller sous décomposition, dans un courant de vapeur surchauffée, vers 250° (*Bolley* et *Borgmann* [1]) ; ce mode de distillation est d'ailleurs largement utilisé dans les stéarineries.

Krafft et *Nördlinger* [2], et *Krafft* et *Weilandt* [3] ont observé les points d'ébullition suivants, sous différentes pressions :

Points d'ébullition Degrés	Pression en millimètres de mercure
153,0	0
223,0	10
232,5	15
249,5	30
264,0	50
285,5-286,0	100

C. Fischer et *O. Harries* [4] indiquent le point d'ébullition 166° sous une pression de 0,25 mm. (température du bain 200°).

L'acide oléique est insoluble dans l'eau, mais se dissout aisément dans l'alcool froid, même étendu ; cependant, l'acide se sépare en étendant la solution de grandes quantités d'eau. *David* [5] a basé une méthode de séparation de l'acide oléique et des acides gras solides (palmitique et stéarique) sur la différence de solubilité qu'ils présentent dans les mélanges d'alcool, d'acide acétique et d'eau.

L'acide oléique se convertit en acide élaïdique sous l'action de l'acide nitreux à la température ordinaire[6] (voir p. 286). La même transformation s'opère sous l'action du bisulfite de sodium sous pression à 175-180°, ou celle de l'anhydride sulfureux sous pression à 200°. Cette réaction n'est cependant pas complète, car elle est réversible[7].

Exposé à la lumière et à l'air, l'acide oléique devient jaune ou jaunâtre, acquiert une odeur de rance et rougit le papier de tournesol bleu[8]. *Scala* a isolé les produits suivants, qui prennent nais-

1. *Zeits. f. Chem.*, 1866, 87.
2. *Berichte*, 1889 (22), 816.
3. *Ibidem*, 1896 (29), 1324.
4. *Ibidem*, 1902 (35), 2162.
5. *Comptes Rendus*, 1878 (86), 1416.
6. Lidoff a indiqué (*Analyst*, 1895, 178) que par l'action de l'acide nitreux sur l'acide oléique à 80-85°, une augmentation de poids intervient et l'indice d'iode du produit tombe à 9. Les expériences faites par Lewkowitsch montrent, cependant, que c'est bien de l'acide élaïdique qui se forme dans ces conditions et que l'indice d'iode apparemment plus faible est dû à l'action de l'acide nitreux resté dans le produit sur l'iodure de potassium (*Journ. Soc. Chem. Ind.*, 1897, 390).
7. Cf. Albitzky, *Journ. f. prakt. Chemie*, 1894.
8. *Staz. Sper. Agr. Ital.*, 30, 613.

sance dans l'acide oléique ainsi exposé : aldéhyde œnanthylique, acides formique, acétique, butyrique et œnanthique, ainsi que les acides azélaïque et subérique (et dioxystéarique?). (Les mêmes produits ont été obtenus d'une huile d'olive très rance.)

Senkowski [1] a observé qu'un échantillon d'acide oléique conservé depuis dix-neuf ans avait déposé des cristaux fondant à 48°, tandis que l'acide oléique inaltéré, calculé d'après l'indice d'iode, ne formait plus que 32,1 0/0 de la masse totale ; dans les cristaux déposés, se trouvait un éther correspondant à 8,3 0/0 de stéarolactone ; quant au reste, il demeure douteux de savoir s'il était constitué par l'acide oxystéarique. Les causes de la modification subie par cet acide oléique n'ont pas été expliquées jusqu'ici. De son côté, cependant, *Lewkowitsch* a constaté qu'un échantillon d'acide oléique provenant du suif, conservé huit ans dans un récipient en fer très fréquemment ouvert, a gardé le même indice de neutralisation et pratiquement le même indice d'iode qu'à l'origine, soit 84.

En faisant passer un courant d'air à travers de l'acide oléique à 120° pendant deux, quatre, six et dix heures, *Lewkowitsch* [2] a obtenu respectivement 0,62, 2,6, 3,5, et 6,0 0/0 d'acides « oxydés » (insolubles dans l'éther de pétrole) ; le poids spécifique s'est élevé en même temps respectivement de 0,8980 à 0,9098, 0,9121, 0,9123 et 0,9238. De même, en faisant digérer du soufre avec l'acide oléique entre 130 et 150°, le soufre est absorbé sans élimination d'acide sulfhydrique, avec formation probable d'un produit d'addition (Voir chap. xv) ; à plus haute température, de 200 à 300°, il se dégage de l'hydrogène sulfuré.

En oxydant l'acide oléique par l'acide nitrique, on obtient des acides bibasiques : adipique, pimélique et subérique [3] ; en même temps se forment des acides gras saturés volatils depuis l'acide formique jusqu'à l'acide caprique. Le permanganate de potassium en solution acide donne aussi des acides bibasiques en proportion considérable. En oxydant l'acide oléique par un excès de permanganate de potassium étendu, en solution alcaline, à froid, il se forme

1. *Zeits. f. physiolog. Chem.*, 1898, 434 ; cf. aussi Salkowski, *Zur Kenntniss der Fettwachsbildung*, Berlin, 1891, p. 24.
2. *Analyst*, 1899, 322.
3. Lewkowitsch, *Journ. f. prakt. Chem.*, 1879, 159.

surtout de l'acide dioxystéarique; *Edmed* [1] a obtenu ainsi 60 0/0 d'acide dioxystéarique, une petite quantité d'acide pélargonique, 16 0/0 d'acide azélaïque et 16 0/0 d'acide oxalique, l'oxydation ayant lieu à 60° [2]. Si l'oxydation par le permanganate de potassium s'effectue en présence de la quantité de potasse caustique seulement nécessaire pour neutraliser l'acide oléique, à côté de l'acide dioxystéarique on obtient un acide cétooxystéarique [3]. En oxydant l'acide oléique par l'acide persulfurique $(SO^4H)^2$ (persulfate d'ammoniaque en solution sulfurique), il se forme de l'acide dioxystéarique [4].

En faisant passer de l'air ozonisé dans l'acide oléique, celui-ci fixe une molécule d'ozone en formant l'*ozonide oléique* (*Molinari* [5]). Toutefois, *Harries* [6] a montré qu'avec un excès d'ozone, le premier produit qui se forme est non pas l'ozonide, mais un peroxyde (*perozonide*) provenant de la fixation d'un quatrième atome d'oxygène, à côté de la molécule d'ozone. *Harries* [7] attribue à ce perozonide (ozonide-peroxyde) la formule suivante :

$$\begin{array}{c}CH^3(CH^2)^7CH - CH(CH^2)^7CO^3H \\ \quad | \qquad\quad | \\ O{=}O{=}O\end{array}$$

En lavant ce produit avec l'eau et le carbonate de sodium, il donne l'ozonide normal

$$\begin{array}{c}CH^3(CH^2)^7{-}CH - CH(CH^2)^7COOH \\ \quad | \qquad\quad | \\ O{=}O{=}O\end{array}$$

que *Molinari* a obtenu immédiatement.

L'*ozonide oléique*, $C^{18}H^{34}O^5$, préparé par *Molinari*, forme une huile visqueuse jaunâtre, de poids spécifique $d^{18°} = 1{,}0218$, $d^{22°} = 1{,}0205$; *Harries* et *Franck* [8] indiquent $d_{20,5°}^{20,5°} = 1{,}0281$; $d_{4°}^{20°} = 1{,}0216$, et

1. *Journ. Chem. Soc.*, 73, 627.
2. Link a constaté, dans le laboratoire de Lewkowitsch, que de grandes proportions d'acide oléique échappent à l'oxydation.
3. Holde et Marcusson, *Berichte*, 1903 (36), 657.
4. Albitzky, *Berichte*, 1900 (33), 2909.
5. *Annuario della Soc. Chimica di Milano*, 1903 (IX), 507 ; 1905 (XI), 80 ; 1906 (XII), fasc. I, II, III, IV ; *Berichte*, 1906, 2735 ; *Gazz. Chim. Ital.*, 36 (II), 292 ; *Berichte*, 1907, 4154 ; 1908, 585, 2794.
6. *Annalen* (343), 311 ; (374), 290 ; *Berichte*, 1906, 3729 ; 1907, 4906. Cf. aussi *Berichte*, 1906, 3722 ; Thieme, *Dissert.*, Kiel, 1906 ; Harries, *Berichte*, 1912, 936 ; *Annalen*, 1912 (390), 235.
7. *Annalen*, 1910 (374), 358.
8. *Berichte*, 1909, 446 ; 1910, 357.

l'indice de réfraction $n_D^{20°} = 1,46021$. Il est aisément soluble dans le benzène et le chloroforme, soluble dans le sulfure de carbone et l'alcool absolu et peu soluble dans l'éther de pétrole froid. En le chauffant au bain-marie au réfrigérant à reflux avec une solution saturée de bisulfite de potassium, il se forme les acides suivants : azélaïque, nonylique, un acide $C^{18}H^{36}O^{6}$ et un acide oxystéarique (formé par condensation de l'aldéhyde et de l'acide nonyliques). Il se forme, en outre, des semi-aldéhydes et de la nonaldéhyde, qui se polymérise dès qu'elle est libérée de sa combinaison bisulfitique en donnant de la paranonaldéhyde $(C^{19}H^{18}O)^{3}$ (*Molinari* et *Barosi* [1]).

Harries [2] maintenant les réserves qu'il a faites sur certaines indications de *Molinari*, a montré qu'en traitant une solution d'acide oléique dans l'acide acétique glacial ou le tétrachlorure de carbone par l'air faiblement (0,4 0/0 d'ozone) ou fortement (10 0/0 d'ozone) ozonisé, jusqu'à ce qu'une goutte de la solution ne décolore plus le brome ou l'iode, on obtient toujours l'ozonide normal. Toutefois, le perozonide se forme dès que le point de saturation est atteint.

L'ozonide conserve le caractère acide, et l'on peut isoler ses sels d'ammonium, de soude et de cuivre, quoique ceux-ci se décomposent facilement (*Harries* et *Franck* [3]).

Le *perozonide*, $C^{18}H^{34}O^{6}$, est un liquide huileux, plus visqueux que l'ozonide normal ; poids spécifique : $d_{22,5°}^{22,5°} = 1,049$; indice de réfraction : $n_D^{22,5°} = 1,47713$. Agité avec une solution de bicarbonate de sodium, il donne l'ozonide normal.

En prolongeant l'action de l'air ozonisé, il se forme un superoxyde, ou *superozonide*, $C^{18}H^{34}O^{7}$.

En chauffant les ozonides avec l'eau, ils se convertissent presque quantitativement en aldéhyde nonylique et acide nonylique d'une part et en semi-aldéhyde de l'acide azélaïque et acide azélaïque d'autre part. On n'observe aucun dégagement gazeux et l'on peut constater la présence du peroxyde d'hydrogène. Toutefois, si l'on ajoute de la soude caustique, il se forme du peroxyde de sodium qui oxyde les aldéhydes en se réduisant lui-même à l'état de soude

1. *Berichte*, 1908, 2794.
2. *Annalen*, 1910 (374), 358.
3. *Ibidem*, 1910 (374), 367.

caustique. La formation d'acides nonylique et azélaïque démontre l'exactitude de la formule de constitution donnée par *Baruch* (p. 272) à l'acide oléique.

La décomposition des ozonides s'effectue aussi dans les dissolvants anhydres, tels que l'acide acétique glacial ou l'alcool, en chauffant ; avec l'acide acétique glacial il se forme même plus de peroxyde d'hydrogène qu'avec l'eau (*Harries*). En fait, en chauffant la solution de perozonide dans l'acide acétique, on observe un abondant dégagement gazeux, et parmi les gaz se trouve de l'oxyde de carbone et de l'anhydride carbonique, ce qui indique évidemment la formation de produits de décomposition secondaire complexes. L'eau ne jouerait donc pas dans la décomposition des ozonides le rôle important que lui attribue *Harries*.

D'après ce dernier, la décomposition des ozonides en solution acétique s'opère dans deux directions : dans l'une, il se forme de l'aldéhyde nonylique $CH^3\text{-}(CH^2)^7\text{-}CHO$ et le peroxyde de la semi-aldéhyde azélaïque $\begin{matrix} O \\ | \\ O \end{matrix}\!\!>CH\text{-}(CH^2)^7\text{-}COOH$, et dans l'autre, le peroxyde de la semi-aldéhyde nonylique, $CH^3\text{-}(CH^2)^7\text{-}CH\!\!<\!\begin{matrix} O \\ | \\ O \end{matrix}$, et une aldéhyde semi-azélaïque, $O = CH\text{-}(CH^2)^7\text{-}COOH$, qui se transforme en semi-aldéhyde de l'acide azélaïque par perte d'oxygène.

Les ozonides étant des substances saturées ne décolorent pas les solutions de brome, mais ils sont capables d'agir comme oxydants, car ils déplacent l'iode de l'iodure de potassium ; dans la détermination de l'indice d'iode, ils déplacent donc de l'iode, probablement un atome par molécule d'ozone (*Molinari* et *Fenaroli*).

Le *superozonide oléique* se forme au moyen du perozonide. On peut l'obtenir plus rapidement de l'acide oléique même ; on traite celui-ci, dissous dans 3 volumes d'acide acétique cristallisable, par l'air ozonisé contenant 16 à 18 0/0 d'ozone, pendant 4 heures, on distille l'acide acétique dans le vide et sèche le résidu sur la potasse caustique solide et l'acide sulfurique concentré.

Le produit obtenu est un liquide incolore, visqueux ; la densité est $d_{22°}^{22°} = 1{,}079$; l'indice de réfraction : $n_D^{22°} = 1{,}46817$. Chauffé avec l'eau, il se décompose en donnant les mêmes corps que l'ozonide[1].

1. C. Harries et W. Franck, *Annalen*, 1910 (374), 361.

Traité par le *peroxyde d'azote* (voir plus haut) l'acide oléique forme deux composés d'addition, l'un solide, cristallisé, de formule $C^{18}H^{34}O^2 . NO^2\text{-}O\text{-}NO$, et l'autre liquide, de formule $C^{18}H^{34}O^2 . NO^2\text{-}OH$ (*Jegoroff*[1]). Ces composés, par réduction, se transforment en acides amidooxystéariques. Le produit $C^{18}H^{34}O^2 . NO^2\text{-}O\text{-}NO$, chauffé avec l'acide chlorhydrique fumant, se décompose en acides pélargonique et azélaïque ce qui indique que la double liaison est en position 9-10.

L'acide oléique absorbe une molécule de *brome* en formant un bibromure (acide dibromostéarique[2]) ; il absorbe de même le chlorure d'iode en formant un dérivé (d'addition) saturé. En hydrogénant ces composés par le zinc et l'acide chlorhydrique, l'acide oléique est régénéré[3] (*Lewkowitsch*). En chauffant l'acide dibromostéarique avec la potasse alcoolique, on obtient l'acide stéarolique, fondant à 48°.

Chauffé avec la *potasse caustique fondante*, l'acide oléique se transforme en acide palmitique ; il se forme également de l'acide oxalique et de l'acide acétique comme produits secondaires (*Varrentrapp*[4]) (voir plus haut).

L'acide oléique se dissout dans l'*acide sulfurique concentré*, à froid sans décomposition (*Chevreul*) et forme l'acide stéarosulfurique, $C^{18}H^{35}(SO^4H)O^2$; celui-ci, par ébullition avec l'eau, élimine de l'acide sulfurique et il se forme de l'acide oxystéarique avec une petite quantité de stéarolactone (*Geitel*[5]) (Voir chap. XV, *Huiles pour rouge turc*[6]). Une réaction analogue s'opère en chauffant l'acide oléique avec le chlorure de zinc à 185°. (Voir chap. XV). D'après *Saytzeff*[7],

1. *Chem. Zeit.*, 1903, 1051 ; *Journ. Soc. Phys. Chim. Russe*, 1903 (35), 716 ; *Journ. f. prakt. Chem.*, 1912 (86), 521.
2. Le sel de baryum de l'acide dibromostéarique est en masse circuse, très peu soluble dans l'alcool et l'éther à la température ordinaire, mais facilement soluble dans un mélange d'alcool et benzène (Farnsteiner, *Zeits. f. Unters. Nahrungs, u. Genussm.*, 1899, 15). Le sel de plomb est visqueux, très peu soluble dans l'alcool à 95 0/0, mais facilement soluble dans l'éther, l'éther de pétrole, les mélanges éther-alcool, le benzène et un mélange de benzène et d'alcool.
3. Fokin, *Journ. Soc. Phys. Chim. Russe*, 1912 (44), 155, indique que l'acide monobromostéarique (obtenu de l'acide oléique et de l'acide bromhydrique), réduit par la poudre de zinc et l'eau, à chaud, en tube scellé, donne de l'acide stéarique. Avec le composé chloré correspondant, la réduction donne 2/3 d'acide stéarique avec 1/3 d'acide oléique régénéré.
4. *Annalen*, 1840 (45), 209.
5. *Journ. f. prakt. Chem.* (37), 84 ; cf. aussi Ssabajanew, *Journ. Soc. Phys. Chem Russe*, 1885, 35, 87.
6. Cf. aussi *Journ. Soc. Chem. Ind.*, 1897, 390.
7. *Journ. f. prakt. Chem.*, (35), 369 ; 1898 (57), 26.

la réaction de l'acide sulfurique sur l'acide oléique forme de l'acide oxystéarosulfurique, $C^{16}H^{32}\left\langle\begin{matrix}O\text{-}SO^2\text{-}OH\\CH^2\text{-}COOH\end{matrix}\right.$. Par ébullition avec l'eau, celui-ci donne un mélange d'acide oxystéarique et d'anhydrides de cet acide ; ce mélange est très peu soluble dans l'alcool à 80 0/0. Les anhydrides peuvent être sommairement différenciés par la facilité avec laquelle ils se transforment en sels de l'acide oxystéarique, lorsqu'on les chauffe avec les alcalis.

L'acide sulfurique à 85 0/0 agit sur l'acide oléique comme l'acide sulfurique concentré (*Twilchell* [1]).

L'*hydrogénation* ou *réduction de l'acide oléique* (*en acide stéarique*) a été l'objet de très nombreuses recherches, et il n'est guère de problème dans la chimie et l'industrie des matières grasses qui ait exercé une pareille attraction [2].

C'est *Goldschmidt* [3] qui a fait la première tentative pour réduire l'acide oléique, en le chauffant en tube scellé, pendant 8 à 10 heures, à 200-210°, avec l'acide iodhydrique fumant et le phosphore. Après lui, *P. de Wilde* et *Reychler* [4] ont chauffé l'acide oléique en autoclave à 270-280°, avec 1 0/0 d'iode ; ils obtenaient une masse solide fondant vers 50 à 55 0/0 et par entraînement dans un courant de vapeur d'eau surchauffée, ils en tiraient 70 0/0 d'acide stéarique, un acide gras liquide qui ne pouvait pas être transformé en acide stéarique en lui appliquant le même traitement, et un résidu d'hydrocarbures insolubles dans l'alcool. Le faible rendement en acide stéarique et l'impossibilité de récupérer plus d'un tiers de l'iode rendaient le procédé onéreux et inutilisable industriellement.

De nombreux procédés ont suivi, dont on trouvera une revue détaillée [5] dans le chapitre xv (voir *Transformation de l'acide oléique en acides gras solides*) ; il suffira de rappeler ici qu'après *Zürrer* [6] (réduction des dérivés chlorés par la poudre de zinc ou la limaille de fer en présence de l'eau), *Weineck* [7] (hydrogénation électrolytique),

1. *Journ. Soc. Chem. Ind.*, 1897, 1002.
2. Cf. *Journ. Soc. Chem. Ind.*, 1897, 390 ; 1908, 489.
3. *Sitzungsber. d. K. K. Akad. d. Wissensch. Wien*, 1896 (72), 366 ; *Jahresb.*, 1876, 579.
4. *Bull. Soc. Chim.*, 1889 (3), 295.
5. *Cf.* aussi, E. Bontoux, *Sur l'hydrogénation catalytique des corps gras* (Conférence), *Les matières grasses*, 1914 ; *Seifensieder Zeit.*, 1914 (41).
6. D. R. P. 62.407, 1892.
7. Œsterr. Privileg, 10400, 1886 ; *Seifensieder Zeit.*, 1900 (27), 441.

Magnier, *Brangier* et *Tissier* [1] (électrolyse sous pression en présence d'acide sulfurique), *De Hemplinne* [2], par l'action de l'effluve électrique dans une atmosphère d'hydrogène, a réussi à transformer partiellement (30 à 50 0/0) l'acide oléique en acide stéarique, tandis que *Petersen* [3] et *Boehringer und Söhne* [4] par électrolyse de l'acide oléique en solution alcoolique acidulée ont pu arriver à une réduction de 15 à 30 0/0. Ce n'est qu'avec l'apparition des méthodes catalytiques de *Sabatier* et *Senderens* [5], par l'action directe de l'hydrogène au-dessous de 200° en présence du nickel comme catalyseur, qu'on a pu réaliser une transformation *complète* de l'acide oléique en acide stéarique (*Bedford* [6], *Lewkowitsch* [7]). *Fokin* [8], puis *Willstätter* [9], ont obtenu le même résultat en solution éthérée à froid, avec le noir de palladium ou de platine avec l'hydrogène à la pression atmosphérique, tandis que *Paal* et *Roth*[10] ont hydrogéné l'acide oléique (oléate de potassium en solution aqueuse) à froid en présence de palladium colloïdal ; toutefois, dans ce dernier cas, la transformation en acide stéarique n'atteint que 60 0/0.

Lewkowitsch a constaté que dans certaines conditions de réduction catalytique au moyen de l'hydrogène, et en particulier avec le cuivre comme catalyseur, l'acide oléique se transforme partiellement en *isomère* solide.

Chauffé vers 350° avec la poudre de zinc, l'acide oléique se décompose en formant de l'anhydride carbonique, de l'hydrogène, des hydrocarbures éthyléniques liquides et solides, dont la plus grande partie distille entre 270 et 300°, et renferme 18 atomes de carbone dans la molécule[11] ; il se forme en outre, une certaine quantité d'hydrocarbures inférieurs et d'hydrocarbures supérieurs semblant indiquer que la dégradation et la polymérisation s'exercent simultanément avec la réaction principale.

1. Br. fr. 291.389 ; E. P. 3.363, 1900 ; D. R. P. 126. 446 ; 132.223.
2. Br. fr. 349.942 ; E. P. 1.572, 1905 ; D. R. P. 167.107 ; U. S. P. 797.112.
3. *Zeits. f. Elektrochemie*, 1905, 549.
4. D. R. P. 187.788, 189.332, 1906.
5. *Comptes Rendus*, 1901 (132), 210 ; cf. Sabatier et Mailhe, *Ann. Chim. Phys.*, 1909 (16), 170.
6. *Dissert.*, Halle, 1906 ; cf. aussi Erdmann et Bedford, *Berichte*, 1909 (42), 1324.
7. *Journ. Soc. Chem. Ind.*, 1908, 489.
8. *Journ. Soc. Phys. Chim. Russe*, 1906 (38), 469, 855 ; 1907 (39), 607 ; *Chem. Zentralbl.*, 1906 (II), 758 ; 1907 (I), 324 ; *Zeits. f. ang. Chem.*, 1909 (22), 1496.
9. *Berichte*, 1908 (41), 1475.
10. *Ibidem*, 1908 (41), 2283.
11. Hébert, *Bull. Soc. Chim.*, 1903, 316.

En chauffant l'acide oléique avec la poudre de zinc dans un courant d'hydrogène vers 250°, *Lewkowitsch* et *Pick*[1] ont constaté qu'une grande quantité d'acide oléique se transforme en hydrocarbures ; vers 350°, la décomposition en gaz et hydrocarbures est complète, tandis qu'au-dessous de 200°, la décomposition est très réduite.

Lifschütz[2] a indiqué une méthode d'examen spectroscopique pour déceler les plus petites quantités d'acide oléique en présence d'autres acides.

La séparation de l'acide oléique et des autres acides saturés ou moins saturés, sera examinée dans le chapitre VIII.

L'*anhydride oléique* s'obtient en chauffant l'acide oléique avec l'anhydride acétique au réfrigérant ascendant ou sans pression à 150-160° ; il cristallise en écailles argentées, fond à 22-24° (*Albitzty*), à 22,2° (*Holder*) et se solidifie à 15,5-17° (*Albitzy*).

Les *sels alcalins* de l'acide oléique sont de consistance plus molle et beaucoup plus solubles dans l'eau que les palmitates et stéarates, mais ils s'hydrolysent plus difficilement ; on a vu plus haut l'action comparée de l'eau et des électrolytes (alcalis ou sels) sur les uns et les autres.

L'*oléate de potassium*, $KC^{18}H^{33}O^2$, forme une masse transparente gélatineuse, beaucoup plus soluble dans l'eau, l'alcool et l'éther que le sel de sodium, 1 partie de ce sel se dissolvant dans 4 parties d'eau ou 2,15 parties d'alcool ou 29,1 parties d'éther bouillant.

L'*oléate de sodium*, $NaC^{18}H^{33}O^2$, s'obtient par cristallisation dans l'alcool absolu (non dans l'alcool dilué). Il se dissout dans 10 parties d'eau à 12°, ou dans 20,6 parties d'alcool, de poids spécifique 0,821, à 13° ou dans 100 parties d'éther bouillant. Le sel anhydre fond à 322-235°.

L'*oléate de lithium*, $LiC^{18}H^{33}O^2$, est soluble dans l'alcool chaud, insoluble dans l'éther, le sulfure de carbone et le benzène. 100 cc. d'eau à 18° dissolvent 0,0674 gr. de sel, 0,132 gr. à 25°. 100 cc. d'alcool de poids spécifique 0,797 dissolvent à 18° 0gr,9084 de sel et à 25° 1,009 gr.[3].

L'*oléate d'ammonium*, $NH^4C^{18}H^{33}O^2$, d'après *Wallerant*, forme[4] des

1. Cf. *Berichte*, 1907, 4161.
2. *Zeits. f. physiol. Chem.*, 1908 (56), 446 ; cf. aussi Manca, *Chem. Zentralbl.*, 1908 (II), 1702.
3. Partheil et Férié, *Arch. d. Pharm.*, 1903, 545.
4. *Comptes Rendus*, 1906 (143), 693.

« cristaux liquides », mais *Moldziejowski* [1] a montré que ceux-ci peuvent s'obtenir en évaporant la solution aqueuse ou alcoolique à la température ordinaire ; il semblerait donc qu'on ait affaire à une émulsion plutôt qu'à des « cristaux liquides ». Les solubilités de ce sel dans divers dissolvants ont été indiqués précédemment.

Les oléates métalliques se comportent avec l'eau comme les palmitates et stéarates métalliques ; la plupart sont solubles [2] dans l'alcool ; le benzène, le chloroforme, le tétrachlorure de carbone, le sulfure de carbone, la nitrobenzine, la pyridine et l'éther de pétrole ; quelques-uns se dissolvent ausssi dans l'éther.

L'*oléate de calcium*, Ca $(C^{18}H^{33}O_2)^2$, forme une poudre insoluble dans l'alcool et l'éther. Il est un peu soluble dans une solution concentrée de sucre ; c'est ainsi que 200 cc. de solution à 10 0/0 de sucre dissolvent, après une heure de digestion, à 19,5°, 35°, 50° et 65° respectivement 0,0661, 0,1767, 0,450 et 0,726 gr. de sel [3]. L'oléate de calcium en solution dans la pyridine, filtre à travers une membrane de caoutchouc.

L'*oléate de baryum*, Ba $(C^{18}H^{33}O^2)^2$, est une poudre cristalline, insoluble dans l'eau et peu soluble dans l'alcool bouillant. A la température de 100° il s'agglutine, sans cependant devenir liquide. L'oléate de baryum desséché [4] est très peu soluble dans le benzène chaud et difficilement soluble dans un mélange bouillant de benzène et d'alcool absolu. En présence de petites quantités d'eau, cependant, ce sel se dissout facilement dans le benzène chaud ; ainsi, il suffit d'ajouter au benzène 5 0/0 ou même moins d'alcool à 95 0/0 pour que la dissolution s'opère. De la solution benzénique chaude, le sel se sépare presque complètement par refroidissement, sous forme de poudre cristalline composée de longues et fines aiguilles ou lamelles à reflets argentés ; 100 cc. de solution benzénique saturée ne renferment plus à 11° que 0,015 gr., et à 17,5° gr., 0,023 d'oléate de baryum. Le chloroforme et l'éther de pétrole se comportent de même.

L'*oléate d'aluminium*, Al $(C^{18}H^{33}O^2)^3$, forme une masse gélatineuse

1. *Zeits. f. Krystall. und Miner.*, 1913 (52), 1.
2. Cf. Kahlenberg, *Trans. Amer. Electroch. Soc.*, 1905 (5), 167 ; Kahlenberg et Anthony, *Journ. Chim. physique*, 1906 (IV), 358.
3. *Zeits. f. ang. Chemie*, 1901, 1115.
4. Farnsteiner, *Zeits. f. Unters. d. Nahr. u. Genussm.*, 1901, 63.

insoluble dans l'alcool et très peu soluble dans l'éther chaud et l'éther de pétrole. Il est employé comme « épaississant » dans certaines applications industrielles (*Huiles lubrifiantes*).

L'*oléate d'argent*, $AgC^{18}H^{33}O^2$, est presque insoluble dans l'éther (différence avec le sel d'argent des acides résineux).

L'*oléate de cuivre*. Cu $(C^{18}H^{33}O^2)^2$, fond à 100° en une huile verte. Il se dissout facilement dans l'éther froid en une solution verte et dans l'alcool en une solution vert bleuâtre. Il cristallise sous forme de baguettes se comportant comme des « cristaux liquides [1] ». Le cuivre se dissout dans l'acide oléique avec dégagement d'hydrogène [2].

L'*oléate de plomb*, Pb $(C^{18}H^{33}O^2)^2$, est une poudre blanche fondant à 45-50° en une huile jaune [3]. Il est soluble dans l'éther [4] et peut ainsi être séparé des sels des acides saturés (palmitique, stéarique, etc.), et aussi des acides élaïdique et isooléique. Cette séparation n'est cependant pas complète [5]. L'oléate de plomb est aussi soluble dans l'éther de pétrole, mais il n'est que légèrement soluble dans l'alcool absolu (*Twitchell*).

L'*éther méthylique* bout à 212-213° sous 15 mm. de pression; $d^{18°} = 0{,}879$.

L'*éther éthylique* [6] a la densité $d^{16°} = 0{,}871$.

L'*éther amylique* ne se solidifie pas encore à 0°; $d^{15°} = 0{,}897$; $d^{18°}_{4°} = 0{,}8886$.

L'acide oléique est en relation étroite avec l'*acide élaïdique*, qui est son isomère stéréochimique.

Acide élaïdique. — L'acide élaïdique, découvert en 1832 par *Boudet*[7] en étudiant l'action du réactif de *Poutet*[8], s'obtient en faisant agir les vapeurs d'acide nitreux ou un nitrite et l'acide nitrique sur l'acide oléique à la température ordinaire ; l'acide oléique est en

1. E. Richter, *Zeits. f. ang. Chemie*, 1907, 1613.
2. C. B. Gates, *Journ. Phys. Chem.*, 1911 (15), 138.
3. G. B. Neave, *Analyst*, 1912, 399.
4. Gusserow, *Arch. d. Pharm.*, 1828 (27), 153. Le sel de plomb de l'acide α-oléique est à peu près insoluble dans l'éther.
5. Lewkowitsch, *Journ. Soc. Chem. Ind.*, 1890, 845.
6. Pour les applications de l'oléate d'éthyle, cf. Dreymann, Br. fr. 343.158; E. P., 10.466, 1905.
7. *Annalen* (4), 11.
8. Cf. Laurent, *Ann. Chim. Phys.* (65), 149.

peu de temps transformé en son stéréoisomère, l'acide élaïdique [1]. La séparation de l'acide élaïdique et de l'acide non transformé s'effectue facilement par cristallisation dans l'éther ou en séparant les sels de plomb par l'éther ou le benzène. On obtient encore l'acide élaïdique en chauffant l'acide oléique à 180-200° sous pression, avec l'acide sulfureux ou les bisulfites [2].

L'acide élaïdique cristallise dans l'alcool en plaques fondant [3] à 44,5° ; *Lewkowitsch* a observé le même point de fusion sur un produit obtenu dans son laboratoire par cristallisation répétée ainsi que sur un échantillon soigneusement préparé par *Geitel* [4] ; *Farnsteiner* [6] indique aussi 43,5-44,5°, de sorte que le point de fusion 51-52° (avec point de solidification 44-45°) relaté par *Saytzeff* [5] ne peut être signalé que sous réserves.

Poids spécifique : $d^{79,4°}_{4°} = 0{,}8505$.

L'acide élaïdique distille presque sans altération sous pression réduite. Les points d'ébullition suivants ont été déterminés par *Krafft* et *Nördlinger* :

Points d'ébullition Degrés	Pression en millimètres de mercure
154,0	0
225,0	10
234,0	15
251,5	30
266,0	50
287,8-288,0	100

L'acide élaïdique, comme l'acide oléique, est réduit et transformé en acide stéarique par chauffage sous pression avec l'acide iodhydrique et le phosphore ; l'hydrogénation catalytique en présence du nickel ou du cuivre, à 280-300°, est encore plus complète et plus rapide [7].

La transformation de l'acide oléique en acide élaïdique est réver-

1. D'après Gawalowski, *Pharm. Post.*, 1905 (38), 97, il se formerait deux acides élaïdiques isomères.
2. L'acide oléique, chauffé pendant 30 heures avec quelques gouttes d'acide acétique, ne se transforme pas en acide élaïdique, et il en est de même en ensemençant le mélange avec de l'acide élaïdique (P. Rabe, *Berichte*, 1912, 2932).
3. Cf. H. Meyer, *Annalen*, 1840 (35), 182.
4. *Analyst*, 1899, 258.
5. *Zeits. f. Unters. d. Nahr. u. Genussm.*, 1899, 5.
6. *Journ. f. prakt. chem.*, 1894 (50), 175.
7. Sabatier et Mailhe, *Ann. Chim. Phys.*, 1909 (16), 73.

sible, et l'acide élaïdique peut à son tour être converti en acide oléique en faisant bouillir l'acide iodostéarique, produit d'addition de l'acide élaïdique, avec la potasse alcoolique ; il se forme simultanément de l'acide isooléique [1]. De même, en chauffant l'acide élaïdique avec l'acide sulfureux ou le bisulfite de sodium sous pression, 20 0/0 environ se convertissent en acide oléique ordinaire [2].

En oxydant l'acide élaïdique par le permanganate de potassium en solution alcaline, à froid, il se forme de l'acide dioxystéarique [3], avec les acides pélargonique, azélaïque et oxalique comme produits secondaires ; *Edmed* [4] a déterminé comme suit la proportion des produits formés : acide dioxystéarique, fondant à 99°, 33 0/0 ; acide pélargonique, 13 à 14 0/0 ; acide azélaïque, 26 0/0 ; acide oxalique, 15 à 20 0/0 (Cf. plus haut p. 278, *Acide oléique*). L'oxydation par le persulfate d'ammoniaque en solution sulfurique (réactif de *Caro* modifié) donne un acide dioxystéarique qui paraît identique à celui que fournit l'oxydation permanganique (*Albitzky* [5]).

Chauffé avec la potasse caustique fondante, l'acide élaïdique donne, comme l'acide oléique, de l'acide palmitique avec de l'acide acétique et de l'acide oxalique.

Par l'action de l'acide sulfurique concentré sur l'acide élaïdique, il se forme surtout des anhydrides, que la potasse alcoolique transforme en acide ι-oxystéarique [6].

L'acide élaïdique donne avec l'ozone des ozonide et perozonide, dont la décomposition s'opère comme ceux de l'acide oléique [7].

L'ensemble des réactions fournies par l'acide élaïdique semble indiquer que ce dernier est bien un isomère stéréochimique de l'acide oléique, dont la constitution, par suite, peut être représentée par la formule développée suivante :

$$\begin{array}{c} CH^3\text{–}(CH^2)^7\text{–}CH \\ \| \\ COOH\text{–}(CH^2)^7\text{–}CH \end{array}$$

1. Lebedeff, *Journ. f. prakt. Chemie*, 1894 (50), 61.
2. Albitzky, *Journ. f. prakt. Chemie*, 1900 (61), 65.
3. *Berichte*, 1894, 173.
4. *Journ. Chem. Soc.*, 1898, 631.
5. *Journ. f. prakt. Chem.*, 1903 (67), 357.
6. Tscherbakoff et Saytzeff, *Journ. f. prakt. Chemie*, 57 (1898), 27.
7. Harries et Thieme, *Annalen*, 1905 (343), 354 ; Harries et Franck, *Annalen*, 1910 (374), 360.

Les *sels de baryum, de plomb el d'argenl* sont très peu solubles dans l'alcool et l'éther. L'*élaïdale de plomb* se rapproche, comme solubilité, des sels de plomb des acides saturés (Cf. p. 217). Le tableau suivant fournit quelques données à ce sujet :

100 CENTIMÈTRES CUBES DE	DISSOLVENT DE SEL DE PLOMB	à °
Ether	0,0046 à 0,0086 gramme	16-20
Benzène	0,0040	16-20
— , en dissolvant le sel à chaud et abandonnant à cristallisation.		
Après 1 heure	0,0148	16
Après 17 heures	0,0028	16
Alcool absolu, en dissolvant le sel à chaud et abandonnant à cristallisation.		
Après 18 heures	0,0100	17

Élher mélhylique : $d^{18°} = 0{,}872$.
Élher élhylique : $d^{18°} = 0{,}868$.

On connaît d'autres acides élaïdiques, qui seront étudiés avec les stéréoisomères correspondants, savoir :

1. *Acide larélaïdique* (voir *Acide laririque*).
2. *Acide* 8-9 *élaïdique* (voir *Acide isooléique*).
3. *Acide* 9-10 *élaïdique* (voir *Acide isooléique*).
4. *Acide pélrosélaïdique* (voir *Acide pélrosélinique*).

ACIDE ISOOLÉIQUE (PARAOLÉIQUE), ACIDE OLÉIQUE SOLIDE. — Cet acide s'obtient, suivant *M.-C.* et *A. Salyzeff*[1], par la distillation, sous pression réduite, de l'acide ι-oxystéarique, qui donne un mélange d'acide oléique ordinaire et d'acide isooléïque, avec un peu d'acide ι-oxystéarique inaltéré. L'acide isooléïque pur s'obtient en abandonnant le mélange à la cristallisation en solution éthérée et en formant les sels de zinc des acides cristallisés ; ces sels sont épuisés par l'alcool bouillant, dans lequel le sel de l'acide oxystéarique est insoluble, tandis que la solution alcoolique d'isooléate de zinc obtenue laisse déposer le premier par refroidissement ; l'acide isooléique est enfin précipité de son sel de zinc par l'acide sulfurique et purifié par cristallisation répétée dans l'éther. Le mélange des

1. M. C. et A. Saytzeff, *Journ. f. prakt. Chemie*, 1887 (35), 386 ; 1888 (37), 269.

deux acides isomères peut être facilement résolu en ses éléments par cristallisation dans l'éther de pétrole [1].

L'acide isooléique se forme aussi en chauffant, sous réfrigérant ascendant, l'acide iodostéarique (formé par action de l'acide iodhydrique sur l'acide oléique ordinaire ou l'acide élaïdique) avec une solution de potasse alcoolique. Le produit de la réaction renferme l'acide isooléique avec un peu d'acide oléique non modifié.

L'acide isooléique absorbe les éléments de l'acide iodhydrique en donnant un acide iodostéarique liquide qui, traité par la potasse alcoolique, ne donne qu'un acide non saturé, l'acide *isooléique* lui-même. *M.-C.* et *A. Saytzeff* en ont conclu que l'iode est fixé à l'atome de carbone placé en position α (par rapport au carboxyle) : $C^{15}H^{31}$-CH^2-CHI-COOH, et, en conséquence, ont assigné à l'acide isooléique la formule

$$CH^3(CH^2)^{14}CH{=}CH\text{-}COOH,$$

que *Le Sueur* [2] a démontré inexacte. En effet, en traitant l'acide iodostéarique précédent par l'oxyde d'argent, on obtient un dérivé monohydroxylé fondant à 82-85° ; comme l'acide α-oxystéarique (*Le Sueur*) fond à 91-92°, les acides iodostéarique et oxystéarique des *Saytzeff* ne peuvent pas être des α-dérivés. Au surplus, le véritable acide a-iodostéarique préparé par *Ponzio* [3], est une substance cristallisée fondant à 66°. Il semblerait donc qu'en traitant l'acide oléique par l'acide iodhydrique et en éliminant ensuite ce dernier, trois réactions au moins s'effectueraient : 1) la conversion de l'acide oléique en son stéréoisomère ; 2) la migration de la double liaison dans la direction du carboxyle ; 3) le remplacement de l'atome d'iode par un oxhydryle.

Toutefois, *Arnaud* et *Posternak* [4], en répétant les expériences des *Saytzeff*, ont trouvé que l'acide « isooléique » n'est pas une espèce chimique, mais un mélange de plusieurs acides « isooléiques », dont on a isolé jusqu'ici les produits suivants : 1) l'acide oléique ordinaire ou acide 9-10 oléique ; 2) l'acide élaïdique ordinaire ou acide 9-10 élaïdique ; 3) un acide 8-9 élaïdique ; 4) un acide oxystéarique ; mais

1. Shukoff et Schestakoff, *Journ. f. prakt. Chemie*, 1903 (67), 416.
2. *Journ. Chem. Soc.*, 1904, 1709.
3. *Gazz. Chim. Ital.*, 1904 (34), II, 77.
4. *Comptes Rendus*, 1910 (150), 1520.

qui sont loin d'être les seuls constituants du mélange. En raisonnant par analogie, *Arnaud* et *Posternak* admettent que celui-ci renferme encore un isomère de l'acide oléique (ou de l'acide élaïdique) dans lequel la double liaison s'est déplacée dans la direction opposée du premier, ainsi qu'un second acide oxystéarique. D'après ces auteurs, la composition approximative du mélange serait : acide 9-10 élaïdique, 15 0/0 ; acide oxystéarique, 18 0/0 ; acides 8-9 et 9-10 élaïdiques, 36 0/0 ; le reste, contenant l'acide oléique ordinaire, est liquide. L'hypothèse de la migration de la liaison éthylénique vers le carboxyle est, cependant, démentie par les expériences ultérieures d'*Eckert* et *Halla*[1]; ceux-ci, en traitant l'acide 2-3 oléique par l'acide iodhydrique et éliminant ensuite ce dernier par la potasse alcoolique, ont obtenu de très faibles quantités d'acide 2-3 oléique, la majeure partie de l'acide régénéré consistant en acide 3-4 oléique ; en répétant les mêmes traitements sur celui-ci, on a obtenu surtout de l'acide 4-5 oléique. Les indices d'iode de ces divers acides oléiques sont d'ailleurs anormaux, savoir 9,04 pour l'acide 2-3 oléique, 16,27 pour l'acide 3-4 oléique, et 26,96 pour l'acide 4-5 oléique, ce qui peut tenir à la formation possible d'acides oxystéariques (Voir, cependant, p. 594).

Ponzio a attribué à l'acide isooléique la même formule de constitution que celle donnée plus haut pour l'acide oléique.

Jegoroff[2], de son côté, assigne à l'acide isooléique, fondant à 42°, obtenu par la méthode des *Saytzeff*, la formule

$$CH^3-(CH^2)^6-CH=CH-(CH^2)^8-COOH,$$

En présence de telles divergences, la constitution réelle de l'acide isooléique est encore en suspens.

Les renseignements qui suivent s'appliquent néanmoins à l'acide « isooléique », qui se rencontre en proportions considérables dans l'acide stéarique commercial, résultant de la saponification acide et de la distillation consécutive, et qui peut être isolé sous forme bien cristallisée, sous cette réserve que ce produit peut représenter un mélange eutectique de plusieurs isomères.

L'acide isooléique se forme encore, dans certaines conditions,

1. *Monatsh. f. Chem.*, 1913 (34), 1815.
2. *Journ. f. prakt. Chem.*, 1912 (86), 539.

dans l'hydrogénation catalytique de l'acide oléique, en particulier en employant le cuivre comme catalyseur ; il semblerait même que la formation d'acide isooléique représente la première phase de l'hydrogénation de l'acide oléique, la double liaison étant forcée de se déplacer de sa position centrale vers l'extrémité de la chaîne ; il s'ensuivrait que l'acide isooléique est plus facilement hydrogéné que l'acide oléique (*Lewkowitsch*[1]).

L'acide isooléique forme, par cristallisation dans l'éther, des plaques rhombiques, transparentes, fondant à 44-45°. Il est très facilement soluble dans l'alcool et beaucoup moins dans l'éther.

Il absorbe comme l'acide oléique ordinaire, 2 atomes de chlore, de brome ou d'iode à froid et se comporte comme lui par fusion avec la potasse caustique. L'acide dibromoisooléique traité par l'oxyde d'argent donne l'acide *p*-dioxystéarique (Cf. p. 350).

Le permanganate de potassium donne un acide dioxystéarique différent de celui de l'acide ordinaire (Cf. p. 350).

En traitant l'acide isooléique par l'acide sulfurique concentré et en faisant bouillir avec l'eau le produit obtenu, il se forme deux acides oxystéariques isomères qui diffèrent par la manière dont ils se comportent, quand ils sont soumis à la distillation dans le vide.

Le *sel de calcium*, $Ca^2(C^{18}H^{33}C^2)^2$, H^2O, est insoluble dans l'alcool chaud.

Le *sel de plomb* est beaucoup moins soluble dans l'éther que l'oléate.

b) **Acide rapique,** $C^{18}H^{34}O^2$ (?).

Cet acide gras a été trouvé dans l'huile de colza par *Reimer* et *Will*[2], qui lui avaient attribué la formule d'un acide hydroxylé, $C^{18}H^{34}O^3$, formule d'autant plus douteuse que l'huile de colza ne donne qu'un indice d'acétyle très faible. *Zellner*[3] a, plus tard, indiqué la formule $C^{18}H^{34}O^2$, justifiée par la formation avec l'acide iodhydrique d'un dérivé d'addition, donnant de l'acide stéarique par réduction.

Toutefois, *Grabner*[4] et presque simultanément *Raymond*[5], ont

1. Cf. aussi C. W. Moore, *Journ. Soc. Chem. Ind.*, 1919, 320 T.
2. *Berichte*, 1887 (20), 2385.
3. *Monatsh. f. Chem.*, 1896, 309.
4. *Die Seife*, 1921, 167.
5. *Bull. Soc. Chim.*, 1922 (31), 414.

montré que l'acide rapique n'était pas autre chose que de l'acide oléique.

Il paraît donc à peu près certain que l'acide rapique ne doit plus être regardé comme une espèce chimique distincte.

c) **Acide pétrosélinique**, CH^3-$(CH^2)^{10}$-CH=CH-$(CH^2)^4$-COOH.

L'huile des graines de persil [1] renferme un acide « oléique » solide, fondant à 33-34°, et se solidifiant à 27° ; indice de réfraction : $n_D^{40°} = 1,4533$. Cet acide gras jouit du pouvoir rotatoire. Son indice d'iode concorde avec l'indice théorique. *Palazzo* et *Tamburello* [2] ont isolé de l'huile des graines de lierre, un acide gras identique, mais fondant à 29-30°.

L'acide pétrosélinique se comporte, à beaucoup d'égards, comme l'acide oléique ordinaire.

L'acide nitreux le transforme en stéréoisomère solide, l'*acide pétrosélaïdique*, fondant à 54°.

L'oxydation permanganique donne un acide dioxystéarique fondant à 122°.

La fusion avec la potasse caustique donne de l'acide palmitique et de l'acide acétique comme produits essentiels.

L'acide pétrosélinique fixe deux atomes de brome et donne un bibromure ; chauffé avec la potasse alcoolique, celui-ci fournit un acide 6-7 stéarolique, $C^{18}H^{34}O^3$, fondant à 54°, qui doit être dénommé *acide pétrosélinolique ;* l'acide cétonique correspondant (fondant à 80°) donne deux oximes stéréoisomères que l'acide sulfurique transforme en amino-acides ; ceux-ci, enfin, chauffés avec l'acide chlorhydrique fumant, fournit de l'undécylamine, de l'acide pimélique et de l'acide laurique. *Von Gerichten* et *Köhler* [3] en ont déduit la formule de constitution CH^3-$(CH^2)^{10}$-CH=CH-$(CH^2)^4$-COOH.

L'*amide* cristallise en aiguilles fondant à 76°.

Le *sel de baryum* cristallise en aiguilles anhydres.

Le *sel de plomb* fond à 86° ; il est peu soluble dans l'éther froid, plus soluble dans l'éther chaud.

1. *Berichte*, 1909, 1638.
2. *Atti R. Accad. Lincei*, 1914 (v), 23 (II), 352.
3. *Berichte*, 1909, 1638 ; cf. A. Köhler, *Dissert.*, Weimar, 1909.

d) Acide cheiranthique, $C^{18}H^{34}O^2$.

Cet acide a été trouvé dans les acides gras de l'huile des graines de giroflée (*Mallhes* et *Boltze* [1]).

Il forme des aiguilles blanches, soyeuses, fondant à 30° ; indice de réfraction : $n_D^{40°} = 1,4535$.

L'indice d'iode indiqué pour cet acide est anormal, 71,16, tandis que le chiffre théorique est 90,07.

L'acide cheiranthique a été isolé par recristallisation dans l'alcool d'une fraction des acides gras distillée entre 240 et 245° sous 12mm. de pression. Cette fraction montrait l'indice de neutralisation 177,1 et l'indice d'iode 78,1, chiffres la rapprochant bien plus d'un acide « érucique » que d'un acide « oléique » ; cependant, l'analyse élémentaire de l'acide cheiranthique et celle de l'acide dioxystéarique qui en dérive, concordent avec la composition de l'acide oléique.

L'acide nitreux le transforme en isomère, fondant, après recristallisation dans l'alcool absolu, à 51-52°, et possédant l'indice de réfraction $n_D^{70°} = 1,4520$.

L'oxydation permanganique donne un acide dioxystéarique fondant à 180°, et présentant l'indice de réfraction $n_D^{60°} = 1,4570$; cet acide est différent des acides dioxystéariques déjà connus.

L'acide cheiranthique se rapproche, en somme, étroitement de l'acide pétrosélinique.

Scherer [2] a trouvé dans les huiles des graines de pimprenelle (*Pimpinella anisum*) et le fenouil (*Fœniculum capillaceum*) des acides « oléiques », qui sont probablement identiques avec l'acide pétrosélinique ou avec l'acide cheiranthique. Ces acides fondent respectivement à 30° et 35°, et présentent les indices d'iode 73,5 et 86,15.

1. *Arch. d. Pharm.*, 1912 (250), 211.
2. *Dissert.*, Strasbourg, 1909.

e) Acide oléique de la lécithine du foie, $(CH^2)^{11}$-CH=CH-$(CH^2)^3$-COOH.

On a isolé de la lécithine du foie un acide oléique, différant de l'acide oléique ordinaire, d'après *Hartley* [1], en ce qu'il donne un acide dioxystéarique fondant à 129°, dont l'oxydation ultérieure, par le permanganate de potassium alcalin, ne fournit pas traces d'acides pélargonique et azélaïque ; par contre, on trouve dans les produits d'oxydation de l'acide caproïque, et probablement de l'acide décaméthylène-dicarboxylique (sans qu'on ait, cependant, pu isoler cet acide bibasique en nature).

D'après ces réactions, *Hartley* attribue à l'acide oléique de la lécithine du foie, la formule $(CH^2)^{11}$-CH=CH-$(CH^2)^4$-COOH, qui est celle d'un acide 6-7 oléique, mais ne concorde pas avec la constitution de l'acide pétrosélinique (qui est un acide 6-7 oléique) ; d'autre part, *Hartley* indique que cet acide, traité par l'acide nitrique, ne donne pas de stéréoisomère solide, tandis que l'acide oléique 6-7 ou acide pétrosélinique donne un stéréoisomère à point de fusion plus élevé que lui-même. Dans ces conditions, la formule donnée par *Hartley* paraît douteuse.

Acide doéglique, $C^{19}H^{36}O^2$.

Cet acide se trouverait, d'après *Scharling* [2], à l'état d'éther dodécatylique, dans l'huile de rorqual rostré ; mais son existence est douteuse et *Bull* [3] le considère comme un mélange d'acide oléique et d'acide gadoléique.

Acide jécoléique, $C^{19}H^{36}O^2$.

En oxydant les acides gras de l'huile de foie de morue, par le permanganate de potasse alcalin, *Heyerdahl* [3] a obtenu un acide dioxyjécoléique, dont il a déduit l'existence de l'acide jécoléique ; celui-ci formerait au moins 20 0/0 des acides gras liquides de l'huile de foie de morue.

1. *Journ. f. Physiol.*, 1909 (38), 367.
2. *Journ. f. prakt. Chem.* 1848 (43), 257.
3. *Cod Liver Oil and Chemistry*, p. XCVIII.

Acide gadoléique, $C^{20}H^{38}O^2$.

Cet acide existe, d'après *Bull* [1], en quantités notables dans l'huile de foie de morue, ainsi que dans les huiles de hareng et de baleine.

Il a été obtenu en fractionnant les éthers méthyliques des acides gras de l'huile de foie de morue (des Lofoden), préparés au moyen du méthylate de sodium. La fraction passant entre 223 et 225° sous 10 mm. de pression (environ 15 0/0) donne, après saponification, un acide fondant à 24,5° ; le point de fusion ne change pas après cristallisation répétée dans l'alcool.

L'indice de neutralisation, 180,5, et l'indice d'iode, 80,3, justifient la formule $C^{20}H^{38}O^2$.

Par l'oxydation permanganique, on obtient de l'acide dioxygadoléique.

Le *sel* neutre, ainsi que le sel acidé de *potassium*, sont très peu solubles dans l'alcool froid.

Le *sel de plomb* a une solubilité dans l'éther intermédiaire entre celle de l'oléate et de l'érucate.

Acide érucique [2], $C^{22}H^{42}O^2 = \begin{matrix} C^8H^{17}\text{-}CH \\ \qquad\qquad \| \\ \qquad\qquad H\text{-}C\text{-}(CH^2)^{11}\text{-}COOH \end{matrix}$

L'acide érucique (découvert par *Darby* [3] en 1849) se trouve dans les huiles de colza (*Websky* [4]) de moutarde (*Darby*), blanche et noire, dans les huiles de poissons (*Bull* [5]), l'huile de baleine et l'huile de foie de morue (*Bull* [6]) ; le glycéride solide de l'huile de cresson d'Inde (*Tropæolum majus* [7]) est constitué par de la triérucine presque pure. La racine desséchée de la betterave renferme environ 18,6 0/0 d'acide érucique ; la présence de celui-ci dans l'huile de pépin de raisin (*Filz* [8]) est douteuse.

1. *Berichte*, 1906, 3574.
2. Liebermann, *Berichte*, 1893 (26), 1869 ; cf. aussi Alexandroff et N. C. Saytzeff. *Journ. f. prakt. Chem.*, 1894 (49), 63 ; Baruch, *Berichte*, 1894 (27), 176.
3. *Annalen*, 1849 (69), 1.
4. *Jahresber.*, 1853, 443 ; cf. aussi Reimer et Will, *Berichte*, 1886, 3320.
5. *Chem. Zeit.*, 1899, 996.
6. *Berichte*, 1906, 3570.
7. Gadamer, *Arch. d. Pharm.*, 1899 (237), 471.
8. *Berichte*, 1871 (4), 442.

Laroche et *Juillard* [1] obtiennent industriellement l'acide érucique en traitant les huiles de crucifères par la potasse caustique en solution alcoolique très concentrée (jusqu'à 100 0/0 de potasse) ; l'érucate de potasse solide, cristallisé, ainsi obtenu, est ensuite décomposé. Pour obtenir l'acide érucique *pur*, *Holde* [2] a renoncé au fractionnement des éthers méthyliques des acides gras de l'huile de colza (*Grün*), qui donne toujours un acide érucique souillé de 5 0/0 environ d'acides saturés, ainsi qu'aux séparations par précipitation des sels de plomb ou de magnésium et dissolution par l'éther ou le benzène, qui donnent également des produits impurs. Il fait simplement cristalliser les acides gras de l'huile de colza dans l'alcool, entre — 5 et — 17°, et purifie finalement l'acide obtenu par des précipitations fractionnées au moyen de l'acétate de magnésium (l'indice d'iode du produit est 74,3, pour un chiffre théorique de 75,02).

L'acide érucique pur cristallise de l'alcool en longues et fines aiguilles fondant à 35,5° (*Holde*) ; les points d'ébullition suivants ont été déterminés par *Krafft* et *Nördlinger* :

Points d'ébullition Degrés	Pression en millimètres de mercure
179,0	0
254,5	10
264,0	15
281,0	30

Par ses propriétés, l'acide érucique ressemble beaucoup à l'acide oléique. Ainsi, il absorbe 2 atomes de chlore, de brome ou d'iode (le bibromure forme des cristaux fondant à 46-47°) ; l'acide nitreux et l'acide sulfureux ou les bisulfites sous pression à 175-180° le convertissent en un stéréoisomère, l'*acide brassidique* $C^{22}H^{42}O^{2}$; chauffé avec l'acide iodhydrique et le phosphore à 200-210°, il est réduit à l'état d'acide bénique $C^{22}H^{44}O^{2}$ (*Goldschmidt* [3]). L'hydrogénation catalytique conduit au même résultat, qu'elle s'effectue en présence du nickel (*Eijkmann* [4]; *Lewkowitsch*), en présence du noir de platine, en solution alcoolique ou éthérée (*Lespieau* et *Vavon* [5]),

1. Br. fr. 536.741, 1920.
2. *Zeits. f. ang. Chem.*, 1922 (47), 289.
3. *Jahresber.*, 1876, 579 ; *Sitzunsber. d. K. K. Akad. d. Wissensch. Wien*, 1876 (72), 366.
4. *Chem. Weekbl.* (4), 191 ; *Chem. Zeit.*, 1907 (I), 1616.
5. *Comptes Rendus*, 1911 (151), 1058.

ou au moyen du palladium colloïdal, en solution éthérée, mais non acétonique (*Fokin* [1]).

L'acide érucique absorbe aussi de l'ozone [2] et forme un ozonide et un perozonide (*Thieme* [3]). Avec le peroxyde d'azote, il donne un produit d'addition, qui se décompose sous l'action de l'acide chlorhydrique concentré, en acides nonylique et brassylique. Avec le chlorure de soufre en solution benzénique, il forme un produit d'addition, composé de 2 molécules d'acide érucique pour 1 molécule de chlorure de soufre.

L'oxydation permanganique en solution alcaline, donne de l'acide dioxybénique (*Hazura* et *Grüssner* [4]; *Albitzky* [5]); l'oxydation nitrique, à chaud, donne les acides brassylique et pélargonique, avec de l'acide arachidique et du dinitropropane comme produits secondaires (*Fileti* et *Ponzio* [6]).

La fusion potassique fournit de l'acide arachidique $C^{20}H^{40}O^2$, et de l'acide acétique.

La constitution de l'acide érucique a été fixée par *Baruch* [7] de la même façon que pour l'acide oléique : le bibromure traité par la potasse alcoolique, donne l'acide bénolique $C^8H^{17}\text{-}C{\equiv}C\text{-}(CH^2)^{11}\text{-}COOH$ (de la série stéarolique), que l'acide sulfurique transforme en acide cétobénolique ; les oximes de cet acide, traitées par l'acide sulfurique, donnent des amino-acides, qui sont enfin décomposés par l'acide chlorhydrique, en octylamine et acide dodécanedicarboxylique ou brassylique d'une part, et en acide pélargonique et acide 13-aminobrassylique ; la position de la double liaison se trouve donc entre le treizième et le quatorzième atome de carbone, ce que confirment les autres réactions (*Fileti* et *Ponzio* [8]). La formation d'acides arachidique et acétique par la fusion potassique suppose une migration de la double liaison, entre le deuxième et le troisième atome de carbone, que *Klimont* [9] explique en donnant à la formule la forme d'un anneau hexagonal ouvert spirale fermé:

1. *Journ. Soc. Phys. Chim. Russe*, 1907 (39), 607; *Chem. Zeit.*, 1907 (II), 1324.
2. Cf. T. Weyl, E. P. 11.165, 1901.
3. *Dissert.*, Kiel, 1906.
4. *Monatsh. f. Chemie*, 1888 (9), 948.
5. *Berichte*, 1900 (33), 2909.
6. *Gazz. Chim. Ital.*, 1893 (23), II, 395.
7. *Berichte*, 1894 (27), 176.
8. *Journ. f. prakt. Chemie*, 1893 (48), 323.
9. *Chemie der Fette*, Berlin, 1906, p. 102.

L'*anhydride érucique*, obtenu en chauffant l'acide érucique à 170° en tube scellé avec l'anhydride acétique, est en cristaux blancs, fondant à 46,5° (*Holde* et *Wilke*[1]).

L'*érucate d'ammonium* fond à 70-77° ; il est soluble dans les alcools méthylique et éthylique, très peu soluble dans l'éther, le benzène, le chloroforme, le sulfure de carbone froid et le tétrachlorure de carbone (*Falciola*[2]).

L'*érucate de sodium* fond à 230-235°.

L'*érucate de plomb* est très peu soluble dans l'éther, différant en cela de l'oléate.

L'*éther méthylique* bout à 248° sous 12 mm. de pression (*Holde*).

L'*éther éthylique* bout au-dessus de 360° sans décomposition.

ACIDE BRASSIDIQUE, $C^8H^{17}\text{-}CH$ $\|$ $COOH\text{-}(CH^2)^{11}\text{-}CH$. — Cet acide cristallise dans l'alcool en lamelles fondant à 65° et se solidifiant à 56°. Il bout dans le vide absolu à 180° et à 265° sous 15 mm. Il est moins soluble dans l'alcool et l'éther que l'acide érucique.

Cet acide s'obtient en chauffant l'acide érucique avec l'acide nitrique étendu à 60-70° jusqu'à l'apparition de vapeurs nitreuses, et refroidissant aussitôt (*Hausknecht*[3]), ou bien en chauffant l'acide bénolique avec la poudre de zinc, l'acide acétique et quelques gouttes d'acide chlorhydrique (*Holt*).

L'acide brassidique présente avec celui-ci des mêmes relations de stéréoisomérie que l'acide élaïdique avec l'acide oléique.

L'hydrogénation par l'acide iodhydrique et le phosphore conduit à l'acide bénique (*Goldschmidt*[4]) ; l'oxydation permanganique à l'acide dioxybénique ; la fusion potassique donne de l'acide arachidique.

Le *sel de sodium* fond à 245-248°.

Le *sel de plomb* est très peu soluble dans l'éther chaud.

L'*éther éthylique* cristallise dans l'alcool en lamelles brillantes, fondant à 29-30°, et bouillant au-dessus de 360° sans décomposition.

1. *Zeits. f. ang. Chem.*, 1922 (47), 289.
2. *Annalen* (143), 54.
3. *Berichte*, 1892 (25), 962.
4. *Jahresber.*, 1877, 728.

Acide isoérucique. — Cet acide s'obtient [1] en faisant bouillir avec la potasse alcoolique, l'acide iodobénique, qui dérive lui-même de l'acide érucique (par addition) ou de l'acide bénique (par substitution).

L'acide isoérucique cristallise de l'alcool en plaques fondant à 54-56° et se solidifiant à 52-51°.

Par l'action du brome en solution acétique sur l'acide isoérucique, on obtient de l'acide dibromobénique qui, traité par la potasse alcoolique à 130-140°, donne de l'acide bénolique, $CH^3(CH^2)^7C{\equiv}C(CH^2)^{11}\text{-}COOH$. En chauffant l'acide isoérucique avec de l'acide nitrique, de poids spécifique 1,4, il se forme de l'acide nonylique et de l'acide brassylique avec un peu de *dinitrononane*. L'oxydation permanganique donne de l'acide *p*-dioxybénique, fondant à 86-88° (*Alexandroff* et *Saytzeff* [2]).

Saytzeff [3] a attribué à l'acide isoérucique la formule de constitution $CH^3\text{-}(CH^2)^{18}\text{-}CH{=}CH{=}COOH$, tandis que *Ponzio*, se basant sur les résultats de l'oxydation nitrique, lui donne la même formule qu'à l'acide érucique, $C^8H^{17}\text{-}CH\text{-}CH\text{-}(CH^2)^{11}\text{-}COOH$, ce que confirme *Mascarelli* [3].

Devant les réactions divergentes de l'acide isoérucique, il devient probable que cet acide soit un mélange d'acides éruciques isomères.

Le *sel de sodium* cristallise dans l'alcool et fond à 100° ; le *sel de calcium* et le sel de baryum fondent aussi à 100°.

III. — ACIDES DES SÉRIES, $C^2H^{2n-4}O^2$.

a) *Acides à chaîne ouverte*

α. — ACIDES DE LA SÉRIE LINOLÉIQUE

Les acides de cette série sont caractérisés par leur faculté d'absorber quatre atomes de chlore, brome, iode ou deux molécules de chlorure d'iode. D'après *Molinari* [4], ils fixent deux molécules d'ozone,

1. Alexandroff et Saytzeff, *Journ. f. prakt. Chem.*, 1892 (45), 301 ; 1894 (50), 58 ; 65.
2. *Gazz. Chim. Ital.*, 1904 (34), 50.
3. *Ibidem*, 1917 (47), I, 160 ; cf. aussi Mascarelli et Sanna, *ibidem*, 1915 (45), II, 335.
4. *Berichte*, 1908, 585 ; 2782.

et par l'oxydation permanganique en solution alcaline, ils donnent des acides tétrahydroxylés.

Il en résulte que ces acides gras doivent être regardés comme possédant deux liaisons éthyléniques dans leur formule.

L'hydrogénation catalytique les transforme aisément en acides saturés.

Ces acides absorbent facilement l'oxygène par simple exposition, et se transforment ainsi en produits solides insolubles ; cette propriété, partagée par leurs sels, leurs glycérides et par les corps gras qui en sont formés, est largement utilisée dans les arts de l'industrie (*huiles siccatives ; siccatifs*).

L'acide nitreux ne les transforme pas en isomères solides, ce qui les différencie des acides oléique et érucique.

Les sels de plomb, comme ceux de la série oléique, sont solubles dans l'éther ; les sels de plomb sont solubles dans l'éther mélangé d'une petite proportion d'alcool (différence avec les sels de la série oléique).

Acide linoléique, $C^{18}H^{32}O^{2}$.

L'acide linoléique se trouve en proportions considérables dans les huiles siccatives et demi-siccatives, et il existe, comme de récentes recherches l'ont montré, en notables quantités, dans un grand nombre d'huiles non siccatives (amande, arachide, olive), et même de corps gras solides (graisses de lièvre, de cheval, saindoux).

On l'obtient le plus facilement au moyen des huiles d'œillette (pavot), de soja, de maïs, de coton ou de sésame ; on brome leurs acides gras et sépare par recristallisation dans l'éther de pétrole, le tétrabromure, fondant à l'état pur à 114° ; on réduit ce dernier par le zinc et l'acide chlorhydrique en solution dans l'alcool méthylique, et l'on obtient le linoléate de méthyle, que l'on saponifie à froid par la soude ou la potasse alcoolique ; le savon est enfin décomposé par un acide minéral, et l'acide libéré purifié par distillation dans le vide absolu (*Rollet* [1]).

Réformatzky [2] a saponifié l'huile de lin, précipité le savon par le chlorure de calcium et épuisé le savon calcaire par l'éther ; les acides

1. *Zeits. f. phys. Chem.*, 1909 (62), 410.
2. *Journ. f. prakt. Chem.*, (41), 529.

gras libérés de la solution éthérée, dissous dans l'alcool, et neutralisés par l'ammoniaque ont été précipités par le chlorure de baryum et le sel de baryum recristallisé dans l'éther, puis les acides gras isolés du sel, transformés en éthers éthyliques et ceux-ci, soumis à la distillation fractionnée sous pression réduite (180 mm.). La fraction 270-275° après saponification et décomposition du savon donnait l'acide linoléique. *Hazura*[1] a montré toutefois que ce produit n'était pas pur et représentait probablement un mélange des acides non saturés de l'huile de lin, et pour avoir l'acide linoléique pur, il a formé le tétrabromure qu'il a réduit par le zinc et l'acide chlorhydrique après recristallisation.

L'acide linoléique est un liquide huileux incolore, qui reste encore fluide à — 18° ; densité, $d^{18°} = 0{,}9026$. Il bout à 229-230° sous 16 mm., et à 228° sous 14 mm. Il a une réaction faiblement acide et se dissout facilement dans l'alcool et l'éther.

L'acide nitreux ne le transforme pas en isomère solide (différence essentielle avec l'acide élaïdique).

L'acide linoléique absorbe rapidement l'oxygène de l'air ; exposé à l'air en couche mince, il se transforme rapidement en une substance résineuse solide, et après exposition plus prolongée, en un corps neutre, insoluble dans l'éther, généralement appelé « *linoxyne* » (*Mulder* [2]; *Bauer* [3] et *Hazura*).

L'acide linoléique se dissout facilement dans l'acide sulfurique concentré ; le composé sulfoné formé est insoluble dans l'éther de pétrole ; il est constitué par 1 molécule d'acide sulfurique pour 2 molécules d'acide linoléique (*Schoenfeld* [4]).

Traité par le brome en solution éthérée ou chloroformique, l'acide linoléique fixe 4 atomes et forme le *tétrabromure* $C^{18}H^{32}O^{2}Br^{4}$, qui se sépare sous forme cristalline ; ce dérivé fond à 114-115° (*Hazura*) ; 114° (*Lewkowitsch*) ; 113-114° (*Farnsteiner*). Même avec un excès de brome, on n'obtient pas l'hexabromure, que pourrait donner l'acide linoléique ; toutefois, une partie de celui-ci forme un autre bromure, soluble dans l'éther de pétrole à la température

1. *Monatsh. f. Chem.*, 1888 (9), 180.
2. *Jahresber.*, 1865, 324.
3. *Monatsh. f. Chem.*, 1888 (9), 460.
4. *Dissert.*, Zürich, 1912.

ordinaire. La proportion de tétrabromure liquide paraît augmenter avec la température de la réaction [1].

Bedford [2] admet l'existence de deux acides linoléiques, α et β ; l'acide α donnant le tétrabromure solide et l'acide β le dérivé liquide ; mais il ne fournit aucune preuve expérimentale à l'appui. *Rollet* [3], dans une série d'expériences sur de l'acide linoléique pur a obtenu une quantité de tétrabromure atteignant au plus 50 0/0 du rendement théorique, le reste étant constitué par un bromure liquide ; il a régénéré de ce dernier un acide linoléique, qui donne de nouveau le tétrabromure cristallin, fondant à 113-114°, mais seulement dans la proportion de 26 0/0 du rendement théorique. *Rollet* en conclut qu'il n'y a pas deux acides linoléiques isomères, et qu'il se forme plutôt au cours de la bromuration, deux bromures stéréoisomères, dont chacun représenterait un dérivé racémique, dédoublable en corps enantiomorphes doués du pouvoir rotatoire.

Erdmann et *Bedford* contestent cette explication, mais sans apporter de faits expérimentaux. Il convient de faire observer que les résultats de l'oxydation de l'acide linoléique (voir plus bas), accréditeraient plutôt l'existence de deux isomères dans l'acide linoléique de l'huile de lin.

Le *tétrabromure linoléique* solide fond à 114° ; il est facilement soluble dans l'éther, l'alcool, le benzène, le chloroforme et l'acide acétique cristallisable, mais très peu soluble dans l'éther de pétrole (différence avec l'acide oléique). Réduit par le zinc et l'acide chlorhydrique, il régénère de l'acide linoléique.

La *tétrabromure liquide* se dissout facilement dans l'éther de pétrole, et même après évaporation de la plus grande partie du dissolvant, il n'abandonne pas de dépôt cristallin ; *Matthes* et *Boltze* [4] ont cependant réussi à obtenir des écailles soyeuses, fondant à 54-55°, en évaporant à sec la solution dans l'éther de pétrole et reprenant le résidu par l'alcool méthylique ; après recristallisation dans l'alcool absolu, ces cristaux montrent le point de fusion cons-

1. Cf. Reformatzky, *Journ. f. prakt. Chem.*, 1890 (41), 529 ; Hazura, *Monatsh. f. Chem.*, 1888 (9), 180 ; Rollett, *Zeits. f. physiol. Chem.*, 1909 (62), 410.
2. *Dissert.*, Halle, 1906 ; cf. aussi Fokin, *Zeits. f. Elektrochem.*, 1906, 759 ; Erdmann et Bedford, *Berichte*, 1909 (42), 1324.
3. *Zeits. f. physiol. Chem.*, 1909 (62), 421.
4. *Arch. d. Pharm.*, 1912 (250), 225.

tant 57-58°. Il semblerait que *Farnsteiner*[2] ait déjà obtenu des indications sur ce composé (Voir *Acide telfairique*). Fondu avec la potasse, l'acide linoléique donne de l'acide azélaïque et de l'acide myristique, avec de l'acide formique et de l'acide acétique.

L'oxydation de l'acide linoléique par le permanganate alcalin donne de l'acide tétraoxystéarique ou sativique, $C^{18}H^{32}(CH)^4$, fondant à 173° et comme produits secondaires de l'acide azélaïque, COOH-$(CH^2)^7$-COOH, et probablement de l'acide formique. (*Reformatzky; Bauer* et *Hazura*). *Rollet* a ainsi obtenu 40,7 0/0 d'acide tétraoxystéarique, fondant à 155°, et, après six recristallisations dans l'alcool à 156-159° ; après épuisement par 50 parties de benzène et recristallisation finale dans l'alcool, l'acide sativique a été obtenu, fondant à 171-173°. Il semblerait donc que l'acide linoléique donne par oxydation un mélange de deux acides tétraoxystéariques isomères, dont *H. Meyer* et *R. Beer*[2] ont d'ailleurs signalé l'existence.

Peters et *Reformatzky* ont indiqué que l'acide linoléique chauffé avec l'acide iodhydrique et le phosphore à 200°, donnait de l'acide stéarique ; quoique réalisée avec un produit impur (voir plus haut), cette réaction paraît certaine, par analogie avec la réduction dans les mêmes conditions de l'acide oléique et de l'acide érucique en acide stéarique (*Goldschmidt*). Au surplus, l'hydrogénation catalytique transforme facilement et quantitativement l'acide linoléique en acide stéarique (*Bedford*[3]).

Les réactions de l'acide linoléique montrent qu'il possède une constitution linéaire avec une triple liaison, ce qui est peu vraisemblable, ou plutôt, avec deux doubles liaisons, dont l'une serait placée entre le neuvième et le dixième atome de carbone. La position de la deuxième liaison éthylénique est plus douteuse ; *Ulzer* et *Klimont*[4] admettent comme possible qu'elle soit placée en position 10-11, tandis que pour *Goldsobel*[5], elle pourrait être en position 12-13 ou en position 11-12 ; la première lui paraissant plus probable comme répondant mieux aux propriétés optiques, tandis que la

1. *Zeits. f. Unters. d. Nahr. u. Genussm.*, 1899, 19.
2. *Monatsh. f. Chem.*, 1892, 326.
3. *Dissert.*, Halle, 1906.
4. *Chemie der Fette*, Berlin, 1906, p. 106.
5. *Journ. Soc. Phys. Chim. Russe*, 1906 (38), 182 ; 1910 (42), 55.

seconde exigerait une réfraction et une dispersion moléculaires supérieures à celles qu'offre l'acide linoléique.

Ces hypothèses ou déductions perdent d'ailleurs beaucoup de leur intérêt si l'acide linoléique, comme il est probable, est un mélange de deux isomères.

Le *linoléate d'ammoniaque* fond à 57-58° ; il est facilement soluble dans l'alcool méthylique, le sulfure de carbone, le tétrachlorure de carbone, le chloroforme, le benzène et l'acétone chauds ; il est très peu soluble dans l'éther (*Falciola* [1]).

Le *linoléate de potassium*, $C^{18}H^{31}O^{2}K$, forme une masse cristalline blanche, très soluble dans l'alcool, moins soluble dans l'eau ; exposé à l'air, il jaunit rapidement ; chauffé, il brunit vers 200° et se décompose (*Schoenfeld* [2]).

Le *sel de potasse du tétrabromure*, $C^{18}H^{31}BrO^{2}K$, forme une poudre cristalline blanche, fondant à 171°, facilement soluble dans l'alcool, peu soluble dans l'eau.

Les sels métalliques de l'acide linoléique, à l'exception du sel de zinc, sont amorphes.

Les *linoléates de baryum* et de *calcium* sont solubles dans l'alcool bouillant ; les *linoléates de baryum*, de *calcium*, de *zinc*, de *cuivre et* de *plomb* se dissolvent dans l'éther.

Le *linoléate de baryum* est aisément soluble dans le benzène et l'éther de pétrole (différence essentielle avec l'oléate de baryum).

Le *linoléate de plomb* du tétrabromure est très peu soluble dans l'éther froid et le benzène ; ce sel se dissout facilement à chaud dans un mélange de deux parties de benzène et une partie d'alcool et se sépare en cristaux par refroidissement.

Les linoléates métalliques absorbent l'oxygène plus facilement encore que l'acide libre (Voir chap. xv, *Siccatifs*).

L'*éther méthylique* bout à 221-224° sous 35 mm., à 211-212° sous 16 mm., et à 207-208° sous 11 mm. Densité : $d^{18°} = 0{,}8886$. Indice d'iode 172,3 (théorie, 172,8).

1. *Gazz. Chim. Ital.*, 1910 (II), 431.
2. *Dissert.*, Zurich, 1912.

Acide de l'huile de millet, $C^{17}H^{32}O^2$.

Kassner [1] a signalé, dans l'huile de millet, la présence d'un nouvel acide, $C^{18}H^{30}O^2$, dont l'existence est très douteuse.

Acide telfairique, $C^{18}H^{22}O^2$.

Cet acide se trouve dans l'huile de *Telfairia* (noix d'Inhambane). Il a été isolé par distillation fractionnée des acides gras liquides (*Thoms* [2]).

L'acide telfairique se solidifie à 6° et bout à 220-225° sous 13 mm.

Par oxydation, au moyen du permanganate de potassium étendu, en solution alcaline à 0°, il donne un acide tétraoxystéarique fondant à 177°.

Il donne un *tétrabromure*, fondant à 57-58° ; la coïncidence de ce point de fusion avec celui du tétrabromure liquide de l'acide linoléique permet de croire à l'identité des deux produits.

Acide élœostéarique (élœomargarique), $C^{18}H^{32}O^2$.

L'acide élœostéarique se trouve dans l'huile d'abrasin (huile de bois) de Chine et du Japon, qui paraît en renfermer des quantités considérables (*Cloëz* [3]).

L'acide isolé à l'état de pureté (par *Maquenne* [4], puis par *Kametaka* [5]), forme des tablettes rhombiques fondant à 48° (*Cloëz*, *Maquenne*), 43,8° (*De Negri* et *Shurlati*), 43-44° (*Kametaka*), 48-49° (*Majima*) et facilement solubles dans l'alcool et l'éther ; il bout à 235° sous 12 mm. de pression dans une atmosphère de gaz carbonique (*Majima* [6]).

Protégée de la lumière, la solution éthérée ou alcoolique de l'acide élœostéarique reste sans changement ; mais, exposée à la lumière, elle abandonne des cristaux fondant à 71°, qui ont la même compo-

1. *Arch. d. Pharm.*, (225), 1081.
2. *Ibidem*, 1900 (238), 48.
3. *Bull. Soc. Chim.*, (26), 286 ; 28 (24).
4. *Comptes Rendus*, 1902 (135), 696.
5. *Journ. Chem. Soc.*, 1903, 1042.
6. *Berichte*, 1909, 674.

sition que l'acide élœostéarique ; *Cloëz* a donné à ce produit le nom d'*acide élœostéarique* en lui attribuant la formule $C^{17}H^{30}O^2$.

Maquenne a rectifié cette composition et indiqué la formule $C^{18}H^{30}O^2$, et d'après lui, il y aurait entre les deux acides les mêmes relations de stéréoisomérie qu'entre les acides oléique et élaïdique ; aussi a-t-il proposé de nommer l'acide initial, fondant à 48°, acide *α-élœostéarique* et le second acide, fondant à 71°, acide *β-élœostéarique*.

Walker et *Warburton* [1] ont montré que l'acide élœostéarique ne donne pas de bromures insolubles dans l'éther et que, par suite, la formule $C^{18}H^{30}O^2$ est inexacte ; *Kametaka* a reconnu, en effet, la composition réelle et l'a exprimée par la formule $C^{18}H^{32}O^2$; *Majima* [2], puis *Schrapinger* [3], et enfin *Morrell* [4] l'ont ensuite confirmée.

L'acide élœostéarique absorbe facilement l'oxygène de l'air en donnant une matière résineuse. Comme on l'a déjà indiqué, exposé à la lumière, il donne des cristaux d'acide β, isomère fondant à 71° ; cette transformation s'opère sous d'autres influences, telles que l'action de l'iode ou simplement en décomposant le savon de l'acide initial par un acide minéral, et *Morrell* a montré qu'en distillant l'éther méthylique de l'acide α, il se transforme en éther de l'acide β. Les deux acides peuvent être séparés par l'insolubilité du sel de cérium de l'acide β dans l'éther.

L'acide α-éléostéarique, traité par le brome en solution acétique ou éthérée donne un tétrabromure fondant à 114-114,5° comme celui de l'acide linoléique, et cette apparence d'identité entre les deux bromures a induit à regarder les deux acides comme des stéréoisomères. Mais *Nicolet* [5] a montré que ces deux bromures sont différents (le mélange des deux bromures accusant un point de fusion inférieur à celui des bromures isolés), et que l'acide β donne le même tétrabromure que l'acide α. En réduisant le tétrabromure de l'acide α par la poudre de zinc, on n'obtient que de l'acide β (et pas d'acide linoléique) (*Bauer* et *Herberts* [6]).

1. *Analyst*, 1902, 237.
2. *Berichte*, 1909, 674 ; 1912, 2730,
3. *Dissert.*, Carlsruhe, 1912.
4. *Journ. Chem. Soc.*, 1912, 2083; *Ibidem*, 1918, 181.
5. *Journ. Amer. Chem. Soc.*, 1921 (43), 938.
6. *Chem. Umsch.*, 1922 (29), 229.

L'oxydation permanganique en solution alcaline donne de l'acide dioxystéarique, de l'acide azélaïque et un corps cristallin de composition inconnue, fondant à 123-125°, soluble dans l'eau et l'éther, insoluble dans l'éther (*Kametaka* [1]) ; l'acide sativique ne se trouve pas parmi les produits d'oxydation.

Traité par l'acide sulfurique, l'acide élœostéarique ne donne aucun produit défini ; comme les acides stéarolique et bénolique se comportent différemment, on peut en conclure avec *Kametaka*, que l'acide élœostéarique ne renferme pas de triple liaison comme ces acides.

L'acide élœostéarique en solution chloroformique, traité par l'air ozonisé à 0° jusqu'à ce que le produit ne fixe plus de brome) absorbe deux molécules d'ozone et donne l'*ozonide* $C^{18}H^{32}O^{8}$ (*Majima*) ; celui-ci se décompose par ébullition avec l'eau, en aldéhyde de valérianique, acide valérianique, semi-aldéhyde azélaïque et acide azélaïque.

L'acide élœostéarique est réduit par l'hydrogène et transformé en acide stéarique, soit par électrolyse en solution alcoolique ou acétonique, au moyen de cathodes en palladium ou en platine de préférence (*Fokin* [2]), soit par catalyse en présence du nickel (*Majima* et *Okada* [3]) ; dans ce dernier cas, la transformation en acide stéarique est complète en un temps limité.

Des réactions précédentes, *Majima* a conclu à la formule

$$CH^{3}\text{–}(CH^{2})^{3}\text{–}CH{=}CH\text{–}(CH^{2})^{2}\text{–}CH{=}CH\text{–}(CH^{2})^{7}\text{–}COOH,$$

où les doubles liaisons occupent les positions 9-10 (comme dans l'acide oléique et l'acide linoléique) et 13-14, tandis que *Fokin* [4] admet la formule

$$CH^{3}\text{–}(CH^{2})^{3}\text{–}CH{=}CH\text{–}CH{=}CH\text{–}(CH^{2})^{9}\text{–}COOH,$$

avec les doubles liaisons en positions 11-12 et 13-14.

L'*anhydride élœostéarique*, obtenu en chauffant l'acide α avec l'anhydride acétique, forme une masse semi-solide ; saponifié par la

1. *Journ. Coll. Sc. Eng. Imp. Univ. Tokyo*, 1908 (25), 3.
2. *Zeits. f. Elekrochem.*, 1906, 759.
3. *Berichte*, 1912, 2730 ; cf. aussi Morell, *Journ. Chem. Soc.*, 1912, 2083.
4. *Journ. Soc. Phys. Chim. Russe*, 1913 (45), 283.

potasse alcoolique, il redonne l'acide α, de point de fusion 46° (*Bauer* et *Herberts* [1]).

L'*éther méthylique*, obtenu en chauffant l'acide α en solution dans l'alcool méthylique absolu avec quelques gouttes d'acide sulfurique, est un liquide bouillant à 220° sous 30 mm. (*Bauer* et *Herberts* [2]). *Morrell* indique qu'en distillant, il se transforme en éther de l'acide β (celui-ci, fondant à 72°, peut être séparé par l'insolubilité de son sel de cérium) ; *Bauer* et *Herberts* [2] ont reconnu d'autre part qu'en les saponifiant par la potasse alcoolique, il donne l'acide β. Il est donc probable que la transposition moléculaire s'opère au cours même de l'éthérification, plutôt que par la saponification (la saponification de l'anhydride redonne l'acide initial, sans transposition).

L'*éther éthylique* bout à 230-240° sous 25 mm.

β. — ACIDES DE LA SÉRIE TARIRIQUE

Les acides de cette série, isomères de ceux de la série linoléique, en diffèrent par ce qu'ils renferment une triple liaison au lieu de deux doubles liaisons ; on ne connaît jusqu'ici qu'un terme de cette série, l'*acide taririque.*

Ces acides fixent quatre atomes de brome en donnant un dérivé saturé. Avec l'iode, il n'y a absorption qu'en agitant l'acide avec l'iode en solution acétique à 50-60° ; mais on n'obtient que le dérivé diiodé, le tétraiodure ne se forme pas ; il en est de même avec la solution de *Hübl*, où une seule molécule de chlorure d'iode se fixe sur l'acide.

Cette manière de se comporter avec les halogènes paraît constituer une propriété caractéristique des acides gras à triple liaison, et pouvant permettre de les distinguer des acides à doubles liaisons de la série linoléique. Sous ce rapport, et à d'autres points de vue encore, l'acide taririque se rapproche beaucoup des acides de la série stéarolique, qui renferment aussi une triple liaison, et qui, ne se trouvant pas dans la nature, seront étudiés séparément.

1. *Chem. Umsch.*, 1922 (29), 229.

Acide taririque, $C^{18}H^{32}O^2$=CH^3-$(CH^2)^{10}$-C≡C-$(CH^2)^4$-COOH.

L'acide taririque a été trouvé dans l'huile des graines du *Tariri* du Guatémala, [*Picramnia Sow* Aublet (*Arnaud*[1])], du *Picramnia Camboïla* Engl. (*Grützner*[2]), du *Picramnia Lindeniana* Tul. ; dans l'huile de ce dernier, il existe en proportion de 20 0/0 environ (*Grimme*[3]).

Cet acide fond à 50,5°.

Il fixe quatre atomes de brome en donnant un tétrabromure fondant à 125°. Le bibromure, $C^{18}H^{32}Br^2O^2$, fond à 32° (*Arnaud*[4], *Grützner*).

En faisant réagir l'iode (en quantité théorique) sur l'acide taririque en solution dans l'acide acétique, on obtient le biiodure, qui cristallise (dans l'alcool) en belles aiguilles incolores fondant à 48,5° ; son sel ammoniacal cristallise en longues aiguilles, légèrement solubles dans l'alcool froid (différence avec le biiodure stéarolique). Réduit par le zinc et l'acide chlorhydrique, le biiodure régénère l'acide taririque initial (*Arnaud* et *Posternak*[5]).

En faisant passer un courant d'acide iodhydrique dans l'acide taririque, on obtient le monoiodure ; celui-ci, réduit par le zinc et l'acide acétique donne de l'acide tarélaïdique (*Arnaud* et *Posternak*[6]) (voir plus haut).

Réduit par l'acide iodhydrique et le phosphore à 200°, il donne de l'acide stéarique (*Arnaud*[7]).

Oxydé par l'acide nitrique fumant, il forme de l'acide adipique et de l'acide laurique (*Arnaud*[8]).

L'oxydation permanganique donne de l'acide laurique et de l'acide glutarique d'une part, de l'acide undécylique, de l'acide adipique d'autre part, dans la proportion de 4 à 1 ; l'oxydation

1. *Bull. Soc. Chim.*, 1892 (7), 233; *Comptes Rendus*, 1892 (114), 79.
2. *Chem. Zeit.*, 1893, 879 ; 1851.
3. *Chem. Revue*, 1912, 51.
4. *Comptes Rendus*, 1896 (127), 1000.
5. *Ibidem*, 1909 (149), 220; Arnaud et Posternak, F. Hoffmann, La Roche et Cie, Br. fr. 407, 412; E. P. 24.721, 1909; U. S. A. P. 982.656; F. Hoffmann, La Roche et Cie, D. R. P. 261.211.
6. *Comptes Rendus*, 1910 (150), 1130.
7. *Ibidem*, 1892 (114), 79.
8. *Ibidem*, 1902 (134), 473, 842.

ménagée donne un acide dicétonique, l'acide taroxylique,

$$CH^3-(CH^2)^{10}-CO-CO-(CH^2)^4-COOH$$

(*Arnaud* et *Hasenfratz* [1]).

On a voulu identifier l'acide taririque avec l'acide stéarolique, mais *Grützner* a montré que ces deux acides différencient non seulement par leurs produits de fusion, mais encore par leurs dérivés bromés et la solubilité de leurs sels, tandis qu'*Arnaud* et *Hasenfratz* ont montré que l'oxydation nitrique donne avec le premier de l'acide laurique et de l'acide adipique et avec le second de l'acide pélargonique et de l'acide azélaïque.

Les réactions précédentes ont permis à *Arnaud* d'attribuer à l'acide taririque la formule de constitution suivante :

$$CH^3-(CH^2)^{10}-C\equiv C-(CH^2)^4-COOH,$$

dans laquelle la liaison acétylénique occupe la position 6-7.

Posternak [2] a obtenu deux isomères, 5-6 et 7-8, en traitant l'acide taririque 6-7 par l'acide iodhydrique et faisant bouillir le produit de la réaction avec la potasse alcoolique ; l'acide 5-6 fond à 52,5° et l'acide 7-8 à 49,25°.

b) *Acides cycliques*

IV. — ACIDES DE LA SÉRIE CHAULMOUGRIQUE

Les acides appartenant à ce groupe diffèrent des acides des séries précédentes en ce que ce sont des composés à chaîne fermée ou cyclique, ne renfermant qu'une double liaison ; ils n'absorbent, en effet, que deux atomes de brome et d'iode et forment ainsi des dérivés saturés.

Barrowcliff et *Power* [3], après une étude approfondie de ces acides, ont exprimé leur constitution par les formules tautomères suivantes :

```
   CH                          CH²
  //  \                       /   \
CH    CH(CH²)ⁿCOOH ⇄ CH    C(CH²)ⁿCOOH
 |     |                  |     |
CH²——CH²                 CH²——CH²
```

1. *Comptes Rendus*, 1911 (152), 1603.
2. *Ibidem*, 1916 (162), 944.
3. *Journ. Chem. Soc.*, 1907, 577.

qui peuvent se résumer dans la formule unique suivante, dans laquelle les lignes pointillées indiquent l'état d'équilibre entre un atome d'hydrogène et deux atomes de carbone :

```
         CH
       /  :  \
   CH—H . . C(CH²)ⁿCOOH
   |          |
   CH² —  CH²
```

Toutefois, *Shriner* et *Adams* [1] ont récemment montré que la formation d'un acide chaulmougrique *inactif* par réduction du dérivé hydrobromé de l'acide *actif* et la décomposition de l'ozonide de l'acide chaulmougrique s'expliquaient mieux par la formule pentaméthylénique suivante :

```
CH=CH \
|        CH—(CH²)n—COOH
CH=CH /
```

Ces acides gras sont remarquables par leur pouvoir de rotation sur la lumière polarisée.

Il existe plusieurs termes homologues de cette série dans les huiles de choulmougra, d'*Hydnocarpus* et de lukrabo ; mais jusqu'ici, deux seulement de ces acides ont été isolés à l'état de pureté : l'*acide hydnocarpique* et l'*acide chaulmougrique.*

Acide hydnocarpique, $C^{16}H^{28}O^2$.

Cet acide [2] a d'abord été isolé des acides gras de l'huile d'*Hydnocarpus* par cristallisation dans l'alcool ; il existe aussi dans l'huile de chaulmougra et l'huile de lukrabo en même temps que l'acide chaulmougrique. L'acide hydnocarpique cristallise dans l'alcool en feuillets lustrés, fondant à 59-60° ; il est très peu soluble à froid dans la plupart des dissolvants organiques usuels, sauf le chloroforme, qui le dissout aisément. Il est dextrogyre, $[\alpha]_d = +68{,}1°$.

Comme son homologue, l'acide chaulmougrique, il se modifie spontanément, à la longue ; il jaunit et son point de fusion s'abaisse ; si on le distille alors sous pression réduite, il abandonne un résidu résineux de couleur brune.

1. *Journ. Amer. Chem. Soc.*, 1925 (11), 2727; *Chimie et Industrie*, 1926 (15), 780.
2. Power et Barrowcliff, *Journ. Chem. Soc.*, 1905, 895; 1907, 577. Cf. aussi Shriner et Adams, *Journ. Amer. Chem. Soc.*, 1925 (11), 2727; *Chimie et Industrie*, 1926 (15), 780.

L'oxydation par le permanganate alcalin, en excès, donne de l'acide décanedicarboxylique normal, $(CH^2)^{10}(COOH)^2$, et un acide tricarboxylique, fondant à 60°, qui est probablement un acide tridécane-α-α'-γ-tricarboxylique,

$$COOH-(CH^2)^2-CH\begin{cases}COOH\\(CH^2)^{10}-COOH\end{cases}.$$

L'acide hydnocarpique n'est pas attaqué par la potasse fondante, même à 250°.

La solution aqueuse de son sel de sodium est immédiatement décolorée par le permanganate de potassium à froid.

L'*éther méthylique* est un liquide huileux, incolore, bouillant à 200-203°, se solidifiant par refroidissement en cristaux incolores, fondant à 8°. Pouvoir rotatoire spécifique : $[\alpha]_d = +51,6$.

Acide chaulmougrique, $C^{18}H^{32}O^2$.

Cet acide a été extrait[1] des acides gras de l'huile de chaulmougra par cristallisation dans l'éther de pétrole, distillation sous pression réduite et recristallisation dans l'alcool ; il existe aussi dans les huiles d'*Hydnocarpus* et de lukrabo.

Il cristallise en feuillets brillants, fondant à 68° (quand il est fraîchement préparé et bouillant à 247-248° sous une pression de 20 mm. ; il jouit du pouvoir rotatoire[2] $[\alpha]_D = +62,1°$ en solution chloroformique. Après un certain temps de conservation, l'acide chaulmougrique se colore en jaune et le pouvoir rotatoire diminue ; si on le distille alors, il laisse un résidu brun foncé.

En traitant l'acide chaulmougrique par l'acide bromhydrique dissous dans l'acide acétique glacial, on obtient de l'acide bromodihydrochaulmougrique, $C^{18}H^{33}BrO^2$ (fondant à 36-38°) ; cet acide est optiquement inactif. Réduit par la poudre de zinc en liqueur alcoolique, il donne de l'acide dihydrochaulmougrique, $C^{18}H^{34}O^2$ (fondant à 71-72° et bouillant à 248° sous 20 millimètres de pression) ; cet acide est saturé et ne jouit pas du pouvoir rotatoire. Ce même acide s'obtient en traitant l'acide chaulmougrique par l'acide iodhydrique et le phosphore ; un hydrocarbure, le chaulmougrène, $C^{18}H^{34}$ (bouil-

1. Power et Gornall, *Journ. Chem. Soc.*, 1904, 853.
2. Barrowcliff et Power, *Journ. Chem. Soc.*, 1907, 565.

lant à 193-194° sous 20 mm. de pression) se forme également comme produit accessoire.

Shriner et *Adams* [1] obtiennent également l'acide dihydrochaulmougrique inactif et fondant à 71-72° par la réduction catalytique de l'acide chaulmougrique ou du chaulmougrate de méthyle par l'hydrogène et le platine, à la température ordinaire, sous pression de 2 à 3 atmosphères.

L'acide chaulmougrique n'est pas attaqué par la fusion avec les alcalis caustiques, même à 300°.

Oxydé par le permanganate de potassium alcalin à froid, il donne un mélange de deux acides isomères : l'acide α-dioxychaulmougrique (fondant à 105° ; $[\alpha]_D = + 11,6°$), et l'acide β-dioxychaulmougrique (fondant à 93° ; $[\alpha]_D = - 14,2°$) et de l'acide formique. Avec un excès de permanganate alcalin, on obtient un acide tricarboxylique, $C^{18}H^{32}O^6$, fondant à 68°, un acide dodécanedicarboxylique normal $(CH^2)^{12}(COOH)^2$, une petite quantité d'acide undécanedicarboxylique, $(CH^2)^{11}(\text{-}COOH)^2$, et de plus petites quantités encore d'acides oxalique et malonique.

En faisant réagir le sodium sur l'acide chaulmougrique dans l'alcool amylique bouillant, on obtient de l'alcool chaulmougrique, $C^{18}H^{33}OH$ (fondant à 36° ; $[\alpha]_d = + 58°,4$) et du chaulmougrate de chaulmougryle, $C^{17}H^{31}\text{-}COO\text{-}C^{18}H^{33}$ (fondant à 42°) avec un peu d'acide chaulmougrique inaltéré.

L'*éther méthylique* fond à 22° et bout à 227° (corr.) sous la pression de 20 mm. ; poids spécifique : $d_{25°}^{25°} = 0,9119$; pouvoir rotatoire spécifique : $[\alpha]_D^{15°} = + 50°$ en solution chloroformique.

L'*éther éthylique* est une huile incolore, bouillant à 230° sous 20 mm. de pression ; poids spécifique : $d_{16°}^{15°} = 0,9079$; pouvoir rotatoire spécifique : $[\alpha]_D^{20°} = + 50,7°$.

IV. — ACIDES DE LA SÉRIE LINOLÉNIQUE, $C^nH^{2n-6}O^2$.

Les acides de la série linoléique fixent 6 atomes de brome ou 3 molécules de chlorure d'iode, ce qui indiquerait l'existence de

1. *Journ. Amer. Chem. Soc.*, 1925 (47), 11, 2727.

trois doubles liaisons ou de deux triples liaisons dans leur molécule ; toutefois, comme ils absorbent 3 molécules d'ozone (*Molinari*), on admet plutôt qu'ils renferment trois doubles liaisons.

Ces acides absorbent facilement l'oxygène de l'air, et cette propriété partagée par leurs sels et leurs glycérides, est largement utilisée dans les arts industriels (*huiles siccatives*).

Ils ne donnent pas d'isomères solides sous l'action de l'acide nitreux.

Leurs *sels de plomb* et *de baryum* sont facilement solubles dans l'éther.

On n'a jusqu'ici préparé qu'un seul acide de cette série, l'*acide linolénique ;* son isomère, l'*acide isolinolénique* et un troisième acide, l'*acide jécorique* ne sont connus que par leurs dérivés ou leurs sels ; encore l'existence du dernier est-elle très douteuse, et celle du second contestée.

Acide linolénique, $C^{18}H^{30}O^{2}$.

Cet acide se trouve en grandes quantités dans les huiles siccatives, surtout dans l'huile de lin.

Il a été découvert par *Hazura*[1], puis préparé par *Hehner* et *Mitchell*[2], en réduisant par le zinc et l'acide chlorhydrique alcoolique un hexabromure[3] cristallin, obtenu en bromant le mélange d'acides gras liquides de l'huile de lin. L'acide linolénique obtenu par *Hehner* et *Mitchell* était un liquide presque incolore à odeur de poisson, de poids spécifique 0,9228 à 15,5° (eau à 15,5° = 1), et absorbant très rapidement l'oxygène de l'air en se colorant.

Bedford a préparé l'acide linolénique en faisant bouillir le même hexabromure avec l'alcool et la limaille de zinc (la réduction du brome s'effectue en une heure, ainsi qu'en réduisant l'éther éthylique de cet hexabromure ; il a obtenu un liquide huileux, incolore, ayant une légère odeur, non désagréable et ne rappelant pas celle du poisson, distillant dans le vide cathodique (0,001 à 0,002 mm. de pression ; hauteur de la colonne de vapeur au-dessus du liquide : 75 mm.) à 157-158° sans décomposition.

1. *Journ. Soc. Chem. Ind.*, 1888, 506.
2. *Analyst*, 1898, 313.
3. Cf. O. Süssenguth, *Zeits. f. physiol. Chem.*, 1865, 563.

Le même acide préparé par *Rollel*[1] en saponifiant l'éther méthylique bouillait entre 230 et 232° sous 17 mm.; poids spécifique : $d_{4°}^{18°} = 0{,}9141$.

Erdmann et *Bedford*[2] admettent l'existence de deux acides linoléniques, α et β. Le premier, α, est l'acide existant dans l'huile de lin, et donnant quantitativement un hexabromure cristallin, fondant à 180°; l'acide linolénique régénéré de cet hexabromure, bromé de nouveau, ne redonne que 23 0/0 de bromure initial; *Erdmann* et *Bedford* en concluent que le reste, soit 77 0/0, est constitué par un tétrabromure de l'acide β, cet acide n'absorbant que 4 atomes de brome (*Hazura* regardait ce tétrabromure comme un hexabromure isolinolénique).

Erdmann, *Bedford* et *Raspe*[3] signalent, à l'appui de leurs vues, que l'acide linolénique obtenu de la réaction de l'hexabromure, donne deux ozonides linoléniques, $C^{18}H^{30}O^{4}$, qui peuvent être différenciés l'un de l'autre par leur vitesse de décomposition en présence de l'eau, et l'ozonide qui se décompose à la température ordinaire, serait le dérivé correspondant à l'acide α. En définitive, les deux acides α et β seraient des stéréoisomères, et leur constitution rappellerait celle des acides oléique et élaïdique.

Comme on le voit, *Erdmann*, *Bedford* et *Raspe* n'apportent aucun fait nouveau en faveur de leurs explications, et les preuves concernant les ozonides sont du même ordre et de la même valeur que celles fournies par les bromures.

Aussi, *Rollet*[4] n'admet-il pas l'existence de l'acide β-linolénique comme espèce chimique, et pour lui, quand on brome l'acide linolénique, il se forme quatre produits d'addition différents (chacun d'eux pouvant lui-même se résoudre en deux isomères optiquement actifs); dans ces conditions, si l'un seulement de ces bromures est cristallin, le rendement de 23 0/0 de bromure fourni par l'acide linolénique provenant de la réduction de l'hexabromure cristallin, s'expliquerait facilement. *Rollet* a montré, en outre, que le tétra-

1. *Zeits. f. physiol. Chem.*, 1909 (62), 424.
2. *Berichte*, 1909 (42), 1328; 1334; *Zeits. f. physiol. Chem.*, 1910 (68), 76; cf. Erdmann, *Zeits. f. physiol. Chem.*, 1911 (74), 180.
3. *Berichte*, 1909 (42), 1334.
4. *Zeits. f. physiol. Chem.*, 1909 (62), 410; 1910 (70), 404.

bromure liquide, considéré comme un dérivé de l'acide β, est un dérivé non saturé, qui absorbe encore du brome en donnant finalement un hexabromure. En résumé, rien n'étant connu des propriétés particulières de l'acide β linolénique et sa présence dans l'huile de lin n'étant pas établie, son existence elle-même reste problématique [1].

Salway [2] a émis les mêmes doutes sur l'existence de deux stéréoisomères linoléniques, et de la formation d'acroléine obtenue par l'oxydation de l'acide linolénique, conclut que celui-ci renferme le groupement

$$R{-}CH{=}CH{-}CH{=}CH{-}CH{=}CH{-}R.$$

Golsobel [3], de son côté, a proposé la formule suivante :

$$CH^3{-}CH^2{-}CH{=}CH{-}CH^2{-}CH{=}CH{-}CH^2{-}CH{=}CH{-}(CH^2)^7{-}COOH,$$

dans laquelle les doubles liaisons sont en position 9-10, 12-13 et 15-16.

La question reste encore ouverte, non seulement pour la constitution de l'acide linolénique, mais même pour l'identité du véritable acide linolénique. Il est cependant probable que l'acide α-linolénique d'*Erdmann* et *Bedford* représente le produit le plus pur obtenu jusqu'ici, et ce sont les propriétés de cet acide, d'après ces auteurs, que nous rapportons :

L'*acide α-linolénique*, isolé de son sel de zinc (voir plus bas), est, à la température ordinaire, un liquide mobile, incolore, soluble dans 10 parties d'éther de pétrole ; en refroidissant cette solution à basse température, l'acide linolénique se sépare sous forme d'un précipité solide blanc. Il est également soluble dans l'alcool et l'éther.

Densité : $d_{4^\circ}^{20^\circ} = 0{,}9046$.

Abandonné à lui-même l'acide α-linolénique s'oxyde facilement et son poids spécifique augmente tandis que son indice d'iode diminue ; c'est ainsi que la densité d'un produit préparé depuis quelques jours, et par suite oxydé, est devenue : $d_{4^\circ}^{21^\circ} = 0{,}9248$. D'après

1. On trouvera un résumé de la controverse entre Erdmann et Bedford, d'une part, et Rollett d'autre part, dans *Jahrbuch der Chemie*, 1910 (XIX), 434 ; 1910 (XX), 420 ; 1911 (XXI), 445.
2. *Chem. Soc. Trans.*, 1916, 138.
3. *Journ. Soc. Phys. Chim. Russe*, 1910 (42), 55.

Erdmann, cette augmentation de densité peut provenir de la polymérisation, mais cette question reste à démontrer.

En traitant les acides gras liquides de l'huile de lin par le brome, on obtient un hexabromure cristallin, fondant à 180-182° (*Hehner* et *Mitchell; Rollet*), 180-181° ; 183° (*Lewkowitsch*), 179-180° (*Bedford*[1]). On a déjà indiqué qu'en le réduisant et en bromant de nouveau l'acide linolénique isolé, on n'obtient que 23 0/0 de la quantité de bromure initiale, et l'on a signalé l'explication d'*Erdmann* à ce sujet. L'acide α-linolénique préparé par *Erdmann*, par purification du sel de zinc de l'acide linolénique de l'huile de lin, donne le rendement théorique en hexabromure fondant à 180°. Il serait intéressant de réduire ce bromure, de le bromer de nouveau et de déterminer la quantité obtenue.

Dans le filtrat provenant de la séparation de l'hexabromure, obtenu de l'acide linolénique de l'huile de lin, se trouve un bromure liquide, considéré par *Hazura*, comme un hexabromure isolinolénique soluble dans l'éther, et regardé par *Erdmann* et *Bedford*, comme un tétrabromure ; mais *Rollet* a montré que ce produit absorbe encore du brome pour former un hexabromure liquide.

L'*hexabromo-α-linolénate de potassium* se sépare d'un mélange chaud de benzène et d'alcool sous forme d'une poudre cristalline blanche (*Bedford*).

L'*hexabromo-α-linolénate de baryum* s'obtient en agitant l'hexabromure α-linolénique avec un excès de baryte en solution (*Bedford*).

L'*éther méthylique de l'acide hexabromo-α-linolénique* fond à 157-158° (*Bedford*).

L'*éther éthylique* peut s'obtenir en bromant l'éther éthylique de l'acide α-linolénique ; il fond à 151,5-152,5° (*Bedford*).

L'*acide trichloro-triiodostéarique*, $C^{18}H^{30}O^2Cl^3I^3$, obtenu au moyen de l'acide α-linolénique et du protochlorure d'iode, forme des cristaux incolores, fondant à 146°. Il peut se préparer directement au moyen des acides gras de l'huile de lin, en refroidissant ceux-ci à — 18°, séparant les acides gras solides déposés et traitant le filtrat par le protochlorure d'iode en solution acétique (*Erdmann*).

1. Eibner et Muggenthaler, *Farbenzeitung*, 1912, 131, admettent encore le point de fusion 177°.

L'*acide tribromo-triiodostéarique*, $C^{18}H^{30}O^2Br^3I^3$, obtenu comme le précédent au moyen des acides gras de l'huile de lin et du monobromure d'iode, forme des cristaux fondant à 124-126° ; en l'agitant avec l'eau de chaux, on obtient le sel de calcium $(C^{18}H^{29}Br^3I^3)^2Ca$ (*Erdmann*).

Peters et *Reformatzky* ont indiqué que l'acide linolénique, chauffé avec l'acide iodhydrique et le phosphore, est réduit à l'état d'acide stéarique, ce que *Bedford* a contesté ; il paraît cependant certain, par analogie avec les résultats obtenus par *Goldschmidt* pour la réduction des acides oléique et érucique, que les acides linoléique et linolénique (constituant les acides gras liquides de l'huile de lin sur lesquels *Peters* et *Reformatzky* ont opéré effectivement) puissent être réduits par l'acide iodhydrique et le phosphore. L'acide linolénique, d'ailleurs, est réduit quantitativement en acide stéarique par hydrogénation catalytique en présence du nickel.

L'acide linolénique absorbe rapidement l'oxygène de l'air en brunissant.

Il absorbe trois molécules d'ozone en donnant des ozonides très définis. Or, on a signalé précédemment les deux ozonides obtenus par *Erdmann*, *Bedford* et *Raspe ;* décomposés en présence de l'eau, ils donnent les mêmes produits : aldéhyde propylique, acide malonique, aldéhydes malonique et azélaïque.

Par l'oxydation permanganique à froid, *Hazura* a obtenu deux acides hexaoxystéariques, qu'il a appelés acides linusique et isolinusique, respectivement. Ce résultat semblerait indiquer l'existence de deux acides linoléniques isomères, mais *Rollet* a montré que l'acide linolénique (acide α) résultant de la réduction de l'hexabromure cristallin, fournit aussi lui-même de l'acide linusique, ainsi que de l'acide isolinusique, dont la formation peut s'expliquer de la même façon que celle des divers bromures.

Le *linolénate basique de zinc*, $(C^{18}H^{29}O^2)^2Zn + 1/2\ ZnO$, qui est utilisé pour la préparation de l'acide pur, est le sel le plus important de l'acide linolénique ; il fond à 72-73° ; 100 cc. de solution alcoolique saturée à froid renferme 0,8924 gr. de sel ; 100 cc. de solution saturée à chaud en renferment 6,170 gr.

L'*éther méthylique*, obtenu par réduction de l'hexabromure cristalline au moyen du zinc, en solution dans l'alcool méthylique saturé de gaz chlorhydrique (*Rollel*[1]), bout à 207° sous 14 mm. de pression ; densité : $d_{4°}^{20°} = 0,8919$.

L'*éther éthylique*, obtenu en réduisant l'éther éthylique de l'hexabromure (*Bedford*), bout à 132-133° sous une pression de 0,001 mm. ; indice de réfraction : $n_D^{20°} = 1,46753$. La réduction catalytique par l'hydrogène en présence du nickel le transforme en stéarate d'éthyle. Traité par l'ozone, en solution chloroformique, il donne un perozonide (*α-perozonide*[2]).

L'existence de l'ACIDE ISOLINOLÉNIQUE a été déduite par *Hazura*[3] de la formation d'acide isolinusique, à côté de l'acide linusique, par l'oxydation permanganique des acides gras de l'huile de lin. Mais *Bedford* estime que le mélange complexe fourni par l'oxydation ne peut pas être résolu avec certitude en ses divers constituants, et *Rollel*, malgré les indications contraires de divers observateurs, ne croit pas pouvoir admettre l'existence de l'acide isolinusique.

Acide jécorique, $C^{18}H^{30}O^2$ (?).

Fahrion[4] a conclu à l'existence d'un *acide jécorique*, $C^{18}H^{30}O^2$, dans l'huile de sardine, d'après les analyses des sels de baryum, de calcium et de magnésium obtenus des acides gras de cette huile. Cependant, d'autres données analytiques, comme l'analyse organique, l'indice de neutralisation, l'indice d'iode, ne s'accordent pas avec les calculs théoriques correspondant à cette formule.

En outre, cet acide jécorique ne se conforme à la règle de *Hazura* et donne par oxydation des acides volatils et de l'acide carbonique au lieu d'acides hydrolyxés. L'existence de cet acide est donc assez douteuse et ne doit être admise que sous toutes réserves.

1. *Zeits. f. physiol. Chem.*, 1909 (62), 423.
2. Erdmann, Bedford et Raspe, *Berichte*, 1909 (42), 1336.
3. *Monatsh. f. Chem.*, 1888 (9), 180.
4. *Chem. Zeitg.*, 1893, 521.

V. — ACIDES DE LA SÉRIE CLUPANODONIQUE OU ODONIQUE $C^nH^{2n-8}O^2$. ($C^nH^{2n-10}O^2$).

Les acides de cette série sont encore fort peu connus, et même l'existence de la plupart reste douteuse.

Ces acides absorbent généralement 8 atomes de brome, et doivent probablement présenter quatre doubles liaisons dans leur molécule.

Les plus récents travaux tendraient cependant à montrer que l'acide clupanodonique formerait un décabromure (voir plus loin).

Acide isanique, $C^{14}H^{20}O^2$ (?).

L'acide isanique [1] existerait, en proportion de 10 0/0 environ, dans l'huile des graines d'I'Sano ou Ungueko (gros arbre de la famille des *Oléacées*, croissant dans le Congo français) (*Hébert* [1]).

Cet acide forme des cristaux feuilletés (dans l'éther) fondant à 41°; il est facilement soluble dans l'alcool fort, l'éther, le chloroforme, le benzène, l'acétone, l'alcool méthylique et l'éther de pétrole. Il possède une odeur particulière (qui se retrouve dans les graines) et change de couleur avec la plus grande facilité, par exposition à l'air, devenant ainsi d'un rose dont la nuance fonce avec la quantité d'oxygène absorbée ; la substance oxydée colorée en rose est insoluble dans l'éther.

La formule donnée plus haut, déduite des analyses des sels d'argent et de baryum, concorde avec la cryoscopie qui donne le poids moléculaire 217 ($C^{14}H^{20}O^2 = 220$), mais l'acide n'absorbe que 2 molécules de brome au lieu de 8, correspondant à la capacité de saturation dérivant de la formule. Les tentatives de réduction de cet acide par l'acide iodhydrique n'ont pas donné de résultats concluants. Dans ces conditions, il est au moins douteux que cet acide ait une constitution linéaire, et son existence même reste problématique.

1. *Bull. Soc. Chim.*, 1896, 941.

Acide thérapique, $C^{18}H^{28}O^{2}$ (?).

Heyerdahl [1] a isolé des bromures fournis par les acides gras de l'huile de foie de morue, un dérivé d'addition correspondant sensiblement à la composition représentée par la formule $C^{17}H^{26}Br^{8}O^{2}$, et il en a déduit l'existence d'un acide $C^{17}H^{26}O^{2}$, qu'il a appelé *acide thérapique* pour exprimer l'opinion que c'est cet acide qui joue le plus grand rôle dans l'action thérapeutique de l'huile de foie de morue.

Heiduschka et *Rheinberger* [2] ont ensuite décrit un acide thérapique et les dérivés d'addition tétrachloro-tétrabromés et tétrachloro-tétraiodés correspondants, mais *Lewkowitsch* [3] a fait observer que les résultats analytiques concordent bien mieux avec la formule d'un acide en C^{17} qu'avec celle d'un acide en C^{18}.

Enfin, *Schmidt-Nielsen* [4] et ses collaborateurs ont trouvé dans les huiles d'animaux marins un acide $C^{18}H^{28}O^{2}$, qui pourrait être identique à l'acide thérapique des précédents auteurs, et qui a été retrouvé d'autre part dans la lécithine [5] du cerveau de l'homme et du mouton.

Dans ces conditions, il paraît logique de donner à cet acide non dénommé, le nom d'*acide thérapique*.

Acide arachidonique, $C^{20}H^{32}O^{2}$.

Cet acide a été d'abord entrevu par *Bull* [6] qui a signalé sa présence dans l'huile de hareng.

Il a été découvert dans les acides gras de la lécithine du foie, par *Hartley* [7], qui a déduit son existence de la formation d'un acide octobromoarachidique et d'un acide octooxyarachidique obtenus respectivement par bromuration et par oxydation des acides gras non saturés de la lécithine.

1. *Cod Liver Oil and Chemistry*, p. xcv.
2. *Pharm. Centralbl.*, 1911, n° 32; cf. aussi Cerdeirals, *Anal. Fis. Quim.*, 1915 (13), 439.
3. *Jahrbuch der Chemie*, 1911 (xxi), 445.
4. *Chemische Umschau*, 1922 (29), 54.
5. *Journ. Amer. Chem. Soc.*, 1916 (38), 1375.
6. *Chem. Zeit.*, 1899 (23), 996; *Journ. Soc. Chem. Ind.*, 1900 (19), 73.
7. *Journ. of Physiol.*, 1909 (38), 353.

Lewkowitsch a proposé de donner à cet acide le nom d'*acide arachidonique.*

Acide clupanodonique, $C^{22}H^{34}O^2$.

Cet acide gras a été découvert par *Tsujimoto* [1], qui a isolé son décabromure cristallisé des bromures fournis par les acides gras de l'huile de sardine du Japon, *Clupanodon melanosticta.*

La réduction de ce dérivé bromé par le zinc et l'acide chlorhydrique alcoolique ne donnant qu'un produit instable et se résinifiant rapidement au contact de l'air, *Tsujimoto* a attribué au dérivé bromé la composition d'un octobromure, $C^{18}H^{28}Br^8O^2$, comme paraissant le mieux correspondre aux résultats analytiques, et l'acide clupanodonique en conséquence semblait ne renfermer que quatre doubles liaisons éthyléniques et répondre à la formule $C^{18}H^{28}O$.

Majima et *Okada* [2] ont ensuite reconnu que l'hydrogénation catalytique des acides gras liquides de l'huile de sardine du Japon ne donnait que fort peu d'acide stéarique mais surtout de l'acide béhénique, ce qui paraissait indiquer que l'acide clupanodonique était un acide en C^{22} et non en C^{18}, la teneur en brome du décabromure $C^{22}H^{34}Br^{10}O^2$ étant très voisine de celle de l'octobromure $C^{18}H^{28}Br^8O^2$.

Tsujimoto [3] a enfin isolé l'acide clupanodonique à l'état presque pur en utilisant la séparation par les sels de lithium, transformant les acides en éthers méthyliques et distillant ceux-ci dans le vide.

Tsujimoto a constaté que l'acide clupanodonique est très répandu non seulement dans les huiles d'animaux marins, mais encore dans celles retirées des poissons d'eau douce, des reptiles et des amphibies.

L'acide clupanodonique obtenu par *Tsujimoto* est un liquide jaune, qui ne se solidifie pas à — 40°, s'épaissit mais reste liquide à — 50°, prend la consistance de la vaseline à — 78° ; il possède une odeur de poisson.

Densité : $d_{4°}^{15°} = 0{,}9398$.

Indice de réfraction : $n_D^{15°} = 1{,}5040$.

1. *Journ. Coll. Sc. Eng. Imp. Univ. Tokyo*, 1906 (IV), n° 1 ; 1908 ; n° 5 ; *Analyst*, 1906 (31), 335.
2. *Chemische Umschau*, 1922 (29), 261.
3. *Journ. Chem. Ind. Tokyo*, 1920 (23), 272 ; *Chemische Umschau*, 1920 (27), 229.

L'éther méthylique bout à 222° sous 5 mm. de pression ; densité : $d_{4°}^{15°} = 0,9247$; indice de réfraction : $n_D^{15°} = 1,4960$.

La formule de constitution de l'acide clupanodonique n'est pas encore connue ; *Majima* et *Okada* ont bien essayé d'appliquer la méthode des ozonides à cette détermination, mais ils ne paraissent pas avoir obtenu de résultats satisfaisants.

VI. — ACIDES HYDROXYLÉS DE LA SÉRIE, $C^nH^{2n}O^3$.

Acide sabinique, $C^{12}H^{24}O^3 = CH^2(OH)\text{-}(CH^2)^{10}\text{-}COOH$.

L'acide sabinique se rencontre avec l'acide junipérique dans les matières cireuses isolées des feuilles de sabine (*Juniperus Sabina*) (*Bougault* et *Bourdier* [1]) ; il n'a pas été retrouvé dans les cires des feuilles des autres conifères.

L'acide sabinique se sépare de l'acide junipérique en utilisant l'insolubilité du junipérate de sodium dans une solution de sel commun à 4 0/0. Il se dissout très facilement dans l'alcool, dans l'acétone (qui en dissout 10 0/0 à 20°) ; il est très peu soluble dans l'éther de pétrole froid, plus soluble à chaud.

L'acide acétylsabinique, $C^{18}H^{22}\text{-}(O\text{-}C^2H^3O)\text{-}COOH$, fond à 43° ; il est facilement soluble dans l'éther, l'éther de pétrole, dans l'alcool à 90 0/0 et même dans l'alcool à 60 0/0.

Le *sabinate de sodium* est soluble dans une solution de sel à 4 0/0, mais il est précipité par l'addition de grandes quantités de sel.

Les *sabinates de baryum*, de *plomb* et d'*argent* sont amorphes.

Acide junipérique, $C^{16}H^{32}O^3 = CH^2(OH)\text{-}(CH^2)^{14}\text{-}COOH$.

L'acide junipérique se rencontre à l'état d'*étholide* dans les substances cireuses des feuilles de conifères : la sabine (*Juniperus Sabina*), le genévrier (*J. communis*), l'épicea (*Picea excelsa*), le pin sylvestre (*Pinus sylvestris*), le thuya (*Thuja accidentalis*) (*Bougault* et *Bourdier* [1]). Dans la cire de sabine, il se trouve associé à l'acide

1. *Comptes Rendus*, 1908 (146), 1311 ; 1910 (150), 875 ; *Journ. Pharm. Chim.*, 1909 (30), 10.

sabinique, dont on le sépare en saponifiant les parties cireuses fondant vers 80° et précipitant le mélange d'acides bruts et traitant le mélange de sels de sodium par une solution de sel à 4 0/0 ; la partie insoluble est constituée par les sels de sodium de l'acide junipérique et d'autres acides encore inconnus, tandis que les sels dissous sont formés à peu près exclusivement de sabinate de sodium.

L'acide junipérique fond à 95° ; à la température de fusion, il semble s'opérer une déshydratation interne (lactonisation), car après solidification, le produit fond à 83° et après ébullition avec la potasse alcoolique, on obtient de nouveau l'acide fondant à 95°.

Il est insoluble dans l'eau froide et très légèrement soluble dans l'eau bouillante (0,2 gr. dans 100 cc.). Il se dissout facilement dans l'alcool, difficilement dans l'acétone (2,5 gr. dans 100 cc.), facilement dans l'éther et l'éther de pétrole à chaud, mais difficilement à froid.

Les *sels alcalins* sont solubles dans l'alcool et peuvent être recristallisés dans ce dissolvant.

L'*acide acétyljunipérique*, $C^{15}H^{30}$-(O-$C^{2}H^{30}$)-COOH, fond à 63° ; il est plus soluble dans l'éther et le benzène que l'acide junipérique ; il recristallise le mieux dans l'alcool à 60 0/0.

Acide lanopalmique, $C^{16}H^{32}O^{3}$.

L'acide lanopalmique a été isolé de la portion des acides gras de la suintine, qui forment des savons de potasse facilement solubles dans l'alcool froid (chap. XIV) (*Darmstädter* et *Lifschütz* [1]).

L'acide lanopalmique cristallise dans l'alcool étendu en cristaux rayonnés fondant à 87-88° et se solidifiant à 85-83°. Il est insoluble dans l'eau, mais se dissout à l'ébullition en présence d'une petite quantité d'alcool et se sépare par refroidissement en un magma cristallin blanc. Les dissolvants organiques usuels le dissolvent facilement.

Les alcalis en solution aqueuse ne dissolvent pas facilement l'acide lanopalmique ; cependant, en ajoutant un peu d'alcool et en chauffant, les sels alcalins se forment. Ceux-ci n'existeraient en solution aqueuse qu'à chaud, et par refroidissement ils seraient dissociés en sels acides, qui se séparent, et alcali libre.

1. *Berichte*, 1896 (29), 2890.

Le *sel de magnésium* est insoluble dans l'alcool chaud. Le *sel de calcium* se dissout facilement dans l'alcool absolu bouillant, mais très peu dans l'alcool à 95 0/0.

L'existence de cet acide semble demander confirmation.

Un acide de formule $C^{21}H^{42}O^3 = C^{19}H^{38}\langle{}^{CH^2OH}_{COOH}$ existerait, combiné avec des alcools, dans la cire de Carnauba (*Stürcke* [1]). L'acide libre ne paraît pas exister naturellement, son anhydride interne ou lactone prenant naissance dès qu'on veut isoler l'acide même, en décomposant ses sels par un acide minéral.

Acide coccérique, $C^{31}H^{62}O^3$.

L'acide coccérique existerait dans la cire de cochenille [1], combiné avec l'alcool coccérylique (*Liebermann* [2]).

Il forme (dans l'alcool) une poudre cristalline fondant à 92-93°, très peu soluble dans l'alcool froid, l'éther, le benzène, l'éther de pétrole et l'acide acétique glacial. Par oxydation, au moyen de l'acide chromique en solution acétique, il forme un acide pentadécylique [3].

VII. — ACIDES HYDROXYLÉS DE LA SÉRIE RICINOLÉIQUE, $C^nH^{2n-2}O^3$.

Les acides de cette série renferment un groupement oxhydryle (alcoolique) et une double liaison, car ils absorbent 2 atomes de brome. Ils possèdent un atome de carbone asymétrique et devient le plan de la lumière polarisée.

On ne connaît jusqu'ici dans cette série que l'acide ricinoléique et ses isomères, et un acide de même formule brute, récemment découvert dans l'huile de coing, et que nous désignons sous le nom d'*acide cydonique*.

1. *Annalen*, 1884 (223), 283.
2. *Berichte*, 1885 (18), 585.
3. Liebermann et Bellami, *Berichte*, 1887 (20), 962.

a) Acide ricinoléique [4]

$$C^{18}H^{34}O^{3} = CH^{3}(CH^{2})^{5}\text{-}CH(OH)\text{-}CH^{2}\text{-}CH = CH\text{-}(CH^{2})^{7}\text{-}COOH$$

L'acide ricinoléique, découvert par *Bussy* et *Lecanu* [1], et nommé *acide ricinoléique* par *Saalmüller* [2], et par *Swandberg* et *Kolmodin* [3], existe en grande quantité dans l'huile de ricin, à l'état de glycéride.

La formule brute $C^{18}H^{34}O^{3}$ a été établie par les recherches classiques de *Bouis*.

L'acide ricinoléique brut, obtenu en saponifiant l'huile de ricin et décomposant le savon formé par un acide minéral, se présente sous forme d'une huile épaisse, de poids spécifique $d^{15,5o} = 0,9509$, se solidifiant complètement par refroidissement de — 6 à — 10°.

En exprimant graduellement l'acide brut à une température n'excédant pas 12°, *Krafft* [4] a isolé une masse cristalline, solide, blanche, inodore, fondant à 16-17°, considérée comme l'acide pur ; *Juillard* [5], cependant, a montré que l'acide ainsi préparé contient encore de l'acide stéarique et de l'acide dioxystéarique (naturel). L'acide pur s'obtient le mieux avec le sel de baryum, purifié par cristallisation répétée dans l'alcool, dans lequel les sels de baryum des acides solides, sont insolubles. D'après *Chonowsky* [6], il serait préférable d'éliminer les acides solides avant la saponification ; à cet effet, on dissout l'huile de ricin dans l'alcool et abandonne la solution à basse température ; il se sépare ainsi un dépôt de glycérides cristallins, fondant à 33°.

L'acide ricinoléique pur fond à 4-5° ; il est miscible à l'alcool et l'éther en toutes proportions. Il ne peut être distillé sans altération, même sous une pression réduite de 15 mm. Parmi les produits de décomposition, on trouve les aldéhydes undécylénique et œnanthylique [7], et d'après *Mangold* [8], un acide de formule [9] $C^{18}H^{32}O^{2}$.

1. *Journ. Pharm. Chim.* (13), 57.
2. *Annalen*, 1848 (64), 108.
3. *Jahresber.*, 1847, 564.
4. *Berichte*, 1888 (21), 27-30.
5. *Bull. Soc. Chim.*, 1895 (13), 240.
6. *Berichte*, 1909 (42), 3340.
7. *Ibidem*, 1897 (30), 2034. Cf. aussi Haller et Brochet, *Comptes Rendus*, 1910 (15), 503.
8. *Monatsh. f. Chem.*, 1899 (15), 307.
9. *Berichte*, 1888 (21), 2734 ; cf. aussi Hassenkampf, *ibidem*, 1876 (9), 1916.

C'est probablement le même acide qui prend naissance par élimination d'une molécule d'eau à l'acide ricinoléique, soit directement en chauffant le ricinoléate de zinc avec le chlorure de zinc fondu, soit indirectement en opérant de même sur le dérivé diiodé ; cet acide $C^{18}H^{32}O^2$ est isomère de l'acide linoléique, mais n'est pas identique avec lui (*Chonowsky* [1]).

Soumis à la distillation sèche, l'acide ricinoléique donne des hydrocarbures possédant l'activité optique [2].

L'acide ricinoléique provenant de l'huile de ricin, comme l'huile de ricin elle-même, dévie le plan de polarisation de la lumière ; sa formule de constitution présente d'ailleurs un atome de carbone asymétrique (C). *Walden* [3] a obtenu pour l'acide liquide en tube de 100 mm. $[\alpha]_D = +6{,}67^o$, et pour l'acide en solution dans l'acétone, $(\alpha)_D = +6{,}25^o$ à $+7{,}5^o$.

D'après *H. Meyer* [4], l'acide ricinoléique se polymérise de lui-même à la longue, à froid, en donnant des acides polyricinoléiques ; ceux-ci sont facilement transformés en acide ricinoléique par ébullition avec la potasse alcoolique. Ainsi, un acide de poids spécifique 0,9460 à 12° est devenu visqueux après huit années, et son poids spécifique a atteint 0,9608 à 12° ; l'indice d'iode a diminué en même temps, de 85,53 à 64,06. *Woldenberg* [5] indique aussi que l'indice de neutralisation d'un acide ricinoléique a passé de 188,24 à 170,9, dans l'espace de cinq mois [6].

L'acide ricinoléique fixe 2 atomes de brome ou d'iode, mais n'est pas réduit par l'hydrogène naissant de l'amalgame de sodium. Traité par l'acide iodhydrique et le phosphore, il donne de l'acide iodostéarique, qui se transforme en acide stéarique par réduction, en solution alcoolique, au moyen de la poudre de zinc et de l'acide acétique (*Klaus* et *Hasenkampf* [7] ; *Chonowsky* [8]). *Grün* et *Woldenberg* [9], n'ont pu obtenir la réduction catalytique de l'acide ricinoléique en

1. *Berichte*, 1909 (42), 3346.
2. Neuberg et Rosenberg, *Biochem. Zeits.*, 1907, 206 ; cf. aussi Lewkowitsch, *Jahrb. der Chem.*, 1907 (XVII), 417.
3. *Berichte*, 1894 (27), 3472.
4. *Arch. d. Pharm.*, 1897 (235), 184.
5. *Dissert.*, Zurich, 1908.
6. Cf. aussi Rassow, VIIIe *Congrès Int. Chim. appl.* 1909 ; *Chem. Zeit.*, 1912, 1139.
7. *Berichte*, 1876 (9), 1916.
8. *Ibidem*, 1909 (42), 3343.
9. *Chem. Centralbl.*, 1909 (I), 1751 ; *Journ. Amer. Chem. Soc.*, 1909 (31), 490.

solution éthérée, au moyen de la mousse de platine ; par contre, son éther méthylique se transforme ainsi en éther méthylique de l'acide 1-12 ou λ-oxystéarique fondant à 58°, qui donne par saponification l'acide 1-12 ou λ-oxystéarique fondant à 78° ; le groupe oxhydryle n'est donc pas altéré par l'hydrogénation catalytique dans ces conditions. *Fokin* [1] a aussi facilement hydrogéné les acides gras de l'huile de ricin (essentiellement constitués par l'acide ricinoléique) par électrolyse en solution alcoolique ou éthérée avec cathodes de platine, palladium, etc... et au moyen de l'hydrate de platine comme catalyseur, il a transformé l'acide ricinoléique en acide λ-oxystéarique [2]. En dehors de ces modes de réductions à froid, l'huile de ricin s'hydrogénant très facilement à chaud avec le nickel comme catalyseur, il est hors de doute que l'acide ricinoléique lui-même soit réduit dans les mêmes conditions ; à température relativement basse, on obtient de l'acide oxystéarique ; à température plus élevée, on constate par l'abaissement de l'indice d'acétyle [3] du produit hydrogéné que le groupe oxhydryle est plus ou moins altéré ou même éliminé et qu'il a dû s'opérer, du fait de la chaleur plutôt que celui de l'hydrogénation, des déshydratations externes ou même internes [4], et l'on peut même obtenir de l'acide stéarique.

L'acide nitreux transforme l'acide ricinoléique en stéréoisomère solide, l'*acide ricinélaïdique*.

Exposé à l'air, l'acide ricinoléique n'absorbe pas l'oxygène.

Traité par l'air ozonisé, il absorbe, d'après *Thieme* [5], quatre atomes d'oxygène en donnant un perozonide.

Avec le peroxyde d'azote, il forme un produit d'addition, que l'acide chlorhydrique fumant décompose en acides heptylique et azélaïque.

L'oxydation permanganique fixe deux oxhydryles sur la molécule en donnant de l'acide trioxystéarique. *Hazura* et *Grüssner* [6] ont indiqué qu'il se forme deux acides trioxystéariques isomères, con-

1. *Journ. Soc. Phys. Chim. Russe*, 1906 (38), 419, 855 ; 1907 (39), 607 ; *Chem. Zeit.* 1906 (II), 758 ; 1907 (I), 324 ; 1907 (II), 1324.
2. *Journ. Soc. Phys. Chim. Russe*, 1912 (44), 653.
3. Cf. Gärth, *Seifensieder Zeit.*, 1913 (40), 529 ; Mellana, *Idem*, 1914 (41), 930 ; Normann, *Chem. Revue*, 1912 (19), 205 ; Normann et Hügel, *Chem. Zeit.*, 1913 (37), 815.
4. Auerbach, *Chem. Zeit.*, 1913 (37), 299.
5. *Dissert.*, Kiel, 1906.
6. *Monatsh. f. Chem.*, 1888 (9), 469.

cluant de là que l'acide ricinoléique de l'huile de ricin est constitué par un mélange de deux isomères, les *acides ricinoléique* et *isoricinoléique*. Cette conclusion ne s'impose pas nécessairement, car les deux stéréoisomères peuvent très bien provenir d'un seul et même acide ricinoléique [1]; *Haller* [2], d'ailleurs, n'a pas pu retrouver deux acides ricinoléiques isomères dans l'huile de ricin.

L'oxydation nitrique donne de l'acide subérique et de l'acide azélaïque.

La fusion avec la potasse caustique donne de l'acide sébacique et de l'alcool octylique secondaire.

Chauffé avec le soufre, l'acide ricinoléique se transforme en masse plastique [3], pouvant constituer un caoutchouc factice.

Par ébullition avec l'anhydride acétique, on obtient un anhydride du dérivé acétylé,

$$C^{6}H^{13}\text{–}CH(O\text{–}C^{2}H^{3}O)\text{–}CH^{2}\text{–}CH = CH\text{–}(CH^{2})^{7}COOH ;$$

Kasansky a indiqué qu'il se forme ainsi de l'acide acétylricinoléique, mais *Grün* [4] a montré qu'il n'en est rien ; *Lewkowitsch* croit à la formation d'un anhydride acétylé,

$$C^{17}H^{32}(O\text{–}C^{2}H^{3}O)\text{–}CO\text{–}O\text{–}C^{17}H^{32}\text{–}COOH.$$

Sous l'action de l'acide sulfurique concentré, il se forme les produits suivants (*Juillard* [5]) : *acide ricinoléosulfurique* ou *sulforicinoléique*, $OH\text{-}SO^{2}\text{-}O\text{-}C^{17}H^{32}\text{-}COOH$; *acide dioxystéarosulfurique* ou *sulfodioxystéarique*, $\left.\begin{matrix}OH\text{-}SO^{2}\text{-}O\\HO\end{matrix}\right> C^{17}H^{33}\text{-}COOH$; *acide diricinoléique bibasique*, $O\left<\begin{matrix}C^{17}H^{32}\text{-}COOH\\C^{17}H^{32}\text{-}COOH\end{matrix}\right.$; *acide diricinoléique monobasique*, $OH\text{-}C^{17}H^{32}\text{-}COO\text{-}C^{17}H^{32}\text{-}COOH$; *acide dioxystéarique*, $C^{18}H^{36}O^{4}$, un *acide solide*, $C^{35}H^{70}O^{7}$ et de *l'acide isoricinoléique*, $C^{18}H^{24}O^{3}$ (Cf. *Huiles pour rouge turc*, chap. xv).

1. Mangold, *Monats. f. Chem.*, 1894 (15), 307.
2. *Comptes Rendus*, 1907 (144), 462.
3. Chem. Werke, vorm. Dr H. Byk, D. R. P. 252, 193.
4. *Berichte*, 1900 (42), 374 ; cf. Rassow, *Zeits. f. ang. Chem.*, 1913, 318.
5. *Bull. Soc. Chim.*, 1894 (11), 280. L'acide isoricinoléique a été décrit par Juillard ; il paraît être un acide cétonique et est un sous-produit de la réaction de l'acide sulfurique sur l'acide ricinoléique ; il se distingue de l'acide ricinoléique par sa solubilité dans l'éther de pétrole.

Grün [1] a montré que l'acide dioxystéarique fondant à 67-68° est un mélange de plusieurs isomères, par cristallisation fractionnée, il en a, en effet, séparé : deux isomères inactifs fondant respectivement à 69,5° et 108° ; un isomère actif fondant à 90° et une petite quantité d'isomère inactif fondant à 126°. Les acides fondant à 69,5° et 90° ont la constitution d'un acide 9-12 dioxystéarique ; l'actif inactif fondant à 69,5° serait un composé racémique. L'acide actif fondant à 90° se transforme en racémique fondant à 69,5° en le conservant pendant quelque temps en solution alcoolique, ou plus rapidement en chauffant la solution à 130-140°.

En traitant l'acide acétylricinoléique par une égale quantité d'acide sulfurique concentré, le groupement SO^3H remplace le groupement acétyle et il se forme de l'acide ricinoléosulfurique (ou sulforicinoléique). En faisant agir de même l'acide sulfurique sur l'acide chlororicinoléique, il y a dégagement d'acide chlorhydrique, même au-dessous du point de congélation [2].

Woldenberg [3] a constaté qu'en mettant en présence des quantités moléculaires équivalentes d'acide ricinoléique et d'acide sulfurique concentré, l'indice d'iode du produit de la réaction diminue progressivement, passant en 115 heures, de 64,04 à 48,4, pendant que l'indice de neutralisation descend de 425 à 279,8 ; la quantité d'acide ricinoléique libre diminue en même temps très rapidement, passant de 75,38 0/0 à 5,93 0/0 et même arrivant à 0 au bout de 40 heures.

Chonowsky [4], reprenant la même étude, conclut à la formation de deux *acides glycides* isomères, ayant respectivement les formules suivantes :

$$CH^3-(CH^2)^5-CH-CH^2-CH-CH^2-(CH^2)^7-COOH \quad \text{(CH–CH}^2\text{–CH reliés par O)}$$

et

$$CH^3-(CH^2)^5-CH-CH^2-CH^2-CH-(CH^2)^7-COOH. \quad \text{(CH…CH reliés par O)}$$

En même temps se forment de petites quantités d'un acide dihy-

1. *Berichte*, 1906 (39), 4400 ; 1909 (42), 3759 ; Cf. aussi Wetterkamp, *Dissert.*, Zürich, 1909 ; *Zeits. f. Farbenind.*, 1909, n° 18.
2. Cf. Grün et Wetterkamp, *Zeits. f. Farbenind.*, 1908, 375 ; Woldenberg, *Dissert.*, Zürich, 1908.
3. *Dissert.*, Zürich, 1908.
4. *Berichte*, 1909 (42), 3339.

droxylé, probablement identique à l'acide dioxystéarique obtenu de l'acide diiodostéarique et fondant à 116-117°. Le premier des deux glycides, par digestion avec l'anhydride acétique, donne un dérivé diacétylé.

Grün [1] conteste ces conclusions et explique les résultats de *Chonowsky* par le fait que celui-ci a négligé les produits de réaction intermédiaires.

J. Rubinsky [2] a rassemblé dans la table suivante les caractéristiques de l'acide ricinoléique et des produits résultant de l'action de l'acide sulfurique concentré sur cet acide :

1. *Berichte*, 1909 (42), 3761.
2. *Dissert.*, Borna-Leipzig, 1912. Cf. *Zeits. f. ang. Chem.*, 1913, 316.

ACIDE	FORMULE	POIDS MOLÉCULAIRE	INDICE de neutralisation	INDICE de saponification	INDICE D'ACÉTYLE	INDICE D'IODE
Acide ricinoléique	$C^6H^{13}-CH(OH)-CH^2-CH=CH-C^7H^{14}-COOH$	298,3	188,1	188,1	188,1	85,2
Lactone saturée	$C^6H^{13}-CH(OH)-CH^2-CH^2-CH-C^7H^{14}-COO$	298,3	0	188,1	188,1	0
Lactide saturée	$C^6H^{13}-CH(OH)-CH^2-CH^2-CH-C^7H^{14}-COO$ / $COO-C^7H^{14}-CH-CH^2-CH^2-CH(OH)-C^6H^{13}$	596,5	0	188,1	188,1	0
Glycide	$C^6H^{13}-CH-CH^2-CH^2-CH-C^7H^{14}-COOH$ (O)	298,3	188,1	188,1	0	0
Acide diricinoléique semi-saturé	$C^6H^{13}-CH(OH)-CH^2-CH=CH-C^7H^{14}-COO$ / $C^6H^{13}-CH(OH)-CH^2-CH^2-CH-C^7H^{14}-COOH$	596,5	94,1	188,1	188,1	42,6
Acide diricinoléique bibasique semi-saturé	$C^6H^{13}-CH-CH^2-CH=CH-C^7H^{14}-COOH$ / O / $C^6H^{13}-CH-CH^2-CH=CH-C^7H^{14}-COOH$	596,5	188,1	188,1	94,1	42,6
Acide diricinoléique bibasique	$O<(C^{17}H^{32}-COOH)_2$	578,5	194,2	194,2	0	87,8
Anhydride ricinoléique	$(OH-C^{17}H^{32}-CO)_2>O$	578,5	0	194,2	194,2	87,8
Lactone non saturée	$C^6H^{13}-CH-CH^2-CH=CH-C^7H^{14}-CO$ (O)	280,2	0	200,4	0	90,6
Lactide non saturé	$C^6H^{13}-CH-CH^2-CH=CH-C^7H^{14}-COO$ / $COO-C^7H^{14}-CH=CH-CH^2-CH-C^6H^{13}$	560,5	0	200,4	0	90,6
Acides polyricinoléiques :						
a) Acide diricinoléique	$OH-(C^{17}H^{32}-COO)-C^{17}H^{32}-COOH$	578,5	97,1	194,2	97,1	87,8
b) Acide tricinoléique	$OH-(C^{17}H^{32}-COO)^2-C^{17}H^{32}-COOH$	858,7	65,4	196,2	65,4	88,8
c) Acide tétraricinoléique	$OH-(C^{17}H^{32}-COO)^3-C^{17}H^{32}-COOH$	1.139,0	49,3	197,2	49,3	89,2
d) Acide pentaricinoléique	$OH-(C^{17}H^{32}-COO)^4-C^{17}H^{32}-COOH$	1.419,2	39,8	197,9	39,6	89,5
e) Acide hexaricinoléique	$OH-(C^{17}H^{32}-COO)^5-C^{17}H^{32}-COOH$	1.699,5	33,0	198,0	33,0	89,7

L'*acide ricinoléosulfurique* ou *sulforicinoléique*,

$$C^{17}H^{32}\text{-}(O\text{-}SO^3H)\text{-}COOH,$$

s'obtient à l'état pur en faisant agir l'acide chlorosulfurique sur l'acide ricinoléique en solution dans l'éther absolu (*Woldenberg* [1]), il se forme par action de l'acide sulfurique concentré sur l'acide ricinoléique. Il est soluble dans 10 parties d'eau en donnant une solution limpide. L'acide sulforicinoléique, mis en contact prolongé avec l'eau, s'hydrolyse et l'acide sulfurique est régénéré ; l'hydrolyse s'accélère en chauffant la solution à l'ébullition ou en lui ajoutant un acide minéral. Toutefois, l'acide sulforicinoléique n'est pas complètement résolu en acide sulfurique et acide ricinoléique ; il se forme aussi l'éther ricinoléique de l'acide ricinoléique,

$$C^{17}H^{32}\text{-}(OH)\text{-}COO\text{-}C^{17}H^{32}COOH,$$

qui, par élimination d'eau, se transforme partiellement en lactide,

$$C^{17}H^{32} \begin{matrix} \diagup O\text{-}CO \diagdown \\ \diagdown CO\text{-}O \diagup \end{matrix} C^{17}H^{32};$$

la formation de lactide est arrêtée quand la proportion de lactide et d'éther ricinoléique atteint la valeur 2 : 1 [2].

En traitant l'acide ricinoléique par l'acide bromhydrique gazeux à froid, on obtient, selon les conditions de l'expérience, un acide monobromo- ou dibromostéarique (*Kasansky* [3]). En réduisant ceux-ci, on régénère de l'acide stéarique ordinaire ; d'où il ressort que le groupe oxhydryle de l'acide ricinoléique a été évidemment remplacé par le brome. Si la substitution du brome au groupe oxhydryle est empêchée par l'acétylation de ce dernier, on obtient un acide oxystéarique acétylé ; l'acide oxystéarique résultant de celui-ci diffère des deux isomères jusque-là connus. En traitant l'acide ricinoléique par l'acide iodhydrique, un atome d'iode remplace le groupement oxhydryle, et un second atome se fixe sur la molécule en donnant un acide diiodostéarique (*Chonowsky* [4]).

L'acide chlorhydrique sec n'agit pas sur l'acide ricinoléique ;

1. *Dissert.*, Leipzig, 1908.
2. Grün et Wetterkamp, *Zeits. f. Farbenind.*, 1909 (18) ; Wetterkamp, *Dissert.*, Zürich, 1909.
3. *Journ. f. prakt. Chem.*, 1900 (62), 363 ; *Chem. Centralbl.*, 1900 (II), 37.
4. *Berichte*, 1909 (52), 3342.

mais en présence de formaldéhyde, l'acide ricinoléique en solution alcoolique, sous l'action de l'acide chlorhydrique sec, se condense en donnant du méthylènedioxystéarate d'éthyle, auquel *Tschilikin* [1] attribue la formule :

$$\begin{array}{l} CH^3-(CH^2)^5-CH-CH^2-CH^2-CH(OH)-(CH^2)^7-COO-C^2H^5 \\ \qquad\qquad\qquad\quad | \\ \qquad\qquad\qquad\quad O \searrow \\ \qquad\qquad\qquad\qquad\quad CH^2 \\ \qquad\qquad\qquad\quad O \nearrow \\ \qquad\qquad\qquad\quad | \\ CH^3-(CH^2)^5-CH-CH^2-CH^2-CH(OH)-(CH^2)^7-COO-C^2H^5 \end{array}$$

Toute tentative pour isoler l'acide libre (qui est un produit saturé) conduit à la formation de produits de condensation (on remarquera que *Tschilikin* place le groupement oxhydryle dans une position différente de celle de la formule donnée plus haut).

L'*acide dibromoricinoléique*,

$$CH^3-(CH^2)^5-CH(OH)-CH^2-CHBr-CHBr-(CH^2)^7-COOH,$$

forme un liquide huileux, épais, jaunâtre (*Ulrich* [2], *Woldenberg* [3]). Son *éther sulfurique* s'obtient par action de l'acide chlorosulfurique sur le bibromure en solution éthérée. Par ébullition avec la potasse alcoolique concentrée, on obtient l'acide ricinostéarolique ; celui-ci, sous l'action de l'acide sulfurique, forme un acide cétooxystéarique, qui donne avec le chlorhydrate d'hydroxylamine, deux oximes ; l'acide sulfurique transforme ces oximes en acides animés que l'acide chlorhydrique réduit en décalactone et acide azélaïque (*Goldsobel* [7]).

De cette suite de réactions, *Goldsobel* [4] a déduit la formule de constitution

$$CH^3-(CH^2)^5-CH(OH)-CH^2-CH=CH-(CH^2)^7-COOH,$$

qui s'accorde bien avec la formation des produits de décomposition pyrogénée et suppose la migration de l'oxhydryle vers le carboxyle, par la fusion potassique. *Krafft* [5] a donc proposé une autre formule, plaçant la double liaison entre les dixième et onzième atomes de carbone, mais *Behrend* [6] a vérifié que l'acide cétooxys-

1. *Journ. Soc. Phys. Chim. Russe*, 1912 (44), 515 ; cf. aussi *Revue gén. Mat. color.*, 1911 (15), 33.
2. *Zeits. f. Chem.*, 1867 (3), 545.
3. *Dissert.*, Leipzig, 1908.
4. *Berichte*, 1894 (27), 3121 ; cf. aussi Haller et Brochet, *Comptes Rendus*, 1910, 496.
5. *Ibidem*, 1888 (21), 2730.
6. *Ibidem*, 1896 (29), 806.

téarique ci-dessus présente la double liaison en position 9-10, et *Kasansky*[1] a montré que la réduction de l'acide dibromostéarique en acide stéarique, rend la formule de *Goldsbel* plus vraisemblable que celle de *Krafft*.

L'acide ricinoléique brut, obtenu par saponification de l'huile de ricin et décomposition du savon par un acide, constitue un produit commercial, employé dans l'industrie textile et dans la teinture.

On trouve aussi dans le commerce un *ricinoléate d'ammoniaque acide* obtenu en neutralisant l'acide ricinoléique brut par l'ammoniaque et ajoutant au produit une seconde molécule d'acide ricinoléique.

Le *ricinoléate de sodium* [2] est une matière molle, possédant la double réfringence, se solidifiant par refroidissement en une masse circuse.

La plupart des sels métalliques de l'acide ricinoléique s'obtiennent facilement à l'état cristallin ; ils se comportent avec les dissolvants, comme les oléates correspondants.

Le *ricinoléate de calcium* et de *baryum* sont solubles dans l'alcool chaud ; le sel de *baryum*, même après plusieurs recristallisations dans l'alcool, retient de l'eau, qui ne s'élimine pas complètement à 120° ; il est à peu près insoluble dans l'éther (*Woldenberg*, *Chonowsky*) et l'éther de pétrole (*Woldenberg*).

Le ricinoléate de plomb fond à 100° ; il est facilement soluble dans l'éther, mais pratiquement insoluble dans l'éther de pétrole léger[3].

Rochleder a le premier préparé l'*éther méthylique* en faisant passer un courant de gaz chlorhydrique dans une solution d'huile de ricin dans l'alcool (Voir aussi *Alcoolyse*). Densité : $d = 0{,}9236$. Il bout à 245° sous 10 mm. de pression. Pouvoir rotatoire spécifique : $(\alpha)_D = +3{,}8°$ (*Walden*). *Woldenberg*[4] a étudié l'action de l'acide sulfurique sur cet éther.

L'ozone le transforme en perozonide, $C^{19}H^{35}O^7$, qui se décompose sous l'action du carbonate et du sulfite de sodium en acide β-oxypélargonique, CH^3-$(CH^2)^5$-CH(OH)-COOH, acide azélaïque, éther

1. *Journ. f. prakt. Chem.*, 1900 (62), 363 ; *Chem. Centralbl.*, 1900 (II), 37.
2. Vorlaender, *Berichte*, 1910 (43), 3125.
3. Lane, *Journ. Soc. Chem. Ind.*, 1907, 597.
4. *Dissert.*, Zürich, 1908.

méthylique de l'acide azélaïque et semi-aldéhydes correspondants (*Haller* et *Brochet*[1]).

L'*éther éthylique* bout à 258° sous 13 mm. de pression ; densité : $d = 0{,}9145$; pouvoir rotatoire spécifique : $(\alpha)_D = +4{,}07°$ (*Walden*).

Haller[2] a déterminé les caractéristiques des éthers ricinoléiques suivants :

ÉTHER RICINOLÉIQUE DE L'ALCOOL	POINT D'ÉBULLITION sous 10 mm. de pression Degrés	POIDS SPÉCIFIQUE à 15°	POUVOIR ROTATOIRE spécifique $(\alpha)_D$	INDICE DE RÉFRACTION $n_D^{15°}$
Méthylique..........	225-227	0,927	+ 5,20°	1,4645
Éthylique...........	227-230	0,918	+ 4,47	1,4630
Propylique (normal)..	233-236	0,912	+ 4,35	1,4624
Isobutylique.........	239-241	0,908	+ 4,22	1,4621

En oxydant le ricinoléate de méthyle par le permanganate de potassium en solution dans l'acétone, *Haller* a obtenu seulement un éther trioxystéarique, fondant à 87°. Soumis à la distillation sèche, l'éther méthylique donne 62 0/0 de la quantité théorique d'aldéhyde œnanthylique et 40 0/0 d'éther undécylénique ; l'éther éthylique donne des rendements correspondants de 50 et 32 0/0.

ACIDE RICINÉLAÏDIQUE, $CH^3\text{-}(CH^2)^5\text{-}CH(OH)\text{-}CH^2\text{-}CH$. — Le sté-
$\qquad\qquad\qquad\qquad\qquad\qquad\qquad\quad \| $
$\qquad\qquad\qquad\qquad\qquad\qquad COOH\text{-}(CH^2)^7\text{-}CH$

réoisomère de l'acide ricinoléique s'obtient par l'action de l'acide nitreux sur celui-ci. *Welterkamp* obtient un meilleur rendement en versant peu à peu de l'acide nitrique, de densité 1,2, dans l'acide ricinoléique refroidi à — 5° et maintenant le mélange entre — 5° et 0°.

L'acide ricinélaïdique cristallise en aiguilles fondant à 52-53° ; 53-54° (*Woldenberg*). Il est optiquement actif ; en solution dans l'acétone, $(\alpha)_D = +4{,}8°$ à $+5{,}4°$ ($c = 5$ à 15) ; dans l'alcool absolu, $(\alpha)_D = +6{,}67°$ ($c = 12$).

Avec le brome, le chlorure d'iode et l'oxygène, il se comporte comme l'acide ricinoléique.

1. *Comptes Rendus*, 1910 (150), 503.
2. *Ibidem*, 1907 (144), 462.

Oxydé par le permanganate de potassium en solution alcaline, il donne deux acides trihydroxylés isomères (probablement des stéréoisomères) (*Manglod*).

En distillant l'acide ricinélaïdique dans le vide absolu, *Mangold* [1] a obtenu un acide non saturé, $C^{18}H^{32}O^2$, cristallisant dans l'alcool en tablettes brillantes, fondant à 53-54° ; l'identité de cet acide avec l'acide $C^{18}H^{32}O^2$ obtenu de l'acide ricinoléique est encore incertaine.

L'*acide sulforicinélaïdique*, $C^{17}H^{32}$-(O-SO^3H)-COOH, s'obtient par l'action de l'acide chlorosulfurique sur l'acide ricinélaïdique. En solution aqueuse, il se comporte comme l'acide sulforicinooléique (Voir plus haut).

Acide ricinique. — L'acide ricinique a été obtenu par *Krafft* [2] en chauffant l'acide de baryum de l'acide ricinoléique dans le vide. Le ricinate de baryum reste dans la cornue ; en le décomposant, on met l'acide en liberté, qui est purifié par fractionnement dans le vide.

Cet acide forme des lamelles brillantes (dans l'alcool) fondant à 81° ; il bout sous 15 mm. de pression avec une très légère décomposition.

b) **Acide cydonique**, $C^{17}H^{32}$(OH)(COOH).

Herrmann [3] a trouvé, dans l'huile de coing, un acide hydroxylé, $C^{17}H^{32}$(OH)-COOH, que nous désignons sous le nom d'*acide cydonique*.

Cet acide diffère de l'acide ricinoléique et de ses isomères par son dibromure, qui fond à 108°, tandis que les dibromures des acides ricinoléique et ricinélaïdique sont liquides.

VIII. — ACIDES DIHYDROXYLÉS DE LA SÉRIE, $C^nH^{2n}O^4$.

Acide tétradécylénique, $C^{14}H^{28}O^4$.

Cet acide a été isolé de l'huile de cachalot par *Tsujimoto* [4].

L'oxydation permanganique et la décomposition de l'ozonide

1. *Monatsh. f. Chem.*, 1894 (15), 309.
2. Cf. Walden, *Berichte*, 1894 (27), 3471.
3. *Arch. d. Pharm.*, 1899 (237), 366.
4. *Chemische Umschau*, 1923, 33 ; 1925, 202.

permettent de lui attribuer la formule :

$$CH^3\text{-}(CH^2)^7\text{-}(CHOH)^2\text{-}(CH^2)^8\text{-}COOH.$$

Acide dioxystéarique, $C^{18}H^{36}O^4$.

L'acide dioxystéarique naturel existe, suivant *Juillard* [1], dans l'huile de ricin dans la proportion de 1 0/0, et il se prépare en gardant pendant quelque temps, à une température inférieure à 12°, le mélange des acides gras de l'huile de ricin. Le magma cristallin est séparé, égoutté, puis exprimé, recristallisé dans l'alcool et donne ainsi un mélange d'acides dioxystéarique et stéarique. Ce dernier est éliminé par lavage avec du toluène chaud, et l'acide dioxystéarique brut restant est recristallisé dans l'alcool bouillant.

H. Meyer [2] prépare l'acide dioxystéarique en décomposant par l'acide chlorhydrique les sels de calcium des acides gras de l'huile de ricin et abandonnant le mélange à cristalliser dans l'éther, à froid ; après douze heures de repos, on obtient des cristaux fondant à 140-141°.

L'acide pur fond à 141-143°. Il est insoluble dans l'éther, l'éther de pétrole et le benzène, légèrement soluble dans le toluène froid, davantage dans le toluène chaud ; il se dissout dans l'alcool et l'acide acétique bouillant.

Les agents de réduction le transforment en acide stéarique.

Sous l'action de l'acide chlorhydrique à 180°, puis de la potasse caustique sur le produit obtenu, l'acide dioxystéarique se transforme en acide bibasique :

$$COOH\text{-}(OH)\text{-}C^{17}H^{33}\text{-}O\text{-}C^{17}H^{33}\text{-}(OH)\text{-}COOH.$$

Quoique aucune observation ne paraisse avoir été faite à ce sujet, il est probable que l'acide dioxystéarique naturel possède l'activité optique.

Fondu avec la potasse caustique en présence de chlorate de potas-

1. *Bull. Soc. Chim.*, 1895 (13), 238. L'acide dioxystéarique que Benedikt et Ulzer, *Monatsh. f. Chem.*, 1887 (8), 208, ont isolé d'une huile pour rouge turc, n'est pas, comme ces auteurs l'ont indiqué, un produit artificiel, mais bien le même acide dioxystéarique naturel (Grün, *Berichte*, 1906 (39), 4400).

2. *Arch. d. Pharm.*, 1897, 184 ; *Chem. Revue*, 1897, 223.

sium, l'acide dioxystéarique donne de l'acide pélargonique et de l'acide azélaïque (*Eckert*[1]).

Le *sel de sodium* forme de fines aiguilles.

Les *éthers méthylique* et *éthylique* fondent respectivement à 106-108° et 104-106°.

Acide lanocérique, $C^{20}H^{60}O^{4}$.

L'acide lanocérique a été isolé du mélange de savons obtenu en saponifiant la suintine par la potasse alcoolique (*Darmstädter* et *Lifschutz*[2]).

Cet acide cristallise dans l'alcool en lamelles microscipoques ; il se ramollit à 102° et fond à 104-105° ; il se solidifie alors à 103°-101°, pour fondre ensuite à 102°. Il perd ainsi une molécule d'eau, provenant probablement des deux groupes hydroxyles, car il reste encore en possession de ses propriétés acides.

L'acide lanocérique forme très facilement une lactone, par exemple par ébullition avec l'acide chlorhydrique étendu ; cette lactone qui fond à 86°, est probablement identique avec la « lanocérine » trouvée dans la suintine par *Röhmann*[3] (Voir chap. XIV, *Suintine*).

L'acide lanocérique est presque insoluble dans l'eau et l'alcool froids, mais aisément soluble dans l'alcool chaud. Il se combine assez difficilement avec la potasse aqueuse ; un peu d'alcool, cependant, facilite la combinaison. Aussi les sels s'obtiennent-ils le mieux en solution alcoolique.

Le *sel de potassium* se comporte comme le sel de l'acide lanopalmique (p. 325), c'est-à-dire se dissocie, à froid, en sel acide qui se sépare, et en alcali libre.

X. — ACIDES BIBASIQUES DE LA SÉRIE, $C^{n}H^{2n-2}O^{4}$.

Les acides bibasiques de cette série ont été isolés de la cire du Japon (voir chap. XIV), par fractionnement des acides gras mixte

1. *Monatsh. f. Chem.*, 1917 (38), 1.
2. *Berichte*, 1896 (29), 1474, 2893 ; *Journ. Soc. Chem. Ind.*, 1896, 548. (L'acide est décrit comme acide lanocérinique.)
3. *Centralbl. f. Physiol.*, 1905 (XIX), n° 10.

dans le vide absolu. La composition des acides a été déduite de celle des hydrocarbures qu'ils fournissent par distillation sèche avec la baryte, sous pression réduite.

Acide heptadécaméthylène-dicarboxylique [1], $C^{17}H^{24}(COOH)^2$.

Cet acide donne l'heptadécane normal.

Acide octodécaméthylène-dicarboxylique [1], $C^{18}H^{36}(COOH)^2$.

Cet acide donne l'octodécane normal.

Acide japanique, acide nonadécaméthylène-dicarboxylique, $C^{21}H^{40}O^4 = C^{19}H^{38}(COOH)^2$.

L'*acide japanique* [2] est le premier acide bibasique trouvé jusqu'ici dans les corps gras naturels. Il a été trouvé en petites quantités dans la cire du Japon, formant probablement un glycéride mixte avec l'acide palmitique.

Cet acide cristallise de l'alcool et du chloroforme en lamelles blanches fondant à 117,7°-117,9°. Ces cristaux se dissolvent très difficilement dans la plupart des dissolvants. L'acide japanique est plus dense que l'eau.

Chauffé à 200°, il perd de l'acide carbonique et donne la cétone $\begin{matrix}C^{10}H^{20}\\C^{10}H^{20}\end{matrix}\rangle CO$, fondant à 82-83° ; distillé à sec, avec la baryte, dans le vide, il donne du nonadécane normal [2].

Le *sel de potassium* est très peu soluble dans l'alcool à 95 0/0 ; 100 cc. de ce dissolvant en dissolvent 0,1345^{gr} à 26°.

En chauffant le *sel d'argent* avec l'iodure d'éthyle, on obtient l'*éther éthylique*, fondant à 53°.

1. R. Schaal, *Berichte*, 1907 (70), 4784.
2. L. A. Eberhardt, *Dissert.*, Strasbourg, 1888 ; Geitel et van der Want, *Journ. f. prakt. Chem.*, 1900 (61), 151.

PRODUITS D'OXYDATION DES ACIDES GRAS

Les acides gras décrits plus haut (à l'exception des isomères signalés ou étudiés avec les acides gras naturels correspondants) existent dans les corps gras et cires naturels. D'autres acides saturés hydroxylés ou leurs anhydrides internes se trouvent en outre, dans différents produits de l'industrie des corps gras. Ces acides seront décrits plus loin, avec quelques autres acides gras hydroxylés, fournis par l'oxydation des acides gras non saturés et qui ont, de ce fait, une grande importance pour l'identification de ces derniers.

L'oxydation modérée des acides gras fournit encore des dérivés, qui sont les *cétones*, dont une liste a été donnée plus haut en correspondance avec les acides gras dont ils proviennent ; ces cétones, quoique paraissant avoir un certain intérêt au point de vue physiologique, comme représentant probablement une phase de la dégradation des acides gras supérieurs dans l'organisme, ne sont pas encore assez connues pour être examinées ici.

Par contre, une importance bien plus grande s'attache aux acides non saturés du groupe *stéarolique*, obtenus par voie d'oxydation indirecte, et qui constituent des produits intermédiaires entre les acides non saturés et les produits de décomposition plus simples dans lesquels ils se réduisent finalement ; ils jouent ainsi un rôle des plus précieux dans la détermination de la constitution des acides non saturés. Les acides de la série stéarolique sont *isomères* avec ceux de la série linoléique et de la série taririque. En correspondance avec les acides stéaroliques dérivés de la série oléique, des acides de la série ricinoléique dérivent des acides analogues, que l'on peut désigner sous le nom d'acides de la série *ricinostéarolique.*

L'oxydation des acides gras non saturés par le permanganate de potassium ou par l'acide nitrique, la décomposition de leurs produits d'addition avec l'ozone ou le peroxyde d'azote, donnent encore un certain nombre d'acides *bibasiques*, dont la composition est des plus utiles par les connaissances qu'elle apporte sur la constitution des acides non saturés dont ils dérivent.

D'après ce qui précède, les dérivés des acides gras qui vont être étudiés plus loin, seront décrits sous les titres suivants :

I. Acides hydroxylés, $C^nH^m(OH)^xO^2$ ($x = 2n - m$).
II. Acides de la série stéarolique, $C^nH^{2n-4}O^2$.
III. Acides de la série ricinostéarolique, $C^nH^{2n-4}O^3$.
IV. Acides bibasiques, $C^nH^{2n-2}O^4$.

I. — ACIDES HYDROXYLÉS, $C^nH^m(OH)^xO^2$.

La plupart de ces acides hydroxylés sont obtenus en oxydant les acides non saturés par le permanganate de potassium en solution alcaline étendue, par la méthode de *Saytzeff* et de *Hazura*, dont les détails seront décrits plus loin (chap. VIII).

De leurs travaux, *Saytzeff* [1], ainsi que *Hazura* [2] (avec ses collaborateurs *Bauer*, *Friedreich* et *Grüssner*) ont déduit la règle suivante : Les acides non saturés, traités par le permanganate de potassium en solution alcaline à froid, *fixent autant d'oxhydryles qu'il y a d'atomes de carbone non saturés dans la molécule*, en donnant ainsi des acides saturés hydroxylés qui ont le même nombre d'atomes de carbone dans la molécule. Des recherches ultérieures établiront si cette règle s'applique rigoureusement à *tous* les acides gras non saturés (cf. *Acide jécorique*).

La réaction n'est pas quantitative, comme celle qui aboutit à la formation des dérivés bromés et chloroiodés, et en fait, il se forme aussi des acides bibasiques, peut-être dûs à l'oxydation ultérieure des acides hydroxylés.

Ces derniers s'obtiennent encore en faisant digérer les dérivés bromés des acides non saturés avec l'hydrate d'argent.

La table suivante donne les acides hydroxylés obtenus jusqu'ici par l'une ou l'autre méthode :

Acide tigliqué..........	Acide (dioxytiglique) tiglicérique.
— hypogéique.......	— dioxypalmitique.
— palmitoléique	— dioxypalmitoléique.
— chaulmougrique..	— α dioxydihydrochaulmougrique.
	— β dioxydihydrochaulmougrique.

1. *Journ. f. prakt. Chem.*, 1886 (33), 300 ; 1889 (39), 334.
2. *Monatsh. f. Chem.*, 1888 (9), 269.

Acide oléique	—	dioxystéarique.
— élaïdique........	—	dioxystéaridique.
— isooléique........	—	paradioxystéarique.
— pétrosélinique.....	—	dioxypétrosélinique.
— oléique du foie.....	—	dihydroxylé.
(Inconnu)...........	—	dioxyjécoléique (?)
Acide ricinoléique......	—	trioxystéarique.
	—	α-isotrioxystéarique (?)
— ricinélaïdique.......	—	β-isotrioxystéarique (?)
	—	γ-isotrioxystéarique.
— linoléique........	—	tétraoxystéarique (sativique).
— linolénique	—	hexaoxystéarique (linusique).
— isolinolénique (?)..	—	isolinusique.
— érucique.........	—	dioxybénique.
— brassidique........	—	isodioxybénique.
— isoérucique........	—	paradioxybénique.
— arachidonique.......	—	octooxystéarique.

1. — ACIDES MONOHYDROXYLÉS

Acide ι-oxystéarique ou acide 1-10 oxystéarique,

$$C^{18}H^{36}O^3 = C^{18}H^{35}(OH)O^2 = CH^3\text{-}(CH^2)^7\text{-}CH(OH)(CH^2)^8\text{-}COOH$$ [1].

On obtient cet acide en dissolvant l'acide oléique avec l'acide élaïdique dans l'acide sulfurique concentré et traitant le produit de la réaction par la potasse alcoolique à l'ébullition ; il se forme en même temps de l'acide oléosulfurique ou sulfooléique et de la stéarolactone [2] (voir *Huiles sulfonées*) ; le glycéride correspondant s'obtient en traitant l'oléine de la même façon.

Industriellement, l'acide ι-oxystéarique se prépare en traitant une solution d'acide oléique dans l'éther de pétrole par l'acide sulfurique concentré ; une partie seulement de l'acide oléique se transforme en acide oxystéarique, et pour augmenter le rendement, l'acide oléique inaltéré doit être traité de nouveau ; néanmoins, le rendement est loin d'être quantitatif [3] (voir chap. xv).

L'acide ι-oxystéarique cristallise (dans l'alcool) en plaques hexa-

1. Shukoff et Schestakoff, *Journ. f. prakt. Chem.*, 1903 (67), 415. — L'acide ι ou 1,10 de Shukoff et Schestakoff est l'ancien acide β de Saytzeff, qui n'est d'ailleurs pas le véritable acide β-oxystéarique $C^{15}H^{31}$-CH(OH)-CH^2-COOH. Celui-ci a été préparé par Ponzio, *Gazz. Chimica Ital.*, 1905 (35), ii, 132, et fond à 89°.
2. Cf. David, *Comptes Rendus*, 1897 (124), 466.
3. Cf. U. S. A. P. 772, 129.

gonales fondant à 81-81,5° (*Geitel*), 83-85° (*Saytzeff*), et se solidifiant à 68-65° ; 100 parties d'alcool absolu dissolvent 8,78 parties de cet acide à 20° ; à la même température, 100 parties d'éther en dissolvent 2,3 parties.

En chauffant l'acide à 200°, avec ou sans chlorure de zinc, on obtient une masse visqueuse, contenant l'anhydride, $C^{18}H^{34}O^{2}$, et de l'acide oléique [1]. L'acide oxystéarique est régénéré de l'anhydride par ébullition avec la potasse caustique. Distillé dans le vide, l'acide ι-oxystéarique passe en partie inaltéré, tandis qu'une autre partie se transforme en acides oléique et « isooléique ».

L'oxydation ménagée par l'acide chromique en solution acétique donne un acide 10-cétostéarique, CH^{3}-$(CH^{2})^{7}$-CO-$(CH^{2})^{8}$-COOH, en même temps que les acides sébacique et azélaïque et de très petites quantités d'acide subérique (*Shukoff* et *Scheslakoff*).

Les *sels de sodium*, *de zinc* et *de cuivre* sont solubles dans l'alcool ; le *sel de baryum* est insoluble dans l'alcool et l'éther.

Acide κ-oxystéarique, ou **acide 1-11 oxystéarique**,

$$C^{18}H^{36}O^{3} = C^{18}H^{35}(OH)O^{2} = CH^{3}\text{-}(CH^{2})^{6}\text{-}CH(OH)\text{-}CH^{2}\text{-}(CH^{2})^{8}\text{-}COOH$$ [2].

On obtient cet acide en même temps que son isomère ι, en traitant l'acide « isooléique » par l'acide sulfurique concentré, de la même manière que précédemment. La proportion d'acide κ (relativement à l'acide ι) est d'autant plus élevée que la température de la réaction est plus basse.

L'acide κ-oxystéarique se forme aussi en faisant digérer avec l'oxyde d'argent l'acide iodostéarique obtenu par l'acide « isooléique et l'acide iodhydrique.

L'acide κ-oxystéarique distille sans décomposition sous 100 mm. de pression (différence avec l'acide ι-oxystéarique) et cristallise dans l'alcool en tablettes fondant à 77-79°, ou d'après *Shukoff* et *Sches-*

1. On peut remarquer ici que l'anhydride $C^{18}H^{34}O^{2}$ étant un composé saturé n'absorbe pas d'iode ; on peut donc déterminer quantitativement l'acide oléique dans le mélange (Cf. chap. VI). D'après Shukoff et Scheslakoff, cet anhydride serait la γ-stéarolactone.

2. Shukoff et Schestakoff, *Journ. f. prakt. Chemie*, 67 (1903), 417. — L'acide κ ou 1.11 de Shukoff et Schestakoff est l'ancien acide α de Saytzeff, qui n'est d'ailleurs pas le véritable acide α, $C^{15}H^{31}$–CH^{2}–CH(OH)–COOH. Celui-ci a été obtenu par Holl et Sadomsky, *Berichte*, 1891, 2391 ; par Le Sueur, *Journ. Soc. Chem. Ind.*, 1904, 1709, et par Ponzio, *Gazz. Chim. Ital.*, 1904 (34), 77 ; il fond à 91-92°.

lakoff à 84°. Il est plus facilement soluble dans l'éther que l'acide ι, tandis qu'il est moins aisément soluble dans l'alcool absolu ; 100 parties de ce dernier ne dissolvant à 20° que 0,58 partie d'acide.

En oxydant l'acide κ-oxystéarique par l'acide chromique en solution acétique, *Shukoff* et *Scheslakoff* ont obtenu de l'acide sébacique, un acide dicarboxylique, $C^{11}H^{20}O^{4}$, fondant à 124° et un acide 11-cétostéarique, différent de l'acide 10-cétostéarique de l'acide ι, obtenu par le même traitement.

Traité par l'acide sulfurique concentré, il donne de la γ-stéarolactone.

Acide γ-oxystéarique, $C^{18}H^{36}O^{3} = CH^{3}\text{-}(CH^{2})^{13}\text{-}CH(OH)\text{-}CH^{2}\text{-}CH^{2}\text{-}COOH$.

γ-Stéarolactone, $C^{18}H^{34}O^{2} = CH^{3}\text{-}(CH^{2})^{13}\text{-}CH\text{-}CH^{2}\text{-}CH^{2}\text{-}CO$ (CH et CO reliés par O).

L'acide libre n'a pas encore été préparé, son anhydride interne ou lactone prenant naissance dès qu'on veut isoler l'acide. La lactone s'obtient, en même temps que l'acide ι-oxystéarique, en traitant l'acide oléique[1] par l'acide sulfurique concentré. Elle s'obtient aussi en chauffant l'acide oléique avec 10 0/0 de chlorure de zinc à 185° (procédé de *von Schmidl*, cf. chap. xv).

D'après *Shukoff* et *Scheslakoff*[2], la stéarolactone obtenue (avec un rendement de 35 0/0) en traitant l'acide oléique par l'acide sulfurique concentré, présente l'indice d'iode 16-20, et en admettant qu'elle soit un acide monobasique, le poids moléculaire 375, qui tombe à 291, après ébullition avec la potasse alcoolique, ce qui indique la présence d'un anhydride semblable ou analogue à ceux qui se forment en chauffant l'acide ι-oxystéarique. Après distillation, l'indice d'iode augmente considérablement.

La stéarolactone pure, traitée par l'acide sulfurique, se transforme partiellement en produits acides solubles, qui sont probablement des acides sulfoniques.

La stéarolactone forme de belles lamelles cristallines blanches, fondant à 47-48° ; elle peut être distillée presque sans altération. Elle est insoluble dans l'eau, mais se dissout facilement dans l'alcool,

1. Cf. Lewkowitsch. *Journ. Soc. Chem. Ind.*, 1897, 392.
2. *Journ. Soc. Phys. Chem. Russe*, 1908 (40), 830.

l'éther et l'éther de pétrole. Les solutions alcalines à l'ébullition dissolvent la lactone en formant les sels de l'acide γ-oxystéarique. En ajoutant un acide minéral à la solution de ces sels, on précipite la lactone et non l'acide.

On remarquera que, si la formule de constitution donnée plus haut est exacte, il y a eu migration de la double liaison.

Acide λ-oxystéarique, ou acide 1-12 oxystéarique

$CH^3\text{-}(CH^2)^5\text{-}CH(OH)\text{-}(CH^2)^{10}\text{-}COOH.$

Cet acide s'obtient le mieux au moyen de son éther méthylique. Il fond à 78°. Il est soluble dans l'alcool, l'éther et le chloroforme, mais insoluble dans l'éther de pétrole et l'eau (*Woldenberg* [1]).

L'*éther méthylique*, $CH^3\text{-}(CH^2)^5\text{-}CH(OH)\text{-}(CH^2)^{10}\text{-}COOCH^3$, s'obtient par réduction du ricinoléate de méthyle au moyen de l'hydrogène en présence du platine comme catalyseur.

Les dérivés de l'*acide oxybénique* ont été étudiés par *Warmbrunn* [2].

2. — ACIDES DIHYDROXYLÉS

Acide tiglicérique [3] (dioxytiglique), $C^5H^{10}O^4 = C^5H^8O^2(OH)^2$.

L'acide tiglicérique s'obtient en oxydant l'acide tiglique par le permanganate de potassium.

Il cristallise (dans l'éther) en minces tablettes fondant à 88°. Cet acide est très facilement soluble dans l'eau, l'alcool et l'acétone, mais est insoluble dans l'éther de pétrole, le chloroforme et le benzène.

Acides dihydroxylés, $C^{16}H^{30}O^2(OH)^2$.

a) Acide dioxypalmitique, $C^{16}H^{32}O^4 = C^{16}H^{30}O^2(OH)^2$.

Cet acide s'obtient synthétiquement par ébullition de l'acide dibromopalmitique (produit d'addition dibromé de l'acide hypogéique) avec l'oxyde d'argent.

1. *Dissert.*, Zürich, 1908.
2. *Dissert.*, Kœnigsberg, 1903.
3. Fittig, *Annalen*, 1 (283), 111.

Il forme dans l'alcool de minces lamelles fondant à 115°, facilement solubles dans l'alcool et l'éther.

b) **Acide dioxypalmitoléique**, $C^{15}H^{30}O^2(OH)^2$.

Cet acide a été obtenu en oxydant l'acide palmitoléique de l'huile de foie de morue, par le permanganate de potassium (*Bull*[1]).

Il cristallise dans l'alcool en feuillets blancs brillants, fondant à 125°.

La formule précédente est confirmée par l'indice d'acétyle, 355,7 (théorie 355).

L'acide dioxypalmitoléique paraît être identique avec un acide dihydroxyléique, qui a été obtenu par *Ljubarsky*[2] en oxydant les acides gras liquides de l'huile de phoque de la mer Caspienne. Cet acide semble former avec l'acide dioxystéarique une combinaison moléculaire, se comportant dans beaucoup de circonstances comme une espèce chimique (eutectique) de composition $C^{17}H^{34}O^4$, fondant à 124-125°.

Les travaux de *Ljubarsky* et de *Bull* permettent de douter de l'individualité chimique de l'acide $C^{17}H^{34}O^4$, décrit par *Fahrion*[3].

Acides dioxydihydrochaulmougriques, $C^{18}H^{34}O^4 = C^{17}H^{31}(OH)^2COOH$.

On obtient deux acides répondant à cette composition en oxydant l'acide chaulmougrique par le permanganate de potassium.

Acides dihydroxylés, $C^{18}H^{34}O^2(OH)^2$

a) **Acide dioxystéarique**[4].

L'acide dioxystéarique s'obtient le mieux en oxydant l'acide oléique ordinaire par le permanganate de potassium en solution alcaline.

1. *Berichte*, 1906 (39), 3574.
2. *Journ. prakt. Chemie*, 1898 (57), 26.
3. *Journ. Soc. Chem. Ind.*, 1893, 936; — cf. aussi *Chem. Zeit.*, 1899, 1048.
4. Cet acide ne doit pas être confondu avec l'acide dioxystéarique naturel.

Il forme des lamelles cristallines fondant à 136,5° (*Saytzeff*), 134° (*Albitzky*), 132-133° (*Lewkowitsch*[1]), 131,5°-132° (*Le Sueur*)[2] et se solidifiant entre 119 et 122°. L'acide est complètement insoluble dans l'eau, facilement soluble dans l'alcool chaud, moins soluble dans l'alcool froid et très peu soluble dans l'éther.

Cet acide dioxystéarique a été séparé en deux isomères optiquement actifs au moyen de son sel de strychnine[3].

En le traitant par le permanganate de potassium à chaud, on obtient les acides pélargonique, azélaïque et oxalique, mais pas d'acides sébacique, subérique et caprylique, comme l'avait indiqué *Spiridonoff*[4].

Fondu avec la potasse caustique, il donne de l'acide α-octylsébacique (*Le Sueur* et *Wilhers*[5]), et en présence de chlorate de potassium, la fusion potassique fournit de l'acide pélargonique et de l'acide azélaïque (*Eckert*[6]).

Les sels de *calcium*, de *zinc* et de *nickel*, chauffés vers 165-170°, pendant douze heures, donnent de grandes quantités (24 à 34 0/0) d'acide 10-cétoxystéarique, $CH^3\text{-}(CH^2)^7\text{-}CO\text{-}(CH^2)^8\text{-}COOH$, ce qui confirme indirectement la formule de constitution de l'acide oléique.

b) **Acide dioxystéaridique.**

Cet acide s'obtient par oxydation de l'acide élaïdique au moyen du permanganate de potassium.

Il diffère du précédent par son point de fusion inférieur, 99-100° et sa plus grande solubilité dans l'alcool. Il s'oxyde aussi beaucoup plus facilement en cours de préparation que son isomère de l'acide oléique (*Saytzeff*[7]).

L'acide dioxystéarique, fondant à 98-99°, que *Schreiner* et *Sherey*[8] ont reconnu exister couramment dans les sols pauvres, est probablement identique avec cet acide.

1. *Journ. Soc. Chem. Ind.*, 1900, 845.
2. *Ibidem*, 1901, 1316.
3. Freundler, *Bull. Soc. Chim.*, 1895, (13), 1052.
4. Cf. Edmed. *Journ. Chem. Soc.*, 1898, 627.
5. *Chem. Soc. Trans.*, 1914 (105), 2800.
6. *Monatsh. f. Chem.*, 1917 (38), 1.
7. *Journ. f. prakt. Chem.*, 1883 (33), 315.
8. *Journ. Amer. Chem. Soc.*, 1908, 1599; 1911, 1412; U. S. Dept. Agric., *Circ*, 74, Jan. 17, 1913.

c) Acide paradioxystéarique.

Cet acide, obtenu par oxydation de l'acide « isooléique » au moyen du permanganate de potassium, ou par traitement du bibromure « isooléique » par l'hydrate d'argent, forme une poudre cristalline, fondant à 77-78° (*M.*, *K.*, et *A. Saytzeff* [2]), 76-80° (*Grün* [3]), et facilement soluble dans l'éther et l'alcool.

Traité par l'iodure de potassium, il donne un acide iodostéarique, que la réduction par l'étain et l'acide chlorhydrique transforme en acide stéarique.

d) Acide dioxypétrosélinique.

Cet acide, obtenu par l'oxydation permanganique de l'acide pétrosélinique, fond à 122° (*Köhler*).

e) Un acide dioxystéarique fondant à 129,5° a été obtenu en oxydant l'acide oléique de la lécithine du foie par le permanganate de potassium (*Hartley*).

Cet acide est soluble dans l'éther, l'alcool, l'acétone et l'acétate d'éthyle et cristallise dans tous les dissolvants, généralement sous la forme de prismes hexagonaux. A la différence de l'acide dioxystéarique de l'acide oléique (fondant à 132-136,5°), il est légèrement soluble dans le chloroforme et l'eau bouillante.

Par oxydation, il donne de l'acide caproïque et de l'acide oxalique.

f) Un acide dioxystéarique fondant à 116-117°, se solidifiant à 114-113°, s'obtient en faisant digérer l'acide diiodostéarique, provenant de l'acide ricinoléique, avec l'hydrate d'argent. *Chonowsky* [4]

1. Cet acide est l'ancien acide α-β dioxystéarique de Saytzeff (ainsi désigné d'après la formule $C^{15}H^{31}$ — CH = CH — COOH, attribuée à l'acide isooléique, et maintenant reconnue inexacte), qui n'est d'ailleurs pas le véritable acide α-β (ou 2-3). Celui-ci, de formule $C^{15}H^{31}$ — CH (OH) — CH (OH) — COOH a été obtenu par Le Sueur, *Journ. Soc. Chem., Ind.*, 1904, 1712, et Ponzio, *Gazz. Chim. Ital.*, 1905 (35), II, 1, en oxydant l'acide 2-3 oléique par le permanganate de potassium ; il cristallise (dans l'acétate d'éthyle) en minces aiguilles, fondant à 126°, très légèrement solubles dans l'alcool, l'éther et l'acétone froids et assez solubles dans l'eau bouillante.

2. *Journ. f. prakt. chem.*, 1888 (37), 276.

3. *Berichte*, 1906 (39), 4400.

4. *Ibidem*, 1909 (42), 3351.

attribue à cet acide la formule de constitution

$$CH^3-(CH^2)^5-CH(OH)-CH^2-CH(OH)-(CH^2)^8-COOH.$$

Il se réduit facilement en acide stéarique.

On trouve le même acide dans les produits de réaction de l'acide sulfurique concentré sur l'acide ricinoléique.

Grün [1] a étudié les divers acides dioxystéariques qui se forment par l'action de l'acide sulfurique concentré sur l'acide ricinoléique, à 5-10° (Voir plus haut).

L'acide 9-12 dioxystéarique,

$$CH^3-(CH^2)^5-CH(OH)-CH^2-CH^2-CH(OH)-(CH^2)^7-COOH,$$

fond à 69,5-70° (*Wetterkamp* [2]). Chauffé, il forme d'abord une masse ayant l'aspect du caoutchouc, qui devient finalement visqueuse ; il se forme d'abord un éther acide de composition

$$C^{17}H^{33}(OH)^2-COO-C^{17}H^{33}(OH)-COOH,$$

qui se convertit progressivement en lactide neutre de l'acide dioxystéarique,

$$C^{17}H^{33}(OH)\langle\begin{matrix}O-CO\\CO-O\end{matrix}\rangle C^{17}H^{33}(OH).$$

L'*éther sulfurique*,

$$CH^3(CH^2)^5-CH(O-SO^3H)-CH^2-CH^2-CH(O-SO^3H)-(CH^2)^7COOH,$$

s'obtient par l'action de l'acide chlorosulfurique sur l'acide 9-12 dioxystéarique ; il est facilement soluble dans l'eau ; et par chauffage, donne des anhydrides internes comme l'acide 9-12 lui-même.

L'acide 9-12 dioxystéarique *actif* s'obtient à l'état pur, et fondant à 126°, par recristallisation de la fraction fondant à 120°. Un produit dont l'activité optique n'a pas été essayée, est insoluble dans l'éther de pétrole, l'éther et l'alcool froid, et très peu soluble dans l'alcool chaud ; la solution présente une réaction acide, et le produit, chauffé au-dessus de son point de fusion, se transforme comme tous les acides hydroxylés, en une masse sirupeuse renfermant des anhydrides.

1. *Berichte*, 1906 (39), 4400 ; 1909 (42), 3759.
2. Grün et Wetterkamp, *Farben-Zeitung*, 1909, 279 ; Wetterkamp, *Dissert.*, Zürich, 1909.

L'acide dioxystéarique naturel, fondant à 141-143°, a été décrit précédemment.

Acide dioxyjécoléique, $C^{19}H^{38}O^4 = C^{19}H^{36}O^2(OH)^2$.

Cet acide, fondant à 114-116°, aurait été obtenu en oxydant les acides gras de l'huile de foie de morue avec une solution demi-saturée de permanganate de potassium, à 0° (*Heyerdahl*[1]); d'après *Bull*[2], ce serait un mélange eutectique des dérivés des acides oléique et gadoléique.

Acide dioxygadoléique, $C^{20}H^{40}O^4 = C^{20}H^{38}O^2(OH)^2$.

Cet acide s'obtient en oxydant l'acide gadoléique par le permanganate de potassium en solution alcaline, à 0°; il cristallise dans l'alcool en cristaux blancs, lustrés, fondant à 127,5-128° (*Bull*[2]).

Acides dihydroxylés, $C^{22}H^{42}O^2(OH)^2$.

a) Acide dioxybénique, $C^{22}H^{44}O^4 = C^{22}H^{42}O^2(OH)^2$.

Cet acide s'obtient en oxydant l'acide érucique par le permanganate de potassium alcalin; il forme des cristaux granulaires fondant à 130° (*Saytzeff*[3]), 132-133° (*Hazura* et *Grüssner*[4]), 132-133,5° (*H. Meyer* et *R. Beer*[5]).

Il se dissout facilement dans l'alcool chaud, mais il est insoluble dans l'éther froid[6].

Fondu avec la potasse caustique, il donne l'acide α-oxy-α-octyl-dodécanedicarboxylique, $COOH{-}C(OH){-}(C^8H^{17}){-}(CH^2)^{11}{-}COOH$, fondant à 127-128°, que l'oxydation transforme en acide η-cétohénéicosoïque[7], fondant à 89-90°; celui-ci, par ébullition prolongée avec

1. *Cod liver oil and Chemistry*, 98.
2. *Berichte*, 1906 (39), 3575.
3. *Journ. f. prakt. Chem.*, 1889 (39), 334.
4. *Monatsh. f. Chem.*, 1888 (9), 948.
5. *Mitt. d. K. K. Akad. d. Wissensch. Wien.*, janvier 1912.
6. Hazura et Grüssner, *Monatsh. f. Chem.*, 1888 (9), 948; cf. aussi Albitzky, *Chem. Centralbl.*, 1899 (1), 1068.
7. H. Le Sueur et J. Withers, *Chem. Soc. Trans.*, 1914, 105, 2800.

l'acide chlorhydrique et l'almagame de zinc donne l'acide heneicosoique, $CH^3(CH^2)^{19}COOH$, fondant à 73-74°, et dont l'éther méthylique fond à 49°. L'acide oxyheneicosoïque [1] fond à 93-94° ; fondu avec la potasse caustique en présence de chlorate de potassium, il donne de l'acide pélargonique et de l'acide brassylique [2].

b) Acide isodioxybénique [3].

Cet acide s'obtient par oxydation de l'acide brassidique par le permanganate de potassium alcalin. Il cristallise en tablettes microscopiques, plus solubles dans l'alcool que dans l'éther ; il fond à 99-100° et se solidifie à 88-87° (*Saytzeff*).

c) Acide paradioxybénique [4].

Ce troisième isomère s'obtient par l'oxydation permanganique de l'acide isoérucique. Il fond à 86-88°, et se solidifie à 82-80° ; il se dissout facilement dans l'alcool chaud, plus difficilement dans l'éther (*Saytzeff*).

3. — ACIDES TRIHYDROXYLÉS

Des acides trioxystéariques répondant à la composition $C^{18}H^{33}O^2(OH)^3$, ont été obtenus en oxydant les acides ricinoléique et ricinélaïdique, par le permanganate de potassium.

Trois isomères seulement ont été décrits jusqu'ici (*Hazura* et *Grussner* [5]) ; deux dérivent de l'acide ricinoléique et le troisième de l'acide ricinélaïdique. *Mangold* a montré que l'acide ricinélaïdique donnait aussi deux acides hydroxylés, dont l'un est certainement identique avec celui préparé par *Hazura* et *Grüssner*. Il convient de signaler qu'en oxydant le ricinoléate de méthyle par le permanganate de potassium, *Haller* n'a obtenu qu'un seul acide trioxystéarique, fondant à 87°.

1. H. Le Sueur et J. Withers, *Chem. Soc. Trans.*, 1915, 736.
2. Eckert, *Monatsh. f. Chem.*, 1917 (38), 1.
3. Saytzeff, *Journ. f. prakt. Chem.*, 1894 (50), 82 ; Albitzky, *Chem. Centr.*, 1899 (I), 1068.
4. Alexandroff et Saytzeff, *Journ. f. prakt. Chem.*, 1894 (49), 63.
5. Cf. aussi Dieff, *Journ. f. prakt. Chem.*, 1889 (29), 339.

a) **Acide trioxystéarique**, $C^{18}H^{33}O^2(OH)^3$.

Cet acide a été obtenu, avec l'isomère suivant, par oxydation permanganique de l'acide ricinoléique.

Il cristallise dans l'eau chaude en aiguilles microscopiques fondant à 140-142°. Il est insoluble dans l'eau froide et se dissout difficilement dans l'eau chaude ainsi que dans l'éther et l'alcool froids. L'alcool et l'acide acétique glacial chauds le dissolvent facilement, mais il est insoluble dans le sulfure de carbone, le chloroforme, le benzène et l'éther de pétrole. Il est probable qu'il possède l'activité optique, comme l'acide ricinoléique dont il dérive (*Walden* [1]).

b) **Acide 9-10-12-trioxystéarique**, $C^{18}H^{33}O^2(OH)^3$.

Cet acide diffère du précédent par son point de fusion moins élevé, 110-111°, et sa facile solubilité dans l'éther et le benzène. Il agit sur la lumière polarisée ; $(\alpha)_D = -6{,}25$ dans l'acide acétique glacial ($c = 10$) (*Walden* [1]).

Par chauffage prolongé à 110-115°, il se transforme en une masse visqueuse, qui constitue après purification, un anhydride interne, de formule $(C^{18}H^{34}O^4)^2$.

L'*éther sulfurique*,

$$CH^3-(CH^2)^5-CH(O-SO^3H)-CH^2-CH(O-SO^3H)-CH(O-SO^3H^2)(CH^2)^7-COOH,$$

obtenu par l'action de l'acide chlorosulfonique sur l'acide trioxystéarique, est soluble dans l'eau. En chauffant la solution aqueuse, l'éther s'hydrolyse, l'acide sulfurique est régénéré et il se forme un produit de condensation qui paraît être formé de trois molécules d'acide trioxystéarique, et répond probablement à la formule suivante :

$$C^{17}H^{32}(OH)^2-CO-O-C^{17}H^{32}(OH)^2-CO-O-C^{17}H^{32}(OH)^2-COOH.$$

c) **Acide isotrioxystéarique**, $C^{18}H^{33}O^2(OH)^3$.

L'oxydation permanganique de l'acide riciniélaïdique fournit, d'après *Mangold* [2], deux isomères. L'un d'eux, déjà décrit par

1. *Berichte*, 1894 (27), 3475.
2. *Monatsh. f. Chem.*, 1892 (13), 326.

Hazura et *Grüssner* [1], présente le point de fusion 114-115° ; il est très peu soluble dans l'eau chaude, l'éther, le chloroforme et l'éther de pétrole et facilement soluble dans l'alcool. L'acide de *Mangold*, fondant à 113-116°, est très probablement identique avec cet acide isotrioxystéarique.

Le deuxième acide trioxystéarique dérivant de l'acide ricinélaïdique fond entre 117° et 120°.

Il est très probable que ces deux acides dévient le plan de la lumière polarisée, comme l'acide ricinélaïdique dont ils dérivent (*Walden* [2]).

4. — ACIDES TÉTRAHYDROXYLÉS

On ne connaît jusqu'ici qu'un seul acide tétrahydroxylé, l'*acide sativique*, répondant à la composition d'un acide tétraoxystéarique, $C^{18}H^{32}O^{2}(OH)^{4}$; mais l'existence de plusieurs isomères est probable.

Acide tétraoxystéarique ou **acide sativique,** $C^{18}H^{32}O^{2}(OH)^{4}$.

L'acide tétraoxystéarique ou *sativique* a été obtenu par *Hazura* [1], en oxydant l'acide linoléique par le permanganate de potasse en solution alcaline.

Il cristallise dans l'eau en longues aiguilles ou en prismes pyramidaux à reflets soyeux, fondant à 173° (*Hazura*) ; 174° (*Hehner* et *Mitchell*). Il est très peu soluble dans l'eau chaude, et 2.000 parties d'eau bouillante n'en dissolvent que 1 partie. L'acide sativique est insoluble dans l'eau froide, l'éther, le chloroforme, le sulfure de carbone et le benzène, mais l'alcool et l'acide acétique glacial chauds le dissolvent facilement. Le permanganate de potassium l'oxyde en donnant de l'acide azélaïque, de l'acide oxalique, et un acide hexylique (caproïque?) (*Goldsobel* [3]). Fondu avec la potasse caustique en présence de chlorate de potassium, il se décompose en acides acétique, azélaïque et hexylique (*Eckert* [4]).

Différents observateurs [5] ont obtenu par l'oxydation permanga-

1. *Monatsh. f. Chem.*, 1888 (9), 476.
2. *Ibidem*, 1888 (9), 187.
3. *Chem. Zeit.*, 1906, 825.
4. *Monatsh. f. Chem.*, 1917 (38), 1.
5. Fahrion, *Zeits. f. ang. Chem.*, 1904, 1483 ; Power et Barrowcliff, *Journ. Chem. Soc.*, 1905, 896 ; Krgizan, *Chem. Revue*, 1908, 8 ; 1909, 3.

nique des acides tétraoxystéariques présentant des points de fusion inférieurs à celui de l'acide sativique (152° ; 157-158° ; 161° ; 165°). La théorie prévoyant l'existence d'un certain nombre d'acides tétraoxystéariques isomères, il semble très probable que deux de ces isomères, au moins, aient été identifiés comme des espèces chimiques.

Hartley [1], en effet, a obtenu, par l'oxydation des acides gras liquides de la lécithine du foie, deux acides tétraoxystéariques paraissant très différents : l'un d'eux, après cristallisation répétée, fondait à 175°, et oxydé par le permanganate de potasse, se transformait en acides volatils (acétique caproïque). *Thoms* [2], de son côté, a isolé des produits de l'oxydation permanganique de l'acide telfairique, un acide tétrahydroxylé fondant à 177°.

D'autre part, *Tsujimoto* [3] a obtenu par oxydation des acides gras des huiles de chrysalides, de soja et de riz, des acides tétraoxystéariques fondant à 154°, 155-157,5° et 159°.

L'opinion a été émise que les préparations à points de fusion inférieurs pourraient être formées par de l'acide sativique plus ou moins mélangé d'acide dioxystéarique ; mais *Meyer* et *Beer* ont montré l'inexactitude de cette explication. Ils ont, en effet, reconnu qu'après purification répétée, l'acide tétraoxystéarique fondant à 158°, le point de fusion ne s'élevait qu'à 162-163°, et ils concluent à l'existence de deux isomères fondant respectivement à 173° et 162-163° ; le premier serait l'acide β-sativique, et le second l'acide α ; celui-ci étant beaucoup plus soluble dans l'eau que l'acide β. Ces deux acides sembleraient correspondre aux deux acides linoléiques.

5. — ACIDES HEXAHYDROXYLÉS

On a isolé jusqu'ici deux acides hexahydroxylés isomères, les acides linusique et isolinusique, répondant à la composition d'*acides hexaoxystéariques*, $C^{18}H^{30}O^{2}(OH)^{6}$.

1. *Journ. of Physiol.*, 1909 (38), 367.
2. *Monatsh. f. Chem.*, 1900 (238), 48.
3. *Chem. Revue*, 1911, 118.

a) **Acide linusique**, $C^{18}H^{30}O^{2}(OH)^{6}$.

L'acide linusique, obtenu par oxydation de l'acide linolénique (*Hazura*[1]), cristallise dans l'eau, généralement en plaques rhombiques (occasionnellement en aiguilles) fondant à 203-205° (*Hazura*), 204,5° (*Krzizan*).

Il est plus soluble dans l'eau que l'acide sativique ; il est insoluble dans l'éther et très peu soluble dans l'alcool.

Reformatzky[2] a mis en doute l'existence de cet acide.

b) **Acide isolinusique**, $C^{18}H^{30}O^{2}(OH)^{6}$.

Cet acide s'obtient avec le précédent en oxydant le mélange d'acides gras de l'huile de lin ; de là a été déduite l'existence de l'acide isolinolénique.

L'acide isolinusique cristallise en aiguilles prismatiques, fondant à 173-175° (*Hazura*) ; 176° (*Krzizan*). Il est très peu soluble dans l'eau froide mais se dissout facilement dans l'eau chaude et l'alcool chaud ; il est insoluble dans l'éther, le benzène, le sulfure de carbone, le chloroforme.

Reformatzky[2], puis *Bedford* ont mis en doute l'existence de cet acide, et les indications relatives à sa présence dans les produits d'oxydation des acides gras des huiles de chrysalides (*Tsujimoto*), de ronce et de framboisier (*Krzizan*) ne représentent pas une preuve contraire démonstrative, l'acide isolinusique n'ayant, dans chacun de ces cas, été identifié que par son point de fusion, qui est identique à celui de l'acide β-sativique. Toutefois, *Rollett*[3] a montré que l'acide linolénique, isolé de l'hexabromure linolénique (voir plus haut), donne par l'oxydation permanganique, de l'acide linusique et de l'acide isolinusique, de sorte que l'existence de ces deux acides peut être regardée comme assurée.

1. *Monatsh. f. Chem.*, 1887 (8), 267.
2. *Journ. f. prakt. Chem.*, 1890 (41), 529.
3. *Zeits. f. physiol. Chem.*, 1909 (62), 410 ; 1910 (70), 404.

6. — ACIDES OCTOHYDROXYLÉS

On ne connaît jusqu'ici qu'un acide de ce groupe, trouvé dans les produits d'oxydation des acides non saturés de la lécithine du foie, et provenant certainement d'un acide de la série clupanodonique figurant parmi ces acides.

Il ne paraît pas douteux que l'oxydation soigneusement ménagée des acides de la série clupanodonique conduise à des acides octohydroxylés ; toutefois, aucune tentative ne paraît avoir été faite dans ce sens sur l'acide clupanodonique lui-même, quoique celui-ci s'obtienne assez facilement.

Acide octooxyarachidique, $C^{20}H^{32}O^{2}(OH)^{8}$.

Hartley [1] a trouvé cet acide parmi les produits de l'oxydation permanganique des acides non saturés de la lécithine du foie.

Il cristallise dans l'eau en petits prismes rectangulaires fondant à 195° ; il est facilement soluble dans l'eau.

II. — ACIDES DE LA SÉRIE STÉAROLIQUE, $C^{n}H^{2n-4}O^{2}$.

Les acides de cette série sont isomères avec ceux de la série linoléique, et avec ceux de la série taririque ; ils se différencient des premiers par la présence d'une triple liaison (acétylénique) dans leur molécule, ce qui est aussi un caractère commun aux derniers.

Ils s'obtiennent de manière générale en chauffant les dérivés dibromés des acides de la série oléique avec la potasse alcoolique ; les deux groupes HBr s'éliminent et la triple liaison apparaît entre les deux atomes de carbone voisins.

Ces acides sont très stables et ne s'oxydent pas à l'air, comme l'acide linoléique.

Traités par le *chlore* ou le *brome*, ils fixent facilement une molécule d'halogène, mais la seconde molécule n'est absorbée qu'après un temps de réaction prolongé, et surtout avec l'aide de la chaleur ou de la lumière.

1. *Journ. of Physiol.*, 1909 (38), 367.

L'absorption de l'*iode* est bien plus lente que celle du chlore et du brome, et même en présence de l'iodure ferreux comme catalyseur, elle ne va pas au delà d'une molécule [1]. Cependant, en faisant agir l'iode en solution dans l'acide acétique glacial, à 50-60°, et avec une bonne agitation, la formation des biiodures s'opère rapidement et quantitativement.

Toutefois, avec le mélange d'*Hübl*, il n'y a qu'une molécule de *chlorure d'iode* absorbée (tout au moins avec les acides stéarolique et bénolique, sur lesquels l'expérience a été faite) ; cette attitude particulière constitue *une différence caractéristique entre les acides de la série stéarolique et leurs isomères correspondants de la série linoléique* (la même différence se retrouve d'ailleurs dans les glycérides).

Molinari a indiqué que l'acide stéarolique n'absorbe pas l'ozone, se distinguant ainsi des acides de la série linoléique ; mais *Harries* [2] conteste cette assertion, énergiquement soutenue par *Molinari* [3].

Acide palmitolique, $C^{16}H^{28}O^{2} = CH^{3}\text{-}(CH^{2})^{7}\text{-}C \equiv C\text{-}(CH^{2})^{5}\text{-}COOH$.

L'acide palmitolique (qu'il ne faut pas confondre avec l'acide palmitoléique ou zoomarinique), s'obtient en chauffant le bibromure hypagéique avec la potasse alcoolique à 170° (*Schröder* [4]).

Il cristallise en aiguilles soyeuses, fondant à 42° (47° ; *Bodenstein* [5]) Il bout à 240° sous 15 mm. de pression. Il est insoluble dans l'eau, aisément soluble dans l'alcool et l'éther, et absorbe facilement deux et quatre atomes de brome.

Traité par l'acide nitrique fumant, il donne de l'acide palmitoxylique ($C^{15}H^{24}O^{4}$), de l'acide subérique et de l'aldéhyde subérique.

Traité par l'acide sulfurique concentré, il donne l'acide cétopalmitique, $CH^{3}\text{-}(CH^{2})^{7}\text{-}CO\text{-}(CH^{2})^{6}\text{-}COOH$, fondant à 74°.

1. Liebermann et Sachse, *Berichte*, 1891 (24), 4112 ; Quensell, *Idem*, 1909 (42), 2441.
2. *Berichte*, 1907 (40), 4907.
3. *Ibidem*, 1908 (41), 595 ; 2782.
4. *Annalen*, 1867 (143), 27.
5. *Berichte*, 1894 (27), 3402.

Acide stéarolique, $C^{18}H^{32}O^2 = CH^3\text{-}(CH^2)^7\text{-}C \equiv C\text{-}(CH^2)^7\text{-}COOH$

L'acide stéarolique s'obtient en chauffant le bibromure oléique avec la potasse alcoolique (*Overbeck* [1]; *Quensell* [2]).

Il cristallise dans l'alcool en longs prismes blancs fondant à 48°.

Le point de fusion relativement élevé de cet acide a induit *Lewkowitsch* à le préparer industriellement au moyen de l'acide oléique, en vue de la fabrication des bougies, (voir chap. XV).

L'acide stéarolique (comme l'acide taririque) paraît ne fixer l'hydrogène naissant que difficilement. En le chauffant avec l'acide iodhydrique fumant et le phosphore, *Arnaud* l'a transformé en acide stéarique ; il ne paraît pas douteux que l'hydrogénation catalytique conduirait au même résultat.

L'oxydation par l'acide nitrique le transforme en acides pélargonique et azélaïque. L'oxydation permanganique donne essentiellement de l'acide pélargonique et de l'acide subérique, l'acide caprylique et l'acide azélaïque ne représentant que 25 0/0 des produits d'oxydation (*Arnaud* et *Hasenfratz* [3]). Avec une oxydation soigneusement modérée, on obtient de l'acide stéaroxylique.

Fondu avec la potasse caustique, l'acide stéarolique donne de l'acide acétique, de l'acide hypogéique, et de l'acide myristique (*Marasse* [4], *Bodenstein* [5]).

L'acide sulfurique concentré le transforme en acide 10-cétostéarolique (*Baruch* [6]).

En faisant passer un courant d'acide iodhydrique dans l'acide stéarolique fondu, celui-ci absorbe deux molécules d'acide iodhydrique ; l'acide diiodostéarique obtenu peut être réduit en acide stéarique, tandis que le dérivé d'addition obtenu par l'absorption d'une seule molécule d'acide iodhydrique, donne par réduction, de l'acide élaïdique. En faisant bouillir ce dérivé d'addition monoiodhydrique, on régénère l'acide stéarolique, tandis que le biiodure donne un mélange complexe renfermant de l'acide stéarolique, et

1. *Annalen*, 1866 (140), 49.
2. *Comptes Rendus*, 1896 (122), 1000.
3. *Comptes Rendus*, 1911 (152), 1603.
4. *Berichte*, 1869, 259.
5. *Berichte*, 1894 (27), 3398.
6. *Berichte*, 1894 (22), 174.

deux acides isomères à triple liaison placée respectivement entre les huitième et neuvième, et les dixième et onzième atomes de carbone ; l'oxydation nitrique donne avec le premier de ces acides de l'acide subérique, et avec le second de l'acide sébacique.

Le *biiodure stéarolique*, $C^{18}H^{32}O^2I^2$, s'obtient en faisant réagir l'iode en solution dans le sulfure de carbone, sur l'acide stéarolique, en présence d'iodure ferreux comme catalyseur (*Liebermann* et *Sachse* [1]). Ce dérivé se forme presque instantanément par la méthode d'*Arnaud* et *Posternak* [2], consistant à agiter la quantité théorique d'iode en solution dans l'acide acétique glacial, avec l'acide stéarolique, à 50-60°. Le biiodure cristallise dans l'alcool concentré en aiguilles incolores, et dans l'alcool faible en plaques fondant à 51° ; son sel d'ammoniaque est facilement soluble dans l'alcool froid (différence avec l'acide taririque).

L'*éther méthylique* cristallise en aiguilles, se solidifiant à — 3° et bouillant à 204-206° sous 20 mm. de pression.

L'*éther éthylique* bout à 215-216° sous 20 mm. de pression.

L'*amide* cristallise en écailles fondant à 78°.

L'*anilide* cristallise en prismes fondant à 63°.

Acide pétrosélinolique, $C^{18}H^{32}O^2 = CH^3\text{-}(CH^2)^{10}C \equiv C\text{-}(CH^{23})^4\text{-}COOH$.

Cet acide s'obtient en fondant le bibromure pétrosélinique avec la potasse alcoolique sous pression.

Il fond à 45° (*Von Gerichten* et *Kohler* [3]).

Acide bénolique, $C^{22}H^{40}O^2 = CH^3\text{-}(CH^2)^7\text{-}C \equiv C\text{-}(CH^2)^{11}\text{-}COOH$.

Cet acide s'obtient en chauffant le bibromure érucique avec la potasse alcoolique (*Otto* [4]; *Hausknecht* [5]; *von Grossmann* [6]; *Holt* [7]; *Quensell* [8]).

1. *Berichte*, 1891 (24), 4116.
2. *Comptes Rendus*, 1909 (149), 220.
3. *Berichte*, 1909 (42), 1638.
4. *Annalen*, 1865 (135), 226.
5. *Annalen*, 1867 (143), 41.
6. *Dissert.*, Leipzig, 1890 ; *Berichte*, 1893 (26), 641.
7. *Dissert.*, Rostock, 1892.
8. *Dissert.*, Berlin, 1909.

Il cristallise dans l'alcool en aiguilles brillantes fondant à 57,5°.

L'acide bénolique absorbe facilement deux et quatre atomes de brome en donnant respectivement un bibromure et un tétrabromure.

Réduit par la poudre de zinc et l'acide acétique glacial, il donne de l'acide brassidique.

L'acide nitrique fumant le transforme en acides dioxybénolique, brassidique $C^{23}H^{40}O^{2}$, brassylique $C^{13}H^{24}O^{4}$, pélargonique et arachidique, avec dégagement d'acide carbonique (*Grossmann*).

Traité par l'acide sulfurique concentré, il donne l'acide cétobénique, $C^{8}H^{17}$-CO-$(CH^{2})^{12}$-COOH (*Grossmann* [1]).

Traité par l'oxychlorure de phosphore, il se transforme en anhydride [2].

Le *biiodure bénolique*, $C^{22}H^{40}O^{2}I^{2}$, s'obtient en agitant l'acide bénolique avec la quantité théorique d'iode en solution dans l'acide acétique glacial, à 50-60°. Il cristallise dans l'alcool chaud en aiguilles flexibles, fondant à 50-51° (*Arnaud* et *Posternak* [3]).

III. — ACIDES DE LA SÉRIE RICINOSTÉAROLIQUE, $C^{18}H^{3'}(OH)O^{2}$.

Acide ricinostéarolique,

$$C^{18}H^{32}O^{3} = CH^{3}\text{-}(CH^{2})^{5}\text{-}CH(OH)\text{-}CH^{2}\text{-}C \equiv C\text{-}(CH^{2})^{7}\text{-}COOH.$$

L'acide ricinostéarolique s'obtient en chauffant le dibromure ricinoléique avec la potasse alcoolique (*Ulrich* [4]; *Goldsobel* [5]; *Mangold* [6]).

Il cristallise dans l'alcool et en aiguilles fondant à 51° (*Ulrich*); 53° (*Quensell* [7]); 51° (*Mühle*), et bout sans altération à 260° sous 10 mm. de pression [8].

Cet acide joint de l'activité optique ; $(\alpha)_D = +13,67°$ en solution dans l'acétone ($c = 6,4$) (*Walden* [9]).

1. *Dissert.*, Leipzig, 1890; *Berichte*, 1893 (26), 641.
2. Br. fr. 456. 571, 1912.
3. *Comptes Rendus*, 1909 (149), 221.
4. *Zeits. f. Chem.*, 1867, 547.
5. *Berichte*, 1894 (27), 3122.
6. *Monatsh. f. Chem.*, 1895 (15), 314.
7. *Dissert.*, Berlin, 1909.
8. *Berichte*, 1913 (46), 2091.
9. *Ibidem*, 1894 (27), 3475.

Traité par l'acide sulfurique concentré, il donne l'acide cétooxy-stéarique ou ricinostéaroxylique; $C^{18}H^{34}O^4$.

L'*éther sulfurique*, CH^3-$(CH^2)^5$-CH (O-SO^3H)-CH^2-C≡C-$(GH^2)^7$ s'obtient par action de l'acide chlorosulfonique sur l'acide ricinostéarolique (*Woldenberg* [1]).

IV. — ACIDES BIBASIQUES

Les acides appartenant à cette classe se rencontrent parmi les produits de l'oxydation permanganique ou nitrique des acides gras non saturés ou parmi les produits de décomposition de leurs composés d'addition avec l'ozone et le peroxyde d'azote.

Ces acides sont solubles dans l'eau et sont par suite facilement isolables. Leurs points de fusion caractéristiques offrent un moyen facile de les identifier [2].

Acide subérique, $C^8H^{12}O^4 = C^6H^{12}(COOH)^2$.

L'acide subérique cristallise de l'eau en longues aiguilles ou en tablettes irrégulières fondant à 140° ; il bout dans le vide absolu à 152,5°, et sous 15 mm. à 230°.

L'acide subérique est presque insoluble dans le chloroforme ; 100 parties d'éther dissolvent 0,809 partie à 15° ; 100 parties d'eau en dissolvent, à 0°, 15,5°, 20°, 50°, 65°, respectivement 0,08, 0,142, 0,16, 0,98, 2,2 parties.

Acide azélaïque, $C^9H^{16}O^4 = C^7H^{14}(COOH)^2$.

L'acide azélaïque représente l'un des produits de décomposition des ozonides oléique, linoléique, élœostéarique et ricinoléique et des perazotides oléique et ricinoléique ; il se forme aussi dans l'oxydation des acides oléique, élaidique, linoléique, élœostéarique et ricinoléique.

Cet acide cristallise de l'eau en grosses lamelles ou en longues

1. *Dissert.*, Zürich, 1908.
2. Cf. Bouveault, *Bull. Soc. Chim.*, 1898, 562.

aiguilles plates, fondant à 106,2° ; il bout dans le vide à 158° et sous 15 mm. à 237°.

100 parties d'éther en dissolvent, à 11°, 1,88 partie, et à 15°, 2,68 parties ; 100 parties d'eau dissolvent, à 0°, 20°, 50°, 65°, respectivement 0,10, 0,24, 0,82, 2,22 parties d'acide. *Molinari* et *Fenaroli*[1] indiquent les solubilités suivantes : 100 parties d'eau dissolvent à 15°, 22°, 44,5° et 55°, respectivement 0,212, 0,214, 1,017 et 1,648 parties d'acide ; à température plus élevée, la solubilité augmente rapidement.

Acide sébacique, $C^{10}H^{18}O^4 = C^8H^{16}(COOH)^2$.

L'acide sébacique est un produit caractéristique de la distillation pyrogénée des corps gras (*Redtenbacher*[2]) ; il se forme aussi dans la décomposition du perazotide isooléique, dans la fusion potassique de l'acide ricinoléique, etc...

Il cristallise de l'eau en minces lamelles. Il fond à 133-133,5°, et bout dans le vide absolu à 164° et sous 15 mm. à 243,5°. Cet acide est facilement soluble dans l'alcool et l'éther. 100 parties d'eau en dissolvent à 0°, 20°, 50°, 65°, respectivement 0,004, 0,10, 0,22, 0,42 partie.

Acide brassylique, $C^{13}H^{24}O^4 = C^{11}H^{22}(COOH)^2$.

L'acide brassylique est un des produits de décomposition de l'ozonide et du perazotide éruciques ; il se forme aussi dans l'oxydation des acides érucique, brassidique et bénolique.

Il cristallise de ses solutions aqueuses chaudes en aiguilles plates, fondant à 112° (*Grossmann*[3]) ; 114° (*Fileti* et *Ponzio*[4]) ; il est facilement soluble dans l'alcool et l'éther, insoluble dans l'éther de pétrole et le benzène froid ; 100 parties d'eau en dissolvent 0,74 partie à 24°.

1. *Berichte*, 1908 (41), 2790.
2. *Annalen*, 1840 (35), 190.
3. *Berichte*, 1893 (26), 644.
4. *Gazz. Chim. Ital.*, 1893 (23), II, 393.

B. — ALCOOLS

I. — ALCOOLS DE LA SÉRIE ÉTHANIQUE OU ÉTHYLIQUE, $C^nH^{2n+2}O$.

Les alcools appartenant à cette série existent dans les cires, ou dans les matières insaponifiables cireuses accompagnant certains corps gras tirés des cétacés.

Ce sont des corps solides, blancs, cristallisables, fondant sans décomposition. Ils ne sont pas attaqués par les alcalis ou les acides dilués ; en les faisant bouillir avec la potasse alcoolique et en étendant ensuite la solution avec de l'eau, ils sont précipités à l'état original ; aussi, dans l'analyse des corps gras, sont-ils compris sous la dénomination commune d' « insaponifiables ».

En chauffant les alcools avec les acides organiques (ou leurs chlorures ou leurs anhydrides), la combinaison s'opère avec élimination d'eau et il se forme des éthers ; ainsi, en chauffant l'alcool cétylique avec l'acide acétique en présence d'acide sulfurique, on obtient de l'acétate de cétyle, selon l'équation suivante :

$$C^{16}H^{33}\text{–}OH + CH^3\text{–}CO\text{–}OH = H^2O + C^{16}H^{33}\text{–}O\text{–}CO\text{–}CH^3.$$

Les alcools se dissolvent dans l'acide sulfurique concentré à froid, en formant des acides sulfoalcooliques ; ceux-ci, par ébullition avec les acides dilués, reproduisent leurs constituants.

Une propriété caractéristique des alcools, qui peut être utilisée pour leur identification, consiste dans la réaction qui s'opère en les chauffant avec la chaux sodée ; ils sont convertis en acides saturés correspondants avec départ d'hydrogène. C'est ainsi que l'alcool cétylique donne l'acide palmitique, comme l'indique l'équation :

$$C^{15}H^{31}\text{–}CH^2\text{–}OH + NaOH = C^{15}H^{31}\text{–}COONa + 2H^2.$$

Oxydés par l'acide chromique en solution acétique, ils donnent des acides gras de même condensation en carbone.

Ces réactions sont employées pour l'identification et la détermination quantitative de ces alcools.

Alcool pisangcérylique, $C^{13}H^{28}O$.

Cet alcool a été indiqué comme l'élément alcoolique de la cire de pisang (*Greshoff* et *Sack* [1]) ; mais le nombre impair d'atomes de carbone que renfermerait sa molécule, d'après la formule donnée, rend son existence (ou tout au moins la composition exprimée par cette formule) assez douteuse.

Il fondrait à 78°.

Alcool cétylique, $C^{16}H^{34}O$.

L'alcool cétylique ou éthal (isolé par *Chevreul*), existe à l'état d'éther palmitique dans le spermaceti ; on le trouve aussi dans les glandes sébacées des oies et des canards.

L'alcool cétylique forme une masse cristalline, blanche, inodore, insipide, fondant à 50° et bouillant sans décomposition à 344°, sous la pression ordinaire ; sous 15 mm., il bout à 189,5° et dans le vide absolu à 119°.

Poids spécifique : $d\frac{49,5°}{4°} = 0,8176$; $d\frac{60°}{4°} = 0,8105$; $d\frac{79,7°}{4°} = 0,7984$, et $d\frac{98,7°}{4°} = 0,7837$.

L'alcool cétylique est insoluble dans l'eau, mais il se dissout dans l'alcool et il est très facilement soluble dans l'éther et le benzène.

On a indiqué que l'alcool cétylique, chauffé avec le bichromate de potassium et l'acide sulfurique étendu, se transforme en aldéhyde cétylique (cristallisant dans l'éther et l'alcool en lamelles lustrées). Cette observation est erronée et l'alcool cétylique, oxydé en solution aqueuse, reste inaltéré pour la plus grande partie ; toutefois, en solution acétique, le mélange oxydant le transforme en acide palmitique [2].

L'alcool cétylique se dissout dans l'acide sulfurique concentré à froid et forme l'alcool cétysulfurique, $C^{15}H^{33}O\text{-}SO^{3}H$; par ébullition avec l'acide chlorhydrique étendu, ce produit régénère l'alcool et l'acide sulfurique [3].

1. *Rec. Trav. chim. des Pays-Bas*, 1901, 65.
2. Cf. Claus et von Dreden, *Journ. f. prakt. Chem.*, 1891 (43), 148.
3. Cochenhausen, *Dingl. Polyt. Journ.*, 1897 (303), 284.

L'*acétate de cétyle* cristallise en aiguilles fondant à 22-23° et bouillant à 199°,5-200° sous 15 mm. de pression. Il est très peu soluble dans l'alcool.

Le *benzoate de cétyle* cristallise en écailles fondant à 30° ; il est facilement soluble dans l'éther mais se dissout difficilement dans l'alcool.

Alcool octodécylique, $C^{18}H^{38}O$.

Cet alcool se trouve à l'état d'éther dans le spermaceti et dans la cire des glandes anales des oiseaux.

Il cristallise (de l'alcool) en grosses lamelles argentées, fondant à 59° et bouillant à 210,5° sous 15 mm. Il se décompose déjà en distillant sous une pression de 100 mm.

Poids spécifique : $d\frac{59°}{4°} = 0{,}8124$; $d\frac{70°}{4°} = 0{,}8048$ et $d\frac{99{,}1°}{4°} = 0{,}7849$.

L'*acétate d'octodécyle* fond à 31° et bout à 222-223° sous une pression de 15 mm.

Alcools $C^{20}H^{42}O$

Alcool arachylique.

Cet alcool est un constituant des corps gras des kystes dermatoïdes, et il avait été considéré jusqu'ici comme identique avec l'alcool cétylique.

Il fond à 70°. L'alcool arachylique préparé au moyen de l'acide arachidique (*Haller*) fond à 71°.

Oxydé par l'acide chromique en solution acétique, il donne de l'acide arachidique.

L'*acétate d'arachyle* fond à 44° et bout à 22° sous 3 mm. de pression (*Ameseder* [1]).

Alcool raphylique.

Cet alcool, non dénommé jusqu'ici, forme le principal constituant (90 0/0) de la cire de *Raphia Ruffia;* c'est pourquoi nous le désignons ici sous le nom d'*alcool raphylique.*

Il n'est pas identique avec l'alcool arachylique obtenu de l'acide arachidique (*Haller* [2]).

Il fond à 80° ; son *acétate* à 55°, et son *benzoate* à 55°.

1. *Zeits. f. physiol. Chem.*, 1907 (52), 121.
2. *Comptes Rendus*, 1907 (144), 594.

Alcool carnaubylique, $C^{24}H^{50}O$.

L'alcool carnaubylique a été trouvé par *Darmstädter* et *Lifschütz*[1] dans la suintine ; il cristallise de sa solution dans l'alcool à 75-80 0/0 en cristaux fondant à 68-69° se solidifiant à 67-65°. Cet alcool retient énergiquement l'eau et forme avec celle-ci une masse analogue au suif renfermant 26,7 0/0 d'alcool carnaubylique et 73,3 0/0 d'eau. La masse exposée à l'air ne perd pas de poids.

Oxydé par l'acide chromique, cet alcool donne l'acide carnaubique.

Röhmann[2] a émis des doutes sur l'existence de l'alcool carnaubylique, et ces doutes paraissent confirmés par une observation de *Matthes* et *Sander*[3]. Ceux-ci, en effet, ont trouvé dans les matières insaponifiables de l'huile de laurier un alcool impur, se solidifiant dans une solution alcoolique à 1 0/0, en une masse gélatineuse, fondant après dessiccation à 65-66°, et après cristallisation répétée dans l'alcool, à 67-68° ; le point de fusion et l'analyse élémentaire sembleraient indiquer qu'il s'agit d'alcool carnaubylique, mais par recristallisation dans l'éther de pétrole, la masse gélatineuse a été résolue en alcool mélissique et en laurane, hydrocarbure fondant à 69°.

Un alcool de formule $C^{24}H^{50}O$ ou $C^{25}H^{52}O$ a été trouvé, en petites quantités, dans la cire d'abeilles.

Alcool cérylique, $C^{26}H^{54}O$.

Cet alcool se trouve à l'état de cérotate de céryle dans la cire d'insectes de Chine (*Brodie*[4]) et à l'état de palmitate dans la cire d'opium (*Hesse*[5]) ; il ne se rencontre qu'en petites quantités dans la cire d'abeilles, mais il est le seul constituant alcoolique de la cire de ghedda (*Lipp* et *Kuhn*[6]). Il existe dans la suintine à l'état libre

1. *Berichte*, 1896 (29), 2890 ; *Journ. Soc. Chem. Ind.*, 1897, 150.
2. *Centralbl. f. Physiol.*, 1905 (XIV), n° 10.
3. *Arch. d. Pharm.*, 1908 (246), 169.
4. *Annalen* (67), 203.
5. *Berichte*, 1870 (3), 637.
6. *Journ. f. prakt. Chem.*, 1912 (86), 184.

(*Lewkowitsch* [1]) et probablement aussi à l'état de cérotate (*Buisine* [2]) On l'a encore trouvé en très petites quantités dans les matières insaponifiables de la cire du Japon, ainsi que dans la cire de lin (*Cross* et *Bevan* [3]), la cire de carnauba (*Stürcke* [4]) et l'extrait alcoolique de houblon (*Power*, *Tutin* et *Rogerson* [5]).

Il cristallise facilement dans l'alcool en aiguilles fondant à 79°, et ne peut être distillé sans décomposition.

Chauffé avec la chaux sodée, il se transforme en acide cérotique ; avec l'acide sulfurique, il donne l'acide cérylsulfurique.

L'*acétate de céryle* fond à 65°.

Le *benzoate de céryle* fond à 53,5° (*Lipp* et *Kuhn*).

Alcool isocérylique, $C^{27}H^{56}O$.

Cet alcool a été trouvé dans la cire de *Ficus gummiflua* (*Kessel* [6]). Il fond à 60°, son acétate à 57°.

Un alcool, de formule $C^{27}H^{56}O + 6H^2O$, aurait été isolé de la suintine par *Darmstädter* et *Lifschütz* [7] ; mais l'existence de cet alcool est douteuse.

Alcool myricique ou mélissique, $C^{30}H^{62}O$.

L'alcool myricique existe dans la cire d'abeilles à l'état de palmitate, cet éther formant la partie de la cire d'abeilles insoluble dans l'alcool (*Brodie* [8]). Il se rencontre dans la cire de Carnauba, à l'état libre et sous forme d'éthers (*Storey-Maskelyne* [9]; *Piewerling* [10]; *Stürcke* [11]), dans la cire de canne à sucre à l'état libre (*Wijnberg* [12]) et dans la cire de curcas sous forme de mélissate de mélissyle (*Sack* [13]).

1. *Journ. Soc. Chem. Ind.*, 1892, 138.
2. *Bull. Soc. Chim.*, 1887 (72), 201.
3. *Journ. Chem. Soc.*, 1890, 196.
4. *Annalen*, 1884 (223), 293.
5. *Journ. Chem. Soc.*, 1913, 1276.
6. *Berichte*, 1878 (11), 2113.
7. *Ibidem*, 1896 (29), 2895.
8. *Annalen*, (71), 147.
9. *Journ. Chem. Soc.* (7), 87 ; *Zeits. f. Chem.*, 1869, 300.
10. *Annalen*, (183), 344.
11. *Ibidem* (223), 283.
12. *Dissert.*, Amsterdam, 1909.
13. *Bull. Soc. Chim.*, 1906, n° 3 ; *Chem. Centralbl.* 1906 (I), 1106.

Un grand nombre d'huiles et graisses paraissent renfermer de très petites quantités de cet alcool; on l'a ainsi trouvé dans l'huile de persil, la cire de Japon, et l'huile de laurier en renferme 0,125 0/0.

L'alcool mélissique cristallise dans l'éther en petites aiguilles soyeuses fondant à 15 ou 88° (*Gascard*). Il est presque insoluble dans l'alcool froid, mais facilement soluble à chaud ; il est très peu soluble dans l'éther de pétrole, l'éther ordinaire et le chloroforme froids, mais beaucoup plus solubles à chaud.

Chauffé avec la chaux sodée, il se transforme en acide mélissique.

La formule $C^{30}H^{62}O^{2}$ attribuée à l'alcool mélissique, est contestée par plusieurs auteurs ; *Schwalb* [1] indique la formule $C^{31}H^{64}O$ pour l'alcool myricique de la cire d'abeilles, la fusion avec la chaux sodée lui ayant donné un acide $C^{31}H^{14}O^{2}$; *Gascard* [2] admet aussi la formule $C^{31}H^{64}O^{2}$ pour l'alcool myricique de la cire de carnauba et l'identité de cet alcool avec celui de la cire d'abeilles. Les résultats analytiques obtenus par *Malthes* et *Sander* [3] s'accordent, cependant, mieux avec la formule $C^{30}H^{62}O$.

L'*acétate de mélissyle* fond à 73° (*Gascard*), 75° (*Malthes* et *Sander*).

Le *benzoate de mélissyle* fond à 70° (*Gascard, Malthes* et *Sander*).

Alcool psyllostéarylique, $C^{33}H^{68}O$.

Cet alcool existerait à l'état d'éther psyllostéarique (ou psyllique) dans la cire de *Psylla Alni* (produite par un puceron vivant sur les feuilles de l'*Alnus incana*), et dans la cire des bourdons (*Sundwick* [4]).

On l'obtient par saponification de la cire ; il cristallise dans le benzène, l'éther de pétrole et le chloroforme en écailles soyeuses. L'alcool de la cire de Psylla fond à 68-70° ; celui de la cire de bourdon à 69-69.5°. Ces deux alcools ne paraissent, cependant, pas identiques, puisque d'après *Sundwick*, le premier, fondu avec la chaux sodée, donne l'acide psyllostéarique, et le second, un produit différent.

1. *Annalen* (235), 126.
2. *Journ. Pharm. Chim.*, 1893, 49.
3. *Arch. d. Pharm.*, 1908 (246), 169.
4. *Zeits. f. physiol. Chem.*, 1901 (32), 355 ; 1907 (53), 364 ; 1911 (72), 455.

Décrit d'abord comme un alcool de formule $C^{33}H^{66}O$, considéré ensuite comme un anhydride de formule $(C^{33}H^{66}O)^2$, il a été finalement reconnu comme un alcool de formule $C^{33}H^{68}O$ (*Sundwick* [1]). Il semble, cependant, qu'en raison du nombre impair d'atomes de carbone qu'elle présente, cette composition demande encore confirmation.

L'*acétate de psyllostéaryle* cristallise en aiguilles.

Le *benzoate* cristallise du benzène de l'éther de pétrole en aiguilles fondant à 68-69°.

Un alcool, de même formule, existerait dans la cire de canne à sucre, en proportion d'environ 30 0/0 (*Wijnberg*).

Alcool incarnatylique, $C^{34}H^{70}O$.

Cet alcool a été isolé des fleurs du trèfle incarnat (*Trifolium incarnatum*, L.) (*Rogerson* [2]).

Il cristallise en belles aiguilles incolores, fondant à 72-74°, et a été identifié avec un alcool fondant à 75°, isolé de la cire de bourdon par *Sundwick* [3]. (On a vu plus haut que le point de fusion et la composition de l'alcool de la cire de bourdon sont assez incertaines.)

II. — ALCOOLS DE LA SÉRIE ALLYLIQUE, $C^nH^{2n}O$.

La présence de plusieurs alcools de cette série, a été signalée dans les cires, mais ils n'ont pas encore été étudiés complètement.

On a récemment reconnu que l'un des alcools non saturés de l'huile de cachalot appartient à cette série (*Tsujimoto* [4]), ainsi que *Lewkowitsch* [5] l'avait présumé, et le même alcool a été retrouvé dans les huiles de foies de squales.

1. *Dissert.*, Amsterdam, 1909.
2. *Journ. Chem. Soc.*, 1910, 1011.
3. *Zeits. f. physiol. Chem.*, 1898 (26), 58.
4. *Journ. Chem. Ind.*, Tokyo, (24), 275.
5. *Journ. Soc. Chem. Ind.*, 1892, 134.

Alcool lanolinique, $C^{12}H^{24}O$.

Cet alcool a été trouvé dans la suintine par *Marchetti* [1]; peu de temps après, *Darmstädter* et *Lifschütz* [2] ont isolé de cette cire deux alcools, auxquels ils ont attribué les formules $C^{10}H^{20}O$ et $C^{11}H^{22}O$, et croyant avoir obtenu les homologues inférieurs de l'alcool lanolinique, ils ont proposé le nom de *Canestols* pour les alcools de cette série. Une étude plus approfondie, entreprise par ces auteurs, à la suite des recherches de *Lewkowitsch* [3], a démontré l'inexistence des acides $C^{10}H^{20}O$ et $C^{11}H^{22}O$ dans la suintine. De ce fait, l'identité de l'alcool lanolinique devient aussi incertaine.

Un alcool, de formule $C^{15}H^{30}O$, a été trouvé dans la fraction soluble dans l'éther de la cire du *Ficus gummiflua* (*Kessel* [4]).

Un alcool de formule $C^{36}H^{72}O$, existerait à l'état d'éthers, dans la cire de cochenille.

Alcool oléylique, $C^{18}H^{36}O$.

Tsujimoto [5] a récemment trouvé cet alcool dans l'huile de cachalot, dont la partie liquide est presque entièrement constituée par du physétoléate et de l'oléate d'oléyle, puis *Toyama* [6] a reconnu sa présence dans l'huile de foie d'un squale, *Chlamydoselachus anguineus* Garman, qui renferme environ 50 0/0 de matières insaponifiables constituées en grande partie par de l'alcool oléylique et un carbure non saturé, le squalène.

Bouveault et *Blanc* [7] avaient obtenu cet alcool à l'état impur en réduisant l'acide oléique par le sodium, en solution dans l'alcool absolu.

Il est assez curieux de remarquer que *Chevreul*, en étudiant le spermaceti, avait constaté que celui-ci, même recristallisé dans

1. *Gazz. Chim. Ital.*, 1895, 22.
2. *Berichte*, 1896 (29), 19.
3. *Journ. Soc. Chem. Ind.*, 1896, 15.
4. *Berichte*, 1878 (II), 2114.
5. *Journ. Chem. Ind. Japan* (24), 275; *Chemische Umschau*, 1921 (28), 71.
6. *Chemische Umschau*, 1922 (29), 238.
7. *Bull. Soc. Chim.*, 1904 (31), 1210.

l'alcool, est toujours souillé d'une petite quantité de substance liquide, qu'il n'avait pu obtenir en quantité suffisante pour l'examiner, et il avait émis l'idée que cette partie liquide, difficilement saponifiable, pourrait être à la cétine (palmitate de cétyle) ce qu'est l'oléine aux stéarines.

L'alcool oléylique a été isolé à l'état de pureté en distillant dans le vide la partie liquide des matières insaponifiables acétylées, et saponifiant la fraction principale qui passe de 215 à 220° sous 15 mm. de pression.

L'alcool oléylique est un liquide jaune, bouillant à 205-208° sous 13 mm. de pression ; il se solidifie à — 5° et fond à 2-3°.

Densité : $d_{4°}^{15°} = 0,8527$.

Indice de réfraction : $n_D^{15°} = 1,4635$.

L'hydrogénation catalytique le transforme en alcool octodécylique fondant à 58,5°.

III. — ALCOOLS DE LA SÉRIE, $C^nH^{2n-6}O$.

Alcool ficocérylique, $C^{17}H^{28}O$.

L'alcool ficocérylique serait le constituant alcoolique de la cire de gondang (*Greshoff* et *Sack* [1]).

Il fond à 198°.

Le nombre impair d'atomes de carbone que présente la formule ci-dessus, rend assez douteuse la composition qu'elle exprime, et il serait à désirer que celle-ci soit confirmée par de nouvelles recherches.

IV. — ALCOOLS DE LA SÉRIE GLYCOLIQUE, $C^nH^{2n+2}O^2$.

Un alcool de formule $C^{25}H^{52}O^2 = C^{23}H^{46}\begin{cases}CH^2\text{-}OH\\CH^2\text{-}OH\end{cases}$ existe, d'après *Stucke* [2], dans la cire de Carnauba, à l'état d'éther. Cet alcool forme une poudre cristalline fondant à 103,5-103,8° ; il est très peu

1. *Rec. Trav. Chim. Pays-Bas*, 1901, 65.
2. *Annalen*; 1884 (223), 283.

soluble dans l'éther de pétrole bouillant et plus facilement dans l'éther et le benzène. Chauffé avec la chaux sodée, il donne un acide bibasique $C^{23}H^{45}\langle\begin{matrix}COOH\\COOH\end{matrix}$.

Alcool coccérylique, $C^{30}H^{62}O^2$.

Cet alcool existe dans la cire de cochenille à l'état de coccérate de coccéryle (*Liebermann*).

C'est une poudre cristalline (dans l'alcool) fondant entre 101° et 104°. Oxydé par l'acide chromique en solution acétique, il donne de l'acide pentadécylique, $C^{15}H^{30}O^2$.

V. — ALCOOLS DE LA SÉRIE, $C^nH^{2n+2}O^3$.

Glycérine, $C^3H^8O^3 = CH^2(OH)\text{-}CH(OH)\text{-}CH^2(OH)$.

La glycérine se trouve à l'état de combinaison (éthers ou glycérides) avec les acides gras dans tous les corps gras.

Scheele[1] l'a découverte dans ceux-ci, en 1783, en préparant l'emplâtre (savon) de plomb avec l'huile d'olive, et l'a appelée « principe doux » des huiles.

La glycérine se trouve encore à l'état libre dans les liquides alcooliques fermentés ainsi que dans le sang [2].

Elle a été obtenue industriellement, en Allemagne, en Autriche et aux États-Unis pendant la guerre, par la fermentation[3] du sucre des mélasses en milieu alcalin (sulfite de soude) ; ce mode de production, qui ne doit être regardé en l'état actuel des choses que comme un moyen exceptionnel, sera examiné dans le chapitre XV, avec les autres procédés habituels d'extraction de la glycérine.

La glycérine peut encore s'obtenir synthétiquement par l'oxydation de l'alcool allylique au moyen du chlorate de potassium, en

1. *Crell's Chem. Annalen*, 1783, 99.
2. Nicloux, *Comptes Rendus*, 1903 (136), 764. Cf. Mouneyrat, *Bull. Soc. Chim.*, 1904 (31), 409; Levites, *Hoppe-Seyler's Zeits. f. physiol. Chem.*, 1908 (57), 47; Reach, *Biochem. Zeits.*, 1908 (XIV), 279.
3. En ce qui concerne la formation de glycérine par fermentation, cf. W. Seifert et R. Reisch, *Zentralbl. f. Bakteriologie*, 1904 (II), 12, 574; Reisch, *Idem*, 1907 (II), 18, 396.

présence de l'acide osmique comme catalyseur[1] ; elle se forme aussi en partant du propylène[2].

La glycérine pure se présente sous la forme d'un liquide huileux, même visqueux, incolore[3], inodore, à saveur douce et sucrée.

La glycérine possède une réaction neutre ; elle ne possède aucune action sur la lumière polarisée.

Exposée à un froid intense pendant un temps prolongé, elle cristallise en cristaux rhombiques, fondant à 20° ; toutefois, la glycérine ainsi refroidie reste en état de surfusion persistante et il faut généralement le secours de quelques cristaux de glycérine pour amorcer la cristallisation, qui peut alors se produire à une température voisine[4] de 0°.

La glycérine est huileuse au toucher ; elle produit sur la peau et surtout sur les muqueuses une sensation de chaleur, qui est due à l'absorption de l'humidité des tissus. Le pouvoir absorbant de la glycérine pour l'eau est si grand, qu'exposée à l'air, elle absorbe jusqu'à 50 0/0 de son propre poids de l'humidité atmosphérique ; *Kailan*[5] a donné une formule pour le calcul du pouvoir hygroscopique de la glycérine.

Le poids spécifique de la glycérine pure a été déterminé par un grand nombre d'observateurs, mais leurs résultats sont loin de concorder, ce qui provient de la difficulté que l'on éprouve à débarrasser la glycérine des dernières traces d'eau qu'elle renferme, et qui ne peuvent être éliminées complètement que par une exposition prolongée dans le vide, en présence d'acide sulfurique[6].

Les chiffres qui paraissent les plus probables sont les suivants : $d_{15^\circ}^{15^\circ} = 1{,}26468$; $d_{17{,}5^\circ}^{17{,}5^\circ} = 1{,}2620$.

Kailan donne la formule générale suivante pour la densité aux températures comprises entre 14,3° et 20,6° :

$$d_{4^\circ}^{t^\circ} = 1{,}26143 + (15 - t) \times 0{,}000632.$$

On trouvera dans le chapitre XV d'autres renseignements sur la densité de la glycérine ainsi que sur son indice de réfraction.

1. Hoffmann, Erhart et Schneider, *Berichte*, 1913, 1657.
2. Heinemann, E. P. 12.366, 1913; Br. fr. 458.398; Br. suisse 66.548.
3. Cf. W. Spring, *Journ. Chem. Soc.*; Abstr. 1, 119.
4. Cf. Tammauri, *Zeits. f. ang. Chem.*, 1905, 15.
5. *Zeits. f. anal. Chem.*, 1911 (51), 81.
6. Clausnitzer, *Zeits. f. anal. Chem.*, 20, 65.

La glycérine n'est pas volatile à la température ordinaire ; cependant, à la température d'ébullition de l'eau, elle émet des vapeurs en quantités appréciables. Aussi, si l'on chauffe de la glycérine dans une capsule non couverte, au bain-marie, une légère perte se manifeste, cette perte dépendant de la forme de la capsule (plate ou profonde), de la surface exposée[1] et de la vitesse de renouvellement de l'air sur cette surface.

La glycérine bout à 290° sous la pression de 760 mm., en éprouvant une légère décomposition ; sous pression réduite, au-dessous de 12 mm., elle distille sans altération.

La table suivante donne les points d'ébullition de la glycérine sous différentes pressions.

Pression en millimètres	Point d'ébullition Degrés
385,33	260,4
347,10	257,3
231,87	250,3
201,23	241,8
100,81	220,3
50,00	210,0
45,61	201,3
30,00	191,8
20,46	183,3
20,00	182,0[2]
15,00	176,0[3]
12,50	179,5
10,00	167,2
6,53	161,3
5,00	155,5
0,24	118,5[4]
0,056	115-116[5]

La glycérine est miscible à l'eau en toutes proportions. Lorsqu'on mélange de la glycérine et de l'eau, il se produit une contraction de volume et une augmentation de température. L'augmentation de température la plus élevée (soit 5°) s'observe en mélangeant

1. Nessler et Barth, *Beritche*, 1884, 17, Ref. 543.
2. Cf. aussi Richardson, *Journ. Chem. Soc.*, 1886, 746.
3. *Zeits. f. anal. Chem.*, 1911 (51), 81.
4. E. Fischer et C. Harries, *Berichte*, 1902, 2158, donnent 143° comme point d'ébullition sous 0mm,2 de pression (température du bain 180°).
5. Erdmann, *Berichte*, 1903, 346.

58 parties de glycérine (en poids) avec 42 parties d'eau ; la plus grande contraction de volume représente 1,1 0/0 (*Gerlach*).

La tension de vapeur d'une solution diluée de glycérine s'accroît avec l'élévation de température de la solution en ébullition, de sorte que des quantités considérables de glycérine se volatilisent avec la vapeur d'eau. Théoriquement, un mélange de vapeur d'eau et de vapeur de glycérine, à la pression atmosphérique ordinaire, ne pourrait guère contenir plus de 0,2 à 0,3 0/0 de glycérine, si les deux vapeurs n'étaient pas miscibles ; mais la glycérine et l'eau étant miscibles en toutes proportions, la composition des vapeurs ne peut pas être calculée d'après la loi de *Dalton* et doit être déterminée par observation directe.

Gerlach a déterminé les tensions de vapeur des solutions aqueuses de diverses concentrations, à l'aide d'un vaporimètre dans lequel la pression se mesurait avec une colonne de mercure ; les résultats sont rapportés dans la table suivante :

Les nombres de cette table permettent d'évaluer approximativement les pertes subies par l'évaporation par les solutions étendues de glycérine.

Tensions de vapeur de la glycérine et de ses solutions aqueuses (Gerlach).

GLYCÉRINE	EAU	POINT D'ÉBULLITION à 760 mm.	TENSION DE VAPEUR à 100°
Pour 100	Pour 100	Degrés	Millimètres
100	0	290	64
99	1	239	87
98	2	207	107
97	3	188	126
96	4	175	144
95	5	164	162
94	6	156	180
93	7	150	198
92	8	145	215
91	9	141	231
90	10	138	247
89	11	135	263
88	12	132,5	279
87	13	130,5	295
86	14	129	311
85	15	127,5	326
84	16	126	340
83	17	124,5	355
82	18	123	370
81	19	122	384
80	20	121	396
79	21	120	408
78	22	119	419
77	23	118,2	430
76	24	117,4	440
75	25	116,7	450
74	26	116	460
73	27	115,4	470
72	28	114,8	480
71	29	114,2	489
70	30	113,6	496
65	35	111,3	553
60	40	109	565
55	45	107,5	593
50	50	106	618
45	55	105	639
40	60	104	657
35	65	103,4	675
30	70	102,8	690
25	75	102,3	704
20	80	101,8	717
10	90	100,9	740
0	100	100	760

L'expérience montre que, jusqu'à concentration d'environ 50 0/0, la glycérine n'est pas entraînée avec la vapeur d'eau, même en laissant les solutions en ébullition pendant un temps prolongé. Avec une concentration de 70 0/0 environ, des traces de glycérine s'échappent de la solution bouillante (cf. *Hehner*[1]), dont le point d'ébullition est 113,6°. Au-dessus de cette concentration, de notables quantités de glycérine se volatilisent, de sorte que la détermination quantitative de la glycérine dans une solution aqueuse par évaporation au bain-marie, ne donne que des résultats inexacts. L'entraînement de glycérine avec la vapeur d'eau atteint des proportions considérables, quand la concentration de la solution dépasse 80 0/0 (*Lewkowitsch*), lors même que l'évaporation s'opère dans le vide.

On trouvera dans le chapitre XV (*Fabrication de la glycérine*), des tables donnant le poids spécifique, le coefficient de dilatation et l'indice de réfraction des solutions de glycérine de diverses concentrations.

En électrolysant la glycérine avec des anodes de platine, *Renard*[2] et *M. Coy*[3] ont observé que la glycérine se décompose en oxyde de carbone, acide carbonique, acide acétique, aldéhyde glycérique (glycérose) et un acide qui est probablement l'acide glycérique.

En électrolysant la glycérine avec 5 0/0 d'acide sulfurique sur des anodes de plomb, *W. Loeb*[4] a constaté qu'il se forme de la formaldéhyde en quantités considérables, et l'on obtient une masse sirupeuse, exempte d'aldéhydes glycolique et glycérique, de dioxyacétone et d'hexose, mais contenant un pentose, très probablement l'arabinose, et des acides insolubles, les acides tartronique et trioxyglutarique ; le seul acide volatil trouvé est l'acide formique, dérivant très probablement de la formaldéhyde.

Par l'action des rayons ultra-violets sur la glycérine neutre à 25°, en présence de l'air, il se forme de l'aldéhyde glycérique (glycérose) ; si la glycérine est alcaline, on obtient de la β-acrose[5].

Les produits ordinaires de la fermentation de la glycérine sont les acides butyrique, lactique et succinique, le glycérose et la dioxyacétone, dont aucun ne donne de l'acroléine ; toutefois, *Voisenet*[6] a trouvé un bacille aérobie produisant l'amertume des vins, qui donne naissance à l'aldéhyde.

1. *Analyst*, 1887, 65.
2. *Comptes Rendus*, 1875 (81), 188; 1876 (82), 562.
3. *Amer. Chem. Journ.*, 1893 (15), 656.
4. *Zeits. f. Elektroch.*, 1910 (16), 1.
5. Bierry, V. Henry et A. Ranc, *Comptes Rendus*, 1911 (52), 535; 1912 (154), 1261.
6. *Comptes Rendus*, 1911 (153), 363.

En abandonnant la glycérine à la fermentation au moyen du *Bacillus butylicus*, en présence de carbonate de calcium et de sels nutritifs, *E. Buchner* et *Meisenheimer*[1] ont obtenu de l'acide butylique normal, de l'alcool éthylique et comme sous-produits de l'acide butyrique normal, de l'acide acétique, de l'acide formique, de l'acide lactique, de l'acide carbonique et de l'hydrogène.

La glycérine est miscible avec l'alcool en toutes proportions ; elle se dissout facilement dans un mélange d'alcool et d'éther, mais elle est peu soluble dans l'éther seul, 1 partie de glycérine de poids spécifique 1,23, demandant environ 500 parties d'éther ; il est donc impossible d'extraire la glycérine de ses solutions par l'éther seul.

La glycérine est soluble dans l'acétone (pour la détermination quantitative par extraction au moyen de l'acétone, voir chap. VI).

100 parties d'acétate d'éthyle dissolvent 9 parties de glycérine.

La glycérine est insoluble dans le chloroforme, l'éther de pétrole, le sulfure de carbone et le benzène ; elle est aussi insoluble dans les huilles et les graisses (*Lewkowitsch*).

Si l'on fait passer les vapeurs de glycérine sur le cuivre finement divisé à 330°, la glycérine se décompose, et il se forme de l'hydrogène, de l'oxyde de carbone, de l'acide carbonique, et les alcools méthyléthylique et allylique.

Soumise à l'action de l'hydrogène en présence du nickel réduit, à 300°, la glycérine se décompose en eau, hydrogène, oxyde de carbone, acide carbonique, éthane et méthane[2].

Lorsqu'on chauffe la glycérine lentement, dans une capsule de platine, à 150-160°, elle s'évapore sans laisser de résidu ; à 150°, elle brûle avec une flamme bleue, non éclairante, sans émettre d'odeur ; cependant, en la chauffant à feu vif dans une capsule de platine, la glycérine brûle avec formation d'acroléine et laisse un résidu de polyglycérines.

L'odeur pénétrante de l'acroléine (que l'on perçoit également lorsque les glycérides brûlent, par exemple, quand on vient de souffler une lampe à huile ou une chandelle de suif), constitue la réaction la plus caractéristique pour déceler les plus petites quantités de glycérine.

1. *Berichte*, 1908, 1410.
2. P. Sabatier et G. Gaudion, *Comptes Rendus*, 1918, 1033, *Berichte*, 1908, 1410.

Elle s'obtient le mieux en chauffant la matière à examiner avec les substances déshydratantes, comme le bisulfate de potassium [1] ou l'acide phosphorique [2], grâce auxquelles l'acroléine [3] se forme facilement.

Les réactifs les plus sensibles pour la recherche de l'acroléine en solution aqueuse sont : le nitrate d'argent en solution ammoniacale (réduction de l'argent métallique avec formation d'un miroir) et le réactif de *Schiff*, solution de chlorhydrate de rosalinine, décolorée par l'acide sulfureux et dont la coloration rose revient en présence de l'acroléine ; cette dernière réaction, cependant, est moins sensible que la réduction du sel d'argent.

Quand la quantité de glycérine à déceler est très petite, il peut y avoir quelque incertitude du fait de la formation et du dégagement d'acide sulfureux, de vapeurs d'acide sulfurique et de substances empyreumatiques ; aussi, est-il préférable d'isoler l'acroléine de la façon suivante (*Grunhut*) [4] :

On introduit dans un ballon la matière mélangée avec le double de son poids de bisulfate de potassium finement pulvérisé (*Senderens* emploie le sulfate d'aluminium qui a la même action accélératrice) ; on ferme le ballon par un bouchon perforé, muni d'un tube coudé, de façon que les gaz produits en chauffant le ballon au bain de sable viennent se condenser dans un tube à essais immergé dans un mélange réfrigérant. S'il y a de la glycérine, le liquide condensé dans le tube à essais présente l'odeur très nette de l'acroléine ; comme confirmation, on ajoute au contenu du tube à essais quelques gouttes d'une solution formée de 3 grammes de nitrate d'argent dans 30 grammes d'ammoniaque de poids spécifique 0,923 et mélangée avec une solution de 3 grammes de soude caustique dans 30 grammes d'eau en présence d'acroléine il y a réduction de l'argent) sous forme de miroir.

1. Redtenbacher, *Liebig's Annalen*, 1843 (47), 113; Denigès, *Comptes Rendus*, 1909 (148), 570.

2. *Journ. f. prakt. Chem.*, 1909, 322.

3. L'acroléine, C^3H^4O, est un liquide à odeur très pénétrante; ses vapeurs affectent les yeux en provoquant des larmes abondantes. Il est facilement soluble dans l'eau et bout à 42°,4, et se transforme aisément en masse résineuse par exposition à l'air. En ce qui concerne la préparation de l'acroléine, cf. Fr. Bergh, *Journ. f. prakt. Chem.*, 1909 (79), 351; J.-B. Senderens, *Comptes Rendus*, 1910 (151), 530; A. Wohl et B. Mylo, *Berichte*, 1912, 2046.

4. *Zeits. f. anal. Chem.*, 1899, 41.

La solution ammoniacale d'argent ne doit pas être préparée à l'avance et conservée, car *Lewkowitsch*[1] a observé la destruction, avec explosion, d'un flacon de ce réactif, conservé à l'obscurité pendant une semaine ; il est probable qu'il y a eu réduction du nitrate d'argent à l'état d'amide ou de nitrite explosible.

La réaction de l'acroléine est d'une telle sensibilité que les réactions colorées recommandées par divers auteurs paraissent superflues ; elles ne sont donc signalées qu'à titre de documentation.

Lewin[2] emploie une solution de pipéridine dans le nitroprussiate de sodium, qui s'ajoute au distillat renfermant l'acroléine ; avec une dilution de 1/100, on obtient une coloration bleu gentiane, et avec une dilution de 1/1000 un bleu pur. La coloration bleue est encore perceptible avec une dilution de 1/2000.

Une perle de borax humectée avec de la glycérine ou une solution de glycérine donne une coloration verte dans une flamme. Cette réaction ne peut, cependant, pas être considérée comme caractéristique, car elle est fournie par tous les alcools. Si l'on ajoute de la glycérine à une solution froide de borax colorée en rose par la phenolphtaléine, la coloration rose disparaît ; en chauffant, elle reparaît pour disparaître de nouveau par refroidissement. Cette réaction ne peut pas être employée pour la recherche de la glycérine, car des quantités considérables de glycérine sont nécessaires pour, faire disparaître la couleur de la solution de borax. On a proposé de doser l'acide borique au moyen de la glycérine et inversement, mais cette méthode n'est pas recommandable[3]. D'après *Grün* et *Bockisch*[4], ce ne sont pas des borates de glycérines, mais des combinaisons complexes de métaborates avec la glycérine (voir plus bas, *Glycérinates*).

La glycérine possède des propriétés dissolvantes puissantes ; elle réunit, à cet égard, les propriétés de l'alcool et de l'eau ; beaucoup de substances s'y dissolvent même plus facilement que dans l'un ou l'autre de ces deux dissolvants. La table de solubilité suivante

1. *Journ. Soc. Chem. Ind.*, 1912, 311.
2. *Berichte*, 1899, 3388.
3. Cf. A. Beythien et H. Hempel, *Zeits. f. Unters. d. Nahr. u. Genussm.*, 1899, 842; Grunhut, *Zeits. f. anal. Chem.*, 1899, 39; Hundeshagen, *Zeits. f. ang. Chem.*, 1901. 73; N. Tananajow et D. Zuckermann, *Journ. Russ. Phys. Chem. Soc.*, 1909 (41), 1469.
4. *Berichte*, 1908, 3469.

montre ces propriétés :

100 parties de glycérine dissolvent à 15°	98 parties de carbonate de soude hydraté ;
	60 — de borax ;
	50,5 — arséniate de potassium ;
	50 — — de sodium ;
	50 — chlorure de zinc ;
	48,8 — acide tannique ;
	40 — alun ;
	40 — iodure de potassium ;
	35,2 — sulfate de zinc ;
	32 — cyanure de potassium ;
	30 — sulfate de cuivre ;
	25 — — ferreux ;
	25 — bromure de potassium ;
	20 — acétate de plomb ;
	20 — carbonate d'ammoniaque ;
	20 — acide arsénieux ;
	20 — — arsénique ;
	20 — chlorhydrate d'ammoniaque ;
	15 — acide oxalique ;
	11 — — borique ;
	10 — chlorure de baryum ;
	10 — acétate de cuivre ;
	10 — acide benzoïque ;
	8 — bicarbonate de sodium ;
	7,5 — bichlorure de mercure ;
	5 — sulfite de calcium ;
	3,7 — chlorure de potassium ;
	3,5 — chlorate de potassium ;
	1,9 — iode ;
	Environ 1 partie de sulfate de calcium ;
	— 0,1 — de soufre ;
	— 0,25 — de phosphore.

Une solution aqueuse de glycérine de poids spécifique 1,114, dissout 0,957 0/0 de sulfate de calcium.

Les savons métalliques (qui sont insolubles dans l'eau) sont un peu solubles dans la glycérine ; ainsi :

100 parties de glycérine de poids spécifique 1,114 dissolvent ;	0,71 parties d'oléate de fer ;
	0,94 — oléate de magnésium ;
	1,18 — oléate de calcium.

En ajoutant du permanganate de potassium à une solution de glycérine acidulée par de l'acide sulfurique, la solution se décolore, mais très lentement. Même à l'ébullition, la glycérine n'est oxydée complètement qu'avec difficulté. Les expériences faites par *Lenz* [1] ont montré qu'en faisant bouillir une solution acidulée de glycérine avec un excès de permanganate de potassium à 1 0/0, la réduction n'atteint pas plus de 34 0/0 de la quantité de permanganate de potassium nécessaire pour l'oxydation complète. Ce n'est que par un très grand excès de permanganate de potassium concentré que la glycérine peut être oxydée et transformée complètement en acide carbonique. *Campani* et *Bizarri* [2] ont trouvé que l'oxydation de la glycérine par le permanganate de potassium en solution alcaline fournit les produits suivants : anhydride carbonique, acides formique, acétique, propionique et oxalique, et aussi de petites quantités d'acide tartronique. Cependant, si l'oxydation en solution alcaline s'opère suivant le *modus operandi* indiqué par *Benedikt* et *Zsigmondy* (Voir *Analyse quantitative de la glycérine*, chap. VI), la glycérine est complètement transformée en acides oxalique et carbonique, suivant l'équation suivante :

$$C^3H^8O^3 + 2\,K^2Mn^2O^8 = K^2C^2O^4 + K^2CO^3 + 4\,MnO^2 + 4\,H^2O.$$

La glycérine est complètement oxydée et transformée en anhydride carbonique et eau par le bichromate de potassium et l'acide sulfurique, comme l'indique l'équation suivante :

$$3\,C^3H^8O^3 + 7\,Cr^2O^7K^2 + 28\,SO^4H^2 = 7\,[Cr^2(SO^4)^3 + SO^4K^2] + 9\,CO^2 + 40\,H^2O,$$

qui peut se réduire à celle plus simple :

$$2\,C^3H^8O^3 + 7\,O^2 = 6\,CO^2 + 8\,H^2O.$$

Le permanganate de potassium sec réagit violemment avec la glycérine concentrée. Si l'on recouvre du permanganate de potassium finement pulvérisé d'un petit cône tronqué (ou d'un entonnoir) et que par un trou fait sur le sommet, on fasse écouler de la glycérine concentrée, on voit bientôt s'échapper des fumées, la glycérine commence à bouillonner et s'enflamme enfin spontanément avec un violent dégagement gazeux [3].

1. *Zeitschr. f. analyt. Chem.* 24, 34.
2. *Gazz. Chim. Ital.*, 1884 (12), I.
3. Dvorak, *Chem. Zeit.*, 1902, 903; cf. aussi Namias, *Chem. Zeit.*, 1906, 64.

Le peroxyde d'hydrogène (eau oxygénée) oxyde la glycérine avec formation d'acides formique, glycérique et glycolique comme produits intermédiaires, et d'acide carbonique, d'eau et d'acide formique comme produits d'oxydation finale [1].

L'oxydation ménagée de la glycérine par l'acide nitrique donne les acides glycérique et oxalique et les acides formique, glycolique et oxyglycolique ; l'acide glycérique obtenu est un composé racémique, qui peut être résolu en énantiomorphes jouissant de l'activité optique (*Lewkowitsch* [2]).

La liqueur de *Fehling* est légèrement réduite par la glycérine en solution ; en faisant bouillir cette solution avec la liqueur de *Fehling* pendant dix minutes et abandonnant au repos vingt-quatre à quarante-huit heures, on obtient un précipité rouge ou jaune. Cependant, la réduction ne s'opère pas si la glycérine est étendue de dix fois son poids d'eau.

Chauffé à la température d'ébullition de l'eau, un mélange de glycérine et de solution de nitrate d'argent, additionné de quelques gouttes d'ammoniaque, donne un précipité d'argent métallique. Si l'on ajoute un excès d'ammoniaque à la glycérine à froid, et qu'on chauffe ensuite, il ne s'opère généralement aucune réduction par addition de nitrate d'argent, simplement parce que la glycérine n'a pas été suffisamment chauffée ; toutefois, une addition de potasse ou de soude caustique produit la séparation lente de l'argent métallique. D'après *Bullnheimer* [3], 1 partie d'argent métallique correspond à 11,3 de glycérine.

Chauffée avec la soude caustique solide, la glycérine donne de l'acide acrylique (*Redtenbacher*) et finalement les acides formique et acétique (*Dumas* et *Stas*) avec de l'acide lactique de fermentation ; si la soude est en excès, on obtient les acides formique et oxalique.

D'après *Nef*, la glycérine chauffée avec une molécule de soude caustique donne du propylène-glycol et traitée par la soude caustique et l'oxyde mercurique, elle fournit de l'acide glycérique. Chauffée avec une petite quantité de potasse caustique, 0,5 0/0,

1. J. Effront, *Bull. Soc. Chim.*, 1912 (11), 744.
2. *Berichte*, 1883, 2720.
3. *Forschungsberichte über Lebensmittel, etc.*, 4, 12; 31.

la glycérine se transforme en produits de condensation ou polyglycérines (*Claessen*[1]).

En faisant réagir l'acide bromhydrique sur la glycérine en solution dans l'acide sulfurique concentré, *Niemilowicz* a obtenu de la tribromopropaldéhyde et de l'acide tribromopropionique.

Chauffée avec l'acide iodhydrique sans excès, la glycérine donne de l'iodure de l'allyle et du propylène ; avec un excès d'acide iodhydrique, on obtient de l'iodure d'isopropyle avec un peu de propylène, ou de l'iodure d'isopropyle seul suivant les conditions d'expérience (Voir plus loin).

Glycéroxydes ou glycérates métalliques. — La glycérine dissout les alcalis caustiques et les alcalino-terreux ainsi que l'oxyde de plomb, en formant avec eux des combinaisons chimiques. La chaux, la strontiane et la baryte sont précipitées presque complètement de ces combinaisons par l'acide carbonique, une petite quantité seulement de ces bases échappant à la précipitation. En présence des alcalis caustiques, la glycérine dissout l'oxyde ferrique[2], l'oxyde cuivrique et l'oxyde de bismuth, ce qui est dû sans doute à la formation de composés solubles, les *glycéroxydes* ou *glycérates* (Voir plus bas). Les oxydes précédents ne sont pas réduits à l'état métallique, mais tout au plus à l'état d'oxydes inférieurs ; par contre, les oxydes d'argent, Ag^2O (Cf. plus bas), d'or, Au^2O^3, de mercure, HgO, de rhodium, RhO^2, de palladium, PdO, de platine, PtO^2, en solution alcaline dans la glycérine, sont réduits par la chaleur à l'état métallique (*Bullnheimer*[3]).

L'hydrate de cérium fraîchement précipité se dissout très facilement dans la glycérine, et la solution se dissocie aisément par addition d'eau ; elle se trouble d'abord et le trouble augmente graduellement puis, l'hydrate précipite sous forme gélatineuse (*A. Muller*[4]). La solution claire se trouble d'autant plus rapidement que la dilution initiale était plus grande.

1. D. R. P. 198.768.
2. Cf. Puls, *Journ. f. prakt. Chem.*, 1877 (15), 83; Denigès, *Ann. Chim. anal.*, 1898, 229. En ce qui concerne les composés colloïdaux d'hydrate ferrique, de glycérine et de potasse caustique, cf. Grimaux, *Bull. Soc. Chim.*, 42, 207; *Comptes Rendus*, 1884 (98), 1434; 1485.
3. *Forschungsber. über Lebensmittel*, etc., 4, 12; 31; cf. aussi A. Müller, *Zeits. f. anorg. Chem.*, 1905 (43), 321.
4. *Zeits. f. anorg. Chem.*, 1905 (43), 310.

Les glycéroxydes ou glycérates suivants ont été obtenus à l'état de pureté.

Glycéroxyde ou *glycérate monosodique*, $C^3H^7O^3Na$. — S'obtient en mélangeant une solution de sodium dans l'alcool éthylique, c'est-à-dire de l'éthylate de sodium, avec la glycérine. Un précipité se forme, constitué par des cristaux rhombiques extrêmement déliquescents, de formule $NaC^3H^7O^3$, C^2H^6O. En chauffant à 100°, la molécule d'alcool se sépare en laissant le glycérylate de sodium sous forme de poudre blanche, très hygroscopique, qui est convertie par l'eau en glycérine et soude caustique. Si l'on substitue le méthylate de sodium à l'éthylate, la combinaison cristalline intermédiaire a pour formule, $NaC^3H^7O^3$, CH^4O. D'après *Nef*, le glycérate de sodium aurait un dérivé α, CH^2 (OH). CH (OH). CH^2. ONa.

La réaction du sodium métallique sur la glycérine a conduit à la préparation d'une combinaison solide « *Gazeline pralinée* », utilisée pour la préparation de l'hydrogène pour les besoins de l'aérostation militaire ; en dépit des perfectionnements apportés par *Renard*, ce mode de production de l'hydrogène a été abandonné et n'a plus qu'un intérêt historique.

Glycéroxyde (*glycérate*) *disodique*, $Na^2C^3H^6O^3$. — Ce composé s'obtient en triturant les cristaux de glycérate monosodique avec une molécule d'éthylate de sodium, sous l'alcool absolu, et faisant bouillir le mélange au réfrigérant ascendant pendant plusieurs heures.

Les dérivés potassiques correspondent exactement aux dérivés sodiques décrits.

Glycéroxyde (*glycérate*) de *calcium*, $CaC^3H^5O^3$. — C'est une poudre cristalline obtenue en chauffant 14 parties de chaux anhydre avec 23 parties de glycérine anhydre à 100° et refroidissant le mélange aussitôt qu'une violente réaction se déclare. L'eau le décompose en hydrate de chaux et glycérine (*Destrem*).

Glycéroxyde (*glycérate*) *de baryum*, $BaC^3H^6O^3$. — C'est une poudre déliquescente, préparée en chauffant 67,1 parties de glycérine anhydre avec 100 parties de baryte anhydre à 70°. L'eau chaude le décompose rapidement en glycérine et hydrate de baryte ; l'eau froide n'agit que lentement (*Destrem* [1]).

1. *Ann. Chim. Phys.* (5), 27, 20; cf. aussi Grun et Husmann, *Berichte*, 1910, 1291 et J. Husmann, *Dissert.*, Zurich 1909, qui considèrent ces composés comme des glycérinates et leur attribuent des formules telles que $C^3H^5(OH)^2Ba(OH)^2$.

Glycéroxyde (glycérale) de plomb, $PbC^3H^6O^3$. — Il s'obtient en ajoutant 500 grammes d'hydrate de plomb (obtenu en précipitant une solution chaude de nitrate de plomb par un grand excès d'ammoniaque chaude et séchant le précipité obtenu au bain-marie) à 1.000 grammes de glycérine bouillante (à 85 0/0), en agitant continuellement. On refroidit la masse à 0° et ajoute 2.500 centimètres cubes d'alcool à 0° [1]. Le sel ainsi préparé renferme un peu d'acide nitrique et a probablement la composition suivante :

$$2Pb.C^3H^5O^3.Pb(NO^3)^2(OH)Pb(NO^3).$$

On obtient un produit exempt d'acide nitrique par la méthode de *Morawski* [2] : on dissout 22 grammes d'acétate de plomb dans 250 centimètres cubes d'eau, on ajoute 20 grammes de glycérine, on chauffe et fait écouler dans la solution bouillante une solution concentrée de 15 grammes de potasse caustique. Un léger précipité se forme, qu'on sépare par filtration, et on abandonne le liquide filtré à cristallisation ; en quelques jours, une grande quantité de fines aiguilles blanches de glycérate de plomb se sépare.

Si l'on emploie l'acétate de plomb basique au lieu de l'acétate neutre, on obtient des glycérates de plomb [3] basiques de compositions $Pb^3(C^3H^5O^3)^2$ et $4PbC^3H^6O^3.PbO$.

Glycéroxyde (glycérale) mangano-disodique, $Na^2(C^3H^5O^3)^2Mn$. — Ce composé s'obtient en faisant bouillir la glycérine anhydre avec 1,1 partie de soude caustique (poids spécifique 1,38), à laquelle on a ajouté 4 parties d'hydrate de peroxyde de manganèse fraîchement précipité.

Glycéroxyde (glycérale) cupro-monosodique [4], $(NaCuC^3H^5O^3)^2,6H^2O$. — Se prépare en agitant dans un ballon 5 grammes d'hydrate cuivrique $Cu(OH)^2$, 15 centimètres cubes d'eau, 2,5 à 3 grammes de glycérine et 3 grammes de soude caustique solide jusqu'à ce que toute la soude caustique soit dissoute ; on ajoute alors 50 centimètres cubes d'alcool à 96 0/0, on filtre et ajoute de l'alcool jusqu'à ce qu'un trouble se manifeste nettement. Après six à dix heures de

1. Fischer et Tafel, *Berichte*, 1888, 2634.
2. *Journ. f. prakt. Chem.*, (2), 22, 406.
3. *Journ. Ind. Eng. Chem.*, 1917, 9, 390.
4. Bullnheimer, *Berichte*, 1898, 1453; 1899, 2347; Bullnheimer et Seitz, *ibidem*, 1900, 817.

repos, de fines aiguilles bleues se séparent, de formule$(NaCuC^3H^5O^3)^2$ C^2H^5OH, $9H^2O$. En desséchant les cristaux dans le vide à 100°, l'alcool et 3 molécules d'eau se séparent, laissant le glycérylate, $(NaCuC^3H^5O^3)^2$, $6H^2O$. Si l'on emploie le nitrate de cuivre, on obtient des tablettes hexagonales, de composition $(NaCuC^3H^5O^3)$, $3H^2O$; ces cristaux ne se forment qu'en présence d'une certaine quantité de nitrate de sodium [1].

Glycéroxyde (glycérate) de lithium et de cuivre [2], $LiCuC^3H^5O^3$, $6H^2O$. — Il forme des tablettes hexagonales bleues.

GLYCÉRINATES MÉTALLIQUES. — La solubilité du sulfate de zinc ainsi que celle des sulfates de nickel, de cobalt et de cuivre, dans la glycérine s'explique par la formation de combinaisons complexes de ces sels avec 3 molécules de glycérine, répondant à la formule générale :

$$M.3(C^3H^8O^3)SO^4H^2.$$

Grün et *Bockisch* [2] ont proposé de donner à ces composés, le nom de *glycérinates* pour les distinguer des *glycérates* ou *glycéroxydes* métalliques décrits plus haut.

Les glycérinates précipitent de leur solution aqueuse par addition d'alcool, sous forme de substances amorphes.

On a isolé à l'état cristallisé les glycérinates suivants [3] :

$$[Ca.3C^3H^5(OH)^3]Cl^2, \quad \text{et} \quad Ca(NO^3)^2 + 4C^3H^5(OH)^3.$$

ÉTHERS DE LA GLYCÉRINE. — La glycérine étant un alcool triatomique se combine avec les radicaux acides pour former des éthers, dont les plus importants sont ceux formés avec les acides gras, c'est-à-dire les glycérides qui constituent les huiles et graisses naturelles.

On a vu dans le chapitre I que les corps gras naturels sont composés de triglycérides simples ou mixtes, dont un certain nombre ont été isolés à l'état de pureté et décrits en détail.

Les corps gras naturels eux-mêmes seront étudiés de façon complète dans le deuxième volume.

On a également vu que la glycérine peut former des éthers mo-

1. Le composé cupropotassique (qui n'a d'ailleurs pas été isolé) possède la propriété d'absorber l'oxygène; cf. W. Traube, *Berichte*, 1910, 764.
2. *Berichte*, 1908, 3465; cf. aussi Grün et Bœdecker, *ibidem*, 1910, 1055.
3. Grün et Husmann, *Berichte*, 1910, 1291. Cf. J. Husmann, *Dissert.*, Zurich, 1909.

noacides et diacides, désignés respectivement sous les noms de *monoglycérides* et de *diglycérides*, quoique ces termes soient en réalité incorrects ; en effet, le terme de *monoglycéride* devrait proprement s'appliquer aux triglycérides renfermant un seul et même radical acide, et celui de *diglycéride* aux triglycérides renfermant deux radicaux acides différents.

Les mono- et diglycérides n'ont pas été trouvés jusqu'ici dans les produits naturels, et ceux connus ont été obtenus synthétiquement et décrits dans le chapitre I.

La glycérine forme aussi des éthers avec les acides inorganiques, et un certain nombre de ceux-ci ont acquis une certaine importance dans l'industrie et dans la thérapeutique ; ce sont les éthers carboniques, sulfuriques, nitriques, phosphoriques, boriques et arsénieux.

On trouve dans la nature des triglycérides mixtes renfermant 2 radicaux d'acide gras et 1 radical acide phosphorique ; ils sont connus sous le nom de *lécithines* et ont été décrits précédemment.

Éthers carboniques. — Les éthers carboniques de la glycérine se forment en chauffant la glycérine avec le carbonate de phényle ou avec le phosgène [1].

L'éther tricarbonique, $CH^2O\text{-}CH.O\text{-}CH^2.O\text{-}CH^2.O\text{-}CH.O\text{-}CH^2O$ (chaque paire d'O reliée par un groupe CO)

s'obtient en faisant passer un courant de phosgène (12 parties) dans une solution de 10 parties de glycérine dans 20 parties de pyridine et 80 parties d'acétone.

Cet éther se trouve dans le commerce sous les noms de « *Tricarbin* », « *Glycarbin* », et forme une poudre blanche, fondant à 149°, insoluble dans l'eau et l'alcool.

Éthers sulfuriques. — La glycérine se dissout facilement dans l'acide sulfurique concentré en formant des éthers ; la théorie indique qu'il peut se former trois éthers. Par ébullition avec l'eau, ceux-ci se décomposent en régénérant la glycérine et l'acide sulfurique.

Acide glycéromonosulfurique, $CH^2(O.SO^3H).CH(OH).CH^2(OH)$. — Cet éther a été obtenu par *Pelouze* [2] en dissolvant une partie de glycérine dans deux parties d'acide sulfurique.

1. Chemische Fabrik Dr R. Scheuble et Dr A. Hochstetter, E. P. 19.924 (1911); D. R. P. 252.758.
2. *Liebig's Annalen*, 19, 211.

L'éther lui-même est très instable ; son sel de calcium, Ca C^3H^5 (OSO^3) (OH) $(OH)^2$, cristallise en aiguilles et se décompose [1] facilement par ébullition avec l'eau de chaux. Son éther distéarique, CH^2. (O. SO^3H) CH (O.$C^{18}H^{35}O$). CH^2 (O.$C^{18}H^{35}O$) et le sel de brucine de ce dernier ont été préparés par *Grün* et *Corelli* [2].

Ce produit serait employé dans l'industrie des cuirs pour le gonflage des peaux [3].

Acide glycérodisulfurique, C^3H^5 (OH) $(O.SO^3H)^2$. — Cet éther se forme en traitant l'acide glycérotrisulfurique (voir plus bas) par l'eau chaude (*Claesson* [4]) ; il forme des sels de baryum et de potassium [5] qui permettent de les caractériser.

Grün [6] a indiqué que lorsqu'on traite la glycérine par l'acide sulfurique, la réaction ne se poursuit pas au delà de la formation de l'acide glycérodisulfurique, même en présence d'un excès considérable d'acide sulfurique concentré, ce qui est en contradiction avec la théorie. Cependant, *van Eldik Thieme* [7] a montré l'inexactitude de cette assertion, et en dissolvant 1 partie de glycérine dans 4 parties d'acide sulfurique à 98,3 0/0, il a obtenu les acides glycérodisulfurique et glycérotrisulfurique comme produits principaux, avec une petite quantité d'acide glycéromonosulfurique.

Acide glycérotrisulfurique, $CH^2(O.SO^3H).CH(O.SO^3H).CH^3$ (O. SO^3H). — Cet éther s'obtient par l'action de l'acide chlorosulfurique, SO^2 (OH) Cl, sur la glycérine à 0° (*Claesson* [8]) ; il forme des cristaux hygroscopiques. *Claesson* a indiqué qu'il est facilement hydrolysé par ébullition avec l'eau ; par contre, *van Eldik Thieme* [9] a montré qu'une solution de 21,5 gr. d'éther dans 500 cc. d'eau ne nécessitaient pas moins de 18 heures d'ébullition pour arriver à l'hydrolyse complète.

Éthers phosphoriques, acides glycérophosphoriques. — On a déjà

1. *Liebig's Annalen*, 20, 248.
2. *Zeits. f. ang. Chem.*, 1912, 669.
3. Schmelzer et Aschmann, D. R. P. 86.334.
4. *Journ. f. prakt. Chem.*, (2), 20, 6.
5. Grün et Schacht, *Berichte*, 1907, 1780; Custodis, *Dissert.*, Zurich, 1909.
6. *Berichte*, 1905, 2.284.
7. *Proceed. K. Akad. v. Wetensch.*, Amsterdam, 1908, 855; *Journ. f. prakt. Chem.*, 1912 (85), 296.
8. *Journ. f. prakt. Chem.*, (2), 20, 4.
9. *Ibidem*, 1912 (85), 306.

décrit les éthers mixtes que forme la glycérine avec l'acide phosphorique et les acides gras et qui constituent les *lécithines*.

Les éthers phosphoriques ont acquis une certaine importance en thérapeutique, où ils sont utilisés comme tonique et stimulant du système nerveux ; il n'est pas douteux que leur parenté avec les lécithines a largement contribué à la diffusion de ces produits [1].

Acide glycéromonophosphorique, $CH^2 (OH).CH (OH).CH^2.OPO.(OH)^2$. — Cet éther a été obtenu par *Pelouze* [2] et se prépare en chauffant 3 parties d'acide phosphorique à 60 0/0 avec 3,6 parties de glycérine, pendant 6 jours à 105° (*Porles* et *Prunier* [3]) ; l'acide libre ne peut être obtenu en décomposant les sels de baryum ou de potassium par un acide minéral, car l'acide phosphorique s'élimine (*Adrian* et *Trillat*).

Ce produit est très probablement un composé racémique, car l'acide glycérophosphorique isolé des lécithines jouit du pouvoir rotatoire.

On a obtenu les sels de lithium de 2 acides glycérophosphoriques actifs par l'action du chlorure de phosphoryle sur la d-α-bromhydrine ; en solution aqueuse, ils montraient respectivement le pouvoir rotatoire [4] $[\alpha]_D^{18} = +3{,}51°$ et $[\alpha]_D^{18} = -3{,}02°$.

Neutralisé au moyen d'une liqueur alcaline titrée, l'acide glycéromonophosphorique se comporte comme un acide bibasique avec la phénolphtaléine et comme un acide monobasique avec le méthylorange.

Le sel de calcium, $Ca (C^3H^5) (OH)^2 (OPO^3)^2 + 2H^2O$, cristallise en écailles ; il est soluble dans 15 parties d'eau froide et presque insoluble dans l'eau bouillante et dans l'alcool. L'ébullition avec l'eau ne la décompose pas, de sorte que le produit commercial peut être débarrassé de l'excès de glycérine et d'acide phosphorique qui n'ont pas réagi, par lavage à l'eau bouillante [5]. Le sel de baryum se dissout aisément dans l'eau, mais sa solution aqueuse se décompose rapidement par ébullition.

1. Pour une « lécithine » artificielle, cf. D. R. P., 193.189 (Ulzer et Batik). Pour la vitesse d'hydrolyse des acides glycérophosphoriques, cf. Malengreau et Prigent, *Zeits. f. physiol. Chem.*, 1911 (73), 68.
2. *Comptes Rendus*, 1898 (126), 245.
3. *Bull. Soc. Chim.*, (3), 13,96.
4. Abderhalden et Eichwald, *Berichte*, 1918, 1308.
5. La fabrication de sels mixtes, comme le glycérophosphate de calcium et d'ammoniaque, est brevetée par Darrasse Frères et L. Dupont, Br. fr. 447.776.

Acide glycérodiphosphorique, PO $(O.C^3H^5)(OH)^2$ OH. — Cet éther a été obtenu par l'action prolongée de l'acide phosphorique sur la glycérine (*Adrian* et *Trillat*[1]).

Chauffé avec l'eau ou l'alcool, il se décompose en régénérant de l'acide phosphorique et de l'acide glycéromonophosphorique ; la décomposition s'effectue à froid, en présence des carbonates alcalins.

Grün et *Kade* ont préparé l'éther glycolique et la glycolhydrine de cet acide.

Acide glycérotriphosphorique. — Cet éther se forme (*Carré*[2]) en chauffant la glycérine avec la quantité équivalente d'acide phosphorique pendant 10 à 12 heures, à 130° dans le vide. Par fixation d'une nouvelle molécule de glycérine, on obtient, d'après *Contardi*[3], un acide diglycérotriphosphorique, mais cette indication est contestée par *Carré*[4].

Les sels des acides glycérophosphoriques ou glycérophosphates[5] de sodium, de lithium, de calcium, de strontium, de quinine, de strychnine, etc.[6], sont très employés en thérapeutique, particulièrement en France ; les produits commerciaux renferment fréquemment des impuretés.

Éthers glycérophosphoreux. — Des glycérophosphites ont été obtenu par *A.* et *L. Lumière* et *F. Perrin*[7].

Éther borique. — Le *borate de glycéryle*, $(C^3H^5O^3)B$, s'obtient en chauffant la glycérine avec l'anhydride borique (*Schiff* et *Bechi*[8]) ; il forme une masse vitreuse, jaunâtre, très hygroscopique ; il se décompose facilement en présence de l'eau, mais non en solution alcoolique, même à l'ébullition.

1. *Bull. Soc. Chim.* (3), 19, 269.
2. *Comptes Rendus*, 1903 (137), 1070; 1904 (138), 47; cf. aussi Imbert et Belugou, *Bull. Soc. Chim.*, 1900 (21), 935.
3. *Gazz. Chim. Ital.*, 1912 (42), 270.
4. *Comptes Rendus*, 1912 (155), 1520.
5. Cf. Poulenc frères, Br. fr. 376.564; D. R. P. 208.700; P. Carré, *Bull. Soc. Chim.*, 1909, 109; 1912, 169; A. Wülfing, D. R. P. 217.553; Southall Bros. and Barclay Ltd et C. S. Roy, E. P. 2806 et 2882, 1912; Southall Bros. and Barclay Ltd et E. W. Mann, E. P. 2883, 1912; L. C. Reese, D. R. P. 251.803; V. Paolini, *Gazz. Chim. Ital.*, 1912 (42), 57; Chem. Fabr. auf Akt. vorm. E. Schering, D. R. P. 242.422, E. P. 19.319, 1911; Roger et Fiore, *Bull. Sc. Pharmacol.*, 1913, 20, 72.
6. Roger et Fiore, *Bull. Sc. Pharmacol.*, 1913, 20, 7.
7. *Comptes Rendus*, 1901 (133), 643.
8. *Zeits. f. Chem.*, 1866, 147; cf. aussi Councler, *Journ. f. prakt. Chem.*, (2) 18, 380

Le *boroforme* est un produit obtenu en chauffant la glycérine et le borax en arrêtant l'opération à la formation d'une masse vitreuse, très épaisse ; on a assigné à ce produit la formule [1] :

$$[(C^3H^5)^4(H^2BO^3)^3(HNaBO^3)^2(OH)^5O^2]^2CH^2.$$

Éthers nitriques. — Mononitrate de glycéryle, CH^2 (OH) CH(OH) $CH^2.O.NO^2$. — S'obtient en chauffant la glycérine avec l'acide nitrique à 25 0/0 (*Hanriot* [2]).

Will a obtenu cet éther comme sous-produit dans la préparation du dinitrate de glycéryle.

L'éther mononitrique a pu être séparé en 2 isomères, dont l'un, cristallisant à 58-59° et l'α-mononitrate qui donne par nitration 2 dinitrates isomères (voir plus bas) avec le trinitrate.

Dinitrate de glycéryle. — C^3H^5 $(ONO^2)^2$ (OH). — Cet éther s'obtient en faisant couler goutte à goutte une partie de glycérine dans 5 parties d'un mélange de 3 parties d'acide sulfurique concentré et 1 partie d'acide nitrique renfermant 9 parties d'eau pour 100 parties d'acides totaux ; il se forme en même temps de la trinitroglycérine (*Will* [3]).

Mikolajczek [4] obtient l'éther dinitrique en ajoutant 33 parties d'acide nitrique de densité 1,5 à 10 parties de glycérine en agitant et refroidissant le mélange ; *Will* préfère, cependant, ajouter la glycérine à l'acide nitrique.

La dinitroglycérine se dissout en toutes proportions dans l'acide sulfurique étendu et dans l'acide nitrique ; elle se dissout également dans l'éther, l'alcool, le chloroforme, l'acétone, mais elle est un peu moins soluble dans le benzène et la trinitroglycérine ; elle est insoluble dans le tétrachlorure de carbone et dans l'éther de pétrole ; elle est plus soluble dans l'eau que la trinitroglycérine et une solution aqueuse saturée à 15° renferme 8 0/0 de dinitroglycérine [5].

La dinitroglycérine anhydre gélatinise très facilement la nitrocellulose ; elle est aussi toxique que la trinitroglycérine.

1. *Chem. Zentralbl.*, 1911 (11), 99.
2. *Ann. Chim. Phys.*, 1905 (5), 17, 118, 365; *Comptes Rendus*, 1912 (154), 220.
3. D. R. P. 181.385; cf. aussi *Berichte*, 1908, 1107, et D. R. P. 59.857 (Wohl), 205.752 (C. Pütz); E. P. 6.314, 1906 (A. Nobel et C°).
4. Br. fr. 431.911.
5. Pour la récupération de la dinitroglycérine dissoute, cf. D. R. P. 210.558, Castroper Sicherheitssprengtoff-Akt. Ges., Dortmund.

L'acide sulfurique à 70° décompose la dinitroglycérine en mononitroglycérine et glycérine.

Will a montré que cet éther se présente sous deux modifications, l'une cristallisée, la *dinitroglycérine K* et l'autre qui constitue un liquide huileux, la *dinitroglycérine F* (Voir plus loin).

Trinitrate de glycéryle, Nitroglycérine. — $C^3H^5(O.NO^2)^3$. — La nitroglycérine se prépare en faisant couler la glycérine dans un mélange de 1 partie d'acide nitrique concentré et 2 parties (en poids) d'acide sulfurique concentré.

Elle constitue un liquide huileux, de poids spécifique 1,600, qui distille à 160° sous la pression de 15 mm [1].

Elle possède une propriété remarquable, celle d'exploser avec violence dans certaines conditions ; aussi, constitue-t-elle la base de la plupart des explosifs et des poudres balistiques sans fumée modernes ; la dynamite est ainsi obtenue en mélangeant la nitroglycérine avec le kieselguhr, tandis que diverses poudres sans fumée se préparent en dissolvant la nitrocellulose dans la nitroglycérine.

La nitroglycérine a reçu quelques applications en thérapeuthique [2].

Elle se présente sous deux modifications : l'une, instable, qui fond à 2,8-2,9° et se solidifie à 2,2° ; l'autre, stable, qui fond à 13,1-13,2° et se solidifie à 12,5° (*Kast* [3]). L'acide sulfurique à 70 0/0 hydrolyse la nitroglycérine en dinitroglycérine et acide nitrique [4].

La table suivante résume un certain nombre de déterminations faites sur les éthers nitriques de la glycérine :

1. Lobry de Bruyn, *Rec. Trav. Chim. Pays-Bas*, **14**, 133.
2. *Journ. Soc. Chem. Ind.*, 1910, 387.
3. *Zeits. f. d. ges. Schiess.-u. Sprengstoffwesen*, 1906 (1).
4. Pour la décomposition de la trinitroglycérine par les alcalis caustiques, *cf.* Hay, *Moniteur Scient.*, 1885 (27), 424 ; G.-W. Macdonald, *Arms and Explosives*, 1908, E. Berl et M. Delpy, *Berichte*, 1910, 142. Pour la vitesse de décomposition par la chaleur, voir R. Robertson, *Journ. Chem. Soc.*, 1909, 1241.

	MONONITRATE	DINITRATE	TRINITRATE
Poids spécifique à 15°...........	1,40	1,47	1,60
Point de fusion..................	nitrate : 58° C nitrate : 34° C	nitrate : 26° C nitrate : liquide	modification instable : 2,2° [1] modification stable : 12,2° C
Point d'ébullition (sous 15 millimètres) [2].....................	les deux isomères 155-160° C	les deux isomères vers 145° C	entrainé à 180° C [3] sans ébullition
Solubilité dans l'eau à 15°........	70 0/0	7,7 0/0	0,16 0/0
Essai au mouton (marteau de 2 kilogr.) chute en centimètres....	...	anhydre : 7-10 centimètres cristallisé : 30 centimètres	moins de 4 centimètres
Chaleur d'explosion	...	anhydre : 1.250 calories	1.600 calories
Température de combustion......	nitrate : 2.812 calories	modification K anhydre : 2.088 calories modification K crystallisée : 1.986 calories modification F : 2.055 calories	1.570 calories
Propriétés gélatinisantes.........	...	bonnes	bonnes
Absorption d'humidité..........	50 0/0	11 0/0	0,2 0/0

1. Par recristallisation répétée de la nitroglycérine, S. Nauckhoff (*Zeits. f. d. ges. Schiess. u. Sprengstoffwesen*, 1911 (6), 124) n'a obtenu qu'une seule modification, fondant et se solidifiant à 13°,3, la modification instable n'ayant pu être isolée.
2. Cf. aussi A.-L. Hyde, *VIII° Congr. Int. Chim. appl.*, 1912, III (4), 59.
3. D'après A. Marshall, *Journ. Chem. Soc.*, 1906 (89), 1371, la tension de vapeur à 70° est de 0^{mm},051 et à 18° de — 0^{mm},001 (calculé).

Les éthers nitriques mixtes, nitrodiméthylique, $CH^2(OCH^3)CH.O.NO^2.CH^2.O.CH^3$ et nitrodiéthylique, $CH^2.OC^2H^5.CH.O.NO^2.CH^2.O.C^2H^5$ ont été préparés par *Palerno* et *Benelli* [1].

Éther arsénieux. — L'arsénite de glycéryle, $C^3H^5AsO^3$, s'obtient en dissolvant une molécule d'acide arsénieux dans 2 molécules de glycérine et chauffant le mélange à 250° (*Jackson*).

C'est une substance butyreuse se formant à 50° en un liquide épais; il se décompose au-dessus de 250°, mais distille avec la vapeur de glycérine ; on n'a pas encore reconnu si, par entraînement au moyen de la vapeur surchauffée, l'arsénite de glycéryle distille, sans altération, avec la glycérine ou s'il est hydrolysé par la vapeur ; quoi qu'il en soit, on retrouve de l'acide arsénieux dans le liquide distillé [2].

L'arsénite de glycéryle est employé dans l'impression des calicots.

Les chlorhydrines et bromhydrines ayant acquis une certaine importance, dans la synthèse des glycérines mixtes, il n'est pas inutile de décrire rapidement la préparation de ces composés et de leurs dérivés.

Chlorhydrines. — L'*α-monochlorhydrine*, $CH^2Cl.CHOH.CH^2OH$, s'obtient en chauffant la glycérine avec l'acide chlorhydrique à 100° (*Berthelot* [3], *Hanriot* [4]) ; elle bout [5] à 139° sous la pression de 18 mm. et à 121,5-122,5° sous la pression de 15 mm. (*Nivière*) ; son poids spécifique est : $d^{0°} = 1{,}338$.

Elle est miscible en toutes proportions avec l'eau, l'alcool et l'éther.

Nivière [6] a obtenu l'α-monochlorhydrine avec un rendement de 66 0/0 en faisant passer un courant de gaz chlorhydrique sec dans la glycérine chauffée à 130°, au réfrigérant ascendant.

Éthers de l'α-monochlorhydrine. — La *γ-lauro-α-chlorhydrine*, $C^3H^5Cl.(OH).(O.C^{12}H^{23}O)$, s'obtient [7] par action de l'α-chlorhydrine

1. *Gazz. Chim. Ital.*, 1909 (39), 312; cf. aussi V. Vender, D. R. P. 209.943.
2. Lewkowitsch, *Year-Book of Pharmacy*, 1890, 380.
3. *Annalen*, 1853 (88), 311.
4. *Journ. f. prakt. Chem.*, 18, 207.
5. Cf. aussi D. R. P. 197.308, 197.309, 201.230, 229.536, 238.341, 254.709, E. P. 26.036, 1911 ; Sprengstoffwerke Dr R. Nahnsen et Co; Br. fr. 437.531; U. S. P. 1.040.323; D. R. P. 254.709.
6. *Bull. Soc. Chim.*, 1913 (13), 893.
7. Grün et Skopnik, *Berichte*, 1909, 3751.

sur le chlorure de lauryle ; c'est une huile jaune, cristallisant dans l'éther de pétrole refroidi à — 10°, en belles aiguilles.

La β-γ-*dilauro-α-chlorhydrine*, $C^3H^5Cl.(O.C^{12}H^{23}O)^2$, s'obtient[1] en chauffant l'acide α-chloroglycérodisulfurique avec l'acide laurique à 70° pendant 7 heures 1/2 ; elle cristallise de sa solution dans un mélange d'alcool et d'éther en aiguilles microscopiques fondant à 24°.

La γ-*myristo-α-chlorhydrine*, $C^3H^5Cl.(OH)(O.C^{14}H^{27}O)$, s'obtient[2] en chauffant le chlorure de myristyle avec un excès de 20 à 25 0/0 d'α-monochlorhydrine ; c'est un liquide mobile, jaunâtre, facilement soluble dans l'éther, l'éther de pétrole et le benzène et assez difficilement soluble dans l'alcool froid.

La β-γ-*dimyristo-α-chlorhydrine*, $C^3H^5Cl.(O.C^{14}H^{27}O)^2$, s'obtient[3] soit, avec l'acide α-chloroglycérodisulfurique par le procédé indiqué plus loin pour l'α-chlorodistéarine, soit en chauffant l'α-β-dimyristine avec le chlorure de thionyle et faisant cristalliser le produit dans l'éther de pétrole. Le premier procédé fournit des cristaux fondant à 27-29°, et le second des cristaux fondant à 22° ; *Grün* et *Schreyer*[4] ont obtenu le point de fusion 36°.

α-Palmito-α-chlorhydrine[5], $C^3H^5Cl.(OH)(O.C^{16}H^{31}O)$.

β-α-*Dipalmito-α-chlorhydrine*, $C^3H^5Cl.(O.C^{16}H^{31}O)^2$, fond à 48-50° (*Grün*[6], *Corelli*[7]).

γ-*Stéaro-α-chlorhydrine*, $C^3H^5Cl.(OH)(O.C^{18}H^{35}O)$, obtenue avec le chlorure de stéaryle et l'α-chlorhydrine ; cristallise de sa solution refroidie dans un mélange d'éther et d'éther de pétrole en cristaux granulaires blancs, fondant à 48-49° ; la masse fondue et solidifiée fond[8] de nouveau à 39-40°.

β-*Stéaro-α-chlorhydrine*[9], $C^3H^5Cl.(OH)(O.C^{18}H^{35}O)(OH)$, se trouve parmi les produits d'hydrolyse de la β-γ-distéaro-α-chlorhydrine par l'acide sulfurique concentré à 98 0/0

β-*Myristo*-β-*stéaro-α-chlorhydrine*, $C^3H^5Cl.(O.C^{18}H^{35}O)(O.C^{14}H^{27}O)$,

1. Grün et Theimer, *Berichte*, 1907, 1799.
2. Grün et Schreyer, *Berichte*, 1912, 3423.
3. Grün et Theimer, *Berichte*, 1907, 1797.
4. *Berichte*, 1912, 3422.
5. *Dissert.*, Zürich, 1909.
6. *Berichte*, 1905, 228.
7. *Dissert.*, Zürich, 1909.
8. Grün et Skopnik, *Berichte*, 1909, 3751.
9. *Berichte*, 1907, 1792.

(*Grün* et *Schreyer* [1]), obtenue par action de chlorure de stéaryle sur la γ-myristo-α-chlorhydrine, fond à 31°.

γ-*Stéaro*-β-*myristo*-α-*chlorhydrine*, $C^3H^5Cl.(O.C^{18}H^{27}O)(O.C^{18}H^{35}O)$, fond à 26°.

β-γ-*Distéaro*-α-*chlorhydrine* [2], $C^3H^5Cl.(O.C^{18}H^{35}O)^2$. Obtenue en chauffant l'acide α-chloroglycérodisulfurique, $C^3H^5Cl.(SO^3H)^2$, avec l'acide stéarique dissous dans l'acide sulfurique, à 70°, pendant 3 heures. Elle cristallise dans l'éther en granulés blancs, facilement solubles dans le chloroforme et l'éther, peu solubles dans l'éther de pétrole et l'alcool. Ces cristaux fondent à 56° et après solidification à 41°. Le chlore ne peut être éliminé et remplacé par un oxhydryle qu'avec difficulté ; la méthode la plus convenable consiste à traiter le dérivé chloré par le nitrite d'argent pour former l'éther nitreux de la distéarine asymétrique, que l'on transforme facilement en β-distéarine. En hydrolysant la distéarochlorhydrine par l'acide sulfurique concentré, il se forme plusieurs produits correspondant aux diverses phases de l'hydrolyse.

β-*Monochlorhydrine*, $CH^2OH.CHCl.CH^2OH$, se forme en petites quantités dans la préparation de l'α-monochlorhydrine, dont on la sépare par distillation fractionnée dans le vide [3].

Ethers de la β-*monochlorhydrine*. — α-*Palmito*-β-*chlorhydrine*, $C^3H^5(O.C^{16}H^{31}O)Cl.(OH)$ (*Reinhardt*).

α-*Stéaro*-β-*chlorhydrine*, $C^3H^5(O.C^{18}H^{35}O).Cl.(OH)$ (*Reinhardt*).

α-γ-*Dichlorhydrine*, $CH^2Cl.CH.(OH).CH^2Cl$, obtenue par l'action du gaz chlorhydrique sur la glycérine (*Berthelot* [4]), ou celle du chlorure de soufre sur la glycérine (*Carius* [5], *Claus* [6]). Elle bout sous la pression ordinaire à 176-177° ; $d^{16°} = 1,396$. Chauffée avec des sulfures métalliques, elle se transforme en produits solides, analogues au caoutchouc (*Lilienfeld* [7]).

*Ethers de l'*α-γ-*dichlorhydrine*. — β-*Acéto*-α-γ-*dichlorhydrine*, $CH^2Cl.CH(O.C^2H^3O).CH^2Cl$, obtenue par *Berthelot* et *Lucas* [8] par le

1. *Berichte*, 1912, 3425.
2. Grün et Theimer, *Berichte*, 1907, 1793; 1800.
3. Hanriot, *Ann. Chim. Phys.*, (5), 17, 73.
4. *Annalen*, 92, 302.
5. *Ibidem*, 122, 73.
6. *Ibidem*, 168, 43.
7. E. P. 25.246, 1911.
8. *Ann. Chim. Phys.*, (3), 52, 459.

chlorure d'acétyle et la glycérine ; bout à 202-203° sous la pression de 740 mm. ; $d^{11} = 1,283$ (*Truchol*[1]).

β-*Lauro-α-γ-dichlorhydrine*, $CH^2Cl^2CH.(O.C^{12}H^{23}O).CH^2Cl$, (*Grün*[2]), est un liquide mobile, jaune, soluble dans les dissolvants organiques usuels.

β-*Myristo-α-γ-dichlorhydrine*, $CH^2Cl.CH.(O.C^{14}H^{27}O).CH^2Cl$, (*Grün* et *Schreyer*[3], obtenue avec le chlorure de myristyle et l'α-γ-dichlorhydrine ; forme des cristaux transparents fondant à 20°.

α-β-*Dichlorhydrine*, $CH^2Cl.CHCl.CH^2OH$, obtenue en faisant passer un courant de chlore dans l'alcool allylique (*Tollens*[4]) ; bout à 182° : $d^{11,5°} = 1,3681$.

Ethers de l'α-β-dichlorhydrine. — γ-*Lauro-α-β-dichlorhydrine*, $C^3H^5.Cl.C(O.C^{12}H^{23}O)$, se prépare par digestion de l'α-lauro-β-monochlorhydrine avec le chlorure de thionyle (*Grün* et *Skopnik*[5]).

α-β-γ-*Trichlorhydrine*, $CH^2.Cl.CHCl.CH^2Cl$, s'obtient en saturant de gaz chlorhydrique un mélange de 5 volumes de glycérine concentrée et 4 volumes d'acide acétique glacial, distillant à 130°, lavant le résidu (dichlorhydrine brute) avec une solution alcaline, desséchant sur le chlorure de calcium et finalement laissant en digestion avec le pentachlorure de phosphore (*Fittig* et *Pfeffer*[6]).

Bromhydrines. — α-*Monobromhydrine*, $CH^2Br.CH(OH).CH^2OH$, obtenue avec la glycérine et le tribromure de phosphore (*Berthelot* et *Luca*).

α-γ-*Dibromhydrine*, $CH^2Br.CH(OH).CH^2Br$, obtenue avec la glycérine et le tribromure de phosphore (*Berthelot* et *Luca*) ou avec la glycérine et le brome (*Barth*[7]).

α-β-*Dibromhydrine*, $CH^2Br.CHBr.CH^2OH$, s'obtient en faisant tomber goutte à goutte, pendant trois à quatre heures, 60 grammes de brome dans une solution refroidie de 20 grammes d'alcool allylique dans 100 grammes d'alcool éthylique et 100 grammes de sulfure de carbone.

1. *Annalen*, 138, 297.
2. *Berichte*, 1910, 1289.
3. *Idem*, 1912, 3424.
4. *Annalen*, 156, 164.
5. *Berichte*, 1909, 3751.
6. *Liebig's Annalen*, 135, 359.
7. *Annalen*, 124, 349. Cf. aussi Abderhalden et Eichwald, *Berichte*, 1914, 47, 2880.

Tribromhydrine, $CH^2Br.CHBr.CH^2Br$, s'obtient par digestion de l'alcool allylique avec le brome (*Tollens* [1]).

D'autres éthers de la glycérine paraissent avoir pris une certaine importance au point de vue thérapeutique ; tels sont : l'éther mono-ortho-chlorophénylique, $CH^2.$ $(O.\ C^6H^4Cl).$ $CH.$ $(OH).$ $CH^2\ (OH)$; l'éther mono-para-chlorophénylique[2] ; l'éther chloroxyisobutyrique[3] ; l'éther dimorphinique[4] ; l'éther monocinnamique[5] ; l'éther lactique[6] ; l'éther salicylique [7].

Pour les combinaisons de la glycérine avec les amino-acides, voir *Abderhalden* et *Gugenheim* [8] et *Abderhalden* et *Eichwald* [9].

Polyglycérines. — On a déjà indiqué qu'en chauffant la glycérine rapidement, il se forme des polyglycérines, provenant sans doute de la condensation de plusieurs molécules de glycérine avec élimination d'eau. Au cours de la distillation industrielle de la glycérine, de grandes quantités de polyglycérines se forment et restent dans l'alambic (Voir chap. xv).

Lourneco [10] a réalisé la condensation de la glycérine en polyglycérines, en chauffant la glycérine avec la monochlorhydrine ; en fractionnant le produit de la réaction dans le vide, on a obtenu la *diglycérine*, $C^6H^{14}O^5$, bouillant à 220-230° sous la pression de 10 mm. et la *triglycérine*, $C^9H^{20}O^7$, bouillant à 275-285°, sous la pression de 10 mm.

En chauffant la glycérine à 290-295°, pendant 7 à 8 heures, il se forme généralement de 25 à 45 0/0 de diglycérine et de 4 à 6 0/0 de triglycérine. En chauffant la glycérine commerciale pendant 5 à 6 heures à 290-295°, au réfrigérant à reflux, maintenu à une température suffisante pour permettre l'élimination de la vapeur d'eau, *Claessen* [11] a obtenu de 55 à 65 0/0 de diglycérine, distillant entre 245 et 250° sous 8 à 10 mm. de pression. En chauffant la

1. *Annalen*, 156, 168.
2. Poulenc frères et E. Fourneau, D. R. P. 219.325; *cf.* aussi F. Ehlotzky, *Monats. f. Chem.*, 1909 (30), 663.
3. Poulenc frères, Br. fr. 430.820.
4. Poulenc frères, Br. fr. 430.819.
5. Callsen, U. S. P. 999.955.
6. Kalle, D. R. P. 216.917.
7. C. Sorger, E. P. 3367, 1907; Br. fr. 373.854.
8. *Zeits. f. physiol. Chem.*, 1910 (65), 53.
9. *Berichte*, 1916, 49, 2095.
10. *Ann. Chim. Phys.*, (3), 67, 299.
11. D. R. P. 181.754.

glycérine additionnée de 0,5 0/0 d'alcali caustique pendant 30 minutes, *Claessen*[1] a obtenu de 70 à 80 0/0 de diglycérine et d'autres polyglycérines supérieures.

La diglycérine, comme la glycérine elle-même, peut être nitrée à l'aide d'un mélange d'acides nitrique et sulfurique et donne la tétranitrodiglycérine ; celle-ci reste visqueuse à très basse température et ajoutée en petites quantités à la nitroglycérine ordinaire, elle abaisserait considérablement le point de congélation de celle-ci. (Cf. chap. XV, *Glycérine à dynamite*).

Les méthodes employées pour le dosage de la glycérine seront décrites dans le chapitre VI.

En vue de doser directement la glycérine sous forme de dérivé facilement isolable, *Niemilowicz*[2] a étudié l'action de l'acide bromhydrique sur la glycérine en solution dans l'acide sulfurique concentré ; mais on obtient ainsi 2 dérivés, la tribromopropaldéhyde et l'acide tribromopropionique.

Une méthode directe de dosage de la glycérine en nature, par extraction au moyen de l'acétone, a été élaborée par *Shukoff* et *Scheslakoff* (Voir chap. VI).

Chauffée avec la quantité théorique d'acide iodhydrique, la glycérine donne de l'iodure d'allyle et du propylène ; mais en présence d'un excès d'acide iodhydrique, on obtient l'iodure d'isopropyle avec de petites quantités de propylène, variant suivant les conditions de la réaction.

Zeisel et *Fanto*[3] ont indiqué qu'en employant un excès d'acide iodhydrique concentré, de densité 1,7 ou même 1,9, la glycérine se transforme quantitativement en iodure d'isopropyle et ils ont basé sur cette réaction un procédé de dosage de la glycérine en recevant les vapeurs d'iodure d'isopropyle formé dans une solution alcoolique de nitrate d'argent. *Lewkowitsch*[4] a montré que ce procédé, appliqué sur des solutions de glycérine concentrées, donne des résultats bien inférieurs à la réalité ; d'autres observateurs, par contre, ont trouvé qu'avec les solutions étendues, la méthode de *Zeisel* et *Fanto* donne

1. D. R. P. 198.768.
2. *Journ. Chem. Soc.*, Abstr., 1890, 861.
3. *Zeits. f. d. landw. Versuchsw. in Oesterr.*, 1902, 1.
4. *Analyst*, 1903, 108.

des résultats satisfaisants, surtout en employant de l'acide iodhydrique de densité 1,8 (*Willstätter* et *Madinaveitia* [1]). Il faut toutefois remarquer que ce procédé multiplie les inévitables erreurs d'expérience dans des proportions considérables, de 300 à 600, ce qui permet difficilement d'obtenir régulièrement des résultats dignes de confiance (Cf. chap. VI).

Pour la fabrication et les usages de la glycérine, voir chap. XV, *Fabrication de la Glycérine.*

Alcool batylique, $C^{20}H^{42}O^3$.

L'alcool batylique qui est un alcool saturé, a été trouvé à l'état d'éthers par *Tsujimoto* et *Toyama* [2] dans les huiles de foies de divers poissons du groupe des *Baloïdés* (raies) et du groupe des *Sélachoïdés* (squales), où il est généralement associé à un autre alcool, non saturé, l'alcool sélachylique.

Cet alcool est solide et fond à 69°.

L'acétylation a permis de reconnaître qu'il possède deux fonctions alcooliques ; le troisième atome d'oxygène n'est pas acétylable et paraît engagé dans une fonction éther-oxyde.

VI. — ALCOOLS DE LA SÉRIE, $C^nH^{2n}O^3$.

Alcool sélachylique, $C^{20}H^{40}O^3$.

Cet alcool a été trouvé avec l'alcool batylique à l'état d'éthers, dans les huiles de foies de plusieurs *Baloïdés* et *Sélachoïdés*, qui renferment jusqu'à 12 0/0 de ces deux alcools mélangés (*Tsujimoto* et *Toyama*).

L'alcool sélachylique n'est pas saturé (indice d'iode 65) et possède une liaison éthylénique.

Il est liquide à la température ordinaire.

Hydrogéné en présence du noir de platine, il donne un composé solide, fondant à 69,5°, identique à l'alcool batylique saturé.

1. *Berichte*, 1912, 2825.
2. *Chemische Umschau*, 1922 (29), 27, 35, 43, 237, 245, 376.

Il donne un éther diacide, bouillant à 242°, sous 5 mm. de pression.

Comme l'alcool batylique, il présente deux fonctions alcooliques éthérifiables, le troisième atome d'oxygène paraissant engagé dans une fonction éther-oxyde.

VII. — ALCOOLS DE LA SÉRIE CYCLIQUE

Stérols [1].

Les membres de ce groupe renferment un oxhydryle alcoolique, mais ils diffèrent essentiellement des alcools de la série aliphatique parce que, chauffés avec la chaux sodée ou potassée, ils ne donnent pas des acides gras de la même condensation en carbone.

Les stérols paraissent jouer un rôle important, quoique incomplètement élucidé encore, dans l'économie interne des végétaux et des animaux, et le cholestérol en particulier semble exercer une action antitoxique, s'opposant à l'action hémolytique des poisons, comme la saponine.

Réaction générale des stérols. — Les stérols, cholestérol, phytostérol (sitostérol), stigmastérol, brassicastérol et coprostérol, peuvent être décelés qualitativement par précipitation au moyen d'une solution alcoolique de digitonine.

Si l'on ajoute quelques gouttes d'une solution alcoolique [2] de digitonine, $C^{55}H^{94}O^{28}$, à 1 0/0, à une solution de 1 milligramme de cholestérol dans 1 cc. d'alcool à 95 0/0, on obtient immédiatement un précipité, qui est constitué par une combinaison moléculaire de digitonine et de cholestérol, sans élimination d'eau, cette combinaison répondant à la formule $C^{27}H^{46}O + C^{55}H^{94}O^{28}$. Ce dérivé est insoluble dans l'eau, l'acétone et l'éther, légèrement soluble dans l'alcool à 95 0/0 froid, plus soluble dans l'alcool absolu bouillant, l'alcool méthylique, l'acide acétique glacial et surtout la pyridine. Par ébullition avec le xylène, la combinaison se décompose en régénérant le stérol qui passe dans le xylène, tandis que la digitonine reste insoluble.

1. Le nom de *stérol* a été proposé par Abderhalden, *Lehrbuch d. physiol. Chem.*, 1909, 154.

2. Pour la préparation de la digitonine, voir Th. Panzer *Chem. Zentralbl.*, 1912 (11), 540.

Cette importante propriété des stérols permet de les séparer facilement des hydrocarbures et des alcools aliphatiques.

Les éthers des stérols ne se combinent pas avec la digitonine, de sorte que l'on peut différencier qualitativement les éthers stériques des stérols correspondants et séparer quantitativement les stérols de leurs éthers [1].

La méthode de séparation des stérols au moyen de la digitonine donne de bons résultats avec les préparations physiologiques [2] ; mais avec les corps gras, la séparation complète des stérols paraît dépendre de la nature des matières incristallisables qui les accompagnent : s'il s'agit de substances résineuses, la séparation devient difficile et nécessite des traitements répétés, qui ne sont possibles que si l'on dispose d'assez grandes quantités de matières insaponifiables.

Ainsi qu'on l'a déjà indiqué, les stérols peuvent se subdiviser en a) *zoostérols* et b) *phytostérols.*

a) *Zoostérols*

Cholestérol, $C^{27}H^{46}O$.

Le cholestérol a été découvert par *Conradi* (1775) et par *Gren* (1788) dans les calculs biliaires.

Il existe en quantités considérables dans la suintine et se rencontre fréquemment dans les organismes animaux ; les calculs biliaires sont presque entièrement formés de cholestérol, que l'on retrouve encore dans la bile [3] de l'homme, dans le sang, le cerveau, les cheveux, l'épiderme, le lait, et différents produits morbides du corps des animaux et dans le jaune d'œuf [4].

Tous les corps gras animaux, huiles ou graisses, renferment de petites quantités de cholestéride, de sorte que *la présence du cholestérol dans une huile ou graisse indique une origine animale.* La pré-

1. Windaus, *Berichte*, 1909, 238; *Zeits. f. physiol. Chem.*, 1910 (65), 110.
2. Cf. Lapworth, *Journ. Path. Bact.*, 1911 (15), 254.
3. Une certaine quantité de cholestérol passe avec de la bile dans les intestins, où il est attaqué par les bactéries intestinales, donnant ainsi entre autres produits du coprostérol.
4. Cf. Windaus, *Arch. d. Pharm.*, 1908, 117; Dorée et Gardner, *Journ. Chem. Soc.*, 1908, 625; L. Wacker, *Zeits. f. physiol. Chem.*, 1912 (80), 383.

sence de cet alcool a été reconnue non seulement dans les mammifères et les oiseaux, mais encore dans les reptiles, les poissons (voir chap. XIV, *Huiles de poissons, de foies et de cétacés*), les mollusques, les crustacés, les insectes (voir chap. XIV, *Huiles de chrysalides*), les annelés et les cœlentérés ; les échinodermes[1] et les éponges contiennent une substance d'un type analogue au cholestérol. La quantité de cholestérol existant dans les corps gras animaux varie de 0,2 à 1 0/0 environ.

Klostermann et *Opitz* ont déterminé la proportion de cholestérol qui se trouve dans les corps gras animaux, tant à l'état libre qu'à l'état d'éthers, par précipitation au moyen de la digitonine ; la table suivante reproduit les résultats obtenus :

	CHOLESTÉROL TOTAL dans 100 grammes de corps gras	CHOLESTÉROL LIBRE dans 100 grammes de corps gras	CHOLESTÉROL COMBINÉ dans 100 grammes de corps gras
	milligrammes	milligrammes	milligrammes
Saindoux, Amérique...	122	126	...
— Allemagne..	74,5	73,5	1,0
Beurre de vache......	71	75	...
Suif de bœuf.........	75	72	3
— de mouton.......	28	29	...
Graisse d'oie.........	41	39	2
Oléomargarine........	108	98	10
Graisse du foie........	516	272	244
— humaine......	175	158	17

La formule chimique du cholestérol a été pendant très longtemps en contestation.

Reinitzer[2] admettait l'existence de 3 cholestérols homologues $C^{25}H^{42}O$, $C^{25}H^{44}O$, et $C^{27}H^{46}O$, le cholestérol des calculs biliaires ayant la composition $C^{27}H^{46}O$. *Mauthner* et *Suida* donnaient la préférence à la formule $C^{27}H^{44}O$, tandis que *Windaus*, ainsi que *Diels* et *Abderhalden* ont démontré que la formule exacte[3] du cholestérol est $C^{27}H^{46}O$.

1. Cf. A. Welsh, *Dissert.*, Offenbach-a.-Main, 1909 ; Dorée, *Bioch. Journ.*, 1909 (4), 72.
2. *Journ. Soc. Chem. Ind.*, 1888, 585. Cf. *Jahrbuch d. Chem.*, 1896, VI, 360.
3. Menozzi, qui a montré que le cholestérol du lait et du jaune d'œuf est identique avec celui de la bile, donne encore la formule $C^{26}H^{43}OH.H^2O$ (cf. *Bombycestérol*).

D'après les dernières recherches de *Windaus* [1], la constitution du cholestérol s'exprimerait le mieux par la formule développée suivante :

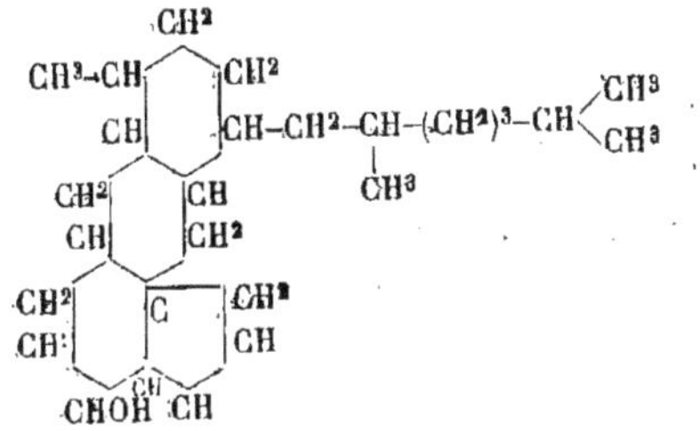

CH²
CH³-CH CH²
CH CH-CH²-CH-(CH²)³-CH $<$ CH³ / CH³
CH³
CH² CH
CH CH²
CH² C CH²
CH CH
CH
CHOH CH

Dorée et *Gardner* [2] ont confirmé la conclusion de *Windaus*, relativement à la position de la double liaison dans le groupement éthyle terminal ; toutefois, du fait que le cholestérol fixe 2 molécules d'ozone, il paraîtrait résulter que cet alcool renferme deux doubles liaisons.

Windaus et *Stein* [3], ainsi que *Mauthner* [4] sont arrivés finalement à conclure que le cholestérol est un composé terpénique complexe, ce qui a été confirmé par *Schroller* et *Weitzenbock* [5], qui ont obtenu avec le cholestérol, le même *acide rhizocholique* [6], $C^8H^6O^7$, que fournissent (quoiqu'en très petites quantités seulement) le camphre et l'essence de térébenthine.

Le cholestérol cristallise dans le chloroforme en aiguilles anhydres, fondant à 148,4°-150,8° corr. (*Bömer*). *Polenske* a obtenu les points de fusion suivants (corr.), pour 284 cholestérols isolés de 254 échantillons de saindoux :

Nombre d'échantillons	Point de fusion Degrés
2	145
15	146-146,5
36	146,5-147
185	147-148
15	148
1	148,5

1. *Berichte*, 1908, 2568; 1909, 3770; 1912, 2423; *Chem. Zentralbl.*, 1920 (1), 82.
2. *Proc. Chem. Soc.*, 1908, 173; *Trans. Chem. Soc.*, 1908, 1328.
3. *Dissert.*, Freiburg i. B., 1905.
4. *Monatsh. f. Chem.*, 1907, 1113.
5. *Ibidem*, f. 1908, 395.
6. C'est le second cas d'existence d'un dérivé terpénique dans les produits formés dans l'organisme animal, le premier étant celui fourni par la présence de la muscine dans le musc (Walbaum, *Journ. f. prakt. Chem.*, 73, 488).

Le cholestérol cristallise de sa solution alcoolique[1] chaude en lamelles, qui se présentent sous le microscope sous forme de tablettes très minces, montrant fréquemment des angles rentrants ; ces tablettes paraissent rhombiques, mais sont très probablement tricliniques (*Bömer*). On trouvera des illustrations de ces cristaux dans la chapitre IX. Les cristaux de cholestérol renferment une molécule d'eau qui s'élimine par séjour prolongé sur l'acide sulfurique et plus rapidement à la température de 100°.

Le cholestérol est insoluble dans l'eau[2] et très peu soluble dans l'alcool froid étendu. Il se dissout dans 9 parties d'alcool bouillant de poids spécifique 0,87 et dans 5,55 parties d'alcool bouillant de poids spécifique 0,83. L'éther, le sulfure de carbone et le chloroforme le dissolvent facilement, l'éther de pétrole moins facilement. D'après *Bömer*[3], 100 centimètres cubes d'éther de pétrole (poids spécifique 0,7522, bouillant entre 35-85°) dissolvent, à 19°, 0,8320 gr., et à 23°, 1,0380 gr. de cholestérol. D'après *Polenske*, 10 cc. d'éther de pétrole bouillant au-dessous de 50° dissolvent de 0,086 à 0,095 gr. de cholestérol. Celui-ci est très peu soluble dans l'acide acétique cristallisable froid, plus soluble à chaud, où il se transforme lentement en acétate de cholestéryle.

Le cholestérol jouit du pouvoir rotatoire et est lévogyre. *Hesse* a trouvé comme pouvoir rotatoire spécifique à 15° : $[\alpha]_D^{15°} = -31,12°$ en solution éthérée ($c = 2$ gr.) et $[\alpha]_D^{15°} = -(36,61° + 0,249c)$ en solution chloroformique ($c = 8$ gr.). *Menozzi* a trouvé $[\alpha]_D^{15°} = -34,3°$ (et $-35,8°$) en solution chloroformique. En solution acétique, *Diels* et *Linn* ont obtenu $[\alpha]_D^{20°} = -25,6°$.

En chauffant le cholestérol à 350° pendant une heure, on obtient un produit fortement dextrogyre ; si la température ne dépasse pas 300°, on n'observe pas de diminution sensible du pouvoir lévogyre initial (*Engler*[4]).

Chauffé avec précaution sous la pression ordinaire, le cholestérol

1. Pour les solutions colloïdales de cholestérol, voir J. R. Partington, *Journ. Chem. Soc.*, 1911, 316 ; O. Porges et Neubauer, *Bioch. Zeits.* 1908 (7), 152.
2. Porges et Neubauer (*Bioch. Zeits.*, 1908 (7), 152) ont obtenu une solution colloïdale.
3. *Zeits. f. Unters. d. Nahr. u. Genussm.*, 1898, 37.
4. *Zeits. f. ang. Chem.*, 1908, 1594.

se volatilise sans décomposition ; dans le vide il distille facilement sans altération.

Diels et *Linn* [1] ont observé qu'en chauffant le cholestérol vers 300-320°, il se produit un abondant dégagement d'hydrogène. Cette réaction ne s'opère qu'en présence d'un catalyseur, tel qu'une petite quantité de fer (ou de zinc) que le cholestérol extrait des jaunes d'œuf retient avec persistance. Le cholestérol parfaitement pur ne donne pas cette réaction.

Soumis à la distillation pyrogénée [2], le cholestérol donne des produits jouissant du pouvoir rotatoire (hydrocarbures?).

Engler [3] a constaté qu'en distillant le cholestérol sous pression plusieurs fois de suite, le pouvoir rotatoire dextrogyre diminue, puis disparaît totalement. Le même phénomène s'observe en chauffant le cholestérol sans le soumettre à la distillation. Un produit obtenu en distillant trois fois de suite 20 grammes de cholestérol (présentant un pouvoir rotatoire de 112° au saccharimètre, en tube de 200 millimètres) a donné par distillation fractionnée dans le vide 9 fractions possédant les propriétés décrites ci-dessous :

FRACTION	POINT D'ÉBULLITION SOUS 15mm DE PRESSION	DEGRÉS SACCHARIMÉTRIQUES	ASPECT
	Degrés		
1	100-193	— 1,2	Liquide clair, jaune pâle.
2	193-230	+ 57,6	id.
3	230-245	+ 88,0	Plus épais, jaune.
4	245-250	+ 104,0	— jaune foncé.
5	250-258	+ 108,0	Visqueux, brun clair.
6	258-270	+ 118,0	id.
7	270-275	+ 128,0	— brun.
8	275-280	+ 144,0	id.
9	280-288	+ 164,0	— brun foncé.

Il convient d'indiquer que la fraction possédant le pouvoir rotatoire le plus élevé renfermait environ 2 0/0 d'oxygène, tandis que le cholestérol pur en contient 4,2 0/0. La composition chimique des différentes fractions est inconnue ; elles n'étaient certainement pas

1. *Berichte*, 1908, 260.
2. Heintz, *Annalen*, 76, 366.
3. *Zeits. f. ang. Chem.*, 1908, 1594.

formées exclusivement d'hydrocarbures. D'après *Steinkopf*[1], les fractions obtenues par distillation du cholestérol sous la pression ordinaire et jouissant du pouvoir dextrogyre le plus élevé renferment encore du cholestérol non décomposé, dont la présence a été reconnue au moyen de la digitonine.

En ajoutant du brome à une solution de cholestérol dans le sulfure de carbone, il se forme un produit d'addition, le bibromure de cholestéryle $C^{27}H^{46}OBr^2$ (*Wislicenus* et *Moldenhauer*[2]). Avec la solution de *Hübl* on obtient un produit d'addition chloroiodé ; la théorie exige l'indice d'iode 65,8 et *Lewkowitsch*[3] a obtenu de 67,3 à 68,09 pour un échantillon de cholestérol de la bile. On peut donc obtenir ainsi un dosage quantitatif du cholestérol. Par contre, la solution de *Wijs* ne donne que des résultats incertains. En employant la moitié seulement de la quantité théorique de brome, il se sépare des cristaux[4] ayant la composition $C^{27}H^{46}OBr^2 + C^{27}H^{46}O$, et fondant à 112° ; les deux atomes de brome fixés peuvent s'éliminer en traitant avec précaution les dérivés bromés par la poudre de zinc ou l'amalgame de sodium.

Le *bibromure de cholestéryle* est très peu soluble dans un mélange d'éther et d'acide acétique glacial ; un mélange à volumes égaux de ces dissolvants n'en dissout que 0,6 gr. dans 100 cc., et un mélange de 40 volumes d'éther pour 60 d'acide acétique 0,25 gr. La solubilité diminue encore en présence d'une petite quantité d'eau (*différence avec le bibromure de sitostéryle*[5]). Le point de fusion de ce dérivé serait de 111°, d'après *Menozzi* et de 124-125°, d'après *Windaus*[6]; *Lewkowitsch*, cependant, a constaté que le bibromure de cholestéryle pur, chauffé en tube capillaire, noircissait déjà à 108-109° ; *Dorée*[7], d'autre part, indique le point de fusion 123°. Le pouvoir rotatoire est $[\alpha]_D = -42,85°$ (*Menozzi*). L'incertitude des chiffres précédents pourrait indiquer l'existence de plusieurs bibromures isomères.

1. *Chem. Zeit.*, 1912, 653; cf. aussi W. Steinkopf et E. Blümaer, *Journ. f. prakt. Chem.*, 1911 (84), 460; Steinkopf et Winternitz, *Chem. Zeit.*, 1914, 38, 613.
2. *Liebig's Annalen*, 146, 175.
3. *Journ. Soc. Chem. Ind.*, 1892, 43.
4. Cloëz, *Comptes Rendus*, 1897 (124), 864.
5. Windaus, *Berichte*, 1906, 518; *Chem. Zeit.*, 1906, 1011.
6. *Arch. d. Pharm.*, 1908, 122.
7. *Bioch. Journ.*, 1909 (4), 77.

Le bromure de cholestéryle obtenu par l'action du tribromure de phosphore sur le cholestérol en solution benzénique, cristallise en tablettes nacrées fondant à 98° ; fondu et abandonné au refroidissement, ce corps présente des changements de coloration remarquables. Le pouvoir rotatoire est $[\alpha]_D^{19,5°} = -19,14°$.

Traité par le brome en solution acétique, le bromure de cholestéryle donne le tribromocholestane, $C^{27}H^{43}Br^3$, qui cristallise en prismes courts, fondant à 111-112° et possédant le pouvoir rotatoire $[\alpha]_D^{19°} = -49,82°$ (*Kolm* [1]).

Traité par le triodure de phosphore, le bromure de cholestéryle se transforme en iodure de cholestéryle (*Kolm*).

D'après *Dorée* et *Gardner* [2], le cholestérol en solution chloroformique, traité par l'ozone, absorbe une molécule d'ozone en donnant l'ozonide $C^{27}H^{46}O.O^3$, pour lequel $[\alpha]_D = +14,51°$; toutefois, d'après *Molinari* et *Fenaroli*, le cholestérol fixe deux molécules d'ozone (théorie 24,85 0/0 ; trouvé 25,00 et 24,70 0/0). Il semblerait ainsi que le cholestérol renferme deux doubles liaisons ; l'indication de *Windaus* et *Hauth*, suivant laquelle l'α-cholestanol (cyclocholestérol), obtenu en traitant le cholestérol par le sodium métallique (voir plus bas), est un composé saturé, demande donc confirmation [3].

Le cholestérol se dissout dans l'acide sulfurique concentré [4] ; en chauffant la solution, il se convertit en un hydrocarbure, $C^{27}H^{42}$ (?), le *cholestérylène* [5] (*différence avec les alcools aliphatiques*). Il faut encore noter comme différence importante avec ces mêmes alcools, que le cholestérol chauffé avec la chaux sodée [6] ne donne pas d'acides gras. Chauffé au bain-marie avec la potasse alcoolique normale, au réfrigérant à reflux, pendant trois à quatre heures, il donne 20 à

1. *Monatsh. f. Chem.*, 1912 (33), 447.
2. *Journ. Chem. Soc.*, 1908, 1332; cf. Diels, *Berichle*, 1908, 2596.
3. Cf. *Berichte*, 1908, 2785; cf. aussi Dorée.
4. En ce qui concerne l'action de l'acide sulfurique sur le cholestérol, en présence de mercure métallique, avec formation d'acide rhizocholique, voir Schrötter, Weltzenböck et Witt, *Monatsh. f. Chem.*, 1908, 245; cf. aussi *Bcriohte*, 1908, 1561, et *Zeits. f. ang. Chem.*, 1908, 2146. Pour la réaction en présence du peroxyde d'hydrogène (eau oxygénée), cf. Minovici et Vlahutza, *Journ. Chem. Soc.*, 1912 (1), 697; cf. aussi Lifschütz, U. S. P. 1.284.774.
5. Zwenger, *Annalen*, 66, 5; 69, 347; Mauthner et Suida, *Monatsh. f. Chem.*, 17, 33; cf. aussi Cochenhausen, *Dingl. Polyt. Journ.*, 1897 (303), 284.
6. *Berichle*, 1892, 66; *Journ. Soc. Chem. Ind.*, 1896, 84.

25 0/0 d'un cholestérol hydraté ; cependant, ce produit ne se forme pas en chauffant le cholestérol avec la potasse normale ou 1 1/2 normale en tube scellé à 112-115°[1].

Exposé à l'air et à la lumière, le cholestérol paraît s'oxyder ; le point de fusion s'abaisse, la solubilité est considérablement modifiée et les réactions colorées deviennent incertaines (*Schultze* et *Winterstein*[2]). Ces observations sont confirmées par l'expérience de *Lewkowitsch*; c'est ainsi qu'un échantillon de cholestérine de calculs biliaires a perdu sa solubilité dans l'espace de douze ans, 1 partie de cholestérine nécessitant pour se dissoudre, plus de 100 parties d'éther anhydre ; d'autre part, un ancien échantillon[3] de cholestérine bien cristallisée n'avait plus que le point de fusion 119°. Toutefois, il n'est pas démontré que ces modifications proviennent de l'oxydation du cholestérol[4].

En chauffant le cholestérol avec le sulfate de cuivre anhydre, à 200°, on obtient l'éther cholestérique, $(C^{27}H^{43})^{2}O$, [ou plus exactement $(C^{27}H^{45})^{2}O$] avec formation accessoire de cholestérylène (*Mauthner* et *Suida*[5]). Cet éther fond vers 195° et cristallise d'un mélange de benzène et d'alcool absolu sous forme d'aiguilles (*différence avec l'éther phytostérylique*[6]) (*Holde*).

Traité par la poudre de zinc et l'acide acétique ou l'amalgame de sodium, le cholestérol s'hydrogène difficilement. En le faisant bouillir, en solution dans l'alcool amylique avec l'amalgame de sodium, on obtient un alcool saturé $C^{27}H^{48}O$, l'α-cholestanol[7] (cyclecholestérol, *Diels* et *Abderhalden; Neuberg*), différent du coprostérol. Dans l'opinion de *Windaus*, l'α-cholestanol n'est pas un produit de réduction, mais un composé ayant la même formule que le cholestérol, $C^{27}H^{46}O$, et dont la formation doit être attribuée à

1. Darmstädter et Lifschütz, *Berichte*, 1898, 1126.
2. *Zeits. f. physiol. Chem.*, 1904 (53), 631 ; 1906 (48), 546.
3. Cet échantillon provenait de B. E. R. Newlands, qui l'avait isolé de calculs biliaires en 1859.
4. D'après Lifschütz et Grethe, *Berichte*, 1914, 1453, la digitonide de l'oxycholestérol cristallise en plaques rhombiques fondant à 215-218°. Pour les produits d'oxydation du cholestérol, cf. Windaus, *Arch. d. Pharm.*, 1908, 117, et Windaus et Resau, *Berichte*, 1915 (48), 851. Cf. aussi les critiques de Windaus, *Arch. d. Pharm.*, 1908, 149, concernant les indications de Lifschütz, *Zeits. f. physiol. Chem.*, 1904 (53), 631, 1906 (48), 546, sur l'oxydation du cholestérol et les produits de cette oxydation.
5. *Monatsh. f. Chem.*, 17, 38; Holde, *Zeits. f. ang. Chem.*, 1906, 160, 1608.
6. *Zeits. f. ang. Chem.*, 1906, 1609.
7. *Berichte*, 39, 1155; cf. aussi Pickard et Yates, *Journ. Chem. Soc.*, 1908, 1678.

une modification moléculaire, la conversion de la liaison éthylénique en une liaison cyclique (cf. cependant l'ozonide).

En traitant le cholestérol par le sodium, en solution dans l'alcool amylique, *Wilenko* et *Molylewski*[1] ont obtenu le dihydrocholestérol, alcool ressemblant au coprostérol (décrit comme le l-coprostérol), cristallisant en longues aiguilles, fondant à 86-87° ; $[\alpha]_D = -14,3°$) et un alcool appelé γ-cholestérol (fondant à 135-137° ; certains échantillons sont dextrogyres, d'autres inactifs ; l'acétate fond à 100-102°).

La réduction catalytique du cholestérol par l'hydrogène en présence du noir de platine (*Willstätter* et *Mayer*[2]) donne un dihydrocholestérol (β-cholestanol).

Le cholestérol, traité par le pentachlorure de phosphore, donne du chlorure de cholestéryle, qui est réduit par le sodium, en solution dans l'alcool amylique, en formant du cholestène, $C^{27}H^{46}$, qui jouit encore du pouvoir rotatoire.

Réactions colorées du cholestérol[3]. — Les réactions suivantes ont été recommandées par *Schulze :*

1° En chauffant à sec avec précaution sur un couvercle de creuset une petite quantité de cholestérine avec une goutte d'acide nitrique concentré, on obtient une tache jaune, qui devient rouge jaunâtre par addition d'ammoniaque ;

2° Une petite quantité de cholestérol, triturée sur un couvercle de creuset avec une goutte d'un mélange de 3 volumes d'acide chlorhydrique concentré et 1 volume de perchlorure de fer à 10 0/0, donne une coloration rouge violacé, qui passe au bleu en évaporant à sec. Il faut se rappeler que l'essence de térébenthine, le camphre et d'autres substances donnent la même réaction.

Une réaction très sensible et très caractéristique a été indiquée par *Hager*, et légèrement modifiée par *Salkowski.*

On dissout quelques centigrammes de cholestérol dans 2 centimètres cubes de chloroforme ; on ajoute un égal volume d'acide sulfurique concentré et on agite le tout. La solution chloroformique prend immédiatement une coloration rouge sang, puis rouge cerise

1. *Bull. Acad. Sc.*, Krakow, 1908, 837.
2. *Berichte*, 1908, 2199 ; cf. aussi Windaus et Ubrig, *Berichte*, 1913, 2487.
3. Cf. Lewkowitsch, *Journ. Soc. Chem. Ind.*, 1892, 144, et Windaus, *Arch. d. Pharm.*, 1908, 123.

et pourpre ; cette dernière teinte persiste plusieurs jours. La couche inférieure d'acide sulfurique manifeste une fluorescence verte très prononcée [1]. Si l'on verse quelques gouttes de la couche chloroformique dans une capsule de porcelaine, la couleur pourpre passe rapidement au bleu, au vert et finalement au jaune. En étendant la solution chloroformique avec une plus grande quantité de chloroforme, elle devient presque incolore ou prend une coloration bleue intense ; en l'agitant de nouveau avec la couche d'acide sulfurique, la première coloration pourpre reparaît. Ces changements de couleur sont causés par des traces d'eau dans le chloroforme [2].

Si l'on agite avec l'acide sulfurique concentré une solution chloroformique de cholestérine extraite de corps gras, on observe d'abord une coloration bleue, indiquant la présence de « lipochromes » que l'on a trouvées dans l'huile de foie de morue, l'huile de jaune d'œuf, l'huile de palme, et en petites quantités dans le beurre de vache. Mais la coloration rouge apparaît bientôt, même dans ces cas.

Salkowski a plus tard recommandé le *modus operandi* suivant : on dissout une petite quantité de cholestérol dans le chloroforme, verse la solution sur du papier à filtrer, sèche ce dernier et fait tomber dessus quelques gouttes d'acide sulfurique concentré. Les taches de cholestérol, de jaune citron deviennent rose ou rose rouge et la coloration disparaît immédiatement par addition d'eau [3].

La réaction du « *cholestol* » de *Liebermann* est très caractéristique et se manifeste avec les plus petites quantités de cholestérol. Le cholestérol en solution dans l'anhydride acétique donne une coloration rose violacé [4] par addition d'acide sulfurique concentré goutte à goutte. Cet essai est encore plus sensible sous la forme que lui a donnée *Burchard :* On dissout un peu de cholestérol dans 2 centimètres cubes de chloroforme, et on y ajoute 20 gouttes d'anhydride acétique et 1 goutte d'acide sulfurique concentré. Malheureusement, les acides résineux (colophane) et d'autres sub-

1. D'après l'opinion de Lewkowitsch, la fluorescence verte qui apparaît dans le cas du cholestérol de la suintine, est due à la présence de l'isocholestérine.

2. Suivant Herbig (*Dingl. Polyt. Journ.*, 1897 (303), 191), le palmitate et le cérotate de cholestéryle donnent la même réaction.

3. *Zeits. f. physiol. Chem.*, 1908 (57), 515.

4. Le cholestérol de la suintine ne donne la coloration rose violacé du cholestérol des calculs biliaires, mais donne immédiatement une coloration rouge.

stances donnent la même réaction, ou tout au moins des réactions analogues [1]; il convient donc de ne pas se fier exclusivement aux réactions colorées [2] pour l'identification du cholestérol.

Pour la recherche et l'isolement du cholestérol des corps gras animaux, sa détermination quantitative et sa séparation du phytostérol, voir chap. VI, IX et XI.

ÉTHERS DU CHOLESTÉROL. — *Formiate de cholestéryle*, $C^{27}H^{45}O.CHO$ — Cristallise en longues et fines aiguilles fondant à 96,8° (corr.). (*Bömer*). $[\alpha]_D^{15°}$ = — 52,5° (cholestérol du jaune d'œuf) ; $[\alpha]_D^{14°}$ = — 51,83° (cholestérol du lait) ; $[\alpha]_D^{13°}$ = — 51,48° (cholestérol de la bile) (*Menozzi* [3]).

Acétate de cholestéryle, $C^{27}H^{45}O.\ C^2H^3O$. — Se prépare en faisant bouillir au réfrigérant à reflux le cholestérol avec 1 1/2 fois son poids d'anhydride acétique. Cette réaction peut également être employée pour le dosage du cholestérol [4]. L'acétate de cholestéryle cristallise en petites aiguilles, presque insolubles dans l'alcool froid et très peu solubles dans ce dissolvant bouillant. Les cristaux fondent à 114° ; 114,3°-114,8° (corr. *Bömer*), et par refroidissement, en se solidifiant, manifestent des changements de coloration (voir plus loin) ; $[\alpha]_D^{14°}$ = — 42,7° (du lait) ; — 42,5° (de la bile) (*Menozzi*).

Propionate de cholestéryle, $C^{27}H^{45}O.C^3H^5O$. — Cristallise sous forme d'aiguilles très fines, fondant à 98° (*Obermüller*), 96,8° (corr. *Bömer*).

Butyrate (normal) de cholestéryle, $C^{27}H^{45}O.\ C^4H^7O$. — Cristallise en aiguilles fines et courtes, fondant à 95°-96,8° (corr. *Bömer*).

Isobutyrate de cholestéryle. — Fond à 127°. Cet éther est celui qui fournit les cristaux les mieux définis de tous les éthers cholestériques ; il ne forme pas de « cristaux liquides » et fond nettement ; point de fusion : 127° (*Jäger*).

1. Cf. Lewkowitsch, *Berichte*, 1892, 66.
2. En ce qui concerne les réactions colorées de Tschugajeff avec l'acide triclöracétique, décrites par Lifschütz (*Berichte*, 1908, 253) et Denigès (*Chem. Revue*, 1904, 231), on se reportera aux mémoires originaux, car ces réactions sont fournies par d'autres corps que le cholestérol. Les mêmes réserves s'appliquent à l'essai proposé par Neuberg et Rauchwerger (*Festschrift f. Salkowski*, 281 ; *Zeits. f. physiol. Chem.*, (12), 355), et plus tard de nouveau par Udransky. Cf. aussi Ottolenghi, *Atti R. Accad. Lincei*, 1906 (15), 1, 44, et *Bioch. Zeits.*, 1908 (XIV), 351.
3. *Atti R. Accad. Lincei*, 1903 (12), I, 126 ; *Ibidem*, 1908 (17), 1, 91.
4. *Berichte*, 1892, 66 ; *Journ. Soc. Chem. Ind.*, 1896, 14.

Isovalérianate de cholestéryle, $C^{27}H^{45}O.C^5H^9O$. — Fond à 114° ; $[\alpha]_D^{20°} = -32,7°$ (*Abderhalden* et *Kautzsch*[1]).

Laurate de cholestéryle, $C^{27}H^{45}O.C^{12}H^{23}O$. — Cristallise en minces aiguilles, fondant à 110°, et après solidification, à 78,5-79,5° ; $[\alpha]_D^{20°} = -24,2°$.

Le *palmitate*, le *stéarate*, l'*oléate* et le *cérotate* ont déjà été décrits dans le chapitre I (*Cires*).

Benzoate de cholestéryle, $C^{27}H^{45}O.C^7H^5O$. — Se forme en chauffant la cholestérine avec l'anhydride benzoïque en tube scellé à 200°, ou en traitant une solution de cholestérol dans la pyridine par une solution de chlorure de benzoyle dans le même dissolvant (*Dorée*[2]). Il est presque insoluble dans l'alcool bouillant, et 100 cc. d'alcool absolu en dissolvant 0,12 gr. à 20°. Il cristallise dans l'éther en tablettes rectangulaires fondant à 150-151° (*Schulze*), 145,5° (*Obermuller*), 148,4° (corr. *Bömer*), 146° (*Menozzi*), $[\alpha]_D^{13°} = -15,1°$ (lait), $-15,4°$ (bile).

Le benzoate de monobromocholestéryle[3] fond à 136° ; $[\alpha]_D^{15°} = -15,1°$ en solution chloroformique (*Menozzi*, cf. *Moreschi*[4]). *Dorée* et *Stotesbury*[5] ont observé que le brome donne avec le benzoate de cholestéryle 2 dérivés, le monobromure fondant à 139° et le bibromure fondant à 168°.

Salicylate de cholestéryle[6], $C^{27}H^{45}O.(C^6H^4COO)OH$. — Fond à 173°.

Pour les autres éthers, les phases liquides et les changements de coloration que manifestent les éthers du cholestérol, on se reportera aux mémoires originaux de *Jäger*[7], *Wallerant*[8], *Lehmann*[9], *Ada Prins*[10], *Gaubert*[11] et *White*[12].

1. *Zeits. f. physiol. Chem.*, 1910 (65), 69.
2. *Bioch. Zeits.*, 1909 (4), 75.
3. Obermüller, *Zeits. f. physiol. Chem.*, 1891 (15), 37.
4. *Atti R. Accad. Lincei*, 1910 (19), 11, 53.
5. *Proc. Chem. Soc.*, 1912, 196.
6. Golodetz, *Chem. Zeit.*, 1907, 1215 ; E. Artini, *Atti R. Accad. Lincei*, 1910 (V), 19, 1, 762.
7. *Rec. Trav. Chim. Pays-Bas*, 1906, 334 ; *Chem. Weekbl.*, 1907, 1 ; *Koningl. Akad. v. Wetensch*, Amsterdam, 1907, 359, 472.
8. *Comptes Rendus*, 1906 (143), 605.
9. *Zeits. f. ang. Chem.*, 1906, 1641.
10. *Zeits. f. physiol. Chem.*, 1909 (67), 689.
11. *Comptes Rendus*, 1909 (149), 608.
12. *Proc. Phys. Soc.*, 1908 (VI), 38.

La séparation du cholestérol et des éthers cholestériques présente une certaine importance au point de vue physiologique[1]; elle peut s'effectuer au moyen de l'acétyl acétate d'éthyle, dans lequel le cholestérol est beaucoup moins soluble que ses éthers (*Liebreich*[2]); mais elle s'opère beaucoup mieux au moyen de la digitonine. Pour, isoler le cholestérol et ses éthers des corps gras naturels, *Windaus*[3] a suggéré d'utiliser des ferments qui hydrolyseraient les glycérides tout en laissant les éthers cholestériques inaltérés; mais cette méthode est avantageusement remplacée par l'emploi de la digitonine.

Isocholestérol[4], $C^{27}H^{46}O$.

Cet alcool est isomère avec le cholestérol et lui ressemble sous plusieurs rapports. On le trouve avec lui dans la suintine (*Hartmann*, *Schulze*, cf. aussi chap. XIV).

L'isocholestérol isolé de son benzoate (*Schulze*[5]) cristallise dans l'éther en fines aiguilles fondant à 135-138° (140-141°, *Moreschi*[6]). Il est très peu soluble dans l'alcool froid, mais facilement dans l'alcool bouillant dont il se sépare par refroidissement en une masse gélatineuse. Il est facilement soluble dans l'éther et l'éther de pétrole.

Un phytostérol, isolé par *N.-H. Cohen*[7] de la gomme de Balata (provenant d'un *Euphorbia*) et fondant à 141°, présente des propriétés analogues à celles de l'isocholestérol. D'après *Cohen*, il serait identique avec celui-ci, car, en mélangeant une préparation de benzoate d'ioscholestéryle de *Schulze* avec le benzoate de phytostéryle de la gomme, de même qu'en mélangeant l'isocholestérol isolé du benzoate avec le phytostérol de la gomme, on n'observe pas d'abaissement des points de fusion. De ces observations, *Cohen* a conclu qu'il n'y a pas de différence fondamentale entre les « cholestérols » d'origine animale et végétale; cette conclusion paraît, toutefois, manquer de fondements.

1. Cf. Unna et Golodetz, *Bioch. Zeits.*, 1909 (24), 484; 1910 (25), 425, et Salkowski, *Ibidem*, 1910 (25), 427.
2. Cf. aussi Salkowski, *Arbeiten a. d. phys. Inst. zu Berlin.*
3. *Arch. d. Pharm.*, 1908, 125.
4. La formule adoptée est celle établie pour le cholestérol.
5. *Journ. f. prakt. Chem.*, (2), 7, 163.
6. *Atti R. Accad. Lincei*, 1910 (19), 11, 53.
7. *Arch. d. Pharm.*, 1908 (246), 522; 592.

Soumis à l'hydrogénation, l'isocholestérol ne se transforme pas en dérivé dihydrogéné, comme le cholestérol et le bombycestérol (*Moreschi*). D'après *Darmstädter* et *Lifschütz* [1], il absorbe aisément le brome ; le composé obtenu est facilement fusible et donne avec la potasse alcoolique une solution jaune devenant verte à l'ébullition et redevenant jaune par refroidissement (*Moreschi*).

L'isocholestérol jouit du pouvoir rotatoire, mais à l'inverse du cholestérol, il est dextrogyre. $[\alpha] = +60°$ en solution éthérée (*Schulze*), $+59{,}1°$ en solution chloroformique (*Moreschi*).

L'isocholestérol, par exposition à la lumière, subit certaines modifications, comme le cholestérol ; c'est ainsi qu'un échantillon exposé pendant 20 ans à la lumière, fondait à 112°, commençant à s'agglomérer à 95° ; l'échantillon primitif fondait à 136-137° et après quelques mois d'exposition à la lumière à 119° seulement.

Réactions colorées de l'isocholestérol. — L'isocholestérol donne avec l'acide nitrique et l'ammoniaque la même réaction que le cholestérol. En ajoutant une goutte d'acide sulfurique concentré à une solution d'isocholestérol dans l'anhydride acétique, on obtient une coloration jaune, puis jaune rougeâtre, en même temps qu'une fluorescence verte. La même réaction devient plus nette en employant l'essai du « cholestol » de *Liebermann* sous la forme proposée par *Burchard* (Voir ci-dessus).

En présence d'un mélange, de cholestérol et d'isocholestérol la réaction colorée de ce dernier semble prédominer et masquer la coloration rose-violacé du cholestérol.

Formiate d'isocholestéryle, $C^{27}H^{45}O.CHO$. — $[\alpha]_D^{17°} = +46\text{-}47°$ (*Moreschi*).

Acétate d'isocholestéryle, $C^{27}H^{45}O.C^2H^3O$. — A été obtenu sous forme d'une masse incristallisable.

Benzoate d'isocholestéryle, $C^{27}H^{45}O.C^7H^5O$. — Poudre cristalline formée de très fines aiguilles fondant à 194-195°. Il est très peu soluble dans l'alcool, plus aisément dans l'acétone chaud et dans l'éther. $[\alpha]_D^{16°} = +73{,}3°$ en solution chloroformique (*Moreschi*).

1. *Berichte*, 1898, 97; 1122.

Bombycestérol, $C^{26}H^{44}O, H^2O = C^{27}H^{46}O$.

Cet alcool a été trouvé par *Menozzi* et *Moreschi* [1] dans les matières insaponifiables de l'huile de chrysalide. Après cristallisation répétée dans l'alcool, il fondait à 148° et avait le pouvoir rotatoire spécifique (en solution chloroformique) $[\alpha]_D = -34{,}91°$. Le point de fusion et le pouvoir rotatoire sont identiques à ceux du cholestérol et la composition qui lui est attribuée serait également identique à celle du cholestérol de la bile ; cependant, *Menozzi* et *Moreschi*, se basant sur sa forme cristalline et le point de fusion de son acétate, 127°, le regardent comme entièrement différent du cholestérol.

Molinari et *Fenaroli* ont observé que le bombycestérol fixe 24,73 0/0 d'ozone, la théorie exigeant 24,84 0/0 pour deux doubles liaisons.

Par réduction au moyen de l'hydrogène, il donne le dihydrobombycestérol ; cet alcool fond à 134° ; il est dextrogyre, $[\alpha]_D^{19°} = +19{,}1°$

Le bombycestérol peut être séparé du cholestérol au moyen de son acétate ou de son bibromure.

Le *formiate de bombycestéryle* fond à 101° ; $[\alpha]_D^{17,5°} = -47°$.

L'*acétate* fond, à l'état impur, à 112-114°. Après une cristallisation, le point de fusion s'élève à 120°, et après plusieurs cristallisations à 129° (cf. chap. XIV, *Huile de chrysalide*). $[\alpha]_D^{17,5°} = -42{,}7°$.

Le *benzoate* cristallise en lamelles fondant à 146° ; $[\alpha]_D^{17,5°} = -14{,}6°$.

Clionastérol

Le clionastérol est un alcool isolé du tissu des éponges ; il ressemble à la fois au cholestérol et au bombycestérol.

1. *Atti R. Accad. Lincei*, 1908 (1), 95; *Ibidem*, 1907 (1), 127.

b) *Phytostérols*

Sitostérol, $C^{27}H^{46}O$.

Le sitostérol, le « cholestérol des plantes » se trouve abondamment répandu dans le règne végétal ; il existe dans tous les fruits ou graines et se trouve également dans le sol[1] (à l'état d'éther).

Jusqu'à ces dernières années, la chimie des divers « phytostérols » isolés de divers végétaux était encore très incomplètement connue.

A l'origine, les phytostérols ont été identifiés avec le cholestérol (*Beneke*[2], *Lindenmayer*[3], *Ritthausen*[4]), jusqu'à ce que *Hesse*[5] ait montré que l'alcool isolé des fèves de Calabar est entièrement différent du cholestérol.

Un grand nombre d'alcools ayant la même composition ont été décrits sous des noms différents ; tels sont le caulostérol[6], l'ergostérol[7], l'hydrocarotol[8], l'amycol[9], l'agrostérol, etc... *Bömer* a obtenu de différentes huiles des phytostérols de points de fusion différents ; comme les petites quantités isolées sont très difficiles à purifier, il est facile de comprendre qu'elles présentent des points de fusion différents ; mais il est aussi très probable que plusieurs de ces alcools, décrits comme des produits distincts, (alcool des pois, alcool des fèves, etc.) sont en réalité identiques au phytostérol.

En fait, *Windaus* et *Hauth*[10] sont d'avis que la plupart des « phytostérols » de point de fusion 135° sont identiques au sitostérol, ou tout au moins sont constitués par cet alcool en grande partie ; il convient de signaler cependant que *Wagner* et *Clément* ont montré que les matières insaponifiables de l'huile de coton renferment

1. O. Schreiner et E. C. Shorey, *Journ. of biol. Chem.*, 1911 (IX). Ces auteurs ont encore trouvé dans le sol un autre alcool, différent du phytostérol, fondant aussi à 135° et donnant la réaction du cholestérol ; cet alcool, qu'ils ont dénommé « agrostérol » se présente à l'état libre (*Journ. Amer. Chem. Soc.*, 1908, 1295 ; 1909, 116).
2. *Annalen*, 122, 249 ; 127, 105.
3. *Journ. f. prakt. Chem.*, 90, 328.
4. *Ibidem*, 1863, 544.
5. *Annalen*, 192, 175.
6. Schultze et Barbieri, *Journ. f. prakt. Chem.*, 25, 160 ; Frankforter et Harding, *Journ. Amer. Chem. Ind.*, 1899, 758.
7. Tanret, *Comptes Rendus*, 1889 (108), 98 ; *Ann. Chim. Phys.*, 1908 (8), 15, 313 ; Gérard, *Comptes Rendus*, 1892 (114), 1544 ; Ottolenghi, *Chem. Centralbl.*, 1906 (1), 541 ; Zellner, *Monatsh. f. Chem.*, (26), 727 ; (29), 45, 1171.
8. L'hydrocarotol est un hydrocarbure (Willstätter, *Annalen*, 355, 1).
9. Welsch, *Dissert.*, Offenbach a. M., 1909.
10. *Berichte*, 1906, 4379.

2 phytostérols présentant respectivement les points de fusion 139° et 132-133°. Le phytostérol isolé [1] de l'*Echinophora spinosa*, L., paraîtrait identique au sitostérol [2].

Les caractéristiques les plus intéressantes de la plupart de ces alcools ont été déterminées par *Gérard* [3], *Burian* [4], *Ritter* [5], *Hauth* [6], *Klobb* et *Bloch* [7], *Welsch* [8], *Cohen*, *Power* et ses collaborateurs, et *Klobb* [9].

Au cours de leur préparation industrielle, les huiles et graisses végétales dissolvent nécessairement certaines quantités de « phytostérols », qui constituent ainsi une caractéristique de l'origine végétale des corps gras (*différence avec les corps gras animaux*) ; la proportion de phytostérol rencontrée dans les corps gras végétaux est généralement plus élevée que celle de cholestérol trouvée dans les corps gras animaux.

Le sitostérol ressemble, à plusieurs égards, au cholestérol ; il en diffère cependant par sa forme cristalline, son point de fusion, son pouvoir rotatoire, le point de fusion de ses éthers (et notamment celui de l'acétate) et sa constitution chimique.

Le « phytostérol » isolé par *Bömer* d'un certain nombre de corps gras industriels cristallise en aiguilles groupées en touffes ; examinés au microscope, ces cristaux se présentent sous la forme de longues aiguilles solides, disposées en touffes étoilées.

Ces cristaux appartiennent très probablement au système monoclinique, et répondent à la composition exprimée par la formule

1. Tarbouriech et Hardy, *Bull. Sc. pharmacol.*, 1907, 387.
2. Power et Salway (*Pharm. Journ.*, 1907 (79), 126) ont trouvé dans le corps gras du *Brucea dysenterica*, *Lam.*, un phytostérol ayant la composition $C^{20}H^{34}O$, et fondant à 135-136°.
3. *Comptes Rendus*, 1892 (114), 1544.
4. *Monatsh. f. Chem.*, 1897 (18), 561.
5. *Zeits. f. physiol. Chem.*, 34, 461.
6. *Dissert.*, Freiburg in B., 1907.
7. Bloch, *Bull. Sc. Pharmacol.*, 17, 160; *Comptes Rendus*, 1909 (149), 999. On peut encore mentionner simplement les alcools suivants : Bétastérol (*Berichte*, 1903, 975); Arnistérol, point de fusion 249-250° (*Comptes Rendus*, 1905 (140), 1700); Sojastérol (*Bull. Soc. Chim.*, 1907, 1, 422); cf. cependant, chap. XIV, *Huile de Soja*. Pour les « phytostérols » de la gomme Balata, d'Afrique, et le « lupéol » (probablement identique à l' « arnistérol »), cf. N.-H. Cohen, *loc. cit.* Pour l'α-phytostérol $C^{20}H^{34}O$, fondant à 134-135°, du beurre de muscade, cf. Power et Salway, *Journ. Chem. Soc.*, 1907, 2037. Le faradiol est un dialcool, $C^{30}H^{50}O^{2}$.
8. *Dissert.*, Offenbach a. M., 1909.
9. *Bull. Sc. Pharm.*, 1910 (XVII), mars, avril et mai.

$C^{27}H^{46}O.H^2O$; ils fondent à 137-138° (*Bömer*), 138-143,8° (corr.), suivant la pureté de la préparation ; un échantillon de sitostérol, isolé de l'huile de coton, et soigneusement purifié, fondait à 139° (*Mallhes* et *Heinlz* [1]).

L'alcool décrit sous le nom de *sitostérol* a été trouvé par *Burian* [2] dans les matières insaponifiables des huiles extraites des germes du blé et d'autres graminées ; aussi, est-il probable que le « cholestérol » signalé dans l'huile de maïs par *Hoppe-Seyler* et *Hopkins* ne soit autre chose que du sitostérol [3]. Il cristallise en lamelles blanches, à lustre soyeux, semblables à celles formées par le cholestérol de la bile.

Le sitostérol cristallise dans l'alcool étendu, avec une molécule d'eau, et répond ainsi à la formule $C^{27}H^{46}O.H^2O$. Il cristallise dans l'éther en aiguilles anhydres. Il fond à 137,5° (*Burian*), 136,5° (*Riller*). Il est facilement soluble dans l'éther, le chloroforme, le sulfure de carbone et l'alcool chaud, mais très peu soluble dans l'alcool froid. Il est beaucoup moins soluble dans l'éther de pétrole froid que le cholestérol, et 150 cc. d'éther de pétrole, bouillant au-dessous de 50°, en dissolvent de 0,039 à 0,044 gr. ; 10 cc. d'alcool absolu en dissolvent 0,173 gr. (*Polenske*). $[\alpha]_D = -26,71°$ [4] ; $[\alpha]_D^{15°} = -23,14°$ (*Mallhes* et *Heinlz* [5]).

Distillé avec précaution dans le vide, le sitostérol passe sans altération et conserve son pouvoir rotatoire lévogyre ; distillé rapidement sous la pression ordinaire, il donne des produits de distillation fortement dextrogyres. *Engler* a ainsi obtenu [6] 4 fractions qui présentaient, en solution chloroformique à 10 0/0, au saccharimètre, en tube de 200 mm., les déviations suivantes : 0 ; + 13,0, + 16,0 ; + 1,20.

Le sitostérol, soumis à la réaction de *Libermann* ou à celle de *Salkowski*, se comporte comme le cholestérol.

1. *Arch. d. Pharm.*, 1909 (247), 161.
2. *Monatsh. f. Chem.*, 1897 (18), 561.
3. A.-H. Gill et C.-G. Tufts, *Journ. Amer. Chem. Soc.*, 1903, 25, 251.
4. *Zeits. f. physiol. Chem.*, 34, 431.
5. Pickard et Yates (*Journ. Chem. Soc.*, 1908, 1930) ont trouvé pour un échantillon de sitostérol des germes de blé, après chauffage à 100° : $[\alpha]_D$ (en solution chloroformique) = — 34°,4 (c = 5,5) et $[\alpha]_D$ (en solution éthérée) = 23°,2 (c = 2,9).
6. Le phytostérol est indiqué comme provenant de Merck ; il a été très probablement extrait des fèves de Calabar. Toutefois, le point de fusion n'étant pas mentionné, on ne peut savoir si le stigmastérol a été entièrement séparé.

Réduit par le sodium en solution dans l'alcool amylique, le sitostérol donne le dihydrophytostérol, $C^{27}H^{48}O$, fondant à 175° (*Haulh*) ; la formation de ce dérivé caractéristique peut servir à identifier le phytostérol.

Le dihydrophytostérol a été obtenu avec le phytostérol de l'huile de lin comme avec le sitostérol de *Burian ;* il renferme encore une double liaison, ce qui permet de conclure que le phytostérol en présente au moins deux.

Le sitostérol donne avec le brome un dibromure[1], soluble dans un mélange d'éther et d'acide acétique glacial (différence avec le bibromure de cholestéryle), et ne cristallisant que très difficilement ; par addition d'eau, ce dérivé précipite de sa solution dans le mélange éther-acide acétique, sous forme d'une huile épaisse, qui ne cristallise ensuite qu'avec de grandes difficultés.

Le phytostérol donne un dérivé chloroiodé avec la solution de *Hübl ; Mallhes* et *Heinlz*[2], ont obtenu l'indice d'iode 62,79, la théorie indiquant 65,8. La liqueur de *Wijs* ne donne que des résultats incertains.

Le sistostérol absorbe 24,85 0/0 d'ozone, la théorie indiquant 24,84 0/0 pour 2 molécules d'ozone (*Molinari* et *Fenaroli*). Les produits d'oxydation du phytostérol ont été étudiés par *Pickard* et *Yales*[3].

Éthers du sitostérol. — *Formiate de sitostéryle*, $C^{27}H^{45}O.CHO$. — Les cristaux ressemblent beaucoup à ceux du sitostérol lui-même. Ils fondent à 105,5°-114,3° (corr.), suivant la pureté des cristaux obtenus de différentes huiles (*Bömer*).

Acétate de sitostéryle, $C^{27}H^{45}O.C^2H^3O$. — Cristallise de ses solutions concentrées en grappes de fines aiguilles ; les cristaux d'une solution très étendue ressemblent souvent à ceux du sitostérol lui-même. Cet éther fond à 125,6°-137° (corr. *Bomer*), suivant la pureté des préparations obtenues de différentes huiles. Les acétates préparés par divers observateurs au moyen du phytostérol de l'huile de coton, fondait à 125° (*Wagner* et *Clément*), 123,5° (*Mallhes* et

1. Windaus, *Chem. Zeil.*, 1906, 1011.
2. *Arch. d. Pharm.*, 1909 (247), 161.
3. *Proc. Chem. Soc.*, 1908, 227; *Journ. Chem. Soc.*, 1908, 1928.

Heintz) ; celui préparé avec le phytostérol de l'huile de dadap fondait à 130° (*Cohen*). Le point de fusion d'un acétate pur préparé avec le sitostérol de *Burian* et avec le sitostérol des fèves de Calabar était de 127° (*Hauth*). $[\alpha]_D^{15°} = -21°,42$ (*Matthes* et *Fintz*).

Le bibromure de cet éther fond à 135° (*Rohdich*), 127° (*Heiduschka* et *Gloth* [1]).

Propionate de sitostéryle, $C^{27}H^{45}O.C^3H^5O$. — Le plus souvent ses cristaux constituent des aiguilles très fines ; parfois, cependant, il cristallise en larges tablettes analogues à celles du sitostérol lui-même. Le point de fusion varie entre 106° et 117,3° suivant la pureté des préparations ; le propionate du sitostérol de *Burian* fond à 108,5°.

Butyrate (normal) de sitostéryle, $C^{27}H^{45}O.C^4H^7O$. — Cristallise sous une forme analogue à celle du sitostérol lui-même. Les cristaux fondent à 68,5°-90,6° (corr.) suivant la pureté.

Benzoate de sitostéryle, $C^{27}H^{45}O.C^7H^5O$. — Cristallise en plaques semblables à celles du benzoate de cholestéryle. Les préparations isolées des huiles de coton et de sésame fondent à 145,3°-148,4° (corr.). Le benzoate du sitostérol de *Burian* fond à 145-145,5° (*Ritter* [2]).

Brassicastérol, $C^{28}H^{46}O$, H^2O.

Le brassicastérol existe dans l'huile de colza (*Windaus* et *Welsch* [3]). Il a été isolé de l'acétate pur sous forme de feuillets hexagonaux, fondant à 148°. En solution chloroformique $[\alpha]_D^{18°} = -64,25°$; en solution éthérée $[\alpha]_D^{18°} = -63,31°$.

Acétate de brassicastéryle, $C^{28}H^{45}O.C^2H^3O$. — L'acétate s'obtient par réduction de son tétrabromure. Il cristallise en fins feuillets hexagonaux, fondant à 157-158°. Le tétrabromure, $C^{30}H^{48}O^2Br^4$, cristallise en tablettes rhombiques, peu solubles dans l'alcool méthylique, l'alcool éthylique et l'acide acétique glacial, plus soluble dans le chloroforme ; il se décompose à 209°.

1. *Pharm. Zentralbl.*, 1908 (49), 836.
2. Pour les autres éthers et les phases liquides que présentent les éthers phytostéryliques, cf. Jäger, *Rec. Trav. Chim. Pays-Bas*, 1906, 334 ; *Proc. K. Akad. v. Wetensch.*, Amsterdam, 1907, 483. Wallerant, *Comptes Rendus*, 1906 (143), 605.
3. *Berichte*, 1909, 612.

Propionale de brassicastéryle, $C^{28}H^{45}O.C^3H^5O$. — Se prépare en chauffant le brassicastérol avec l'anhydride propionique ; il cristallise dans l'alcool en minces feuillettes quadrangulaires fondant à 132°. Le tétrabromure forme des plaques rhombiques fondant à 206° en se décomposant ; réduit par la poudre de zinc et l'acide acétique glacial, il régénère le propionate.

Benzoate de brassicastéryle, $C^{28}H^{45}O.C^7H^5O$. — S'obtient en chauffant le brassicastérol avec le chlorure de benzoyle. Il fond à 167° en un liquide trouble, qui devient clair à 169-170°.

Stigmastérol, $C^{30}H^{48}O$ = ($C^{30}H^{50}O$, H^2O.

Le stigmastérol a été d'abord trouvé dans le phytostérol de la fève de Calabar [1], dont il représente 20 0/0 environ. Il a été ensuite trouvé, mélangé avec le phytostérol ordinaire, dans l'huile de colza, le beurre de cacao et d'autres corps gras. Il est probable qu'il se trouve fréquemment mélangé avec le sitostérol dans les matières insaponifiables des huiles et graisses végétales, ce qui expliquerait les différences que présentent les points de fusion des éthers du « phytostérol » déterminés par *Bömer* (Voir plus haut).

Le stigmastérol forme des cristaux fondant à 170° et paraissant sous le microscope pratiquement identiques à ceux du phytostérol. Il se comporte exactement comme le « phytostérol » dans la réaction du cholestérol de *Liebermann-Burchard*. En solution, chloroformique $[\alpha]_{D}^{11°}$ = — 45,01° ; en solution éthérée $[\alpha]_{D}^{24°}$ = — 44,67°.

Cet alcool renferme deux doubles liaisons, car il donne un tétrabromure, $C^{30}H^{48}OBr^4$.

Acétale de stigmastéryle, $C^{30}H^{47}O.C^2H^3O$. — A été obtenu par réduction de son tétrabromure. Il cristallise en plaques rectangulaires ; il est facilement soluble dans l'acétone, le chloroforme, peu soluble dans les alcools méthylique et éthylique et fond à 141°. Le tétrabromure, $C^{30}H^{47}O.C^2H^3OBr^4$, est très peu soluble dans l'alcool méthylique, l'alcool éthylique et l'acide acétique glacial, facilement soluble dans le benzène chaud et difficilement soluble dans l'éther et l'acétone. Il fond à 211-212°.

1. Windaus et Hauth, *Berichte*, 1906, 4378; *Zeits. f. Unters. d. Nahrg. u. Genussm.*, 1909 (XVII), 267.

Proponiate de stigmastéryle, $C^{30}H^{47}O.C^{3}H^{5}O$. — Le propionate cristallise dans l'alcool en prismes, fondant à 122°. Le tétrabromodérivé fond à 202° en se décomposant.

Benzoate de stigmastéryle, $C^{30}H^{47}O.C^{7}H^{5}O$. — Le benzoate cristallise en plaques quadrangulaires fondant à 160°.

Coprostérol [1], $C^{25}H^{44}O$ ($C^{27}H^{46}O$?).

Cet alcool se forme par la réduction du cholestérol de la bile par les bactéries intestinales ; aussi le trouve-t-on en quantités assez considérables dans les corps gras récupérés des eaux d'égouts et des gadoues.

König et *Schluckebier* l'ont également trouvé en assez grandes proportions dans les excréments des animaux alimentés avec les pois, le maïs, les tourteaux de coprah ou coco et de sésame, ce qui indiquerait que le phytostérol est également réduit à l'état de coprostérol dans l'appareil digestif [2].

Deux coprostérols isomères se forment en réduisant le cholestérol par l'hydrogène en présence du nickel divisé réduit (*Windaus* [3]),

Le coprostérol cristallise dans l'alcool à 85 0/0 en longues et fines aiguilles fondant à 95-96°, 99-100° (*Dorée*). Il se dissout facilement dans l'alcool absolu, le chloroforme, l'éther, le sulfure de carbone, le benzène et l'éther de pétrole.

Il jouit du pouvoir rotatoire : $[\alpha]_D^{20°} = +24°$.

Il diffère du cholestérol par sa forme cristalline, son point de fusion, le pouvoir rotatoire et le point de fusion du benzoate. Le coprostérol absorbe une molécule d'ozone (*Dorée* [4]).

La réduction du coprostérol par le sodium dans l'alcool amylique donne un coprostérol isomère (*Dorée*).

L'*acétate de coprostéryle* cristallise d'un mélange d'alcool et d'éther en plaques rectangulaires fondant à 114-115° ; mais, d'après *Dorée* [5], il cristalliserait en aiguilles fondant à 88°.

1. Cf. Dorée et Gardiner, *Journ. Chem. Soc.*, 1908, 1625.
2. Cf. cependant, Levites, *Zeits. f. physiol. Chem.*, 1908 (57), 46. Cf. aussi Kusumoto, *Bioch. Zeits.*, 1908 (14), 407, 411, 416.
3. *Chem. Zeit.*, 1914 (38), 1040. Cf. aussi Windaus et Uhrig, *Berichte*, 1915 (48), 857.
4. *Journ. Chem. Soc.*, 1909, 646.
5. *Bioch. Journ.*, 1909 (4), 79.

La séparation du coprostérol et du cholestérol ou du sitostérol, lorsqu'ils sont mélangés, comme dans les corps gras récupérés des eaux, d'égouts s'effectue au moyen de l'alcool à 80-85 0/0.

Le *benzoate de coprostéryle* cristallise en plaque fondant à 122° (*Dorée*).

C. — CARBURES D'HYDROGÈNE

La présence de carbures d'hydrogène a depuis longtemps été signalée dans certaines cires solides, dont ils constituent des éléments normaux. Par contre, jusqu'à ces dernières années, leur présence dans les corps gras a été regardée comme accidentelle, mais des recherches systématiques récentes ont amené la découverte d'hydrocarbures dans les matières insaponifiables de plusieurs corps gras, de sorte que l'on est en droit de se demander si leur présence dans ces derniers n'est pas plus fréquente qu'il n'a été indiqué jusqu'ici. On ne saurait s'en étonner, car la plupart des corps gras ne renferment que de très petites quantités de matières insaponifiables, de sorte qu'il est assez difficile de réunir une quantité de matière suffisante pour des recherches approfondies.

L'étude des cires solides de fleurs a montré que des hydrocarbures, le plus généralement saturés, figurent parmi leurs constituants habituels [1]. Un hydrocarbure saturé a également été trouvé dans l'huile de foie de requin (*Tsujimoto*), puis dans les huiles de foies d'autres squales. Enfin *Tsujimoto* et ses collaborateurs ont trouvé dans les huiles de foies de squales un hydrocarbure hexaéthylénique, qui se rencontre en assez grande proportion (allant jusqu'à 85 ou 90 0/0) dans les huiles de foies des sélaciens du groupe des Sélachoïdés, mais dont la présence paraît jusqu'ici limitée à ce seul groupe.

I. — Hydrocarbures saturés, C^nH^{2n+2}

Les hydrocarbures saturés trouvés dans les corps gras ne s'y rencontrent qu'en très faibles proportions; ils existent en plus

1. Klobb, Garnier et Ehrwein, *Bull. Soc. Chim.*, 1910 (7), 940.

grandes quantités dans les cires solides de fleurs, où l'on trouve toute une série d'hydrocarbures à forte condensation en carbone [1]. L'isooctodécane, trouvé d'abord et seulement dans l'huile de foie du requin géant, a été rencontré aussi par *Toyama* dans l'huile de foies de plusieurs autres squales.

Les renseignements que l'on possède sur ces hydrocarbures sont encore peu abondants, et l'on se bornera à en donner une énumération avec leurs principales caractéristiques. Il convient de remarquer à ce sujet que les caractéristiques des hydrocarbures naturels des corps gras sont le plus souvent différentes de celles des hydrocarbures à chaîne normale, ce qui indique une constitution ou structure différente; en particulier, le point de fusion est toujours plus élevé dans les hydrocarbures naturels que dans les hydrocarbures normaux correspondants.

Hexadécane, $C^{16}H^{34}$

Existe dans certaines cires de fleurs (cire de roses [1], etc.).
Il fond à 18° et bout à 315° sous 30 millimètres.

Isooctodécane, $C^{18}H^{38}$

Tsujimoto [2] a trouvé ce carbure dans l'huile de foie de requin géant, *Cetorhinus maximus* Gunner, qui en renferme 8 0/0, associé au squalène; plus récemment, *Toyama* [3] l'a rencontré dans les huiles de plusieurs autres squales : *Chlamidoselachus anguineus* Garman, *Scymnorhinus licha* Bonnaterre, *Lepidorhinus Kimbei* Tanaka, et a proposé de le nommer *pristane* (de *pristus*, requin).

L'isooctodécane est liquide à la température ordinaire (tandis que l'octodécane normal est solide et fond à 18°) et bout à 158° sous 10 millimètres, à 220° sous 100 millimètres, à 296° à la pression atmosphérique sans décomposition (*Toyama*).

Densité : $d^{15°} = 0,781$; $d^{20°} = 0,7835$.

Indice de réfraction : $n_D^{15°} = 1,4410$; $n_D^{20°} = 1,4390$.

1. Prophète, *Bull. Soc. Chim.*, 1926 (XXXIX-XL), 1610.
2. *Chem. Umschau*, 1921 (28), 71.
3. *Ibidem*, 1922 (29), 238.

Il est soluble dans le benzène, le chloroforme, l'éther, ainsi que dans l'alcool et l'acétone, à chaud et à froid.

Eicosane, $C^{20}H^{42}$

Existe dans certaines cires de fleurs (de roses, etc.).
il fond à 36°,5 et bout à 220° sous 30 millimètres.

Laurane, $C^{20}H^{42}$

Il a été trouvé dans l'huile de laurier (*Malthes* et *Sander*[1]).
Il fond à 69°.

Pétrosilène, $C^{20}H^{42}$

Il a été trouvé dans l'huile de persil (*Malthes* et *Heintz*).
Comme le précédent, il fond à 69°, et vraisemblablement est identique avec lui.

Henicosane, $C^{22}H^{44}$

Trouvé dans certaines cires de fleurs (de roses, etc.).
Il fond à 40°,5 et bout à 222-223° sous 24 millimètres.

Docosane, $C^{22}H^{46}$

Trouvé dans certaines cires de fleurs (de roses, etc.).
Il fond à 44°,5 et bout à 245-248° sous 30 millimètres.

Tricosane, $C^{23}H^{48}$

Trouvé dans certaines cires de fleurs (de roses, etc.).
Il fond à 48° et bout à 254-255° sous 30 millimètres.

Hexacosane, $C^{26}H^{54}$

Trouvé dans certaines cires de fleurs (de roses, etc.).
Il fond à 56° et bout à 272-275° sous 30 millimètres.

1. *Arch. de Pharm.*, 1908 (246), 173.

Heptacosane, $C^{27}H^{56}$

Trouvé dans certaines cires de fleurs (de roses, etc.).
Il fond à 59°,5 et bout à 280-284° sous 24 millimètres.

Triacontane, $C^{30}H^{62}$

Trouvé dans certaines cires de fleurs (de roses, de matricaire, etc.).
Il fond à 65°,5-66° et bout à 315° sous 30 millimètres.

II. — Hydrocarbures non saturés

Parmi les hydrocarbures non saturés trouvés dans les corps gras et les cires, le plus intéressant est le *squalène*, dont la forte insaturation et par suite la facile oxydabilité paraissent jouer un rôle des plus importants au point de vue physiologique.

Amyrilène, $C^{30}H^{48}$

Il a été trouvé dans les matières insaponifiables du beurre de cacao (*Matthes et Rohdich* [1]).
Il fond à 81-82°.

Squalène, $C^{30}H^{50}$

Cet hydrocarbure a d'abord été trouvé par *Maslbaum* [2] dans des huiles de poissons du Portugal, où sa présence a été regardée comme une falsification, puis *Chapman* [3] a isolé des huiles de foies de deux squales ayant servi à préparer les huiles incriminées, un carbure fortement non saturé, auquel il a attribué la formule $C^{29}H^{48}$ et le nom de *spinacène*. Simultanément, *Tsujimoto* [4] a retiré de toute une série d'huiles de foies de squales des mers du Japon un hydrocarbure à forte insaturation, de formule $C^{30}H^{50}$, qu'il a appelé

1. *Berichte*, 1908, 19.
2. *Chem. Zeit.*, 1915 (39), 889.
3. *Proc. Chem. Soc.*, 1917 (111), 56; 1918 (113), 458; *Analyst*, 1917 (42), 161.
4. *Journ. Ind. Eng. Chem.*, 1916 (8), 889; 1920 (12), 63.

squalène, et qui est très vraisemblablement identique au spinacène.

D'après *Chapman*, le *spinacène* a comme densité, $d^{15°} = 0{,}8610$, et comme indice de réfraction, $n_D^{15°} = 1{,}4987$; il bout à 260° sous 9 millimètres; l'indice d'iode (*Wijs*) est de 376. D'après *Tsujimoto*, le *squalène* a comme densité, $d^{15°} = 0{,}8591$, et comme indice de réfraction, $n_D^{20°} = 1{,}4965$; il bout à 265° sous 8 millimètres; l'indice d'iode (*Wijs*) est de 388.

Les recherches de *Tsujimoto* et ses collaborateurs ont permis d'établir que le squalène se rencontre abondamment dans les huiles de sélaciens appartenant au groupe des Sélachoïdés, et jusqu'ici sa présence paraît limitée à ce groupe; on a reconnu la présence du squalène dans une vingtaine d'espèces, qui fournissent des huiles ayant toujours une faible densité, et la proportion de ce carbure atteint jusqu'à 90 0/0 dans certaines huiles.

Le squalène est un carbure hexaéthylénique et il donne un hexachlorhydrate, un hexabromhydrate et un hexaiodhydrate; le premier de ces composés d'addition s'obtient facilement; il est bien cristallisé et peut servir à rechercher et à doser le squalène dans les huiles. L'action du brome fournit un dodécabromure.

Par hydrogénation catalytique en présence du noir de platine, le squalène fixe 6 molécules d'hydrogène et donne un carbure saturé, $C^{30}H^{62}$, isomère du triacontane normal, mais qui se distingue de ce dernier en ce qu'il est liquide, tandis que le triacontane normal fond à 66°.

Distillé sur le sodium, le squalène subit une décomposition curieuse; il donne un liquide mobile passant à 84-88° sous 45 millimètres qui répond à la formule $C^{10}H^{18}$; ce serait un composé cyclique non saturé possédant une liaison éthylénique, qui doit être regardé comme un cyclohydroterpène (*Chapman*).

Soumis à la distillation pyrogénée, sous la pression atmosphérique, le squalène donne de l'isoprène et le même carbure $C^{10}H^{18}$.

Ces réactions feraient du squalène un terpène animal et le rapprocheraient plutôt du cholestérol que des matières grasses proprement dites.

CHAPITRE IV

PRÉPARATION DES MATIÈRES GRASSES POUR L'ANALYSE ESSAIS PRÉLIMINAIRES

La fabrication, l'épuration, le blanchiment, etc., des matières premières employées dans les industries des corps gras seront étudiés dans le second volume de cet ouvrage. Dans ce chapitre nous examinerons les matières grasses telles qu'elles arrivent dans l'industrie ou au laboratoire. Les matières grasses destinées à l'analyse par les méthodes physiques et chimiques doivent être préalablement débarrassées de toutes les substances étrangères.

PRÉLÈVEMENT DE L'ÉCHANTILLON

En échantillonnant un fût de corps gras, il faut avoir soin de prélever un échantillon représentant bien la masse totale. Ceci est facile à réaliser avec les corps gras liquides, et la seule précaution à prendre en ce cas est de bien agiter la masse pour mélanger toute la « stéarine » séparée (comme dans le cas de l'huile de coton). Dans le cas des corps gras solides, toutefois, il faut apporter plus de soins, sous peine de commettre de graves erreurs.

La méthode suivante, applicable à l'échantillonnage des suifs et des autres corps gras solides, est employée dans les ports et dans l'industrie. A l'aide d'une sonde, on prélève dans chaque fût ou dans un nombre suffisant de fûts un échantillon cylindrique d'au moins 20 centimètres de long sur 3 de diamètre, et chaque échantillon reçoit une étiquette portant le numéro et les marques du fût.

ainsi que le poids brut et la tare. Si l'on a des raisons de présumer la présence d'impuretés grossières, telles que du sable, qui se rassemblent au fond du fût ou baril, il est prudent de prendre d'autres échantillons en perçant un trou sur le côté opposé à la bonde du fût. Il peut même être nécessaire de percer des trous, pour l'échantillonnage, à travers les fonds des fûts, ou même d'enlever l'un des fonds, de façon à pouvoir prélever un certain nombre d'échantillons en plongeant la sonde en différents endroits et sous divers angles.

Les échantillons sont ensuite mélangés au laboratoire en quantités proportionnelles aux poids nets des fûts, et la masse ainsi obtenue est fondue dans une capsule, au bain-marie, à une température ne dépassant pas 60°, en agitant continuellement. Dès que la matière est fondue, on retire la capsule du bain-marie et la masse est agitée vigoureusement pendant son refroidissement, afin d'éviter que l'eau et les impuretés ne se déposent au fond de la capsule.

La première opération analytique effectuée sur les corps gras consiste dans la détermination de l'eau et des matières étrangères, qui peuvent être facilement séparées du corps gras. On se rappellera qu'un certain nombre de substances, comme la résine, la paraffine, les huiles de paraffine, les huiles de goudron, et les huiles de résine, formant un mélange intime avec la matière grasse, peuvent être retenues par celle-ci. Ces substances, la résine exceptée, sont désignées sous le terme de « matières insaponifiables ». Leur détermination, la résine comprise, s'effectue en même temps que l'examen de la matière grasse desséchée et purifiée.

DOSAGE DE L'EAU

On pèse exactement 5 grammes de corps gras dans un petit gobelet ou une fiole contenant un agitateur en verre, et l'on sèche à 100-110°, jusqu'à ce que le poids demeure constant ou tout au moins que la perte en 1 heure ne dépasse pas 1 à 2 milligrammes (Cf. p. 752). La dessiccation ne doit pas être prolongée au delà du moment où les résultats deviennent sensiblement concordants, ce qui s'obtient généralement en quelques heures ; en prolongeant l'opération, on s'expose, soit à de légères pertes dues à la volatilisation des acides gras inférieurs (existant dans la matière grasse originale ou formés par l'hydrolyse sous l'action de la chaleur), soit à une augmentation de poids due à l'absorption de l'oxygène par la matière grasse. Il est même possible que la volatilisation et la perte de poids qui en résulte d'une part, et l'oxydation et l'augmentation de poids corrélative, d'autre part, interviennent simultanément, ces deux causes d'erreurs se compensant à peu près l'une l'autre (Cf. aussi p. 751). Toutefois, la dessiccation dans une étuve à vide est, dans la plupart des cas, une complication inutile [1].

Pendant la dessiccation, la matière grasse doit être agitée de temps en temps, afin que l'eau ne se dépose pas au-dessous du corps gras, ce qui ralentirait considérablement son évaporation. Cette méthode est applicable aux matières grasses solides et difficilement oxydables. Dans le cas d'huiles siccatives, si l'on désire une grande exactitude, il est préférable d'opérer la dessiccation dans un courant d'anhydride carbonique, de gaz d'éclairage ou d'hydrogène. L'huile est alors pesée dans une fiole fermée par un bouchon percé de deux trous, recevant, l'un un tube de verre droit plongeant au fond de la fiole, l'autre un tube coudé ne descendant pas au-dessous du bouchon. Un tube à chlorure de calcium est adapté au tube droit, le tube coudé est relié à une trompe à vide, et un courant de gaz est envoyé à travers l'huile à 100° [2].

Dans le cas où les graisses renferment de l'eau émulsionnée, on pourra recourir au mélange d'une certaine quantité de sulfate de sodium déshydraté à l'échantillon [3], ou mieux encore, traiter celui-ci par un dissolvant dans un extracteur (cf. plus loin).

Pour la détermination de l'eau dans le beurre et la margarine, on mélange du sable calciné à l'échantillon à dessécher (cf. chap. XIV, *Beurre de vache*). Pour la détermination de l'eau dans les suifs et les suifs d'os, voir chapitre XIV, *Suif d'os et Suif*; dans les lubrifiants, voir chapitre XV, *Huiles de graissage, Lubrifiants* et dans le dégras, voir chapitre XVI, *Dégras*.

Dans le cas où la potasse caustique, ou du savon de potasse, ou du savon de chaux auraient été ajoutés frauduleusement au

1. Cf. cependant, *Journ. Ind. Eng. Chem.*, 1918, 315; *Ibidem*, 1919, 1161.
2. Cf. *Zeitschrift f. analyt. Chem.*, 25, 372 (figure).
3. Cf. G. Perrier, *Ann. Chim. anal. appl.*, 1909 (14), 367.

suif, etc. (afin de faciliter l'incorporation de l'eau), la matière grasse ne peut pas être débarrassée des dernières traces d'eau par dessiccation à 100°. Les suifs d'os contiennent normalement des savons de chaux qui n'abandonnent pas facilement l'humidité qu'ils renferment, même à 130°. En pareil cas, le meilleur procédé consiste à déterminer séparément la quantité de matière grasse, les impuretés de la chaux ou la potasse, et à déduire l'eau par différence (Cf. *Suif d'os*, chap. XIV).

On peut reconnaître, avec une grande exactitude, la présence de très petites quantités d'eau — moins de 0,5 0/0 — dans le saindoux en déterminant la température à laquelle le saindoux fondu devient trouble (cf. chapitre XIV, *Saindoux*). Toutefois, cette méthode n'est pas applicable pour la détermination de l'humidité dans le suif [1].

Pour la détermination de l'eau par distillation, après addition de toluène ou de xylène, cf. chapitre XV, *Huiles lubrifiantes* [2].

DOSAGE DES MATIÈRES ÉTRANGÈRES

Pour déterminer les matières étrangères solides, telles que débris de tissus végétaux ou animaux, terre, poussière, ou additions frauduleuses, on épuise 10 à 20 grammes de corps gras sec [3], dans une fiole ou dans une capsule, en l'agitant avec l'un des dissolvants suivants : éther de pétrole, éther, chloroforme, tétrachlorure de carbone [4], trichloréthylène, sulfure de carbone, ou benzène. La solution est ensuite jetée sur un filtre taré et le résidu lavé sur le filtre avec le même solvant, jusqu'à ce que quelques gouttes du liquide filtré, évaporées sur du papier, n'y laissent plus de tache grasse. Le filtre et son contenu sont alors séchés à 100° et pesés. Le résidu sec peut être incinéré et pesé de nouveau ; la différence entre ces deux poids donne les matières organiques. Si la proportion de cendres est élevée (sel, craie, argile, ou chaux provenant de savon de chaux ajouté frauduleusement), il y a lieu de les examiner pour déterminer les matières étrangères.

1. Fischer et Schellens, *Zeits. f. Unters. d. Nahrg. u. Genussm.*, 1908, XVI, 161.
2. Cf. aussi F. Michel, *Chem. Zeit.*, 1913, 353, et Besson, *Collegium*, 1913, 150.
3. En ce qui concerne les *suifs d'os*, cf. chap. XIV.
4. Cf. O. Rammstedt, *Chem. Zeit.*, 1909, 94.

De tous les dissolvants précédents, l'éther de pétrole doit être préféré, car c'est celui qui dissout le moins de matières résineuses. On devra donc toujours l'employer, lorsqu'aucune raison spéciale ne s'oppose à son usage, — comme par exemple pour l'huile de ricin[1] — d'autant plus qu'il est facile de l'obtenir à l'état de pureté et exempt d'acidité, et qu'il n'est pas nécessaire de le dessécher avant de l'employer. Il doit cependant être soigneusement rectifié au moyen d'une colonne à fractionnement, et toutes les proportions passant au-dessus de 80° (et quelquefois au-dessus de 50°), doivent être écartées. S'il est nécessaire, on peut le purifier par agitation avec un peu d'acide sulfurique concentré ; après séparation de la couche acide colorée, on lave l'éther de pétrole à l'eau jusqu'à ce qu'il soit absolument exempt d'acide ; il est préférable de le distiller après ce lavage afin de le débarrasser des substances à point d'ébullition élevé, qui se forment au cours du traitement par l'acide sulfurique.

Dans le cas des suifs d'os, *Shukoff* et *Schestakoff*[2] ont montré que le choix du dissolvant n'est pas indifférent, car le sulfure de carbone donne moins de matières insolubles que l'éther de pétrole ; le premier dissout, en outre, plus de savon de chaux à chaud qu'à froid. C'est ainsi qu'un échantillon de suif d'os, traité par le sulfure de carbone *chaud*, donnait 1,1 0/0 de matières insolubles, en effectuant rapidement la filtration, tandis qu'il accusait 6,5 0/0 avec le dissolvant refroidi.

S'il reste sur le filtre une grande quantité de matières organiques, on doit rechercher dans ce résidu, les savons métalliques (savons de chaux, d'alumine, etc...) et l'amidon. En traitant ce résidu par un acide minéral, les savons sont décomposés en acides gras qui restent sur le filtre et oxydes métalliques qui passent dans la solution aqueuse.

L'amidon est caractérisé dans le résidu organique par la coloration bleue qu'il donne avec l'iode, et sa présence confirmée par l'examen microscopique. Il convient de noter qu'en dissolvant un

1. Les huiles d'olives extraites par le sulfure de carbone ou le trichloréthylène ainsi que le dégras doivent être également considérés de façon particulière.
2. *Journ. Soc. Chem. Ind.*, 1898, 805. — *Chem. Revue*, 1898, 6.

corps gras dans l'éther de pétrole, la matière amylacée est susceptible de retenir un peu de matière grasse, de sorte que la quantité d'amidon trouvée ne correspond pas exactement au poids du résidu sec. Aussi, *König* recommande-t-il, surtout dans l'analyse des beurres, de laver à l'eau froide le résidu, après épuisement à l'éther, afin d'entraîner toutes les matières solubles dans l'eau. Le résidu est ensuite dissous par l'eau à l'ébullition, et finalement converti en glucose par ébullition avec l'acide chlorhydrique ; le glucose peut enfin être dosé avec la liqueur de *Fehling*.

Les **huiles éthérées** contenues dans les corps gras, comme dans le beurre de muscade, sont déterminées par distillation dans un courant de vapeur. En pesant la matière grasse restante desséchée, on obtient la quantité d'huiles essentielles par différence. Le distillat est agité avec l'éther, et le résidu de l'évaporation examiné ultérieurement.

Les petites quantités de benzine de pétrole ou d'autre dissolvant, qui peuvent rester dans les corps gras extraits par les dissolvants, se déterminent de la même façon par entraînement au moyen de la vapeur d'eau, sur 50 ou 100 gr. de matière. Pour le dosage de quantités plus importantes, on opèrera comme dans le chapitre VI, *Matières insaponifiables*.

Les matières **solubles dans l'eau** (quelques-unes, comme le sel, peuvent se retrouver sur le filtre) se séparent du corps gras en agitant 50 à 100 gr. de celui-ci avec de l'eau suffisamment chaude pour le liquéfier. On abandonne ensuite l'émulsion au repos dans un endroit chaud jusqu'à séparation complète des deux couches, aqueuse et grasse ; si la séparation se fait trop lentement ou difficilement, ou s'il reste une partie de corps gras émulsionnée avec l'eau, l'addition d'un peu d'éther facilitera l'opération. A l'aide d'un entonnoir à décantation, on isole la couche aqueuse de la couche grasse et la soumet à un examen approprié. Si le corps gras renfermait des traces d'acide (sulfurique) provenant des traitements subis en vue de raffinage, l'acide passe dans la couche aqueuse où il peut être dosé au moyen d'une liqueur titrée, avec le méthylorange comme indicateur. Les autres substances présentes peuvent être déterminées dans le résidu de l'évaporation de la solution aqueuse.

Frank Tate[1] emploie dans son laboratoire, les méthodes suivantes pour l'évaluation des impuretés les plus fréquentes :

Eau dans les corps gras autres que les corps gras d'extraction. — On chauffe 50 gr. de corps gras dans un creuset sur un carton d'amiante ou un bain de sable au-dessus d'un bec Bunsen jusqu'à ce que tout signe d'ébullition ait cessé et que le corps soit à l'état de fusion tranquille, sans émettre de vapeurs. On laisse refroidir et on pèse. La perte de poids, multipliée par 2, donne le pourcentage de l'eau dans l'échantillon.

Benzine totale, s'il en existe. — On introduit 50 gr. de l'échantillon dans une fiole et on fait passer un courant de vapeur dans celle-ci. La benzine et la vapeur sont condensées dans un condenseur ordinaire, et le tout est recueilli dans un tube gradué. Le dissolvant se rassemble et surnage au-dessus de l'eau condensée ; on note son volume quand il est devenu constant, et on calcule le poids recueilli d'après le poids spécifique.

Eau en présence de benzine. — L'eau en présence de benzine se détermine en chauffant 50 gr. de l'échantillon dans un creuset sur un bain de sable ou un carton d'amiante comme ci-dessus. La perte donne la quantité d'eau contenue dans l'échantillon et une partie ou la totalité de la benzine. On fait ensuite passer le corps gras dans une fiole et on le distille dans un courant de vapeur ; on mesure le volume de benzine condensée et on déduit son poids d'après le poids spécifique.

La quantité de benzine obtenue par cette distillation, déduite de celle obtenue en premier lieu par la benzine totale, donne la quantité de benzine qui a passé avec la vapeur d'eau, en chauffant au bain de sable. En déduisant cette quantité de la perte totale trouvée, on a l'eau seule.

Savons de chaux, etc. — On traite 10 gr. de l'échantillon (non désséchés) par l'éther de pétrole (densité 0,700) à la température de 15 à 20° (pas davantage). On recueille le résidu insoluble sur filtre taré et lavé à l'éther de pétrole à la température indiquée. On s'assure par évaporation des derniers lavages qu'il ne renferme plus de corps gras, puis l'on sèche à 10° le filtre avec le résidu insoluble

1. *VII the International Congress of applied Chemistry*, London, 1909.

et on pèse. Le résultat donne les savons de chaux et les autres impuretés. Après la pesée, on traite le résidu par l'acide chlorhydrique étendu pour décomposer les savons ; on recueille les acides gras des savons, on les pèse et les calcule suivant la méthode habituelle.

La différence entre le résidu total et les savons calcinés représente les matières minérales et autres, exemptes de corps gras.

Il est bon de s'assurer qu'il n'y a pas eu dissolution de savons calcinés par l'éther de pétrole, à la température employée. Pour cela, on peut déterminer la chaux contenue dans la solution résultant du traitement des savons et impuretés par l'acide chlorhydrique, après séparation des acides gras. La quantité de chaux ainsi obtenue doit concorder avec celle déterminée dans les cendres fournies par la calcination de 10 gr. de corps gras.

DÉTERMINATION DES MATIÈRES GRASSES

La détermination de la matière grasse existant effectivement dans un échantillon peut se faire en même temps que la détermination des matières étrangères, décrite plus haut, en recueillant le filtrat dans une fiole tarée, évaporant le solvant et pesant le résidu sec ; s'il se trouve des matières mucilagineuses ou amylacées, ou d'autres substances solides mélangées au corps gras, on emploie avec avantage, le procédé suivant, plus commode et plus sûr :

L'échantillon est mélangé intimement avec 4 à 6 fois son poids de matière inerte, sable ou plâtre finement pulvérisé (préalablement lavé et séché) et le mélange séché à 100° ; puis, il est placé dans un appareil d'épuisement automatique ou *extracteur*.

Le mieux approprié de ces appareils pour l'extraction des corps gras est celui indiqué par *Soxhlet* (*Szombathy*) (*fig.* 1). La figure 2 montre une modification de cet appareil, que beaucoup préfèrent comme étant moins susceptible de se briser.

La substance à extraire est renfermée dans une cartouche de papier à filtrer, qui se prépare facilement en roulant le papier autour d'un cylindre de bois de diamètre convenable, et en le pliant ensuite à un bout. La cartouche remplie de matière est introduite dans l'extracteur A, en prenant soin qu'elle n'obstrue pas le tube-siphon ; elle doit être fermée à la partie supérieure, pour qu'il ne puisse s'en échapper aucune particule qui serait entraînée par le dissolvant ; il est même bon, par mesure de précaution, de placer une touffe de coton par dessus la matière dans la cartouche [1]. Le tube B est alors adapté au moyen d'un bouchon à une fiole de 100-150 cc. contenant environ 50 cc. de dissolvant (éther de pétrole, éther, sulfure de carbone, chloroforme, etc...). Une autre portion du dissolvant est versée avec soin sur la substance en B, jusqu'à ce qu'il commence à s'écouler par le siphon D. Enfin, l'extracteur est relié en A avec un réfrigérant ascendant, et l'appareil placé sur un bain-marie. Le dissolvant bouillant, les vapeurs s'élèvent à travers B et C dans le condenseur et s'y condensent ; le liquide retombe alors sur la substance renfermée dans la cartouche. Quand il a atteint le niveau *h*, le siphon D s'amorce, et le liquide s'écoule, A se vidant complètement. Le dissolvant est de nouveau volatilisé, puis condensé, repasse sur la substance et ainsi de suite. Le récipient A peut ainsi facilement être rempli et vidé de vingt à trente fois par heure.

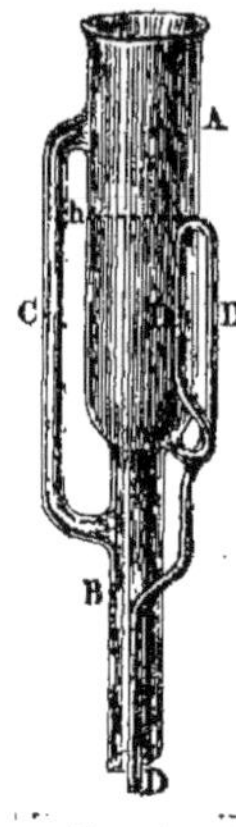

FIG. 1.

FIG. 2.

Le choix du dissolvant n'est pas indifférent, quoiqu'il soit souvent regardé comme une simple question à la convenance de l'opérateur. On a fréquemment observé, en effet, que tel dissolvant *spécifique* n'extrait pas la totalité du corps gras dans toute substance *quelconque*, et c'est particulièrement le cas pour les matières grasses provenant d'organismes animaux, tels que la viande, le jaune d'œuf (cf. chap. XV, *Huile de jaune d'œuf*, et aussi *Kumagawa* et *Sulo* [2]), les viscères comme le cœur, le foie, etc... La présence de grandes quan-

1. H. Bull et H. Gregg, *Tiddskrift for Kemi*, 1912, 321, indiquent que dans l'extraction de la farine de baleine (et celle de coton), l'éther traverse le papier à filtrer plutôt que la matière; ils recommandent en conséquence de placer à l'intérieur de la cartouche de papier à filtrer un cylindre de papier ordinaire.

2. *Bioch. Zeits.*, 1908 (8), 212; cf. Shimidzu, *ibidem*, 1910 (10), 237; Koch, *Chem. Zeit.*, 1911; 1040. Cf. aussi Tamura, *Bioch. Zeits.*, 1913, 151, 463.

tités de lécithines ou phosphatides dans ces produits ou organes rend l'extraction complète par l'éther impossible, et en même temps ce dissolvant entraîne des quantités de substances autres que les matières grasses [1].

En règle générale, on peut dire que l'éther, le sulfure de carbone, le tétrachlorure de carbone [2] et le trichloréthylène dissolvent toutes les substances grasses présentes avec la même facilité. Si l'on veut obtenir des résultats rigoureusement exacts, il est préférable de traiter la matière à extraire par l'éther de pétrole (cf. chap. XIII). C'est ainsi que ce dissolvant ne dissout pas les acides oxydés existant, par exemple, dans les huiles d'olive sulfurées, le dégras, etc. ; il ne dissout pas non plus la théobromine des fèves de cacao, tandis que l'éther dissout facilement cet alcaloïde en même temps que le beurre de cacao. Dans d'autres cas, comme pour les charges et apprêts des fibres textiles, le chlorure d'étain est complètement extrait aussi bien par l'éther sec que par l'éther de pétrole. Le chlorure d'aluminium, le chlorure ferrique, le chlorure d'étain sont, de même, dissous par l'éther. Il est donc nécessaire d'épuiser préalablement les textiles à l'eau, avant de procéder à l'extraction des matières grasses.

En employant l'extracteur de *Soxhlet* de la forme décrite plus haut, il y a toujours quelque doute sur le moment exact où l'épuisement est terminé, et, en général, l'opération est prolongée plus qu'il n'est nécessaire, ce qui entraîne à la fois une perte de temps et de dissolvant. Pour obvier à cet inconvénient, *Lewkowitsch* [3] a adapté un robinet au tube-siphon, de sorte qu'à un moment quelconque le dissolvant peut être soutiré, et les progrès de l'épuisement contrôlés (*fig.* 3).

Si la substance à épuiser a été recueillie sur un filtre, il n'y a qu'à plier le filtre et le placer ainsi dans l'extracteur.

1. Hartley, *Journ. of Physiol.*, 1907 (36), 17; E. Schulze, *Zeils. f. ang. Chem.*, 1908, 1125; Fahrion, *ibidem*, 1909, 769, et aussi Rosentahl et Trowbridge, *Amer. Journ. Pharm.*, 1915, 87, 309.

2. Cf. E.-P. Harding et L.-L. Nye, *Journ. Ind. Eng.*, 1912, 895. Dans l'extraction des fèces, le tétrachlorure de carbone dissout en douze heures de 17,9 à 33,8 0/0 de plus de corps gras que l'éther en vingt-quatre heures (A.-D. Emmett, *Journ. Amer. Chem. Soc.*, 1909 (31), 693). Cf. aussi Chapus, *Journ. Pharm. Chim.*, 1909, 301. Pour la détermination du corps gras dans les matières alimentaires, cf. Polenske, *Arb. a. d. Kais. Gesundheisam.*, 1910 (XXXIII), 563.

3. *Journ. Chem. Soc.*, 1889, 360.

Frühling [1] a proposé une modification de l'extracteur de *Soxhlet*, qui permet la pesée de la matière avant et après l'extraction. La partie essentielle de l'appareil, celle qui reçoit l'échantillon, est représentée dans la figure 4. Elle a la forme d'un flacon servant pour les pesées de filtres et n'en diffère que par le fond en entonnoir; celui-ci est muni d'un siphon dont la grande branche traverse le fond et est taillée en biseau. Les parois de E se prolongent au-dessous de la branche inférieure du siphon, permettant ainsi de faire reposer le récipient debout, dans sa position normale, sur le plateau d'une balance, tout en protégeant le tube-siphon contre les chocs et la casse. La branche courte du siphon descend jusqu'au fond de la fiole et est munie à sa partie supérieure d'une ampoule, qui permet la rupture de la colonne liquide quand on sépare le récipient du tube A (*fig.* 5). Ce tube a la forme ordinaire de l'extracteur de *Soxhlet* sans son siphon et sert à contenir la fiole E. La partie supérieure de A est fermée par un bouchon parfaitement ajusté à l'émeri, traversé lui-même par un tube. La disposition et l'application de l'appareil se comprennent aisément à l'examen des figures 4 et 5.

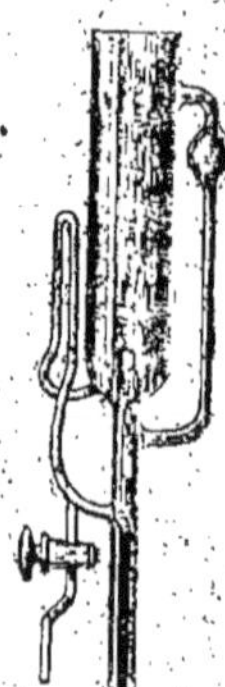

Fig. 3.

Fig. 4.

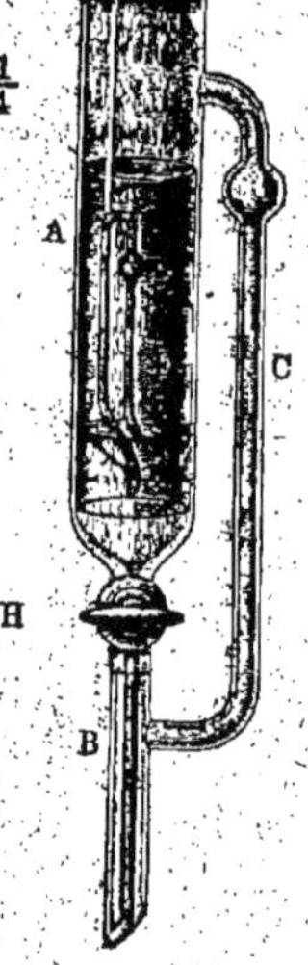

Fig. 5.

Pour les substances dont l'extraction doit s'effectuer à la température d'ébullition du dissolvant, *F. K. Stock* recommande un extracteur convenablement modifié [2].

Le nombre de modifications et de perfectionnements apportés à l'ingénieux appareil de *Soxhlet* est considérable; mais, les appareils décrits ci-dessus étant les mieux appropriés à la plupart des cas, pour la des-

1. *Zeitschr. f. angew. Chem.*, 1889, 242.
2. *Journ. Soc. Chem. Ind.*, 1897, 107; cf. aussi Warren, *Analyst*, 1906, 214.

cription des autres types, on se reportera aux mémoires originaux ou aux extraits publiés dans les journaux scientifiques spéciaux (*Bulletin Soc. Chim.*, *Chimie et Industrie*, *Berichte*, *Journ. Soc. Chem. Ind.*, etc...).

L'extraction terminée, la fiole contenant la solution est séparée de l'extracteur, le dissolvant distillé au bain-marie et le corps gras résiduel séché au bain d'air, à une température ne dépassant pas 100-110°, jusqu'à ce que le poids reste sensiblement constant (Cf. p. 752).

Les appareils décrits servent également pour l'extraction des corps gras contenus dans les graines oléagineuses, les tourteaux, etc... Avant l'extraction, ces substances doivent être réduites en poudre fine, et s'il est nécessaire, desséchées à une température convenable (Cf. chap. XIII).

Phillips [1] a proposé la méthode rapide suivante pour la détermination de la matière grasse dans les poudres, notamment le cacao, qui évite d'attendre que l'extraction soit complète :

On introduit la matière pesée dans une fiole à gros goulot avec 100 centimètres cubes de dissolvant (le trichloréthylène de préférence), La fiole bouchée, on agite bien et abandonne au repos pendant un quart d'heure. La fiole peut être munie d'un bouchon étanche percé de deux trous par lesquels pénètrent une pipette de 20 centimètres cubes et un tube coudé. L'extrémité effilée de la pipette est coiffée d'un filtre formé de deux disques de papier à filtrer pliés en forme de dé et attachés à un bouchon que traverse la pipette. On agite de nouveau la fiole et introduit le filtre dans la solution. En soufflant par le tube coudé la solution est obligée de monter dans la pipette en traversant le filtre. La pipette pleine, on la retire et laisse son contenu dans une fiole tarée; on évapore le dissolvant, sèche le corps gras et pèse comme d'habitude. On trouvera dans le mémoire original une table de corrections pour la compensation de l'augmentation de volume due à la dissolution du corps gras; ces corrections s'appliquent d'ailleurs seulement au beurre de cacao, et dans tout autre cas il conviendrait de dresser une autre table appropriée.

1. *Analyst*, 1916, 122.

La dessiccation et la filtration des corps gras s'effectuent dans une grande étuve munie d'un thermostat (thermorégulateur).

L'étuve, du type ordinaire, peut avoir comme dimensions : 25 centimètres de hauteur, 25 centimètres de largeur et 15 centimètres de profondeur. *Lewkowitsch* apportant quelques modifications à l'appareil décrit par *Sidersky* [1], emploie une étuve cylindrique à double enveloppe munie d'une porte avec glace forte se fermant hermétiquement ; des orifices appropriés permettent soit de faire le vide dans la chambre, soit d'y envoyer un courant lent d'air sec ou de gaz inerte, et par suite d'opérer la dessiccation dans tel milieu convenable. L'espace compris entre les deux enveloppes cylindriques peut être rempli d'eau chaude ou de tout autre liquide, afin de maintenir la température constante, aussi longtemps qu'on le désire.

La figure 6 représente un type de thermorégulateur perfectionné par *Reichert*. Il consiste en un tube capillaire terminé à la base par une ampoule *c*, sorte de thermomètre dont la partie supérieure s'élargit comme l'indique la figure. La branche latérale du tube capillaire est munie d'une vis S, permettant de régler le niveau du mercure à volonté. Le tube d'amenée de gaz A est soigneusement rodé et ajusté à la partie supérieure du tube thermométrique, et se prolonge au-dessous du tube latéral B. A porte un orifice à la base, et un autre plus petit en *a*. Le gaz entrant en A sort du régulateur en B. Le thermostat est fixé à l'aide d'un bouchon percé de deux trous, à côté d'un thermomètre ordinaire, sur une tubulure que porte l'étuve ; A est alors relié à l'amenée de gaz et B au brûleur. Le tube A est ajusté de telle façon que la communication avec B s'établisse par l'orifice *a*, S étant suffisamment enfoncé dans le tube pour que le mercure affleure l'orifice inférieur de A. L'étuve est alors chauffée et, quand la température désirée est atteinte, la vis S est réglée pour que la colonne de mercure s'arrête juste à la base

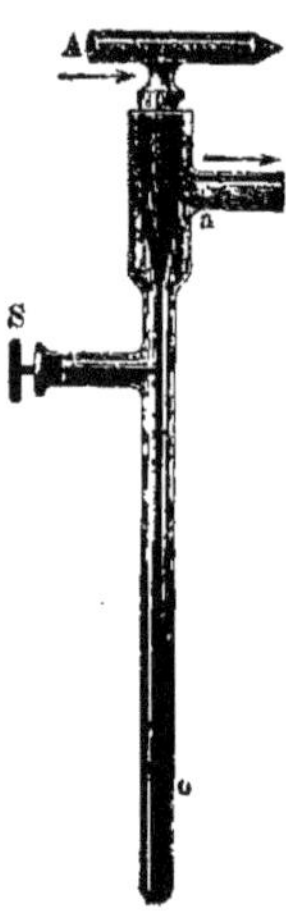

Fig. 6.

1. *Zeitschr. f. analyt. Chem.*, 29, 280.

de A ; on détermine facilement ce point exact, car la flamme du brûleur baisse dès qu'on l'atteint. Dans ces conditions, le gaz n'arrive au brûleur que par l'orifice *a*, jusqu'à ce que la température s'abaissant dans l'étuve, le mercure se contracte et offre au gaz un nouvel écoulement par l'orifice inférieur de A, précédemment fermé par le mercure. Lorsque la température s'élève, le mercure se dilate et ferme de nouveau cet orifice, amenant ainsi une diminution de température, et ainsi de suite. La température peut être ainsi maintenue constante entre des limites très étroites. Dans le cas où la flamme du brûleur serait encore trop grande pour la température désirée, lors même que le gaz n'arrive que par l'orifice *a*, l'arrivée de gaz doit être réduite en tournant un peu le tube A, de façon à obstruer partiellement l'orifice *a* lui-même.

La vis S est ordinairement mastiquée avec de la cire à cacheter, qui présente l'inconvénient de fondre facilement, laissant filtrer le mercure à travers le bouchon ; il convient donc de protéger la cire contre tout échauffement qui amènerait sa fusion [1].

J. W. James [2] a soulevé une autre objection contre le thermostat de *Reichert* : après quelque temps de service — quelques jours ou quelques semaines suivant la pureté du gaz, — la surface supérieure du mercure se recouvre d'une poussière noire de sulfure de mercure qui altère la sensibilité du régulateur, et il devient nécessaire de démonter celui-ci pour le nettoyer. *James* a donc indiqué un thermostat basé sur le principe de celui de *Reichert*, mais évitant le contact défectueux du gaz avec le mercure. Pour sa description et son emploi, le lecteur devra se reporter au mémoire original.

Fontaine [3] a remplacé le tube horizontal du thermorégulateur de *Reichert* par un tube coudé à angle droit et dirigé vers le haut.

Un autre thermostat, construit entièrement en métal et ne contenant pas de mercure, a été décrit par *Porges* [4].

Dans un laboratoire muni de vapeur, il est plus pratique de chauf-

1. Le principe du thermorégulateur de *Reichert*, mais évitant le défaut signalé, a été utilisé par *Berlémont* [Cf. *Bull. Soc. Chim.*, 3, 13 (1895)]. Cf aussi le thermorégulateur de Reichert modifié par Fänder, *Chem. Zeit.*, 1913, 40, et le thermostat de Kob et Cº, *Chem. Zeit.*, 1910, 1152.
2. *Journ. Soc. Chem. Ind.*, 1893, 225.
3. *Ann. Chim. anal. appl.*, 1911 (16), 52.
4. *Zeitsch. f. analyt. Chemie*, 1893, 212.

fer l'étuve par circulation de vapeur dans la double enveloppe, ce qui dispense de l'emploi d'un thermorégulateur.

Quand il s'agit de débarrasser seulement les échantillons de corps gras, de l'eau et des principales impuretés pour les essais ultérieurs, il suffit de fondre la matière grasse dans une capsule au bain-marie, et de la tenir en fusion jusqu'à ce que l'eau et les impuretés se déposent. La matière limpide est alors jetée sur un filtre sec, qui absorbe les petites quantités d'humidité dissoutes dans les corps gras.

RECHERCHE ET DÉTERMINATION DES MATIÈRES INORGANIQUES DANS LES CORPS GRAS

Les huiles et graisses ont la propriété de dissoudre de petites quantités de savons, soit solubles dans l'eau (alcalins), soit métalliques. Les huiles « cuites » renferment normalement des savons métalliques dissous.

On reconnaît la présence de savons métalliques dans les huiles, en calcinant une petite quantité dans un creuset ; un résidu indique la présence des métaux.

Ce résidu peut renfermer les bases suivantes : hydrates de sodium et de potassium, chaux, alumine et oxydes de plomb, cuivre, zinc, étain et nickel (huiles hydrogénées).

Les *hydrates alcalins* donnent un résidu soluble dans l'eau et alcalin au papier de tournesol. Le sodium et le potassium sont identifiés par les méthodes habituelles employées pour l'analyse des savons (chap. XV).

Si l'on soupçonne la présence de la chaux, on traite le résidu par l'acide chlorhydrique étendu, on filtre et traite la liqueur filtrée par l'oxalate d'ammonium et l'ammoniaque ; un précipité blanc caractérise la chaux.

Pour doser la chaux, on opère de la même façon, mais en abandonnant le précipité d'oxalate de calcium au repos pendant vingt heures dans un lieu modérément chaud ; puis on filtre, lave, sèche le résidu, et le calcine au chalumeau jusqu'à ce que le poids d'oxyde de calcium reste constant.

La séparation des autres métaux contenus dans un corps gras s'effectue en chauffant celui-ci dans une fiole au bain-marie avec de l'acide nitrique très dilué ; les métaux passent dans la liqueur acide. Cependant, s'il y a de l'étain, il ne passe que partiellement dans la solution nitrique [1]. Lorsque la présence de l'étain est soupçonnée, il convient donc de fondre une partie du corps gras avec le carbonate et le nitrate de potassium. Dans les autres cas, on peut calciner une certaine quantité de matière grasse dans une capsule de platine (ou un creuset de porcelaine, si le plomb est soupçonné), dissoudre le résidu dans quelques gouttes d'acide nitrique et étendre d'eau la solution. Un autre procédé moins pratique consiste à dissoudre le corps gras dans l'éther et à agiter la solution avec l'eau acidulée.

Une portion de la liqueur acide obtenue par l'un de ces procédés est traitée par l'hydrogène sulfuré, qui donne un précipité noir ou brun ou seulement une coloration en présence d'un métal lourd, plomb, cuivre ou nickel.

D'autres portions de la solution acide sont traitées : 1° par le ferrocyanure de potassium (précipité brun) et par l'ammoniaque (coloration bleue) pour caractériser le *cuivre* [2]; 2° par l'acide sulfurique (précipité blanc) et par le chromate de potassium (précipité jaune, soluble dans la potasse) pour déterminer le *plomb*. Pour la recherche et le dosage du *fer*, voir plus loin. Le *zinc* et l'*alumine* seront enfin déterminés et caractérisés par les méthodes connues de l'analyse minérale qualitative.

L'*oxyde de cuivre* est quelquefois introduit dans les huiles pour leur donner une couleur verte. Les corps gras rances (comme le saindoux), conservés dans les récipients doublés de *plomb* ou de *cuivre*, dissolvent facilement ces métaux en petites quantités. La recherche de ces métaux dans les huiles comestibles mérite donc une attention spéciale.

1. J.-A. Emery, *Twenty-sixth Annual Report of the Bureau of Animal Industry*, 1909.

2. La coloration de la flamme du cuivre est inutile (Vaubel, *Chem. Zeit.*, 1910, 685). Sacher a montré que les corps gras humides, formant de l'oxyde de carbone par suite d'une combustion incomplète, donnent une coloration verte que ne donnent pas les corps gras secs; il en est de même des corps gras contenant de l'acide borique ou des borates.

Dosage du cuivre. — Dix à vingt grammes de corps gras sont pesés exactement et incinérés dans une capsule de platine. Le résidu est dissous dans quelques gouttes d'acide nitrique et la liqueur diluée avec de l'eau est filtrée dans un gobelet. La solution, chauffée près de l'ébullition, est additionnée de soude ou de potasse caustique pure et portée à l'ébullition pendant quelques minutes. Le précipité noir d'oxyde de cuivre est jeté sur filtre, séché, calciné et pesé.

On peut encore employer la méthode suivante : le corps gras chauffé et agité parfaitement avec l'acide chlorhydrique, et le liquide acide jeté sur filtre ; le corps gras est lavé plusieurs fois à l'eau et les eaux de lavage réunies à la première liqueur. La solution acide chauffée est traitée par un courant d'hydrogène sulfuré. Le précipité de sulfure cuivrique est jeté sur filtre, lavé avec de l'eau saturée d'hydrogène sulfuré, séché, mélangé avec du soufre et chauffé dans un courant d'hydrogène dans un creuset de porcelaine. Le cuivre est ainsi transformé en sulfure cuivreux Cu^2S.

Dosage du plomb. — 1° Le plomb est amené en dissolution à l'état de nitrate par l'un des procédés indiqués plus haut. La solution additionnée d'acide sulfurique est maintenue au bain-marie jusqu'à ce que tout l'acide nitrique soit éliminé. Le liquide est alors étendu d'eau et additionné de deux fois son volume d'alcool et abandonné au repos pendant quelques heures. Le précipité est enfin jeté sur le filtre, lavé à l'alcool faible, séché et calciné. Le filtre doit aussi être calciné à part. Le sulfate de plomb pesé est réduit par le calcul en *oxyde* en ou *métal.*

2° On peut employer une autre méthode plus rapide, mais moins exacte : Quelques grammes de corps gras sont incinérés dans un creuset de porcelaine taré. Le résidu formé d'oxyde de plomb et de plomb métallique est pesé, puis traité par l'acide acétique chaud qui dissout l'oxyde. Le résidu de plomb métallique est lavé par décantation, le creuset et son contenu sont séchés et pesés de nouveau, ce qui donne le plomb métallique. La différence avec la première pesée donne l'oxyde qui est lui-même calculé en plomb, que l'on ajoute au poids de métal trouvé directement.

3° On peut enfin agiter la solution éthérée de matière grasse avec l'acide sulfurique étendu, filtrer, calciner le précipité et peser le sulfate de plomb obtenu [1].

Schlinder [2] a récemment trouvé des quantités considérables de plomb dans les huiles comestibles. Des expériences faites avec de l'huile de sésame non rance ont montré que le plomb était rapidement attaqué et le plomb trouvé dans les huiles comestibles commerciales a été reconnu provenir de réservoirs en fer, qui avaient été revêtus intérieurement d'un alliage de plomb et d'antimoine.

Recherche et dosage du fer. — Le fer paraît être un constituant normal des graisses de moelles des animaux et il semble que la moelle des jeunes animaux en contienne une plus grande quantité que celle des vieux animaux. La quantité de fer dans la graisse de moelle décroît avec l'âge de l'animal. Les graisses des autres parties du corps, telles que les muscles, les reins, les tissus cellulaires, etc... contiennent de petites quantités de fer. On a trouvé aussi des traces de fer dans le beurre de cacao, la cire du Japon, la cire d'abeilles, le spermaceti et la cire de Chine. La lécithine et le cholestérol retiennent aussi le fer avec ténacité ; la quantité de métal trouvée semble croître en proportion de la quantité de lécithine présente dans la substance examinée (*W. Glikin* [3]).

En général, la détermination du fer est inutile, à moins qu'il ne s'agisse d'huiles destinées à la teinture et au corroyage du cuir, qui doivent être exemptes de fer. Les huiles pour la teinture en rouge turc (alizarine) qui renferment de 15 à 20 0/0 et plus d'acides gras libres, sont particulièrement susceptibles de se souiller, quand elles sont conservées dans des récipients en fer ; la recherche du fer dans ces huiles présente donc une certaine importance.

Emde [4] indique la méthode suivante : L'huile est agitée dans une éprouvette cylindrique graduée avec de l'eau acidulée par l'acide sulfurique, on ajoute quelques gouttes de ferrocyanure de potassium et le tout est agité avec un peu d'éther. L'huile se dissout dans l'éther et la solution se sépare rapidement de l'eau ; en présence du fer, une couche plus ou moins épaisse de bleu de

1. Fresenius et Schattenfroh, *Journ. Soc. Chem. Ind.*, 1895, 895.
2. *Zeits. f. öffentl. Chem.*, 1913, 132.
3. *Berichte*, 1908, 910. Cf. aussi Gonnermann, *Bioch. Zeits.*, 1919, 286.
4. *Zeitschr. f. angew. Chem.*, 1888, 362.

Prusse, contenant tout le fer, s'accumule près de la surface de contact des deux liquides. En opérant comparativement avec les mêmes quantités d'huile exempte de fer, d'eau, d'acide et de ferrocyanure de potassium, on peut apprécier grossièrement la quantité de fer que contenait le premier échantillon.

Pour un dosage exact, il faut précipiter le fer à l'état d'hydrate ferrique et le peser après calcination à l'état d'oxyde ferrique [1].

Recherche et dosage du nickel. — La détermination du nickel est d'une importance particulière dans le cas des corps gras hydrogénés, qui sont capables de retenir des traces du nickel catalyseur utilisé dans leur préparation.

Le nickel se détermine le mieux en incinérant une certaine quantité du corps gras à examiner, dissolvant les cendres dans l'acide chlorhydrique ou nitrique et essayant la solution par la diacétyldioxyme (ou la diméthylglyoxyme [2]) ; il faut éviter un excès d'acide. On neutralise donc la solution avec l'ammoniaque, ajoute un peu de diacétyldioxyme en poudre et fait bouillir la solution. En présence d'une notable quantité de nickel, on obtient un précipité écarlate ; s'il n'existe que des traces de nickel, la solution devient jaunâtre et un précipité rouge se sépare par refroidissement. On peut ainsi déterminer la présence de 1/2.000.000 de nickel dans la solution [3].

Il convient de faire la recherche du nickel sur les cendres du corps gras et non pas sur un extrait obtenu en faisant bouillir le corps gras avec de l'acide chlorhydrique, car on a reconnu que l'acide extrait des graisses hydrogénées une substance donnant une coloration rouge avec la diméthylglyoxyme [4].

Les autres substances inorganiques susceptibles de se présenter comme impuretés dans les corps gras sont le soufre, le phosphore et le chlore. Elles sont caractérisées et dosées par les procédés suivants :

1. Fresenius et Schattenfroh, *Journ. Soc. Chem. Ind.*, 1895, 895.
2. Tschugajeff, *Berichte*, 1905, 2520; cf. aussi Fortini, *Chem. Zeit.*, 1912, 1461.
3. L'essai de la diméthylglyoxyme indique aussi le palladium (Wunder et Thüringer, *Zeits. anal. Chem.*, 1913, 101).
4. Kerr, *Journ. Ind. and Eng. Chem.*, 1914 (6), 207; Proll, *Zeits. f. ang. Chem.*, 1915 (28), 40.

Détermination qualitative du soufre. — Les huiles extraites par le sulfure de carbone peuvent retenir de petites quantités de soufre. Certaines huiles naturelles, telles que celles appartenant au groupe de l'huile de colza peuvent renfermer aussi du soufre, et l'on en a trouvé jusqu'à 0,57 0/0 dans les matières insaponifiables de l'huile de coton.

Pour déterminer le soufre, on saponifie la matière grasse par la soude ou la potasse caustique, qui forment du sulfure de sodium ou de potassium. En ajoutant à la solution de savon une solution alcaline d'oxyde de plomb, un précipité noir ou brun se forme en présence du soufre.

Pour reconnaître rapidement la présence du soufre, on peut encore plonger une pièce d'argent brillante dans l'huile bouillante ; la pièce devient brune ou noire avec le soufre.

L'acide sulfurique ou les huiles sulfonées (ou leurs acides gras) ne peuvent pas être déterminés par les procédés précédents. Pour l'acide sulfurique, on lave la matière grasse à l'eau, l'acide passe dans la couche aqueuse et peut y être caractérisé par le chlorure de baryum. Les composés sulfonés obtenus par l'action prolongée de l'acide sulfurique sur les huiles (voir *Huiles pour rouge turc*), doivent être décomposés, soit par ébullition, avec l'acide chlorhydrique, soit par fusion avec la potasse caustique et le nitrate de potassium.

Pour la détermination du soufre dans les huiles d'olives sulfurées, voir chapitre XVI, *Huile d'olive*.

Dosage du soufre. — *a*) *Méthode de Liebig.* — On pèse exactement une assez grande quantité de corps gras qu'on saponifie par la potasse alcoolique, dans une capsule d'argent ; on fait bouillir jusqu'à consistance sirupeuse, on laisse refroidir et on ajoute quelques morceaux de potasse caustique avec un peu de nitrate de potassium — environ 1/8 du poids de potassium employée — et quelques gouttes d'eau. On chauffe à nouveau en agitant constamment avec une spatule en argent, en élevant graduellement la température jusqu'à ce que la masse fondue soit parfaitement blanche. On laisse refroidir, on reprend par l'eau, transvase la solution dans une fiole d'Erlenmeyer et on précipite l'acide sulfurique formé par le chlorure de baryum. Dans une analyse très exacte, il est bon de reprendre le précipité de sulfate de baryum calciné par l'acide chlorhydrique à l'ébullition et de le peser de nouveau après lavage et dessiccation.

b) Méthode d'Allen. — *Allen* [1] emploie, pour le dosage du soufre dans les huiles, un appareil semblable à celui employé pour doser cet élément dans le gaz d'éclairage (*fig.* 7) : 5 gr. d'huile sont mélangés avec 45 gr. d'alcool (exempt de soufre) et brûlés dans une lampe A reliée à la partie large d'une allonge courbe ; *e* renferme du carbonate d'ammonium solide. Les gaz s'élevant dans l'allonge C se rendent dans le condenseur D, qui est rempli de billes de verre humectées. D est muni à sa base d'un robinet *h* pour l'extraction du liquide condensé. Un second condenseur G est relié au premier pour condenser les vapeurs qui s'en échappent. La tubulure supérieure de G communique avec un aspirateur qui produit un léger tirage dans l'appareil. La flamme doit être très petite et entourée d'une toile métallique pour éviter la surchauffe de l'allonge. Le liquide extrait des condenseurs contient le soufre à l'état de sulfite et de sulfate, qui sont dosés par les méthodes habituelles.

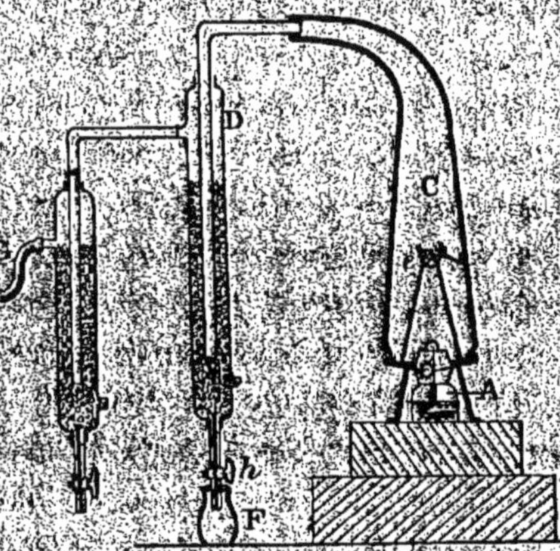

Fig. 7.

Des appareils analogues ont été décrits par *Mabery* [2], *Heusler* [3], *Engler* [4], *Kissling* [5] et *Schulz* [6].

1. *Analyst*, 1888, 43.
2. *Amer. Chem. Journ.*, 15, 544.
3. *Zeitschr. f. angew. Chem.*, 1895, 285.
4. *Chem. Ztg.*, 1896, 197.
5. *Ibidem*, 1896, 199.
6. Cf. aussi Hempel et Graefe, *Zeits. f. ang. Chem.*, 1904, 1616.

Dosage du phosphore. — Pour doser le phosphore dans les corps gras renfermant de la lécithine, par exemple, on saponifie le corps gras par la potasse alcoolique ; l'alcool est ensuite évaporé et la solution de savon diluée agitée avec de l'éther, qui dissout la cholestérine présente. La solution de savon est décomposée par un acide minéral et les acides gras séparés du liquide acide. Celui-ci, qui renferme tout le phosphore à l'état d'acide glycérophosphorique, $C^3H^5(OH)^2PO^4H^2$, est concentré jusqu'à siccité et le résidu fondu avec de la potasse caustique et du nitrate de potassium. La masse fondue est reprise par l'eau et l'acide phosphorique précipité par le mélange ammoniaco-magnésien et pesé à l'état de pyrophosphate. En multipliant le P^2O^5 trouvé par 11,366, on obtient la quantité de *lécithine*, $C^{44}H^{90}NPO^9$. (La saponification de la lécithine donne de la choline, de l'acide glycérophosphorique et des acides gras. Ceux-ci, d'après *Cousin* [1], sont formés, dans le cas de la lécithine des jaunes d'œufs, de 24 0/0 d'acide linoléique, 28,5 0/0 d'acide palmitique et 14,2 0/0 d'acide stéarique.)

La table suivante indique les proportions de lécithine trouvées dans les huiles et graisses :

1. *Journ. Pharm. Chim.*, 1903, 102.

HUILE OU GRAISSE	PHOSPHORE	PHOSPHORE CALCULÉ EN LÉCITHINE	OBSERVATEUR
	Pour 100	Pour 100	
Lin	—	0,33	Jaeckle
Œillette	—	0	Jaeckle
Maïs	—	1,49	Hopkins
Sorgho	—	0,23	Andrejew
Coton	—	0,0025-0,006	Jaeckle
Sésame	—	0,005	—
Blé	0,25	6,5 (?)	Töpler
Pois	1,17	30,5 (?)	—
Colza	—	0,11	Jaeckle
Amande	—	0,03	—
Arachide	—	traces	—
Huile de jaune d'œuf	—	0,2	Kitt
Foie de morue	—	0,005	Jaeckle
Beurre de cacao	—	0,11	—
Coco	—	0,01	—
Graisse de lièvre	—	0,03	—
— d'oie	—	traces	—
Saindoux	—	0,022-0,051	—
— d'Amérique	—	0,006	—
Graisse humaine	—	0,073-0,084	—
Suif de bœuf	—	0,033-0,073	—
— de mouton	—	0,01	—
Beurre de vache	—	0,000-0,014	—
Moelle d'os, cheval	—	1,45	Glikin
— — homme	—	2-4 (?)	—
— — porcelet	—	28-42 (?)	—

Il faut cependant noter que l'on n'est pas autorisé à convertir le phosphore trouvé en lécithine [1], sans avoir déterminé l'état dans lequel se trouve le phosphore dans la matière grasse examinée; c'est ainsi que l'huile de lin renferme une quantité assez considérable de phosphore à l'état de phosphates de magnésium et de calcium (voir chapitre XV).

Pour déterminer le phosphore dans les huiles phosphorées, comme les huiles d'amandes et de foie de morue phosphorées, 5 à 10 gr. d'huile sont dissous dans 100 à 200 cc. d'acétone, et le phosphore précipité à l'état de phosphure d'argent par addition de nitrate d'argent en solution à 10 0/0. Le précipité recueilli sur filtre est oxydé par l'acide nitrique, l'argent est précipité par l'acide

1. Cf. Fendler, *Apotheker Zeit.*, 1905, n° 3; Schulze, *Chem. Zeit.*, 1908, 981; Morigi, *Bull. Chim. Farm.*, 1909 (48), 753; W. Fresenius et Grünhut, *Zeits. f. anal. Chem.*, 1910, 90; Salzmann, *Apoth. Zeit.*, 1911 (26), 949; Virchow, *Chem. Zeit.*, 1912, 906; Riedel, *Chem. Zentralbl.*, 1912, I, 1794; Schippers, *Bioch. Zeits.*, 1912 (40), 189; Freundler, *Bull. Soc. Chim.*, 1912 (11), 1041; Cohn, *Zeits. f. öffentl. Chem.*, 1913, 54.

chlorhydrique et l'acide phosphorique dosé dans la liqueur filtrée par les méthodes gravimétriques connues [1] (Voir aussi chap. xv).

Katz[2] a montré que cette méthode n'est pas exacte et que celle proposée par *Straub*[3] présente également plusieurs inconvénients (ce dernier procédé consiste à traiter l'huile phosphorée par un excès de solution de sulfate de cuivre à 5 0/0 ; il se forme un phosphure de cuivre noir qui s'oxyde par agitation persistante à l'air, de sorte que l'acide phosphorique peut être déterminé dans la solution au moyen du molybdate d'ammoniaque de la façon habituelle).

Katz propose donc la méthode suivante : on agite 10 gr. d'huile phosphorée dans un entonnoir à séparation avec 20 cc. d'une solution aqueuse de nitrate de cuivre à 5 0/0 jusqu'à ce qu'il se produise une émulsion noire persistante, due à la formation d'un phosphure de cuivre, de formule Cu^2P^2 ; on ajoute alors 50 cc. d'éther et l'on verse par petites quantités 10 cc. d'eau oxygénée jusqu'à ce que l'émulsion noire soit complètement décolorée. On fait couler la couche aqueuse et agite la couche éthérée trois fois successivement avec 10 à 20 cc. d'eau ; les solutions aqueuses réunies sont acidulées avec quelques gouttes d'acide chlorhydrique et évaporées jusqu'à 10 à 20 cc. sur un bain-marie. S'il est nécessaire, on filtre le liquide acide, on ajoute de l'ammoniaque en quantité suffisante pour redissoudre le précipité formé en premier lieu et l'on précipite l'acide phosphorique de la façon habituelle par le mélange ammoniaco-magnésien.

Au cas où l'eau oxygénée employée contient de l'acide phosphorique (généralement employé pour la rendre plus stable), celui-ci doit être dosé dans un essai préalable.

Si l'on veut connaître la quantité de phosphore oxydé existant dans une huile phosphorée, il faut d'abord extraire l'huile avec de l'eau saturée d'acide carbonique. Le phosphore est alors déterminé à la fois dans l'extrait aqueux et dans l'huile phosphorée.

Katz a préparé un certain nombre d'huiles phosphorées en plaçant du phosphore sec avec l'huile dans une bouteille contenant une atmosphère d'acide carbonique, chauffant lentement le contenu au bain-marie jusqu'à ce que le phosphore soit fondu et agitant le

1. Cf. Louise, *Comptes Rendus*, 129 (1899), 394 ; *Journ. Pharm. Chim.*, 19, 241 ; Fränkel, *Pharm. Post.*, 34 (1901), 117.
2. *Arch. d. Pharm.*, 242 (1904), 121.
3. *Ibidem*, 1903; cf. aussi *Zeits. f. anorg. Chem.*, 1903, 460.

mélange (dans une machine agitatrice) pendant une à deux heures. La quantité de phosphore dissous déterminée par la méthode décrite ci-dessus [1] a donné les résultats suivants :

Huile phosphorée de :	Phosphore pour cent.
Huile de lin	1,15
— d'œillette	1,10
— sésame	1,06
— colza	1,16
— amande	1,13
— arachide	1,20
— olive	1,085
— ricin	0,70
— foie de morue	1,13

Dosage du chlore, du brome et de l'iode. — Les corps gras blanchis au moyen du chlorure de chaux peuvent retenir de petites quantités de chlore ; il en est de même de ceux extraits à l'aide des dissolvants chlorés, comme le trichloréthylène.

Benedikt et *Zikes* [2] dosent de petites quantités de chlore en faisant tomber goutte à goutte 25 gr. de corps gras à examiner dans un tube à combustion rempli de chaux.

L'opération se poursuit de la manière connue, observée pour les dosages de chlore dans les substances organiques.

Le brome et l'iode qui se trouvent dans les graisses bromées et iodées peuvent être déterminés de la même manière [3].

Pour la détermination du brome dans les bromures insolubles dans l'éther, voir chapitre VIII.

Tolman [4] emploie la méthode de *Pringsheim* [5] par combustion oxydante avec le peroxyde de sodium dans un creuset de fer ou la bombe calorimétrique. Le bromate formé est ensuite réduit par une solution concentrée de sulfite de sodium et le bromure précipité, après acidification par l'acide sulfurique, par le nitrate d'argent. Afin d'empêcher la précipitation du sulfate d'argent, on acidifie fortement la solution par l'acide nitrique.

1. Enell, *Pharm. Zeit.*, 1905 (50), 601 a critiqué la méthode de Katz ; le procédé qu'il a proposé a été à son tour critiqué par Rupp, *Pharm. Zeits.*, 1905, 821 ; Bohrisch, *Pharm. Zentralbl.*, 1909 (50), 19 ; Frey, *Pharm. Post.*, 1910 (décembre).
2. *Chem. Ztg.*, 28, 820.
3. Cf. *Chem. Revue*, 1904, 280.
4. *Journ. Ind. and Eng. Chem.*, 1909, 341.
5. *Berichte*, 1904, 2155 ; cf. aussi *Journ. Amer. Chem. Soc.*, 1904 (31), 386.

CHAPITRE V

MÉTHODES PHYSIQUES D'EXAMEN DES HUILES, GRAISSES ET CIRES

L'examen des propriétés physiques des huiles, graisses et cires fournit dans maints cas de précieuses indications et apporte un concours important pour l'identification de ces matières et la recherche de leurs sophistications.

Le poids spécifique des corps gras, les points de fusion et de solidification de leurs acides gras constituent les critériums les plus sérieux et les plus utiles.

La détermination de l'indice de réfraction est devenue, grâce à la construction d'appareils pratiques, un des procédés les plus rapides pour l'examen préliminaire de la pureté des échantillons, et lorsqu'on dispose des appareils nécessaires, on trouvera de grands avantages à l'emploi de cette méthode qui joint souvent la rapidité de l'observation à la certitude du résultat.

La recherche des substances optiquement actives a été jusqu'ici quelque peu négligée ; il est, cependant, possible par ce moyen, d'identifier rapidement plusieurs corps gras (vénéneux ou nocifs) ainsi que de découvrir certaines falsifications avec certitude.

L'examen microscopique, récemment mis au premier plan, promet d'être un grand secours dans la recherche des glycérides mixtes.

D'autres méthodes optiques, telles que l'examen spectroscopique et colorimétrique peuvent, dans certains cas, fournir des indications appréciables.

La solubilité des corps gras dans certains dissolvants servira souvent à contrôler les indications fournies par d'autres essais ; mais étant donnée la grande similitude de composition chimique de la plupart des corps gras, l'emploi systématique d'une série de dissolvants, pour les différencier, offre peu d'espoir de succès.

Dans quelques cas, pour les huiles lubrifiantes en particulier, la détermination de la viscosité offre un grand intérêt.

Pour être complet, nous signalerons encore quelques autres propriétés physiques et leurs déterminations, quoique celles-ci ne puissent guère être introduites avec certitude dans un laboratoire analytique.

Les propriétés physiques et les méthodes employées à leur détermination seront étudiées sous les titres suivants par ordre d'importance au point de vue analytique, c'est-à-dire d'après leur utilité pour l'identification des espèces et la détermination de leur pureté :

1° Poids spécifique ;
2° Points de fusion et de solidification ;
3° Indice de réfraction ;
4° Pouvoir rotatoire ;
5° Examen microscopique (micrographie) ;
6° Examen spectroscopique ;
7° Colorimétrie ;
8° Viscosité ;
9° Consistance ;
10° Solubilité ;
11° Conductibilité électrique ;
12° Examen calorimétrique.

D'autres méthodes physiques, telles que la détermination des coefficients de diffusion [1], l'analyse capillaire [2], la détermination cryoscopique [3], la dilatabilité [4], ne sont pas décrites ici en détail, car elles ne fournissent pas, pour le moment, des résultats plus concluants que ceux obtenus par des méthodes moins compliquées.

1. Zaloziecki, *Chem. Rev.*, 1897, 220, 229.
2. Goppelsrœder, *Capillaranalyse*, Bâle, 1901 ; *Anregung zum Studium der auf Capillaritäts-und Adsorptionserscheinungen beruhenden Capillaranalyse*, Bâle, 1906. *Cf.* aussi *Chem. Zeit.*, 1909, 1333, et Mc Lewis, *Journ. Soc. Chem. Ind.*, 1916, 575.
3. Robertson, *Journ. Chem. Soc.*, 1903, 1425; Pailheret, *Bull. Soc. Chem.*, 1909, 425.
4. Thörner, *Zeits. f. Chem. Apparatenkunde*, 1908, 165.

Enfin, il ne sera même pas question de certaines autres méthodes physiques, telles que la détermination des figures de cohésion [1], le pouvoir émulsif, les courbes de miscibilité [2], etc., qui ne sont d'aucune application pratique.

I. — POIDS SPÉCIFIQUE

Le poids spécifique des corps gras et des cires **liquides** peut être déterminé à la température ordinaire par les méthodes bien connues employées pour les autres liquides, c'est-à-dire au moyen d'un aréomètre, d'un picnomètre ou de la balance hydrostatique.

On ne saurait trop insister sur l'importance qu'il y a à s'assurer de la précision et de la sensibilité de l'aréomètre employé. Les indications les plus rapides sont obtenues au moyen des densimètres ou aréomètres rapportés à la densité de l'eau, tandis que l'emploi de l'aréomètre de *Twaddell* nécessite un calcul, si simple soit-il.

Divers aréomètres, gradués arbitrairement, sont employés sur le continent et en Amérique, par le commerce et même par les services officiels comme les douanes. Ces instruments, gradués à une certaine température, expriment les densités en « degrés » ; le poids spécifique réel s peut être calculé à l'aide des tables données plus loin, n désignant le nombre de « degrés ».

Il convient, toutefois, de noter qu'il y a, dans le commerce, un grand nombre d'aréomètres *Baumé* différents (il n'existe pas moins de 36 échelles ou graduations différentes), de sorte qu'il faut faire attention aux variations apportées au type primitivement choisi par *Baumé*. Les points de départ de *Baumé* étaient l'eau pure et une solution salée à 10 0/0 qui, d'après *Gerlach*, avait le poids spécifique de 1,07335 à 15°, et 1,07311 à 17,5° (*Chandler* donne 1,0737665 pour une température de 12,5°).

Aux États-Unis, la formule $s = \frac{145}{135 - n}$ (à 60° F.), est fréquemment utilisée au lieu de la formule donnée dans la table suivante : $s = \frac{146,3}{146,3 - n}$ pour les liquides plus lourds que l'eau.

1. Müller, *Allgemeine Chemie der Kolloide*, 1907, 88.
2. Cf. Louis, *Comptes Rendus*, 1909 (149), 284.

La formule américaine $s = \frac{140}{130 + n}$ employée pour les liquides plus légers que l'eau conduit à 1,0769 comme poids spécifique d'une solution salée à 10 0/0.

Les tables données dans les pages suivantes devront donc être utilisées avec discrétion. La table pour les liquides plus légers que l'eau donnée à la page 459 est basée sur la formule américaine.

Il doit donc être entendu que le poids spécifique véritable calculé d'après la formule donnée dans la table, ne correspond pas toujours à celui que l'on détermine directement.

ARÉOMÈTRE	TEMPÉRATURE	POUR LIQUIDES PLUS LOURDS QUE L'EAU	POUR LIQUIDES PLUS LÉGERS QUE L'EAU
Balling	17,5°	$s = \frac{200}{200 - n}$	$s = \frac{200}{200 + n}$
Baumé I	12,5°	$s = \frac{145,88}{145,88 - n}$	$s = \frac{145,88}{135,88 + n}$
Baumé II	15°	$s = \frac{146,3}{146,3 - n}$	$s = \frac{146,3}{136,3 + n}$
Baumé III	17,5°	$s = \frac{146,78}{146,78 - n}$	$s = \frac{146,78}{136,78 + n}$
Beck	12,5°	$s = \frac{170}{170 - n}$	$s = \frac{170}{170 + n}$
Brix	12,5° R. 15,625°	$s = \frac{400}{400 - n}$	$s = \frac{400}{400 + n}$
Cartier	12,5°	$s = \frac{136,8}{126,1 - n}$	$s = \frac{136,8}{126,1 + n}$
Fischer	12,5° R. 15,625°	$s = \frac{400}{400 - n}$	$s = \frac{400}{400 + n}$
Gay-Lussac	4°	$s = \frac{100}{100 - n}$	$s = \frac{100}{100 + n}$
E. G. Greiner	12,5° R. 15,625°	$s = \frac{400}{400 - n}$	$s = \frac{400}{400 + n}$
Stoppani	12,5° R. 15,625°	$s = \frac{166}{166 - n}$	$s = \frac{166}{166 + n}$
Twaddell	» »	$s = \frac{\frac{n}{2} + 100}{100}$	

Les aréomètres ne peuvent s'employer que dans les cas où la rapidité l'emporte sur la précision des indications. Les tables suivantes seront alors de quelque utilité.

Comparaison des degrés des aréomètres Baumé et Twadell avec les poids spécifiques correspondants

BAUMÉ	TWADDELL	POIDS SPÉCIFIQUE	BAUMÉ	TWADDELL	POIDS SPÉCIFIQUE	BAUMÉ	TWADDELL	POIDS SPÉCIFIQUE
0	0	1,000	15,4	24	1,120	29,3	51	1,255
0,7	1	1,005	16,0	25	1,125	29,7	52	1,260
1,0	1,4	1,007	16,5	26	1,130	30,0	52,6	1,263
1,4	2	1,010	17,0	26,8	1,134	30,2	53	1,265
2,0	2,8	1,014	17,1	27	1,135	30,6	54	1,270
2,1	3	1,015	17,7	28	1,140	31,0	54,8	1,274
2,7	4	1,020	18,0	28,4	1,142	31,1	55	1,275
3,0	4,4	1,022	18,3	29	1,145	31,5	56	1,280
3,4	5	1,025	18,8	30	1,150	32,0	57	1,285
4,0	5,8	1,029	19,0	30,4	1,152	32,4	58	1,290
4,1	6	1,030	19,3	31	1,155	32,8	59	1,295
4,7	7	1,035	19,8	32	1,160	33,0	59,4	1,297
5,0	7,4	1,037	20,0	32,4	1,162	33,3	60	1,300
5,4	8	1,040	20,3	33	1,165	33,7	61	1,305
6,0	9	1,045	20,9	34	1,170	34,0	61,6	1,308
6,7	10	1,050	21,0	34,2	1,171	34,2	62	1,310
7,0	10,2	1,052	21,4	35	1,175	34,6	63	1,315
7,4	11	1,055	22,0	36	1,180	35,0	64	1,320
8,0	12	1,060	22,5	37	1,185	35,4	65	1,325
8,7	13	1,065	23,0	38	1,190	35,8	66	1,330
9,0	13,4	1,067	23,5	39	1,195	36,0	66,4	1,332
9,4	14	1,070	24,0	40	1,200	36,2	67	1,335
10,0	15	1,075	24,5	41	1,205	36,6	68	1,340
10,6	16	1,080	25,0	42	1,210	37,0	69	1,345
11,0	16,6	1,083	25,5	43	1,215	37,4	70	1,350
11,2	17	1,085	26,0	44	1,220	37,8	71	1,355
11,9	18	1,090	26,4	45	1,225	38,0	71,4	1,357
12,0	18,2	1,091	26,9	46	1,230	38,2	72	1,360
12,4	19	1,095	27,0	46,2	1,231	38,6	73	1,365
13,0	20	1,100	27,4	47	1,235	39,0	74	1,370
13,6	21	1,105	27,9	48	1,240	39,4	75	1,375
14,0	21,6	1,108	28,0	48,2	1,241	39,8	76	1,380
14,2	22	1,110	28,4	49	1,245	40,0	76,6	1,383
14,9	23	1,115	28,8	50	1,250	40,1	77	1,385
15,0	23,2	1,116	29,0	50,4	1,252	40,5	78	1,390

BAUMÉ	TWADDELL	POIDS SPÉCIFIQUE	BAUMÉ	TWADDELL	POIDS SPÉCIFIQUE	BAUMÉ	TWADDELL	POIDS SPÉCIFIQUE
40,8	79	1,395	51,5	111	1,555	60,9	146	1,730
41,0	79,4	1,397	51,8	112	1,560	61,0	146,4	1,732
41,2	80	1,400	52,0	112,6	1,563	61,1	147	1,735
41,6	81	1,405	52,1	113	1,565	61,4	148	1,740
42,0	82	1,410	52,4	114	1,570	61,6	149	1,745
42,3	83	1,415	52,7	115	1,575	61,8	150	1,750
42,7	84	1,420	53,0	116	1,580	62,0	150,6	1,753
43,0	84,8	1,424	53,3	117	1,585	62,1	151	1,755
43,1	85	1,425	53,6	118	1,590	62,3	152	1,760
43,4	86	1,430	53,9	119	1.595	62,5	153	1,765
43,8	87	1,433	54,0	119,4	1,597	62,8	154	1,770
44,0	87,6	1,438	54,1	120	1,600	63,0	155	1,775
44,1	88	1,440	54,4	121	1,605	63,2	156	1,780
44,4	89	1,445	54,7	122	1,610	63,5	157	1,785
44,8	90	1,450	55,0	123	1,615	63,7	158	1,790
45,0	90,6	1,453	55,2	124	1,620	64,0	159	1,795
45,1	91	1,455	55,5	125	1,625	64,2	160	1,800
45,4	92	1,460	55,8	126	1,630	64,4	161	1,805
45,8	93	1,465	56,0	127	1,635	64,6	162	1,810
46,0	93,6	1,468	56,3	128	1,640	64,8	163	1,815
46,1	94	1,470	56,6	129	1,645	65,0	164	1,820
46,4	95	1,475	56,9	130	1,650	65,2	165	1,825
46,8	96	1,480	57,0	130,4	1,652	65,5	166	1,830
47,0	96,6	1,483	57,1	131	1,655	65,7	167	1,835
47,1	97	1,485	57,4	132	1,660	65,9	168	1,840
47,4	98	1,490	57,7	133	1,665	66,0	168,4	1,842
47,8	99	1,495	57,9	134	1,670	66,1	169	1,845
48,0	99,6	1,498	58,0	134,2	1,671	66,3	170	1,850
48,1	100	1,500	58,2	135	1,675	66,5	171	1,855
48,4	101	1,505	58,4	136	1,680	66,7	172	1,860
48,7	102	1,510	58,7	137	1,685	67,0	173	1,865
49,0	103	1,515	58,9	138	1,690	»	»	»
49,4	104	1,520	59,0	138,2	1,691	»	»	»
49,7	105	1,525	59,2	139	1,695	»	»	»
50,0	106	1,530	59,5	140	1,700	»	»	»
50,3	107	1,535	59,7	141	1,705	»	»	»
50,6	108	1,540	60,0	142	1,710	»	»	»
50,9	109	1,545	60,2	143	1,715	»	»	»
51,0	109,2	1,546	60,4	144	1,720	»	»	»
51,2	110	1,550	60,6	145	1,725	»	»	»

Degrés Baumé, pour les liquides plus légers que l'eau à 15,5° C. = 60° F.

DEGRÉS BAUMÉ	POIDS SPÉCIFIQUE	DEGRÉS BAUMÉ	POIDS SPÉCIFIQUE	DEGRÉS BAUMÉ	POIDS SPÉCIFIQUE	DEGRÉS BAUMÉ	POIDS SPÉCIFIQUE
10	1,0000	27	0,8917	44	0,8045	61	0,7326
11	0,9929	28	0,8860	45	0,8000	62	0,7290
12	0,9859	29	0,8805	46	0,7954	63	0,7253
13	0,9790	30	0,8750	47	0,7909	64	0,7216
14	0,9722	31	0,8695	48	0,7863	65	0,7179
15	0,9655	32	0,8641	49	0,7821	66	0,7142
16	0,9589	33	0,8588	50	0,7777	67	0,7106
17	0,9523	34	0,8536	51	0,7734	68	0,7070
18	0,9459	35	0,8484	52	0,7692	69	0,7035
19	0,9395	36	0,8433	53	0,7650	70	0,7000
20	0,9333	37	0,8383	54	0,7608	75	0,6829
21	0,9271	38	0,8293	55	0,7567	80	0,6666
22	0,9210	39	0,8284	56	0,7526	85	0,6511
23	0,9150	40	0,8235	57	0,7486	90	0,6363
24	0,9090	41	0,8187	58	0,7446	95	0,6222
25	0,9032	42	0,8132	59	0,7407	100	0,6087
26	0,8974	43	0,8099	60	0,7368		

Le poids spécifique se détermine habituellement à l'aide d'un picnomètre de forme quelconque. Parmi ceux-ci, le flacon à densité ordinaire, consistant en un simple flacon muni d'un bouchon rodé surmonté d'un tube capillaire ouvert, convient pour les besoins du commerce et permet, avec des soins, de déterminer exactement la quatrième décimale.

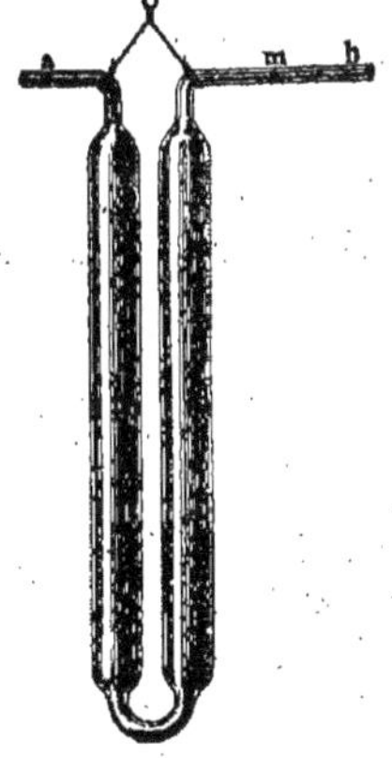

Fig. 8.

On atteint un très haut degré de précision à l'aide du picnomètre de *Sprengel* (*fig.* 8). Celui-ci consiste en un tube en U de verre mince, dont les deux branches se terminent par des tubes capillaires *a* et *b* coudés à angle droit et rodés à leur extrémité pour recevoir deux bouchons de verre (ceux-ci ne sont pas représentés sur la figure). Le diamètre intérieur du tube *b* qui porte le repère *m* est d'environ 0mm,5, tandis que celui du tube *a*, plus faible, ne dépasse pas 0mm,25. Ce point essentiel est à retenir, car il est souvent perdu de vue par quelques constructeurs. Le tube se remplit en le reliant à une ampoule de verre, dans laquelle on aspire l'air au moyen d'un tube de caoutchouc, pendant que *b* est immergé dans l'huile examinée.

Si l'ampoule de verre est suffisamment grosse, le tube de *Sprengel* peut être rempli automatiquement en fermant le tube de caoutchouc avec les doigts. Dès que l'huile pénètre dans l'ampoule, le tube de *Sprengel* est détaché et abandonné à la température désirée (Voir plus bas). On constatera que le liquide ne se contracte ou ne se dilate que *dans le tube b*, c'est-à-dire dans la direction de la moindre résistance, tandis que le tube capillaire *a* reste toujours plein. Si le ménisque dépasse le repère *m*, on enlève l'excès d'huile au moyen d'un morceau de papier à filtrer roulé, introduit dans le tube *a* ; si, au contraire, le tube ne contient pas assez d'huile, on en fait péné-

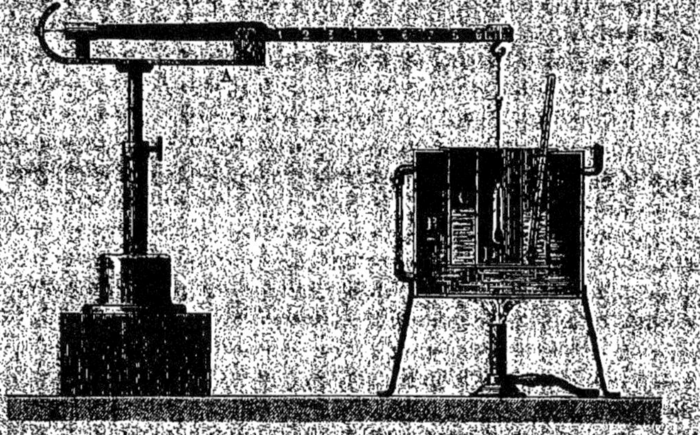

FIG. 9.

trer quelques gouttes dans le tube *a* par capillarité, en touchant l'orifice avec une baguette de verre plongée dans l'huile. Le volume de liquide peut ainsi être réglé facilement. On adapte enfin les deux bouchons de verre aux tubes *a* et *b*, et le picnomètre est prêt à peser.

Si le poids trouvé est ramené au poids dans le vide, la quatrième décimale du poids spécifique est encore exacte, l'erreur n'affectant que la cinquième, mais une telle précision est rarement demandée.

dans l'analyse technique de la glycérine (cf. chap. xv), cependant, le tube de *Sprengel* est souvent nécessaire.

La balance hydrostatique de *Mohr* n'est pas aussi précise, mais suffit cependant aux opérations ordinaires, et elle est largement employée en raison de la simplicité et de la rapidité de l'opération. La figure 9 représente une forme de cet instrument et n'a pas besoin de description[1]. Le plongeur déplace exactement 10 cc. par suite, le poids à faire agir sur le levier pour le maintenir en équilibre représente exactement le poids de 10 cc. de substance. Tout calcul est ainsi évité, le poids spécifique étant lu directement d'après les poids employés.

FIG. 10.

Pour les huiles visqueuses, à la température ordinaire (comme les huiles cuites), on se sert du picnomètre décrit par *Brühl* (*fig.* 10). Une pipette contenant la matière visqueuse pénètre dans le flacon, auquel elle est ajustée hermétiquement au moyen d'un tube de caoutchouc, et l'air est aspiré dans le flacon en reliant la tubulure latérale à une trompe à eau.

Dans les déterminations de poids spécifique, les plus grands soins doivent être pris pour assurer l'égalité de température dans toute la masse du corps examiné. A cet effet, on se trouvera bien, après avoir amené l'huile à la température voulue, de la laisser quelque temps — dix minutes au moins — dans un bain-marie suffisamment grand, à la même température. Celle-ci doit être observée au moyen d'un thermomètre de précision. La température normale adoptée en France pour la détermination des densités est 15° (en Angleterre, 60° F. = 15,5°).

Le poids du volume d'huile doit être rapporté à celui d'un égal volume d'eau à la même température. Il est d'usage de considérer le poids de ce volume d'eau à 15° (en Angleterre, 15,5° = 60° F.) comme unité. D'une façon absolue, le poids devrait être ramené au poids dans le vide et rapporté à celui de l'eau à 4° (cf. *Glycérine*, chap. xv).

1. Cf. Thörner. *Chem. Ztg.*, 1894, 1154 (Figure).

Si la quantité d'huile soumise à l'examen est trop petite pour remplir un picnomètre, le poids spécifique peut être déterminé d'après celui de l'alcool étendu, dans lequel une goutte d'huile flotte exactement (cf. p. 466).

Bellmer[1] suggère le *modus operandi* suivant : Mettre une goutte d'huile dans 2 cc. d'alcool à 98-99 0/0 et ajouter avec précaution goutte à goutte de l'eau distillée, avec une burette, jusqu'à ce que la goutte d'huile commence juste à flotter dans l'alcool dilué.

Avec la table suivante, due à *Bellmer*, on peut obtenir le poids spécifique, d'après la quantité d'eau ajoutée, le titrage étant effectué à 15° :

EAU	DENSITÉ	EAU	DENSITÉ	EAU	DENSITÉ	EAU	DENSITÉ
0,1	0,8178	1,1	0,9050	2,1	0,9376	3,1	0,9537
0,2	0,8331	1,2	0,9094	2,2	0,9397	3,2	0,9548
0,3	0,8456	1,3	0,9133	2,3	0,9417	3,3	0,9558
0,4	0,8563	1,4	0,9173	2,4	0,9436	3,4	0,9568
0,5	0,8678	1,5	0,9209	2,5	0,9453	3,5	0,9577
0,6	0,8739	1,6	0,9243	2,6	0,9469	3,6	0,9587
0,7	0,8812	1,7	0,9273	2,7	0,9485	3,7	0,9595
0,8	0,8880	1,8	0,9301	2,8	0,9499	3,8	0,9603
0,9	0,8940	1,9	0,9329	2,9	0,9512	3,9	0,9610
1,0	0,8995	2,0	0,9353	3,0	0,9525	4,0	0,9617

La détermination du poids spécifique des corps gras et cires **demi-solides** à la température normale entraîne évidemment des complications et des difficultés (voir plus bas), que l'on évite en adoptant une température à laquelle la matière est à l'état fluide. *Bell* et *Muter* proposent arbitrairement la température de 37,75° (= 100° F.), tandis que d'autres préfèrent la température d'ébullition de l'eau.

Pour les déterminations précises, on emploie un tube de *Sprengel*. Le tube est immergé dans l'eau bouillante, les extrémités seules des tubes capillaires émergeant. Après une vingtaine de minutes d'ébullition, les bouchons sont assujettis sur les tubes, le picnomètre est retiré du bain-marie, essuyé avec soin et pesé après refroidissement. Le poids du corps gras peut être rapporté au poids

1. *Chem. Zeit.*, 1911, 997.

du même volume d'eau à l'ébullition ou, comme l'ont fait quelques observateurs, au poids de l'eau à 15° (ou 15,5° = 60° F.). L'unité choisie doit d'ailleurs être nettement spécifiée. Rigoureusement, l'eau à 4° devrait être prise comme unité.

Si la balance hydrostatique est d'un usage commode à la température ordinaire, son emploi à plus haute température nécessite un dispositif assez compliqué; celui recommandé par *Bell* est représenté par la figure 9 et convient pour les déterminations à 100°. D est un tube de verre contenant l'échantillon de corps gras, C est rempli de paraffine et est entouré d'une enveloppe d'eau B.

Dans le cas où des raisons spéciales ne permettent d'opérer ni à 15° ni à 100°, une correction doit être faite, qui dépend du coefficient de dilatation de l'huile examinée.

Allen [1] a déterminé la correction de densité pour un certain nombre de corps gras, en prenant leurs densités à 15,5° et 98°, et divisant la différence de densités par la différence de températures. Il a obtenu ainsi la correction à faire pour une variation de 1°. Quoique cette méthode ne soit pas scientifiquement correcte, en ce qu'elle suppose le coefficient de dilatation invariable entre 15,5° et 98° (le coefficient moyen diffère du coefficient réel comme le quotient des différences du coefficient différentiel), les valeurs obtenues par *Allen* sont suffisantes pour la pratique.

Exception faite pour l'huile de baleine, qui accuse un coefficient de dilatation anormal, la correction trouvée pour 1° varie, pour dix-sept sortes d'huiles, entre 0,000615 et 0,000665 comme limites extrêmes; seule, l'huile de baleine possèderait un coefficient de dilatation plus élevé, dont la valeur déterminée par *Allen* et *Wetherill* sur deux échantillons serait entre 0,000697 et 0,000722. Toutefois, ces deux déterminations remontant à un certain nombre d'années où les huiles de baleine ne constituaient pas encore, comme aujourd'hui, des produits commerciaux d'une pureté incontestable, il paraîtrait nécessaire de les confirmer par de nouvelles observations sur les huiles de baleine *pures* actuelles.

En résumé, *Allen* propose d'adopter comme correction moyenne [2]

1. *Commercial Organic Analysis*, II, 19.
2. Wright (*Journ. Soc. Chem. Ind.*, 1907, 26, 513-515 et 1916, 457), a calculé la la valeur numérique du coefficient de dilatation approximatif, *m*, applicable à la

pour 1° (centigrade), le coefficient 0,00064 (ou 0,00035 pour 1° *Fahrenheit*) ; ainsi, si la densité d'une huile est de 0,9207 à 22°, sa densité à 15,5° sera la suivante : le différence des températures étant 22 — 15,5 = 6,5, la correction est 6,5 × 0,00064 = 0,00416, qui, ajoutée à 0,9207 donne 0,92486 pour la densité à 15,5°.

On peut aussi déterminer le coefficient de dilatation d'une huile par la méthode picnométrique, en divisant la correction de densité pour 1° de température par le poids spécifique de l'huile à la température la plus basse. Mais il faut tenir compte de la variation de volume du picnomètre lui-même avec la température, et il

correction de température du poids spécifique de toutes les huiles, graisses et cires, d'après les chiffres déterminés par Allen. S_0, S_t et S_T représentant le poids spécifique (eau à 15,5° = 1) de la même huile respectivement aux températures de 0°, t° et T° ; on a :

$$S_t = S_0(1 - mt) \qquad \text{et} \qquad S_T = S_0(1 - mT).$$

En divisant la première équation par la seconde, on a :

$$\frac{S_t}{S_T} = \frac{1 - mt}{1 - mT}.$$

La valeur moyenne de m pour trente huiles, graisses et cires examinées par Allen est 0,000718, d'où :

$$\frac{S_t}{S_T} = \frac{1 - 0{,}000718\,t}{1 - 0{,}000718\,T},$$

et pour t = 15,5° :

$$S_{15,5^\circ} = S_T \frac{0{,}988871}{1 - 0{,}000718\,T}.$$

La table suivante donne la valeur de ce facteur pour chaque degré entre 10° et 25° ce qui permet de corriger rapidement la densité déterminée à une température différente de 15,5° :

A DEGRÉS	FACTEUR	A DEGRÉS	FACTEUR
10	$\frac{1}{1,00389}$	19	1,00248
		20	1,00391
		21	1,00391
11	$\frac{1}{1,00318}$	22	1,00462
		23	1,00534
12	$\frac{1}{1,00248}$	24	1,00605
		25	1,00677
13	$\frac{1}{1,00177}$	26	1,00749
		27	1,00821
		28	1,00892
14	$\frac{1}{1,00106}$	29	1,00965
		30	1,01037
15	$\frac{1}{1,00035}$	31	1,01109
		32	1,01181
16	1,00035	33	1,01254
17	1,00106	34	1,01327
18	1,00177	35	1,01399

devient nécessaire de faire une correction pour la dilatation du verre.

Pour la détermination du poids spécifique des corps gras et des cires **solides**, il convient d'opérer à une température à laquelle ils soient liquides, par exemple à 100°.

Toutefois, le picnomètre de *Ginll*[1], représenté par la figure 11, peut être utile pour les opérations à la température ordinaire. Il consiste en un petit vase cylindrique de verre mince, à fond plat,

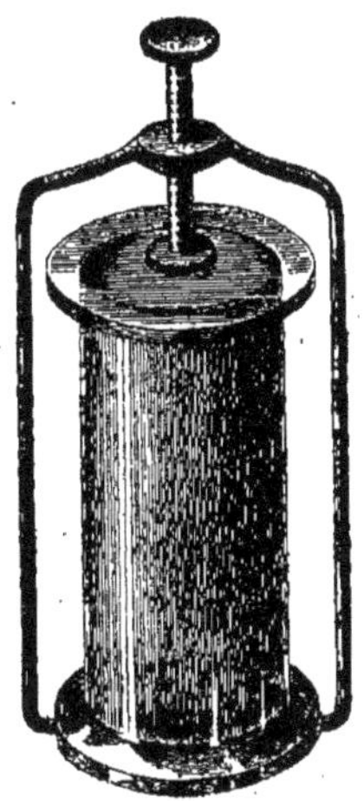

Fig 11.

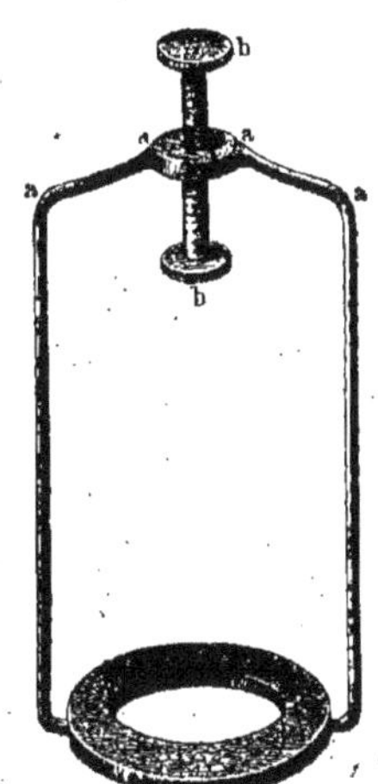

Fig. 12.

muni d'un couvercle rodé ; ce vase se fixe dans l'étrier *a* (*fig.* 12), la vis *b* servant à presser le couvercle sur le cylindre. L'appareil est pesé d'abord à vide, puis rempli d'eau à la température adpotée pour la détermination. Après avoir vidé l'eau et séché soigneusement le vase I, celui-ci est rempli complètement avec le corps gras fondu et abandonné à la température choisie. Le couvercle de verre est placé sur I de façon à chasser l'excès de corps gras, et il est assujetti dans cette position par la pression de la vis *b*. La matière grasse répandue à l'extérieur du vase est lavée à l'éther et l'appareil pesé ainsi.

1. *Dingl. Polyl. Journ.*, 194, 42.

Une autre méthode proposée d'abord par *Fresenius* et *Schulze* peut être utile pour les cires ; elle est surtout employée sous la forme que lui ont donnée *Chattaway* et *Allen*[1]. La cire est fondue dans un verre de montre placé sur l'eau bouillante, la masse *spontanément* refroidie est découpée en petits fragments[2] qui sont brossés avec une brosse humide pour chasser les bulles d'air adhérentes, et placés avec soin à l'aide d'une pince dans de l'alcool étendu. On opère successivement avec des mélanges d'alcool et d'eau de poids spécifique connu à 15°, par exemple 0,960, 0,961, 0,962 et ainsi de suite jusqu'à 0,970. Le mélange dans lequel les fragments de cire flottent exactement donne le poids spécifique de l'échantillon.

Une méthode un peu plus compliquée a été proposée par *Zawalkiewicz*[3] pour les corps gras de consistance molle.

Au lieu de déterminer le poids spécifique en pesant un volume défini selon la formule $d = \frac{p}{v}$ (où d représente la densité, p le poids et v le volume), *Zaloziecki*[4] propose de mesurer le volume des acides gras provenant d'un poids connu de corps gras. Ce chiffre ne constitue évidemment pas une constante nouvelle, car de la formule on tire précisément $v = \frac{p}{d}$, et il n'apparaît aucune autre indication que celle fournie par la détermination du poids spécifique du corps gras. Le volume des acides gras est rapporté au poids de corps gras, et il reste seulement à voir si la méthode proposée par *Zaloziecki* est plus expéditive que la pesée du corps gras original dans un picnomètre ; or, il n'y a aucun doute que la méthode de *Zaloziecki* soit la plus laborieuse. Elle n'est donc pas recommandable, autant pour cette raison que parce qu'une erreur sérieuse résulte de la solubilité des acides gras volatils et de leur élimination partielle au cours de la préparation des acides gras totaux.

Si le poids spécifique d'une huile, graisse ou cire fournit un résultat important et caractéristique comme moyen auxiliaire

1. *Commercial Organic Analysis*, II, 184. Cf. aussi Lissner, *Chem. Zeit.*, 1910, 657.
2. La pharmacopée allemande conseille de former de petites billes ou sphères, cf. Richter, *Apoth. Zeit.*, 1911 (26), 187 ; Fromme, *ibidem*, 402.
3. *Journ. Soc. Chem. Ind.*, 1894, 889.
4. *Chem. Revue*, 1897, 119.

d'identification ou pour la vérification de résultats obtenus par d'autres méthodes, le poids spécifique en lui-même est de valeur discriminative trop précaire pour constituer une base de classification. Aussi, l'importance attribuée au poids spécifique dans d'autres ouvrages antérieurs à celui-ci (en un temps où l'examen chimique des corps gras n'avait pas été poussé aussi loin qu'aujourd'hui) est-elle très surfaite. Un exemple de cette exagération est fourni par l'emploi étendu des « oléomètres », non seulement à la différenciation des différentes huiles entre elles, mais encore à la recherche des falsifications. La table suivante, dans laquelle les poids spécifiques de quelques huiles et graisses sont donnés en regard des classes adoptées dans cet ouvrage, indique bien la valeur limitée du poids spécifique seul comme élément de distinction :

Poids spécifiques des huiles, graisses et cires à 15°

	0,876 à 0,883	0,900 à 0,910	0,913 à 0,916	0,916 à 0,920	0,920 à 0,925	0,925 à 0,935	0,935 à 0,940	0,940 à 0,950	0,950 à 0,960	0,960 à 0,970	0,970 à 0,980
HUILES											
Huiles végétales :											
Huiles siccatives					Huile de chènevis.	Huile de lin.	Huile de bois,				
Huiles demi-siccatives			Huiles du groupe du colza.		Huiles de soja, de maïs, de coton, de sésame, etc.						
Huiles non siccatives				Huiles d'amandes, d'arachide, d'olive, etc.					Huiles de ricin, de croton.		
Huiles animales :											
Huiles d'animaux marins :											
Huiles de poissons		Huiles de sunfish (?), de torpille (?).		Huile du Japon.	Huiles de hareng, du Japon, de menhaden, etc.						
Huiles de foies					Huiles de foie de morue, de foie d'ange, etc.						
Huiles de cétacés					Huile de baleine.	Huile de marsouin.					
Huiles d'animaux terrestres			Huiles de jaune d'œuf, de pieds de bœuf, de pieds de mouton, de pieds de cheval.								
GRAISSES											
Graisses végétales					Huile de Palme.	Huiles de laurier, de coco, de palmiste.		Beurre de muscade.	Beurre de cacao.		Cires du Japon, de myrica.
Graisses animales :											
Graisses siccatives						Graisses de lapin sauvage, de lièvre, etc.					
Graisses non siccatives			Suif d'os.	Graisses d'oie, de cheval.			Saindoux. Suif. Beurre de vache.			Graisses de cerf, de chamois, etc.	
CIRES											
Cires liquides	Huiles de spermaceti, de rorqual rostré.										
Cires solides :											
Cires végétales											Cire de Carnauba.
Cires animales										Cires d'abeilles, d'insectes.	

Exception faite pour les cires liquides, d'une part, et les cires solides (comprenant les corps gras cireux), d'autre part, qui peuvent être distinguées facilement par leurs poids spécifiques, on ne peut guère compter sur ceux-ci pour différencier les corps gras. Certaines huiles et graisses analogues se trouvent dispersées dans plusieurs subdivisions, tandis que les corps gras les plus hétérogènes, comme composition chimique et comme propriétés, se rassemblent dans la même colonne verticale. Il est donc inutile de donner ici une table complète des poids spécifiques et l'on trouvera ceux-ci au chapitre XIV, dans l'étude individuelle consacrée à chaque huile, graisse ou cire.

L'indice d'iode formant la base de la classification adoptée dans cet ouvrage, il peut être intéressant de rechercher s'il existe quelque relation définie entre l'indice d'iode et le poids spécifique. Comme un indice d'iode élevé indique une proportion élevée de glycérides d'acides non saturés, et que le poids spécifique des acides gras est d'autant plus élevé qu'ils sont moins saturés, on peut s'attendre à rencontrer quelque correspondance entre ces constantes et, en effet, on peut retrouver un certain rapport entre les poids spécifiques et les indices d'iode des trois classes d'huiles siccatives, demi-siccatives et non siccatives. Il faut, toutefois, faire entrer en ligne de compte la constitution chimique des acides gras, car l'huile de ricin s'écarte complètement de la règle que semblent suivre approximativement ces classes d'huiles. On ne peut s'attendre d'ailleurs à une grande régularité, car il n'est pas jusqu'aux différences des conditions climatériques, de race, etc..., qui n'entraînent une différence dans le poids spécifique comme dans l'indice d'iode.

Wijs s'est efforcé d'établir une certaine relation entre le poids spécifique et l'indice des huiles de lin, de sésame et d'arachide ; mais si l'élévation de la densité paraît correspondre, pour ces huiles, avec celle de l'indice d'iode, cette règle semble en défaut pour l'huile de coton.

Backer[1] a également essayé d'exprimer par une équation les rapports qui existeraient entre certaines caractéristiques physiques et chimiques[2].

1. *Chem. Weekbl.*, 1916 (35), 954.
2. Cf. aussi J. Lund, *Relations entre les constantes des matières grasses*, trad. Charliers et Tchetcheroff, 1926.

On trouvera d'autres détails sur cette question dans les monographies d'huiles, graisses et cires du chapitre XIV.

La présence des glycérides d'acides gras solubles dans les corps gras solides entraîne une augmentation de la densité, qui ressort nettement de la comparaison des deux tableaux suivants :

A. — *Corps gras ne renfermant pas de glycérides d'acides gras solubles*

CLASSE DE CORPS GRAS	ESPÈCE DE CORPS GRAS	POIDS SPÉCIFIQUE A 100° (EAU A 15° = 1)
Corps gras végétaux.....	Beurre de cacao.	0,857
	Huile de palme.	0,857
	Cire du Japon.	0,8755
Corps gras animaux.....	Saindoux.	0,861
	Suif (bœuf et mouton).	0,860
	Graisse de cheval	0,861
	Oléomargarine.	0,859

B. — *Corps gras renfermant des glycérides d'acides gras solubles*

CLASSE DE CORPS GRAS	ESPÈCE DE CORPS GRAS	POIDS SPÉCIFIQUE A 100° (EAU A 15° = 1)
Corps gras végétaux.....	Huile de coco.	0,8736
	Huile de palmiste.	0,8731
Corps gras animaux.....	Beurre de vache.	0,865-0,868

La présence d'acides gras libres influence naturellement le poids spécifique des corps gras, et les acides gras exposés à l'air se modifiant plus rapidement que les glycérides correspondants, on constate généralement une augmentation du poids spécifique avec l'accroissement de l'acidité ; on ne peut, cependant, établir aucune relation définie entre les deux quantités, et même, il n'est pas rare d'observer une diminution de la densité [1] avec l'augmentation de l'acidité ; c'est ce que montre le tableau suivant :

1. Cf. Ransome, *Journ. Soc. Chem. Ind.*, 1912, 672.

NUMÉROS	NATURE DE L'HUILE	ACIDES GRAS LIBRES pour 100	POIDS SPÉCIFIQUE à 15,5° (Eau à 15,5°=1)	OBSERVATEUR
1	Huile d'olive n° 2, exempte d'acides gras..........	0,0	0,9152	Thomson et Ballantyne[1]
2	Huile d'olive..........	3,86	0,9148	— —
3	— (comestible).	4,15	0,9151	— —
4	—	5,19	0,9168	— —
5	— (Gioja)......	9,42	0,9156	— —
6	— (pour la teinture)................	9,67	0,9154	— —
7	Huile d'olive............	11,28	0,9145	— —
8	—	19,83	0,9160	— —
9	—	23,78	0,9147	— —
10	— , de grignons.	71,12	0,9277	Klein[2]
11	— sulfurée, d'Italie..................	48,2	0,9197	Lewkowitsch[3]
12	Huile d'olive sulfurée, d'Italie..................	49,4	0,9204	—
13	Huile d'olive sulfurée, de Syrie..................	64,2	0,9193	—
14	Huile d'olive, de Californie.	12,11	0,9149	Tolman et Munson[4]

1. *Journ. Soc. Chem. Ind.*, 1890, 589.
2. *Zeitsch. f. angew. Chem.*, 1898, 847.
3. Notes inédites.
4. *Journ. Amer. Chem. Soc.*, 1903, 957. — Le poids spécifique moyen des huiles de Californie a été trouvé de 0,9168.

Pour obvier à l'incertitude attachée à la détermination de la densité des corps gras contenant des acides gras libres, *Archbutt* propose de prendre le poids spécifique des acides gras correspondants. La plupart de ces acides gras étant solides à la température ordinaire, les déterminations doivent se faire à la température d'ébullition de l'eau. Le résultat obtenu est si minime qu'il ne paraît pas compenser les complications entraînées.

Les modifications qu'apporte la rancidité aux poids spécifiques des corps gras, sont exprimées dans la table suivante ; celle-ci, due à *Thomson* et *Ballantyne*[1] reproduit les résultats obtenus avec quelques huiles exposées à la lumière solaire directe, dans des bouteilles non bouchées, dont le contenu était agité chaque jour pendant six mois :

1. *Journ. Soc. Chem. Ind.*, 1891, 30; Cf. aussi Sherman et Falk, *Journ. Amer. Chem. Soc.*, 1903, 711.

NATURE de L'HUILE	POIDS SPÉCIFIQUE A 15,5° (EAU A 15,5° = 1)						
	ORIGINAL	APRÈS 1 MOIS	APRÈS 2 MOIS	APRÈS 3 MOIS	APRÈS 4 MOIS	APRÈS 5 MOIS	APRÈS 6 MOIS
Olive......	0,9168	0,9187	0,9193	0,9208	0,9215	0,9227	0,9246
Ricin	0,9679	0,9681	0,9691	0,9700	0,9700	0,9685	0,9683
Colza	0,9168	0,9183	0,9172	0,9185	0,9184	0,9200	0,9207
Coton.....	0,9225	0,9237	0,9241	0,9261	0,9278	0,9304	0,9320
Arachide..	0,9209	0,9213	0,9221	0,9233	0,9239	0,9256	0,9267
Lin.......	0,9325	0,9331	0,9336	0,93[illegible]3	0,9359	0,9372	0,9385

II. — POINTS DE FUSION ET DE SOLIDIFICATION

Différentes méthodes ont été proposées pour la détermination des **points de fusion** des corps gras ; elles donnent malheureusement des résultats discordants, dont on ne saurait s'étonner, car les huiles et graisses naturelles ne sont pas des composés chimiques définis, caractérisés par un point de fusion défini, mais des mélanges de divers glycérides. Une autre cause de variation résulte du fait que les glycérides même purs, comme la trimyristine, la tripalmitine et la tristéarine, présentent eux-mêmes dans leurs points de fusion, des irrégularités que l'on ne rencontre généralement pas dans les composés chimiques. On a indiqué plus haut que ces glycérides présentent un double point de fusion, dont le véritable, le plus élevé, ne s'obtient qu'avec les glycérides cristallisés. On a vu également les différentes explications données de ce phénomène ; mais quelle que soit l'explication admise, il convient évidemment, avant de déterminer le point de fusion d'un glycéride pur, de chercher à l'obtenir sous la forme cristallisée.

On sait que *Bömer* a appelé le premier point de fusion « point de transition » ; on trouvera la manière de déterminer ce dernier dans le chapitre XII.

Les huiles et graisses commerciales ne peuvent pas s'obtenir à l'état cristallisé ; aussi ne fondent-elles pas à une température nettement définie ; elles se ramollissent d'abord et ne présentent la forme de liquide limpide qu'après nouvelle élévation de la température.

Ceci doit venir de ce que la plupart des corps gras naturels renferment de plus ou moins grandes quantités de glycérides mixtes, dont les points de fusion sont évidemment inférieurs aux points de fusion des glycérides simples, tripalmitine, tristérine et trioléine ; des mélanges de ces derniers ont été préparés par *Kremann* et *Shoultz*[1], qui en ont déterminé les points de fusion. Les résultats les plus intéressants sont rapportés ci-dessous :

Points de fusion des mélanges de tripalmitine et de tristéarine

TRIPALMITINE	TRISTÉARINE	TEMPÉRATURE
Pour 100	Pour 100	Degrés
0,0	100,0	56,0
10,0	90,0	60,4
12,0	88,0	60,1
25,0	75,0	58,0
30,6	69,4	57,8
39,8	60,2	56,0
47,0	53,0	57,2
50,0	50,0	56,2
56,2	43,8	55,1
68,8	31,2	54,5
91,6	8,4	60,4
100,0	0,0	62,6

Points de fusion des mélanges de tristéarine et de trioléine

TRISTÉARINE	TRIOLÉINE	TEMPÉRATURE
Pour 100	Pour 100	Degrés
0,0	100,0	− 7,0
4,8	95,2	+ 28,0
14,7	85,3	44,0
23,3	76,7	50,7
31,2	68,8	56,0
52,8	47,2	64,3
74,6	25,4	64,3
100,0	0,0	56,0

1. *Monatsh. f. Chem.*, 1912 (33), 1063; cf. aussi Kremann et Klein, *ibidem*, 1913 (34), 1291, et Kremann et Kropsch, *ibidem*, 1914 (35), 561.

Points de fusion des mélanges de tripalmitine et de trioléine

TRIPALMITINE	TRIOLÉINE	TEMPÉRATURE
Pour 100	Pour 100	Degrés
0,0	100,0	— 7,0
6,1	93,9	+ 25,0
21,5	78,5	48,2
26,1	73,9	50,0
47,0	53,0	56,9
72,8	27,2	60,9
100,0	0,0	62,6

Points de fusion des mélanges de tristéarine, tripalmitine, et trioléine.

A. — *Tristéarine et tripalmitine dans la proportion de* 9 : 1

TRISTÉARINE	TRIPALMITINE	TRIOLÉINE	TEMPÉRATURE
Pour 100	Pour 100	Pour 100	Degrés
90,0	10,0	0,0	60,4
81,4	9,0	9,6	61,9
62,7	7,0	30,3	64,4
51,9	5,8	42,3	64,2
42,2	4,7	53,1	62,7

B. — *Tristéarine et tripalmitine dans la proportion de* 3 : 1

TRISTÉARINE	TRIPALMITINE	TRIOLÉINE	TEMPÉRATURE
Pour 100	Pour 100	Pour 100	Degrés
75,0	25,0	0,0	58,0
67,0	22,3	10,7	57,0
57,3	19,1	23,6	57,7
47,9	16,0	36,1	56,4
40,7	13,0	46,3	58,5
18,5	6,1	75,4	50,7
13,6	4,5	81,9	47,0
9,5	3,1	87,4	44,2

C. — *Tristéarine et tripalmitine dans la proportion de* 1 : 1

TRISTÉARINE	TRIPALMITINE	TRIOLÉINE	TEMPÉRATURE
Pour 100	Pour 100	Pour 100	Degrés
50,0	50,0	0,0	56,2
45,4	45,4	9,2	56,2
41,4	41,4	17,8	56,0
34,4	34,4	31,2	54,4
29,8	29,8	40,4	52,0
26,5	26,5	47,0	52,0
23,4	23,4	53,2	50,0
15,0	15,0	70,0	44,7
10,5	10,5	79,0	42,8
4,5	4,5	91,0	31,7
0,0	0,0	100,0	7,0

D. — *Tristéarine et tripalmitine dans la proportion de* 1 : 3

TRISTÉARINE	TRIPALMITINE	TRIOLÉINE	TEMPÉRATURE
Pour 100	Pour 100	Pour 100	Degrés
25,0	75,0	0,0	...
6,3	18,9	74,8	39,9
4,0	11,9	84,1	36,2

On trouvera dans le mémoire original d'autres chiffres concernant les points de fusion de mélanges de tripalmitine, tristéarine et trioléine, dans des proportions différentes de celles qui précèdent.

La table suivante donne les points de fusion de mélanges de triglycéride simple pur et de triglycéride mixte pur :

Points de fusion des mélanges de tristéarine et de α-palmito-, β-γ-distéarine (Limprich[1])

TRISTÉARINE DU SUIF de mouton	PALMITO-DISTÉARINE	POINT DE FUSION DES GLYCÉRIDES			POINT DE FUSION des acides gras isolés
		CRISTALLISÉS de la solution	POINT de transition		
		Degrés	Degrés	Degrés	Degrés
100	...	72,1	54,8	73,0	69,4
90	10	71,5	54,2	71,1	68,6
80	20	70,6	54,0	70,2	67,6
70	30	69,5	53,5	69,3	67,3
60	40	68,3	53,0	68,2	66,6
50	50	67,4	52,8	67,2	66,0
40	60	65,8	52,5	65,8	65,4
30	70	64,7	52,0	63,4	64,8
20	80	64,5	51,8	64,2	64,0
10	90	66,2	51,6	66,2	63,4
...	100	67,8	51,1	67,7	62,4

Un autre élément d'incertitude provient de ce que deux points peuvent être pris comme points de fusion : celui où le corps gras commence à se liquéfier et celui où la matière fondue est devenue parfaitement transparente. Quelques observateurs prennent comme point de fusion le point où la matière subit un ramollissement suffisant pour voir une colonne de corps gras contenue dans un tube de verre (tube capillaire ou de 5 à 7 mm. de diamètre), ouvert aux deux bouts, déplacée par la pression hydrostatique de l'eau (*Bouis*) ou pour permettre à la matière de se rassembler en globule (*Wimmel*). *Menge* propose de mesurer l'intervalle entre le point auquel la graisse se ramollit d'abord et celui auquel elle devient tout à fait liquide, mais une nouvelle difficulté se présente du fait que certaines graisses — lard, suif — deviennent transparentes à une température de plusieurs degrés supérieure à celle à laquelle elles se liquifient complètement ; la cire du Japon, par contre, fournit l'exemple inverse.

Le besoin se fait donc grandement sentir d'une méthode uniforme de détermination des points de fusion qui aurait l'agrément

1. *Dissert.*, Münster, 1912.

général, car le point de fusion présente une certaine importance pour diverses matières grasses commerciales, comme les succédanés du beurre de cacao.

Il faut se rappeler que les corps gras ne reprennent pas leur point de fusion normal aussitôt après une première fusion, mais seulement après un jour ou deux ; un échantillon qui a été fondu doit donc être abandonné quelque temps à lui-même (au moins une nuit), avant de déterminer son point de fusion [1].

La méthode de *Pohl*, généralement employée en Allemagne, consiste à déterminer la température à laquelle le corps gras devient exactement liquide, quoiqu'il puisse encore retenir quelques particules solides. Le réservoir d'un thermomètre est plongé dans le corps gras fondu et retiré vivement, de façon qu'il reste recouvert d'une mince couche de matière grasse. Après un jour ou deux de repos, le thermomètre est fixé au moyen d'un bouchon dans un tube à essais long et large, formant bain d'air, le réservoir distant de 15 à 20 mm. du fond du tube. Celui-ci, fixé par une pince, est chauffé avec précaution par la chaleur rayonnée d'une plaque de fer ou d'amiante placée à 2 ou 3 centimètres au-dessous de lui. La température doit s'élever très lentement.

Le point de fusion représente la température lue au moment où une goutte de corps gras liquide se forme à la base du réservoir.

Certaines causes d'erreurs inhérentes à cette méthode ont été corrigées par *Finkener*, en employant des baguettes de verre, de dimensions déterminées, que l'on recouvre de corps gras fondu, mais là encore, il est difficile d'obtenir une couche régulière et homogène.

Meldrum [2] recommande la méthode de *Pohl* en insistant sur la nécessité de recouvrir le réservoir du thermomètre d'une couche parfaitement régulière de corps gras. Cependant, on obtient des résultats plus concordants en fixant de très fines raclures de matière grasse au réservoir du thermomètre, comme l'a indiqué *Knapp* [3].

1. Cf. *Beurre de cacao*, chap. XIV.
2. *Chem. News*, 1913, 233.
3. *Journ. Soc. Chem. Ind.*, 1915, 1121.

Ubbelohde[1] augmente la précision de la méthode de *Pohl* en munissant le réservoir du thermomètre d'une gaine métallique, à laquelle peut s'adapter une petite capsule de verre, percée d'un trou au fond. Le corps gras est comprimé dans la capsule que l'on place dans la gaine métallique, de façon que le réservoir du thermomètre soit entouré par le corps gras. On introduit le thermomètre dans un tube à essais long et large que l'on immerge dans l'eau d'un bain-marie. En élevant lentement la température de ce dernier, on peut observer le « point de ramollissement », c'est-à-dire la température à laquelle le corps gras commence à passer par le trou au fond de la capsule, ainsi que le « point de goutte », c'est-à-dire la température à laquelle la matière fondue s'écoule.

Lewkowitsch a reconnu l'utilité du dispositif d'*Ubbelohde* pour l'examen des graisses lubrifiantes fondant au-dessous de 100° ; avec les corps gras solides, on a obtenu les mêmes résultats qu'avec la méthode suivante de *Redwood*[2], qui est une forme légèrement modifiée de celle de *Pohl* :

Avec une baguette de verre mince, on laisse tomber une goutte de matière fondue, sur le point de se solidifier, sur du mercure propre contenu dans une petite capsule, et on l'abandonne à solidification. La capsule peut être placée dans un gobelet de Bohême contenant de l'eau chauffée très lentement ; un thermomètre plonge dans le mercure et on note la température au moment où la goutte grasse s'étale sur le mercure. Cette méthode est très recommandable ; il est, cependant, préférable de placer sur le mercure une quantité un peu plus grande de corps gras, sans fondre celui-ci préalablement.

Le point de fusion des corps gras se détermine souvent encore en tubes capillaires, selon la méthode employée pour les substances organiques[3]. La Société des Chimistes analystes de Bavière a adopté le *modus operandi* suivant : Le corps gras fondu est aspiré dans un tube capillaire à parois minces de 1 à 2 centimètres de

1. *Zeits. f. ang. Chem.*, 1905, 1220.
2. *Analyst*, 1877, 51.
3. Cf. Tyrer et A. Lévy, *Pharm. Journ.*, 1899, 29 juillet; cf. aussi Wegscheider, *Chem. Zeit.*, 1905, 1225.

long, soit la hauteur du réservoir du thermomètre employé. Une des extrémités est fermée à la lampe et le tube est attaché à la tige du thermomètre de façon que la matière grasse et le mercure de l'ampoule se trouvent au même niveau. Après un repos de vingt-quatre heures environ, le thermomètre est plongé dans de la glycérine contenue dans un tube à essais de 3 à 4 centimètres de diamètre, chauffé avec précaution. On note comme point de fusion, la température à laquelle la colonne de corps gras est parfaitement limpide et transparente.

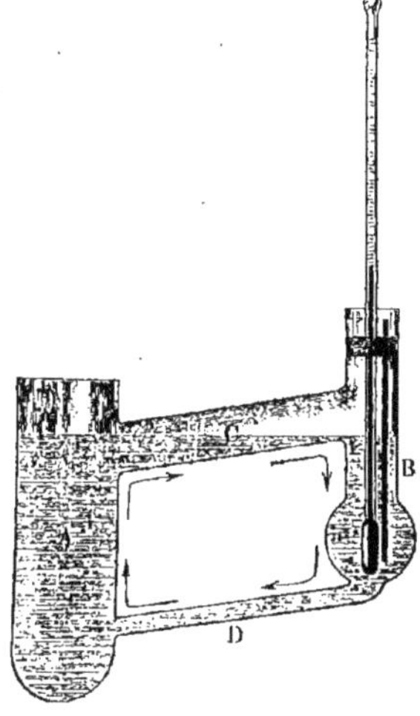

Fig. 13.

Olberg a décrit un appareil (*fig.* 13) approprié à l'application de cette méthode. Le récipient est rempli d'huile et en chauffant en A, une circulation naturelle s'établit, qui dispense de toute agitation [1].

D'après les considérations émises plus haut (chap. I), sur l'existence de deux points de fusion dans les glycérides purs, on a vu que les tubes capillaires employés ne doivent pas être trop étroits ; à moins d'apporter une attention spéciale sur ce point, des différences de plusieurs degrés peuvent être trouvées entre les déterminations faites sur le mercure et en tube capillaire, les différences augmentant à mesure que le diamètre du tube capillaire décroît. La méthode de détermination en tube capillaire ne doit donc être employée qu'avec précaution. L'incertitude attachée à la détermination des points de fusion par cette méthode, a amené *Bensemann* [2] à déterminer deux points : le « point de fusion naissante » et le « point de fusion complète ou limpide ».

Cette méthode, très employée en Allemagne, doit être décrite en détail. Une goutte de matière grasse fondue est introduite dans

1. Cf. aussi Thiele, *Berichte*, 1907, 996.
2. *Repert. analyt. Chem.*, 11 (1885), 165.

un tube semblable à celui représenté en *a*, dans la figure 14, et abandonnée à la solidification dans une position telle qu'elle prenne la forme du globule figuré en *a*. Le tube est alors accolé à l'ampoule d'un thermomètre et plongé dans l'eau d'un gobelet de Bohême, chauffée très doucement sur une petite flamme. Quand la goutte grasse commence à glisser le long du tube on note la température, qui est considérée comme le « point de fusion naissante ». La goutte

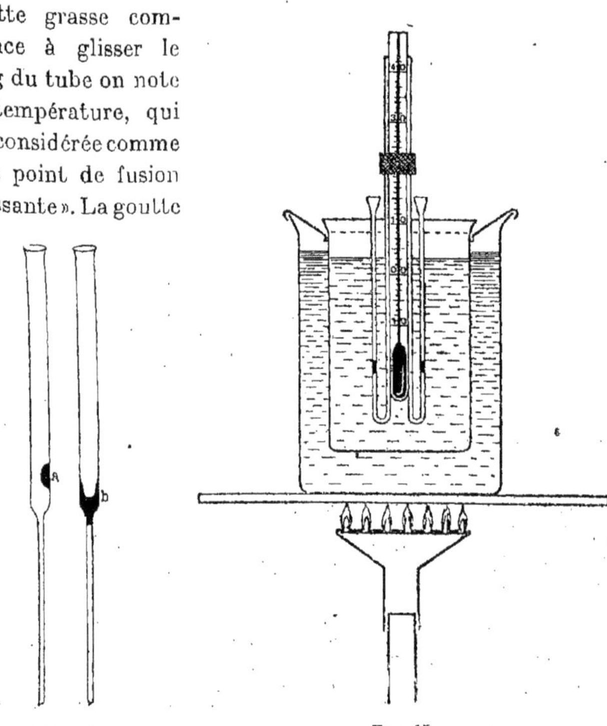

FIG. 14. FIG. 15.

est venue ainsi dans la position vue en *b*. En continuant à chauffer, la goutte devient complètement transparente à un certain moment : la température correspondante est le « point de fusion complète » ; la différence entre ces deux points est de 3 à 4°.

La figure 15 représente une forme mieux appropriée de tube à point de fusion, proposée par *Bömer*[1].

1. *Zeits. f. Unters d. Nahrg. u. Genussm.*, 1909 (XVII), 363.

Aux États-Unis, on emploie couramment la méthode officielle de *Wiley*[1].

Plusieurs auteurs ont proposé une méthode acoustique pour déterminer les points de fusion des matières grasses. Les dispositifs imaginés reposent sur le principe suivant : deux fils de platine reliés d'une part à une batterie de piles et de l'autre à une sonnerie électrique, sont immergés dans le corps gras solide. Quand celui-ci est fondu, le circuit est fermé et la sonnerie retentit. Le premier appareil de ce genre a été indiqué par *Lœwe* et a été modifié sur quelques points de détail par *F. Jean*. L'appareil de *Jean* comprend essentiellement un tube en U dans lequel on introduit une quantité de corps gras fondu suffisante pour remplir la courbure du tube. Deux fils de platine arrivant chacun dans une branche du tube pénètrent dans la matière grasse et sont reliés, d'autre part, l'un à la sonnerie, l'autre à la batterie. Un peu de mercure est introduit dans l'une des branches, et le tube est placé dans un bain-marie, chauffé doucement. Quand le corps gras fond, le mercure traverse la couche grasse et descend dans la courbure du tube où il ferme le circuit.

Un autre appareil du même type a été décrit par *Christomanos*[2]; il est représenté par la figure 16.

Les méthodes acoustiques paraissent un peu laborieuses pour des déterminations techniques, et à considérer le minime profit qui ressort d'un point de fusion exact, on peut les regarder comme une complication superflue, à laquelle on n'aura recours que dans quelques cas exceptionnels.

Le Sueur et *Crossley*[3] ont proposé de déterminer le point de fusion de la manière suivante : dans un tube de verre mince d'environ 75 mm. de long et 7 mm. de diamètre, est placé un tube capillaire ouvert aux deux bouts, dépassant le tube extérieur ; le diamètre de ce tube capillaire ne doit pas dépasser 3/4 de mm. Une petite

1. *Official and Provisional Methods of Analysis*, Assoc. of Agric. Chemists, 1907, 133; cf. aussi Menge, *Hygienic Laboratory*, Bull. n° 170, Washington, 1910; Steebock, *Journ. Ind. and Eng. Chem.*, 1910 (2), 480.

2. *Journ. Soc. Chem. Ind.*, 1890, 894; cf. aussi Limbourg, *Bull. Soc. Chim. Belg.*, 1908, 117; L. Liebermann, *Zeits. f. Unters. Nahrg. u. Genussm.*, 1911 (XXII), 294.

3. *Journ. Soc. Chem., Ind.*, 1898, 988.

quantité de corps gras à examiner est introduite dans le tube extérieur, de façon à recouvrir la partie inférieure du tube capillaire. Le tout est attaché à la tige d'un thermomètre au moyen de deux bracelets de caoutchouc et placé dans un vase de Bohême contenant un liquide quelconque, chauffé doucement. On note la température

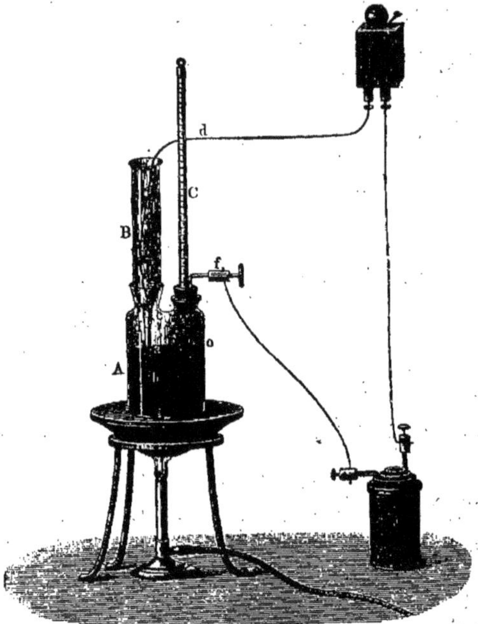

Fig. 16.

à laquelle on voit le corps gras liquide s'élever dans le tube capillaire : c'est le point adopté comme point de fusion.

Cette méthode donne des résultats exacts avec les substances chimiques pures, mais, essayée sur les corps gras dans le laboratoire de *Lewkowitsch*, elle ne s'est pas montrée satisfaisante. Elle présente en effet deux défauts ou causes d'erreurs : avec les corps riches en glycérides d'acides gras inférieurs, comme le beurre de vache, l'huile de coco, une fraction du corps gras s'élève dans le tube capillaire, aussitôt liquéfiée, tandis que le reste n'est pas encore fondu, ce qui donne des points de fusion trop faibles ; par contre, avec les corps gras riches en glycérides d'acides supérieurs, comme le suif ou certains succédanés du beurre de cacao, ou avec la suintine, la viscosité joue un trop grand rôle et retarde l'ascension dans le tube capillaire, d'où des points de fusion trop élevés. Les chiffres suivants reproduisent des résultats obtenus au laboratoire de *Lewkowitsch* :

Déterminations comparatives des points de fusion de quelques matières grasses (*Lewkowitsch*)

CORPS GRAS	MÉTHODE DE LE SUEUR & CROSSLEY			MÉTHODE ordinaire EN TUBE capillaire	MÉTHODE de la PRESSION hydrostatique	MÉTHODE DE FUSION sur le mercure
	Se ramollit dans le tube extérieur	Limpide dans le tube extérieur	S'élève dans le tube capillaire			
	Degrés	Degrés	Degrés	Degrés	Degrés	Degrés
Suintine	—	—	45,6	36,7-39,2	32,4	—
—	—	—	45,6	36,5-39,2	—	—
—	—	—	45,6	—	—	—
—	32,0	40,0	45,7	37,1-39,8	30,2-31,8	—
—	—	—	45,7	37,2-39,8	—	—
—	—	—	45,4	—	—	—
Beurre	—	36	25,7-25,8	32,0-33,4	—	—
—	—	—	25,7-25,8	32,0-33,45	—	—
Huile de coco	—	26	22,8	24,8-25,2	—	—
— —	—	—	23,2	24,8-25,2	—	—
Stéarolactone	—	39,1	34,8	37,0-37,7	—	—
Suif	—	—	45,4	41,1-45,0	—	—
Graisse pour chocolat I	—	—	34,4	28,3-28,8	—	—
— — II	—	—	35,5	28,3-28,8	—	31
— — III	—	—	—	25	—	26,6
— — IV	—	—	—	32	35	35-37
— — V	—	—	—	36,1	35	34-38

Ainsi qu'on a pu le voir par les remarques précédentes, la détermination exacte du point de fusion d'un corps gras ne s'effectue pas sans difficultés ; en outre, un certain temps doit s'écouler avant de pouvoir essayer un échantillon.

Le point de fusion n'a généralement qu'une valeur analytique minime pour la différenciation de différentes *huiles* entre elles ; il est donc inutile de donner ici une table complète des points de fusion de ces corps gras. Dans quelques cas particuliers, cependant, comme dans l'évaluation des huiles démargarinées ou « huiles d'hiver », le point de fusion peut avoir un intérêt considérable.

La détermination des points de fusion des *corps gras solides* présente une plus grande importance, car on a souvent à évaluer différents échantillons d'un seul et même corps gras, d'après leurs points de fusion. Malheureusement, et comme on l'a montré plus haut, les diverses méthodes en usage donnent des résultats différents ; aussi, serait-il à souhaiter que les chimistes analystes s'entendent pour l'adoption d'une méthode exacte uniforme. Il a paru inutile au point de vue pratique de rassembler en un tableau les différents points de fusion observés pour une même matière grasse, un tel tableau ne pouvant que mettre en évidence les divergences entre les observateurs. On trouvera les points de fusion de chaque corps gras dans l'étude qui lui est consacré au chapitre XIV.

Il faut enfin signaler que la présence de petites quantités d'acides gras libres exerce une influence considérable sur le point de fusion.

Une plus grande certitude est attachée au point de fusion des acides gras totaux provenant d'une huile ou d'une graisse ; aussi, dans les déterminations commerciales et industrielles prend-on généralement le **point de fusion des acides gras** mis en liberté ; on trouvera ces caractéristiques dans le chapitre XIV (pour cette détermination, voir chap. VII).

Quand les substances fondues se *solidifient*, la chaleur latente de fusion dégagée amène une élévation de température, qui se manifeste le plus nettement avec les acides gras, mais est beaucoup moins marquée avec les corps gras ; ceux-ci sont plutôt caractérisés par la constance de la température quelque temps avant la chute finale, quoique avec d'assez grandes quantités de matière, l'élévation de température puisse aussi s'observer nettement (cf. chap. XV, *Saindoux*).

Il est bien entendu que les indications précédentes et celles qui suivent ne se rapportent qu'aux corps gras naturels, les corps gras hydrogénés se comportant ou pouvant se comporter d'une manière différente et qui n'a pas été étudiée jusqu'ici.

Rudorff a étudié les **points de solidification** des corps gras, en vue de leur utilisation comme caractéristiques dans l'examen de ces matières. Sa méthode consiste à fondre le corps gras et à l'agiter continuellement avec un thermomètre pendant son refroidissement, en notant la température de temps en temps. Il a trouvé que pour divers corps gras, la température s'abaisse jusqu'à un certain point, où elle reste constante quelque temps, puis elle reprend sa chute. La matière se solidifie pendant la période de température constante ; c'est cette dernière qui est considérée comme le point de solidification.

Avec d'autres matières grasses, la solidification commençant, le température s'abaisse, puis remonte et atteint un maximum où elle reste constante jusqu'à ce que la solidification soit complètement achevée.

Un certain nombre de corps gras, enfin, comme les suifs de mouton et de bœuf, n'ont pas de point de solidification propre ; la température s'élève de quelques degrés, mais ne reste constante à aucun moment. Ces matières se comportent comme des mélanges, dont une partie est déjà solidifiée tandis que l'autre est encore liquide.

La détermination des points de solidification des corps gras n'est donc guère recommandable et il est bien préférable d'opérer sur leurs **acides gras** (voir chap. VIII).

Polenske[1] a observé que la différence entre les points de fusion et de solidification de divers échantillons d'une même graisse animale est presque constante, tandis qu'elle varie pour des graisses animales d'origine différente. C'est ce que mettent en évidence les chiffres de la table suivante, dans laquelle sont rapportées quelques « différences » de graisses animales et végétales :

1. *Arbeiten a. d. Kaiserl. Gesundheits.*, 1907 (XXVI), 3, 444; 1908, 273.

CORPS GRAS	NOMBRE D'ÉCHANTILLONS	POINT DE FUSION	POINT DE SOLIDIFICATION	DIFFÉRENCE
		Degrés	Degrés	Degrés
« Stéarine » de suif....	2	54,2-56,0	41,5-43,5	12,7-12,5
Suif	47	41,2-52,0	28,4-35,4	12,8-15,0
Saindoux..............	15	42,2-49,0	23,0-28,4	19,2-20,6
Graisse d'oie..........	6	32,2-38,3	17,5-21,7	14,7-16,7
Beurre de vache......	2	34,5-35,5	22,7-21,2	11,8-15,9
Graisse de cheval	2	33,0-35,3	18,0-19,0	15,0-16,3
Huile de coco.........	5	24,5-26,0	19,0-22,5	4,8-6,0
Beurre de karité......	..	45,0	25,0	20,0
Suif de Bornéo	..	48,5	40,0	8,5

Pour les détails de l'appareil et la manière dont *Polenske* détermine le point de fusion, on se reportera aux mémoires originaux. Il suffit de signaler que *Polenske* propose de déceler, à l'aide du « *nombre de différence* » (ainsi qu'il appelle les nombres donnés dans la dernière colonne de la table précédente) les mélanges d'une graisse animale avec une autre graisse animale, comme par exemple le saindoux et la graisse de bœuf avec la graisse d'oie ; mais il est absolument essentiel de suivre minutieusement le *modus operandi* indiqué par cet auteur.

On remarquera que les différences avec l'huile de coco et le suif de Bornéo, sont relativement petites, tandis que pour le beurre de Karité, la différence est plus grande que dans la graisse d'oie et le beurre de vache. *Fischers* et *Alpers* [1] ont montré que les limites de *Polenske* doivent être élargies et que, si la méthode peut être utile pour la recherche de quantités considérables de suif dans le saindoux, elle n'est d'aucune utilité pour la recherche de graisses animales étrangères dans le beurre de vache (Cf. *Bömer* et *Limprich* [2]).

L'observation suivante peut avoir encore quelque intérêt : on a fréquemment remarqué qu'un mélange de « stéarine » de bœuf et d'huile de coton d'un titre défini cristallise à une température bien plus haute qu'un mélange de saindoux pur de même titre. On a aussi signalé qu'un mélange d'huile de lard et de « stéarine » de

1. *Zeits. f. Unters. d. Nahrg. u. Genussm.*, 1909 (XVII), 181; cf. aussi Fritzsche, *ibidem*, 1909 (XVII), 532, et Laband, *ibidem*, 1909 (XVIII), 289.
2. *Ibidem*, 1913 (XXV), 367.

saindoux cristallise à une plus haute température qu'un mélange correspondant d'huile de lard et de « stéarine » de bœuf.

Le **point de solidification** ou **de congélation des huiles** se détermine en plongeant le tube contenant l'huile dans un mélange réfrigérant. Le thermomètre est fixé au tube à l'aide d'un bouchon ; son échelle doit commencer au-dessus du bouchon. La table suivante donne les proportions d'eau et de certains sels nécessaires pour la préparation de quelques mélanges réfrigérants :

SUBSTANCES EMPLOYÉES	PARTIES D'EAU	TEMPÉRATURE
	Pour 100	Degrés
Eau distillée		0
Nitrate de potassium	13	— 2,85
Nitrate de potassium	13	— 5,0
Chlorure de sodium	3,3	
Chlorure de baryum	35,8	— 8,7
Chlorure d'ammonium	25	— 15,4

Si l'on dispose de neige, on peut obtenir de plus basses températures, ainsi que l'indique le tableau suivant :

	Substances employées pour 100 parties de neige	Température
13,5	parties de nitrate de potassium et 26 parties de chlorure d'ammonium	— 17,8°
33	parties de chlorure de sodium	— 21,3
52	parties de nitrate d'ammonium et 55 parties de nitrate de sodium	— 25,8
9	parties de nitrate de potassium et 67 parties de rhodanate d'ammonium	— 28,2
13	parties de chlorure d'ammonium et 37,5 parties de nitrate de sodium	— 30,7
32	parties de nitrate de potassium et 59 parties de rhodanate d'ammonium	— 30,6
5	parties de nitrate de potassium et 112 parties de rhodanate de potassium	— 34,1
39,5	parties de rhodanate d'ammonium et 54,5 parties de rhodanate de sodium	— 37,4
143	parties de chlorure de calcium cristallisé ($CaCl^2 + 2H^2O$)	— 50,0

Le point de congélation des huiles n'est pas assez caractéristique pour pouvoir servir à leur classification ou à leur identification. Il ne se détermine d'ailleurs que dans quelque cas spéciaux, comme pour les huiles démargarinées « huiles d'hiver », et plus souvent les huiles lubrifiantes. Des méthodes appropriées à l'essai des huiles lubrifiantes ont été élaborées par le « Königliche Technische Versuchsanstalt » de Berlin; la figure 17 représente l'appareil dans lequel s'effectue la détermination (Cf. *Essai du froid*, chap. xv).

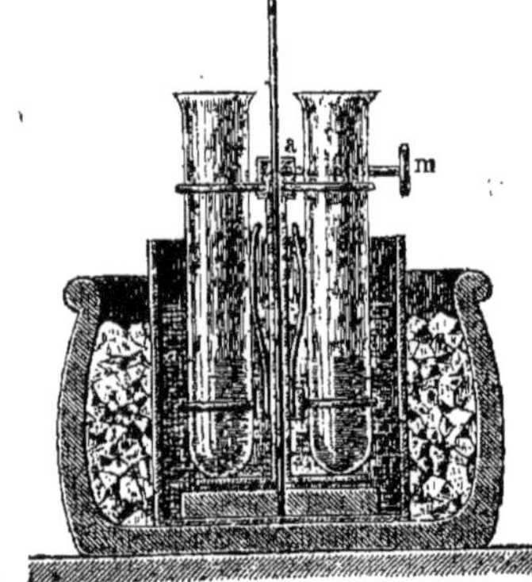

Fig. 17.

III. — INDICE DE RÉFRACTION

La facilité et la rapidité avec laquelle l'indice de réfraction peut être déterminé, grâce aux perfectionnements apportés aux appareils optiques, ont mis cette méthode d'essai au premier plan. Quoique n'offrant pas un moyen absolument certain pour la recherche des falsifications, elle peut servir dans bien des cas comme essai préliminaire, permettant d'établir rapidement si l'échantillon examiné est suspect ou s'il est pur.

Les objections élevées par les premiers observateurs relativement à la grande influence qu'exercent sur l'indice de réfraction les procédés d'épuration, l'âge de l'huile, la proportion d'acides gras libres, l'oxydation subie, ont été reconnues pour la plupart sans fondement; et de récentes recherches ont prouvé que des indications très précieuses, pour le beurre en particulier, pouvaient être tirées de la détermination de l'indice de réfraction.

Dans le réfractomètre d'*Abbe*, on obtient l'indice de réfraction en observant la réflexion totale qu'une lame très mince de liquide, placée entre deux prismes de substances plus réfringente, fait subir à la lumière transmise[1]. Une seule goutte de liquide suffit pour

1. E. Abbe, *Neue Apparate zur Bestimmung des Brechungs-und Zerstreuungsvermögens fester und flüssiger Körper*, Iéna, 1874.

l'observation, ce qui permet d'examiner facilement même les matières opaques sous une certaine épaisseur.

L'instrument [1] est représenté par les figures 18 et 19. La première montre sa position pour appliquer la goutte de corps gras à examiner ; la seconde montre la position de l'instrument pour les lectures. L'appareil consiste en une double prime de flint-glass très réfrigent (*fig.* 18), fixé à une alidade, de façon telle que tous deux (alidade et prismes) puissent se mouvoir autour du centre d'un arc

Fig. 18.

divisé. Cet arc est fixé sur une lunette tournant avec lui autour d'un axe horizontal. La partie antérieure de la lunette est montée sur un support portant un système de deux prismes tournants de *Amici*. Ce système agit comme compensateur pour achromatiser la ligne critique de réflexion totale, l'angle de rotation étant indiqué par un cylindre gradué. La goutte de liquide à examiner est placée entre les deux prismes, dont l'un peut être déplacé aisément comme le montre la figure 18. Pour rendre ce prisme plus accessible, la lunette et son arc peuvent être retournés.

L'examen peut se faire à la lumière diffuse du jour ou à la lumière artificielle et consiste en un simple ajustage de l'alidade. L'indice

1. Construit par Carl Zeiss, Optische Workstätte, Iéna.

de réfraction se lit directement sur l'arc divisé jusqu'à la troisième décimale, sans qu'aucun calcul soit nécessaire ; la quatrième décimale peut être déterminée exactement à moins de deux unités.

Fig. 19.

Depuis l'introduction du butyroréfractomètre de *Zeiss* (*fig.* 20) pour l'essai des beurres, cet appareil a presque entièrement remplacé le réfractomètre d'*Abbe*. Celui-ci, cependant, est encore nécessaire dans quelques cas où l'indice de réfraction dépasse les limites du butyroréfractomètre, comme pour les huiles de bois et de résine. Le butyroréfractomètre diffère de l'appareil d'*Abbe* en ce que la ligne critique de réflexion totale pour une certaine substance — en ce cas le beurre de vache — est achromatisée, non pas par un système compensateur spécial, mais par les prismes eux-mêmes, la dispersion qui accompagne la réflexion totale entre le verre et la substance étant exactement compensée par la dispersion que subit à la surface d'émergence le rayon lumineux sortant du double prisme dans la direction de la lunette. Il en résulte que la ligne critique apparaît incolore (achromatisée) pour la substance pour laquelle le

Fig. 20.

prisme a été calculé, tandis que les substances ayant un pouvoir réfrigent et dispersif différent donnent une ligne critique plus ou moins bleue si la dispersion est plus grande ou rouge si elle est plus faible que celle de la substance-type. La ligne critique est cependant suffisamment distincte dans tous les cas pour qu'on puisse déterminer sa position.

Dans les derniers instruments construits, le réfractomètre est pourvu d'une vis micrométrique qui permet une plus grande exactitude dans la lecture, car la ligne de séparation peut ainsi être déplacée dans chaque direction d'un degré entier, ce qui supprime l'incertitude d'avoir à évaluer les dixièmes de degré.

Deux substances différentes se distinguent en premier lieu par des positions différentes de la ligne critique et ensuite par la différence d'apparence comme frange colorée. Les prismes du butyroréfractomètre étant spécialement calculés pour le beurre de vache pur, la présence de corps gras étrangers dans un échantillon de beurre peut être facilement décelée par un simple examen de l'échantillon au butyroréfractomètre.

Pour faire une observation, on place l'instrument sur une table où la lumière diffuse du soleil ou tout autre lumière artificielle puisse être facilement admise pour l'éclairage. On relie la tubulure D à un courant d'eau à température constante [1]. On ouvre l'enveloppe des prismes en tournant la clef F d'environ un demi-tour à droite, jusqu'à ce qu'elle rencontre un arrêt, et on rabat sur le côté la moitié B (tenue en position par H) de l'enveloppe. Les surfaces du prisme doivent être nettoyées avec le plus grand soin avec un linge doux imbibé d'alcool ou d'éther. On verse quelques gouttes de corps gras limpide (filtré) sur la surface du prisme contenu dans l'enveloppe B. Pour cela, l'appareil doit être élevé avec la main gauche de façon à amener la surface du prisme dans une position horizontale. On applique ensuite B contre A et ramène F dans sa position primitive en le tournant dans la direction opposée.

Pendant qu'on regarde dans la lunette, on amène le miroir dans une position J, telle que la ligne critique séparant la plage gauche brillante du champ de la plage droite sombre, soit nettement visible. Si l'espace entre les prismes n'est pas complètement rempli par l'échantillon, la ligne critique n'apparaît pas distinctement; on règle enfin la partie mobile de la lunette jusqu'à ce que l'échelle soit nettement visible.

La ligne critique d'abord brumeuse, prend au bout d'un temps très court une position fixe et atteint rapidement sa plus grande netteté. Ce point atteint, on fait la lecture du thermomètre, à moins qu'une température constante n'ait été maintenue depuis le début.

1. Cf. *fig.* 24 et 25.

Le réglage de l'appareil doit être essayé de temps en temps au moyen de l'*huile type* (fournie avec l'instrument), dont la ligne critique doit occuper une position définie sur l'échelle. A l'aide d'une clef de montre insérée en G, la position de l'objectif peut être modifiée à volonté.

Les divisions de l'échelle peuvent être converties en indices de réfraction en se reportant à la table de correspondance suivante[1]:

Table des indices de réfraction

DIVISION DE L'ÉCHELLE	n_D	DIFFÉRENCE
0	1,4220	»
10	1,4300	8,0
20	1,4377	7,7
30	1,4452	7,5
40	1,4524	7,2
50	1,4593	6,9
60	1,4659	6,6
70	1,4723	6,4
80	1,4783	6,0
90	1,4840	5,7
100	1,4895	5,5

Le réfractomètre de *Pulfrich*[2] est également pourvu d'un dispositif pour les observations à hautes températures. Cet appareil[3] est représenté par la figure 21. Les observations sont faites soit à la lumière du sodium placée en face du prisme réfléchissant N, soit à la lumière de l'hydrogène émise par un tube de Geissler Q. La lumière du sodium est projetée sur la substance à examiner à l'aide du prisme N, et la lumière de l'hydrogène à l'aide d'un condensateur P (cet éclairage peut être changé rapidement en déplaçant N). La matière est placée directement sur la surface du prisme du réfractomètre de la façon représentée par la figure 22, et le prisme, avec la substance, peut être amené à une température quelconque dans

1. Cf. Roberts, *Analyst*, 1916, 376; Liverseege, *ibidem*, 1919, 49, et Richmond, *ibidem*, 1919, 167.
2. C. Pulfrich, *Das Totalreflectometer und das Refractometer für Chemiker*, etc..., Leipzig, 1890.
3. Construit par Carl Zeiss, Optische Werkstätte, Iéna.

un appareil de chauffage spécial S (*fig.* 23), dans lequel le liquide

Fig. 21.

est assujetti à circuler dans la direction des flèches. La plaque de bois W (*fig.* 21) sert à empêcher toute déperdition de chaleur.

La lumière tombant sur la substance à examiner sous une incidence rasante traverse la face verticale du prisme à 90° et l'angle i du rayon émergeant de cette face est lu au moyen d'une lunette et d'un cercle gradué. L'indice de réfraction de la substance est calculé à l'aide de la formule $n = \sqrt{N^2 - \sin^2 i}$ dans laquelle N est l'indice de réfraction (connu) du prisme.

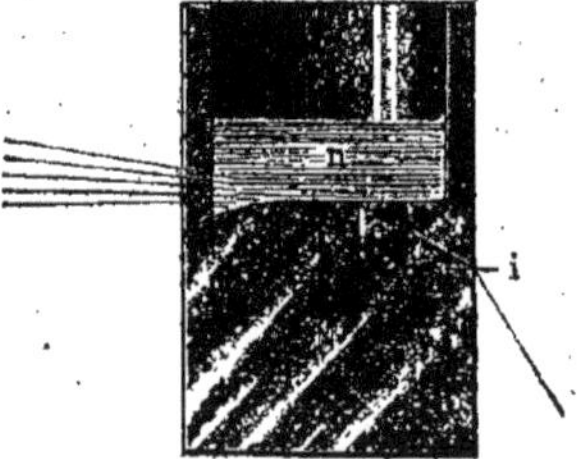

Fig. 22.

Pour avoir dans le butyroréfractomètre une circulation d'eau à température et à pression constantes, on peut employer un régula-

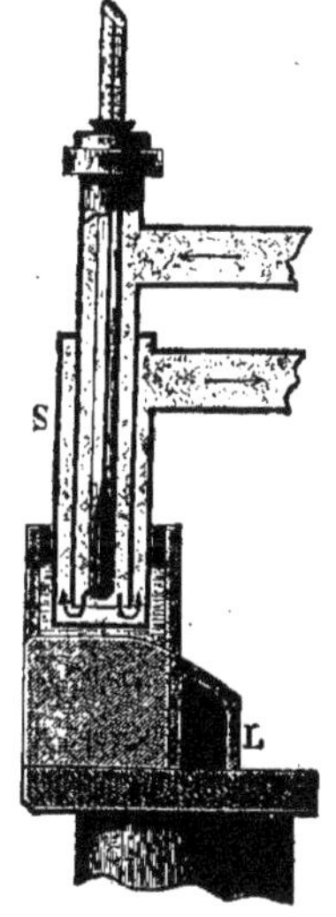

Fig. 23.

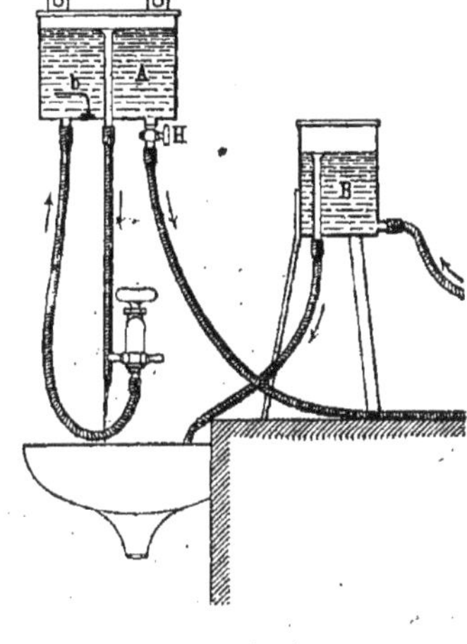

Fig. 24.

teur de pression (*fig.* 24) composé de deux vases A et B, combiné avec un thermostat [1] (*fig.* 25) ; le butyroréfractomètre est alors intercalé entre le thermostat et le vase B.

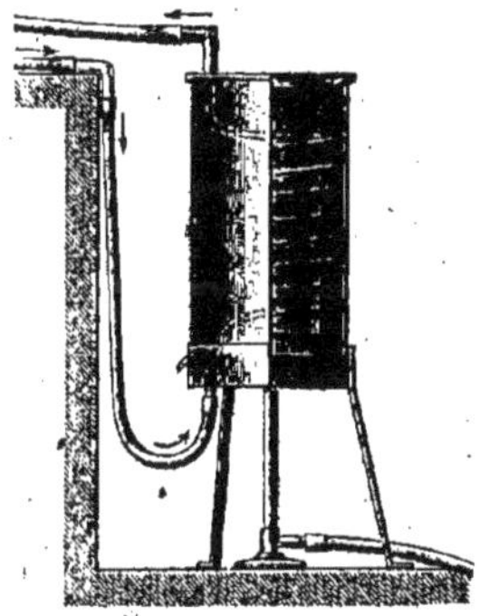

Fig. 25.

La figure 26 représente une combinaison du réfractomètre d'*Abbe* avec le dispositif de chauffage du butyroréfractomètre, nécessaire pour la détermination de l'indice de réfraction d'huiles comme les huiles de bois et de résine (Voir p. 212), à une température constante.

Un autre instrument, basé sur une

1. Un thermostat plus pratique, occupant moins d'espace, a été préconisé par T.-E. Thorpe, *Journ. Chem. Soc.*, 1904, 257 ; cf. aussi Heygendorff, *Chem. Zeit.*, 1909, 244 ; Poda, *ibidem*, 1910, 1882 ; Hackmann *Chem. News*, 1910, 192.

échelle arbitraire, a été recommandé par *Amagal* et *Jean* pour l'examen des huiles et graisses, et spécialement pour l'essai du beurre.

L'appareil, nommé par les auteurs oléoréfractomètre (*fig.* 27), comprend essentiellement un collimateur, une lunette télescopique

Fig. 26.

et une cuve métallique. Celle-ci est munie de deux tubulures opposées, fermées par deux glaces parallèles. Sur les tubulures, dans le prolongement l'un de l'autre, sont vissés le collimateur et la lunette, de sorte qu'un rayon de lumière entrant par le collimateur traverse les glaces parallèles et la lunette. Au centre de la cuve circulaire, est fixé un petit cylindre argenté, creux, dans les parois duquel sont mastiquées deux glaces formant un angle de 107°. La lunette est munie d'une double échelle photographique à division arbitraire H, placée au foyer de l'oculaire M, sur laquelle vient se profiler l'image formée par un volet semi-circulaire placé dans le collimateur et dont le bord vertical partage le champ en deux parties, l'une sombre, l'autre lumineuse. Si le cylindre argenté et la cuve circulaire extérieure sont remplis avec la même huile, il n'y a pas de réfraction et par suite, aucune modification dans la position de l'image. Si, cependant, on remplace l'huile du cylindre argenté par une huile différente, il y a réfraction dépendant de la nature de l'huile, et la ligne divisant le champ est

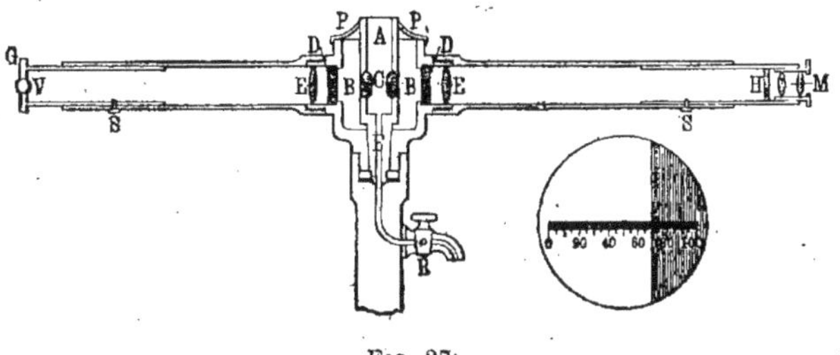

FIG. 27.

déplacée à droite ou à gauche. Le déplacement est lu sur l'échelle de la lunette et exprimé par le nombre de divisions de l'échelle ou « degrés ».

Pour faire l'essai, on remplit le cylindre central et la cuve extérieure avec une *huile-type* (dont la composition est, chose curieuse, tenue secrète par les inventeurs [1] ; elle est fournie avec l'appareil) et on règle le volet semi-circulaire, pour que la ligne divisant le champ coïncide avec le zéro de l'échelle. On remplace ensuite dans le cylindre l'huile-type par l'huile à examiner et on lit sur l'échelle le déplacement de la ligne de division, c'est-à-dire la réfraction. Au lieu d'employer l' « huile-type », on peut du reste comparer un échantillon d'huile avec un échantillon de la même sorte d'huile, reconnue pure.

Pour la commodité des opérations, la cuve cylindrique et le cylindre argenté peuvent être vidés (et lavés) au moyen de robinets, dont l'un seulement, R, est représenté dans la figure 27. En outre, un

1. L' « huile-type » est de l'huile de pieds de mouton.

réservoir d'eau (non représenté), entourant la partie centrale de l'appareil, permet de régler la température de l'huile à examiner ; l'eau est chauffée avec une petite lampe et la température observée sur un thermomètre accompagnant le réservoir.

L'oléoréfractomètre d'*Amagal* et *Jean* a, sur les autres réfractomètres précédemment décrits, l'avantage d'être un appareil différentiel, ce qui permet de déterminer rapidement la différence de réfraction entre deux huiles comparées exactement dans les mêmes conditions[1].

Les premiers oléoréfractomètres ont été construits pour une température de 22° et la plupart des observations publiées par les premiers auteurs ont été faites à cette température. Les appareils actuels sont munis d'une double échelle pour les températures de 22° et 45°, respectivement, de sorte que les observations faites à 22° peuvent être ramenées immédiatement aux valeurs correspondantes à 45°.

Un nouveau réfractomètre, rappelant celui de *Pulfrich*, a été indiqué par *Harland*. Cet instrument diffère cependant du réfractomètre de *Pulfrich*, en ce que le prisme rectangulaire est remplacé par un quadrant cylindrique, en flint-glass français, d'un très grand pouvoir réfringent.

La matière à examiner se place sur la surface polie horizontale du quadrant. La lumière tombe sur la substance sous une incidence rasante et la ligne de séparation du champ, après sa sortie du quadrant cylindrique, traverse un segment cylindrique concave (fait du même flint à haut pouvoir réfringent et du même rayon que le quadrant cylindrique) dans la lunette et de là dans l'œil de l'observateur. L'angle se lit sur un arc divisé en quarts de degré (15 minutes) ; en utilisant le vernier, les minutes peuvent être déterminées sans difficultés. Dans le but d'obtenir encore une plus grande exactitude, l'appareil porte une vis micrométrique, dont le tambour est divisé en 50 divisions ; une révolution complète du tambour correspondant à 15 minutes ou 900 secondes, une division représente

1. Allen (*Analyst*, 1895, 135) a montré que l'angle du prisme n'était pas strictement le même dans tous les appareils, car il a trouvé pour un même échantillon de saindoux, examiné dans trois instruments, respectivement 4° 1/2, 6° et 11°.

18 secondes, ce qui constitue la limite d'exactitude que l'on puisse obtenir avec l'appareil. D'après l'angle observé et l'indice de réfraction connu, N, du quadrant cylindrique, l'indice de réfraction de la substance examinée se déduit de la formule — $n = N. \sin i$.

Afin d'éviter des calculs, l'appareil comporte une table dans laquelle sont indiqués les indices de réfraction de 10 en 10 minutes pour tous les angles entre 34°44′30″ et 87° pour la raie du sodium D. Pour toute autre longueur d'onde, l'indice de réfraction doit être calculé ; la table donne, à cet effet, les valeurs de N pour les raies A, C, D, F, G. De cette manière, on peut observer tous les indices entre 1 et 1,733 (pour des réfractions plus élevées, il serait, bien entendu, nécessaire d'employer un quadrant cylindrique et un segment d'un pouvoir réfrigent plus élevé). L'instrument est réglé de telle sorte que l'angle pour l'air soit de 34°44′31″, ce qui a une grande importance, en permettant à l'observateur de contrôler le point zéro, à tout moment.

Pour déterminer l'indice de réfraction, on projette un rayon de lumière de sodium ou de toute autre lumière monochromatique, d'une distance de 30 à 40 centimètres, à travers le prisme rectangulaire, sur la matière en observation. En tournant le prisme rectangulaire vers le bas, et en illuminant le tube d'hydrogène adapté à l'appareil, on peut déterminer la réfraction pour la raie de l'hydrogène et en changeant ainsi la source lumineuse, on peut mesurer rapidement la dispersion, car il n'y a qu'à tourner le tambour du micromètre jusqu'à ce que la ligne séparant le champ lumineux du champ obscur passe au centre du réseau de la lunette.

La ligne de division est beaucoup mieux définie et moins incurvée que dans les autres instruments ; aussi, l'angle peut-il être ajusté avec une plus grande exactitude que dans les autres appareils similaires.

Pour permettre les observations à toute température désirée, le quadrant est entouré d'une chemise d'eau.

Pour l'examen des substances liquides, l'appareil est muni d'un petit auget spécial, suivant les indications de *Lewkowitsch*.

La table suivante reproduit les observations de ce dernier, en comparaison avec celles fournies par le butyro-réfractomètre, quand celui-ci est utilisable, la température étant de 20° :

SUBSTANCE	RÉFRACTOMÈTRE D'HARLAND		BUTYRORÉFRACTOMÈTRE	
	MILIEU EMPLOYÉ	ANGLE OBSERVÉ pour la raie D	DEGRÉS	CALCULÉ
Eau	Essence de wintergreen	49° 34′ = 1,33568	...	....
Huile d'abrasin	— —	59° 59′ = 1,51943	...	....
— de soja	— —	57° 31′ = 1,48025	82°	1,47940
— de maïs	— —	57° 15′ = 1,47683	76°	1,47590
— de coton	— —	57° 20′ = 1,47721	76°	1,47590
— de colza	— —	57° 19′ = 1,47695	76°	1,47590
— d'arachide	— —	57° 4′ = 1,47278	70°	1,47230
— d'olive	— —	57° 4′ = 1,47278	70°	1,47230
— de pieds de bœuf	— —	57° 38′ = 1,48215	84°	1,48070
— de foie de morue	— —	57° 1′ = 1,47195	67°	1,47050
— de baleine	— —	57° 38′ = 1,48215	84°	1,48070
— —	— —	57° 23′ = 1,47804	77°	1,47650
Essence de thym	Sulfure de carbone	58° 43′ = 1,50017	...	....
— de wintergreen	— —	61° 15′ = 1,53846	...	....
Huile de résine (contenant des acides résineux)	— —	61° 8′ = 1,53675	...	....
— de résine (exempte d'acides résineux)	— —	61° 50′ = 1,54696	...	....

D'autres instruments pour l'examen réfractométrique des huiles, ont été construits par *Féry* [1], *Leitz* et *Eykmann*.

Le réfractomètre à *immersion* construit par *Zeiss* pour l'examen rapide des solutions aqueuses et alcooliques, a été appliqué à l'examen des solutions aqueuses étendues de glycérine par *Henkel* et *Roth* [2].

L'indice de réfraction varie en raison inverse de la température ; aussi est-il nécessaire de faire toutes les observations à une température constante. *Tolman* et *Munson* [3] ont calculé, d'après les déterminations faites par *Procter* [4] sur un grand nombre d'huiles, la correction de température à faire, soit 0,000365 par degré centigrade [5] ; d'après *Richmond*, le coefficient 0,00038 serait plus exact.

Des observations faites avec l'huile type accompagnant le butyroréfractomètre, on a déduit les corrections de température suivantes :

TEMPÉRATURE DEGRÉS	CORRECTION POUR LECTURE DE L'ÉCHELLE	CORRECTION POUR INDICE DE RÉFRACTION
15-20	0,620	0,000372
20-25	0,600	0,000372
25-30	0,608	0,000380
30-35	0,615	0,000393
35-40	0,594	0,000386
40-45	0,585	0,000383
45-50	0,583	0,000385

Au butyroréfractomètre, la correction pour le beurre est de 0,55 division de l'échelle ou « degré » pour chaque degré centigrade, mais cette correction n'est pas applicable aux autres corps gras. Pour éviter toute complication, il vaut mieux faire toutes les observations à une température définie, généralement admise ; la température type de 40° est celle qui convient le mieux. La plupart des

1. Voir *Agenda du Chimiste*, 1897.
2. *Zeits. f. ang. Chem.*, 1905, 1940.
3. *Journ. Amer. Chem. Soc.*, 1902, 754.
4. *Journ. Soc. Chem. Ind.*, 1898, 1023.
5. Cf. aussi Harvey, *Journ. Soc. Chem. Ind.*, 1905, 770.

huiles et graisses sont liquides à 40° et ce n'est que dans des cas exceptionnels, comme celui de la cire d'abeilles, qu'une plus haute température est nécessaire. Mais, quelle que soit la température choisie, celle-ci doit être nettement indiquée.

Wright[1] a donné la formule suivante pour convertir l'indice de réfraction déterminé à une température t en indice de réfraction à 40° :

$$n_{40} = (n - 1)\frac{0,9696}{1 - 0,00076t} + 1.$$

D'après la table ci-dessus, la différence entre le chiffre calculé et celui déterminé, est d'autant plus faible que la détermination est faite à une température plus voisine de celle désirée ; aussi, *Wright* recommande-t-il de déterminer l'indice de réfraction à une température aussi rapprochée que possible de 40°, sa formule permettant d'obtenir facilement le résultat à 40°.

La présence d'acides gras libres dans les corps gras paraît affecter nettement l'indice de réfraction. C'est ainsi qu'un échantillon d'huile d'olive de Californie [2], contenant 44,4 0/0 d'acides gras libres, avait comme indice de réfraction 1,4672, tandis que l'indice correspondant pour un grand nombre d'échantillons moins acides était 1,4711.

La table suivante renferme un certain nombre de valeurs obtenues respectivement avec le réfractomètre d'*Abbe*, avec l'oléoréfractomètre et avec le butyroréfractomètre, classées d'après la grandeur de l'indice d'iode, suivant le principe adopté dans cet ouvrage, de sorte que l'on peut reconnaître de suite si quelque corrélation existe entre l'indice d'iode et le pouvoir réfringent. On ne voit d'ailleurs apparaître aucune relation définie [3], et l'on peut seulement remarquer que les huiles d'animaux terrestres dévient à gauche avec l'oléoréfractomètre, de sorte que l'on peut ainsi différencier rapidement ces huiles des huiles végétales par la simple déviation à l'oléoréfractomètre.

1. *Journ. Soc. Chem. Ind.*, 1919, 329.
2. Tolman et Munson, *Journ. Amer. Chem. Soc.*, 1903, 955.
3. Cf. J. Lund, *Relations entre les constantes des matières grasses*, trad. Charliers et Tchetcheroff, 1926.

HUILE	CLASSE	GROUPE	INDICE DE RÉFRACTION					
			Réfractomètre d'Abbe		Oléoréfractomètre		Butyroréfractomètre	
			Degrés C	n_D	Degrés C	Degrés	Degrés C	Degrés
Perilla	Huiles siccatives		15	1,4825	»	»	»	»
Lin			15	1,4833	22	+ 50 à + 54	20	84–90
—			61	1,4660	»	»	40	72,5
Bois (abrasin), Chine			20	1,5179	22	+ 73	»	»
— — Japon			20	1,5053	»	»	»	»
Bancoulier			»	»	»	»	15	76
— —			»	»	»	»	20	78,5
Stillingia			»	»	»	»	35	75
Chènevis			»	»	22	+ 34 à + 37	»	»
Noix			»	1,4804	22	+ 35 à + 36	40	64,8
Arbousier			»	»	»	»	25	71
Carthame			16	1,477	»	»	40	65,2
Kaya			20	1,4758	»	»	»	»
Inukaya			20	1,476	»	»	»	»
Œillette			60	1,4586	22	+ 30 à + 35	40	63,4
Soja			20	1,4803	»	»	20	82
Asperge			»	»	»	»	25	75
Agroora			»	»	»	»	40	64,5
Manihot			»	»	»	»	40	62,9
Millet			»	»	»	»	25	70
Niger			»	»	22	+ 26 à + 30	40	63
Tournesol			60	1,4611	22	+ 35	25	72,2
Sorbier sauvage			15	1,4753	»	»	»	»
Pavot épineux			»	»	»	»	40	62,5
Pignon			35	1,4769	»	»	»	»
Fraisier			25	1,4796	»	»	»	»
Aubépine			»	»	»	»	40	67
Groseiller			»	»	»	»	40	62
Mûrier			»	»	»	»	40	63,9
Cameline	Huiles [illegible]	Groupe de l'huile [illegible]	»	[illegible]	22	+ 32	[illegible]	»
[illegible]			[illegible]	[illegible]	»	[illegible]	35	70,2–72,5
[illegible]			[illegible]	[illegible]	[illegible]	[illegible]	[illegible]	[illegible]
[illegible]			[illegible]	[illegible]	[illegible]	[illegible]	[illegible]	[illegible]
[illegible]			[illegible]	[illegible]	[illegible]	[illegible]	[illegible]	[illegible]
[illegible]			[illegible]	[illegible]	[illegible]	[illegible]	[illegible]	[illegible]
—			15	1,4753	22	+ 17 à + 23	35	67,6–69,4
Sésame	Huiles demi-siccatives	Groupe de l'huile de coton	»	1,4782	»	»	40	58,0
Luffa			15	1,4748–1,4762	22	+ 13 à + 17	25	68
Croton			»	»	»	»	40	62
—			»	»	22	+ 35	27	77,5
Mucuna			»	»	»	»	40	68
			»	»	»	»	25	66,2
Pignon d'Inde			25	1,4681	»	»	25	65
—			»	1,4687	»	»	40	56,5
Tomate			»	»	»	»	40	63
Fusain		Groupe de l'huile de colza	»	»	»	»	40	52
Cresson			»	»	»	»	40	60,5
Ravison			»	»	22	+ 18 à + 25	20	73–74
Ravenelle			»	»	»	»	25	70,5–71,5
Colza			15	1,4720–1,4752	22	+ 16 à + 20	25	68
Moutarde noire			»	»	»	»	40	59,5
Moutarde blanche			»	»	»	»	40	58,5
Raifort			»	»	»	»	40	57,5
Iamba			»	»	»	»	25	67,2
Nigelle	Huiles non siccatives		»	»	»	»	40	58,5
Coing			»	1,4729	»	»	»	»
Abricotier			»	»	»	»	25	66,6
Prunier			»	»	»	»	25	63,1
Pêcher			»	»	22	+ 7,5 à + 11,5	25	66,1–67,2
Amande			60	1,4555	21	+ 8 à + 10,5	25	64,4
Farine de froment			25	1,4854	»	»	25	92
Gland			»	1,4731	»	»	»	»
Noix de Californie			»	1,4766	»	»	»	»
Arachide			60	1,4545	22	+ 4 à + 7	25	66–67,5
Riz			»	»	»	»	25	68,2
Thé			»	»	22	+ 8	»	»
Tsubaki			20	1,4679	»	»	»	»
Sasanqua			20	1,4691	»	»	»	»
Njore-Njole			22	1,4695	»	»	»	»
Pistache			»	»	»	»	»	»
Noisette			»	»	»	»	25	62
Telfairia			»	»	»	»	25	61,2
—			»	»	»	»	25	63–64
			»	»	»	»	30	61–62
Sureau			20	1,472	»	»	»	»

HUILE	CLASSE	GROUPE	INDICE DE RÉFRACTION — Réfractomètre d'Abbe — Degrés C	Réfractomètre d'Abbe — n_D	Oléoréfractomètre — Degrés C	Oléoréfractomètre — Degrés	Butyroréfractomètre — Degrés C	Butyroréfractomètre — Degrés
Olive	Huiles non siccatives		15	1,4698	22	0 à + 3,5	25	62,4
—			»	1,4716	»	»	40	53,5–56,4
Noyaux d'olives			25	1,4682	»	»	»	»
Café			25	1,4777	»	»	25	79
Ben			»	»	»	»	40	59
Sterculia			40	1,4654	»	»	»	»
Noix de paradis			»	»	»	»	15	61,4
Canari			»	»	»	»	40	50,3
Seigle			»	»	»	»	25	65
Ricin		Groupe de l'huile de ricin	15	1,4799	22	+ 39 à + 42	25	78
Pépins de raisin			25	1,4713	»	»	25	69,4
Menhaden	Huiles d'animaux marins	Huiles de poissons	»	»	»	»	25	80,7
—			»	»	»	»	40	71,3
Sardine du Japon			20	1,4805	22	+ 50 à + 53	40	58,5
Saumon			»	»	»	»	40	69,5
Pilchard			»	»	»	+ 32 à + 36	»	»
Foie de morue		Huiles de foies	15	1,4800-1,4852	22	+ 40 à + 48	25	71
Foie de requin			»	»	22	+ 29 à + 35	»	73,5
Phoque		Huiles de cétacés	»	»	22	+ 30 à + 36	25	73,5
Baleine			»	»	22	+ 42 à + 48	23	65–68
Lamantin			»	»	»	»	25	60,3
—			»	»	»	»	40	52
Dauphin (corps)			15	1,4708	»	»	15	67,7
Marsouin (corps)			»	»	»	»	25	54,8
— —			»	»	»	»	40	46,3
Marsouin brun			»	»	»	»	15	62,7
Tortue			30	1,4677	»	»	»	»
—			50	1,4665	»	»	»	»
Chrysalide	Huiles d'animaux terrestres		20	1,4757	»	»	»	»
Jaune d'œuf			25	1,4713	»	»	25	68,5
Pieds de mouton			»	»	22	0	»	»
Pieds de cheval	Huiles [illegible] terrestres		»	»	»	— 6 à — 12	»	»
— de bœuf			20	1,4681	22	— 1 à — 3	20	64,2
Parkia	Graisses végétales		»	»	»	»	25	67,2
—			»	»	»	»	40	58,8
Pongam			»	»	»	»	40	70–78
Laurier			40	1,4643	»	»	25	80
—			»	»	»	»	40	72
Margosa			»	»	»	»	40	52
Inukusu			25	1,4646	»	»	»	»
Mourah			»	»	»	»	40	32,1
Njave			»	»	»	»	40	32
Palme			60	1,4510	»	»	»	»
Beurre de Muscade		Groupe des Myristicacées	»	»	»	25	»	67,2
Beurre de Fulware			»	»	»	»	40	48,2
— de cacao			60	1,4496	»	»	40	46–47,8
— de Kokum			25	1,4628	»	»	25	1,4628
Palmiste		Groupe de l'huile de coco	60	1,4431	»	»	40	36,5
Coco (coprah)			60	1,4410	45	— 59	40	+ 34
Tonka			»	»	»	»	»	47
Cire de Myrica			80	1,4363	»	»	»	»
Graisse de lynx	Graisses animales	Graisses demi-siccatives	»	»	»	»	20	70
— de canard sauvage			»	»	»	»	45	55,5
— de marmotte			»	»	»	»	40	59,4
— de cheval			»	»	»	»	40	53,7
— de lièvre			»	»	»	»	40	49
— de lapin (domestique)			»	»	»	»	40	49
Graisse d'oie (domestique)			»	»	»	»	40	50–50,5
— humaine (adulte)			»	»	»	»	40	49,6–53,1
Saindoux		Graisses non siccatives	60	1,4539	22	— 12,5	40	45–47
Moelle de bœuf			»	»	»	»	40	55,3
Suif de bœuf			60	1,4510	»	»	40	49
— de mouton			60	1,4510	»	»	»	»
Beurre de vache			80	1,448-1,445	45	— 25 à — 31	40	41–44
Graisse de cerf			»	»	»	»	40	41,5
Huile de cachalot	Cires liquides		»	»	22	— 12 à — 17,5	40	46,2
— de rorqual rostré			»	»	22	— 13	»	»
Cire de carnauba	Cires solides	Cires végétales	»	»	»	»	40	65,7–69
Suintine		Cires animales	40	1,4781-1,4822	»	»	»	»
Cire d'abeilles			»	»	»	»	62	29,5–30

L'influence de l'alimentation sur l'indice de réfraction des graisses animales a été étudié par *Polenske*[1]. Celui-ci a constaté sur des chiens qu'il fallait une consommation considérable de tourteaux de coton pour arriver à une augmentation de l'indice butyro-réfractométrique du corps gras correspondant. L'alimentation influe considérablement sur la proportion de glycérides non saturés des graisses animales (voir chap. XIV, *Graisses animales*) ; la réfraction des acides non saturés étant bien plus élevée que celle des acides saturés, l'influence de l'alimentation se manifeste naturellement par l'élévation de la réfraction (Voir chap. XIV, *Beurre de vache*).

Ulz a étudié les modifications qu'éprouve l'indice de réfraction des huiles et graisses en soumettant celles-ci à l'action de la chaleur. Les résultats obtenus sont reproduits dans la table suivante :

1. *Arbeiten a. d. Kais. Gesundheits.*, 1906, 567.

	Huile et graisse originale		Chauffée une heure à l'étuve à eau		Chauffée trois heures à l'étuve à eau		Chauffée dix heures à l'étuve à eau		Chauffée deux heures à 145°	
	Indice de réfraction	Butyro-réfractomètre	Indice de réfraction	Butyro-réfractomètre	Indice de réfraction	Butyro-réfractomètre	Indice de réfraction	Butyro-réfractomètre	Indice de réfraction	Butyro-réfractomètre
Réfraction à 20°										
Huile de coton.......	1,4780	79,4	1,4780	79,4	1,4799	82,7	1,4813	85,2	1,4825	87,3
Huile de foie de morue.	1,4778	79,1	1,4776	78,7	1.4804	83,6	1,4805	83,8	1,4823	86,9
Huile d'olive.........	1,4688	64,5	1,4689	64,7	1,4696	65,7	1,4696	65,7	1.4698	66,1
Huile de sésame......	1,4730	71,1	1,4730	71,1	1,4731	71,3	1,4732	71,4	1,4738	72,4
Réfraction à 40°										
Beurre (frais)........	1,4536	41,7	1,4535	41,5	1,4538	42,0	1,4539	42,1	1,4548	43,4
Beurre (ancien).......	1,4533	41,3	1,4534	41,4	1,4540	42,3	1,4549	43,6	1,4551	44,3
Beurre de cacao......	1,4537	41,8	1,4535	41,5	1,4570	46,6	1,4574	47,2	1.4583	48,5
Huile de coco........	1,4497	36,3	1,4498	36,4	1,4493	35,7	1,4500	36,7	1,4505	37,4
Saindoux...........	1,4606	51,9	1,4606	51,9	1.4605	51,7	1,4617	53,6	1,4625	54,8
Suif de bœuf.........	1,4551	43,9	1,4550	43,7	1,4570	46,6	1.4580	48,0	1,4586	48,9
Suif de mouton.......	1,4550	43,7	1,4550	43,7	1.4568	46,3	1.4582	48,3	1,4588	49,2

Pour les modifications de la réfraction que subissent les huiles par l'insufflation d'air, voir chap. XV, *Huiles soufflées.*

Procter[1] a proposé de calculer la réfraction spécifique des huiles et des graisses ; cette constante étant pratiquement de peu d'importance, on se reportera, à ce sujet, au mémoire original.

Fryer et *Weston*[2] ont fait un grand nombre de déterminations des dispersions optiques d'huiles et graisses ; en raison de l'intérêt limité de ces renseignements, on consultera également le mémoire original

IV. — POUVOIR ROTATOIRE DU PLAN DE POLARISATION

Les premières observations sur la rotation du plan de polarisation de la lumière pour les corps gras ont été faites par *Bishop*[3] au moyen d'un saccharimètre de *Laurent*, avec un tube de 200 mm. ; elles sont reproduites ci-dessous :

Sorte d'huile	Rotation en degrés saccharimétriques
Huile d'amande douce	— 0,7
— d'arachide	— 0,4
— de colza (France)	— 2,1
— de colza (Japon)	— 1,6
— de lin	— 0,3
— de noix	— 0,3
— d'œillette	0,0
— d'olive	+ 0,6
— de sésame, pression à froid	+ 3,1
— de sésame, pression à chaud	+ 7,2
— de sésame, 1878	+ 4,6
— de sésame, 1882	+ 3,9
— de sésame, 1882	+ 9,0
— de sésame, Inde	+ 7,7
— de stillingia	— 29,9

Peter[4], qui a utilisé aussi le saccharimètre de Laurent, a trouvé que les huiles d'amandes, de colza, de chènevis, de lin et d'œillette sont lévogyres, tandis que certains échantillons d'huile d'arachide sont dextrogyres, et d'autres également lévogyres.

1. Cf. aussi Klimont, *Zeits. f. ang. Chem.*, 1911, 254.
2. *Analyst*, 1918, 311 ; cf. aussi Fryer et Weston, *Oils, Fats and Waxes*, 1918, Cambridge, II, p. 59.
3. *Journ. Pharm. Chim.*, 1887, 300.
4. *Bull. Soc. Chim.*, 1887, 483.

Thoerner[1] a examiné des huiles d'amandes, de colza, de chènevis, d'arachide et d'œillette en tube de 200 mm., avec un polaristrobomètre de *Wild*, mais il reste encore douteux que des rotations définies se manifestent ; pour les huiles de ricin et de sésame, on a obtenu respectivement les rotations + 6,4° et + 1,0°.

Des observations précédentes, il semble résulter que, à l'exception des huiles de ricin (dont le pouvoir rotatoire s'explique de manière satisfaisante par l'atome de carbone asymétrique de l'acide ricinoléique), l'activité optique des corps gras ne provient pas des glycérides eux-mêmes, mais de la présence de petites quantités de substances optiquement actives, comme le sitostérol (phytostérol) dans les huiles lévogyres ; dans le cas de l'huile de sésame, la dextrorotation doit être due à la présence de sésamine ; voir aussi chap. XV, *Huile de noix vomique* et *Huile de colon.*

Dans les huiles de poissons, de foies, et de cétacés, on a observé de faibles rotations du plan de polarisation de la lumière à gauche, et, par exception, une rotation à droite pour l'huile de corps du marsouin ; le pouvoir rotatoire, dans ce cas, paraît attribuable à de petites proportions de cholestérol. *Lindner*[2] a montré que, dans certaines huiles de poissons, de foies, et de cétacés, l'importance du pouvoir rotatoire était en proportion directe de la quantité de cholestérol existante. La forte rotation optique de la suintine ne peut être due qu'à la grande quantité de cholestérol et d'isocholestérol qu'elle contient.

Les observations suivantes sont venues modifier l'opinion admise jusqu'ici que les huiles et les graisses ne dévient pas elles-mêmes le plan de polarisation de la lumière et que, par suite, la détermination de la rotation spécifique n'a qu'une minime importance discriminatoire :

	$[\alpha]_D^{15^\circ}$	
Huile de stillingia	— 6°,45	(tube de 200 mm
— de Chaulmougra	+ 52°	—
— d'Hydnocarpus, de pression	+ 57°,7	—
— — d'extraction	+ 56°,2	—
— de Lukrabo, de pression	+ 42°,5	—
— — d'extraction	+ 51°	—

1. *Journ. Soc. Chem. Ind.*, 1895, 43.
2. *Dissert.*, Halle a. S., 1909.

Les rotations optiques rapportées dans cette table ne proviennent pas de substances non glycéridiques, mais sont dues à la structure des acides gras eux-mêmes, et *Lewkowitsch* a montré pour l'huile de chaulmougra que le pouvoir rotatoire subsiste même dans les hydrocarbures qui se forment par la distillation pyrogénée de l'huile.

Le nombre des corps gras exotiques examinés au point de vue de leur action sur la lumière polarisée est encore assez restreint ; aussi, n'est-il pas invraisemblable qu'il se présente dans la nature beaucoup plus de corps gras doués du pouvoir rotatoire que l'on n'en a reconnus jusqu'ici.

L'importance du pouvoir rotatoire pour l'identification des corps gras a été mise en lumière, il y a quelques années, avec l'apparition, sur le marché d'une nouvelle huile, désignée sous le nom d'huile de Marotti ou de cardamome ; celle-ci ayant été employée en Allemagne à la fabrication de la margarine et ayant occasionné de ce fait de nombreuses intoxications, *Lewkowitsch*, ayant reconnu l'activité optique de cette huile, a pu aussitôt indiquer qu'elle appartenait au groupe de l'huile de Chaulmougra. Il convient d'ajouter que la présence d'un tel corps gras dans la margarine, même en petites proportions, peut être rapidement révélée à l'aide du polarimètre.

La recherche du pouvoir rotatoire ne doit donc pas être négligée dans l'examen des corps gras nouveaux.

Au point de vue de leur activité optique, les huiles et les graisses peuvent être divisées en deux classes :

1° Huiles et graisses dont l'activité optique est due à la présence de substances actives étrangères, telles que le sitostérol (phytostérol), le cholestérol, la sésamine, les résines, le méthylheptylcarbinol, le méthylnonylcarbinol, etc.

2° Huiles et graisses dont l'activité optique est due à la structure des acides gras eux-mêmes, comme dans le cas de l'huile de ricin, et particulièrement des huiles appartenant au groupe Chaulmougra.

On a montré, plus haut (chap. I), que les triglycérides naturels (et aussi les α-monoglycérides et les diglycérides mixtes) peuvent présenter des composés racémiques.

En ce qui concerne le pouvoir rotatoire des cires, voir chap. XIV, *Cire de Carnauba*, *Cire d'abeilles* et *Cire des glandes anales des oiseaux*.

On peut indiquer encore que l'examen optique d'une huile au polarimètre peut aider à déceler la présence d'autres matières actives étrangères ; c'est ainsi que la présence d'huile de résine peut être soupçonnée dans une huile de lin, qui serait fortement dextrogyre.

V. — EXAMEN MICROSCOPIQUE

Quoique fréquemment recommandé pour l'examen des corps gras et la recherche de leurs falsifications, le microscope n'a reçu jusqu'ici qu'une application restreinte.

Il a été surtout employé pour la recherche du suif de bœuf dans le saindoux ; plus récemment, il a été proposé pour déceler la présence de l'huile de coco dans le beurre de vache (*Césaro* [1], *Hinks* [2]), et quelques chimistes belges, à la suite de *Césaro*, semblent accorder une importance excessive aux indications fournies dans ce cas par l'examen microscopique (voir chap. XIV, *Saindoux et Beurre de vache*).

L'examen microscopique est d'une grande utilité dans la recherche des matières insaponifiables ; c'est ainsi qu'il permet de distinguer aisément le cholestérol et le sitostérol (phytostérol) à l'état cristallisé.

Le microscope de polarisation est d'une utilisation assez restreinte dans l'examen des corps gras et son emploi paraît s'être limité à la recherche de la margarine dans le beurre de vache, pour laquelle *Brown* l'a indiqué en premier lieu, en 1874.

Cette méthode, décrite dans le chap. XIV, *Beurre de vache*, sous le nom de méthode de *Brown-Taylor-Richards*, repose sur la façon différente [3] dont se comportent, en lumière polarisée, les substances isotropiques (amorphes ou cristallisées sous forme géométrique) et les cristaux anisotropiques, parmi lesquels ceux des glycérides obtenus de la matière fondue.

1. *Bull. Acad. roy. Belg.*, 1907, 1004.
2. *Analyst*, 1907, 160.
3. *Cf.* aussi Wauters, *Bull. Soc. Chim. Belg.*, 1905 (19), 6.

VI. — EXAMEN SPECTROSCOPIQUE

A l'exception de l'huile de palme, les huiles les plus importantes sont blanchâtres ou jaunâtres ; il est donc impossible de percevoir entre elles aucune différence caractéristique à l'œil nu. Mais, en examinant les corps gras au spectroscope, des bandes d'absorption caractéristiques apparaissent et, quoiqu'elles ne soient pas dues aux matières grasses elles-mêmes, mais à la présence de petites quantités de matières colorantes, elles servent quelquefois à distinguer différentes huiles. C'est ainsi que le mélange d'huiles végétales aux huiles animales peut être déterminé par les bandes d'absorption caractéristiques que donne la chlorophylle. Les huiles d'olive et de lin donnent trois bandes : une très sombre dans le rouge, une faible dans l'orange et une très distincte dans le vert. L'huile de sésame donne une faible bande dans le rouge, tandis que l'huile de ricin n'en donne pas du tout [1].

Chaulard a divisé les huiles en deux classes, actives et inactives, selon qu'elles absorbent certaines couleurs du prisme ou les laissent traverser sans altération.

Doumer divise les huiles en quatre classes, suivant leur aspect au spectroscope :

1° Huiles montrant le spectre de la chlorophylle : huiles d'olive, de chènevis et de noix ;

2° Huiles n'ayant aucun pouvoir absorbant : huiles de ricin et d'amande ;

3° Huiles absorbant les « raies chimiques » du spectre, le rouge, l'orange, le jaune et une partie du vert n'étant pas absorbés. A l'examen, le spectre de ces huiles apparaît normal du rouge au vert, tandis que les autres parties sont invisibles. Cette classe comprend les huiles de colza, de lin et de moutarde ;

4° Huiles montrant des bandes d'absorption dans les différentes régions du spectre : huiles de sésame, d'arachide, d'œillette et de coton [2].

1. Vogel, *Praktische Spectralanalyse*, 1877, 279; H. et P. Krüss, *Kolorimetrie und quantitative Spektralanalyse im ihrer Anwendung in der Chemie*, L. Voss, 1909, Hamburg.
2. Cf. Kenrich, *Analyst*, 1895, 136.

Zune, qui a repris l'étude de l'aspect des huiles au spectroscope, adopte la classification de *Chaulard* [1].

Lifschütz [2] a proposé l'examen microscopique pour la recherche des plus petites quantités d'acide oléique, recherche qui n'est d'ailleurs d'aucune utilité pour l'analyse technique.

Unna et *Golodetz* [3] ont examiné le spectre d'absorption du cholestérol et de l'isocholestérol et ils en ont conclu que l'examen spectroscopique permet de distinguer ces deux alcools ; il est toutefois essentiel que ceux-ci soient complètement débarrassés d'acides gras, dont les spectres viendraient en interférence avec ceux du cholestérol et de l'isocholestérol.

Marcille [4], après examen comparatif des spectres d'absorption des huiles, estime que les huiles végétales ne présentent aucune différence remarquable, la seule substance produisant le spectre d'adsorption étant la chlorophylle. Toutefois, l'huile d'olive renfermant une proportion de chlorophylle beaucoup plus élevée que les huiles de graines, peut être facilement reconnue à son spectre d'adsorption ; aussi, *Marcille* propose-t-il cette méthode d'examen pour l'identification de l'huile d'olive dans les conserves de poisson. Le même auteur est d'avis que l'on peut de même distinguer l'huile de ressence de l'huile de grignons (voir chap. XIV, *Huile d'olive*).

VII. — COLORIMÉTRIE

L'évaluation de l'intensité de la couleur ne joue pas un rôle aussi important pour les huiles et graisses que pour les huiles minérales servant à l'éclairage et au graissage ; aussi, le plus souvent, se contente-t-on d'un examen à l'œil nu.

Aux États-Unis cependant, on attache plus d'importance à la mesure de l'intensité de la couleur, même pour les corps gras végétaux ou animaux, et c'est ainsi que les huiles de coton comestibles dites « prime summer yellow » sont classées et évaluées sur la base

1. *Analyse des Beurres*, II, 48.
2. *Zeits. f. phys. Chem.*, 1908 (56), 446.
3. *Bioch. Zeits.*, 1909, 484.
4. *Ann. des Falsif.*, 1910 (3), 423.

des indications fournies par le tintomètre de *Lovibond* (voir chap. XIV).

En pareil cas, lorsque des mesures colorimétriques sont nécessaires, le tintomètre de *Lovibond* est l'instrument le plus employé et le mieux adapté à cette détermination ; d'autres colorimètres, comme ceux de *Stammer*, de *Laurent*, de *Gosse*, de *Wolf*, de *Helle-Gallenkamp* et le chromomètre de *Wilson* sont employés pour l'examen des huiles minérales, mais ne sont généralement pas utilisés pour les corps gras. On peut encore ajouter que *Barbet* a proposé comme type de couleur celle réalisée par une solution d'iode à 1/1.000 vue à travers une épaisseur de 1 cm.

VIII. — VISCOSITÉ

La viscosité peut être définie comme la résistance qu'offrent les plus petites particules d'un corps à glisser les unes sur les autres ; en d'autres termes, la viscosité est le coefficient de frottement interne, celui-ci n'ayant d'ailleurs aucun rapport avec la densité du fluide.

La détermination de la viscosité est basée sur la loi de *Poiseuille*[1], relative à l'écoulement des liquides par un orifice capillaire. Cette loi s'exprime par la formule suivante :

$$\mu = \pi \frac{pr^4}{8vl} \cdot t,$$

μ, étant le coefficient de frottement interne ou viscosité ;

p, la pression sur l'unité de surface de l'orifice du tube capillaire ;

r, le rayon du tube ;

l, la longueur du tube ;

v, le volume du liquide qui a passé dans l'appareil en t secondes.

Cette loi ne s'applique qu'au cas de tubes assez longs et assez fins pour que la vitesse linéaire du fluide soit assez faible et l'influence de la force vive négligeable.

En pratique, l'emploi d'appareils à tubes d'écoulement capillaires serait fastidieux et, pour l'examen commercial des huiles, on prend

1. Pour la détermination de la viscosité absolue, cf. chap. XV, *Huiles lubrifiantes, lubrifiants.*

généralement un tube d'écoulement de diamètre assez fort et une colonne liquide de hauteur assez faible.

On détermine habituellement la viscosité par les temps d'écoulement relatifs de deux volumes égaux de liquides admis à s'écouler par un orifice étroit, dans des conditions identiques.

Il est à remarquer que les nombres ainsi obtenus sont purement arbitraires et ne fournissent, en fait, aucune donnée sur le frottement interne des huiles. Des appareils ou viscosimètres différents donnent des résultats totalement différents ; ces chiffres peuvent, néanmoins, servir utilement pour l'identification de différentes huiles.

Pour une comparaison sommaire, il suffit de prendre un tube de verre large, étiré, à la partie inférieure, de façon à présenter un étroit orifice de 2 mm. de diamètre, et portant des repères à la partie supérieure et inférieure, pour mesurer exactement le volume du liquide.

Dans les premières déterminations faites par *Schübler*, celui-ci employait un tube de verre de 2 centimètres de diamètre et 10 centimètres de hauteur, relié à un tube étroit de 1,6 mm de diamètre. Les résultats obtenus sont consignés dans le tableau suivant :

NOM DE L'HUILE	NOMBRE DE SECONDES NÉCESSAIRE À		VISCOSITÉ À	
	+ 18° R.	+ 7,5° R.	+ 18° R.	+ 7,5° R.
Huile de ricin	1830	3390	203,3	377,0
Huile d'olive	195	284	21,6	31,5
Huile de colza	162	222	18,0	22,4
Huile de colza d'hiver	159	204	17,6	22,6
Huile de faine	158	237	17,5	26,3
Huile de moutarde blanche	157	216	17,4	24,0
Huile d'amande	150	209	16,6	23,3
Huile de colza d'été	148	205	16,4	22,7
Huile de navette	142	200	15,8	22,2
Huile de moutarde	141	175	15,6	19,4
Huile de rabette d'été	136	198	15,1	22,0
Huile d'œillette	123	165	13,6	18,3
Huile de cameline	119	160	13,2	17,7
Huile de tournesol	114	148	12,6	16,4
Huile de pêcher	93	132	10,3	14,7
Huile de noix	88	106	9,7	11,8
Huile de lin	88	104	9,7	11,5
Huile de chènevis	87	107	9,6	11,9
Eau distillée	9	9	1,0	1,0

En divisant le nombre de secondes nécessaire pour une huile — par exemple 1.830 — par celui nécessaire pour l'eau à la même température — soit 9 — on obtient un nombre appelé *viscosité spécifique*, ou simplement *viscosité*. C'est ainsi que la viscosité de l'huile de ricin, d'après *Schübler*, serait $\frac{1830}{9} = 203,3$ à 15°.

En pratique, la viscosité des huiles est souvent comparée à celle de l'huile de colza. D'après un grand nombre d'essais effectués avec son viscosimètre, *Redwood* [1] a trouvé qu'il fallait en moyenne 535 secondes pour l'écoulement de 50 centimètres cubes d'huile de colza épurée à 15,5° (60° F.), la viscosité de l'eau dans les mêmes conditions étant 25,5.

Prenant l'huile de colza comme type et posant sa viscosité = 100, la viscosité de toute autre huile à l'examen serait obtenue en multipliant le nombre de secondes nécessaire pour l'écoulement de 50 centimètres cubes, par 100 et divisant par 535. Pour une huile de poids spécifique différent de celui de l'huile de colza — 0,915 à 15,5° —, *Redwood* introduit une correction en multipliant le résultat par le poids spécifique de l'échantillon et divisant par 915. Par conséquent, si n est le nombre de secondes nécessaire à l'écoulement d'une huile à l'examen et s son poids spécifique, on arrive à la formule suivante :

$$\text{Viscosité} = \frac{n \times 100 \times s}{535 \times 915} = \frac{n \times 100 \times s}{489.525}.$$

Toutefois, aucune corrélation n'existant entre le poids spécifique et la viscosité (voir plus haut), il est préférable d'indiquer les nombres obtenus par détermination directe de la viscosité.

Engler emploie l'eau comme liquide type pour l'étalonnage de son viscosimètre, 200 cc. d'eau s'écoulant par l'ajutage de ce dernier en 53 secondes, à la température de 20°. Si n est le nombre de secondes nécessaire pour l'écoulement d'une huile dans les mêmes conditions, le quotient $\frac{n}{53}$ représente la *viscosité spécifique* de l'huile.

1. *Journ. Soc. Chem. Ind.*, 1886, 127.

La construction des appareils doit être rigoureusement identique pour avoir des résultats comparables.

Négligeant un grand nombre d'appareils proposés journellement, nous ne décrirons que les plus employés : ceux de *Redwood*, de *Saybolt*, d'*Engler* et de *Barbey*. Le premier a été adopté en Angleterse par le « War Department », les principales compagnies de chemins de fer et la « Scottish Mineral Oil Association » ; le second est très employé aux États-Unis et le troisième ocupe en Allemagne la même situation que celui de *Redwood* en Angleterre. L' « ixomètre » de *Barbey*, enfin, est généralement adopté en France par les grandes Compagnies de Chemins de fer, les laboratoires des Finances, des Ponts et Chaussées, de la Guerre et de la Marine, etc...

Cependant, il faut encore signaler qu'en Russie, le viscosimètre de *Lamansky-Nobel*[1] est généralement en usage, et qu'aux États-Unis quelques Compagnies de chemins de fer emploient le viscosimètre de torsion de *Doolittle*.

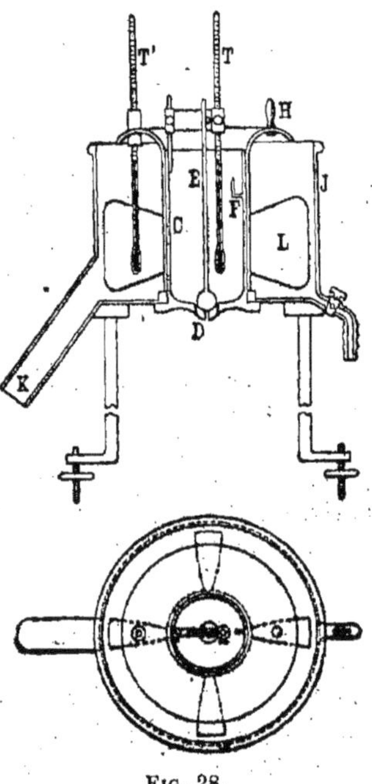

Fig. 28.

Le viscosimètre de *Redwood*[2] (*fig.* 28) consiste en un réservoir à huile cylindrique en cuivre argenté C, d'environ 47 millimètres de diamètre et 88 millimètres de profondeur. Le fond du cylindre est muni d'un jet d'agate D, dont la cavité en forme de coupe peut être fermée au moyen du tampon E, formé d'une petite sphère en bronze argenté attachée à un fil. Sur la paroi du cylindre et à une petite distance du sommet est fixé un petit crochet effilé en pointe F, servant de jauge pour déterminer la hauteur à laquelle le cylindre doit être rempli d'huile.

1. *Dingl. Polyt. Journ.*, 248,29.
2. *Journ. Soc. Chem. Ind.*, 1886, 126.

Un thermomètre T, supporté par la pince tenant le tampon E, est immergé dans l'huile. Le cylindre C est entouré d'une enveloppe de cuivre J, portant un tube K fermé à son extrémité, au moyen duquel l'eau peut être chauffée à une température quelconque. Le liquide chauffé s'élevant de K est uniformément distribué dans le bain par un agitateur rotatif, actionné par la manivelle H. La température du liquide est contrôlée par le thermomètre T'. Enfin l'appareil entier repose sur un trépied muni de vis calantes.

L'observation au viscomètre se fait de la manière suivante : on remplit l'enveloppe de cuivre avec de l'eau pour les températures ne dépassant pas 95°, et avec une huile minérale convenable pour les températures supérieures, jusqu'à une hauteur correspondant à peu près avec la pointe F dans le cylindre C. Quand le liquide de l'enveloppe a pris la température désirée, on introduit dans C l'huile à essayer préalablement purifiée et séchée et amenée à la même température, jusqu'à ce que son niveau atteigne exactement la pointe de la jauge. Les plus grands soins doivent être pris pour que ce niveau soit atteint exactement et que la température reste constante pendant toute la durée de l'observation. On place enfin sous l'ajutage, dans un vase rempli de liquide à la température de l'huile, un flacon à goulot étroit, contenant 50 cc. au trait marqué sur le goulot. On soulève le tampon et on observe attentivement avec un chronomètre le nombre de secondes employé pour l'écoulement de 50 cc. de l'huile. On doit faire au moins deux essais à la même température et les deux résultats doivent concorder très exactement si l'on a opéré avec tous les soins désirables.

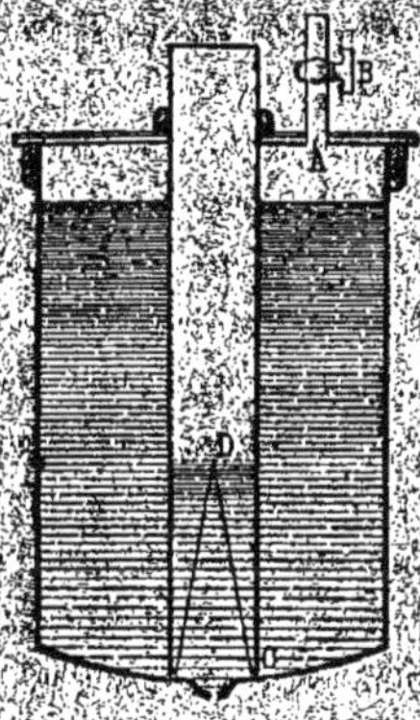

Fig. 29.

Allen[1] a modifié le viscosimètre de *Redwood* en vue de maintenir une charge d'écoulement constante[2] pendant toute l'opération. A cet effet, le sommet du cylindre à huile

1. *Journ. Soc. Chem. Ind.*, 1886, 131.
2. Cf. un autre viscosimètre à pression constante, H. Patterson, *Proc. Chem. Soc.*, 1913, 172.

(*fig.* 29) est muni d'un couvercle à fermeture hermétique percé de deux trous ; l'un est muni d'un robinet B, tandis que l'autre reçoit un tube vissé hermétiquement. Ce tube C se prolonge de part et d'autre jusqu'à sa rencontre avec l'orifice d'agate, tandis que le tube en forme de V renversé, ouvert aux deux bouts, se termine à une hauteur D au-dessus de l'orifice. Avant de commencer l'essai, on remplit complètement le cylindre d'huile, le robinet B étant fermé et l'orifice ouvert jusqu'à ce que l'huile arrive dans le tube intérieur au niveau D. L'air se dégage régulièrement, bulle à bulle, en D et s'élève dans l'espace clos au-dessus de l'huile ; on recueille alors celle-ci dans une éprouvette graduée. Avec cet appareil, il n'est pas nécessaire de recueillir exactement 50 cc., le débit d'écoulement de l'huile étant constant.

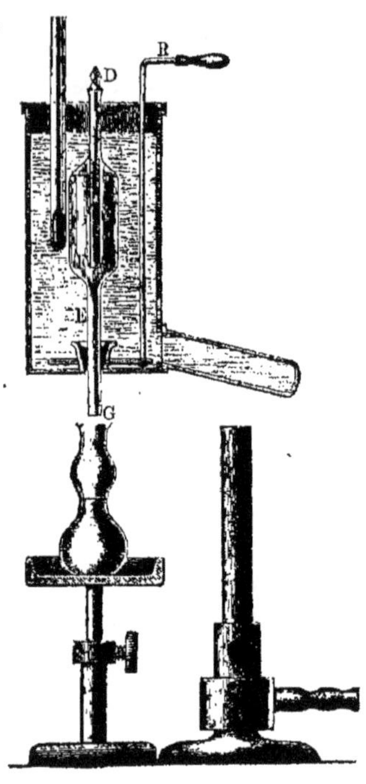

Fig. 30.

Le même principe a été adopté par *E. Schmid*[1] dans le viscosimètre perfectionné de *Reischauer* (*fig.* 30).

Toutefois, ces diverses modifications du viscosimètre de Redwood n'ont pas été reconnues officiellement.

Dans le viscosimètre de *Saybolt*[2], le réservoir d'huile est placé dans un bain-marie de capacité considérable. L'ajutage du viscosi-

1. *Chem. Zeit.*, 1885, 1514.

2. La description de ce viscosimètre a été tirée de l'ouvrage de Redwood, *Petroleum*, vol. II, p. 608. Le viscosimètre de Saybolt ne se trouve pas dans le commerce ; il paraît être exclusivement employé par les laboratoires de la Standard Oil C°. Il en existerait (*Chemical Engineer*, janvier 1906) trois types : le type A servant pour l'examen des huiles de graissage pour les machines électriques et la mécanique légère, le type B pour l'examen à 70° F. des huiles plus visqueuses et le type C pour l'examen à 200° F. des huiles à cylindres. Le viscosimètre de Tagliabue est une modification du viscosimètre de Saybolt, permettant de déterminer la viscosité de toutes les huiles avec le même appareil.

mètre est en métal et est entouré par un tube qui se prolonge au-dessous de l'orifice. Le récipient d'huile est rétréci au-dessus du jet, comme le montre la figure 31, et est fendu longitudinalement pour recevoir un tube de verre. Des regards en verre sont ménagés dans les parois du bain-marie. Le bord supérieur du réservoir d'huile est muni d'une galerie étanche à l'huile, à bord élevé et communiquant par de petits trous avec le réservoir dont le sommet arrive au même niveau. Pour se servir de l'appareil, on remplit le bain-marie d'eau à la température désirée, et on introduit un bouchon dans l'orifice du tube entourant le jet. On remplit le réservoir d'huile avec l'huile à examiner jusqu'à ce qu'elle s'écoule dans la galerie par les trous. On agite l'huile avec un thermomètre et on règle la température s'il est nécessaire. En retirant le thermomètre, l'huile déplacée reflue de la galerie; on vide alors celle-ci avec une pipette. La hauteur de la colonne d'huile est d'ailleurs déterminée par la position des trous reliant le réservoir d'huile avec la galerie. On détermine l'écoulement de l'huile par le jet en retirant le bouchon et met en marche en même temps un chronomètre à arrêt, que l'observateur arrête quand il voit la surface de l'huile à travers le tube de verre dont on a parlé plus haut.

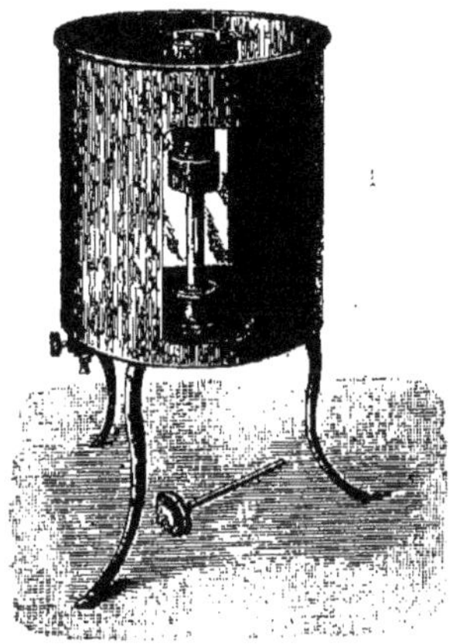

Fig. 31.

La figure 32 représente le viscosimètre d'*Engler* [1] sous sa dernière forme, déterminée avec le concours du « Charlottenburg Mechanisch-Technische Versuchsanstalt ».

Le réservoir d'huile A est en laiton, l'intérieur est doré pour les appareils servant aux déterminations de grande précision. Il est fermé par un couvercle A' percé de deux trous, recevant l'un le thermo-

1. *Journ. Soc. Chem. Ind.*, 1893, 292.

mètre *l*, et l'autre le tampon *b*. Le tube d'écoulement *a*, s'élevant du fond convexe du réservoir A, doit avoir exactement[1] 20 mm. de long, 2,9 mm. de diamètre au sommet et 2,8 mm. à la base ; il doit être en platine de préférence, le laiton lui-même étant attaqué avec le temps par les huiles neutres. Le tampon *b* est en bois dur. Trois arrêts *c* servent à la fois à régler exactement le niveau de l'appareil et le volume de 240 cc. que doit contenir le réservoir. Celui-ci est entouré d'une enveloppe B recevant de l'huile minérale, qui peut être chauffée jusqu'à 150° par la couronne à gaz *d*. Ainsi que le montre la figure, cette enveloppe entoure également le tube d'écoulement *a*, afin d'empêcher toute déperdition de chaleur pendant l'écoulement de l'huile. L'appareil est fixé sur le trépied D. On place sous l'ajutage un flacon jaugé C, portant sur le goulot deux repères pour 200 cc. et 240 cc. respectivement.

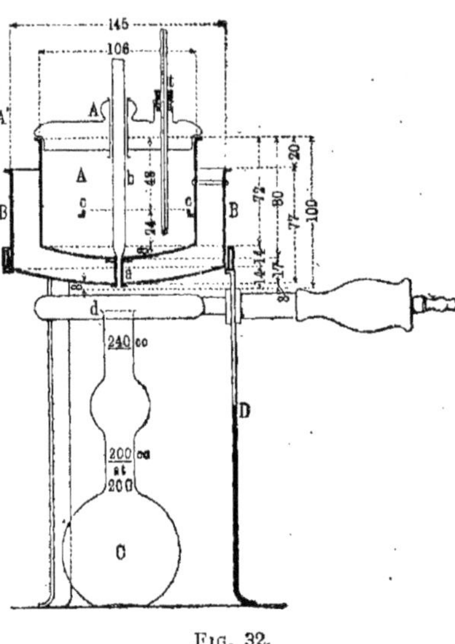

Fig. 32.

Un dernier perfectionnement[2] a été apporté dans ces dernières années à l'appareil en le munissant d'un dispositif d'agitation.

Engler attache la plus grande importance à l'observation rigoureuse des mesures données dans la figure 32, afin d'obtenir des résultats exacts[3].

1. En ce qui concerne l'influence de petites différences dans les dimensions données, cf. Meissner, *Chem. Revue*, 1910, 202.

2. Ubbelohde, *Chem. Zeit.*, 1907, n° 4; cf. aussi, *Idem*, n° 3, et Ubbelohde, *Tabellen zum Englerschen Viskosimeter*, Leipzig, 1907.

3. « L'appareil normal » est construit par *C. Desaga*, d'Heidelberg, sous le double contrôle du « Charlottenburg Technische Versuchsanstalt » et du « Karlsruhe Chemisch-Technische Versuchsanstalt. » D'après *Engler*, les appareils provenant d'autres sources ne sont pas construits avec tous les soins requis et donnent des résultats discordants ; cf. Meissner, *Chem. Revue*, 1910, 1202.

Pour essayer l'appareil, on doit d'abord déterminer le temps d'écoulement de 200 cc. d'eau à la température de 20°. Le réservoir A est lavé à l'éther et à l'éther de pétrole, puis rincé à l'alcool et à l'eau. On nettoie le tube *a* à l'aide d'une plume ou d'un morceau de papier à filtrer et on le ferme avec le tampon *b*. On mesure avec la fiole jaugée C, 240 cc. d'eau qu'on verse dans le réservoir A. Celui-ci doit être rempli exactement au niveau des repères *c*. On chauffe l'huile minérale de B, à 20°, s'il est nécessaire, et on attend que l'eau de A atteigne cette même température. Pendant ce temps on sèche la fiole C et la place sous l'orifice du tube *a*. On retire le tampon et avec un chronomètre on note le temps nécessaire pour remplir la fiole au trait 200 cc. Il est de la plus grande importance que l'eau en A soit en repos, au moment où le tampon est soulevé. Le temps d'écoulement varie de cinquante et une à cinquante-trois secondes pour un instrument exact, et deux observations répétées ne doivent pas présenter de différence supérieure à 0,5 seconde.

Avant l'essai d'une huile, toute trace d'humidité et de poussière doit être chassée de A, que l'on aura lavé et rincé avec soin successivement avec l'alcool et l'éther (ou l'éther de pétrole), et finalement avec l'huile filtrée et séchée. On verse l'huile en A jusqu'au niveau des arrêts *c* et on la chauffe à la température désirée, que l'on doit maintenir au moins deux ou trois minutes avant de déterminer l'écoulement.

Le tableau suivant donne une comparaison des résultats obtenus, d'après un grand nombre d'essais, avec les trois appareils décrits [1] :

1. Redwood, *Petroleum*, vol. II, p. 610.

VISCOSIMÈTRE	NOMBRE DE SECONDES POUR L'ÉCOULEMENT DE	
	50 cc. à 21,1°	200 cc. à 20°
De Redwood..........	100	—
De Saybolt...........	56	—
D'Engler.............	—	170

W. Meissner[1] donne aussi la table de comparaison suivante :

	A°C.	TEMPS D'ÉCOULEMENT EN SECONDES DANS LES VISCOSIMÈTRES DE			
		Engler (200 cc.)	Engler (200 cc.)	Redwood (50 cc.)	Saybolt-Universal (60 cc.)
Eau	20	51,26	51,39	26,47	28,55
Huile de colza.........	50	236,10	237,00	142,50	169,10
— —	20	735,10	736,60	424,50	515,60
— de graissage	150	362,30	362,90	221,10	258,60
— —	120	2.525	2.527	1.490	1.759

Comme on le voit, le viscosimètre d'*Engler* nécessite beaucoup plus de temps que les deux autres appareils, et on a proposé, pour abréger la durée de l'opération, de prendre le nombre de secondes après l'écoulement de 50 cc. ou 100 cc. et de multiplier ce nombre par des constantes déterminées empiriquement[2]. On conviendra qu'il serait préférable d'employer un appareil basé sur l'écoulement de 50 cc., comme celui de *Redwood*.

En règle générale, la viscosité d'une huile destinée à servir comme lubrifiant doit être déterminée à une température aussi voisine que possible de celle à laquelle l'huile est employée. Le viscosimètre d'*Engler* n'ayant pas été trouvé pratique pour les observations à

1. *Chem. Revue*, 1907, 33, 44; 1913, 123.

2. Singer, *Chem. Rev. über die Fett-u. Harzindustrie*, 1897, 93, a montré que les constantes 5 pour 50 centimètres cubes et 2,34 pour 100 centimètres cubes donnent des résultats concordant avec ceux fournis par l'écoulement de 200 centimètres cubes.

haute température, *Engler* et *Künkler*[1] ont construit un « viscosimètre pour l'examen des huiles à température constante », qui est représenté par la figure 33.

Cet appareil consiste en un bain d'air à double enveloppe octogonale en laiton, de 35 c. de haut et 20 c. de diamètre. Celui-ci repose par ses pieds *a* sur la couronne d'un trépied, de façon

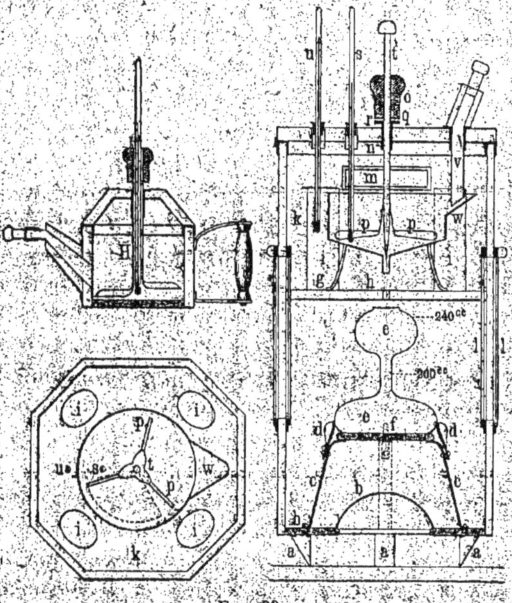

Fig. 33.

que l'on puisse régler le niveau du bain d'air et celui du liquide du viscosimètre lui-même, qui est contenu dans la partie supérieure du bain. Pour éviter autant que possible toute déperdition de la chaleur émise par un brûleur Bunsen, la flamme de celui-ci est logée sous la voûte de cuivre *b*, isolée par une feuille d'amiante. Au-dessus de celle-ci est placé le trépied *c* et la fiole jaugée *e*, supportée par *d* et protégée du rayonnement direct de *b* par la feuille d'amiante *f*. Au-dessus est une plaque de séparation *g*,

1. *Journ. Soc. Chem. Ind.*, 1890, 651.

supportant les quatre tubes ovales *i* et le viscosimètre *k*. La plaque *g* est percée d'un large trou *h* à travers lequel l'huile s'écoule dans la fiole jaugée. La circulation d'air chaud dans la chambre supérieure s'établit à travers *h* et à travers les quatre tubes ovales *i*. Le couvercle de l'appareil est traversé par les thermomètres *u* et *s*, par l'axe de l'agitateur et le tampon de fermeture du tube d'écoulement *l*, et enfin par l'entonnoir à double enveloppe *v*, servant pour l'introduction de l'huile. Celle-ci est préalablement chauffée à la température voulue dans le bidon H, qui est également muni d'un agitateur et d'un thermomètre passant par son axe. Des regards *l* et *m* sont ménagés dans la paroi et sur le couvercle de l'appareil et permettent de vérifier le niveau de l'huile dans le viscosimètre et l'écoulement de l'huile dans la fiole jaugée *e*.

La manière de se servir de l'appareil et les manipulations accompagnant une observation ne nécessitent pas d'autre description.

Les constructeurs ont vérifié que l'appareil répond bien à la condition de constance de la température par l'observation suivante : — Si le viscosimètre — sans charge d'huile en *k* — est chauffé à 100°, la température en toutes les parties du bain est uniforme et constante, à l'exception de la petite couche d'air en *k* même, ce qui est dû, sans doute, à l'absence de toute circulation. Cet inconvénient disparaît d'ailleurs à l'introduction de l'huile. Pour des températures supérieures à 100°, la couche d'air au-dessus du réservoir d'huile a une température un peu plus basse, mais cette différence ne dépasse pas 4° pour 150° [1].

Le viscosimètre de *Künkler* servant pour l'essai de petites quantités d'huiles lubrifiantes sera décrit dans le chapitre XV.

L'« ixomètre » de *Barbey*, à l'inverse des appareils précédents, détermine le degré de *fluidité* d'une huile (c'est-à-dire l'inverse de la *viscosité*) en mesurant le volume variable écoulé dans un temps constant.

L'ixomètre se compose essentiellement (*fig.* 34) d'un gros tube vertical B de 13 mm. de diamètre, surmonté d'un entonnoir à

1. Un principe analogue a été appliqué dans le viscosimètre de Marten, *Mitt. Königl. Technisch. Versuchsanst.*, Berlin, 1889, Ergänzungsheft V, 6.

trop-plein F, et d'un autre petit tube vertical D, calibré intérieurement au diamètre de 5 millimètres, percé à sa partie supérieure d'une ouverture munie d'un petit déversoir G. Ce tube contient une tige cylindrique E en acier étiré, parfaitement calibrée au diamètre de 4 mm. et exactement centrée dans le tube D ; ce système réalise ainsi un ajutage annulaire (de 0,5 mm. de large), à la fois long (de 20 cm.) et capillaire, par lequel se produit l'écoulement.

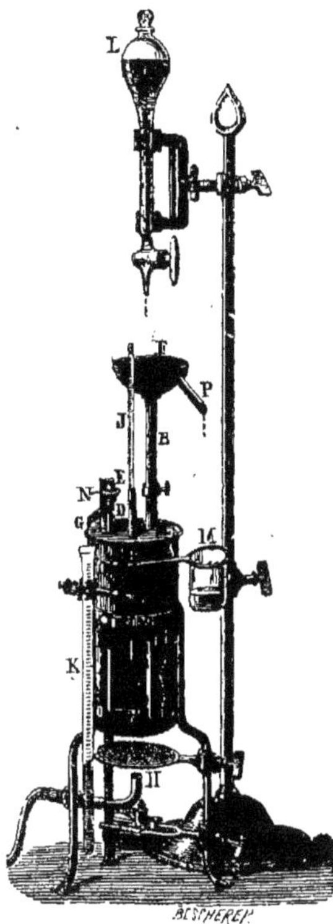

Fig. 34.

Les tubes B et D sont mis en communication à leur partie inférieure par un tube horizontal de 8 millimètres de diamètre intérieur.

Cet ensemble est placé dans un récipient en laiton A, constituant un bain-marie, chauffé à une température constante par un brûleur à gaz H. Un thermomètre J plonge dans le bain-marie.

L'huile à expérimenter est placée dans une boule à robinet L, d'où elle s'écoule en excès dans l'entonnoir F, pendant la durée de l'essai. Un tube en verre gradué K sert à recueillir l'huile s'écoulant par le petit déversoir G et un godet M, celle qui déborde de l'entonnoir F.

La viscosité est déterminée dans les conditions suivantes : température constante ; pression constante, due à une colonne du liquide expérimenté de 100 millimètres de hauteur ; durée d'écoulement constante ; mesure, à la température de l'expérience, du volume variable d'huile écoulée.

Pour déterminer la viscosité d'un liquide, on opère de la façon suivante :

On commence par retirer la tige en acier E, puis on enlève le dessus mobile de l'appareil pour nettoyer l'intérieur des tubes. Ce nettoyage s'effectue en y faisant passer un peu de benzine ou d'essence de pétrole. On remplit ensuite la boule L d'huile à essayer et l'on remplit d'eau le bain-marie A.

A ce moment, le système des tubes étant propre et sec, on adapte les bouchons N et O fermant les extrémités du tube D, puis on introduit dans les tubes un peu d'huile, que l'on verse doucement par l'entonnoir, en tenant le système incliné à 45° pour éviter l'entraînement des bulles d'air, jusqu'à ce qu'il coule un peu de liquide par le déversoir.

On plonge les tubes dans le bain-marie, qu'on recouvre de son couvercle, et l'on amène le robinet de la boule L au-dessus de l'entonnoir F, dans lequel on fait tomber goutte à goutte l'huile à essayer. Lorsque celle-ci commence à s'écouler du déversoir G, on ferme le robinet et on introduit la tige d'acier dans le tube D, en ayant soin de ne pas entraîner de bulles d'air.

Le bain-marie étant à la température désirée depuis dix minutes au moins, on fait écouler l'huile de la boule, très lentement, mais en léger excès, de manière à provoquer l'écoulement par le trop-plein en même temps que par le déversoir. Après dix minutes de fonctionnement, on amène le tube gradué K au-dessous du déversoir et note exactement la seconde à laquelle une première goutte arrive ; au bout de dix minutes juste, on déplace de nouveau le tube et ferme le robinet de la boule. On plonge enfin le tube K dans le bain-marie, on l'y laisse cinq minutes, puis on lit le nombre de divisions obtenues. Ce nombre indique le *degré de fluidité* de l'huile à la température de l'expérience (c'est-à-dire le nombre de centimètres cubes écoulés pendant une heure, car la graduation du tube est ainsi faite qu'elle indique le volume écoulé en centimètres cubes par heure).

L'ixomètre est établi et réglé de façon que, sous la pression constante de 100 millimètres de liquide, à la température fixe de 35°, l'huile de colza brute, fraîchement préparée et soutirée à clair, marque exactement 100 degrés de fluidité.

Traube[1] rejette les viscosimètres décrits jusqu'ici, se basant sur ce que la théorie ne permet pas de comparer directement les temps

1. *Journ. Soc. Chem. Ind.*, 1887, 414.

d'écoulement respectifs d'huiles lourdes et légères, et encore moins les temps d'écoulement de l'huile et de l'eau, observés dans le même appareil. Le lecteur devra toutefois se reporter au mémoire original de *Traube* pour la description de l'appareil qu'il propose en remplacement de ceux employés.

Les déterminations viscosimétriques des huiles ne conduisent pas à des résultats caractéristiques ; l'huile de cachalot, qui est une cire liquide, se comporte seule d'une façon très caractéristique (chap. XIV) et c'est pour cette raison que cette huile a été considérée comme le lubrifiant type pour toutes les machineries délicates, avant que l'emploi des huiles minérales ne se soit généralisé. Les chiffres suivants dus à *Higgins* montrent le rapport existant entre la viscosité absolue et le temps d'écoulement des viscosimètres de *Redwood* et d'*Engler* :

NUMÉRO de L'HUILE	TEMPÉRATURE DEGRÉS	DENSITÉ	VISCOSITÉ ABSOLUE	TEMPS D'ÉCOULEMENT APPAREIL DE REDWOOD	APPAREIL D'ENGLER
1	10	0,859	0,1075	59,0	108,8
	15	0,856	0,0905	51,9	95,6
	20	0,853	0,0768	47,3	87,8
	25	0,849	0,0660	44,0	82,0
	30	0,846	0,0571	41,5	77,4
2	15	0,889	0,2160	95,8	169,2
	20		0,1680	79,0	139,2
	25		0,1350	67,6	119,0
	30		0,1110	60,0	106,4
3	20	0,863	—	—	—
	25		0,2000	99,6	173,0
	30		0,1630	83,4	146,2
	35		0,1360	71,6	126,0
	40		0,1160	62,6	110,6
	45		0,0985	56,0	100,2

Les tableaux suivants donnent les viscosités de l'huile de cachalot, de quelques huiles grasses et des huiles minérales le plus largement employées pour le graissage. On remarquera les divergences que présentent les nombres donnés par divers observateurs, ce qui provient, sans doute, des différences existant entre les échantillons examinés :

Viscosités de quelques huiles et graisses (Viscosimètre de Redwood)

50 CENTIMETRES CUBES D'EAU A 60° F. (15,5° C.) EXIGENT 25,5 SECONDES

DEGRÉS F.	DEGRÉS C.	HUILE DE COLZA ÉPURÉE	HUILE DE CACHALOT	HUILE DE PIEDS DE BOEUF	SUIF DE BOEUF	HUILE MINÉRALE D'AMÉRIQUE			HUILE MINÉRALE DE RUSSIE		
						POIDS SPÉCIFIQUE 0,885	POIDS SPÉCIFIQUE 0,913	POIDS SPÉCIFIQUE 0,923	POIDS SPÉCIFIQUE 0,909	POIDS SPÉCIFIQUE 0,915	POIDS SPÉCIFIQUE 0,884
50	10	712,5	»	»	»	145,0	425,0	1.030,0	2.040,0	2.520,0	»
60	15,5	540,0	177,0	470,0	»	105,0	295,5	680,0	1.235,0	1.980,0	»
70	21,1	405,0	136,8	366,0	»	90,0	225,0	485,0	820,0	1.320,0	»
80	26,6	326,0	113,0	280,0	»	73,0	171,0	375,0	580,0	900,0	»
90	32,2	260,0	96,0	219,25	»	63,5	136,0	262,0	426,0	640,0	»
100	37,7	213,5	80,5	174,75	»	54,0	111,0	200,0	315,0	440,0	1.015,0
110	43,3	169,0	70,5	147,4	»	50,0	89,5	153,0	226,0	335,0	739,0
120	48,8	147,0	60,5	126,0	»	47,0	78,0	126,0	174,0	245,0	531,0
130	54,4	123,5	57,0	112,0	»	44,75	63,5	101,0	135,5	185,0	398,5
140	60,0	105,5	50,75	88,4	»	41,0	58,0	82,0	116,0	145,0	317,5
150	65,5	95,5	49,0	75,5	»	37,5	52,0	70,5	95,0	115,0	250,0
160	71,1	85,0	47,5	70,0	»	»	46,0	63,5	83,5	93,5	200,0
170	76,6	76,0	46,0	62,0	»	»	»	58,0	70,5	77,5	161,0
180	82,2	69,0	44,5	56,5	»	»	»	52,5	61,5	67,5	134,5
190	87,7	64,5	43,0	53,0	»	»	»	47,0	56,5	61,0	115,5
200	93,3	58,5	42,0	50,4	54,75	»	»	42,9	48,5	54,0	99,25
210	98,8	54,0	40,75	48,5	»	»	»	40,0	»	»	85,0
220	104,4	50,0	39,0	47,0	»	»	»	[illegible]	»	»	77,0
230	110,0	47,25	36,75	45,8	»	»	»	»	»	»	70,5
240	115,5	45,5	35,75	44,6	»	»	»	»	»	»	64,5
250	121,1	43,25	34,75	44,0	40,0	»	»	»	»	»	59,25
260	126,6	»	33,75	43,5	»	»	»	»	»	»	54,0
270	132,2	»	32,75	43,0	»	»	»	»	»	»	48,5
280	137,7	»	31,85	41,5	»	»	»	»	»	»	46,5
290	143,3	»	30,75	41,0	»	»	»	»	»	»	44,25
300	148,8	»	30,0	38,0	»	»	»	»	»	»	42,4
310	154,4	»	»	35,0	»	»	»	»	»	»	»
320	160,0	»	»	33,8	»	»	»	»	»	»	»

	POIDS SPÉCIFIQUE à 15,5° C.	VISCOSITÉ (viscosimètre de Redwood) 21,1° C.	48,8° C.	82,2° C.	POINT D'ÉCLAIR essai en vase clos Degrés C.	ESSAI DU FROID Degrés C.	NOMBRE D'ÉCHANTILLONS	POINT D'ÉCLAIR Degrés C.
		TYPE DE Huile de	VISCOSITÉ spermaceti à 70° C. = 100					
Huiles minérales raffinées [1] :								
Ecosse	0,890-0,895	100-130	40-50	»	160,0-176,7	0		
	0,885-0,890	75-100	35-40	»	148,9-162,9	0		
	0,875-0,880	50-60	25-30	»	148,9-162,9	0		
Amérique	0,915-0,920	400-425	90-100	35-40	190,5-218,3	0		
	0,905-0,910	200-225	55-65	»	176,7-204,4	0		
	0,885-0,890	75-100	35-40	»	162,9-176,7	0		
	0,875-0,880	65-75	30-35	»	162,9-176,7	0		
Russie	0,910-0,915	1.200-1.500	200-250	50-70	204,4-218,3	— 3,88		
	0,905-0,912	700-800	125-150	45-50	176,7-190,5	— 3,88		
	0,895-0,900	220-250	60-65	»	162,9-176,7	— 9,44		
	0,895-0,900	125-175	»	»	148,9-162,9	— 12,22		
		TYPE DE Suif à	VISCOSITÉ 180° C. = 100					
Huiles minérales naturelles (foncées) :								
Amérique d'été, foncée	0,890-0,895	»	250-300	70-75	204,4-218,3	+ 4,4-10		
— moyenne	0,880-0,885	550-700	110-125	40-50	176,7-201,4	— 3,8-1,1		
— d'hiver	0,880-0,885	350-400	90-100	35-40	162,9-190,5	— 3,8-1,1		
Russie, résidus	0,910-0,915	750-1.000	150-200	45-60	121,1-148,9	— 3,8-1,1		
Huiles minérales naturelles filtrées :								
Amérique lourde foncée	0,900-0,905	»	1.750-2.000	350-400	260,0-287,8	+ 4,4-7,2		
— extra foncée	0,900-0,905	»	2.000-2.500	400-450	273,9-301,7	+ 1,7-4,4		
— moyenne foncée	0,895-0,9 0	»	1.200-1.400	300-350	260,0-273,9	+ 4,4-7,2		
— lourde filtrée	0,890-0,895	»	1.400-1.500	300-350	260,0-287,8	15,5-21,1		
— moyenne filtrée	0,890-0,895	»	1.000-1.200	250-300	260,0-273,9	18,3-21,1		
— légère filtrée	0,885-0,890	»	885-1.000	200-250	232,2-260,0	13,9-26,6		
— fluide filtrée	0,885-0,890	»	1.200-1.400	300-350	260,0-287,8	4,4-7,2		
— —	0,885-0,890	»	900-1.000	225-275	232,2-260,0	7,2-10		
Huile de cachalot, du Sud	0,8807	100,1	45,4	»	236,39*	5,39	34	215,5-251,7
— de rorqual rostré	0,8804	105,3	47,2	»	230,11*	4,0	59	198,9-251,7
— de baleine, blanche	0,9207	187,7	71,3	»	246,67*	— 2,87	35	221,1-276,7
— de pieds de bœuf	0,9178	247	82,4	»	243,47*	— 1,33	17	210,0-282,2
— de lard	0,9172	223,2	79,4	»	250,61*	— 4,22	18	218,3-285
— d'olive	0,9167	213,2	75,0	»	221,28*	— 2,78	24	210,0-240,5
— de colza, Inde orientale, épurée	0,916	250,4	88,1	»	248,11*	— 3,11	89	210,0-265,6
— de colza, Mer Noire, épurée	0,9209	236,9	78,8	»	240,78*	— 2,78	25	221,1-254,4
— de coton raffinée	0,9235	190,4	69,8	»	272,78*	— 1,11	22	260,0-282,2
— de ricin	0,963	2.500	390	»	252,78*	— 17,78		

1. Carpenter-Leeds, p. 263-291.
* Valeurs moyennes.

Viscosités de quelques huiles et graisses (Crossley et Le Sueur)

NATURE DE L'HUILE	NOMBRE de secondes au viscosimètre de Redwood, 50 cc. d'eau à 70° F. (21,1° C.) = 25,4 secondes	NATURE DE L'HUILE	NOMBRE de secondes au viscosimètre de Redwood, 50 cc. d'eau à 70° F. (21,1° C.) = 25,4 secondes
Huile de lin	212	Huile de cresson	322
— de bois	858-1433 (eau = 28 sec.)	— de raifort	385
		— d'arachide	307-429
— de noix	232	— d'olive	312
— de carthame	249,1-294	Beurre d'Illipé	90-107
— d'œillette	254-259	— de Fulware	110,4
— d'Amoora	376	Suif de Piney	101-104
— de Niger	263-293	Beurre de Kokum	101
— de pavot épineux	269-272	Huile de coco	64

SORTE D'HUILE OU GRAISSE	POIDS SPÉCIFIQUE à 17,5° C.	VISCOSITÉ (VISCOSIMÈTRE D'ENGLER) à 20° C.	à 50° C.	à 100° C.	à 150° C.
Huile de colza, brute	0,920	9,03	4,0	1,78	1,34
— de colza, épurée	0,911	11,88	4,9	2,05	1,40
— d'olive	0,914	10,3	3,78	1,80	»
— de ricin	0,963	»	16,46	3,01	»
— de lin	0,930	6,36	3,2	1,76	»
Suif	0,951	»	5,19	2,50	1,73
Huile de pieds de bœuf	0,916	11,63	4,44	1,92	»

HUILES	POIDS SPÉCIFIQUE à 17,5° C.	POINT D'ÉCLAIR Degrés	VISCOSITÉ (VISCOSIMÈTRE D'ENGLER) à 50° C.	à 150° C.
Huile à cylindres, de Russie	0,911-0,923	183-238	10,2-16,2	2,0-2,8
— à machines, —	0,893-0,920	138-197	5,8- 6,3	1,5-1,8
— à broches, —	0,893-0,893	163-167	3,1- 3,4	1,4-1,5
— à cylindres, d'Amérique	0,886-0,899	280-283	»	4,1-4,8
— à machines, —	0,884-0,920	187-260	4,2	1,6
— à broches, —	0,908-0,911	187-200	3,1- 3,3	1,4-1,6
— de colza, brute	0,920	265	4,0	1,7
— — épurée	0,911	305	4,9	2,0
— d'olive	0,914	305	3,7	1,8
— de ricin	0,963	275	16,4	3,0
— de lin	0,930	285	3,2	1,7
Suif	0,951	265	5,2	2,5

Ixomètre de Barbey

(Fluidité = Volume écoulé en centimètres cubes par heure)

HUILE	POIDS spécifique à 15°	FLUIDITÉ à 35°	HUILE	POIDS spécifique à 15°	FLUIDITÉ à 35°
Colza, brute, pure et fraîche, soutirée	0,9155	100	Sabots	0,916	104
Coco, de Ceylan	0,922	160	Foie de morue, brune	0,928	155
— de Cochin neige	0,925	180	Lard (huile de)	0,916	120
Palme	0,918	126	Résine (huile de)	0,975	80
Arachide, blanche comestible	0,917	114	Ricin, rouge à graisser	0,964	15
Olive, bon goût comestible	0,9165	127	— paille —	0,963	18
— verte, pour graissage	0,916	125	— blanche (vieille)	0,964	14
Sésame extra, de Jaffa	0,923	128	Oléonaphte n° 0 de Russie	0,912	30
Coton	0,9225	126	— n° 1 —	0,906	50
Ravison	0,921	110	— n° 2 —	0,896	130
Lin, Calcutta	0,933	170	— n° 7 (Mazout russe)	0,912	40
— Bombay	0,931	180	Vaseline (huile de)	0,892	216
Colza, épurée pour éclairage	0,915	105	— —	0,853	660
Pieds de mouton, pure	0,916	116	Poissons	0,927	160
Pieds de bœuf	0,917	122	Œillette (du Levant) comestible	0,925	155
Pieds de cheval	0,9185	135			

Crossley et *Le Sueur* [1] ont attiré l'attention sur une certaine corrélation paraissant exister entre la viscosité et l'indice d'iode, ainsi que le montre le tableau suivant :

NATURE DE L'HUILE	INDICE D'IODE	VISCOSITÉ (Viscosimètre de Redwood) NOMBRE DE SECONDES à 70° F. = 21,1° C.
Huile d'arachide	92,43	429,3
	98,42	347,0
	98,47	350,1
	100,82	306,0
Huile de pavot épineux	119,91	272,0
	122,53	268,0
Huile de colza	94,10	464,0
	96,66	413,8
	96,75	402,0
	96,28	393,2
	101,82	379,3
	101,84	371,8

1. *Journ. Soc. Chem. Ind.*, 1898, 990.

Cette corrélation n'est cependant pas établie par les nombres des tableaux précédents.

La viscosité d'un mélange ne peut se calculer d'après la viscosité de ses constituants ; en d'autres termes, la viscosité n'est pas une propriété additive. Cependant, *F. Schulz*[1] a calculé pour le viscosimètre d'*Engler* une formule empirique basée sur trois expériences faites avec des huiles de viscosités très différentes mesurées avec l'appareil d'Engler.

Cette formule empirique peut être utile dans la pratique, lorsqu'on a à préparer des échantillons de mélanges ayant une viscosité déterminée, en vue d'offres ou soumissions pour des adjudications. *H. C. Sherman*, *T.-T. Gray* et *H.-A. Hammerschlag*[2], ont toutefois reconnu que les viscosités déterminés au viscosimètre d'Engler sont toujours inférieures à celles fournies par les calculs.

IX. — CONSISTANCE

On a déjà montré que toute tentative de classification des huiles, graisses et cires, basée sur la consistance, était vouée à l'insuccès.

Les méthodes d'essai employant la consistance comme moyen d'examen sont d'une application très limitée et peuvent tout au plus servir à distinguer différents spécimens d'une même huile. Encore, dans ce cas, la détermination des points de fusion et de solidification des huiles mêmes ou de leurs acides gras, donnerait-elle des résultats plus concluants.

Les premiers essais faits pour appliquer la détermination de la consistance aux recherches analytiques sont dus à *Serra Carpi* et à *Legler ;* dans les deux cas, la méthode a été proposée pour l'examen de l'huile d'olive.

Serra Carpi[3] refroidit l'huile d'olive au-dessous de — 20°, pendant trois heures et place sur le corps gras solidifié une tige de fer cylindrique de 2 millimètres de diamètre et 1 centimètre de long,

1. *Chem. Revue*, 1909, 297.
2. *Journ. Soc. Chem. Ind.*, 1909, 13.
3. *Zeit. f. analyt. Chem.*, 23, 566.

cônique à la base. On charge la tête du cylindre avec des poids jusqu'à ce qu'il s'enfonce complètement dans l'huile. C'est ainsi que pour une huile d'olive pure il fallait 1.700 grammes, pour une huile falsifiée, 1.000 grammes seulement, tandis que pour l'huile de coton 25 grammes suffisaient.

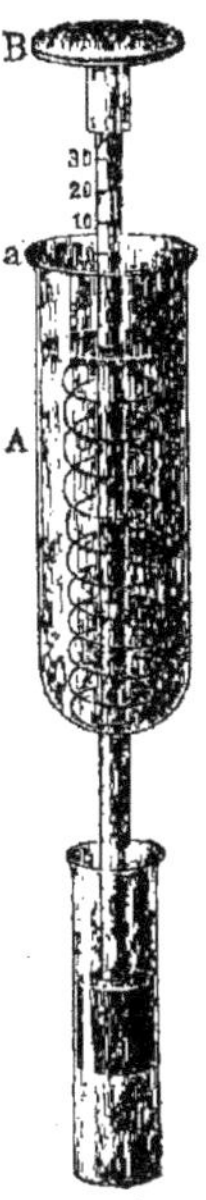

Fig. 35.

Tandis que *Serra Carpi* examine les huiles mêmes, *Legler* les traite préalablement par l'acide nitreux pour former l'élaïdine, plus consistante (voir *Essai de l'élaïdine*). Il recommande l'appareil représenté par la figure 35. Celui-ci consiste en un tube de verre épais A, dans lequel glisse une forte tige de verre ; celle-ci s'élargit en *a* en un disque reposant sur un ressort, qui fléchit aisément sous un poids de 20 grammes placé sur le sommet B de la tige. Le point de la tige auquel celle-ci descend par son propre poids est marqué O ; à partir de ce point, la tige est divisée en millimètres jusqu'au sommet.

Le même principe et le même appareil, à quelques détails près, ont été recommandés par *Brullé*[1] (pour l'examen du beurre) et par *Sohn*[2]. Ce dernier propose trois formes d'appareils et énonce les règles suivantes à observer strictement :

1° La tige doit descendre suivant une direction absolument verticale ;

2° Elle doit glisser dans son logement avec le moins de frottement possible ;

3° La température doit être constante pendant l'opération ;

4° Des tubes d'un même diamètre doivent être employés pour la matière à essayer ;

5° La tige doit occuper le centre du tube ou être à une distance fixe du centre ;

6° On doit employer toujours la même hauteur de corps gras ;

7° Celui-ci doit être abandonné au repos un certain temps avant l'essai.

1. *Comptes Rendus*, 116, 1255. Cf. aussi Klein, *Milchwirthschaftl. Zentralbl.*, 1907 (3), 282.
2. *Analyst*, 1893, 218.

X. — SOLUBILITÉ

On a déjà vu que les huiles et graisses se dissolvent facilement dans l'éther, le sulfure de carbone, le chloroforme, le tétrachlorure de carbone, le benzène, le pétrole et l'éther de pétrole.

Les différences de solubilité des différents corps ne sont pas assez prononcées pour permettre de distinguer ceux-ci.

Aussi, des méthodes comme celles que recommande *Horsley*[1] pour distinguer le corps gras du beurre du saindoux, d'après leur solubilité différente dans les dissolvants organiques, sont inutiles ou d'une application très limitée et l'on n'y aura recours que dans le cas où toutes les autres méthodes se montreraient impuissantes. Cependant, dans l'essai par l'éther de *Bjorklund* (chap. XIV, *Beurre de cacao*) ou bien après un fractionnement systématique des glycérides effectué de manière à obtenir ceux-ci à l'état de pureté (voir chap. XII), les différences de solubilité peuvent fournir d'utiles indications, et l'on notera, à ce sujet, que les diglycérides sont beaucoup plus insolubles dans l'éther de pétrole que les triglycérides[2].

L'huile de ricin diffère cependant de tous les autres corps gras sous deux rapports : d'abord par sa solubilité dans l'alcool, puis par son insolubilité relative dans l'éther de pétrole et l'huile de paraffine. Toutes les autres huiles et graisses sont presque insolubles ou très peu solubles dans l'alcool à la température ordinaire[3].

La solubilité de la plupart des huiles et graisses dans l'alcool absolu vers 15° ne dépasse pas 2 0/0 ; dans l'alcool à 96 0/0 ou dans l'alcool plus étendu, elle est encore plus faible.

Les corps gras renfermant des glycérides inférieurs, comme les huiles de marsouin, de coco ou coprah, de palmiste, le beurre de vache, sont plus solubles dans l'alcool que ceux formés surtout par les glycérides oléique, palmitique et stéarique.

Sur ces différences, *Meck*, *Morrschöck*, puis *Arnold*, ont basé une méthode pour la recherche de l'huile de coco et de l'huile de

1. *Chem. News.*, **1861**, 230.
2. Corelli, *Dissert.*, Zürich, 1909.
3. Cf. Vandevelde, *Bull. Soc. Chim. Belg.*, 1911 (25), 210.

palmiste dans le saindoux (voir chap. XIV, *Saindoux* et *Beurre de vache*). En traitant les corps gras, tels que celui du beurre, le saindoux, le suif, par l'alcool à 95 0/0, la fraction dissoute par l'alcool est plus riche en oléine que la partie non dissoute. On verra aussi, dans le chapitre XIV, *Huile de palmiste* et *Huile de coco*, les moyens indiqués pour différencier ces deux huiles l'une de l'autre par leurs solubilités différentes dans l'alcool.

Les huiles renfermant une grande proportion de glycérides des acides linoléique et linolénique, comme l'huile de lin, ont aussi une solubilité dans l'alcool supérieure à celle des autres huiles.

Les solubilités dans l'alcool n'offrant aucune valeur caractéristique, il n'a pas paru utile de reproduire ici les déterminations isolées faites par *Girard* et quelques autres. En outre, les nombres obtenus par différents observateurs sont désespérément discordants, ce qui peut être dû en partie à la présence des acides gras libres, qui accroît considérablement la solubilité dans l'alcool. Les solutions alcooliques d'acides gras libres dissolvent facilement les huiles et graisses neutres ; en général, les huiles contenant plus de 50 0/0 d'acides gras libres sont entièrement solubles dans l'alcool. C'est ainsi que récemment encore, l'huile de noyaux d'olives était indiquée comme soluble dans l'alcool, mais on a montré que la solubilité signalée était uniquement due à la grande proportion d'acides gras libres existant dans les échantillons examinés.

Afin d'obtenir des résultats plus certains, il serait donc nécessaire d'effectuer les déterminations sur les huiles et graisses débarrassées d'acides gras libres. On devra également tenir compte de l'âge de l'huile, car les huiles oxydées (contenant des glycérides d'acides oxydés) sont beaucoup plus solubles dans l'alcool que les glycérides primitifs et sur ce point, elles se rapprochent de l'huile de ricin. De plus, en présence de quantités notables de lécithine, comme dans le cas de l'huile de jaune d'œuf, la solubilité de la lécithine dans l'alcool rend le corps gras extrait plus aisément soluble dans l'alcool qu'il ne le serait s'il ne renfermait pas de lécithine.

Les résultats suivants obtenus par *Cesaro*[1] méritent encore d'être signalés :

1. *Bull. Acad. Roy. Belg.*, 1907, 1004.

La palmitine, la stéarine et l'oléine sont presque insolubles dans l'alcool à 91 0/0. A 35°, la myristine est peu soluble, la laurine est facilement soluble et se sépare presque complètement sous forme de cristaux en refroidissant la solution à 13°. Les glycérides de condensation inférieure à la laurine restent dissous à 13°. Au moyen de l'alcool, il serait donc possible de séparer les glycérides en trois groupes : le groupe intermédiaire, soluble à 35° et insoluble à 13° étant essentiellement constitué par la laurine.

La solubilité dans l'**alcool** augmente avec la température, et dans des conditions convenables de pression et de concentration de l'alcool et au-dessus d'une certaine température, les glycérides forment avec l'alcool une solution parfaitement homogène. La température à laquelle le mélange se sépare en ses éléments est appelée par *Crismer* **température critique de dissolution**, par analogie avec la température critique des gaz.

Crismer [1] propose la détermination de la température de dissolution comme moyen de différencier les corps gras et particulièrement pour distinguer le beurre de vache des autres corps gras, qui peuvent lui être mélangés comme falsification.

Crismer place quelques gouttes d'huile ou de graisse fondue dans un tube de verre de 9 cm. de long et 5 à 6 mm. de diamètre et ajoute un volume double d'alcool à 90 0/0. Le tube est scellé à la lampe, attaché avec un fil de platine au réservoir d'un thermomètre et chauffé dans un bain de glycérine ou d'acide sulfurique jusqu'à ce que le ménisque de séparation des deux liquides soit devenu plan. On chauffe encore un peu et on élève la température d'environ 10°, le tube est retiré du bain et agité à plusieurs reprises de façon à bien mélanger les deux liquides, puis il est replacé dans le bain et abandonné au refroidissement lent en agitant continuellement avec le thermomètre. On note la température à laquelle le mélange se trouble nettement, c'est la température critique de dissolution.

Si la température critique est inférieure à 78°, température d'ébullition de l'alcool, on peut opérer en tube ouvert. C'est ainsi que pour le beurre, on place dans un tube de 7 à 8 cm. de long et 1 cm.

1. *Bulletin de l'Association belge des chimistes*, 1895, IX, 71, 143; 1896, IX, 359; X, 312; cf. aussi *Congrès de Liège*, 1905, I, 323.

de diamètre, 0,5 cc. de corps gras filtré avec le double de son volume d'alcool ; le tube est fermé par un bouchon traversé par un thermomètre, dont le réservoir baigne dans le liquide sans toucher aux parois. Le tube est chauffé dans un tube plus gros servant de bain d'air ou de bain-marie et on l'agite verticalement jusqu'à ce que le mélange soit homogène. Celui-ci est ensuite abandonné au refroidissement et la température critique déterminée comme précédemment.

Cette méthode a été surtout employée jusqu'ici par quelques chimistes belges pour l'examen du beurre (chap. XIV).

La température critique de dissolution du mélange est, suivant le même auteur, approximativement la moyenne arithmétique de celles de ses éléments ; elle peut être calculée par la formule suivante[1] :

$$T_m = \frac{nT_a + (100 - n)\,T_b}{100},$$

où :

T_m = la température critique du mélange;
T_a = la température critique de l'élément a;
T_b = la température critique de l'élément b;
n = le volume de l'élément a dans 100 volumes de mélange;
$100 - n$ = le volume de l'élément b dans 100 volumes de mélange.

Des expériences faites jusqu'ici on a pu déduire que les substances de même nature ont pratiquement la même température critique de dissolution.

La température de dissolution de divers glycérides purs, dans l'alcool, de densité 0,792, à 20° a été déterminée par *Cesaro* et les résultats obtenus sont donnés ci-dessous :

		Degrés
Butyrine	au-dessous de	10,0
Laurine	—	30,0
Myristine	—	40,5
Palmitine	—	56,0
Stéarine	—	66,0
Oléine	—	70,0

Les observations faites jusqu'ici sur les corps gras naturels ont été rassemblées dans le tableau suivant :

1. G. Cesaro, *Zeits. f. Unters. d. Nahrg. u. Genussm.*, 1911, 433.

Températures critiques obtenues avec l'alcool de poids spécifique
0,8195 à 15,5°

SUBSTANCE	NOMBRE D'ÉCHANTILLONS	DEGRÉS	OBSERVATEUR
Huile de poisson, du Japon.	» »	108	Crismer et Motteu [1].
— de coton	» »	115-116	Herlant [2].
— de colza	» »	132-135	Crismer et Motteu.
— de sésame	» »	120,5	Herlant.
— d'arachide	1	115-116	—
— —	2	123	—
— d'olive	» »	123	—
— "animale"	» »	120	Crismer et Motteu.
— de pieds de mouton ..	» »	102	— —
— de pieds de bœuf	» »	95	— —
— de lard	» »	104	— —
— d'abricotier	1	47,7	Dieterich.
Huile de coco	» »	71-75	Crismer.
Beurre de cacao	» »	126	—
Beurre de vache	14	98-102	Crismer.
— —	4	98-103	Herlant.
Margarine	» »	122-126	Crismer.
Cire de Carnauba	» »	154	Crismer.
— d'abeilles	D'orig. diverses	129-133	—
Ozokérite	» »	175	Crismer.
Paraffine	Selon la constitution et le point de fusion.	140-160	—
Essence de térébenthine ...	» »	14	—

En employant de l'alcool plus étendu, on obtient des chiffres plus élevés, comme le montre le tableau suivant, dû à *Asböth* [3] :

1. *Bull. Assoc. belge des Chimistes*, 1895, 143.
2. *Ibidem*, 1896, 48.
3. *Chem. Zeit.*, 1896, 685.

Températures critiques avec l'alcool à 90 0/0 en volume
(poids spécifique 0,8332)

SUBSTANCE	NOMBRE D'ÉCHANTILLONS	DEVIENT PARFAITEMENT clair à °C.	COMMENCE À DEVENIR trouble à °C.	COMMENCE À FORMER deux couches à °C.	TEMPÉRATURE CRITIQUE °C.
Beurre de vache...	7	119-134	117,5-131	113,5-120	111,5-115
— — ...	1	124	121	116	115
Margarine.........	2	140-151	138-148	135-144,5	133,5-142

En employant l'alcool absolu, on peut opérer, comme on l'a déjà indiqué, en tube ouvert ; c'est de cette manière que *Stewart* [1] a obtenu les chiffres suivants :

	Degrés.
Beurre de vache..........	50,5-57
Saindoux..........	76,0-77
Huile de coton..........	61,5
— de sésame..........	67,5
— d'arachide..........	57,5
— d'amande..........	64,0
— d'olive..........	56,0
Beurre de cacao..........	47,0
Suif..........	34,
Huile de palme..........	22,0
— de coco..........	15-19,5
— de palmiste..........	13,5

Les résultats obtenus pour le corps gras du beurre sont donnés chapitre XIV, *Beurre de vache*.

Les températures critiques de dissolution dans l'**acétone** ont été étudiées par *Louise* et *Sauvage* [2]. *Duperthuis* [3] propose l'emploi d'un mélange d'aniline et d'alcool.

Pour l'application de la température critique à la différenciation de la céresine et de la paraffine, voir chapitre XV.

Valenta [4] divise les huiles grasses et les graisses solides en trois

1. *Journ. State Med.*, 1918, 312.
2. *Comptes Rendus*, 1907 (145), 183; cf. encore Louise, *Comptes Rendus*, 1909 (149), 284; *Ann. des Falsif.*, 1911, 302.
3. *Mitt. a. d. Geb. d. Lebensm. u. Hygiene*, 1911 (2), 65.
4. *Journ. Soc. Chem. Ind.*, 1884, 643.

classes, selon leur solubilité dans l'**acide acétique**. L'essai s'effectue en mélangeant intimement des volumes égaux d'huile ou graisse et d'acide acétique glacial de poids spécifique 1,0562 dans un tube à essais, et en chauffant au besoin le mélange si la dissolution ne se fait pas.

Première classe. — Complètement soluble à la température ordinaire (14 à 20°) : huile de ricin.

Deuxième classe. — Complètement solubles, ou à peu près, aux températures supérieures, de 23° au point d'ébullition de l'acide acétique : huiles de courge, coton, sésame, abricotier, amande, arachide, olive, foie de morue, laurier, mowrah, palme, beurres de muscade, de cacao, huiles de palmiste, coco ou coprah, suif d'os, suif de bœuf, beurre de vache, stéarine de bœuf.

Troisième classe. — Non complètement solubles — même à la température d'ébullition de l'acide acétique glacial : — huiles de crucifères : colza, moutarde, ravenelle, etc...

Les huiles appartenant à la seconde classe peuvent être encore différenciées en les chauffant graduellement dans un tube à essais avec leur volume d'acide acétique glacial, en agitant fréquemment jusqu'à dissolution complète. On introduit alors un thermomètre dans le liquide et on note la température au moment où un trouble apparaît. Selon *Valenta*, les huiles de la seconde classe peuvent ainsi être divisées en deux groupes, l'un comprenant les huiles suivantes : palme, laurier, beurre de muscade, coco ou coprah, palmiste et mowrah ; l'autre formé des autres huiles de la classe. Les températures trouvées par *Valenta* sont indiquées dans le tableau suivant.

Comme on le verra par celui-ci, les observations d'*Allen*[1], et celles d'*Holon*, cependant, ne concordent pas avec celles de *Valenta* :

1. *Journ. Soc. Chem. Ind.*, 1886, 69, 282. — Cf. O. Hoton, *Bull. Soc. Chim. Belgique*, 1904, 2.

Solubilité des huiles et graisses dans l'acide acétique

SORTE D'HUILE OU GRAISSE	TEMPÉRATURE à laquelle se trouble le mélange à volumes égaux de corps gras et d'acide acétique de poids spécifique 1,0562		
	VALENTA	ALLEN	HOTON
	Degrés	Degrés	Degrés
Huile de lin	»	57-74	»
— de Niger	»	49	»
— de courge	108	»	75-85
— de coton	110	90	»
— de sésame	107	87	87
— d'abricotier	114	»	»
— d'amande douce	110	»	»
— d'arachide	112	87	93
— d'olive jaune	111	»	»
— d'olive verte (seconde pression)	85	»	»
— de menhaden	»	64	»
— de foie de morue	101	79	»
— de foie de requin	»	105	»
— de phoque	»	72	»
— de baleine	»	38-86	»
— de marsouin	»	40	»
— de pieds de bœuf	»	102	»
— de laurier	26-27	40	»
— de mowrah	64,5	»	»
— de palme	23	83	»
Beurre de muscade	27	39	»
— de cacao	105	Insoluble	»
Huile de palmiste	48	32	»
— de coco	40	7,5	7,5
Saindoux	»	96,5	102
Suif d'os (Amérique)	90-95	»	»
— de bœuf	95	»	»
Oléomargarine	»	96,5	»
Beurre de vache	»	61,5	40-55[1]
Stéarine de suif (point de fusion 55,8°)	114	»	»
Huile de cachalot	»	98-103	»
— de rorqual rostré	»	102	»
Margarine d'été	»	»	98-105
— d'hiver	»	»	92-95

Le tableau suivant, comprenant les huiles formant la troisième classe de *Valenta*, est encore plus démonstratif :

1, 12 échantillons.

SORTE D'HUILE	POIDS SPÉCIFIQUE à 15,5° (EAU à 15,5° = 1)	OBSERVATEUR		
		VALENTA	ALLEN	HURST
				Degrés
Navette	0,9145	Insoluble	Insoluble	88
	0,9168	—	—	86
	0,9132	—	—	85
	»	—	—	73
Colza	0,9162	—	—	99
	0,9131	—	—	97
	»	—	—	94
	»	—	—	94
	0,9132	—	—	82

Thomson et *Ballantyne* [1], opérant avec des acides acétiques de concentrations diverses, ont obtenu les résultats suivants :

SORTE D'HUILE	ACIDE LIBRE calculé en ACIDE OLÉIQUE	TEMPÉRATURE à laquelle se trouble le mélange avec L'ACIDE ACÉTIQUE GLACIAL		
		POIDS SPÉCIFIQUE 1,0542	POIDS SPÉCIFIQUE 1,0552	POIDS SPÉCIFIQUE 1,0562
	Pour 100	Degrés	Degrés	Degrés
Huile d'olive (Gioja)	9,42	65	80	91
Même huile, exempte d'acides libres	0	87	»	»
Huile d'olive (Syrie)	23,88	42	»	»
— d'olive	5,19	78	96	»
	3,86	85	100	111
— d'arachide (commerciale)	6,20	76	92	112
— d'arachide (France, épurée)	0,62	96	114	Non complètement dissoute
— de colza	2,43	110	Non complètement dissoute	»
— —	4,54	105	»	»
— de lin	0,76	61	78	90
— de lin (Baltique)	3,74	42	59	71
— de lin (Inde orientale, Bombay)	0,79	57	»	»
— de lin (la Plata)	1,21	56	»	»

Ceux-ci montrent l'influence considérable qu'exerce la proportion d'acides gras libres sur les indications de l'essai de *Valenta*.

C'est ce qui ressort des travaux de *Parkes* [2] et, notamment de

1. *Journ. Soc. Chem. Ind.*, 1891, 233.
2. *Analyst*, 1918, 82.

Fryer et *Weston*[1], qui insistent également sur la nécessité d'employer un acide acétique de concentration constante.

Malgré ces divergences, l'essai de *Valenta*, employé concurremment avec d'autres réactions, peut fournir des données sérieuses dans l'examen d'une huile.

F. Jean[2] a apporté à cet essai la modification suivante :

On place 3 cc. de corps gras dans un tube à essai gradué de 1 cm. de diamètre, et on plonge le tube dans l'eau à 50°. On extrait à l'aide d'une pipette effilée la quantité de corps gras nécessaire pour qu'il reste dans le tube exactement 3 cc. à 50° ; puis on ajoute avec une pipette graduée 3cc. d'acide acétique de poids spécifique 1,0565 à 15° (préparé en ajoutant la quantité d'eau nécessaire à l'acide acétique glacial), mesurés à 22° ; on chauffe le tube et son contenu dans l'eau à 50° pendant quelques minutes, on bouche le tube et l'agite vigoureusement. En abandonnant le mélange au repos à 50°, deux couches se séparent, on lit le volume de l'acide acétique non dissous. On en déduit aisément le volume dissous dans le corps gras. *F. Jean* a trouvé les proportions suivantes pour quelques huiles et graisses :

Sorte d'huile ou graisse	Acide acétique (poids spécifique 1,0565 à 15°) dissous
Huile d'arachide (Boulam)	41,65
— d'arachide (Gambie)	43,66
— de colza	30,00
— de ravison	33,30
— d'amande douce	33,00
— d'olive	35,00
— de noix	36,60
— de cameline	36,60
— de ricin	100,00
— de maïs	100,70
— de faîne	53,30
— d'œillette (Inde)	63,30
— d'œillette (France)	43,30
— de pieds de bœuf	43,30
— de pieds de mouton	36,66
Graisse de cheval	30,08
Saindoux	26,66
Suif de veau	26,66

1. *Analyst*, 1918, 3.
2. *Corps gras industriels*, 1892 (19), 4.

Sorte d'huile ou graisse	Acide acétique (poids spécifique 1,0585 à 15°) dissous
Beurre, 9 échantillons d'origine différente	63,33[1]
Margarine de coton	40,00
" Butterine "	31,60
Margarine	26,66
Huile de palme	100,00
— de coco (coprah)	100,00

Parkes propose d'employer un mélange d'acide acétique avec ses homologues supérieurs, tandis que *Fryer* et *Weslon* préconisent un mélange à parties égales d'alcool éthylique à 90 0/0 et d'alcool amylique comme étant moins hygroscopique; c'est avec ce mélange qu'ils ont obtenu les résultats ci-dessous :

	Degrés
Cire de Carnauba	82
— de Candelilla	63
— d'abeilles	76
Spermaceti	44
Cire d'insectes	insoluble
Ozokérite	—
Paraffine	—
Cire de lignite	70
90 p. cire d'abeilles + 10 p. cérésine	82
90 p. cire de Candelila + 10 p. paraffine	72
67 p. — + 33 p. —	83

On trouvera encore d'autres renseignements à l'article *Beurre de vache* (chap. XIV).

Holon[2] a repris l'étude de la solubilité des glycérides dans l'acide acétique, mais sans obtenir jusqu'ici de résultat concluant. Il suffit donc d'indiquer qu'avec l'acide acétique de poids spécifique 1,057 à 15° (contenant 90,25 0/0 d'acide acétique glacial), *Holon* a reconnu que l'huile de coton dissout 20 0/0 d'acide acétique à 20°, le corps gras du beurre 40 0/0 à 30°, et la margarine 20-25 0/0 d'acide à 30°, tandis que l'huile de coco, maintenue à une température supérieure à son point de fusion, n'en dissout aucune trace.

1. A côté de ces neuf échantillons, donnant tous 63,33 0/0, on a trouvé deux beurres anormaux, donnant respectivement 58. 7 et 73,0.

2. *Bull. Soc. Chim. Belg.*, 1904 (18), 147; 1912 (26), 70; *cf. Revue Int. Falsif.*, 1905 (18), 85.

Salzer [1] a étudié la façon dont quelques huiles se comportent avec le phénol ou acide phénique. L'essai s'opère en ajoutant l'huile goutte à goutte à 10 cc. d'une solution de phénol (préparé avec 373 gr. de phénol cristallisé et 56,7 gr. d'eau [2]) contenue dans une éprouvette graduée, on agite constamment et cesse l'addition d'huile à l'apparition d'un trouble persistant. Dans le phénol liquide d'une concentration supérieure à 91 0/0, la plupart des huiles semblent également solubles, d'importantes différences n'apparaissant qu'avec des solutions plus faibles. Le tableau suivant reproduit les résultats de *Salzer :*

SORTE D'HUILE	DISSOUS PAR 10 CENT. CUBES DE PHÉNOL A		
	91 0/0	87 0/0	83 0/0
	Cent. cubes	Cent. cubes	Cent. cubes
Huile d'amande	»	Minimum 2,5 Maximum 3,5	» »
— d'olive	»	Minimum 2,0 Maximum 3,0	» »
— de colza	4	»	»
— de lin	»	»	3,0
— d'œillette	»	6,8	Minimum 2
— de croton	16	8,5	4,0
— d'arachide	11,5	4,8	0,8
— de coton	10,5	5,5	1,0
— de sésame	10	3,8	0,8
1 partie d'huile d'olive + 1 partie d'huile d'œillette	»	4,8	»
3 parties d'huile d'olive + 1 partie d'huile d'arachide	»	3,0	»
3 parties d'huile d'olive + 1 partie d'huile d'œillette	»	3,4	»
1 partie d'huile d'olive + 1 partie d'huile d'arachide	»	3,8	»
9 parties d'huile d'olive + 1 partie d'huile de colza	»	2,1	»
Huile de croton	»	Trouble distinct avec 2,3	»

Salzer prétend pouvoir rechercher ainsi les falsifications dans les huiles d'amande, de foie de morue, etc... Les nombres précédents n'inspirent cependant pas une grande confiance en sa méthode, d'autant plus que la présence d'acides gras libres augmente la solu-

1. *Arch. d. Pharmac.*, 227, 433.
2. Cette solution a été proposée par Crook (*Zeit. analyt. Chemie*, 19, 369).

bilité des huiles dans le phénol. L'essai de *Salzer* peut donc tout au plus servir comme essai préliminaire.

La solubilité de quelques corps gras dans le benzène a été déterminée par *Dubois* et *Padé*, qui ont obtenu les résultats suivants :

Solubilité des corps gras solides dans le benzène

100 grammes de benzène dissolvent à 12 degrés	Grammes
Suif de mouton	14,70
— de bœuf	15,89
— de veau	26,08
Saindoux	27,30
Beurre de vache	09,61
Margarine	12,83

Pour la solubilité des huiles dans le sulfate de diméthyle, voir chapitre IX.

L'étude complète des solubilités des huiles et graisses en vue de l'analyse est donc encore à l'état embryonnaire ; il n'est pas douteux que les soins minutieux et le temps que réclament les méthodes de solubilité ont jusqu'ici détourné les observateurs de cette étude ; l'attention s'est donc plutôt tournée vers les solubilités des acides gras et de leurs sels, en vue de la séparation analytique (chap. VIII); c'est ainsi que *Freundlich* [1] a étudié les solubilités dans l'alcool des savons de potasse provenant des différentes huiles et graisses (chap. III, *Solubilité des savons de plomb dans l'éther ordinaire et l'éther de pétrole*).

Il faut encore signaler à l'attention l'emploi des éthers de l'acide phtalique comme dissolvants des corps gras, proposé par *A. Hesse* [2].

1. *Chem. Revue*, 1908, 135; 160.
2. D. R. P. 227.667.

XI. — CONDUCTIBILITÉ ÉLECTRIQUE

La détermination de la conductibilité électrique a été proposée par *Palmieri* [1], comme moyen de rechercher les falsifications de l'huile d'olive. Il a construit dans ce but un appareil spécial appelé « diagomètre ».

Plus tard, *A. Bartoli* [2] a fait une étude approfondie de la conductibilité électrique des corps gras et est arrivé aux conclusions suivantes : La conductibilité d'une huile augmente avec la température, tout en restant variable avec la nature de l'huile. Les huiles siccatives, exposées à l'air, acquièrent une conductibilité supérieure à celle des huiles non siccatives. Une augmentation, quoique assez faible, s'observe également dans le cas des huiles non siccatives rances. Une table disposée suivant la grandeur de la conductibilité électrique commence par l'huile d'olive et finit par l'huile de lin.

Les corps gras solides, à l'exception du saindoux, manifestent un accroissement de conductibilité aux températures de 170° à 220°. Le beurre de muscade est caractérisé par une augmentation brusque à la température de son point de fusion. Une table des conductibilités des corps gras solides commence par la graisse de poulet et finit avec le beurre de muscade.

L. Herlant [3] a proposé d'effectuer la mesure de la conductibilité électrique des savons de potasse obtenus en saponifiant les corps gras examinés. Il est essentiel d'employer chaque fois les mêmes quantités d'alcali et de corps gras et d'étendre les solutions exactement à la même dilution ; enfin, les observations doivent être faites à la même température. Pour l'examen, on mélange dans une fiole 10 grammes de corps gras avec 45 cc. de potasse alcoolique normale, et on chauffe au bain-marie pendant trente minutes, la fiole reliée à un réfrigérant à reflux. La saponification terminée, la solution de savon obtenue en étendant à 250 cc. avec l'eau distillée est soumise à l'électrolyse.

La résistance offerte par un cube de 1 centimètre de côté, rempli

1. *Rend. della Acc. di Napoli*, 1881.
2. *Il nuovo Cimento*, 1890, t. XXVIII, 25.
3. *Bull. Ass. belge Chim.*, 1898, 48.

avec la solution, constitue la *résistance spécifique* r de cette solution, et son inverse $\frac{1}{r}$ la *conductibilité spécifique*. En pratique, on fait la comparaison avec la conductibilité spécifique d'une solution $\frac{1}{500}$ normale de chlorure de potassium, pour laquelle $\frac{1}{r} = 0{,}002244$ à 18°. Si K est un coefficient dépendant du vase, on a pour la solution de chlorure de potassium $\frac{1}{r} K = 0{,}002244$ et pour la conductibilité spécifique de toute autre solution dans ce vase $l = \frac{1}{r'} \times K$.

Les nombres obtenus par *Herlant* sont donnés dans le tableau suivant. On y a ajouté quelques déterminations faites sur le beurre et la margarine, *Herlant* pensant que sa méthode peut être utile dans l'examen du beurre. Les troisième et quatrième colonnes montrent que la conductibilité spécifique est en relation directe avec l'indice de réfraction et la température critique de dissolution :

HUILE OU GRAISSE	CONDUCTIBILITÉ SPÉCIFIQUE A 18°	INDICE DE RÉFRACTION Degrés au butyroréfractomètre de Zeiss à 35°	TEMPÉRATURE CRITIQUE de dissolution Degrés
Coton	0,008629	63	115-116
Arachide I	0,008700	58,25	115-116
— II	0,008741	60,25	123
Sésame	0,008779	63	120,5
Olive	0,009927	57,25	123
Beurre de vache I	0,006457		44,5
— — II	0,006500	98-103	45
— — III	0,006507		45
— — IV	0,007010		48
Margarine I	0,008221		52,5
— II	0,008459	122-123	56,5
— III	0,008472		54
— IV	0,008489		58

XII. — ESSAI CALORIMÉTRIQUE

L'essai calorimétrique des corps gras n'a pas encore reçu d'application pratique, car le peu de valeur des résultats obtenus est hors de proportion avec le travail que nécessite cette détermination. Comme on le verra par les tableaux suivants, cette méthode est incapable de donner des indications aussi nettes que celles obtenues, beaucoup plus aisément, par nombre de méthodes plus rapides et ne nécessitant pas l'emploi d'appareils aussi compliqués.

Chaleurs de combustion des acides gras

	CALORIES PAR GRAMMES	OBSERVATEUR
Acide acétique	206,7	Stohmann [1]
— butyrique normal	520,4	—
— valérianique normal	677,2	—
— caproïque	830,2	—
— caprylique	1138,7	Louguinin [2]
— caprique	1458,3	Stohmann [1]
— laurique	1771,8	—
— —	1759,7	Louguinin
— myristique	2083,9	—
— —	2061,8	Louguinin [2]
— palmitique	2398,4	Stohmann [1]
— —	2371,8	Louguinin [2]
— stéarique	2711,8	Stohmann [1]
— arachidique	3025,8	—
— bénique	3338,3	—
— érucique	3297,2	—
— brassidique	3290,1	—
— bénoléique	3255,1	—
— dioxybénique	3235,5	—

Chaleurs de combustion des glycérides

	POUR UNE MOLÉCULE VOLUME CONSTANT	OBSERVATEUR
Trilaurine	5707,0	Stohmann
—	5707,4	Louguinin
Trimyristine	6650,5	Stohmann, etc.
—	6607,9	Louguinin
Diérucine	6979,5	Stohmann
Triérucine	10265,5	Stohmann, etc.
Dibrassidine	6953,7	—
Tribrassidine	10236,0	—

1. Stohmann et collaborateurs, Kléber, Langbein et Offenhauer, *Journ. prakt Chemie*, 1885 (31), 297; 1890 (42), 367.
2. *Comptes Rendus*, 102, 1240 (1886).

Chaleurs de combustion des huiles et graisses naturelles

	CALORIES PAR GRAMME		
	VOLUME CONSTANT	PRESSION CONSTANTE	OBSERVATEUR
Huile de lin (1900)	9364	9379	Sherman et Snell[1]
— — (1898)	9379	9394	— —
— — (vieille de plusieurs années)	9215	9230	— —
— — cuite	8810	8824	— —
— d'œillette	9382	9397	— —
— de maïs (1900)	9413	9428	— —
— — (1898)	9436	9411	— —
— — (brute)	9419	9434	— —
— de coton I	9396	9411	— —
— — II	9401	9416	— —
— — III	9390	9405	— —
— — IV (brute)	9397	9412	— —
— — V	9336	9351	— —
— — VI (vieille)	9323	9328	— —
— — VII (très vieille)	9168	9183	— —
— de sésame	9395	9410	— —
— de colza I	9489	9504	— —
— — II	9462	9477	— —
— — III	9412	9427	— —
— de ricin I	8863	8877	— —
— — II	8835	8849	— —
— d'amande I	9454	9469	— —
— — II	9311	9326	— —
— d'arachide	9412	9427	— —
— d'olive I	9457	9472	— —
— — II	9451	9466	— —
— de foie de morue (fraîche)	9437	9452	— —
— — — (vieille)	9277	9292	— —
— de foie de requin (épurée)	9360	9375	— —
— — — (brute)	9371	9386	— —
— de baleine	9473	9488	— —
Graisse d'oie	9503	»	Stohmann
Saindoux	9469	»	—
— (1900)	9451	9466	Sherman et Snell
— (1899)	9447	9462	— —
— (vieux de 4 à 5 ans)	9394	9409	— —
— (vieux de 3 ans)	9372	9387	— —
Graisse de bœuf	9485	»	Stohmann
— de mouton	9492	»	—
Beurre de vache	9503	»	—
Blanc de baleine ou spermaceti	9946	9964	Sherman et Snell

1. *Journ. Amer. Chem. Soc.*, 1901, 164.

La *chaleur spécifique* d'un corps gras peut être déduite de sa composition élémentaire d'après la loi de *Kopp*. C'est ainsi que la stéarine, qui renferme 76,85 0/0 de carbone, 12,36 0/0 d'hydrogène et 10,79 0/0 d'oxygène, donne les proportions atomiques suivantes :

Carbone $\frac{76,85}{12} = 6,57$; hydrogène $\frac{12,36}{1} = 12,36$; oxygène $\frac{10,79}{16} = 0,67$;

d'où la chaleur spécifique est :

$$\frac{(6,57 \times 1,8) + (12,36 \times 2,3) + (0,67 \times 4,0)}{100} = 0,4294.$$

La *chaleur moléculaire*, c'est-à-dire le produit du poids moléculaire et de la chaleur spécifique est égale à la somme des chaleurs atomiques des éléments de la molécule (où C = 1,8, H = 2,3, et O = 4,0).

La *chaleur latente de fusion* d'un corps gras a une certaine importance lorsqu'il s'agit de calculer le nombre de calories à absorber en refroidissant une huile pour la démargariner, par exemple ; tandis que pour l'eau, cette chaleur latente peut être déduite de la chaleur spécifique, il n'en est pas de même pour les corps gras, qui ne fondent pas immédiatement, mais se ramollissent peu à peu, de sorte que l'on ne peut déterminer le point exact auquel ils sont encore solides, ou déjà liquides.

La chaleur spécifique des graisses et cires varie considérablement avec la température. Quand elles commencent à se ramollir, la chaleur spécifique augmente brusquement de façon considérable, car une partie de la chaleur de fusion est utilisée pour le travail interne, le ramollissement représentant le commencement de la fusion. C'est ainsi que la chaleur spécifique de la tristéarine à 6°, est de 0,036 ; mais elle augmente à 10°, 20°, 30° et 40°, passant respectivement à 0,397, 0,409, 0,449 et 0,501 et à 50°, elle est de 0,510. Entre 50 et 55°, les arêtes des petites particules de tristéarine commencent à se ramollir et la chaleur spécifique s'élève rapidement à 1,3-1,4. La palmitine présente une courbe ascendante analogue, la chaleur spécifique variant entre 0,330 à — 7° et 0,478 à + 60° et plus de 1 vers 3 à 4° au-dessous du point de fusion qui est 66,5°. Les autres corps gras se comportent de la même manière.

La détermination de la chaleur spécifique des corps gras est, d'après *Vandevyer-Grau*[1], sinon impossible, du moins extrêmement difficile, car la chaleur latente de fusion produit une élévation de température. Les quelques observations qui ont été faites sont rapportées dans la table suivante :

1. *Ann. Chim. anal.*, 5, 321.

SUBSTANCE	CHALEUR SPÉCIFIQUE	TEMPÉRATURE de DÉTERMINATION	OBSERVATEUR
Huile de lin (brute)	0,474	—	Sherman, Danziger et Kohnstamm.
— — (cuite)	0,441	20–30	Marden et Dover.
— d'abrasin (bois), de Chine	0,438	20–30	— —
— de coton	0,474	20–30	— —
— de sésame	0,478	20–30	— —
— de colza	0,469	20–30	— —
— d'arachide	0,490	20–30	— —
— de ricin (*a*)	0,434	6	Vandevyer Grau.
— — (*b*)	0,498	20–30	Marden et Dover.
— d'olive (*a*)	0,471	6–6	Vandevyer Grau.
— — (*b*)	0,493	—	Sherman, Danziger et Kohnstamm.
— — (*c*)	0,475	20–30	Marden et Dover.
— de coco	0,511	20–30	— —
— de menhaden	0,474	—	Sherman, Danziger et Kohnstamm.
— de lard	0,500	—	— — —
Saindoux	0,483	20–30	Marden et Dover.
Huile de pieds de bœuf	0,457	20–30	— —
— de spermaceti	0,463	20–30	— —
Cire d'abeille (*a*)	0,499	65–100	— —
— — (*b*)	0,429	21–3	Vandevyer Grau.
Essence de térébenthine	0,420	18	Kaye et Laby.
Huile minérale (pétrole liquide) (*a*)	0,500	—	Sherman, Danziger et Kohnstamm.
— — (*b*)	0,416	20–30	Marden et Dover.
Paraffine[1]	0,690	0–20	Kaye et Laby.

1. La chaleur latente de fusion de la paraffine est de 39 calories d'après Graefe, et de 35 calories d'après Batelli.

CHAPITRE VI

MÉTHODES CHIMIQUES D'EXAMEN DES HUILES, GRAISSES ET CIRES

Les corps gras naturels étant des mélanges en proportions variables des glycérides des différents acides gras énumérés dans le chapitre III, l'analyse complète d'un corps gras devrait réaliser l'isolement de chacun des acides gras qui le constituent. Mais, en l'état actuel de nos connaissances, tenter de rechercher et d'identifier ces acides gras, de même que l'on sépare les éléments d'une substance inorganique, doit être regardé comme une tâche irréalisable. Toutefois, si nous ne sommes pas en mesure de faire l'analyse des huiles, graisses et cires avec une rigueur toute scientifique, un certain nombre de méthodes ont été élaborées qui répondent à la plupart des besoins de l'analyse technique.

Ces méthodes consistent à déterminer certains nombres ou *indices* dépendant de la nature des divers acides gras, de la proportion d'éléments étrangers, de la présence d'acides gras ou d'alcools libres, etc... et, comme elles fournissent en même temps une mesure de la quantité des acides gras, alcools, etc..., sans toutefois déterminer leur quantité absolue, ces méthodes ont été appelées, à juste titre, par *Hübl*, **réactions quantitatives.**

En outre des réactions quantitatives, un certain nombre de réactions chimiques sont encore utilisées pour l'examen des corps gras, tels sont : l'essai de l'élaïdine, l'essai de l'absorption d'oxygène, l'essai des bromures, etc.

Jusqu'ici ces méthodes n'ont pas été élaborées assez complètement pour qu'on puisse les admettre parmi les réactions quantitatives, quoique, selon toutes probabilités, quelques-unes d'entre elles au moins puissent être considérées comme telles. En attendant, on peut les utiliser comme essais préliminaires ou confirmatifs dans les cas où les méthodes quantitatives fournissent des résultats ambigus. Ces essais préliminaires ou **réactions qualitatives** seront étudiés dans le chapitre suivant (chap. VII).

L'examen des *acides gras isolés* des matières grasses fournit encore sur celles-ci de plus amples informations ; les méthodes employées à cet effet feront l'objet du chapitre VIII.

Les méthodes appliquées à l'examen des alcools obtenus en saponifiant les cires et en général à l'examen des matières insaponifiables trouvées dans les huiles, graisses et cires, en vue de déterminer leurs propriétés et leurs caractères, seront examinées dans le chapitre IX.

Dans ce chapitre, nous n'étudierons que les *réactions quantitatives*.

RÉACTIONS QUANTITATIVES

Ces nombres ou indices seront divisés ici en deux classes : A) *Caractéristiques* et B) *Variables*.

Dans les précédentes éditions de cet ouvrage, les indices de la classe étaient désignés sous le nom de « constantes », mais ce terme ayant été souvent interprété dans un sens trop littéral, il paraît préférable de lui substituer celui de *caractéristiques*, exprimant le fait que, quoique spécifiques pour chaque graisse ou cire les indices ou nombres permettent, cependant, certaines fluctuations dans d'étroites limites.

Sous la dénomination de *caractéristiques*, on comprendra donc les nombres ou indices qui dépendent entièrement de la nature spécifique d'une huile, graisse ou cire, et par là aident le plus efficacement à l'identification d'une huile, graisse ou cire donnée.

Quant aux *variables*, elles fournissent des nombres permettant de juger de la qualité d'une huile ou graisse; ces nombres variant naturellement avec l'état de pureté, la rancidité, l'âge, etc..., du corps gras.

Les *caractéristiques* seront étudiées sous les dénominations suivantes :

1° L'indice de saponification (ou indice de Köttstorfer), qui est la mesure de la quantité d'alcali nécessaire pour neutraliser la totalité des acides gras dans un corps gras ou une cire ;

2° L'indice d'iode (ou de brome), qui est la mesure de la proportion d'acides gras non saturés ;

3° L'indice de Reichert (ou de Reichert-Meissl ou de Reichert-Wollny), qui donne la mesure de la proportion d'acides gras volatils ;

4° Le nombre de titrage des acides gras insolubles volatils.

Les *variables* comprendront :

1° L'indice d'acide, ou mesure de la proportion d'acides gras libres ;

2° La proportion de glycérine pour 100 ;

3° Les diglycérides et les monoglycérides ;

4° La proportion de matières insaponifiables pour 100.

Entre ces deux classes se trouve l'*indice d'acétyle*, qui doit être considéré dans certains cas comme une « caractéristique » et dans d'autres comme une « variable ».

A. — CARACTÉRISTIQUES

1. Indice de saponification (indice de Köttstorfer[1]).

L'indice de saponification (ou de Köttstorfer) indique le nombre de milligrammes d'hydrate de potasse nécessaire pour effectuer la saponification complète de 1 *gramme de corps gras ou de cire*, ou en d'autres termes, *il représente la quantité d'hydrate de potasse, exprimée en dixièmes pour* 100, *nécessaire pour neutraliser la totalité des acides gras dans* 1 *gramme de corps gras ou de cire.*

1. *Zeits. f. anal. Chem.*, 1879 (18); 199-431. Bien avant que la méthode de Köttstorfer ait été publiée, on employait dans les savonneries marseillaises un procédé analogue, indiqué par Calixte Ferrier, pour contrôler la pureté de l'huile de coprah. Ce procédé consiste à titrer 5 gr. d'acides gras isolés du corps gras à examiner, dissous dans 50 à 60 cc. d'alcool, à chaud, au moyen d'une liqueur de potasse caustique $\frac{N}{5}$ renfermant 9,42 0/0 d'oxyde de potassium, K^2O; le résultat du titrage exprimé en centimètres cubes et multiplié par 2 constitue ce que l'on appelle encore souvent dans les laboratoires le *chiffre de saponification* ou *indice Ferrier*. On peut remarquer que cet indice déterminé sur les *acides gras* et non sur le *corps gras* est plus représentatif que l'indice de saponification de Köttstorfer, car il élimine l'influence des impuretés accidentelles et de l'acidité du corps gras naturel. (E. B.)

La détermination de l'indice de saponification nécessite :

1° Une liqueur d'acide chlorhydrique exactement titrée, le titre étant exprimé en KOH ; on emploie de préférence une liqueur acide demi-normale ;

2° Une liqueur alcoolique de potasse, préparée en dissolvant 40 gr. de potasse caustique pure[1] à l'alcool dans un peu d'eau, et étendant ensuite à 1.000 cc. avec de l'alcool fort, de poids spécifique 0,810. On abandonne la solution alcoolique au repos pendant un jour ; on la filtre[2] rapidement, sur un filtre à plis, dans un flacon que l'on conserve soigneusement fermé par un bouchon de caoutchouc ; celui-ci est traversé par une pipette de 25 cc., dont la partie supérieure est coiffée d'un morceau de tube de caoutchouc fermé lui-même par une pince ou un morceau de baguette de verre. Ce flacon doit être conservé dans un lieu à température égale, mais il est inutile de le tenir à l'abri de la lumière.

L'alcool employé pour la préparation de la liqueur de potasse doit être aussi pur que possible. Les alcools bon goût du commerce, traités par une solution concentrée de potasse doivent rester incolores ; s'ils jaunissent de suite, ils doivent être rejetés. Si l'alcool est pur, la liqueur de potasse ne doit pas brunir avant quelques mois ; elle prend, cependant, avec le temps une légère coloration jaune, celle-ci n'influe pas sur l'exactitude du titrage ; par contre, il faut écarter les solutions trop colorées, qui sont susceptibles de donner des résultats erronés, particulièrement avec les huiles siccatives.

L'alcool dénaturé peut être employé dans beaucoup de cas, mais il doit être purifié soigneusement[3]. Comme cet alcool contient de

1. Les bâtons de potasse caustique sont quelquefois enrobés de paraffine molle pour les protéger de l'acide carbonique et de l'humidité de l'air; cf. F. Bengen, *Zeits. f. Unters. d. Nahr. u. Genussm.*, 1910 (19), 269.

2. La décantation après repos n'est pas toujours suffisante pour séparer la partie floconneuse du précipité de carbonate de potassium qui s'est formée; la filtration effectuée rapidement n'offre aucun inconvénient et est beaucoup plus efficace. Il peut être utile de rappeler que 100 cc. de potasse alcoolique demi-normale préparés avec de l'alcool à 94 0/0 en volume retiennent en dissolution, à la température de 16 à 18°, 0,038 gr. de carbonate de potassium (Holde, *Chem. Revue*, 1907, 107).

3. Le prix de l'alcool éthylique, dit « bon goût », étant assez élevé, on peut y substituer l'alcool dénaturé, après l'avoir purifié de façon appropriée pour les usages analytiques. On peut employer à cet effet l'une des méthodes suivantes :

Waller, *Journ. Amer. Chem. Soc.*, 1889, 124, indique d'agiter l'alcool avec du permanganate de potassium en poudre jusqu'à ce qu'il conserve une coloration nette, puis on l'abandonne au repos pendant quelques heures jusqu'à ce que le permanganate

petites quantités d'huiles minérales (apportées par le mélange dénaturant), il faut prendre certaines précautions si l'on doit déterminer les matières insaponifiables en même temps que l'indice de saponification.

La détermination de l'indice de saponification s'effectue de la façon suivante :

On pèse exactement dans une fiole d'Iéna ou de Bohême de 150 à 200 cc., 1,5 à 2 gr. de corps gras purifié et filtré. On introduit dans la fiole 25 cc. de liqueur alcoolique de potasse, mesurés au

soit décomposé et l'hydrate de manganèse déposé. On ajoute alors une pincée de carbonate de calcium et distille l'alcool dans un ballon muni d'une bonne colonne à fractionnement, à l'allure de 50 cc. en 20 minutes. On essaie fréquemment le distillat jusqu'à ce que 10 cc. soumis à l'ébullition avec 1 cc. d'une solution concentrée (sirupeuse) de potasse caustique, ne donnent plus de coloration jaune au bout de 20 à 30 minutes. On recueille pour l'usage ce qui distille à partir de ce moment; toutefois la distillation ne doit pas être poussée à sec. L'alcool ainsi préparé est absolument neutre et convient particulièrement pour la préparation des solutions alcooliques de potasse, et les solutions faites avec un tel alcool ne se colorent pas, même après un certain temps.

J. Carter Bell, *Journ. Soc. Chem. Ind.*, 1893, 236, recommande le procédé suivant : on met 500 cc. d'alcool dénaturé dans un ballon d'un litre avec 25 gr. de potasse caustique; celle-ci dissoute, on ajoute 250 gr. de saindoux fondu ou de tout autre corps gras saponifiable. On chauffe au bain-marie le ballon relié à un réfrigérant ascendant, afin de saponifier le corps gras. On renverse alors le réfrigérant et distille environ 450 cc. d'alcool. D'après Carter Bell, l'alcool obtenu ne brunit pas par addition de potasse, même au bout de quelques jours, et c'est tout au plus si la solution exposée en pleine lumière se colore légèrement en jaune.

Cette propriété du savon de retenir les impuretés de l'alcool dénaturé est bien connue des fabricants de savons transparents, obtenus par dissolution dans l'alcool; l'alcool dénaturé qui a servi une première fois au traitement donne un distillat d'odeur beaucoup moins désagréable que le produit dénaturé primitif, et à chaque nouveau traitement la qualité s'améliore, de sorte que, finalement, on obtient un alcool à peu près exempt de l'odeur forte du produit commercial.

Kadel, *Pharm. Journ. and Transact.*, 1894, 356, distille une première fois l'alcool impur sur la soude caustique, 30 gr. pour 5 litres, après quelques jours de digestion; puis il traite le distillat par le permanganate et distille de nouveau. S'il est nécessaire, cette dernière opération peut être répétée et suivie d'une filtration sur noir animal.

Dunlap, *Journ. Amer. Chem. Soc.*, 1906, 395, a modifié comme suit le procédé de Winkler, *Berichte*, 1905, 3.612, pour éliminer les aldéhydes par l'oxyde d'argent et obtenir de l'alcool exempt d'aldéhydes : On introduit 1.000 cc. d'alcool dans une éprouvette bouchée à l'émeri, on y ajoute une solution de 1,5 gr. de nitrate d'argent dans 3 cc. d'eau distillée et agite énergiquement; on ajoute alors goutte à goutte une solution — refroidie — de 3 gr. de potasse à l'alcool dans 10 à 15 cc. d'alcool chaud, en ayant soin de ne pas agiter le contenu de l'éprouvette. Le précipité d'oxyde d'argent dans un grand état de division se répartit dans la solution alcoolique et finit par se déposer complètement après un certain temps de repos. On décante le liquide clair ou le filtre, et distille; tout le distillat est utilisable.

Il faut noter que l'alcool dénaturé en France s'obtient en ajoutant à 100 litres d'alcool 10 litres de méthylène à 25 0/0 d'acétone et 500 cc. de benzine bouillant entre 150 et 200°. Ces hydrocarbures ne sont pas détruits par les modes de purification précédents et passent à la distillation avec l'alcool. Ils peuvent donc constituer une cause d'erreurs dont il faut se méfier, dans la détermination des matières saponifiables, par exemple.

moyen de la pipette traversant le bouchon du flacon de liqueur. Il n'est pas nécessaire de mesurer exactement 25 cc., à condition d'employer toujours la même quantité de liqueur pour chaque détermination. Une bonne méthode consiste à laisser rapidement écouler le contenu de la pipette, puis à laisser égoutter celle-ci jusqu'à ce que deux ou trois gouttes soient tombées. On relie la fiole à un tube de condensation ou à un réfrigérant ascendant et on la chauffe une demi-heure à une heure au bain-marie de façon à tenir l'alcool en ébullition, en donnant fréquemment au contenu de la fiole un mouvement de rotation. Dans la plupart des cas, c'est-à-dire avec la majeure partie des corps gras, on arrivera ainsi à la saponification complète. Toutefois, avec les cires, et particulièrement la cire d'abeilles, il est nécessaire de faire bouillir le contenu de la fiole au-dessus d'une flamme pendant au moins une heure (Cf. chap. II et chap. XIV, *Cire d'abeilles*). La suintine, même dans ces conditions, n'est pas complètement saponifiée et il convient d'opérer la saponification à l'aide de l'alcoolate de sodium, comme décrit page 160. Quand la saponification est jugée complète, on laisse un peu refroidir le contenu de la fiole, on y ajoute 1 cc. d'une solution de phénolphthaléine à 1 0/0 et on titre l'excès de potasse par l'acide chlorhydrique demi-normal. Dans le cas où l'évaporation aurait été trop grande, il convient d'ajouter un peu d'alcool préalablement neutralisé, ou d'employer de l'acide normal d'abord et de finir le titrage par l'acide demi-normal.

Il est toujours bon de faire un essai à blanc, en traitant exactement de la même manière [1] la même quantité de potasse alcoolique ; chaque cause d'erreur, comme l'accès de l'acide carbonique, etc.., exerçant à peu près la même influence sur les deux essais, se trouve ainsi éliminée. La différence des nombres de centimètres cubes d'acide employé pour l'essai à blanc et pour l'essai réel correspond à la quantité de potasse nécessaire ; celle-ci est calculée en milligrammes de potasse pour 1 gramme de corps gras.

On ne peut pas substituer l'acide sulfurique à l'acide chlorhydrique, car le sulfate de potassium précipitant dans la liqueur alcoolique, le virage final est moins net.

1. Cet essai pourrait également s'étendre à la matière de la fiole. Les fioles en verre d'Allemagne commun sont attaquées par l'alcali à un degré considérable ; il est préférable d'employer les fioles en verre de Bohême ou d'Iéna.

Pour la méthode de saponification à froid de *Henriques*, cf. p. 154.

Pour des solutions fortement colorées, *Mc Ilhiney*[1] propose de mesurer la quantité d'alcali employé par la quantité d'ammoniaque qu'il peut mettre en liberté d'un sel ammoniacal. Il procède de la manière suivante : la substance (2 grammes) est saponifiée avec un excès de soude alcoolique, et l'alcool évaporé. On ajoute 250 cc. d'alcool à 93 0/0 et dissout le savon en chauffant légèrement ; on fait passer dans la solution un courant d'anhydride carbonique pendant une heure, afin de précipiter l'excès d'alcali libre à l'état de carbonate et de bicarbonate. On sépare ce précipité par filtration et évapore l'alcool du filtrat, on ajoute enfin 100 cc. de chlorure d'ammonium en solution à 10 0/0 et l'on chauffe. L'ammoniaque qui distille est reçue dans l'acide chlorhydrique et titrée. Une correction doit être faite pour le bicarbonate de sodium dissous dans l'alcool à 93 0/0. Ce procédé est délicat et comporte certainement des causes d'erreur ; il est beaucoup plus simple de diluer la solution de savon dans une quantité d'alcool suffisante pour avoir une fin de titrage nette [ou d'employer comme indicateur le Bleu alcalin (*De Negri* et *Fabris*)].

Exemple. — On pèse exactement 1,532 gr. d'huile d'olive qu'on saponifie avec 25 centimètres cubes de potasse alcoolique. On emploie, pour le titrage, 12 centimètres cubes d'acide demi-normal ; pour l'essai à blanc, il faut 22,5 cc. du même acide. On a donc employé, pour la saponification, une quantité de potasse caustique correspondant à :

$$\frac{(22,5 - 12,0) \times 0,0561}{2} \text{ gr.} = 294,5 \text{ milligr. KOH.}$$

D'où :

$$\text{Employé pour 1 gramme d'huile } \frac{294,5}{1,532} \text{ milligr. KOH} = 192,2 \text{ milligr. KOH.}$$

L'indice de saponification de l'échantillon d'huile d'olive est donc 192,2.

Allen[2] propose de calculer, au lieu de l'indice de saponification

1. *Journ. Amer. Chem. Soc.*, 1894, 408.
2. *Commercial Organic Analysis*, II, 40.

défini plus haut, l'*équivalent de saponification*, celui-ci étant le nombre de grammes de corps gras saponifié par un équivalent d'hydrate de potassium en grammes, soit 56,1 gr. de KOH, ou, ce qui revient au même, par 1 litre de potasse ou de soude caustique normale. L'équivalent de saponification s'obtient en divisant 5.610 par la quantité de potasse employée pour saponifier 100 grammes de corps gras.

Il n'y a aucun avantage à exprimer le résultat de la saponification de la manière proposée par *Allen*, et, pour éviter toute confusion, nous nous en tiendrons à la définition de l'indice de saponification donnée plus haut. La relation entre l'*indice de saponification* et l'*équivalent de saponification d'Allen* est exprimée par les formules suivantes :

$$\text{Ind. de Sap.} = \frac{\text{cc. KOH N} \times 56{,}1}{\text{gr. de corps gras}} = \frac{\text{cc. KOH N} \times 56100}{\text{milligr. de corps gras}},$$

$$\text{Équival. de Sap.} = \frac{5610}{\text{KOH } 0/0} = \frac{5610}{\dfrac{\text{cc. KOH N} \times 0{,}0561}{\text{gr. de corps gras}} \times 100}$$

$$= \frac{\text{gr. de corps gras} \times 5610}{\text{cc. KOH N} \times 5{,}61}$$

$$= \frac{\text{gr. de corps gras} \times 1000}{\text{cc. KOH N}}$$

$$= \frac{\text{milligr. de corps gras}}{\text{cc. KOH N}}$$

ou, si a est le nombre de centimètres cubes de potasse normale, et b le nombre de milligrammes de corps gras employé :

$$\text{Ind. de Sap.} = \frac{a}{b} \times 56100\,;\ \text{Equival. de Sap.} = \frac{b}{a}.$$

D'où il résulte clairement que l'équivalent de saponification d'*Allen* peut être trouvé en divisant 56.100 par l'indice de saponification ; inversement, l'indice de saponification s'obtient en divisant 56.100 par l'équivalent de saponification :

$$\text{Ind. de Sap.} = \frac{56100}{\text{Équival. de Sap.}}\,;\ \text{Équival. de Sap.} = \frac{56100}{\text{Ind. de Sap.}}.$$

Un simple calcul montre que l'indice et l'équivalent de saponification sont identiques pour le nombre $236{,}87 = \sqrt{56.100}$.

L'indice de saponification des glycérides neutres et des autres éthers des acides gras varie du reste avec la nature des acides gras ; plus le poids moléculaire des acides gras (ou, ce qui revient au même, des éthers) est faible, plus est grande la quantité de potasse nécessaire pour neutraliser les acides gras de 1 gr. de corps gras ou de cire, ou, en d'autres termes, plus l'indice de saponification est élevé. Afin de montrer plus clairement ce fait, on a dressé les tables suivantes, qui donnent les indices de saponification de quelques triglycérides, diglycérides, monoglycérides purs, et aussi de quelques cires (éthers d'alcools monoatomiques).

Indices de saponification des triglycérides

	FORMULE	POIDS MOLÉCULAIRE	INDICE de SAPONIFICATION
Triglycérides simples :			
Acétine	$C^3H^5(O-C^2H^3O)^3$	218	772,0
Butyrine	$C^3H^5(O-C^4H^7O)^3$	302	557,3
Valérianine	$C^3H^5(O-C^5H^9O)^3$	344	489,2
Caproïne	$C^3H^5(O-C^6H^{11}O)^3$	386	436,1
Capryline	$C^3H^5(O-C^8H^{15}O)^3$	470	358,1
Caprine	$C^3H^5(O-C^{10}H^{19}O)^3$	554	303,7
Laurine	$C^3H^5(O-C^{12}H^{23}O)^3$	638	263,8
Myristine	$C^3H^5(O-C^{14}H^{27}O)^3$	722	233,1
Palmitine	$C^3H^5(O-C^{16}H^{31}O)^3$	806	208,8
Hydnocarpine	$C^3H^5(O-C^{16}H^{27}O)^3$	794	211,9
Daturine	$C^3H^5(O-C^{17}H^{33}O)^3$	848	198,5
Stéarine	$C^3H^5(O-C^{18}H^{35}O)^3$	890	189,1
Oléine	$C^3H^5(O-C^{18}H^{33}O)^3$	884	190,4
Linoléine	$C^3H^5(O-C^{18}H^{31}O)^3$	878	191,7
Chaulmougrine	$C^3H^5(O-C^{18}H^{31}O)^3$	878	191,7
Linolénine	$C^3H^5(O-C^{18}H^{29}O)^3$	872	193,0
Clupanodonine	$C^3H^5(O-C^{22}H^{33}O)^3$	1.028	163,7
Ricinoléine	$C^3H^5(O-C^{18}H^{33}O^2)^3$	932	180,6
Arachidine	$C^3H^5(O-C^{20}H^{39}O)^3$	974	172,7
Erucine	$C^3H^5(O-C^{22}H^{41}O)^3$	1.052	160,0
Cérotine	$C^3H^5(O-C^{26}H^{51}O)^3$	1.226	137,3
Mélissine	$C^3H^5(O-C^{30}H^{59}O)^3$	1.394	120,7
Oxystéarine	$C^3H^5(O-C^{18}H^{35}O^2)^3$	938	179,4
Dioxystéarine	$C^3H^5(O-C^{18}H^{35}O^3)^3$	986	170,7
Trioxystéarine	$C^3H^5(O-C^{18}H^{35}O^4)^3$	1.034	162,8
Sativine	$C^3H^5(O-C^{18}H^{35}O^5)^3$	1.082	155,0
Linusine	$C^3H^5(O-C^{18}H^{35}O^7)^3$	1.178	142,4
Triglycérides mixtes :			
Acétodiformine	$C^3H^5(O-C^2H^3O)(O-COH)^2$	190	885,8
Acétodibutyrine	$C^3H^5(O-C^4H^7O)(O-C^2H^3O)(O-C^4H^7O)$	274	614,3
Myristopalmitooléine	$C^3H^5(O-C^{14}H^{27}O)(O-C^{16}H^{31}O)(O-C^{18}H^{33}O)$	804	209,3
Oléodipalmitine (Dipalmito-oléine)	$C^3H^5(O-C^{16}H^{31}O)^2(O-C^{18}H^{33}O)$	832	202,3
Stéarodipalmitine (Dipalmitostéarine)	$C^3H^5(O-C^{16}H^{31}O)^2(O-C^{18}H^{35}O)$	834	201,8
Oléopalmitostéarine (Stéaropalmitooléine)	$C^3H^5(O-C^{16}H^{31}O)(O-C^{18}H^{33}O)(O-C^{18}H^{35}O)$	860	195,7
Palmitodistéarine (Distéaropalmitine)	$C^3H^5(O-C^{18}H^{35}O)^2(O-C^{16}H^{31}O)$	862	195,2
Oléodistéarine	$C^3H^5(O-C^{18}H^{33}O)(O-C^{18}H^{35}O)^2$	888	189,5
Elaïdodistéarine	$C^3H^5(O-C^{18}H^{33}O)(O-C^{18}H^{35}O)^2$	888	189,5
Dioléostéarine	$C^3H^5(O-C^{18}H^{33}O)^2(O-C^{18}H^{35}O)$	886	189,9

Indices de saponification des diglycérides

DIGLYCÉRIDE	FORMULE	POIDS MOLÉCULAIRE	INDICE de SAPONIFICATION
Diacétine	$C^3H^5(OH)\ (O-C^2H^3O)^2$	176	637,6
Dibutyrine	$C^3H^5(OH)\ (O-C^4H^7O)^2$	232	483,7
Divalérianine	$C^3H^5(OH)\ (O-C^5H^9O)^2$	260	431,5
Dicaproïne	$C^3H^5(OH)\ (O-C^6H^{11}O)^2$	288	389,6
Dicapryline	$C^3H^5(OH)\ (O-C^8H^{15}O)^2$	344	326,2
Dicaprine	$C^3H^5(OH)\ (O-C^{10}H^{19}O)^2$	400	280,5
Dilaurine	$C^3H^5(OH)\ (O-C^{12}H^{23}O)^2$	456	246,1
Dimyristine	$C^3H^5(OH)\ (O-C^{14}H^{27}O)^2$	512	219,1
Dipalmitine	$C^3H^5(OH)\ (O-C^{16}H^{31}O)^2$	568	197,6
Didaturine	$C^3H^5(OH)\ (O-C^{17}H^{33}O)^2$	596	188,3
Distéarine	$C^3H^5(OH)\ (O-C^{18}H^{35}O)^2$	624	179,8
Dioléine	$C^3H^5(OH)\ (O-C^{18}H^{33}O)^2$	620	181,0
Dilinoléine	$C^3H^5(OH)\ (O-C^{18}H^{31}O)^2$	616	182,1
Dilinolénine	$C^3H^5(OH)\ (O-C^{18}H^{29}O)^2$	612	183,3
Diclupanodonine	$C^3H^5(OH)\ (O-C^{22}H^{33}O)^2$	716	156,7
Diricinoléine	$C^3H^5(OH)\ (O-C^{18}H^{33}O^2)^2$	652	172,1
Diarachine	$C^3H^5(OH)\ (O-C^{20}H^{39}O)^2$	680	165,0
Diérucine	$C^3H^5(OH)\ (O-C^{22}H^{41}O)^2$	732	153,3
Dicérotine	$C^3H^5(OH)\ (O-C^{26}H^{51}O)^2$	848	132,3
Dimélissine	$C^3H^5(OH)\ (O-C^{30}H^{59}O)^2$	940	119,1
Dioxystéarine	$C^3H^5(OH)\ (O-C^{18}H^{35}O^2)^2$	656	171,1
Didioxystéarine	$C^3H^5(OH)\ (O-C^{18}H^{35}O^3)^2$	688	163,1
Ditrioxystéarine	$C^3H^5(OH)\ (O-C^{18}H^{35}O^4)^2$	720	155,9
Disativine	$C^3H^5(OH)\ (O-C^{18}H^{35}O^5)^2$	752	149,2
Dilinusine	$C^3H^5(OH)\ (O-C^{18}H^{35}O^7)^2$	816	137,5
De l'acide de poids moléculaire = 276	$C^3H^5(OH)\ (O-R)^2$ $(R = 259)$	608	184,5

Indices de saponification des monoglycérides

MONOGLYCÉRIDE	FORMULE	POIDS MOLÉCULAIRE	INDICE de SAPONIFICATION
Monoacétine	$C^3H^5(OH)^2\ (O{-}C^2H^3O)$	134	428,7
Monobutyrine	$C^3H^5(OH)^2\ (O{-}C^4H^7O)$	162	346,3
Monovalérianine	$C^3H^5(OH)^2\ (O{-}C^5H^9O)$	176	318,8
Monocaproïne	$C^3H^5(OH)^2\ (O{-}C^6H^{11}O)$	190	295,3
Monocapryline	$C^3H^5(OH)^2\ (O{-}C^8H^{15}O)$	218	257,3
Monocaprine	$C^3H^5(OH)^2\ (O{-}C^{10}H^{19}O)$	246	228,1
Monolaurine	$C^3H^5(OH)^2\ (O{-}C^{12}H^{23}O)$	274	204,7
Monomyristine	$C^3H^5(OH)^2\ (O{-}C^{14}H^{27}O)$	302	185,8
Monopalmitine	$C^3H^5(OH)^2\ (O{-}C^{16}H^{31}O)$	330	170,0
Monodaturine	$C^3H^5(OH)^2\ (O{-}C^{17}H^{33}O)$	344	163,1
Monostéarine	$C^3H^5(OH)^2\ (O{-}C^{18}H^{35}O)$	358	156,7
Monooléine	$C^3H^5(OH)^2\ (O{-}C^{18}H^{33}O)$	356	157,58
Monolinoléine	$C^3H^5(OH)^2\ (O{-}C^{18}H^{31}O)$	354	158,5
Monolinolénine	$C^3H^5(OH)^2\ (O{-}C^{18}H^{29}O)$	352	159,4
Monoclupanodonine	$C^3H^5(OH)^2\ (O{-}C^{22}H^{33}O)$	404	138,8
Monoricinoléine	$C^3H^5(OH)^2\ (O{-}C^{18}H^{33}O^2)$	372	150,9
Monoarachine	$C^3H^5(OH)^2\ (O{-}C^{20}H^{39}O)$	386	145,3
Monoérucine	$C^3H^5(OH)^2\ (O{-}C^{22}H^{41}O)$	412	136,2
Monocérotine	$C^3H^5(OH)^2\ (O{-}C^{26}H^{51}O)$	470	119,3
Monomélissine	$C^3H^5(OH)^2\ (O{-}C^{30}H^{59}O)$	526	106,6
Monooxystéarine	$C^3H^5(OH)^2\ (O{-}C^{18}H^{35}O^2)$	374	150,0
Monodioxystéarine	$C^3H^5(OH)^2\ (O{-}C^{18}H^{35}O^3)$	390	143,9
Monotrioxystéarine	$C^3H^5(OH)^2\ (O{-}C^{18}H^{35}O^4)$	406	138,2
Monosativine	$C^3H^5(OH)^2\ (O{-}C^{18}H^{35}O^5)$	422	133,0
Monolinusine	$C^3H^5(OH)^2\ (O{-}C^{18}H^{35}O^7)$	454	123,6
De l'acide de poids moléculaire = 276	$C^3H^5(OH)^2\ (OR)$ (R = 259)	350	160,3

Indices de saponification des cires

CIRE	FORMULE	POIDS MOLÉCULAIRE	INDICE de SAPONIFICATION
Palmitate de cétyle (cétine)	$C^{16}H^{33}O\text{-}CO\text{-}C^{15}H^{31}$	480	116,9
Palmitate d'octodécyle	$C^{18}H^{37}O\text{-}CO\text{-}C^{15}H^{31}$	508	110,4
Palmitate de céryle	$C^{26}H^{53}O\text{-}CO\text{-}O^{15}H^{31}$	620	90,5
Palmitate de myricyle (myricine)	$C^{30}H^{61}O\text{-}CO\text{-}C^{15}H^{31}$	676	83,0
Stéarate de cétyle	$C^{16}H^{33}O\text{-}CO\text{-}C^{17}H^{35}$	508	110,4
Cérotate de céryle	$C^{26}H^{53}O\text{-}CO\text{-}C^{25}H^{51}$	760	73,8
Coccérate de coccéryle (coccérine)	$C^{30}H^{60}(O\text{-}C^{31}H^{61}O^{2})^{2}$	1382	81,2
Palmitate de cholestéryle	$C^{26}H^{43}O\text{-}CO\text{-}C^{15}H^{31}$	610	92,0
Oléate de cholestéryle	$C^{26}H^{43}O\text{-}CO\text{-}C^{17}H^{33}$	636	88,2
Stéarate de cholestéryle	$C^{26}H^{43}O\text{-}CO\text{-}C^{17}H^{35}$	638	87,9
Stéarate d'isocholestéryle	$C^{26}H^{43}O\text{-}CO\text{-}C^{17}H^{35}$	638	87,9
Cérotate de cholestéryle	$C^{26}H^{43}O\text{-}CO\text{-}C^{25}H^{51}$	750	74,8
Mélissate de myricyle	$C^{30}H^{61}O\text{-}CO\text{-}C^{29}H^{59}$	872	64,3
Psyllostéarate de psyllostéaryle	$C^{33}H^{67}O\text{-}CO\text{-}C^{32}H^{65}$	956	58,6

Les tableaux précédents concernent seulement les substances neutres, c'est-à-dire les glycérides et les cires exempts d'acides gras libres.

Les huiles, graisses et cires naturelles contenant une certaine proportion d'acides gras libres, qui dépend de l'état de pureté de chaque huile, graisse ou cire, on ne peut s'attendre à trouver toujours le même indice de saponification pour différents échantillons d'un même corps gras. Aussi, quoique les indices de saponification soient des nombres très caractéristiques, ainsi que le montre la table suivante, on ne peut les considérer comme des constantes, au sens strict du mot, et comme telles assujetties à d'étroites limites. En premier lieu, en effet, certaines fluctuations peuvent se présenter, qui dépendent de la proportion d'acides gras libres ; ces fluctuations sont d'ailleurs très faibles, puisque, pour prendre un exemple, la quantité de potasse caustique employée pour saponifier 100 parties de stéarine, ne diffère que de 5 0/0 de la quantité nécessaire pour saponifier 100 parties d'acide stéarique ; c'est ce que montre le tableau suivant :

Variation de l'indice de saponification avec la proportion d'acides gras libres

STÉARINE pour 100	ACIDE STÉARIQUE pour 100	INDICE de SAPONIFICATION	INDICE D'ACIDE	« INDICE D'ÉTHER »
100	0	189,1	0	189,1
75	25	191,02	49,37	141,65
50	50	193,30	98,75	94,55
25	75	195,41	148,13	47,28
0	100	197,5	197,5	0

A côté de la proportion d'acides gras libres, certaines conditions naturelles comme le climat, la différence de sol, paraissent entraîner quelque variation de l'indice de saponification.

Malgré ces influences perturbatrices, les indices de saponification sont assez constants pour constituer un élément de discrimination de la nature des corps gras, de réelle importance. La table suivante résume les valeurs moyennes de ces indices, résultant d'un grand nombre d'observations faites sur les différents corps gras examinés jusqu'ici. Les différentes observations dont on a déduit ces valeurs moyennes sont relatées dans les études individuelles du chapitre XIV. Les indices ont été classés suivant la base adoptée dès l'origine dans cet ouvrage.

Indices de saponification des huiles, graisses et cires.

HUILE OU GRAISSE	CLASSE	GROUPE	INDICE DE SAPONIFICATION
Perilla			189,6
Lin			192–195
N'gart			192
Abrasin (bois), Chine			193
— — Japon			
Lallemantia			185
Bancoulier			192,6
Stillingia			210,4
Acacia blanc			192,4
Noix de cèdre			191,8
Julienne			191,8
Chènevis			192,5
Nerprun			
Bardane			196,6
Gynocardia			198,3
Manketti, Nsa-sana			184,7–191,6
Noix			195
Arbousier			208
Linaire			188,6
Carthame			186,6–193,3
Kaya			188,4
Inukaya			188,5
Chardon			189,6
Soja			193
Œillette, pavot			195
Asperge			193,8
Amoora	Huiles siccatives		189,7
Manihot			188,6
Funtumia			185
Kickxia			179,6
Melia azedarach			191,5
Croton Elliotianus			201,5
Jusquiame			170,8
Millet			190,2
Niger			190,2
Tournesol			193,5
Acacia jaune			190,6
Hevea			206,1
Sorbier sauvage			208,0
Célosie			190,5
Pavot épineux			189
Pignon			189,8–192,6
Madia			192,8
Fraisier			193,7
Framboisier			192,3
Églantier			172,8
Groseillier			189
Mûre (ronce)			189,5
Mûrier			190–191
Airelle			190,1
Fenugrec			189,5
Laurier indien			170,0
Tabac			190

HUILE OU GRAISSE	CLASSE	GROUPE	INDICE DE SAPONIFICATION
Cameline	Huiles demi-siccatives	Groupe de l'huile de coton	188
Pépin de raisin			179-190
Chélidoine			198,2
Daphné			196,5
Trèfle rouge			189,9
Trèfle blanc			189,5
Courge			188,4
Pastèque			189,7
Melon			193,3
Coloquinte			186,7-202,9
Maïs			188-193
Tomate			186,3-192
Plaqueminier de Virginie			188
Blé			188,5
Datura			186
Faîne			193,5
Kapock			181-196,5
Coton			193-195
Sésame			189-193
Tilleul			178,1
Pépin de citron			188,4
Luffa			187,8
Myrte			199,8
Ikpan			194,0
Anis			178,3
Croton			210-215
Zachun			194,1
Pulghère			193-2
Noix du Brésil			193-4
Mucuna			178,2
Sorgho			172,1 (?)
Coumou			190,5
Fusain			230,1
Cresson alénois		Groupe de l'huile de colza	178-183
Ravison			174-179
Ravenelle			174
Colza			170-179
Moutarde noire			174
Moutarde blanche			170-174
Raifort			173-178
Jamba			172,3
Nigelle	Huiles non siccatives		196,4
Cognassier			188
Cerisier			194
Laurier-cerise			194
Abricotier			192,5
Prunier			191,5
Pêcher			192,5
Amande			191,0
Farine de froment			166,5(?)-182,8

HUILE OU GRAISSE	CLASSE	GROUPE	INDICE DE SAPONIFICATION
Cornouiller	Huiles non siccatives		192,1
Gland			199,3
Noix de Californie			191,3
Owala			168,4
Arachide			190–196
Riz			193,2
Thé (Chine)			195,5
— (Assam)			194,0
Tsubaki			189–192,6
Sasanqua			193,6
Inoy, Njoré-Njolé			184,5–193
Pistache			191,3
Noisette			192,0
Telfairia			196
Sureau			209,3
Citron de mer (Elozy)			173–183,1
Célastre			223,5(?)
Olive			185–196
Noyau d'olive			183
Calophyllum			196,2
Laurier-rose			202–203
Café			175 (?)
Ungnadia			191,5
Bouleau			211
Ben			184–187
Strophantus			187,9–194
Sénéga			193,8
Sterculia			172,4–193,8
Lycopode			195,0
Cresson d'Inde			173,6
Noix de Paradis			178,4–191,4
Seigle			193,5–194,3
Canari			193–206
Terminalia (myrobalan)			.....
Ricin		Groupe de l'huile de ricin	183–186
Menhaden	Huiles d'animaux marins	Huiles de poissons	190,6
Sardine du Japon			189,8–196,2
Sardine			
Saumon			182,8
Hareng			171–194
Trois-épines			
Anchois			188,1
Pilchard			185,3–186,1
Cyprin			201,6
Bonite			182,6–184,7
Sprat			194,5
Esturgeon			186,3
Hoi			164,7–169,0
Torpille			148,2 (?)
Mole de Méditerranée			147,6 (?)
Carpe			202,3

HUILE OU GRAISSE	CLASSE	GROUPE	INDICE DE SAPONIFICATION
Foie de morue	Huiles d'animaux marins	Huiles de foies	171–189
— haddock			188,8
— ange			185,4
— requin			161,0
— thon			185,3
— merlan vert			187,2
— lingue			183,1–188
— pastenague			182,6–186,1
— aigle de mer			175,1–191,8
— merlus			187,4–190,7
— cyprien			187,9
— roussette			169,7–180,3
— lamie			180
Phoque		Huiles de cétacés	189–196
Baleine			188,0–194
Tortue			209,0–211,3
Lamantin			197,5
Dauphin (corps)			197,3–203
— (tête)			290
Marsouin (corps)			195
— (tête)			254–272
Marsouin brun			224,8
Chrysalide	Huiles d'animaux terrestres		192
Jaune d'œuf			184,4–190,2
Pieds de mouton			194,7
Pieds de cheval			195,9
Pieds de bœuf			194,3–199
Chaulmougra	Graisses végétales	Groupe de l'huile de chaulmougra	213
Hydnocarpus			207
Lukrabo			210
Parkia		Groupe de l'huile de laurier	184,5
Pongam			178–183,1
Laurier			197,9–210
Carapa			195,6
Noix vomique			166,2–170,6
Baobab			190,3
Margosa			196,9
Niam			195,6
Kadam			197,6
Innkusu			241,4
Mowrah			188–194
Illipé			188,4
Njavé			182–185,3
Aouara		Groupe de l'huile de palme	196,8
Palme			196–205
Gamboge			196,4
Akée			194,6
Macassar			221,5

GRAISSE	CLASSE	GROUPE	INDICE DE SAPONIFICATION
Mafouraire		Groupe de l'huile	200–221
Souari		de palme	199,5
Fulware			190,8
Muscade		Groupe	190,6
Ucuhuba		des myristicacées	219,5
Ochoco			238,5
Karité			179–192
Surin			179,5
Mkanyi			190,5
Rambutan		Groupe	193,8
Malabar			188,7–192
Cacao		du beurre de cacao	193,5
Suif végétal			200,3
Kokum	Graisses		187–191
Bornéo (suif de)	végétales		192,4–196
Muriti			246,2
Mocaya			240,6
Cohuné			253,9–255,3
Noix d'arec			259,5–270,5
Maripa		Groupe	242,9
Amande d'aouara		de l'huile de coco	242–250
Palmiste			247,7
Babassu			246–260
Coco			292,8
Coco acrocomoides			257
Tonka			
Dika		Groupe	244,5
Tangkallak			268,2
Irvingia (Cay-cay)		du beurre de Dika	235,3
Kusu			283,8
Cire du Japon			217–237,5
— de myrica			208,7
Ours blanc		Graisses siccatives	187,9
Crotale			210,9
Coq de bruyère			201,6
Lynx		Graisses	190,2
Canard sauvage			198,5
Marmotte	Graisses	demi-siccatives	197,1
Lièvre			200,9
Lapin sauvage	animales		199,3
Cheval			195–197
Lapin domestique		Graisses	202,6
Moelle de cheval			199,8
Oie domestique		non siccatives	193,1
Oie sauvage			196
Poulet			193,5

GRAISSE OU CIRE	CLASSE	GROUPE	INDICE DE SAPONIFICATION
Homme (adulte)	Graisses animales	Graisses non siccatives	195,0
Putois			195,4
Canard domestique			
Saindoux			
Sanglier			195,1
Chien			195,4
Chat sauvage			199,9
Chat domestique			190,7
Moelle de bœuf			199
Os			190,9–195
Suif de bœuf			193,2–200
Suif de mouton			192–195,2
Elan			195,1
Renne			194,7
Chevreuil			199,0
Daim			195,6
Chamois			203,3
Cerf			199,9
Beurre de vache		Graisses de lait	220–233
Huile de cachalot	Cires liquides		123–147
— rorqual rostré			123–135,9
Cire de Carnauba	Cires solides	Cires végétales	79–95
— Pisang			109
— lin			101,5
Suintine		Cires animales	102,4
Cire d'abeille			90–98
Spermaceti			123–135
Cire des glandes anales des oiseaux			80,5–93
Cire d'insectes			

Il faut remarquer tout d'abord que les cires ont des indices de saponification si faibles, que ceux-ci offrent à eux seuls un moyen de distinguer les cires des huiles et graisses.

On observera ensuite que la plupart des corps gras ont un indice voisin de 193. En présence d'un échantillon inconnu, des divergences sensibles, de part et d'autre de ce chiffre, permettront de suite de distinguer le groupe auquel se rattache le corps gras examiné.

C'est ainsi que les huiles du groupe du colza sont caractérisées par un indice de saponification beaucoup plus faible que les autres, soit 175 environ, ce qui s'explique par la grande proportion d'érucine qu'elles renferment. De même, l'huile de ricin peut être différenciée de la plupart des autres huiles par son indice de saponification inférieur, dû à la présence de l'acide ricinoléique.

D'autre part, de grandes différences dans le sens opposé, c'est-à-dire au delà de 193, permettent de distinguer également un certain nombre d'huiles et graisses et rendent par suite leur identification plus aisée. C'est ainsi que les indices de saponification élevés de la partie fluide des huiles de dauphin et de marsouin indiquent une proportion élevée d'acides gras inférieurs. Le beurre de vache fournit un exemple typique d'un indice de saponification élevé caractéristique, tel qu'il permet à lui seul de distinguer le beurre de la margarine. Les huiles des groupes de l'huile de coco et du beurre de Dika fournissent un autre exemple d'indices de saponification élevés, dus à la grande proportion de glycérides de l'acide myristique et des acides gras inférieurs.

Il convient de noter que les remarques précédentes concernent les indications fournies par les indices de saponification de corps gras non falsifiés, telles que les matières grasses commerciales, mais pouvant comme celles-ci renfermer naturellement une proportion plus ou moins grande d'acides gras libres et de petites proportions de matières insaponifiables. Lorsqu'une huile minérale ou toute autre matière insaponifiable se trouve mélangée à une matière grasse, l'indice de saponification, considéré seul sans autre élément de détermination, peut induire complètement en erreur, par suite de la diminution de l'indice apportée par l'huile minérale. C'est ainsi qu'une huile ayant à l'état pur 193 comme indice de saponification, mélangée avec 10 0/0 d'huile minérale, accusera un indice de 175 environ, ce qui peut la faire confondre avec une huile de colza, si l'on n'a d'autres caractères de comparaison.

Il en est de même, si de la résine ou colophane est dissoute dans une huile ; l'indice de saponification de l'huile peut ne pas être affecté si la résine possède à peu près le même indice ; mais si l'indice de la résine est plus faible, l'indice de l'huile mélangée se trouvera abaissé.

2. Indice d'iode (ou de brome).

L'indice d'iode (ou de brome) indique le pourcentage de chlorure d'iode (ou de brome) absorbé par une graisse ou une cire, exprimé en iode (ou en brome).

Cet indice constitue la mesure de la proportion d'acides non saturés, ces acides, tant à l'état libre que combinés à la glycérine, ayant la propriété de fixer les halogènes en formant des produits d'addition

Théoriquement, les acides des séries oléique et ricinoléique doivent absorber 2 atomes de chlore, de brome ou d'iode ou une molécule de chlorure d'iode; leurs glycérides doivent donc fixer 6 atomes de chlore, de brome ou d'iode ou 3 molécules de chlorure d'iode.

Les acides de la série linoléique doivent de même fixer 4 atomes d'halogènes ou 2 molécules de chlorure d'iode; les membres de la série chaulmougrique, 2 atomes d'halogènes ou 1 molécule de chlorure d'iode; les membres de la série linolénique, 6 atomes d'halogène ou 3 molécules de chlorure d'iode, et les membres de la série clupanodonique, 8 atomes d'halogène ou 4 molécules de chlorure d'iode. Si ces déductions théoriques sont confirmées par l'expérience dans le cas des acides oléique, ricinoléique, chaulmougrique, linolénique et clupanodonique, il semble qu'elles ne s'appliquent qu'aux atomes de carbone à double liaison. En effet, les atomes de carbone à triple liaison qui devraient absorber avec la même facilité 4 atomes de chlore, brome, iode ou 2 molécules de chlorure d'iode, ne fixent en réalité que 2 atomes d'halogène.

Dans le cas du chlore et du brome, 2 molécules peuvent, cependant, se fixer en prolongeant l'action, et particulièrement en présence de catalyseurs (chlorure ferrique, etc...) et avec exposition à l'air; mais avec l'iode et le chlorure d'iode, il n'y a qu'une seule molécule d'halogène absorbée, ce qui semblerait un moyen caractéristique pour différencier les acides de la série linoléique de leurs isomères de la série stéarolique (chap. III).

La formation des produits chlorés uniquement par voie d'addition, s'opère évidemment avec plus de difficulté que celle des produits d'addition du brome, de l'iode ou du chlorure d'iode; c'est pourquoi, l'on emploie, dans les analyses techniques, le brome et l'iode, ce dernier sous forme de chlorure. On a proposé récemment de déterminer l'absorption de chlore au moyen de l'iodochlorure de phényle, mais les résultats obtenus ne sont pas très encourageants[1].

Indice de brome

Le brome sec mis en présence d'une huile est absorbé avec une réaction plus ou moins violente et dégagement d'acide bromhydrique. La réaction doit donc être modérée en dissolvant préalablement le brome et l'huile dans un dissolvant approprié.

La détermination de l'indice d'**absorption de brome** a été proposée par *Caillelel* (1857) ; toutefois, l'application de cette méthode à l'analyse des corps gras est due à *Mills* [2] et à ses collaborateurs *Snodgrass* et *Akitt*.

Mills opère de la façon suivante : on dissout 0,1 gr. de corps gras, desséché et filtré, dans 50 cc. de tétrachlorure de carbone, dans un flacon de 100 cc. bouché à l'émeri. On ajoute peu à peu une solution titrée de brome dans le tétrachlorure de carbone (de 0,006 gr. à 0,008 gr. par centimètre cube), jusqu'à coloration persistante après quinze minutes. L'excès de brome peut être titré en comparant la coloration avec celle obtenue dans un essai à blanc, ou plus exactement avec une solution titrée de β-naphtol dans le tétrachlorure de carbone (il y a formation de monobromonaphtol). Le brome absorbé est calculé pour 100 gr. de corps gras ; l'erreur moyenne probable est estimée à 0,46 0/0.

Mills insiste sur la nécessité d'exclure complètement l'humidité des échantillons examinés, car il a observé que l'indice d'absorption de brome augmente en présence de l'eau ; c'est pourquoi l'on n'a pu employer une solution aqueuse de brome. Le tétrachlorure de carbone a été substitué au sulfure de carbone, car la solution de brome dans le premier dissolvant présente beaucoup plus de stabilité à la température ordinaire que celle faite avec le dernier [3]. Au lieu du

1. Zlataroff, *Zeits. f. Unters. d. Nahr. u. Genussm.*, 1913, 348.
2. *Journ. Soc. Chem. Ind.*, 1883, 435 ; 1884, 366.
3. La réaction suivante, qui s'opère dans une solution de brome dans le sulfure de

β-*naphtol*, on peut employer pour le titrage de l'iodure de potassium et titrer l'iode déplacé par le brome par l'hyposulfite de sodium ; on calculera l'iode trouvé en brome.

De petites quantités d'acide bromhydrique se forment pendant la réaction ; elles ne sont pas dues à l'humidité mais à la substitution du brome à l'hydrogène de la molécule grasse. (L'acide bromhydrique ainsi formé peut être mis en évidence en agitant le liquide avec de l'eau et en ajoutant à la solution aqueuse du nitrate d'argent.)

Ainsi, concurremment avec l'*addition*, c'est-à-dire avec la fixation de 2 (ou plus) molécules de brome par molécule de glycéride non saturé pour former un produit d'addition saturé, une certaine quantité de brome disparaît par suite de la formation de produits de substitution avec élimination d'acide bromhydrique ; l'*absorption totale* de brome mesurée par la méthode décrite plus haut, est donc due à la fois à l'*addition* et à la *substitution*.

Plus la solution de brome est concentrée, plus la quantité de produits substitués formés est grande ; il en résulte que les indices de brome obtenus en abandonnant le brome sec à réagir sur une huile sont probablement trop élevés.

La quantité d'acide bromhydrique dégagé donne la mesure de la quantité de brome substitué ; on obtiendra donc l'**indice de brome réel** en faisant la différence entre le brome total fixé et le brome substitué.

Mc Ilhiney [1] détermine le *brome d'addition* et le *brome de substitution* de la manière suivante [2] :

On dissout 0,25 gr. à 1 gr. de corps gras dans 10 cc. de tétrachlorure de carbone dans un flacon bouché à l'émeri et on ajoute un excès de solution 1/3 normale de brome dans le tétrachlorure de carbone. Après quelques minutes, on place le flacon dans la glace, de façon à produire un vide partiel par la condensation des vapeurs. On adapte au goulot un morceau de tube de caoutchouc formant

carbone, amène une perte de brome. Après quelques jours de repos, il se forme CS^2Br^4 qui se décompose en présence de l'eau (ou de l'humidité) avec séparation de cristaux de $(CBr^2)S^2$. — (Lewkowitsch.)

1. *Journ. Soc. Chem. Ind.*, 1894, 668.
2. Cf. Allen, *Commercial Organic Analysis*, II, 384.

un rebord autour du bouchon ; on remplit le puits ainsi formé avec de l'eau que le vide aspire dans le flacon en soulevant légèrement le bouchon. On introduit ainsi 25 cc. d'eau dans le flacon, on agite bien la masse pour dissoudre tout l'acide bromhydrique formé et on ajoute 10 à 20 centimètres cubes d'une solution d'iodure de potassium à 20 0/0 et 75 cc. d'eau. On titre ensuite l'iode mis en liberté par le brome en excès au moyen d'une liqueur d'hyposulfite de sodium, et on le calcule en brome. On détermine, d'autre part, le brome total ajouté dans un essai à blanc ; la différence entre les deux nombres représente l'*absorption de brome totale*, qui est calculée en unités pour 100 de matière grasse.

On transvase le contenu du flacon dans un entonnoir à séparation, puis on sépare et filtre la solution aqueuse. Si elle est bleuie par l'iodure d'amidon, on la décolore avec quelques gouttes de liqueur d'hyposulfite et on titre l'acide bromhydrique libre avec l'alcali décime normal, avec le méthylorange comme indicateur[1]. Le brome calculé d'après l'acide bromhydrique trouvé et exprimé pour 100 de matière grasse donne l'*indice de substitution de brome*. Le double de ce nombre, retranché de l'indice total d'absorption, donne l'*indice d'addition de brome*.

L'indice de substitution doit évidemment être doublé, puisque pour chaque atome de brome converti en acide bromhydrique, il a été absorbé de la solution de brome 1 molécule ou 2 atomes de brome, selon l'équation suivante :

$$\underset{\text{Acide gras}}{C^nH^mO^2} + Br^2 = \underset{\text{Produit bromosubstitué}}{C^nH^{m-1}O^2Br} + HBr.$$

F. Telle a indiqué une méthode qui permettrait d'obtenir l'addition de brome sans aucune substitution ; pour les détails on se reportera au mémoire original[2].

Hehner, puis *Waller*[3], ont proposé un procédé de détermination de l'indice de brome par pesée. Mais, si dans certains cas, et pour l'huile d'olive, en particulier, cette méthode donne des résultats

1. Pour une autre méthode, cf. Mc Ilhiney, *Journ. Amer. Chem. Soc.*, 1899, 1094.
2. *Journ. de Chim. et de Phys.*, 1904, 114.
3. *Chem. Ztg*, 1895, 1786, 1831. Il faut remarquer que Waller n'examinait que l'huile d'olive.

concordant avec ceux fournis par la méthode d'*Hübl*, dans beaucoup d'autres cas, et spécialement pour les absorptions élevées, on observe des écarts considérables[1] qui ne permettent pas d'en recommander l'emploi[2].

La détermination de l'indice de brome a été complètement remplacée par la détermination de l'**indice d'iode**, par la méthode de *Hübl* ou celle de *Wijs*, qui donne des résultats beaucoup plus constants et plus certains. En fait, le procédé d'absorption du brome se justifie par sa concordance avec les procédés d'*Hübl* et de *Wijs*, l'indice de brome se calculant en indice d'iode en le multipliant par le rapport $\frac{127}{80} = 1{,}5875$.

Mais il est bien entendu que l'indice de brome ne peut pas être converti directement en indice d'iode, puisqu'une substitution partielle s'opère toujours avec l'addition, comme on l'a montré plus haut. La méthode d'absorption du brome ne s'emploiera donc que dans certains cas exceptionnels, comme pour les huiles de résine (chap. XV) ou les huiles de lin, et les huiles cuites, suspectes de falsification par les huiles de résine.

Toutefois, l'absorption du brome a reçu une application utile dans l'essai des bromures (chap. VII et VIII).

Indice d'iode

Hübl[3] a constaté que l'iode n'est que lentement absorbé par les corps gras à la température ordinaire, tandis qu'à plus haute température [4] l'action de l'iode devient irrégulière, des réactions compliquées intervenant. Il a reconnu, cependant, qu'en solution alcoolique en présence de bichlorure de mercure, l'iode ou plutôt le chlorure d'iode est absorbé par les glycérides d'acides gras non saturés d'une manière très régulière et bien définie, de sorte qu'une méthode quantitative peut être basée sur cette réaction.

1. Cf. aussi Jenkins, *Journ. Soc. Chem. Ind.*, 1897, 193.
2. C. Kelher et H. Reinheimer. *Arch. Pharm.*, 1917, 417; cf. cependant, S. Weiser et H.-G. Donalh, *Zeits. f. Unters. d. Nahr. u. Genussm.*, 1914, 65.
3. *Dingl. Polyt. Journ.*, 253 (1884), 281.
4. *Journ. Soc. Chem. Ind.*, 1894, 616 (Schweitzer et Lungwitz).

Le procédé de *Hübl* nécessite les solutions suivantes :

1° *Solution d'iode et de bichlorure de mercure*, appelée plus loin par abréviation *solution d'iode*. — Celle-ci se prépare en dissolvant d'une part 25 grammes d'iode dans 500 cc. d'alcool pur à 95 0/0, et d'autre part 30 grammes de bichlorure de mercure dans la même quantité d'alcool à 95 0/0 (on filtre la dernière solution s'il est nécessaire), et mélangeant les deux solutions. La solution obtenue subit une réduction de titre (c'est-à-dire d'iode libre) considérable pendant les premières heures du mélange et doit être préparée douze à vingt-quatre heures avant l'usage ; d'autre part, il convient de ne pas employer de solution préparée depuis plus de vingt-quatre heures, car, après ce temps, la liqueur perd graduellement son titre et peut donner des résultats incertains. Il est donc préférable de conserver séparément les solutions d'iode et de bichlorure, et ne préparer que le mélange de *liqueur d'iode* nécessaire pour un essai.

2° *Solution de thiosulfate de sodium* (hyposulfite). — Celle-ci s'obtient en dissolvant environ 24 grammes d'hyposulfite cristallisé dans 1.000 cc. d'eau et se titre de la manière suivante, indiquée par *Volhard* :

On pèse exactement 3,8657 gr. [1] de bichromate de potassium pur [2] qu'on dissout dans la quantité d'eau nécessaire pour faire 1.000 cc. de liqueur. On introduit dans un flacon bouché à l'émeri 10 cc. de solution d'iodure de potassium à 10 0/0 et 5 cc. d'acide chlorhydrique, et on ajoute avec une burette ou une pipette exactement 20 cc. de liqueur de bichromate ; comme chaque centimètre cube de cette liqueur déplace précisément 0,01 gr. d'iode, il y a donc 0,2 gr. d'iode mis en liberté, qu'on titre au moyen de l'hyposulfite comme ci-dessus. Ce procédé, qui a sur l'ancienne méthode de titrage direct par l'iode bisublimé l'avantage de la rapidité, évite les opérations délicates et laborieuses de préparation et de pesée de l'iode pur ; en outre, la liqueur de bichromate, se conservant

1. O = 16 ; H = 1,008 ; Cr = 52,1. Le poids se déduit de l'équation suivante :

$$Cr^2O^7K^2 + 14HCl + 6KI = Cr^2Cl^6 + 8KCl + 7H^2O + 6I.$$

2. Il est nécessaire de s'assurer de sa pureté et de l'absence de bichromate de sodium en déterminant son pouvoir oxydant.

indéfiniment sans altération, permet de contrôler à tout instant le titre de la liqueur d'hyposulfite [1].

3° *Chloroforme ou tétrachlorure de carbone.* — Ces dissolvants doivent être purs[2]. On les essaie en mélangeant 10 cc. avec 10 cc. de liqueur d'iode titrée et titrant l'iode libre après deux ou trois heures de contact ; la quantité trouvée doit correspondre exactement à celle contenue dans 10 cc. d'iode titré. L'éther ne peut être utilisé comme dissolvant, car il renferme souvent du peroxyde d'hydrogène, qui agit sur l'iodure de potassium et en déplace l'iode. Le benzène *exempt de thiophène* [3] peut être substitué au chloroforme ou au tétrachlorure de carbone.

Avec les huiles fortement oxydées, qui ne seraient plus entièrement solubles dans le tétrachlorure de carbone, il faut employer l'acide acétique cristallisable.

4° *Solution d'iodure de potassium.* — Elle se prépare en dissolvant 100 gr. d'iodure de potassium dans 1.000 cc. d'eau. L'iodure de potassium commercial renferme fréquemment de l'iodate, qui donne de l'iode libre avec l'acide chlorhydrique ; on peut néanmoins employer un tel iodure, en ayant soin de mesurer exactement les volumes d'iodure de potassium employés et de tenir compte de l'iode libre qu'ils renferment.

5° *Solution d'amidon.* — Celle-ci doit être préparée fraîchement pour chaque opération en délayant 0,5 gr. d'amidon pur dans 50 cc. d'eau froide et chauffant à l'ébullition en agitant continuellement.

La détermination de l'indice d'iode s'effectue de la manière suivante :

On pèse exactement 0,15 gr. à 0,18 gr. d'huile siccative ou d'animaux marins, 0,2 gr. à 0,3 gr. d'huile demi-siccative, 0,3 gr. à 0,4 gr. d'huile non siccative ou 0,8 gr. à 1 gr. de corps gras solide, qu'on introduit dans un flacon de 5 à 800 cc. bouché à l'émeri. On dissout le corps gras dans 10 cc. de chloroforme ou de tétrachlorure de carbone et on ajoute avec une pipette 25 cc. de liqueur d'iode ; la pipette sera toujours vidée de la même façon, en laissant égoutter 2 à 3 gouttes après avoir fait écouler rapidement le

1. Pour une méthode de titrage au moyen de BaS^2O^3, *cf.* Plumpton et Chorley, *Proc. Chem. Soc.*, 1895, p. 38.
2. Le tétrachlorure de carbone renferme souvent du sulfure de carbone.
3. Farnsteiner, *Zeit. f. Unters. der Nahrgs. u. Genussmittel*, 1898, 529.

contenu. Pour de plus grandes quantités de corps gras que celles indiquées on emploiera 50 cc.

Pour éviter toute perte d'iode par volatilisation, il est bon d'humecter le bouchon du flacon avec un peu de solution d'iodure de potassium. Le mélange de dissolvant et de liqueur d'iode doit donner une solution limpide par agitation, sinon il faudrait ajouter du chloroforme ou du tétrachlorure de carbone.

On abandonne le flacon dans un lieu sombre et frais[1]. Si la couleur brune de la solution disparaissait au bout de quelque temps ce qui indiquerait l'absorption complète de l'iode, il faudrait ajouter une nouvelle quantité de 25 cc. de liqueur, un excès d'iode étant nécessaire à la réaction. La solution doit garder après deux heures une couleur brun foncé. La plus grande partie de l'iode est absorbée pendant ces deux premières heures ; l'absorption se ralentit ensuite et ne peut pas être considérée comme complète avant six à huit heures dans le cas des graisses solides et des huiles non siccatives, et de douze à dix-huit heures dans le cas des huiles siccatives et de poissons ; il faut enfin compter huit à dix heures pour les huiles demi-siccatives.

Après un temps de contact suffisant, on introduit rapidement dans le flacon 15 à 20 cc. de solution d'iodure de potassium et 300 à 400 cc. d'eau [2], et on agite. L'apparition d'un précipité rouge d'iodure mercurique indiquerait une quantité insuffisante d'iodure de potassium ; il faudrait en ajouter à nouveau. L'excès d'iode non absorbé, dont une partie passe en solution aqueuse tandis que le reste se dissout dans le chloroforme, est titré avec la liqueur d'hyposulfite, qu'on fait écouler peu à peu dans le flacon en agitant continuellement, jusqu'à décoloration à peu près complète des deux couches, eau et dissolvant. On ajoute alors quelques gouttes de solution d'amidon et le titrage continue jusqu'à décoloration complète. Aussitôt après, on titre dans les mêmes conditions 25 cc. de la liqueur d'iode titrée employée. La différence entre les deux résultats représente l'halogène absorbé et est calculée pour 100 gr. de corps gras. Le nombre ainsi obtenu représente l'*indice d'iode.*

1. Cf. S. F. Popoff, *Journ. Russ. Phys. Chim. Soc.*, 1906 (38), 1114.
2. Cf. Ingle, *Journ. Soc. Chem. Ind.*, 1902, 587 et Harvey, 1902, 1438. Cf. *Idem*, encore Ingle, *ibidem*, 1904, 422; 1908, 314.

Les nombres obtenus par la méthode de *Hübl* sont absolument concordants, à condition d'employer un excès d'iode, qui ne soit pas inférieur à la quantité absorbée, et d'opérer toujours exactement dans les mêmes conditions. Les résultats ne dépendent ni de la concentration ni d'un excès de solution de bichlorure de mercure, mais il est nécessaire d'avoir en présence au moins une molécule de bichlorure de mercure pour deux atomes d'iode.

Si l'on abandonne à elle-même la solution titrée décolorée, elle redevient bleue, ce qui est dû sans aucun doute à la séparation de l'iode absorbé, ce qui prouve que l'action de l'iode sur les composés non saturés est réversible[1]. Cependant cette action n'affecte nullement l'exactitude du titrage.

Exemple. — On a pesé 0,3394 de saindoux qu'on a dissous dans 10 cc. de tétrachlorure de carbone; on a ajouté 25 cc. de liqueur d'iode, qui nécessitent dans un essai à blanc 60,9 cc. de liqueur d'hyposulfite, 16,45 cc. de celle-ci représentant 0,2 gr. d'iode. Pour le titrage de l'excès d'iode non absorbé, il a fallu 39,6 cc. d'hyposulfite. L'iode absorbé correspond donc à 60,9 — 39,6 = 21,3 cc. de liqueur d'hyposulfite.

Comme 16,45 cc. d'hyposulfite représentent 0,2 gr. d'iode, 21,3 cc. représentent $\frac{0,2 \times 21,3}{16,45} = 0,2589$ gr. d'iode. D'où, 0,3394 gr. de saindoux absorbant 0,2589 gr. d'iode, 100 gr. absorbent : $\frac{0,2589 \times 100}{0,3394} = 76,28$ gr. d'iode. L'indice d'iode du saindoux est donc 76,28.

La méthode de *Hübl* a été examinée par un grand nombre de chimistes et elle s'est montrée comme l'une des méthodes les plus sûres employées dans l'analyse technique des corps gras et des cires. La littérature chimique des trente dernières années renferme de nombreux mémoires de différents auteurs, tendant à modifier ou perfectionner la méthode originale; la plupart ne concernent que des points de détail insignifiants. Quelques-uns même reproduisent les méthodes que *Hübl* a rejetées dans son travail clas-

1. La réaction du brome sur les composés non saturés peut être considérée en pratique comme non réversible.

sique. Aussi, à l'exception de l'importante modification de *Wijs* (décrite plus bas), négligerons-nous ici toutes les modifications proposées, renvoyant le lecteur qui s'y intéresserait aux mémoires originaux.

Il faut remarquer que, bien avant que l'on ait donné une explication satisfaisante des réactions qui interviennent dans la méthode de *Hübl*, les nombres fournis par cette méthode étaient déjà considérés comme la caractéristique la plus précieuse pour l'examen des corps gras. *Hübl* a expliqué lui-même la réaction par la formation d'un composé d'addition chloroiodé, ayant ainsi obtenu avec l'acide oléique une substance grasse à laquelle il assignait la formule $C^{18}H^{34}CHO^2$.

Si la conception de *Hübl* est exacte, la théorie exige en premier lieu que les acides gras saturés aient un indice d'iode nul; en second lieu, que les acides gras non saturés purs fournissent des indices d'iode concordant avec les nombres théoriques.

Relativement au premier point, *Lewkowitsch* a examiné un certain nombre d'acides gras saturés purs, ainsi que l'alcool amylique, et a obtenu les résultats suivants :

	Indice d'iode (100 grammes absorbent gramme d'iode).
Acide propionique	0,66
— butyrique	0,36
— isobutyrique	0,00
— valérianique	1,32
— caproïque	0,30
— œnanthique	0,00
— caprylique	0,55
— pélargonique	1,83
— caprique	0,31
— laurique	1,12
— palmitique	0,13
— stéarique	0,20
— cérotique	1,34
Alcool amylique	0,00

Les indices d'iode devraient être *nuls* dans tous les cas ; mais, en considérant la difficulté de purifier complètement les acides gras, ces résultats peuvent être admis comme vérifiant le fait que les acides gras saturés ont un indice d'iode nul.

Quant au second point, il a été vérifié par les expériences relatées dans le tableau suivant :

ACIDE GRAS	FORMULE	ATOMES D'IODE NÉCESSAIRES pour former un composé saturé	100 GRAMMES D'ACIDE ABSORBENT IODE		OBSERVATEUR
			Théorie	Expérience	
			Grammes	Grammes	
Acide oléique.....	$C^{18}H^{34}O^2$	2	90,07	89	Geitel[1]
Acide élaïdique...	$C^{18}H^{34}O^2$	2	90,07	90,54	Saytzeff[2]
Acide brassidique.	$C^{22}H^{42}O^2$	2	75,15	75,34	Saytzeff[3]
Acide isoérucique.	$C^{22}H^{42}O^2$	2	75,15	74,12	Alexandroff et Saytzeff[4]
Cholestérol.......	$C^{27}H^{46}O$	2	65,8	67,3-68,09	Lewkowitsch

1. *Journ. prakt. Chem.*, 1888 (37), 59.
2. *Id.*, 1894 (50), 75.
3. *Id.*, 1894 (50), 79.
4. *Id.*, 1894 (49), 61.

Il faut, cependant, bien noter que la concordance parfaite entre la théorie et l'expérience, qui est observée pour les cas rapportés dans la table précédente, ne permet pas de conclure que toutes les substances possédant des liaisons non saturées donnent également des indices d'iode théoriques ; voici, en effet, certains résultats obtenus par *Lewkowitsch*[1] avec la solution de *Hübl* :

SUBSTANCE	INDICE D'IODE	
	Théorie	Expérience
Acide undécylènique..................	138	121-125
— crotonique.........................	295	25-25,9
— fumarique..........................	219	nil
— maléique...........................	219	nil
— cinnamique.........................	170,9	15,3-16,4
Styracine............................	191,7	81,9-82,9

G. Ponzio et *Gastaldi*[2] ont confirmé les résultats ci-dessus pour l'acide crotonique et l'acide undécylénique. Il devient donc évident

1. Cf. Henricksen, *Annalen*, (336), 323; Bauer, *Berichte*, (37), 3317; Fahrion, *Zeits. f. ang. Chem.*, 1901, 1226; Wake et Ingle, *Journ. Soc. Chem. Ind.*, 1908, 315.
2. *Gazz. Chim. Ital.*, 1912 (42), 92.

que la position de la double liaison joue un rôle important dans l'absorption d'iode par les acides gras. Ainsi qu'on l'a déjà indiqué plus haut, les acides naturels se conforment à la théorie ; cependant, les observations de *Ponzio* et *Gastaldi* montrent que si la double liaison se trouve dans la position[1] α-β, comme dans le cas de l'acide hypogéique 2-3 ou de l'acide oléique 2-3, la solution de *Hübl*, employée suivant les indications données plus haut, donne des indices d'iode très faibles. C'est ainsi que l'acide hypogéique 2-3 et l'acide oléique 2-3 donnent les indices d'iode 6,6 et 8,7 au lieu de 99,8 et 90,07 respectivement.

De ces résultats et d'autres semblables, il faut conclure que c'est la position de la double liaison qui influe sur l'absorption de l'iode. Si la double liaison est éloignée du carboxyle, comme dans les acides oléique et undécylénique, l'indice d'iode est normal, tandis que si elle en est rapprochée, comme dans les autres acides cités dans la table précédente, l'indice d'iode obtenu est inférieur à l'indice théorique. D'autres expériences ont montré qu'en prolongeant le temps d'absorption jusqu'à 70 heures, l'acide oléique 2-3 donnait un indice d'iode de 45,9 par la méthode d'*Hanus* et de 86,8 par la méthode de *Wijs*. L'absorption provenait d'addition et non de substitution. La détermination de l'indice d'iode procurerait donc le moyen de définir la position de la double liaison dans un acide non saturé.

Lewkowitsch a confirmé que tous les glycérides et acides gras que l'on trouve dans les huiles, graisses et cires commerciales, se comportent conformément à la théorie lorsqu'on les traite par la solution de *Hübl*, dans les conditions indiquées plus haut (ou par celle de *Wijs*, comme on le verra plus loin) ; aussi, l'indice d'iode peut-il être considéré comme l'un des éléments les plus sûrs de l'analyse technique des corps gras et des cires.

Les résultats apparemment capricieux que quelques observateurs ont obtenus avec la méthode de *Hübl* ont été expliqués par ceux-ci, en supposant que concurremment avec l'addition d'iode ou de chlo-

1. Voir à ce sujet la méthode de Bougault pour la séparation des acides gras non saturés α-β (du type CHR = CH . COOH et du type CH^2 = CR . COOH) des acides non saturés β-γ, au moyen de l'iode et du bichlorure de mercure (*Comptes Rendus*, 1904 (139), 864).

rure d'iode, une substitution s'opère dans la molécule des glycérides, avec formation d'acide iodhydrique, de la même façon qu'intervient la substitution du brome à côté de l'addition, avec formation d'acide bromhydrique (voir ci-dessus). Mais *Wijs* [1] a montré que l'acide libre, trouvé dans la solution de *Hübl* après l'absorption, n'est pas de l'acide iodhydrique, mais de l'acide chlorhydrique.

A la vérité, *Waller*, avant *Wijs*, avait montré la présence de l'acide chlorhydrique, mais il avait par erreur attribué sa formation à une réaction secondaire, l'action du chlore libre sur l'eau présente. A ce sujet, il faut signaler que *Waller* proposait de rendre la solution de *Hübl* plus stable par addition d'acide chlorhydrique à la solution d'iode.

Un certain nombre de déterminations d'indice d'iode publiées par des observateurs allemands ayant été faites au moyen de la solution de *Waller*, il n'est pas inutile d'indiquer le mode opératoire employé pour préparer celle-ci :

La solution de *Waller* s'obtient en dissolvant 25 gr. d'iode dans 200 cc. d'alcool fort, d'un côté, et 25 gr. de bichlorure de mercure dans 200 cc. d'alcool fort, de l'autre ; on ajoute 25 gr. d'acide chlorhydrique concentré, de poids spécifique 1,19, à cette dernière solution, on mélange les deux solutions et complète à 500 cc. avec de l'alcool. Il faut remarquer que la solution de *Waller* ne se conforme pas aux indications de *Hübl*, relatives à la mise en présence d'au moins une molécule de bichlorure de mercure, 27,5 gr., pour une molécule d'iode, 25,4 gr. ; elle est, en outre, près de deux fois plus concentrée que la solution de *Hübl*.

Les nombres obtenus pour les huiles et graisses, avec la solution de *Waller*, sont peu différents de ceux fournis par la solution de *Hübl*, mais il n'en est pas de même pour les huiles minérales, le cholestérol[2] et les acides naphténiques[3], où les résultats sont en complet désaccord ; il est donc inutile d'entrer dans un examen plus approfondi de cette méthode[4].

1. *Zeits. f. anal. Chem.*, 1898, 277.
2. Marausson, *Chem. Zeit.*, 1907, 420.
3. Schwarz et Marcusson, *Chem. Zeit.*, 1908, 165.
4. Cf. aussi Ingle, *Journ. Soc. Chem. Ind.*, 1902, 587.

Le pas le plus important dans la voie de l'explication de la réaction de *Hübl* a été fait par *Éphraïm* [1]. Celui-ci a observé que le titrage de la solution de *Hübl* exige une plus grande quantité de liqueur d'hyposulfite après l'addition d'iodure de potassium qu'avant cette addition ; il en conclut qu'en mélangeant les deux solutions de la liqueur de *Hübl*, il se forme de suite une substance capable de mettre en liberté l'iode de l'iodure de potassium.

Éphraïm exprime donc la réaction qui s'effectue dans la liqueur d'iode, par l'équation suivante [2] :

$$HgCl^2 + I^2 = HgClI + ICl.$$

Cette équation correspond aux indications de *Hübl*, établissant qu'il faut au moins 1 molécule de bichlorure de mercure pour 2 atomes d'iode. Une solution de chlorure d'iode de la même force que celle de *Hübl* doit en renfermer 16,5 gr. dans 1.000 cc. Un certain nombre d'expériences faites avec une telle solution de chlorure d'iode sur l'acide oléique, les huiles de lin, d'œillette, de sésame, d'amande, d'arachide, d'olive et de ricin, de la même façon qu'avec la solution de *Hübl*, ont fourni des résultats identiques à ceux obtenus par cette méthode ; *Éphraïm* en conclut que les solutions alcooliques de chlorure d'iode peuvent être substituées à la solution de *Hübl*.

Les observations de *Wijs* [3] viennent confirmer les vues émises par *Éphraïm* et les constatations de *Waller* relatives à la présence de l'acide chlorhydrique. Ces observations ont conduit à une explication satisfaisante des réactions qui s'effectuent dans la solution de *Hübl*.

La première réaction qui s'opère en mélangeant les solutions d'iode et de bichlorure de mercure est exprimée par l'équation suivante :

$$HgCl^2 + 2I^2 = HgI^2 + 2ICl. \quad (1)$$

Il convient de réserver la question de savoir si cette réaction

1. *Zeitschr. f. angew. Chem.*, 1895, 254.
2. Éphraïm exprime nettement l'idée que cette équation ne doit pas nécessairement être considérée comme exprimant quantitativement la réaction intervenue.
3. *Journ. Soc. Chem. Ind.*, 1898, 698 ; *Zeit. f. ang. Chem.*, 1898, 291.

s'effectue en deux phases, selon les deux équations :

$$HgCl^2 + I^2 = HgClI + ICl.$$
$$HgClI + I^2 = HgI^2 + ICl.$$

L'équation (1) doit être considérée comme représentant un état d'équilibre entre les quatre substances, car, en dissolvant du biiodure de mercure HgI^2 dans une solution de chlorure d'iode, ICl, on obtient un mélange identique à celui de la solution de *Hübl*. L'équation (1) peut donc être considérée plutôt comme une équation réversible, quoique la couleur de la solution paraisse indiquer une prépondérance du système $HgCl^2 + 2I^2$. Concurremment avec cette réaction principale intervient la suivante : le chlorure d'iode, ICl, réagit sur l'eau de l'alcool à 95 0/0 de la façon suivante :

$$ICl + H^2O = HCl + HIO ; \qquad (2)$$

mais, cette réaction atteint aussitôt une limite, car l'acide chlorhydrique, HCl, ainsi formé, empêche la décomposition complète de l'eau présente. L'acide hypoiodeux, HIO, est converti en acide iodique et iode libre :

$$5IOH = IO^3H + 2H^2O + 4I, \qquad (3)$$

très lentement, il est vrai, car la quantité d'acide hypoiodeux, IOH, est limitée, comme on l'a vu. Comme, en outre, l'acide iodique réagit sur l'iode libre et l'acide chlorhydrique de la solution pour former du chlorure d'iode, ICl, selon l'équation :

$$IO^3H + 4I + 5HCl = 5ICl + 3H^2O, \qquad (4)$$

on comprend aisément qu'il résulte de toutes ces réactions un système d'équilibre compliqué, dont les principaux éléments sont représentés dans l'équation (2). En résumé, on peut affirmer la présence des corps suivants dans la solution de *Hübl* :

$$HgCl^2, \quad HgI^2, \quad I, \quad ICl, \quad HCl, \quad IOH \text{ et } IO^3H.$$

En titrant la solution d'iode, on ajoute à ces substances de l'iodure de potassium et de l'eau et les réactions suivantes interviennent encore :

$$ICl + KI = KCl + I^2 ; \qquad (5)$$
$$HCl + IOH + KI = KCl + H^2O + I^2 ; \qquad (6)$$
$$IO^3H + 5HCl + 5KI = 5KCl + 3H^2O + 3I^2. \qquad (7)$$

On voit ainsi que, si aucune autre réaction n'intervient, la quantité totale d'iode employée primitivement pour la préparation de la liqueur d'iode doit être retrouvée dans le titrage à blanc, à l'état d'iode, et, en outre, la solution finale ne doit pas renfermer d'acide libre, si l'alcool employé était neutre.

L'expérience montre, cependant, (voir p. 588) que la solution de *Hübl* perd de l'iode libre, rapidement d'abord, plus lentement ensuite, et que la solution devient acide, la quantité d'acide correspondant exactement à la quantité d'iode devenue inactive (qui a disparu), sauf dans le cas de liqueurs très anciennes, dans lesquelles on a trouvé de l'acide acétique. *Wijs* donne de ce phénomène l'explication suivante (en contradiction avec les premières explications admettant la réaction entre l'iode et l'alcool avec formation d'acide iodhydrique). Une partie de l'acide hypoiodeux oxyde l'alcool en donnant de l'aldéhyde, selon l'équation :

$$2IOH + C^2H^6O = I^2 + H^2O + C^2H^4O. \qquad (8)$$

L'équilibre de la solution étant ainsi rompu, il doit se former à nouveau de l'acide hypoiodeux, mais l'augmentation de la quantité d'acide chlorhydrique présent empêche la formation totale de cet acide, bien que la réaction de l'iode libre, mis en liberté suivant la dernière équation, sur le bichlorure de mercure, $HgCl^2$ (qui est en excès) donne naissance à une nouvelle quantité de chlorure d'iode et, par suite, à de nouvelles quantités d'acide hypoiodeux et d'acide chlorhydrique.

L'oxydation de l'alcool, *cause de la diminution de titre de la solution d'iode*, s'effectue donc beaucoup plus lentement après un certain temps ; en d'autres termes, la solution d'iode devient d'autant plus stable qu'elle devient plus ancienne. L'acidité de la solution s'explique du reste par l'excès d'acide chlorhydrique, qui ne trouve pas une quantité suffisante d'acide hypoiodeux pour être neutralisé suivant l'équation (6). La présence de l'aldhéhyde a été prouvée expérimentalement[1] et, comme l'aldéhyde est facilement oxydé par l'air et transformé en acide acétique, l'excès d'acide libre dans de très vieilles solutions s'explique aisément par l'oxydation lente de l'aldéhyde.

1. En agitant une solution alcoolique d'iode avec l'oxyde mercurique, HgO, il se forme de l'aldéhyde. *Cf.* aussi Bougault, *Comptes Rendus*, 1904 (139), 864.

Des considérations précédentes, il s'ensuit qu'en limitant la quantité d'acide hypoiodeux qui peut se former, en excluant l'eau, la solution de *Hübl* doit devenir beaucoup plus stable, et cette conclusion logique est confirmée par l'expérience, si l'on prépare la solution d'iode avec l'alcool absolu ou l'acétate d'éthyle.

D'autre part, on doit atteindre le même résultat, si on limite la décomposition du chlorure d'iode, selon l'équation (2), en modifiant l'équilibre dès le début par l'augmentation artificielle de la quantité d'acide chlorhydrique. C'est là, en fait, l'explication théorique de la grande stabilité de la solution de *Waller* (voir ci-dessus), puisque, d'une part, l'acide sulfurique ne produit pas le même effet[1], et, d'autre part, la couleur de la solution de *Hübl* s'éclaircit par addition d'acide chlorhydrique, ce qui indique nettement que la réaction de l'équation (2) a été retardée.

Wijs admet ensuite que la substance active de la solution de *Hübl* est l'acide hypoiodeux et non le chlorure d'iode.

A l'appui de ses dires il apporte les trois arguments suivants :

1. Si le chlorure d'iode était la substance active, l'absorption de l'halogène devrait être plus rapide avec la liqueur de *Waller* qu'avec celle de *Hübl*, puisque la concentration en chlorure d'iode est plus grande dans la première que dans la dernière ; toutefois, le fait inverse observé effectivement peut s'expliquer par la formation graduelle ou retardée d'acide hypoiodeux. 2. Si l'on mélange une solution d'acide hypoiodeux (préparée en agitant une solution alcoolique d'iode avec de l'oxyde mercurique fraîchement précipité et filtrant ensuite) avec une huile, les indices d'iode obtenus sont identiques à ceux de *Hübl*, l'absorption étant complète en dix secondes (une seule expérience est relatée). 3. En augmentant la concentration d'acide hypoiodeux par addition d'iode, de bichlorure de mercure et d'eau (qui favorisent la formation de l'acide hypoiodeux), l'absorption se fait plus rapidement, tandis qu'elle est retardée par les agents qui réduisent la concentration de l'acide hypoiodeux, comme le bichlorure de mercure et l'acide chlorhydrique.

1. Skrabal et Buchta, *Chem. Zeit.*, 1909, 1193; 1911, 658, ont montré que l'acide hypoiodeux est très instable en solution sulfurique, tandis qu'il est relativement stable en solution aqueuse étendue.

Si les affirmations de *Wijs* étaient exactes, il devrait se former 1 molécule d'acide chlorhydrique pour chaque molécule d'acide hypoiodeux absorbée par une huile ; or, si l'on trouve *un peu* d'acide, on ne retrouve jamais la quantité totale théorique, ce qui conduit *Wijs* à admettre (ce qui est peut-être risqué) que la réaction, en prenant l'acide oléique pour exemple, s'effectue comme suit :

$$C^{18}H^{34}O^{2} + HIO = C^{18}H^{34}O^{2}I.OH$$
$$C^{18}H^{34}O^{2}I.OH + HCl = C^{18}H^{34}O^{2}ICl + H^{2}O,$$

Il est évident que le produit d'addition final est le même qu'en admettant que le chlorure d'iode est bien la substance active et est absorbé comme tel. En fait, *Wijs* propose de substituer à la solution de *Hübl* une solution de monochlorure d'iode dans l'acide acétique (en remplacement d'une solution d'acide hypoiodeux dont la préparation et la conservation offrent des difficultés presque insurmontables), ce qui revient à reconnaître implicitement le chlorure d'iode comme agent actif.

Ingle [1] a récemment fait des recherches sur l'origine et la nature de l'acide libre formé dans la réaction de *Hübl*. Il a montré que l'acide libre n'est dû ni à la substitution (ce qui avait été déjà prouvé), ni à la séparation d'acide chlorhydrique du produit d'addition chloroiodé, mais à l'action de l'eau sur ce composé, et que la quantité d'acide ainsi formée dépend de la structure chimique du composé non saturé et de la quantité d'eau présente.

Les explications précédentes montrent que *Hübl* a réalisé de la manière la plus heureuse et la plus ingénieuse, les conditions les plus favorables à l'obtention de résultats qui sont en parfaite harmonie avec la théorie. Il est donc possible, — en présence d'un échantillon d'huile renfermant le glycéride d'*un sel* acide gras non saturé de composition connue, mélangé avec des glycérides d'acides saturés — de calculer la quantité absolue de glycéride non saturé ; en pareil cas, la table suivante offrira une certaine utilité. Elle servira également de guide à l'analyste, pour les recherches ultérieures, dans le cas d'échantillons de composition inconnue,

1. *Journ. Soc. Chem. Ind.*, 1902, 587 ; *Ibidem*, 1904, 422 ; 1908, 314.

quand la proportion d'acides gras non saturés ne peut être déterminée d'après l'indice d'iode seul.

ACIDE	FORMULE	INDICE D'IODE[1] de L'ACIDE GRAS	INDICE D'IODE DU		
			MONOGLYCÉRIDE	DIGLYCÉRIDE	TRIGLYCÉRIDE
Tiglique............	$C^5H^8O^2$	254,00	145,98	198,43	225,44
....	$C^{12}H^{22}O^2$	128,28	93,98	112,39	120,57
....	$C^{14}H^{26}O^2$	112,39	84,67	100,00	106,42
Hypogéique..........					
Physétoléique........	$C^{16}H^{30}O^2$	100,00	77,44	90,07	95,25
Lycopodique..........					
Hydnocarpique.......	$C^{16}H^{28}O^2$	100,79	86,39	93,38	95,97
Oléique.............					
Élaïdique...........					
Isooléique...........	$C^{18}H^{34}O^2$	90,07	71,35	81,93	86,20
Rapique.............					
Pétrosélinique.......					
Doéglique...........	$C^{19}H^{36}O^2$	85,81	68,65	78,39	82,29
Jécoléique..........					
Érucique...........					
Brassidique.........	$C^{22}H^{42}O^2$	75,15	61,65	69,40	72,43
Isoérucique.........					
Linoléique..........					
De l'huile de millet...	$C^{18}H^{32}O^2$	181,42	143,50	164,93	173,58
Telfairique.........					
Élœomargarique.....					
Chaulmougrique.....	$C^{18}H^{32}O^2$	90,71	78,88	84,66	86,79
Linolénique.........					
Isolinolénique (?)....	$C^{18}H^{30}O^2$	274,10	216,47	249,02	262,15
Jécorique..........					
Isanique............	$C^{14}H^{20}O^2$	461,82	345,57	409,67	436,67
Thérapique (?)........	$C^{17}H^{26}O^2$	387,78	302,38	350,34	369,90
Clupanodonique......	$C^{22}H^{34}O^2$	384,3	314,3	354,7	370,0
Ricinoléique.........					
Isoricinoléique.......	$C^{18}H^{34}O^3$	85,23	68,28	77,91	81,76
Ricinélaïdique.......					
Ricinique...........					
Triglycérides mixtes :					
Myristopalmitooléine .	»	»	»	»	31,59
Oléodipalmitine......	»	»	»	»	30,53
Oléodimargarine.....	»	»	»	»	29,53
Oléopalmitostéarine ..	»	»	»	»	29,53
Oléodistéarine........	»	»	»	»	28,60
Élaïdodistéarine......	»	»	»	»	28,60
Dioléostéarine........	»	»	»	»	58,00

1. Le poids atomique de l'iode a été pris égal à 127.

Quensell[1] a reconnu que les acides stéarolique et bénolique ainsi que leurs glycérides n'absorbent qu'une molécule de chlorure d'iode, ainsi que le montrent les chiffres suivants :

ACIDE	FORMULE	INDICE D'IODE des ACIDES GRAS	INDICE D'IODE DU MONOGLYCÉRIDE	DIGLYCÉRIDE	TRIGLYCÉRIDE
Stéarolique	$C^{18}H^{32}O$	91,2	71,49	82,31	86,35
Bénolique............	$C^{22}H^{40}O$	74,4	61,6	68,92	73,2

Modification de Wijs

La solution d'iode de *Wijs* se prépare en dissolvant séparément 7,9 gr. (le chiffre exact est 7,9617) de trichlorure d'iode[2] et 8,7 gr. (le chiffre exact est 8,6670) d'iode au bain-marie dans l'acide acétique glacial, en ayant soin de protéger les liqueurs contre l'absorption d'humidité pendant que s'effectue la dissolution. Les deux solutions sont introduites dans un vase jaugé de 1.000 cc. et le volume complété jusqu'au trait par de l'acide acétique glacial.

Un autre moyen plus économique et plus pratique (qui se recommande dans un laboratoire où l'on a un grand nombre d'indices d'iode à faire) consiste à dissoudre 13 gr. d'iode dans 1 litre d'acide acétique glacial ; on titre exactement la quantité d'iode et on fait passer dans la solution un courant de chlore lavé et séché, jusqu'à ce que le titre de la solution d'iode primitive soit doublé. Avec un peu d'expérience, on atteint facilement ce point, car un changement de couleur très net se manifeste quand tout l'iode est converti en monochlorure d'iode. Il faut d'ailleurs éviter un excès de chlore, qui aiderait à la formation de produits de substitution, et il est préférable d'avoir un léger excès d'iode libre[3].

L'acide acétique glacial doit être pur et peut être essayé en le chauffant avec du bichromate de potassium et de l'acide sulfurique

1. *Berichte*, 1909, 2445.
2. Le trichlorure d'iode est souvent considéré comme répondant à la formule ICl, Cl^2 plutôt qu'à la formule moléculaire simple ICl^3 (Cf. Skrabal et Buchta, *Chem. Zeit.*, 1909, 1194).
3. W. Mergen et A. Mogradoff, *Zeits. f. ang. Chem.*, 1914, 241.

concentré; aucune teinte verte[1] ne doit apparaître même après un contact prolongé.

Le chloroforme employé dans la méthode de *Hübl* est remplacé de préférence par le tétrachlorure de carbone, car le chloroforme commercial renferme souvent un peu d'alcool. Le tétrachlorure de carbone doit aussi être essayé avec le bichromate de potassium et l'acide sulfurique, pour y rechercher les produits oxydables.

La détermination se fait en tous points (y compris l'emploi d'un excès de chlorure d'iode) exactement de la même manière qu'avec la solution de *Hübl*, avec cette différence importante, cependant, qu'il n'est pas nécessaire de laisser la solution d'iode et la matière grasse en contact aussi longtemps qu'avec celle-ci. En fait, une demi-heure à une heure suffit pour que l'absorption soit complète avec des huiles d'un indice inférieur à 100. Les huiles demi-siccatives demandent une demi-heure à une heure, les huiles siccatives une à deux heures au plus.

La solution de *Wijs* présente sur celle de *Hübl* le grand avantage de conserver son titre constant pendant un temps considérable.

On a pu, en effet, conserver des solutions pendant cinq mois sans que leur titre varie d'une façon appréciable Aussi, pour un travail rapide, n'est-il pas nécessaire de faire chaque fois un titrage à blanc, et la détermination de l'indice d'iode peut s'effectuer presque aussi rapidement que celle de l'indice de saponification.

Wijs [2] a montré également que sa solution donne avec les acides gras purs des nombres concordant absolument avec les nombres théoriques, ce que met en évidence le tableau suivant :

ACIDE	EXPERIENCE	THEORIE
Acide érucique.......	74,9	75,15
— brassidique.....	75,0	75,15
— élaïdique......	90,0	90,07
— undécylénique..	133,1	136,6
— oléique	87,6	90,07

1. L'acide acétique commercial renferme quelquefois de l'acide formique.
2. *Chem. Revue*, 1899, 1.

Enfin, *Lewkowitsch*[1] a montré que les indices d'iode obtenus par le méthode de *Wijs* concordent parfaitement avec ceux de la méthode de *Hübl*, pourvu que celle-ci soit employée avec toutes les précautions prescrites plus haut.

Aussi, peut-on recommander sans réserves la solution de *Wijs*, que sa stabilité fera trouver infiniment supérieure à celle de *Hübl;* elle peut, de plus, être préparée très rapidement et le temps consacré aux déterminations est considérablement réduit.

La solution de *Wijs* présente, cependant, un inconvénient ; elle est acide et dans quelques cas, peu fréquents d'ailleurs, où l'on doit éviter la présence de l'acide acétique, il faudra avoir encore recours à la méthode de *Hübl*. On donnera aussi la préférence à celle-ci quand on veut déterminer à la fois l'indice de substitution (s'il y a lieu) et l'indice d'addition. On remarquera encore que dans certains cas, comme avec les huiles de résine et le cholestérol, la solution de *Wijs* donne des indices plus élevés et des résultats bien plus variables que la méthode de *Hübl*. Enfin, la solution de *Wijs* présente un dernier inconvénient, de moindre importance d'ailleurs, celui de cristalliser à la température de 15° ; il convient donc de la tenir dans un endroit tempéré, ou de la faire fondre lentement et avec précaution, lorsqu'elle s'est solidifiée.

Pour compléter les mémoires originaux déjà cités, le lecteur pourra se reporter à ceux indiqués dans la note[2].

Hanus[3], suivant l'idée suggérée par *Bellier*[4], recommande la substitution du bromure d'iode au chlorure d'iode ; mais, lors même que les résultats obtenus rivaliseraient avec ceux fournis par la

1. Lewkowitsch, *Analyst*, 1899, 259.
2. A.-H. Gill et W.-O. Adams, *Journ. Amer. Chem. Soc.*, 1900, 12. — Lewkowitsch, *Analyst*, 1900, 33 ; *Jahrbuch der Chimie*, 1898, 395 ; 1902, 366. — Wijs, *Analyst*, 1900, 33 ; *Zeits. f. Unters. d. Nahrgs. u. Genussm.*, 1902, 497. — A. Marshall, *Journ. Soc. Chem. Ind.*, 1900, 213. — F.-W. Hunt, *Journ. Soc. Chem. Ind.*, 1902, 454. — T.-F. Harvey, *Journ. Soc. Chem. Ind.*, 1902, 1437. — Tolman et Munson, *Journ. Amer. Chem. Soc.*, 1903, 244; 1904, 826. — L. Toychené, *Journ. Pharm. Chim.*, 1903 (6), 371. — Mascarelli et Biasi, *Gazz. Chim. Ital.*, 1907 (37), I, 113. — A. Leys, *Bull. Soc. Chim.*, 1907, 1,633. — Bartlett et Sherman. *School of Mines Quarterly*, 1909 (31), 55.
3. *Zeits. f. Unters. d. Nahrgs. u. Genussm.*, 1901, 913. Cf. aussi C.-A. Jungclaussen. *Chem. Centr.*, 1901, II, 1324 ; L.-M. Tolman et L.-S. Munson, *Journ. Amer. Chem. Soc.*, 1903 (25), 244 ; L.-E. Levi et E.-V. Manuel, *Journ. Amer. Leath. Chem. Assoc.*, 1908, 356.
4. *Annal. Chim. analyt. appliq.*, 1900 (5), 128.

méthode de *Wijs*, ce que contestent *Marshall*[1], *Harvey*[2], *Archbutt*[2], *Wesson* et *Lane*, et *Boughton* et *Kreikenbaum*[3] pour l'huile d'abrasin (de bois) en particulier, cette modification apparaît comme une addition superflue à un procédé qui a fait ses preuves ; il est donc inutile de rapporter ici ces résultats, ce qui ne ferait qu'augmenter la littérature déjà trop volumineuse sur ce sujet.

Ainsi qu'on l'a maintes fois répété, les subdivisions des grandes classes d'huiles, graisses et cires végétales et animales adoptées dans cet ouvrage, sont basées sur la grandeur des indices d'iode. La table suivante comprend la plupart des huiles, graisses et cires connues. Les subdivisions sont établies, d'après la grandeur de l'indice d'iode, à cette réserve près, cependant, que l'on a groupé ensemble les différentes huiles et graisses reliées naturellement, comme les huiles du groupe du colza, ou celles extraites des fruits des plantes appartenant aux Rosacées, aux Myristicacées et autres familles naturelles.

Les nombres donnés sont des valeurs moyennes recueillies parmi les meilleures observations. Les observations individuelles sont données dans les études particulières consacrées à chaque huile, graisse ou cire, dans le chapitre XIV. Dans quelques cas, cependant, il a paru préférable de donner les résultats les plus dignes de confiance plutôt que les valeurs moyennes.

On verra que les huiles, graisses et cires se classent elles-mêmes dans un ordre naturel, allant par gradations légères des huiles ou graisses ayant les indices d'iode les plus élevés aux huiles, graisses et cires ayant les indices d'iode les plus faibles.

1. A. Marshall, *Journ. Soc. Chem. Ind.*, 1900, 213 ; T.-F. Harvey, *ibidem*, 1902, 1437.
2. *Journ. Soc. Chem. Ind.*, 1902, 1437.
3. *Journ. Ind. and Eng. Chem.*, 1910, 205.

Indices d'iode des huiles, graisses et cires.

HUILE	CLASSE	GROUPE	INDICE D'IODE
Perilla			196-206,1
Lin			173-201
N'gart			177,3-204
Abrasin (bois), Chine			170,6
— — Japon			152,9
Lallementia			162,1
Bancoulier			163,7
Stillingia			160,6
Acacia blanc			161,0
Noix de cèdre			139,2
Julienne			155,1
Chènevis			148
Nerprun			155,6
Bardane			153,6
Gynocardia			152,4
Manketti, Nsa-sans			147,7-148,2
Noix			145
Arbousier			147,8
Linaire			140
Carthame			129,8-148,9
Kaya			133,4-138
Inukaya			130,3
Chardon			138,1-141,2
Soja	Huiles		137-143
Œillette, pavot			133-143
Asperge			138
Amoora	siccatives		134,9
Manihot			137,0
Funtumia			138
Kickxia			130,9
Melia azédarach			135,6
Croton Elliotianus			138,5
Jusquiame			138-134
Millet			130,4
Niger			126,6-133,8
Tournesol			119-135
Acacia jaune			128,9
Hevea			128,3
Sorbier sauvage			128,5
Célosie			126,3
Pavot épineux			121,2
Pignon			101,3-159,2
Radis			118,5
Fraisier			180,3
Framboisier			174,8
Églantier			152,8
Groseiller			152,5
Mûre (ronce)			147,8
Mûrier			141,5
Airelle			168

HUILE	CLASSE	GROUPE	INDICE D'IODE
Fenugrec	Huiles siccatives		137,8
Laurier indien			118,6
Tabac			118,6
Cameline	Huiles demi-siccatives	Groupe de l'huile de coton	135-142
Pépin de raisin			96-143
Chélidoine			
Daphné			126,1
Trèfle rouge			124,3
Trèfle blanc			119,7
Courge			123-130
Pastèque			118
Melon			101,5
Coloquinte			120,4-129,3
Maïs			111-130
Tomate			117,8
Plaqueminier de Virginie			116,8
Blé			115,4
Datura			113
Faîne			104-111
Kapock			116
Coton			108-110
Sésame			103-108
— première pression			106-114
Tilleul			111,0
Pépin de citron			109,2
Luffa			108,5
Myrte			107,5
Ikpan			106,0
Anis			105,3
Croton			102-104
Zachun			105,0
Pulghère			98-110
Noix du Brésil			106,2
Mucuna			103,9
Sorgho			98,9
Coumou			80,0
Cresson alénois		Groupe de l'huile de colza	109-139
Ravison			101-122
Ravenelle			105
Colza			94-102
Moutarde noire			96-110
Moutarde blanche			92-97
Raifort			93-96
Jamba			95-4
Nigelle	Huiles non siccatives		116,2
Cognassier			113,0
Cerisier			110-114
Laurier-Cerise			108,9
Abricotier			96-108
Prunier			93,3-100,3
Pêcher			93-109

HUILE	CLASSE	GROUPE	INDICE D'IODE
Amande	Huiles non siccatives		93–97
Farine de froment			96,1–112,5
Cornouiller			100,8
Gland			100,7
Noix de Californie			94,7
Owala			98,4
Arachide			83–100
Riz			91,7–106,5
Thé (Chine)			88
— (Assam)			80,6
Tsubaki			
Sasanqua			82,0
Inoy, Njoré-Njolé			189,7–93,3
Pistache			87,3–90,5
Noisette			83–90
Telfairia			88–100
Sureau			81,4–110
Citron de mer (Elozy)			80–85
Celastre			86,7
Olive			79–88
Noyau d'olive			87,4
Calophyllum			92,8
Laurier-rose			88
Café			85–87
Ungnadia			82,0
Bouleau			83,6
Ben			88–100
Strophantus			73,0–101,6
Sénéga			88
Sterculia			56,5–83
Lycopode			81,0
Cresson d'Inde			73,7
Noix de Paradis			71,6
Seigle			71,0–74,6
Canari			65,1
Terminalia (myrobalan)			
Ricin		Groupe de l'huile de ricin	83–90
Menhaden	Huiles d'animaux marins	Huiles de poissons	139–173
Sardine du Japon			121–187
Sardine			161–193
Saumon			161,4
Hareng			123,5–142
Trois épines			162
Anchois			152,4–189,3
Pilchard			150
Cyprin			127–4
Bonite			189,4–208,9
Sprat			122,5–142
Esturgeon			125,3
Hoi			116,6–124

HUILE	CLASSE	GROUPE	INDICE D'IODE
Torpille			107,3
Mole de Méditerranée		Huiles de poissons	102,7
Carpe			84,3
Foie de morue			154,5–181,3
— haddock			154,2
— ange			157,3
— requin			114,6
— thon			198,4
— merlan vert			161,1
— lingue		Huiles de foies	133,0–151,8
— pastenague			105,7–200,8
— aigle de mer	Huiles d'animaux marins		115,3–136,0
— merlus			118,5–154
— cyprin			184,2
— roussette			142,7–142,3
— lamie			152,2
Phoque			187–193
Baleine			121,0–146,6
Tortue			111,0–127,4
Lamantin			66,6
Dauphin (corps)		Huiles de cétacés	99,5–126,9
— (tête)			32,8
Marsouin (corps)			88,119
— (tête)			22–50
Marsouin brun			111,2
Chrysalide			116–132
Jaune d'œuf	Huiles d'animaux terrestres		65,8–81,6
Pieds de mouton			74,2
— cheval			73,8–90
— bœuf			69,3–76
Chaulmougra		Groupe de l'huile de Chaulmougra	97–104
Hydnocarpus			101,9
Lukrabo			82,5–86,4
Parkia			91,6
Pongam			89,4–94,0
Laurier			68–96
Carapa			65–72,1
Noix vomique	Graisses végétales		69,4–79,3
Baobab			54–78
Margosa		Groupe de l'huile de laurier	69,6
Niam			68,4
Kadam			66–68,9
Inukusu			66,1
Mowrah			53–68
Illipé			50,1
Champaca			60,2
Njavé			56

GRAISSE	CLASSE	GROUPE	INDICE D'IODE
Aouara	Graisses végétales	Groupe de l'huile de palme	75,3
Palme			51,5–57
Gamboge			53,7–55,5
Akee			49,1
Macassar			48,5
Mafouraire			45,5
Souari			49,5
Fulware			42,1
Muscade		Groupe des myristicacées	36–58
Ucuhuba			9,5
Ochoco			1,7
Karité		Groupe du beurre de cacao	54–67
Surin			42,3
Mkanyi			41,9
Rambutan			39,4
Malabar			38,2
Cacao			32–41
Suif végétal			19–38,3
Kokum			25–34
Bornéo (suif de)			30
Murill		Groupe de l'huile de coco	25,2
Mocaya			24,6
Cohune			13,2
Noix d'arec			12,5
Maripa			9,5–17,4
Amande d'aouara			10,8
Palmiste			13–17
Coco			8–10
Cocos acrocomoïdes			4,8
Dika		Groupe du beurre de Dika	5,2
Tangkallak			2,3
Irvingia (Cay-cay)			6,7
Kusu			4,5
Cire du Japon			4,9–15,1
— de myrica			239
Ours blanc	Graisses animales	Graisses siccatives	147
Crotale			105,6
Coq de bruyère		Graisses demi-siccatives	121,1
Lynx			110,6
Canard sauvage			84,6
Marmotte			109,1
Lièvre			102,2
Lapin sauvage			99,8
Cheval			71,86

GRAISSE OU CIRE	CLASSE	GROUPE	INDICE D'IODE
Lapin domestique			67,6
Moelle de cheval			79,11
Oie domestique			59,7
Oie sauvage			89,6
Poulet			66,7
Homme (adulte)			57–67
Putois			62,8
Canard domestique			58,5
Saindoux			46–70
Sanglier			76,6–85
Chien		Graisses	58,5
Chat sauvage			57,8
Chat domestique	Graisses animales	non siccatives	54,5
Moelle de bœuf			55,4
Os			45–55,8
Suif de bœuf			43,46
Suif de mouton			35,0–46
Élan			35,0
Renne			31,4–35,8
Chevreuil			32,1
Daim			26,4
Chamois			25,0
Cerf			20,5–25,7
Beurre de vache		Graisses de lait	26–50
Huile de cachalot	Cires liquides		81,90
Rorqual rostré			67–89
Cire de Carnauba			13,5
— Pisang		Cires végétales	
— lin			9,6
Suintine			17,1–28,9
Cire d'abeille			7,9–11
Spermaceti			3,8
Cire des glandes anales des oiseaux	Cire solide	Cires animales	15,5–26,5
Cire d'insectes			1,4

La détermination de l'indice d'iode fournit l'une des caractéristiques les plus précieuses pour l'analyse technique des corps gras.

S'il s'agit d'identifier une huile, graisse ou cire naturelle, l'indice d'iode indique d'une manière certaine la classe à laquelle elle appartient et conduit ainsi, en général, de la façon la plus rapide à son identification. En outre, s'il s'agit d'une matière grasse nouvelle, encore inconnue, l'indice d'iode indique immédiatement la classe ou le groupe dans lequel elle doit être placée.

Cette caractéristique est d'autant plus précieuse que l'âge de la matière n'affecte pas matériellement l'indice d'iode, tant que le corps gras n'a pas subi d'altération profonde, telle que l'oxydation. Les modifications apportées par l'oxydation sont surtout sensibles dans le cas des huiles siccatives, des huiles de poissons et de foies; elles le sont moins avec les huiles demi-siccatives et les huiles de cétacés.

L'influence de l'exposition à l'air et à la lumière sur l'indice d'iode de quelques huiles a été étudiée par un certain nombre d'observateurs; la table suivante reproduit les observations de *Ballantyne* [1] :

SORTE D'HUILE	INDICE D'IODE ORIGINAL	APRÈS 6 MOIS D'EXPOSITION A LA LUMIÈRE SOLAIRE	
		A L'ABRI DE L'AIR	EXPOSÉE A L'AIR
Huile de lin.......	173,46	172,88	166,17
— de coton ...	106,84	106,40	100,12
— de colza....	105,59	105,27	102,13
— d'arachide..	98,67	97,60	93,20
— de ricin	83,63	83,27 (après 2 mois)	83,27
— d'olive	83,16	82,64	78,24

L'influence de l'insufflation d'air sur l'indice d'iode des huiles et graisses est mise en évidence par les nombres donnés dans les monographies des huiles, graisses et cires, réunies dans le chapitre XIV et ceux figurant dans le chapitre XV, *Huiles oxydées*. Il suffit d'indiquer ici, d'une façon générale, que le « soufflage » (ou oxydation) des corps gras diminue l'absorption d'iode.

L'influence des matières insaponifiables des huiles et graisses sur l'indice d'iode est négligeable dans la plupart des cas où la proportion des matières insaponifiables est très petite; toutefois, quand les matières insaponifiables ont un indice d'iode élevé (comme dans l'huile de laurier), l'indice d'iode des acides gras totaux débarrassés des insaponifiables sera notablement plus faible que celui de l'huile ou de la graisse.

1. *Journ. Soc. Chem. Ind.*, 1891, 31; cf. Richter, *Zeits. f. ang. Chem.*, 1907, 1605.

Molinari[1] et ses collaborateurs ont montré que les glycérides des acides gras non saturés, ainsi que le cholestérol et le phytostérol fixent autant de molécules d'**ozone** qu'ils contiennent de paires d'atomes de carbone à double liaison ; il s'ensuit que la quantité d'ozone absorbée par les matières grasses non saturées doit correspondre exactement aux indices d'iode. On trouvera la description et la critique de cette méthode dans le chapitre VII.

3. Indice de Reichert (ou de Reichert-Meissl ou de Reichert-Wollny).

L'indice de Reichert (ou de Reichert-Meissl ou de Reichert-Wollny) indique le nombre de centimètres cubes de potasse décinormale nécessaire à la neutralisation de la partie des acides gras volatils solubles provenant de 2,5 (*ou* 5) *gr. de corps gras ou de cire, traité par le procédé de distillation de Reichert.*

La table des indices de saponification des triglycérides purs (p. 571) montre que l'indice de saponification des triglycérides est d'autant plus élevé que leur poids moléculaire est plus petit. Aussi, les huiles et graisses contenant de notables quantités de glycérides d'acides gras inférieurs (volatils) sont-elles caractérisées par un indice de saponification supérieur à 200.

La présence des acides gras volatils dans les huiles et graisses naturelles a été observée d'abord par *Chevreul*, qui a été également le premier à les séparer des autres acides gras par distillation.

A l'heure actuelle encore, il n'existe aucune méthode satisfaisante pour déterminer *quantitativement* la totalité des acides gras volatils dans une huile ou graisse.

Angell et *Hehner*[2] se sont efforcés de déterminer les acides volatils du corps gras du beurre par distillation ; mais devant la discordance des résultats obtenus (de 4,79 à 7,48 0/0), ils ont abandonné ce travail.

Lechartier[3] a essayé de séparer les acides volatils et non volatils du corps gras du beurre en saponifiant celui-ci avec la soude caustique, ajoutant de l'acide tartrique et distillant les acides volatils ;

1. Molinari et Fenaroli, *Berichte*, 1908, 2793.
2. *Butter; its Analysis and Adulteration*, London, 1874.
3. *Ann. Inst. nat. agron.* 1875, 456.

le produit distillé était neutralisé par la baryte et les sels de baryum pesés. *Lechartier* a ainsi constaté que 50 gr. de corps gras du beurre, donnent 6 gr. de sels de baryum, tandis que le suif n'en donne que le 1/20. La réalisation pratique de ce procédé, rigoureux en principe, rencontre toutefois d'insurmontables difficultés par suite de l'impossibilité de distiller la totalité des acides volatils sans les décomposer partiellement.

Cependant, *Reichert* a montré que l'examen du corps gras du beurre pouvait fournir des résultats intéressants et dignes de confiance, en déterminant une proportion *définie* des acides solubles volatils obtenus dans certaines conditions. Quoique ne donnant pas des nombres absolus, le procédé de *Reichert*[1] constitue néanmoins une méthode de valeur en ce qu'il fournit une *mesure* de la quantité d'acides volatils d'une huile, graisse ou cire, et lorsqu'il s'agit de faire une comparaison comme dans l'examen du beurre, les nombres relatifs ainsi obtenus acquièrent une grande importance analytique.

A l'origine, *Reichert* a proposé de déterminer le nombre de centimètres cubes d'alcali décinormal nécessaires pour la saturation des acides gras volatils solubles provenant de 2,5 gr. de substance ; on opère maintenant sur 5 gr., ainsi que *Meissl* l'a suggéré. Pour éviter les erreurs, on doit toujours établir le poids de corps gras auquel se rapportent les indices déterminés. Dans les pages suivantes, l'indice de *Reichert* (R.), se rapporte à 2,5 gr. de corps gras ; l'indice de *Reichert-Meissl* (R.-M.) ou de *Reichert-Wollny* (R.-W.), à 5 gr[2].

L'indice de *Reichert* étant, au surplus, un indice *arbitraire*, il est absolument essentiel de suivre exactement les détails suivants pour la détermination :

Procédé de Reichert, modification de Meissl.

On pèse exactement 5 gr.[3] de corps gras fondu et purifié, dans une fiole d'environ 200 cc., et on y ajoute 2 gr. de potasse caus-

1. *Zeits. f. anal. Chemie*, 1879 (18), 68.
2. Il est bien entendu que l'indice de Reichert-Meissl n'est pas nécessairement double de l'indice de Reichert.
3. *Dingl. Polyt. Journ.*, 233, 229.

tique en plaques (conservée en morceaux de dimensions uniformes) et 50 cc. d'alcool à 70 0/0.

On saponifie le corps gras en chauffant au bain-marie, en agitant fréquemment jusqu'à ce que l'alcool soit complètement évaporé. On dissout le savon restant dans 100 cc. d'eau, on ajoute 40 cc. d'acide sulfurique étendu (1 : 10) et quelques fragments de pierre ponce. On adapte à la fiole un tube en T muni d'une ampoule et on le relie à un réfrigérant de *Liebig*.

On distille le liquide avec précaution, de façon à recueillir 110 cc. de liquide dans une heure environ. Le liquide distillé est reçu dans un ballon jaugé et on en filtre 100 cc. dans un autre vase jaugé. On ajoute quelques gouttes de phénolphtaléine au liquide filtré et on titre avec la potasse décinormale jusqu'à neutralisation exacte de l'acide.

Le nombre de centimètres cubes employés, multiplié par 1,1 représente l'indice de *Reichert-Meissl*. (Cet indice est à peu près égal à celui de *Reichert* multiplié par 2,2.)

Ainsi, si pour 5 gr. de beurre on a employé 28 cc. de potasse décinormale, l'indice de *Reichert-Meissl* du beurre est 28.

Il faut particulièrement insister sur la nécessité d'employer de l'alcool exempt d'acide et d'aldéhyde. Le moyen le plus sûr consiste à faire un titrage à blanc à côté de celui des acides volatils et de prendre la différence des deux titrages. Une légère acidité se manifeste dans le titrage à blanc, même avec l'alcool le plus pur. L'alcool impur donne lieu à la formation d'acide acétique et doit être, par suite, complètement rejeté.

Il est bien entendu que par cette méthode de distillation, une partie seulement des acides volatils est recueillie. *Richard-Meyer* a montré qu'en distillant les acides gras dans un courant de vapeur d'eau, on obtient un indice supérieur de 25 0/0. Pour les beurres, *H.-D. Richmond*[1] a observé que l'on ne trouve dans les produits de distillation obtenus par le procédé de *Reichert-Wollny* que 87 0/0 des acides volatils totaux ; *Lewkowitsch* a reconnu qu'en distillant 2,5 gr. de corps gras du beurre dans un courant de vapeur jusqu'à ce que l'on recueille 500 cc. de distillat, celui-ci nécessite

1. *Analyst*, 1895, 218.

22 cc. de potasse décinormale. *Jensen*[1] a indiqué que les produits de distillation du corps gras du beurre obtenus par la méthode de *Reichert-Meissl* ne renfermaient que 85 à 88 0/0 de l'acide butyrique total ; 85 à 100 0/0 de l'acide caproïque total et 24 à 25 0/0 de l'acide caprylique total (Cf. chap. VIII). De ces diverses observations ressort donc nettement la nécessité d'effectuer la détermination toujours et rigoureusement dans les mêmes conditions.

En même temps que les acides volatils, des traces d'acides supérieurs sont entrainées[2] ; on les retrouve dans le distillat en fines gouttelettes huileuses ou en particules solides ; mais ces acides n'affectent pas le résultat, car ils sont séparés par la filtration. (Cf. *Beurre de vache*, chap. XIV).

L'excellente méthode de *Reichert* n'a pas échappé au sort commun à toutes les méthodes modernes employées dans l'analyse des matières grasses, et elle a reçu de nombreux analystes une foule de perfectionnements plus ou moins réels, n'offrant pour la plupart qu'un avantage insignifiant ou tout au moins douteux.

Wollny[3] a soulevé certaines objections contre le procédé décrit, établissant les sources d'erreur suivantes : 1° absorption d'acide carbonique pendant la saponification, introduisant une erreur atteignant 10 0/0 ; 2° formation d'éthers pendant la saponification, amenant une perte de 8 0/0 ; 3° formation d'éthers pendant la distillation causant une perte de 5 0/0 ; 4° cohésion des acides gras pendant la distillation, qui peut dans quelques cas entraîner une perte de 30 0/0 ; 5° la forme et les dimensions de la fiole à distillation et le temps que dure la distillation, qui peuvent influer sur le résultat dans la proportion de $\pm$ 5 0/0.

Ces objections ont été réfutées par *v. Raumer* et *Sendtner*. Cependant, un certain nombre de déterminations faites par divers auteurs, selon les modifications détaillées de *Wollny*, ont trouvé place dans la littérature spéciale des corps gras. Et, comme le

1. *Zeits. f. Unters. d. Nahr. u. Genussm.*, 1905, 272.
2. Il a été indiqué que des traces de soufre pouvaient exister dans le distillat du beurre de vache; comme la présence de soufre a été reconnue même en substituant l'acide phosphorique à l'acide sulfurique, elle paraîtrait due à l'existence de composés sulfonés dans le beurre, ou tout au moins dans certains beurres; cf. Brüning, *Zeits. f. Unters. d. Nahr. u. Genussm.*, 1908 (XV), 667.
3. *Journ. Soc. Chem. Ind.*, 1887, 831.

procédé de *Wollny* a été adopté en Angleterre par une commission mixte nommée par le *Government Laboratory* et la *Society of Public Analysts*, comme méthode-type pour la détermination des acides gras volatils dans la margarine et le beurre, nous la décrirons telle que l'a publiée la commission [1].

Modification de Reichert-Wollny.

On introduit 5 gr. de corps gras liquéfié dans un ballon de 300 cc. de la forme représentée par la figure 36 (longueur du col, 7 à 8 cm ; diamètre du col, 2 cm.). On ajoute 2 cc. de solution de

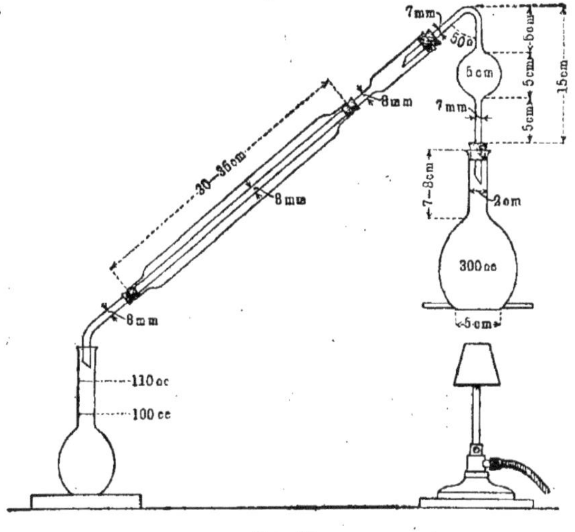

Fig. 36.

soude caustique, préparée en dissolvant de la soude caustique à 98 0/0 dans son poids d'eau — à l'abri de l'action de l'acide carbonique de l'air — et 10 cc. d'alcool (à 92 0/0 environ). On chauffe le mélange au réfrigérant à reflux, relié au ballon par un tube en T, pendant quinze minutes sur un bain-marie à l'ébullition. On évapore l'alcool en chauffant le ballon au bain-marie pendant une

1. *Analyst*, 1900, 309.

demi-heure environ ou mieux jusqu'à ce que le savon soit sec. On ajoute 100 cc. d'eau bouillante qui a été tenue à l'ébullition pendant dix minutes au moins, et on chauffe jusqu'à dissolution complète du savon. On introduit dans le ballon 40 cc. d'acide sulfurique normal et trois ou quatre fragments de pierre ponce ou de tuyau de pipe brisé, et on relie de suite le ballon à un réfrigérant au moyen d'un tube de verre coudé de 7 mm. de diamètre et 15 cm. de longueur du sommet du bouchon à la courbure, muni d'une ampoule de 5 cm. de diamètre à 5 cm. au-dessus du bouchon.

Le ballon repose sur une plaque circulaire d'amiante de 12 cm. de diamètre, percée d'un trou central de 5 cm. de diamètre ; on chauffe d'abord le ballon sur une très petite flamme, de façon à fondre les acides gras insolubles sans amener l'ébullition du liquide. La fusion complète, on augmente progressivement la chaleur et distille dans un vase gradué 110 cc. de liquide, dans l'espace de trente minutes environ (c'est-à-dire de vingt-huit à trente-deux minutes) ; on agite le liquide distillé, on en filtre 100 cc. que l'on reçoit dans un gobelet de Bohême, on y ajoute 0,5 cc. de phénolphtaléine (en solution alcoolique à 1 0/0), et on titre l'acide avec une liqueur décinormale de potasse ou de baryte. On fait un essai à blanc, exactement de la même façon (avec les mêmes quantités de réactifs), et la quantité de potasse normale employée pour neutraliser le liquide distillé ne doit pas dépasser 0,3 cc. La différence des deux titrages multipliée par 1,1 donne l'indice de *Reichert-Wollny*.

Le fait bien connu que la distillation, conduite comme on l'a indiqué, ne donne qu'une partie des acides gras volatils, a amené quelques auteurs à modifier le procédé en vue d'obtenir la totalité des acides volatils. C'est ainsi qu'on a proposé de répéter plusieurs fois de suite la distillation avec de nouvelles quantités d'eau. Mais non seulement cette opération prend beaucoup plus de temps que l'on ne peut en disposer pour une analyse technique, mais encore, elle introduit une nouvelle cause d'erreur, chaque distillation amenant la décomposition d'une partie des acides gras non volatils. C'est, cependant, sur un principe analogue que repose l'ancienne *méthode officielle française pour la détermination des acides gras vola-*

tils du beurre (recherche des falsifications du beurre). Cette méthode, qui donne la totalité des acides gras volatils, sera décrite dans le chapitre VIII (Cf. *Acides gras volatils-Acides gras solubles*, p. 765).

Pour éviter la formation d'éthers éthyliques des acides gras volatils (seconde objection de *Wollny*), *Leffmann* et *Beam*[1] (Cf. chap. XIV) ont proposé de saponifier les corps gras avec une solution concentrée de soude caustique dans la glycérine. C'est ce procédé, recommandable pour sa rapidité, qu'a adopté *Polenske* dans sa méthode de détermination des acides gras volatils solubles et insolubles dans le beurre (voir plus loin), et qui s'applique de la façon suivante : on introduit 5 gr. de corps gras du beurre dans une fiole de 300 cc. et l'on chauffe avec 20 cc. d'une solution de soude caustique dans de la glycérine (obtenue en dissolvant 100 gr. de soude caustique dans le même poids d'eau et mélangeant 20 cc. de cette solution avec 180 cc. de glycérine concentrée pure) au-dessus d'une flamme nue pendant deux à trois minutes jusqu'à ce que l'eau soit évaporée et le liquide devenu clair (chap. XIV, *Beurre de vache*).

Wrampelmeyer[2] a indiqué que la potasse caustique ne donnait pas de résultats satisfaisants et l'on comprend difficilement pourquoi il en serait ainsi ; les assertions de *Wrampelmeyer* demandent donc confirmation. La potasse caustique, en effet, doit encore mieux convenir que la soude, car elle donne des savons plus aisément solubles[3].

Paal et *Amberger*[4] ont signalé que l'huile de coco et le corps gras du beurre mélangé d'une notable proportion d'huile de coco se saponifient plus rapidement avec la potasse alcoolique qu'avec le mélange glycérine-soude ou glycérine-potasse.

Les résultats fournis par la méthode de *Leffmann* et *Baem* sont pratiquement identiques à ceux obtenus avec le procédé de *Reichert-Wolny*.

Au lieu de saponifier le corps gras par un alcali, *Kreis* propose, spécialement pour les beurres, de faire la saponification par l'acide

1. *Analyst*, 1891, 153; cf. aussi Karsch, *Chem. Zeit.*, 1896, 207.
2. *Landwirth. Versuchssl.*, 1897 (49), 215.
3. Cf. aussi Siegfeld, *Chem. Zeit.*, 1908, 1128.
4. *Zeits. f. Unters. d. Nahr. u. Genussm.*, 1909, 10.

sulfurique ; cette méthode n'est pas recommandable. Les détails et la critique de la méthode seront donnés à l'article *Beurre de vache* (chap. XIV).

Si l'on peut déterminer les acides volatils des beurres sur 2,5 gr. de matière[1] comme *Reichert* l'avait tout d'abord proposé, et multiplier le résultat par 2,2 afin d'obtenir des nombres comparables avec ceux trouvés par le procédé de *Reichert-Meissl*, ou de *Reichert-Wolny*, *Arnold*[2] a toutefois montré qu'en s'écartant des quantités de 2,5 ou 5 gr., l'on obtient des résultats erronés, mis en évidence par la table suivante :

Acides gras volatils du corps gras du beurre déterminés par le procédé de Reichert-Meissl

POIDS DE MATIÈRE	CENTIMÈTRES CUBES KOH $\frac{N}{10}$ NÉCESSAIRES POUR LES ACIDES VOLATILS
1 gramme	6,55
2 —	12,05
3 —	17,38
4 —	22,28
5 —	27,60
10 —	50,44

En traitant 10 gr. de corps gras de beurre par le procédé de *Reichert-Meissl*, *Paal* et *Amberger* ont trouvé, dans un cas, un indice de *Reichert-Meissl* bien inférieur à celui obtenu sur 5 gr. de matière et dans d'autres cas, des indices voisins de ceux fournis par la quantité normale.

Avec l'huile de coco et l'huile de palmiste, il faut toutefois s'en tenir à la quantité de 5 gr., car, si la proportion élevée d'acide butyrique existant dans les acides volatils du beurre rend le résultat moins dépendant de la quantité de matière traitée, l'absence d'acide butyrique dans les huiles de coco et de palmiste coïncidant avec la présence de grandes quantités d'acides caproïque et caprylique, conduisent à des résultats complètement différents suivant le poids

1. *Zeits. f. Unters. d. Nahr. u. Genussm.*, 1909, 10.
2. *Ibidem*, 1907 (XIV), 162.

de matière distillée ; c'est ce que montrent les chiffres suivants, dus à *Orla Jensen*[1] :

Acides gras volatils de l'huile de coco déterminés par le procédé de Reichert-Meissl

POIDS DE MATIÈRE	CENTIMÈTRES CUBES KOH $\frac{N}{10}$ NÉCESSAIRES POUR LES ACIDES VOLATILS SOLUBLES
1,0654, soit 1 gramme	19,2
1,8126, — 2 —	13,0
3,9726, — 4 —	7,7
4,9907, — 5 —	6,8
6,3932, — 6 —	6,0
7,8643, — 8 —	5,5
11,9108, — 12 —	4,8

Ces différences ressortent encore plus nettement en rapprochant les résultats précédents de ceux rapportés par *Arnold*[2] :

POIDS DE MATIÈRE	CENTIMÈTRES CUBES KOH $\frac{N}{10}$ NÉCESSAIRES POUR LES ACIDES VOLATILS SOLUBLES
1 gramme	4,68
2 —	6,38
3 —	7,04
4 —	7,87
5 —	9,35
10 —	10,45

Lewkowitsch a reconnu que l'huile d'Apeiba présente, dans les mêmes conditions, des différences moins considérables que les huiles de coco et de palmiste, et les acides solubles volatils de 3,1 gr. d'huile d'Apeiba demandent 7,57 cc. de potasse N/10 tandis que 5,3 gr. de la même huile nécessitent 7,75 cc.

Les acides gras volatils du corps gras du beurre étant, en très grande partie, *solubles* dans l'eau (voir ci-dessus), plusieurs méthodes ont été proposées pour la détermination des acides gras *solubles* (chap. VIII).

1. *Zeits. f. Unters. d. Nahr. u. Genussm.*, 1905, 272.
2. *Ibidem*, 1907 (XIV), 165.

La plupart des huiles et graisses naturelles ne contiennent que de petites quantités d'acides gras volatils (solubles) ; aussi leur indice de *Reichert* est-il généralement très faible. En général, il ne dépasse pas 0,5 ; celui de *Reichert-Meissl*, par suite, est généralement inférieur à 1,0. Il s'ensuit qu'un indice de *Reichert-Meissl* élevé constitue une caractéristique très nette d'un corps gras ou d'une cire et que le procédé de *Reichert-Meissl* peut fournir ainsi des indications très précieuses.

Dans la table suivante, se trouvent rassemblées les huiles, graisses et cires dont les indices de *Reichert-Meissl* dépassent 1,0 ; on se rappellera toutefois que nombre des corps gras figurant dans cette énumération, en disparaîtraient si les déterminations avaient été faites sur les matières à l'état frais ; ces huiles douteuses ont été marquées d'une astérisque :

Indices de Reichert (R.) et de Reichert-Meissl (R. M.).

Huile de lallemantia *	1,55 (R.)
— d'acacia blanc *	1,20 (R. M.)
— de noix de cèdre *	2,00 (R. M.)
— d'acacia jaune *	2,70 (R. M.)
— de fraisier *	2,10 (R. M.)
— de trèfle rouge * ; blanc *	3,3-3,5 (R. M.)
— de sorindeia	7,92 (R.)
— de maïs *	4,2-9,9 (R.)
— de kapock *	3,30 (R.)
— de myrte	9,65 (R. M.)
— de croton	12-13,6 (R. M.)
— de sorgho *	2,10 (R. M.)
— de fusain	35,31 (R. M.)
— de nigelle *	5,40 (R. M.)
— de farine de froment *	2,8-4,95 (R. M.)
— de laurier rose	10,26 (R. M.)
— de polygala de Virginie	6,43 (R. M.)
— de lycopode	7,30 (R. M.)
— d'Apeiba	7,75 (R. M.)
— d'orme	3,75
— de Maloukang	45,55 (R. M.)
— de tortue	4,60 (R. M.)
— de lamantin	2,50 (R.)
— de dauphin	5,60 (R.)
— — (tête)	65,92 (R.)
— de marsouin (corps)	23,5-40,7 (R.)
— — (tête)	47,77-65,8 (R.)
— de marsouin brun	42,10 (R. M.)
— de chrysalide *	3,38 (R. M.)
— de laurier *	1,6-5,4 (R.)

Huile de carapa*........................	3,50 (R. M.)
— d'Inukusu*........................	2,05 (R. M.)
— de Macassar........................	9,00 (R. M.)
Beurre de muscade*........................	1-2,1 (R. M.)
Huile de Muriti........................	5,00 (R. M.)
— de Mocaya........................	7,00 (R. M.)
— de noix d'arec........................	4,20 (R. M.)
— de Maripa........................	4,45 (R. M.)
— de palmiste........................	5,60 (R. M.)
— de coco........................	7,00 (R. M.)
Beurre de Tonka........................	5,40 (R. M.)
— de vache........................	26,33 (R. M.)
Cire de lin*........................	9,27 (R. M.)

Les indices extraordinairement élevés des huiles de marsouin et de dauphin sont dus à la présence du glycéride de l'acide valérianique. Parmi les corps gras solides, le beurre est remarquable par son indice de *Reichert-Meissl* élevé ; aussi, ce nombre offre-t-il l'un des meilleurs moyens d'identifier le beurre et de le distinguer nettement des autres corps gras.

4. Nombre de titrage des acides gras volatils insolubles.

Le nombre de titrage des acides gras volatils insolubles est le nombre de centimètres cubes de potasse caustique décinormale nécessaire pour la neutralisation des acides gras volatils insolubles obtenus de 5 *gr. de corps gras ou de cire, d'après le procédé de Polenske.*

En décrivant le procédé de distillation de *Reichert*, on a indiqué que le distillat de 110 cc. devait être filtré afin de séparer les acides gras volatils insolubles qui ont été entraînés par la vapeur et se sont condensés sous forme liquide ou solide.

Salkowski[1] a été le premier à proposer de déterminer les acides gras volatils insolubles, en dissolvant dans l'alcool et titrant avec l'alcali décinormal le résidu resté sur filtre après la filtration du distillat obtenu par la méthode de *Reichert*. *Salkowski* effectuait d'abord la distillation de la manière indiquée par *Reichert*, puis la continuait pour obtenir de nouvelles quantités d'acides solubles et insolubles, en renouvelant à plusieurs reprises l'eau à raison de 110 cc. à chaque addition. On trouvera ci-après le détail de deux expériences où l'on a utilisé chaque fois 5,945 gr. d'huile de coco.

1. *Zeits. f. anal. Chem.*, 1887 (XXVI), 581.

	CENTIMÈTRES CUBES D'ALCALI $\frac{N}{10}$ NÉCESSAIRES POUR LES	
	ACIDES VOLATILS SOLUBLES dans 100 centimètres cubes	ACIDES VOLATILS INSOLUBLES dans le distillat total de 100 centimètres cubes
I. Premier distillat........	7,00	10,90
Deuxième distillat.......	3,20	7,75
	10,20	18,65
II. Premier distillat........	6,70	10,90
Deuxième distillat.......	3,45	7,25
Troisième —	2,55	6,35
Quatrième —	1,80	6,00
Cinquième —	1,50	5,20
	16,00	35,70

Cette méthode est extrêmement laborieuse et d'autres procédés spéciaux rappelant celui de *Reichert* et basés sur le principe introduit par *Salkowski* ont été élaborés dans ces dernières années, tout à fait indépendamment, par *Muntz* et *Coudon* et par *Polenske*. La méthode de *Muntz* et *Coudon* est employée en France comme méthode officielle pour l'examen des beurres ; comme elle est, cependant, d'une application moins générale que celle de *Polenske*, on la trouvera décrite dans le chapitre XIV, *Beurre de vache*, tandis que le procédé de *Polenske* sera décrit ici même.

Ce dernier procédé[1] se rapproche si étroitement de celui de *Reichert-Meissl* que les deux déterminations peuvent s'effectuer consécutivement dans une seule et même opération.

On saponifie 5 gr. de beurre fondu filtré par la méthode de *Leffmann-Beam*, avec 20 gr. de glycérine et 2 cc. de solution de soude caustique (formée de parties égales d'hydrate de sodium et d'eau), dans une fiole de 300 cc. chauffée à feu nu. On abandonne la solution à refroidir au-dessous de 100°, on ajoute 90 cc. d'eau et dissout la masse en chauffant au bain-marie vers 50°. La solution doit être limpide et presque incolore ; si l'on obtenait une solution brune, il faudrait la rejeter et recommencer l'opération. On ajoute à la solution de savon chaude 50 cc. d'acide sulfurique étendu

1. *Arbeit. a. d. kaiserl. Gesundheits.*, 1904, 545.

(contenant 25 cc. d'acide sulfurique concentré dans 100 cc.) et un peu de pierre ponce pulvérisée et l'on relie immédiatement la fiole au condenseur. L'appareil employé doit correspondre dans tous ses détails aux dimensions données dans la figure 37. On règle le chauffage de façon à distiller 110 cc. en dix-neuf à vingt minutes, l'eau du réfrigérant en proportion suffisante pour que le distillat qui s'écoule dans la fiole de 110 ne dépasse pas la température de 20-23°. Dès qu'on a recueilli 110 cc., on interrompt la distillation, on enlève la fiole et la remplace par une éprouvette cylindrique de 20 cc.

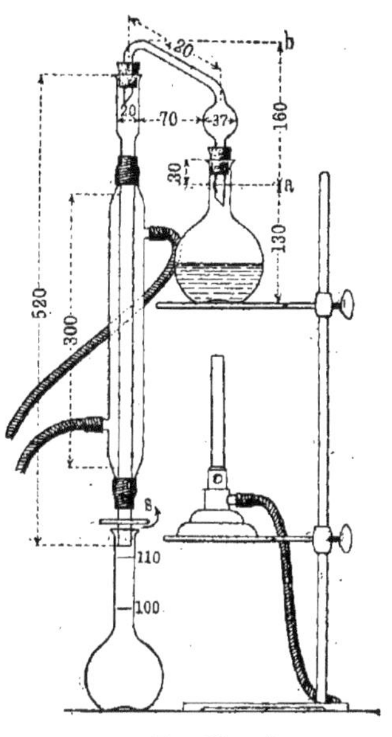

Fig. 37.

On immerge, sans l'agiter, presque complètement le distillat dans l'eau froide à 15° ; au bout de cinq minutes environ, on frappe légèrement le col de la fiole de façon à amener les gouttes huileuses flottant à la surface du liquide à adhérer aux parois de la fiole. Au bout de dix minutes encore, on observe la consistance des acides insolubles et note s'ils forment une masse solide (semi-solide) ou des gouttes huileuses. On mélange le contenu de la fiole en renversant la fiole bouchée quatre ou cinq fois, en évitant toutefois une agitation violente ; on filtre 100 cc. sur un filtre de 8 cm. de diamètre et on titre avec la potasse caustique décinormale, comme pour la détermination de l'indice de *Reichert-Meissl*. Afin d'éliminer complètement les acides solubles, on lave le filtre trois fois successivement avec 15 cc. d'eau qui ont déjà passé dans le tube du réfrigérant, dans l'éprouvette de 20 cc. et dans la fiole de 110 cc. On lave encore ceux-ci et le filtre de la même manière, trois fois successivement avec 15 cc. d'alcool à 90 0/0 neutralisé, en ayant soin de ne verser une nouvelle quantité sur le filtre que lorsque la précédente est écoulée. On titre enfin le filtrat alcoolique avec l'alcali décinormal.

Les nombres de titrage des acides gras volatils insolubles des corps gras ayant un indice de saponification de 195 environ, ne dépassent pas 0,5 cc. ou au plus 0,65, à condition, cependant, que l'échantillon examiné ne soit pas excessivement acide ou rance.

Aussi, comme le montrent les nombres suivants, les nombres de titrage du beurre de vache et des huiles de coco et de palmiste sont-ils tout à fait caractéristiques :

CORPS GRAS	NOMBRE DE TITRAGE DES ACIDES GRAS VOLATILS INSOLUBLES Centimètres cubes KOH $\frac{N}{10}$
Beurre de vache	2,3-3,3
Huile de coco	15-20
Huile de palmiste	10-12

Ces nombres sont de la plus grande importance pour l'examen des falsifications du beurre et l'évaluation des proportions d'huile de coco ou de palmiste et de corps gras du lait dans les margarines (voir chap. XIV, *Beurre de vache*, et chap. XV, *Graisses alimentaires*).

Les tableaux suivants, complétant ceux donnés précédemment, font ressortir la nécessité d'opérer rigoureusement sur 5 gr. de matière grasse, particulièrement pour les huiles de coco et de palmiste.

Acides volatils solubles et acides volatils insolubles de l'huile de coco (O. Jensen)

POIDS DE L'HUILE DE COCO	CENTIMÈTRES CUBES DE KOH $\frac{N}{10}$ NÉCESSAIRES POUR LES		PROPORTION $\frac{II}{I}$
	Acides volatils solubles I	Acides volatils insolubles II	
1,0654 (pour 1 gramme)	19,2	34,2	1,8
1,8126 (— 2 —)	13,0	23,5	1,8
3,9726 (— 4 —)	7,7	15,2	1,97
4,9907 (— 5 —)	6,8	12,7	1,87
6,1932 (— 6 —)	6,0	12,6	2,10
7,8643 (— 8 —)	5,5	10,0	1,81
11,9168 (— 12 —)	4,8	9,0	1,88

Les dernières colonnes montrent que le rapport II : I reste pratiquement constant pour l'huile de coco, tandis que pour le beurre de vache il augmente avec la quantité de corps gras.

Acides volatils solubles et acides volatils insolubles de l'huile de coco (Arnold).

POIDS DE L'HUILE DE COCO	CENTIMÈTRES CUBES DE KOH $\frac{N}{10}$ NÉCESSAIRES POUR LES		PROPORTION
	Acides volatils solubles I	Acides volatils insolubles II	$\frac{II}{I}$ III
1 gramme	4,68	8,55	1,83
2 —	6,38	11,90	1,86
3 —	7,04	13,75	1,96
4 —	7,87	14,85	1,89
5 —	9,35	16,55	1,77
10 —	10,45	18,65	1,78

Avec l'huile d'Apeiba, les variations sont beaucoup moins prononcées, et *Lewkowitsch* a obtenu 28,8 cc. pour 3,1 gr. d'huile et 27,08 cc. pour 5,3 gr.

Il en est de même pour le corps gras du beurre où les variations du nombre de titrage, en fonction de la quantité de corps gras traité, sont également moins considérables que pour les huiles de coco et de palmiste ; c'est ce qui résulte des chiffres du tableau suivant.

POIDS DE BEURRE	CENTIMÈTRES CUBES KOH NORMAL POUR LES		RAPPORT
	Acides volatils solubles I	Acides volatils insolubles II	$\frac{II}{I}$ III
1 gramme	6,55	1,40	4,67
2 —	12,05	1,80	6,70
3 —	17,38	1,90	9,15
4 —	22,28	2,10	10,61
5 —	27,60	2,25	12,27
10 —	30,44	2,70	18,7

5. Indice d'acétyle.

L'indice d'acétyle indique le nombre de milligrammes de potasse caustique (KOH) nécessaire à la neutralisation de l'acide acétique obtenu en saponifiant un gramme de corps gras ou de cire acétylé.

La détermination de l'indice d'acétyle (ou nombre d'acétyle) des huiles et graisses est basée sur ce principe que les glycérides des acides gras hydroxylés, chauffés avec l'anhydride acétique, fixent un ou plusieurs groupements acétylés selon que les acides gras renferment un ou plusieurs groupes oxhydryles alcooliques.

La réaction qui s'opère consiste dans le remplacement de l'atome d'hydrogène du ou des groupes oxhydryles alcooliques par le radical de l'acide acétique, ainsi que l'expriment les équations suivantes :

$$\underset{\text{Ricinoléine}}{C^3H^5[O.C^{18}H^{32}O(OH)]^3} + \underset{\text{Anhydride acétique}}{3(CH^3CO)^2O} = \underset{\text{Acétylricinoléine}}{C^3H^5[O.C^{18}H^{32}O(O.COCH^3)]^3} + \underset{\text{Acide acétique}}{3CH^3COOH};$$

$$\underset{\text{Sativine}}{C^3H^5[O.C^{18}H^{31}O.(OH)^4]^3} + \underset{\text{Anhydride acétique}}{12(CH^3CO)^2O} = \underset{\text{Tétraacétylsativine}}{C^3H^5[O.C^{18}H^{31}O.(O.COCH^3)^4]^3} + \underset{\text{Eau}}{12H^2O}.$$

La détermination de l'indice d'acétyle (d'abord proposée par *Benedikt*, voir plus bas) s'effectue maintenant sous la forme indiquée par *Lewkowitsch* [1] :

On fait bouillir 10 gr. ou tout autre poids convenable de corps gras avec le double de son poids d'anhydride acétique pendant deux heures, dans un ballon à fond rond relié à un réfrigérant à reflux. On fait passer la solution dans un vase de Bohême d'un litre environ, on y ajoute 500 à 600 cc. d'eau bouillante et on chauffe une demi-heure, en faisant passer dans le liquide un courant d'acide carbonique se dégageant par un tube effilé plongeant jusqu'au fond du vase, ceci afin d'éviter les soubresauts. On abandonne le mélange au repos : deux couches se séparent ; on siphonne l'eau et lave de nouveau la couche huileuse de la même manière, trois fois de suite. On élimine aussi les dernières traces d'acide acétique ainsi qu'on peut le reconnaître par le papier de tournesol. Un lavage prolongé au delà d'une certaine limite amènerait une légère décomposition du produit acétylé, ce qui donnerait un indice trop faible. Le produit acétylé est enfin filtré sur un filtre sec dans une étuve afin de chasser l'eau.

Toute l'opération peut s'effectuer quantitativement ; dans ce cas, la matière grasse est lavée sur filtre, à l'eau bouillante, jusqu'à ce que le lavage ne rougisse plus le tournesol. Il peut être utile de

1. *Journ. Soc. Chem. Ind.*, 1897, 503.

peser la matière grasse restée sur filtre après dessiccation à l'étuve (Cf. chap. VIII, *Détermination des acides gras insolubles et matières insaponifiables*), si l'on désire reconnaître préalablement la présence d'une quantité notable de glycérides d'acides hydroxylés (Cf. chap. VI, *Diglycérides et monoglycérides*) dans un corps gras inconnu.

On saponifie ensuite 5 gr. de produit acétylé par ébullition avec la potasse alcoolique, comme pour la détermination de l'indice de saponification. Si l'on emploie « le procédé par distillation », il n'est pas nécessaire d'opérer avec une quantité de potasse alcoolique titrée exactement mesurée. Dans le cas où l'on adopte « le procédé par filtration », la potasse alcoolique doit être exactement mesurée. (Il est préférable d'employer toujours un volume connu de potasse alcoolique, ce qui permet de déterminer l'indice de saponification de l'huile ou graisse acétylée.) La saponification terminée, on évapore l'alcool et dissout le savon dans l'eau. A ce point, la détermination se poursuit, soit par (*a*) *procédé par distillation*, soit par (*b*) *procédé par filtration.*

a) *Procédé par distillation.* — On ajoute de l'acide sulfurique étendu au 1/10, en quantité supérieure à celle nécessaire pour saturer la potasse employée et on distille dans un courant de vapeur. On distille 600 à 700 cc. de liquide, ce qui est généralement suffisant, et les derniers 100 cc. ne devront pas saturer plus de 0,1 cc. d'alcali décinormal. On titre le liquide distillé avec la potasse N/10, avec la phénolphtaléine comme indicateur, puis on multiplie le nombre de centimètres cubes trouvés par 5,61 et divise par le poids de substance employé. On a ainsi l'indice d'acétyle.

b) *Procédé par filtration.* — On ajoute à la solution de savon une quantité d'acide sulfurique titré correspondant *exactement* à la quantité de potasse alcoolique employée et on chauffe légèrement : les acides gras se rassemblent à la partie supérieure en une couche huileuse. (Si l'indice de saponification a été déterminé, il est d'ailleurs nécessaire de tenir compte du volume d'acide employé pour le titrage de l'excès de potasse.) On filtre pour séparer les acides gras mis en liberté, on les lave avec de l'eau bouillante jusqu'à ce que les eaux de lavage n'aient plus de réaction acide, et on titre l'ensemble du liquide filtré avec la potasse N/10. On calcule l'indice d'acétyle de la façon indiquée plus haut (*a*).

Les deux méthodes donnent des résultats identiques ; la dernière demande moins de temps et pour cette raison paraît plus pratique.

L'eau distillée employée dans la détermination de l'indice par l'un ou l'autre des deux procédés doit être rigoureusement débarrassée d'acide carbonique par ébullition préalable, sous peine de sérieuses erreurs. L'eau même, employée pour la production de la vapeur dans le procédé par distillation, doit être amenée à une violente ébullition avant de diriger le courant de vapeur dans le ballon à distillation. Cette cause d'erreurs peut facilement se glisser dans le cas d'eau très dure. Des expériences de contrôle, faites avec l'acide acétique pur, guideront d'ailleurs, aisément l'opérateur. Pour faciliter la séparation des acides gras dans le procédé par filtration, on se trouvera bien d'ajouter un léger excès d'acide minéral. Cette quantité qui ne doit pas dépasser 1 cc. d'acide normal, doit d'ailleurs être exactement mesurée et déduite de l'alcali employé pour titrer les acides en solution.

Les triglycérides purs ne contenant pas d'acides hydroxylés ont un indice d'acétyle nul ; les indices d'acétyle des triglycérides purs à base d'acides hydroxylés concordent parfaitement avec les nombres théoriques. Dans ces cas, l'indice d'acétyle est une *caractéristique*. Le tableau suivant donne les indices d'acétyle théoriques de quelques triglycérides :

GLYCÉRIDE	FORMULE	POIDS MOLÉCULAIRE	INDICE de SAPONIFICATION	ACIDES GRAS INSOLUBLES	INDICE D'ACÉTYLE
			milligr. KOH	Pour 100	milligr. KOH
Ricinoléine	$C^3H^5[O\text{-}C^{18}H^{32}O(O\text{-}C^2H^3O)]^3$	1.058	318,2	84,49	159,1
Oxystéarine	$C^3H^5[O\text{-}C^{18}H^{34}O(O\text{-}C^2H^3O)]^3$	1.064	316,3	84,56	158,1
Dioxystéarine	$C^3H^5[O\text{-}C^{18}H^{33}O(O\text{-}C^2H^3O)^2]^3$	1.238	407,8	76,67	271,9
Trioxystéarine	$C^3H^5[O\text{-}C^{18}H^{32}O(O\text{-}C^2H^3O)^3]^3$	1.412	476,8	70,54	357,6
Sativine	$C^3H^5[O\text{-}C^{18}H^{31}O(O\text{-}C^2H^3O)^4]^3$	1.586	530,2	65,81	424,3
Linusine	$C^3H^5[O\text{-}C^{18}H^{29}O(O\text{-}C^2H^3O)^6]^3$	1.934	609,2	58,94	522,1

En pratique, si l'on a un mélange de glycéride pur d'acide hydroxylé de composition connue avec un glycéride pur exempt d'acide hydroxylé, la détermination de l'indice d'acétyle permet de calculer la proportion du premier glycéride.

L'huile de ricin est dans ce cas, car elle est constituée en grande partie par de la ricinoléine. La table précédente donne comme indice de ce glycéride pur 159,1. Supposons que la détermination de l'indice d'acétyle d'un échantillon d'huile de ricin donne le nombre 150,3 ; le pourcentage de ricinoléine existant dans l'échantillon sera donné par la proportion : 159,1 : 100 : 150,3 : x; $x = 94,4$ 0/0.

Les *alcools libres* chauffés avec l'anhydride acétique fixent également un groupe acétyle en échange de l'atome d'hydrogène du groupe oxhydryle alcoolique. C'est ce que montrent les équations suivantes :

$$\underset{\text{Alcool cétylique}}{C^{16}H^{33}OH} + \underset{\text{Anhydride acétique}}{(C^2H^3O)^2O} = \underset{\text{Acétate de cétyle}}{C^{16}H^{33}O\text{–}C^2H^3O} + \underset{\text{Acide acétique}}{C^2H^4O^2}.$$

$$\underset{\text{Glycérine}}{C^3H^5(OH)^3} + \underset{\text{Anhydride acétique}}{3(CH^3CO)^2O} = \underset{\text{Triacétine}}{C^3H^5(O\text{–}COCH^3)^3} + \underset{\text{Acide acétique}}{3CH^3COOH}.$$

La table suivante donne les indices d'acétyle théoriques de quelques alcools purs :

ACÉTATE DE L'	FORMULE	POIDS MOLÉCULAIRE	INDICE D'ACÉTYLE
Alcool cétylique	$C^{16}H^{33}O\text{–}C^2H^3O$	284	197,5
— octodécylique	$C^{18}H^{37}O\text{–}C^2H^3O$	312	179,8
— cérylique	$C^{26}H^{53}O\text{–}C^2H^3O$	424	132,3
— myricique	$C^{30}H^{61}O\text{–}C^2H^3O$	480	116,9
Cholestérol Phytostérol	$C^{27}H^{45}O\text{–}C^2H^3O$	428	131,1
Glycérine	$C^3H^5O^3(C^2H^3O)^3$	218	772,0

De l'indice d'acétyle d'un mélange renfermant des alcools, on peut déduire la proportion de ceux-ci, à condition que leur composition soit connue. C'est ainsi que la proportion de glycérine pure existant dans une glycérine commerciale peut être déterminée par son indice d'acétyle (Cf. *Glycérine, dosage par l'acétine*, et chap. IX, *Acétate de cholestéryle*).

Si la composition chimique d'un triglycéride hydroxylé contenu dans un corps gras, ou d'un alcool contenu dans une cire, est inconnue, l'indice d'acétyle donne encore une mesure des triglycérides hydroxylés ou des alcools présents. Si les deux existent simultanément, l'indice d'acétyle donnera naturellement une mesure de la somme des deux : triglycérides et alcools. Même dans ce dernier cas plus complexe, l'indice d'acétyle peut encore être considéré comme une *caractéristique*, au même titre que les indices de saponification ou de *Reichert-Meissl.*

Les remarques précédentes s'appliquent aux triglycérides et cires purs, et aussi longtemps qu'il n'existe pas dans les mélanges examinés d'autres substances capables de fixer des groupes acétyles. On a, cependant, déjà indiqué que les corps gras naturels contiennent des quantités variables d'acides gras libres (voir plus loin, *Indice d'acide*), dus à l'hydrolyse subie par les corps gras. Ceux-ci renferment ainsi de petites quantités de mono- et diglycérides, capables de fixer des groupes acétyles en échangeant les atomes d'hydrogène de leurs oxhydryles alcooliques par autant de groupes acétyles, comme le montrent les deux équations suivantes :

$$\underset{\text{Monostéarine}}{C^3H^5(OH)^2(O{-}C^{18}H^{35}O)} + (CH^3CO)^2O = \underset{\text{Diacétyl monostéarine}}{C^3H^5(O{-}CO{-}CH^3)^2(O{-}C^{18}H^{35}O)} + H^2O\,;$$

$$\underset{\text{Distéarine}}{C^3H^5(OH)(O{-}C^{18}H^{35}O)^2} + (CH^3CO)^2O = \underset{\text{Acétyldistéarine}}{C^3H^5(O{-}CO{-}CH^3)(O{-}C^{18}H^{35}O)^2} + CH^3COOH.$$

C'est ce que l'on verra aisément par la table suivante, donnant les indices d'acétyle des mono- et diglycérides purs. Dans le cas où ces mono- et diglycérides renferment des acides gras hydroxylés dans leur molécule, celle-ci fixe une quantité additionnelle d'anhydride acétique, ce qui accroît considérablement l'indice d'acétyle de ces glycérides.

Indices d'acétyle des mono- et diglycérides

GLYCÉRIDE DE L'ACIDE	MONOGLYCÉRIDE ACÉTYLÉ			DIGLYCÉRIDE ACÉTYLÉ		
	FORMULE	POIDS moléculaire	INDICE d'acétyle	FORMULE	POIDS moléculaire	INDICE d'acétyle
1. Acétique	$C^3H^5(O-C^2H^3O)^2(O-C^2H^3O)$	218	772,0	$C^3H^5(O-C^2H^3O)(O-C^2H^3O)^2$	218	772,0
2. Butyrique	$C^3H^5(O-C^2H^3O)^2(O-C^4H^7O)$	246	684,2	$C^3H^5(O-C^2H^3O)(O-C^4H^7O)^2$	274	614,3
3. Valérianique	$C^3H^5(O-C^2H^3O)^2(O-C^5H^9O)$	260	647,4	$C^3H^5(O-C^2H^3O)(O-C^5H^9O)^2$	302	557,3
4. Caproïque	$C^3H^5(O-C^2H^3O)^2(O-C^6H^{11}O)$	274	614,3	$C^3H^5(O-C^2H^3O)(O-C^6H^{11}O)^2$	330	510,0
5. Caprylique	$C^3H^5(O-C^2H^3O)^2(O-C^8H^{15}O)$	302	557,3	$C^3H^5(O-C^2H^3O)(O-C^8H^{15}O)^2$	386	436,0
6. Caprique	$C^3H^5(O-C^2H^3O)^2(O-C^{10}H^{19}O)$	330	510,0	$C^3H^5(O-C^2H^3O)(O-C^{10}H^{19}O)^2$	442	380,8
7. Laurique	$C^3H^5(O-C^2H^3O)^2(O-C^{12}H^{23}O)$	358	470,1	$C^3H^5(O-C^2H^3O)(O-C^{12}H^{23}O)^2$	498	338,0
8. Myristique	$C^3H^5(O-C^2H^3O)^2(O-C^{14}H^{27}O)$	386	290,7	$C^3H^5(O-C^2H^3O)(O-C^{14}H^{27}O)^2$	554	101,3
9. Palmitique	$C^3H^5(O-C^2H^3O)^2(O-C^{16}H^{31}O)$	414	271,0	$C^3H^5(O-C^2H^3O)(O-C^{16}H^{31}O)^2$	610	91,99
10. Daturique	$C^3H^5(O-C^2H^3O)^2(O-C^{17}H^{33}O)$	428	262,1	$C^3H^5(O-C^2H^3O)(O-C^{17}H^{33}O)^2$	638	87,9
11. Stéarique	$C^3H^5(O-C^2H^3O)^2(O-C^{18}H^{35}O)$	442	253,9	$C^3H^5(O-C^2H^3O)(O-C^{18}H^{35}O)^2$	666	84,24
12. Oléique	$C^3H^5(O-C^2H^3O)^2(O-C^{18}H^{33}O)$	440	255,0	$C^3H^5(O-C^2H^3O)(O-C^{18}H^{33}O)^2$	662	84,74
13. Linoléique	$C^3H^5(O-C^2H^3O)^2(O-C^{18}H^{31}O)$	438	256,2	$C^3H^5(O-C^2H^3O)(O-C^{18}H^{31}O)^2$	658	85,28
14. Linolénique	$C^3H^5(O-C^2H^3O)^2(O-C^{18}H^{29}O)$	436	257,3	$C^3H^5(O-C^2H^3O)(O-C^{18}H^{29}O)^2$	654	85,78
15. Clupanodonique	$C^3H^5(O-C^2H^3O)^2(O-C^{22}H^{33}O)$	488	229,1	$C^3H^5(O-C^2H^3O)(O-C^{22}H^{33}O)^2$	758	73,8
16. Arachidique	$C^3H^5(O-C^2H^3O)^2(O-C^{20}H^{39}O)$	470	238,7	$C^3H^5(O-C^2H^3O)(O-C^{20}H^{39}O)^2$	722	77,7
17. Erucique	$C^3H^5(O-C^2H^3O)^2(O-C^{22}H^{41}O)$	496	226,2	$C^3H^5(O-C^2H^3O)(O-C^{22}H^{41}O)^2$	774	72,5
18. Cérotique	$C^3H^5(O-C^2H^3O)^2(O-C^{26}H^{51}O)$	554	202,5	$C^3H^5(O-C^2H^3O)(O-C^{26}H^{51}O)^2$	890	63,05
19. Mélissique	$C^3H^5(O-C^2H^3O)^2(O-C^{30}H^{59}O)$	610	183,9	$C^3H^5(O-C^2H^3O)(O-C^{30}H^{59}O)^2$	1.002	55,9
20. Ricinoléique	$C^3H^5(O-C^2H^3O)^2[O-C^{18}H^{32}O(O-C^2H^3O)]$	498	338,0	$C^3H^5(O-C^2H^3O)[O-C^{18}H^{32}O(O-C^2H^3O)]^2$	778	216,3
21. Oxystéarique	$C^3H^5(O-C^2H^3O)^2[O-C^{18}H^{34}O(O-C^2H^3O)]$	500	336,7	$C^3H^5(O-C^2H^3O)[O-C^{18}H^{34}O(O-C^2H^3O)]^2$	782	215,3
22. Dioxystéarique	$C^3H^5(O-C^2H^3O)^2[O-C^{18}H^{33}O(O-C^2H^3O)^2]$	558	402,2	$C^3H^5(O-C^2H^3O)[O-C^{18}H^{33}O(O-C^2H^3O)^2]^2$	898	312,4
23. Trioxystéarique	$C^3H^5(O-C^2H^3O)^2[O-C^{18}H^{32}O(O-C^2H^3O)^3]$	646	455,4	$C^3H^5(O-C^2H^3O)[O-C^{18}H^{32}O(O-C^2H^3O)^3]^2$	1.014	387,4
24. Sativique	$C^3H^5(O-C^2H^3O)^2[O-C^{18}H^{31}O(O-C^2H^3O)^4]$	674	499,3	$C^3H^5(O-C^2H^3O)[O-C^{18}H^{31}O(O-C^2H^3O)^4]^2$	1.130	446,8
25. Linusique	$C^3H^5(O-C^2H^3O)^2[O-C^{18}H^{29}O(O-C^2H^3O)^6]$	790	568,1	$C^3H^5(O-C^2H^3O)[O-C^{18}H^{29}O(O-C^2H^3O)^6]^2$	1.362	535,5

L'hydrolyse subie par les corps gras naturels étant variable, il en est de même de la quantité de mono- et diglycérides et, par suite, de l'indice d'acétyle de ces corps gras.

Il s'ensuit que dans le cas des corps gras et cires naturels, à l'exception de l'huile de ricin, l'indice d'acétyle doit être considéré comme une *variable.* Il faut insister sur ce fait que dans le cas de l'huile de ricin, l'indice d'acétyle est une *caractéristique*, parce que l'huile de ricin est pratiquement un triglycéride pur de l'acide ricinoléique (ou de ses isomères).

Dans la détermination de l'indice d'acétyle des huiles et graisses naturelles renfermant des acides gras volatils solubles, le nombre trouvé comprend également les acides gras volatils; il est donc trop élevé et doit subir une correction relative à la quantité d'acides volatils. C'est pourquoi *Lewkowitsch* a nommé le nombre ainsi trouvé directement *indice d'acétyle apparent.* L'indice d'acétyle *réel* s'obtient en déterminant la quantité de potasse nécessaire pour saturer les acides volatils de l'huile ou graisse primitive prise dans les mêmes conditions et en déduisant le nombre ainsi obtenu de l'indice d'acétyle apparent [1].

La table suivante donne une liste des indices d'acétyle, obtenus par la méthode décrite ci-dessus, après déduction de la quantité de potasse correspondant aux acides volatils naturellement présents, de l'indice d'acétyle apparent; les indices d'acétyle de cette table sont donc des *indices d'acétyle réels* :

Huile ou graisse	Indice d'acétyle réel
Lin	3,98
Bancoulier	9,86
Carthame	16,1
Colza	14,7
Arachide	9,06
Noisette	3,2
Olive	10,64
Sureau	15,5
Huile du Japon	13,0
Foie de morue	4,8
— d'ange	10,6
— de requin	11,9

1. Cf. chap. VIII, *Acides gras volatils.*

Huile ou graisse	Indice d'acétyle réel
Phoque	16,5
Pieds de cheval	13,0
— de bœuf	22,0
Palme	18,0
Noix de Souari	7,0
Beurre de cacao	2,8
Palmiste	1,9-8,4
Coco (coprah)	0,9-12,3
Cire du Japon	27-31,2
Saindoux	2,6
Moelle de bœuf	4,2
Suif d'os	11,3
— de bœuf	2,7-8,6
Beurre de vache	1,9-8,6
Huile de cachalot	4,5-4,6
— de rorqual rostré	4,1-4,6
Cire de Carnauba	55,24
Suintine	23,3
Cire d'abeilles	15,24
Blanc de baleine ou spermaceti	2,63

Ces indices d'acétyle réels ne doivent pas être regardés comme des *caractéristiques*, mais comme des *variables*, donnant une mesure de la quantité de mono- et diglycérides, dus à l'hydrolyse subie par les corps gras. Ils comprennent également la quantité de potasse nécessaire à la saponification du cholestérol ou du phytostérol acétylé.

Lewkowitsch a montré de plus [1] que l'indice d'acétyle pouvait fournir une mesure de l'état de rancidité, en le considérant conjointement avec l'indice d'acide (voir plus loin).

L'indice d'acétyle a d'abord été proposé par *Benedikt* comme une *constante* pour l'examen des huiles et graisses, et le procédé indiqué par *Benedikt* et *Ulzer* [2] pour sa détermination, appliqué aux *acides gras insolubles* et non aux huiles et graisses elles-mêmes. Dans ce procédé, on déterminait la quantité d'alcali nécessaire à la neutralisation de 1 gr. d'acides gras acétylés — « indice d'acide

1. Cf. Lewkowitsch, *The Meaning of the Acetyl Value in Fat Analysis* (*Analyst*, 1899, 319).
2. *Monatshefte für Chemie*, 8, 40 ; cf. Lewkowitsch, *Analysis of Oils Fats and Waxes*, 2e éd. anglaise, p. 163.

d'acétyle », puis dans une seconde opération, on déterminait la quantité de potasse nécessaire, à la fois, pour saturer les acides libres et saponifier le groupe acétyle par ébullition avec la potasse alcoolique — « indice de saponification d'acétyle ». C'est la différence de ces deux quantités que *Benedikt* nommait « indice d'acétyle ».

La neutralisation et la saponification des acides gras acétylés étaient donc supposées s'opérer en deux phases, selon les équations suivantes :

$$\underset{\text{Acide acétyl ricinoléique}}{C^{17}H^{32}(O\text{–}COCH^{3})COOH} + KOH = \underset{\text{Sel de potassium}}{C^{17}H^{32}(O\text{–}COCH^{3})COOK} + H^{2}O; \quad (1)$$

$$\underset{\text{Acétylricinoléate de potassium}}{C^{17}H^{32}(O\text{–}COCH^{3})\text{–}COOK} + KOH = \underset{\text{Ricinoléate de potassium}}{C^{17}H^{32}(OH)COOK} + CH^{3}COOK. \quad (2)$$

L'oxhydryle du groupe carboxyle des acides gras ne serait donc pas affecté par l'anhydride acétique pendant la période d'acétylation, et les acides gras ne contenant pas d'oxhydryle alcoolique, comme les acides stéarique, oléique, etc..., devraient donner un indice d'acétyle nul, les indices d'acide et de saponification étant identiques.

Lewkowitsch [1], cependant, a montré que les acides caprique, laurique, palmitique, stéarique, cérotique et oléique purs, traités par le procédé de *Benedikt* et *Ulzer*, donnent des indices d'acétyle considérables. Ce résultat ne peut s'expliquer que par ce fait que les acides gras sont convertis en anhydrides, l'anhydride acétique agissant selon l'équation suivante :

$$\underset{\text{Acide palmitique}}{2C^{15}H^{31}\text{–}COOH} + \underset{\text{Anhydride acétique}}{\begin{matrix}CH^{3}CO\\CH^{3}CO\end{matrix}\!\!>O} = \underset{\text{Anhydride palmitique}}{\begin{matrix}C^{15}H^{31}CO\\C^{15}H^{31}CO\end{matrix}\!\!>O} + \underset{\text{Acide acétique}}{2CH^{3}COOH}.$$

Les anhydrides s'obtiennent effectivement ainsi et leur grande stabilité en présence de l'eau, même à l'ébullition, a été démontrée.

Si ces anhydrides sont dissous dans l'*alcool froid* pour le titrage, en ajoutant la potasse, l'hydrolyse des anhydrides s'opère de suite en partie, et, comme l'acide formé se combine à une certaine quan-

1. *Proc. Chem. Soc.*, 1890, 72, 91 ; *Journ. Soc. Chem. Ind.*, 1890, 660.

tité de potasse, on obtient un indice d'acétyle (apparent). Si l'on agite les anhydrides avec de l'eau, la première goutte de potasse donne en présence de la phénolphtaléine une coloration rose qui ne disparaît que lentement. Ainsi, en solution *alcoolique*, il se produit une hydrolyse partielle des anhydrides, qui cesse quand un équilibre s'établit dans la solution. Dans ces conditions, on obtient des indices d'acétyle apparents pour les acides gras ci-dessus mentionnés, ces indices d'acétyle étant en réalité fictifs.

Les acides hydroxylés sont certainement acétylés par ébullition avec l'anhydride acétique, mais, en même temps, en raison du grand excès d'anhydride acétique employé, les acides acétylés sont convertis en anhydrides. Pendant l'ébullition consécutive avec l'eau, une partie de ces anhydrides peut être ou non hydrolysée, pouvant ainsi donner un mélange d'acides acétylés libres et d'anhydrides acétylés.

Si l'on dissout ce mélange dans l'alcool et qu'on titre avec la potasse caustique, après neutralisation des acides libres, s'il y en a, une hydrolyse partielle s'opère, comme on l'a vu plus haut dans le cas des acides caprique, etc., et on obtient un « indice d'acide » (« indice d'acide d'acétyle » de *Benedikt*). Mais cet « indice d'acide » est plus faible que l'indice de neutralisation des acides gras acétylés, puisqu'une partie des anhydrides n'a pas réagi. L'indice de saponification du produit acétylé (« indice de saponification d'acétyle » de *Benedikt*) sera donc trop élevé, les anhydrides acétylés non hydrolysés étant saponifiés par l'ébullition avec la potasse alcoolique. La différence entre les indices de « saponification » et « d'acide », qui est censée représenter l'indice d'acétyle des acides est donc dépourvue de toute signification quantitative.

La même conclusion s'applique, du reste, dans le cas d'un mélange d'acides hydroxylés et ordinaires.

Il est donc évident que l'on ne doit accepter qu'avec la plus grande réserve les « indices d'acétyle » trouvés par différents observateurs opérant d'après la méthode de *Benedikt* et *Ulzer*.

En fait, la méthode de *Benedikt* et *Ulzer* a été élaborée avec l'huile de ricin, et les résultats satisfaisants obtenus dans ce cas ont conduit à une généralisation que l'on doit regarder comme inadmissible. Aussi, doit-on regarder comme illusoires la plupart des chiffres donnés dans l'ancienne littérature des corps gras comme indiquant la présence d'acides gras hydroxylés dans les corps gras naturels ; ce n'est guère que pour l'huile de ricin et probablement pour l'huile de pépins de raisin, et les autres huiles qui renferment des acides hydroxylés (huile de coing), que l'on peut admettre les chiffres rapportés.

En résumé, l'indice d'acétyle d'un corps gras ne peut être considéré comme une **caractéristique** que si des *tri*glycérides seuls sont présents. Sinon, l'indice d'acétyle est une **variable** indiquant, outre les acides gras hydroxylés, les alcools (comme le cholestérol ou le phytostérol), les monoglycérides et les diglycérides ; dans ce dernier cas, l'indice d'acétyle peut encore indiquer l'état de rancidité d'un corps gras. Dans le cas des cires, l'indice d'acétyle indique la présence d'alcools libres. Pour les huiles oxydées ou « soufflées », voir chap. XV et chap. VIII, *Indice d'acétyle des acides gras*.

Quand un **alcool libre** est acétylé, aucune complication ne peut s'élever du fait de la formation d'anhydrides, et dans ce cas, on détermine simplement l'indice de saponification du produit acétylé, l'acétate de l'alcool. Cet indice est aussi l'indice d'acétyle de l'alcool (l'indice de saponification de l'alcool original étant lui-même *nul*) (Cf. table, *Indices de saponification des cires*).

B. — VARIABLES

1. Indice d'acide.

L'indice d'acide indique le nombre de milligrammes d'hydrate de potassium nécessaire pour saturer les acides gras libres de 1 *gr. de corps gras ou de cire;* ou, en d'autres termes, *il donne la quantité d'hydrate de potassium, exprimée en dixièmes pour* 100, *nécessaire pour neutraliser les acides gras libres de* 1 *gr. de corps gras ou de cire.*

Cet indice est donc une mesure des acides gras libres dans un corps gras ou une cire.

Pour le déterminer, on dissout le corps gras ou la cire dans l'alcool éthylique, ou dans l'alcool méthylique ou l'alcool amylique [1], ou dans un mélange d'alcool et d'éther [2], et on titre avec la potasse aqueuse ou alcoolique titrée, avec la phénolphtaléine comme indicateur.

L'alcali titré employé pour l'analyse peut être demi ou décinormal, suivant la quantité de corps gras ou plutôt d'acides gras.

En présence d'une quantité d'acides gras libres considérable, on pourrait commencer le titrage avec l'alcali demi-normal et le finir avec quelques gouttes d'une solution décinormale.

Quelques observateurs préfèrent une liqueur titrée alcoolique à la solution aqueuse habituelle, mais l'exactitude du titrage n'en est *nullement* augmentée, si l'on prend la précaution que la solution de savon résultant du titrage renferme au moins 50 0/0 d'alcool, pour éviter l'hydrolyse. Par contre, une solution alcoolique présente l'inconvénient de changer de titre plus rapidement et, par suite, de nécessiter de fréquents titrages.

La fin du titrage est nettement reconnaissable, la saponification du corps gras neutre ne se produisant pas immédiatement en présence du léger excès d'alcali nécessaire pour donner la coloration rose avec la phénolphtaléine. Cependant, en abandonnant les solutions titrées au repos pendant quelque temps, même si l'accès de l'air et la décoloration consécutive due à l'acide carbonique sont exclus, la coloration rose disparaît quelquefois par suite de la saponification des éthers neutres [3]. C'est ce qui se produit particulièrement en employant le mélange d'éther-alcool comme dissolvant des corps gras. En pareil cas, ce serait évidemment commettre une erreur que d'ajouter à nouveau quelques gouttes d'alcali à mesure que la coloration rose disparaît.

Les acides minéraux existant dans les échantillons examinés doivent être éliminés par lavage à l'eau et les dissolvants essayés pour s'assurer qu'ils ne sont pas acides. Le dissolvant sera exactement neutralisé [4] avant l'emploi, avec l'alcali décime normal en présence de phénolphtaléine comme indicateur.

1. Halphen, *Ann. chim. anal. appl.*, 1901 (6), 133.
2. Boedtker, *Chem. Zeit.*, 1911, 548 a critiqué sévèrement l'emploi d'un mélange d'alcool et de benzène comme dissolvant.
3. Lewkowitsch, *Journ. Soc. Chem. Ind.*, 1890, 846.
4. Lorsqu'on a un grand nombre de déterminations à faire, comme dans les raffi-

On pèse ou mesure exactement[1] les corps gras liquides dans une fiole, on ajoute l'alcool neutralisé et quelques gouttes de phénolphtaléine à 1 0/0 et on titre le liquide en agitant constamment. On opère habituellement sur 10 gr. (ou 10 cc.) d'huile et 50 cc. d'alcool.

Les corps gras solides doivent être chauffés avec l'alcool au bain-marie jusqu'à liquéfaction complète ; on les titre ensuite de la même façon. Si le corps gras se solidifiait pendant l'opération, on chaufferait de nouveau la fiole avant la fin du titrage.

Il faut d'ailleurs éviter tout excès d'alcali, qui entraînerait une saponification partielle des corps gras neutres. Si l'on préfère travailler avec des solutions claires, le corps gras peut être dissous dans un mélange de deux parties d'éther et une partie d'alcool et titré avec une solution alcoolique titrée.

Quelques exemples montreront la méthode employée pour calculer l'indice d'acide.

1° On pèse 3,254 gr. de suif. On emploie pour saturer les acides gras libres 3,5 cc. de potasse (ou de soude) caustique décinormale soit 3,5 × 5,61 mmgr. de KOH. La quantité de potasse nécessaire pour 1 gr. de suif, ou son indice d'acide, est donc :

$$A = \frac{3,5 \times 5,61}{3,254} = 6,03.$$

2° On mesure 25 cc. d'huile d'olive, de poids spécifique 0,917. On emploie pour neutraliser les acides gras libres 9,4 cc. de liqueur de potasse caustique, dont 1 cc. contient 0,0257 gr. ou 25,7 mmgr. de KOH. Le poids de l'huile est :

$$0,917 \times 25 = 22,925 \text{ gr.},$$

donc

$$A = \frac{25,7 \times 9,4}{22,925} = 10,5.$$

neries de corps gras pour le contrôle du travail, l'emploi de l'alcool bon goût ou de l'alcool amylique ou du mélange alcool-éther devient trop onéreux, et l'on peut utiliser sans inconvénient l'alcool dénaturé, à condition de le neutraliser préalablement, car il est presque toujours acide, et souvent même fortement (E. B.).

1. Pour les nombreuses déterminations à faire dans une raffinerie, il est plus expéditif de mesurer 10 cc. de corps gras dans une petite éprouvette graduée, que l'on rince ensuite deux ou trois fois avec l'alcool, en joignant les lavages au corps gras pour le titrage (E. B.).

On exprime souvent la proportion d'acides gras libres dans un corps gras d'une manière différente.

En France et en Angleterre, pour les huiles en particulier, on calcule l'acidité libre en acide oléique, de poids moléculaire 282, et on exprime l'acidité pour 100 gr. de corps gras. C'est ainsi que dans le premier exemple, le pourcentage d'acides gras libres peut s'exprimer :

$$\frac{3,5 \times 0,0282}{3,254} \times 100 = 3,03 \text{ 0/0 acide oléique}$$

et dans le second exemple :

$$\frac{9,4 \times 0,0257 \times 0,282}{0,0561 \times 22,925} \times 100 = 5,28 \text{ 0/0 acide oléique.}$$

Le poids moléculaire de l'acide oléique 282 étant approximativement cinq fois égal à 56,1 (poids moléculaire du KOH), et l'indice d'acide exprimant la quantité de potasse en dixièmes pour cent, on se contente généralement pour convertir l'indice d'acide en pour-cent d'acide oléique, de multiplier l'indice par 0,5. Toutefois, avec l'huile de coco et l'huile de palmiste, ce facteur serait inexact, et le calcul doit être basé sur un poids moléculaire moyen de 210 ou 220 suivant le cas.

Dans quelques cas, pour les huiles lubrifiantes, on exprime les acides gras libres en anhydride sulfurique SO^3, et on rapporte le résultat à 100 de l'huile employée. C'est ainsi que pour le premier exemple, on aurait :

$$\frac{3,5 \times 0,004}{3,254} \times 100 = 0,43 \text{ 0/0}$$

et pour le second

$$\frac{9,4 \times 0,0257 \times 0,04}{0,0561 \times 22,925} \times 100 = 0,75 \text{ 0/0.}$$

Köttstorfer exprime l'acidité par le nombre de centimètres cubes de KOH normale nécessaire pour 100 gr. de corps gras ; ce nombre de centimètres cubes est appelé « degré d'acidité ».

Voici le tableau de comparaison des différentes méthodes employées pour exprimer l'acidité ; un calcul facile permet de transformer rapidement un terme en un autre :

INDICE D'ACIDE EN 1/10 KOH POUR 100	ACIDE OLÉIQUE POUR 100	ANHYDRIDE SULFURIQUE POUR 100	DEGRÉS KÖTTSTORFER EN CENTIMÈTRES CUBES KOH normale pour 100 gr. corps gras
1	0,5027	0,0713	1,782
1,9893	1	0,1418	3,546
14,0250	7,0500	1	25,000
0,5610	0,2820	0,0400	1

L'indice d'acide n'est pas une *caractéristique* et la littérature des corps gras le considère trop souvent comme une *constante* et à tort.

L'indice d'acide des corps gras naturels est une **variable** dépendant entièrement de l'état de pureté, de l'âge, du degré d'hydrolyse atteint et de l'oxydation subie. On a déjà vu plus haut que, dans le cas des huiles et graisses fraîches, la quantité d'acides gras libres est si petite qu'elle peut être considérée comme négligeable. Les huiles végétales semblent renfermer naturellement de petites quantités d'acides libres, tandis que les corps gras animaux en sont pratiquement exempts. On a vu aussi qu'en laissant les corps gras en contact avec des matières putrescibles ou fermentescibles, la quantité d'acides gras libres peut augmenter rapidement et s'élever à 70 et même 100 0/0, comme dans le cas des vieilles huiles de palme. L'importance de l'indice d'acide réside donc en ce qu'il indique la *qualité* d'un corps gras. Il montre le degré d'hydrolyse atteint, et, joint à l'indice d'acétyle, il peut indiquer non seulement la quantité d'acides gras inférieurs qui ont pris naissance, mais encore la quantité d'acides gras hydroxylés formés ultérieurement, par suite de l'hydrolyse.

Dans le cas où la nature de l'acide libre et, par suite, son poids moléculaire sont connus, on peut calculer la quantité absolue d'acide libre, comme on l'a vu plus haut pour l'acide oléique ; en pareil cas, la table donnée plus loin (p. 739) offrira une certaine utilité.

Les indices d'acide étant essentiellement variables, il est inutile de donner ici une liste des indices d'acide des différents corps gras naturels. On trouvera les nombres obtenus en pratique, pour quelques échantillons examinés, dans les études particulières consacrées à chaque corps gras, dans le chapitre XIV.

Dans le cas des cires, les indices d'acide varient dans de moindres proportions que dans le cas des corps gras, et une certaine proportion d'acides gras libres, variant dans d'étroites limites, semble caractéristique de la cire de Carnauba et de la cire d'abeilles (chap. I et chap. XIV).

Il est évident qu'une huile ou graisse exclusivement constituée par des triglycérides neutres possède un indice d'acide *nul.* Dans ce cas, l'indice de saponification indique la quantité de potasse caustique nécessaire pour saponifier les *éthers neutres*, ou, en d'autres termes, la quantité de potasse nécessaire pour neutraliser les acides gras combinés. Mais, si les huiles et graisses contiennent des acides gras libres, ce qui est généralement le cas, si elles possèdent un indice d'acide défini, l'indice de saponification représente la somme des quantités de potasse nécessaire pour neutraliser les acides gras libres et les acides gras combinés à la glycérine à l'état d'éthers. *Hübl* et *Benedikt* ont appelé la différence entre ces deux qualités « indice d'éther » ; celui-ci représente donc la quantité de potasse caustique nécessaire à la saponification des éthers neutres de 1 gr. d'huile ou de graisse. Les auteurs qui ont régardé l'indice d'acide comme une constante ont été naturellement amenés à considérer également l'indice d'éther comme une constante. Cependant, l'indice d'acide étant une variable, il est évident que l'indice d'éther doit être aussi une variable. C'est ce que montre le tableau suivant, déjà donné en partie plus haut :

Variation des indices de saponification et d' « éther »

STÉARINE pour 100	ACIDE STÉARIQUE pour 100	INDICE de SAPONIFICATION	INDICE de NEUTRALISATION
100	0	189,1	0
75	25	191,02	49,37
50	50	193,30	98,75
25	75	195,41	148,13
0	100	197,5	197,5

Même avec ces restrictions, l'indice d'éther ne peut avoir une signification qu'en l'absence de mono- et diglycérides. Comme, cependant, la présence d'acides gras libres indique l'hydrolyse des glycérides et par suite la présence probable de mono- et diglycérides, l'indice d'éther perd toute signification, en ce que la partie de la potasse nécessaire à la saponification des éthers se rapporte à un mélange de triglycérides, diglycérides et monoglycérides. Il s'ensuit que les nombreuses références relatives aux indices d'éther, que l'on trouve dans la littérature des corps gras, sont plus ou moins dépourvues de valeur.

Comme dans les cires solides — cires de Carnauba et d'abeilles — l'indice d'acide varie dans d'étroites limites, l'indice d'éther lui-même varie dans des limites définies, et l'on a pu attacher une certaine importance à cet indice dans l'analyse de la cire d'abeilles. Mais, ici encore, l'indice d'éther n'étant qu'un nombre obtenu par différence des deux autres (l'indice de saponification *diminué* de l'indice d'acide), il n'est pas nécessaire d'introduire un nouveau nombre. C'est pourquoi on a omis ici toute référence relative aux indices d'éther, même dans le cas des cires.

2. Glycérine.

D'après l'équation fondamentale de la saponification, dans laquelle R représente le radical d'un acide gras quelconque :

$$C^3H^5(OR)^3 + 3KOH = C^3H^8O^3 + 3KOR,$$

3 molécules de potasse caustique sont nécessaires pour la saponification de 1 molécule de corps gras neutre, donnant 1 molécule de glycérine ; il s'ensuit que, pour chaque 168,3 gr. de KOH employée, on obtiendra 92 gr. de glycérine ; d'où 1 gr. de KOH est équivalent à 0,54664 de glycérine.

Dans le cas des triglycérides purs, la proportion de glycérine est une *caractéristique* ou *constante* (Cf. table suivante) et la quantité de glycérine donnée par une huile ou graisse peut être calculée d'après son indice de saponification. Dans le cas des corps gras naturels, un tel calcul conduirait à des résultats erronés, non seulement en raison des petites quantités de matières insaponifiables qui sont toujours présentes, mais surtout en raison de la proportion d'acides gras libres et de glycérides inférieurs, mono- et diglycérides, existant dans les corps gras naturels en quantités variables. C'est pourquoi le pourcentage de glycérine doit être regardé comme une *variable*.

Cette variable est en relation avec l'indice d'acide, car un corps gras donne d'autant moins de glycérine que son indice d'acide est plus élevé ; et il en donnera d'autant plus que la proportion de mono- et diglycérides est plus considérable.

On peut encore indiquer qu'un corps gras fournit d'autant plus de glycérine que son indice de saponification est plus élevé, de sorte que les corps gras appartenant au groupe de l'huile de coco donnent plus de glycérine que ceux ayant un indice de saponification voisin de 195, comme le suif, le saindoux, et nombre d'huiles ou graisses végétales.

Dans le tableau suivant, on a placé la proportion de glycérine fournie par les mono- et diglycérides en regard de celle donnée par les triglycérides correspondants :

Pourcentages de glycérine obtenue par saponification des tri-, di-, et monoglycérides

GLYCÉRIDE DE L'ACIDE	TRI-GLYCÉRIDE	DI-GLYCÉRIDE	MONO-GLYCÉRIDE
Acétique	42,20	52,27	68,65
Butyrique	30,46	39,66	56,80
Valérianique	26,74	35,38	52,27
Caproïque	23,96	31,94	48,42
Caprylique	19,58	26,74	42,20
Caprique	16,67	23,00	37,40
Laurique	14,42	20,18	33,58
Myristique	12,74	17,97	30,46
Palmitique	11,42	16,20	27,88
Daturique	10,85	15,44	26,74
Stéarique	10,34	14,74	25,70
Oléique	10,41	14,84	25,85
Linoléique	10,48	14,93	25,99
Linolénique	10,55	15,03	26,14
Clupanodonique	8,95	12,84	22,77
Ricinoléique	9,87	14,11	24,74
Arachidique	9,45	13,52	25,83
Érucique	8,74	12,57	22,33
Cérotique	7,50	10,85	19,58
Mélissique	6,60	9,79	17,49
Oxystéarique	9,81	14,03	24,60
Dioxystéarique	9,33	13,37	23,59
Trioxystérique	8,90	12,78	22,66
Sativique	8,51	12,24	21,80
Linusique	7,81	11,28	20,26
Triglycérides mixtes			
Acétodiformine	48,4		
β-Acétodibutyrine	33,6		
Myristopalmitooléine	11,4		
Oléodipalmitine (Dipalmitooléine)	11,06		
Stéarodipalmitine (Dipalmitostéarine)	11,03		
Oléopalmitostéarine (Stéaropalmitooléine)	10,69		
Palmitodistéarine (Distéaropalmitine)	10,67		
Oléodistéarine	10,4		
Élaïdodistéarine	10,4		
Dioléostéarine	10,38		

On a proposé plusieurs méthodes pour la détermination de la quantité de glycérine fournie par la saponification d'un corps gras. (Il serait incorrect de parler de la quantité de glycérine d'un corps gras, puisque la glycérine n'est formée que par saponification.)

Les plus anciens procédés ayant pour objet d'isoler la glycérine et de la peser, comme dans la méthode originale de *Chevreul*, ne conviennent pas comme méthodes quantitatives. D'un côté, ils donnent des résultats inférieurs à la réalité, par suite de la volatilisation de petites quantités de glycérine à 100° (Cf. p. 376). [Le procédé de *David* [1] évite cette cause d'erreur en ne poussant pas la concentration assez loin pour que cette perte apparaisse, mais il introduit une autre cause d'erreur en opérant la saponification avec l'hydrate de baryum (Cf. p. 153)]. D'autre part, le produit ainsi obtenu est toujours souillé de substances étrangères, ce qui donne des résultats trop élevés.

1. *Dosage de la glycérine par extraction avec l'acétone*

Shukoff et *Schestakoff* [2] ont proposé une méthode directe de dosage de la glycérine dans les huiles et graisses et dans les glycérines commerciales, en l'isolant à l'état de pureté.

Il est nécessaire d'opérer sur une solution renfermant au moins 40 0/0 de glycérine. Si la solution est plus étendue, on en évapore une quantité correspondant à 1 gr. environ de glycérine ; la concentration ne doit pas être poussée à un point tel que la volatilisation de la glycérine puisse se produire (la concentration ne doit pas dépasser 70 0/0 environ). Avant d'évaporer la solution, on l'alcalinise légèrement par le carbonate de potassium.

La liqueur concentrée est alors mélangée avec 20 gr. de sulfate de sodium anhydre, calciné et pulvérisé, et extraite dans un extracteur de *Soxhlet* au moyen de l'acétone anhydre (déshydratée sur le carbonate de potassium calciné). L'acétone attaquant le liège des bouchons et le caoutchouc, les jonctions doivent être en verre rodé. L'extraction demande un temps assez long. *Shukoff* et *Schestakoff* indiquent quatre heures, mais d'autres observateurs trouvent ce temps insuffisant pour extraire toute la glycérine. C'est ainsi que *Landsberger* [3] n'indique pas moins de neuf heures, tandis que les chimistes de la fabrique *Schlebusch* [4] estiment que cinq à six heures suffisent.

1. *Comptes Rendus*, 1882 (94), 1477.
2. *Zeits. f. angew. Chem.*, 1905, 294.
3. *Chem. Revue*, 1905, 150.
4. *Zeits. f. angew. Chem.*, 1905, 1656.

Si de l'huile surnageait sur l'acétone, il faudrait l'éliminer par lavage à l'éther de pétrole léger.

La solution de glycérine est enfin évaporée à sec avec précaution au bain-marie, en ayant soin de ne pas dépasser la température de 75-80°, jusqu'à ce que le poids soit sensiblement constant. Les chimistes de l'usine *Schlebusch* prétendent cependant, que la température de dessiccation doit atteindre 90 à 95° pendant deux heures.

Les analyses publiées par *Shukoff* et *Scheslakoff* sont en parfait accord avec les résultats obtenus par d'autres méthodes, tandis que les autres observateurs cités obtiennent des résultats trop élevés. Ceci peut être dû à la présence de matières étrangères dans l'acétone servant à l'extraction. Si le temps que nécessite un dosage par cette méthode est un peu long pour l'analyse industrielle, cette méthode n'en reste pas moins utile dans les cas où l'on désire isoler la glycérine.

La méthode de *Shukoff* et *Scheslakoff* ne paraît cependant pas devoir devenir d'une application générale [1] et la plupart des déterminations commerciales se font encore par les méthodes indirectes.

2. *Dosage de la glycérine par les procédés d'oxydation*

En oxydant la glycérine par le permanganate de potassium en solution fortement alcaline, à la température ordinaire, elle se transforme quantitativement en acide oxalique, acide carbonique et eau, suivant l'équation suivante :

$$C^3H^8O^3 + 3O^2 = C^2H^2O^4 + CO^2 + 3H^2O.$$

Cette réaction, proposée d'abord par *Wanklyn* et *Fox* [2], a été amenée à l'état de méthode quantitative par *Benedikt* et *Zgismondy* [3] sous la forme suivante :

On saponifie 2 à 3 gr. de corps gras par la potasse caustique et l'alcool méthylique pur ; on évapore celui-ci, dissout le savon dans

1. Cf. Fachini et Dorta, *Boll. Chim. Farm.*, 1910 (49), 237; Beis, *Bull. Soc. Chim.*, 1912 (11), 618.
2. *Chem. News*, 53, 15.
3. *Chem. Zeitg.*, 1885, 975.

l'eau chaude et le décompose par l'acide chlorhydrique étendu. On chauffe jusqu'à ce que les acides gras mis en liberté se séparent en une couche huileuse limpide. Dans le cas des corps gras liquides, on se trouve bien d'ajouter un peu de paraffine pour former un gâteau solide par refroidissement. On filtre dans une grande fiole pour séparer les acides gras, on les lave bien et on neutralise le liquide filtré par la potasse caustique, avec le méthylorange comme indicateur. On ajoute 10 gr. de potasse caustique en bâtons et du permanganate de potasse en solution à 5 0/0 jusqu'à ce que la couleur de la liqueur n'apparaisse plus verte, mais violacée ou noirâtre. On peut employer aussi du permanganate de potassium en cristaux, finement pulvérisés, au lieu d'une solution. On porte le liquide à l'ébullition [1], l'hydrate de bioxyde de manganèse se sépare et la solution devient rouge ; on la décolore en ajoutant avec précaution la quantité d'acide sulfureux en solution, strictement nécessaire pour réduire l'excès de permanganate, en faisant attention que la solution reste toujours fortement alcaline. On filtre sur un filtre plat de dimensions suffisantes pour recevoir au moins la moitié du liquide, et on lave bien le précipité à l'eau bouillante. Il peut arriver que quelques traces de bioxyde de manganèse hydraté passent à travers le filtre avec les derniers lavages, mais l'exactitude du dosage n'en est pas affectée.

On acidifie le liquide filtré par l'acide acétique, ce qui produit un dégagement d'acide sulfureux suffisant pour réduire le bioxyde de manganèse qui a passé, on chauffe les 600 à 1000 cc. de solution près de l'ébullition et on précipite par 10 cc. de chlorure ou d'acétate de calcium à 10-12 0/0. (Si l'on emploie davantage de sel de calcium, les quantités considérables de sulfate de calcium précipité entraînent des erreurs dans la détermination.) Le précipité contient de l'acide silicique mélangé à l'oxalate de calcium, ce qui ne permet pas de déterminer l'acide oxalique par pesée du carbonate (ou de l'oxyde) de calcium obtenu en calcinant le précipité. L'acide oxalique doit donc être déterminé volumétriquement ou d'après l'alcalinité du résidu calciné. Dans ce dernier cas, on dissout le résidu calciné dans l'acide chlorhydrique demi-normal exactement mesuré

1. Il n'est pas recommandable de maintenir la solution à l'ébullition pendant quelque temps.

et on titre l'excès d'acide non saturé par la soude demi-normale, avec le méthylorange comme indicateur. 80 parties d'hydrate de sodium correspondent à 92 de glycérine [1].

Allen [2] a quelque peu modifié ce procédé et propose le *modus operandi* suivant :

On saponifie le corps gras avec la potasse caustique aqueuse dans une fiole fermée. L'oxydation s'effectue comme ci-dessus, mais on réduit l'excès de permanganate par le sulfite de sodium. On verse ensuite le liquide contenant le précipité de bioxyde de manganèse hydraté dans une fiole jaugée de 500 cc., on complète à 500 cc. et on ajoute 15 cc. d'eau chaude au-dessus du trait pour tenir compte du volume du précipité et de la dilatation du liquide. On verse la liqueur sur un filtre sec, on mesure exactement 400 cc. du liquide filtré refroidi, on acidule par l'acide acétique et précipite par le chlorure de calcium. On filtre pour séparer le précipité, on lave celui-ci et on le fait tomber dans une capsule de porcelaine après avoir crevé le filtre. On ferme l'entonnoir avec un tampon et remplit le filtre avec de l'acide sulfurique étendu, qu'on laisse écouler dans le capsule après quelques minutes. On ajoute une quantité d'acide sulfurique suffisante pour amener la quantité totale employée à être équivalente à 10 cc. d'acide concentré, on chauffe la solution à 60° et titre par le permanganate de potassium. Avec du permanganate décinormal, chaque centimètre cube représente 0,0045 gr. d'acide oxalique $C^2H^2O^4$ ou 0,0046 gr. de glycérine.

Voici encore quelques détails relatifs à ce procédé : on emploie l'alcool méthylique au lieu d'alcool éthylique, car ce dernier peut, dans certaines conditions de concentration et pour une certaine proportion d'alcali, donner naissance à de l'acide oxalique. Les erreurs provenant de cette cause s'ajoutent à celles résultant de la quantité d'alcool retenu par le savon malgré l'évaporation. D'autre part, si l'on veut obtenir l'élimination complète de l'alcool par évaporation prolongée de la solution de savon, des pertes de glycérine peuvent se produire.

Le liquide oxydé contient, en outre de la glycérine, tous les

1. Cf. aussi Beythien, *Zeits. f. Unters. d. Nahr. u. Genussm.*, 1911 (XXI), 673.
2. *Commercial Organic Analysis*, II, 290.

acides gras solubles combinés primitivement à elle-même dans le corps gras. En suivant rigoureusement les instructions données, il ne se forme ni acide oxalique, ni aucun autre acide organique donnant un sel de calcium insoluble dans l'acide acétique ; on peut donc sûrement conclure que la présence des acides gras solubles n'affecte nullement l'exactitude du dosage de la glycérine. *Johnstone* [1], il est vrai, affirme qu'en présence de l'acide butyrique, le procédé est inapplicable, cet acide étant presque entièrement converti en acide oxalique, mais *Hehner* aussi bien que *Mangold*[2], ont montré que dans les conditions indiquées par *Benedikt* et *Zsigmondy* il ne se forme pas d'acide oxalique. L'erreur de *Johnstone* peut être expliquée par une observation de *Berthelot*, vérifiée par *Mangold*, montrant que l'acide butyrique donne de l'acide oxalique par ébullition avec un excès de permanganate de potassium pendant un temps considérable.

Il faut éviter un excès d'acide sulfureux, car celui-ci, en présence du bioxyde de manganèse hydraté, oxyde l'acide oxalique formé ; on évite cette cause d'erreur en employant, comme l'a proposé *Allen*, du sulfite de soude au lieu d'acide sulfureux. Si le bioxyde de manganèse est éliminé par filtration et la solution acidifiée par l'acide acétique, aucune action ne s'exerce sur l'acide oxalique. Mais de petites quantités de bioxyde de manganèse traversent toujours le filtre à la fin du lavage et sont réduites par l'acide sulfureux mis en liberté par l'acide acétique ; de plus, de petites quantités de sulfate de calcium peuvent être mélangées avec l'oxalate précipité : le mieux est donc d'éviter l'emploi de l'acide sulfureux ou d'un sulfite.

Herbig [3] remplace le sulfite par le peroxyde d'hydrogène (eau oxygénée) ; il recommande aussi d'employer une plus petite quantité de permanganate. La méthode d'*Herbig* a été examinée par *Mangold* [4], qui a recommandé la modification suivante du procédé de *Benedikt-Zsigmondy* comme donnant des résultats sûrs :

On saponifie 2 à 4 gr. de corps gras ; on étend à 300 cc. le liquide

1. *Journ. Soc. Chem. Ind.*, 1891, 204.
2. *Zeits, f. angew. Chem.*, 1891, 400.
3. *Dissert.*, Leipzig, 1890.
4. *Zeits. f. angew. Chem.*, 1891, 400.

séparé par filtration des acides gras, et on l'introduit dans un ballon d'un litre avec 10 gr. de potasse caustique et une quantité de permanganate de potassium en solution à 5 0/0 correspondant à *une fois et demie* la quantité théoriquement nécessaire à l'oxydation de la glycérine (il faut 6,87 parties de MnO^4K pour *une* partie de $C^3H^8O^3$). Cette opération se fait à *froid* en agitant constamment ; on abandonne au repos pendant une demi-heure à la température ordinaire, et on ajoute une quantité de peroxyde d'hydrogène suffisante (sans grand excès) pour décolorer complètement le liquide. On complète à 1.000 cc., on agite et filtre 500 cc. sur un filtre sec. On fait bouillir le liquide filtré une demi-heure pour décomposer tout le peroxyde d'hydrogène, on laisse refroidir à 60°, on acidifie avec l'acide sulfurique et titre avec une liqueur titrée de permanganate de potassium. Dans un travail plus récent [1], *Herbig* a montré que l'on devait éviter l'emploi de tout bouchon ou tout tube de caoutchouc dans les appareils, car le caoutchouc peut donner naissance à un peu d'acide oxalique.

Si la solution de glycérine fournie par la saponification d'un corps gras renferme d'autres substances donnant de l'acide oxalique par oxydation, la méthode de *Benedikt* et *Zsigmondy* est évidemment inapplicable. Or, les solutions de glycérine provenant de la saponification des huiles et graisses commerciales sont toujours plus ou moins souillées d'impuretés susceptibles de se transformer, ou non, en acide oxalique. Cette incertitude enlève à la méthode d'oxydation par le permanganate beaucoup de son intérêt.

Encore plus incertaines sont les méthodes d'oxydation de la glycérine par le permanganate en solution acide, dans lesquelles la glycérine est réduite en acide carbonique et eau, suivant l'équation suivante :

$$C^3H^8O^3 + 7O = 3CO^2 + 4H^2O.$$

Ces méthodes donnent des résultats exacts dans le cas de glycérines chimiquement pures ; mais, dans tous les autres cas, elles sont tellement inexactes qu'il paraît inutile de décrire ici les méthodes basées sur ce principe.

1. *Chem. Revue*, 1903, 9.

Dans la méthode de *Benedikt-Zsigmondy*, en effet, on n'a des résultats erronés qu'en présence de matières organiques donnant de l'acide oxalique par oxydation, tandis que l'oxydation en solution acide multiplie les causes d'erreur, car toutes les matières organiques présentes donnent ainsi de l'acide carbonique et rendent, par suite, la détermination pratiquement inutile.

Sur un principe identique (oxydation en milieu acide) sont basées les méthodes d'oxydation de la glycérine par le bichromate de potassium. Comme l'emploi de ce dernier permet aisément l'application des méthodes volumétriques, l'oxydation par le bichromate a été recommandée par plusieurs chimistes.

Un tel procédé est en usage — à défaut de meilleur — pour le dosage commercial de la glycérine dans les lessives de savonneries (Voir chap. xv).

D'autres agents oxydants ont été proposés par *Chaumeil* (acide iodique) ; *Gailhal* (permanganate de potassium en présence de sulfate de manganèse), et par *Henkel* et *Roth* [1] (acide chromique.) Les mêmes critiques s'appliquent à ces méthodes (*Lewkowitsch* [2]).

3. *Dosage de la glycérine par la triacétine*

La saponification d'un corps gras donnant nécessairement de la glycérine plus ou moins impure, *Lewkowitsch* [3] recommande de préparer la glycérine brute de la même manière que dans l'industrie et de déterminer exactement la proportion de glycérine par le procédé de la triacétine de *Benedikt* et *Cantor* [4].

On saponifie de la manière habituelle 20 gr. de corps gras et on évapore l'alcool au bain-marie. On décompose le savon restant par l'acide sulfurique étendu et on sépare par filtration les acides gras mis en liberté. On neutralise le liquide filtré par un excès de carbonate de baryum et le chauffe au bain-marie jusqu'à ce que la plus grande partie de l'eau soit évaporée. On épuise le résidu par

1. *Zeits. f. angew. Chem.*, 1905, 1936.
2. *Analyst*, 1903, 307.
3. *Chem. Zeit.* 1889, 659.
4. *Journ. Soc. Chem. Ind.*, 1888, 696 ; cf. aussi Lewkowitsch, *Ibidem*, 1889 ; 574 ; *Chem. Zeit.*, 1889, 13, 93, 191, 659 ; Hehner, *Journ. Soc. Chem. Ind.*, 1889, 6.

un mélange d'alcool et d'éther, on évapore la plus grande partie de l'alcool-éther de la solution en chauffant doucement au bain-marie, on sèche le résidu et on le pèse. Il n'est pas nécessaire de dessécher jusqu'à poids constant, puisque la glycérine existante est dosée dans le produit brut par la méthode de la triacétine.

Ce procédé est basé sur la transformation quantitative de la glycérine en triacétine (p. 631), en chauffant la glycérine concentrée avec l'anhydride acétique. Si l'on dissout dans l'eau le produit de la réaction et qu'on neutralise exactement l'acide acétique libre, la triacétine dissoute peut être dosée en la saponifiant par un volume connu d'alcali titré et en titrant l'excès de ce dernier. Les solutions nécessaires sont les suivantes :

1° Acide chlorhydrique normal ou demi-normal (*exactement titré*).

2° Soude caustique étendue, contenant environ 20 gr. de NaOH dans 1.000 cc. ; le titre exact n'est pas nécessaire ;

3° Une solution de soude caustique à 10 0/0.

Les solutions 2 et 3 sont conservées dans de grands flacons, reliés au moyen de siphons avec les burettes, de sorte que le remplissage de ces dernières peut se faire automatiquement. Pour empêcher l'absorption de l'acide carbonique de l'air, les flacons sont munis de tubes à chaux sodée à travers lesquels l'air doit passer.

Le dosage de la glycérine s'opère de la façon suivante :

On chauffe 1,5 gr. de glycérine brute pesée exactement avec 7 à 8 cc. d'anhydride acétique et 3 gr. d'acétate de sodium anhydre (préalablement desséché à l'étuve), pendant une heure et demie, dans un ballon à fond rond de 100 cc., relié à un réfrigérant ascendant. On laisse refroidir un peu le mélange, et l'on y ajoute 50 cc. d'eau chaude qu'on introduit par le tube du réfrigérant ; on agite le ballon pour dissoudre la triacétine formée et, s'il est nécessaire, on peut chauffer légèrement son contenu sans atteindre l'ébullition. Toutes ces opérations doivent s'effectuer pendant que le ballon est encore relié au réfrigérant, car la triacétine est entraînée par la vapeur d'eau. On filtre la solution dans un flacon à large goulot de 500-600 cc., pour la séparer d'un précipité floconneux contenant la plupart des impuretés de la glycérine brute et on l'abandonne ***à refroidir*** à la température ordinaire. On ajoute de la phénolphtaléine et on neutralise exactement l'acide acétique libre par la liqueur de soude caustique étendue. La solution doit être agitée continuellement pendant l'écoulement de la soude pour qu'il ne puisse y avoir d'excès local d'alcali. Le point de neutralité est atteint quand la couleur légèrement jaunâtre de la solution vire exactement au jaune rougeâtre ; si la liqueur devient rose, le point de neutralité a été dépassé et un nouvel essai doit être fait ; on ne peut pas, en effet, titrer l'excès de soude, car une saponification partielle de l'acétine s'opère en présence du plus léger excès d'alcali. Le changement de couleur est très caractéristique et on le reconnaît facilement avec un peu de pratique.

On ajoute encore 25 cc. de liqueur de soude forte et on fait bouillir la solution pendant un quart d'heure ; on titre enfin l'excès de soude avec la liqueur acide titrée. En même temps et en opérant de la même manière, on fait bouillir 25 cc. de lessive de soude forte qu'on titre exactement. La différence entre les deux titrages correspond à la quantité d'alcali nécessaire à la saponification de la triacétine. On peut en déduire la quantité de glycérine par le calcul suivant : Supposons qu'on ait traité 1,324 gr. de corps gras. Les 25 cc. de lessive forte demandent 60,5 cc. d'acide chlorhydrique normal et le titrage de l'excès de soude nécessite 21,5 cc. d'où 60,5 — 21,5 = 39,0 cc. ont été employés à la saponification de la triacétine. 1 cc. d'acide normal correspond à 0,092 = 0,03067 gr. de glycérine ; l'échantillon contient donc 0,03067 × 39 = 1,1960 gr. ou 90,3 0/0 de glycérine.

D'après ce pourcentage, on calcule ensuite la glycérine pure de la glycérine brute obtenue en saponifiant la quantité primitive de 20 gr. de corps gras.

4. *Dosage de la glycérine à l'état d'iodure d'isopropyle*

Zeisel et *Fanto*[1] ont proposé de déterminer la glycérine en la transformant en iodure d'isopropyle. La méthode est basée sur la réaction exprimée par l'équation suivante :

$$C^3H^5(OH)^3 + 5HI = C^3H^7I + 3H^2O + 2I^2.$$

1. *Zeit. f. d. Landwirthsch. Versuchswesen in Oest.*, 1902.

La glycérine est convertie en iodure d'isopropyle au moyen de l'acide iodhydrique de densité 1,7 (ou même 1,9), et l'iodure formé est distillé et reçu dans une solution alcoolique de nitrate d'argent. L'iode qui s'est formé en même temps est retenu par du phosphore rouge. On précipite l'iodure d'argent de la solution de nitrate d'argent, on le pèse et chaque molécule d'AgI correspond à 1 molécule de glycérine.

L'essai s'effectue dans un appareil spécial.

Lewkowitsch[1] a fait deux séries d'essais sur la glycérine brute à 80 0/0, mais les résultats obtenus sont tellement au-dessous de la vérité que cette méthode ne peut pas être recommandée.

D'autres observateurs ont indiqué que l'on obtient des résultats satisfaisants tant que la solution de glycérine présente une dilution élevée.

Ceci s'applique particulièrement au dosage de la glycérine dans les liqueurs fermentées où l'on peut constater une concordance très satisfaisante dans les résultats d'analyse en double publiés ; cependant, en l'absence d'autre contrôle, la concordance d'analyses en double ne suffit pas à démontrer l'exactitude du résultat lui-même.

Fanto[2] a essayé de justifier la méthode précédente par un certain nombre de déterminations de glycérine dans les corps gras faites par un procédé quelque peu modifié. Il saponifie 10 gr. de corps gras et étend la solution de glycérine à 100 cc. dont il prélève 5 cc. pour la détermination. On opère donc seulement sur 0,05 gr. de glycérine et toute erreur est de ce fait multipliée par 20 ; dans ces conditions, on ne saurait accorder une grande confiance aux résultats apparemment exacts fournis par cette méthode.

Plus récemment, *R. Wilstätter* et *A. Madinaveilia*[3] ont expérimenté la méthode de *Zeisel* et *Fanto* en opérant sur 20 gr. de corps gras et avec de l'acide iodhydrique de poids spécifique 1,9. D'après ces auteurs, avec l'acide iodhydrique de densité 1,7, l'hydrolyse des corps gras est incomplète et, par suite, la proportion de glycérine trouvée trop faible. Par contre, avec de l'acide iodhydrique de

1. *Analyst*, 1903, 108; cf. Buchner et Meisenheimer, *Berichte*, 1906, 3211; *Beihefte zu Veroffentl. d. Kais. Gesundheits.*, Berlin, 1911, 19.
2. *Zeits. f. ang. Chem.*, 1904, 420.
3. *Berichte*, 1912, 2825.

densité 1,8 et avec un poids de corps gras ne dépassant pas 0,15 à 0,35, les résultats seraient tout à fait dignes de confiance. A l'appui *Wilstätter* et *A. Madinaveilia* citent les dosages de glycérine effectués sur des échantillons de tristéarine et de trioléine, sur la pureté desquelles aucune indication n'est fournie d'ailleurs. Ces résultats représentent de 95,6 à 98,7 0/0 des quantités théoriques et il n'en peut guère être autrement avec la multiplication des erreurs d'analyses par des facteurs compris entre 300 et 600 que comporte la méthode. Les mêmes auteurs donnent encore comme confirmation deux analyses de glycérine de l'huile de sésame et de la margarine, qui ne prouvent rien, la composition de divers échantillons d'huiles de sésame comportant certains écarts ; en outre la quantité de glycérine trouvée est véritablement trop faible. Quant à la margarine, sa composition subit de telles variations que les résultats qui s'y rapportent sont à écarter, lors même que la différence entre deux dosages ne dépasse pas 6,4 0/0.

En définitive, la méthode de *Zeisel-Fanto* est trop laborieuse et comporte trop de risques de multiplication des inévitables petites erreurs de l'analyse par des facteurs élevés pour qu'on puisse en recommander l'application d'une façon générale.

Il est possible qu'elle donne de bons résultats avec des glycérines chimiquement pures, mais l'on dispose, dans ce cas, de méthodes plus rapides (chap. xv).

5. On a encore proposé une autre méthode de dosage de la glycérine en précipitant celle-ci sous forme de glycérate monosodique ; en raison de l'intérêt limité de ce procédé, on consultera à ce sujet, le mémoire original[1].

6. *Buisine*[2] a recommandé le dosage de la glycérine par le même procédé qu'il a élaboré pour la détermination des alcools supérieurs dans la cire d'abeilles (voir chap. ix). Mais, en présence des autres méthodes qui ont résisté à l'épreuve de l'expérience, celle-ci est évidemment trop laborieuse pour entrer dans la pratique.

1. H. Bull., *Chem. Zeit.*, 1916, 690.
2. *Comptes Rendus*, 1903 (136), 1082.

3. Diglycérides et monoglycérides.

La présence de glycérides inférieurs dans les corps gras n'a été démontrée jusqu'ici d'une façon directe que dans le seul cas de la « margarine ou stéarine » de l'huile de colza, la diérucine ayant été isolée d'une huile de colza rance (Cf. chap. I).

On a indiqué (Cf. chap. I) que l'on peut s'attendre à trouver les di- et monoglycérides dans les huiles et graisses renfermant de petites quantités d'acides gras libres. *Lewkowitsch* a montré qu'il en est bien ainsi, en établissant d'une manière indirecte la présence des di- et monoglycérides dans les corps gras partiellement saponifiés (chap. II).

Pour rechercher les di- ou monoglycérides dans un corps gras, *Lewkowitsch* fait bouillir une certaine quantité exactement pesée de corps gras avec l'anhydride acétique et lave le produit de la réaction à l'eau bouillante jusqu'à neutralité. En présence de notables quantités de di- et monoglycérides, on constate une augmentation de poids ; celle-ci est due à la fixation d'un ou deux groupes acétyles respectivement par molécule de di- ou monoglycéride, comme le montrent les équations suivantes :

$$C^3H^5\begin{matrix}OH\\(OR)^2\end{matrix} + (CH^3CO)^2O = C^3H^5\begin{matrix}O\text{-}COCH^3\\(OR)^2\end{matrix} + CH^3COOH\,; \qquad (1)$$

$$C^3H^5\begin{matrix}(OH)^2\\OR\end{matrix} + 2(CH^3CO)^2O = C^3H^5\begin{matrix}(O\text{-}COCH^3)^2\\OR\end{matrix} + 2CH^3COOH. \qquad (2)$$

Si la détermination quantitative est faite avec soin, dans le cas d'un di- ou monoglycéride *pur*, son poids moléculaire peut être calculé d'après l'augmentation de poids. Ainsi, pour prendre un exemple, si, en pesant à nouveau a grammes d'un diglycéride pur, on trouve une augmentation de poids i, on a la proportion suivante :

$$a : a + i = M : M + 42,$$

où M est le poids moléculaire du glycéride et M + 42 le poids moléculaire du triglycéride formé par fixation d'un groupe C^2H^2O (= 42).

La proportion ci-dessus s'exprime encore par l'expression :

$$a(M + 42) = M(a + i),$$

d'où

$$M = \frac{42a}{i}.$$

En général, cependant, le diglycéride ne constitue qu'une petite proportion du corps gras examiné. Si sa constitution chimique est connue, la quantité absolue de diglycéride présente peut être calculée à l'aide de l'équation :

$$a = \frac{Mi}{42}.$$

Ainsi, si b grammes de corps gras, contenant un diglycéride a de poids moléculaire connu M, donnent par une nouvelle pesée après acétylation, une augmentation de poids i, le pourcentage de diglycéride dans l'échantillon sera donné par la proportion :

$$b : \frac{Mi}{42} = 100 : x,$$

d'où

$$x = \frac{100Mi}{42b}.$$

La proportion de diglycéride peut encore être trouvée volumétriquement si le poids moléculaire du diglycéride est connu. Si M est le poids moléculaire du diglycéride, K l'indice de saponification du corps gras examiné et C l'indice de saponification du produit acétylé, le pourcentage du diglycéride D peut être calculé par la formule suivante (56,1 étant le poids moléculaire de KOH et 42 celui de C^2H^2O) :

$$D = \frac{100(C - K)M.(M + 42)}{56,1(M - 84)},$$

à laquelle on arrive de la façon suivante : M gr. de diglycéride nécessitent $2 \times 56,1$ gr. de KOH pour leur saponification ; $M + 42$ gr. de triglycéride obtenu par acétylation exigent $3 \times 56,1$ gr. de KOH. Donc, 1 gr. de diglycéride nécessite $\frac{2 \times 56,1}{M}$, et 1 gr. de triglycéride $\frac{3 \times 56,1}{M + 42}$.

La différence :

$$\frac{3 \times 56,1}{M + 42} - \frac{2 \times 56,1}{M} = \frac{56,1\,(M - 2 \times 42)}{M\,(M + 42)},$$

sera, pour un diglycéride pur, pratiquement égale à C — K, d'où :

$$D = \frac{100\,(C - K)\,M.\,(M + 42)}{56,1\,(M - 2 \times 42)}.$$

Ainsi, si l'on veut déterminer la proportion de diérucine, $C^3H^5 \begin{smallmatrix}(O^2C^{22}H^{41})^2 \\ OH\end{smallmatrix}$ (M = 732), dans une margarine de colza, et qu'on trouve K = 158,4 pour l'indice de saponification de cette dernière et C = 182,2 pour la margarine acétylée, on a, puisque C — K = 21,8 :

$$D = \frac{100 \times 21,8 \times 732 \times 774}{56,1 \times (732 - 84)} = 34.$$

Ce calcul se justifie de la manière suivante :

L'indice de saponification de la diérucine pure, $C^3H^5(OC^{22}H^{41}O)^2$ (OH) est 153,3, celui de la diérucine acétylée $C^3H^5(OC^{22}H^{41}O)^2$ (OC^2H^3O) est 217,4. La différence est 217,4 — 153,3 = 64,1 ; on a trouvé C — K = 21,8, donc :

$$D = \frac{21,8 \times 100}{64,1} = 34.$$

Si le corps gras examiné renferme une quantité d'acides gras libres considérable, les anhydrides de ces acides gras peuvent se former pendant l'acétylation, déterminant ainsi une diminution de poids ; celle-ci peut, cependant, être masquée par une augmentation simultanée due à la présence de petites quantités de di- et monoglycérides.

Comme l'hydrolyse complète des anhydrides ainsi formés pendant l'acétylation ne s'effectue pas facilement, pour éviter leur formation il est nécessaire d'éliminer les acides gras libres, quand ils sont en proportion considérable, en les transformant en sels de potassium par saturation avec une liqueur titrée, avec la phénolphtaléine comme indicateur, après quoi on extrait les glycérides avec l'éther.

Si les acides gras libres renferment des acides solubles, et qu'en même temps la quantité totale d'acides libres soit peu considérable, on lavera simplement le corps gras à l'eau chaude jusqu'à ce que les acides solubles soient éliminés.

Il est bien entendu que les calculs précédents ne s'appliquent qu'en l'absence d'acides gras libres et de monoglycérides.

Comme les glycérides des acides gras hydroxylés fixent aussi le groupe acétyle par action de l'anhydride acétique, il est nécessaire, en présence de tels glycérides, de préparer les acides gras insolubles et de déterminer leur indice d'acétyle ; la difficulté résultant de la présence des glycérides inférieurs disparaît ainsi en même temps.

L'indice d'acétyle des acides gras donne une mesure de la quantité d'acides hydroxylés (chap. VIII) et en adoptant pour ceux-ci le poids moléculaire le plus probable, on peut en déduire leur poids absolu et calculer la quantité de glycérides correspondants.

Les corps gras contenant des quantités notables de mono- et diglycérides donnent des indices de saponification plus élevés que les triglycérides correspondants, et par suite, des proportions d'acides gras insolubles plus faibles. C'est ce que l'on verra par les tables donnant les indices respectifs des mono- et diglycérides.

La diminution de la proportion d'acides gras insolubles est encore plus marquée quand les corps gras sont acétylés (tandis qu'au contraire l'indice de saponification s'élève), comme le montre la table suivante, dans laquelle on a rapporté les indices correspondants pour les trois plus importants mono- et diglycérides :

GLYCÉRIDE de L'ACIDE	FORMULE	POIDS MOLÉCULAIRE	INDICE de SAPONIFICATION	ACIDES GRAS INSOLUBLES 0/0
	MONOGLYCÉRIDE ACÉTYLÉ			
Palmitique....	$C^3H^5(O\text{-}C^2H^3O)^2O\text{-}C^{16}H^{31}O$	414	406,6	61,83
Stéarique.....	$C^3H^5(O\text{-}C^2H^3O)^2O\text{-}C^{18}H^{35}O$	442	380,8	64,26
Oléique.......	$C^3H^5(O\text{-}C^2H^3O)^2O\text{-}C^{18}H^{33}O$	440	382,4	64,07
	DIGLYCÉRIDE ACÉTYLÉ			
Palmitique....	$C^3H^5(O\text{-}C^2H^3O)(O\text{-}C^{16}H^{31}O)^2$	610	276,0	83,92
Stéarique.....	$C^3H^5(O\text{-}C^2H^3O)(O\text{-}C^{18}H^{35}O)^2$	666	252,7	85,28
Oléique.......	$C^3H^5(O\text{-}C^2H^3O)(O\text{-}C^{18}H^{33}O)^2$	662	254,3	85,18
	TRIGLYCÉRIDE			
Palmitique....	$C^3H^5(O\text{-}C^{16}H^{31}O)^3$	806	208,8	95,29
Stéarique.....	$C^3H^5(O\text{-}C^{18}H^{35}O)^3$	890	189,1	95,73
Oléique.......	$C^3H^5(O\text{-}C^{18}H^{33}O)^3$	884	190,4	95,70

En pratique, cependant, on ne peut généralement pas déduire d'indications précises des indices de saponification et des proportions d'acides insolubles fournis par les produits acétylés, car, en présence de petites quantités de mono- et diglycérides, les différences peuvent se confondre avec les erreurs inhérentes à la méthode.

Les mêmes réserves s'appliquent *a fortiori* à la formule donnée par *Freundlich* [1], pour le calcul de la proportion de diglycérides dans les corps gras contenant des acides ou glycérides hydroxylés, sans avoir recours à l'acétylation. L'emploi de cette formule pourrait conduire à des conclusions injustifiées, si par suite d'erreurs expérimentales inévitables on trouvait des chiffres faibles dans la détermination des acides gras insolubles. C'est pourquoi l'on a négligé ici la formule de *Freundlich* [2].

4. Matières insaponifiables.

Comme beaucoup d'expressions empruntées à la pratique, le terme de « matières insaponifiables » est assez ambigu.

1. *Chem. Zeit.*, 1901, 1129.
2. Cf. *Jahrbuch der Chemie*, 1900, 361.

Nous comprenons ici sous le nom de « matières insaponifiables » toutes les substances insolubles dans l'eau ou qui ne se combinent pas aux alcalis caustiques pour former des savons solubles. Strictement parlant, la glycérine elle-même n'étant pas saponifiable par les alcalis — de même que les alcools des cires — est « insaponifiable », et dans le sens strict les acides gras seuls sont complètement saponifiables, mais non les corps gras neutres, qui contiennent, comme l'on sait, environ 5 0/0 de radical C^3H^2, base de la glycérine. Cependant, la glycérine étant soluble dans l'eau ne doit pas être comprise parmi les « matières insaponifiables », et par suite, dans un sens plus large, les corps gras neutres eux-mêmes doivent être considérés comme complètement saponifiables.

La plupart des corps gras contiennent, à l'état naturel, de petites quantités de matières insaponifiables, constituées en grande partie, par le phytostérol pour les corps gras végétaux et par le cholestérol pour les corps gras animaux. A côté de ces deux corps caractéristiques, il en existe d'autres sur la nature desquels on n'est pas encore complètement édifié, telles que de petites quantités de matières résineuses et colorantes. Des hydrocarbures ont été identifiés dans les matières insaponifiables de l'huile de chrysalide, des huiles de foies des squales (et particulièrement du requin), du beurre de cacao, de l'huile de laurier et du beurre de kôsam (Cf. chap. XIV).

Les cires, quoique hydrolysées complètement par ébullition avec la potasse alcoolique, sont quelquefois dites insaponifiables, en raison de la proportion considérable d'alcools « insaponifiables » insolubles dans l'eau (en outre des hydrocarbures) qu'elles donnent.

Les cires commerciales peuvent aussi renfermer des proportions considérables d'alcools libres ainsi que des hydrocarbures (Cf. chap. XIV), qui constituent des *matières insaponifiables* dans le vrai sens de la définition ci-dessus.

Nous n'examinerons ici que la séparation et la détermination quantitative des matières insaponifiables dans les produits naturels. L'étude des matières insaponifiables isolées sera faite dans le chapitre IX.

Pour la détermination des matières insaponifiables, les huiles ou les graisses doivent être saponifiées de la manière décrite à l'article *Indice de saponification*. Aussi, trouvera-t-on commode quelquefois de combiner la détermination de l'indice de saponification avec celle des matières insaponifiables. Toutefois, comme la quantité des corps gras nécessaire pour la détermination exacte des matières insaponifiables est beaucoup plus grande que celle emploployée habituellement pour la détermination de l'indice de saponification, c'est de la quantité de matière première employée pour la saponification que dépendra la combinaison des deux déterminations. Si l'on a fait deux ou trois déterminations séparées de l'indice de saponification, la quantité de matières grasse suffira pour la détermination exacte des insaponifiables, car il n'est pas sûr d'employer moins de 5 gr. de substance pour cette opération.

Les « insaponifiables » sont ordinairement dissoutes dans la solution de savon après la saponification ; cependant, si la quantité d'insaponifiables est plus grande qu'à l'ordinaire, ces matières produisent un trouble dans la solution de savon (émulsion) ou même se rassemblent et flottent à la partie supérieure de celle-ci.

La séparation des insaponifiables est basée sur leur solubilité facile dans l'éther, l'éther de pétrole et d'autres dissolvants, en regard de l'insolubilité pratiquement complète du savon dans ces mêmes dissolvants, que le savon soit dissous dans l'eau ou l'alcool étendu ou qu'il soit amené à l'état sec. Il en résulte que deux procédés se présentent d'eux-mêmes : 1° l'extraction de la solution de savon par l'éther ou tout autre dissolvant ; 2° l'épuisement de la masse sèche de savon par les dissolvants.

1° *Extraction de la solution de savon par les dissolvants*

L'extraction des insaponifiables s'effectue par l'agitation répétée de la masse saponifiée dissoute dans une quantité d'eau suffisante, avec l'éther ou l'éther de pétrole, suivie de la séparation des deux couches au moyen d'un entonnoir à décantation. On élimine les petites quantités de savon qui ont passé dans le dissolvant, en lavant l'extrait éthéré à l'eau. *H. Schwarz*[1] et *Neumann*[2], *Fiske*[3],

1. *Zeits. f. analyt. Chemie*, 23, 368.
2. *Berichte*, 1885 (18), 3061.
3. *Amer. Chem. Journ.*, 1909, 510; *Journ. Soc. Chem. Ind.*, 1909, 817; *Chem. Zeit.*, 1910, 1366.

Heiduschka et *Glolh*[1], *Bacon* et *Dunbard*[2] ont indiqué des appareils spéciaux pour l'extraction, mais leur emploi pour l'analyse des corps gras n'est pas recommandable.

Quant au choix du dissolvant, il est toujours plus *sûr* d'employer l'éther ordinaire plutôt que l'éther de pétrole, quoiqu'il entraîne généralement de plus grandes quantités de savon que ce dernier. C'est ainsi qu'avec l'éther de pétrole, employé avec l'huile de foie de requin et quelques huiles de baleine, *Lewkowitsch*[3] a obtenu des résultats très capricieux, tous trop faibles — ce qui est dû, sans doute, à ce que l' « insaponifiable » de ces huiles (cholestérol) est très peu soluble dans l'éther de pétrole[4] — tandis que l'éther ordinaire donnait des résultats constants. Il faut apporter une grande attention au fait que la solubilité des savons dans l'éther et l'éther de pétrole augmente en présence des hydrocarbures et des alcools des cires ; dans une analyse précise, il est donc nécessaire, après évaporation du solvant, d'agiter avec un peu d'eau chaude la masse d'insaponifiables extraite, et de l'extraire à nouveau avec l'éther ou l'éther de pétrole. *Lewkowitsch*[5] recommande d'incinérer l'extrait ; un résidu qui donne une réaction alcaline en le traitant par un peu d'eau indique la présence de savon dans les matières insaponifiables. Par titrage avec une liqueur acide, on détermine la quantité d'alcali et le savon peut être ainsi calculé approximativement.

Si les solutions de savon sont neutres, en les étendant d'eau, une légère hydrolyse se produit et des « savons acides », comme le bistéarate de sodium se forment (voir chap. III). Ces savons sont un peu solubles dans l'éther ; il est donc prudent, avec l'éther, d'avoir des solutions de savon fortement alcalines, c'est-à-dire contenant un excès d'alcali. L'éther de pétrole, de son côté, dissout plus facilement les savons alcalins, tandis que les savons neutres sont presque insolubles dans ce dissolvant.

1. *Pharm. Zentralh.*, 1907, n° 17.
2. *Journ. Ind. and Eng. Chem.*, 1911, 930.
3. *Journ. Soc. Chem. Ind.*, 1896, 14.
4. Shukoff et Schestakoff (*Chem. Zeitg.*, 1898, 145) confirment le même fait pour le cholestérol (dans le cas des suifs d'os), qui est facilement extrait par l'éther, mais moins facilement par l'éther de pétrole, surtout quand (comme dans le procédé de Morawski et Demski) la solution de savon contient de l'alcool. *Cf.* aussi Meyer, *Chem. Zeitg.*, 1907, 423.
5. *Journ. Soc. Chem. Ind.*, 1892, 139 ; 1896, 14.

Il arrive souvent que la séparation nette en deux couches bien définies ne s'opère pas facilement, l'émulsion formée par l'agitation demandant un temps très long pour se séparer, si même elle se sépare quelque peu, ce qui est le cas des cires et notamment celui de la suintine. Dans ce cas, si l'éther est le dissolvant employé, on ajoute un peu d'alcool ou de glycérine après l'agitation, et donne à l'entonnoir à séparation un léger mouvement rotatoire, sans toutefois agiter. Dans d'autres cas, l'addition d'un peu de soude caustique produit plus facilement l'effet désiré. Enfin, si le dissolvant est l'éther de pétrole, on évite la persistance de l'émulsion en n'ajoutant à la solution alcaline de savon pas plus de son volume d'eau [1].

Une couche floconneuse apparaît quelquefois entre la solution aqueuse et le dissolvant. Pour la suintine, *Lewkowitsch* [2] a montré que ces flocons étaient constitués par un savon d'acides gras à poids moléculaire élevé, insoluble dans l'eau froide. La formation de cette couche floconneuse n'affecte d'ailleurs pas l'exactitude du dosage des matières insaponifiables.

L'éther de pétrole ne doit renfermer aucun hydrocarbure bouillant au-dessus de 80° ; sinon, il serait presque impossible de chasser les dernières portions du solvant sans altérer sérieusement les résultats de l'opération. Il est maintenant assez facile de trouver dans le commerce des benzines ou éthers de pétrole convenables ; cependant, le produit commercial vendu comme bouillant au-dessous de 80-85° ne doit pas être accepté sans vérification, et il peut être nécessaire de le redistiller avec une bonne colonne à fractionnement, comme celle de *Le Bel-Henninger* et d'écarter toutes les parties passant au delà de 80° ou même au delà de 60°.

Étant donné l'importance du sujet, il a paru intéressant de décrire en détail plusieurs méthodes employées pour le dosage des matières insaponifiables et sur la valeur desquelles nous pouvons parler en toute expérience. Parmi toutes, la préférence doit être acquise à celle recommandée par *Allen* et *Thomson* [3], qui va être

1. *Cf.* Wilkie, *Analyst*, 1917, 200.
2. *Journ. Soc. Chem. Ind.*, 1892, 136.
3. *Chem. News*, 43, 267.

décrite en détail, en y apportant une modification qui consiste à remplacer pour la saponification la soude caustique par la potasse caustique.

On saponifie 5 gr. de matière grasse avec 25 cc. de potasse alcoolique binormale, dans une fiole au réfrigérant ascendant, et l'on évapore la plus grande partie de l'alcool. On dissout le résidu de savon dans 50 cc. d'eau chaude et fait passer la solution dans un entonnoir à séparation de 200 cc., en employant 20 à 30 cc. d'eau pour rincer la fiole. Après refroidissement, on ajoute 30 à 50 cc. d'éther et agite vigoureusement le mélange. L'addition d'un peu d'alcool accélère la séparation. On fait écouler la solution de savon dans un autre entonnoir à séparation et on l'épuise de nouveau avec une nouvelle quantité d'éther. En général, deux extractions sont suffisantes, mais il est préférable d'en faire une troisième. On réunit les solutions éthérées, on les lave avec un peu d'eau pour entraîner tout le savon dissous et on les recueille dans une fiole tarée. On distille l'éther au bain-marie, on sèche le résidu à 100° et pèse [1].

Morawski et *Demski* [2] traitent 10 gr. de corps gras par 50 cc. d'alcool et 5 gr. de potasse caustique préalablement dissoute dans un peu d'eau. On relie la fiole contenant le tout à un réfrigérant à reflux, et après une demi-heure d'ébullition on ajoute 50 cc. d'eau et laisse refroidir la solution. On la transvase dans un entonnoir à séparation et l'agite avec de l'éther de pétrole. La séparation des deux couches effectuée, on soutire la couche aqueuse aussi complètement que possible et lave à plusieurs reprises la solution éthérée avec de l'eau, sans réunir les eaux des lavages à la solution de savon principale. Au lieu de faire passer la solution éthérée directement dans la fiole tarée, on la soutire d'abord dans une autre fiole sèche (ou mieux dans un autre entonnoir à séparation) et, de celle-ci, on la fait écouler dans la fiole tarée. On extrait de nouveau la principale solution de savon de la même façon, et on ajoute

1. Dans le cas des suifs d'os, *Shukoff* et *Schestakoff* ne lavent pas la solution éthérée, mais évaporent à sec, neutralisent l'extrait (contenant probablement des savons acides) avec une liqueur alcaline titrée, la phénolphtaléine servant d'indicateur, et épuisent de nouveau à l'éther de pétrole.

2. *Dingl. Polyt. Journ.*, 258, 39.

l'éther de pétrole à la première portion. On distille le solvant, sèche et pèse le résidu de matières insaponifiables.

Spitz et *Hönig*[1] recommandent de laver la couche d'éther de pétrole avec 50 cc. d'alcool au lieu d'eau, diminuant ainsi le temps de séparation des deux couches. Cette mesure prévient dans beaucoup de cas la formation d'émulsions incommodes.

Twitchell[2] emploie et recommande le procédé suivant :

On saponifie 5 gr. de corps gras avec de la potasse alcoolique dans une capsule au bain-marie et l'on évapore à sec le savon formé ; on dissout celui-ci dans un mélange d'alcool et d'eau formé de 1 partie d'alcool et 4 parties d'eau et on fait passer la solution et les lavages de la capsule dans un entonnoir à séparation ; le volume total du mélange lavé et des lavages doit représenter de 150 à 200 cc. environ.

On agite la solution, à trois reprises, avec 50 cc. d'éther chaque fois ; on lave l'ensemble des couches éthérées séparées, d'abord à l'eau, puis avec de l'acide chlorhydrique étendu, et de nouveau à l'eau. On distille enfin l'éther, sèche le résidu à 120° et le pèse.

Les acides gras existant dans la matière extraite se déterminent par titrage volumétrique et s'évaluent en acide oléique, que l'on déduit du poids trouvé.

2° *Extraction du savon sec par les dissolvants*

L'éther ne peut pas être recommandé pour l'extraction du savon sec, car dans ces conditions il dissout de plus grandes quantités de savon que dans les procédés précédents. L'éther de pétrole, le chloroforme ou l'acétone sont donc préférables.

Allen et *Thomson* opèrent de la manière suivante :

On saponifie 10 gr. de corps gras dans une capsule de porcelaine de 125 mm. de diamètre avec 50 cc. d'une solution alcoolique de soude caustique à 8 0/0 ; l'opération se fait à une douce ébullition au

1. *Zeit. f. angew. Chemie*, 1891, 565.
2. *Journ. Ind. and Eng. Chem.*, 1915, 217.

bain-marie, en agitant constamment jusqu'à ce que le savon commence à écumer ; on ajoute 15 cc. d'alcool et maintient l'ébullition jusqu'à ce que le savon soit dissous. On ajoute à la masse, en l'agitant, 5 gr. de bicarbonate de sodium et 50 à 70 gr. de sable récemment calciné. On dessèche pendant vingt minutes dans une étuve, on introduit la masse dans un appareil de Soxhlet et on l'épuise avec l'éther de pétrole bouillant entièrement au-dessous de 80°. On distille ensuite le dissolvant et pèse le résidu.

Quand on a de grandes quantités d'huiles minérales mélangées aux huiles grasses, *Finkener* [1] emploie le procédé suivant qui n'est qu'une légère modification du précédent :

On chauffe au bain-marie pendant quinze minutes 10 gr. de corps gras avec 50 cc. de soude caustique alcoolique normale, on ajoute 5 gr. de bicarbonate de sodium sec pour convertir en carbonate l'excès de soude caustique, et on continue à chauffer au bain-marie jusqu'à ce que l'alcool soit complètement évaporé. On fait passer la masse chaude dans une éprouvette cylindrique bouchée, on l'abandonne au refroidissement et l'agite quelque temps avec 300 cc. d'éther de pétrole. On filtre la solution dans une fiole sèche, on distille la plus grande partie de l'éther de pétrole, verse le résidu dans un verre de montre et pèse après évaporation complète du dissolvant.

Pour extraire plus complètement les matières insaponifiables du savon sec, *Ritter* [2] recommande de mélanger avec du sel ordinaire le savon destiné à l'extraction par l'*éther*. L'avantage du sel n'est pas seulement d'offrir une plus grande surface à l'extraction, de sorte qu'il ne peut pas être remplacé par le sable ou le papier ; il agit évidemment encore comme déshydratant, empêchant le savon de passer dans la solution éthérée, et il évite la formation d'émulsions susceptibles de retenir des matières insaponifiables [3].

1. *Mitteil. d. Königl. Techn. Versuchsanst.*, 4, 13.
2. *Chem. Zeit.*, 1901, 872.
3. Cf. une modification de la méthode de Ritter pour la détermination du cholestérol (H. J. Cooper, *Journ. Biol. Chem.*, 1912 (11), 37; (12) 197.

Les méthodes décrites en (1) ne peuvent pas s'employer pour la détermination des alcools et autres portions « insaponifiables » de la cire d'abeilles[1], de la cire de Carnauba et des autres cires solides, car non seulement ces alcools sont très peu solubles dans les dissolvants froids, mais encore les savons alcalins des acides gras eux-mêmes sont difficilement solubles dans l'eau ou même dans l'alcool étendu. Dans ces conditions, il peut se former des couches intermédiaires de matières floconneuses, constituées par des savons d'acides gras supérieurs mélangés intimement avec les « matières insaponifiables » ; ces couches floconneuses retiennent les alcools, etc., avec une telle persistance que l'agitation répétée avec les dissolvants ne parvient pas à les extraire complètement.

En pareil cas, on a proposé de faire la détermination sur une quantité de cire de beaucoup plus petite, 0,5 gr., à laquelle on ajoute 4,5 gr. d'une huile facilement saponifiable, l'huile de ricin par exemple. Le savon d'huile de ricin augmente la solubilité et la stabilité des savons des acides gras supérieurs, amenant ainsi une rapide séparation. Il faut naturellement tenir compte des matières insaponifiables qui se trouvent dans l'huile de ricin.

Il est encore préférable de préparer les savons insolubles des acides gras, en précipitant par le chlorure de baryum[2] ou l'acétate de plomb la solution de la masse saponifiée par la potasse alcoolique, préalablement neutralisée par l'acide acétique avec la phénolphtaléine comme indicateur. Le précipité, lavé, séché, est mélangé avec du sable et soumis à une ébullition prolongée avec l'éther de pétrole.

Dans le cas de l'huile de foie de requin et de différentes huiles de baleine examinées par *Lewkowitsch*[3], des quantités considérables de savon se dissolvaient avec l'alcool, de sorte que l'éther de pétrole est inapplicable dans ce cas ; on aura donc recours à l'un des procédés décrits sous (1).

La teneur des corps gras naturels en matières insaponifiables dépend dans une grande mesure du mode et des conditions de

1. Cf. Buchner, *Chem. Zeit.*, 1907, 570.
2. *Journ. Soc. Chem. Ind.*, 1896, 14.
3. Les sels de magnésium, de calcium, de strontium, de baryum, d'aluminium, de zinc, de cadmium et de cuivre sont plus ou moins solubles dans l'éther ordinaire et dans l'éther de pétrole (cf. chap. xv). Les sels de calcium sont les moins solubles.

préparation ou d'extraction, de sorte qu'elle est essentiellement *variable*, suivant les échantillons d'une même huile ou graisse. Il a donc paru inutile de réunir ici en un tableau les résultats qui ont été communiqués par les divers observateurs et on les retrouvera dans les monographies des corps gras et des cires au chapitre XIV.

La proportion de matières insaponifiables trouvée dans les cires est également variable ; mais, dans ce cas, la plus grande partie est constituée par les alcools provenant de la saponification des éthers, accompagnés seulement de petites quantités d'hydrocarbures.

CHAPITRE VII

EXAMEN QUALITATIF DES HUILES, GRAISSES ET CIRES

On a déjà indiqué, au début du chapitre précédent, la signification et la portée réelle de quelques-unes des réactions qualitatives qui font l'objet du présent chapitre ; il convient d'ajouter que l'importance accordée autrefois à certains de ces essais (comme la réaction de l'élaïdine et celle de *Maumené*), notamment au point de vue classification, a considérablement diminué dans ces derniers temps. Ils sont néanmoins encore utilisés par beaucoup de chimistes, de sorte qu'on les décrira encore, avec d'autres essais plus importants, dans l'ordre suivant :

1° Réaction de l'élaïdine ;

2° Réaction du chlorure de soufre ;

3° Essai de l'absorption d'oxygène et d'ozone ;

4° Essai des bromures ;

5° Réactions thermiques.

Les réactions colorées produites par les matières étrangères dissoutes par les huiles au cours de leur préparation (comme par exemple, de petites quantités de résines, etc.), ne donnent pas, en général, des résultats aussi concluants que les essais qualitatifs que l'on vient d'énumérer ; cela vient en grande partie de ce que la proportion et même la nature de ces impuretés varient considérablement d'un échantillon à l'autre de la même huile, suivant les procédés employés pour leur préparation industrielle et leur épuration ou leur raffinage. Ce n'est que dans quelques cas seulement, qui seront examinés sous la rubrique,

6. Réactions colorées,

que les réactions colorées donnent des indications définies.

1. Réaction de l'élaïdine.

Cette réaction est basée sur la propriété que possède l'oléine *liquide* de se transformer en son isomère *solide*, l'élaïdine, sous l'action de l'acide nitreux, tandis que les glycérides des acides linoléique, linolénique et isolinolénique restent liquides dans les mêmes conditions. Les huiles non siccatives soumises à cette réaction donnent donc des masses solides, tandis que les huiles demi-siccatives et siccatives donnent des produits plus ou moins liquides (Cf. *Lidoff*, chap. I).

La solidification de l'huile d'olive et de l'huile d'amandes par l'action de l'acide nitrique fumant paraît avoir été observée d'abord par *Boyle*, en 1661 ; puis *Poutet*, en 1819 a proposé la réaction de l'élaïdine, pour l'examen de l'huile d'olive falsifiée, mais ses indications originales ont été modifiées par nombre d'expérimentateurs.

L'essai de *Poutet*, tel qu'il est pratiqué au Laboratoire municipal de Paris [1], s'effectue de la manière suivante : on introduit dans un tube à essais 10 gr. d'huile à examiner, 5 gr. d'acide nitrique de poids spécifique 1,38 à 1,41 et 1 gr. de mercure, et on agite pendant trois minutes pour faciliter la dissolution du mercure. On abandonne le mélange au repos pendant vingt minutes, puis on agite de nouveau une minute. L'état des différentes huiles au bout de ce temps est indiqué par le tableau suivant :

Sorte d'huile	Consistance
Huile d'olive	Se solidifie après 60 minutes.
— d'arachide	— — 80 —
— de pieds de mouton	— — 120 —
— de sésame	— — 185 —
— de colza	— — 185 —
— de lin	Forme une écume pâteuse rouge.
— de foie de morue	Devient pâteuse, rouge et forme une écume.
— de baleine	Même apparence.
— de chènevis	Sans changement,

Le cuivre peut être substitué au mercure.

Dans ce cas, on met 10 cc. d'huile dans un tube à essais avec

1. Cf. Pelouze et Boudet, *Ann. Chim. Phys.*, 1838 (69), 44.

10 cc. d'acide nitrique à 25 0/0 et 1 gr. de tournure de cuivre, et on abandonne la masse à elle-même. *Finkener*[1] recommande d'employer, pour 10 cc. d'huile, 0,2 gr. de cuivre et 0,5 gr. d'acide nitrique de poids spécifique 1,2.

Les différentes modifications de la réaction de l'élaïdine ont été minutieusement examinées par *Archbutt*[2]. Ses observations ont abouti aux conclusions suivantes :

(1) L'essai ne doit pas être fait à une température inférieure à 25°, et celle-ci doit être uniforme pendant toute la durée de l'expérience.

(2) Le temps nécessaire à la solidification est d'une importance beaucoup plus grande que la consistance finale de l'élaïdine formée.

Archbutt prépare et emploie le réactif de *Poutet* de la façon suivante : Il place 18 gr. de mercure dans une éprouvette cylindrique de 50 cc. bouchée à l'émeri, sèche, et y ajoute avec une burette 15,6 cc. d'acide nitrique de poids spécifique 1,42. L'acide nitreux se dissout entièrement en donnant au liquide une coloration verte ; le réactif est propre à servir aussi longtemps qu'il conserve cette coloration. On agite 8 gr. de réactif avec 96 gr. d'huile dans un flacon à large goulot, bouché à l'émeri, placé dans de l'eau à la température convenable, et on renouvelle l'agitation à intervalles de dix minutes pendant deux heures.

Essayées de cette manière, les principales huiles peuvent être classées, suivant *Allen*[3], en quatre groupes :

(*a*) *Une masse solide, dure*, donnée par : les huiles d'olive, d'amande, d'arachide, de lard, de cachalot et quelquefois l'huile de pied de mouton.

(*b*) *Une masse butyreuse*, donnée par : les huiles de pieds de mouton, de rorqual rostré, de moutarde, et quelquefois les huiles d'arachide, de cachalot et de colza.

(*c*) *Une masse pâteuse ou butyreuse se séparant d'une partie fluide*, donnée par : les huiles de tournesol, de niger, de coton, de

1. *Zeit. analyt. Chem.*, 1888 (27), 534.
2. *Journ. Soc. Chem. Ind.*, 1886, 304.
3. *Commercial Organic Analysis*, II, 58.

sésame, de colza, de foie de morue, de phoque, de baleine et de marsouin.

(*d*) *Produits liquides* donnés par : les huiles de lin, de chènevis et de noix.

Archbull a également essayé un autre réactif préparé en faisant passer un courant de gaz sulfureux sec dans l'acide nitrique froid de poids spécifique 1,42. Avec ce réactif, les huiles de coton et de colza se solidifient aussi ; le produit formé par l'huile de coton est rouge, celui de l'huile de colza rouge foncé ; mais une addition de 10 0/0 de l'une de ces huiles à l'huile d'olive n'altère pas sensiblement la couleur blanche de l'élaïdine formée par cette dernière.

Les élaïdines les plus dures sont celles formées par les huiles d'arachide, d'olive et de lard.

L'essai de l'élaïdine a été particulièrement appliqué à l'examen de l'huile d'olive; il ne peut cependant pas servir comme réaction quantitative[1]. *Hübl* a été le premier à montrer que de sérieuses erreurs pouvaient être commises à essayer de définir la composition d'une huile d'après les différences de temps nécessaire à la formation de l'élaïdine et les observations sur la consistance, la couleur de la masse solidifiée, car le mode de préparation de l'acide nitreux, la façon de mélanger l'acide et l'huile, la forme du récipient et surtout la température exercent une influence considérable sur les résultats[2]. Il ne faut pas oublier non plus que l'âge de l'huile et la manière dont a elle été conservée (exposition à l'air et à la lumière) ont une action très importante sur le résultat de l'essai. C'est ainsi que *Ginll* a montré qu'une huile d'olive exposée toute une quinzaine à la lumière solaire ne donne plus d'élaïdine.

Les résultats obtenus par la réaction de l'élaïdine ont, à tous égards, bien moins de valeur que ceux fournis par l'indice d'iode. Cependant, cet essai est encore employé, en France par exemple, pour l'examen des huiles d'olives, où il peut donner, par comparaison, quelques renseignements de nature discriminative.

Il est, bien entendu, indispensable, pour obtenir des résultats

1. Cf. *Acide élaïdique*, p. 146.
2. Les mêmes conclusions ont été établies par Wellemann, *Landw. Versuchsst.*, 1891, 447.

dignes de confiance, d'effectuer, à côté de l'essai sur l'huile à examiner, le même essai, dans les mêmes conditions, sur des huiles-types de pureté connue.

2. Réaction du chlorure de soufre.

E. Bruce Warren a constaté que les *huiles siccatives*, traitées par le chlorure de soufre, S^2Cl^2, donnent des masses solides, insolubles dans le sulfure de carbone, tandis que les *huiles non siccatives*, traitées de même, donnent des produits solubles. Sur cette réaction, il a basé un mode de différenciation entre les huiles siccatives et non siccatives. Il détermine la quantité d'huiles siccatives dans les mélanges d'huiles grasses de la façon suivante :

Le réactif employé est le chlorure de soufre étendu d'un volume égal de sulfure de carbone. Le chlorure de soufre est obtenu par distillation fractionnée du chlorure de soufre commercial jaune, en rejetant tout ce qui passe au-dessous de 137° (les portions ayant un point d'ébullition inférieur peuvent être mises en digestion avec un excès modéré de soufre et fractionnées de nouveau). On mélange le chlorure de soufre avec son volume de sulfure de carbone et on conserve le réactif dans des bouteilles fermées par des bouchons recouverts de paraffine. On prélève avec une pipette la quantité exacte de réactif nécessaire pour un essai. On mélange, dans un creuset de porcelaine de 120 cc., 5 gr. d'huile à examiner avec 2 cc. de réactif et 2 cc. de sulfure de carbone, et l'on chauffe au bain-marie en agitant constamment jusqu'à ce que la réaction s'opère. La masse durcit bientôt. Avec une baguette de verre, on divise le produit aussi complètement que possible, pour permettre l'expulsion des substances volatiles, et on le dessèche jusqu'à poids constant. L'apparence du produit, avant et après sa dessiccation — spécialement sa couleur et sa consistance — doit être notée. On épuise ensuite la masse finement pulvérisée par le sulfure de carbone, évapore la solution à siccité et pèse le résidu. La différence entre les deux pesées donne la quantité de matières insolubles. (Il faut noter que toute trace d'humidité doit être rigoureusement exclue.)

Warren a obtenu ainsi les chiffres suivants, en examinant les huiles d'œillette et de lin :

5 GRAMMES	PRODUIT SOLIDE INSOLUBLE	PRODUIT LIQUIDE SOLUBLE
	Grammes	Grammes
Huile d'œillette donnent.	6,46	1,96
— de lin donnent....	6,36	0,78

La méthode de *Warren* est basée sur les observations antérieures de *Rochleder* [1], *Roussin* [2], *Perra* [3] et *Mercier* [4]. Ses résultats, cependant, ne s'accordent pas avec l'assertion de *Rochleder*, suivant laquelle l'huile d'olive, qui est une huile éminemment *non siccative*, donne un produit insoluble ; ils sont également contredits par les observations plus récentes de *Sommer* [5] et de *Henriques* [6]. Les expériences faites par ce dernier prouvent d'une manière concluante qu'il n'existe aucune relation entre le pouvoir siccatif d'une huile et la proportion de chlorure de soufre nécessaire pour former un produit solide.

Les expériences entreprises par *Lewkowitsch*, en vue de transformer la réaction du chlorure de soufre en réaction quantitative, montrent le peu de confiance qu'il faut accorder aux observations de *Warren ;* c'est, en effet, ce qui ressort des tableaux suivants :

1. *Dingl. Polyt. Journ.*, 111, 159.
2. *Ibidem*, 151, 136.
3. *Ibidem*, 151, 138.
4. *Comptes Rendus*, 84, 916.
5. D. R. P., n° 50.282.
6. *Chem. Zeit.*, 1893, 634.

Huiles et graisses traitées par S^2Cl^2 ; 5 grammes de corps gras 2 c.c. S^2Cl^2, et 2 c.c. CS^2 (Lewkowitsch)

A. — *Produit complètement soluble dans le sulfure de carbone*

CLASSE D'HUILE	SORTE D'HUILE	LA MASSE ÉPAISSIT APRÈS
		Minutes
Cires liquides	Huile de cachalot, n° 1	20
	— — n° 2	45
	— de rorqual rostré, n° 1	45
	— — — n° 2	55
	— — — n° 3	30
Graisses végétales	— de Mowrah	N'épaissit pas
	— de palme	
	— de palmiste	
	— de coco	
— animales	Saindoux	
	Beurre	
	Suif de bœuf	
	— de mouton	

B. — *Produit incomplètement soluble dans le sulfure de carbone*

CLASSE D'HUILE	SORTE D'HUILE	SE SOLIDIFIE APRÈS MINUTES		SOLUBLE DANS CS2
		A FROID	AU BAIN-MARIE	
				Pour 100
Huiles siccatives	Lin	10	2	14,4
	Bois	1 1/2	»	»
	Chènevis	11	»	9,2
	Œillette	21	»	10,6
— de poissons	Huile du Japon	9	»	12,4
— de foies	Foie de morue, pure	15	»	4,4
	— — rance	1 1/2	»	6,4
— de cétacés	Phoque	11	»	4,4
	Baleine	13	»	3,0
— demi-siccatives	Coton	20	4	24,0
	Sésame	21	»	18,4
	Colza	23	»	2,8
	Navette	12	2	4,2
	Croton	18	»	25,4
— non siccatives	Pêcher	26	»	4,8
	Amande douce	27	»	4,0
	— amère	28	»	3,4
	Arachide	30	»	6,0
	Olive	22	4	4,2
	Ricin	1/2	de suite	3,8
	Pieds de mouton	36	»	6,0
	— de cheval	20	»	13,6
	— de bœuf	23	»	9,4
	Saindoux	10	»	15,0
	Suif	12	»	29,8

Lewkowitsch a trouvé, en outre, une différence remarquable dans l'action du chlorure de soufre sur les huiles végétales d'une part, et leurs acides gras mélangés d'autre part. Avec la première, la réaction s'opère rapidement avec formation d'un produit solide, tandis que les acides gras réagissent plus lentement en donnant des produits visqueux demi-solides.

La réaction qui prend place, en mettant le chlorure de soufre en présence des huiles, paraît consister en une absorption des éléments du chlorure de soufre analogue à celle des éléments du chlorure d'iode dans la méthode de *Hübl*. En fait, *Henriques* a montré qu'après traitement par le chlorure de soufre, les huiles ont un indice d'iode bien inférieur à celui qu'elles possédaient avant. *Ulzer* et *Horn*, puis encore *Henriques*, ont montré que les produits de la réaction contenaient du soufre et du chlore, approximativement dans la même proportion que le chlorure de soufre (S^2Cl^2). L'action du chlorure de soufre sur les huiles paraît ainsi consister en la conversion des acides gras non saturés ou de leurs glycérides en composés saturés. De nouvelles recherches sont nécessaires pour établir si l'on peut baser une séparation des glycérides saturés et non saturés sur l'action de ce réactif. A cet égard, la différence est remarquable entre l'action du chlorure de soufre sur le saindoux et le suif, d'une part, et leurs « oléines », d'autre part.

Les recherches de *C.-O. Weber* [1] ont jeté la lumière sur le mécanisme de la réaction chimique opérée, et l'on trouvera d'autres renseignements sur ce sujet à l'article *Succédanés du caoutchouc* (chap. xv). Pour la réaction thermique avec le chlorure de soufre, cf. p. 709.

3. Essais de l'absorption d'oxygène et d'ozone.

L'absorption de l'oxygène de l'atmosphère est en relation étroite avec le danger de combustion spontanée que présentent les huiles, lorsqu'elles sont répandues dans un très grand état de division sur des matières fibreuses organiques (Cf. *Huiles d'ensimage*, chap. xv). Cette propriété est encore de la plus grande importance pour les

1. *Journ. Soc. Chem. Ind.*, 1894, 11.

industries des huiles à peinture, des huiles cuites et des vernis (Cf. chap. xv).

On a déjà vu (p. 6) que l'absorption d'iode est en relation étroite avec l'absorption d'oxygène, qui équivaut au pouvoir siccatif. On a encore expliqué que la classification basée sur l'indice d'iode englobe la subdivision des huiles et graisses en siccatives, demi-siccatives et non siccatives.

Si les extrêmes de ces groupes, représentés respectivement par l'huile de lin et l'huile d'olive, sont nettement définis, en ce que la première « sèche » facilement en donnant par exposition à l'air une substance solide, même à la température ordinaire, tandis que la dernière reste relativement inaltérée dans ces mêmes conditions, il n'en existe pas moins un tel nombre de termes de gradation entre ces deux extrêmes qu'une ligne de démarcation étroite ne peut pas être établie. La transition graduelle des huiles siccatives aux huiles non siccatives s'opère par l'interposition d'une classe intermédiaire d'huiles demi-siccatives ; mais comme la dessiccation avec formation d'une pellicule solide demande quelquefois plusieurs mois, on ne peut évidemment baser une subdivision stricte des huiles sur ces propriétés siccatives plus ou moins définies.

Il faut noter que la distinction établie ici entre les huiles siccatives, demi- et non siccatives est basée sur la façon dont se comportent les huiles à la température ordinaire, car selon *Livache*, toutes les huiles et même les graisses solides sont oxydées par exposition à l'air à haute température (Voir ci-dessous).

Les quelques essais comparatifs suivants, dus à *Archbutt*[1], appuient les considérations précédentes.

Sorte d'huile	Temps nécessaire à la formation d'une pellicule mince à l'air sec à 50° (0gr,1 d'huile sur une plaque de verre de 7 centimètres carrés de surface.)
Lin	Environ 12 heures
Maïs	— 18 —
Coton	— 21 —
Pignon d'Inde	— 24-30 heures
Colza	— 48 heures
Olive	Plus de 13 jours

1. *Journ. Soc. Chem. Ind.*. 1899, 347.

La réaction chimique qui s'opère dans la « dessiccation » des huiles n'est que très imparfaitement connue, et de nouvelles expériences sont nécessaires pour élucider cette importante question (Cf. *Huiles cuites*, chap. XV).

Les propriétés siccatives d'une huile semblent être en rapport direct avec la proportion de glycérides des acides linoléique et linolénique contenus dans l'huile (pour l'huile de bois ou d'abrasin, elles paraissent dues à la présence de l'acide élœomargarique). On peut donc poser en règle générale qu'une huile est d'autant plus siccative que son indice est d'iode lui-même plus élevé, ce qui explique le fait que des huiles même étroitement reliées, comme celles appartenant au groupe du colza, se comportent de façon différente par exposition à l'air. Dans le cas des huiles animales appartenant aux groupes des huiles de poissons, de foies et de cétacés, l'absorption d'oxygène doit être imputée à la présence de l'acide clupanodonique.

En traitant les huiles par l'**ozone**, on observe une relation directe entre l'indice d'iode et la quantité d'ozone absorbée.

Molinari et ses collaborateurs (*Soncini*, *Fenaroli*[1] et *Barosi*[2]) ont montré que les glycérides des acides non saturés absorbent autant de molécules d'ozone que leur molécule renferme de paires d'atomes de carbone à double liaison. La quantité d'ozone absorbée s'obtient directement en dissolvant l'huile dans un dissolvant convenable et faisant passer un courant d'air ozonisé dans la solution, jusqu'à ce qu'il n'y ait plus augmentation de poids.

Dans les premières expériences, l'absorption complète demandait un temps prolongé, mais, en chauffant la solution contenant l'ozonide dans le vide au bain-marie à 60°, le poids constant peut être obtenu en une demi-heure, de sorte que la détermination complète de l'absorption d'ozone, constituant l'**indice d'ozone,** ne demande pas plus de deux à trois heures.

L'augmentation de poids d'un échantillon d'oléine, d'indice d iode 85,8 (théorie 86,2), saturé d'ozone en solution dans l'hexane,

1. *Annuario della Soc. Chim. di Milano*, 1903 (IX), 507; 1905 (XI), 80 ; 1906 (XII), fasc. I, II, III et IV; *Berichte*, 1906, 2735; *Gazz. Chim. Ital.*, 36 (II). 292.
2. *Berichte*, 1908, 2789; 2793.

a été de 16,45 0/0, le chiffre théorique étant de 16,27 0/0 ; le produit ainsi obtenu a été décrit plus haut (*ozonide de la trioléine*).

Fenaroli a obtenu les indices d'ozone donnés dans la table suivante ; en regard des indices observés, sont indiqués les indices théoriques calculés d'après les indices d'iode correspondants :

HUILE DE	INDICE D'OZONE TROUVÉ	INDICE D'OZONE CALCULÉ d'après l'indice d'iode	INDICE D'IODE
Lin	34	33,5	176,8
Maïs	21,60	21,6	114,1
Olive	16,00	15,9	83,8
Ricin	16,20	16,3	86,4
Cholestérol	24,85		65,8
Phytostérol	24,85		65,8

Il semblerait, d'après les nombres rapportés dans ce tableau, que les renseignements fournis par l'indice d'ozone soient tout à fait comparables à ceux que l'on obtient avec l'indice d'iode. La détermination de ce dernier étant beaucoup plus simple que celle de l'indice d'ozone, il est peu probable que celui-ci supplante l'indice d'iode.

Dans le cas de l'absorption de l'**oxygène** de l'air, on n'a observé jusqu'ici aucune proportionnalité quantitative, comme pour l'absorption d'ozone. L'oléine absorbe 6 atomes d'iode, et comme on l'a montré plus haut, fixe une quantité exactement correspondante d'ozone ; cependant, elle n'absorbe pas facilement l'oxygène de l'air. En fait, son acide gras, l'acide oléique, qui absorbe 2 atomes d'iode et en correspondance 1 molécule d'ozone (chap. III), ne possède pas de propriétés siccatives. On ne peut donc établir de proportionnalité directe entre les quantités d'oxygène et d'iode que fixent les huiles siccatives, du fait que 2 atomes d'iode absorbés doivent correspondre à l'atome d'oxygène. Cependant, il existe une certaine relation, comme le montre le tableau suivant, dans lequel le pourcentage d'oxygène effectivement fixé est comparé avec la quantité d'oxygène calculée d'après l'indice d'iode, en multipliant celui-ci par le rapport $\frac{16}{254} = 0{,}063$[1].

1. Cf. Engler et Weissberg, *Berichte*, 1900, 1097, et chap. XV.

SORTE D'HUILE	ABSORPTION D'OXYGÈNE	
	DÉTERMINÉE PAR PESÉE	CALCULÉE D'APRÈS L'INDICE D'IODE
	Pour 100	Pour 100
Lin....................	16,6-19,3	10,71-12,60
Chènevis...............	1,34	0,324
Noix...................	7,9	9,135
Œillette...............	6,8	8,28-9,01

Ingle[1] a indiqué que dans une atmosphère sèche, l'oxygène est absorbé dans la proportion de $I^2 : O^2$, mais que dans l'air humide, il se forme des peroxydes qui se décomposent avec formation de composés volatils, aldéhydes et acides, tandis que les acides gras libres absorbent la moitié de la quantité d'oxygène fixée par leurs glycérides.

Si l'on connaissait une méthode de détermination précise de l'oxygène absorbé pendant la dessiccation, il serait possible de ranger la détermination du pouvoir siccatif, ou, comme on pourrait l'appeler, de l' « indice d'oxygène », parmi les réactions quantitatives. Les déterminations faites par les premiers observateurs ont été faites en dehors de toute méthode, sans égards suffisants pour des facteurs importants comme la température[2], l'influence de la lumière[2], l'humidité de l'atmosphère, l'épaisseur de la couche exposée, l'âge de l'huile, etc...

Les premières expériences faites consistaient à exposer différentes huiles à l'atmosphère et à déterminer l'augmentation de poids prise au bout d'un certain temps. L'absorption d'oxygène, ou en d'autres termes le pouvoir siccatif, était considéré comme d'autant plus grand que l'augmentation de poids était elle-même plus grande. Mais les nombres ainsi obtenus ne pouvaient donner qu'une indication limitée sur l'oxydation réalisée. Car, en exposant une huile, comme c'était le cas habituel dans ces expériences, sur des

1. *Journ. Soc. Chem. Ind.*, 1913, 639.
2. Cf. Genthe, *Zeits. f. ang. Chem.*, 1906, 2089, et chap. XV.

assiettes en couches de 1 cm. d'épaisseur, par exemple, une pellicule superficielle se forme d'abord, qui empêche l'accès ultérieur de l'oxygène atmosphérique jusqu'à l'huile sous-jacente ; de sorte que, pendant que la partie supérieure de la couche peut être transformée en huile complètement oxydée, la couche immédiatement inférieure n'est que partiellement oxydée, par suite de la diffusion de l'oxygène dans la partie médiane, la partie tout à fait inférieure étant encore une huile pratiquement inoxydée [1]. Ce fait peut se vérifier aisément en exposant à l'air, dans une assiette de porcelaine, de l'huile de lin en couche de 1 cm. d'épaisseur. Après une semaine environ, une pellicule sèche se sera formée à la surface supérieure ; en brisant cette pellicule, on trouvera la couche sous-jacente encore visqueuse, tandis que la couche inférieure sera liquide. Aussi, les tables comme celles données par *Mulder* [2] et *Kissling* [3] n'ont-elles qu'une valeur limitée, et on les négligera ici. En outre, elles ne tiennent pas compte de ce fait que l'augmentation de poids seule représente la somme algébrique de toutes les réactions opérées et qu'on ne peut pas, par suite, l'identifier avec l'absorption d'oxygène. Au cours de la dessiccation, d'autres réactions interviennent, comme la formation d'acides volatils et d'acide carbonique qui entraîne une perte de poids dont la valeur est annulée par la prépondérance de l'augmentation due à l'absorption d'oxygène.

La dessiccation d'une huile demandant un temps prolongé, des essais ont été faits pour accélérer l'opération (Cf. chap. xv, *Siccatifs*), en mélangeant les huiles avec du plomb (*Livache* [4]) ou du cuivre (*Hübl*, *Lippert* [5]) finement divisés.

Livache prépare la poudre de plomb en précipitant un sel de plomb par le zinc, lavant rapidement le précipité successivement à l'eau, à l'alcool et à l'éther, et desséchant finalement dans le vide. L'essai s'effectue de la manière suivante : on étale en couche mince environ 1 gr. de poudre de plomb (ou de cuivre) pesée exactement

1. Weger, *Zeit. f. angew. Chem.*, 1898, 492, 507; *Chem. Revue*, 1898, 315.
2. *Chemie der austrocknenden Ole.*
3. *Zeits. f. angew. Chemie*, 1891, 395 ; 1895, 44.
4. *Comptes Rendus*, 102, 1167.
5. *Chem. Revue*, 1899, 67.

sur un verre de montre assez grand, et on fait tomber dessus, goutte à goutte, avec une pipette, 6 à 7 gr. (pas plus) d'huile à essayer, en ayant soin d'espacer les gouttes sur la poudre de plomb, pour qu'elles ne se réunissent pas l'une à l'autre. On abandonne ainsi à lui-même le verre de montre, exposé à la lumière, à la température ordinaire.

Par ce procédé, l'huile de lin atteint le maximum d'absorption en quelques jours, tandis que, dans les conditions ordinaires, on n'arrive au même résultat qu'au bout d'un temps beaucoup plus long. *Livache* a constaté que les huiles siccatives absorbent la quantité maximum d'oxygène au bout de dix-huit heures ou, dans quelques cas, au bout de trois jours, tandis que les huiles non siccatives n'augmentent pas de poids avant quatre ou cinq jours. *Weger* [1] condamne le procédé de *Livache* et recommande d'employer de plus grandes quantités de plomb, de façon à mettre en présence au moins 2 gr. de poudre de plomb pour 0,2 gr. d'huile. Mais, même dans ce cas, les résultats obtenus ne sont pas satisfaisants, ainsi qu'en témoigne la table ci-après.

Celle-ci donne un certain nombre de résultats obtenus par la méthode de *Livache;* on y a ajouté l'augmentation de poids des acides gras libres, car ceux-ci, à l'exception remarquable des acides de l'huile de coton, se comportent dans l'essai de *Livache* comme leurs glycérides, leur augmentation de poids correspondant à l'augmentation de poids des huiles neutres :

1. *Chem. Revue*, 1898, 246.

Absorption d'oxygène par l'essai de Livache

SORTE D'HUILE	AUGMENTATION DE POIDS DE 100 PARTIES					OBSERVATEUR
	D'HUILE APRÈS			jusqu'à POIDS CONSTANT (Tortelli [1])	ACIDES GRAS (après 8 j.)	
	2 jours	3 jours (Jean [1])	7 jours			
Lin	14,3	»	»	»	11,0	Livache
Stillingia	8,72	»	12,45 (8 j.)	»	»	—
Noix	7,9	»	»	»	6,0	—
Œillette	6,8	»	»	»	3,7	—
Coton	5,9	»	»	»	0,8	—
Faîne	4,3	»	»	»	2,6	—
Colza	0,0	»	2,9	»	2,6	—
Navette	0,0	»	2,9	»	0,9	—
Sésame	0,0	»	2,4	»	2,0	—
Arachide	0,0	»	1,8	»	1,3	—
Olive	0,0	»	1,7	»	0,7	—
Sardine du Japon	»	8,191				
Menhaden	»	5,454				
Sardine	»	»	»	4,22		
Foie de morue	»	6,383	»	5,43		
Baleine	»	8,266	»	7,62		
Pieds de bœuf	»	»	»	1,19		
Cachalot	»	1,629				

Pour obtenir une oxydation plus rapide, *Bishop* [2], suivant la méthode adoptée en pratique pour les huiles à peinture (chap. XV, *Siccatifs*), étale l'huile sur de la silice précipitée et ajoute un peu de résinate de manganèse obtenu en extrayant le produit commercial par l'éther de pétrole ou l'éther ordinaire.

Bishop opère comme suit : il place 5 à 10 gr. d'huile dans une assiette et les mélange au bain-marie avec exactement 2 0/0 de résinate de manganèse, jusqu'à ce que celui-ci soit complètement dissous. Pendant ce temps, on pèse exactement 1 gr. de silice précipitée calcinée dans une assiette plate et on y ajoute goutte à goutte, avec une pipette, 1,02 gr. d'huile résinée. On mélange intimement la masse avec une baguette de verre, en l'étalant avec soin sur le fond de l'assiette afin d'offrir à l'air la plus grande surface possible, et on l'abandonne à une température de 17°-25° pour les

1. Abandonnée pendant trois jours dans une atmosphère sèche (sous un exsiccateur sur l'acide sulfurique).
2. *Journ. Pharm. et Chimie*, 1896, 55.

huiles siccatives, et de 20°-30° pour les huiles non siccatives. On pèse l'assiette après six heures et deux fois encore dans les vingt-quatre heures, en renouvelant par agitation la surface exposée, après chaque pesée. L'augmentation de poids maximum, calculée pour 100, est désignée par *Bishop* sous le nom de *degré d'oxydation*.

La table suivante donne les résultats obtenus par *Bishop* :

HUILES	POIDS SPÉCIFIQUE	ABSORPTION D'OXYGÈNE 0/0 «Degrés d'oxydation»	VALEURS MOYENNES
Huile de lin, France	0,9327	17,70-16,40[1]	17,05
— — la Plata	0,9304	15,45-15,00	15,20
— de chènevis	0,9287	14,55-14,30	14,40
— d'œillette, France	0,924	14,50-13,90	14,20
— de noix, France	0,924	13,70	13,70
— de coton	0,924	8,60	8,60
— — démargarinée	0,923	9,60-9,30	9,45
— de sésame, Sénégal	0,9215	8,95-8,50	8,70
— — Inde	0,921	7,40	7,40
— d'arachide, Afrique	0,916	6,70	6,70
— — blanche	0,916	6,50	6,50
— de colza, France	0,9142	6,40 (?)	6,40(?)
— — Inde	0,9137	5,90-5,80 (?)	5,85(?)
— d'olive	0,9155	5,30 (?)	6,30(?)

Fahrion[2] propose de déterminer l'absorption d'oxygène en imprégnant un morceau de peau de chamois de l'huile à examiner et en l'exposant à l'atmosphère, suspendu à un cercle de laiton. A côté, on suspend un autre morceau de peau semblable, servant d'essai à blanc, pour éliminer l'influence de l'évaporation de l'humidité de la peau, etc.

Les résultats de *Fahrion* sont consignés dans la table ci-contre, l'absorption d'oxygène a été calculée pour 100 d'huile employée.

Une modification de cette méthode, dans laquelle on utilise le duvet de coton comme support[3], appliquée aux acides gras isolés, sera décrite plus loin (chap. VIII).

Des travaux précédents, on peut conclure que les réactions qui accompagnent la dessiccation d'une huile sont de nature très com-

1. Lippert (*Journ. Soc. Chem. Ind.*, 1898, 588) a trouvé dans quelques cas avec des huiles relativement fraîches, une absorption de 17 à 18 0/0, dans quelques cas même, 19 0/0, mais n'atteignant jamais 20 0/0.
2. Fahrion, *Zeits. f. ang. Chem.*, 1910, 722; 1106.
3. *Zeits. f. angew. Chemie*, 1895, 1412.

plexe et dépendent d'une foule de facteurs, l'âge de l'huile, l'action de l'oxygène déjà subie par exposition à l'air avant l'examen, le temps d'exposition, l'épaisseur de la couche, les conditions atmosphériques, la température et l'action de la lumière. L'examen de l'influence de chacun de ces facteurs s'exerçant à l'exclusion de tous les autres, est évidemment entouré de grandes difficultés, et il n'a pas été fait jusqu'ici d'une façon systématique.

Le tableau suivant montre l'influence de la longueur de temps sur la détermination du pouvoir siccatif :

Nos de l'huile	Poids d'huile (grammes)	Poids de plomb (grammes)	Augmentation de poids de 100 parties après			
			1 jour	3 jours	6 jours	9 jours
1	3,246	1,012	14,4	15,7	Sans changement	
2	3,154	0,653	2,45	12,0	15,9	Sans changement

L'huile n° 1 doit être considérée comme la plus siccative, quoique toutes deux atteignent finalement la même absorption.

Quant à l'influence de la température, on a seulement établi jusqu'ici, qu'à température élevée, l'absorption d'oxygène augmentait avec la température.

Livache a montré que l'huile de colza et l'huile d'olive tenues à une température suffisamment élevée (120-160°, avec ou sans traitement préalable par la litharge ou le borate de manganèse), se comportent comme les huiles siccatives et se transforment finalement en une substance solide, la « linoxyne » de *Mulder* (voir chap. XV). D'autres expériences de *Livache* ont démontré que toutes les substances grasses sans exception, quelle que soit leur origine, végétale ou animale, même les graisses animales solides, peuvent être converties en « linoxyne », la rapidité de la réaction dépendant de la température employée et du traitement préalable subi par la matière grasse[1].

Weger, ainsi que *Lippert* ont récemment entrepris une étude systématique du pouvoir siccatif des huiles en les exposant à l'action de l'atmosphère, en couche très mince sur des plaques de verre.

1. Cf. Fleurent, *Journ. Soc. Chem. Ind.*, 1898, 852.

	INDICE D'IODE	ABSORPTION D'OXYGÈNE POUR 100 PARTIES D'HUILE APRÈS														MAXIMUM	ABSORPTION d'après LIVACHE	CALCULÉE d'après L'INDICE D'IODE I × 0,063
		1 jour	2 jours	3 jours	4 jours	5 jours	6 jours	7 jours	8 jours	9 jours	10 jours	14 jours	21 jours	28 jours	56 jours			
Essai à blanc	»	0,0	1,0	1,3	0,9	1,4	—0,6	1,3	0,0	0,5	1,8	—0,5	1,1	3,3	—2,5	»	»	»
Huile d'olive....	82,1	0,2	1,0	1,2	0,9	1,4	—0,4	1,1	—0,1	0,5	1,7	—0,5	0,7	3,5	—2,5	0,2	1,7	5,2
— de sésame.	110,2	0,1	1,2	0,9	0,5	1,1	—0,5	1,0	0,0	0,7	2,0	1,1	4,7	6,6	—0,5	3,6	2,4	7,0
— de colza..	102,4	0,1	1,1	1,3	1,0	1,8	0,5	2,5	2,0	2,8	4,6	2,3	3,2	6,3	—0,2	2,8	2,9	6,5
— de coton..	109,2	—0,1	0,8	1,4	1,2	3,1	2,2	5,0	4,7	5,7	7,4	2,5	1,6	5,2	—1,4	5,6	5,9	6,9
— d'œillette.	135,9	0,3	2,0	3,2	4,3	7,1	7,3	9,7	7,0	7,3	8,0	3,3	2,7	6,7	—0,3	8,4	6,8	8,6
— de noix ..	149,2	—0,2	2,0	4,4	7,1	9,7	8,4	9,6	7,2	7,3	8,3	4,0	4,2	8,4	—1,3	9,0	7,9	9,4
— de lin	175,8	0,1	1,5	2,0	3,8	12,3	11,8	13,2	10,4	11,3	11,8	7,9	8,2	12,6	4,5	12,4	14,3	11,1
— de foie de morue......	171,0	—0,6	1,1	8,1	10,5	10,9	8,0	10,4	8,0	8,5	10,1	6,8	6,3	11,8	4,3	9,5	4,6	10,8

Absorption d'oxygène par la méthode de la plaque de verre (Weger)

(Ces nombres ne sont qu'approximatifs)

	AUGMENTATION						
	1 1/2 JOURS	2 JOURS	2 1/2 JOURS	3 JOURS	3 1/2 JOURS	4 JOURS	4 1/2 JOURS
	P. 100	P. 100	P. 100	P. 100	P. 100	P. 100	P. 100
1. Huile de lin, Inde.....	0,3-3,0	»	1,7-8,8	»	6,2-15,9	»	12,3-17,8
2. — — pour les arts	1,3-1,8	»	»	»	2,7-14,3	»	5,6-18,3
3. Huile de lin conservée 5 ans en bouteille bien bouchée.......	2,2-2,7	»	10,5-?	»	19,7-19,9	»	Diminue
4. Huile de lin conservée 3 ans en bouteille mal bouchée.......	?-6,2	»	4,2-15,3	»	15,1-15,7	»	Diminue
5. Huile de bois, A	0,4	»	»	0,8-3,6	»	»	»
6. — — B......	0,9-2,6	»	?-12,4	?-15,9	3,1-?	»	»
7. — — C.......	»	»	11,1-10,6	»	»	»	»
8. — — D.......	»	»	10,6	»	»	»	»
9. — de chènevis.....	?-2,4	»	?-9,0	»	?-12,8	13,6-?	?-13,4
10. — d'œillette.......	1,3	»	3,2	»	5,1	»	8,3
11. — de colza........	4,9	»	5,3	»	»	»	»
12. — — oxydée.	3,1	»	4,2	»	»	»	»
13. — de pêcher.......	»	2,5	»	2,5	»	»	»
14. — d'olive..........	»	0,8	»	»	»	1,7	»
15. — de palmiste.....	»	0,2	»	»	»	»	»
Huile de perilla...........	Maximum d'absorption 18,3-20,9 0/0						
— de chardon.........	—	—	9				

DE POIDS APRÈS														
5 JOURS	6 JOURS	6 1/2 JOURS	8 JOURS	9 JOURS	11 JOURS	13 JOURS	15 JOURS	17 JOURS	20 JOURS	26 JOURS	29 JOURS	42 JOURS	54 JOURS	
P. 100	P. 100	P. 100	P. 100	P. 100	P. 100	P. 100	P. 100	P. 100	P. 100	P. 100	P. 100	P. 100	P. 100	
»	16,8-17,3	»	Diminue	»	»	»	»	»	»	»	»	»	»	1
»	15,4-16,7	»	?-18,7	Diminue	»	»	»	»	»	»	»	»	»	2
»	»	»	»	»	»	»	»	»	»	»	»	»	»	3
»	»	»	»	»	»	»	»	»	»	»	»	»	»	4
9,1-10,9	12,2-?	»	13,4-13,6	Diminue	»	»	»	»	»	»	»	»	»	5
10,5-15,0	12,9-14,6	»	14,1-?	Diminue	»	»	»	»	»	»	»	»	»	6
12,9-14,8	Diminue	»	»	»	»	»	»	»	»	»	»	»	»	7
14,8	Diminue	»	»	»	»	»	»	»	»	»	»	»	»	8
»	Diminue	»	»	»	»	»	»	»	»	»	»	»	»	9
»	11,6	13,4	»	Diminue	»	»	»	»	»	»	»	»	»	10
»	»	7,6	»	»	»	»	»	»	»	»	»	»	»	11
»	»	4,9	»	»	»	6,6	7,7	»	»	»	»	8,0	»	12
4,2	4,6	»	6,2	»	6,8	7,1	7,1	»	7,4	8,6	10,5	»	»	13
»	1,7	»	»	»	3,1	3,6	»	4,2	5,2	»	»	»	»	14
0,6	»	»		0,6	»	0,8	»	1,8	»	»	»	»	1,2	15

Ils ont trouvé que le verre ne peut pas être remplacé par d'autres matières plus légères ; c'est ainsi que le celluloïd, la gélatine et même l'ébonite ont été reconnus absolument inapplicables. Les feuilles de mica, quoique convenant à cet usage, sont trop facilement endommagées, et les feuilles de métal mince ont l'inconvénient de se plier trop facilement. Les précautions nécessaires dans cet essai sont les suivantes : le verre doit être parfaitement propre, exempt de poussière, et l'huile doit être étalée avec soin le plus grand en couche également mince. Si l'épaisseur de la couche est irrégulière, une augmentation de poids peut exister en un point, tandis que simultanément une perte de poids se sera déjà produite dans la partie la plus mince de la couche. Une série d'expériences a montré qu'au début de l'essai, l'absorption d'oxygène est d'autant plus rapide que la couche exposée est plus mince, mais après vingt-quatre heures, un équilibre semble s'établir. Plus la couche est épaisse et plus l'accroissement de poids est faible, mais avec une couche trop mince, on n'obtient que des résultats incertains. Les meilleures conditions semblent réalisées quand l'huile est étalée à raison de 0,0005 gr. par centimètre carré de plaque de verre.

La table ci-contre reproduit les résultats des observations de *Weger*.

On voit que ce procédé est extrêmement fastidieux et dépend de l'exactitude avec laquelle peuvent être déterminés des dixièmes de milligrammes. En outre, il ne donne pas de nombres absolus et ne peut servir que pour des essais comparatifs. L'emploi de cette méthode dépend donc des circonstances particulières qui décideront de son application. Car, s'il est simplement question de faire une distinction entre des huiles siccatives, demi et non siccatives, l'indice d'iode constitue non seulement l'essai de triage le plus facile à exécuter, mais, comme on l'a vu plus haut, il fournit encore des résultats quantitatifs. On doit cependant se rappeler que l'indice d'iode ne doit pas être accepté comme expression équivalente du pouvoir siccatif, car les huiles de poissons et de foies absorbent à peu près autant d'iode que les meilleures huiles siccatives, tandis qu'elles sont notablement inférieures à celles-ci sous le rapport de l'absorption d'oxygène ; elles en diffèrent de plus, matériellement, en ce que les huiles de poissons et de foies ne forment pas de pellicule solide comme l'huile de lin[1].

4. Essai des bromures.

Au cours de ses recherches sur les acides non saturés, *Hazura* a aussi étudié l'action du brome sur ces acides (voir chap. VIII). *Hehner* et *Mitchell*[2] ont appliqué aux glycérides mêmes les suggestives méthodes de *Hazura* et ont élaboré un procédé qui offre un moyen de différencier les huiles siccatives, ainsi que les huiles de poissons et de foies, des huiles demi-siccatives et de cétacés.

Ce procédé s'applique le mieux de la manière suivante, qui comprend de légères modifications élaborées dans le laboratoire de *Lewkowitsch*.

On dissout 1 à 2 gr. d'huile à examiner dans 40 cc. d'éther additionné de quelques centimètres cubes d'acide acétique glacial ; on refroidit à 5° la solution contenue dans une fiole bouchée, et ajoute le brome goutte à goutte jusqu'à ce que la coloration brune persiste. Si la température s'élevait, il y aurait production et dégagement d'acide bromhydrique et la détermination serait à rejeter. Après trois heures de repos, on filtre le liquide sur un tube garni d'amiante et lave le contenu du filtre quatre fois avec 10 cc. d'éther glacé chaque fois. On sèche enfin le résidu à l'étuve à poids constant.

Tolman[3] préfère centrifuger et laver le précipité dans un tube. *Sutcliffe*[4], et aussi *Gemmel*[5], ont noté que la proportion d'acide acétique exerce une grande influence sur la quantité de précipité, et l'un et l'autre recommandent, en conséquence, d'en employer 5 cc.

Les nombres suivants sont les chiffres théoriques pour les triglycérides bromés dont les acides gras contiennent 18 atomes de carbone :

1. En ce qui concerne les modifications que subissent les huiles sous l'influence de l'oxydation atmosphérique, cf. H. C. Sherman et M. J. Falk, *Journ. Amer. Chem. Soc.* 1903 (25), 711 ; cf. aussi Procter et Holmes, *Journ. Soc. Chem. Ind.*, 1905, 1287.
2. *Analyst*, 1898, 313.
3. *Journ. Ind. Eng. Chem.*, 1909, 342.
4. *Analyst*, 1914, 28.
5. *Ibidem*, 1914, 297.

	FORMULES	BROME POUR 100
Octobromostéarine	$C^3H^5(C^{18}H^{27}O^2Br^8)^3$	68,92
Hexabromostéarine	$C^3H^5(C^{18}H^{29}O^2Br^6)^3$	62,28
Tétrabromostéarine	$C^3H^5(C^{18}H^{31}O^2Br^4)^3$	52,23
Dibromostéarine	$C^3H^5(C^{18}H^{33}O^2Br^2)^3$	35,19

Les composés hexabromés obtenus de l'huile de lin fondent vers 140° environ, et se décomposent vers 155° environ ; les composés octobromés ne fondent pas au-dessous de 200° et noircissent au-dessus de cette température.

Pour bien montrer l'intérêt de cette méthode, *Lewkowitsch* rapporte ce fait, qu'on a observé dans son laboratoire [1] que l'huile de bois ne donnait pas d'hexabromures, tandis que la formule de *Maquenne*, $C^{18}H^{30}O^2$, indiquée pour le principal acide gras non saturé de l'huile de bois, prévoyait la formation de ces dérivés. Cette apparente contradiction a été expliquée depuis par *Kametaka* [2], qui a établi la formule $C^{18}H^{32}O^2$ pour l'acide élœomargarique.

Halphen a légèrement modifié la méthode de *Hehner* et *Mitchell* en employant le réactif de bromuration suivant : 28 volumes d'acide acétique glacial, 4 volumes de nitrobenzène et 1 volume de brome. On mélange 0,5 cc. d'huile avec 10 cc. de réactif dans un tube à essais et différencie qualitativement : 1° les huiles qui ne donnent pas de précipité même après une heure de repos et donnent une solution limpide ; 2° celles qui ne donnent pas de précipité après une heure de repos, mais donnent une solution légèrement trouble ; 3° celles qui se troublent nettement et donnent un précipité, et 4° celles qui se troublent et se séparent en deux couches par le repos. Sous cette forme, l'essai ne donne pas d'indications plus définies que l'absorption d'iode (Cf. *Huiles d'animaux marins*, chap. XIV).

Il est donc bien préférable d'effectuer l'essai sous la forme quantitative proposée par *Hehner* et *Mitchell*.

1. *Analyst*, 1902, 237.
2. *Journ. Chem. Soc.*. 1903, 1042.

La table suivante donne les quantités de glycérides bromés fournis par différentes huiles, d'après les déterminations de *Walker* et *Warburton* et de *Stadler*.

SORTE D'HUILE	PROPORTION DE BROMURES insolubles provenant des glycérides pour 100	OBSERVATEURS
Perilla	53,6	Lewkowitsch
Lin (Indice d'iode 181)	23,14-23,52	Walker et Warburton
— (— — 186,4)	24,17	Lewkowitsch
— (— — 190,4)	37,72	—
Lin	23,86-25,8	Hehner et Mitchell
Lin, Baltique (Indice d'iode 197)	47,5-48,1	Ingle
— Inde (— — 185)	39,1-39,3	—
— Hollande (— — 181,5)	36,9	—
— Plata (— — 179,5)	35,3-33,7	—
— Baltique (— — 204)	49,3	Sutcliffe [1]
— — (— — 199)	47,0	—
— — (— — 197)	46,8	—
— — (— — 194)	44,0	—
— — (— — 192)	42,6	—
— Bombay (— — 190)	41,6	—
— — (— — 188)	40,6	—
— — (— — 187)	39,7	—
— — (— — 185)	38,8	—
— — (— — 184)	37,9	—
— — (— — 180)	35,2	—
— Plata, pression à froid (indice d'iode 179)	34,6	—
Abrasin ou de bois de Chine	nulle	Hehner et Mitchell
— 1er échantillon	—	Walker et Warburton
— 2e —	0,38-0,39	— —
Bancoulier	8,21-7,28	— —
Chènevis	8,82	Sprinkmeyer et Diedrichs [2]
Noix	1,42-1,9	Hehner et Mitchell
—	2,22	Sprinkmeyer et Diedrichs [2]
Carthame	0,65-1,65	Walker et Warburton
Soja	3,73 [3]	Lewkowitsch
—	3,62	Sprinkmeyer et Diedrichs [2]
Œillette	nulle	Hehner et Mitchell
Maïs	—	— —
Coton	—	— —
—	—	Lewkowitsch
Sésame	0,06-0,16	Sprinkmeyer et Diedrichs [2]
Colza	0,73	Stadler
Noix du Brésil	nulle	Hehner et Mitchell
Amande	—	— —
Olive	—	— —

1. *Analyst*, 1914, 28.
2. *Zeits. f. Unters. d. Nahr. u. Genussm.*, 1912 (XXIII), 684.
3. Point de fusion 148°.

SORTE D'HUILE	PROPORTION DE BROMURES insolubles provenant des glycérides pour 100	OBSERVATEURS
Poissons (sardines) du Japon	21,14–22,07	Walker et Warburton
Poissons, désodorisée	49,01–52,28	— —
Menhaden	61,8	Ingle
Foie de morue	42,9	Hehner et Mitchell
— — —	35,33–33,76	Walker et Warburton
— — — (Terre-Neuve)	32,68–30,62	— —
Foie de requin	22	Hehner et Mitchell
— — —	21,22–19,08	Walker et Warburton
Phoque	27,64–27,92	— —
Baleine	25	Hehner et Mitchell
Baleine, échantillon ancien	15,54–16,14	Walker et Warburton
— — frais	20,1–22,6	Lewkowitsch
Cachalot	2,61–2,42	Walker et Warburton
—	3,72–3,69 (après 48 h. de repos)	— —

En général, les glycérides bromés cristallisent mal et la filtration est difficile ; c'est particulièrement le cas pour les glycérides octobromés.

Les résultats quantitatifs obtenus par divers observateurs présentent des différences considérables, ce qui est dû aux variations des conditions d'opération telles que température, concentration, temps de repos, etc... *Gemmel*[1], qui a étudié la méthode, de façon approfondie, en a signalé toutes les difficultés et il a remarqué, en outre, que le produit bromé de l'huile de lin n'a pas une composition constante et renferme beaucoup moins de brome que n'en contiendrait un glycéride hexabromé.

D'après *Lewkowitsch*, il vaudrait mieux effectuer l'essai des bromures sur les acides gras (Cf. chap. VIII), préparés et isolés avec toutes les précautions voulues pour éviter leur oxydation par l'oxygène de l'air.

1. *Analyst*, 1914, 297.

5. Réactions thermiques.

a) *Réaction thermique avec l'acide sulfurique : essai de Maumené.*

En étudiant la réaction d'abord observée par *Achard* en 1777, *Maumené* [1] a reconnu qu'en mélangeant l'acide sulfurique concentré avec les huiles il se produit une élévation de température plus grande avec les huiles siccatives qu'avec les huiles non siccatives, et il a proposé cette réaction de l'acide sulfurique pour l'examen des corps gras.

Fehling, *Casselmann*, *Allen*, *Archbutt*, et d'autres encore ont confirmé l'observation de *Maumené* et montré que l'on pouvait obtenir des résultats comparables en opérant exactement dans les mêmes conditions. Il est donc nécessaire de *toujours* employer de l'acide sulfurique de même concentration (l'acide doit être soigneusement tenu à l'abri de l'air), de refroidir l'huile et le réactif exactement à la même température avant de commencer l'opération, et même d'employer le même récipient pour chaque détermination [2]. (*Archbutt*, cependant, indique qu'il n'est pas nécessaire d'opérer à une température initiale constante).

Maumené [3] a trouvé que l'acide sulfurique chauffé à 320° et employé immédiatement après refroidissement, donne une température de réaction différente de celle donnée par un acide qui n'a pas subi ce traitement. Ce fait est dû à une dissociation partielle de l'acide sulfurique. L'acide sulfurique à 99 0/0 et à 96 0/0 ayant, selon *Lunge* et *Naef*, le même poids spécifique, il est préférable de déterminer la concentration de l'acide par titrage (*Archbutt* [4]).

Le tableau suivant, dû à *Archbutt*, montre l'influence de la concentration de l'acide sur le résultat (Cf. aussi plus loin, table de *Thomson* et *Ballantyne*) :

1. *Comptes Rendus*, 1882 (95), 572.
2. *Journ. Soc. Chem. Ind.* 1891, 234.
3. *Comptes rendus*, 92, 721.
4. *Journ. Soc. Chem. Ind.* 1886, 304.

SORTE D'HUILE	ÉLÉVATION DE TEMPÉRATURE OBSERVÉE AVEC L'ACIDE CONTENANT POUR 100 DE SO^4H^2						
	97,38	96,71	95,72	94,72	93,75	92,73	91,85
	Degrés	Degrés	Degrés	Degrés	Degrés	Degrés	Degrés
Olive pure	43,25 42,25	42	39	36,5	34,5	31	28 29,25
Colza pure	63 ; 62	61	58	54	50,25	47	40,5 ; 43
Olive impure	48,5 48,5	47 ; 47,5	43,75 44,25	40,75 40,25	38,5 ; 39	35,5 35,5	32,5 32,5

Il faut aussi noter qu'en employant de l'acide faible, l'élévation de température est très lente.

Archbull recommande le mode opératoire suivant : On met dans un gobelet de Bohême de 200 cc., 50 gr. de l'huile à essayer (pesée à 10-20 milligrammes près). On place le gobelet et le flacon d'acide dans une grande cuvette pleine d'eau jusqu'à ce que les deux liquides aient pris la même température, qui doit être voisine de 20°.

On enlève le gobelet, essuie l'extérieur et le place dans un gobelet plus grand garni d'ouate. On plonge un thermomètre dans l'huile, et note la température ; avec une pipette, on retire rapidement du flacon 10 cc. d'acide sulfurique qu'on fait écouler dans l'huile, le temps d'écoulement du contenu de la pipette étant d'une minute. Pendant tout ce temps, on agite l'huile avec le thermomètre jusqu'à ce que la température ne s'élève plus. On note facilement le plus haut point atteint, car la température reste quelque temps constante avant de commencer à descendre.

Pour assurer un mélange plus parfait de l'huile et de l'acide, *Allen* adapte au thermomètre une plaquette d'étain en forme d'aile d'hélice ; cette pièce constitue un agitateur efficace et produit un mélange intime des deux liquides.

La table suivante donne pour différentes huiles l'élévation de température fournie par l'essai de *Maumené*. Les nombres sont disposés d'après la grandeur de l'indice d'iode, afin de montrer la corrélation existant entre cet indice et la réaction thermique de *Maumené*. Les nombres de cette table sont des nombres moyens, obtenus par différents observateurs opérant dans des conditions différentes. On pourra donc consulter encore les résultats individuels relatés dans les études particulières du chapitre XIV.

HUILE	CLASSE	GROUPE	ESSAI DE MAUMENÉ Degrés	TEMPÉRATURE SPÉCIFIQUE de réaction
Perilla	Huiles siccatives		127[1]	
Lin			110–126	
Stillingia			136,5	
Noix de cèdre			98	
Julienne			126	
Chènevis			97	
Noix			101–103	
Carthame			120	
Soja			88[2]-91,2[1]	
Œillette			88	
Niger			81,5	
Tournesol			72	
Pignon			98,5	
Madia			97	
Tabac			100	
Isano			115	
Mohamba			55	
Cameline	Huiles demi-siccatives	Groupe de l'huile de coton	82–117	
Pépins de raisin			53–82	
Maïs			81–86	
Faîne			64	
Kapock			95	
Coton			75–90	
Sésame			65,5	
Myrte			39 (?)	
Zachun			75,5	
Noix de Brésil			51	
Pignon d'Inde			65–66	
Cresson		Groupe de l'huile de colza	92–95	
Ravison			65–76	
Colza			55–64	
Moutarde noire			43	
Moutarde blanche			44–49	
Raifort			51	
Jamba			52	
Nigelle	Huiles non siccatives		89	
Coing			73	
Cerisier			45	
Laurier-cerise			44,5	
Abricotier			42–46	
Prunier			44,7	
Pêcher			42,5	
Amande			52,5	
Cornouiller			52	
Gland			60	

1. K. Willisch, *Dissert.*, Augsbourg, 1912. L'huile étant mélangée avec 70 0/0 d'huile de paraffine et traitée par l'acide sulfurique à 92,5 0/0.
2. Œttinger et Buchta, *Zeits. f. ang. Chem.*, 1911, 828.

HUILE, GRAISSE OU CIRE	CLASSE	GROUPE	ESSAI DE MAUMENÉ Degrés	TEMPÉRATURE SPÉCIFIQUE de réaction
Noix de Californie	Huiles non siccatives		77	
Arachide			45–51	
Riz			66,7	
Pistache			44,7	
Noisette			36	
Olive			41,5–45	
Café			54	
Sterculia			158	
Canari			59	
Ricin		Groupe de l'huile de ricin	46–47[1]	
Menhaden	Huiles d'animaux marins	Huiles de poissons	126	
Foie de morue		Huiles de foies	102–113	
Phoque		Huiles de cétacés	92	
Baleine			92	
Marsouin (corps)			50	
Pieds de mouton	Huiles d'animaux terrestres		49,5	
— cheval			38	
— bœuf			47–48,5	
GRAISSES				
Laurier	Graisses végétales		115,6	
Njave			55	
Beurre de muscade		Groupe des myristicacées	39	
Graisse de cheval	Graisses animales	Demi-siccatives	40–54	
Saindoux		Non siccatives	24–41	
CIRES				
Huile de cachalot	Cires liquides		51	100
Huile de rorqual rostré			41–47	93

1. Tortelli, en employant son thermoléomètre, avec de l'acide sulfurique de densité 1,8413, trouve le nombre 67,8.

Il existe incontestablement une corrélation entre l'élévation de température de la réaction de *Maumené* et l'indice d'iode d'une huile, l'élévation de température étant d'autant plus grande que l'indice d'iode est lui-même plus élevé (*Cf.* chap. XIV, *Huile d'olive*).

Cependant, cette relation ne peut pas s'exprimer par un facteur constant, car *Hehner* et *Mitchell*[1] déduisent de :

	Indice d'iode / Nombre de Maumené
9 observations faites par un seul et même observateur, sur des saindoux, le facteur	1,748
10 observations sur les huiles d'olive, le facteur....	2,1837
203 observations sur les huiles d'olive, le facteur....	2,314

Même en appliquant le dernier facteur à d'autres huiles examinées par les mêmes observateurs, les résultats sont discordants.

L'huile de Sterculia offre, cependant, une exception à la règle précédente et, tandis qu'elle possède l'indice d'iode 76,6, elle manifeste une élévation de température de 158° par la réaction de *Maumené;* cette attitude particulière paraît avoir une certaine relation avec la propriété que présente l'huile de Sterculia de se gélatiniser et même de se solidifier (polymérisation) par chauffage vers 200° ; cependant, l'huile de ricin, qui ressemble à cette huile par son indice d'iode et sa faculté de se polymériser, ne donne pas une élévation de température supérieure à 67°.

Les huiles donnant une élévation de température considérable doivent être diluées, d'après *Maumené*[2], avec une quantité mesurée d'huile d'olive. *Bishop*[3] recommande l'huile minérale dans le même but, et calcule l'élévation de température que donnerait l'huile originale d'après l'élévation observée de la façon suivante (ce qui n'est cependant pas absolument correct) : l'élévation de température obtenue avec 10 gr. d'huile de foie de morue, 10 gr. d'huile minérale et 20 gr. d'acide sulfurique étant de 67°, si l'élévation de température de l'huile minérale seule est de 14°, le nombre pour l'huile de foie de morue serait : 2 (67-14) = 106° (*Bishop*).

Bishop a obtenu de cette manière les résultats suivants :

1. *Analyst,* 1895, 147.
2. Cf. aussi Suzzi, *Boll. Chim. Farm.*, 1905 (44), 301.
3. *Journ. Pharm. Chim.*, 20, 302.

Sorte d'huile	Élévation de température calculée Degrés
Foie de morue, blanche	100
— — blonde	102
— — brune	102,5
Arachide	66
Mélange de 80 parties d'huile de foie de morue blonde, et de 20 parties d'huile d'arachide	97
Huile minérale	14

Ellis [1] recommande aussi l'huile minérale comme diluant. N'ayant trouvé aucune concordance dans les résultats obtenus quand l'élévation de température dépasse le maximum de 60° (car au-dessus de cette température des réactions secondaires s'opèrent entre l'acide sulfurique et l'huile), *Ellis* juge nécessaire de diluer chaque huile avec de l'huile minérale en proportions telles que la plus haute température atteinte soit inférieure à 60°. Pour le mode de calcul et les résultats obtenus, on consultera le mémoire original.

Tortelli, toutefois, a montré que l'emploi des huiles minérales comme diluant, est de nature à causer des erreurs, et il recommande fortement l'usage exclusif de l'huile d'olive [2] ; il indique d'ailleurs, que celle-ci doit être utilisée en proportion suffisante pour que la température finale de la réaction ne dépasse pas 90°.

Le calcul de l'élévation de température, lorsqu'on emploie un diluant, comme l'huile d'olive, s'établit de la façon suivante :

Soient 43,7° l'élévation de température de l'huile d'olive et 63,4° l'élévation observée avec un mélange de 1 volume d'huile de cameline et 2 volumes de la même huile d'olive ; l'indice thermique de l'huile de cameline est :

$$\left(63{,}4 - \frac{43{,}2 \times 2}{3}\right) \times 3 = 102{,}9^{\circ}.$$

F. Jean [3] détermine la chaleur développée dans l'essai de *Maumené* au moyen d'un appareil de forme spéciale, qu'il a appelé « thermélæomètre ». Cet appareil (*fig.* 38) consiste en un petit vase A,

1. *Journ. Soc. Chem. Ind.*, 1886, 150, 361.
2. Chem. Zeit., 1909, 126. Cf. aussi Boynton et Sherman, *School of Mines Quarterly*, 1910, 64.
3. *Journ. Pharm. Chim.*, 1899, 337.

large de 4 cm. et haut de 6 cm., gradué pour revecoir 15 cc.d'huile, et d'un réservoir d'acide B. Ce dernier est muni d'un bouchon de verre rodé creux C portant un tube de caoutchouc R. Le goulot de ce réservoir porte une pince à laquelle est fixé un thermomètre[1].

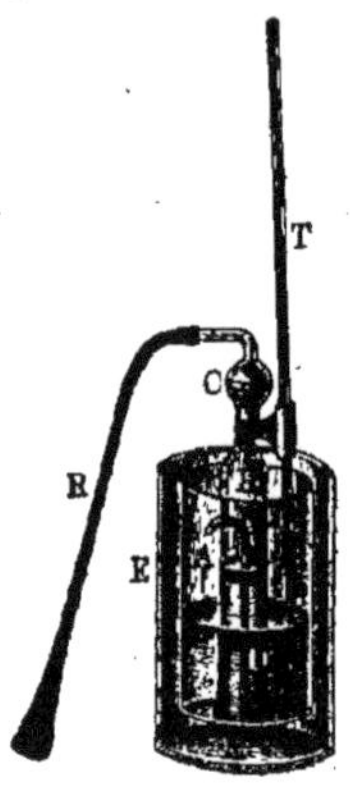

Fig. 38.

Le mode opératoire est le suivant : On place en A, 15 cc. d'huile, préalablement chauffée vers 40-50°, et en B, 5 cc. d'acide sulfurique concentré de poids spécifique 1,819. On place le récipient B dans A et on abandonne le tout à refroidir à 30°, en agitant de temps en temps avec le thermomètre. Pour empêcher tout refroidissement ultérieur, on place le vase A dans une enveloppe de laiton E doublée de feutre. On fait passer l'acide de B en A par le petit tube siphon en soufflant par le tube R, et on agite le mélange d'acide et d'huile jusqu'à ce que la température maximum soit atteinte. Les huiles siccatives doivent être diluées avec 5 cc. d'huile minérale.

Les huiles très oxydées doivent être préalablement lavées à l'alcool ; il est encore préférable de préparer les acides gras et d'opérer sur ceux-ci. *F. Jean* a obtenu avec son « thermélæomètre » les résultats suivants :

SORTE D'HUILE	ÉLÉVATION DE TEMPÉRATURE	
	DE L'HUILE NEUTRE	DES ACIDES GRAS
	Degrés	Degrés
Lin	61	109
Colza, France	37	44
— , Inde	37	46
Olive	41,5	45

Ces nombres ne sont d'ailleurs pas directement comparables avec ceux de la table précédente.

Tortelli[2] a récemment proposé l'emploi d'un nouvel appareil,

1. Cf. Wiley, *Lard and Lard Adulterations*, Washington, 1889.
2. *Boll. Chim. Farm.*, fasc. 6 mars 1904; *Chem. Zeit.*, 1909, 125, 134; *Gazz. Chim. Ital.*, 1909 (II), 171.

appelé *thermoléomètre*, consistant en un vase de verre dont le fond et les parois sont doubles, et dans l'espace intermédiaire desquels on a fait le vide (tube de *Dewar*). Le thermomètre qui sert d'agitateur porte deux paires d'ailettes en forme d'hélice, qui produisent une agitation suffisante en imprimant au thermomètre un mouvement rotatif alternatif.

L'acide sulfurique employé a le poids spécifique de 1,8413 à 15°.

D'après *Tortelli*, les indications fournies par son thermoléomètre, rendent inutiles la détermination de l'indice d'iode des huiles d'olive, et il n'y aurait qu'à multiplier l'élévation de température en degrés centigrades par 1,83 pour avoir l'indice d'iode correspondant. Le facteur 1,83 ne peut, cependant, pas servir pour toutes les huiles. Pour les huiles non siccatives, ayant un indice d'iode compris entre 80 et 90°, *Tortelli* a trouvé le facteur 1,82 ; pour les huiles demi-siccatives, d'un indice d'iode de 100 à 110, le facteur 1,6 (le facteur réel variant entre 1,65 et 1,55) ; pour les huiles siccatives d'un indice d'iode de 125 à 185, le facteur est 1,48 (les nombres réels variant entre 1,55 et 1,40).

Tortelli est d'avis que les indices d'iode, déduits des indices thermiques à l'aide des facteurs précédents, sont suffisamment exacts pour la pratique. *Lewkowitsch* pense au contraire que ce serait une erreur que de substituer l'essai thermique à la détermination directe de l'indice d'iode. En effet, d'une part, les divers facteurs donnés par *Tortelli* présentent des différences à la fois trop nombreuses et trop considérables (c'est ainsi qu'ils sont de 1,15 pour l'huile de ricin et de 1,40 pour l'huile de coton) et, d'autre part, l'analyste ignore le facteur qu'il doit appliquer, lorsqu'il se trouve en présence d'une huile inconnue ; dans ce dernier cas, il serait donc obligé de déterminer l'indice d'iode.

Avec les corps gras solides, il y a une certaine difficulté à ramener l'acide sulfurique et les corps gras à la même température avant de commencer l'essai. Pour obvier à cet inconvénient, *Tortelli* calcule d'après les chaleurs spécifiques du corps gras et de l'acide la température à laquelle les deux produits réagissants ont la même température ; la formule que donne *Tortelli* est basée sur la chaleur spécifique de l'huile d'olive, déterminée par *Regnault*, soit 0,445.

On trouvera dans le mémoire de *Tortelli* un très grand nombre de déterminations faites par celui-ci ; on indiquera seulement ici que les facteurs pour la conversion en indices d'iode varient pour les corps gras solides d'une façon bien plus capricieuse que pour les huiles. C'est ainsi que pour les graisses végétales, le facteur varie de 1,67 (pour l'huile de palme) à 0,67 (pour l'huile de palmiste) et même 0,33 (pour l'huile de coco) et pour les graisses animales de 1,53 (pour le suif) à 1,04 (pour le corps gras du beurre).

Marden et *Dover*[1] emploient l'acide sulfurique à 95,1 0/0 dans un appareil spécial pour les détails duquel on se reportera au travail original. Ils calculent les résultats en calories par gramme d'huile, comme le montre la table suivante :

HUILE	CALORIES
Essence de térébenthine	270
Huile de lin crue	155
— — cuite	138,4
— de foie de morue	133,3
— abrasin (bois) de Chine	130
— ricin	116,6
— coton	102
— sésame	100,4
— lard	99,3
— arachide	89,5
— colza	89,5
— olive	86,2–85,0–81,0
— cachalot	76,8
— pieds de bœuf	67,0
— coco	36,1
Pétrole	0

Marcille[2] recommande de peser l'huile au lieu de la mesurer, et indique le poids de 18 gr. comme particulièrement convenable.

L'exposition à l'air et à la lumière et l'oxydation qui en résulte augmentent la température de réaction avec l'acide sulfurique. C'est ainsi qu'*Archbutt* rapporte qu'un échantillon d'huile d'olive conservée dans l'obscurité, donnait à l'essai de *Maumené* 41,5° et après exposition 52,5°.

Ce fait est mis en évidence d'une façon plus nette encore par les résultats de *Ballantyne* :

1. *Journ. Ind. Eng. Chem.*, 1917, 858.
2. *Ann. des Falsif.*, 1909 (2), 230.

SORTE D'HUILE	ÉLÉVATION DE TEMPÉRATURE	
	HUILE ORIGINALE	APRÈS EXPOSITION
	Degrés	Degrés
Olive	44	67
Ricin	73	78,5
Colza	61,5	72,5
Coton	75,5	100
Arachide	73,5	90
Lin	113,5	131

Il faut noter que c'est l'inverse qui s'observe pour l'indice d'iode.

Thomson et *Ballantyne* [1] proposent de rapporter l'élévation de température obtenue avec 50 gr. d'huile et 10 cc. d'acide sulfurique à l'élévation de température obtenue dans les mêmes conditions avec 50 gr. d'eau. Le quotient $\frac{\text{élévation de température avec l'huile}}{\text{élévation de température avec l'eau}}$, qu'ils appellent *température spécifique de réaction*, exprime donc l'élévation de température de l'huile comparée avec celle de l'eau prise comme unité. Dans la table suivante, les résultats sont multipliés par 100 pour éviter les décimales. En rapportant ainsi les résultats, les différences obtenues en opérant avec de l'acide sulfurique de diverses concentrations sont considérablement réduites, comme le montre la table suivante :

SORTE D'HUILE	ACIDE SULFURIQUE à 95,4 0/0		ACIDE SULFURIQUE à 96,8 0/0		ACIDE SULFURIQUE à 99 0/0	
	ÉLÉVATION DE TEMPÉRATURE	TEMPÉRATURE SPÉCIFIQUE DE RÉACTION	ÉLÉVATION DE TEMPÉRATURE	TEMPÉRATURE SPÉCIFIQUE DE RÉACTION	ÉLÉVATION DE TEMPÉRATURE	TEMPÉRATURE SPÉCIFIQUE DE RÉACTION
	Degrés		Degrés		Degrés	
Olive..	36,5	95	39,4	95	44,8	96
— ..	»	»	39	94	43,8	94
Colza..	49	127	»	»	58	124
Ricin..	34	88	37	89	»	»
Lin....	104,5	270	»	»	125,2	269
Eau ...	38,6	100	41,4	100	46,5	100

Les températures spécifiques de réaction suivantes ont été données par *Thomson* et *Ballantyne* et par *Jenkins* [2] :

1. *Journ. Soc. Chem. Ind.*, 1891, 234.
2. *Ibidem*, 1897, 194.

SORTE D'HUILE	TEMPÉRATURE SPÉCIFIQUE DE RÉACTION (EAU = 100) Thomson et Ballantyne	Jenkins	CLASSE D'HUILE
Huile d'abrasin (bois), du Japon	»	330	Huiles siccatives
— de lin, Baltique	349	»	
— — Inde orientale	320	»	
— — la Plata	320	»	
— — brute	»	313	
— — cuite	»	248	
Huile de menhaden	306	»	Huiles de poissons
Huile de foie de lingue	232	»	Huiles de foies
— — de cyprin	257	»	
— — de colin	317	»	
— — de haddock	300	»	
— — de raie	322	»	
Huile de foie de morue, médicinale	272	»	
— — — Écosse	246	»	
— — — Terre-Neuve	243	»	
Huile de phoque	»	278	Huiles de cétacés
— — foncée	229	»	
— — extraite à froid, claire	225	»	
— — Norvège	223	»	
— — extraite à la vapeur, claire	212	»	
— de baleine, claire	157	»	
Huile de coton, raffinée, Égypte	170	»	Huiles demi-siccatives
— — — —	169	»	
— — brute, Égypte	163	»	
— de ravison	»	162	
— de colza	144	»	
— —	135	»	
— —	133	»	
— —	»	130	
— —	127	»	
— —	125	»	
— de ricin, commerciale	89	105	
Huile de cachalot, du Sud	100	»	Cires liquides
— de rorqual rostré	93	103	
Huile d'arachide, commerciale	137	»	Huiles non siccatives
— — raffinée, France	105	»	
— d'olive, Malaga	94	»	
— — Mogador	93	»	
— — Mytilène	93	»	
— — Syrie	93	»	
— — commerciale	92	94	
— — Candie	92	»	
— — Gioja	89	»	
Huile de pieds de bœuf	»	87	Huiles d'animaux
Huile de coton oxydée (soufflée)	»	164	Huiles industrielles
— de colza oxydée (soufflée)	»	153	

Les chiffres rapportés ont été disposés d'après leur grandeur et, comme on pouvait s'y attendre, les différentes classes d'huiles se rangent dans le même ordre que dans la table donnée plus haut.

Il convient de signaler que *Torlelli*[1] rejette la méthode de *Thomson* et *Ballantyne*.

Mazzaron[2] a proposé de doser l'acide sulfureux qui se dégage dans la réaction de *Torlelli*, mais il n'y a pas lieu de s'arrêter à cette suggestion.

La réaction de *Maumené* et ses modifications ont trouvé ici une large place ; car cette réaction jouit d'une certaine faveur en Angleterre et aux États-Unis. Elle semble même exercer une sorte d'attraction sur les opérateurs, car, à l'heure actuelle encore, le nombre des recherches qui s'y rapporte est considérable. C'est ainsi que *Mitchell*[3] a essayé d'insuffler une vie nouvelle à cet essai par une longue série de recherches expérimentales sur l'action de l'acide sulfurique concentré sur les glycérides et leurs acides, en substituant le tétrachlorure de carbone aux autres diluants proposés par *Ellis* et d'autres auteurs. Plus récemment, *Sherman*, *Danziger*, *Kohnstamm*[4], *E. Richler*[5], et surtout *Torlelli*[6] et *Wilisch*[7] ont publié de longues études sur cette réaction, en accordant une attention spéciale à l'influence des diluants et de la concentration de l'acide. *Lewkowitsch* estime toutefois que les indications fournies par cet essai sont hors de proportion avec le travail qu'il nécessite, et comme l'application des réactions quantitatives peut fournir des indications plus sûres sans plus de travail, il a paru inutile de rapporter même les résultats de ces derniers observateurs.

Dans la plupart des cas, l'analyste peut très bien se dispenser de cet essai, qui a perdu presque toute raison d'être depuis que la modification apportée par *Wijs* à la réaction de *Hübl* permet de déterminer l'indice d'iode en un temps très court. On ne l'emploiera

1. *Chem. Zeit.*, 1905, 532; 1909, 135.
2. *Staz. Sperim. Agrar. Ital.*, 1915, 583.
3. *Analyst*, 1901, 169.
4. *Journ. Amer. Chem. Soc.*, 1902, 266.
5. *Zeits. f. ang. Chem.*, 1907, 1613.
6. *Chem. Zeit.*, 1909, 134, 171, 184.
7. *Dissert.*, Augsburg, 1912.

donc que dans les rares cas où les réactions quantitatives ne donneraient pas de résultat net et satisfaisant.

C'est ainsi que les falsifications de l'huile d'olive peuvent être décelées avec une certaine facilité, l'huile d'olive donnant la plus petite élévation de température de toutes les huiles, excepté les huiles animales. La réaction de *Maumené* peut encore offrir un léger avantage dans l'examen des huiles de lin au point de vue de leur siccativité (Cf. aussi *Saindoux*, chap. XIV), et peut-être aussi dans l'essai des matières insaponifiables liquides, en vue de différencier les huiles minérales, de résine et de goudron. Dans tous les cas, il est nécessaire de suivre l'exemple d'*Archbutt*, c'est-à-dire que chaque opérateur doit dresser lui-même une table personnelle, en employant des huiles et graisses de pureté connue, afin de comparer les résultats fournis par l'essai d'un échantillon avec ceux observés pour les corps gras types.

Par la ***réaction thermique avec le brome*** (voir plus loin), on peut obtenir en un temps plus court des résultats plus dignes de confiance que ceux fournis par la méthode de *Maumené* et ses modifications.

b) *Réaction thermique avec le chlorure de soufre*

Pour distinguer les huiles siccatives et non siccatives, *Fawsitt* [1] a proposé de mesurer la chaleur développée par l'action du chlorure de soufre sur les diverses huiles, d'après la méthode employée pour l'essai de *Maumené*. Ce procédé n'offrant aucun avantage sur l'essai de *Maumené* ou sur l'essai de la chaleur de bromuration (p. 711), il suffit de décrire rapidement le mode opératoire et de rapporter les résultats obtenus dans la table ci-dessous.

On pèse 30 gr. d'huile dans un petit gobelet de Bohême que l'on place dans un plus grand, en remplissant l'espace libre entre eux par de l'ouate. On plonge un thermomètre dans l'huile, note la température et verse lentement le chlorure de soufre, en agitant continuellement. Quand le thermomètre cesse de monter, on note la température, ainsi que le temps de l'élévation de température.

1. *Journ. Soc. Chem. Ind.*, 1888, 552.

CLASSE D'HUILE	SORTE D'HUILE	NOMBRE DE CC. S^2Cl^2 AJOUTÉ	ÉLÉVATION de TEMPÉRATURE	TEMPS D'ÉLÉVATION	ÉLÉVATION PAR MINUTE	ÉTAT FINAL DE L'HUILE
			Degrés		Degrés	
Huiles siccatives	Lin..........	2	57	5	11,4	Liquide, visqueux.
	—..........	3	79	3	26,3	— très visqueux.
	—..........	4	97	2	48,7	Solide, épais.
Huiles de foies	Foie de morue.	2	55	4	13,7	Liquide, visqueux
	— — .	3	82	3	27,3	Solide, très épais.
	— — .	4	103	3	34,3	— sec.
Huiles de cétacés	Phoque.......	2	45	10	4,4	Liquide, visqueux.
	—	3	79	6	13,2	Solide, épais.
	—	4	112	5	22,4	— sec.
	Baleine.......	2	57	6	9,4	Liquide, visqueux.
	—	3	71	5	14,1	— très visqueux
	—	4	91	3	30,2	Solide, sec.
Huiles demi-siccatives	Coton.........	2	49	11	4,4	Liquide, visqueux.
	—	3	64	9	7,1	— très visqueux.
	—	4	93	6	15,4	Solide, épais.
	Colza.........	2	53	10	5,3	Liquide, visqueux.
	—	3	66	7	9,3	Solide, légèrement épais.
	—	4	89	6	14,8	— sec.
Huiles non siccatives	Olive	2	52	6	8,7	Liquide, visqueux.
	—	3	69	5	13,7	— très visqueux.
	—	4	94	4	23,5	Solide, sec.
	Ricin.........	2	56	2	27,7	Liquide, très visqueux.
Cires liquides	Cachalot......	2	37	16	2,3	Liquide.
	—	3	54	11	4,9	— , visqueux.
	—	4	71	8	8,8	— —
	—	5	86	6	14,2	— très visqueux.
Huiles d'animaux	Pieds de bœuf.	2	51	7	7,3	Liquide, visqueux.
	— — .	3	66	5	13,2	— très visqueux.
	— — .	4	82	4	20,5	Solide, épais.
	Huile de lard..	2	40	16	2,4	Liquide, très visqueux.
	— —..	3	62	9	6,9	Solide, devient sec au repos.
	Acide oléique.	2	53	6	10,6	Liquide, visqueux.
	— — .	3	74	5	14,9	— —
	— — .	4	99	6	16,5	— —
	— stéarique.	2	5[1]	7	0,7	Solide.
	— — .	4	8[1]	5	1,6	—
	Glycérine.....	4	21	7	3,0	Liquide.

1. Température initiale 65°.

c) Réaction thermique avec le brome. — Chaleur de bromuration. Indice thermique de brome

L'action du brome sur les huiles et graisses s'exerce avec un dégagement de chaleur considérable. *Hehner* et *Mitchell*[1] ont montré par leurs recherches que la mesure de la quantité de chaleur ainsi développée donne des résultats plus caractéristiques que ceux fournis par la réaction de *Maumené*.

Hehner et *Mitchell* procèdent de la façon suivante :

On place 1 gr. d'huile à examiner dans un vase de *Dewar*[2] et la dissout dans 10 cc. de chloroforme servant à modérer la réaction. A l'aide d'une pipette (munie à la partie supérieure d'un petit tube rempli de chaux vive et fermé aux deux bouts par un tampon d'amiante), on fait écouler 1 cc. de brome, préalablement amené à la température de l'huile du vase, et on mesure l'élévation de température (due à la réaction instantanée) à l'aide d'un thermomètre de précision gradué en cinquièmes de degré.

L'opération entière ne demande que quelques minutes. Quant aux acides gras, on les dissout dans l'acide acétique au lieu de chloroforme et on les traite comme ci-dessus.

Hehner et *Mitchell* ont comparé les nombres obtenus pour l'élévation de température de différents corps gras avec leurs indices d'iode, en vue de reconnaître si quelque corrélation existe entre ces deux nombres. Comme on le verra par la table suivante, due à *Hehner* et *Mitchell*, le facteur 5,5 exprime avec une exactitude remarquable le rapport existant pour la plupart des matières grasses examinées par eux dans les conditions décrites plus haut :

1. *Analyst*, 1895, 148.

2. L'huile peut être pesée dans le tube suspendu obliquement au fléau de la balance à l'aide de fil de platine. (Cf. Archbutt, *Journ. Soc. Chem. Ind.*, 1897, 310.) Dans leurs premières expériences, *Hehner* et *Mitchell* employaient un tube à essais ordinaire enveloppé d'ouate et contenu dans un gobelet ; les résultats ainsi obtenus étaient, *cæteris paribus*, de deux degrés plus faibles.

I HUILE OU GRAISSE	II CHALEUR de BROMURATION Degrés	III. INDICE D'IODE		IV. DIFFÉRENCE	
		EXPÉRIENCE	CALCULÉ d'après la colonne II multipliée par 5,5	ABSOLUE	POUR 100
Saindoux n° 1	10,6	57,15	58,3	+ 1,15	+ 2,00
— 2	10,4	57,13	57,2	+ 0,07	+ 0,12
— 3	11,2	63,11	61,6	— 1,51	— 2,40
— 4	11,2	61,49	61,6	+ 0,11	+ 0,18
— 5	11,8	64,69	64,9	+ 0,21	+ 0,32
— 6	11,8	63,95	64,9	+ 0,94	+ 1,50
— 7	10,2	57,15	56,1	— 1,05	— 1,90
— 8	10,4	57,80	57,2	— 0,60	— 1,05
— 9	9,0	50,38	49,5	— 0,88	— 1,70
— 10	11,0	58,84	60,5	+ 1,66	+ 2,7
— + 10 0/0 d'huile de coton	11,6	64,13	63,8	— 0,33	— 0,52
Saindoux, acides gras	10,4	59,60	57,2	— 2,40	— 4,20
— —	11,0	59,15	60,5	+ 1,35	+ 2,23
Graisse de mouton (rognons)	8,1	44,48	44,5	+ 0,02	+ 0,05
— — (ventre)	7,6	39,70	41,8	+ 2,10	+ 5,0
Beurre de vache n° 1	6,6	37,07	36,3	— 0,77	— 2,1
— — 2	7,0	38,60	38,5	— 0,10	— 0,27
— —, acides gras	6,2	36,50	34,1	— 2,40	— 7,04
Huile d'amande	17,6	96,64	96,68	+ 0,04	+ 0,041
— d'olive	15,0	80,76	82,50	+ 1,74	+ 2,1
— de maïs	21,5	122,0	118,20	— 3,80	— 3,2
— de coton	19,4	107,13	106,70	— 0,43	— 0,4
— de lin n° 1	30,4	160,7	167,20	+ 6,5	+ 3,9
— — 2	31,3	154,9	172,0	+ 17,1	+ 10,0
— de colza n° 1	18,4	88,33	101,20	+ 12,87	+ 12,7
— — 2	17,6	77,2	96,80	+ 19,6	+ 20,0
— de foie de morue	28,0	144,03	140,0	— 4,03	— 2,9
— — — commerciale	19,0	108,5	104,5	— 4,00	— 3,8
— — — —	19,2	105,7	105,6	— 0,1	— 0,09
— — — —	18,9	105,7	103,9	— 1,8	— 1,7
— de ricin	15,0	83,77	82,50	— 1,27	— 1,5

Il est bien entendu que le facteur 5,5 ne doit pas être considéré comme un chiffre absolu, mais qu'il dépend du vase de Dewar particulier et du *modus operandi* adoptés par *Hehner* et *Mitchell*. Il est donc nécessaire que chaque chimiste employant cette méthode détermine le facteur s'appliquant à son cas particulier, en déterminant la chaleur de bromuration d'une huile non siccative dont l'indice d'iode a été obtenu par la méthode de *Hübl* ou celle de *Wijs*.

C'est ainsi que *Jenkins* [1] a obtenu le facteur constant 5,7 et

1. *Journ. Soc. Chem. Ind.*, 1897, 194.

qu'*Archbutt*[1] l'a trouvé variant entre 5,7 et 6,2 pour le suif, les huiles d'olive, de colza et de lin. Dans ce dernier cas, la variation constatée peut être due en partie à ce fait que les poids de substance employés dans chaque essai n'étaient pas identiques.

Malgré les différences considérables constatées pour les huiles de lin et de colza, *Hehner* et *Mitchell* estiment que la détermination de l'indice d'iode peut être parfaitement remplacée par celle de la chaleur de bromuration. Ils vont même jusqu'à émettre cette opinion que les indices d'iode *calculés* des huiles de lin et de colza sont plus exacts que ceux déterminés par la méthode de *Hübl*. Il y a certainement là une pétition de principe, et il faut un plus grand nombre d'expériences pour justifier une conclusion aussi risquée, d'autant plus que de sérieuses différences ont été constatées par *Jenkins* pour l'huile de bois (abrasin) et les huiles « soufflées » ou oxydées.

En raison de l'extrême simplicité de cet essai et de sa rapidité d'exécution, la détermination de la chaleur de bromuration peut constituer un auxiliaire très utile, surtout lorsqu'on a à examiner un grand nombre d'échantillons en un temps limité. Elle ne sera pas moins utile comme essai de triage (*Hehner*), permettant de reconnaître rapidement la classe à laquelle appartient une huile.

Sa grande rapidité étant la principale recommandation en faveur de cet essai, la modification de *Wiley*[2] (qui emploie une solution de brome dans le chloroforme) semble apporter une complication inutile, d'autant plus qu'un abaissement de température résulte de l'emploi de la solution chloroformique de brome. Ce dernier fait a même suggéré l'idée de substituer le tétrachlorure de carbone au chloroforme. Dans le cas des huiles donnant une violente réaction comme l'huile de lin, *Archbutt*[3] conseille d'opérer sur 0,5 gr. d'huile et de multiplier le résultat par 2, et dans le cas de graisses solides, développant moins de chaleur, de prendre 2 gr. de corps gras et de diviser le résultat par 2.

Heiduschka et *Rheinberger*[4] ont étudié la réaction thermique avec le brome et décrit un appareil spécial pour effectuer cet essai ;

1. *Journ. Soc. Chem. Ind.*, 1897, 310. Cf. aussi, Wilson, *Chem. News*, 1896, 27.
2. *Ibidem*, 1896, 384.
3. *Ibidem*, 1897, 310.
4. *Pharm. Zentralh.*, 1912, 303.

ils ont essayé différents dissolvants et reconnu et confirmé que le chloroforme était le mieux approprié à la réaction.

J.-W. Marden[1] a également étudié le même sujet et proposé un appareil que l'on trouvera décrit dans son mémoire ; on se contentera de rapporter les résultats de ses recherches, exprimés en calories par gramme d'huile :

HUILE OU GRAISSE	CHALEUR DE BROMURATION	INDICE D'IODE TROUVÉ	INDICE D'IODE CALCULÉ d'après facteur 0,846
Lin brute	206,0	172,5	174,2
— cuite	204,6	169,0	173,0
Abrasin de (bois) Chine	150,0	156,0	127,0
Maïs	146,2	123,1	123,8
Sésame	126,4	108,2	107,0
Colza	120,8	105,8	102,2
Coton	117,0	101,7	99,0
Baleine	109,0	93,4	92,2
Ricin purifiée	104,1	88,8	88,1
— commerciale	102,2	87,5	86,5
Arachide	102,2	83,2	86,5
Olive I	100,7	84,0	85,2
— II	96,6	80,0	81,7
— III	95,4	80,3	80,7
Pieds de bœuf	83,0	68,7	70,2
Lard	79,3	68,6	67,2
Minérale	nulle	....	....

Depuis la simplification que la modification de *Wijs* a apportée à la détermination de l'indice d'iode, celle-ci demande moins de temps qu'il n'en faut pour l'essai de la chaleur de bromuration ; aussi celui-ci est-il à peu près abandonné.

La détermination de la chaleur de bromuration a été appliquée par *Klamroth* à l'examen de mélanges d'acétates de cholestéryle, de sitostéryle et de stigmastéryle.

6. Réactions colorées.

Différentes réactions colorées ont été et sont encore proposées de temps en temps pour l'identification des huiles.

1. *Journ. Ind. Eng. Chem.*, 1916, 121.

Chateau[1] a donné dans son ouvrage sur les corps gras un tableau synoptique très complet des plus anciennes méthodes. Par ordre chronologique, on peut citer les réactions suivantes, dont quelques-unes sont encore utilisées :

Fauré (1839) a constaté que les huiles végétales peuvent être distinguées des huiles minérales par le chlore gazeux, ces dernières, à l'exception des huiles de pieds d'animaux terrestres, devenant noires sous l'action de ce réactif. Le même auteur a aussi employé l'ammoniaque comme réactif général.

Heydenreich (1848) a employé le premier l'acide sulfurique ; l'essai consistait à laisser tomber cinq gouttes de l'huile à examiner à la surface d'acide sulfurique concentré pur contenu dans une capsule de porcelaine, et à observer les colorations développées pendant les trois premières minutes.

Penot a introduit l'emploi de l'acide sulfurique saturé de bichromate de potassium, les différentes colorations obtenues avec certaines huiles étant considérées comme caractéristiques de ces huiles.

Behrens s'est servi d'un mélange à parties égales d'acide sulfurique et d'acide nitrique.

La méthode de *Crace Calvert* (1854) a joui longtemps d'une certaine vogue. Ce chimiste examinait les réactions colorées développées en traitant les huiles par les réactifs suivants : 1° soude caustique, de poids spécifique 1,340 ; 2° acide sulfurique, de poids spécifique 1,475 ; 3° acide sulfurique, de poids spécifique 1,530 ; 4° acide sulfurique, de poids spécifique 1,635 ; 5° acide nitrique, de poids spécifique 1,180 ; 6° acide nitrique, de poids spécifique 1,220 ; 7° acide nitrique, de poids spécifique 1,330, puis soude caustique, de poids spécifique 1,340 ; 8° acide phosphorique sirupeux ; 9° mélange de volumes égaux d'acide sulfurique, de poids spécifique 1,345 et d'acide nitrique, de poids spécifique 1,330 ; 10° eau régale, formée de 25 volumes d'acide chlorhydrique et 1 volume d'acide nitrique, de poids spécifique 1,330, et traitement consécutif par la soude caustique. Dans quelques ouvrages, les résultats de *Crace Calvert* sont présentés sous forme de table ; celle-ci a été omise ici pour les raisons développées plus bas.

1. Th. Chateau, *Traité complet des Corps Gras Industriels* (Bance et Mallet-Bachelier), Paris.

Hauchecour-Yvelot a préconisé l'eau oxygénée comme réactif général.

Chateau, dans son *Traité complet des Corps Gras Industriels*, a donné des tables très complètes, constituant un essai d'analyse des huiles par l'application méthodique des réactifs suivants : *a*) polysulfure de calcium ; *b*) chlorure de zinc ; *c*) acide sulfurique concentré ; *d*) chlorure stannique fumant ; *e*) acide phosphorique sirupeux ; *f*) acide phosphorique ; *g*) nitrate mercurique, avec addition consécutive d'acide sulfurique ; *h*) nitrate mercurique seul. Tous ces essais doivent d'ailleurs être considérés comme de valeur très minime : c'est pourquoi on les ne a pas rapportés ici.

Plus tard, *Glaessner* (1873) a proposé une méthode d'examen employant comme réactifs la potasse caustique, l'acide nitrique fumant et l'acide sulfurique concentré.

Pour éviter toute élévation de température qui pourrait altérer des réactions colorées caractéristiques ou même carboniser partiellement l'huile, *Finkener* dilue les huiles avec du sulfure de carbone, qui paraît convenir pour ce rôle, car aucune réaction thermique ne se déclare en le mélangeant avec l'acide sulfurique concentré.

Les réactions colorées doivent être employées avec la plus grande circonspection, car de petites quantités de cholestérol, de sitostérol et de substances albuminoïdes ou résinoïdes, ou d'autres matières étrangères, influencent les teintes à tel point, que dans la plupart des cas, il reste douteux que les réactions soient réellement caractéristiques des huiles elles-mêmes. On a un exemple notable de méprise de ce genre dans la coloration brun rougeâtre obtenue en traitant le suif imparfaitement purifié par l'acide nitrique, attribuée par erreur à la présence de la margarine de coton.

C'est surtout faute de meilleures méthodes qu'on a eu recours aux réactions colorées, mais elles ont été remplacées dans la plupart des cas par les réactions quantitatives. Il faut se rappeler que nombre de réactions colorées indiquées dans les anciens ouvrages et perpétuées jusque dans les plus récents, n'ont pas toujours été obtenues avec des échantillons typiques, et que souvent, au contraire, on n'a tenu aucun compte de leur origine, de leur âge, de leur mode d'épuration et de toute une foule de circonstances qui exercent une influence capitale sur la coloration que donnent les réactifs. Les progrès que font tous les jours les procédés techniques ont entrainé cette conséquence que beaucoup d'impuretés, les seules substances qui donnent naissance aux colorations supposées caractéristiques, ont disparu des produits commerciaux.

Une réaction colorée ne peut avoir de valeur que si elle est produite par une substance bien définie, existant naturellement dans une huile ou graisse et caractéristique du corps gras, à tel point que celui-ci puisse être identifié par cette réaction ; ces substances caractéristiques, qui n'existent qu'en quantité minime, ne doivent évidemment pas disparaître facilement au cours des opérations habituelles de la fabrication.

Comme type d'une des plus précieuses réactions de ce genre, on peut citer la réaction de *Baudouin*, proposée d'abord par *Camoin*, pour l'huile de sésame, qui a trouvé son explication scientifique et sa justification dans l'isolement du principe chromogène de cette huile (Cf. *Huile de sésame*, chap. XIV). Mais, même dans ce cas, il faut se garder des erreurs que pourraient causer des réactions colorées analogues, telles que celles fournies par certaines huiles d'olive de Tunisie (voir chap. XIV, *Huile d'olive*) et par certains colorants ajoutés aux margarines (Cf. chap. XIV, *Huile de sésame*, *Beurre de vache*).

La réaction colorée du cholestérol et de ses congénères, quoique très caractéristique, demande encore plus de circonspection, car d'autres substances donnent une coloration identique ou, tout au moins, très voisine.

Les réactifs de groupe, analogues à ceux employés dans l'analyse inorganique, n'existent pas, et chaque nouveau réactif présenté comme tel ne doit être admis qu'avec la plus grande réserve.

Lewkowitsch[1] a examiné attentivement quatre des réactifs dits de groupes : l'acide sulfurique concentré, le chlore gazeux, l'acide phosphorique sirupeux et l'acide phosphomolybdique. Ses expériences l'ont conduit aux conclusions suivantes :

Acide sulfurique. — Ce réactif, appliqué directement aux huiles, permet tout au plus, avec une grande pratique, de distinguer les

1. Lewkowitsch, *Journ. Soc. Chem. Ind.*, 1894, 617.

huiles siccatives, demi-siccatives et non siccatives. Les premières peuvent se reconnaître aux grumeaux foncés qu'elles forment en mélangeant par agitation deux gouttes d'acide sulfurique concentré à vingt gouttes d'huiles. La distinction entre les huiles demi- et non siccatives est cependant plus difficile et, en réalité, à peine possible dans tous les cas.

La coloration qu'une huile donne avec l'acide sulfurique est d'autant plus foncée que l'huile est plus siccative, de sorte qu'il est possible, en jugeant de l'intensité de la couleur, de déterminer les termes extrêmes de ces classes, comme l'huile de coton et l'huile d'olive, tandis qu'il est impossible de distinguer par ce seul essai l'huile de colza de l'huile de coton, par exemple. Les réactions colorées obtenues avec une solution d'huile dans le sulfure de carbone ne donnent pas de résultats plus certains, la dilution tendant à atténuer la différence très nette que présentent les huiles éminemment siccatives et les autres huiles.

Dans le cas des huiles de foies, les colorations bleue et pourpre dues à la présence du cholestérol et des principes colorants — lipochromes — sont très caractéristiques ; elles s'observent le plus nettement avec l'huile préalablement dissoute dans le sulfure de carbone. Mais la valeur de cette réaction est considérablement réduite par ce fait que quelques huiles de cétacés donnent la même réaction ; *Thomson* et *Dunlop*[1] ont, en effet, observé celle-ci avec une huile de phoque et une huile de marsouin, de pureté incontestable, tandis que *Lewkowitsch* n'a jamais pu l'obtenir d'un très grand nombre d'huiles, également pures. Il faut encore se rappeler que le développement de la rancidité détruit fréquemment les substances chromogéniques.

Le *chlore gazeux* ne peut pas être admis comme réactif de groupe pour les huiles d'animaux marins, car la coloration noire que donnent celles-ci dépend entièrement de l'état de pureté et de rancidité de l'huile, de sorte que les huiles végétales ou les huiles d'animaux terrestres peuvent donner des colorations plus intenses que les huiles de foies pures.

L'*acide phosphorique* paraît n'indiquer que les impuretés qui

1. *Journ. Soc. Chem. Ind.*, 1906, 272.

peuvent s'éliminer par le raffinage ou les produits d'oxydation ou de rancidité.

Acide phosphomolybdique. — Ce réactif a été proposé par *Welmans*[1] et a rencontré plus d'attention qu'il n'en mérite réellement.

L'essai s'opère comme suit : On dissout 1 gr. (ou 25 gouttes) d'huile ou graisse dans 5 cc. de chloroforme dans un tube à essais, et on agite avec 2 cc. d'une solution fraîchement préparée d'acide phosphomolybdique[2] ou de phosphomolybdate de sodium avec quelques gouttes d'acide nitrique. Après un instant de repos, la couche chloroformique devient incolore, tandis que, selon *Welmans*, la couche supérieure apparaît avec une coloration verte, dans le cas des huiles végétales ou de foie de morue. En ajoutant de l'ammoniaque ou un alcali fixe, une magnifique coloration bleue apparaît, dont l'intensité correspond à celle de la teinte verte primitive ; celle-ci serait due, suivant *Welmans*[3], à un mélange du jaune du réactif avec le produit bleu de la réduction. Si le jaune est éliminé par addition d'ammoniaque, le bleu persiste.

D'après *Welmans*, les corps gras animaux, à l'exception déjà mentionnée de l'huile de foie de morue, ne donneraient aucune réduction et, par suite, pas de coloration verte, ni la coloration bleue consécutive.

Toutefois, les expériences de *Lewkowitsch* ont montré que cette distinction n'est pas fondée. Plusieurs sortes d'huiles d'olive, ainsi que les huiles d'amande, d'arachide et de pêcher donnent des colorations bien moins distinctes que l'huile de suif et même l'huile de lard. Parmi le grand nombre d'huiles et graisses de pureté indubitable et appartenant à toutes les classes, que *Lewkowitsch* a examinées, seul le saindoux pur, fraîchement fondu, ne réduit pas l'acide phosphomolybdique et, par suite, ne donne pas

1. *Pharm. Zeit.*, 1891, 798.
2. Le réactif se prépare en précipitant une solution de molybdate d'ammonium par le phosphate de sodium, lavant complètement le précipité et le dissolvant dans une solution chaude de carbonate de sodium. On évapore la solution à sec et chauffe le résidu. Si celui-ci se colore en bleu, on ajoute quelques gouttes d'acide nitrique et chauffe de nouveau. On épuise le résidu par ébullition avec de l'eau, ajoute de l'acide nitrique jusqu'à acidité franche et étend d'eau pour obtenir une solution à 10 0/0. On filtre s'il est nécessaire et conserve le réactif à l'abri de la poussière. Une modification du réactif de Welmans est constituée par le réactif de Serger, obtenue en dissolvant 0,1 gr. de molybdate d'ammonium dans 10 cc. d'acide sulfurique concentré; cf. Utz, *Chem. Revue*, 1912, 128.
3. *Zeits. f. öffentl. Chem.* (6), 127.

de coloration en sursaturant par l'ammoniaque. Mais un saindoux légèrement rance soumis à cet essai se comporte presque comme une huile végétale.

La réaction de *Welmans* a été officiellement prescrite en Allemagne (jusqu'en 1908) pour la recherche rapide des huiles et graisses végétales dans les huiles et graisses animales ; aussi, *Lewkowitsch* fait-il remarquer que cet essai est absolument négatif dans le cas d'huiles végétales qui ont été raffinées au moyen de l'acide sulfurique. Les huiles végétales peuvent, en outre, perdre avec le temps la propriété de donner la réaction de *Welmans*, ce qui provient de la modification subie par la substance chromogène sous l'influence de la lumière. Enfin, les huiles minérales et les huiles de résine donnent avec l'acide phosphomolybdique, une coloration foncée. En résumé, la réaction de *Welmans* paraît ne pouvoir être rangée que parmi les essais préliminaires, à confirmer par d'autres moyens.

Le réactif de *Bellier* est maintenant appliqué officiellement en Allemagne où il a remplacé celui de *Welmans* pour la recherche des huiles végétales dans le saindoux. D'après les descriptions officielles, on agite vigoureusement pendant 5 secondes, à une température ne dépassant pas 35°, 5 cc. de suif (fondu et filtré) avec 5 cc. d'acide nitrique (incolore) de poids spécifique 1,4 et 5 cc. d'une solution saturée de résorcine dans le benzène, dans un tube à essais à parois épaisses, fermé par un bouchon de verre pendant 5 secondes.

Si l'on observe une coloration rouge ou violette ou verte pendant que l'on agite, ou pendant les 5 secondes qui suivent l'agitation, la présence d'huiles végétales est admise. Si la coloration n'apparaît qu'après 5 secondes, la réaction est négligeable. Il est évident que toute substance réductrice existant dans l'huile produira également une coloration qui n'indique pas nécessairement la présence d'une huile végétale. C'est ainsi que *J. Royer*[1] a montré que l'huile d'œillette exprimée à froid, ne donnant aucune coloration avec le réactif de *Bellier*, l'huile de seconde pression, à chaud, donne une coloration fort nette. *Malacarne*[2] a étudié la réaction de *Bellier* obtenue avec d'autres phénols que la résorcine.

1. *Ann. des Falsif.*, 1910, 380; cf. aussi Olig et Brust, *Zeits. f. Unters. d. Nahr. u. Genussm.*, 1909 (XVII), 561.
2. *Giorn. Farm. Chim.*, 1913, 153.

On doit constater avec regret que dans ces dernières années, la tendance est allée en augmentant pour attribuer aux réactions colorées une importance décisive et un nombre considérable de travaux ont été publiés pour donner à ces réactions [1] une signification vraiment exagérée.

C'est ainsi que la réaction de *Liebermann-Storch* et une réaction avec l'acide trichloracétique ont été interprétées comme indiquant la présence de cholestérol dans les pétroles bruts, dans la cire d'abeilles, etc..., sans qu'aucun fait soit apporté à l'appui de ces affirmations. *Halphen* [2], même, a essayé de baser une classification des huiles et graisses sur les réactions colorées.

Quoi qu'il en soit, les quelques réactions colorées dont l'utilité a été reconnue dans certains cas spéciaux, pour l'identification d'une huile, et la recherche d'une falsification, seront décrites en détail dans le chapitre XIV, consacré aux monographies des divers corps gras et cires.

Il suffira donc ici de les énumérer brièvement :

1° Réaction de *Baudouin* (ou de *Camoin*) pour l'huile de sésame ;

2° Réaction d'*Halphen* pour les huiles de coton, de kapock et de baobab ;

3° Réaction de *Becchi* pour l'huile de coton ;

4° Réaction de l'acide nitrique pour l'huile de coton ;

5° Réaction de l'acide sulfurique pour les huiles de foies ;

6° Réaction de *Liebermann-Storch* pour la résine.

Il convient encore d'insister sur ce fait que, les réactions colorées dépendant de la présence de matières étrangères dans les huiles ou graisses, l'élimination de ces substances ou les réactions chimiques susceptibles de les modifier entraînent la disparition de la réaction colorée elle-même. C'est ainsi que l'huile de foie de morue et l'huile de coton qui fournissent deux des réactions colorées les plus caractéristiques, ne donnent plus aucune coloration lorsqu'elles ont été soumises à l'hydrogénation catalytique. De même, l'huile de sésame hydrogénée se comporte de façon tout à fait capricieuse à l'égard de la réaction de *Baudouin* qui disparaît ou subsiste, suivant le cas.

1. Cf. Morb., *Zeits. f. Unters. d. Nahr. u. Genussm.*, 1908 (XV), 529.
2. *Atti del VI Congr. Internaz.*, 1907, t. V, p. 630.

CHAPITRE VIII

EXAMEN DES ACIDES GRAS TOTAUX

Si les indications fournies par les réactions quantitatives et qualitatives décrites dans les deux précédents chapitres sont insuffisantes, ou si l'on désire élucider la composition des éthers — glycérides pour les huiles et graisses, éthers d'alcools monoatomiques pour les cires — il devient nécessaire d'examiner les *acides gras totaux*. Pour les glycérides, le problème est un peu plus simple que pour les cires, car le constituant basique de tous les glycérides — la glycérine — peut être facilement éliminé après la saponification. Une complication s'élève quand on a à tenir compte d'une notable quantité d'acides gras solubles, dont la présence se révèle par les indices de saponification et de *Reichert-Meissl* élevés de l'échantillon. Ce cas sera examiné en particulier dans la section B de ce chapitre.

Les acides gras *insolubles* contiennent de petites quantités de matières insaponifiables, comme on l'a déjà signalé plus haut (chap. III). Si les « insaponifiables » ne dépassent pas 0,5 0/0 ou au plus 1 0/0, on peut généralement les négliger ; sinon, les matières insaponifiables doivent être séparées de la solution de savon avant d'isoler les acides gras ; cette mesure s'impose, en particulier, dans le cas des cires, dont les constituants alcooliques forment environ 50 0/0 de la masse totale. Cette séparation s'effectue de la manière indiquée dans le chapitre VI, sous le titre *Matières insaponifiables*.

Dans ce qui suit, on a essayé de décrire les méthodes applicables à l'examen systématique des acides gras isolés, en suivant autant que possible l'ordre adopté dans le chapitre VI.

Dans l'ensemble, les méthodes physiques d'examen des acides gras donnent des indications analogues à celles fournies pour les corps gras et cires eux-mêmes ; dans certains cas, cependant, on obtient des renseignements supplémentaires qui peuvent avoir de l'utilité ; quant aux méthodes chimiques, pour la plupart, elles permettent une détermination quantitative, au moins approximative, des divers constituants.

A. — MÉTHODES PHYSIQUES

Poids spécifique.

Le *poids spécifique* des acides gras totaux ne fournit pas de renseignements plus intéressants que ceux obtenus par l'examen des huiles et graisses correspondantes. Il est donc inutile de donner une table des poids spécifiques des acides gras totaux des divers corps gras ou cires, et l'on trouvera ces nombres dans les monographies du chapitre XIV.

Points de fusion et de solidification.

Les *points de fusion* des acides gras sont beaucoup plus caractéristiques que ceux des huiles et graisses correspondantes ; néanmoins, ils ne sont pas d'un intérêt discriminatif aussi grand que les *points de solidification* correspondants. Aussi, paraît-il également inutile de résumer ici les points de fusion des acides gras totaux, que l'on trouvera dans le chapitre XIV, parmi les caractéristiques des acides gras insolubles.

La détermination du point de fusion s'effectue habituellement en tube capillaire (chap. V). Pour les points de fusion élevés, tels que ceux des acides gras tétrabromés, hexabromés, octobromés et décabromés, il est bon de placer le tube capillaire (fixé au thermomètre de façon appropriée) dans une petite fiole à distiller à moitié remplie d'acide sulfurique concentré ou de glycérine ; les vapeurs émises peuvent ainsi être condensées et recueillies.

Comme on vient de l'indiquer, le *point de solidification* des acides gras est beaucoup plus caractéristique que leur point de fusion, et observé dans des conditions rigoureusement semblables, il représente un élément précieux de différenciation, lors même que la détermination s'effectue sur les acides gras, tels que les donne la saponification, ou après élimination des matières insaponifiables, s'il est nécessaire.

Dalican a proposé une méthode pour la détermination du point de solidification des acides gras, qui est adoptée en France, en Angleterre et aux États-Unis, pour l'examen et l'évaluation commerciale des corps gras. Elle est connue sous le nom de **détermination du titre** et donne des résultats certains et constants, à condition que l'essai soit effectué soigneusement suivant la mode opératoire fixé.

On saponifie 50 gr. de corps gras (Cf. p. 161) et sépare les acides gras que l'on filtre sur un filtre à plis sec, en les recevant dans une capsule de porcelaine, puis on les abandonne à la solidification, au repos, toute une nuit, sous un exsiccateur. On fond alors doucement les acides gras au bain d'air ou sur une petite flamme, et on en remplit à moitié un tube à essais de 16 cm. de longueur et 3,5 cm. de diamètre. On fait passer le tube à travers un bouchon fermant un bocal de deux litres, de 10 cm. de diamètre et 13 cm. de haut, et on suspend dans la matière grasse un thermomètre de précision, gradué au cinquième de degré, le réservoir au centre de la masse. On attend que quelques cristaux commencent à se former sur le fond du tube, et, à ce moment, on agite la masse en faisant décrire au thermomètre un mouvement rotatoire, trois tours à gauche, puis trois tours à droite. On continue ainsi à agiter en donnant au thermomètre un mouvement circulaire rapide sans toucher les parois du tube, mais en ayant soin de mêler à la masse les parties solidifiées qui se forment. La masse se trouble et on observe attentivement le thermomètre, en notant ses indications à de courts intervalles. On voit la température baisser, puis s'élever subitement de quelques dixièmes de degré, atteindre un maximum et rester stationnaire un certain temps avant de redescendre. C'est ce point qui est appelé **titre** ou **point de solidification.**

Avec des graisses de coloration très foncée, il est souvent difficile et même impossible d'observer exactement la séparation de la matière cristalline ; dans ce cas, il convient de faire un essai préliminaire qui sert de base pour l'essai définitif.

Finkener[1] ne trouve pas cette méthode satisfaisante, tandis que de l'avis de *Lewkowitsch*, elle constitue une base certaine pour l'évaluation commerciale des corps gras solides, à condition de bien dessécher les acides gras de la manière indiquée. *Finkener* opère sur de *plus grandes* quantités dans de petits ballons de 50 mm. de diamètre environ et, pour empêcher un refroidissement rapide, place le ballon rempli d'acides gras dans une boîte en bois[2] (*fig.* 39). (Il recommande aussi le même appareil pour la détermination des points de solidification des suifs.) Les points de solidification trouvés par *Finkener* sont plus élevés que ceux obtenus par *Dalican*, qui ne paraît pas attacher la même importance à la dessiccation des acides gras. L'appareil de *Finkener* a été adopté par les laboratoires des douanes allemandes.

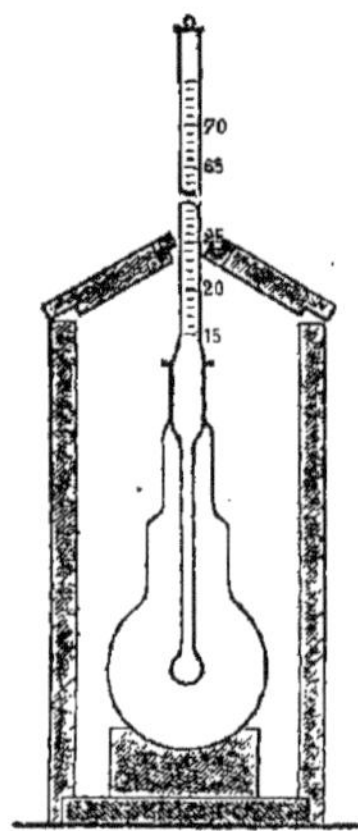

FIG. 39.

On obtient des points de solidification plus élevés — de 0,2° à 0,3° — en desséchant préalablement les acides gras pendant deux heures à 100°, comme l'a proposé *Wolfbauer*[3]. Cette méthode a été adoptée en Autriche pour la détermination du *titre* de l'huile de palme et du suif ; elle doit donc être décrite, quoiqu'elle semble apporter des complications superflues.

On fond 120 gr. de corps gras dans un vase de Bohême, à une température légèrement supérieure au point de fusion ; on y ajoute 45 cc. de potasse caustique (1.250 gr. de potasse caustique dans 1 litre d'eau), et on agite jusqu'à ce que le corps gras soit complètement émulsionné. On le couvre et le maintient ainsi à 100° pendant deux heures, en l'agitant occasionnellement. On essaie alors

1. *Mitt. Königl. Techn. Versuchsanstalt*, 1889, 27.
2. *Ibidem*, 1890, 153.
3. *Mitt. k. k. Techn. Gewerbe-Museums*, Vienne, 1894, 59.

une petite quantité en la chauffant avec 50 cc. d'alcool, qui doit donner une solution claire si la saponification est complète. On décompose le savon par ébullition avec 165 cc. d'acide sulfurique étendu (de poids spécifique 1,142), dans une capsule d'argent de préférence, et l'on maintient l'ébullition jusqu'à ce que les acides gras se rassemblent à la partie supérieure en une couche huileuse, limpide. On couvre la capsule d'argent avec une capsule plate remplie d'eau pour empêcher l'évaporation. On soutire complètement la solution aqueuse et lave les acides gras par ébullition avec de l'acide sulfurique dilué pendant un quart d'heure (5 cc. d'acide sulfurique concentré dans 100 cc. d'eau). Après repos, on décante l'eau acide et lave les acides gras par ébullition avec 100 cc. d'eau distillée ; on continue les lavages jusqu'à ce que les eaux n'aient plus de réaction acide. On sèche enfin les acides gras dans une capsule, à 100°, pendant deux heures.

Pour la détermination elle-même, on emploie un tube à essais à parois minces, de 3,5 cm.[1] sur 15 centimètres, fixé dans un flacon au moyen d'un bouchon. Un thermomètre, gradué de 1 à 60° en cinquièmes de degré, est fixé dans le tube, au moyen d'un bouchon, avec un jeu suffisant pour pouvoir agiter facilement le contenu du tube avec le thermomètre. Celui-ci, qui doit être aussi court que possible, porte une ampoule soufflée entre les degrés 2 et 28 ; la colonne de mercure s'élevant *au-dessus* de la surface des acides gras se trouve ainsi réduite, et l'on évite de ce fait une erreur appréciable. On remplit le tube à essais avec les acides gras fondus jusqu'à 1 cm. environ du bord, on immerge le thermomètre jusqu'au trait 35° (le réservoir étant à 4 ou 5 cm. du fond), et on agite la masse liquide jusqu'à ce qu'elle devienne opaque et que la solidification commence, en faisant attention de ne pas enfoncer le thermomètre davantage ; après une agitation circulaire rapide, répétée une dizaine de fois, on observe la température. Le mercure commence à monter et on prend la plus haute température atteinte comme point de solidification.

La lecture du thermomètre doit être corrigée des erreurs inhérentes à l'instrument, préalablement déterminées par comparaison

1. Dans un tube plus étroit, de 2,5 cm. de diamètre, le point de solidification a été trouvé plus faible de 0,20°.

avec un thermomètre étalon. Le point zéro doit être vérifié de temps en temps. Chaque détermination doit être répétée et la différence entre deux observations ne doit pas excéder 0,1° ; en général, elle ne dépasse pas 0,05° [1].

D'après les considérations émises plus haut, on pouvait se demander si les valeurs élevées de *Wolfbauer* étaient dues à l'élimination complète des dernières traces d'humidité ou à de légères altérations des acides gras, inévitables pendant la dessiccation. Mais le doute a été levé par ce fait que *Shukoff* a obtenu pratiquement les mêmes nombres par une méthode évitant le chauffage des acides gras (voir plus loin).

L'*Association of Official Agricultural Chemists* des États-Unis a examiné les diverses modifications proposées à la méthode originale de *Dalican* par *Finkener*, *Wolfbauer*, *Boyce* et *Wesson*, et les observations ont été consignées dans un rapport, qui recommande le mode opératoire suivant :

On saponifie 75 gr. de corps gras dans une capsule de métal avec 60 cc. d'une solution de soude caustique à 30 0/0, 75 cc. d'alcool à 95 0/0 (en volume) et 120 cc. d'eau. On fait bouillir en chauffant sur une petite flamme ou sur une plaque de fer ou d'amiante, et évapore jusqu'à siccité, en agitant constamment pour que la solution ne brûle pas ou ne s'attache pas au fond. On dissout le savon sec dans un litre d'eau bouillante et fait bouillir pendant quarante minutes, afin d'évaporer complètement l'alcool, en ajoutant de temps en temps de l'eau en quantité suffisante pour remplacer celle évaporée. On ajoute 100 cc. d'acide sulfurique à 30 0/0 (25°B.) pour décomposer les acides gras et fait bouillir jusqu'à ce que ceux-ci se rassemblent en une couche circulaire transparente. On lave à l'eau bouillante jusqu'à ce que l'acide sulfurique soit éliminé ; on recueille les acides gras dans un petit becherglass et on les abandonne au bain-marie jusqu'à ce que l'eau soit déposée et que les acides gras soient parfaitement clairs ; on décante alors ces derniers dans un becherglass sec, on filtre sur un entonnoir à filtration chaude et l'on sèche pendant 20 minutes à 100°. Les acides gras secs, on les refroidit à 15 ou 20° au-dessus du titre présumé, et on les

1. Pour la méthode de Garrigues, cf. *Journ. Soc. Chem. Ind.*, 1895, 280.

introduit dans un tube à essais de 25 mm. de diamètre et 100 mm. de longueur et d'une épaisseur de parois de 1 mm. On place le tube dans un bocal de verre transparent, de 70 mm. de diamètre et 150 mm. de hauteur, fermé par un bouchon percé de façon à maintenir fermement le tube lorsqu'il est en place. On suspend un thermomètre gradué au 1/10 de degré, afin de pouvoir s'en servir comme agitateur et l'on agite la masse lentement jusqu'à ce que le mercure reste stationnaire pendant 30 secondes. On laisse alors le thermomètre suspendu immobile, le réservoir au milieu de la masse et l'on observe l'élévation de la colonne de mercure. On note le plus haut point atteint qui représente le titre des acides gras.

Le rapport mentionne encore les conclusions suivantes : La méthode de préparation des acides gras n'influence aucunement les résultats. Les acides gras doivent être secs ; il est recommandé de les filtrer et de les chauffer pendant 20 minutes à 100°. Les résultats divergents obtenus par divers chimistes sont principalement dus aux manières différentes d'agiter les acides gras pendant l'essai.

Shukoff propose de déterminer le titre dans un tube de 3 cm. de diamètre, entouré d'un vase de *Dewar* ; le diamètre extérieur de ce dernier est de 5 cm. et sa hauteur de 10 cm. On verse les acides gras dans le tube intérieur, qui est fermé par un bouchon traversé par un thermomètre de précision. A 5° environ, au-dessus du titre prévu, on agite vigoureusement l'appareil de haut en bas, jusqu'à ce que son contenu se trouble et on observe attentivement le thermomètre comme ci-dessus. *Shukoff* [1] a reconnu ultérieurement que l'emploi du vase de *Dewar*, est inutile et qu'on obtient d'aussi bons résultats avec un tube de 2 1/2 à 3 cm. de diamètre muni d'un thermomètre, fixé à l'aide d'un bouchon dans un flacon à large goulot. Les résultats ainsi obtenus sont en parfaite harmonie avec les nombres donnés par le procédé de *Wolfbauer*.

Il va sans dire qu'en variant les conditions dans lesquelles se fait la détermination du titre, on obtient des résultats différents ; aussi paraît-il moins nécessaire d'élaborer de nouvelles méthodes

1. *Chem. Zeitung*, 1901, 99.

que d'adopter un certain *modus operandi* et de l'observer strictement.

De l'expérience personnelle de *Lewkowitsch*, portant sur de longues années, la méthode de *Dalican*, avec les modifications indiquées plus haut, s'est montrée absolument digne de confiance et différents observateurs opérant dans le même laboratoire n'obtiennent pas de différences supérieures à 0,1°. Un si faible écart est tout à fait satisfaisant, les contrats commerciaux ne prévoyant de compensation qu'à partir d'une différence de 0,2° sur le titre garanti. La méthode de *Dalican* étant devenue la base des transactions commerciales en France, en Angleterre et aux États-Unis, les nouvelles méthodes proposées, si acceptables soient-elles, ont peu de chance de la supplanter.

En raison de l'importance commerciale de la détermination exacte du titre, la question d'une méthode uniforme a été soumise au Comité du Septième Congrès International de Chimie appliquée, à *Londres* (1909).

Frank Tate a donné la description suivante de l'appareil qu'il utilise pour cette détermination (*fig.* 40).

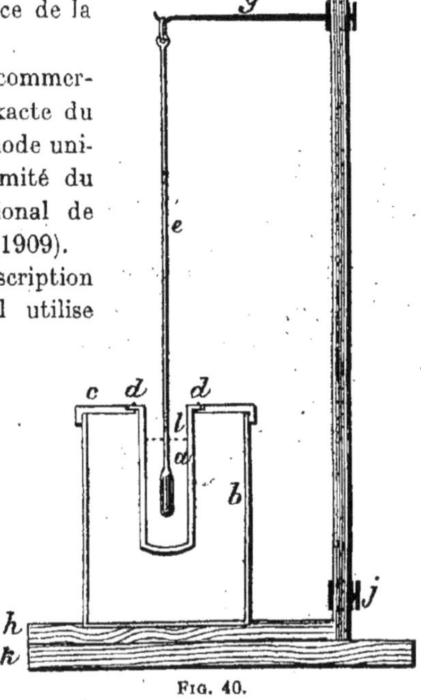

Fig. 40.

Le dispositif comprend : *a*) un vase en verre cylindrique, ayant intérieurement 9 cm. de hauteur et 4,75 cm. de diamètre, avec une épaisseur de parois de 3 mm. environ, légèrement arrondi au fond et portant à la partie supérieure un rebord en verre ou une bride en ébonite ; *b*) un vase extérieur en verre de 13 cm. de profondeur et 10 cm. de diamètre, pour la protection du cylindre intérieur ; *c*) un couvercle de bois ou d'ébonite (non en métal ou en un autre corps bon conducteur de la chaleur) percé au centre d'un trou avec des bords légèrement amincis afin de pouvoir y adapter le rebord du cylindre intérieur ; *d*) 2 petites pinces pour tenir le cylindre en place ; *e*) un thermomètre de précision gradué de 5 à 70°, au 1/5 de degré, les dimensions du réservoir étant, autant que possible, voisines de 2,5 cm. de longueur et 6 mm. de diamètre ; *f*) une tige support munie de : *g*) un bras auquel est suspendu le thermomètre ; *h*) un socle de bois, légèrement creusé pour recevoir le vase extérieur.

Pour faciliter l'élévation de l'appareil, s'il est nécessaire, et afin d'amener le niveau du mercure du thermomètre au niveau de l'œil, on peut fixer la base en bois à une noix que l'on peut faire glisser sur la tige au moyen de la vis ; dans ce cas, il faut un plateau inférieur supplémentaire pour supporter l'ensemble.

Le commerce demandant à avoir les résultats de la détermination du titre dans le plus bref délai possible, le Comité n'a pas retenu la suggestion faite par *Lewkowitsch* consistant à laisser solidifier les acides gras et à les abandonner toute une nuit dans un exsiccateur, *Frank Tate* estimant que cette variante n'occasionnait pas de différence appréciable avec la méthode proposée par le Comité. Toutefois, comme il n'est pas rare d'obtenir des résultats inférieurs à la réalité, du fait que le titre est déterminé aussitôt après la séparation des acides gras, il convient de n'avoir recours à la méthode du Comité que dans les cas d'urgence, où une grande rapidité est nécessaire.

La table suivante donne les titres recueillis parmi un très grand nombre d'observations faites par *Lewkowitsch* :

Titres des acides gras totaux (Lewkowitsch)

CLASSE D'HUILE OU GRAISSE	SORTE D'HUILE OU GRAISSE	TITRE	REMARQUES
Huiles siccatives	Huile de lin	20,6	
	— de bois (abrasin)	37,2	
	— de chènevis	16,6	
	— de carthame	16,0	
	— de soja	21,2	
	— d'œillette	16,2	
Huiles demi-siccatives	Huile de coton	32,0	Minimum
	— —	35,2	Maximum
	— de maïs	19,0	
	— de sésame	23,8	
	— de pignon d'Inde	28,0	
	— de colza	13,6	
	— de croton	19,0	
Huiles non siccatives	Huile de pêcher	13,5	
	— d'amande	11,8	
	— d'arachide	29,2	
	— d'olive	17,2	Minimum
	— —	26,4	Maximum
	— de ben	37,8	
Huiles d'animaux marins	Huile de sardine du Japon	28,2	
	— de foie de morue	18,4	Minimum
	— — —	24,3	Maximum
	— de phoque	15,9	
	— de baleine	23,9	
Huiles d'animaux terrestres	Huile de pieds de mouton	21,1	
	— — de cheval	28,6	
	— — de bœuf	26,5	
Graisses végétales	Huile de Chaulmougra	39,6	
	— de Pongam	44,4	
	— de laurier	15,1	
	— de Carapa	34,9	
	— de Margosa	42,0	
	— de Niam	42,5	
	— de Mowrah	40,3	
	Huile de palme, Bonny	35,9	
	— — Bassam	38,47	
	— — Lagos	43,925	
	— — Old Calabar	44,6	
	— — Salt Pond	44,475	
	— — New Calabar	45,55	
	— — Congo	45,05	
	— de Macassar	51,6	Minimum
	— —	53,2	Maximum
	— de noix de Souari	47,0	
	Beurre de muscade	35,95	
	— de Karité	53,8	

CLASSE D'HUILE OU GRAISSE	SORTE D'HUILE OU GRAISSE	TITRE	REMARQUES
Graisses animales	Suif végétal (commercial)	45,2	Minimum
	— — —	53,4	Maximum
	Beurre de cacao	48,27	
	Huile de palmiste	20,5	Minimum
	— —	25,5	Maximum
	— de coco (coprah)	22,55	Minimum
	— — —	25,2	Maximum
	— — (Cochin)	25,2	
	Cire du Japon	59,4	
Graisses animales	Graisse de cheval	33,7	
	Moelle de cheval	38,55	
	Saindoux	42,0	
	Suif de bœuf, Angleterre	38,7	
	— — —	45,1	
	— — Amérique du Nord	41,1	Minimum
	— — — —	44,15	Maximum
	— — Amérique du Sud	42,95	Minimum
	— — — —	46,25	Maximum
	— — Australie	38,3	Minimum
	— — —	43,3	Maximum
	— de mouton, Angleterre	41,5	Minimum
	— — —	48,3	Maximum
	— — Australie	42,35	Minimum
	— — —	48,05	Maximum
	— — Nouvelle-Zélande	45,9	Minimum
	— — —	48,0	Maximum
	Moelle de bœuf	38,0	
Cires liquides	Huile de cachalot	11,9	
	— de rorqual rostré	8,6	

Indice de réfraction.

L'indice de réfraction des acides gras totaux ne donne pas de meilleurs renseignements que ceux obtenus avec les huiles et graisses elles-mêmes, puisque les différences observées au réfractomètre ne peuvent provenir que des différences de composition des acides gras. On a cependant l'habitude, maintenant, en raison de la rapidité avec laquelle se fait une observation réfractométrique, de rapporter également les indices de réfraction des acides gras ; on trouvera les nombres ainsi obtenus dans le chapitre XIV, avec les autres caractéristiques physiques et chimiques des corps gras.

La table suivante peut avoir un certain intérêt, car elle donne les indices de réfraction des acides gras totaux en regard des nombres observés pour les huiles et graisses correspondantes ; elle comprend également quelques observations isolées d'acides gras liquides au butyro-réfractomètre (*Bömer*) :

Indice de réfraction des acides gras

NATURE DE L'HUILE	INDICE DE RÉFRACTION A 60°		DEGRÉS DU BUTYRORÉFRACTOMÈTRE à 40° C Acides gras liquides
	DE L'HUILE	DES ACIDES GRAS mélangés	
Lin	1,4660	1,4546	»
Œillette	1,4586	1,4506	»
Tournesol	1,4611	1,4531	»
Coton	1,4570	1,4460	51,4–54,7
Sésame	1,4561	1,4461	»
Colza (brute)	1,4467	1,4491	»
Ricin	1,4636	1,4546	»
Amande	1,4555	1,4461	»
Arachide	1,5545	1,4461	»
Olive	1,4548	1,4410	42,7
Huile de foie de morue	1,4621	1,4521	»
Huile de palme	1,4510	1,4441	»
Beurre de cacao	1,4496	1,4420	»
Huile de palmiste	1,4431	1,4310	»
Huile de coco	1,4431	1,4295	»
Saindoux	1,4410	1,4395	»
— d'Europe	»	»	42,8–44,2
— d'Amérique	»	»	43,1–44,7
Suif de bœuf	1,4539	1,4375	»
— de mouton	1,4510	1,4374	»
Beurre de vache	1,445–1,448	1,437–1,439	»

W.-B. Smith a essayé de calculer un facteur pour passer de l'indice de réfraction des huiles et graisses à celui de leurs acides gras ; mais, en raison des différences que présentent les huiles et graisses naturelles d'une même espèce, un tel coefficient est plus ou moins arbitraire.

Pour l'indice de réfraction des acides gras purs et de leurs glycérides, voir chapitre XIV, *Beurre de vache* et *Saindoux.*

Pouvoir rotatoire.

Le pouvoir rotatoire des acides gras fournit des renseignements plus utiles que la détermination faite sur les huiles et graisses correspondantes, car la séparation des matières insaponifiables mélangées aux acides gras permet d'éliminer les substances accessoires, qui communiquent une légère activité optique à un grand nombre d'huiles et graisses. C'est ainsi que les acides gras de l'huile de sésame ne manifestent aucun pouvoir rotatoire, quand ils sont débarrassés du sitostérol et de la sésamine, l'activité optique de l'huile elle-même provenant des substances étrangères non glycéridiques.

Si l'activité optique d'un glycéride était due à l'arrangement dissymétrique des radicaux acides dans la molécule, l'absence de pouvoir rotatoire dans les acides gras indiquerait, de façon certaine, que l'activité du glycéride provenait de l'un des énantiomorphes d'un composé racémique.

Cependant, quand l'activité optique est due à la structure de la molécule acide elle-même, les acides gras, débarrassés de matières étrangères, manifestent néanmoins un pouvoir rotatoire distinct ; c'est ainsi que se comportent l'acide ricinoléique, l'acide hydnocarpique et l'acide chaulmougrique. Voici, d'ailleurs, quelques observations faites sur les acides gras totaux :

Acides gras totaux de l'huile de :	Pouvoir rotatoire $[\alpha]_D$
Chaulmougra	+ 52°,6
Hydnocarpus	+ 60°,4
Lukrabo	+ 53°,6
Oncoba	+ 52°,5

Il est possible que les acides gras de l'huile de Stillingia possèdent eux-mêmes une activité optique (Cf. chap. XIV, *Huile de Stillingia* ;) les acides gras de la cire des glandes annales des oiseaux jouiraient aussi du pouvoir rotatoire (Cf. chap. XIV).

Solubilité.

Les acides gras totaux de la plupart des huiles et graisses sont facilement solubles dans les dissolvants organiques habituels et aussi dans l'*alcool* absolu, à l'inverse des corps gras eux-mêmes (excepté l'huile de ricin). Les acides gras de l'huile de ricin font exception pour l'éther de pétrole, car, quoique miscibles avec un égal volume d'éther de pétrole, ils sont insolubles dans de grandes quantités de ce dissolvant. Les acides gras qui forment des sels de baryum et de magnésium solubles dans l'eau, tels que les acides volatils du beurre et de l'huile de coco et de palmiste, peuvent être résolus par l'éther de pétrole en 2 fractions, l'une soluble et l'autre insoluble dans l'éther de pétrole [1].

Les acides gras inférieurs (butyrique, caproïque, caprylique), qui sont solubles dans l'eau, sont pour la plupart éliminés au cours de la préparation des acides gras totaux des huiles et graisses naturelles (Cf. chap. III).

Les acides gras insolubles dans l'eau des diverses huiles et graisses ont des solubilités dans l'*alcool absolu* très différentes, comme le montrent les chiffres rapportés ci-dessous :

Solubilité des acides gras totaux dans l'alcool absolu

ACIDES GRAS MÉLANGÉS DE	100 GRAMMES D'ALCOOL ABSOLU DISSOLVENT	
	A 0°	A 10°
	Grammes	Grammes
Suif de mouton	2,48	5,02
— de bœuf	2,51	6,05
— de veau	5,00	13,78
Saindoux	5,63	11,23
Beurre de vache	10,61	24,81

Ces différences de solubilité ne sont cependant pas assez accentuées pour pouvoir en tirer un moyen de distinction des diverses huiles et graisses entre elles. On peut, toutefois, dans certains cas, tirer parti des différences de solubilité des acides gras dans l'*alcool étendu* [2] (Cf. *Séparation et détermination des acides gras saturés*) ou dans les mélanges d'alcool et d'éther [3].

Les acides gras supérieurs et les acides gras liquides (ainsi que les acides inférieurs) présentent des différences de solubilité assez considérables pour permettre une séparation *approximative* des divers éléments des acides gras totaux. Ce procédé est utilisé pour isoler, au moyen de l'alcool, à la température ordinaire, certains

1. Cf. E. Ewers, *Zeits. f. Unters. d. Nahr. u. Genussm.*, 1919 (XIX), 529.
2. Cf. Vandam, *Ann. Pharm. Louvain*, 1901, 201; *Analyst*, 1901, 320; Shrewsbury et Knapp, *Analyst*, 1910, 385.
3. Dieterich, *Pharm. Centralh.*, 1896, n° 39.

acides gras à point de fusion élevé, tel que l'acide arachidique, et à très basse température, pour séparer l'acide érucique des acides gras liquides avec lesquels il se trouve dans l'huile de colza.

Les acides gras saturés supérieurs sont bien moins solubles dans l'*éther de pétrole* que les acides non saturés correspondants, et la dissolution complète ne s'opère qu'à chaud ; par refroidissement, les acides gras saturés supérieurs se séparent plus ou moins de la solution.

Fachini et *Dorta*[1] ont essayé de baser sur ces différences une méthode de séparation des acides gras solides et des acides gras liquides, en opérant à des températures de — 40 à — 45°.

Les acides gras saturés solides sont aussi beaucoup moins solubles dans l'*acétone* sec que les acides gras non saturés de même condensation en carbone.

D'une façon générale, les acides hydroxylés sont insolubles dans l'éther de pétrole ; il en est de même des acides oxydés qui peuvent ainsi être séparés des acides gras ordinaires. Toutefois, ce procédé ne donne pas de résultats satisfaisants en présence d'un mélange d'acides gras hydroxylés, tels que l'acide ricinoléique, avec l'acide oléique.

Le traitement des acides gras mélangés au moyen d'une solution saturée d'un acide gras déterminé, a été proposé par *David*, qui l'a employé pour la détermination de l'acide stéarique.

Les acides gras des cires liquides se comportent comme les acides gras des huiles grasses (exception faite de l'huile de ricin). Les acides gras des cires solides, qui sont généralement des acides gras à poids moléculaire élevé, sont beaucoup moins solubles dans l'éther, l'éther de pétrole, l'alcool, etc... que les acides de la plupart d'huiles et graisses.

B. — MÉTHODES CHIMIQUES

Les méthodes chimiques sont groupées ici dans un ordre logique, tel qu'il peut servir lui-même de guide pour l'examen technique des acides gras totaux.

1. *L'Industria Saponiera*, 1910, 210.

D'autres méthodes constituant une étude purement scientifique seront décrites dans le chapitre XII.

Les différentes méthodes examinées dans ce chapitre sont décrites dans l'ordre suivant :

1. Indice de Neutralisation. — Poids moléculaire moyen.
2. Lactones. — Anhydrides.
3. Acides gras insolubles.
4. Acides gras volatils.
5. Séparation des acides saturés insolubles et des acides non saturés
6. Séparation et détermination des divers acides gras solides. — Acide érucique. — Acides gras saturés.
7. Détermination de l'acide oléique en l'absence d'autres acides gras non saturés.
8. Recherche, séparation et détermination approximative des divers acides gras liquides : acides oléique, linoléique, linolénique, clupanodonique.
9. Acides gras hydroxylés.
10. Acides gras oxydés.

1. Indice de neutralisation. — Poids moléculaire moyen.

L'indice de neutralisation indique le nombre de milligrammes de potasse nécessaire pour saturer un gramme d'acides gras mélangés.

Lorsqu'on a affaire à des huiles ou graisses ayant des indices de saponification ne dépassant pas 195, les acides gras obtenus par le procédé décrit dans le chapitre III peuvent être considérés, en pratique, comme représentant les acides gras totaux du corps gras.

Mais, si l'indice de saponification dépasse 200, on peut soupçonner la présence de grandes quantités d'acides myristique et laurique, ou d'acides solubles ; il convient alors d'éliminer les acides gras solubles (voir plus bas) et d'examiner les acides insolubles mélangés. La séparation des acides gras totaux, c'est-à-dire de la totalité des acides gras solubles et insolubles mélangés offre, en pareil cas, de telles difficultés et présente une telle inexactitude qu'elle est absolument impraticable pour les besoins techniques[1].

1. Cf. P. Simmich, *Zeits. f. Unters. d. Nahr. u. Genussm.*, 1911 (XXI), 38.

La détermination de l'indice de neutralisation s'effectue de la manière décrite à l'article *Indice d'acide* (chap. VI, p. 638). On prend généralement 5 gr. de matière ; avec de plus petites quantités, les causes d'erreurs de la méthode exercent une trop grande influence sur le résultat.

On a proposé[1] de peser seulement 0,5 gr. d'acides gras et de titrer avec de la potasse décinormale, mais ce procédé est à rejeter ; un simple calcul montre, en effet, qu'une erreur de 0,05 cc. d'alcali décinormal affecte sérieusement l'exactitude du résultat. Si l'on ne dispose que d'une quantité d'acides gras inférieure à 5 gr., le titrage doit être fait avec l'alcali normal ou demi-normal jusqu'à ce que le point de saturation soit presque atteint, après quoi l'on termine avec l'alcali décinormal.

D'après l'indice de neutralisation ainsi trouvé, le poids moléculaire moyen des acides gras peut être calculé de la façon suivante : Soit M le poids moléculaire exprimé en grammes ; la théorie indique due M grammes sont neutralisés par 56,1 gr. d'hydrate de potassium KOH. Soit n le nombre de grammes de KOH employée pour neutraliser 1 gr. d'acides gras, on a la proportion :

$$M : 56{,}1 :: 1 : n ; \qquad \text{d'où} \qquad M = \frac{56{,}1}{n}.$$

Pour obtenir n, il faut multiplier le nombre de centimètres cubes de KOH normale trouvé pour 1 gr. d'acides gras par 0,0561. Si a est ce nombre, on a évidemment :

$$n = a \times 0{,}0561.$$

En substituant cette expression dans l'équation précédente, on obtient :

$$M = \frac{55{,}1}{a \times 0{,}0561} = \frac{1.000}{a}.$$

Le poids moléculaire moyen des acides solubles (voir plus loin), peut être déterminé de la même manière.

1. Juckenack et Pasternack, *ibidem*, 1905 (x), 99; cf. Arnold, *ibidem*, 1912 (XXIII), 129.

Dans la table suivante, *Lewkowitsch* a calculé les poids moléculaires théoriques et les indices de neutralisation des acides gras purs ; ces nombres serviront de termes de comparaison avec ceux déterminés sur les acides gras d'une huile ou graisse donnée :

Indice de neutralisation des acides gras

ACIDE	FORMULE	POIDS MOLÉCULAIRE	INDICE de NEUTRALISATION
Acétique	$C^2H^4O^2$	60	935,0
Butyrique	$C^4H^8O^2$	88	637,5
Caproïque	$C^6H^{12}O^2$	116	483,6
Caprylique	$C^8H^{16}O^2$	144	389,6
Caprique	$C^{10}H^{20}O^2$	172	326,2
Laurique	$C^{12}H^{24}O^2$	200	280,5
Myristique	$C^{14}H^{28}O^2$	228	246,1
Palmitique	$C^{16}H^{32}O^2$	256	219,1
Daturique	$C^{17}H^{34}O^2$	270	207,7
Stéarique	$C^{18}H^{36}O^2$	284	197,5
Oléique	$C^{18}H^{34}O^2$	282	198,9
Linoléique	$C^{18}H^{32}O^2$	280	200,4
Hydnocarpique	$C^{16}H^{28}O^2$	252	222,6
Chaulmougrique	$C^{18}H^{32}O^2$	280	200,4
Linolénique	$C^{18}H^{30}O^2$	278	198,2
Clupanodonique	$C^{22}H^{34}O^2$	330	170,0
Ricinoléique	$C^{18}H^{34}O^3$	298	188,3
Arachidique	$C^{20}H^{40}O^2$	312	179,8
Gadoléique	$C^{20}H^{38}O^2$	310	181,0
Érucique	$C^{22}H^{42}O^2$	338	166,0
Cérotique	$C^{26}H^{52}O^2$	396	141,7
Mélissique	$C^{30}H^{60}O^2$	452	124,1
Oxystéarique	$C^{18}H^{36}O^3$	300	187,0
Dioxystéarique	$C^{18}H^{36}O^4$	316	177,6
Trioxystéarique	$C^{18}H^{36}O^5$	332	169,0
Sativique	$C^{18}H^{36}O^6$	348	161,2
Linusique	$C^{18}H^{36}O^8$	380	147,6
Dioxygadinique	$C^{20}H^{40}O^4$	344	163,1

Dans la table suivante, on a rassemblé les indices de neutralisation et les poids moléculaires moyens calculés des acides gras totaux des huiles, graisses et cires naturelles, préparés de la manière décrite dans le chapitre III :

Indices de neutralisation et poids moléculaires moyens des acides gras totaux.

HUILE	CLASSE	GROUPE	INDICE de NEUTRALISATION	POIDS MOLÉCULAIRE moyen
Perilla	Huiles siccatives		197,7	283,7
Lin			197	284,7
Huile de bois			188,8	297,1
Stillingia			214,2	261,9
Acacia blanc			200,1	280,4
Pignon			193,0	290,6
Gynocardia			199,8	280,8
Carthame			199	281,9
Kaya			192,8	290,9
Chardon			192,6	291,5
Œillette			199	281,9
Tournesol			201,6	278,2
Acacia jaune			199	280,9
Hevea			191,2	293,3
Framboisier			197,2	284,5
Églantier			202,9	276,4
Groseiller			211	265,9
Mûre (ronce)			199,7	280,9
Trèfle rouge	Huiles demi-siccatives	Groupe de l'huile de coton	198,1	283,2
Trèfle blanc			197,6	283,8
Pépins de raisin			187,4	299,3
Courge			197	284,7
Pastèque			197,1	284,1
Plaqueminier			192,7	291,5
Maïs			198,4	282,7
Kapock			191	293,7
Coton			202–208	277,7–269,7
Sésame			200,4	279,9
Croton			201	279,1
Zachun			200	278,2
Tomate			199,5	281,2
Fusain			223,6	250,9
Cresson		Groupe de l'huile de colza	193,2	290,3
Colza			185	303,2
Moutarde noire			187,1	300–299,8
— blanche			185,8	302–301,9
Raifort			189,5	296
Jamba			173,9	322,6
Nigelle	Huiles non siccatives		197,6	283,9
Cerisier			189	296,8
Abricotier			194	289,1
Prunier			200,5	279,8
Pêcher			200,9	279,2
Amande			204	275
Cornouiller			195,1	287,5
Arachide			201,6	278,2

HUILE OU GRAISSE	CLASSE	GROUPE	INDICE de NEUTRALISATION	POIDS MOLÉCULAIRE moyen
Riz	Huiles non siccatives		193,9	289,3
Thé			193	287,6
Tsubaki			197	284
Sasanqua			199,6	281
Noisette			200,6	279,6
Sureau			204,8	273,9
Olive			200	280
Calophyllum			194	289,2
Café			175	320,5
Canari			191–201	278,6
Ricin		Groupe de l'huile de ricin	192,1	292
Hareng	Huiles d'animaux marins	Huiles de poissons	178,5	314,2
Trois-épines			181,5	309
Foie de morue		Huiles de foies	204–207	275–271
— de thon			177	316,9
Phoque		Huiles de cétacés	193,2	290,3
Tortue			209,3	268
Marsouin brun			207	271
Chrysalide	Huiles d'animaux terrestres		199,3	281,4
Jaunes d'œufs			194,9	287,8
Pieds de bœuf			204	275
Chaulmougra	Graisses végétales	Groupe de l'huile de chaulmougra	215	260,9
Hydnocarpus			214	262,1
Lukrabo			202,5	277,0
Noix vomique			199,5	281,2
Baobab			197,5	284,1
Niam			198,1	283,7
Njavé			201,7	284,6
Aouara		Groupe de l'huile de palme	199,1	281
Palme			205,6	272,8
Akée			207,7	270,1
Macassar			191,6	292,7
Noix de Souari			205,6	272,8
Mafouraire			194,3	288,7
Ochoco		Groupe des myristicacées	252,8	221,9
Surin		Groupe du beurre de cacao	196,9	284,9
Rambutan			186,4	300,0
Beurre de cacao			190	295,2
Suif végétal			182–208	308,2–269,7
Beurre de Kokum			198,9	282,0
Suif de Bornéo			205,5–197,5	273–284

HUILE, GRAISSE OU CIRE	CLASSE	GROUPE	INDICE de NEUTRALISATION	POIDS MOLÉCULAIRE moyen
Mocaya	Graisses végétales	Groupe de l'huile de coco	254	220,8
Aouara (amande)			249,1	225
Palmiste			258–264	217,4–212,5
Coco (coprah)			258–266	217,4–210,9
Irvingia		Groupe du beurre de Dika	253	222
Kusu			292,8	191,6
Cire de Myrica			230,9	242,9
Cire du Japon			213,7	262,5
Coq de bruyère	Graisses animales	Graisses demi-siccatives	199,3	281,4
Lynx			202,7	276,8
Marmotte			209,6	267,7
Cheval			202,6	276,9
Lièvre			209,0	268,4
Lapin (sauvage)			209,9	267,4
Lapin domestique		Graisses non siccatives	218,1	257,2
Moelle de cheval			210,8–217,6	266,1–257,8
Blaireau			193,7	289,6
Oie (domestique)			202,4	277,1
Oie (sauvage)			196,4	285,6
Poulet			200,8	279,3
Saindoux			201,8	278,0
Sanglier			203,6	275,5
Chien			199,2	281,6
Chat sauvage			203,8	275,2
Moelle de bœuf			204,5	274,3
Suif d'os			200	280,5
Suif de bœuf			197,2	284,4
Suif de mouton			210	267,1
Élan			201,4	278,5
Chevreuil			200,5	279,8
Daim			201,4	278,5
Chamois			206,5	271,6
Cerf			201,3	278,6
Beurre de vache		Graisses de laits	210–220	267,1–255,0
Cachalot	Cires liquides	Cires animales	199,6–190,8	281–294
Suintine	Cires solides		171,3	327,5

2. Lactones. — Anhydrides.

On a déjà vu qu'en général la quantité de matières insaponifiables pouvait être négligée dans la détermination de l'indice de neutralisation des acides gras totaux. Il s'ensuit que, si l'on fait bouillir ces acides gras avec un excès de potasse alcoolique, au lieu de les titrer avec l'alcali aqueux à froid (comme on le fait pour déterminer l'indice de saponification), le nombre de milligrammes de KOH ainsi trouvé doit être le même que l'indice de neutralisation ; en d'autres termes, l'indice de neutralisation et l'indice de saponification des acides gras doivent être identiques.

Cependant, dans le cas où les acides gras renferment des substances telles que des lactones ou des anhydrides d'acides gras, qui ne se combinent pas à l'alcali aqueux à froid et ne se saponifient que par ébullition avec la potasse alcoolique, on trouve un indice de saponification plus élevé que l'indice de neutralisation.

Torlelli et *Pergami* [1] ont indiqué que c'est un fait général pour tous les acides gras, à l'exception de l'acide stéarique et, à l'appui, rapportent les résultats suivants :

1. *L'Orosi*, 1901, 1 ; — *Monit. scientif.*, juin 1902, 420.

ACIDES GRAS	INDICE de NEUTRALISATION 1	POIDS MOLÉCULAIRE calculé d'après 1 2	INDICE DE SAPONIFICATION 3	POIDS MOLÉCULAIRE calculé d'après 3 4	DIFFÉRENCE 2-4 5
Palmitique	202,7	276,5	218,7	256,4	20,1(1)
Stéarique	198,7	282,3	198,9	282,0	0,3
Arachidique	163,9	342,3	170,1	329,8	12,5
Oléique, fraîchement préparé, de l'huile d'olive	199,5	281,2	201,4	278,5	2,7
Oléique, vieux de 2 ans, de la graisse de bœuf	191,0	293,8	202,8	276,6	17,2
Oléique, commercial, vieux de plusieurs années	181,6	308,2	189,3	296,5	11,7
Acides gras totaux de l'					
Huile de lin, fraîche	194,6	288,2	201,8	277,9	10,3
Huile de lin, vieille de 3 ans	191,5	292,8	205,4	273,2	19,6
Huile de tournesol, fraîche	193,4	290,0	201,5	278,4	11,6
— — vieille de 2 ans.	194,5	287,6	199,6	281,0	6,6
Huile de noix, fraîche	200,2	279,7	202,8	276,3	3,4
— — la même, conservée 1 mois dans l'obscurité	200,5	279,8	200,8	279,3	0,5
Huile de noix, la même, conservée 2 mois dans l'obscurité	196,0	286,2	208,5	269,0	17,2
Huile de coton, fraîche	200,9	279,2	203,1	276,2	3,0
— — vieille de 2 ans 1/2	194,3	288,7	204,5	274,3	14,4
Huile de ravison, fraîche	176,8	317,3	183,2	306,2	11,1
— — vieille de 2 ans.	178,8	313,7	182,1	308,0	5,7
Huile de colza, fraîche	176,6	317,7	181,2	309,6	8,1
— — vieille de 2 ans	178,3	314,6	182,5	307,4	7,2
— — vieille de 5 ans	176,1	318,8	181,4	309,1	9,1
Huile de ricin, fraîche	187,0	300,0	191,0	294,3	5,7
— — vieille de 2 ans 1/2.	183,1	306,4	189,0	296,7	9,7
Huile de cerisier	191,3	293,2	213,7	262,5	30,7
Huile d'abricotier, fraîche	199,5	281,2	200,2	280,1	1,1
— — acides conservés 1 mois dans l'obscurité	196,0	286,2	199,1	281,7	4,5
Huile d'abricotier, acides conservés 2 mois dans l'obscurité	197,4	284,2	198,2	283,0	1,2
Huile d'abricotier, acides conservés 5 mois dans l'obscurité	187,0	300,0	200,0	280,5	19,5
Huile d'abricotier, vieille de 2 ans.	196,8	285,0	200,0	280,5	4,5
Huile d'abricotier, les mêmes acides exposés à la lumière pendant 1 mois	182,9	306,0	194,1	288,9	17,1
Huile d'amande, fraîche	195,8	286,5	200,3	278,3	8,2
— — vieille de 2 ans 1/2.	196,0	286,2	202,2	277,5	8,7
Huile d'arachide, fraîche	195,2	287,3	200,2	280,2	7,1
— — vieille de 2 ans 1/2.	195,5	286,9	200,0	280,5	6,4
Huile de noisette, fraîche	197,6	283,8	199,7	280,9	2,9
Huile d'olive, vieille de 3 ans	194,5	288,4	200,9	279,1	9,3
Suif végétal, vieux de 3 ans	213,8	262,2	214,0	262,1	0,1
— — acides exposés à la lumière pendant 9 mois	204,2	274,7	215,7	260,0	14,7
Saindoux, frais	205,0	273,4	204,8	273,9	—0,5
— vieux de 2 ans 1/2	203,4	275,8	203,1	276,2	—0,4
Suif de bœuf, frais	205,7	272,7	209,9	267,2	5,5
— — vieux de 2 ans	205,4	273,1	207,1	270,8	2,3

Lewkowitsch a montré [1] qu'il serait exagéré d'admettre ce fait comme règle générale, car, dans bien des cas, il a obtenu des chiffres en contradiction avec les assertions de *Tortelli* et *Pergami*. Dans certains cas, les nombres trouvés concordent avec ceux de ces auteurs, mais le plus souvent les différences constatées sont si faibles qu'elles tombent dans les limites d'erreur de la méthode; dans quelques cas même, on a des différences négatives, ainsi que le montre la table suivante :

1. Lewkowitsch, *Jahrbuch der Chemie*, XI (1901), 359.

Indices de neutralisation et de saponification des acides gras totaux (Lewkowitsch)

ACIDES DE L'	INDICE de NEUTRALISATION 1	POIDS MOLÉCULAIRE calculé d'après 1 2	INDICE de SAPONIFICATION 3	POIDS MOLÉCULAIRE calculé d'après 3 4	DIFFÉRENCE 2-4 5
Huile de lin	201,8	278,0	199,8	280,9	— 2,9
— —	194,7	288,1	199,8	280,7	+ 7,4
— —	195,2	287,4	199,0	281,9	+ 5,5
— de bois	181,25	309,5	198,7	282,3	+ 27,2
— de stillingia	206,3	271,9	210,5	266,5	+ 5,4
— de noix	201,2	278,9	199,5	281,3	— 2,4
— de carthame	200,3	280,1	199,7	280,9	— 0,8
— de maïs	197,1	284,6	199,8	280,7	+ 3,9
— de coton	197,4	284,1	204,2	274,7	+ 9,4
— —	200,5	279,8	205,2	273,3	+ 6,5
— —	201,9	277,8	205,1	273,5	+ 4,3
— de colza	182,3	307,7	184,9	303,3	+ 4,4
— de croton	197,3	284,3	203,3	275,9	+ 8,4
— de ricin	176,9	317,1	177,2	316,5	+ 0,6
— —	175,7	319,3	177,8	315,5	+ 3,8
— —	174,7	321,1	176,5	317,8	+ 3,3
— d'abricotier	198,0	283,3	202,0	277,7	+ 5,6
— — (Californie)	197,8	283,6	202,8	276,6	+ 7,0
— —	194,0	289,1	200,7	279,5	+ 9,6
— de pêcher	196,8	285,0	205,0	273,6	+ 11,4
— d'amande (douce)	196,4	285,6	201,7	278,1	+ 7,5
— — (Sicile)	198,8	282,1	202,2	277,4	+ 4,7
— — (amère, Mazagan)	196,8	285,0	203,1	276,2	+ 8 8
Huile d'amande (petite, Inde)	195,8	286,5	200,7	279,5	+ 7,0
— — (amère, Mogador)	197,1	284,6	203,2	276,0	+ 8,6
Huile d'amande	207,8	269,9	207,6	270,2	— 0,3
Huile d'olive	200,5	279,8	201,9	277,8	+ 2,0
— —	200,9	279,2	200,9	279,2	0,0
— de palme	206,2	272,0	206,9	271,1	+ 0,9
— —	205,5	272,9	206,3	271,9	+ 1,0
— de coco (coprah)	271,6	206,5	271,0	207,0	— 0,5
— — —	271,5	206,6	270,6	207,3	— 0,7
Saindoux	196,0	286,2	205,1	273,5	+ 12,7
—	196,2	285,9	204,5	274,3	+ 11,6
Huile de Margosa	194,1	289,0	198,9	282,0	+ 7,0
— de Pongam	192,5	291,4	195,8	286,5	+ 4,9
Acide oléique : indice d'iode = 81,6	201,2	278,8	201,4	278,5	+ 0,3

Tortelli et *Pergami* ont observé que la différence entre les indices de saponification et de neutralisation des acides gras totaux augmente avec l'âge de l'échantillon, ce qui peut s'expliquer par la présence de petites quantités d'acides gras volatils et d'acides oxydés ; avec les huiles anciennes, particulièrement les huiles de poissons, de foies et de cétacés, on constate souvent des différences considérables (Voir *Huiles d'animaux marins*).

Ces différences peuvent encore provenir de la formation d'anhydrides des acides gras eux-mêmes par chauffage ; dans beaucoup de cas, elle indiquerait la présence d'anhydrides internes ou lactones, dont *Lewkowitsch* a été le premier à signaler la présence dans les corps gras naturels (chap. XIV, *Beurre de Souari ;* voir aussi *Huile de Sterculia*, *Huile de baobab*) et dans la suintine [1] ; c'est ainsi que les acides gras de cette dernière se transforment aisément en anhydrides internes par simple chauffage à 100°.

Les acides gras hydroxylés sont particulièrement susceptibles de se déshydrater en formant des anhydrides internes ; c'est ainsi que les acides gras de l'huile de ricin forment facilement des anhydrides internes ou des produits de ploymérisation ; en fait, on a constaté que ces acides gras se polymérisent à la longue, même à la température ordinaire, en donnant des acides polyricinoléiques (voir chap. III). En présence de tels acides polymérisés, on trouve une grande différence entre les indices de saponification et de neutralisation [2]. La stéarolactone ou anhydride interne de l'acide γ oxystéarique constitue un autre exemple du même genre (voir chap. III).

Les lactones ou anhydrides peuvent être déterminés ou dosés volumétriquement ou gravimétriquement.

a) *Dosage volumétrique des lactones (anhydrides)*

On pèse 5 gr. d'acides gras, on les dissout dans l'alcool et on titre par l'alcali aqueux à froid. Il faut noter que la solution finale doit contenir au moins 50 0/0 d'alcool, sans quoi l'hydrolyse du savon en solution intervenant conduirait à des résultats erronés. On obtient ainsi l'indice de neutralisation. Dans une autre opération, on fait bouillir 1,5 à 2 gr. d'acides gras avec la potasse alcoolique, de la manière indiquée sous le titre *Indice de saponification*

1. *Proc. Chem. Soc.*, 1889, 69 ; *Journ. Soc. Chem. Ind.*, 1890, 844 ; 1892, 39 ; 1895, 14.
2. Cf. Lewkowitsch, *Journ. Soc. Chem. Ind.*, 1893, 67.

(voir chap. VI) et on titre, ce qui donne l'indice de saponification.

La différence entre les deux indices donne une mesure des lactones présentes. Si la composition chimique de la lactone est connue, on peut en calculer la quantité, comme le montre l'exemple suivant :

On a trouvé pour l'indice de saponification d'un mélange d'acides gras et de stéarolactone, 194,3 et pour l'indice de neutralisation, 153,9. La différence 194,3 — 153,9 = 40,4 correspond à la quantité de stéarolactone présente. L'indice de saponification de la stéarolactone étant 198,9, d'après le calcul :

$$282 : 56{,}1 :: 1 : x, \qquad x = 198{,}9,$$

on tire le pourcentage de stéarolactone de la proportion suivante :

$$198{,}9 : 100 :: 40{,}4 : x, \qquad x = 20{,}3\ 0/0.$$

La nature des lactones (ou anhydrides) présentes dans un échantillon soumis à l'analyse étant rarement connue, il sera préférable d'isoler la lactone et de la déterminer quantitativement selon le procédé suivant, qui effectue en même temps le dosage volumétrique des acides gras libres.

b) *Dosage gravimétrique des lactones* (*anhydrides*)

On pèse 5 gr. ou plus d'acides gras, on les dissout dans l'alcool neutre et titre avec l'alcali aqueux de la manière décrite plus haut pour la détermination de l'indice de neutralisation ; la lactone ou l'anhydride restent inattaqués tant qu'il existe de l'acide gras libre. On agite la solution de savon avec l'éther ou l'éther de pétrole (Voir *Matières insaponifiables*, chap. VI, p. 664), en ayant soin de ne pas diluer la solution au point d'amener l'hydrolyse du savon (ce qui ferait passer des savons acides dans la solution éthérée). On filtre la solution éthérée, on évapore l'éther et pèse le résidu sec. Celui-ci ne doit pas donner de cendres et son indice de neutralisation doit être *nul*.

Pour un examen plus complet de la lactone isolée, on peut déterminer ses indices de saponification, d'iode, etc...

3. Acides gras insolubles.

a) *Dans les huiles et graisses.*

On a déjà indiqué que les acides gras préparés d'après la méthode décrite dans le chapitre III renferment généralement des quantités négligeables de matières insaponifiables et l'on a aussi expliqué que lorsqu'une huile ou graisse présente un indice de saponification ne dépassant pas 195, elle ne contient pas d'acides solubles ou volatils ou seulement en proportions minimes, tandis qu'un indice de saponification supérieur à 200 indique la présence certaine d'acides solubles ou volatils ou de quantités importantes d'acide laurique (et) ou myristique.

La proportion d'acides gras insolubles contenue dans les huiles et graisses a été longtemps considérée comme un nombre « caractéristique » (et même comme une « constante »), et elle a été décrite comme telle, dans les premières éditions de cet ouvrage, sous le nom d'*Indice de Hehner*, tout en faisant remarquer que les acides gras insolubles isolés contenaient des quantités variables de matières insaponifiables. La proportion d'acides gras fournie par un corps gras, suivant le procédé décrit dans le chapitre III, figure maintenant dans les tableaux des *Caractéristiques des Acides gras insolubles*, des monographies du chapitre XIV, sous le terme *Acides insolubles et Matières insaponifiables.*

Aussi loin que l'on puisse remonter, la quantité d'acides gras que l'on peut obtenir d'un savon en le décomposant avec un acide minéral, a été déterminée quantitativement, au XVIIIe siècle, par *Geoffrey* et *Macquer*, mais ceux-ci considéraient les acides gras comme le corps gras original employé dans la fabrication du savon, et l'on retrouve encore, sous une forme quelque peu modifiée, une survivance de cette manière de voir dans la façon d'indiquer le pourcentage de corps gras des savons de Marseille.

La méthode habituelle pour déterminer la quantité d'acides gras insolubles des corps gras est, dans ses premières opérations, exactement celle décrite dans le chapitre III, en employant toutefois de plus petites quantités de matière grasse, bien inférieures à

50 gr. et en prenant certaines précautions détaillées plus bas. On a déjà fait remarquer que les acides solubles volatils sont, pour la plus grande partie, entraînés par les eaux de lavage.

Une méthode quantitative pour déterminer la proportion d'acides gras insolubles dans les corps gras contenant des acides volatils solubles a été proposée par *Angell* et *Hehner*[1] pour l'examen du beurre de vache et la recherche des corps gras étrangers dans celui-ci.

La potasse aqueuse était d'abord utilisée pour la saponification, ce qui était la cause de grandes difficultés ; aussi, le procédé ne devint-il pratique qu'avec l'emploi de la potasse alcoolique (proposée par *Turner*). La détermination s'effectue de la manière suivante :

On saponifie exactement 3 à 4 gr. de corps gras filtré au moyen de la potasse alcoolique et l'on fait passer la solution alcoolique dans une capsule de 130 mm. de diamètre environ, en y joignant les lavages de la fiole, effectués avec de l'eau bouillante. On évapore la solution jusqu'à consistance pâteuse, on dissout le résidu dans 100 à 150 cc. d'eau et on acidifie par l'acide sulfurique étendu. On chauffe jusqu'à ce que les acides gras mis en liberté se séparent et surnagent en une couche huileuse limpide. On filtre sur un filtre de 100 à 125 mm. de diamètre, préalablement séché à 100°, et tare dans un petit becher recouvert d'un verre de montre. Le filtre doit être en papier épais, le papier à filtrer ordinaire laissant facilement passer un liquide trouble. Une bonne méthode consiste à remplir le filtre à moitié d'eau chaude avant d'y verser la matière grasse et à le maintenir plein jusqu'à ce que tout le liquide étant versé, on fasse enfin passer la couche d'acides gras. On lave ceux-ci sur le filtre avec de l'eau bouillante jusqu'à ce que quelques gouttes de l'eau de lavage ne rougissent plus la teinture de tournesol (Pour 3 gr. de corps gras, il faut parfois 2,000 à 3.000 cc. d'eau bouillante). Le lavage fini, on plonge l'entonnoir supportant le filtre dans un vase plein d'eau froide, de façon que l'eau à l'extérieur et les acides gras à l'intérieur atteignent le même niveau. On laisse ensuite égoutter l'eau, on place le filtre dans le becher dans lequel il a été taré et on sèche à 100° pendant deux heures. On

1. *Butter; its Analysis and Adulterations*, London 1874.

pèse exactement, on sèche encore pendant une heure ou une heure et demie, on pèse à nouveau ; la différence entre les deux pesées doit, en général, rester inférieure à 1 milligramme.

Si le corps gras examiné contient des acides gras facilement oxydables, tels que l'acide linoléique, linolénique ou clupanodonique, il convient d'effectuer les opérations le plus possible à l'abri de l'air. On opère donc dans la fiole même où s'est effectuée la saponification, l'évaporation de l'alcool en excès et la décomposition du savon. On lave les acides gras sur le filtre en laissant celui-ci couvert d'un verre de montre dans les intervalles du lavage, pour éviter l'accès de l'air ; enfin, on fait passer les acides gras dans un flacon sec taré en lavant le filtre à l'éther, et l'on évapore le dissolvant dans un courant d'hydrogène ou d'acide carbonique. Ce mode opératoire supprime le séchage et la pesée d'un filtre taré.

On ne peut attendre de cette détermination des résultats rigoureusement concordants, car elle comporte un certain nombre d'erreurs nécessitant, dans chaque cas, une attention particulière.

C'est ainsi que l'opération finale de la dessiccation comporte, à elle seule, deux sources d'erreurs qui peuvent se compenser dans une certaine mesure : l'une, l'oxydation des acides non saturés entraînant une augmentation de poids, et l'autre, la volatilisation, amenant une perte d'acides gras et, par suite, une diminution de poids.

La table suivante, due à *Tallock*[1], fournit quelques indications relatives à l'erreur causée par la dessiccation prolongée des acides gras à 90° :

1. *Journ. Soc. Chem. Ind.*, 1890, 874.

Table montrant la perte ou l'augmentation de poids des acides gras insolubles secs pendant des temps différents à la température de 90°

DURÉE DU CHAUFFAGE A 90°	ACIDES GRAS DE L' HUILE D'OLIVE (1)	HUILE D'OLIVE (2)	HUILE D'OLIVE (3)	HUILE D'OLIVE (4)	HUILE DE RICIN	HUILE DE COLZA	HUILE DE COTON	HUILE DE LIN	ACIDE STÉARIQUE	HUILE D'OLIVE CONTENANT 9.42 0/0 d'acide oléique libre	HUILE D'OLIVE dont les ACIDES GRAS LIBRES ont été éliminés
Secs	100,00	100,00	100,00	100,00	100,00	100,00	100,00	100,00	100,00	100,00	100,00
24 heures..	99,22	99,33	98,18	99,50	99,18	100,50	99,26	101,25	100,08	100,24	100,88
48 — ..	98,88	98,92	98,85	99,06	98,51	100,30	99,04	101,23	100,06	100,52	101,42
72 — ..	»	»	»	98,70	97,85	99,89	»	»	99,72	100,52	101,32
96 — ..	98,18	98,20	98,17	»	»	»	98,12	100,42	»	»	«
120 — ..	»	»	»	98,09	96,82	99,46	97,87	100,19	98,22	100,10	100,36
192 — ..	96,96	97,08	96,97								
360 — ..	95,45	95,50	95,42								
528 — ..	94,14	94,17	94,10								
720 — ..	92,62	92,67	92,57								

Dans le cas de l'acide oléique, *Fahrion*[1] a constaté les pertes suivantes, pendant 6 heures de chauffage à 110, 115 et 120°, respectivement : 2,8 0/0, 5,2 0/0, et 3,2 0/0.

Pour éviter les pertes d'acides gras, *Lechartier* (en 1880) et *J. West Knight*[2] ont proposé la méthode suivante, qui est basée, d'une part, sur l'insolubilité dans l'eau des sels de baryum des acides gras supérieurs, et d'autre part, sur la facile solubilité des sels de baryum des acides volatils.

On saponifie 1 à 3 gr. de corps gras séché et filtré en les chauffant au bain-marie avec deux fois leur volume de potasse alcoolique pendant une demi-heure. On amène la solution à 300 cc. par addition d'eau distillée froide et on ajoute une solution aqueuse de chlorure de baryum jusqu'à ce qu'il n'y ait plus de précipitation. On recueille le précipité sur un filtre, on le lave à l'eau chaude et le fait passer dans un entonnoir à séparation ; on décompose les sels de baryum par l'acide chlorhydrique et l'on agite les acides gras mis en liberté avec de l'éther. On amène le volume de la solution éthérée à 100 cc. dont on verse une partie exactement mesurée, soit 50 cc., dans une fiole tarée. On distille l'éther et on pèse le résidu sec.

La solubilité des acides gras inférieurs ne correspondant pas nécessairement à celle de leurs sels de baryum, on peut se demander si les résultats fournis par cette méthode concordent avec ceux obtenus par le procédé précédent. En fait, avec le beurre, pour lequel la méthode *Knight* a été proposée, les résultats rapportés s'accordent parfaitement avec ceux de *Hehner*[3].

Les proportions variables de matières insaponifiables et la présence de glycérides contenant de l'acide laurique représentent d'autres causes d'erreurs, qui rendent encore plus incertaine l'exactitude de la détermination des acides gras insolubles. Si la quantité de matières insaponifiables est, en effet, négligeable dans la plupart

1. *Chem. Zeit.*, 1907, 437.
2. *Analyst*, 1881, 155.
3. On a proposé de sécher les sels, de les peser, de les calciner et de déduire le poids d'acides gras par différence de la première pesée avec la quantité de baryte des cendres; ce procédé est incorrect et inadmissible. Il en est de même de l'emploi de la soude ou de la potasse suggéré par Fahrion, *Chem. Zeit.*, 1906, 267; 1907, 437, qui est à rejeter.

des cas, elle peut quelquefois occasionner des erreurs importantes. C'est ainsi que la quantité d'acides gras insolubles et de matières insaponifiables trouvée dans l'huile de noix vomique est de 95,2 0/0, ce qui indiquerait une proportion normale d'acides gras d'un poids moléculaire moyen de 276 environ. Mais une étude plus approfondie a montré que les matières insaponifiables s'élevaient à elles seules à 12 0/0, d'où la proportion des acides gras insolubles n'est effectivement que de 83 0/0 (95,2 — 12,2). D'autres cas analogues sont rapportés dans le chapitre XIV. La matière grasse pesée ne peut donc être regardée comme constituée par les acides gras insolubles avec une quantité négligeable de matières insaponifiables qu'autant que l'examen ultérieur autorise cette conclusion, et ce n'est que dans le cas de triglycérides purs que le poids des acides gras coïncidera exactement avec le pourcentage d'acides gras insolubles.

Les quantités théoriques d'acides gras insolubles que peuvent donner les monoglycérides, diglycérides et triglycérides correspondants peuvent avoir une certaine utilité et sont rapportées dans la table suivante :

Pourcentages des acides gras insolubles dans les mono-, di- et triglycérides

GLYCÉRIDE DE L'ACIDE	MONOGLYCÉRIDE	DIGLYCÉRIDE	TRIGLYCÉRIDE
Acétique	0	0	0
Butyrique	0	0	0
Valérianique	0	0	0
Caproïque	0	0	0
Caprylique	—	—	—
Caprique	—	—	—
Laurique	—	—	—
Myristique	75,50	89,05	94,75
Palmitique	77,58	90,15	95,29
Daturique	78,49	90,60	95,52
Stéarique	79,33	91,02	95,73
Oléique	79,22	90,95	95,70
Linoléique	79,10	90,90	95,67
Linolénique	78,98	90,83	95,63
Clupanodonique	81,68	92,16	96,30
Ricinoléique	80,12	91,43	95,93
Arachidique	80,82	91,76	96,09
Érucique	82,04	92,35	96,39
Cérotique	84,26	93,40	96,90
Mélissique	85,93	96,17	92,27
Oxystéarique	80,2	91,47	95,95
Dioxystéarique	81,02	91,87	96,15
Trioxystéarique	81,78	92,23	96,35
Sativique	82,48	96,56	96,50
Linusique	83,70	93,15	96,77
Triglycérides mixtes :			
Myristopalmitooléine	»	»	95,3
Oléodipalmitine	»	»	95,3
Stéarodipalmitine	»	»	95,44
Oléodimargarine	»	»	95,58
Oléopalmitostéarine	»	»	95,58
Palmitodistéarine	»	»	95,59
Daturodistéarine	»	»	95,66
Oléodistéarine	»	»	95,62
Élaïdodistéarine	»	»	95,62

On a placé un 0 en regard des acides gras facilement solubles et un — en face des acides gras intermédiaires nécessitant de très grandes quantités d'eau pour se dissoudre, afin d'indiquer que, dans ces cas, l'on ne peut donner aucun chiffre défini. En employant une quantité d'eau bouillante plus grande que celle fixée plus haut, on peut entraîner dans le lavage la totalité des acides caproïque, caprylique et caprique. Mais, en présence d'une proportion importante d'acide laurique dans les acides gras totaux, il devient pratiquement impossible d'éliminer cet acide ; il s'ensuit qu'avec les corps gras qui contiennent des quantités notables d'acide laurique, il est très difficile et même impossible de savoir le point où doit être arrêté le lavage ; c'est certainement à cette difficulté que doivent être attribuées les divergences considérables constatées entre les divers chiffres donnés pour la proportion d'acides gras insolubles et matières insaponifiables des huiles de coco et de palmiste.

L'huile de Kusu offre un exemple encore plus frappant (Cf. chap. XIV), car avec 2.000 cc. d'eau bouillante pour 3 à 4 gr. de corps gras, elle donne 81,8 0/0 d'acides insolubles et matières insaponifiables. Il n'est pas douteux qu'en continuant le lavage, cette proportion aurait encore diminué, en raison directe de la quantité d'eau chaude utilisée et en poussant l'opération, la proportion d'acides insolubles et matières insaponifiables tendrait vers 0, car l'huile de Kusu est pratiquement constituée par de la laurine (dont l'indice de saponification théorique est 263,8), mélangée probablement à une petite quantité de glycérides inférieurs (Cf. chap. XIV, *Suif de Tangkallak*).

Pour compléter les indications fournies par la quantité d'acides gras insolubles, il est bon de vérifier leur poids moléculaire moyen (Cf. chap. XIV, *Beurre de vache*).

En examinant les chiffres de la dernière colonne de la table précédente, on reconnaît que les différences entre les nombres de la palmitine, de la stéarine, de l'oléine, de la linoléine, de la linolénine et de la ricinolénine sont si minimes qu'elles tombent dans les limites d'erreurs d'une méthode gravimétrique. En pareil cas, la proportion d'acides gras insolubles et matières insaponifiables apparaît d'une valeur distinctive nulle et celle-ci ne prend de l'importance que lorsqu'on a affaire avec un mélange de glycérides d'acides gras supérieurs et de glycérides d'acides gras inférieurs à l'acide myristique. Dans ce cas, la proportion d'acides gras insolubles et matières insaponifiables descend au-dessous de 95, bien entendu en l'absence de quantités considérables de matières insaponifiables, et la différence entre 95 et le nombre effectivement trouvé fournit une mesure de la quantité des glycérides des acides gras inférieurs existant dans un produit naturel.

La quantité d'acides gras insolubles et matières insaponifiables indique donc directement ce que l'on peut déduire implicitement de l'indice de saponification quand il dépasse 200, ou de l'indice de *Reichert-Meissl* quand il excède 5 (Cf. *Indice de Reichert-Meissl*); aussi cette détermination a-t-elle été presque entièrement supplantée par celles de l'indice de saponification et de l'indice de *Reichert*.

La proportion d'acides gras et matières insaponifiables est d'environ 95 pour la plupart des corps gras; la table suivante donne les chiffres obtenus pour les huiles et graisses qui diffèrent notablement de ce nombre :

Huile ou graisse	Acides insolubles et matières insaponifiables
Croton	89,0
Nigelle	88,8
Sureau	91,75
Senega	85,8
Foie de requin	86,9
Dauphin (corps)	93,07
— (tête)	66,3
Marsouin (corps)	91,04
— (tête)	70,2
Marsouin brun	85,5
Laurier	83,5–86,8
Carapa	93,0
Akee	93,0
Macassar	91,5
Maripa	88,8
Amande d'aouara	91,7
Palmiste	87,6–91,1
Coco (coprah)	82,4–90,0
Cire du Japon	90,6
Suif de Tangkallak	76,0
Kusu	81,8
Beurre de vache	86,5–90,1

On voit qu'à l'exception de la cire du Japon, toutes les huiles et graisses énumérées ici figurent déjà dans la table des indices de *Reichert* et de *Reichert-Meissl;* dans le cas de la cire du Japon, la faiblesse du nombre trouvé s'explique par la présence d'un acide bibasique.

b) *Dans les cires*

La matière grasse obtenue par la saponification des cires et la décomposition des savons par un acide minéral contient à la fois les acides gras et les alcools (ainsi que les hydrocarbures, s'il y en a) ; ces derniers étant insolubles dans l'eau, le pourcentage trouvé peut atteindre et même dépasser 100, par suite de la fixation des éléments de l'eau pendant la saponification, de sorte que cette détermination fournirait des résultats entièrement sans valeur.

Si l'on veut déterminer la quantité d'acides gras insolubles dans les cires, la matière grasse obtenue doit d'abord être débarrassée des alcools (et hydrocarbures, s'il y a lieu). La table suivante donne les proportions d'acides gras insolubles de quelques cires, déterminées au laboratoire de *Lewkowitsch*.

Cire	Pourcentage d'acides gras
Huile de cachalot	60–64
— de rorqual rostré	61–65
Cire de Carnauba	47,95
Suintine	59,8
Cire d'abeilles	46,77
Spermaceti	53,45
Cire d'insectes	51,54

4. Acides gras volatils.

Acides volatils solubles et acides volatils insolubles

Lorsqu'un corps gras donne un indice de saponification de beaucoup supérieur à 200 et, par suite, un indice de *Reichert* notable, il renferme certainement des acides gras volatils.

On a déjà signalé les tentatives infructueuses faites pour déterminer la quantité d'acides gras volatils totaux, et l'on a indiqué que la méthode de *Reichert* n'est qu'une méthode conventionnelle ; celle-ci, en effet, ne fournit qu'une partie des acides volatils, de sorte que l'examen ultérieur du distillat et l'isolement des divers acides gras qu'il contient ne peuvent pas donner une connaissance complète de la quantité et de la nature des acides volatils totaux (voir chap. XII).

Les acides *volatils* ne sont pas nécessairement identiques avec les acides *solubles*, quoique ce soit le cas pour la plus grande partie des acides volatils des huiles et graisses ; mais la découverte d'acides bibasiques solubles, non volatils, dans la cire du Japon, est venu montrer qu'il fallait se montrer très circonspect.

Si l'on a seulement besoin de la quantité totale d'*acides volatils*, on obtiendra le mieux ce résultat en employant une méthode analogue à celle proposée par *Lewkowitsch* pour la détermination de l'indice d'acétyle. Elle consiste à distiller la quantité totale d'acides gras volatils, exactement de la même manière que pour la détermination de l'acide acétique dans le procédé *par distillation* de l'indice d'acétyle. Cette méthode diffère du reste du procédé *Reichert*, en ce que l'on extrait la totalité des acides gras volatils. On distille 6 à 700 cc. de liquide, et l'on titre le distillat avec la potasse décinormale, avec la phénolphataléine comme indicateur en calculant le nombre trouvé pour 1 gr. de corps gras.

La table suivante donne les quantités d'acides volatils totaux fournis par un certain nombre d'huiles et graisses [1] ; quelques nombres ont été également déterminés par le *procédé par filtration*.

1. Lewkowitsch, *Analyst*, 1899, 319. Un autre procédé consistant à distiller les acides volatils dans le vide a été proposé par E. Welde, *Bioch. Zeits.*, 1910 (28), 504; cf. aussi Bruno, *Ann. Chim. anal.*, 1911 (16), 138.

Acides volatils dans les huiles et graisses commerciales (Lewkowitsch)

SORTE D'HUILE OU DE GRAISSE	ACIDES GRAS VOLATILS TOTAUX PAR GR., EN MILLIGR. KOH	
	Procédé par distillation	Procédé par filtration
Lin (2 échantillons)	0,8–2,9	
Maïs	2,53	
Coton (4 échantillons d'âge différent)	0,1–6,28	
—	0,99	1,0
—	2,0	2,1
—	0,1	
Colza	2,15	
Croton (2 échantillons)	21,08	
Ricin (3 échantillons)	0,0	
Olive	2,54	
Huile de sardine du Japon	1,78	
Huile de poissons, contenant de l'huile de foie de morue, etc	9,22	
Foie de morue, conservée quelques années en b[lle].	2,60	
— — fraîche	3,60	
— d'ange	0,80	
— de requin	2,95	
Phoque	1,50	
Pieds de cheval	1,07	
Huile « animale »	3,73	
Palme, contenant 23,8 0/0 d'acides gras libres	2,34	
Noix de Souari	1,07	
Beurre de cacao	2,80	
Palmiste, contenant 6,68 0/0 d'acides gras libres	19,55	
— 1 — 6,94 0/0 — —	11,4	
— 2	14,6	
— 3	22,2	
— 4	19,89	20,38
	42,74	
Coco (coprah), conten. 9,9 0/0 d'acides gras libres	42,29	
— 1 — 3,9 0/0 — —	20,9	
— 2	21,9	
— 3	26,7	
— 4	26,59	
— cont. 13,25 0/0 d'acides gras libres	26,4	
—	28,2	30,0
—	30,4	
Cire du Japon (2 échantillons)	5,6–10,05	
Saindoux	6,6	
Moelle de bœuf	2,40	
Suif d'os, contenant 42,6 0/0 d'acides gras libres	4,22	
— d'Amérique du Sud	7,24	
— fondu à la maison I	1,3	
— — — II	4,8	6,0
— — — III	1,4	1,7
— premier jus	0,58	
Beurre de vache I.	49,3	
— — cont. 0,56 0/0 d'ac. gras libres. II.	43,32	
— —	41,4	
— —	32,0	31,3
— — contenant de la margarine exempte d'huile de coco	12,8	

On voit par la table précédente que dans les huiles qui ont à l'état frais un indice de *Reichert* très faible, la quantité d'acides volatils augmente avec l'âge ; tel est le cas de l'huile de coton, du suif, des huiles de palmiste et de coco.

Amberger[1] a indiqué un dispositif qui éviterait les irrégularités de résultats occasionnées par les différences de durée de la distillation, le niveau variable du liquide, etc...

On peut obtenir *approximativement* la quantité *absolue* d'acides gras volatils en évaporant la solution neutralisée des sels de potassium des acides gras volatils et séchant finalement le résidu à l'étuve jusqu'à poids constant[2]. En déduisant du poids ainsi obtenu le poids d'oxyde de potassium, K^2O, calculé d'après la quantité de potasse, KOH, employée pour la neutralisation des acides volatils, on obtient la quantité d'anhydrides de ces acides gras, d'où l'on peut déduire le poids moléculaire des acides (Cf. chap. XI). Les résultats obtenus ne sont cependant pas rigoureusement exacts, par suite de la dissociation du savon de potasse, et il est de beaucoup préférable de convertir les sels de potassium en sel de baryum.

Les acides gras volatils à considérer ici sont : les acides butyrique, caproïque, caprylique, caprique et aussi laurique.

L'acide *butyrique* est entièrement soluble dans l'eau tandis que l'acide *laurique* n'est que légèrement soluble dans de grandes quantités d'eau bouillante. L'acide *caprique* est presque insoluble dans l'eau froide. Les acides *caproïque* et *caprylique* présentent des solubilités intermédiaires : 100 cc. d'eau à 15° dissolvent 0,882 gr. d'acide caproïque et 0,079 gr. d'acide caprylique. Ces solubilités varient, d'ailleurs, considérablement lorsque ces deux acides sont mélangés ; elles augmentent aussi beaucoup avec la température, à tel point que les acides caproïque et caprylique peuvent être complètement dissous par de grandes quantités d'eau bouillante. Aussi, quelques chimistes ont-ils pratiquement identifié les acides *volatils* et les acides *solubles*.

1. *Zeits. f. Unters. d. Nahr. u. Genussm.*, 1909 (XVII), 26.
2. Cf. Fendler et Frank, *Zeits. f. ang. Chem.*, 1909, 256.

La démarcation entre les acides *volatils* et les acides *non volatils* est loin d'être absolue et dépend beaucoup des conditions dans lesquelles s'effectue la distillation ; c'est ainsi que certaines porportions d'acides insolubles particulièrement d'acides myristique et palmitique et même stéarique, sont entraînées par la distillation lorsqu'on applique les procédés de *Polenske* et de *Muntz* et *Coudon* (Cf. chap. VI) à de très faibles quantités de matière grasse, et *Arnold* a obtenu avec le saindoux et le suif de petites quantités d'un acide soi-disant volatil qui n'était, après plus ample examen, que de l'acide palmitique (Cf. chap. XIV, *Suif* et *Saindoux*).

Les divers *acides gras volatils* présentent des différences de solubilité dans l'eau. Dans le procédé conventionnel de *Reicherl*, on a tenté de réaliser une séparation approximative des acides gras volatils en :

1° *Acides solubles volatils ;*

2° *Acides volatils insolubles.*

Comme on l'a indiqué plus haut, les 110 cc. de produit distillé obtenus par ce procédé sont filtrés, de façon à séparer les acides volatils *solubles* des acides volatils *insolubles* qui ont été entraînés dans une certaine mesure par la vapeur d'eau. Les chiffres de la page 616 montrent, toutefois, que l'acide le plus soluble lui-même, l'acide butyrique, n'est pas complètement entraîné, tandis que l'acide caproïque, beaucoup moins soluble, se trouve presque entièrement dans le produit de distillation filtré. Il en résulte que les différences dans les proportions relatives des divers acides solubles du distillat exercent une influence considérable sur la solubilité de chaque acide gras. On peut remarquer, à ce sujet, qu'avec l'huile de coco, qui ne contient pas d'acide butyrique, les 110 cc. de distillat obtenus par le procédé de *Reichert* sont complètement saturés, ce qu'indique le trouble laiteux que présente le produit, même filtré.

La table suivante, due à *Duclaux*, montre les proportions relatives dans lesquelles les acides butyrique, caproïque, caprylique en solution aqueuse sont entraînés par la vapeur d'eau ; les nombres obtenus ont été déterminés sur 10 fractions successives provenant de la distillation de 100 cc. sur 110 cc. de solution aqueuse saturée soumise à la distillation :

FRACTION	ACIDE BUTYRIQUE	ACIDE CAPROÏQUE	ACIDE CAPRYLIQUE
	Pour 100	Pour 100	Pour 100
1	17,1	33,5	55,5
2	32,7	56,0	78,0
3	46,5	75,5	91,0
4	58,5	86,0	93,0
5	68,8	92,5	95,0
6	77,5	96,5	96,8
7	84,3	97,5	97,8
8	90,2	98,4	99,0
9	94,6	99,3	99,5
10	97,5	100,0	100,0

Acides volatils solubles

En l'absence de méthodes satisfaisantes pour la détermination des *acides volatils* solubles, un certain nombre de méthodes conventionnelles ont été proposées, spécialement en vue de l'examen du beurre de vache.

Appliquées dans des conditions rigoureusement semblables, ces méthodes donnent des résultats comparables ; mais il convient de remarquer encore que les acides *solubles*, obtenus par les procédés suivants, ne sont pas identiques aux acides *volatils*, et que l'on a tout au plus ainsi une mesure des acides *dissous*, et plus exactement, *dissous dans les conditions expérimentales fixées*.

On peut obtenir une mesure de la quantité totale d'*acides solubles* par la méthode différentielle suivante [1].

On saponifie 4 à 5 gr. de corps gras pesé exactement, avec 60 cc. de potasse alcoolique titrée demi-normale. On détermine la quantité de potasse KOH, qui se combine avec les acides gras, en titrant l'excès de la façon décrite sous le titre *Indice de saponification*; on a ainsi l'indice de saponification. On évapore l'alcool, dissout le savon dans l'eau et le décompose par l'acide chlorhydrique. On lave les acides gras libérés sur filtre avec de l'eau chaude (voir *Acides gras insolubles*) pour entraîner les acides gras solubles. On dissout les acides insolubles dans l'alcool neutre et on détermine leur indice de neutralisation par titrage avec la potasse caustique

1. Cf. Bondzyuski et Rufi. *Journ. Soc. Chem. Ind.*, 1890, 44.

demi-normale. En retranchant l'indice de neutralisation ainsi trouvé de l'indice de saponification, on obtient la quantité de potasse, KOH, employée pour neutraliser les acides *dissous* (*volatils* ou *solubles*). On peut d'ailleurs titrer aussi bien les acides solubles directement.

Exemple. — On a employé 1,130 mmgr. de KOH pour la saponification de 5 gr. de beurre, et 920 mmgr. pour la neutralisation des acides insolubles. La différence 1.130 — 920 = 210 mmgr. représente l'alcali employé pour les acides gras solubles de 5 gr. de corps gras, soit 42 mmgr. KOH par gramme de beurre.

Si le poids moléculaire moyen des acides solubles était connu, on pourrait en déduire la quantité absolue (Cf. chap. XI).

Une autre méthode fournissant aussi une mesure des *acides solubles* est due à *Morse* et *Burton* [1]; elle est basée sur ce fait que le rapport entre les quantités d'alcali nécessaires à la neutralisation des acides gras solubles, d'une part, et des acides gras insolubles, d'autre part, est constant pour un corps gras donné.

La table suivante donne ces quantités relatives pour quelques corps gras :

CORPS GRAS	KOH 0/0 NÉCESSAIRE POUR	
	ACIDES INSOLUBLES	ACIDES SOLUBLES
Beurre de vache	86,57	13,17
Huile de coco (coprah), non lavée	91,85	8,17
— — — lavée à l'eau chaude	92,43	7,42
— — — — à la soude étendue	92,33	7,45
Huile de coton	92,05	7,76
Saindoux	95,96	3,82
Suif de bœuf	96,72	3,40
Oléomargarine	95,40	4,57

La méthode nécessite les quatre liqueurs titrées suivantes :

1° Acide chlorhydrique, 1 cc. = 20 mmgr. KOH ;

2° Acide chlorhydrique, 1 cc. = 2 mmgr. KOH ;

3° Potasse alcoolique (préparée avec de l'alcool à 95 0/0) correspondant à peu près à l'acide n° 1, titrée exactement avec cet acide ;

1 *Journ. Soc. Chem. Ind.*, 1888, 697.

4° Potasse alcoolique, correspondant à l'acide n° 2.

L'opération s'effectue comme suit :

On introduit 1 à 2 gr. (il n'est pas nécessaire de connaitre le poids exact) de corps gras séché et filtré dans une fiole d'Erlenmeyer de 250 cc., et le saponifie avec la quantité de potasse alcoolique correspondant exactement à 40 cc. d'acide chlorhydrique n° 1. On titre l'excès d'alcali avec cet acide, en présence de la phénolphtaléine. On a ainsi l'*indice de saponification.* On évapore l'alcool au bain-marie et met exactement les acides gras en liberté, en ajoutant la quantité strictement suffisante d'acide faible (n° 2) ; cette quantité représente d'ailleurs la différence entre 40 cc. d'acide fort et le nombre de centimètres cubes employé pour titrer l'excès d'alcali après la saponification. On munit la fiole d'un réfrigérant constitué par un tube de 400 mm. de long et 5 mm. de diamètre, dont l'extrémité supérieure coudée est reliée à un petit tube en U rempli d'eau ; celui-ci est destiné à empêcher le dégagement des acides volatils pendant le chauffage de la fiole, que l'on continue jusqu'à ce que son contenu devienne clair. On filtre la solution, à laquelle on ajoute le contenu du tube en U, sur papier épais bien mouillé, et on lave les acides gras insolubles jusqu'à ce que le liquide filtré atteigne un volume de 1.000 cc. On dissout les acides gras dans l'alcool à 50 0/0 et titre la potasse forte ; finalement, on titre les acides solubles avec la potasse faible.

Comme le rapport entre les deux quantités d'alcool est seul nécessaire, il est inutile de peser le corps gras ou de connaître le titre absolu des liqueurs alcalines.

L'ancienne méthode officielle française pour la détermination des acides volatils (en vue de la recherche des falsifications du beurre) donne pratiquement la totalité des acides *volatils solubles* et, par suite, se rapproche étroitement de la réalité. Mais elle est assez longue et laborieuse et pour donner des résultats constants, doit être suivie fidèlement dans tous ses détails[1] :

Dans un verre cylindrique à bec de 5 cm. de diamètre et 7 cm.,

1. *Rapport présenté à M. le Ministre de l'Agriculture par le Comité consultatif des stations agronomiques et des laboratoires agricoles sur les procédés employés pour reconnaître la fraude des beurres* (24 juillet 1897, Impr. Nationale).

de hauteur, taré au milligramme près, on introduit 5 gr. de beurre fondu, filtré et parfaitement homogène, à l'aide d'un tube étiré et en évitant de faire tomber des gouttelettes de beurre sur la paroi intérieure ; il doit, en effet, être réuni tout entier au fond du verre.

Avant que le beurre soit figé, on ajoute 2,5 cc. d'une solution concentrée de potasse caustique [1]. A l'aide d'un agitateur, on fait un mélange intime qui se transforme presque aussitôt en émulsion épaisse. On continue à agiter pendant vingt minutes, afin de mettre toutes les particules du beurre en contact intime avec la potasse. La masse s'échauffe notablement, durcit, et la saponification est complète lorsque le durcissement est obtenu. Il n'est pas nécessaire de faire intervenir la chaleur.

A cette masse de savon, on ajoute 60 cc. d'eau bouillante et l'on agite pour dissoudre en plaçant le verre sur un bain de sable chaud.

On obtient un liquide parfaitement limpide que l'on introduit dans un ballon à distillation à l'aide d'un petit entonnoir. Ce ballon, d'une capacité de 350 à 400 cc., a un col étiré par lequel on le relie à un réfrigérant ; on y a soudé, en outre, un tube permettant l'introduction de l'eau. Le verre et l'entonnoir sont lavés soigneusement avec de petites quantités d'eau bouillante, afin que le savon soit intégralement introduit dans le ballon. Le volume total du liquide ne doit pas dépasser 80 cc.

On met les acides gras en liberté en saturant la potasse par un acide énergique ; celui qu'il convient d'employer est l'acide phosphorique en raison de sa fixité. Mais, pour éviter tout entraînement d'acide phosphorique qui pourrait influer sur le titrage des acides gras volatils, il convient de n'en ajouter que la proportion nécessaire pour saturer la potasse, avec un très léger excès pour donner une réaction acide très nette. Il faut donc mesurer l'acide phosphorique à employer ; pour cela, on étend de 50 cc. d'eau distillée 2,5 cc. de la potasse et on détermine la quantité de solution d'acide phos-

1. Il faut une solution de potasse très concentrée et débarrassée de sel de potassium; on la prépare avec la potasse à l'alcool et on en fait une solution saturée à 20°. Pour cela, on dissout 120 grammes de potasse par de l'eau chaude ajoutée par petites quantités, de façon à former un volume total de 100 centimètres cubes environ. Si elle cristallisait à 20°, on l'étendrait pour qu'elle reste toute dissoute. Cette solution saponifie très rapidement la matière grasse du beurre.

phorique nécessaire pour obtenir une réaction faiblement, mais nettement acide ; c'est cette même quantité d'acide phosphorique qu'on emploie pour décomposer le savon contenu dans le ballon.

La solution d'acide phosphorique a d'ailleurs été préparée en dissolvant l'acide phosphorique sirupeux dans deux ou trois fois son volume d'eau.

L'addition d'acide phosphorique a lieu dans le ballon à distiller où se trouve la solution de savon complètement refroidie ; les acides gras mis en liberté forment alors des flocons laiteux.

Pour régulariser l'ébullition pendant la distillation, on ajoute après l'acide phosphorique quelques grains de pierre ponce.

Pour enlever l'acide carbonique absorbé par la potasse et qui rendrait le dosage inexact, on soumet au vide, dans le ballon même, le mélange rendu acide par l'acide phosphorique. On maintient le vide pendant dix à quinze minutes à froid, en agitant pour faciliter le départ de l'acide carbonique.

On attelle le ballon au réfrigérant en le plaçant lui-même dans un bain de chlorure de calcium, d'une concentration telle qu'il marque à l'ébullition environ 120°. Un récipient rempli d'eau est d'ailleurs disposé pour maintenir constant le niveau du bain.

Le produit de la distillation condensé par le réfrigérant se déverse sur un petit filtre en papier Berzélius, qui a été préalablement mouillé par de l'eau et qui est placé sur un ballon jaugé de 400 cc. ; ce filtre est destiné à retenir les acides insolubles dans l'eau qui sont entraînés dans le cours de la distillation. On sépare ainsi le produit distillé en deux fractions :

1° Les acides solubles dans l'eau, qui comprennent presque exclusivement les acides butyrique et caproïque ;

2° Les acides insolubles dans l'eau qui, arrosés constamment par le liquide aqueux condensé, de moins en moins chargé d'acides solubles, sont dépouillés par ce lavage méthodique des acides solubles qu'ils pouvaient retenir.

Ceci étant dit par anticipation, voici comment on conduit la distillation :

Le bain de chlorure de calcium étant maintenu à l'ébullition, on laisse d'abord distiller presque entièrement les 80 cc. qui avaient servi à dissoudre le savon et à opérer les lavages. Quand il ne reste plus dans le ballon qu'environ 5 cc. d'eau, on ajoute par la tubulure latérale qui porte un morceau de tube de caoutchouc et une pince, et à l'aide d'une pipette graduée, environ 20 cc. d'eau chaude. Le bout étiré de la pipette est, au préalable, introduit dans le tube de caoutchouc ; on ouvre ensuite la pince et on laisse s'écouler le liquide jusqu'à la partie inférieure de la pipette en fermant la pince avant que l'écoulement soit complet. De cette façon, le contenu du ballon n'est jamais en communication avec l'air extérieur et aucun dégagement de vapeurs acides ne peut se produire. Lorsque le liquide aqueux dans le ballon a de nouveau atteint un volume d'environ 5 cc., on répète cette addition de 20 cc. et cela jusqu'à ce que le volume du liquide recueilli soit de 400 cc.

L'opération dure près de cinq heures ; on peut en conduire huit ou dix à la fois.

Il est indispensable d'opérer ces introductions d'eau en se servant d'eau distillée préalablement bouillie et ainsi débarrassée d'acide carbonique.

L'appareil doit être disposé de façon qu'aucune trace de chlorure de calcium ne puisse s'introduire dans le ballon.

On a ainsi recueilli 400 cc. d'eau renfermant les acides gras volatils solubles.

Le liquide qui a été recueilli et que le filtre a débarrassé des acides insolubles est souvent un peu opalescent, ce qui est dû à des traces d'acides insolubles qui ont été entrainés. Il n'y a pas lieu de s'en préoccuper et on procède au titrage par l'eau de chaux.

L'indicateur du virage est la phénolphtaléine en solution à 1 0/0 ; dix gouttes suffisent pour les 400 cc. recueillis. A l'aide d'une pipette jaugée, on verse d'un coup 50 cc. d'eau de chaux, puis on complète avec la même eau de chaux contenue dans une burette graduée. Le virage est facile à saisir, on agite vivement, et l'on s'arrête dès que la teinte rose persiste quelques secondes dans la masse entière.

On lit alors le volume d'eau de chaux versé et on exprime les acides volatils solubles en *acide butyrique*, $C^4H^8O^2$, le titre de l'eau de chaux ayant été pris avec l'acide sulfurique titré.

Acides volatils insolubles

La détermination des acides gras *insolubles*, restés sur le filtre dans la méthode de *Reichert* et l'ancienne méthode officielle française, par pesée du résidu sur filtre est hors de question en raison de la perte qu'occasionnerait la dessiccation des acides gras ; c'est ce que montrent les résultats ci-dessous :

Pertes d'acides volatils insolubles par dessiccation à l'étuve à eau pendant des temps différents (Lewkowitsch)

ACIDE	Après 1/2 h.	Après 1 h.	Après 1 h. 1/2	Après 2 h.	Après 2 h. 1/2
	p. 100	p. 100	p. 100	p. 100	p. 100
Butyrique.........	16,88	28,96	31,20	45,13	»
Caproïque.........	2,18	3,88	4,54	9,06	10,47
Caprylique........	0,82	1,24	1,52	2,41	3,17
Caprique..........	0,12	0,22	0,29	0,39	0,51
Laurique	0,25	0,26	0,29	»	»

La détermination de la totalité des acides volatils *insolubles* rencontre les mêmes difficultés que celle des acides volatils *solubles*. Cette difficulté a, cependant, été surmontée grâce au même expédient employé dans le procédé de *Reichert*, c'est-à-dire en titrant une quantité *définie* d'acides volatils insolubles ; c'est ce que réalisent les procédés de *Polenske* (Cf. chap. VI), de *Müntz* et *Coudon*, et la méthode française officielle actuelle, qui n'est qu'une variante du procédé de *Polenske* (Cf. chap. XIV).

On a montré plus haut la nécessité de se conformer aux quantités fixées par le mode opératoire adopté. Les expériences faites par *Heiduschka* et *Pfizenmeier*[1] sur des acides gras purs confirment cette nécessité et montrent nettement l'influence de la quantité de matière mise en œuvre :

1. *Beitrage zur Chemie und analyse der Fette*, München, 1910, pp. 14-23.

ACIDES	CENTIMÈTRES CUBES KOH POUR LES ACIDES SOLUBLES VOLATILS PAR LA MÉTHODE DE REICHERT						CENTIMÈTRES CUBES KOH POUR LES ACIDES INSOLUBLES VOLATILS PAR LA MÉTHODE DE POLENSKE					
	QUANTITÉ de matière	POUR CENT de la théorie	QUANTITÉ de matière	POUR CENT de la théorie	QUANTITÉ de matière	POUR CENT de la théorie	QUANTITÉ de matière	POUR CENT de la théorie	QUANTITÉ de matière	POUR CENT de la théorie	QUANTITÉ de matière	POUR CENT de la théorie
	0,5 gr.		1,0 gr.		3,0 gr.		0,5 gr.		1,0 gr.		3.0 gr.	
Acétique....	49,80	59,8	99,91	59,9	...	...	(0,20)[1]	(0,24)[1]	(0,20)	(0.12)[1]	...	...
Butyrique...	52,81	93,0	105,26	92.6	...	...	(0,20)[1]	(0,36)[1]	(0,26)	(0,23)[1]	...	...
Caproïque...	39,66	92,0	65,89	76.4	93,50	36,2	0,40	0,93	9,10	10,56	117,00	45,00
Caprylique..	12,30	35,7	12,34	17,8	15,98	7,7	21,00	60,76	49,35	71,00	144,30	69,31
Caprique....	1,52	5,2	1,69	2.9	1,70	0,4	27,60	95,03	34,00	58,50	43,90	25,19
Laurique....	0,66	2,6	0,72	1,4	0,83	0,6	7,80	31,20	8,50	17,00	8,80	5,90
Myristique ..	0,62	2,8	0,70	1,6	1,02	0,8	2,00	9,10	2,30	5,27	2,40	1,80
Palmitique..	0,60	3,0	0,65	1,7	1,05	0,9	0,90	4,60	0,90	2,30	1,00	0,85
Stéarique ...	0,50	2,8	0,46	1,3	0,53	0,5	0,65	3,70	0,70	2,00	0,62	0,59
Oléique.....	0,66	3,6	0,71	2,0	0,95	0,9	0,68	3,86	0,70	2,00	0,70	0,65
Linoléique..	0,63	3,5	0,65	1,8	0,81	0,7	0,41	2,28	0,40	1,12	0,50	0,47

1. Ces chiffres ne proviennent, d'ailleurs, que des erreurs du procédé et doivent être considérés en fait comme équivalents à 0.

Avec 5 gr. d'acide caprylique et la quantité habituelle d'eau, de glycérine et d'acide sulfurique étendu, la somme de l'indice de *Reichert-Meissl* et du nombre de titrage des acides gras volatils insolubles était de 171,3, ce qui montre que la quantité totale d'acides gras distillés ne représentait que 49,3 0/0 du poids réel traité ; avec 7 gr. d'acide caprylique, la même somme était de 171,8, indiquant que la quantité d'acides gras distillés n'était que de 35,35 0/0 de la quantité totale.

Ces méthodes conventionnelles nécessitent donc une stricte observation des moindres détails opératoires, et comme elles sont particulièrement adaptées à l'examen des beurres, on trouvera de plus amples renseignements à ce sujet dans le chapitre XIV, *Beurre de vache.*

La différenciation et la détermination exacte des acides volatils *insolubles* et des acides volatils *solubles*, présentent, en effet, la plus grande importance dans l'examen des beurres et la recherche des huiles de coco et (ou) de palmiste dans les beurres, et plus généralement dans les autres graisses comestibles.

On ne saurait trop insister sur ce fait que, malgré leur valeur, les procédés de *Reichert* et *Polenske* ne donnent que des renseignements limités et, dans certains cas, ne peuvent répondre de façon satisfaisante à la question posée. Ceci vient, dans une certaine mesure, de ce qu'une partie seulement des acides gras est recueillie de la distillation et que cette partie elle-même ne peut être déterminée quantitativement avec une exactitude supérieure à celle offerte par la méthode approximative décrite page 761.

Malgré tout, ces procédés permettent aisément d'établir, chimiquement, la différence entre les corps gras du beurre d'une part, et les huiles de coco et de palmiste d'autre part, et de déterminer les poids moléculaires moyens des acides volatils solubles et insolubles correspondants, avec une exactitude suffisante pour la pratique. Ce n'est qu'en présence de mélanges plus complexes que s'élève la difficulté, particulièrement avec les mélanges de beurre et d'huile de coco ou de palmiste avec d'autres corps gras comme le suif, le saindoux, la margarine de coton, comme il arrive fréquemment dans les margarines et les graisses alimentaires.

Aussi, des efforts continuels sont-ils faits pour améliorer ou trouver de nouvelles méthodes de recherches. C'est ainsi qu'on a étudié l'utilisation des divers sels métalliques des acides gras volatils : sels d'argent, de baryum, de zinc, de cadmium, d'une part et de leurs éthers éthyliques d'autre part, mais il n'en est résulté jusqu'ici aucune méthode applicable aux besoins techniques ; ces divers procédés sont donc renvoyés au chapitre XII et l'on examinera dans le chapitre XIV, *Suif*, *Beurre de vache*, *Margarine*, jusqu'à quel point le problème peut être résolu à l'aide des méthodes décrites dans ce chapitre et dans les précédents.

5. Séparation des acides saturés et non saturés.

La présence des acides gras non saturés se détermine de la façon la plus simple par l'indice d'iode des acides mélangés ; cette méthode offre en outre l'avantage de fournir une mesure des acides non saturés existants, de même que l'indice d'iode des huiles et graisses donne une mesure des glycérides non saturés.

Si l'on trouve un indice d'iode nul, on peut conclure d'une façon certaine qu'il n'existe pas d'acides non saturés.

Les acides gras totaux dérivés des huiles, graisses et cires naturelles ont toujours un indice d'iode défini, que l'on trouvera dans la table suivante :

Indices d'iode des acides gras totaux.

HUILE	CLASSE	GROUPE	INDICE D'IODE
Perilla	Huiles siccatives		210,6
Lin			179-209,8
Abrasin (bois)			144-159
Lallemantia			166
Bancoulier			142,7-144,1
Stillingia			161,9-181,8
Acacia blanc			160,7
Noix de cèdre			161,3
Julienne			157
Chènevis			141
Nerprun			160
Bardane			162
Gynocardia			162,6
Noix			150
Linaire			148,5
Carthame			132,5-148,2
Kaya			149,5
Chardon			139,1-143,8
Soja			138-142
Œillette, pavot			139
Manihot			143,1
Millet			134,3
Tournesol			124-134
Acacia jaune			131,7
Hevea			127,3
Sorbier			127,5
Pignon			121,5
Madia			120,7
Fraisier			191-193
Framboisier			181,3
Églantier			174,3
Groseiller			159,5
Mûre (ronce)			155,1
Cameline	Huiles demi-siccatives	Groupe de l'huile de coton	136,8
Pépin de raisin			99-135
Chélidoine			127,3
Trèfle rouge			126,2
— blanc			122,2
Pastèque			122,7
Maïs			119,5
Blé			123,3
aine			114
Kapock			108
Coton			111-115
Sésame			110-45
Noix de Brésil			108
Croton			111,5
Pignon d'Inde			105,1
Tomate			129,6
Mucuna			112,9
Sorgho			101,6
Fusain			105,3

HUILE	CLASSE	GROUPE	INDICE D'IODE
Cresson	Huiles demi-siccatives	Groupe de l'huile de colza	111,4
Ravison			126,1
Colza			99-103
Moutarde noire			109,6
Moutarde blanche			95,3
Raifort			97,1
Jamba			96,1
Cognassier	Huiles non siccatives		124,6
Cerisier			109
Laurier-Cerise			112,1
Abricotier			103
Prunier			103 (?)
Pêcher			94-101
Amande			93-96,5
Cornouiller			102,2
Arachide			96-103
Riz			97,4-109
Thé			90,8
Tsubaki			83,7
Sasanqua			86,1
Pistache			88,9-96,2
Noisette			87,5-90,3
Sureau			93
Olive			86-90
Calophyllum			92,2
Café			89,5
Ungnadia			86,5
Noix de paradis			72,3
Seigle			75,8
Canari			67,2
Ricin		Groupe de l'huile de ricin	87-93
Foie de morue	Huiles d'animaux marins	Huiles de foies	140,5-170
Phoque		Huiles de cétacés	186,5-201
Baleine			131,2
Tortue			119
Marsouin brun			126
Chrysalide	Huiles d'animaux terrestres		135,8
Jaune d'œuf			72,7
Pieds de bœuf			61,9-63,3
Chaulmougra	Graisses végétales	Groupe de l'huile de chaumougra	103,2
Hydnocarpus			106,3
Lukrabo			87,8
Laurier		Groupe de l'huile de laurier	81,8
Mowrah			56,6
Palme		Groupe de l'huile de palme	53,3
Gamboge			56,4-57,8
Akée			58,4

HUILE	CLASSE	GROUPE	INDICE D'IODE
Macassar	Graisses végétales	Groupe de l'huile de palme	50,2
Noix de Souari			51,5
Mafouraire			47,5
Muscade		Groupe des myristicacées	31,6
Ochoco			1,47
Mkany		Groupe du beurre de cacao	42,1
Karité			55,6-57,2
Rambutan			41,0
Cacao			33-39
Suif végétal de Chine			30,5
Suif de Bornéo			31,5
Maripa		Groupe de l'huile de coco	17
Palmiste			12
Coco			0,4-9,3
Kusu		Groupe du beurre de Dika	5,1
Coq de bruyère	Graisses animales	Graisses demi-siccatives	120
Lynx			111,8
Marmotte			105,8
Cheval			84-87
Lièvre			93,3
Lapin sauvage			101,1
Lapin (domestique)		Graisses non siccatives	64,4
Moelle de cheval			71,8-72,2
Oie (domestique)			65,3
— (sauvage)			65,1
Poulet			64,6
Putois			60,6
Graisse humaine (adulte)			64
Saindoux			64
Sanglier			81,2
Chien			50,15
Chat (sauvage)			58,8
— (domestique)			54,8
Moelle de bœuf			55,5
Suif d'os			55,7-57,4
— de bœuf			41,3
— de mouton			34,8
Élan			31,9
Chevreuil			28,9
Daim			28,2
Chamois			24,4
Cerf			23,6
Beurre de vache		Graisses de laits	28-33
Huile de cachalot	Cires liquides		83,2-85,6
— de rorqual rostré			82,7
Suintine	Cires solides	Cires animales	17

Comme ces indices d'iode se rapportent aux acides gras *insolubles* préparés par le procédé décrit dans le chapitre III, les nombres précédents ne se trouvent pas nécessairement en correspondance absolue avec les indices des corps gras naturels dont ils dérivent ; car l'influence que les acides gras solubles ou leurs mono- ou diglycérides exercent dans les matières originales sur l'indice d'iode des glycérides, disparaît avec les acides gras mélangés.

C'est ce que l'on peut constater par l'examen de la table (chap. VI, p. 601) et en comparant les indices d'iode des mono-, di- et triglycérides avec les indices d'iode correspondants de leurs acides gras. Il s'ensuit qu'il n'est pas toujours permis de calculer l'indice d'iode d'un corps gras d'après l'indice d'iode de ses acides gras insolubles, et ceci est encore moins admissible dans le cas des cires.

Lorsqu'il se trouve un seul acide non saturé mélangé aux acides saturés et qu'on en connaît la composition, on peut calculer la proportion, d'après l'indice d'iode du mélange, à l'aide de la table du chapitre VI. C'est ainsi qu'un mélange d'acide gras ayant l'indice d'iode 45,03, si l'on sait que l'acide oléique est le seul acide non saturé existant, la quantité absolue d'acide oléique résulte de la proportion :

$$90,00 : 100 : 45,03 : x; \quad \text{d'où} \quad x = 50\ 0/0.$$

Dans le cas même de deux acides non saturés de composition connue, comme les acides oléique et linoléique, on peut déterminer les quantités respectives de ces deux acides, d'après l'indice d'iode du mélange d'acides gras, si l'on connait la quantité absolue d'acides solides et, par suite, celle des acides saturés.

Cette séparation quantitative des acides saturés et non saturés peut s'effectuer par l'une des méthodes décrites ci-dessous (*a*), (*b*) ou (*c*).

a) *Séparation basée sur la différence de solubilité des sels des acides gras dans les dissolvants organiques*

Gusserow[1] a proposé, en 1828, un procédé pour la séparation des acides gras liquides et solides, que *Varrentrapp*[2] a employé pour la

1. *Annalen*, 1828 (27), 153.
2. *Idem*, 1840 (35), 197.

séparation de l'acide oléique. Ce procédé repose sur la solubilité des sels de plomb des acides liquides (oléique, linoléique et linolénique) dans l'éther, dissolvant dans lequel les sels de plomb des acides solides (stéarique, palmitique, etc.) sont pratiquement insolubles, comme le montre le tableau suivant :

SELS DE PLOMB DE L'	100 CENTIMÈTRES CUBES D'ÉTHER DISSOLVENT	OBSERVATEUR
	Grammes	
Acide palmitique	0,0184	Lidoff[1]
Acide stéarique..................	0,0148	—
Acides stéarique et palmitique mélangés (indice d'iode = 0)......	0,0150 (à 25°)	Twitchell[2]

Lewkowitsch a signalé, dans les premières éditions de cet ouvrage, que le myristate de plomb, le laurate de plomb, et les sels de plomb des autres acides gras saturés inférieurs, étaient relativement solubles dans l'éther, et sur ces suggestions, *Neave* a étudié les solubilités des sels de plomb des acides caproïque, caprylique, laurique et myristique ; les résultats obtenus ont été rapportés dans le chapitre III avec les solubilités des sels de plomb des acides palmitique, stéarique et oléique.

La solubilité des sels de plomb des acides gras solides augmente beaucoup quand l'éther contient en solution de notables quantités de sels de plomb de l'acide oléique et des autres acides moins saturés. Aussi, le procédé de *Varrenlrapp* ne donne-t-il pas des résultats très exacts, car de petites quantités d'acides solides passent dans la solution éthérée, comme l'a montré le premier *Mulder* [3], tandis que les sels de plomb des acides gras des huiles siccatives ne se dissolvent pas complètement. *Lewkowitsch* a également montré que la séparation complète des acides gras liquides et solides ne peut pas s'effectuer par ce procédé, qui ne peut être considéré que comme une méthode de séparation partielle.

Les sels de plomb des acides gras saturés ou non saturés sont

1. *Berichte*, 26, Ref. p. 97.
2. *Journ. Soc. Chem. Ind.*, 1895, 515.
3. *Chemie der austrocknenden Oele*, 1867, p. 44.

plus facilement solubles dans l'éther *sec* que dans l'éther *humide*. Avec ce dernier, il reste une plus grande quantité de sels d'acides non saturés non dissous, de sorte que la proportion d'acides solides trouvée est trop grande ; avec l'éther *sec*, par contre, les résultats sont trop faibles de quelques centièmes.

Il faut encore remarquer que la méthode effectue la séparation des acides *solides* et *liquides*, ce qui n'équivaut pas à la séparation des acides *saturés* et *non saturés*, car les sels de plomb des isomères solides de l'acide oléique, les acides élaïdique, isooléique, pétrosélinique et chéiranthique sont très peu solubles dans l'éther froid et il en est encore de même avec l'acide érucique.

On ne saurait trop insister sur cette remarque, car dans la littérature des corps gras, les termes acides gras *non saturés* et acides gras *liquides*, sont très fréquemment considérés comme synonymes. Il faut encore ajouter que l'acide gadoléique, qui fond à 24,5°, donne aussi un savon de plomb peu soluble dans l'éther, qui se place ainsi entre les sels de plomb des acides érucique et oléique.

La solubilité des sels de plomb des acides gras permet de subdiviser ceux-ci en trois groupes :

1° Acides gras dont les sels de plomb sont pratiquement insolubles dans l'éther : palmitique, stéarique, arachidique, bénique ;

2° Acides gras dont les sels de plomb sont peu solubles dans l'éther froid : érucique, pétrosélinique, isooléique ;

3° Les acides gras dont les sels de plomb sont facilement solubles dans l'éther ; particulièrement dans l'éther chaud : oléique, linoléique, linolénique, clupanodonique.

On ne peut évidemment pas opérer une séparation quantitative des trois groupes lorsqu'ils se trouvent mélangés, car la ligne de démarcation s'étend sur un trop grand intervalle de température, mais surtout parce que les solubilités des sels de plomb des divers acides gras, bien définies à l'état pur, deviennent toutes différentes[1] en présence des sels de plomb des acides gras non saturés. On peut, toutefois, résoudre approximativement des mélanges complexes d'acides gras suivant les trois groupes ci-dessus et appliquer à

1. C'est ainsi qu'en présence de quelques centièmes seulement d'acides solides, il ne se sépare pas de sels de plomb de la solution éthérée.

l'examen de ces derniers d'autres méthodes permettant d'arriver à une meilleure connaissance de la composition exacte de ces mélanges.

Malgré ses inconvénients et certaines restrictions qui limitent son utilité, la méthode de *Varrentrapp* est encore, à l'heure actuelle, la meilleure dont nous disposions. Cette méthode a été modifiée par plusieurs auteurs. Il est impossible de décrire ici toutes ces modifications dont la plupart donnent des résultats erronés ou offrent de sérieux inconvénients dans la pratique ; telles sont les modifications proposées par *Oudemans* [1], *Kremel* [2], *Rose* [3], pour la description desquelles on se reportera on aux mémoires originaux. On se contentera de décrire en détail une combinaison des modifications de *Muter* et de *Koningh* [4] avec celle de *Lane* [5], constituant le procédé en usage dans le laboratoire de *Lewkowitsch*.

On peut employer, soit les acides gras mélangés, soit les glycérides neutres. Dans ce dernier cas, on saponifie de la manière usuelle 3 à 4 gr. de corps gras avec 50 cc. de potasse alcoolique demi-normale, dans une fiole de 300 cc. On ajoute de la phénolphtaléine, on acidifie légèrement par l'acide acétique et ramène enfin à la neutralité par la potasse alcoolique. On étend la solution avec de l'eau à 100 cc. environ. On étend 30 cc. de solution d'acétate de plomb à 10 0/0 avec 50 cc. d'eau et on porte la solution à l'ébullition, puis on l'ajoute peu à peu à la solution de savon en agitant continuellement, de façon que le savon de plomb précipité adhère aux parois de la fiole quand la solution est refroidie. On remplit la fiole complètement avec de l'eau chaude et on abandonne au refroidissement. Quand le liquide est devenu clair, on le jette sur un filtre ; la solution est généralement assez claire pour qu'aucune particule solide ne passe sur le filtre ; sinon il faudrait la renvoyer dans la fiole. On lave le précipité resté dans la fiole avec de l'eau bouillante, en ayant soin de laisser refroidir avant de filtrer, ce qui amène le savon de plomb à se déposer sur les parois du vase.

1. *Journ. f. prakt. Chem.*, 99, 407.
2. *Pharm. Centralhalle*, 5, 337.
3. *Repert. analyt. Chemie*, 6, 685.
4. *Analyst*, 1899, 61.
5. *Journ. Amer. Chem. Soc.*, 1893, février.

On peut éliminer les dernières traces d'eau au moyen d'un morceau de papier à filtrer roulé, mais il n'est pas prudent de dessécher les sels de plomb, car dans le cas d'huiles siccatives, ils absorvent rapidement l'oxygène de l'air.

On verse 150 cc. d'éther sur les sels de plomb et on agite à plusieurs reprises la fiole bouchée, assez vigoureusement pour désagréger la masse de savon plombique. On relie la fiole à un réfrigérant ascendant et on chauffe quelque temps au bain-marie en agitant fréquemment. Les sels de plomb des acides liquides se dissolvent facilement dans l'éther chaud en même temps qu'une partie des sels des acides saturés. On cesse de chauffer quand les sels non dissous précipitent au fond de la fiole en poudre fine.

Si les opérations sont conduites assez rapidement pour éviter un contact prolongé avec l'air, on peut se dispenser d'opérer dans une atmosphère d'hydrogène.

On abandonne la solution éthérée au refroidissement à la température ordinaire et on filtre sur un filtre à plis recouvert d'un verre de montre, en recevant le liquide dans un entonnoir à séparation. On fait passer les sels insolubles sur le filtre en lavant la fiole trois ou quatre fois avec 30 cc. d'éther chaque fois. On agite la solution éthérée avec un mélange d'une partie d'acide chlorhydrique et quatre parties d'eau pour décomposer les sels de plomb. L'éther dissout les acides gras mis en liberté et le chlorure de plomb précipite au fond de l'entonnoir à séparation. La séparation des deux couches obtenue, on soutire le liquide acide et on lave la couche éthérée avec de l'eau jusqu'à neutralité de l'eau de lavage. On filtre enfin la solution éthérée sur un petit filtre à plis[1] dans une fiole ordinaire.

Si les acides gras liquides consistent surtout en acide oléique, les résultats seront suffisamment exacts en évaporant l'éther au bain-marie et séchant le résidu à l'étuve. Mais si l'on soupçonne la présence d'autres acides moins saturés que l'acide oléique, on distille l'éther dans un courant d'hydrogène ou d'anhydride carbonique. La fiole est ensuite immergée jusqu'au goulot dans l'eau d'un bain-marie, à ébullition, afin d'entraîner les dernières traces d'humidité.

1. Wesson et Lane, *Journ. Soc. Chem. Ind.*, 1905, 715 préconisent l'emploi d'un filtre de Büchner.

Ce mode opératoire a été trouvé préférable à l'emploi d'un entonnoir à séparation, avec ajustage du volume de la solution éthérée des acides gras liquides à 250 cc. et détermination des acides gras contenus dans une partie aliquote, 50 cc. par exemple, car la mesure d'un tel volume de solution éthérée est particulièrement susceptible d'amener des erreurs. Dans certains cas, comme pour la détermination ultérieure de l'indice d'iode des acides gras liquides, pour éviter l'exposition de ces derniers à l'air pendant la pesée, on amène la solution éthérée à un volume défini, soit 200 cc., on prélève avec une pipette 50 cc. qu'on introduit dans un flacon bouché à l'émeri, et on évapore l'éther dans un courant d'hydrogène ou d'anhydride carbonique. On introduit dans le flacon la solution d'iode et on détermine l'absorption comme d'habitude. Pour déterminer le poids d'acides gras liquides contenus dans 50 cc. de solution, on opère [1] sur une *autre* portion de 50 cc. qu'on évapore comme ci-dessus. En procédant ainsi, on peut déterminer simultanément la quantité d'acides gras liquides contenus dans les acides gras mélangés et leur indice d'iode. En fait, on devrait opérer toujours ainsi, car l'indice d'iode fournit des indications très précieuses sur la nature des acides gras liquides isolés.

Dans le cas d'huiles siccatives, il est rigoureusement nécessaire de chasser l'éther dans un courant d'hydrogène ou d'acide carbonique ; c'est ce qui résulte des nombres suivants obtenus par *J. A. Walker* :

	INDICE D'IODE DES ACIDES GRAS LIQUIDES	
	ÉTHER DISTILLÉ sans l'aide d'un gaz inerte	ÉTHER DISTILLÉ dans un courant d'anhydride carbonique
Lin	204,7	209,8
Bancoulier	183,0	185,7

Il est bon d'isoler les acides solides des sels de plomb et de déterminer leur poids, ce qui permet de contrôler l'analyse, la somme

1. Cf. V. Raumer, *Zeit. ang. Chemie*, 1897, 210, 247.

des acides liquides et solides devant donner, approximativement, le poids d'acides gras à l'origine. On peut encore déterminer l'indice d'iode des acides solides, ce qui indiquera la quantité d'acides liquides qui n'ont pas passé en solution ; on peut enfin déterminer le point de fusion des acides, leur poids moléculaire, etc...

Il faut noter qu'il est assez malaisé d'isoler les acides gras solides à point de fusion élevé (palmitique, stéarique, arachidique, béhénique, etc...) de leurs sels de plomb, car ces acides enrobent les sels de plomb non décomposés en rendant leur décomposition par l'acide minéral très difficile ; on est donc obligé de faire bouillir le mélange à plusieurs reprises afin d'éliminer les dernières traces de métal. On ne peut considérer les acides gras comme exempts de plomb sans que la calcination d'un échantillon n'ait démontré l'absence de cendres.

Le tableau suivant montre combien est approximative la séparation des acides gras que l'on peut réaliser au moyen des sels de plomb :

SUBSTANCE	POIDS employé Grammes	VOLUME D'ÉTHER (c. cubes)	TEMPÉRATURE à laquelle LA SOLUTION ÉTHÉRÉE était maintenue	ACIDES GRAS liquides pour 100	ACIDES GRAS solides pour 100	INDICE D'IODE DES ACIDES		PERTE p. 100
						liquides	solides	
Huile de coco (oléine)	3,3821	200	15°-18°	24,36[1]	» »	37,35	» »	» »
	3,3931	200	15°-18°	24,76	» »	35,40	» »	» »
Huile de baleine	3,2791	75	44° F. = 6,7°	77,28	19,78	126,86[2]	21,35	2,94
	3,3124	75	44° F. = 6,7°	78,76	17,93	126,08	19,77	3,31

Les résultats dépendent de la température à laquelle la solution éthérée est refroidie et de la quantité d'éther employée, et en faisant varier ces deux facteurs on obtient des résultats différents. Des pertes de quelques centièmes sont difficilement évitables. Les nombres fournis par la seconde série d'expériences (huile de baleine) indiquent certainement que la quantité d'éther employée était trop petite ; toutefois, même avec de plus grandes quantités de dissolvant, il est impossible d'obtenir les acides solides exempts d'acides non saturés (Cf. chap. XIV, *Huile de lin*), et une plus grande quantité de sels de plomb d'acides saturés passent dans la solution éthérée.

On a proposé de remplacer l'éther par d'autres dissolvants, comme l'éther de pétrole bouillant au-dessous de 80° (*Twilchell*[1]) et le benzène (*Farnsteiner*[2]), et *Lane*[3] a observé que le ricinoléate de plomb est insoluble dans l'éther de pétrole léger. Il serait donc possible de séparer l'acide ricinoléique des autres acides gras non saturés. On trouvera dans le chapitre III les solubilités des sels de plomb de certains acides gras dans divers dissolvants.

La méthode de *Farnsteiner* est basée sur la solubilité des sels de plomb des acides gras liquides dans le *benzène* à la température ordinaire, tandis que les sels de plomb des acides solides sont pratiquement insolubles aux températures inférieures à 8-12°. A une température plus élevée, ces sels se dissolvent dans le benzène, mais par refroidissement à 8-12°, ils se déposent sous forme cristalline qui permet de les séparer facilement par filtration. On a trouvé ainsi que 100 cc. de benzène ne dissolvaient que 0,0032 gr. de sels de plomb des acides gras solides de suif. Ces acides préparés par cristallisation répétée des acides mélangés dans l'alcool fondaient à 62-64°.

Les sels de plomb se préparent de la manière décrite plus haut et se dissolvent dans le benzène chaud, en employant 50 cc. de dissolvant pour 1 gr. d'huile. Par refroidissement à la température ordinaire, un dépôt cristallin se sépare et l'on maintient la solution pendant deux heures à la température de 8-12°. On décante le liquide surnageant sur un petit entonnoir recouvert d'un morceau de calicot fin (pour retenir les cristaux), fixé sur une fiole à vide communiquant avec une trompe à eau. (Ce moyen est préférable à celui proposé par *Farnsteiner*, consistant à forcer la filtration du liquide par l'air comprimé). On lave le précipité avec 10 cc. de benzène à 10°, on le redissout dans 25 cc. de benzène chaud, on refroidit et filtre comme auparavant. Cette opération peut être répétée une troisième fois, de façon que, pour 1 gr. d'huile, on

1. *Journ. Soc. Chem. Ind.*, 1895, 515.
2. *Ibidem*, 1898, 804 ; *Zeits. f. Unters. Nahrgs. u. Genussm.*, 1898, 390.
3. *Ibidem*, 1907, 597.

obtienne 120 à 130 cc. de solution contenant les sels plombiques des acides gras liquides. On obtient les acides libres eux-mêmes comme plus haut.

Si le benzène employé est exempt de thiophène, il n'est pas nécessaire de l'évaporer pour procéder à la détermination de l'indice d'iode des cires non saturés. Cet avantage rendrait le procédé plus pratique que celui à l'éther, à condition qu'il donnât des résultats meilleurs ou tout au moins équivalents à ceux fournis par celui-ci. Toutefois, *Lewkowitsch* a calculé d'après les expériences de *Farnsteiner*, en faisant les corrections convenables, que les pertes s'élèvent parfois à 5,8 et même 9,6 0/0, de sorte qu'il n'y a pas à hésiter à donner la préférence au procédé à l'éther. On obtiendrait peut-être de meilleurs résultats si les opérations s'effectuaient sur des quantités plus grandes que celles employées par *Farnsteiner*, 0,5 à 1 gr. d'acides gras mélangés.

Il convient de remarquer à ce sujet qu'il est impossible de généraliser et de conclure comme certains auteurs [1] que la méthode plomb-éther doit être abandonnée parce que, dans certains cas, la méthode au benzène donne de meilleurs résultats. La composition des mélanges d'acides gras existants dans les corps gras varie tellement que chaque cas doit être examiné de la façon la mieux appropriée ; l'examen des acides gras devrait donc être fait concurrement avec la méthode par le benzène et la méthode par l'éther. On pourrait ainsi arriver, sinon à généraliser, du moins à définir les groupes ou classes de corps gras dont l'examen s'opère de la façon la plus satisfaisante par l'une ou l'autre méthode. Peut-être même, en opérant la séparation fractionnée des sels de plomb, à différentes températures, par le benzène, pourrait-on arriver à une séparation approximative suivant les trois groupes d'acides gras obtenus avec l'éther froid ou chaud.

Si l'on a simplement en vue l'isolement des acides non saturés pour déterminer leur indice d'iode ou procéder à leur examen, on peut employer un procédé élaboré par *Tortelli* et *Ruggeri* [2], réunis-

1. Matthes et Serger, *Archiv. d. Pharm.*, 1909 (247), 424; Matthes et Boltze, *Idem*, 1912 (250), 220.
2. *L'Orosi*, 1900, avril.

sant les avantages des méthodes précédentes. Ce procédé peut être recommandé comme donnant des résultats dignes de confiance ; malheureusement, il ne se prête pas davantage à la détermination quantitative des acides liquides.

Tortelli et *Ruggeri* opèrent comme suit :

On saponifie 20 gr. de corps gras avec 15 cc. de potasse à 50 0/0 et 45 cc. d'alcool à 95 0/0. On neutralise l'excès d'alcali par l'acide acétique avec la phénolphtaléine comme indicateur. Dans une fiole d'un demi-litre, on chauffe à l'ébullition 300 cc. de solution d'acétate de plomb à 7 0/0 et on y ajoute lentement la solution de savon en agitant constamment. On immerge la fiole dans l'eau froide pendant dix minutes sans cesser de l'agiter. Quand le liquide surnageant est devenu clair, on le décante et on lave le savon de plomb trois fois avec 200 cc. d'eau chaude (non bouillante). On laisse refroidir les sels plombiques et on absorbe les gouttes d'eau adhérentes à l'aide de papier à filtrer. On introduit dans la fiole 220 cc. d'éther, on agite vigoureusement la masse et chauffe au bain-marie pendant vingt minutes, jusqu'à ce que l'éther commence à bouillir légèrement ; pendant ce temps, on agite continuellement pour détacher le savon de plomb des parois et du fond de la fiole. On plonge celle-ci dans l'eau froide à 8-10° pendant *deux heures*. On filtre le liquide sur un filtre à plis dans une fiole à goulot étroit de 200 cc. ; on achève de remplir celle-ci avec de l'éther, on la bouche avec soin et on la maintient immergée dans l'eau courante pendant douze heures. Un précipité se forme généralement. On verse sur le filtre la solution éthérée qu'on reçoit dans un entonnoir à séparation et on décompose le savon par 150 cc. d'acide chlorhydrique à 20 0/0. Après avoir séparé par décantation la solution aqueuse du précipité de chlorure de plomb, on agite la solution éthérée avec 100 cc. d'acide chlorhydrique à 20 0/0. On la lave avec 150 cc. d'eau et finalement la filtre à travers un filtre à plis dans une fiole de 300 cc. On distille l'éther jusqu'à réduction à 40 à 50 cc. On transvase cette solution dans une autre fiole de 100 cc. qui est munie d'un bon bouchon et plongée presque entièrement dans un bain-marie. On fait passer un courant d'acide carbonique sec dans la solution éthérée et chauffe le bain-marie jusqu'à ce que l'éther soit complètement évaporé.

Les indices d'iode des acides non saturés ainsi préparés sont les plus élevés qu'on ait obtenus jusqu'ici et, pour cette raison sont considérés comme les plus proches de la vérité. Mais, comme on l'a déjà dit plus haut, cette méthode ne se prête pas à la séparation quantitative des acides saturés et non saturés. C'est ainsi que dans la préparation des acides gras liquides de l'huile de baleine, pour lesquels on trouve 144,6 comme indice d'iode, les sels de plomb non dissous donnent des acides ayant encore un indice d'iode de 70.

Fachini et *Dorta*[1] ont proposé une méthode pour la séparation des acides gras liquides des solides, basée sur la différence de solubilité de leurs sels de potassium dans l'*acétone*; mais ce procédé a été vivement critiqué par *Rideal* et *Acland*[2], qui ont trouvé dans l'huile de Funtumia, 28,4 0/0 d'acides gras liquides, par cette méthode, contre 79,8 0/0 par la méthode à l'éther, et pour l'huile de manihot, 39,1 0/0 d'acides gras liquides contre 88,9 0/0 par la méthode à l'éther.

La méthode a été, cependant, reprise et approuvée par *de Waele*[3] avec quelques modifications qui la rendent plus efficace :

On pèse 10 gr. d'acides gras secs dans une fiole de 150 cc. et les dissout dans 90 cc. d'acétone anhydre en chauffant doucement. On y ajoute 10 cc. d'une solution normale de soude caustique en agitant constamment, puis on bouche le flacon et le maintient dans l'eau chaude pendant trois à quatre heures.

On jette le précipité sur un petit filtre à vide et le lave avec de l'acétone anhydre glacé; quand à la fiole, on la lave avec une petite quantité de solution de potasse chaude que l'on ajoute au précipité.

On décompose celui-ci de la façon habituelle, puis on recueille et pèse les acides gras solides.

On évapore l'acétone du produit filtré, décompose les savons de plomb des acides gras liquides par l'acide chlorhydrique sous l'éther et sépare enfin la couche éthérée que l'on évapore.

A l'appui de ses assertions, *de Waele* donne les chiffres suivants,

1. *Analyst*, 1913, 259.
2. *Chem. Revue*, 1912, 77.
3. *Analyst*, 1914, 389.

relatifs à la séparation des acides gras de l'huile de lin :

	Méthode plomb-éther	Méthode à l'acétone
Acides liquides........................	...	91,0 0/0
Indice d'iode des acides liquides........	190,9	195,6
Acides saturés.........................	7,72 0/0	8,11 0/0
Indice d'iode des acides saturés.........	27,5	17,5

On remarquera que l'alcali étant ajouté en quantité insuffisante pour neutraliser complètement les acides gras, le procédé est, en fait, un procédé de précipitation fractionnée.

b) *Séparation par l'acide sulfurique et les acides sulfogras*

Twitchell[1] a proposé de séparer les acides saturés des acides non saturés par l'acide sulfurique : les acides saturés ne sont pas attaqués par l'acide sulfurique concentré, tandis que l'acide oléique et les autres acides moins saturés se combinent à lui (Cf. chap. III). Les composés ainsi formés sont complètement insolubles dans l'éther de pétrole tandis que les acides saturés inaltérés s'y dissolvent aisément, mais on ne peut baser une méthode de séparation sur cette différence, la solubilité de tous les acides gras dans l'acide sulfurique concentré étant plus grande que leur solubilité dans l'éther de pétrole. *Twitchell* a obtenu de meilleurs résultats avec l'acide sulfurique à 85 0/0. qui forme aussi une combinaison avec l'acide oléique ; *Lewkowitsch*, cependant, a montré que l'on ne pouvait pas compter sur des résultats quantitatifs.

Lanza a observé qu'une solution étendue d'acide sulfostéarique dissout l'acide oléique d'un mélange d'acides saturés et d'acide oléique, les acides saturés restant insolubles, *Twitchell*[2] a reconnu la même propriété à l'acide naphtalène-stéarosulfurique (voir chap. II et chap. XV). La méthode de séparation de *Lanza* est employée industriellement, mais aucune recherche n'a été faite en vue d'utiliser la réaction pour les besoins analytiques.

1. *Journ. Soc. Chem. Ind.*, 1897, 1002; cf. U. S. P. 918.612 (1909).
2. *Journ. Amer. Chem. Soc.*, 1906, 196.

c) *Séparation par les sels d'ammonium*

Falciola[1] a basé une méthode de séparation de l'acide oléique et des acides stéarique et palmitique, sur les solubilités différentes des sels d'ammonium correspondants dans l'alcool (Cf. chap. III). On dissout les acides gras totaux dans l'éther chaud, traite la solution par le gaz ammoniac et laisse refroidir à la température ordinaire. On évapore l'éther et mélange intimement le résidu avec quatre fois son volume d'alcool ammoniacal. On filtre le précipité à la trompe à vide et le lave avec la plus petite quantité possible d'alcool absolu glacé. On décompose le filtrat et les lavages par l'acide chlorhydrique étendu, et évapore le dissolvant ; on lave les acides gras liquides libérés et, finalement, les sèche et les pèse. On traite également les sels d'ammonium des acides gras solides avec l'acide chlorhydrique et on détermine les acides gras séparés de la manière habituelle.

Dans deux essais rapportés par *Falciola*, on a employé 60 et 49,6 0/0 d'acide oléique et l'on a obtenu respectivement 63,8 et 49,7 d'acide oléique ; pour les acides solides on a retrouvé respectivement 36,20 et 50,3 0/0 au lieu de 40 et 50,4 0/0 employés ; enfin, la quantité totale d'acides solides et liquides retrouvés a été de 102 et 98 0/0, respectivement.

David[2] a également basé une méthode de séparation des acides solides et liquides sur la solubilité des sels d'ammonium des acides liquides dans l'ammoniaque aqueux. D'après ses indications, cette méthode présente une telle exactitude que l'on peut déterminer 1 0/0 d'acide oléique mélangé à 99 0/0 d'acides solides, ou 1 0/0 d'acide gras solide mélangé à 99 0/0 d'acide oléique.

On dissout 2 gr. d'acides gras mélangés dans 5 cc. d'alcool à 95 0/0 chaud et ajoute 50 cc. d'ammoniaque à 22° B. On chauffe la solution jusqu'à ce que l'ammoniaque soit évaporé, et l'abandonne au repos à 14° (pas au-dessus de 15°) ; on filtre et recueille sur le filtre les sels ammoniacaux des acides gras solides tandis que les sels ammoniacaux de l'acide oléique passent dans le filtrat.

1. *Gazz. Chim. Ital.*, 1910 (40), 217.
2. *Comptes Rendus*, 1910 (151), 756.

Les expériences faites par *Stadler* au laboratoire de *Lewkowitsch* ont, toutefois, montré que cette méthode est moins exacte que la méthode plomb-éther.

Partheil et *Férié*[1] ont proposé de séparer les acides saturés des acides non saturés au moyen de leurs sels de lithium, et la méthode a été décrite dans la précédente édition de cet ouvrage ; mais *Fahrion*[2] ainsi que *Farnsteiner*[3] ont montré que l'on ne pouvait pas compter sur les résultats qu'elle fournit.

D'autres méthodes ont été proposées, basées sur la différence de solubilité des acides non saturés et des acides saturés dans l'alcool et dans des mélanges d'alcool et de benzène (Cf. chap. xv). Mais elles n'ont donné, jusqu'à présent, aucun résultat pratique.

6. Séparation et détermination des divers acides gras solides. Acide érucique. — Acides gras saturés.

Les acides solides séparés des acides liquides par la méthode des sels de plomb sont rarement exempts d'acides non saturés, et dans le cas de l'huile de colza ou de mélanges renfermant de l'huile de colza, les acides solides contiennent de l'acide érucique, et dans le cas d'huiles d'animaux marins, de l'acide gadoléique.

On peut obtenir une mesure des acides non saturés en déterminant l'indice d'iode des acides isolés des sels de plomb insoluble. L'indice d'iode des acides solides mélangés, en l'absence d'acide érucique (et gadoléique) est voisin de 10. La table suivante dressée à ce sujet par *Tortelli* et *Fortini*[4] fournit des renseignements intéressants :

1. *Arch. d. Pharm.*, 1903, 552.
2. *Zeits. f. ang. Chem.*, 1904, 1482.
3. *Zeits. f. Unters. d. Nahr. u. Genussm.*, 1904 (VIII), 29.
4. *Chem. Zeit.*, 1910, 690.

ACIDES GRAS D'	ACIDES GRAS " SOLIDES "	
	INDICE D'IODE	POINT DE FUSION degrés
Huile d'olive	7,8	58-59
— de colza	62,0	41-42
— d'olive 50 parties / — de colza 50 —	32,0	47-48
— d'olive 70 parties / — de colza 30 —	28,0	48-49
— d'olive 80 parties / — de colza 20 —	22,1	50-51
— d'olive 90 parties / — de colza 10 —	12,8	54-55
— de sésame	9,3	55-56
— d'arachide	13,0	57-58
— de coton	19,0	57-58

Une méthode plus satisfaisante employée par *Lewkowitsch* consiste à convertir les acides gras non saturés en acides saturés, par réduction catalytique avec l'hydrogène ; dans la plupart des cas, c'est-à-dire en présence des acides oléique, linoléique, linolénique et clupanodonique, il y a formation d'acide stéarique que l'on peut déterminer quantitativement. En présence d'acide ricinoléique, il se forme de l'acide oxystéarique ou de l'acide stéarique (Cf. chap. III) et, en présence d'acide érucique, de l'acide bénique.

Détermination de l'acide érucique

On a signalé plus haut que le sel de plomb de l'acide érucique est peu soluble dans l'éther froid ; en faisant l'extraction du sel de plomb avec l'éther froid, la plus grande partie de l'acide érucique reste donc avec l'acide solide saturé. S'il ne se trouve aucun autre acide non saturé, la détermination de l'indice d'iode des acides solides fournit une mesure approximative de la quantité d'acide érucique.

Les prix élevés atteints par les huiles de lin incitant à la falsification par l'huile de colza, la recherche de l'huile de colza, dans l'huile de lin a pris un certain intérêt, et avec elle, les méthodes de détermination de l'acide érucique, le plus caractéristique des acides gras de l'huile de colza.

Des méthodes de recherche ont été proposées par *Holde* et *Marcusson* et par *Torlelli* et *Forlini;* elles sont toutes deux très laborieuses et ne donnent que des résultats peu satisfaisants au point de vue quantitatif.

Dans la méthode de *Torlelli* et *Forlini*[1] on saponifie 20 gr. d'huile de la manière indiquée pour la méthode plomb-éther et traite les sels de plomb dans la fiole même avec 20 cc. d'éther ordinaire ; on chauffe les sels avec l'éther au réfrigérant à reflux, puis refroidit la fiole bouchée pendant une heure à 15° exactement. On filtre la solution claire en prenant soin de ne pas faire passer de savon solide de plomb sur le filtre. On traite de nouveau la fiole avec 40 cc. d'éther au réfrigérant ascendant au bain-marie, abandonne encore la fiole bouchée au repos pendant une heure à 15°. On filtre la solution et le savon insoluble sur le filtre qui a servi à filtrer la première solution et fait passer de même ce qui reste dans la fiole au moyen de 40 cc. d'éther. On isole les acides liquides et solides de la manière habituelle et l'on recherche l'acide érucique dans les acides solides en déterminant le point de fusion et l'indice d'iode des acides solides et la température critique caractéristique (Cf. chap. XII).

Torlelli et *Forlini* insistent sur la nécessité d'employer exactement les quantités d'éther indiquées ci-dessus et de maintenir rigoureusement la température de 15° pendant le temps prescrit, ce qui paraît très important, car *Holde* et *Marcusson* indiquent que le traitement prolongé des sels de plomb par l'éther fait passer entièrement le sel de plomb de l'acide érucique dans la solution éthérée. C'est ainsi que si l'on traite 3 gr. d'acides gras d'huile de colza par 85 cc. d'éther sec, après une nuit de repos, il ne reste qu'une petite quantité de sel de plomb non dissoute ; le résultat est encore plus mauvais avec un mélange de 80 0/0 d'huile de lin et 20 0/0 d'huile de colza.

Holde et *Marcusson*[2] proposent le procédé suivant :

On dissout 20 à 25 gr. d'acides gras dans deux fois leur volume d'alcool à 96 0/0 et refroidit la solution à — 20° dans un tube à

1. *Chem. Zeit.*, 1910, 690.
2. *Zeits. f. ang. Chem.*, 1910, 1260.

essais de gros diamètre en agitant la masse avec une baguette de verre. Le dépôt séparé est formé principalement d'acides gras saturés ; on le jette sur un filtre à vide à la température de 20° et le lave légèrement avec de l'éther glacé. On évapore le filtrat jusqu'à siccité et dissout de nouveau le résidu dans quatre volumes d'alcool à 75 0/0 (en volume) et refroidit de nouveau à — 20°. En présence d'acide érucique, au bout d'une heure environ, il se forme un précipité cristallin, blanc, que l'on lave sur filtre à vide avec de l'alcool à 75° glacé et qui est constitué en grande partie par de l'acide érucique. On dissout ce précipité dans le benzène ou l'éther chaud, évapore la solution, et l'on détermine le poids moléculaire moyen, le point de fusion, et l'indice d'iode de l'acide gras. Dans le cas d'une très grande proportion d'acide érucique, on trouve une partie de ce dernier avec les acides gras saturés.

Peut-être une combinaison des deux méthodes précédentes donnerait-elle de meilleurs résultats que n'est capable d'en donner chaque méthode séparément.

Thomas et *Mattikow*[1], après une étude critique minutieuse des procédés de *Tortelli* et *Fortini* et de *Holde* et *Marcusson*, ont proposé une méthode reposant sur la précipitation des savons magnésiens dans l'alcool, indiquée par *Kerr* et mise en œuvre par *Thomas* et *Yu*.

On saponifie 10 gr. d'huile par 50 cc. de potasse alcoolique renfermant 50 gr. de potasse par litre, auxquels on ajoute 50 cc. d'alcool à 95°. On précipite les savons de magnésium par 25 cc. d'une solution d'acétate de magnésium contenant 50 gr. d'acétate de magnésium dans 100 cc. d'eau, plus 3 fois le volume d'alcool à 95°. On laisse reposer au moins 24 heures à la température de 10° et lave le précipité sur filtre au moyen de l'alcool à 90°, en évitant tout excès qui occasionnerait des pertes d'érucate. On décompose le savon magnésien par l'acide chlorhydrique et l'on détermine l'indice d'iode, le poids moléculaire et le point de fusion de l'acide isolé; on peut obtenir une confirmation des résultats par l'hydrogénation catalytique en présence de palladium et de gomme arabique.

1. *Journ. Amer. Chem. Soc.*, 1926 (48), 968-981; *Chimie et Industrie*, 1926 (16), 807.

Appliquée aux huiles de colza pures, brutes et raffinées, cette méthode a fourni des résultats constants, l'huile brute donnant plus d'acide érucique que l'huile raffinée. L'acide érucique isolé a un indice d'iode de 73 à 73,6 au lieu de 75,1 pour l'acide pur; le point de fusion est de 26 à 27 au lieu de 33.

Les huiles de coton, d'olive, de lin, de soja, etc., ne donnent aucune précipitation par cette méthode; seule, l'huile de maïs fournit un léger précipité. L'huile de colza en mélange dans ces diverses huiles se retrouve facilement jusqu'à la proportion de 20 0/0 environ.

Acides saturés solides

La séparation des divers acides gras saturés qui existent dans les huiles, graisses et cires naturelles constitue un problème compliqué, qui ne peut être résolu de façon satisfaisante qu'en adoptant les méthodes strictement scientifiques décrites dans le chapitre XII.

En ce qui concerne la méthode de *Heintz*, décrite dans le chapitre XII, elle ne paraît applicable qu'à des mélanges de deux acides car, d'après *Holde*[1], la présence d'un troisième acide saturé à point de fusion élevé peut conduire à des résultats incertains.

On peut s'attendre, toutefois, à de meilleurs résultats, en convertissant les acides gras en éthers méthyliques et en soumettant ceux-ci à la distillation fractionnée (Cf. chap. XII).

Pour les besoins techniques, ces méthodes sont trop compliquées sous leur forme actuelle. Mais on peut obtenir des renseignements intéressants en déterminant le poids moléculaire moyen des acides gras (chap. VIII) et particulièrement le point de fusion (chap. III). La cristallisation fractionnée dans l'alcool peut offrir une méthode de séparation approximative des acides gras à haut point de fusion. Les acides carnaubique, cérotique, montanique et mélissique sont pratiquement insolubles dans l'alcool concentré à la température ordinaire ; l'acide arachidique est peu soluble dans l'alcool à 90 0/0 et pratiquement insoluble dans l'alcool à 70 0/0 à la température ordinaire ; les acides bénique et lignocérique sont un peu moins solubles que l'acide arachidique. On peut donc séparer les acides précédents des acides gras saturés inférieurs à l'acide stéarique, et

1. *Berichte*, 1905, 1248.

même de l'acide stéarique, par un traitement judicieux à l'alcool. Des expériences préliminaires de *Lewkowitsch* ont établi l'exactitude et la confiance que l'on peut accorder à cette méthode pour les besoins des analyses techniques et de tels procédés sont déjà en usage pour la recherche de l'acide stéarique en présence de l'acide cérotique (Cf. chap. XIV, *Cire d'abeilles*) et pour la recherche de l'acide arachidique (Cf. chap. XIV, *Huile d'arachide*), mélangé à d'autres acides.

Gsell[1] a indiqué qu'en traitant un mélange d'acides stéarique, palmitique, myristique, laurique, caprique, caprylique et caproïque en solution éthérée étendue par le chlorure d'acétyle, les quatre premiers acides se transforment en anhydrides normaux, les anhydrides stéarique, palmitique, myristique et laurique, tandis que les trois derniers donnent des anhydrides mixtes de l'acide acétique avec les acides caprique, caprylique et caproïque respectivement.

En chauffant le mélange des anhydrides normaux et mixtes avec de la pyridine, et en précipitant la solution pyridique dans une grande quantité d'eau, les anhydrides mixtes restent en solution aqueuse ; on peut ainsi les séparer des anhydrides non dissous. Pour la séparation ultérieure des acides caprique, caprylique et caproïque, au moyen de leurs chlorures, dans une solution de méthylamine à 10 0/0 dans laquelle l'acide caprique est insoluble, et pour la séparation des acides caprylique et caproïque au moyen de leur sel de (strontium), on se reportera au mémoire original.

Toutefois, les assertions de *Gsell* demandent confirmation, d'autant qu'en traitant l'acide caprique par l'anhydride acétique, *Lewkowitsch* n'a pu obtenir d'anhydride mixte.

a) *Détermination de l'acide bénique*

L'acide bénique est caractérisé par son insolubilité relative dans l'alcool froid qui permettrait de le séparer complètement avec l'acide stéarique ; sa détermination approximative s'effectue comme celle de l'acide érucique (voir plus haut).

1. *Chem. Zeit.*, 1907, 100.

b) *Détermination de l'acide arachidique*

La détermination approximative de l'acide arachidique (souvent nécessaire dans l'examen des huiles d'olive suspectes de falsification par l'huile d'arachide) s'effectue par le procédé de *Renard* [1]. L'acide arachidique brut ainsi obtenu contient de l'acide lignocérique, mais pas d'acide stéarique, et l'exactitude du dosage dépend de l'observation rigoureuse d'une foule de détails que l'on trouvera dans le chapitre XIV, *Huile d'arachide*. Pour la recherche de l'acide arachidique dans les corps gras hydrogénés, voir le chapitre XV.

c) *Détermination de l'acide stéarique*

En triturant dans un mortier les acides gras d'un corps gras solide, avec de l'alcool étendu de densité 0,911, les acides non saturés se dissolvent presque entièrement, l'acide palmitique se dissout partiellement, tandis que l'acide stéarique reste à peu près insoluble. Pratiquement, les acides solides mélangés ainsi obtenus ont un indice d'iode de 2 à 3 seulement.

On obtient encore de meilleurs résultats en traitant les acides gras mélangés par une solution alcoolique d'acide stéarique pur, saturée à 0°. *Hehner* et *Mitchell* [2] suivant la voie ouverte par *David* [3], ont montré par une série d'expériences sur l'acide stéarique pur et sur des mélanges d'acide stéarique avec : *a*) des acides saturés inférieurs à l'acide palmitique ; *b*) l'acide palmitique ; *c*) l'acide oléique brut ; *d*) des acides saturés et non saturés mélangés (comme les acides gras mélangés du saindoux), que l'acide stéarique reste insoluble et peut ainsi être déterminé quantitativement avec la plus grande exactitude.

L'analyse s'effectue comme suit :

On prépare une solution d'acide stéarique en dissolvant environ 3 gr. d'acide stéarique pur dans 1.000 cc. d'alcool chaud de densité 0,8183 (contenant 94,4 0/0 d'alcool en volume) dans une fiole bouchée. On plonge la fiole dans la glace fondante (tenue dans

1. *Comptes Rendus*, 73, 1330.
2. *Analyst*, 1896, 321.
3. *Comptes Rendus*, 86, 1416.

une glacière protégée contre la chaleur rayonnante), et on l'abandonne ainsi au repos toute une nuit. Après douze heures, on siphonne la liqueur mère — sans sortir la fiole de la glace — au moyen d'un petit tube à entonnoir immergé dans la solution et recouvert d'un morceau de calicot fin (pour retenir les cristaux d'acide stéarique entraînés). Le tube de l'entonnoir est coudé deux fois à angle droit et monté sur une fiole à vide reliée à une trompe à eau.

On pèse exactement 0,5 gr. à 1 gr. d'acides gras mélangés s'ils sont solides et 5 gr. s'ils sont liquides, dans une fiole et on les dissout dans 100 cc. de la solution alcoolique d'acide stéarique. On maintient la fiole toute une nuit dans la glace fondante ; le matin suivant, on agite le mélange sans le sortir de la glace et on l'abandonne encore dans la glace au repos au moins une demi-heure. On filtre la solution alcoolique comme ci-dessus[1] ; on lave le résidu de la fiole trois fois avec chaque fois 10 cc. de solution alcoolique d'acide stéarique refroidie à 0°. On lave les cristaux restés sur le calicot de l'entonnoir avec de l'alcool chaud, on évapore l'alcool, sèche à 100° et pèse le résidu qui est considéré comme de l'acide stéarique pur. Il est bon de prendre le point de fusion de cet acide ; il ne doit pas être inférieur à 68,5° ; sinon, il conviendrait de traiter à nouveau le résidu comme ci-dessus.

Une correction doit être faite, du fait de la petite quantité de solution alcoolique d'acide stéarique retenue par les parois de la fiole et les cristaux non dissous. *Hehner* et *Mitchell* ont trouvé que la correction à faire pour leurs essais était de 0,005 gr. à déduire du poids total du résidu trouvé.

Lewkowitsch a d'abord considéré cette méthode comme donnant des résultat dignes de confiance dans le cas de mélanges tels que ceux expérimentés par *Hehner* et *Mitchell*, et à l'appui, voici les nombres obtenus dans son laboratoire :

1. Serger, *Zeits. f. öffentl. Chem.*, 1913, 131, propose d'employer un creuset de Gooch entouré de glace.

Proportion d'acide stéarique dans les huiles et graisses (Lewkowitsch)

	Pour 100
Huile de palme blanchie	0,71 ; 0,72
— brute (Bassam)	0,53
Beurre de cacao	39,00
— de vache	0,49
Huile de coco	0,99
Suif d'os	2,94
— , plusieurs échantillons	21–22
Saindoux	6–24,91
Beurre de Karité	33,7–37,3
Graisse de Surin	58,20
Huile de Mowrah	13,25
— d'Illipé	12,20

Mais, *Hehner* et *Mitchell* ont eux-mêmes montré que leur méthode est en défaut avec les mélanges d'acides gras de la cire du Japon et d'acide stéarique pur ; dans certains essais, en effet, on n'a pu récupérer qu'une partie de l'acide stéarique, tandis que dans d'autres cas on n'en a pas retrouvé du tout. Cette anomalie semble due à l'influence de l'acide japanique.

En outre, une expérience plus complète a montré à *Lewkowitsch* que les résultats devenaient incertains ou tout au moins irréguliers, dans la plupart des cas où l'on se trouve en présence de mélanges d'acide stéarique avec des acides autres que les acides palmitique et oléique, et même en présence seulement des acides palmitique et oléique, mais dans des proportions très différentes de celles trouvées dans les corps gras cités plus haut.

C'est ainsi, par exemple, que dans le cas des acides gras de l'huile de coton, on ne peut déceler l'acide stéarique, même en introduisant de 5 à 8 0/0 dans les acides gras examinés. *Emerson* a fait la même observation et sur la suggestion de *Lewkowitsch*, *Emerson*[1] a résolu les acides gras de l'huile de coton en acides solides et liquides par la méthode des sels de plomb-éther ; la recherche de l'acide stéarique dans les acides solides ne donnait pas de cristaux, mais l'on pouvait retrouver l'acide stéarique ajouté, et, chose curieuse, on en retrouvait même plus qu'on n'en avait ajouté.

Ce dernier résultat peut s'expliquer par l'observation faite

1. *Zeits. f. Unters. d. Nahr. u. Genussm.*, 1903 (VI), 22.

d'abord par *Kreis* et *Hafner*[1], et confirmée par *Emerson*, que l'acide stéarique forme des solutions sursaturées (Cf. chap. III). C'est à cette cause que doit être attribué le fait qu'*Hehner* et *Mitchell* trouvent la solubilité de l'acide stéarique dans l'alcool, à 0°, supérieure à celle observée par *Kreis* et *Hafner* (et *Emerson*), quoique l'usage d'alcool dénaturé fait par *Hehner* et *Mitchell* puisse expliquer aussi cette anomalie, dans une certaine mesure. Les expériences de *Lewkowitsch* ont été faites avec de l'alcool pur, de densité 0,8133, afin d'éviter toutes possibilités d'erreurs provenant de la présence des impuretés dans l'alcool dénaturé.

Emerson a montré que l'on peut éviter la formation de solutions sursaturées en préparant la solution d'acide stéarique nécessaire pour la détermination avec 7 gr. d'acide stéarique pour 1.000 cc. d'alcool.

On a ainsi l'explication des anomalies rencontrées dans certains cas où l'on a trouvé des quantités d'acide stéarique trop élevées, mais non celle des cas où l'on obtient une quantité d'acide stéarique trop faible, ou même pas du tout. C'est ainsi que des mélanges d'acide gras renfermant de grandes quantités d'acide laurique, en outre de l'acide stéarique, ne donneraient pas la totalité de l'acide stéarique présent, même après avoir séparé les acides liquides, ou même en employant des solutions sursaturées d'acide stéarique. Enfin, dans d'autres cas, deux essais simultanés faits dans des conditions identiques, ont donné des résultats tellement différents que l'on ne peut baser aucune confiance sur de telles déterminations[2].

Il faut donc n'employer la méthode d'*Hehner* et *Mitchell* qu'avec circonspection, surtout pour l'examen des produits qui ne sont pas désignés plus haut (voir le tableau), car même pour certains corps gras mentionnés des essais en double ont donné des résultats déconcertants.

Un acide solide, même avec un point de fusion de 68°, ne doit pas être considéré comme de l'acide stéarique, car tous les acides à point de fusion élevés (s'il en existe) tels que les acides arachi-

1. *Journ. Amer. Chem. Soc.*, 1907, 1751.
2. Cf. Berg, *Chem. Zeit.*, 1908, 777.

dique, bénique, etc..., se trouvent avec l'acide séparé (chap. XIV, *Huile de colon*, *Huile d'arachide*) ; il convient donc de déterminer le poids moléculaire moyen de celui-ci ; l'aspect des cristaux fournit aussi quelques indications.

d) *Détermination de l'acide palmitique*

On ne connaît pas de méthode pour la détermination directe de l'acide palmitique dans ses mélanges avec d'autres acides solides. Mais, si l'on se trouve seulement en présence, comme c'est souvent le cas (« acide stéarique » des bougies), d'un mélange d'acides stéarique et palmitique, on peut doser l'acide stéarique d'après le paragraphe précédent et déterminer l'acide palmitique par différence. Si le mélange d'acides gras renferme des acides gras non saturés, on déterminera leur indice d'iode et on les calculera en acide oléique, ce qui est suffisamment exact dans la plupart des cas (voir plus bas). On obtient des résultats moins exacts en calculant la proportion des deux acides (stéarique et palmitique) d'après le poids moléculaire moyen du mélange, de la manière indiquée dans le chapitre XI.

On trouvera dans le chapitre XII une méthode de séparation des acides palmitique et stéarique, due à *Kreis* et *Hafner*.

7. Détermination de l'acide oléique en l'absence de tout autre acide non saturé

Si les acides gras insolubles ne contiennent pas d'autres acides non saturés que l'acide oléique, celui-ci peut être déterminé d'après l'indice d'iode du mélange, comme on l'a vu plus haut (p. 776).

Si l'on a un mélange d'acides oléique, palmitique et stéarique, on peut déterminer chacun de ses composants de la manière suivante : On détermine d'abord l'indice d'iode du mélange, soit I ; par la proportion suivante :

$$90{,}07 : 100 :: \mathrm{I} : x, \qquad x = \frac{100\mathrm{I}}{90{,}07} = 1{,}1102\mathrm{I},$$

on a le pourcentage d'acide oléique. On détermine l'acide stéarique par la méthode décrite plus haut ; en déduisant la somme des quantités d'acide oléique et d'acide stéarique, on a l'acide palmitique. Le calcul, d'après l'indice d'iode et le poids moléculaire moyen (d'après l'exemple donné au chapitre XI) donnerait des résultats moins exacts.

Une méthode encore moins précise a été proposée par *David*[1] ; elle est basée sur la plus grande solubilité de l'acide oléique dans un mélange d'alcool et d'acide acétique, comparée à celle des acides palmitique et stéarique.

8. Recherche, séparation et détermination approximative des divers acides gras liquides. Acides oléique, linoléique, linolénique, clupanodonique.

La première opération consiste dans la séparation préliminaire des acides liquides et solides par la méthode plomb-éther. *Lewkowitsch* recommande le *modus operandi* suivant : On détermine d'abord approximativement la proportion d'acides liquides sur 3 à 4 gr. des acides gras totaux de l'huile originale, par la méthode décrite page 779. Puis, dans une nouvelle opération, on prépare une plus grande quantité d'acides liquides par la méthode de *Tortelli* et *Ruggeri*.

On détermine l'indice d'iode des acides liquides, afin d'avoir une approximation de leur composition ; à cet effet, on consultera la table donnée au chapitre VI ainsi que la suivante, donnant les indices d'iode des acides liquides dérivés d'un grand nombre de corps gras commerciaux :

1. *Comptes Rendus*, 86, 1416.

Indices d'iode des acides gras liquides

HUILE OU GRAISSE	CLASSE	GROUPE	INDICE D'IODE
Lin	Huiles siccatives		190-209,8
Abrasin (bois), Chine			179,7
Bancoulier			185,7
Stillingia			178,1
Noix de cèdre			184
Noix			167
Carthame			159,6
Soja			131 (?)
Œillette			150
Manihot			163,6
Millet			146,3
Niger			147,5
Tournesol			154,3
Hévea			154,2
Framboisier			185,9
Mûre (ronce)			163,2
Groseillier			190,4
Cameline	Huiles demi-siccatives	Groupe de l'huile de coton	165,4
Pépin de raisin			161,7
Maïs			140-144
Plaqueminier			134,5
Coton			147-151
Sésame			129-139,9
Sorgho			148,1
Ravison		Groupe de l'huile de colza	124,2
Colza			121-125
Moutarde noire			119,8
— blanche			103,1
Cognassier	Huiles non siccatives		132,1
Cerisier			124,7
Abricotier			111,5
Prunier			98,6
Pêcher			101,9
Amande			101,7
Arachide			105-128
Riz			130,7
Thé			99,6-104,4
Tsubaki			89
Sasanqua			92,9
Pistache			105,8
Noisette			91,3-98,8
Sureau			120
Olive			93-112
Calophyllum			114,5
Senega			82,4
Seigle			104
Canari			110,4
Ricin		Groupe de l'huile de ricin	106,9

HUILE OU GRAISSE	CLASSE	GROUPE	INDICE D'IODE
Saumon	Huiles d'animaux marins	Huiles de poissons	197,4
Foie de morue		Huiles de foies	167,6
Baleine		Huiles de cétacés	144,7
Chrysalide	Huiles d'animaux terrestres		178,7
Huile de suif			92,2–92,7
Huile de lard			—
— (Europe)			95,2–96,2
— (Amérique)			103–105
Carapa	Graisses végétales		108
— grandiflora			94,7
Noix vomique			94–96,2
Baobab			134,5–139
Palme			94,6–99
Akée			82,4
Macassar			103,2
Muscade		Groupe des myristicacées	93,5
Suif végétal de Chine			97,0
Coco (coprah)		Groupe de l'huile de coco	18,6 (?)
— (oléine)			36,3
Saindoux (Europe)	Graisses animales		92,1–97,0
— (Amérique)			90–103
Suif de bœuf			92,4
Suif de mouton			92,7

Wallenstein et *Finck* proposent d'appeler l'indice d'iode des acides gras liquides « indice d'iode interne » ou « absolu » de l'huile ; comme il paraît inutile de multiplier le nombre des termes qui demandent une définition, on emploiera dans cet ouvrage, la dénomination « indice d'iode des acides gras liquides ».

a) *Mélange des acides oléique et linoléique* (*élæomargarique*)

Si le mélange des acides liquides ne renferme que les acides oléique et linoléique, on peut calculer les proportions respectives de chacun de ces acides dans le mélange et par suite les quantités absolues elles-mêmes. Mais cette méthode n'est applicable qu'après avoir constaté l'absence de l'acide linolénique dans le mélange. Soient x et y les proportions respectives d'acides oléique et linoléique (élœomargarique) et I l'indice d'iode du mélange, 90,07 et 181,42 étant respectivement les indices d'iode des acides oléique et linoléique ; on a les deux équations :

$$x + y = 100 ;$$
$$\frac{90,07x}{100} + \frac{181,42y}{100} = I.$$

De ces deux équations, on peut déduire x et y, et en rapportant ces deux chiffres au poids total du mélange d'acides, déterminer les quantités absolues d'acides oléique et linoléique.

Le calcul des quantités relatives d'acides oléique et linoléique d'après le poids moléculaire moyen du mélange n'aboutirait en ce cas qu'à des résultats incertains, car leurs poids moléculaires respectifs, 280 et 282, sont trop voisins l'un de l'autre (Cf. chap. XI).

b) *Mélange des acides oléique, linoléique, linolénique et clupanodonique.*

L'examen complet des acides gras liquides est assez compliqué. Les recherches de *Hazura*[1] l'ont amené à suggérer les deux méthodes suivantes : 1° recherche et identification des acides gras liquides par leurs produits d'oxydation, et 2° identification des acides liquides par leurs dérivés bromés. La première ne s'applique qu'aux acides oléique, linoléique et linolénique seulement, les produits d'oxydation de l'acide clupanodonique n'étant pas encore définis.

1. *Isolement des produits d'oxydation des acides gras liquides.*

Cette méthode est basée sur l'oxydation des acides gras liquides par le permanganate de potassium en solution alcaline étendue.

Hazura et *Grüssner* ont établi, d'après leurs propres recherches et celles de *Saytzeff*, la règle générale suivante : Les acides non saturés oxydés par le permanganate de potassium en solution alcaline fixent autant de groupes oxhydryles qu'ils ont de valences non saturées dans leur molécule, et donnent comme produits d'oxyda-

1. *Monatshefte f. Chemie*, 1887, 147, 156, 260 ; 1888, 180, 190, 469, 478, 944, 947 ; 1889, 190.

tion des acides hydroxylés ayant le même nombre d'atomes de carbone. On a donné dans le chapitre III (p. 343), une liste des acides hydroxylés obtenus par cette méthode, en même temps qu'on a décrit chacun de ces acides. Dans la plupart des cas (huiles siccatives), ce sont les produits d'oxydation des acides oléique, linoléique et linolénique, c'est-à-dire les acides dioxystéarique, sativique linusique et isolinusique, que l'on a à considérer.

On n'a pas encore vérifié expérimentalement si l'acide clupanodonique donne des acides hydroxylés ; mais il semblerait que cet acide ne suive pas la règle ci-dessus et soit oxydé avec formation d'acides gras inférieurs.

L'opération s'effectue de la manière suivante :

On neutralise 30 gr. d'acides gras liquides par 36 cc. de potasse caustique de densité 1,27 ; on dissout le savon obtenu dans 2.000 cc. d'eau et on fait tomber lentement en agitant continuellement, un égal volume de solution de permanganate de potassium à 1 1/2 0/0. On abandonne la solution au repos pendant dix minutes, puis on y ajoute en agitant, une quantité de solution d'acide sulfureux suffisante pour dissoudre tout le peroxyde de manganèse précipité et pour donner une réaction acide à la liqueur. Les acides *dioxystéarique* et *sativique* précipitent (A) tandis que les acides *linusique* et *isolinusique* restent en solution (B).

On lave les acides précipités avec un peu d'éther pour entraîner les acides originaux qui ont pu échapper à l'oxydation et on les épuise avec de grandes quantités d'éther à la température ordinaire (il faut employer 2.000 cc. d'éther pour 20 gr. de précipité). On évapore la *solution éthérée*, qui contient l'acide dioxystéarique, jusqu'à réduction à 150 cc. et, par refroidissement, on obtient des cristaux qui, par leur aspect, leur poids moléculaire et leur indice d'acétyle, après recristallisation dans l'alcool, peuvent être identifiés comme de l'acide *dioxystéarique*. Quant au résidu insoluble dans l'éther froid, on le fait bouillir à plusieurs reprises, avec de grandes quantités d'eau. On filtre chaque portion bouillante et, par refroidissement, il se dépose des cristaux. Ceux-ci peuvent être identifiés par leur point de fusion et leur forme cristalline comme de l'acide *sativique*. S'il reste un résidu insoluble, on l'identifiera comme de l'acide dioxystéarique qui n'a pas été entraîné par l'éther.

Quant à la liqueur filtrée (B), on la neutralise avec de la potasse caustique ; on la réduit par ébullition au douzième ou au quatorzième de son volume et on l'acidule par l'acide sulfurique. Un précipité floconneux brun se forme ; on le sèche à l'air et on le traite par l'éther qui dissout l'acide azélaïque et d'autres acides, produits secondaires d'oxydation. On fait cristalliser le résidu insoluble dans l'alcool, puis dans l'eau. On reconnaît les acides *isolinusique* et *linusique* par leur point de fusion et par la forme caractéristique des cristaux en aiguilles de l'un et en plaques rhombiques tronquées de l'autre. Pour séparer l'acide isolinusique plus soluble de l'acide linusique moins soluble, on abandonne la masse à cristalliser dans une quantité d'eau modérée. En pesant les différents acides isolés, on peut estimer approximativement la composition des acides gras liquides examinés.

Les opérations précédentes sont résumées dans le tableau synoptique suivant :

Acides hydroxylés

A. PRÉCIPITÉ		*B.* LIQUEUR	
a. SOLUBLE DANS L'ÉTHER	*b.* INSOLUBLE DANS L'ÉTHER	*a.* FACILEMENT SOLUBLE DANS L'EAU	*b* PEU SOLUBLE DANS L'EAU
Acide dioxystéarique	**Acide sativique**	**Acide isolinusique**	**Acide linusique**

La table suivante résumant les propriétés des quatre acides hydroxylés, pourra être d'un certain secours pour l'établissement d'une autre méthode de séparation de ces acides par leurs sels de baryum :

ACIDE	FORMULE	POINT DE FUSION °C.	SOLUBILITÉ DES ACIDES DANS L'EAU à froid	SOLUBILITÉ DES ACIDES DANS L'EAU à chaud	SOLUBILITÉ DES ACIDES DANS L'ALCOOL à froid	SOLUBILITÉ DES ACIDES DANS L'ALCOOL à chaud	SOLUBILITÉ DES ACIDES DANS L'ÉTHER	SOLUBILITÉ DES SELS DE BARYUM DANS L'EAU à froid	SOLUBILITÉ DES SELS DE BARYUM DANS L'EAU à chaud
Dioxystéarique	$C^{18}H^{34}O^{2}(OH)^{2}$	137	Insoluble	Insoluble	Peu soluble	Soluble	Peu soluble	Insoluble	Insoluble
Sativique.....	$C^{18}H^{32}O^{2}(OH)^{4}$	173	Insoluble	Peu soluble	Peu soluble	Soluble	Insoluble	Insoluble	Insoluble
Linusique.....	$C^{18}H^{30}O^{2}(OH)^{6}$	203-205	Peu soluble	Soluble	Peu soluble	Peu soluble	Insoluble	Peu soluble	Facilement soluble
Isolinusique...	$C^{18}H^{30}O^{2}(OH)^{6}$	173-175	Peu soluble	Facilement soluble	Soluble	Soluble	Insoluble	Peu soluble	Facilement soluble

Heyerdahl a reconnu qu'en traitant les acides gras de l'huile de foie de morue dans les conditions indiquées plus haut, l'oxydation s'exerce trop profondément et donne seulement 2 gr. d'acides hydroxylés pour 50 gr. d'acides gras, ce qui provient évidemment de la facilité avec laquelle l'acide clupanodonique s'oxyde en formant des acides gras inférieurs. On obtiendrait, cependant, de meilleurs résultats en employant une solution de permanganate de potassium demi-saturée à la température de glace[1].

Pour l'oxydation des acides non saturés supérieurs comme l'acide érucique (ou l'acide brassidique) il faut opérer avec un grand excès de potasse caustique.

La méthode précédente n'est que qualitative, l'oxydation se poursuivant au delà de la formation d'acides gras hydroxylés, avec production d'acides bibasiques et d'aldéhydes ; elle se montre néanmoins utile pour vérifier la présence de l'acide oléique, grâce à l'isolement de l'acide dioxystéarique résultant de l'oxydation. Mais elle est inapplicable aux acides gras liquides totaux formés d'un mélange d'acide oléique, linoléique et linolénique, car les acides gras moins saturés sont attaqués les premiers et une quantité considérable d'acide oléique échappe à l'oxydation. C'est ainsi qu'*Hazura* n'a trouvé que 4,5 0/0 d'acide oléique dans les acides gras mélangés liquides de l'huile de lin, calculé d'après la quantité d'acides dihydroxylés obtenus par oxydation, tandis que, par la même méthode, *Fahrion* a obtenu une quantité beaucoup plus considérable d'acide dioxystéarique, correspondant à 15-20 0/0 d'acide oléique, grâce à la séparation préalable de la plus grande partie des acides linoléique et linolénique par une méthode rappelant celle décrite dans le chapitre VII pour la mesure de l'absorption d'oxygène.

Cette méthode[2] consiste à imprégner du coton purifié (ouate) (chap. XV, *Huiles d'ensimage*) avec les acides gras liquides et à l'exposer ainsi à l'air pendant quatorze jours, en le retournant fréquemment. On traite ensuite le coton imprégné par la potasse

1. Cf. aussi Bedford, *Dissert.*, Halle a.S., 1906 ; Krzizan, *Chem. Revue*, 1908, 7.
2. Fahrion, *Zeits. f. ang. Chem.*, 1910, 722 ; 1108.

alcoolique et sépare les acides gras non oxydés de la manière décrite dans le chapitre viii (*Acides oxydés*). On résout les acides gras solubles dans l'éther de pétrole, par la méthode plomb-éther, en acides solides et liquides ; ces derniers sont constitués surtout par de l'acide oléique et de petites quantités d'acides moins saturés dont on peut déterminer approximativement la quantité par l'indice d'iode des acides liquides et par la méthode de bromuration (voir plus bas).

L'acide dioxystéarique obtenu par l'oxydation des acides liquides peut être calculé en acide oléique, en remarquant, toutefois, que l'acide oléique pur lui-même ne donne que 60 0/0 d'acide dioxystéarique.

Pour la recherche des acides linoléique, linolénique et clupanodonique, la méthode de bromuration est bien préférable.

2. *Isolement et détermination des dérivés bromés des acides gras liquides*

La méthode décrite plus loin repose sur les différences de solubilité des dérivés bromés fournis par les divers acides gras non saturés ; elle s'explique aisément par le seul examen du tableau suivant dans lequel se trouvent résumées les propriétés des bromures des acides gras non saturés dont la condensation en carbone est comprise entre 16 et 32 atomes dans la molécule.

Bromodérivés des acides gras non saturés

BROMODÉRIVÉ DE L'	NOM DE L'ACIDE	FORMULE	POIDS MOLÉCULAIRE	POINT de FUSION Degrés	[illegible] BROME pour 1[illegible]	SOLUBILITÉ DANS L' ALCOOL	ÉTHER	CHLOROFORME	ÉTHER de pétrole	BENZÈNE	ACIDE acétique glacial	TÉTRACHLORURE de carbone[1]
Acide hypogéique......	Dibromopalmitique Hypogéique dibromé	$C^{16}H^{30}O^{2}Br^{2}$	414	29	38,66	Facilement soluble						»
Acide oléique.........	Dibromostéarique Oléique dibromé	$C^{18}H^{34}O^{2}Br^{2}$	442	Huile	36,18	Facilement soluble						»
Acide élaïdique.......	Dibromoélaïdique Élaïdique dibromé	$C^{18}H^{34}O^{2}Br^{2}$	442	27	36,18	Facilement soluble						»
Acide érucique........	Dibromobénique Élaïdique dibromé	$C^{22}H^{42}O^{2}Br^{2}$	496	46-47	32,26	Facilement soluble						»
Acide brassidique.....	Dibromobrassidique Brassidique dibromé	$C^{22}H^{42}O^{2}Br^{2}$	496	54	32,26	Facilement soluble						»
Acide linoléique[2]......	Tétrabromostéarique Linoléique tétrabromé	$C^{18}H^{32}O^{2}Br^{4}$	600	113-114	53,33	Facilement soluble	Facilement soluble	Facilement soluble	*Peu soluble*	Facilement soluble	Facilement soluble	»
Acide taririque........	Taririque dibromé Taririque tétrabromé	$C^{18}H^{32}O^{2}Br^{2}$ $C^{18}H^{32}O^{2}Br^{4}$	440 600	32 125	36,37 53,33	»	»	»	»	»	»	»
Acide telfairique......	Telfairique tétrabromé	$C^{18}H^{32}O^{2}Br^{4}$	600	57-58	53,33	Facilement soluble	»	»	»	»	»	»
Acide linolénique.....	Hexabromostéarique Linolénique hexabromé	$C^{18}H^{30}O^{2}Br^{6}$ »	758 »	177 180-181[3]	63,32	Très peu soluble	Très peu soluble à froid[4]	Soluble	Presque insoluble	Soluble	Très peu soluble	Soluble à chaud[4]
Acide thérapique......	(Octobromostéarique) Thérapique octobromé	$C^{18}H^{28}O^{2}Br^{8}$	928	»	69,86	Presque insoluble	Presque insoluble	Presque insoluble	»	Presque insoluble	Presque insoluble	»
Acide arachidonique...	Octobromoarachidique Arachidonique octobromé	$C^{20}H^{32}O^{2}Br^{8}$	944	»[5]	67,8	Insoluble dans tous les dissolvants organiques						»
Acide clupanodonique.	Décabromobénique Clupanodonique décabromé	$C^{22}H^{34}O^{2}Br^{10}$	1.130	»[6]	70,79	Insoluble dans tous les dissolvants organiques						Peu soluble à chaud[1]
Acide hydroxylé de l'huile de coing.....	»	$C^{18}H^{34}O^{3}Br^{2}$	458	108	34,91	»	»	»	Soluble	»	»	»
Acide ricinoléique.....	Dibromoricinoléique Ricinoléique dibromé	$C^{18}H^{34}O^{3}Br^{2}$	458	Huile	34,91	Soluble	Facilement soluble	»	»	»	»	»
Acide ricinélaïdique...	Dibromoricinélaïdique Ricinélaïdique dibromé	$C^{18}H^{34}O^{3}Br^{2}$	458	Huile	39,91	»	»	»	»	»	»	»

1. 1° Voir chap. XIV, *Huiles d'animaux marins* ; par refroidissement, les hexabromures se séparent sous forme cristalline et les octo- et les décabromures sous forme gélatineuse ;
2. Un second tétrabromure linoléique fond à 58-57° ; voir p. 600 ;
3. Rollett trouve même 181-182° après recristallisation dans le benzène [*Zeits. f. phys. Chem.*, 1909 (62) 424] ; Eibner et Muggenthaler considèrent le point de fusion 177° comme le point de fusion exact.
4. Bedford recommande le traitement par l'acétate d'éthyle à 55-60°.
5. Noircit à 200° et se décompose à température supérieure.
6. Noircit à 220° et se décompose à température supérieure.

La bromuration peut s'effectuer sur les acides gras totaux sans qu'il soit nécessaire de séparer les acides solides des acides liquides ; elle s'opère de la même manière déjà décrite dans le chapitre VII, *Réaction du brome*[1].

Voici le mode opératoire utilisé par *Lewkowitsch* :

On dissout 1 gr. d'acides gras dans 40 cc. d'éther contenant 2 cc. d'acide acétique cristallisable et refroidit la solution à 5°. On y ajoute le brome goutte à goutte en agitant constamment jusqu'à coloration rouge persistante. On abandonne la fiole contenant la solution à la température de 5° pendant trois heures, puis on filtre sur filtre sans plis taré. On lave le précipité sur filtre avec de l'éther glacé jusqu'à ce que les lavages ne soient plus colorés, on sèche à 100° et on pèse.

Gemmell[2] opère d'une façon différente : il décompose 5 gr. de corps gras saponifié sous l'éther et complète le volume de la solution éthérée à 100 cc. L'essai s'opère sur 20 cc. de la solution et les résultats se rapportent à l'huile initiale, ce qui évite la dessiccation et la pesée des acides gras.

Les dérivés bromés insolubles dans l'éther sont constitués par les décabromures et octobromures ou les hexabromures ou par un mélange des trois. Les décabromures et octobromures caractérisent les huiles de poissons, de foies et de cétacés, et les hexabromures les huiles végétales siccatives.

Pour la détermination quantitative, *Hehner* et *Mitchell* recommandent de chasser complètement le bibromure et de déterminer la proportion de brome dans l'hexabromure *brut* qui est constitué par un mélange de tétrabromure et d'hexabromures. Comme un hexabromure renferme théoriquement 63,32 0/0 de brome et un tétrabromure 53,33 0/0, les quantités respectives d'acides correspondants peuvent être calculées d'après les équations suivantes :

$$x + y = 100,$$

$$\frac{63{,}3x}{100} + \frac{53{,}3y}{100} = B,$$

1. Cf. aussi Tsujimoto, *Journ. Coll. Eng.*, Tokyo, 1906 (IV), 1 ; Procter et Bennett, *Journ. Soc. Chem. Ind.*, 1906, 800 ; Halphen, *Bull. Soc. Chim.*, 1907 (IV), 1, 280 ; Tolman, *Journ. Ind. and Eng. Chem.*, 1909, 341, considère comme superflues les modifications proposées par Procter et Bennett.

2. *Analyst*, 1914, 297.

dans lesquelles x est le pourcentage d'hexabromures, y le pourcentage de tétrabromure et B le pourcentage de brome dans le mélange de bromure brut.

La table suivante renferme un certain nombre de déterminations des bromures insolubles d'acides gras totaux (Cf. aussi chap. XIV, *Huiles d'animaux marins*), effectués au moyen de la méthode précédente :

	HUILE DE	RENDEMENT DES ACIDES GRAS EN BROMURES INSOLUBLES DANS L'ÉTHER	OBSERVATEURS
Hexabromures	Perilla	53,3	Meister
	Lin (indice d'iode = 181)	29,06–29,34	Walker et Warburton
	— (— = 184)	31,31–30,44–30,80	— —
	— (— = 190,4)	38,1–42,0	Lewkowitsch
	Lin, acides gras liquides (indice d'iode = 208)	34,9	Walker et Warburton
	Bancoulier	11,53–11,23–12,63	— —
	Stillingia	25,78	— —
	Hévéa	6,66	Menon, Link
	Carthame	1,65–0,65	Walker et Warburton
	Soja	5,1	— —
	Colza	2,4–3,4	— —
Décabromures et Octobromures	Sardine du Japon (ancien échantillon)	23,04–23,32	— —
	— (échantillon frais)	44,20–47,10	Tsujimoto
	Poisson, désodorisée	38,42–39,27	Walker et Warburton
	Foie de morue, Norwège	29,86–30–36	— —
	— Terre-Neuve	39,10–37,76	— —
	Foie de requin	12,68–15,08	— —
	Phoque	19,83–19,93	— —
	Baleine (ancien échantillon)	12,38–12,44	— —
	— (échantillons frais)	22,50–27,77	Lewkowitsch
	— (échantillon frais)	27,81	Tsujimoto
	Hareng	12,7–21,7	—
	Cachalot	2,05	Walker et Warburton

La table suivante, dressée par *Gemmell*, donne les quantités de bromures insolubles des acides gras de diverses huiles, rapportées aux poids de matière grasse.

	INDICE D'IODE	BROMURES POUR 100
Huiles de lin :		
Raffinée (origine inconnue).........	182,5	34,00
Brute............................	182,0	33,65
Baltique, déposée.................	197,5	37,65
—	196,0	36,10
—	184,7	32,60
Plata............................	176,5	33,30
—	174,6	32,60
Huiles de lin cuites :		
Baltique..........................	170,5	25,95
Plata............................	165,5	27,75
Echantillon A....................	184,9	33,90
— B....................	180,2	30,20
— C....................	176,3	27,10
— D....................	172,5	26,65
Autres huiles végétales :		
Soja	141,8	4,10
Colza............................	108,0	2,35
—	122,8	5,80
Noix.............................	148,2	3,00
Abrasin (bois)...................	164,2	Nul
Huiles d'animaux marins :		
Foie de morue....................	172,2	35,20
Baleine..........................	149,3	21,70
— brune....................	139,6	25,80
Menhaden.........................	170,8	51,70
Foie de requin...................	119,1	17,70
Phoque...........................	166,9	29,12
Cachalot.........................	81,2	1,70

On a déjà indiqué plus haut que la réaction du brome s'opère mieux avec les acides gras qu'avec les glycérides. On peut ajouter que les hexabromures cristallisent bien et, par suite, se filtrent facilement, tandis que les décabromures et octobromures sont généralement amorphes et précipitent sous forme floconneuse et de filtration difficile (il est donc préférable de filtrer sur filtre en papier plutôt que sur tampon d'amiante) ; l'aspect du précipité, cristallin ou non, donne donc une première indication sur sa nature.

Les solubilités suivantes de divers décabromures, octobromures et hexabromures, déterminées dans le laboratoire de *Lewkowitsch*, présentent un certain intérêt :

Décabromure et *octobromure* de l'huile de baleine traités par un excès de benzène cristallisable bouillant, filtré à chaud. 100 cc. de benzène bouillant en dissolvent 0,1984 gr.

Hexabromure de l'huile de lin : 100 cc. de benzène cristallisable dissolvent à 15,5° 0,024 gr. d'hexabromure fondant à 181°. L'hexabromure dissous, récupéré de 25 cm. de solution benzénique, fondait à 174°.

100 cc. de benzène bouillant séparés (filtrés) rapidement d'un excès d'hexabromure fondant à 181° (provenant de l'huile de lin), dissolvent 0,7288 gr. d'hexabromure. Les cristaux récupérés de la liqueur mère benzénique fondaient à 180°.

Il faut toutefois remarquer que les nombres précédents obtenus sur des bromures séparés ne s'appliquent pas aux mélanges de déca- et octobromures et d'hexabromures. On peut, cependant, séparer complètement l'hexabromure et le déca- ou l'octobromure mélangés, et l'expérience montre que l'hexabromure ainsi séparé du déca- ou de l'octobromure au moyen du benzène ne noircit pas quand on détermine son point de fusion.

La méthode précédente ne donne pas la totalité des hexabromures formés, et une certaine proportion de ces derniers reste dissoute dans le solution du tétrabromure ou des tétrabromures et du dibromure. On peut récupérer cet hexabromure en faisant recristalliser la liqueur amère, soit en l'abandonnant à elle-même, soit après concentration de la solution par évaporation d'une partie de l'éther ; *Lewkowitsch* a ainsi obtenu par concentration successive des liqueurs mères, les quantités de bromure suivantes, provenant de l'huile de lin :

	Pour 100
Bromure insoluble, point de fusion 182°	35,11
— — — 170°	6,15
— — — 165°	2,11

En continuant la concentration des liqueurs mères, on a obtenu de nouvelles fractions, fondant respectivement à 150° et 135°, mais représentant des quantités extrêmement faibles. Tout l'hexabromure semble, d'ailleurs, avoir été recueilli avec la dernière fraction fondant à 135°, d'autant plus que le tétrabromure encore recueilli de la liqueur mère avait le point de fusion exact de 113-114°.

Une autre détermination des bromures des acides gras de l'huile de lin a fourni les résultats suivants (*Menon*) :

	Pour 100
Hexabromure, point de fusion 181°	39,37
Bromures — 151°	3,09
— — 140°	7,83
— — 135°-136°	2,38

La proportion de matières insaponifiables qui reste dans les acides gras influence aussi les résultats, dans une certaine mesure ; c'est ce que montrent les chiffres ci-dessous, relatifs aux bromures de l'huile de lin.

	ACIDES GRAS retenant les MATIÈRES INSAPONIFIABLES		ACIDES GRAS débarrassés des MATIÈRES INSAPONIFIABLES	
	POUR 100	POINT DE FUSION	POUR 100	POINT DE FUSION
		degrés		degrés
Hexabromures, 1re cristallisation...	26,44	183	28,52	183
— 2e — ...	5,07	180	3,54	180
Bromures de l'éther de pétrole....	11,37	168	5,48	171

Eibner et *Muggenthaler*[1] ont fait une étude approfondie de l'application de la réaction du brome aux huiles végétales siccatives. Ils ont reconnu que l'on obtient d'autant moins d'hexabromures que l'on a employé plus d'acide acétique et que celui-ci donne un hexabromure impur et de couleur grise. La température de 10° est la plus favorable au rendement d'hexabromure, avec une concentration de 10 0/0 d'acides gras en solution éthérée. Dans ces conditions, on n'observe pas de reprécipitation, ainsi qu'on l'a signalé plus haut. La quantité de brome, nécessaire pour la précipitation complète du bromure, est de 1 cc. pour 2 gr. d'acides gras dissous dans 20 cc. d'éther.

1. *Farben-Zeit.*, 1912, n° 3; Muggenthaler, *Dissert.*, 1912, Augsburg.

Eibner et *Muggenthaler* recommandent le mode opératoire suivant :

On dissout, dans une fiole, 2 gr. d'acides gras, dans le volume d'éther sec nécessaire pour avoir une solution à 10 0/0 de concentration et on refroidit cette solution à — 10° ; on y fait tomber 0,5 cc. de brome goutte à goutte avec une pipette très effilée, de façon que cette addition dure vingt minutes. On ajoute le reste du brome plus rapidement, en dix minutes environ, la réaction demandant ainsi environ trente minutes. Les auteurs attachent une grande importance à la stricte observation du temps ; d'autre part, la température ne doit jamais dépasser — 5° pendant toute la durée de la bromuration.

On bouche la fiole et l'abandonne au repos pendant deux heures à — 10°, puis on décante la solution éthérée sur un tampon d'amiante taré (un filtre en papier serait préférable), et on lave le précipité cinq fois successivement avec 5 cc. d'éther sec glacé chaque fois. Après complet égouttage, on sèche le précipité pendant deux heures à 80-85° et le laisse refroidir sur un exsiccateur. La température doit être tenue au-dessous de 100°, car, déjà à cette température, la couleur de l'hexabromure devient grisâtre, ce qui indique évidemment un commencement d'altération. Le point de fusion des hexabromures ainsi obtenus est de 177°, alors que le point de fusion indiqué pour l'hexabromure pur est un peu plus élevé ; la différence vient certainement de la dessiccation insuffisante du produit à température inférieure à 100° ; cependant, les traces d'humidité retenues par le bromure ne peuvent entrer en compte dans les quantités d'hexabromures relativement élevées qu'*Eibner* et *Muggenthaler* ont obtenues pour différentes huiles végétales :

ACIDES GRAS D'	POUR 100
Huile de perilla	64,12
— de lin, Baltique	57,96
— — Hollande	51,73
— — La Plata	51,66
— — Inde	50,50
— d'abrasin	nul
— de soja	jusqu'à 7,78
— d'œillette	nul
— de colza	6,34

Des recherches ultérieures sont nécessaires pour rapprocher ces résultats des calculs théoriques de *Rollett* pour le rendement en hexabromure cristallin.

La liqueur mère des hexabromures ou des octo- et décabromures insolubles dans l'éther (ou du mélange de déca, octo- et hexabromures) renferme du tétrabromure et du dibromure. Les différences de solubilité du dibromure oléique et du tétrabromure linoléique, rapportées dans le tableau donné plus haut, suggèrent une méthode de séparation. En effet, le dibromure oléique est aisément soluble dans l'éther de pétrole bouillant entre 35 et 67,5°, tandis que le tétrabromure linoléique s'y dissout très difficilement et seulement à l'ébullition, se séparant de nouveau par refroidissement en longues et fines aiguilles lustrées. 100 cc. d'éther de pétrole à 12° retiennent en solution de 0,014 à 0,021 gr. de tétrabromure linoléique, et encore moins à de plus basses températures (*Farnsteiner*). Des expériences faites avec des quantités pesées montrent, toutefois, qu'il est impossible de séparer l'acide linoléique d'un mélange d'acides oléique et linoléique, s'il se trouve en quantité inférieure à 4-5 0/0.

Les déterminations faites au laboratoire de *Lewkowitsch* ont montré que 100 cc. d'éther de pétrole (de densité 0,6375) dissolvent à 60°, 0,0264 gr. de tétrabromure pur (de l'huile de coton) fondant à 114°. 100 cc. du même éther de pétrole dissolvent à l'ébullition (27°) 0,172 gr. La fraction non dissoute fond à 115°, tandis que les cristaux récupérés de la partie dissoute fondent à 113° ce qui confirme, accessoirement, la pureté du tétrabromure initial.

La liqueur-mère filtrée des bromures insolubles dans l'éther contient un excès de brome ; pour l'en débarrasser, on l'agite dans un entonnoir à séparation avec une solution d'hyposulfite de sodium. On dissout ensuite dans l'éther les bromures lavés isolés, on décante les gouttelettes d'eau adhérentes et élimine les dernières traces d'eau par filtration sur un filtre sec. On distille l'éther et fait bouillir le résidu avec une quantité d'éther de pétrole suffisante pour le dissoudre complètement ; par refroidissement, le bromure cristallin, fondant à 114°, se sépare.

On a indiqué, dans le chapitre III, qu'il existe encore un second tétrabromure linoléique, fondant à 56°, mais celui-ci n'a été rencontré, jusqu'ici, que dans des cas isolés.

La table suivante donne les proportions d'acide linoléique trouvées par *Farnsteiner* dans un certain nombre de corps gras; le pourcentage d'acide linoléique de l'huile de coton a été confirmé par des déterminations faites au laboratoire de *Lewkowitsch* :

HUILE OU GRAISSE	CONTENANT ACIDE LINOLÉIQUE pour 100	REMARQUES
Huile de coton	18,5	
— de sésame	15,8-12,6	
— de colza	»	Présence d'acide linolénique.
— de moutarde	4,5	4 0/0 d'acide linolénique.
— d'amande	5,97	
— d'arachide	6,0	
— d'olive	Petite quantité	
Graisse de cheval	9,9	
Saindoux (Europe)	Petite quantité	Traces d'acide linolénique.
Suif	»	— — —
Beurre de vache[1]	»	— — —

Les proportions d'acide linoléique, indiquées dans cette table, sont très inférieures à celles calculées d'après les indices d'iode, ce qui peut s'expliquer par la théorie de *Rollett* (chap. III). En vue d'élucider ce point, des expériences ont été faites dans le laboratoire de *Lewkowitsch*, avec le concours de *Menon*, *Link*, etc., mais elles sont encore trop incomplètes pour permettre une généralisation.

L'*huile de soja* a donné par bromuration :

	Pour 100
Hexabromure de point de fusion 179°	5,07
Tétrabromure — — 113°,5	19,92

correspondant à :

Acide linolénique	1,85
— linoléique	9,28

Après distillation de la moitié de la quantité d'éther de pétrole de la liqueur mère et en abandonnant la solution à une tempéra-

1. Les vaches ayant fourni ce beurre avaient été alimentées un certain temps avec du tourteau de coton; l'acide linolénique peut donc provenir de l'huile de coton.

ture de 5°, on a obtenu de nouveau :

	Pour 100
Tétrabromure fondant à 113°	11,66

correspondant à 11,66 0/0 d'acide linoléique, soit en totalité 20,94 0/0 d'acide linoléique.

Les *acides gras de l'huile de maïs*, soumis à la bromuration, ont donné, en trois cristallisations successives, dans l'éther de pétrole :

	Pour 100
I. Tétrabromure fondant à 113-114°	50,87
II. — — à 113°	6,98
III. — — à 113°	3,16
	61,01

correspondant à 28,43 0/0 d'acide linoléique.

Ces résultats ne peuvent, cependant, pas être regardés comme typiques, car des variations dans la température et le volume d'éther de pétrole utilisé modifient considérablement le résultat. C'est ainsi qu'un second essai effectué sur les acides gras de l'huile de maïs a donné dans la première cristallisation, 30, 78 0/0 de tétrabromure, fondant à 113,5°, mais après réduction au 1/3 du volume de la solution filtrée par refroidissement prolongé à 5°, on n'a obtenu aucune cristallisation ; après nouvelle évaporation de la moitié de l'éther de pétrole, la cristallisation n'est apparue qu'après un refroidissement prolongé à 3,5°, où l'on a recueilli 3,56 0/0 de tétrabromure fondant à 61°, soit en totalité 34,34 0/0 seulement. La seconde récolte de cristaux était trop petite pour pouvoir reconnaître si l'on se trouvait en présence d'un mélange des deux tétrabromures fondant à 114° et 56°.

Les *acides gras de l'huile de coton* ont donné 51,85 0/0 de tétrabromure (fondant à 112°), correspondant à 24,92 0/0 d'acide linoléique. Après concentration de la liqueur mère, on a obtenu de nouveau 6,5 0/0 de tétrabromure, correspondant à 2,9 0/0 d'acide linoléique. Toutefois, d'autres essais effectués par d'autres observateurs n'ont fourni que 17,8 0/0 de bromures en deux cristallisations.

Les *acides gras de l'huile de sésame* ont donné en trois cristallisations :

	Pour 100
Tétrabromure, fondant à 113°	24,5
— — à 113°	6,48
— — à 111°	2,6

soit, en totalité, 33,58 0/0 de tétrabromure, correspondant à 15,62 0/0 d'acide linoléique. *Farnsteiner* a obtenu le même résultat en une seule cristallisation.

Lewkowitsch suggère de combiner les méthodes précédentes en un examen systématique qui s'opérerait de la manière suivante :

Séparer les acides gras totaux en acides gras solides et acides gras liquides (les matières insaponifiables contenant souvent de grandes proportions de substances non saturées (Cf. chap. XII), qui absorbe du brome, il est bon dans les analyses précises, d'éliminer les matières insaponifiables).

Traiter les acides gras liquides en solution éthérée par le brome. (En vue de la confirmation des résultats obtenus par *Eibner* et *Muggenthaler*, il conviendrait d'opérer dans l'éther sec comme indiqué par ces observateurs). Laver à l'éther les bromures insolubles précipités et les examiner séparément.

Comme examen préliminaire, après pesée des bromures insolubles, déterminer leur point de fusion. Si le bromure fond en un liquide clair, sans noircir vers 180°, l'absence de déca- ou octobromure est certaine, mais s'il s'altère et noircit avant de fondre on ne peut en conclure l'absence de l'hexabromure. Le dosage du brome peut donner une autre indication préliminaire, mais il vaut mieux procéder de suite à la séparation des bromures au moyen du benzène bouillant. En raison des solubilités relatives des hexabromures et des octo- et décabromures dans le benzène, la partie non dissoute est constituée surtout par les déca- et octobromures tandis que la solution filtrée renferme pratiquement tout l'hexabromure. Une nouvelle détermination du point de fusion de la partie insoluble confirme la présence des déca- et octobromures, et indique celle des hexabromures ; dans ce dernier cas, le produit filtré, après évaporation du benzène, donne des cristaux fondant à 180° en un liquide clair, sans noircir.

La détermination quantitative des déca- et octobromures non dissous et du résidu de l'évaporation de la solution aqueuse est assez approximative, et pour une plus grande précision, il est préférable de doser le brome dans les parties dissoutes et non dissoutes et dans les bromures insolubles totaux.

La solution éthérée, après filtration des bromures insolubles dans l'éther, étant débarrassée de l'excès de brome par lavage avec une solution d'hyposulfite de sodium, faire cristalliser le résidu dans l'éther de pétrole, filtrer les cristaux qui se séparent par refroidissement et déterminer leur point de fusion. Concentrer le filtrat qui peut donner encore du tétrabromure, ou même le second tétrabromure, fondant à 56°.

Le produit filtré de la dernière récolte de cristaux contient le dibromure qui peut être isolé en évaporant le dissolvant, pesé, puis soumis à l'hydrogénation catalytique, et les acides solides qui en résultent examinés (point de fusion), poids moléculaire moyen. (Cf. aussi chap. XII).

Pour séparer l'acide oléique des autres acides gras liquides, *Farnsteiner* a suggéré une méthode basée sur l'insolubilité relative de l'oléate de baryum dans un mélange de benzène et d'alcool dans lequel les sels de baryum des acides moins saturés se dissolvent facilement. Les acides saturés se comportant comme l'acide oléique, il serait ainsi possible de séparer un mélange d'acides saturés et d'acides liquides de saturations différentes en un mélange d'acides solides et d'acide oléique d'une part, et d'acides liquides moins saturés d'autre part. Toutefois, *Lewkowitsch* a montré que cette méthode n'a aucune valeur quantitative, et il en est de même de la séparation de l'acide oléique et des acides gras non saturés par traitement des sels de baryum au moyen de l'éther humide (*Fahrion*[1]).

Par contre, dans quelques cas isolés, la méthode des sels de baryum donnerait des résultats satisfaisants. Dans de telles conditions, il est préférable de s'abstenir de toute généralisation et de considérer chaque cas en particulier.

La distillation fractionnée des éthers méthyliques ne permet pas de résoudre un mélange d'acides non saturés en ses constituants, car les points d'ébullition des éthers des acides non saturés sont tellement voisins qu'il paraît impossible de réaliser la séparation par distillation fractionnée. C'est ce que l'on voit par la table suivante, résumant les résultats d'une distillation fractionnée des éthers mé-

1. Fahrion, *Zeits. f. ang. Chem.*, 1904, 1487.

thyliques des acides gras de l'huile de coton, bouillant au-dessus de 200°, sous une pression de 18 mm. :

FRACTION	POINT D'ÉBULLITION degrés	PRESSION en millimètre	QUANTITÉ OBTENUE de 535 gr. d'huile	INDICE D'IODE
I	jusqu'à 201,5	16 mm.	8 gr.	77,13
II	201,5–204	16 —	9 —	101,19
III	204–207,5	16 —	20 —	123,51
IV	207,5–210,5	16 —	83 —	130,87
V	210,5–214,5	16 —	11 —	123,83
VI	au-dessus de 214,5	16 —	2 —	107,23
			133 —	

L'identification de divers acides non saturés au moyen du poids d'hydrogène qu'ils absorbent ou, en d'autres termes, par leur *indice d'hydrogène*[1], exige des appareils trop compliqués pour une analyse technique et ne fournit, d'ailleurs, pas de meilleurs résultats que ceux obtenus à l'aide de l'indice d'iode[2], bien plus rapidement déterminé.

Fokin[3] a désigné sous le nom d'*indice d'hydrogène*, le volume d'hydrogène en centimètres cubes, calculé à 0° et sous 760 mm. de pression, qu'absorbe 1 gr. de matière grasse non saturée.

Les mêmes réserves s'appliquent au dosage de la quantité d'ozone absorbée par les divers acides gras non saturés.

9. Acides gras hydroxylés.

On a montré plus haut (p. 804), que les acides oxystéarique et dioxystéarique sont très peu solubles dans l'éther de pétrole froid. Cette propriété a suggéré une méthode de séparation des acides hydroxylés existant dans les acides gras mélangés, en traitant ceux-ci par l'éther de pétrole. Mais les expériences de *Lewkowitsch* ont montré qu'une telle méthode ne pouvait donner aucun résultat

1. Bedford, *Dissert.*, Halle a. S., 1906.
2. Bosshard et Fischlii, *Zeits. f. ang. Chem.*, 1915, 365, ont même proposé une solution d'oléate de sodium mélangée de nickel finement divisé comme réactif pour la détermination quantitative de l'absorption d'hydrogène.
3. *Journ. Russ. Phys. Chim. Soc.*, 1908, 700.

utile. Les acides gras de l'huile de ricin se comportent comme l'huile même (chap. XIV), c'est-à-dire se dissolvent dans leur propre volume d'éther de pétrole ; cependant, on ne peut pas séparer un mélange d'acides gras d'huile de ricin et d'acide oléique par l'éther de pétrole.

Si la nature de l'acide hydroxylé d'un corps gras est connue, on peut obtenir une mesure de la quantité présente dans les acides gras mélangés, en déterminant l'augmentation de poids que prennent ceux-ci après ébullition avec l'anhydride acétique par la méthode de *Lewkowitsch* (p. 658). Soient M le poids moléculaire de l'acide monohydroxylé, et i l'accroissement de poids de A gramme d'acides gras mélangés, le pourcentage y d'acides hydroxylés sera (Cf. équation, p. 659) :

$$y = \frac{100Mi}{A \cdot 42}.$$

Si l'acide hydroxylé contient n groupes hydroxylés et est par suite capable de fixer n groupes C^2H^2O, on trouve :

$$y = \frac{100Mi}{A \cdot n \cdot 42}.$$

Toutefois, cette méthode ne conduit à des résultats utiles que si la quantité d'acides hydroxylés est importante (comme dans l'huile de ricin) ; sinon, la perte de poids causée par la formation d'anhydrides d'acides gras peut contrebalancer l'augmentation de poids due à l'acétylation.

Il est donc préférable de déterminer l'indice d'acétyle des *acides gras insolubles* débarrassés des acides volatils par lavage.

On acétyle les acides gras lavés, de la manière décrite plus haut, et l'on fait bouillir le produit d'acétylation débarrassé de l'acide acétique par lavage, avec la potasse alcoolique, pour hydrolyser les anhydrides et pour saponifier, en même temps, les acides acétylés avec formation d'acétate de potassium et de savons de potassium des acides gras primitifs. En décomposant la solution par l'acide sulfurique, on libère l'acide acétique que l'on dose enfin par le procédé de distillation ou de filtration.

L'indice d'acétyle ainsi obtenu se rapporte aux acides gras insolubles et non aux corps gras eux-mêmes. Dans certains cas (chap. XV

Huiles soufflées), il est bon de déterminer à la fois l'indice d'acétyle du corps gras et celui de ses acides gras insolubles. Si les deux nombres sont identiques, on peut en conclure que l'indice d'acétyle provient de la présence d'un triglycéride d'acides gras hydroxylés ; c'est le cas de l'huile de ricin.

Zerewilinoff[1] a proposé de déterminer la totalité des oxhydryles dans le groupe alcoolique et dans le groupe carboxyle en traitant une solution des acides gras dans la pyridine par l'iodure de magnésium-méthyle et mesurant le volume de méthane dégagé, mais cette méthode ne présente aucun avantage sur la détermination de l'indice d'acétyle ordinaire.

Twitchell[2] détermine l'*indice d'hydroxyle* en éthérifiant les acides hydroxylés avec un acide gras en présence du réactif de *Twitchell*; pour les détails de cette méthode, on se reportera au mémoire original.

On trouvera dans la table suivante un certain nombre de renseignements relatifs à l'acétylation des acides gras hydroxylés :

ACIDE	FORMULE	ACIDE ACÉTYLÉ				AUGMENTATION DE POIDS par l'acétylation pour 100
		FORMULE	POIDS moléculaire	INDICE d'acétyle	INDICE de saponification	
Oxystéarique......	$C^{18}H^{35}O^{2}(OH)$	$C^{18}H^{35}O^{2}(O\text{-}C^{2}H^{3}O)$	342	164,0	328,0	14,00
Dioxystéarique....	$C^{18}H^{34}O^{2}(OH)^{2}$	$C^{18}H^{34}O^{2}(O\text{-}C^{2}H^{3}O)^{2}$	400	280,5	420,75	26,58
Trioxystéarique...	$C^{18}H^{33}O^{2}(OH)^{3}$	$C^{18}H^{33}O^{2}(O\text{-}C^{2}H^{3}O)^{3}$	458	367,4	489,9	37,95
Tétraoxystéarique (sativique).......	$C^{18}H^{32}O^{2}(OH)^{4}$	$C^{18}H^{32}O^{2}(O\text{-}C^{2}H^{3}O)^{4}$	516	434,8	543,6	48,27
Pentaoxystéarique.	$C^{18}H^{31}O^{2}(OH)^{5}$	$C^{18}H^{31}O^{2}(O\text{-}C^{2}H^{3}O)^{5}$	574	488,7	586,4	57,69
Hexaoxystéarique (linusique)......	$C^{18}H^{30}O^{2}(OH)^{6}$	$C^{18}H^{30}O^{2}(O\text{-}C^{2}H^{3}O)^{6}$	632	532,5	621,3	66,31

Il convient de remarquer que les acides gras hydroxylés peuvent former des anhydrides internes ou des produits de condensation ou de polymérisation.

Soumis à l'hydrogénation catalytique les acides hydroxylés non

1. *Zeits. anal. Chem.*, 1913, 729.
2. *Journ. Amer. Chem. Soc.*, 1907, 197; 566.

saturés (acide ricinoléique), se transforment en acides hydroxylés saturés, ou, à une température supérieure, en acides saturés de la série $C^nH^{2n}O^2$.

L'acide ricinoléique peut être séparé directement des autres acides gras insolubles non hydroxylés, en utilisant l'insolubilité du ricinoléate de plomb dans l'éther de pétrole bouillant à basse température (*Lane*[1]). *Lewkowitsch* a reconnu qu'en faisant bouillir le savon de plomb obtenu de 5 gr. d'huile de ricin, avec 50 cc. d'éther de pétrole pendant une heure, et filtrant après refroidissement, la quantité de sels de plomb représente 0,62 0/0 de l'huile ; en traitant de nouveau le savon de plomb non dissous avec 50 cc. d'éther de pétrole pendant une heure et filtrant à chaud, il se dissout encore 1,10 0/0. En répétant l'expérience avec une autre quantité de sel de plomb, 1,76 0/0 ont été dissous par l'éther de pétrole chaud. On peut donc, en pratique, considérer le savon de plomb de l'acide ricinoléique comme insoluble dans l'éther de pétrole.

10. Acides gras « oxydés ».

Sous le nom d'*acides oxydés*, nous comprenons une classe d'acides gras existant dans les huiles et graisses qui ont subi une oxydation naturelle par exposition à l'air[2], comme les huiles et graisses fortement rances et spécialement les corps gras récupérés (voir chap. XVI) ou ceux qui ont été oxydés artificiellement à l'aide d'agents oxydants, comme dans le procédé de « soufflage » par l'air ou l'oxygène (voir chap. XV, *Huiles soufflées ou oxydées*). On n'est pas encore fixé sur la réaction et les modifications que subissent ainsi les acides non saturés, mais il est certain que par « soufflage » ou « oxydation », il se forme une certaine proportion d'acides caractérisés par leur insolubilité dans l'éther de pétrole.

Les substances résineuses que *Lewkowitsch* a observées dans les acides gras des huiles de foies et de cétacés (Cf. chap. XIV) sont très probablement, d'après *Tsujimoto*, des acides oxydés dérivés de l'acide clupanodonique. Des acides oxydés analogues semblent se

1. *Journ. Soc. Chem. Ind.*, 1907, 597.
2. Cf. Bouchard, *Les Matières grasses*, 1912, 2779.

former par l'oxydation d'un acide fortement non saturé (arachidonique) dans les acides gras des lécithines du foie de porc. Ces acides ne doivent pas être confondus avec les acides gras polymérisés[1], comme l'acide ricinoléique polymérisé par exemple. Les acides gras « oxydés » sont solubles dans l'alcool, et naturellement dans les solutions d'alcali caustiques ; ils sont aussi légèrement solubles dans l'eau. Ils sont très peu solubles dans le sulfure de carbone et assez solubles dans le trichloréthylène (*Bonloux*).

Fahrion, qui a le premier proposé une méthode pour la détermination des acides « oxydés » dans les huiles de lin cuites, les considère comme des acides hydroxylés, en raison de leur insolubilité dans l'éther de pétrole et de leur analogie apparente, sous ce rapport, avec les acides hydroxylés. Cependant, le fait que ces acides peuvent être séparés des autres par l'éther de pétrole, tandis qu'on ne peut pas résoudre ainsi un mélange d'acide oléique et d'acides gras de l'huile de ricin en ses constituants, prouve qu'ils représentent une classe particulière d'acides, que l'on désignera, en attendant d'être fixé sur leur nature, sous le nom d'*acides « oxydés »*.

On détermine les acides « oxydés » par le procédé suivant[2] :

On saponifie par la méthode habituelle 4 à 5 gr. de corps gras par la potasse alcoolique ; on évapore l'alcool, dissout le savon dans l'eau chaude, fait passer la solution dans un entonnoir à séparation et décompose le savon par l'acide chlorhydrique. Après refroidissement, on agite avec de l'éther de pétrole (bouillant au-dessous de 80°), et abandonne au repos jusqu'à séparation complète des deux couches. Les acides oxydés insolubles adhèrent aux parois de l'entonnoir ou forment un sédiment dans la couche d'éther de pétrole. On soutire la couche aqueuse, puis la couche d'éther de pétrole qu'on filtre s'il est nécessaire, et on lave les acides oxydés à l'éther de pétrole pour entraîner les acides gras adhérents. Si la quantité d'acides oxydés est considérable, il convient de les dissoudre dans

1. Fahrion, *Zeits. f. ang. Chem.*, 1909, 2093; 1910, 722, 1108, admet qu'avec l'huile de lin, il se forme par oxydation les acides diperoxylinolénique et diperoxylinoléique, et que ces deux acides hypothétiques se transforment ensuite en acides dicétodioxylinolénique et cétodioxylinoléique. L'huile de lin « suroxydée » de Reid (cf. chap. xv) paraît appartenir au même genre de substances.

2. *Zeit. f. angew. Chemie*, 1898, 782. Cf. aussi Kassner, *Zeits. f. ang. Chem*, 1904, 1853.

une solution alcaline, de décomposer le savon par l'acide chlorhydrique et d'agiter de nouveau avec l'éther de pétrole afin d'entraîner complètement les acides gras ordinaires retenus. On dissout les acides oxydés dans l'alcool chaud (ou dans l'éther), évapore la solution alcoolique dans une capsule tarée et pèse le résidu desséché à poids constant. On obtient ainsi la quantité d'acides « oxydés ».

Lewkowitsch a préparé, de cette manière, les acides oxydés de plusieurs huiles « soufflées » et d'une huile de lin solidifiée ; les acides de cette dernière avaient les caractéristiques suivantes : indice de neutralisation, 168 ; indice de saponification, 199,2 ; indice d'acétyle apparent, 130,2. On trouvera d'autres renseignements dans le chapitre xv sous les titres *Huiles soufflées ou oxydées* et *Huiles cuites*. La table suivante [1] montre l'accroissement de la proportion d'acides oxydés avec la progression de l'oxydation :

	POIDS SPÉCIFIQUE à 15,5°	INDICE de SAPONIFICATION	ACIDES OXYDÉS pour 100
Acide oléique........................	0,8952	201,4	
— soufflé 2 heures à 120°...	0,9098	204,9	0,62
— — 4 — 120°...	0,9121	206,0	2,6
— — 6 — 120°...	0,9123	208,3	3,5
— — 10 — 120°...	0,9238	213,4	6,0

Ainsi qu'on l'a déjà indiqué (chap. vi). ces acides oxydés possèdent un indice d'acétyle considérable.

Les acides oxydés dérivés des huiles d'animaux marins, — très probablement dérivés de l'acide clupanodonique — s'oxydent encore

1. Cf. *Laboratory Companion to Fats and Oils Industries*, Macmillan and C°, 1902, p. 76.

par la dessiccation à 100° et perdent, ainsi, dans une certaine mesure, leur facile solubilité dans l'alcool (*Tsujimoto*).

Bouchard[1] a isolé des acides gras oxydés du suif d'os, des huiles de lin, d'arachide, de sésame, de ravison, et de foie de morue. Il a indiqué avoir obtenu des combinaisons de la phénylhydrazine avec ces acides oxydés, sans, toutefois, donner de détails. En ce qui concerne ses vues théoriques sur la présence de carboxyles dans les groupes hydroxylés, on se reportera au mémoire original.

La table suivante, due à *Procter* et *Holmes*[2], montre les modifications que le poids spécifique, l'indice de réfraction et l'indice d'iode d'une « oléine » d'Australie ont subies par le « soufflage » :

TEMPS DE SOUFFLAGE HEURES	POIDS SPÉCIFIQUE	INDICE DE RÉFRACTION	INDICE D'IODE
0	0,892	1,4620	88,0
3	0,892	1,4620	87,0
6	0,893	1,4620	84,0
9	0,894	1,4622	84,0
12	0,895	1,4623	82,0
15	0,895	1,4623	77,0
18	0,896	1,4624	74,0
21	0,897	1,4626	74,0
24	0,900	1,4628	73,0

Lewkowitsch[3] croit à la présence d'une autre sorte d'acides, différant des acides « oxydés », dans les huiles « soufflées ». En attendant les résultats des recherches ultérieures, on appellera ces acides « **acides inconnus** ». Il est possible que les acides peroxydés décrits par *Fahrion* appartiennent à ce groupe. On rencontre aussi des acides de ce genre dans les savons provenant d'acides gras fortement oxydés et de corps gras récupérés.

La recherche des deux dernières classes d'acides gras, *oxydés* et *inconnus*, sera grandement facilitée par la réduction catalytique, grâce à laquelle on obtient des acides saturés, qui peuvent être facilement isolés et identifiés. Suivant la température à laquelle s'opère la réduction, on obtient des acides saturés hydroxylés ou des acides saturés de la série $C^nH^{2n}O^2$.

1. *Les Matières grasses*, 1912, 2879.
2. *Journ. Soc. Chem. Ind.*, 1905, 1287.
3. *Analyst*, 1899, 323. *Cf.* aussi *Analyst*, 1902, 139.

CHAPITRE IX

EXAMEN DES MATIÈRES INSAPONIFIABLES

Les matières insaponifiables sont nécessairement isolées en nature au cours de leur détermination quantitative et se prêtent par suite immédiatement à l'examen.

Dans les huiles naturelles végétales et animales, la quantité de matières insaponifiables est généralement petite, mais dans les cires, elles constituent une grande proportion de la substance originale, ainsi qu'on l'a déjà indiqué plus haut.

Si les huiles, graisses et cires ont été falsifiées par des substances comme la paraffine, la cérésine, les huiles minérales, les huiles neutres de goudron et les huiles de résine, ces substances passent avec les matières insaponifiables. Leur recherche et leur détermination seront rapidement examinées dans ce chapitre, dont le sujet se divise de lui-même en deux parties :

A) *Examen des matières insaponifiables existant naturellement dans les huiles, graisses et cires ;*

B) *Examen des matières insaponifiables étrangères mélangées aux matières trouvées en* A.

A. — EXAMEN DES MATIÈRES INSAPONIFIABLES EXISTANT NATURELLEMENT DANS LES HUILES, GRAISSES ET CIRES

1. Matières insaponifiables naturelles des corps gras.

S'il existe des quantités considérables de matières insaponifiables dans un corps gras, leur présence s'observe dans le cours de la saponification. Les alcools ou hydrocarbures présents surnagent en une couche huileuse à la partie supérieure de la solution alcoolique de savon neutralisée ; toutefois, il en reste toujours de petites quantités en dissolution ou émulsionnées avec la solution de savon.

Les matières insaponifiables des corps gras consistent surtout en alcools cycliques, parmi lesquels prédomine le cholestérol ou le sitostérol suivant que le corps gras est d'origine animale ou végétale. Le sitostérol est, dans certains cas, accompagné de stigmastérol ou de brassicastérol.

Parmi les alcools de la série éthylique, l'alcool mélissique est le seul, jusqu'ici, qui ait été trouvé dans les insaponifiables des corps gras. Récemment, *Tsujimoto* et *Toyama*[1] ont reconnu la présence d'un glycol saturé, l'alcool batylique, dans les huiles de foies des squales et des raies, où il existe en quantités considérables, avec un autre glycol non saturé, l'alcool sélachylique.

La présence des carbures d'hydrogène avait été jusqu'ici rarement signalée, mais de récentes observations faites sur les huiles de chrysalide, de laurier, de persil, de beurre de cacao, tendraient à démontrer que leur existence a dû souvent passer inaperçue, ce qui s'explique assez par la quantité minime de matières insaponifiables généralement obtenue d'un corps gras. Enfin, les recherches de *Tsujimoto* et *Toyama*[2] viennent de montrer que les huiles d'animaux marins peuvent renfermer des quantités considérables d'hydrocarbures, et les huiles de foies de certains squales, en particulier, renferment jusqu'à 90 0/0 de squalène, carbure hexaéthylénique, $C^{30}H^{50}$, qui est souvent associé à un autre carbure saturé, un isooctodécane $C^{18}H^{38}$.

Les carbures d'hydrogène, quand ils se trouvent en grande proportion dans les matières insaponifiables, peuvent être séparés des alcools au moyen de l'anhydride acétique, comme il est décrit plus loin.

A côté des alcools et des hydrocarbures, existent de minimes quantités de matières colorantes, de substances résineuses, d'huiles éthérées, et d'autres corps étrangers, parmi lesquels peut-être aussi des albuminoïdes. Certaines de ces matières possèdent une activité optique et sont caractérisées par l'absorption de grandes quantités d'iode.

1. *Chem. Umschau*, 1922, 27, 35, 43, 237, 245, 376.
2. *Journ. Ind. Eng. Chem.*, 1916 (8), 889; 1917 (9), 1098; 1920 (12), 63.

L'examen des matières insaponifiables constitue donc un problème spécial pour chaque cas qui se présente, et l'étude n'en a été faite jusqu'ici qu'occasionnellement, mais il semble qu'une recherche systématique, telle que celle entreprise par *Mathes* et ses collaborateurs, puisse conduire à des résultats importants pour l'identification des huiles et graisses, dont la recherche dans les mélanges de corps gras présente encore de grandes difficultés.

L'étude des matières insaponifiables se subdivise comme suit :

A. *Examen des alcools.*

B. *Examen des hydrocarbures.*

A. — *Examen des alcools*

Il ne sera question ici que des stérols (Cf. chap. III), l'étude des alcools aliphatiques et leur séparation des alcools cycliques se rattachant plutôt aux insaponifiables des *cires*.

La recherche du cholestérol et du sitostérol (phytostérol) ou d'un mélange de ces deux alcools présente une grande importance lorsqu'il s'agit de déterminer l'origine animale ou végétale d'un corps gras ou d'examiner un mélange d'huiles et graisses animales et végétales.

Polenske a proposé une méthode, qui consiste à traiter la matière insaponifiable par de l'éther de pétrole léger, dans lequel le cholestérol et surtout le phytostérol ne sont que très peu solubles ; mais cette méthode ne fournit pas toujours des résultats utiles[1]. C'est ainsi qu'avec les insaponifiables de la cire du Japon que *Mathes* et *Heintz*[2] ont observés, le phytostérol restait dissous dans l'éther de pétrole avec la partie huileuse des matières insaponifiables.

Les réactions colorées indiquées plus haut (chap. III) pour le cholestérol et le phytostérol ne sont pas assez nettes pour pouvoir distinguer ces deux alcools. Il faut pour cela avoir recours aux méthodes suivantes :

1. Cf. aussi Dunlop, *Analyst*, 1907, 320.
2. *Arch. d. Pharm.*, 1909 (247), 650.

a) *Examen microscopique* [1]

Après isolement et pesée, on dissout les matières insaponifiables dans l'éther et verse la solution dans une petite capsule de porcelaine ; on laisse évaporer spontanément l'éther, sèche le résidu au bain-marie, le redissout dans la plus petite quantité possible d'alcool absolu et abandonne à cristallisation. En général, on obtient des cristaux bien définis, à moins que la proportion de matières résineuses et colorantes ne soit considérable. Dans ce cas, on dis-

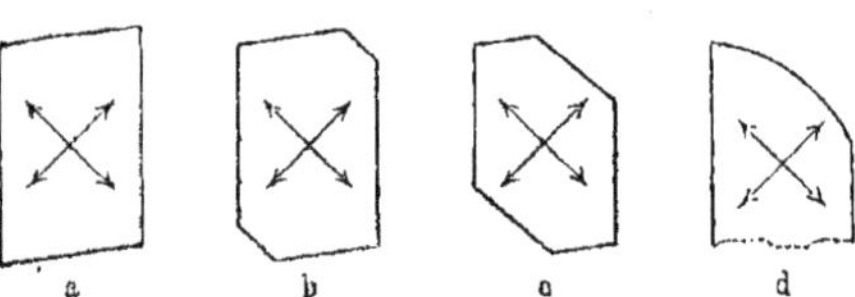

FIG. 41. — *a*) Cristaux de cholestérol.

sout les matières insaponifiables dans l'alcool à 95 0/0 (ou l'éther de pétrole) et élimine les matières colorantes en traitant la solution chaude par le noir animal et filtrant ensuite à chaud[2]. On évapore

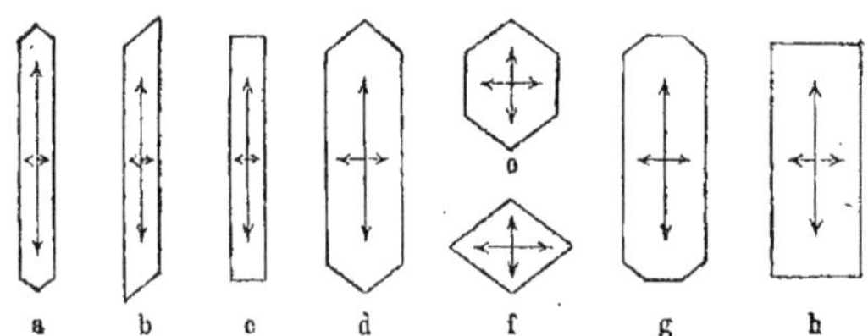

FIG. 41. — *b*) Cristaux de phytostérol.

à sec le liquide filtré et reprend le résidu par l'alcool absolu. On prélève quelques cristaux et les examine attentivement au microscope. Si le cholestérol seul ou le phytostérol seul existe, les cristaux ont la forme cristalline caractéristique du cholestérol ou du phytostérol (*fig.* 41 *a*, *b*, *c*.).

1. Bömer, *Zeits. f. Unters. Nahrgs. u. Genussm.*, 1898, 544.

2. Lorsque le coprostérol est le principal constituant des matières insaponifiables, comme dans les graisses récupérées des eaux d'égouts, l'extraction par l'alcool à 80 0/0 est l'opération la mieux appropriée à l'élimination des impuretés. Le cholestérol et le phytostérol sont, cependant, très peu solubles dans l'alcool à 80 0/0.

Les cristaux de cholestérol, déposés de leur solution alcoolique chaude, constituent un magma de lamelles qui apparaissent sous le microscope, comme des plaques très minces, présentant souvent des angles rentrants ; ces plaques sont apparemment rhombiques, mais doivent plutôt appartenir au système triclinique (*Bömer*). Le

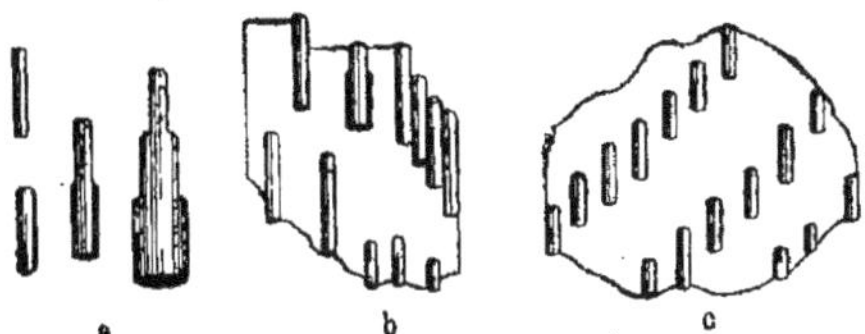

Fig. 41. — c) Cristaux d'un mélange de cholestérol et de phytostérol.

sitostérol, d'autre part, cristallise en aiguilles solides, groupées en touffes ; sous le microscope, on distingue de longues aiguilles solides, disposées en étoiles ou en grappes ; ces cristaux appartiennent probablement au système monoclinique.

Mais, en présence d'un mélange de cholestérol et de sitostérol (phytostérol), l'examen microscopique devient très incertain. D'après *Bömer*, les constituants d'un mélange de cholestérol et de phytostérol ne cristallisent pas séparément. Si le phytostérol prédomine ou se trouve à peu près dans les mêmes proportions que le cholestérol, les cristaux de ce dernier ne peuvent se distinguer de ceux du phytostérol ; si le cholestérol prédomine, on obtient des aiguilles de forme tout à fait différente. Les cristaux obtenus d'un mélange de (1) trois parties de sitostérol et une partie de cholestérol fondent à 135,6-136° ; (2) de parties égales de sitostérol et de cholestérol fondent à 140-141,5°, et (3) de une partie de phytostérol et trois parties de cholestérol fondent à 143,7-145° (*Bömer*). *Lewkowitsch* n'a pas obtenu de cristaux de formes mixtes en partant de mélanges artificiels de cholestérol et de phytostérol, mais a constaté, au contraire, que chaque constituant cristallise séparément, les deux formes cristallines coexistant finalement dans la liqueur mère [1]. Dans la plupart des cas, si la cristallisation s'effectue rapidement, des flocons se séparent qui possèdent une

1. *Journ. Soc. Chem. Ind.*, 1899, 557.

forme cristalline bien distincte ; dans le cas où l'on peut observer la formation de cristaux isolés, ceux-ci ont la forme cristalline du phytostérol. En séparant la première récolte par filtration et en

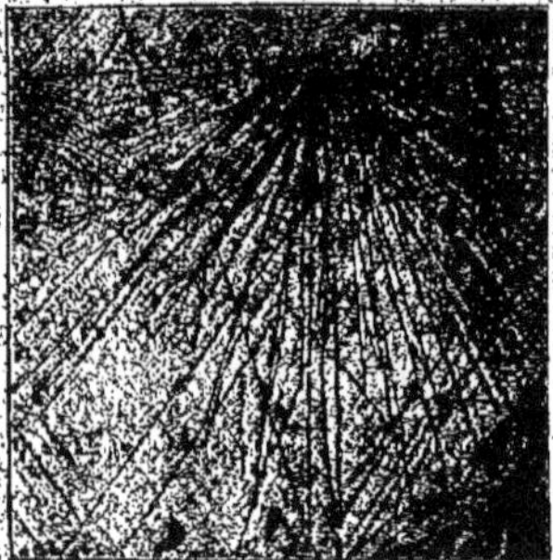

Fig. 42. — Cristaux de cholestérol (de l'éther).

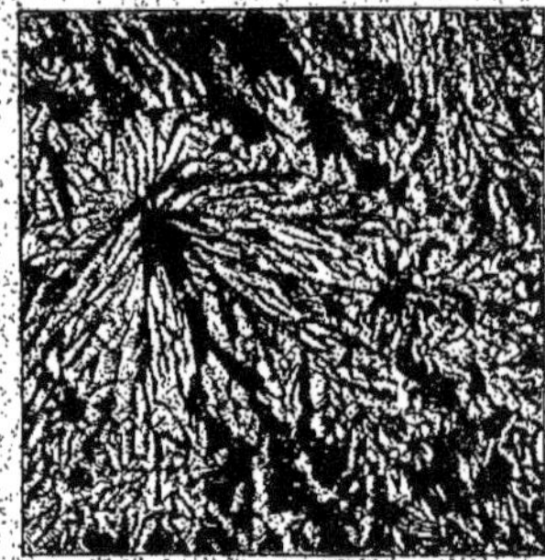

Fig. 43. — Cristaux de phytostérol (de l'éther).

abandonnant de nouveau à la cristallisation, on obtient de plus beaux cristaux, possédant chacun la structure individuelle des cristaux de phytostérol et de cholestérol.

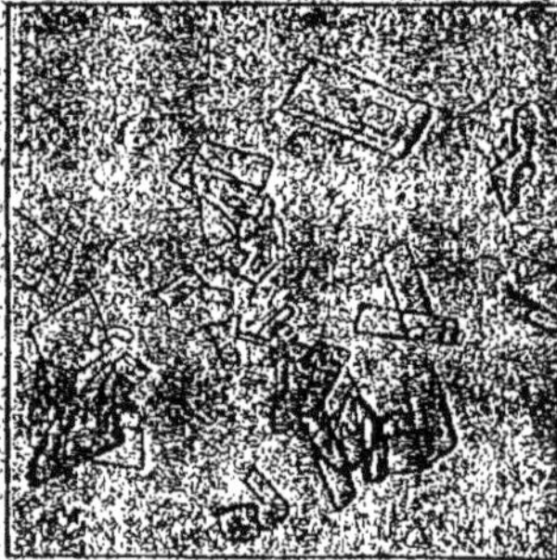

Fig. 44. — Cristaux de cholestérol (de l'alcool ; sur plaque de verre).

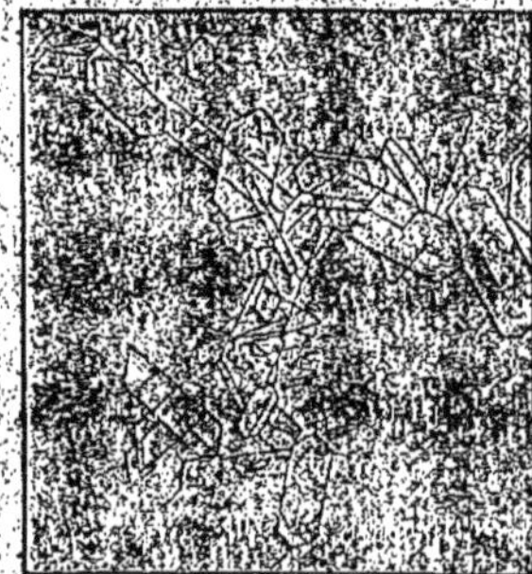

Fig. 45. — Cristaux de phytostérol (de l'alcool ; sur plaque de verre).

Zelsche[1] a confirmé ces observations et a publié quelques dessins de cristaux, qui sont reproduits ici (*fig.* 42 à 52).

En résumé, l'examen microscopique ne peut être considéré que

1. *Pharm. Centralhalle*, 1898, n° 49.

comme un essai préliminaire, ne permettant pas de conclure définitivement sur l'origine d'un corps gras. Pour arriver à un résultat concluant, il est nécessaire de faire l'*essai de l'acétate de phytostéryle*.

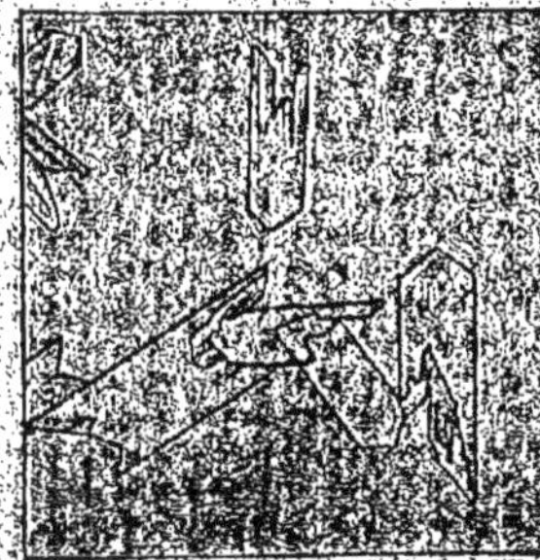

FIG. 46. — Cristaux de cholestérol contenant 70 0/0 de phytostérol (de l'alcool ; sur plaque de verre).

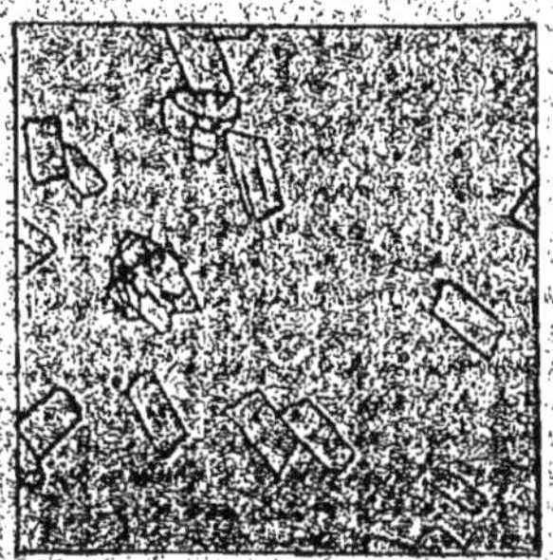

FIG. 47. — Cristaux extraits du saindoux pur (de l'alcool ; sur plaque de verre).

b) *Essai de l'acétate de phytostéryle* [1]

On évapore à sec, dans une capsule au bain-marie, la solution

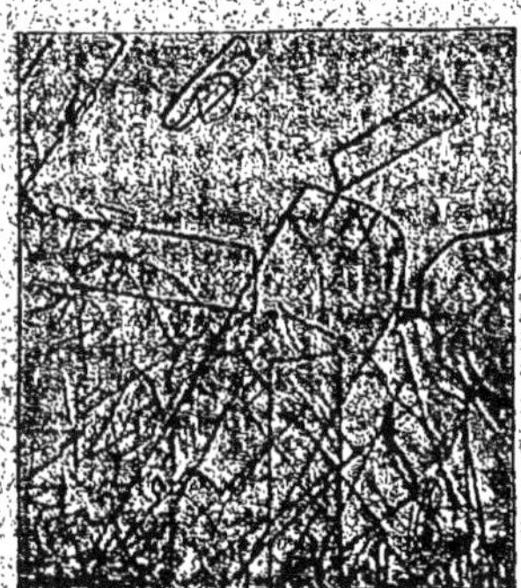

FIG. 48. — Cristaux extraits du saindoux pur (de la liqueur mère alcoolique).

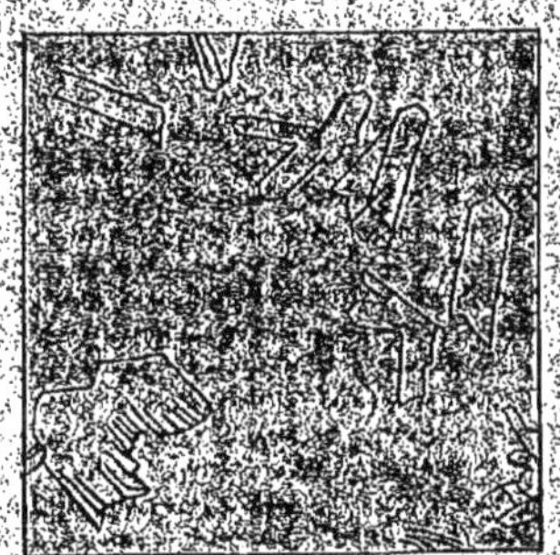

FIG. 49. — Cristaux extraits du saindoux contenant 5 0/0 d'huile de coton (de l'alcool ; sur plaque de verre).

alcoolique contenant les cristaux (voir *a*) et chauffe le résidu (de

1. Bömer, *Zeits. f. Unters. Nahrgs. u. Genussm.*, 1901, 1091 ; *Journ. Soc. Chem. Ind.*, 1902, 1018.

100 gr. de corps gras) avec 2 à 3 cc. d'anhydride acétique pendant une minute sur une petite flamme jusqu'à l'ébullition, la capsule étant recouverte d'un verre de montre. On enlève celui-ci et évapore

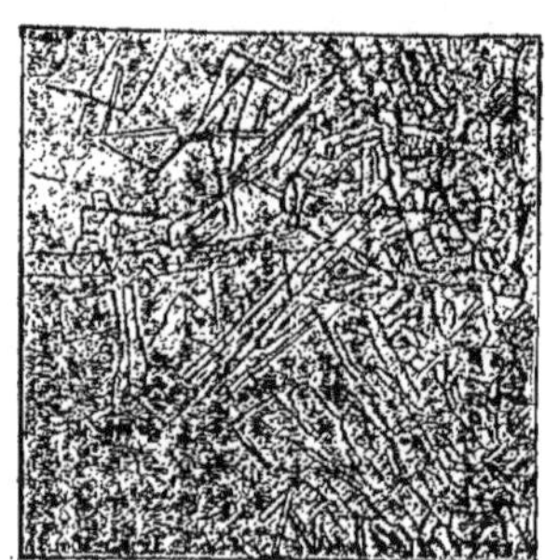

Fig. 50. — Cristaux extraits du saindoux contenant 5 0/0 d'huile de coton (de l'alcool ; sur plaque de verre).

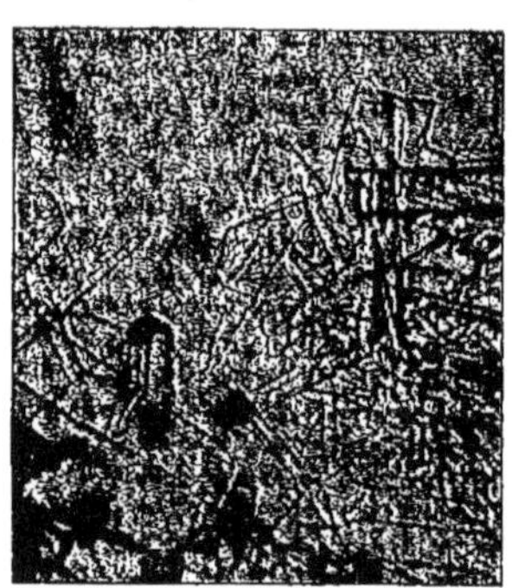

Fig. 51. — Cristaux extraits du saindoux contenant 5 0/0 d'huile de coton (de la liqueur mère alcoolique).

l'excès d'anhydride acétique au bain-marie. On chauffe le produit obtenu avec la plus petite quantité possible d'alcool absolu et, pour empêcher la solidification immédiate de la masse par refroidissement, on ajoute encore quelques centimètres cubes d'alcool et abandonne à la cristallisation. Lorsqu'un tiers ou la moitié de l'alcool s'est évaporé spontanément, les acétates cristallisent. On sépare les cristaux par filtration sur un petit filtre et on les lave avec un peu d'alcool à 95 0/0. On met de nouveau les acétates dans la capsule avec 5 à 10 cc. d'alcool absolu pour les dissoudre et abandonne à la cristallisation. On sépare les cristaux par filtration et détermine leur point de fusion. Comme l'acétate de cholestéryle fond à 114,3-114,8° (corrigé), tan-

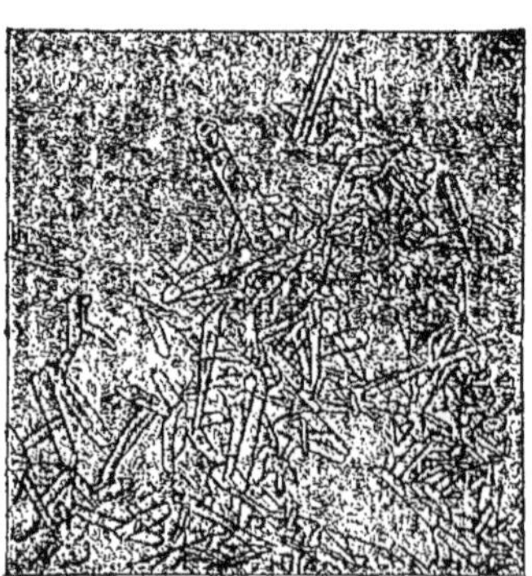

Fig. 52. — Cristaux extraits du saindoux contenant 10 0/0 d'huile de coton (de la liqueur mère alcoolique).

dis que les cristaux d'acétate de phytostéryle obtenus avec différents corps gras fondent *au-dessus* de 125°, le point de fusion de cette récolte de cristaux indique tout d'abord si le cholestérol et le phytostérol existent seuls ou simultanément. Il ne faudrait cependant pas baser une conviction absolue sur le point de fusion de cette seconde récolte de cristaux, car, dans des cas douteux, il est parfois nécessaire de faire recristalliser les acétates jusqu'à trois fois et plus. Si le point de fusion de la cinquième ou de la septième récolte de cristaux se trouve au-dessous de 115 ou 116°, on peut conclure de façon certaine à l'absence de phytostérol. Une augmentation graduelle et distincte des points de fusion, au-dessus de 114°, dans les cristallisations successives, constitue la meilleure indication de la méthode à employer. La table suivante due à *Jäger*[1] et à *Klamroth*[2] fournit à ce sujet quelques renseignements intéressants :

Points de fusion de mélanges d'acétates de cholestéryle et de phytostéryle (*Jäger*)

ACÉTATE DE CHOLESTÉRYLE POINT DE FUSION 112,8°	ACÉTATE DE PHYTOSTÉRYLE POINT DE FUSION 129,2°	POINT DE FUSION DU MÉLANGE
Pour 100	Pour 100	Degrés
90	10	117
80	20	120,5
73,3	26,7	122,5
60	40	125
42,4	57,6	129
20	80	129,1
10	90	129,2

1. *Rec. Trav. Chim. Pays-Bas*, 1906 (25), 349.
2. *Dissert.*, Munich, 1911.

Points de fusion des mélanges d'acétates de cholestéryle et de sitostéryle

ACÉTATE DE CHOLESTÉRYLE	ACÉTATE DE SITOSTÉRYLE	JAGER	KLAMROTH
Pour 100	Pour 100	Degrés	Degrés
100,0		113,6	113,0
96,0	4,0	115,0	114,2
86,4	13,6	119,1	118,0
79,5	20,5	121,3	120,6
66,6	33,4	125,3	124,2
50,0	50,0	127,0	127,0
38,3	61,7	128,2	127,8
33,3	66,7	128,3	128,2
26,4	73,6	128,3	128,0
15,5	84,5	128,2	128,0
10,1	89,9	128,1	127,8
0	100,0	127,1	127,0

Lewkowitsch a vérifié par de nombreux essais les indications fournies par ce mode d'examen et les a toujours trouvées parfaitement concordantes et dignes de confiance, ce qui constitue l'une des principales raisons pour adopter, dans cet ouvrage, la division des huiles et graisses naturelles, suivant leur origine animale ou végétale. Un grand nombre d'observateurs ont également confirmé la valeur de l'essai de l'acétate du phytostéryle, de sorte que l'opinion contraire de quelques auteurs peut être regardée comme négligeable.

Toutefois, la certitude offerte par l'essai de l'acétate de phytostéryle peut se trouver compromise par la pratique de l'addition de petites quantités de paraffine au saindoux, dans le but de masquer la présence d'huiles et graisses végétales. *Polenske* a montré l'influence de la présence de la paraffine sur cet essai et indiqué une méthode non seulement pour la recherche et la détermination quantitative de la paraffine, mais encore pour l'éliminer de façon que l'essai de l'acétate de phytostéryle puisse s'effectuer sans difficulté. *Lewkowitsch* a confirmé l'exactitude de ces observations et élaboré d'autres procédés répondant au même but.

Afin de montrer à quel point l'addition de paraffine peut mettre en défaut les indications de l'essai de l'acétate de phytostéryle,

Polenske s'est livré à des expériences faites sur 0,1 gr. d'un mélange de 94 0/0 de cholestérol et 6 0/0 de phytostérol, auquel on ajoutait des quantités variables de paraffine. (La quantité de 0,1 gr. a été choisie parce que 100 gr. de saindoux donnent environ 0,1 gr. de cholestérol pur). Le mélange indiqué de cholestérol et de phytostérol soumis à l'essai de l'acétate de phytostéryle donnait les nombres suivants :

	Degrés
Point de fusion de la 3e récolte de cristaux	118
— 4e —	119
— 5e —	120

La table suivante rapporte les résultats obtenus avec des mélanges contenant de la paraffine :

Points de fusion des acétates obtenus de 0gr,1 d'un mélange de 94 0/0 de cholestérol et de 6 0/0 de phytostérol, auquel ont été ajoutées des quantités variables de paraffine (Polenske).

POINT DE FUSION DE LA	QUANTITÉ DE PARAFFINE AJOUTÉE EN GRAMMES							
	0,002	0,003	0,005	0,007	0,01	0,02	0,05	0,1
	Degrés	Degrés	Degrés	Degrés	Degrés	Degrés	Degr.	Degr.
3e récolte de cristaux	117,5	117,5	115	113	104	79	64	
4e — —	118,5	118	117	112	108	89	60	55
5e — —	120	119,5	118	115	112		55	53

Les quantités de paraffine ajoutées au mélange de cholestérine et de phytostérine sont donc dans l'ordre des colonnes verticales 2 0/0, 3 0/0, 5 0/0, 7 0/0, 10 0/0, 20 0/0, 50 0/0, et 100 0/0, soit calculées sur le poids de saindoux 0,002, 0,003, 0,005, 0,007, 0,010, 0,020, 0,050 et 0,1 0/0. On voit ainsi que des quantités aussi petites que 0,007 à 0,01 de paraffine dans la graisse sont capables de fausser les indications de l'essai de l'acétate de phytostéryle, tandis que, d'une part, de plus petites proportions sont pratiquement sans influence et, d'autre part, de plus grandes proportions sont facilement décelées.

Polenske a indiqué une méthode pour éliminer la paraffine, puis la doser ; *Lewkowitsch*, qui a répété les expériences de *Polenske*, en a confirmé l'exactitude.

Dans le but de déterminer l'influence de la paraffine sur l'acétate de cholestéryle pur, *Lewkowitsch* a préparé des mélanges de paraffine et d'acétate de cholestéryle pur fondant à 113-113,5° et a déterminé leurs points de fusion :

Points de fusion des mélanges d'acétate de cholestéryle de points de fusion 113,5° *et de paraffine* (*Lewkowitsch*)

	POINT DE FUSION
	Degrés
97 0/0 d'acétate de cholestéryle + 3 0/0 de paraffine.....	110
93 — — + 7 —	106

En acétylant un mélange de 90 0/0 de cholestérol et 10 0/0 de paraffine, on peut reconnaître immédiatement la présence de celle-ci à l'existence d'une gouttelette de paraffine surnageant la solution dans l'anhydride acétique chaud. En soumettant la masse acétylée à la recristallisation, comme dans l'essai de l'acétate de phytostéryle, on obtient les résultats suivants :

	Degrés
Point de fusion de la 2e récolte de cristaux..........	90-99
— 3e —	98-98
— 4e —	86-89
— 5e —	86-92

On voit ainsi que le point de fusion s'abaisse rapidement, comme il fallait s'y attendre en effet, puisque la paraffine, insoluble dans l'alcool froid, se sépare entièrement avec une proportion décroissante d'acétate de cholestéryle.

Comme complément de ces chiffres, voici les résultats des expériences faites avec 3 0/0 de paraffine :

Acétates d'un mélange de 97 0/0 *de cholestérol et* 3 0/0 *de paraffine* (*Lewkowitsch*)

	Degrés
Point de fusion de la 1re récolte de cristaux.......	104-108
— 2e —	104-109
— 3e —	103-109
— 4e —	103-109
— 5e —	103-108

Pour éliminer la paraffine des matières insaponifiables brutes d'après les indications de *Polenske*, on traite la masse des insaponifiables de 100 gr. de corps gras par 1 cc. d'éther de pétrole (bouillant au-dessous de 50°) pendant vingt minutes, dans un bain d'eau à la température de 15-16°, puis on transvase le tout dans un petit entonnoir bouché par un tampon d'ouate et on lave cinq fois successivement avec 1/2 cc. d'éther de pétrole chaque fois. La paraffine est ainsi facilement éliminée, tandis que le cholestérol et le phytostérol, beaucoup moins solubles dans l'éther de pétrole froid restent sur le filtre. Le résidu est ensuite acétylé et traité comme dans l'essai de l'acétate de phytostéryle. Cette méthode présente l'inconvénient qu'une certaine quantité d'alcools est entraînée, mais en revanche, elle offre cet avantage qu'il se dissout plus de cholestérol que de phytostérol, de sorte que les indications de l'essai deviennent plus nettes, la proportion de phytostérol (s'il existe) par rapport au cholestérol augmentant.

La méthode de *Polenske* pour la détermination quantitative de la paraffine consiste à traiter les matières insaponifiables de 100 gr. de corps gras par 5 cc. d'acide sulfurique concentré, au bain de glycérine entre 104 et 105°, pendant une heure ; les alcools sont détruits et la paraffine reste ; on extrait celle-ci par l'éther de pétrole (de point d'ébullition faible) et la pèse. S'il n'existe que de minimes quantités de paraffine, le traitement par l'acide sulfurique doit être répété. La table suivante due à *Polenske* montre l'exactitude de cette détermination dans des mélanges préparés de cholestérol et de paraffine :

	0gr,1 DE CHOLESTÉROL AUQUEL ONT ÉTÉ AJOUTÉES LES QUANTITÉS SUIVANTES DE PARAFFINE, EN GRAMMES					
	0,003	0,004	0,005	0,01	0,1	0
Donne paraffine :						
1. Après le 1er traitement par l'acide sulfurique....	0,0041	0,0056	0,0063	0,014	0,096	0,0027
2. Après le 2e traitement par l'acide sulfurique....	0,0033	0,0041	0,0055	0,0105	0,092	0,0005

Dans cette méthode, les alcools sont malheureusement détruits, de sorte qu'il n'est pas possible d'effectuer un essai confirmatif.

A la suite d'une certaine pratique de ce procédé, *Lewkowitsch* a été amené à le modifier comme suit : on convertit en acétates, de la manière habituelle, les matières insaponifiables du corps gras suspect. A l'aspect de la solution dans l'anhydride acétique à la présence d'un globe surnageant celui-ci, on peut déjà reconnaître la présence d'une proportion de 10 0/0 de paraffine au moins. On sépare cette dernière par filtration et la pèse après lavage à l'alcool absolu. On se servira des tables données plus haut pour comparer les points de fusion des récoltes successives d'acétates obtenues ensuite. Ce n'est ce que si l'on peut soupçonner la présence d'environ 0,005 à 0,010 0/0 de paraffine dans la graisse, qu'un examen plus approfondi est nécessaire. Dans ce cas, on réunit les cristaux et les liqueurs mères des diverses cristallisations et évapore à sec. On saponifie le mélange des acétates et de paraffine (s'il y a lieu) par la potasse alcoolique et extrait la solution de savon par l'éther, de façon à isoler les matières insaponifiables originales. Si l'opération a été faite avec soin, on peut déterminer l'indice de saponification de la masse obtenue desséchée, et on obtient ainsi une indication importante ; c'est ce que montrent les expériences rapportées ci-dessous :

Indices de saponification des mélanges d'acétate de cholestéryle et de paraffine (*Lewkowitsch*)

	CALCULÉ	TROUVÉ
Acétate de cholestéryle	135,5	...
I 0^{gr},1146 acétate de cholestéryle + 0^{gr},0100 paraffine.	124,6	121,5
II 0 ,1138 acétate de cholestéryle + 0 ,0200 paraffine.	115,2	117,3

On peut enfin déterminer quantitativement la paraffine dans les matières insaponifiables, comme ci-dessus.

Windaus a suggéré de purifier les stérols par précipitation au moyen de la digitonine (Cf. chap. III) de la façon suivante :

On dissout les matières insaponifiables dans 50 parties d'alcool à 95 0/0 bouillant (dans le cas où il se trouve des matières insolubles, on prépare un extrait par ébullition avec l'alcool) et on ajoute une solution chaude à 1 0/0 de digitonine dans l'alcool à 90 0/0, jusqu'à ce qu'il n'y ait plus précipitation. Après plusieurs heures de repos, on filtre le précipité formé sur un creuset de *Gooch*, on le lave à l'alcool et à l'éther, le sèche à 100° et le pèse.

De l'équation[1] :

$$\underset{\text{Digitonine-cholestérol}}{C^{82}H^{140}O^{29}} = \underset{\text{Cholestérol}}{C^{27}H^{46}O} + \underset{\text{Digitonine}}{C^{55}H^{94}O^{28}}$$

il résulte que, si *a* est la quantité de digitonine cholestérol trouvée, la quantité de stérol *s* s'obtient en multipliant *a* par le facteur 0,2431 ; dans la pratique, le facteur 0,25 est suffisamment précis.

Plusieurs observateurs ont proposé d'appliquer directement aux corps gras la précipitation par la digitonine sans séparation préalable des matières insaponifiables ; mais la digitonine précipitant seulement les alcools libres et non les éthers, il est évidemment préférable de précipiter les stérols des acides gras[1].

Kuhn, Bengen et *Werwinke*[2] ont recommandé le mode opératoire suivant :

On agite bien les acides gras mélangés de 50 gr. de corps gras avec une solution alcoolique de digitonine. On abandonne le mélange au repos pendant une heure à 70° et l'on ajoute 20 cc. de chloroforme. On filtre le précipité de digitonide et le lave, d'abord au chloroforme, puis à l'éther ; après dessiccation à 100°, on l'acétyle de la manière habituelle.

Le digitonide peut être converti directement en acétate par ébullition avec l'anhydride acétique.

Les huiles minérales et les matières guttifères du beurre de karité ne contrarient pas la précipitation[3] ; toutefois, d'après l'expérience de *Lewkowitsch*, la méthode de la digitonine ne donne pas toujours de résultats satisfaisants[4].

Le phytostérol dont il a été question jusqu'ici, ne doit pas être

1. H. Klostermann, *Chem. Zeit.*, 1914, 333 ; B. Kuhn et J. Werwinke, *Zeits. f. Unters. d. Nahr. u. Genussm.*, 1914, 369 ; H. Klostermann et H. Opitz, *Zeits. f. Unters. d. Nahr. u. Genussm.*, 1914, 138.
2. *Zeits. f. Unters. d. Nahr. u. Genussm.*, 1915, 321.
3. A. Olig, *Zeits. f. Unters. d. Nahr. u. Genussm.*, 1914, 129.
4. Cf. aussi Matthes et Dahl, *Arch. d. Pharm.*, 1911 (249), 442.

considéré comme une individualité chimique. *Windaus* et *Hauth*[1] ont, en effet, reconnu que le « phytostérol » des fèves de Calabar était constitué par un mélange de phytostérol vrai (sitostérol) et de stigmastérol, et la présence de ce dernier (associé au sitostérol) dans les huiles végétales, a été signalée dans les huiles de colza, de soja, etc...

La séparation du stigmastérol et du phytostérol s'effectue en acétylant les alcools mélangés et en bromant les acétates, ce qui donne les dérivés dibromés et tétrabromés correspondants. La séparation des deux éthers s'effectue facilement, car l'acétate de tétrabromostigmastéryle est insoluble dans un mélange d'acide acétique glacial et d'éther, dans lequel l'acétate de dibromophytostéryle est aisément soluble. On régénère ensuite les acétates de leurs bromodérivés par réduction avec la poudre de zinc et l'acide acétique en solution alcoolique, puis on isole les alcools primitifs et les identifie par leur point de fusion.

Le brassicastérol peut être séparé du phytostérol d'une façon analogue.

Pour séparer le cholestérol du phytostérol, *Windaus*[2] a proposé une méthode basée sur la façon dont se comportent leurs dibromures, traités par un mélange d'éther et d'acide acétique glacial. Le mode opératoire utilisé ressort de l'exemple de séparation suivant, donné par *Windaus* :

On a dissous un mélange de 4 gr. de phytostérol et 0,4 gr. de cholestérol dans 44 cc. d'éther et lui a ajouté 44 cc. d'une solution de 5 gr. de brome dans 100 cc. d'acide acétique glacial. Il ne s'est produit aucune séparation de dibromocholestérol, mais celui-ci s'est précipité à l'état pratiquement pur par l'addition d'acide acétique à 50 0/0 et l'on en a obtenu ainsi 0,14 gr. On a lavé ce précipité avec 22 cc. d'acide acétique glacial, puis avec 11 cc. d'acide acétique à 50 0/0. En réunissant les lavages au produit filtré principal, on a obtenu un nouveau précipité de 0,14 gr. formé d'un mélange de cholestérol et de phytostérol dibromés. Enfin, on a récupéré du filtrat 3 gr. d'acétate de phytostéryle.

Holde[3] a indiqué que cette méthode est inapplicable avec des

1. *Berichte*, 1906, 4381; 1907, 3681.
2. *Chem. Zeit.*, 1906, 1011.
3. *Zeits. f. ang. Chem.*, 1906, 1609; cf. aussi Werner, *Dissert.*, Berlin, 1911.

mélanges ne renfermant que de petites quantités de cholestérol; *Lewkowitsch*, cependant, a obtenu des résultats satisfaisants avec des mélanges de corps gras animaux et végétaux, contenant au moins 20 0/0 de corps gras animaux. De plus petites proportions d'huiles et graisses animales ne permettraient plus une interprétation qualitative des résultats. En pareil cas, *Lewkowitsch* suggère d'opérer une séparation préliminaire partielle des alcools mélangés au moyen de l'éther de pétrole, après quoi les alcools obtenus après évaporation sont traités par l'un des deux procédés précédents.

La méthode de bromuration peut être employée comme contrôle des méthodes à l'acétate de phytostéryle, au point de vue quantitatif.

Si les matières insaponifiables brutes sont très impures, il convient de recourir à la précipitation par la digitonine, comme moyen de purification préliminaire.

Klamroth[1] a étudié l'application de la réaction thermique du brome à la détermination quantitative des mélanges de cholestérol, de phytostérol et de stigmastérol; les nombres suivants montrent que cette méthode fournit, en effet, des résultats tout à fait dignes de confiance :

Réaction bromo-thermique des stérols et de leurs acétates

STÉROL	ÉLÉVATION DE TEMPÉRATURE APRÈS 2 MINUTES
	Degrés
Cholestérol	7,38
Sitostérol	7,00
Stigmastérol	14,3

ACÉTATE	CHALEUR DE BROMURATION	
	TROUVÉE APRÈS 2 MINUTES	CALCULÉE d'après l'indice d'iode
Acétate de cholestéryle	4,0	6,79
— de sitostéryle	6,5	6,79
— de stigmastéryle	12,7	12,42

1. *Dissert.*, Munich, 1911.

Mélanges d'acétate de cholestéryle et de sitostéryle

MÉLANGE CONTENANT		CHALEUR DE BROMURATION		CALCULÉ D'APRÈS LA CHALEUR DE BROMURATION	
Acétate de cholestéryle	Acétate de sitostéryle	Trouvée	Calculée	Acétate de cholestéryle	Acétate de sitostéryle
Pour 100	Pour 100	Degrés	Degrés	Pour 100	Pour 100
90	10	4,3	4,35	88	12
50	50	5,3	5,35	48	52
20	80	5,95	6,00	22	73
10	90	6,3	6,25	8	93

Mélanges d'acétates de cholestéryle et de stigmastéryle

MÉLANGE CONTENANT		CHALEUR DE BROMURATION		CALCULÉ D'APRÈS LA CHALEUR DE BROMURATION	
Acétate de cholestéryle	Acétate de stigmastéryle	Trouvée	Calculée	Acétate de cholestéryle	Acétate de stigmastéryle
Pour 100	Pour 100	Degrés	Degrés	Pour 100	Pour 100
95	5	4,4	4,43	95,5	4,5
55	45	8,1	8,0	54,0	46,0
50	50	8,25	8,35	52,0	48,0
80	20	11,0	11,0	80,0	20,0

Mélanges d'acétates de sitostéryle et de stigmastéryle

MÉLANGE CONTENANT		CHALEUR DE BROMURATION		CALCULÉ D'APRÈS LA CHALEUR DE BROMURATION	
Acétate de sitostéryle	Acétate de stigmastéryle	Trouvée	Calculée	Acétate de sitostéryle	Acétate de stigmastéryle
Pour 100	Pour 100	Degrés	Degrés	Pour 100	Pour 100
95	5	6,75	6,81	96,0	4,0
50	50	9,7	9,6	48,0	52,0
20	80	11,5	11,4	20,0	80,0

Les tables comparatives ci-dessous montrent la relation entre la chaleur de bromuration et le point de fusion de l'acétate de cholestéryle et de sitostéryle, de l'acétate de cholestéryle et de stigmastéryle et de l'acétate de stigmastéryle et de sitostéryle.

Mélanges d'acétates de cholestéryle et de sitostéryle

CHALEUR DE BROMURATION	POINT DE FUSION	ACÉTATE DE CHOLESTÉRYLE	ACÉTATE DE SITOSTÉRYLE
Degrés	Degrés	Pour 100	Pour 100
4	113,0	100,0	0
4,2	117,0	92,0	8,0
4,35	118,6	86,0	14,0
4,5	120,5	80,0	20,0
4,7	123,2	72,0	28,0
5,05	126,2	58,0	42,0
5,4	127,5	44,0	56,0
5,6	128,4	36,0	64,0
5,9	128,2	24,0	76,0
6,15	128,0	14,0	86,0
6,5	127,0	0	100,0

Mélanges d'acétates de cholestéryle et de stigmastéryle

CHALEUR DE BROMURATION	POINT DE FUSION	ACÉTATE DE CHOLESTÉRYLE	ACÉTATE DE STIGMASTÉRYLE
Degrés	Degrés	Pour 100	Pour 100
4	113,0	100,0	0
5,4	117,8	84,0	16,0
5,9	119,2	79,0	21,0
6,1	120,4	76,0	24,0
7,05	123,0	65,0	35,0
10,3	133,0	28,0	72,0
11,4	137,0	15,0	85,0
12,7	141,0	0	100,0

Mélanges d'acétates de sitostéryle et de stigmastéryle

CHALEUR DE BROMURATION	POINT DE FUSION	ACÉTATE DE SITOSTÉRYLE	ACÉTATE DE STIGMASTÉRYLE
Degrés	Degrés	Pour 100	Pour 100
6,5	127,0	100	0
7,0	128,2	92	8
7,5	130,4	84	16
8,15	132,8	73	27
8,55	133,6	67	33
8,9	134,5	61	39
9,2	135,0	56	44
10,0	136,0	44	56
11,4	139,0	21	79
12,7	141,0	0	100

Le tableau suivant donne les chaleurs de bromuration et les points de fusion des cristallisations successives de l'alcool provenant d'un mélange de 80 parties d'acétate de cholestéryle et 20 parties d'acétates des phytostérols des fèves de Calabar ; ces derniers ont été pris comme terme de comparaison parce qu'ils représentent un mélange typique et probablement constant de sitostérol et de stigmastérol.

FRACTION	CHALEUR DE BROMURATION	POINT DE FUSION
	Degrés	Degrés
1	5,1	120,0
2	5,35	122,0
3	5,7	126,4
4	6,4	128,2
5	7,3	130,4

Polenske[1] a observé que les corps gras anciens et rances donnaient toujours de plus grandes quantités de matières insaponifiables que les corps gras frais. D'autre part, avec des corps gras anciens et rances, il est impossible d'obtenir, même par cristallisations répétées des alcools purs de points de fusion normaux ; il en est de même des acétates dont les points de fusion sont toujours inférieurs à ceux des acétates provenant de corps gras frais.

1. *Arbeiten a. d. Kais. Gesundheits.*, 1912, 38 (v).

B. — *Examen des hydrocarbures*

L'isolement des hydrocarbures contenus dans les matières insaponifiables des corps gras, leur séparation des stérols et la purification des hydrocarbures eux-mêmes nécessitent des recherches compliquées qui ne sont plus du domaine de l'analyse technique ; rien que pour isoler des quantités suffisantes d'hydrocarbures, il faut traiter de grandes quantités d'huiles et graisses.

Il suffira donc d'énumérer les hydrocarbures isolés jusqu'ici à l'état pur, et l'on se reportera aux méthodes spéciales utilisées pour cet objet, décrites dans les mémoires originaux cités dans les monographies du chapitre XV.

Hydrocarbures isolés des huiles et graisses

	EXISTANT DANS L'	POINT DE FUSION	OBSERVATEURS
$C^{19}H^{38}$ (Isooctodécane, Pristane)..........	Huile de foie de requin (et d'autres squales).	liquide	Tsujimoto; Toyama.
$C^{20}H^{42}$ (Pétrosilène)...	Huile de persil	69°	Matthes et Heintz.
$C^{28}H^{58}$..............	— de chrysalide....	62°,5	Menozzi et Moreschi.
$C^{20}H^{42}$ (Laurane)......	— de laurier.......	69°	Matthes et Sander.
$C^{31}H^{64}$..............	— de kosam........	67–68°	Power et Lees
$C^{30}H^{48}$ (Amyrilène?)...	Beurre de cacao.......	...	Matthes et Rohdich.
(?)	Huile de nerprun......	81–82°	Krassowski.
$C^{30}H^{50}$ (Squalène, Spinacène)............	Huile de foie de requin (et des squales, en général)..............	liquide	Chapman ; Tsujimoto.

2. Matières insaponifiables naturelles des cires.

Pour réaliser l'hydrolyse complète des éthers dans les cires, il est bon d'opérer la saponification sous pression avec la potasse alcoolique double normale ou mieux avec l'alcoolate de sodium (Cf. chap. III).

Les éléments insaponifiables des cires sont constitués par des alcools aliphatiques saturés (alcools cétyliques, octodécylique, cérylique, mélissique ou myricique, etc...), ou non saturés (alcool oléylique, etc...), ou par un mélange de ces alcools avec les stérols (« phytostérols » dans les corps gras végétaux, cholestérol et isocholestérol dans la suintine, cholestérol dans d'autres cires animales) ; enfin, dans certaines cires solides, telles que les cires de fleurs, on trouve encore des quantités considérables de carbures d'hydrogène.

Les matières insaponifiables des cires ne constituant pas une espèce chimique, il va de soi que l'analyse organique ne peut fournir aucun renseignement utile ; il en est à peu près de même du point de fusion, qui ne peut donner qu'une indication préliminaire de très minime importance, ainsi que le montrent les points de fusion suivants des matières qui se rencontrent le plus souvent dans les insaponifiables des cires solides :

Matière insaponifiable	Point de fusion
Alcool cétylique	50°
— cérylique	79
— myricique	85
Cholestérol	148,4-150,8
Isocholestérol	137-138
Hydrocarbure de la cire d'abeilles, $C^{27}H^{56}$	60,5
— — $C^{31}H^{64}$	67

En ce qui concerne les alcools des cires liquides, voir chapitre XV, *Huile de Cachalot.*

Lorsqu'on se trouve en présence d'un mélange de plusieurs de ces substances, le point de fusion devient encore moins important, car de petites quantités de matières étrangères abaissent considérablement ce point. Ce n'est que si l'on trouve un point de fusion très élevé que l'on peut conclure à la présence de cholestérol ; encore faut-il se rappeler qu'un mélange de cholestérol et d'isocholestérol fond au-dessous de 100°.

En résumé, l'analyse organique et la détermination du point de fusion ne peuvent donc fournir d'indications concluantes qu'autant qu'il s'agit de substances pures isolées au cours d'un examen détaillé.

Pour les besoins techniques, on peut avoir recours aux deux procédés suivants qui donneront une mesure de la quantité des alcools mélangés :

1. On pèse exactement de 3 à 5 gr. des matières insaponifiables mélangées et les fait bouillir dans une fiole, au réfrigérant à reflux,

avec le double de leur poids d'anhydride acétique. On verse la masse acétylée dans 300 cc. d'eau bouillante afin d'hydrolyser l'excès d'anhydride acétique ; on laisse refroidir et sépare la masse précipitée par filtration sur filtre taré (Cf. chap. VI, *Mono- et Diglycérides*), on lave jusqu'à ce que les eaux de lavage ne soient plus acides et sèche à poids constant. De l'augmentation de poids, on peut déduire une première indication de la proportion d'alcools présents, en s'aidant de la table donnée plus loin.

2. On traite les matières insaponifiables par l'anhydride acétique comme précédemment, et l'on observe l'aspect du liquide chaud ; on peut se trouver en présence de l'un ou l'autre des trois cas suivants :

a) Les matières insaponifiables se dissolvent complètement dans l'anhydride acétique et il ne s'opère aucune séparation à froid ; ceci indique la présence d'alcools *aliphatiques*.

b) Les matières insaponifiables se dissolvent complètement dans l'anhydride acétique à l'ébullition, mais un magma cristallisé se sépare par refroidissement ; ceci indique la présence du *cholestérol* (*isocholestérol*) ou du *phytostérol*, ou de quelque alcool aliphatique supérieur, ou d'un mélange de ces corps.

c) La solution n'est pas homogène et une couche huileuse surnage à la partie supérieure de l'anhydride acétique chaud. Ceci indique la présence de notables quantités d'hydrocarbures (soit naturels, soit ajoutés, comme la paraffine, la cérésine, etc...) ; les alcools signalés en *a*) et *b*) peuvent également exister, en dissolution dans l'anhydride acétique chaud. La présence du cholestérol ou du phytostérol se reconnaîtrait comme en *b*) ; enfin, si la couche inférieure reste claire par refroidissement, elle peut néanmoins renfermer des alcools aliphatiques.

Sur cette action différente de l'anhydride acétique, on peut déjà baser une séparation grossière des hydrocarbures et des alcools, en opérant de la façon suivante, que *Lewkowitsch* a fréquemment employée avec avantage.

On introduit la masse acétylée chaude dans un entonnoir à séparation en verre mince, en employant aussi peu que possible d'anhydride acétique pour rincer la fiole ; on chauffe doucement l'entonnoir afin que les alcools restent en solution et que l'on obtienne deux couches distinctes. Lorsqu'on a employé trop d'anhydride acétique, un peu d'hydrocarbures passent en solution [1]. On soutire la couche claire inférieure et recherche les alcools comme ci-dessus ; quant à la couche supérieure, on la lave avec un peu d'anhydride acétique à chaud. On abandonne au refroidissement, on lave la masse d'hydrocarbures à l'eau chaude sur filtre et on la pèse après dessiccation. On peut ensuite déterminer leur point de fusion (et leur indice d'iode, s'il paraît nécessaire). Lorsqu'aucune couche huileuse n'est apparue à la partie supérieure de l'anhydride acétique, ou bien lorsque cette couche formée a été séparée, on fait tomber la solution chaude d'anhydride acétique dans l'eau bouillante, et on lave les acétates de cholestéryle et d'alcools aliphatiques séparés, sur filtre, jusqu'à ce que les eaux de lavage ne soient plus acides.

En déterminant l'indice de saponification de ces acétates (Cf. *Indice de saponification*) et comparant les nombres ainsi obtenus avec ceux de la table suivante, on peut obtenir quelques indications sur la composition des alcools eux-mêmes.

Si l'on soupçonne un mélange d'alcools aliphatiques avec le cholestérol ou l'isocholestérol, on se rappellera que les acétates des stérols nécessitent pour se dissoudre complètement de plus grandes quantités d'alcool à 95 0/0 chaud que les alcools aliphatiques, qui se dissolvent facilement. On peut ainsi réaliser, dans une certaine mesure, une séparation des acétates de cholestéryle et d'isocholestéryle et des acétates des alcools aliphatiques ; mais, comme l'a montré *Lewkowitsch*, il est impossible d'obtenir la séparation complète. D'un mélange préparé avec des quantités connues de cholestérol et d'alcool cétylique, on a obtenu dans deux essais 60 et 69 0/0 des quantités théoriques d'acétate de cholestéryle dans la première récolte de cristaux, tandis que la seconde récolte, représentant 9 0/0, contenait de notables quantités d'acétate de cétyle. De même, en faisant bouillir les alcools de la suintine (constitués par un mélange de cholestérol, d'isocholestérol, d'alcool cérylique, et d'autres alcools inconnus) avec l'anhydride acétique, et essayant de séparer les acétates par cristallisation dans l'alcool, *Lewkowitsch* a isolé l'acétate

1. Cf. Marcusson, *Mitt. Konig. Techn. Vers.-Anst.*, 1900, 261; Dunlop, *Journ. Soc. Chem. Ind.*, 1908, 63.

de céryle à l'état cristallisé, mais les acétates des cholestérols ainsi que les acétates des alcools inconnus formaient des matières huileuses dont on n'a pu extraire aucun cristal.

En l'absence du cholestérol et de l'isocholestérol et si l'on se trouve en présence d'alcools aliphatiques seulement, comme dans le cas des cires de Carnauba, d'abeilles, du spermaceti et de la cire d'insectes, le mélange des acétates peut être résolu approximativement en ses constituants par cristallisation fractionnée dans l'alcool. La détermination des indices de saponification et des indices d'iode fournira aussi des renseignements intéressants. Pour un examen plus approfondi, on isolera les alcools des acétates correspondants par saponification avec la potasse alcoolique ; la détermination des indices de saponification peut se combiner à cette opération, le alcools se séparant à la fin du titrage de l'excès de potasse. On précipitera complètement les alcools par addition d'eau et les séparera pour en faire l'étude ; on déterminera leur point de fusion et leur indice d'iode et on recherchera le cholestérol et l'isocholestérol.

Leys[1] a proposé une méthode pour séparer les alcools des hydrocarbures (particulièrement dans le cas de la cire d'abeille et de la cire de Carnauba) qui est basée sur le traitement du mélange par une solution d'acide chlorhydrique fumant et d'alcool amylique (en parties égales) à chaud ; les alcools se dissolvent tandis que les hydrocarbures se séparent en une masse insoluble.

Fig. 53.

Leys saponifie 10 gr. de la matière grasse à examiner avec 25 cc. de potasse alcoolique (45 gr. de potasse dans 1.000 cc. d'alcool absolu et 50 cc. de benzène) dans une fiole de forme spéciale (voir *fig.* 53). La saponification complète, on ajoute 50 cc. d'eau chaude et on continue l'ébullition au réfrigérant à reflux pendant

1. *Journ. Pharm. Chim.*, 1912 (v), 577; 1925 (I), 417.

quelques minutes. On soutire la solution de savon encore chaude et lave la solution benzénique à l'eau chaude.

Après avoir séparé complètement l'eau de lavage, on évapore à sec la solution de benzène dans une capsule de porcelaine. On fait passer le résidu dans un becherglass avec 100 cc. d'alcool amylique chaud et on ajoute un égal volume d'acide chlorhydrique fumant. On fait bouillir doucement le mélange en le chauffant sur une plaque d'amiante ; les alcools se dissolvent, tandis que les hydrocarbures se séparent à la partie supérieure ; on reprend ces derniers et les fait bouillir à nouveau avec un mélange de 25 cc. d'alcool amylique et 25 cc. d'acide chlorhydrique fumant. Après refroidissement, on sépare le gâteau d'hydrocarbures, le rince à l'eau, le sèche et le pèse. Quant aux alcools restés dans la couche inférieure, on fait bouillir celle-ci avec de l'eau ; on élimine la couche acide et lave soigneusement la solution amylique ; on distille enfin l'alcool amylique, dissout le résidu dans le benzène, et le pèse après évaporation du dissolvant. Les alcools peuvent ensuite être examinés par les méthodes précédemment décrites.

Le cholestérol et l'isocholestérol peuvent être partiellement séparés l'un de l'autre au moyen de leurs benzoates. Ces sels s'obtiennent en chauffant les alcools avec 4 parties d'anhydride benzoïque[1] en tube scellé à 200° pendant trente heures (p. 416) ; on épuise le produit de la réaction par l'alcool bouillant afin d'entraîner tous les alcools aliphatiques retenus, puis on dissout le mélange des benzoates dans l'éther et l'abandonne à cristallisation ; le benzoate de cholestéryle cristallise en tables rectangulaires dures, tandis que le benzoate d'isocholestéryle est en poudre cristalline légère, que l'on peut séparer grossièrement de l'autre sel par décantation et élutriation. Le benzoate de cholestéryle fond à 150-151° ; le benzoate d'isocholestéryle à 190-191°. Comme essai de contrôle, on peut saponifier les benzoates par la potasse alcoolique et précipiter les alcools en étendant d'eau. On peut enfin identifier ces alcools par leurs pouvoirs rotatoires et leurs points de fusion[2].

Dans la table suivante, on a rassemblé les caractéristiques de

1. *Journ. Soc. Chem. Ind.*, 1892, 143.
2. Schulze, *Berichte*, 5, 1076 ; 6, 251, 671 ; *Journ. prakt. Chemie*, 115, 163.

différents alcools et hydrocarbures, qui pourront être utiles dans l'examen de matières insaponifiables :

Quelques matières insaponifiables et leurs caractéristiques

	FORMULE	POINT de FUSION	ABSORPTION D'IODE	ACÉTATES		AUGMENTATION DE POIDS par l'acétylation
				INDICE de saponification	POINT de fusion	
		Degrés			Degrés	pour 100
Alcool cétylique	$C^{16}H^{34}O$	50	0	197,5	22–23	17–2
— octodécylique	$C^{18}H^{38}O$	59	0	180,5	31	15–5
— cérylique	$C^{26}H^{54}O$	79	0	132,3	65	11–0
— myricique	$C^{30}H^{62}O$	85	0	116,7	70	9–6
Cholestérol	$C^{27}H^{46}O$	148,5	65,8	131,1	114	10,9
Isocholestérol	$C^{27}H^{46}O$	137–138	65,8	131,1	...	10,9
Phytostérol (sitostérol)	$C^{27}H^{46}O$	137–138	65,8	131,1	125,6–137	10,9
Brassicastérol	$C^{29}H^{46}O$	148	127,6	127,2	157–158	10,6
Stigmastérol	$C^{30}H^{48}O$	170	119,8	120,4	144	9,9
Coprostérol	$C^{25}H^{44}O$	95	...	...	75–85	11,7
Alcools mélangés de l'huile de cachalot	?	25,5–27,5	64,6–65,8	161–190	...	...
Alcools mélangés de la cire de Carnauba	?	88–90	...	104,9	...	10,21
Alcools mélangés de la suintine neutre	?	44,4–48,9	36	136,2	...	10,84
Alcools mélangés de la suintine brute	?	75–76	...	150,6	...	6,5–7,7
Alcools mélangés de la cire d'abeilles	?	65–66,1	...	99–103 94–102	...	3,8–4,1
Alcools mélangés du spermaceti	?	46,7	...	184,9	...	15,64
Alcools mélangés de la cire d'insectes	?	78	...	123,5	...	8,12-8,87
Hydrocarbures de la cire d'abeilles	?	49,5–59,2	20–22		...	
Paraffine	?	38–82	3,9–4,0	...	...	0
Cérésine	?	...	6,0	...	...	

En ce qui concerne la séparation des alcools aliphatiques et du cholestérol, deux méthodes ont été proposées qui peuvent donner des résultats approximatifs.

Lewkowitsch [1] emploie une méthode de séparation basée sur la conversion des alcools aliphatiques en acides gras en les chauffant avec la chaux sodée ou potassée, le cholestérol restant pratiquement

1. *Journ. Soc. Chem. Ind.*, 1892, 13 ; 1896, 14.

inaltéré dans ces conditions. Des expériences d'épreuves faites avec les alcools de l'huile de spermaceti et avec le cholestérol ont montré que les premiers, chauffés avec de la chaux sodée, se convertissent presque entièrement en acides gras, 4 à 6 0/0 seulement des alcools restant inattaqués, tandis que le cholestérol traité de la même façon ne donne que des traces d'acides[1], 93 0/0 d'alcool restant inaltérés.

Cochenhausen [2] a proposé de chauffer le mélange d'alcools aliphatiques et de cholestérol avec l'acide sulfurique concentré ; les alcools aliphatiques donnent des sulfates alcooliques, tandis que le cholestérol se transforme en hydrocarbures ou « cholestérones[3] ». Les sulfates alcooliques peuvent être isolés par leurs sels de sodium et l'alcool original régénéré de ces sels en les décomposant par l'acide chlorhydrique bouillant. Toutefois, les expériences faites sur les alcools de la suintine n'ont pas donné de résultats satisfaisants.

Lorsqu'on se trouve en présence d'un mélange d'alcools aliphatiques seulement, la méthode de *Dumas* et *Slas*[4], proposée d'abord pour cet objet par *C. Hell*[5] et employée plus tard par *Buisine* pour la cire d'abeilles, peut donner quelques indications utiles. Ce procédé est basé sur ce fait, qu'un alcool aliphatique chauffé avec la chaux sodée se transforme en acide gras correspondant avec élimination de 2 molécules d'hydrogène, selon l'équation suivante :

$$\underset{\text{Alcool cétylique}}{C^{16}H^{33}.OH} + NaOH = \underset{\text{Palmitate de sodium}}{C^{16}H^{31}O^{2}Na} + 2H^{2}.$$

Avec l'alcool cérylique, on obtient de l'acide cérotique et de l'hydrogène et avec l'alcool mélissique (myricique) de l'acide mélissique et de l'hydrogène. Du volume d'hydrogène dégagé, on peut donc déduire la quantité d'alcool existante ainsi que le montre la table suivante :

1. Cf. Windaus, *Berichte*, 1908, 1561.
2. *Journ. Soc. Chem. Ind.*, 1897, 447.
3. Cf. cependant, *Berichte*, 1908, 1561.
4. *Annalen*, 1840 (35).
5. *Ibidem*, 1887 (223), 269.

1 GRAMME D'	DONNE, HYDROGÈNE :	
	cent. cubes sous 760 mm. de pression, à 0°	Pour 100
Alcool cétylique..........	184,4	1,652
— cérylique..........	116,9	1,047
— mélissique........	101,9	0,913

D'après *Hell*, on introduit la substance intimement mélangée avec la chaux sodée dans le tube *i* (*fig.* 54) et recouvre le mélange avec de la chaux sodée. Pour réduire au minimum le volume d'air, on remplit l'espace libre du tube *i* par le tube scellé *k*. Le tube *i* est fermé par un bouchon de caoutchouc *p*, muni d'un tube *r*, relié à une burette à gaz d'*Hofmann* remplie de mercure et fermée à la partie supérieure par un robinet rodé à trois voies *h*. Le tube *i* est plongé dans un bain d'air muni d'un thermomètre. On le met d'abord en communication avec l'air par le robinet *h*, on note la température de l'air et la hauteur barométrique, et on relie *i* avec la burette en tournant convenablement la clef du robinet à trois voies. Une partie du mercure s'écoule par le robinet *q* et on chauffe le bain d'air à 300-310° jusqu'à ce que le niveau du mercure reste constant. On laisse refroidir l'appareil à la température ambiante et on rétablit la pression initiale par addition de mercure. On lit le volume du gaz et le ramène à 760 mm. et à 0°. L'hydrogène peut être mesuré saturé d'humidité à condition de faire la correction pour la tension de la vapeur d'eau, ou préalablement desséché. Cette dernière condition se réalise en prenant un tube *i* plus long et en plaçant sur *k* une couche plus épaisse de chaux sodée calcinée.

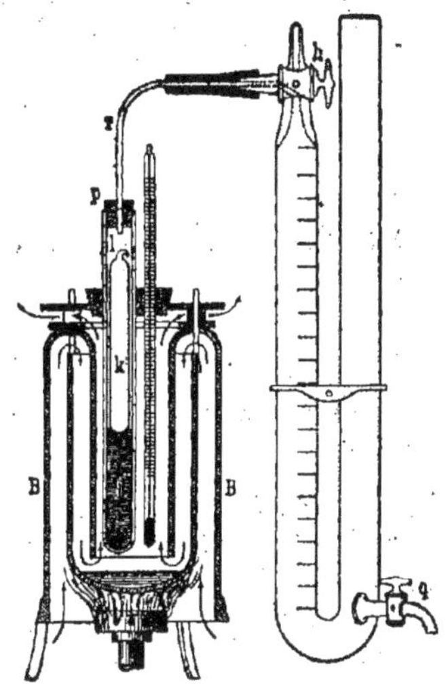

FIG. 54.

A. et *P. Buisine*[1] ont montré que la réaction signalée n'est pas quantitative si l'on chauffe directement une cire avec la chaux *potassée* (1 partie de potasse caustique et 2 de chaux). Ils procèdent donc de la façon suivante : On fond dans un creuset de porcelaine 2 à 10 gr. de cire exactement pesée, et on lui ajoute en remuant la masse, un poids égal de potasse caustique finement pulvérisée. On pulvérise avec soin la masse refroidie et on la mélange intimement avec 3 parties de chaux potassée pour 1 partie de cire. On introduit le mélange dans un tube à essais ou un matras, en ayant soin de remplir presque complètement le vase ; on place celui-ci dans une marmite de fer remplie de mercure et fermée par un couvercle muni de trois tubulures. Par l'une passe le col du tube ou du matras contenant la matière, sur la seconde est fixé un thermomètre, la troisième enfin est munie d'un long tube destiné à condenser les vapeurs de mercure.

Au lieu de recueillir le gaz dans une burette d'*Hofmann*, *A.* et *P. Buisine* préfèrent l'appareil indiqué par *Dupré*, que montre la figure 55. Le gaz produit peut entrer dans le récipient E, soit par le sommet — en ouvrant le robinet A, — soit par le fond — en ouvrant le robinet B. Les tubes adaptés aux robinets A et B ont un très petit diamètre intérieur. Quand toutes les connexions sont établies, on remplit la bouteille E en élevant la bouteille F jusqu'à ce que l'eau pénètre dans C. On ferme le robinet D, abaisse la bouteille F, ouvre le robinet A et chauffe le mercure. A 180° la réaction commence ; on élève la température jusqu'à 250° où on la maintient pendant trois heures. Si le gaz se dégage abondamment, on ferme le robinet A et ouvre B, ce qui permet de contrôler et surveiller facilement les progrès de la réaction. Lorsque aucune bulle de gaz ne se dégage plus à travers l'eau, on referme le robinet B et ouvre A. On abandonne l'appareil à refroidir et introduit le gaz dans l'eudiomètre, où on le mesure. On ramène le volume lu à 760 mm. de pression et à 0°, calcule le volume de gaz produit par 1 gr. de cire, et enfin, à l'aide de la table précédente, la quantité d'alcool. On peut d'ailleurs opérer avec un appareil plus simple que celui de la figure 55, comme par exemple le dispositif utilisé par *Ahrens* et *Hell* (Cf. chap. XIV, *Cire d'abeilles*).

1. *Monit. scientif.*, 1890, 1127.

En présence d'acide oléique, la température ne doit pas dépasser 250°; sinon, il se transforme *lui-même* en acide palmitique avec dégagement d'hydrogène.

Le cholestérol mélangé aux alcools aliphatiques reste pratiquement inaltéré et peut être séparé en extrayant le résidu pulvérisé par l'éther dans un extracteur de Soxhlet. Les hydrocarbures solides qui n'ont pas été éliminés auparavant (par traitement au moyen

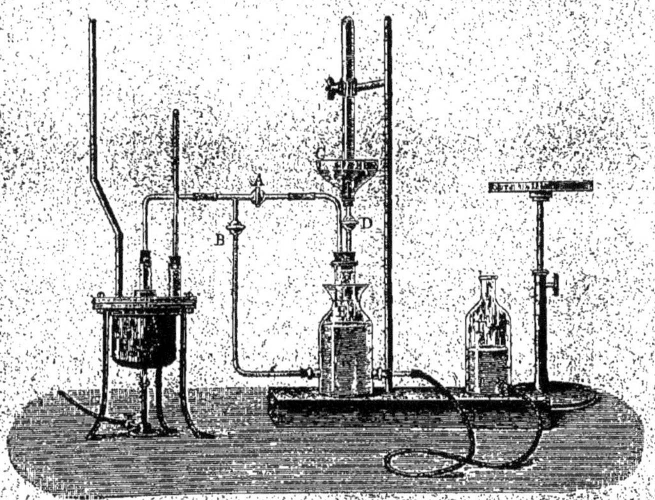

Fig. 55.

de l'anhydride acétique) passent avec le cholestérol et peuvent être séparés de celui-ci à l'aide de l'anhydride acétique.

Le résidu de chaux sodée débarrassé du cholestérol et des hydrocarbures renferme les sels des acides gras correspondant aux alcools existants; les alcools cétylique, cérylique et mélissique donnent ainsi respectivement les acides palmitique, cérotique et mélissique. Ces sels sont décomposés au moyen de l'acide sulfurique, et les acides gras libérés sont recueillis, examinés et identifiés par leur point de fusion et leur poids moléculaire moyen. Si l'on se trouve en présence d'un mélange des trois acides, l'acide palmitique peut rapidement se séparer des deux autres en transformant le mélange des acides en savon de sodium que l'on traite par l'alcool à 40 0/0 ; le cérotate et le mélissate de sodium restent insolubles et peuvent être séparés par filtration.

On décompose alors les savons par un acide minéral et détermine le point de fusion et le poids moléculaire moyen du mélange des acides cérotique et mélissique. Si le point de fusion indique la présence des acides cérotique et mélissique seulement, le poids moléculaire moyen permet de déduire les proportions relatives — approximatives — de ces acides dans le mélange. Pour les matières insaponifiables de la cire de lignite, voir chapitre xv, *Cire de lignite.*

B. — RECHERCHE ET DÉTERMINATION DES SUBSTANCES INSAPONIFIABLES MÉLANGÉES

Lorsque des substances insaponifiables étrangères solides, comme la paraffine et la cérésine, se trouvent *mélangées* aux matières insaponifiables naturelles, on les recherche comme ci-dessus.

Dans les produits industriels, comme la « stéarine », les huiles pour rouge turc, etc..., des lactones ou des anhydrides existent qui peuvent être pris pour des matières insaponifiables. On devra donc prendre les précautions nécessaires pour éviter de telles erreurs (Cf. chap. viii, *Lactones*).

Il faut remarquer que les cires (qui ne sont saponifiées qu'avec difficulté) peuvent avoir échappé à la saponification complète et se trouver ainsi parmi les matières insaponifiables.

Des quantités considérables de matières insaponifiables liquides peuvent provenir d'un mélange licite, comme dans les huiles d'éclairage ou de graissage (Cf. chap. xv), mais dans la majorité des cas, elles constituent des falsifications.

Les matières insaponifiables liquides peuvent être constituées par des huiles minérales, des huiles de résine, ou de goudron, seules ou mélangées. Dans le cas où l'une, seule, de ces huiles se présenterait, le poids spécifique offrirait le moyen le plus simple d'identifier la matière insaponifiable liquide, comme on peut le voir d'après la table suivante :

Classe d'huile	Poids spécifique
Huiles minérales lourdes................	0,840-0,990
— de résine........................	0,960-1,01
— de goudron........................	Au-dessus de 1,01

Huiles minérales. — La limite inférieure de la densité peut être fixée à 0,840, car le mélange d'huiles minérales de densité inférieure peut difficilement se pratiquer à un degré appréciable, sans être révélé par le poids spécifique seul de l'huile ainsi falsifiée. La présence d'huiles minérales reconnue, on peut se trouver en présence de produits de la distillation du pétrole brut, du schiste, du lignite, bouillant de 250 à 300°, de poids spécifique 0,855-0,900 (existant dans le commerce comme huiles lubrifiantes). Parfois aussi, des huiles à point d'ébullition supérieur, de poids spécifique 0,900-0,930 se trouvent dans les échantillons falsifiés. Les huiles minérales de densité encore plus élevée, jusqu'à 0,990 (huiles du Texas), sont généralement de couleur trop foncée pour être mélangées aux corps gras. Les fractions bouillant au-dessous de 250°, comme celles contenues dans les huiles minérales d'éclairage, ne se trouvent qu'en petites quantités ; c'est par le point d'éclair qu'on les recherche mieux (voir chap. xv).

Huiles de résine. — La densité des huiles obtenues par la distillation sèche de la colophane et le fractionnement des produits en « essences » et « huiles de résine » varie en général de 0,96 à 0,99, mais on rencontre encore dans le commerce des huiles de résine de poids spécifique 1,01. La composition chimique des huiles de résine n'est pas encore entièrement connue ; elles sont surtout constituées par des hydrocarbures appartenant aux terpènes, mais renferment aussi, malgré les soins apportés à la distillation, des quantités plus ou moins grandes d'acides résineux ou d'autres substances oxygénées ; c'est ce que montre la troisième colonne de la table suivante, donnant les déterminations faites sur un certain nombre de résines commerciales dans le laboratoire de *Lewkowitsch* :

Huiles de résine commerciales (*Lewkowitsch*)

HUILE DE RÉSINE	POIDS SPÉCIFIQUE à 15,5°	ACIDES RÉSINEUX CALCULÉS D'APRÈS LE POIDS DE COMBINAISON 346
		Pour 100
« Légère »	0,9878	9,2
« De cœur »	0,9946	26,3
« Épaisse »	0,9974	31,2
—	0,9871	19,5
—	0,9890	20,3
—	0,9982	18,6
« Siccative »	0,9955	4,9
—	1,0115	18,4

« Il faut remarquer que les huiles de résine trouvées dans les matières insaponifiables sont exemptes des acides résineux contenus primitivement dans les huiles commerciales, ces acides ayant été combinées à la potasse caustique en formant un savon dans la saponification. Il s'ensuit que, dans la recherche des huiles de résine, la quantité trouvée est toujours inférieure à celle mélangée. En l'absence de colophane ajoutée à l'huile, on peut déterminer les acides résineux par la méthode de *Twitchell* (voir plus loin). Mais, si de la colophane a été également ajoutée, on ne peut avoir qu'une estimation grossière en se basant sur les nombres de la table précédente.

Huiles de goudron. — Ces huiles bouillent entre 240 et 350° et ont été débarrassées de la plus grande partie du naphtalène et de l'anthracène par refroidissement, et des phénols par lavage à la soude caustique.

Elles sont utilisées comme lubrifiants pour les extracteurs de gaz, dans la fabrication des graisses lubrifiantes et sont employées pour la falsification des vernis à peinture et des huiles lubrifiantes. Leur poids spécifique est supérieur à 1,00.

Les indications fournies par le poids spécifique seul n'ont qu'une valeur très limitée, lorsqu'on se trouve en présence d'un mélange de deux ou même de trois des variétés d'huiles décrites. On se servira dans ce cas des méthodes suivantes :

De l'avis de *Lewkowitsch*, l'essai le plus digne de confiance pour la recherche de l'huile de résine dans une huile minérale, consiste dans la réaction de *Liebermann-Storch*[1] :

On agite 1 à 2 cc. d'huile à examiner, dans un tube à essais, avec de l'anhydride acétique[2] à une douce chaleur ; après refroidissement, on décante l'anhydride acétique avec une pipette et on y ajoute une goutte d'acide sulfurique de poids spécifique 1,53[3]. En présence d'huile de résine, une belle coloration rouge violacé (fugitive) se développe immédiatement.

Si l'on dispose d'une quantité d'huile moindre que 1 à 2 cc., l'essai doit être fait dans un verre de montre, en agitant le liquide avec l'anhydride acétique et en faisant tomber à côté une goutte d'acide sulfurique.

Il faut se rappeler que le cholestérol donne une réaction colorée semblable, et sa présence peut causer de sérieuses erreurs si l'on ne tient pas compte de cette similitude. Aussi, lorsqu'on soupçonne la présence du cholestérol[4], on examinera les acides gras mélangés obtenus par décomposition du savon et l'on y recherchera les acides résineux (voir plus bas) qui accompagnent toujours les huiles de résine[5]. Une méthode très compliquée consisterait à séparer le cholestérol à l'état de benzoate.

L'indice de réfraction des huiles de résine est : $n^{15^\circ} = 1,535$-$1,5548$, tandis que celui des huiles minérales est bien inférieur, quoique pouvant atteindre 1,507. Le point d'éclair des huiles de résine est au-dessus de 250°.

En l'absence d'huiles de résine et la densité indiquant la présence d'huiles de goudron, celles-ci peuvent être décelées au moyen de l'acide nitrique de densité 1,45[6]. Les huiles de goudron, mélangées avec cet acide, manifestent une élévation de température très sensible tandis que les huiles minérales ne s'échauffent que très légè-

1. Pour une réaction colorée caractéristique de la pinoline, proposée par Grimaldi, voir chap. xv, *Vernis*.
2. Il est bon de s'assurer de la pureté de l'anhydride acétique par un essai à blanc.
3. Cet acide, renfermant 62,53 0/0 de SO^4H^2, s'obtient en mélangeant 34,7 cc. d'acide sulfurique concentré et 35,7 cc. d'eau.
4. La fluorescence verte du liquide, après la disparition de la couleur violette, indique la présence d'isocholestérol.
5. On trouve maintenant sur le marché des huiles de résine raffinées qui ne donnent plus la réaction de Liebermann-Storch.
6. Brenken, *Zeits. f. anal. Chem.*, 1879, 546.

rement. Il est préférable de reconnaître par un essai préalable si la réaction est violente ou non, afin d'opérer ensuite sur des quantités et avec un appareil de volume appropriés. On introduit 7,5 cc. de l'échantillon dans une éprouvette graduée, refroidit à 15° et ajoute 7,5 cc. d'acide nitrique de densité 1,45, préalablement refroidi à 15° également. On ferme l'éprouvette par un bouchon traversé par un thermomètre et agite vigoureusement le contenu. On lit l'élévation de température observée. Si la réaction est trop vive, il convient d'opérer sur de plus petites quantités de matières, comme dans la réaction de *Maumené*.

Mc Ilhiney[1] a proposé la même réaction pour la recherche de l'huile de résine dans les huiles minérales.

La détermination quantitative de l'*huile minérale* dans les mélanges d'huiles minérales et d'huiles de résine est d'une certaine importance pratique dans l'examen des huiles lubrifiantes ; les méthodes élaborées dans ce but sont décrites dans le chapitre *Huiles lubrifiantes*.

Valenta[2] a proposé une méthode de détermination approximative des huiles de goudron dans les huiles minérales, reposant sur l'observation faite que le sulfate de méthyle[3] dissout facilement les hydrocarbures de goudron à la température ordinaire et qu'il est miscible à eux en toutes proportions, tandis qu'il ne dissout pas les hydrocarbures de pétrole à froid, et qu'il ne dissout qu'une très petite proportion d'huiles de résine à froid. On peut donc employer le sulfate de méthyle pour séparer les hydrocarbures aromatiques des carbures asphaltiques et déterminer leurs quantités relatives dans un mélange.

On opère de la façon suivante : on introduit dans une éprouvette bouchée à l'émeri et graduée en demi-centimètres cubes, un volume exactement mesuré d'huile à examiner, et on y ajoute une fois et demie son volume de sulfate de méthyle ; on agite pendant une

1. *Journ. Amer. Chem. Soc.*, 16, 385.
2. *Chem. Zeit.*, 1906, 266.
3. Le sulfate de méthyle, $SO^2(O.CH^3)^2$, a le poids spécifique 1,334 à 15° et bout à 188° ; il est toxique. En outre des carbures aromatiques, il dissout le nitrobenzène, le nitrotoluène, le phénol, les crésols et toutes les bases ; l'éther est également aisément soluble dans le sulfate de méthyle. L'huile d'olive, l'huile de coton et l'huile de colza forment avec ce dissolvant une émulsion qui se colore progressivement et se sépare bientôt en deux couches troubles. La glycérine se comporte de même, mais ne se colore pas (*Harrison et Perkin*).

minute et abandonne au repos à la température ordinaire jusqu'à ce que deux couches se soient formées. On lit l'accroissement de volume de la couche de sulfate de méthyle et calcule celui-ci en huile de goudron. Les expériences de contrôle faites par *Valenta* sur des mélanges d'hydrocarbures de pétrole et d'huiles de goudron, d'huile de résine et d'huile de goudron, d'hydrocarbures de pétrole, d'huile de résine et d'huile de goudron, ont donné des résultats quantitatifs très satisfaisants.

L'huile dissoute par le sulfate de méthyle peut être isolée en faisant bouillir la solution avec la potasse ou la soude alcoolique [1], étendant d'eau la solution obtenue et extrayant celle-ci au moyen de l'éther, de la même façon que pour la détermination des matières insaponifiables. La détermination quantitative des huiles de goudron dans les huiles minérales deviendrait ainsi facilement réalisable. Quant aux huiles lubrifiantes, trop épaisses pour être agitées avec le sulfate de méthyle, on a pensé à les diluer dans le nitrobenzène, qui est soluble dans ce dernier ; mais *Harrison* et *Perkin* [2] ont montré qu'on obtenait ainsi des résultats erronés.

Graefe [3] a montré que la méthode de *Valenta* est efficace en présence d'hydrocarbures de pétrole à point d'ébullition élevé, mais que les hydrocarbures inférieurs sont sensiblement solubles dans le sulfate de méthyle. C'est ainsi qu'un mélange de benzine de goudron et d'un peu d'éther de pétrole ne donnait aucune séparation après traitement par le sulfate de méthyle, la solution étant même capable de dissoudre encore de l'éther de pétrole. On trouvera d'ailleurs dans les tables suivantes les résultats des expériences de *Graefe*, faites sur des huiles de pétrole, des huiles de goudron de lignite et des mélanges de ces huiles [4] :

1. Les solutions aqueuses occasionnent un boursouflement de la masse.
2. *Analyst*, 1908, 7.
3. *Chem. Revue*, 1907, 112.
4. Cf. aussi C. S. Reeve et R. H. Lewis, *Journ. Ind. Eng. Chem.*, 1913, 293.

Solubilité des huiles de pétrole dans 1 ½ volume de sulfate de méthyle

SORTE D'HUILE	POIDS SPÉCIFIQUE	POINT D'ÉBULLITION Degrés	DISSOUS Pour 100
Benzine	0,651	72 0/0 de 37 à 85	12
—	0,708	75 0/0 de 46 à 100	15
—	0,735	97 0/0 de 74 à 126	15
Pétrole de Russie	0,821-0,822	94 0/0 de 139 à 300	6
Huile d'éclairage d'Amérique « water white »	0,790	93 0/0 de 44 à 300	4
Huile d'éclairage d'Amérique « standard white »	0,799	80 0/0 de 121 à 300	4
Pétrole de Galicie	0,805	81 0/0 de 119 à 300	7
Huile de paraffine	0,890	...	0

Solubilité des huiles de goudron de lignite dans 1 ½ volume de sulfate de méthyle

SORTE D'HUILE	POIDS SPÉCIFIQUE	POINT D'ÉBULLITION Degrés	DISSOUS Pour 100
Benzine	0,792	96 0/0 de 127 à 200	20
	0,827	98 0/0 de 144 à 235	30
	0,859	95 0/0 de 194 à 250	29
Huile de paraffine pâle	0,864	74 0/0 de 205 à 300	15
— rouge	0,879	76 0/0 de 202 à 300	24
— à gaz	0,892	81 0/0 de 200 à 300	29
— de paraffine lourde	0,918	30 0/0 de 226 à 300	18
— — extra-lourde	0,933	4 0/0 de 250 à 300	20

Solubilité de mélanges de benzine de goudron de houille et d'éther de pétrole dans 1 ½ volume de sulfate de méthyle

BENZINE DANS LE MÉLANGE	DISSOUS
Pour 100	Pour 100
10	22
20	30
30	45
40	60
50	76
60	92
70	100
80	100
90	100

Solubilité de mélanges d'huile légère de goudron de houille et de pétrole de Russie[1] dans 1 ½ volume de sulfate de méthyle

HUILE DE GOUDRON LÉGÈRE DANS LE MÉLANGE	DISSOUS
Pour 100	Pour 100
10	12,5
20	20
30	30
40	40
50	50
60	61
70	75
80	85
90	97

1. La solubilité de ce pétrole dans 1 1/2 0/0 de sulfate de méthyle était de 6 0/0 (voir la première table).

Solubilité de mélanges d'huile lourde de goudron de houille et de gazoline de pétrole dans 1 ½ volume de sulfate de méthyle

HUILE LOURDE DE GOUDRON DANS LE MÉLANGE	DISSOUS
Pour 100	Pour 100
10	11
20	20
30	30
40	39
50	50
60	60
70	70
80	81
90	91

Solubilité de mélanges d'huile lourde de goudron de houille et d'huile lourde de goudron de lignite dans 1 ½ volume de sulfate de méthyle

HUILE LOURDE DE GOUDRON DE HOUILLE DANS LE MÉLANGE	DISSOUS
Pour 100	Pour 100
10	25
20	29
30	39
40	49
50	59
60	69
70	79
80	89
90	98

Harrison et *Perkin* [1], en confirmant les résultats de *Graefe* relativement aux hydrocarbures de pétrole à faible point d'ébullition, ont encore trouvé que, pour des mélanges d'huiles de goudron et d'huiles minérales de Russie et d'Amérique, le volume d'huile de goudron extrait était plus faible que le volume réel, tandis que pour des mélanges d'huiles de goudron et d'huiles de pétrole de Roumanie et de Galicie ou d'huiles de schiste d'Écosse, le volume d'huile extrait est plus grand que le volume théorique. Ceci semble dû au fait que les huiles de pétrole de Galicie, de Roumanie et les huiles de schiste d'Écosse sont plus solubles dans le sulfate de méthyle que les huiles de Russie et d'Amérique. (Dans le cas des huiles de Galicie et de Roumanie, au moins, ce résultat trouverait son explication dans ce fait que des huiles sont relativement riches en hydrocarbures aromatiques.)

Quoi qu'il en soit, si la méthode de *Valenta* ne fournit pas des résultats quantitatifs [2], elle n'en reste pas moins d'une grande utilité au point de vue qualitatif, et l'on obtiendra encore des indications complémentaires en examinant séparément l'huile dissoute.

1. D'après *Harrison* et *Perkin*, la méthode de *Valenta* ne fournirait des résultats exacts qu'accidentellement.
2. *Analyst*, 1908, 2.

CHAPITRE X

RECHERCHE ET DÉTERMINATION QUANTITATIVE DE LA RÉSINE

I. — PROPRIÉTÉS DE LA RÉSINE

La *résine* ou colophane est le résidu de la distillation de la gemme exsudée du pin, après départ de l'humidité et de l'essence de térébenthine. La distillation s'effectue généralement par entraînement, à l'aide d'un courant de vapeur d'eau traversant la masse chauffée. Après distillation de l'essence de térébenthine, la masse fondue restant dans l'alambic est coulée dans des fûts où elle solidifie : elle constitue la *colophane* ou le *brai* suivant sa couleur plus ou moins claire ou foncée, le *galipol* désignant la gemme brute soumise à la distillation ou plutôt la partie solide, cristalline de la gemme[1].

La résine forme une masse transparente, dont la couleur varie du jaune clair au brun foncé suivant la manière dont la distillation est conduite et la température à laquelle elle s'est opérée ; elle est quelquefois blanchie en l'exposant à la lumière solaire.

Les différentes qualités ou couleurs se désignent par des lettres de l'alphabet qui diffèrent suivant l'échelle de classement adoptée. Dans la classification française, les colophanes les plus claires portent les lettres AAAAAA, AAAAA, etc., et les brais les plus colorés, les lettres R, etc. Dans la classification américaine, la qualité *A* est presque noire et les qualités suivantes augmentent en clarté et en transparence en remontant dans l'alphabet ; les

1. Cf. G. Dupont, *Les constituants acides des résines conifères*, Bull. Soc. *Chim.*, 1924 (xxxv-xxxvi, 1210.

marques *W* ou *WG* (window glass = blanc de verre) ou *WW* (water white = blanc d'eau) représentant les qualités les plus belles.

La résine possède un éclat vitreux ; elle est très friable et se brise avec une cassure conchoïdale. Le poids spécifique de la colophane ou résine commune — ou simplement « résine » — varie de 1,045 à 1,085 à 15°. Le point de fusion des différentes résines varie considérablement et dépend de la proportion d'huile de résine restée dans la colophane. Quelques variétés se ramollissent à 70° et deviennent semi-fluides dans l'eau bouillante ; d'autres ne fondent qu'à 99-100° ou même à 120-140°. La résine ne fond cependant pas en un liquide clair comme les graisses et les acides gras. La résine chauffée émet une odeur agréable de térébenthine ; à température élevée, en contact avec l'air, elle brûle avec une flamme lourde et fuligineuse en répandant une odeur très caractéristique.

En soumettant la résine à la distillation sèche, on obtient des essences et des huiles de résine et un coke résiduel.

Les huiles de résine se différencient commercialement en huiles légères, moyennes et lourdes ou fortes. Les huiles légères sont obtenues par distillation lente et, au début de la distillation, elles ne contiennent qu'une petite quantité d'acides résineux libres.

Les huiles lourdes ou fortes s'obtiennent par distillation rapide et après le passage des huiles légères ; elles renferment d'assez grandes quantités d'acides résineux, entraînés par la distillation. Les huiles légères sont utilisées pour l'éclairage et comme dissolvant ; les huiles lourdes sont utilisées pour la fabrication des graisses consistantes pour essieux et, mélangées avec les huiles anthracéniques, servent à la préparation d'huiles lubrifiantes.

Distillée dans le vide, la résine donne un hydrocarbure (colophène?) et un acide $C^{30}H^{32}O^{2}$ (acide isosylvique)[1].

La résine est insoluble dans l'eau, mais se dissout aisément dans l'alcool, 1 partie de résine ne demandant que 10 parties d'alcool à 70° pour sa dissolution complète. La solution alcoolique possède une réaction acide ; on peut la neutraliser par titrage avec un alcali, avec la phénolphtaléine comme indicateur. La résine est aussi soluble dans l'alcool éthylique, l'alcool amylique, l'éther, le ben-

1. Bischoff et Nastvogel, *Berichte*, 1890, 1919 ; *Journ. Soc. Chem. Ind.*, 1890, 927. Cf. aussi Castets, Br. fr. 409.026.

zène, l'acétone, le chloroforme, le sulfure de carbone, le tétrachlorure de carbone[1] et l'essence de térébenthine. La plus grande partie de ses constituants se dissolvent également dans l'éther de pétrole, la proportion de matières insolubles variant de 1 à 20 0/0 suivant les variétés. Les solutions de résine ne laissent pas de tache grasse sur le papier.

Le colophane contient aussi des quantités variables de « matières insaponifiables », c'est-à-dire d'hydrocarbures formés par la destruction partielle de l'acide de la résine par la distillation. Les proportions suivantes de « matières insaponifiables » trouvées montrent combien les résines commerciales diffèrent largement sous ce rapport :

ORIGINE	INSAPONIFIABLE POUR 100	OBSERVATEUR
France	15,2	F. Jean
Amérique « W. W. »..	7,34	Evans et Black
— « W. G. »...	5,00	—
— « N. ».....	9,00	—
— « N. ».....	8,21	—
— « M. ».....	7,61	—

Les méthodes quantitatives employées dans l'analyse des huiles et graisses ont été également appliquées à l'examen de la résine, car la résine se trouve fréquemment mélangée avec les huiles, graisses et cires et avec les produits commerciaux qui en dérivent. La recherche et la détermination de la résine ont une importance particulière dans l'analyse des savons. *Lewkowitsch* a rassemblé dans la table suivante quelques nombres obtenus par les méthodes décrites sous les titres : *Indice de neutralisation*, *Indice de saponification*, etc. Il doit cependant être bien entendu que ces nombres ne peuvent être considérés que comme indiquant les limites dans lesquelles peut se placer un échantillon donné. En général, on peut constater que la différence entre les indices de saponification et de neutralisation est d'autant plus petite que la résine est plus foncée ; c'est ce que montre la colonne 3 de la table :

1. Cf. Baskerville et Riederer, *Journ. Ind. Eng. Chem.*, 1912 (4), 645.

SORTE DE RÉSINE	INDICE de NEUTRALISATION 1	INDICE de SAPONIFICATION 2	DIFFÉRENCE, 2-1 3	INDICE D'IODE 4	OBSERVATEUR
Autriche	146,0	167,1	21,1	116,8	V. Schmidt et Erban[1]
—	130,4	146,8	16,4	109,6	—
— claire	163,0	» »	» »	» »	Kremel[2]
— foncée.....	151,0	» »	» »	» »	—
Amérique	173,0	» »	» »	» »	—
—	169,0	» »	» »	» »	—
Raffinée............	181,0	» »	» »	178,9[3]	Mills[4]
Amérique « W. W. »,	154,1	183,6	29,5	92,4-93,5	Lewkowitsch[5]
— « W. G. »..	161,4	178,9	17,5	113-114	—
— — ..	163,3	184,3	21,0	104-107	—
— « W. »....	164,3	194,3	30,0	62-64	—
— « V. ».....	164,6	194,6	30,0	55-58	—
— « F. ».....	159,0	174,7	15,7	111-113	—
Galipot.............	138,65	174,76	36,11	121,5-123,5	—
Amérique « F. ».....	153,8-169,4	165,2-176,1	11,4-6,7	» »	Weger
— « N. ».....	157,3	174,3	17,0	168,4[6]	Smetham et Dodd
« W. G. »..	160,1	177,3	17,2	165,9	—
« W. W. »..	154,5	174,3	19,8	158,5	—
— « Wite »..	160,8	177,6	16,8	184,7	—
— « Nemo »..	162,0	176,4	14,4	181,0	—

Mc Ilhiney a montré que l'indice d'iode varie avec le temps d'absorption et avec l'excès d'iode employé à un degré plus grand que dans le cas des huiles et graisses, et il en conclut que la méthode de *Hübl* ne fournit pas de résultats utiles dans l'examen de la résine.

C'est d'ailleurs ce qui ressort des nombres donnés dans les deux tableaux suivants :

1. *Zeits. f. angew. Chem.*, 1889, 35.
2. *Jahresbericht*, 1886, 443.
3. Calculé d'après l'indice de brome 112,7 multiplié par $\frac{127}{80}$.
4. *Journ. Soc. Chem. Ind.*, 1886, 222.
5. *Journ. Soc. Chem. Ind.*, 1903, 505, et *Résultats inédits*. — Ces indices d'iode ont été déterminés avec la liqueur de Hübl, abandonnée à réagir pendant six heures.
6. Déterminé avec la liqueur d'iode de Hübl, abandonnée à réagir pendant dix-huit heures (*Journ. Soc. Chem. Ind.*, 1900, 101).

Indices d'iode de la résine avec la solution de Hübl [1]

	INDICE D'IODE (HUBL)			
	APRÈS 2 HEURES	APRÈS 4 HEURES	APRÈS 18 HEURES	APRÈS 7 JOURS
Résine « W. W. »....	115,5	124,1	158,5	
— « N. ».......	114,3	125,3	168,4	165,3
— « W. G. »....	115,5	121,7	165,9	

Indices d'iode de la résine avec la solution de Wijs

	TEMPS	ABSORPTION	OBSERVATEUR
Résine « N. ».......	10 minutes	171,2	Smetham et Dodd
	20 —	177,5	—
	30 —	183,6	—
	1 heure	194,8	—
	18 heures	249,4; 249,4	—
	48 —	270,5	—
Résine « N. »......	2 heures	165,3	Lewkowitsch
	24 —	172,2	—
— « W. »......	2 —	159,9	—
	24 —	195,8	—
— « W. G. »...	2 —	219,0	—
	10 —	214,2	—
	18 —	216,0	—
	24 —	237,7	—

Mc Ilhiney [2] préfère appliquer à la résine la méthode d'absorption du brome décrite plus haut (chap. VI, p. 585) et il conclut des résultats obtenus avec deux types de résine (« W. G. » et « E. ») que le brome est entièrement absorbé par substitution. L'*indice d'addition* de brome serait donc pratiquement *nul*. A l'appui de ses affirmations *Mc Ilhiney* [3] a publié quelques nombres reproduits ci-après. Afin de signaler à l'attention les différences entre les indices d'iode et de brome, *Lewkowitsch* a calculé dans la colonne II

1. Smetham et Dodd, *Journ. Soc. Chem. Ind.*, 1900,101.
2. *Journ. Amer. Chem. Soc.*, 1894, 275.
3. *Journ. Amer. Chem. Soc.*, 1902, 1109.

les indices de brome, d'après les indices d'iode observés, en multipliant ceux-ci par $\frac{127}{80}$.

Indices de brome d'un échantillon de résine d'Amérique, « W. G. »

TEMPS	INDICES DE BROME		INDICES D'IODE pour 100 (PAR LA MÉTHODE DE HUBL) 3
	EXPÉRIENCE Brome pour 100 1	CALCULÉ d'après l'indice d'iode 2	
0 heure 2 minutes....	160,8	255,3	
0 — 18 —	174,5	277,0	
1 — 0 —	»	»	126,7
1 — 9 —	178,0	282,6	
2 heures 0 —	»	»	133,1
4 — 0 —	»	»	142,0
8 — 0 —	»	»	144,8
18 — 0 —	»	»	160,3
20 — 0 —	213,4	338,8	
52 — 0 —	»	»	172,6

Les expériences faites dans le laboratoire de *Lewkowitsch* montrent, cependant, qu'en outre des indices de substitution, la résine possède des indices d'addition définis ; c'est ce qui ressort de la table suivante dans laquelle on a ajouté, dans un but de comparaison, les indices d'iode obtenus par la méthode de *Wijs*.

Malheureusement, la méthode de *Wijs* ne permet pas de déterminer l'indice de substitution, car l'acide acétique réagit sur l'iodate de potassium d'une façon bien différente de celle des acides minéraux ; les résultats obtenus varient donc largement suivant la concentration et le temps de réaction de l'acide acétique sur l'iodate :

Indices de brome et d'iode des résines ordinaires (Lewkowitsch)

RÉSINE	INDICES DE BROME			TEMPS D'ACTION du brome	INDICES D'IODE (Solution de Wijs)			
	ABSORPTION totale	ADDITION	SUBSTITUTION		APRÈS 2 HEURES	APRÈS 10 HEURES	APRÈS 18 HEURES	APRÈS 24 HEURES
« W. G. »	210,7	41,14	84,78	1/2 heure	219,0	214,2	216,0	237,7
	211,6	49,68	80,96	—				
	202,5	59,92	71,29	1 heure				
	203,5	88,42	57,54	—				
« N. »	146,9	87,6	29,65	1/2 heure	165,3	»	»	172,2
	145,7	108,06	18,82	—				
	148,1	92,84	27,63	1 heure				
	145,2	107,7	18,75	—				
« W. »	201,8	114,0	43,9	1/2 heure	159,9	»	»	195,8
	201,6	104,96	48,42	—				
	197,2	78,24	59,48	1 heure				
	191,8	85,14	53,33	—				

L'indice de neutralisation élevé de la colophane prouve de façon concluante que celle-ci n'est pas, comme l'a prétendu *Maly*, un anhydride, l'anhydride abiétique, mais qu'elle est constituée principalement par des acides libres et de petites quantités d'anhydrides.

La constitution des résines est d'ailleurs complexe, et malgré la multitude de travaux auxquels elle a donné lieu, elle est restée assez confuse jusqu'à ces derniers temps, où l'on a reconnu que l'oxydabilité des acides résineux et leur instabilité sous l'action de la chaleur et des acides était la cause de nombreuses divergences dans les résultats obtenus d'un auteur à l'autre et parfois aussi par le même auteur [1].

Il convient de distinguer tout d'abord que la colophane ou résine est un produit de transformation par la chaleur du galipot naturel, et que les acides naturels (térébenthéniques) se transforment en acides colophaniques sous l'influence de la chaleur et aussi sous celle des acides.

1. On trouvera une revue complète et une mise au point des travaux relatifs à la constitution des résines dans la conférence de G. Dupont, *Sur les constituants acides des résines conifères*, *Bull. Soc. Chim.*, 1924 (xxxv-xxxvi), 1209-1270.

Braconnot est le premier (1808) qui ait signalé les propriétés acides de la résine, et après les travaux de *Gay-Lussac* et *Thénard*, de *Thomson*, *Ure*, *Riess* a isolé de la résine du pin sylvestre un produit cristallisé, et *Baup* a tiré de la résine du pin *Abies* un acide cristallisé qu'il appelle *acide abiétique*, et de celle du pin maritime un acide qu'il juge différent et nomme *acide pinique*. *Unverdorben* extrait de la colophane du pin maritime un acide cristallisé qu'il appelle *acide sylvique*, mais ces trois acides sont aujourd'hui reconnus être identiques à l'acide abiétique. *Calliot* extrait des colophanes d'autres sapins une partie acide incristallisable qu'il nomme acide abiétique et qui est d'ailleurs différent de celui de *Baup*. *Laurent* tire de la colophane de Bordeaux un acide cristallisé qu'il dénomme *acide pimarique;* distillé dans le vide, celui-ci donne de l'*acide pyromarique* qu'il identifie plus tard avec l'acide sylvique d'*Unverdorben*. *Siewert* différencie nettement l'acide pimarique et l'acide sylvique et montre que la chaleur transforme le premier en acide sylvique.

Maly extrait de la colophane d'Amérique un acide pimarique, qui par simple recristallisation dans l'alcool en présence de l'acide sulfurique redonne l'acide sylvique; il admet que la colophane est en grande partie constituée par des anhydrides. *Flückiger* retire de la même colophane, par digestion dans l'alcool aqueux, un acide abiétique en grande abondance, ce qu'il attribue à l'hydratation d'un anhydride constituant la majeure partie de la colophane. Par le même procédé, il extrait de la colophane de Bordeaux un acide différent du précédent et qu'il appelle acide pimarique. *Duvernois*, puis *Dietrich* précisent et confirment ces résultats, et *Haller* prépare les acides précédents à l'état de pureté en passant par leurs sels de soude.

En résumé, à ce moment (vers 1885), les acides extraits des colophanes peuvent se ranger en deux groupes : le groupe abiétique comprenant les acides abiétique et pinique de *Baup*, l'acide sylvique d'*Unverdorben*, l'acide pyromarique de *Laurent*, et l'acide abiétique de *Flückiger*, et le groupe pimarique comprenant les acides pimariques de *Laurent*, de *Siewert*, et de *Dietrich*, les acides du second groupe se transformant en acides du premier par distillation dans le vide. *Tromsdorf*, *Liebig* et *Rose* attribuent à l'acide sylvique la formule $C^{40}H^{60}O^{4}$, et *Laurent* arrive à la même formule pour l'acide pimarique; *Siewert* vérifie l'isomérie de ces deux acides et la formule $C^{40}H^{60}O^{4}$ ou $C^{20}H^{30}O^{2}$, qui est celle actuellement admise. Mais les travaux de *Maly* attribuent à l'acide abiétique la formule $C^{44}H^{64}O^{5}$ et à la colophane celle de l'anhydride correspondant.

Calliot reprenant l'étude de l'acide pimarique du galipot des Landes le résout en deux nouveaux acides, l'un lévogyre, l'autre dextrogyre : l'acide dextropimarique et l'acide pyromarique. *Vesterberg* obtient du même acide pimarique trois acides : *dextropimarique*, *lévopimarique* et le troisième également lévogyre. *Mach* attribue aux deux acides pimariques la formule $C^{22}H^{22}O^{2}$ et à l'acide abiétique la formule $C^{20}H^{30}O^{2}$, qui est confirmée par *Kramer* et *Spilker*, par *Tschirch* et *Studer* ainsi que par *Easterfield* et *Bagley;* mais *Paul Lévy* fixe la formule admise aujourd'hui, $C^{20}H^{30}O^{2}$, qui est confirmée par *Vesterberg.*

Tschirch et ses élèves isolent des résines fournies par divers conifères un grand nombre de constituants, mais il est à peu près certain que la plupart des produits isolés ont pris naissance au cours des traitements séparatifs.

Klason et *Köhler*, puis *Köhler* identifient l'acide lévopimarique dans la résine d'hiver du sapin rouge et montrent que cet acide se transforme en acide abiétique par la chaleur. Ils reconnaissent que les acides résiniques peuvent se ranger en deux groupes : les *acides résiniques* naturels (térébenthéniques) et les *acides colophaniques*, ceux-ci dérivant des premiers par l'action de la chaleur et sous d'autres influences. Les acides résiniques naturels que *Duffour* appelle *acides térébenthéniques* sont les constituants acides des résines fraîches et comprennent les *acides pimariques* (acides dextro-, lévopimariques ou mieux acides et pimariques), relativement stables à la chaleur et peu oxydables, et les *acides sapiniques*, beaucoup plus oxydables et plus instables, dont aucun n'a été isolé jusqu'ici. Les *acides colophaniques* résultent de la transformation des acides naturels par la chaleur ou les acides, et l'on connaît parmi ces acides, les acides abiétiques lévogyre et dextrogyre.

En définitive, la colophane représente une solution solide réciproque d'un certain nombre d'acides isomorphes.

L'*acide abiétique*, le plus abondant et le mieux étudié, répond à la formule $C^{20}H^{30}O^{2}$; c'est un véritable acide carboxylique, donnant des sels et des éthers, ainsi qu'un chlorure d'acide. Son indice d'iode élevé paraît indiquer la présence de deux doubles liaisons, mais la grandeur de cet indice varie avec la durée de la détermination. L'hydrogénation catalytique paraît également indiquer la présence de deux doubles liaisons. En distillant l'acide abiétique sur de la poudre de fer, *Esterfield* et *Bagley* ont obtenu un carbure $C^{19}H^{30}$, l'*abiétène*, qui distillé sur du soufre se transforme partiellement en rétène.

L'oxydation permanganique transforme l'acide abiétique en acide tétrahydroxylé, fondant à 246-247° avec perte d'eau, peu soluble dans l'éther, l'acétone, assez soluble dans l'alcool, l'acide acétique, insoluble dans l'éther de pétrole; il se forme aussi de l'acide isobutyrique (*Paul Lévy*).

L'acide abiétique ne se laisse pas éthérifier par la méthode ordinaire (passage de gaz chlorhydrique dans la solution alcoolique anhydre), ce qui indique que la fonction carboxylique est fixée à un carbone secondaire ou tertiaire.

Ces diverses réactions relient nettement l'acide abiétique au rétène et permettent de rapporter sa formule de constitution à celle de l'hydrorétène :

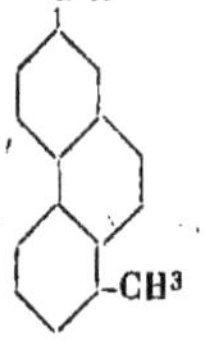

$C^{3}H^{7}$

$-CH^{3}$

L'acide abiétique le plus pur qu'on ait obtenu jusqu'ici fond à 173°, et présente le pouvoir rotatoire $[\alpha]_J = -109°,5$; $[\alpha]_V = -162°0$ (raies jaune et verte de l'arc au mercure), son pouvoir rotatoire variant d'ailleurs fortement avec le solvant, ce qui provient sans doute d'association moléculaire entre celui-ci et l'acide abiétique.

On obtient l'acide abiétique pur en faisant bouillir pendant 200 minutes une solution de 100 parties de colophane dans 150 parties d'alcool à 95° additionné de 1 cc. d'acide chlorhydrique; un abondant précipité se forme qu'on soumet à recristallisation dans l'alcool jusqu'à pouvoir rotatoire constant.

Son indice d'iode, pour deux liaisons éthyléniques, devrait être 168,2, mais *Johanson* a montré que les indices d'iode obtenus réellement varient considérablement avec la durée de la détermination, de 143 pour 1 heure à 225 pour 68 heures.

L'acide *α-pimarique* (*dextropimarique*) fond à 211-212° et présente un pouvoir rotatoire très variable suivant le solvant; en solution chloroformique pour les raies verte, jaune et indigo de l'arc au mercure $[\alpha]_V = +75°,4$; $[\alpha]_J = +86°8$; $[\alpha]_I = +168°5$.

Ses propriétés chimiques sont très voisines de celles de l'acide abiétique.

Il est très stable et distille dans le vide sans décomposition, ni isomérisation; il n'isomérise pas sous l'action des acides; il ne fixe ni l'acide chlorhydrique ni l'acide bromhydrique; il ne s'hydrogène pas par l'amalgame de sodium; il ne s'oxyde pas à l'air comme les autres acides résiniques.

Cependant, l'hydrogénation en présence du noir de platine permet de fixer, quoique très lentement, deux atomes d'hydrogène.

La déshydrogénation par le soufre ne donne pas le rétène comme l'acide abiétique mais un carbure qui semble être un diméthylphénanthrène.

La colophane ne montre pas un point de fusion défini et se ramollit bien au-dessous du point auquel elle devient claire. *Crossley* a observé, en tube capillaire des points de fusion compris entre 53,5 et 68°.

La colophane, particulièrement lorsqu'elle est exposée sous forme de poudre fine, absorbe l'oxygène de l'air; d'après *Fahrion*, il se formerait des peroxydes, qui seraient d'ailleurs très instables.

En faisant réagir l'acide sulfurique concentré sur la résine en solution benzénique, *Grün* et *Winkler* ont obtenu un produit amorphe, qui serait l'estolide ou éther interne d'acide hydroxylé :

$$C^{19}H^{30}(OH)-COO-C^{19}H^{30}-COOH.$$

Pour l'étude des composés obtenus par l'action de l'acide nitrique, on se reportera aux mémoires originaux.

Chauffée avec les alcalis caustiques étendus, la colophane se dissout facilement en formant des sels — résinates ou pinates — qui ont beaucoup d'analogie avec les savons ordinaires ; c'est pour cette raison que ces sels sont appelés « savons de résine ». C'est ainsi que les solutions des sels alcalins moussent par l'agitation et que les « savons de résine » sont précipités de leurs solutions par addition d'alcali concentré ou de sel ordinaire. Cette séparation ne s'effectue, cependant, pas aussi facilement et aussi complètement que dans le cas des savons d'acides gras. Les acides minéraux étendus déplacent les acides résineux de leurs sels ou savons.

Le sel de sodium se dissout facilement dans l'alcool et dans l'éther contenant de l'alcool ; mais il est très peu soluble dans l'alcool pur. D'après les expériences de *Barfoed*, 29 cc. d'éther dissolvent après vingt-quatre heures, 0,0239 gr. et 19 cc. après huit jours 0,041 gr. de résinate de sodium.

Les solutions de résinates alcalins donnent un précipité avec les sels de métaux alcalino-terreux et lourds. On a fondé sur la solubilité de quelques-uns de ces sels dans l'alcool et l'éther des méthodes de séparation des acides résineux et des acides gras. Les résinates de zinc, cuivre, argent et manganèse sont solubles dans l'éther ; le résinate de calcium est insoluble dans ce solvant (Cf. chap. XV).

Dans l'analyse quantitative d'un savon de résine, l'acide se sépare sous forme d'acide résineux libre (acide abiétique) et dans une analyse très exacte, il est nécessaire (comme il sera montré plus loin sous le titre *Analyse des savons*), pour le calcul de la composition du savon même, de convertir le poids d'acides résineux en colophane dont ils dérivent. Par la table (p. 872), on a vu que la résine peut être déterminée par titrage avec une solution alcaline titrée ; ce titrage s'effectue le mieux en solution alcoolique.

D'après la formule $C^{20}H^{30}O^{2}$, 302 parties d'acide abiétique correspondent à 56,1 parties de potasse caustique pour former un résinate neutre à la phénolphtaléine ; son indice de neutralisation est donc 183,7. Mais la colophane renfermant toujours des anhydrides et des insaponifiables à côté des acides libres, le poids moyen entrant en combinaison diffère généralement de 302, et l'on peut prendre en pratique le chiffre 346.

La résine n'est pas constituée uniquement par de l'acide abiétique pur, mais renferme aussi d'autres corps non encore identifiés, parmi lesquels de 10 à 20 0/0 de substances se comportant comme des anhydrides ; il en résulte que le poids d'acides résineux qui se séparent en décomposant le sel de sodium par un acide minéral est toujours supérieur au poids de la résine primitivement converti en savon de sodium.

On peut déduire une mesure de la différence des expériences de *Smetham* et *Dodd ;* ceux-ci ont saponifié de la résine par un excès de soude caustique aqueuse, décomposé le savon résultant par un léger excès d'acide sulfurique, et séparé les acides gras insolubles au moyen de l'éther. Le tableau suivant donne les indices de neutralisation et de saponification des résines initiales et les nombres correspondants obtenus sur les résines régénérées après saponification.

SORTE DE RÉSINE	RÉSINE ORIGINALE			RÉSINE RÉCUPÉRÉE APRÈS SAPONIFICATION		
	Indice de neutralisation	Indice de saponification	Différence	Indice de neutralisation	Indice de saponification	Différence
Amérique « N. »......	157,3	174,3	17,0	159,1	165,5	6,4
— « W. G. »...	160,1	177,3	17,2	161,0	169,5	8,5
— « W. W. »...	154,5	174,3	19,8	159,1	167,5	8,4
— « Wite »...	160,8	177,6	16,8	163,9	176,4	12,5
— « Nemo »...	162,0	176,4	14,4	163,9	175,3	11,4

II. — RECHERCHE ET DÉTERMINATION DE LA RÉSINE DANS LES CORPS GRAS NEUTRES ET DANS LES CIRES

Les méthodes les plus anciennes basées sur la solubilité facile de la résine dans l'alcool ne donnent pas de résultats satisfaisants. La méthode la plus sûre pour la recherche de la résine, que *Lewkowitsch* recommande comme absolument digne de confiance, est la réaction de *Liebermann-Storch* décrite plus haut (p. 863). Dans le cas où les échantillons sont trop colorés pour que l'on puisse distinguer nettement la coloration, il convient de saponifier l'échantillon par la potasse alcoolique, de mettre en liberté les acides gras et résineux par un acide et d'examiner les acides gras mélangés.

Pour faire un essai, on dissout les acides gras et résineux dans l'anhydride acétique à une douce chaleur et on laisse refroidir la solution. On fait tomber avec précaution dans celle-ci de l'acide sulfurique de poids spécifique 1,53 [1], qui donne une coloration rouge violacé en présence de la plus petite quantité de résine ; cette coloration disparaît aussitôt si la solution est trop chaude et passe au jaune brun. Dans tous les cas, la coloration disparaît rapidement. Les acides gras ne donnent pas la coloration violacée, mais il faut se rappeler que le cholestérol, qui donne une réaction semblable avec l'anhydride acétique et l'acide sulfurique, peut exister dans les acides gras mélangés. Dans ce cas, le cholestérol devra être éliminé avant la mise en liberté des acides gras, en agitant la solution de savon avec l'éther. Cette réaction peut également servir pour la recherche de la résine dans la cire d'abeilles. On ne devra pas oublier que la résine ou les acides résineux qui ont été traités par l'acide chlorhydrique concentré ne donnent plus nettement la réaction de *Liebermann-Storch* [2].

Dans les mélanges de corps gras avec la résine — comme l'huile de lin et la résine — *Lewkowitsch* détermine approximativement la résine en titrant un poids exact du mélange dissous dans l'éther alcoolique avec une liqueur alcaline titrée et la phénolphtaléine comme indicateur.

Le poids moyen de combinaison adopté pour la résine est 346 et on néglige la quantité d'acides gras libres de l'huile, comme étant en général très petite par rapport à l'indice d'acide de la résine. Les expériences faites sur des mélanges de résine, d'huiles de lin et de coton ont donné des résultats très exacts.

Si l'on désire une plus grande exactitude, on isole les acides résineux avec les acides gras et on examine le mélange comme ci-dessous.

III. — DÉTERMINATION QUANTITATIVE DES ACIDES RÉSINEUX MÉLANGÉS AVEC LES ACIDES GRAS

Lewkowitsch [3] a montré que les anciennes méthodes proposées par *Barfoed*, *Gladding* ainsi que leurs modifications ne donnent pas

1. L'acide sulfurique de poids spécifique 1,53 contient 62,53 de 0/0 SO^4H^2 ; il s'obtient, en mélangeant 34,7 cc. d'acide sulfurique concentré avec 37,5 cc. d'eau.
2. M. J. Sans, *Amer. Chem. anal. appl.*, 1909 (14), 140, a décrit une réaction colorée de la résine avec le sulfate de méthyle; *cf.* aussi Foerster, *ibidem*, 1909, 14.
3. *Journ. Soc. Chem. Ind.*, 1893, 503.

de résultats certains. Il est donc inutile de les décrire ici. *Holde* [1] a récemment proposé une combinaison du procédé de *Gladding* avec celui de *Twitchell*, décrit plus bas ; mais, les corrections indiquées paraissant quelque peu arbitraires, cette méthode ne sera pas décrite ici.

La méthode de *Twitchell* [2] est basée sur la propriété que possèdent les acides aliphatiques de se transformer en éthers éthyliques quand on fait passer un courant de gaz chlorhydrique sec dans leur solution alcoolique, tandis que dans les mêmes conditions, la colophane reste pratiquement inaltérée, l'acide abiétique se séparant de la solution (voir p. 878). L'opération se conduit de la façon suivante :

On pèse exactement 2 à 3 gr. d'acides gras mixtes et on les introduit dans une fiole avec 10 fois leur volume d'alcool *absolu* (on ne peut employer l'alcool à 90 0/0, l'éthérification des acides gras n'étant pas complète dans ce cas) ; on fait passer un courant de gaz chlorhydrique sec dans la solution refroidie par immersion de la fiole dans l'eau froide ou la glace. Le gaz est rapidement absorbé au début, et, après quarante-cinq minutes, la non-absorption indique la fin de l'éthérification [3]. Pour s'assurer que celle-ci est complète, on abandonne la fiole au repos pendant une heure ; les éthers éthyliques et les acides résineux se rassemblent à la partie supérieure en une couche huileuse. On étend le contenu de la fiole de cinq fois son volume d'eau et on porte à l'ébullition qu'on maintient jusqu'à ce que la solution soit devenue claire. En cet état, l'analyse peut se poursuivre (*a*) volumétriquement ou (*b*) gravimétriquement.

a) *Dosage volumétrique.* — On fait passer le contenu de la fiole dans une boule à séparation et on rince plusieurs fois la fiole avec de l'éther. Après une vigoureuse agitation, on soutire la couche acide et lave la couche éthérée qui contient les éthers éthyliques et les acides résineux avec de l'eau jusqu'à ce que la dernière trace

1. *Mitteil. a. d. Königl. Techn. Versuchsanst.*, 1902, 41.
2. *Journ. Soc. Chem. Ind.*, 1891, 804.
3. Divine, *Chemical Engineer*, 1905, 207, propose d'employer de l'alcool saturé d'acide chlorhydrique. La substitution de l'acide sulfurique à l'acide chlorhydrique, proposée par Wolf, n'est pas recommandable; cf. Fahrion, *Chem. Revue*, 1911, 241; F. Schulz, *Chem. Zeit.*, 1917, 666.

d'acide chlorhydrique soit éliminée. On ajoute 50 cc. d'alcool et titre la solution avec la potasse ou la soude caustique titrée, en employant la phénolphtaléine comme indicateur. Les acides résineux se combinent de suite avec l'alcali, tandis que les éthers éthyliques restent pratiquement inaltérés. En adoptant 346 comme équivalent de combinaison de la résine, le nombre de centimètres cubes d'alcali normal employé multiplié par 0,346 donne la quantité de résine.

b) *Dosage gravimétrique.* — On mélange le contenu de la fiole avec un peu d'éther de pétrole bouillant au-dessous de 80°, et fait passer le tout dans un entonnoir à séparation en lavant plusieurs fois la fiole avec le même dissolvant. La couche d'éther de pétrole doit former environ 50 cc. Après agitation, on soutire la couche acide et on lave la couche d'éther de pétrole une fois à l'eau, puis on la traite dans l'entonnoir par une solution de 0,5 gr. de potasse caustique et 5 cc. d'alcool dans 50 cc. d'eau. Les éthers éythliques dissous dans l'éther de pétrole viennent surnager à la partie supérieure tandis que les acides résineux sont extraits par la solution alcaline en formant un savon de résine. On soutire la solution de savon résineux et on décompose celui-ci par l'acide chlorhydrique ; on recueille les acides résineux tels quels ou mieux on les dissout dans l'éther et on les isole en évaporant l'éther. Le résidu séché et pesé donne la quantité de résine.

De toutes les méthodes proposées jusqu'ici pour le dosage de la résine dans les mélanges avec les acides gras, le procédé de *Twitchell* est celui qui donne les meilleurs résultats. Il ne faut cependant pas considérer ceux-ci comme absolument exacts, ils ne sont qu'approximatifs, ainsi que *Lewkowitsch*[1] l'a montré par un examen approfondi des deux méthodes volumétrique et gravimétrique.

Le poids de combinaison moyen des différentes marques de résines commerciales variant dans des limites considérables (Cf. p. 872), une incertitude pèse sur la méthode volumétrique, dont est exempte la méthode gravimétrique. Sous l'action de l'acide

1. *Journ. Soc. Chem. Ind.*, 1893, 504.

chlorhydrique, la résine paraît subir quelque décomposition[1] avec formation d'acides de poids moléculaire inférieur, car l'analyse volumétrique donne en général des résultats trop élevés. Dans le procédé gravimétrique, par contre, quelques-uns de ces produits secondaires passent dans la solution aqueuse sans être dissous par l'éther de pétrole. Par une nouvelle extraction avec l'éther, une partie des matières dissoutes peut être récupérée, mais les résultats trouvés n'en restent pas moins trop faibles. D'ailleurs, les huiles insaponifiables qui accompagnent la résine (p. 871) restent en solution dans l'éther de pétrole et échappent ainsi à la pesée ; mais cette cause de perte ne peut pas entraîner une grande différence.

Les tables ci-jointes, donnant les dosages de mélanges d'acide oléique et d'acides résineux dont l'équivalent de combinaison avait été préalablement déterminé, confirment les observations critiques précédentes :

Analyse volumétrique (Lewkowitsch)

ACIDE OLÉIQUE	RÉSINE	KOH NORMALE employée	MÉLANGE CONTENANT acides résineux (Poids de combinaison 346)		RENDEMENT EN ACIDES résineux	
			THÉORIE	EXPÉRIENCE	THÉORIE	EXPÉRIENCE
Grammes	Grammes	Cent. cubes	Pour 100	Pour 100	Pour 100	Pour 100
2,5096	0,8027	2,4	24,234	24,90	100	100,60
2,3988	0,8167	2,56	25,398	27,35	100	105,50
1,5638	1,5532	4,41	49,83	48,40	100	95,60
1,4006	1,5202	4,19	52,047	48,93	100	92,81
0,8918	2,5198	6,68	73,86	66,397	100	89,47
0,8296	2,5298	6,72	75,305	67,81	100	89,45

1. Les résultats de la table (p. 886) sont confirmés par les expériences faites depuis par Evans et Black, comme le montre la table suivante :

POIDS DE RÉSINE	RÉSINE CALCULÉE D'APRÈS LE TITRAGE	PERTE
Grammes	Grammes	Pour 100
2,0968	2,054	2,00
2,4723	2,45	0,90
2,035		0,93
2,03		0,89
2,115		1,14

Analyse gravimétrique (Lewkowitsch)

NUMÉROS	ACIDE OLÉIQUE	RÉSINE	ACIDES RÉSINEUX trouvés	MÉLANGE CONTENANT acides résineux		RENDEMENT EN ACIDES résineux	
				THÉORIE	EXPÉRIENCE	THÉORIE	EXPÉRIENCE
	Grammes	Grammes	Grammes	Pour 100	Pour 100	Pour 100	Pour 100
1	2,4666	0,8199	0,7385	24,947	22,32	100	87,65
2	2,8058	0,8577	0,7736	23,412	20,98	100	87,80
3	1,6465	1,5342	1,3200	48,234	40,96	100	83,73
4	1,4090	1,5092	1,3128	51,716	44,35	100	84,65
5	0,8600	2,5252	2,0930	74,595	60,58	100	80,66
6	0,8430	2,5322	2,1744	75,023	63,12	100	83,56
7	»	4,2524	3,5[illegible]31	»	»	100	83,44
8	»	4,6864	3,8334	»	»	100	81,46
9	»	4,6700	3,8979	»	»	100	83,12

Les tables suivantes donneront une idée de l'approximation réalisée par chacun des procédés décrits, en regard des résultats théoriques.

Les « acides mixtes gras et résineux » étaient obtenus au moyen de savons préparés spécialement en grandes quantités avec des quantités de résine et de corps gras soigneusement pesées. Les échantillons moyens de ces corps gras et de ces résines ont été examinés séparément pour déterminer le rendement en acides gras des premiers et l'équivalent de combinaison des derniers, ces résultats étant indispensables pour calculer exactement la quantité théorique d'acides résineux dans le mélange :

Analyse volumétrique (*Lewkowitsch*)

ACIDES GRAS et RÉSINEUX MÉLANGÉS	ACIDES RÉSINEUX	
	THÉORIE	EXPÉRIENCE
Numéros	Pour 100	Pour 100
1	9,79	9,98 ; 9,34 ; 9,795 ; 9,91.
2	19,69	23,97 ; 24,55 ; 22,93 ; 23,28 ; 23,98 ; 24,08.
3	21,45	24,96 ; 24,78 ; 23,63.
4	24,66	24,89 ; 25,15 ; 25,06 ; 24,23.
5	30,31	29,69 ; 30,12 ; 28,18 ; 29,78.
6	39,81	40,24 ; 40,37 ; 41,44 ; 42,13 ; 41,8 ; 40,37 ; 42,18 ; 40,55 ; 40,07 ; 40,05 ; 43,69 ; 41,12 ; 41,81 ; 40,77 ; 44,82.
7	45,05	45,76 ; 46,50 ; 49,61 ; 47,66 ; 46,45 ; 47,84 ; 45,34 ; 44,24 ; 44,48 ; 44,39.

Analyse gravimétrique (*Lewkowitsch*)

ACIDES GRAS et RÉSINEUX MÉLANGÉS	ACIDES RÉSINEUX	
	THÉORIE	EXPÉRIENCE
Numéros	Pour 100	Pour 100
1	9,79	9,38 ; 9,97.
2	19,69	20,46 ; 20,55 ; 19,96[1] ; 19,99 ; 19,44 ; 19,33.
3	21,45	19,25 ; 18,27 ; 19,37 ; 17,83[1] ; 19,54 ; 18,61 ; 18,57 ; 19,16.
4	24,66	20,97 ; 16,65 ; 21,76.
5	30,31	25,76 ; 25,06 ; 23,66 ; 26,10.
6	39,81	35,97 ; 38,86 ; 36,44 ; 36,14 ; 35,42 ; 35,86 ; 32,51 ; 36,29.
7	45,05	37,58 ; 37,23 ; 37,29 ; 36,07 ; 35,32 ; 40,06 ; 36,8.

En lavant une seconde fois la solution d'éther de pétrole avec la solution alcaline et extrayant la couche acide à l'éther ordinaire, on a obtenu les résultats suivants :

1. Émulsion.

ACIDES GRAS et RÉSINEUX MÉLANGÉS	ACIDES RÉSINEUX				
	THÉORIE	EXPÉRIENCE			
		Extrait par le premier lavage alcalin.	Extrait par le second lavage alcalin.	Extrait par l'éther	Total
Numéros		Pour 100	Pour 100	Pour 100	Pour 100
2	19,69	19,46	0,115	1,045	20,62
2	19,69	18,44	0,074	0,822	19,34
3	21,45	19,14	0,105	0,3615	19,607
3	21,45	19,19	0,061	0,2839	19,54
4	24,66	21,72	0,179	1,203	23,102
4	24,66	22,29	0,239	1,01	23,54
5	30,31	25,75	0,019	2,41	28,18
5	30,31	26,93	0,085	0,72	27,73
6	39,81	34,06	1,206	1,567	37,80
6	39,81	34,596	0,190	1,12	35,91

Dans le cas où la résine primitivement mélangée au corps gras renferme de notables quantités d'huiles de résine insaponifiables, celles-ci sont déterminées d'après le procédé suivant.

Il faut encore indiquer qu'en présence d'huiles oxydées impures, telles que les « huiles » ou « graisses noires » (récupérées), le traitement par le gaz chlorhydrique donne une notable quantité d'acides qui ne doivent pas être pris pour des acides résineux sans plus ample examen ; *Besson* a fait la même observation avec les huiles d'olives sulfurées[1].

IV. — DÉTERMINATION DES ACIDES RÉSINEUX MÉLANGÉS AVEC LES CORPS GRAS (OU LES ACIDES GRAS) ET LES MATIÈRES INSAPONIFIABLES

Lorsqu'on se trouve en présence d'un mélange d'acides résineux, de corps gras et de matières insaponifiables, on saponifie l'échantillon par ébullition avec la potasse alcoolique et on chasse l'alcool par ébullition prolongée après avoir étendu d'eau. On fait passer la solution de savon dans un entonnoir à séparation — sans avoir

1. *Chem. Zeit.*, 1912, 814; 1913, 453.

égard aux matières insaponifiables non dissoutes — et on l'agite avec l'éther de pétrole qui entraîne les matières insaponifiables. La solution de savon restant, traitée par un acide minéral, donne un mélange d'acides gras et résineux que l'on sépare par le procédé de *Twilchell.*

En employant la méthode volumétrique de *Twilchell*, on peut éviter la séparation préalable des insaponifiables par le procédé suivant [1] : Le mélange est saponifié par la potasse alcoolique et les acides gras, résineux et les insaponifiables isolés en décomposant par un acide. Si l'on se trouve dès le début en présence d'un mélange d'acides et de matières insaponifiables, la saponification est naturellement inutile.

Deux grammes du mélange des acides mixtes et d'insaponifiables sont pesés exactement, titrés par la soude ou la potasse caustique normale en présence de la phénolphtaléine et le nombre de centimètres cubes employés noté. Deux autres grammes sont traités par l'acide chlorhydrique gazeux, comme ci-dessus, et titrés par l'alcali normal. Soient a le nombre de centimètres cubes employés dans le premier titrage et b le nombre trouvé dans le second, on aura en adoptant 346 comme poids de combinaison de la résine et 275 pour les acides gras (palmitique, stéarique, oléique).

1. Poids d'acides résineux $= a \times 0{,}346$;
2. Poids d'acides gras $= (a - b) \times 0{,}275$;
3. Poids d'insaponifiables $= 100 - [a \times 0{,}346 + (a - b) \times 0{,}275]$.

L'exactitude des résultats dépend d'ailleurs beaucoup de l'exactitude des poids de combinaison adoptés 346 et 275.

V. — SÉPARATION DE LA RÉSINE ET DES ACIDES GRAS

La séparation de la résine et des acides gras s'effectue en éthérifiant le mélange de résine et d'acides gras d'après la méthode de *Twilchell.* On a un mélange d'acides libres et d'éthers et après titrage, comme dans le procédé volumétrique, on a un mélange de savon résineux et d'éthers éthyliques des acides gras. On distille

1. *Journ. Soc. Chem. Ind.*, 1891, 804.

l'alcool et traite le résidu par l'eau qui dissout le savon tandis que les éthers surnagent au-dessus de la solution. On sépare les deux couches et après avoir lavé la couche de savon à l'éther ordinaire pour entraîner les dernières traces d'éthers éthyliques dissous, on la décompose par un acide et isole les acides résineux. Quant aux éthers éthyliques, on les saponifie par la potasse caustique et isole les acides gras à l'aide d'un acide. Les acides gras et la résine peuvent ensuite être examinés séparément.

CHAPITRE XI

APPLICATION DES MÉTHODES PRÉCÉDENTES A L'EXAMEN SYSTÉMATIQUE DES HUILES, GRAISSES ET CIRES

Dans ce chapitre, on s'efforcera de montrer comment les méthodes décrites dans les chapitres précédents peuvent être appliquées à l'examen d'un échantillon donné, en vue de l'identifier ou de déterminer sa nature. Il faut constater tout d'abord qu'en l'état actuel de nos connaissances nous ne sommes pas encore en possession d'une méthode d'analyse définie, applicable dans tous les cas, comme dans l'analyse inorganique. Cependant, en suivant un plan d'examen systématique, il est possible dans la plupart des cas d'identifier un échantillon donné d'huile, de graisse ou de cire, ou de reconnaître si un échantillon est pur ou falsifié. Dans ce dernier cas même, on peut généralement déterminer la nature de l'adultérant.

Il doit bien être entendu que les indications qui suivent ce rapportent uniquement aux produits *naturels*, car, avec l'introduction des corps gras hydrogénés (Cf. chap. xv), les caractères distinctifs, comme la consistance, la couleur, l'odeur et le goût, ont perdu beaucoup, sinon tout, de leur valeur antérieure.

La **consistance** à la température ordinaire permet déjà de limiter le nombre des substances auxquelles l'examen peut s'étendre.

La **couleur** peut être également de quelque secours, principalement dans le cas des corps gras solides, puisque la plupart des huiles à l'état raffiné ont une couleur jaune brillant. C'est ainsi que, parmi les corps gras solides, l'huile de laurier peut être reconnue à sa couleur vert jaunâtre, l'huile de palme brute se distingue toujours par sa couleur rouge allant du rouge le plus brillant de l'huile de Lagos au rouge foncé de l'huile du Congo ; il en est de même du beurre de Karité, grâce à sa couleur gris ou gris verdâtre, et de la cire d'abeilles dont la couleur jaune sale est caractéristique.

L'**odeur** et la **saveur** d'un échantillon peuvent en général, donner quelque indice sur sa nature. Les méthodes « organoleptiques » demandent toutefois une certaine expérience que possèdent plus souvent les négociants en huile que les chimistes analystes. Néanmoins, il est facile de distinguer les huiles d'animaux marins des autres par leur odeur caractéristique[1]; les huiles de colza, d'olive, de lard, de coton, de lin, se reconnaissent encore facilement à leur odeur, surtout en les chauffant légèrement. Il est même possible quelquefois de reconnaître les falsifications, comme la résine ou même les huiles minérales. Une plus grande pratique est nécessaire pour reconnaître certaines huiles ou graisses par le *goût;* on peut ainsi reconnaître les huiles de lin, de maïs, de coton, ainsi que le saindoux et le suif. La reconnaissance de la *rancidité* par le *goût* dans les huiles et graisses comestibles est d'une grande importance, le goût seul étant le dernier criterium pour décider si un échantillon est rance ou non. Il faut un sens du goût cultivé pour formuler une opinion sur la pureté d'une marque particulière d'huile comestible et juger si elle est absolument exempte de sophistications. Le goût seul, par exemple, peut distinguer les huiles d'Aragon, du Midi de la France, de la Rivière de Gênes, etc...

Lorsqu'on a à examiner un mélange de deux huiles, les indications préliminaires fournies par la consistance, la couleur, etc..., perdent souvent toute leur importance. Néanmoins, avec l'aide des méthodes décrites dans les précédents chapitres, il est généralement possible de déterminer l'un des constituants, tout au moins qualitativement ; souvent même, il est possible de déterminer quantitativement les proportions du mélange.

Un problème plus difficile se présente avec un mélange de trois (ou plus) huiles ou graisses, et dans ces cas, l'analyse commerciale

1. Cf. Tsujimoto, On the cause of the odours of oils and fats, especially of marine animals oils, *Journ. Coll. Eng., Tokyo, Imp. Univ.*, 1908, IV (5), 1881.

ne donne pas toujours satisfaction ; on peut cependant identifier au moins un ou deux des éléments du mélange.

L'interprétation correcte des résultats fournis par les essais effectués et un raisonnement strictement logique permettent dans la plupart des cas de rétrécir à tel point le champ des éléments possibles du mélange, que l'analyste expérimenté se trouvera bien rarement dans l'impossibilité d'arriver à un résultat tout au moins approximatif. Lorsqu'au cours d'une analyse commerciale, on atteindra les limites de nos connaissances actuelles, l'emploi de méthodes nouvelles, non appliquées encore au cas examiné, se suggérera elle-même. C'est ce qui peut se présenter dans l'examen des produits techniques dérivés des procédés décrits dans la chapitre xv et plus encore dans l'analyse des huiles et graisses « hydrogénées ». En pareil cas, l'analyse prendra le caractère de la recherche scientifique.

Un des plus importants problèmes à résoudre dans l'analyse commerciale consiste à rechercher si un échantillon est pur ou falsifié.

La falsification des huiles et graisses saponifiables par les hydrocarbures insaponifiables liquides ou solides est des plus faciles à déceler. Le but de la falsification étant d'ailleurs de diminuer la valeur d'un article de prix élevé, on ne peut employer comme adultérants que les matières de valeur moindre que celle à falsifier. La connaissance du prix facilitera donc grandement l'examen d'un mélange absolument inconnu, car celui-ci seul permet d'exclure du champ d'investigations, nombre de matières plus coûteuses. Pour attirer l'attention sur les huiles inférieures, dans l'échelle des prix, à l'échantillon soumis à l'examen, on pourra consulter utilement la liste suivante, dressée dans l'ordre de la valeur commerciale des corps gras. Il faut toutefois, se rappeler que ces prix sont sujets à fluctuations d'année en année, les huiles de coton et de lin, par exemple, pouvant changer de place.

Huiles et cires liquides

1. Huile d'amande.	13. Huile de ricin.
2. — de cachalot.	14. — de coton.
3. — d'olive.	15. — de soja.
4. — de pieds de bœuf.	16. — de maïs.
5. — de lard.	17. — de lin.
6. — de foie de morue.	18. — de baleine.
7. — de rorqual rostré.	19. — de foie de morue industrielle.
8. — d'arachide.	20. — du Japon.
9. — d'œillette.	21. — minérale.
10. — de sésame.	22. — de résine.
11. — de phoque.	23. — de goudron.
12. — de colza.	

Graisses et cires

1. Beurre de cacao.	8. Huile de coco (coprah).
2. — de vache.	9. Huile de palmiste.
3. Suintine.	10. Suif.
4. Cire d'abeilles.	11. Paraffine.
5. — de Carnauba.	12. Huile de palme.
6. — d'insectes.	13. Suif d'os.
7. Saindoux.	14. Suintine brute.

On atteindra le plus facilement le but de l'analyse technique en adoptant un plan systématique, largement basé sur l'application des méthodes générales décrites dans les chapitres précédents.

Lorsqu'on a à examiner une huile, graisse ou cire, connue il convient de consulter d'abord la description de cette matière et en particulier les tables du chapitre XIV donnant ses caractéristiques; on s'efforcera ensuite de déterminer celles des falsifications que les considérations pratiques rendent possibles et on étudiera les moyens de les rechercher. En un mot, chaque produit individuel doit être considéré comme un problème analytique. Il faut d'ailleurs se rappeler que les corps gras commerciaux varient avec le climat et l'espèce de plante dans le cas des produits végétaux, avec la race et le mode d'alimentation de l'animal dans le cas des produits animaux. Les deux exemples suivants mettent ces faits en lumière : Il y a quelques années, les huiles d'olive ayant un indice d'iode supérieur à 85-87 étaient considérées comme falsifiées ; cependant, les huiles de Californie, de Dalmatie et de Tunisie, d'une pureté incontestable, ont été reconnu absorber une proportion d'iode encore plus grande. Il s'ensuit que l'on ne peut plus condamner des huiles d'olive sur le seul fait d'un indice d'iode trop élevé. Les saindoux commerciaux, ceux d'Amérique en particulier, présentent au même point de vue un exemple extrêmement instructif. Tandis qu'il y a quelques années un saindoux ayant un indice d'iode de 63-65, atteignant la limite admise pour un saindoux pur, aurait été suspect de falsification, à l'heure actuelle des saindoux purs paraissent sur les marchés, qui ont un indice d'iode dépassant largement cette limite. Ces saindoux doivent être admis en dehors des types habituels, car l'engraissement des porcs (dans les États-Unis en particulier) avec les tourteaux de coton ou de maïs produit des « saindoux mous » par suite du passage des huiles végétales dans le corps gras animal (chap. XIV. Cf. aussi *Beurre de vache*, chap. XIV).

Les cires d'abeilles, dont les indices d'acide et de saponification diffèrent notablement de 20 et de 95, respectivement, ont été regardées jusqu'à ces vingt dernières années, comme étant incontestablement falsifiées ; cependant, des quantités considérables de cires de Chine et des Indes sont importées, dans lesquelles la proportion d'acide libre est bien plus petite et, par suite, la quantité d'éthers saponifiables beaucoup plus grande que dans les cires travaillées jusqu'ici dans l'industrie.

Si l'on se souvient que la falsification est devenue presque un art, pratiqué avec tout le concours des connaissances scientifiques par des praticiens experts, qui ont souvent plusieurs années d'avance sur les connaissances que possèdent les chimistes analystes, on comprendra facilement que les méthodes et essais doivent être choisis et adaptés par l'analyste à chaque cas spécial.

La marche suivie dans la description des méthodes générales (chap. V, X), indique grossièrement la succession des procédés à appliquer à l'examen d'un corps gras donné. En premier lieu, il convient de tirer toutes les indications possibles de l'essai des huiles et graisses elles-mêmes ; puis on passera à l'examen des acides gras. Dans les lignes suivantes on considérera surtout quelques exemples typiques.

A. — HUILES ET GRAISSES

Il convient, tout d'abord, d'obtenir les indications les plus complètes de l'examen des huiles et graisses elles-mêmes ; après quoi, on peut entreprendre l'examen des acides gras.

Détermination des corps gras neutres et des acides gras libres dans un échantillon donné.

Ce problème est l'un de ceux qui se présentent le plus fréquemment et consiste à déterminer le degré de saponification atteint dans un corps gras neutre soumis à un procédé de saponification technique. Soient $k = 203,0$, l'indice de saponification d'un échantillon de suif autoclavé, et $a = 162,2$, son indice d'acide. La différence :

$$k - a = 203,0 - 162,2 = 40,8,$$

correspond au corps gras neutre existant dans l'échantillon. Comme l'indice de saponification du suif neutre est en chiffres ronds 195, on a la proportion suivante :

$$195 : 100 :: 40,8 : x; \qquad \text{d'où} \qquad x = 20,92.$$

Le pourcentage de corps gras neutre dans l'échantillon est donc 20,92 et la proportion d'acides gras libres $100 - 20,92 = 79,08$.

Il n'est pas nécessaire d'opérer sur des quantités pesées, même si l'on ne connaît pas l'indice de saponification du corps gras original ; on prend un échantillon suffisant, non pesé, sur lequel on détermine successivement le nombre de centimètres cubes d'alcali normal nécessaires, respectivement, pour la neutralisation et la saponification. Si a et b sont les nombres trouvés, le rapport $\frac{a \times 100}{b}$ donne la proportion d'acides gras libres.

On peut aussi déterminer gravimétriquement les acides gras, ce qui devient nécessaire dans le cas d'un mélange d'acides gras libres provenant d'une sorte de corps gras avec un corps gras neutre d'une autre sorte. Dans ce cas, on pèse exactement dans une fiole, quelques grammes de corps gras, on ajoute de l'alcool bouillant et de la phénolphtaléine et on neutralise exactement les acides libres par une liqueur alcaline titrée, jusqu'à l'apparition d'une coloration rose permanente. On laisse refroidir et étend la solution de son volume d'eau, et on l'agite avec l'éther ou l'éther de pétrole dans un entonnoir à séparation, comme il a été décrit plus haut sous le titre *Détermination des matières insaponifiables*. On soutire la couche aqueuse et lave à plusieurs fois la couche éthérée avec de l'eau. La solution éthérée donne, après évaporation du solvant, le **corps gras neutre.** On sépare les acides gras libres de la couche aqueuse en décomposant le savon par un acide minéral, et on détermine leur poids comme on l'a vu plus haut. On peut encore déterminer leur poids moléculaire moyen, ainsi que le poids moléculaire moyen des acides gras du corps neutre, après avoir saponifié celui-ci et isolé les acides gras mis en liberté.

Si le poids moléculaire moyen des acides gras libres est connu dès le début, on peut en déterminer la quantité sans pesée, d'après le nombre de centimètres cubes de potasse normale employée pour la neutralisation de ces acides gras.

L'opération importante qui suit, dans l'examen d'un échantillon, consiste dans la détermination de l'*indice d'iode*, et les résultats qu'elle fournit permettent souvent d'établir définitivement la nature du corps gras. On peut en même temps être fixé sur l'état de fraîcheur ou de rancidité, à condition qu'il n'y ait pas de matières insaponifiables présentes. Si l'on soupçonne la présence de ces dernières, on les détermine concurremment avec l'indice de saponification, comme on l'a vu plus haut (chap. VI).

L'exemple suivant met en lumière les remarques précédentes.

Huile comestible. — Donnant les nombres suivants :

Indice d'acide	3,2
— de saponification	196,1
— d'iode	109,3
Matières insaponifiables	0,82 0/0

On conclut que l'échantillon est constitué par une huile pratiquement saponifiable en totalité, qui n'appartient pas au groupe du colza. Son indice d'iode indique l'huile de coton. D'après l'indice d'acide, on calcule, en se reportant à la table de conversion (chap. VI, p. 642), que l'échantillon contient 1,6 0/0 d'acides gras libres, en prenant comme poids moléculaire moyen 282, ce qui ne diffère que très légèrement du poids moléculaire moyen des acides gras de l'huile de coton donné dans la table (chap. VIII).

Une coloration distincte par la *réaction d'Halphen* confirmerait que l'huile examinée est bien de l'huile de coton.

Si l'on a à examiner un mélange de **deux huiles,** dont la nature est connue ou peut être facilement identifiée, on peut calculer approximativement la proportion des deux huiles dans le mélange, à condition que leurs indices d'iode présentent des différences suffisamment grandes. C'est ce que montre l'exemple suivant :

Huile comestible. — (Vendue comme huile d'olive) donnant les nombres suivants :

Indice d'acide	3,2
— de saponification	196,1
Matières insaponifiables	0,82 0/0
Indice d'iode	93

L'indice d'iode étant plutôt trop élevé pour une huile d'olive, une présomption de falsification s'élève immédiatement. Les huiles du groupe du colza sont écartées par leur indice de saponification ; l'huile d'amande s'exclut par son prix élevé. La table des indices d'iode (p. 606) suggère la présence de l'huile de coton ou d'arachide. Si la réaction colorée d'*Halphen* (chap. XIV, *Huile de coton*) révèle la présence de l'huile de coton, on peut calculer la proportion dans laquelle elle entre dans le mélange par les deux équations suivantes : Soient x le pourcentage d'huile d'olive, et y le pourcentage d'huile de coton, on a :

$$x + y = 100.$$

Prenant comme indices d'iode moyens des huiles d'olive et de coton, 85 et 109 respectivement, on a la seconde équation :

$$\frac{85x}{100} + \frac{109y}{100} = 93; \qquad \text{d'où} \qquad x = 66,6\ 0/0.$$

Si la réaction d'*Halphen* pour l'huile de coton a été négative, on recherche dans l'échantillon l'acide arachidique et de la quantité trouvée, on déduit approximativement le pourcentage d'huile d'arachide existant dans le mélange. Le calcul des constituants d'après les indices d'iode, comme ci-dessus, donnerait des résultats incertains.

Pour l'examen des **corps gras hydrogénés,** voir chap. XV.

Si l'indice de saponification d'un échantillon attire l'attention sur la présence d'*acides gras solubles*, l'indice de *Reichert* et quelquefois celui de *Hehner* (en l'absence de quantités considérables de matières insaponifiables) seront d'une certaine utilité. C'est ce que montre le calcul de la composition approximative d'un échantillon de

Beurre de vache. — On a trouvé pour ce beurre les nombres suivants :

Indice d'acide	0,56
— de Reichert-Meissl	28,1
— de Hehner	87,5
— d'iode	32,6
Poids moléculaire moyen des acides gras insolubles	260
Acide stéarique dans les acides gras insolubles	0,49 0/0

La faiblesse de l'indice d'acide permet de conclure que les mono- et diglycérides sont pratiquement absents.

Du poids moléculaire moyen des acides gras insolubles 260, on tire le poids moléculaire moyen des glycérides correspondants :

$$3 \times 260 + (C^2H^3)\ 38 = 818.$$

Le pourcentage des glycérides d'acides gras insolubles est donc 91,8 0/0, calculé d'après la proportion suivante :

$$(3 \times 260) : 818 = 87,5 : x ; \qquad x = 91,8\ 0/0.$$

Les glycérides des acides gras insolubles sont constitués par la laurine, la myristine, la stéarine, des traces d'arachine et de l'oléine (la linoléine étant présumée absente).

L'indice d'iode 32,6 conduit à une proportion d'oléine = 37,82 0/0 dérivant du calcul suivant :

$$86,2 : 100 = 32,6 : x; \qquad x = 37,82.$$

La quantité d'acide stéarique trouvée dans les acides gras insolubles, 0,49 0/0, correspond à 0,51 0/0 de stéarine :

$$(3 \times 284) : 890 :: 0,49 : x,$$

ce qui co respond à 0,46 0/0 de stéarine dans le beurre lui-même. Les glycérides des acides volatils constituent la différence entre 100 et les divers éléments totalisés, de sorte que l'on peut établir la composition préliminaire du beurre comme suit :

	Pour 100
Stéarine	0,46
Laurine, myristine, palmitine, arachidine	53,52
Oléine	37,82
Butyrine, caproïne, etc. (par différence)	9,34
	100,00

On peut tirer encore d'autres éclaircissements sur la nature des acides volatils, par la quantité de KOH employée pour saturer la totalité de ces acides obtenus par le procédé décrit page 455. L'expérience donne 41,4 mgr. de KOH (le nombre correspondant à l'indice de *Reichert-Meissl* donné ci-dessus = 31,47) par gramme de beurre. Les acides volatils de 100 gr. de beurre exigent donc 4,14 gr. de KOH. On peut de là déduire le poids moléculaire moyen de ces acides si l'on connaît leur poids absolu. Celui-ci, dérivé du poids de leurs glycérides trouvé plus haut (par différence) = 8,20 0/0. Comme 3 × 56,1 = 168,3 de KOH correspondent à 92 parties de glycérine (en l'absence de mono- et diglycérides), ou 38 parties de C^3H^2, 4,14 gr. KOH correspondent à :

$$\frac{38 \times 4,14}{168,3} = 0,93 \text{ gr. } C^3H^2.$$

La proportion d'acides gras volatils est donc :

$$8,20 - 0,93 = 7,27.$$

Comme 7,27 gr. d'acides volatils demandent 4,14 gr. KOH, leur poids moléculaire moyen doit être :

$$M : 56,1 :: 7,27 : 4,14 ; \qquad M = 114.$$

De la table suivante, on peut enfin conclure que les acides laurique et caprique n'existent qu'en très petites quantités parmi les acides volatilisés, tandis que les acides butyrique et caproïque y occupent une place prépondérante :

ACIDE	FORMULE	POIDS MOLÉCULAIRE THÉORIE
Butyrique.............	$C^4H^8O^2$	88
Caproïque.............	$C^6H^{12}O^2$	116
Caprylique.............	$C^8H^{16}O^2$	144
Caprique	$C^{10}H^{20}O^2$	172
Laurique	$C^{12}H^{24}O^2$	200

On trouvera d'autres renseignements sur la composition des glycérides des acides volatils dans le chapitre XIV, *Beurre de vache.*

Si l'on avait un indice de *Reichert-Meissl* de 24 ou même de 26, il deviendrait nécessaire de rechercher la présence (possible) des huiles de coco et de palmiste, ce qui conduit à la détermination de l'*indice de neutralisation des acides gras insolubles*, et, dans les cas douteux, à l'application de l'*essai de l'acétate de phytostéryle* (Cf. chap. IX).

Dans des cas plus complexes, comme celui présenté par un mélange de trois huiles ou graisses (Cf. chap. XV, *Margarine*), l'examen des *acides gras mélangés* s'impose. Leurs points de fusion et de solidification et leur poids moléculaire moyen donneront les premières indications ; puis on déterminera l'indice d'iode. On se reportera donc à la méthode systématique d'examen des acides gras mélangés que l'on s'est efforcé d'esquisser chap. VIII. Il suffira de compléter ici ces indications par quelques explications supplémentaires.

En premier lieu, on aura recours à la séparation des acides gras solides et liquides, et on déterminera la quantité d'acides non saturés dans les premiers au moyen de l'indice d'iode. Dans la plupart des cas, il sera suffisamment exact de les évaluer en acide oléique et de corriger en conséquence le poids moléculaire moyen des acides gras saturés.

S'il existe de l'acide stéarique, on le déterminera directement. Si l'on se trouve en présence d'un mélange de deux acides gras de composition connue, on déduira leurs proportions approximatives du calcul du poids moléculaire moyen des acides mélangés, à condition que ce chiffre ait été déterminé très exactement.

Le poids moléculaire moyen M ne devra pas être déterminé sur moins de 5 gr. d'acides gras. Soient respectivement x et y les proportions et M_1 et M_2 les poids moléculaires des acides gras, on peut calculer x et y d'après les deux équations :

$$x + y = 100,$$
$$\frac{M_1 x}{100} + \frac{M_2 y}{100} = M.$$

En pratique, dans les laboratoires où l'on a souvent à examiner des mélanges d'acides gras connus, on se trouvera bien de dresser une table telle que la suivante, calculée par *Mangold* pour des mélanges d'acides stéarique et palmitique :

Acides stéarique et palmitique mélangés

INDICE DE NEUTRALISATION Milligr. de KOH par gramme	POIDS MOLÉCULAIRE moyen	100 PARTIES DU MÉLANGE CONTIENNENT	
		ACIDE STÉARIQUE	ACIDE PALMITIQUE
197,5	284	100	—
198,5	282,6	95	5
199,5	281,2	90	10
200,5	279,8	85	15
201,5	278,4	80	20
202,5	277,0	75	25
203,5	275,7	70	30
204,6	274,2	65	35
205,6	272,8	60	40
206,7	271,4	55	45
207,77	270,0	50	50
208,86	268,6	45	55
209,95	267,2	40	60
211,06	265,8	35	65
212,18	264,4	30	70
213,30	263,0	25	75
214,45	261,6	20	80
215,60	260,2	15	85
216,77	258,8	10	90
217,95	257,4	5	95
219,13	256,0	—	100

En présence de plus de deux acides, les résultats deviennent tout à fait incertains.

L'examen des *acides gras liquides* constitue un problème plus compliqué et, en l'état actuel de nos connaissances, l'examen se bornera en premier lieu, à la recherche qualitative des acides oléique, linoléique, linolénique et clupanodonique, ce dernier se trouvant dans les huiles d'animaux marins.

Si l'on a déterminé qualitativement les acides oléique, linoléique et linolénique dans une huile siccative, on peut calculer approximativement les proportions relatives de ces acides dans le mélange, d'après le poids moléculaire moyen et l'indice d'iode de ce dernier, déterminés directement.

Soient M le poids moléculaire des acides gras liquides ; M′, M″ et M‴, les poids moléculaires respectifs des acides oléique (282), linoléique (280) et linolénique (278). Soient encore I l'indice d'iode du mélange d'acides gras liquides ; I′, I″, I‴, les indices d'iode respectifs des acides oléique (90,07), linoléique (181,42) et linolénique (274,1). Les proportions x, y et z des trois acides se déduiront des trois équations suivantes :

$$x + y + z = 100,$$
$$I'x + I''y + I'''z = 100I,$$
$$M'x + M''y + M'''z = 100M.$$

Il est toutefois bien entendu que ces calculs ne fournissent que des estimations grossières et qu'ils ne doivent être utilisés qu'autant que l'on ne dispose pas d'autre méthode plus exacte. C'est tout au plus s'ils doivent servir à confirmer les résultats fournis par les méthodes quantitatives, tels que la proportion de brome dans les acides bromés (Cf. chap. VIII).

Pour l'examen des *matières insaponifiables*, il est nécessaire d'utiliser une quantité de matière suffisante pour faire les essais décrits dans le chapitre IX. L'une des plus importantes opérations consiste dans l'*essai de l'acétate de phytostéryle*, qui doit s'effectuer toutes les fois que se pose la question de la

5. Recherche des huiles et graisses végétales dans les huiles et graisses d'origine animale.

Cet essai acquiert la plus grande importance dans l'examen du saindoux, lorsqu'un indice d'iode élevé fait naître la présomption d'une falsification par l'huile de coton, et que cette présomption est corroborée par la réaction d'*Halphen* (Voir chap. XIV, *Saindoux*).

Il en est de même dans l'examen d'un beurre dans lequel on soupçonne la présence d'une petite quantité d'huile de coco ou de palmiste.

Ces deux cas seront considérés en détail dans le chapitre XV, *Saindoux* et *Beurre de vache*.

On peut indiquer que l'essai de l'acétate de phytostéryle conserve toute sa valeur avec les *corps gras hydrogénés* (Cf. chap. XV).

6. Recherche des graisses et huiles animales dans les huiles et graisses d'origine végétale.

Ce problème, inverse du précédent, se résout pratiquement par la séparation du *cholestérol* et du (phytostérol) *sitostérol*. Si le mélange ne comprend que de petites quantités d'huiles ou graisses animales avec une huile ou graisse végétale, le problème est très difficile. Cependant, *Lewkowitsch* a obtenu des résultats satisfaisants à l'aide de la méthode suivante :

On convertit les alcools isolés en acétates et on les traite comme dans l'essai de l'acétate de phytostéryle. Les acétates des liqueurs mères des première, seconde et troisième récoltes de cristaux étant plus riches en cholestérol que le mélange d'alcools original, on réunit les liqueurs mères, on les évapore à sec et soumet de nouveau les acétates secs à l'essai de l'acétate de phytostéryle. Le point de fusion de la première récolte de cristaux ainsi obtenus indiquera la présence ou l'absence de cholestérol. S'il est nécessaire, on répétera le traitement une nouvelle fois.

Pour la séparation du cholestérol et du phytostérol, au moyen de leurs bromures, la séparation du phytostérol et du *stigmastérol*, la séparation du *coprostérol*, du cholestérol et du phytostérol, et les indications fournies par la réaction thermique du brome, voir chapitre IX.

B. — CIRES

Dans l'examen des cires et des produits qui en dérivent, la recherche des matières insaponifiables acquiert une grande importance ; les méthodes applicables dans ce cas ont été détaillées dans le chapitre IX et les exemples suivants leur serviront d'application.

1. **Suintine brute** [1] (*Graisse d'Yorkshire*). — Dans la « suintine brute » (Cf. chap. XV), on aura à déterminer les éléments suivants :

a) Acides gras libres ;
b) Corps gras neutres ;
c) Matières insaponifiables.

1. Lewkowitsch, *Journ. Soc. Chem. Ind.*, 1892, 134 ; cf. aussi *Idem*, 1896, 14.

a) *Acides gras libres.* — La quantité d'alcali nécessaire pour saturer les acides gras libres de 1 gr. de suintine a été de 0,71 cc. KOH normale (indice d'acide = 39,8). On a neutralisé presque entièrement une grande quantité de suintine pesée exactement, avec la plus grande partie de l'alcali nécessaire, calculé d'après l'indice d'acide ; puis on a continué le titrage avec de l'alcali demi-normal jusqu'à ce que la solution se colore en rose par la phénolphtaléine. Une grande proportion de corps gras neutre et de matières insaponifiables s'est élevée à la partie supérieure en une couche huileuse, qu'on a dissoute dans l'éther et séparée de la solution de savon. On a chassé le reste des matières neutres et insaponifiables en agitant la solution de savon avec l'éther. On a réuni les solutions éthérées et les a lavées à l'eau pour les débarrasser du savon retenu ; en distillant enfin l'éther, on a obtenu ensemble le corps gras neutre (*b*) et les matières insaponifiables (*c*).

Entre les deux couches éthérées et aqueuses s'est formée une zone floconneuse, constituée par un savon insoluble qu'on a séparé de la solution de savon par filtration. On a décomposé ces deux savons par un acide minéral et isolé les acides gras mis en liberté ; on a ainsi obtenu les acides gras libres de la suintine en deux fractions, savoir : 1° les acides formant des savons solubles ; 2° les acides formant des savons insolubles.

Ces deux sortes d'acides contenaient des anhydrides internes ou lactones (augmentation de poids par ébullition avec l'anhydride acétique, cf. p. 658) ; pour déterminer leur poids moléculaire moyen, il a donc fallu les faire bouillir avec la potasse alcoolique titrée, et on a obtenu respectivement comme poids moléculaires 326 et 520. La proportion des acides (1) aux acides (2) étant de 9 : 1, le poids moléculaire moyen de *tous* les acides gras libres peut être pris égal à :

$$\frac{9 \times 326 + 520}{10} = 345.$$

L'indice de *Reichert-Meissl* de la suintine était 6,2 ou en d'autres termes il fallait 0,124 cc. de potasse normale pour neutraliser 1 gr. d'acides volatils. En admettant que leur poids moléculaire soit égal à 102 ($C^5H^{10}O^2$), la suintine contiendrait 10,2 × 0,124 = 1,26 0/0 d'*acides volatils libres*.

Les acides insolubles de 1 gr. de suintine étaient saturés par 0,71 — 0,124 = 0,586 cc. de potasse normale. Leur poids moléculaire moyen étant 345, on trouve 34,5 × 0,586 = 20,22 0/0 d'*acides gras insolubles libres.*

(*b*) et (*c*) *Corps gras neutres et Matières insaponifiables.* — On a saponifié une grande quantité de matière (*b*) et (*c*), préparée assez comme ci-dessus, et l'on a recherché la *glycérine* dans la solution de savon ; le résultat négatif obtenu prouve l'*absence de glycérides ;* la matière grasse neutre doit donc être considérée comme une *cire.*

Le résidu de l'extraction de la masse saponifiée par l'éther s'est complètement dissous dans l'anhydride acétique, sans qu'aucune couche huileuse se sépare par refroidissement (p. 851). Il n'y avait donc pas d'*hydrocarbures* et les *matières insaponifiables* (*c*) étaient constituées uniquement par des alcools.

On a séparé la cire (*b*) des matières insaponifiables (*c*) par ébullition prolongée avec l'alcool (ou mieux avec l'anhydride acétique) dans lequel la cire est presque insoluble. On a ainsi obtenu cette dernière sous forme d'une substance visqueuse, cireuse, fondant vers 40° en un liquide épais.

Saponifiée par la potasse binormale sous pression (p. 160), 1 gr. de cette cire a absorbé 1,825 cc. de potasse normale, ou en d'autres termes son indice de saponification était 102,4.

On a déterminé les alcools (*insaponifiables*) par la méthode usuelle, en extrayant la masse saponifiée par l'éther, et on a estimé les acides gras dans la solution de savon par la méthode de *Hehner.* Deux analyses ont donné ainsi comme composition de cette cire :

	I Pour 100	II Pour 100
Acides gras	56,3	54,1
Alcools	43,2	44,0
	99,5	98,1

La somme des constituants devrait être supérieure à 100, quelques centièmes d'eau ayant été fixés par la saponification. Le déficit doit être regardé comme provenant du chiffre des acides gras, celui-ci ayant été trouvé trop faible, par suite de la propriété qu'ont ces acides de perdre de l'eau par la dessiccation, en formant des anhydrides internes ou lactones. Le poids moléculaire de ces acides déterminé avec la potasse *alcoolique* étant 327,5, on peut établir comme suit la composition centésimale de la cire :

	Pour 100
Acides gras, 1,825 × 32,75 =	59,77
Alcools (indices moyens des analyses I et II)	43,60
	103,37

Le *poids moléculaire moyen des alcools* calculé d'après l'équation

$$M = \frac{43,6 \times 327,5}{59,77}$$

était 239.

Les acides gras n'ont absorbé que 17 0/0 d'*iode ;* ils étaient donc constitués en grande partie par des acides saturés.

c) *Matières insaponifiables.* — On a trouvé *approximativement* la proportion de matières insaponifiables en analysant le mélange de (*b*) et (*c*) de la même manière que (*b*) et en comparant les nombres obtenus comme suit :

1 gr. de mélange (*b*) et (*c*) nécessitait 1,73 cc. de KOH normale pour sa saponification. On a trouvé comme composition centésimale :

	I Pour 100	II Pour 100
Acides gras	50,7	49,8
Alcools	47,5	47,6
	98,2	97,4

De ces nombres, on déduit :

	Pour 100
Acides gras, 1,73 × 32,75	56,66
Alcools	47,55
	104,21

Les 56,66 parties d'acides gras demandent 41,34 0/0 d'alcools de poids moléculaire moyen 330 pour former une cire. En conséquence, la suintine renfermerait 47,55 — 41,34 = 6,21 0/0 de *matières insaponifiables.*

La composition de la « suintine » ressort donc comme suit :

	Pour 100
Acides gras volatils	1,26
— insolubles libres	20,22
Matières insaponifiables (alcools non combinés)	6,21
Cire (suintine) par différence	72,31
	100,00

Pour contrôler ce résultat, il faudrait déterminer directement la somme des alcools et de la cire.

Le nombre 72,31 trouvé pour la cire, peut être décomposé à l'aide de la composition centésimale donnée ci-dessus (acides gras, 59,77 0/0 ; alcools, 43,60 0/0), en deux nombres relatifs à ses composants, soit :

$$72{,}31 \times 0{,}5977 = 41{,}81 \text{ 0/0 d'acides gras,}$$

et

$$72{,}31 \times 0{,}436 = 30{,}5 \text{ 0/0 d'alcools.}$$

Les matières insaponifiables totales que l'on peut extraire de la « suintine » après saponification complète, s'élèvent donc à :

$$30{,}5 + 6{,}21 = 36{,}71 \text{ 0/0.}$$

D'où l'on peut exprimer le résultat analytique comme suit :

	Pour 100	
Acides gras volatils	1,26	
— libres insolubles	20,22	
Matières insaponifiables (alcools non combinés)	6,21	Matières insaponifiables totales : 36,71
Cire { Alcools combinés	30,50	
Cire { Acides gras combinés	41,81	

Le pourcentage des *matières insaponifiables totales* — 36,71 — peut d'ailleurs se vérifier par détermination directe effectuée en même temps que celle de l'indice de saponification. L'expérience directe donne le nombre 36,47 (voir plus bas).

Une méthode plus rapide et suffisamment exacte pour les besoins techniques consisterait à déterminer les *indices d'acides* et *de saponification*, la proportion de *matières insaponifiables totales*, *le poids moléculaire moyen des acides gras insolubles totaux* [1], et s'il était nécessaire l'*indice de Reichert-Meissl*. On obteindrait ainsi les nombres suivants :

	KOH normale
1 gramme demande pour la neutralisation des acides volatils	0,124 cent. cubes
1 gramme demande pour la neutralisation des acides libres insolubles	0,586 — —

1. Celui-ci doit être déterminé avec la potasse *alcoolique* (voir plus haut).

	KOH normale
1 gramme demande pour la neutralisation des acides insolubles totaux...........	2,19 cent. cubes
1 gramme demande pour la neutralisation des acides insolubles combinés (par différence)..........................	1,48 — —
Poids moléculaire moyen des acides insolubles totaux....	332[1]
Matières insaponifiables................	36,47 0/0

De ces résultats analytiques, on déduit : le pourcentage des acides libres insolubles, 0,586 × 33,2 = 19,45 ; le pourcentage d'acides gras combinés, en acides hydratés 1,48 × 33,2 = 49,13 ; et le pourcentage d'acides volatils, 0,124 × 10,2 = 1,26 comme ci-dessus.

En rapprochant ces nombres, on a la composition suivante :

	Pour 100
Acides gras volatils.................................	1,26
— libres insolubles.........................	19,45
— combinés (en acides hydratés)...........	49,13
Matières insaponifiables totales......................	36,47
	106,31

Une partie de l'excédent au-dessus de 100 provient de l'eau fixée par la saponification ; le reste vient d'une erreur dans le nombre trouvé comme poids moléculaire moyen des acides gras insolubles totaux, causée par la difficulté de titrer exactement les solutions alcooliques colorées.

On ne pourrait pas déterminer la proportion totale d'acides gras par la méthode de *Hehner*, le résultat serait évidemment trop faible par suite de la lactonisation ou formation d'anhydrides internes.

2. **Suintine** (« *Lanoline* »). — On déshydrate la suintine en la fondant et l'abandonnant au repos. On dissout ensuite la cire anhydre dans l'alcool absolu et on la saponifie au moyen du sodium métallique dans une fiole reliée à un réfrigérant à reflux. On distille l'alcool et l'on précipite le mélange de savons et d'alcools, pendant qu'il est encore chaud, dans l'eau en l'agitant jusqu'à ce que la

1. Ce nombre est un peu trop élevé, ce qui est dû à la couleur foncée de la solution alcoolique d'acides gras titrée.

température soit assez basse pour pouvoir ajouter de l'éther ordinaire sans inconvénient. Après vigoureuse agitation, on laisse reposer le mélange pendant quelques jours et l'on obtient une séparation en trois couches :

1° A la partie supérieure, une couche éthérée, consistant en une solution éthérée des alcools (matières insaponifiables).

2° A la partie inférieure, une couche aqueuse, qui est une solution de savon, *savons facilement solubles ;*

3° Une couche intermédiaire épaisse, représentant un savon peu soluble dans l'eau, *savons peu solubles.*

On sépare la couche éthérée, la lave bien à l'eau et joint les lavages aux couches (2) et (3), puis on épuise l'ensemble à l'éther jusqu'à ce que l'on ne puisse plus extraire de matières insaponifiables. On recherche le savon dans chaque partie extraite. La première extraction donne les matières insaponifiables exemptes de savon ; les suivantes renferment de petites quantités de savon, augmentant en proportion inverse de la quantité de matières insaponifiables. On traite les divers extraits séparément à l'eau chaude jusqu'à ce qu'ils ne donnent plus de cendres avant de les réunir à la partie principale. On a ainsi les *alcools*, *matières insaponifiables*, exempts de savons (cendres).

Alcools. Matières insaponifiables. — La quantité de matières insaponifiables obtenue est de 51,84 0/0. Elle représente un produit onctueux, de couleur jaune pâle, présentant les caractéristiques suivantes :

Point de fusion	46-48°
Indice d'iode	26,35
Augmentation de poids par acétylation	8,26 0/0
Indice de saponification de l'acétate	153,23

Du tableau suivant :

	Augmentation de poids par acétylation. Pour 100
Alcool cétylique	17,2
— cérylique	10,6
Cholestérol (ou isocholestérol)	10,9

on peut conclure à l'absence probable de l'alcool cétylique. Du faible indice d'iode trouvé, on peut déduire que la proportion des deux cholestérols ne peut être très grande, l'indice d'iode du cholestérol étant 67,7.

En traitant les alcools de la lanoline par la chaux sodée, à 250°, on a retrouvé 80 0/0 d'alcools inaltérés et l'on a isolé de la solution de savon 6 0/0 d'acides gras fondant à 51-53°.

Acides gras des savons facilement solubles. — On sépare les savons facilement solubles des savons insolubles par filtration.

On a débarrassé la solution de savons de l'éther dissous par ébullition, et isolé les acides gras de la manière habituelle par ébullition avec un acide minéral. On a obtenu 25,5 0/0 d'acides gras, de couleur brun rougeâtre clair, et répondant aux caractéristiques suivantes :

Point de fusion	52,5-56,5°
Indice d'iode	9,95
— de neutralisation	173,88
— de saponification	189,67

La différence entre les indices de saponification et de neutralisation, 15,79, indique la présence de lactones (Cf. chap. VIII) et l'on a constaté qu'en chauffant les acides gras au-dessus de 120°, ils perdent rapidement de l'eau, tandis que l'indice d'iode varie légèrement.

Dans un autre essai, on n'a pas chassé l'éther, mais l'on a traité la solution chaude par un acide minéral et une nouvelle quantité d'éther, dans lequel a passé la matière grasse séparée; celle-ci, obtenue après évaporation de l'éther, était blanche et montrait les caractéristiques suivantes :

Indice d'iode	10,1
— de neutralisation	168,92
— de saponification	192,82

La différence entre les indices de saponification et de neutralisation est, ici, plus grande que précédemment, soit 25,9 et l'indice d'iode reste pratiquement constant, ce qui montre bien que l'ébullition du mélange d'acides avec l'eau hydrolyse partiellement les lactones, comme dans le premier cas.

Les lactones ont été isolées en neutralisant exactement les acides gras par la potasse aqueuse et épuisant la solution de savon par l'éther de pétrole ; les acides gras ont été mis en liberté comme d'habitude et présentent les indices de neutralisation et de saponification 194 et 193 respectivement.

L'étude des lactones a donné les nombres suivants :

Indice d'iode	2,4
— d'acide	1,5
— de saponification	174,63

Après saponification des anhydrides ou lactones par la potasse alcoolique, on a traité la solution de savon par un acide minéral et l'on a obtenu des acides gras présentant un indice d'iode de 61,24 montrant qu'il y a eu, de nouveau, déshydratation ou lactonisation, dans une proportion notable.

Acides gras des savons peu solubles. — Les acides gras libérés de la solution de savon présentaient les caractéristiques suivantes :

(1) Indice d'iode	6,95
(2) — de neutralisation	106,5
(3) — de saponification	128,2
(4) Différence (3) — (2)	21,7

Dans un second essai, les essais ont été libérés à froid, ils étaient peu solubles dans l'éther froid et dans l'éther de pétrole et il a fallu de grandes quantités de dissolvant pour les dissoudre complètement.

On a obtenu ainsi 26 0/0 d'un produit blanc, répondant aux caractéristiques suivantes :

(1) Indice d'iode	3,9
(2) — d'acide	86,16
(3) — de saponification	135,86
(4) Différence (3) — (2)	49,70

Cette partie de la lanoline contient donc une plus grande quantité de lactones que la précédente.

On l'a séparée comme plus haut, en *a*) acides gras et *b*) lactones.

a) Les acides gras avaient les caractéristiques suivantes :

Indice d'iode	4,85
— de neutralisation	131,38
— de saponification	141,8
Point de fusion	65-66°

tandis que la lactonisation s'opère en décomposant le savon.

b) Les lactones avaient les caractéristiques suivantes :

Indice d'iode	8,69
— de saponification	115,0

Divers essais de mise en liberté des acides gras de la solution de savon ont donné des proportions de lactones différentes, mais toujours inférieures à celles obtenues avec la fraction précédente provenant des savons facilement solubles.

3. **Suintine distillée** (*Portion liquide ou oléine*). — L'oléine, ou portion liquide du produit de la distillation industrielle de la « suintine brute », a donné les résultats suivants :

	KOH normale
a) 1 gramme demande pour la neutralisation des acides gras libres	1,92 cent. cubes
b) 1 gramme demande pour la neutralisation des acides gras totaux par saponification	2,10 — —
c) 1 gramme demande donc pour la neutralisation des acides gras combinés.	0,18 — —
d) Poids moléculaire moyen des acides gras totaux[1]	300,5 — —
e) Matières insaponifiables totales	38,8 0/0

Des nombres (*c*), (*d*) et (*e*), on peut déduire ainsi la composition de la « suintine distillée » :

	Pour 100
Acides gras (en acides hydratés), $2,1 \times 30,05$	63,1
Matières insaponifiables totales	38,8
	101,9

Le faible chiffre obtenu pour les acides gras combinés montre que la plus grande partie de la cire a été décomposée par la dististillation.

Les acides gras libres ont été isolés comme il a été décrit p. 545 ; leur poids moléculaire moyen était 286 ; on peut donc les considérer comme un mélange d'acides oléique, stéarique et palmitique avec une petite proportion d'acides supérieurs. La proportion d'acides gras libres était donc :

$$1,92 \times 28,6 = 54,91\ 0/0.$$

1. Déterminé avec la potasse alcoolique.

La cire et les matières insaponifiables ont été isolées, comme p. 546 ; mais la séparation de ces deux éléments a été impossible. les matières insaponifiables étant insolubles dans l'alcool. On a donc saponifié le mélange, afin d'isoler les acides gras de la cire. On a trouvé pour ceux-ci, 394, comme poids moléculaire déterminé avec la potasse *alcoolique*. La proportion d'acides gras combinés était par suite :

$$(2,10 - 1,92) \times 39,4 = 7,09 \; 0/0.$$

L'alcool combiné avec ces acides était resté avec les matières insaponifiables ; sa présence était démontrée, d'une part, par l'augmentation de poids produite par l'acétylation d'un certain poids de matière, et d'autre part, par l'isolement de cet alcool en extrayant les matières insaponifiables au moyen de l'alcool.

En adoptant comme poids moléculaire celui trouvé (p. 908) pour les alcools combinés de la « suintine brute », on peut calculer la proportion d'*alcools* d'après l'équation :

$$x = \frac{7,09 \times 239}{394}; \qquad \text{d'où :} \qquad x = 4,3.$$

La quantité de *cire non décomposée* est, par suite, en négligeant la petite quantité d'eau fixée par saponification :

$$7,09 + 4,3 = 11,39 \; 0/0.$$

Le reste des matières insaponifiables :

$$38,8 - 4,3 = 34,5 \; 0/0,$$

est constitué par des hydrocarbures formés par la décomposition des acides libres et de la cire par la distillation.

La composition de la « suintine distillée » peut donc enfin être exprimée comme suit :

	Pour 100	
Acides gras libres	54,91	
Acides gras combinés	7,09	Cire non décomposée 11,39
Alcools combinés	4,30	
Matières insaponifiables (hydrocarbures)	34,50	
	100,80	

4. **Cire d'abeilles.** — L'examen de la cire d'abeilles s'opère de la même façon que pour la suintine brute (voir plus haut). Toute-

fois, l'éther ne convient pas comme dissolvant pour la partie neutre de la cire d'abeilles, et il vaut mieux lui substituer le tétrachlorure de carbone.

Dans le cas de la cire pure, la proportion de savons facilement solubles est très petite.

L'examen détaillé de la cire d'abeilles, et particulièrement des cires falsifiées, ou des mélanges de cires, s'effectue le mieux de la façon suivante :

On saponifie l'échantillon, étend la solution alcoolique de son volume d'eau, et agite avec l'éther, ce qui donne trois couches :

a) Une couche supérieure éthérée contenant les alcools libres de la cire d'abeilles, les hydrocarbures (mélangés à ceux qui peuvent avoir été ajoutés) et les alcools qui étaient combinés aux acides gras sous forme d'éthers saponifiables.

b) Une couche inférieure aqueuse, contenant les savons facilement solubles (savons de l'acide palmitique), etc...

c) Une couche intermédiaire contenant les savons peu solubles (des acides cérotique, mélissique, etc...). Cette couche peut s'extraire par l'éther afin de séparer complètement la matière insaponifiable qu'elle contient.

On examine alors chaque couche séparément par les méthodes décrites dans les pages précédentes.

Pour une méthode abrégée d'examen des cires d'abeilles, comprenant la recherche d'autres cires et d'autres adultérants, voir chapitre XIV, *Cire d'abeilles*.

C. — PRODUITS TECHNIQUES

On trouvera de nombreux exemples de l'examen de produits techniques dans le chapitre XV.

CHAPITRE XII

EXAMEN PAR LES MÉTHODES PUREMENT SCIENTIFIQUES

Dans le cas où les indications fournies par les méthodes précédemment décrites ne sembleraient pas suffisantes pour élucider la composition d'un produit donné, il faudrait avoir recours aux méthodes purement scientifiques. Celles-ci n'appartiennent pas, en général, au domaine de l'analyse technique des huiles, graisses et cires.

Quelques-uns des procédés analytiques décrits dans les chapitres précédents ont passé par cette phase de recherche purement scientifique, avant d'être élaborés au point de constituer une méthode technique expéditive. Comme l'on peut avoir assez souvent à conduire une étude au delà des limites courantes, on a rassemblé dans ce chapitre un certain nombre de méthodes qui peuvent être considérées à l'heure actuelle comme strictement scientifiques. Il a paru également utile de décrire quelques méthodes qui n'ont pas encore donné des résultats positifs, mais peuvent fournir des indications et des suggestions pour de nouvelles recherches.

A. — EXAMEN DES GLYCÉRIDES

a) Cristallisation fractionnée des glycérides.

On a déjà vu que les huiles et graisses sont des mélanges plus ou moins complexes de plusieurs glycérides, et de récentes recherches ont montré (chap. I) que l'on doit encore tenir compte de la présence des triglycérides mixtes plus souvent qu'on ne l'a fait jusqu'ici. Les glycérides mixtes décrits (chap. I) ont été isolés par cristallisation fractionnée. Sans même attendre d'avoir une matière bien cristallisée, l'analyse élémentaire fournira des indications utiles, comme on le verra par les tables suivantes donnant les pourcentages de carbone, d'hydrogène et d'oxygène contenus dans la palmitine, la stéarine, l'oléine, la linoléine, la ricinoléine et un certain nombre de corps gras commerciaux examinés par les premiers observateurs :

TRIGLYCÉRIDE	FORMULE	CARBONE POUR 100	HYDROGÈNE POUR 100	OXYGÈNE POUR 100
Palmitine	$C^{51}H^{98}O^{6}$	75,93	12,16	11,91
Stéarine	$C^{57}H^{110}O^{6}$	76,85	12,36	10,79
Oléine	$C^{57}H^{104}O^{6}$	77,38	11,76	10,86
Linoléine	$C^{57}H^{98}O^{6}$	77,90	11,16	10,94
Ricinoléine	$C^{57}H^{104}O^{9}$	73,39	11,16	15,45

TRIGLYCÉRIDES MIXTES	FORMULE	POIDS MOLÉCULAIRE	CARBONE POUR 100	HYDROGÈNE POUR 100	OXYGÈNE POUR 100
Stéarodipalmitine	$C^{53}H^{102}O^{6}$	834,82	76,18	12,32	11,50
Palmitodistéarine	$C^{55}H^{106}O^{6}$	862,85	76,49	12,38	11,13
Stéarodioléine	$C^{57}H^{106}O^{6}$	886,85	77,13	12,05	10,82
Oléodistéarine	$C^{57}H^{108}O^{6}$	888,86	76,95	12,25	10,80

SORTE D'HUILE OU GRAISSE	CARBONE POUR 100	HYDROGÈNE POUR 100	OXYGÈNE POUR 100
Huile de lin[1]	76,80	11,20	12,00
— —	77,80	11,20	11,80
— —	78,00	11,00	11,00
— de colza[1]	77,99	12,03	9,98
— —	78,20	12,08	9,72
— —	77,91	12,02	10,07
— de rorqual[2]	77,05	12,05	10,90
— de baleine[2]	76,85	11,80	11,35
— de foie de morue[2]	75,91	12,22	11,87
— de phoque[2]	77,10	13,50	9,40
Graisse de cheval[2]	77,07	11,69	11,24
Saindoux[1]	76,54	11,94	11,52
Suif de bœuf[1]	76,50	11,91	11,59
— de mouton[1]	76,61	12,03	11,36
Beurre de vache[1]	75,63	11,87	12,50
— —[3]	74,78	11,46	13,76

1. Schulze et Reinicke, *Liebig's Annalen*, 142, 198; — König, *Chemische Zusammensetzung der Nahrungsmittel, etc.*, I, 199, 200, 429.
2. Schaedler, *Technologie der Fette und Oele*, 750.
3. Fleischmann et Warmbold, *Zeits. f. Biol.*, 50 (1907), 305.

Beckmann [1], ainsi que *Normann* [2], ont essayé de déterminer le poids moléculaire moyen des corps gras par les méthodes cryoscopique et ébullioscopique, mais les poids moléculaires ainsi obtenus ne concordent pas avec ceux déduits des indices de saponification, ainsi que le montre la table suivante :

HUILE	INDICE de SAPONIFICATION	POIDS MOLÉCULAIRE	
		CALCULÉ	TROUVÉ
Huile d'olive	190	904,7	834-1.078
— de colza	180,5	930,7	699,9-993,4
— de — (dans le nitrobenzène)	...	...	941-1.248
— de — soufflée	202,7	828,8	1.042-825
— de ricin	185,2	917,1	691-501

On peut signaler assez curieusement que *Custodis* [3], en appliquant la méthode cryoscopique aux α-α-dilaurine et trilaurine liquides, a obtenu seulement la moitié des valeurs des poids moléculaires.

Backer [4] a obtenu les poids moléculaires moyens suivants par cryoscopie dans le benzène :

HUILES DE	POIDS MOLÉCULAIRE MOYEN
Coco	613
Cohune	625
Palmiste	644
Cato	803
— , hydrogénée	884
Olive	803
Ricin	844
—	1.031
Arachide	803
Sésame	800
Colza	892
Moutarde	928
Maïs	796
Soja	783
Lin	796

1. *Forschungsber. über Lebensm.*, 1894, I, 422; 1895, II.
2. *Chem. Zeit.*, 1907, 311.
3. *Dissert.*, Zürich, 1909.
4. *Chem. Weekbl.*, 1915, 1031.

Held[1] a fait des déterminations cryoscopique et ébullioscopique dans le bromure d'éthylène et il a constaté que les poids moléculaires obtenus par cryoscopie augmentaient avec la quantité de substance dissoute.

Détermination cryoscopique de poids moléculaire dans le bibromure d'éthylène (sec)

SUBSTANCE	POIDS MOLÉCULAIRE	QUANTITÉ DE SUBSTANCE EMPLOYÉE
		Grammes
Huile d'olive	829,5–948,5	0,445–2,2886
— de ricin	827,8–1063	0,181–1,6860
Beurre de cacao	867–1003	0,3637–1,9585
— du Japon	927–2284	0,2546–0,9292
— de mouton	870–1267	0,2590–2,4442
Oléodistéarine	897,7–898,2	0,1415–0,6224
Trioléine	895,7–904,8	0,3188–1,7091
Acide oléique	425,5–587,2	0,2190–1,2496

L'oléodistéarine et la trioléine fournissent des chiffres sensiblement exacts, mais les autres glycérides ont donné des résultats moins satisfaisants, quelques-uns même sans aucune valeur. Les glycérides des acides gras saturés et les acides gras saturés supérieurs présentent une si faible solubilité que le bibromure d'éthylène paraît inutilisable aussi bien pour les déterminations cryoscopiques que pour des essais ébullioscopiques.

Voici d'ailleurs les résultats obtenus sur des produits industriels à l'aide des méthodes cryoscopique et ébullioscopique :

1. *Dissert.*, 1909, Liebertwolkwitz; cf. aussi Dankworth, *Dissert.*, Leipzig, 1906

SUBSTANCE	POIDS MOLÉCULAIRE	CONCENTRATION POUR 100
Huile d'olive	649–598	1,13–6,47
— de ricin	768–643	1,23–5,43
Beurre de cacao	752–642	1,46–8,28
Cire du Japon	806–643	0,91–9,30
Suif de mouton	670–556	1,56–9,00
Tristéarine	755–683	0,844–5,18
Trioléine	822–700	1,47–6,79
Tripalmitine	802–726	0,925–5,28
Acide stéarique	304–346	0,975–3,25
— oléique	248–370	0,931–7,76
— palmitique	297–333	0,876–3,62

Le tableau suivant, dû à *Held*, donne un exemple d'application pratique de la méthode cryoscopique aux produits techniques.

Détermination cryoscopique des poids moléculaires de l'huile de lin, de l'huile de lin polymérisée et de leurs acides gras dans le benzène.

SUBSTANCE	POIDS MOLÉCULAIRE	POIDS DE SUBSTANCE EMPLOYÉE
Huiles		
Huile de lin	699,8 (701,2) 880,8	0,1482–2,0091
— polymérisées. I — Par chauffage jusqu'à 310-315° C pendant une heure	1 170–1 198	0,3557–1,3616
II — Par soufflage avec l'air à 310° C pendant trois heures	1 485–1 527	0,5591–2,2501
Acides gras		
Huile de lin	645,6–561,2	0,8270–1,6607
— polymérisée	836,2–849,2	0,5521–1,8254

Les premières expériences entreprises par *Heintz* pour obtenir de la *stéarine*[1] pure du suif par cristallisation répétée dans l'éther n'aboutirent pas à des substances chimiquement pures, mais la méthode qu'il a employée a été reprise récemment avec le plus

1. La stéarine *pure* a été obtenue pour la première fois par Chevreul.

grand succès et a permis de préparer un certain nombre de glycérides mixtes (décrits dans le chap. I).

Le premier glycéride mixte a été obtenu en précipitant la solution éthérée du suif de Mkany par l'alcool (*Heise*). *Holde* [1], dans des recherches sur l'huile d'olive, refroidissait la solution éthérée vers — 40° à — 45°.

D'autres méthodes employées pour la séparation des glycérides, ont été basées sur la cristallisation dans un mélange de chloroforme et d'éther (*Fritzweiler*), ou dans l'acétone [2] (*Klimont*), ou dans un mélange de chloroforme et d'acétone (*Seiller* [3]).

Kreis et *Hafner* [4], cependant, ont montré que par simple cristallisation dans l'alcool, l'éther, le benzène et l'alcool amylique [5], il n'était pas possible d'obtenir des glycérides exempts d'oléine ou de glycérides mixtes à base d'acide oléique. Ces derniers adhèrent aux glycérides avec une telle ténacité que le glycéride absorbe encore de l'iode, lors même qu'il recristallise en conservant le point même de fusion. Cette impureté peut cependant être éliminée en traitant le glycéride par la solution d'iode de *Hübl*, afin de convertir l'oléoglycéride en composé chloroiodé. Ce dernier peut être plus facilement entraîné par recristallisation dans le benzène ou l'alcool et enfin dans l'éther.

Seindenberg [6], cependant, a pu recueillir de 100 gr. de saindoux par sa méthode de cristallisation fractionnée, 13 gr. de cristaux exempts d'oléine. La méthode consiste à dissoudre le corps gras dans un mélange de deux dissolvants, dont le plus volatil exerce la plus grande action dissolvante, et à aspirer l'air lentement ou à faire passer un gaz inerte dans la solution, sous pression réduite, pour évaporer les dissolvants, le plus volatil s'évaporant dans le premier ; *Seindenberg* a pu isoler, par ce moyen, l'oléodistéarine du suif.

Les méthodes précédentes paraissent pleines de promesses pour la résolution des mélanges de glycérides qui se présentent dans les

1. *Berichte*, 1901, 2402.
2. Cf. Breda, D. R. P. 144.368.
3. *Zeits. f. Unters. d. Nahr. u. Genussm.*, 1908 (xv), 486.
4. *Berichte*, 1903, 426.
5. Cf. aussi Okada, *Chem. Zeit.*, 1908, 1199.
6. *Journ. Ind. Eng. Chem.*, 1917, 855.

huiles et graisses naturelles. Cette question a peu avancé jusqu'à ces dernières années ; toutefois, *Bömer* [1] a élaboré une méthode pour identifier les glycérides purs, basée sur la détermination exacte du point de fusion. L'individualité d'un glycéride peut s'établir en le faisant recristalliser à basse température dans une quantité de dissolvant telle que la plus grande partie de la matière se sépare et, en continuant ainsi la recristallisation vingt à trente fois, jusqu'à ce qu'il ne se sépare plus de cristaux. Si les glycérides dissous dans les liqueurs mères et ceux qui en proviennent présentent le même point de fusion, on est fondé à admettre que l'on se trouve en présence d'une espèce chimique [2].

Bömer [3] a reconnu qu'un mélange de deux molécules de tristéarine et une molécule de tripalmitine peut être facilement résolu en ses constituants par cristallisation dans l'éther; il en est de même, quoiqu'un peu moins facilement, d'un mélange d'une molécule de tristéarine et de deux molécules de tripalmitine.

Toutefois, dans le cas des glycérides mixtes, qui forment vraisemblablement la partie principale de la plupart des corps gras, le problème offre de très grandes difficultés, ce qui se comprend aisément si l'on pense au grand nombre de glycérides possibles ; en supposant, en effet, par exemple, qu'il n'y ait dans le saindoux que les acides palmitique, stéarique et oléique, on peut, *a priori*, s'attendre à trouver les 10 glycérides suivants : tripalmitine, tristéarine, trioléine, dipalmitostéarine, dipalmitooléine, palmitodistéarine, palmitoléine, palmitostéarooléine, distéarooléine, stéarodioléine.

Dans ces conditions, l'isolement des glycérides purs représente un travail long et difficile, dont on peut trouver l'exemple dans les communications de *Bömer*, relatives à l'isolement de la tristéarine, de la palmitodistéarine et de la dipalmitostéarine du suif et la séparation de la stéarodipalmitine et de la palmitodistéarine du saindoux.

1. *Zeits. f. Unters. d. Nahr. u. Genussm.*, 1907 (XIV), 90; *Ibidem*, 1913 (XXV), 321.
2. Si les glycérides non saturés ont été éliminés au moyen du chlorure d'iode, il conviendra de vérifier l'absence d'halogène dans le produit final.
3. *Zeits. f. Unters. d. Nahr. u. Genussm.*, 1907 (XIV), 97; 1908 (XV), 82; 1909 (XVII), 355.

Le point de fusion d'un glycéride cristallisé se détermine d'abord en tube capillaire. La substance fondue, on sort de l'acide sulfurique le thermomètre auquel est fixé le tube à point de fusion et on l'immerge immédiatement pendant 10 secondes environ dans l'eau à la température de 15°. On place le thermomètre avec le tube de point de fusion, dans un autre bain d'acide sulfurique à la température ordinaire et l'on chauffe immédiatement le bain. Dès que l'acide sulfurique atteint une température inférieure de quelques degrés *au point de transition*, on cesse de chauffer et on observe soigneusement la température en agitant constamment l'acide sulfurique. On note comme point de transition la température à laquelle la substance devient translucide ou parfaitement transparente dans le tube de point de fusion. La température du bain d'acide sulfurique continuant à s'élever, la substance devient de plus en plus trouble, et finalement, complètement opaque. On supprime le chauffage de façon que la température ne s'élève que de 5° au-dessus du point de transition, puis commence à baisser. Lorsqu'elle revient aux environs du point de transition, ce qui demande 5 à 10 minutes, on chauffe de nouveau le bain d'acide sulfurique en l'agitant constamment et l'on observe soigneusement le point auquel la substance devient complètement claire et liquide, ce qui représente le *point de fusion* du glycéride solidifié après la première fusion. On trouvera dans les mémoires originaux[1] des diagrammes montrant le changement d'aspect de la matière pendant les observations.

b) Distillation fractionnée des glycérides.

Les glycérides des acides gras inférieurs peuvent être distillés et fractionnés dans le vide complet sans subir aucune décomposition, ainsi que l'a montré le premier *Chevreul*.

En distillant l'huile de laurier dans le vide absolu, *Krafft*[2] a obtenu vers 260-275° un produit fondant à 43° en donnant, après cristallisation dans l'alcool, une substance fondant à 45° dont la composition élémentaire est celle de la trilaurine. En distillant le beurre de muscade dans le vide cathodique, on obtient entre 290 et 300°,

1. *Zeits. f. Unters. d. Nahr. u. Genussm.*, 1907 (XIV), 97; 1909 (XVII), 363.
2. *Berichte*, 1903, 4343.

un distillat qui se solidifie à 53° et fond après cristallisation dans l'alcool à 55°; l'analyse élémentaire correspond à la composition de la trimyristine. L'huile de laurier et le beurre de muscade étant surtout constitués par les glycérides de l'acide laurique et de l'acide myristique, respectivement, la proportion de triglycérides mixtes est nécessairement réduite et il n'a pu se produire, dans ce cas, des changements intramoléculaires, comme dans les corps gras formés principalement de triglycérides mixtes.

Soumise à la distillation, dans les mêmes conditions, la cire du Japon se décompose.

Krafft ayant reconnu, d'autre part, que la tripalmitine pure distille dans le vide cathodique à 310-320°, on peut admettre que cette décomposition provient des autres constituants de la cire du Japon (acides bibasiques, etc...).

Il semblerait donc que la tripalmitine pure, ainsi que la stéarine et l'oléine pure (*Chevreul*) distillent dans le vide sans décomposition, mais que les impuretés existant dans les corps gras naturels interviennent largement dans la formation de produits secondaires.

La distillation fractionnée des corps gras tels que de suit ne semble pas devoir constituer une méthode analytique ; mais l'on obtient de bien meilleurs résultats avec la distillation fractionnée des éthers méthyliques et des acides gras (voir plus loin).

B. — EXAMEN DES ACIDES GRAS

Le procédé décrit dans le chapitre VIII permet de distiller tous les acides volatils contenus dans les corps gras commerciaux et de les séparer ainsi presque complètement des acides insolubles.

a) Examen des acides gras volatils.

Dans la table (p. 456), on a donné la quantité de potasse nécessaire pour saturer les acides volatils d'un certain nombre de corps gras. On réduit par évaporation à l'ébullition le liquide distillé neutralisé exactement, et on met en liberté les acides volatils en ajoutant de l'acide sulfurique concentré à la solution de leurs sels de potassium. On distille de nouveau la couche aqueuse afin de récupérer les dernières traces des acides les plus volatils, ou bien on les extrait par l'éther.

Suivant *Liebig*, on divise la solution aqueuse des acides volatils en deux parties égales ; on neutralise exactement une partie, on y ajoute l'autre et on soumet le tout à la distillation. Les acides les plus volatils distillent, tandis que les autres restent à l'état de sels de potassium dans le ballon à distillation. L'acide acétique, cependant, s'il existe, reste à l'état de sel de potassium. En répétant le même traitement sur les acides distillés et sur les acides plus fixes, on obtient finalement des fractions pures de plusieurs acides.

Liebig a employé cette méthode pour séparer l'acide butyrique d'un mélange d'acides butyrique et isovalérique, puis pour séparer l'acide acétique mélangé à l'un de ces acides. *Veiel*, cependant, est arrivé à un résultat opposé et a constaté que l'acide isovalérique distille, tandis que l'acide butyrique reste dans le ballon. *Lieben* a confirmé en partie les résultats de *Veiel* et établi que la méthode de *Liebig* n'est pas exacte. Il a obtenu néanmoins une séparation à peu près satisfaisante en modifiant convenablement cette méthode, c'est-à-dire qu'en neutralisant partiellement le mélange d'acides, il a pu distiller les acides supérieurs, tandis que les acides inférieurs restaient dans le ballon à l'état de sels.

Wechsler [1] a appliqué la méthode de *Lieben* à des mélanges de deux acides en quantités équivalentes ; il a examiné les mélanges suivants : acides formique et acétique, acétique et propionique, acétique et butyrique, acétique et isobutyrique, propionique et butyrique, butyrique et caproïque. Il neutralisait le mélange avec les 4/5 de la quantité théorique d'alcali et distillait aussi longtemps que le liquide passait acide. Les sels restants, traités par la quantité d'acide sulfurique strictement nécessaire pour mettre en liberté exactement les 3/5 des acides gras, étaient de nouveau distillés. Le dernier cinquième était finalement obtenu en acidulant le résidu et distillant. La première fraction contenait l'acide supérieur et la dernière l'acide inférieur à l'état presque pur. Le mélange d'acides

1. *Monatsh. f. Chemie*, 14, 462. — Cf. aussi Sorel, *Comptes Rendus*, 1896, 946.

butyrique et isovalérique, cependant, n'a pas pu être séparé par cette méthode, ce résultat étant différent des observations de *Liebig* et de *Veiel*. *Crossley*[1] n'a pas obtenu les résultats qu'il attendait de la méthode de *Wechsler* et conclut que celle-ci ne peut pas être considérée comme réalisant une séparation satisfaisante des mélanges d'acides gras. En distillant les eaux fermentées de lavage des laines, *O.* et *P. Buisine*[2] ont constaté que les acides volatils les plus condensés en carbone distillaient les premiers.

Erlenmeyer et *Hell*[3] ont proposé de séparer les acides volatils par saturation fractionnée par le carbonate d'argent ; ce sont les acides les moins volatils qui précipitent les premiers.

Fitz[4] a montré que la séparation des acides volatils peut s'effectuer par simple distillation fractionnée, en ayant soin de remplacer l'eau évaporée, l'acide à poids moléculaire le plus élevé passant d'abord. Ce résultat a été confirmé par *Hecht*[5] (Cf. aussi chap. III[6]).

La méthode de *Duclaux* pour la résolution des mélanges contenant trois acides gras a été récemment examinée par *Droop Richmond*[7].

L'examen des acides gras volatils a reçu une nouvelle impulsion grâce aux recherches de *Müntz* et *Coudon* et de *Polenske*. Il conviendra donc dans l'examen des acides gras volatils de subdiviser ceux-ci, comme on l'a vu plus haut (chap. VIII), en acides volatils solubles et acides volatils insolubles.

1. *Proc. Chem. Soc.*, 1897, 21.
2. *Chem. Centralb.*, 1898, 23.
3. *Annalen*, 160, 296, note.
4. *Berichte*, 11, 46.
5. *Annalen*, 209, 319.
6. Pour plus ample information, se reporter aux mémoires originaux : Duclaux, *Ann. Phys. Chim.*, 1874 (5), 2,289; Haberland, *Zeits. f. anal. Chem.*, 1899, 217; Chapman, *Analyst*, 1899, 114; Holtzmann, *Arch. d. Pharm.*, 1898, 409; Crossley et Le Sueur, *Journ. Chem. Soc.*, 1897, 162; Crossley, *Journ. Chem. Soc.*, 1897, 580; Muspratt, *Journ. Soc. Chem. Ind.*, 1900, 207; Schütz, *Zeits. f. anal. Chem.*, 1900, 77; O. Jensen, *Annuaire agricole* de la Suisse, 1904; Lasserre, *Ann. Inst. Pasteur*, 1907 (21), 829, critiqué par Hodgson, *Analyst*, 1909, 435 et par Keane et Narracott, *Analyst*, 1909, 436; R. K. Dons, *Zeits. f. Unters. d. Nahr. u. Genussm.*, 1908 (XV), 75; (XVI), 705; A. Faucon, *Comptes Rendus*, 1909 (148), 38; J. Effront, 7 *th Intern. Congress Appl. Chem.*, sect. IV, London, 1909; G. Seliber, *Comptes Rendus*, 1910 (150), 1267; Edelstein et v. Csonka, *Biochem. Zeits.*, 1912 (42); K. Langheld et A. Zeileis, *Berichte*, 1913, 1171; Agulhon, *Bull. Soc. Chim.*, 1913, 404; Godoletz, *Chem. Zentralb.*, 1912, 1084.
7. *Analyst*, 1919, 255. Cf. aussi Dyer, *Journ. Biolog. Chem.*, 1917, 445; Boekhout et de Vries, *Cent. Bakt. Parasit.*, 1916, 505.

Kirschner[1] et surtout *O. Jensen*[2], *K. Jensen*[3], puis *Wijsmann* et *Reijst*[4] ont récemment publié d'importantes et suggestives recherches, qui aboutiront peut-être à la détermination quantitative de l'acide caprylique sous forme de sel d'argent[5]. Ces méthodes seront examinées en détail dans le chapitre XIV, *Huile de coco* et *Beurre de vache*.

Langheld et *Zeileis*[6] ont proposé une méthode de dosage des acides gras volatils, basée sur l'oxydation par l'acide chromique et la mesure des volumes d'acide carbonique dégagé.

Une molécule d'acide acétique traitée par l'acide chromique à 170° donnerait 2 molécules d'acide carbonique. L'acide isobutyrique donne 1 molécule d'acide carbonique à 65°; 1 molécule à 100° et 2 molécules à 170°. L'acide isovalérique donne 2 molécules à 65°, 1 molécule à 100° et 2 molécules à 170, tandis que l'acide méthyléthylacétique donne, à 60°, 1 molécule, à 100° 1 molécule et 3 à 170°.

b) Examen des acides non volatils (ou fixes).

Les acides fixes peuvent être séparés en acide *solides* (saturés) et *liquides* (non saturés) en épuisant leurs sels de plomb par l'éther (voir chap. VIII).

La séparation réalisée par cette méthode n'est pas quantitative, ainsi qu'on l'a déjà indiqué. Il est probable qu'en répétant l'extraction des sels de plomb dans lesquels prédominent les acides saturés, on pourrait obtenir des sels de plomb exempts d'acides non saturés. Toutefois, dans le cas d'un échantillon d'huile de lin examiné dans le laboratoire de *Lewkowitsch*, les acides gras des sels de plomb insolubles avaient 22,34 comme indice d'iode et formaient 8,9 0/0

1. *Zeits. f. Unters. d. Nahr. u. Genussm.*, 1905 (IX), 65.
2. *Ibidem*, 1905 (X), 266.
3. *Pharm. Tidende*, 1903, 385.
4. *Zeits. f. Unters. d. Nahr. u. Genussm.*, 1906 (XI), 267.
5. Cf. Chap. XIV, *Huile de coco, Beurre de vache*; Chap. XV, *Margarine*. Cf. aussi, pour l'indice de baryte, Avé-Lallemand, *Zeits. f. Unters. d. Nahr. u. Genussm.*, 1907 (XIV), 317; pour l'indice de cadmium, Paal et Amberger, *ibidem*, 1909 (XVII), 45; Luhrig, *Pharm. Zentralh.*, 1909 (50), 441. Pour les sels de zinc, voir Bremer, *Forschungsber.*, 1897 (IV), 6; Paal et Amberger, *Zeits. f. Unters. d. Nahr. u. Genussm.*, 1909 (XVII), 45. Pour l'indice laurique-myristique, cf. Arnold, *Zeits. f. Unters. d. Nahr. u. Genussm.*, 1907, 164.
6. *Berichte*, 1913, 1171.

des acides gras totaux ; en traitant de nouveau les acides gras solides par le procédé sels plombiques éther, on a obtenu 7,5 0/0 d'acides solides ayant encore un indice d'iode de 19,2.

Les expériences faites par *Lewkowitsch* en vue d'éliminer les acides non saturés à l'état de composés d'addition chloro-iodés n'ont pas donné de résultats satisfaisants.

On peut encore séparer les acides gras saturés **solides** par précipitation fractionnée de leurs solutions alcooliques (saturées à froid), par l'acétate de baryum ou de magnésium en solutions alcooliques. Les sels de magnésie des acides gras supérieurs se séparent d'abord, puis ceux des acides inférieurs. On filtre chaque précipité, neutralise l'acide acétique libre par l'ammoniaque, puis on ajoute à la solution une nouvelle quantité d'acétate de magnésie ; si ce dernier ne produit plus de précipitation, on peut, dans certains cas, obtenir un nouveau précipité par addition d'une solution aqueuse concentrée d'acétate de baryum.

Pebal[1] emploie comme précipitant une solution alcoolique d'acétate de plomb. On décompose chaque fraction par l'acide chlorhydrique et réunit les acides gras ayant le même point de fusion. On soumet les fractions obtenues au même traitement jusqu'à ce que l'on obtienne enfin des substances pures. On ne peut considérer une fraction comme une espèce chimique pure qu'autant que son point de fusion n'est pas modifié par une nouvelle recristallisation et que les fractions obtenues par de nouvelles précipitations partielles ont le même point de fusion. L'analyse élémentaire de l'acide ou de son sel d'argent confirmerait, d'ailleurs, si l'on se trouve en présence d'une espèce chimique.

Il est ainsi bien démontré que les acides purs ne peuvent être obtenus que par une fréquente répétition de précipitations fractionnées et que la séparation quantitative de chaque acide est hors de la question.

Les expériences faites par *Hehner* et *Mitchell*[2] sur des mélanges d'acides palmitique et stéarique en vue de déterminer le degré

1. *Annalen*, 91, 138.
2. *Analyst*, 1896, 316.

d'utilité de semblables méthodes pour l'analyse donnent une idée approximative de la séparation que l'on peut effectuer. Les acides stéarique et palmitique purs mélangés dans les proportions indiquées dans la table suivante étaient précipités par des quantités mesurées de solutions aqueuses d'acétate de baryum, suffisantes pour précipiter les quantités d'acide stéarique fixées :

Séparation effectuée par précipitation des acides stéarique et palmitique par l'acétate de baryum en solution aqueuse

ACIDE STÉARIQUE	ACIDE PALMITIQUE	QUANTITÉ D'ACÉTATE DE BARYUM suffisante pour précipiter l'acide stéarique	ACIDE STÉARIQUE PRÉCIPITÉ
Grammes	Grammes	Grammes	Pour 100
1	1	1	71,7
1	2	1	62,8
1	3	1	27,9
1	3	1	30,9
0,5	0,5	0,5	62,7
1	1	0,5	46,6

En précipitant de la même manière les liqueurs filtrées, il n'est pas rare de voir la seconde fraction contenir une proportion d'acide stéarique plus grande que la première.

Des expériences analogues faites avec l'acétate de magnésium en solution aqueuse et l'acétate de plomb en solution alcoolique n'ont pas donné de meilleurs résultats.

Partheil et *Ferié*[1] ont proposé de séparer les acides saturés (*solides*) des acides non saturés (*liquides*) au moyen de leurs sels de lithium, de la manière suivante : On saponifie un gramme de corps gras 15 centimètres cubes de potasse alcoolique demi-normale et on dissout le savon dans 100 centimètres cubes d'alcool à 50 0/0. On neu-

1. *Arch. d. Pharm.*, 1903, 552.

tralise exactement l'excès d'alcali par l'acide acétique étendu avec la phénolphtaléine comme indicateur, et on ajoute à la solution 50 centimètres cubes de solution à 10 0/0 d'acétate de lithium dans l'alcool à 50 0/0, ce qui amène la précipitation des palmitate et stéarate de lithium.

On chauffe la fiole au bain-marie à 60° pour dissoudre le précipité. Par refroidissement, le stéarate et le palmitate et la majeure partie du myristate de lithium (si l'acide myristique est présent) se séparent sous forme de précipité cristallin, qu'on filtre et lave avec de l'alcool à 50 0/0. Le liquide filtré contient l'oléate de lithium et les sels des autres acides moins saturés, avec une petite quantité de myristate et de laurate de lithium (si les acides myristique et laurique existent dans le corps gras).

Ainsi que l'ont montré *Fahrion* [1], et *Farnsteiner* [2], les résultats que donne cette méthode sont loin d'être quantitatifs, mais ils offrent, cependant, un certain intérêt au point de vue purement séparatif. *André* [3] l'a utilisée, en employant l'alcool à 70° comme dissolvant, pour séparer les acides solides des acides gras liquides des huiles de pépins de raisins, et isoler de ces derniers des acides-alcools encore indéterminés.

Kreis et *Hafner* [4] proposent de déterminer, dans un mélange d'acides stéarique et palmitique, d'abord l'acide stéarique de la façon décrite page 795. Puis ils dissolvent les acides gras mélangés dans assez d'alcool pour qu'en refroidissant à 0°, l'acide palmitique (dont on trouve la quantité par différence) reste en solution. Après un séjour de douze à quatorze heures dans une glacière, ils filtrent et font recristalliser le résidu resté sur filtre dans le double de son poids d'alcool ; le produit obtenu est considéré comme de l'acide stéarique pur. Quant au liquide filtré, qui ne renferme que 0,12 gr. d'acide stéarique pour 100 cc., ils le réduisent par évaporation à la moitié de son volume et ils lui ajoutent autant d'acétate de magnésium en solution alcoolique qu'il est nécessaire pour précipiter tout l'acide stéarique dissous. Après douze à quatorze heures de repos

1. *Zeits. f. angew. Chem.*, 1904, 1482.
2. *Zeits. f. Unters. d. Nahr. u. Genussm.*, 1904, 129.
3. *Bull. Soc. Chim.*, 1922 (XXXI-XXXII), 477.
4. *Berichte*, 1903, 2766.

à la température ordinaire, ils filtrent pour séparer le précipité et régénèrent les acides gras du liquide filtré. *Kreis* et *Hafner* ont trouvé pour l'acide ainsi obtenu le point de fusion de 60°. Ils le dissolvent dans assez d'alcool pour qu'il ne cristallise pas à la température ordinaire, et ajoutent à la solution un tiers de la quantité d'acétate de magnésium primitivement employée. En répétant ce traitement encore une fois et faisant recristalliser dans l'alcool, ils obtiennent de l'acide palmitique pur dont le point de fusion est 62,3°. *Kreis* et *Hafner* sont d'avis que ce procédé, qui élimine dès le début par simple cristallisation la plus grande partie de l'acide stéarique, est plus rapide que la méthode de *Heintz*.

Kreis et *Roth*[1] opèrent la précipitation fractionnée de la solution alcoolique des acides gras, par addition du 1/10 de la quantité théorique d'acétate de plomb.

Berg[2], et aussi *Fahrion*[3], ont suggéré de séparer l'acide palmitique de l'acide stéarique au moyen de l'acétone.

Holde[4] a montré récemment que ce n'est qu'en présence de *deux* acides, comme les acides palmitique et stéarique, ou palmitique et arachidique, que la séparation complète peut s'effectuer par la méthode de *Heintz* ; en présence de *trois* acides (surtout si l'on opère sur de petites quantités), les résultats deviennent très incertains.

Twitchell[5] a indiqué une méthode pour l'identification des divers acides gras d'un mélange, reposant sur l'abaissement de leurs points de fusion par l'addition d'une quantité connue d'acide pur ; en ajoutant 10 0/0 de l'un des acides stéarique, palmitique et bénique, aux deux autres, ou 10 0/0 d'un mélange de deux de ces autres au troisième, on observe un abaissement du point de fusion de 1,9 à 2,17°. L'addition de 20 0/0 détermine un abaissement de 3,93 à 4,54°.

1. *Chem. Zeit.*, 1913, 58.
2. *Ibidem*, 1908, 779.
3. *Zeits. f. ang. Chem.*, 1909, 711.
4. *Berichte*, 1905, 1250.
5. *Journ. Ind. Eng. Chem.*, 1914, 564.

La distillation fractionnée des mélanges d'acides solides en vue d'isoler les acides individuels, ne donne pas de résultats satisfaisants ; il en est de même de la cristallisation dans l'alcool, surtout à cause des petites quantités d'éthers éthyliques formés (*Holland*[1]).

La séparation des acides gras **liquides** a été réalisée par *Krafft*[2] au moyen de la distillation fractionnée dans le vide cathodique[3] ; un vide aussi élevé rend inutile la lecture de la hauteur d'une colonne mercurielle et peut être réalisé sans difficulté à l'aide d'une pompe à vide de *Babo*. Les points d'ébullition des acides gras rapportés dans le chapitre III ont été déterminés à l'aide de cet appareil.

Bedford, toutefois, a montré que la séparation des acides gras non saturés de l'huile de lin ne peut s'effectuer par distillation fractionnée dans le vide ; un essai a donné trois fractions, possédant respectivement les indices d'iode : 201,1 ; 203,8 ; et 206,6.

Le dispositif compliqué décrit par *Krafft* peut être avantageusement remplacé dans un laboratoire technique par une combinaison

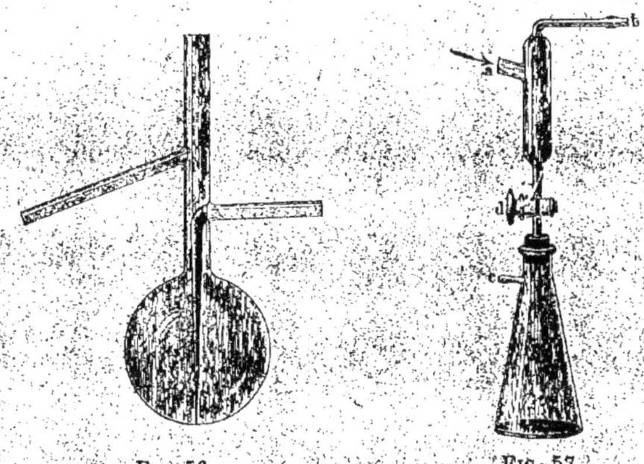

Fig. 56. Fig. 57.

des deux appareils (*fig.* 56 et 57), indiquée par *Lewkowitsch*, pour la distillation fractionnée dans le vide et qui est très pratique pour

1. *Journ. Ind. Eng. Chem.*, 1914, 564.
2. *Berichte*, 1883, 1726; 1889, 816; 1895, 2583; *Journ. f. prakt. Chem.*, 1909 (80), 242; cf. aussi Fischer et Harries, *Berichte*, 1902, 2158; Erdmann, *Berichte*, 1903, 3456.
3. *Berichte*, 1896, 1316, 2240; 1899, 1623; 1903, 1690.

un usage journalier. Elle peut être recommandée dans un laboratoire ayant une canalisation à vide munie de plusieurs robinets.

Le ballon à distillation est muni d'un tube finement étiré, soudé sur le col. L'extrémité extérieure du tube est munie d'un tube de caoutchouc et d'une pince à vis, grâce auxquels on peut envoyer dans le ballon un courant d'air sec ou de gaz inerte et régler en même temps exactement la pression. On évite encore ainsi la mousse et les soubresauts du liquide. La tubulure *a* de l'allonge (*fig.* 57) est reliée avec un réfrigérant de *Liebig*, et *b* et *c* sont également reliés par des tubes de caoutchouc épais à deux robinets d'une canalisation à vide. Au début de la distillation, on fait le vide dans le ballon, l'allonge et la fiole réceptrice conique par les orifices *b* et *c*, le robinet d'arrêt étant ouvert. Le première fraction distillée, on ferme *d* et le robinet à vide relié avec *c*. La fiole réceptrice est ainsi isolée de la canalisation à vide et on la remplit d'air en séparant le tube de caoutchouc de *c*. On peut ainsi enlever facilement et vider cette fiole ou la remplacer par une autre sans interrompre la marche de la distillation. Quand la fiole est reliée de nouveau, on y fait le vide par *c* comme auparavant, et on la relie avec le ballon à distillation en ouvrant le robinet *d*.

La distillation fractionnée des éthers méthyliques et éthyliques des acides gras semble promettre plus encore que la distillation fractionnée de ces acides eux-mêmes.

Haller[1] fractionne les **éthers méthyliques** obtenus par la méthanolyse[2] (voir chap. II) sous la pression ordinaire, jusqu'à la température de 194° (qui est le point d'ébullition du caprylate de méthyle), et au delà de cette température, dans le vide. La séparation fractionnée s'opère de la façon satisfaisante jusqu'au laurate de méthyle, mais au delà la séparation devient moins complète, spécialement avec les éthers des acides supérieurs, myristique, palmitique, stéarique, qui retiennent toujours de l'éther oléique. Cette méthode a été appliquée à l'étude des huiles de ricin, de lin, du coton, de la cire du Japon et du beurre d'Irvingia (voir chap. XIV).

1. *Comptes Rendus*, 1906 (143), 694.
2. Meyer et Eckert, *Monatsh.*, 1910, 1232, préparent les éthers méthyliques en chauffant les sels de lithium des acides gras totaux avec le chlorure de thionyle, et extrayant ensuite par l'alcool méthylique bouillant.

Le mode opératoire employé par *Haller*[1] est le suivant :

On mélange 500 gr. de corps gras avec 625 gr. d'alcool méthylique absolu contenant 2,5 0/0 d'acide chlorhydrique sec et 850 gr. d'éther ; on chauffe le mélange au réfrigérant ascendant pendant douze heures, et, après refroidissement, on traite le liquide par le carbonate de baryum pour saturer l'acide libre, puis on lave à l'eau salée pour éliminer la glycérine et l'excès d'alcool méthylique. On sèche la couche éthérée sur le chlorure de calcium et distille l'éther ; on fractionne enfin dans le vide les éthers méthyliques restants. Il reste toujours après la distillation un résidu solide, noirâtre, qui représente de 5 à 30 gr. dans certaines opérations.

Quant aux différentes fractions obtenues, on les refroidit au-dessous de leur point de congélation, de façon à séparer les éthers solides retenus par les éthers liquides.

Malheureusement, les points d'ébullition des éthers méthyliques des acides non saturés sont tellement rapprochés que ces éthers ne peuvent être séparés l'un de l'autre par distillation fractionnée ; c'est ce que montrent les résultats suivants, fournis par la distillation fractionnée des éthers méthyliques des acides gras de l'huile de coton, bouillant au-dessus de 200° sous la pression de 18 mm. :

FRACTION	POINT D'ÉBULLITION	PRESSION	QUANTITÉ OBTENUE DE 535 GR. D'HUILE	INDICE D'IODE
	degrés C	millimètres	grammes	
I	Jusqu'à 201,5°	16	8	77,13
II	201,5°–204°	16	9	101,19
III	204°–207,5°	16	20	123,51
IV	207,5°–210,5°	16	83	130,87
V	210,5°–214,5°	16	11	123,83
VI	Au-dessus de 214,5°	16	2	107,23
			133	

Comme exemple d'application de cette méthode, on peut donner le tableau suivant, dû à *Bull*[2], se rapportant à l'examen des acides gras de l'huile de foie de morue.

1. *Comptes Rendus*, 1908 (146), 250.
2. *Berichte*, 1906, 3570.

FRACTION jusqu'à	POUR 100	INDICE de SAPONIFICATION	INDICE D'IODE	FRACTION jusqu'à	POUR 100	INDICE de SAPONIFICATION	INDICE D'IODE
degrés				degrés			
161,5	0,45	...	...	200,0	1,18	195,2	86,2
163,0	2,00	229,5	9,5	202,5	2,10	196,5	97,6
165,0	1,00	227,8	9,2	205,0	3,88	189,9	101,8
170,0	0,65	221,5	26,1	206,0	17,00	188,1	100,6
175,0	0,90	216,2	39,4	210,0	2,25	186,8	123,4
177,5	0,35	214,4	44,8	212,5	0,65	182,8	143,3
180,0	0,90	211,4	62,2	215,0	0,65	181,2	158,2
183,5	2,40	209,2	63,3	217,5	1,25	179,0	168,7
185,0	4,05	207,1	62,2	220,0	1,20	176,0	167,4
186,0	7,48	204,6	57,2	223,0	5,12	174,0	156,3
187,0	1,83	206,5	50,5	225,0	9,26	173,2	152,2
188,0	1,37	204,6	50,2	227,5	0,66	170,2	155,7
190,0	1,69	202,5	56,8	230,0	0,88	167,8	144,0
192,5	0,91	201,1	64,5	235,0	0,90	163,2	143,6
195,0	0,44	199,2	59,3	239,0	1,30	160,4	138,4
197,5	0,76	197,3	...	240,0	3,52	159,8	130,0

On trouvera, d'autre part, les essais de *Tsujimoto*[1] pour la séparation des acides gras d'huiles d'animaux marins au moyen de leurs éthers méthyliques (chap. XV).

Fendler[2] a suggéré une méthode de recherche de petites quantités d'huiles de coco et de palmiste dans le beurre de vache, par distillation des **éthers éthyliques** sous la pression ordinaire, jusqu'à 300°; dans ces conditions, seuls passeraient à la distillation les éthers des acides inférieurs jusqu'à l'acide myristique inclusivement. On éthérifie 85 gr. de corps gras et l'on mesure le volume des éthers éthyliques obtenus par distillation, que *Fendler* désigne sous le nom d'*indice* ou *nombre de distillation*. Le beurre de vache donne de 2,5 à 6,1 cc., l'huile de palmiste 37 cc. et l'huile de coco de 40 à 42 cc. Pour de plus amples détails sur cette méthode, on se reportera au mémoire original. Il paraît toutefois peu probable que cette méthode, qui a été spécialement élaborée pour la recherche rapide des additions d'huiles de palmiste ou de coco au beurre de vache, arrive à supplanter les autres procédés en usage qui ont fait leurs preuves.

Krafft et ses collaborateurs utilisent pour l'identification des

1. Cf. aussi *Chem. Revue*, 1913, 8.
2. *Mitt. a. d. Pharm. Inst. Univ.*, Berlin, 1908. Cf. aussi *Chem. Zeit.*, 1907, 205.

acides gras leur transformation en hydrocarbures dont les caractéristiques physiques et chimiques peuvent être facilement déterminées. On mélange intimement une partie d'acide gras avec 5 parties de baryte anhydre en poudre fine et l'on distille le mélange dans le vide complet. L'acide érucique, $C^{22}H^{42}O^{2}$, donne ainsi l'hénicosylène, $C^{21}H^{42}$, bouillant à 201-202° sous 12 mm. de pression et fondant vers + 3° ; ce carbure donne un dibromure qui, par réduction au moyen de l'acide iodhydrique et du phosphore, se transforme en hénicosane fondant à 40°. Cette méthode s'est montrée particulièrement utile dans les recherches faites sur les acides bibasiques de la cire du Japon (chap. XIV).

Pour la recherche et l'examen des acides gras fortement non saturés de l'huile de foie de morue, *Bull*[1] a proposé d'opérer la cristallisation fractionnée de leurs sels de sodium et de potassium dans l'alcool et l'éther ; il a ainsi obtenu des acides gras dont les indices d'iode élevés (322 et 347) correspondent à la présence d'acides gras appartenant aux séries $C^{n}H^{2n-8}O^{2}$ et $C^{n}H^{2n-10}O^{2}$ (Cf. chap. XIV, *Huile de foie de morue*) ; pour plus de renseignements, on se reportera au mémoire original, où l'on remarquera que *Bull* lui-même paraît mettre en doute certains de ces résultats.

Tsujimoto[2] a utilisé, pour la séparation des acides gras des huiles d'animaux marins, un procédé basé sur la solubilité, à basse température, des savons de lithium dans l'acétone additionnée de 5 0/0 d'eau. En maintenant pendant plusieurs heures, à 0°, une solution de ces savons renfermant environ 6 gr. de savons pour 100 cc. de dissolvant, les sels des acides fortement non saturés restent dissous, tandis que les autres précipitent. Il suffit de décanter et filtrer la solution claire et d'extraire les acides. D'après *Tsujimoto*, on pourrait doser de façon assez exacte la quantité d'acides gras fortement non saturés contenus dans une huile.

Pour reconnaître les divers acides gras, *Tortelli* et *Fortini*[3] ont suggéré de déterminer la température de séparation des sels de

1. *Journ. Chem. Ind. Tokyo*, (23), 272; *Chem. Umschau*, 1920 (28), 229.
2. *Chem. Zeit.*, 1899, 996, 1043; 1900, 814.
3. *Ibidem*, 1910, 690.

sodium des acides gras liquides (Cf. chap. III et chap. VIII) ; en raison de l'incertitude de cette méthode il est inutile de l'examiner ici.

c) Examen des matières insaponifiables.

L'examen complet des matières insaponifiables nécessite des quantités considérables de matières, de façon à permettre la séparation effective des stérols et des hydrocarbures ou des autres insaponifiables.

On traite d'abord les matières insaponifiables par la digitonine ou par l'éther de pétrole léger à basse température, ce qui débarrasse les stérols et les alcools aliphatiques de la plus grande partie des matières résineuses et colorantes.

Les divers alcools peuvent être isolés du mélange par la cristallisation fractionnée de leurs éthers benzoïques ou acétiques qui distillent plus facilement que les alcools eux-mêmes et peuvent par conséquent, se fractionner de façon plus efficace (voir chap. IX).

Les matières insolubles dans l'éther de pétrole constituent souvent un liquide visqueux, qui a été résolu quelquefois en ses éléments par distillation fractionnée ; *Matthes* et ses collaborateurs se sont particulièrement occupés de cette séparation, mais en raison de l'extrême difficulté du problème, qui varie naturellement avec chaque corps gras, il reste encore à élaborer une méthode générale. Comme exemple, on peut donner les résultats suivants de la distillation fractionnée de la partie liquide des matières insaponifiables de l'huile de giroflée (*Matthes* et *Boltze* [1]) :

FRACTION	INDICE D'IODE	INDICE DE RÉFRACTION A 40° C
I. Jusqu'à 160° C.	103,9	1,4910
II. 160–205	89,4	1,4734
III. 205–210	119,6	1,4900
IV. Résidu	112,1	1,5105

1. *Arch. d. Pharm.*, 1912 (250), 211 ; cf. aussi Matthes et Heintz, *ibidem*, 1909 (247), 161 ; Matthes et Dahle, *ibidem*, 1911 (249), 429.

TABLE DES MATIÈRES

CHAPITRE PREMIER

Origine, classification, propriétés physiques et chimiques des huiles, graisses et cires

CHAPITRE II

Saponification des corps gras et des cires

CHAPITRE III

Constituants des corps gras et des cires

CHAPITRE IV

Préparation des matières grasses pour l'analyse. — Essais préliminaires

CHAPITRE V

Méthodes physiques d'examen des huiles, graisses et cires

CHAPITRE VI

Méthodes chimiques d'examen des huiles, graisses et cires

CHAPITRE VII

Examen qualitatif des huiles, graisses et cires

CHAPITRE VIII

Examen des acides gras totaux

CHAPITRE IX

Examen des matières insaponifiables

CHAPITRE X

Recherche et détermination quantitative de la résine

CHAPITRE XI

Application des méthodes précédentes à l'examen systématique des huiles, graisses et cires

CHAPITRE XII

Examen par les méthodes purement scientifiques

TOURS. — IMPRIMERIE RENÉ ET PAUL DESLIS. — 28-2-29.

TOURS. — IMPRIMERIE RENÉ ET PAUL DESLIS

www.ingramcontent.com/pod-product-compliance
Ingram Content Group UK Ltd.
Pitfield, Milton Keynes, MK11 3LW, UK
UKHW021128260726
13994UKWH00001B/38